원 자 량 표

원소기호	원소명		원자번호	원자량	원소기호	원소명		원자번호	원자량
Ac	악티늄	Actinium	89	(227)	Mn	망간	Manganese	25	54.9380
Ag	은	Silver	47	107.870	Mo	몰리브덴	Molybdenum	42	95.94
Al	알루미늄	Aluminum	13	26.9815	N	질소	Niotrogen	7	14.0067
Am	아메리슘	Americium	95	(243)	Na	나트륨	Sodium	11	22.9898
Ar	아르곤	Argon	18	39.948	Nb	니오브	Niobium	41	92.906
As	비소	Arsenic	33	74.9216	Nd	네오디뮴	Nedymium	60	144.24
At	아스타틴	Astatine	85	(210)	Ne	네온	Neon	10	20.183
Au	금	Gold	79	196.967	Ni	니켈	Nickel	28	58.71
B	붕소	Boron	5	10.811	No	노벨륨	Nobelium	102	(255)
Ba	바륨	Barium	56	137.34	Np	넵투늄	Neptunium	93	(237)
Be	베릴륨	Beryllium	4	9.0122	O	산소	Oxygen	8	15.9994
Bi	비스무트	Bismuth	83	208.980	Os	오스뮴	Osmium	76	190.2
Bk	버클륨	Berkelium	97	(247)	P	인	Phosphorus	15	30.9738
Br	브롬	Bromine	35	79.909	Pa	프로트악티늄	Protactinium	91	(231)
C	탄소	Carbon	6	12.01115	Pb	납	Lead	82	207.19
Ca	칼슘	Calcium	20	40.08	Pd	팔라듐	Palladium	46	106.4
Cd	카드뮴	Cadmium	48	112.40	Pm	프로메튬	Promethium	61	(145)
Ce	세륨	Cerium	58	140.12	Po	폴로늄	Polonium	84	(209)
Cf	칼리포르늄	Californium	98	(251)	Pr	폴라세오디뮴	Praseodymium	59	140.907
Cl	염소	Chlorine	17	35.453	Pt	백금	Platinum	78	195.09
Cm	큐륨	Curium	96	(247)	Pu	플루토늄	Plutonium	94	(244)
Co	코발트	Cobalt	27	58.9332	Ra	라듐	Radium	88	(266)
Cr	크롬	Chromium	24	51.996	Rb	루비듐	Rubidium	37	85.47
Cs	세슘	Cesium	55	132.905	Re	레늄	Rhenium	75	186.2
Cu	구리	Copper	29	63.54	Rh	로듐	Rhodium	45	102.905
Dy	디스프로슘	Dysprosium	66	162.50	Rn	라돈	Radon	86	(222)
Er	에르븀	Erbium	68	167.26	Ru	루테늄	Ruthenium	44	101.07
Es	아인시타이늄	Einstenium	99	(254)	S	황	Sulfur	16	32.064
Eu	유로퓸	Europium	63	151.96	Sb	안티몬	Antimony	51	121.75
F	플루오르	Fluorine	9	18.9984	Sc	스칸듐	Scandium	21	44.956
Fe	철	Iron	26	55.847	Se	셀렌	Selenium	34	78.96
Fm	페르뮴	Fermiun	100	(257)	Si	규소	Silicon	14	28.086
Fr	프랑슘	Francium	87	(223)	Sm	사마륨	Samarium	62	150.35
Ga	갈륨	Gallium	31	69.72	Sn	주석	Tin	50	118.69
Gd	가돌리늄	Gadolinium	64	157.25	Sr	스트론튬	Strontium	38	87.62
Ge	게르마늄	Germanium	32	72.59	Ta	탄탈	Tantalum	73	180.948
H	수소	Hydrogen	1	1.00797	Tb	테르븀	Terbium	65	158.924
He	헬륨	Helium	2	4.0026	Tc	테크네튬	Technetium	43	(97)
Hf	하프늄	Hafnium	72	178.49	Te	텔루르	Tellurum	52	127.60
Hg	수은	Mercury	80	200.59	Th	토륨	Thorium	90	232.038
Ho	홀뮴	Holmium	67	164.930	Ti	티탄	Titanium	22	47.90
I	요오드	Iodine	53	126.9044	Tl	탈륨	Thallium	81	204.37
In	인듐	Indium	49	114.82	Tm	툴륨	Thulium	69	163.934
Ir	이리듐	Iridium	77	192.2	W	텅스텐	Tungsten	74	183.85
K	칼륨	Potassium	19	39.102	U	우라늄	Uranium	92	238.03
Kr	크립톤	Krypton	36	83.80	V	바나듐	Vanadium	23	50.942
La	란탄	Lanthanum	57	138.91	Xe	크세논	Xenon	54	131.30
Li	리튬	Lithium	3	6.9417	Y	이트륨	Yttrium	39	88.905
Lu	루테튬	Lutetium	71	174.97	Yb	이테르븀	Ytterbium	70	173.04
Lw	로렌슘	Lawrencium	103	(256)	Zn	아연	Zinc	30	65.37
Md	멘델레븀	Medelevium	101	(258)	Zr	지르코늄	Zirconium	40	91.22
Mg	마그네슘	Magnesium	12	24.312					

* 괄호 안의 수는 가장 안정한 동위원소의 질량수이다.

화 학 식 량

화학식	식량
$AgBr$	187.78
$AgCl$	143.32
Ag_2CrO_4	331.73
AgI	234.77
$AgNO_3$	169.87
$AgSCN$	165.95
Al_2O_3	101.96
$Al_2(SO_4)_3$	342.14
As_2O_3	197.85
B_2O_3	69.62
$BaCO_3$	197.35
$BaCl_2 \cdot 2H_2O$	244.28
$BaCrO_4$	253.33
$Ba(IO_3)_2$	487.14
$Ba(OH)_2$	171.36
$BaSO_4$	233.40
Bi_2O_3	466.0
CO_2	44.01
$CaCO_3$	100.09
CaC_2O_4	128.10
CaF_2	78.08
CaO	56.08
$CaSO_4$	136.14
$Ce(HSO_4)_4$	528.4
CeO_2	172.12
$Ce(SO_4)_2$	332.25
$(NH_4)_2Ce(NO_3)_6$	548.23
$(NH_4)_4Ce(SO_4)_4 \cdot 2H_2O$	632.6
Cr_2O_3	151.99
CuO	79.54
Cu_2O	143.08
$CuSO_4$	159.60
$Fe(NH_4)_2(SO_4)_2 \cdot 6H_2O$	392.14
FeO	71.85
Fe_2O_3	159.69
Fe_3O_4	231.54
HBr	80.92
$HC_2H_3O_2$(acetic acid)	60.05
$HC_7H_5O_2$(benzoic acid)	122.12
HCl	36.46
$HClO_4$	100.46
$H_2C_2O_4 \cdot 2H_2O$	126.07
H_5IO_6	227.94
HNO_3	63.01
H_2O	18.015
H_2O_2	34.01
H_3PO_4	98.00
H_2S	34.08
H_2SO_3	82.08
H_2SO_4	98.08
HgO	216.59
Hg_2Cl_2	472.09
$HgCl_2$	271.50
KBr	119.01
$KBrO_3$	167.01
KCl	74.56
$KClO_3$	122.55
KCN	65.12
K_2CrO_4	194.20
$K_2Cr_2O_7$	294.19
$K_3Fe(CN)_6$	329.26
$K_4Fe(CN)_6$	368.38
$KHC_8H_4O_4$(phthalate)	204.23
$KH(IO_3)_2$	389.92
K_2HPO_4	174.18
KH_2PO_4	136.09
$KHSO_4$	136.17
KI	166.01
KIO_3	214.00
KIO_4	230.00
$KMnO_4$	158.04
KNO_3	101.11
KOH	56.11
$KSCN$	97.18
K_2SO_4	174.27
$La(IO_3)_3$	663.62
$Mg(C_9H_6ON)_2$	312.59
$MgCO_3$	84.32
$MgNH_4PO_4$	137.35
MgO	40.31
$Mg_2P_2O_7$	222.57
$MgSO_4$	120.37
MnO_2	86.94
Mn_2O_3	157.88
Mn_3O_4	228.81
$Na_2B_4O_7 \cdot 10H_2O$	381.37
$NaBr$	102.90
$NaC_2H_3O_2$	82.03
$Na_2C_2O_4$	134.00
$NaCl$	58.44
$NaCN$	49.01
Na_2CO_3	105.99
$NaHCO_2$	84.01
$Na_2H_2EDTA \cdot 2H_2O$	372.2
Na_2O_2	77.98
$NaOH$	40.00
$NaSCN$	81.07
Na_2SO_4	142.04
$Na_2S_2O_3 \cdot 5H_2O$	248.18
NH_4Cl	53.49
$(NH_4)_2C_2O_4 \cdot H_2O$	142.11
NH_4NO_3	80.04
$(NH_4)_2SO_4$	132.14
$(NH_4)_2S_2O_8$	228.18
NH_4VO_3	116.98
$Ni(C_4H_6O_2N_2)_2$	286.91
$PbCrO_4$	323.18
PbO	223.19
PbO_2	239.19
$PbSO_4$	303.25
P_2O_5	141.94
Sb_2S_3	339.69
SiO_2	60.08
$SnCl_2$	189.60
SnO_2	150.69
SO_2	64.06
SO_3	80.06
$Zn_2P_2O_7$	304.68

기본분석화학

[개정증보판]

박 기 채 저

탐 구 당

머리말

제2차 세계대전이 끝나고 20세기 후반에 접어들면서 모든 과학과 더불어 화학은 눈부신 발전을 하였으며, 이와 같은 화학 발전의 이면에는 화학물질을 확인하고 정량하는 새로운 화학분석 방법의 개발이 있었기 때문이다.

21세기를 눈 앞에 둔 오늘날 화학을 응용하는 금속, 반도체, 플라스틱, 의약 및 식품 등과 같은 여러 가지 공업이 고도로 발전하여 인류의 문명생활에 크게 이바지하고 있다. 그러나 그 반면에 공업의 발전으로 말미암아 날로 늘어나는 자연의 훼손과 물 및 공기의 오염문제는 행복한 인류생활에 심각한 장해로 대두하게 되었다.

오늘날의 정교한 생산공업 공정에는 원료 및 중간 제품에 대하여 시시각각으로 즉석에서 정확한 화학분석의 정보가 공급되어야 하고, 이에 따라 생산공정 관리와 제품품질 관리가 가능하게 되었다.

공해문제의 해결에 있어서도 무엇보다 선행되어야 할 것이 각종 오염된 물질에 관한 정확한 화학분석 정보를 얻는 것이다.

따라서 공업의 발전과 공해문제의 해결에 정밀하고 신속한 화학분석용 측정기기의 개발이 필요하게 되었다. 오늘날 전자공학의 획기적인 발전에 힘입어 여러 가지 새로운 화학분석용 측정기기가 개발되어 생산 판매되고 있으며, 각 생산공장, 병원, 학교 및 연구소 등의 화학실험실에는 pH 미터 및 각종 분광광도계 등 여러 가지 정밀한 새로운 고급 분석기기가 도입되어 사용되고 있다. 그러므로 지난 20～30년 동안에 화학분석법은 큰 변혁을 겪게 되었다. 그러나 분석기기나 장치가 화학분석을 하는 것은 아니다. 아무리 정교하고 값비싼 기기가 있어도 이것을 운영하는 사람이 분석화학에 관한 깊은 지식을 갖추지 못한다면 효과적으로 좋은 분석 결과를 얻을 수도, 그 결과를 이용할 수도 없다.

이 책은 대학에서 처음으로 화학분석을 공부하는 학생을 위해 만든 분석화학교재로서, 1～11장에서는 일반화학을 이수하고 분석화학 기초를 공부하는 학생들에게 분석화학의 기본이론과 고전적 화학분석법을 해설하는 동시에 실험 지침서를 제공하고, 12～20장에서는 오늘날 화학실험에서 가장 흔히 이용되고 있는 분석기기 장치와 이것을 이용하는 기기분석법에 관한 기본원리 및 실험법을 해설하여 일반 기기분석을 하는 데 필요한 기초지식을 가지게 하는 동시에 나아가서는 한층 높은 분석화학 공부를 하는 데 필요한 소지를 닦을 수 있도록 하고자 했다.

이 책에는 학교 실험실에서 할 수 있는 실험과제로 중요한 것을 많이 나열하였으나, 실제로 학생을 지도할 때에는 그 중에서 적당한 것을 선택하여 지도하는 것이 좋겠다. 이때 비교적 간단하고 기본적인 과제라고 생각되어 추천한 실험을 참고하도록 하면 좋겠다.

본 교재를 엮는 데 있어서 화학물질명 및 술어는 되도록 대한 화학회에서 재정한 화학술어집에 따랐으며, 그렇지 않은 것은 가장 타당하다고 생각되는 것을 사용하였다.

끝으로, 이 책이 출판되게 많은 격려를 주신 탐구당 홍석우 사장님, 편집부 이지은양, 전산부 김은진양에게 감사를 드리는 바이다.

1997년 5월

저 자

차 례

제 1 장 서 론

1A 화학분석 ······ 13
1B 분석실험 ······ 16
1C 시 료 ······ 18
1D 화학분석용 용기 ······ 25
1E 시 약 ······ 27
1F 물질의 양과 농도 ······ 28
1G 화학저울 ······ 33

실험 1H 화학저울 ······ 40
1I 연습문제 ······ 43

제 2 장 분석 측정값의 신뢰도

2A 정확도와 정밀도 ······ 44
2B 오차의 분류 ······ 49
2C 측정값의 통계적 취급법 ······ 51
2D 신뢰도 한계 ······ 54

2E 유효숫자 ········ 60
2F 검정곡선을 구하는 법 ········ 64

2G 연습문제 ········ 66

제3장 무게법 분석

3A 콜로이드 침전 ········ 69
3B 결정의 형성과 입자 크기 ········ 72
3C 침전의 성질 ········ 75
3D 무게법 분석 실험 ········ 80
3E 침전제 ········ 88

실험 3F 무게법 분석 ········ 91
3G 연습문제 ········ 105

제4장 화학평형과 용해도

4A 화학평형 ········ 107
4B 활동도 ········ 109
4C Debye-Hückel 식 ········ 110
4D 용해도 ········ 114
4E 용해도곱 상수 ········ 115

실험 4F 연습문제 ········ 123

제5장 부피법 분석

5A 적정법 분석 ········ 125
5B 표준용액 만들기 ········ 128
5C 적정법 분석의 계산법 ········ 131
5D 부피를 재는 용기 ········ 134
5E 부피를 재는 용기의 검정 ········ 137

실험 5F 부피를 재는 용기의 검정 ········ 139
5G 연습문제 ········ 142

제 6 장 침전법 적정

6 A 침전법 적정 ······ 143
6 B 은법 적정 ······ 144
6 C 은법 적정의 분류——Mohr 법 ······ 148
6 D Fajans 법 ······ 150
6 E Volhard 법 ······ 152

실험 6F 침전법 적정 ······ 154
6G 연습문제 ······ 159

제 7 장 산-염기 용액

7 A 산과 염기 ······ 160
7 B 산과 염기의 평형반응에 관한 계산 ······ 163
7 C 염의 용액——짝산 및 짝염기의 이온화 평형 ······ 167
7 D 완충용액 ······ 171
7 E 다가산의 이온화 평형 ······ 174
7 F 다가산 화학종의 몰분율 ······ 176

7G 연습문제 ······ 178

제 8 장 산-염기 적정법

8 A 산-염기 적정 ······ 179
8 B 약한 산 및 약한 염기의 적정 ······ 185
8 C 산-염기 적정과 그 응용 ······ 193
8 D Kjeldahl 법 ······ 197
8 E 유기물의 산-염기 적정 ······ 199
8 F 물 아닌 용매에서의 산-염기 적정 ······ 200
8 G 양성자성 용매중의 중화반응 ······ 203

실험 8H 산-염기 적정법 ······ 209
8I 연습문제 ······ 221

제 9 장 착화법 적정

9 A 착물과 착화반응 ······ 223
9 B 칼슘의 EDTA 법 적정 ······ 227

9 C 아연의 EDTA법 적정 ······ 230
9 D 착화법 적정의 지시약 ······ 233
9 E 여러 가지 EDTA법 적정 ······ 236
9 F Liebig법 적정 ······ 238

실험 9 G 착화법 적정 ······ 240
9 H 연습문제 ······ 248

제 10 장 산화-환원 반응과 전극전위

10 A 산화-환원 ······ 249
10 B 전극전위 ······ 252
10 C 자유에너지와 전극전위 ······ 259
10 D Nernst 식 ······ 262
10 E 반쪽 전지의 종류 ······ 263
10 F 몇 가지 전극전위와 평형상수 ······ 265

10 G 연습문제 ······ 271

제 11 장 산화-환원법 적정

11 A 산화-환원법 적정 ······ 274
11 B 산화-환원 지시약 ······ 278
11 C 과망간산 표준용액 ······ 282
11 D 기타 산화제 표준용액 ······ 284
11 E 시료의 예비 산화-환원 ······ 285
11 F 유기화합물의 산화-환원법 적정 ······ 289
11 G 요오드법 적정 ······ 290
11 H 요오드산 및 브롬산법 적정 ······ 296

실험 11 I 산화-환원법 적정 ······ 298
11 J 연습문제 ······ 317

제 12 장 전위차법 분석

12 A 전위차법 분석 ······ 319
12 B 기준전극 ······ 320

12 C 지시전극 ········ 322
12 D 유리전극 ········ 325
12 E 특수이온 지시전극 ········ 330
12 F 직접 전위차법 ········ 333
12 G 전위차법 적정 ········ 338
12 H 자동 분석장치 ········ 344

실험 12 I 전위차법 분석 ········ 345
12 J 연습문제 ········ 349

제 13 장 전기분해법, 전기량법과 전기전도법

13 A 전기분해 전위 ········ 351
13 B 전기무게법 분석 ········ 355
13 C 전기량법 분석 ········ 360
13 D 전기량법 적정 ········ 362
13 E 전기전도도법 ········ 367
13 F 전기전도도법 적정 ········ 371

실험 13 G 전기분해법, 전기량법과 전기전도법 ········ 375
13 H 연습문제 ········ 378

제 14 장 폴라로그래피법 분석

14 A 폴라로그래피법 ········ 379
14 B 폴라로그램의 응용 ········ 385
14 C 폴라로그래피법 정량분석 ········ 388
14 D 전류법 적정 ········ 391
14 E 두 편극 미소전극 전류법 적정 ········ 394
14 F 새로운 폴라로그래피법 ········ 395
14 G 벗김 분석법 ········ 399

실험 14 H 폴라로그레피법 분석 ········ 401
14 I 연습문제 ········ 404

제 15 장 전자기 복사선과 흡수 분광법

15 A 전자기 복사선의 성질 405
15 B Beer의 법칙 410
15 C 흡수분광광도계와 광원 416
15 D 단색화장치 418
15 E 시료 용기 423
15 F 복사선 검출과 지시계 423
15 G 흡수분광광도계 429

15H 연습문제 434

제 16 장 흡수스펙트럼과 그 응용

16 A 흡수스펙트럼 436
16 B 자외선과 가시선을 흡수하는 화학종 438
16 C 적외선 스펙트럼-진동스펙트럼 440
16 D 흡수분광분석법 443
16 E 흡수분광광도법의 오차 449
16 F 착이온의 분광광도법 연구 451
16 G 광도법 적정 454

실험 16H 흡수스펙트럼과 그 응용 456
16I 연습문제 461

제 17 장 원자흡수 및 방출분광법과 분자형광분광법

17 A 원자흡수분광법 463
17 B 원자흡수분광계 466
17 C 원자흡수법의 정량분석 470
17 D 원자흡수분광법의 한계 471
17 E 불꽃방출분광법 473
17 F 아크와 스파크 방출분광법 476
17 G 플라스마 방출분광법 481
17 H 분자형광분광법 484

실험 17I 원자분광분석법 490
17J 연습문제 492

제 18 장 X-선 형광법 및 질량분석법

18 A X-선 …… 493
18 B X-선 형광분광계 …… 495
18 C X-선 형광법의 정성 및 정량분석법 …… 501
18 D 질량분석계 …… 503
18 E 질량분산장치 …… 506
18 F 질량분석계의 검출기 …… 508
18 G 질량분석법에 의한 화합물의 확인 …… 511
18 H 연습문제 …… 517

제 19 장 액체 추출법 및 크로마토그래피법의 원리

19 A 액체 추출법 …… 518
19 B 크로마토그래피법의 원리 …… 525
19 C 용리관의 분리효율 …… 528
19 D 띠넓힘현상의 원인 …… 530
19 E 용질의 이동속도와 용량계수 …… 532
19 F 관의 분리능 …… 534
19 G 연습문제 …… 538

제 20 장 크로마토그래피법의 실제

20 A 고성능 액체 크로마토그래피법 …… 539
20 B 분배 크로마토그래피 …… 543
20 C 이온교환수지 …… 545
20 D 흡착 및 겔 크로마토그래피 …… 549
20 E 종이 크로마토그래피법 …… 551
20 F 얇은층 크로마토그래피법 …… 552
20 G 기체 크로마토그래피법 …… 553
실험 20 H 크로마토그래피법 및 물질분리법 …… 560
20 I 연습문제 …… 566

부 록 …… 569
찾아보기 …… 585

제 1 장
서 론

1A 화학분석

오늘날 과학하는 사람이 연구하면서 취급하는 물체가 어떤 물질로 이루어져 있으며, 그 순수도와 조성을 알고자 하는 문제는 비단 화학을 연구하는 사람뿐만 아니라 물리, 생물, 지질학, 그리고 의학, 농학, 공학을 연구하는 사람의 경우에도 마찬가지로 중요한 과제라고 생각된다. 화학분석은 이러한 문제를 해결하는 방법을 알려준다.

1A—1 화학분석

물질의 성분을 검출하고 확인하는 방법을 **정성분석**(qualitative analysis)이라 하고, 함유되어 있는 각 성분의 시료 전체에 대한 백분율, 즉 조성을 구하는 방법을 **정량분석**(quantitative analysis)이라고 한다. 시료물질의 성분을 잘 모르는 경우에는 먼저 정성분석을 해야 하고, 이 과정에서 생성되는 침전의 양이나 용액의 색깔 정도 등으로 각 성분 물질의 양적 관계를 대략 알 수 있다. 따라서 정성분석법의 원리가 정량분석법으로 이용되는 경우가 많다.

한 물질을 분석하려면 실험에 착수하기에 앞서 시료물질의 각 성분에 관한 성질을 알아두어야 하고, 이용할 수 있는 기기장치와 시약 등을 고려하여 분석방법을 구상해야 한다. 이와 같이 한 시료를 우리가 요구하는 정밀도로 가장 효율적으로 분석하는 방법을 연구하는 데 관련된 학문을 **분석화학**(analytical chemistry)이라고 한다. 분석화학 연구가 잘 되면 훌륭한 **화학분석법**(chemical analysis method)이 고안될 수 있을 것이다.

정량분석에 있어서 (1) 적당한 정밀도로, (2) 가급적 빠르게, (3) 간단하고 경제적인 방법일수록 좋은 분석법이다.

화학분석에서는 여러 가지 물질을 다루어야 하는데, 교재나 참고문헌에 그 분석법이 자세히 밝혀져 있지 않은 것이 많다. 그러므로 분석에 종사하는 사람은 여러 가지 분석 방법의 원리와 그 적용 한계를 잘 이해하고, 새로운 시료와 상황에 접하였을 때 적합한 방법과 조처를 안출할 수 있어야 한다. 또 분석법에는 화학반응 이외에 물리현상도 많이 이용하고 있기 때문에 우수한 분석가가 되려면 물질의 화학반응과 물리적 성질에 대해 깊이 이해해야 하고, 이와 동시에 분석에 이용하는 여러 가지 계측기기에 관한 지식, 즉 기계와 전자공학 등에 관한 상당한 지식을 갖추어야 한다.

1A—2 화학분석의 역할

물질의 화학분석 결과는 역사적으로 볼 때 새 물질의 발견, 원자량의 측정, 그리고 각종 화학량론에 관한 법칙의 발견을 가능하게 하였으며, 결과적으로 화학의 발전에 크게 이바지하였다. 따라서 화학분석은 화학의 성립과 발전을 가져왔을 뿐만 아니라, 오늘날에 와서는 각종 생산공장의 원료와 제품의 품질관리에 깊은 관계를 가지고 있다.

물질의 성분에 깊은 관계를 가지고 있는 광물학, 금속학 등은 말할 것도 없고, 농학, 의학, 공학 등 각종 과학기술 분야가 물질 성분에 관한 정확한 정보를 얻음으로써 크게 발전되어 가고 있다. 오늘날 전자공학의 큰 발전을 가져오게 한 반도체에 관한 연구도 순수한 규소와 게르마늄에 함유된 1×10^{-6}~1×10^{-10} % 정도의 미량 불순물의 정량분석이 가능하게 됨으로써 이루어진 것이다. 각종 생산공장의 훌륭한 품질관리도 제품의 생산공정중에 즉석에서 각종 성분의 화학분석이 신속하게 이루어지기 때문이다.

오늘날 혈액과 소변의 검사를 통하여 우리의 건강을 진단 유지하고, 인류생활에 큰 위협이 되고 있는 공해문제도 물과 공기를 오염시키고 있는 각종 미량 물질의 정확한 분석결과와 이들 오염물의 원천인 각종 폐기물에 관한 정확한 분석결과를 얻음으로써 비로소 해결방법을 찾을 수 있다. 따라서 물질의 정량분석은 학문분야의 연구발전과 인간사회의 복지 향상에 크게 이바지하고 있다고 하겠다.

우리가 화학분석 및 실험을 공부하는 목적은 다음과 같다.

1. 분석방법과 그 뒷받침이 되는 지식과 이론을 이해하고,
2. 각종 분석용 시약의 성질을 이해하고, 기기장치의 조작기술을 체득하며,
3. 실험 목적을 달성하기 위해 정확한 실험계획을 짜고, 조심성 있게 실험하며, 관찰하고, 기록하고, 실험 보고서를 작성하는 훈련을 쌓는 데 있다.

1A－3 화학분석법의 분류

화학분석을 할 때에는 물질의 화학적 성질과 물리적 성질을 효과적으로 이용한다. 따라서 화학분석법도 여기에 이용되는 화학적 및 물리적 성질에 따라 분류된다.

물질의 분석법은 20세기 전반까지는 대체로 기체와 액체의 부피를 재는 부피법 분석과 물질 성분의 무게를 재는 무게법 분석이 널리 이용되어 왔으나, 오늘날에는 각종 기기를 이용하여 물질의 여러 가지 성질을 측정하는 기기분석법이 점차 중요한 위치를 차지하게 되었다.

(1) 부피법 분석

용액 또는 기체의 부피를 측정하여 분석하는 방법을 **부피법 분석**(volumetric analysis)이라고 한다. 일정 부피의 공기를 취하여 여기에 피로갈롤 용액을 가한 후 흔들어서 산소만이 흡수되도록 하고, 이 감소한 기체의 부피로부터 산소의 함량을 구하는 방법은 부피법 분석의 한 예라 할 수 있다. 그러나 가장 중요한 부피법 분석은 **적정법**(titration method)으로, 이것은 시료물질과 화학량론적으로 반응하는 적당한 시약의 표준용액(농도가 정확히 알려져 있는 용액)을 시료용액에 적가하여 반응이 끝날 때까지 소비된 표준용액의 부피를 측정하고, 이 표준용액의 농도와 부피로부터 미지 물질의 양을 계산하는 방법이다.

예를 들어 소금물의 농도를 측정할 때에는 일정 부피의 소금물에 일정 농도의 질산은 표준용액을 서서히 적가하고, 염화은이 완전히 침전될 때까지 가해서 이때 들어간 질산은 표준용액의 부피와 농도로부터 염화이온의 양과 농도를 계산한다.

(2) 무게법 분석

시료용액에 적당한 침전제를 가하여 구하고자 하는 성분을 침전으로 만들고, 이것을 걸러서 씻고, 말려서 그 무게를 달고, 최후에 얻은 물질의 화학식과 그 무게로부터 구하고자 하는 성분의 양을 알아내는 방법을 **무게법 분석**(gravimetric analysis)이라고 한다.

예를 들어 일정량의 소금물에 들어 있는 염소의 양을 측정하고자 하면 이 소금물에 질산은을 알맞게 가하고, 생긴 염화은의 침전을 걸러 씻고, 말려서 그 무게를 단 다음 염화은의 조성비를 이용하여 염소의 양을 계산한다.

구리용액을 분석하는 데에는 때때로 전기분해법을 이용하는데, 음극에 석출되는 구리의 무게를 측정하는 방법을 이용한다. 이것도 일종의 무게법 분석이다.

무게법 분석은 일반적으로 부피법 분석에 비하여 초보자의 경우는 정확한 결과를 얻기 어렵고, 시간이 많이 걸리는 방법이다. 그러나 착실한 실험과 정밀한 저울만 있으면 부피법 분석보다 정밀도가 더 높은 분석을 할 수 있다.

(3) 기기분석법

화학분석에서는 물질의 물리화학적 성질을 측정하는 방법을 이용하고 있다. 예를 들어 붉은 과망간산용액은 515 nm(1G－2절 참조, nm＝10^{-9}m) 정도의 파장 빛살을 잘 흡수한다. 이 광선을 흡수하는 정도를 측정하여 이 용액의 농도를 알아낼 수 있다. 이와 같이 각종 전자기 복사선과 물질 사이에는 밀접한 관계가 있고, 이러한 광학적 방법은 기기분석의 중요한 부분을 차지하고 있다. 또 물질의 전기적 성질을 이용하는 분석법도 널리 개발되었고, 원자의 방사성을 이용하는 방사화 분석법, 그리고 원자 및 분자 입자의 질량차를 이용하는 질량분석법도 유용하게 이용되고 있다.

이와 같은 분석법들은 대개 정밀한 기기장치를 이용하고 있기 때문에 **기기분석법**(instrumental analysis)이라고 한다. 이 방법으로 예전에는 할 수 없었던 화학분석도 가능하게 되었고, 또 수많은 시료를 계속해서 분석하는 경우에도 이 방법을 이용하면 대단히 짧은 시간에 분석할 수 있다. 기기분석법에 비하여 무게법 분석이나 부피법 분석을 **고전적 분석법**(classical analysis)이라고 한다.

(4) 분석법의 선택

한 가지 화학종을 분석하는 데에도 여러 가지 방법이 있는데, 그 중 어느 방법을 이용할 것인가는 그때 요구하는 정밀도, 그리고 실험실의 여건과 가지고 있는 장치에 따라 분석자 자신이 결정해야 할 것이다.

화학분석을 할 때에는 시료중에서 요구하는 성분을 하나씩 분리하여 정량하는 것이 원칙이지만, 시료중에 다른 물질이 공존해도 영향을 받지 않고 선택적으로 요구하는 성분만을 정확히 분석할 수 있는 편리한 선택성 분석법도 있다.

1B 분석실험

분석실험을 하는 학생은 실험에 들어가기에 앞서 실험에 관한 충분한 예습을 해야 한다. 즉 그 실험법의 원리 원칙을 잘 이해하고, 실험노트에 실험 순서의 계통도를 만든다. 이러한 사전 준비가 없으면 착오와 불필요한 조작을 되풀이하여 많은 시간을 낭비하므로 효과적인 실험을 할 수 없다.

특히 시료를 건조하는 일 또는 사기 도가니를 강열하여 일정한 무게로 만드는 일과 같이 장시간을 필요로 하는 작업은 실험을 시작하기 전에 미리 준비하여 데시케이터(desicator)에 보관하도록 계획하거나, 또는 다른 실험과 병행하여 시간을 유효하게 사용하도록 해야 한다. 그리고 실험실에서는 항상 주위를 깨끗하게 잘 정돈하고 약품을 절약한다. 모든 실험에서는 질서있고 조심성 있게 행동하여 실험에 오차와 실패가 없도록 노력함으로써 과학자로서의 자질을 배양하도록 노력해야 한다.

끝으로, 실험실에는 각종 시약, 전원, 화력 및 기기장치가 여러 곳에 있으므로 조심성 있게 행동해야 하고, 만일의 경우에 대비하여 소화기 및 모래와 같은 것을 준비한다.

1B—1 실험노트

실험노트는 실험의 생명이다. 여기에는 실험에 관한 모든 것을 빠짐없이 충실히 정확하게 기입하고 잘 보관하여야 한다. 그러므로 실험노트는 단단히 제본된 것을 선택하고, 각 지면에는 번호가 적혀 있어야 하며, 어떠한 경우일지라도 지면의 일부라도 찢어버려서는 안 된다.

각 실험에 대하여 기록하는 첫면에는 그 실험의 개요, 순서, 반응식, 필요한 원자량, 분자량, 상수, 수학적인 계산 방법 등 필요한 사항들을 실험 시간에 앞서 미리 조사하여 적어 놓아야 한다. 그리고 참고한 교재나 문헌의 이름과 페이지를 기록한다.

다음에는 실험실에서 관측한 측정값을 기입하도록 하는데, 관측한 날짜, 날씨, 실온 등을 기록에 남겨야 한다. 측정값으로 표를 만들 수 있는 경우에는 미리 표를 작성하여 그 빈칸을 측정값으로 채우도록 한다.

실험노트는 실험한 기록을 오래 보관해야 하기 때문에 볼펜으로 깨끗하게 쓰고, 실험에서 얻은 모든 측정값과 경험한 사항을 빠짐없이 그 자리에서 직접 자기 실험노트에 기록해야 한다. 측정값을 다른 종이에 적었다가 나중에 실험노트에 옮겨 적는다는 것은 착오를 가져오거나 잃어버릴 수 있기 때문에 처음부터 실험노트에 직접 적어야 한다. 만약 기록했던 것을 고칠 필요가 있을 때에는 이것을 지우지 말고 단선을 그은 다음 빈자리에 옳은 것을 기입하도록 한다.

1B—2 화학실험실 보안

화학실험실에서는 실제로 다음과 같은 사고가 일어날 수 있다.

1. 가열하는 것이 폭발하여 뜨거운 물 또는 용액을 뒤집어 쓸 수 있다.
2. 유리기구를 취급하다가 손이나 신체에 상처를 입을 수 있다.
3. 알코올 램프 또는 가스연료 버너로 인한 화재가 발생할 수 있다.
4. 유독한 액체나 기체를 흡수하여 위험한 상태에 빠지는 경우가 있다.

그러므로 다음과 같은 사항을 스스로 꼭 지키도록 해야 한다.

1. 화학실험실에는 소화용 모래와 소화기가 꼭 준비되어 있어야 하고, 유사시에는 아무나 곧바로 사용해야 한다.
2. 실험실에서는 실험복 또는 앞치마를 입어 몸과 의복을 보호하고, 필요할 경우에는 안경을 착용하는 것이 좋다.
3. 화학 시약 중에는 유독하고 부식성이 있는 것이 많으므로 손이나 의복에 묻는 즉시 수돗물로 충분히 씻도록 한다. 특히 가성소다와 황산용액을 조심해야 한다.

4. 고무마개에 유리관을 끼울 때에는 유리관에 비눗물을 묻히고, 수건이나 장갑을 끼고 작업하도록 한다. 유독한 가스나 증기가 발생하는 것은 후드를 이용한다.
5. 지도 선생님의 허락없이 정규 수업 이외의 실험을 하는 일은 없도록 해야 한다.
6. 피펫 사용시 입으로 액체를 빨아올리지 말고 고무밸브를 사용하도록 한다.
7. 사용한 시약용액, 유기용매 등은 한곳에 모아 처분하도록 하고 자연을 보호하도록 한다.

1C 시 료

1C—1 시료 취하는 법

학생들이 화학분석 실험을 할 때에는 일반적으로 곧 실험할 수 있는 소량의 가루시료 또는 용액시료를 받게 되므로 시료를 채취하는 작업과정이 필요없지만, 바닷물, 강물 또는 광산에서 캐내는 광석과 같이 거대한 분석대상 물질에서 전체를 대표할 수 있는 소량의 시료를 취하는 작업은 대단히 중요하고, 이것이 나아가서는 분석결과의 정당성에 큰 영향을 미친다. 분석할 대상이 기체나 용액과 같은 균일한 물질일 때에는 비교적 큰 문제가 없지만, 흙이나 광석과 같이 균일하지 않은 경우에는 적당한 시료를 취하는 것이 대단히 어려운 문제이다. 분석하려는 대상 물질의 양이 많을수록, 또 균일성이 작을수록 시료를 취하는 작업은 신중하게 해야 한다.

기체나 액체의 경우에도 대기, 바닷물, 호수 및 강물과 같이 대상이 클 때 국부적으로는 균일하지만 위치에 따라 상당한 농도차를 가지고 있다. 호수의 용해 산소의 함유량은 깊이가 1～2 m 달라도 수백 배 정도의 차를 나타내는 수가 있다.

또 사람의 혈액의 경우에는 식사 전후에 그 조성이 상당히 달라지므로 보통 아침 식사 전에 혈액시료를 채취한다. 광석과 같은 고체의 경우에는 덩어리가 클수록 균일성이 작아진다. 따라서 통계적으로 볼 때 시료는 분석 대상물의 여러 가지 위치에서 여러 가지 크기의 시료를 무작위로 많이 취할수록 좋을 것이다. 그러나 취하는 시료가 너무 많아도 곤란하기 때문에 지름이 2～3 cm 광석인 경우에는 0.5 kg 가량을 제1차 시료로서 취하는 것이 좋은데, 균일성이 크고 덩어리가 작을수록 제1차 시료는 적게 취해도 좋다.

여러 가지 분쇄기 및 막자사발을 이용하여 시료 덩어리를 작게 만들면서 시료의 양을 줄인다. 이때 사등분법을 이용하는데, 빻은 시료를 원뿔 모양으로 쌓아올리고, 이것을 수직으로 사등분하여 대각되는 두 부분만을 취한다.

이와 같이 시료를 분쇄하고 사등분하는 방법을 되풀이하여 마지막에 단단한 마노 막자사발을 이용하여 5～10 g 정도의 시료를 고운 가루로 만들어 분석용 시료로서 보관한다. 이와 같은 과정에서 불순물의 오염, 일부 시료의 산화, 그리고 일부 휘발물의 손실 등을 피하도록 주의해야 한다.

병에 들어 있는 덩어리 약품을 분석할 때에도 한두 개만 취하는 것이 아니라, 적어도

20개 이상을 무작위로 취하여 가루로 만들어야 한다.

채취한 시료는 보관하는 동안에 용기, 공기, 수분, 광선 및 열에 의해 변질될 우려가 있으므로 조심해서 보관하도록 한다. 특히 혈액이나 오줌과 같은 생화학 시료를 보관할 때에는 변질억제제 같은 것을 첨가한 다음 냉장고와 같이 적당한 온도가 유지되는 곳에서 보관하도록 한다.

분석에 사용할 수 있는 시료의 양과 시료중에 들어 있는 분석대상 성분의 함유량은 분석법의 중요한 조건이다. 시료의 양 또는 함유량이 너무 적으면 정확한 분석을 할 수 없는 경우가 있다. 분석법과 분석기기가 발전함에 따라 대단히 적은 양의 시료나 미량성분도 분석할 수 있게 되었다. 일반적으로, 이용할 수 있는 시료의 양에 따라 분석법을 분류할 수 있는데 100 mg 이상인 경우를 **보통분석법**(macro analysis)이라 하고, 10~100 mg의 경우는 **반미량분석법**(semimicro analysis), 10 mg 이하는 **미량분석법**(micro analysis)이라고 한다.

1C-2 시료의 건조

고체 시료는 수분을 포함하는 경우가 많은데, 이때 수분은 결정수 또는 부착수로서 존재한다. 그러므로 고체 시료의 수분 함유량은 주위의 습도에 따라 변할 수 있기 때문에 일정하지 않다. 같은 시료라 할지라도 마른 경우와 젖은 경우의 분석값은 다르므로 시료는 미리 잘 말려두어야 한다. 보통 10 g 정도의 시료가루를 무게다는 병에 담아서 105~110℃로 조절한 전기건조기 속에서 뚜껑을 열고 2시간 가량 말리면 충분하다. 그러나 물질에 따라 일정한 무게까지 말리는 데 더 오랜 시간이 필요한 경우도 있는데, 이때에는 20분 동안 더 말려서 0.2 mg 이내에서 무게가 일치하게 될 때까지 반복하여 건조시킨다.

전기건조기에서 꺼낸 시료병은 뚜껑을 덮고 식혀서 데시케이터 속에 보관한다. 또 이러한 건조과정에서 원하지 않는 반응이 일어나거나 일부 물질이 날아갈 수도 있으므로 이러한 경우에는 낮은 온도에서 진공건조기를 이용하거나, 아니면 진공 데시케이터를 이용하는 것이 좋다.

(1) 데시케이터

그림 1-1과 같은 유리그릇의 밑바닥에 염화칼슘과 같은 건조제를 넣고 갈아 맞춘 뚜껑을 하여 내부 공기를 마른 상태로 유지하고, 그 속에서 시료 시약 또는 도가니와 같은 물체를 마른 상태로 보관하는 데 이용하는 그릇을 데시케이트라고 한다.

고온으로 가열한 것은 그대로 넣지 말고 일단 밖에서 100℃ 이하로 식혀서 데시케이터에 넣도록 해야 한다. 갈아 맞춘 뚜껑에는 바셀린 또는 그리스를 골고루 엷게 발라 공기가 새지 않게 하고, 건조제 위에는 사기로 된 판대를 얹고 그 위에 보관할 물건을 놓는다.

표 1－1 보통 건조제와 그 수분 흡수능력

건조제	재생법	성질(가수반응 후)	1L의 말린 공기중에 남아 있는 H_2O(mg)(실온)
P_2O_5	어렵다	산성	2.6×10^{-4}
BaO	어렵다	염기성	6.5×10^{-4}
Al_2O_3	175 ℃	중성	1×10^{-3}
$Mg(ClO_4)_2$	240 ℃(진공)	중성	2×10^{-3}
CaO	500 ℃	염기성	3×10^{-3}
$CaSO_4$	275 ℃	중성	5×10^{-3}
실리카겔	120 ℃	중성	6×10^{-3}
KOH	어렵다	염기성	1.4×10^{-2}
$CaCl_2$	어렵다	중성	1.4

데시케이터에 넣는 건조제로는 염화칼슘이 흔히 사용되고 있는데, 표 1－1에서 보는 바와 같이 이것은 그다지 효과적인 건조제는 아니다. 과염소산마그네슘과 황산칼슘의 무수물은 편리하고 효과적인 건조제이다. 실리카겔, 산화바륨과 같은 것도 건조제로 많이 사용되며, 흡수하는 수분에 따라 색깔이 변하는 편리한 것도 고안되어 있다. 오산화인은 가장 강한 건조제이지만, 점차적으로 표면에 인산의 막이 생겨 효력이 줄어든다.

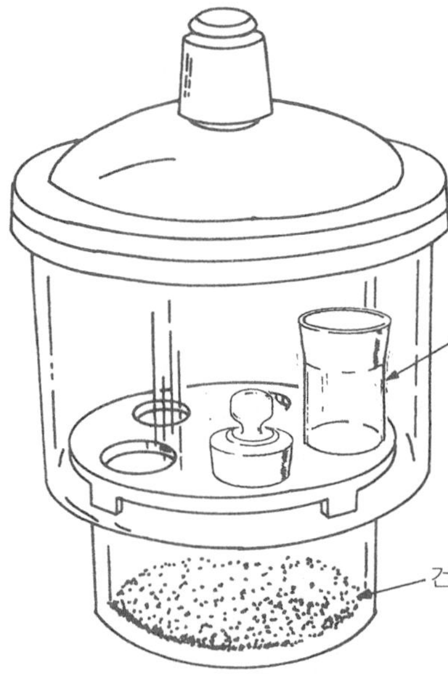

그림 1－1 데시케이터.

(2) 부착수

고체에 포함되어 있는 H_2O가 물질의 분자나 결정체의 구성성분으로서 포함되어 있는 경우에는 결정수이고, 결정 구조와는 관계없이 표면에 붙어 있는 수분을 부착수라고 한다.

고체에 부착된 수분의 양은 일반적으로 온도와 습도에 따라 변하는데 온도는 높을수록, 습도는 낮을수록 수분 함유량은 적어진다. 고체의 표면에 부착된 수분의 양과 수증기압의 관계는 그림 1－2의 곡선 1과 같고, 그 함유량도 적다(0.1 % 이하). 실리카겔, 녹말가루, 섬유와 같은 콜로이드질 고체의 경우에는 수분이 내부에 흡수되고, 수분 함유량도 많으며(10～20 %), 수증기압과의 관계는 곡선 2와 같다.

일반적으로 표면 부착수는 100 ℃ 이상으로 가열하면 비교적 쉽게 제거된다. 그러나

표 1－2 재결정한 소금의 수분 함유량

온도(℃)	가열시간(h)	수분(%)	온도(℃)	가열시간(h)	수분(%)
180～250	4	0.19	295～300	12	0.09
180～250	12	0.14	380	12	0.00

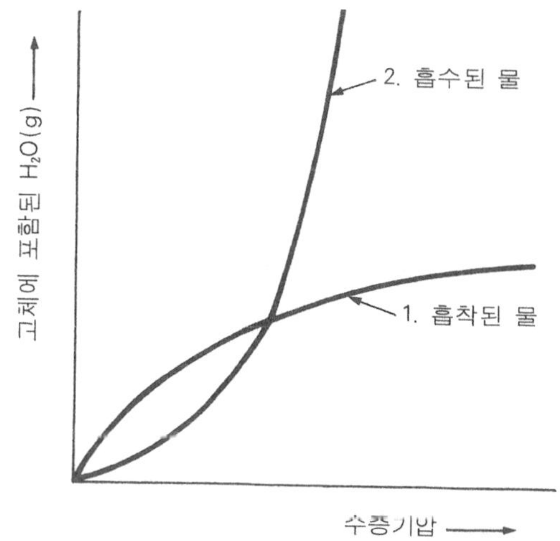

그림 1－2
고체에 포함된 수분의 양과 수증기압의 관계.

물질에 따라서는 제거하기가 대단히 어려운 것도 있다. 특히 내부에 흡수되어 있는 것은 더 높은 온도에서 장시간 가열해야 제거된다(표 1－2 참조). 산화알루미늄이나 사기 도가니 표면에 붙은 수분은 1000℃ 이상의 온도에서도 완전히 제거하기 어려운 경우가 있다.

(3) 결정수

결정수의 양과 습도의 관계는 부착수의 경우와 다르다. 염화바륨의 경우는 그림 1－3과 같다. 25℃에서 밀폐된 그릇 속에 염화바륨의 무수물을 넣고, 여기에 수증기를 조금씩 가하면 처음에는 염화바륨의 일부가 1수화물염으로 변하면서 다음과 같은 평형관계가 이루어진다.

$$BaCl_2(s) + H_2O(g) \rightleftharpoons BaCl_2 \cdot H_2O(s)$$

이 경우에 수증기와 두 고체 $BaCl_2 \cdot H_2O$ 및 $BaCl_2$가 공존하고, 수증기압은 일정한 값을 유지한다. 데시케이터 속의 건조제가 바로 이러한 구실을 한다. 그릇 속의 일정한 수증기압은 그림 1－3의 수평선 AB로 표시된다. 점 B는 H_2O가 50 mol %, $BaCl_2$가 50 mol %가 되는, 즉 $BaCl_2 \cdot H_2O$가 완결되는 점이다.

그릇 속의 수증기가 더 증가하면 점 C에 도달하고, 선 CD에서 아래와 같은 평형이 성립된다.

$$BaCl_2 \cdot H_2O + H_2O(g) \rightleftharpoons BaCl_2 \cdot 2H_2O(s)$$

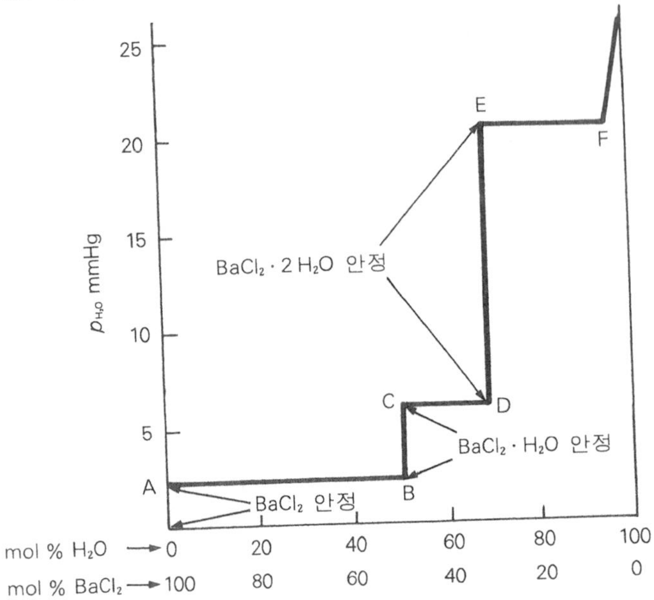

그림 1—3 염화바륨의 결정수와 수증기압의 관계(25 ℃).

이때 가해지는 수증기는 2수화물을 만드는 데 소비된다. 그리고 수증기압은 선 CD를 따라 일정하게 유지된다. 다시 수증기를 가하면 수증기압은 수직선 DE를 따라 증가한다. 수증기압이 더 증가하면 포화용액이 생기고, 이때의 평형 수증기압이 선 EF로 표시된다.

위의 사실을 통해 볼 때 $BaCl_2 \cdot 2H_2O$는 25 ℃에서 수증기압이 6～21 mmHg 사이로 변화해도 안정하다는 것을 알 수 있다. 이것은 대기의 일반적인 습도인 25～88 % 사이에서 안정하다는 의미이다.

한편 $BaCl_2$는 대기중에서 점차 $BaCl_2 \cdot 2H_2O$ 결정염으로 변화하고, 반대로 $BaCl_2$의 용액은 대기중에서 수분을 잃고 점차 2수화물염으로 된다.

1C—3 시료의 용해

일부 기기분석의 경우는 예외이지만, 대부분의 분석실험에서는 고체 시료를 일정량 취하여 적당한 용매에 완전히 녹여 용액으로 만든다. 그러나 철광석의 철 정량분석 때와 같은 경우에는 고체 시료를 완전히 녹일 필요없이 철 성분만을 염산으로 완전히 추출하여 녹여낼 수 있는 경우도 있다.

시료를 녹일 때 유의해야 할 것은 용해과정에서 시료중의 휘발 성분 일부가 날아가는 것이다. 시료를 산으로 처리하면 CO_2, SO_2, H_2S, H_2Se 등이 휘발할 수 있고, 염기로 처리할 때에는 NH_3 성분이 휘발할 수 있으며, 또 플루오르화수소산 HF로 처리할 때에는 SiF_4, BF_3 등이 휘발할 가능성이 있다.

또 센 산화제로 처리하는 경우에는 Cl_2, Br_2, I_2 성분이 휘발하고, 센 환원제로 처리하

표 1－3 산에 의한 시료(금속)의 용해

산	쉽게 녹는 것	느리게 녹는 것	녹기 어려운 것
염산(6 M HCl 함께 끓는점 ; 110 ℃)	대부분의 금속 약한 산의 염	Pb, Co, Ni, Cd 금속	Bi, As, Cu, Hg, Ag 금속
묽은 염산	대부분의 산화물 대부분의 금속		Pb, Sb, Bi, As, Cu, Hg, Ag 금속
뜨거운 진한 황산 (분해 온도 ; 340 ℃)	대부분의 금속		
질산	대부분의 금속	Al, Cr, Sn 금속 (녹기 어려운 산화막이 생김)	
뜨거운 진한 과염소산 (72 % $HClO_4$ 함께 끓는점 ; 203 ℃)	대부분의 금속		특별히 주의할 점 : 과염소산의 경우 유기물과 같은 환원제가 있으면 폭발할 위험이 대단히 크다
왕수(염산 3, 질산 1의 혼합물)	모든 금속	질산은 산화제로, 염화이온은 착화제로 작용한다	

는 경우에는 AsH_3, PH_3, SbH_3 성분이 휘발할 가능성이 있나. 신한 염산용액으로 가열 처리하는 경우에는 $AsCl_3$, $SbCl_3$, $GeCl_4$, $HgCl_2$ 등이 휘발할 가능성이 있다.

고체 시료는 물이나 유기용매에 잘 녹는 것도 있지만, 그렇지 않은 경우에는 일반적으로 다음과 같이 산처리법과 융제를 섞어서 강열하는 용융법을 이용하는 것이 보통이다.

(1) 산처리법

산에는 염산이나 묽은 과염소산, 황산과 같이 산화력이 작은 산, 질산이나 뜨거운 진한 황산, 염소산과 같이 산화력이 큰 산이 있다. 시료, 특히 금속을 이들 산으로 처리할 때 나타나는 현상을 표 1－3에 나타내었다. 전극전위가 수소보다 낮은 금속은 일반적으로 산의 수소이온과 대치하여 녹게 되지만, 그렇지 않은 금속은 산화제를 가하고 산으로 처리해야 녹는다. 이것은 금속이 일단 금속 양이온으로 산화된 다음 산에 녹기 때문이다.

금속을 녹일 때 경우에 따라서는 착화제를 사용할 때도 있다. 예를 들어 백금을 왕수에 녹일 경우에 질산은 산화제로 작용하고, 염화이온은 착화제로 작용하여 금속이온에 배위하여 가용성 착이온을 만들어 용해시킨다.

$$3\,Pt + 4\,HNO_3 + 18\,HCl \rightleftharpoons 3\,PtCl_6^{2-} + 4\,NO + 8\,H_2O + 6\,H^+$$

(2) 용 융

산처리로서 녹지 않는 고체 시료는 융제(flux)를 섞어 가열 용융하여 녹인다. 금속 산화물과 같은 염기성 물질인 경우에는 피로황산칼륨과 같은 산성 융제를 사용하고, 규산염과 같은 산성 물질의 경우에는 탄산나트륨과 같은 염기성 융제를 사용한다. 크롬광의 경우와 같이 산화작용이 필요한 경우에는 염기성 융제에 과산화나트륨과 같은 산화제를 섞는다.

피로황산칼륨 산에 녹지 않는 금속 산화물은 피로황산칼륨을 섞어 용융하면 가용성 황산물을 만들 수 있다. 산화철이 피로황산칼륨과 반응하는 화학반응은 다음과 같다.

$$K_2S_2O_7 \rightleftharpoons K_2SO_4 + SO_3$$

$$Fe_2O_3 + 3\,SO_3 \rightleftharpoons Fe_2(SO_4)_3$$

황산수소칼륨도 융제로 사용되는데, 그 이유는 이것을 가열하면 쉽게 피로황산칼륨으로 변하기 때문이다. 그러나 이때 수분이 생기는 것이 한 가지 결점이다.

$$2\,KHSO_4 \rightleftharpoons K_2S_2O_7 + H_2O$$

피로황산염을 융제로 사용하는 경우에는 생성된 삼산화황이 금속 산화물과 잘 반응할 수 있도록 서서히 조심스럽게 가열해야 하고, 시료 1 g에 5～10 g의 피로황산을 섞어 백금 또는 실리카 도가니를 사용하여 300 ℃ 정도에서 서서히 가열하는 것이 대단히 중요하다.

탄산나트륨 난용성 규산염 또는 황산바륨에 탄산나트륨(또는 탄산칼륨과의 혼합융제)을 섞어 용융시키면 다음과 같이 비금속 산화물은 나트륨염으로 되고, 금속은 산화물 또는 탄산염으로 되어 모두 묽은 산으로 쉽게 녹게 된다.

$$2\,NaAlSi_3O_8 + 5\,Na_2CO_3 \rightleftharpoons 6\,Na_2SiO_3 + Al_2O_3 + 5\,CO_2$$

$$BaSO_4 + Na_2CO_3 \rightleftharpoons Na_2SO_4 + BaO + CO_2$$

탄산나트륨과 탄산칼륨을 1:1로 섞은 **혼합융제**는 더 낮은 온도에서 용융되므로 편리하게 이용되는 때가 많다. 가루시료 1g에 대하여 10g 가량의 혼합융제를 충분히 섞어 백금 도가니에 넣은 뒤에 뚜껑을 덮고 서서히 1000℃ 정도로 가열하면 완전히 용융한다. 이것을 식힌 다음 물 또는 묽은 염산으로 녹인다.

1C－4 유기물 시료의 분해

동·식물의 조직과 같은 유기물 시료를 분해 용해시키는 데는 건식 회화법과 습식 산처리법 두 가지가 있다.

(1) 건식 회화법

일정량의 시료를 일반 사기 도가니에 넣고 전기로에서 400～700 ℃로 가열하여 회화

표 1-4 유리의 화학적 침식(무게 감소 mg/cm^2)

작용하는 액체	온도(℃)	시간	파이렉스 유리	바이코어 유리	내알칼리 유리
H_2O	80	48	0.002	<0.001	0.002
5 % HCl	100	24	0.005	0.0005	0.01
0.01 M Na_2CO_3	100	6	0.12	0.07	0.01
5 % NaOH	100	6	1.4	0.9	0.04

시킨다. 액체 시료의 경우에는 낮은 온도에서 서서히 가열하여 말린 다음에 세게 가열한다. 500℃ 이상에서는 납(Pb) 성분의 일부가 휘발하는 수가 있다.

이 경우에는 질산마그네슘과 같은 산화제를 시료에 첨가하면 시료중의 거의 모든 금속 성분과 염소, 비소와 같은 성분이 회분에 남게 된다. 도가니에 남은 회분은 6 M 염산으로 씻어서 옮긴다.

(2) 습식 산처리법

일반적으로 Kjeldahl(켈달) 플라스크(그림 8-8 참조)에 시료를 넣고 소량의 황산(5 mL)과 많은 양의 질산(20~30 mL)을 첨가하여 서서히 가열한다. 질산이 점차 증발하고 황산이 백연을 내게 되면 온도는 340℃ 정도로 되고, 시료는 분해된다. 검은 유기물이 남아 있으면 질산을 더 첨가하여 계속 가열한다.

질산, 과염소산 및 황산을 3 : 1 : 1 비로 혼합한 산은 더 효과적인 분해제이다. 그러나 과염소산은 폭발 위험성이 있기 때문에 주의해야 한다. 그러나 황산이 남아 있는 경우에는 폭발하는 일이 없다.

(3) 용융법

유기물 시료는 센 산화제인 과산화나트륨을 섞어서 용융하면 유기물중에 있는 탄소가 이산화탄소와 탄산물로 되고, 황은 황산으로, 인은 인산으로, 요오드 및 브롬은 요오드산 및 브롬산으로 전환시켜 물에 녹일 수 있다.

또 시료에 금속 나트륨 또는 칼륨을 섞어 밀폐된 유리관 속에서 400℃ 정도로 용융하여 알코올로 분해하면 유기물 시료중의 할로겐, 특히 플루오르가 물에 녹는 성분으로 변한다.

1D 화학분석용 용기

1D-1 유리그릇

화학분석에는 비커, 플라스크 등 여러 가지 유리그릇을 많이 사용한다. 분석실험 도중 유리그릇에서 녹아 나오는 불순물은 용액에 따라 무시할 수 없고, 분석오차를 가져온다. 유리의 화학적 침식은 취급하는 액체에 따라 다르며, 표 1-4에 나타내었다. 유리그릇

표 1－5 몇 가지 특수 유리의 주성분과 성질

성 분	파이렉스 유리(%)	바이코어 유리(%)	내알칼리 유리(%)
SiO_2	81.0	96.3	71
B_2O_3	13.0	2.9	<0.2
Al_2O_3	2.2	0.4	16
$Na_2O + K_2O$	3.8	<0.04	12
As_2O_3	0.002	0.005	
열팽창률	3.2×10^{-6}	0.7×10^{-6}	6.4×10^{-6}

은 산에는 비교적 안정하지만, 알칼리 용액에는 쉽게 침식된다. 실험에서 일반적으로 사용하는 것은 파이렉스(Pyrex) 유리로, 이것은 규산붕소 유리이다(표 1－5 참조). 이 유리는 열팽창률이 보통 유리보다 1/3 정도로 작아 급열 및 급냉에 잘 견디고, 화학적 침식도 적게 받는다. 바이코어(Vycor) 유리는 96 % SiO_2로 되어 있는 투명한 유리이며, 900 ℃까지 높은 온도에서 사용할 수 있다. 내알칼리 유리는 알칼리에 잘 견딘다. 분석 실험에 사용하는 유리용기는 항상 깨끗하게 보관해야 하고, 따뜻한 세제 또는 비눗물로 몇 번이고 씻은 다음 마지막에 수돗물 및 증류수로 깨끗이 씻어 말리도록 한다. 필요할 때는 벤젠이나 아세톤과 같은 용기용매를 사용하는 수도 있다.

1D－2 용융실리카

산화규소를 녹여 만든 용융실리카에는 투명한 것과 반투명한 것이 있고, 1700 ℃ 이상에서 물러진다. 열팽창률은 보통 유리의 1/15(5×10^{-7}) 정도로 작고, 급열 및 급냉에 잘 견디며, 화학적 침식도 적게 받는다. 그러나 높은 온도에서 알칼리와 인산 등에 침식된다.

1D－3 사기 용기

사기 도가니 및 사기 증발접시는 화학실험에 많이 사용된다. 유리보다 화학적 침식을 적게 받고 또 물리적 충격, 급열 및 급냉에도 잘 견딘다(열팽창률 3×10^{-6}). 사기 도가니는 1200 ℃ 정도까지의 높은 온도에서도 사용할 수 있다. 그러나 표면에 바른 유약이 좋지 않으면 화학적 침식도 많이 받고 높은 온도에서 사용하기 어렵다. 그러므로 정밀분석에는 백금 용기를 사용한다.

1D－4 백금 도가니

백금 도가니는 시료의 알칼리 용융에 사용되고, 모든 약품에 가장 안정한 중요한 것이다. 그러나 값이 비싸기 때문에 조심해서 취급해야 한다. 백금의 녹는점은 1774 ℃이고,

표 1－6 시판되는 진한 산과 염기의 성질

산 또는 염기		무게 백분율(%)	비중	몰농도
아세트산	CH_3CO_2H	99.5	1.05	17.4
염산	HCl	37	1.19	12
질산	HNO_3	72	1.42	15.7
과염소산	$HClO_4$	70～72	1.68	11.6
인산	H_3PO_4	85	1.69	14.7
황산	H_2SO_4	95	1.83	18
암모니아	NH_3	28	0.90	14.8

높은 온도에서도 화학변화를 잘 받지 않는다. 순수한 것은 무르기 때문에 Rh 또는 Ir과 합금을 만들어 사용하는 경우가 많다. 백금은 1000℃ 이상의 고온에서 조금씩 휘발하지만, 900℃ 이하에서는 전혀 휘발하지 않는다. 그리고 높은 온도에서는 철제집게를 사용하면 철합금이 생기기 때문에 끝을 백금으로 입힌 집게를 사용해야 한다. 또 백금 도가니는 탄소분이 많은 환원성 물질과 함께 가열하거나 거름종이에 불이 붙어 높은 온도에서 탄소분과 반응하게 되면 백금 카바이드가 생겨서 변질된다. 그리고 알칼리 금속의 산화물과 가열해서는 안 된다. 백금 용기는 항상 깨끗하게 보존해야 한다.

1E 시 약

1E－1 시 약

정량분석에는 순도가 높은 분석용 시약만을 사용한다. 불순물이 섞여 있는 것은 재결정법, 승화법 또는 증류법 등을 이용하여 순도를 높여서 사용한다. 시약뿐만 아니라, 분석에 사용하는 물은 반드시 깨끗한 증류수나 탈염수를 사용해야 올바른 결과를 얻을 수 있다.

공업용 시약(commercial grade)은 불순물이 많이 섞여 있어 화학분석에는 사용할 수 없다. 화학분석에는 제조회사에서 품질을 보증하고, 그 순도와 불순물의 함유량을 밝힌 분석용 시약을 사용해야 한다. 그러나 시판되고 있는 시약은 다음과 같은 이유로 무조건 믿을 수는 없다.

1. 제조회사의 분석결과가 언제나 정확할 수 없다.
2. 포장, 수송하는 동안에 불순물이 들어갈 수 있다.

그러므로 정밀한 실험에서는 시약을 분석검사하거나 정제할 필요가 있는 경우도 있다.

USP급(United States Pharmacopoeia)은 미국 약전에 의한 분석검사에 통과한 것이고, **시약급**(reagent grade) 및 **분석용 시약**(analytical grade)은 미국 화학회 기준에 따라 분석한 분석표가 붙어 있는 것이다.

일반 시중에서 취급하는 진한 산과 염기는 대략 표 1－6과 같은 농도를 가진다.

화학시약은 항상 조심해서 취급하도록 한다. 실험실에서 많이 사용하는 것 중에서 수산화나트륨(가성소다)과 황산을 조심해야 하는데, 이들은 진한 것은 말할 것도 없고 묽은 용액도 손이나 의복에 묻으면 수분이 휘발하여 진하게 되어서 손상을 준다. 그리고 과염소산은 폭발할 위험이 있기 때문에 취급하는 데 특히 조심을 해야 한다.

1E－2 표준물

화학분석 과정은 대부분의 경우, 특히 기기분석에서는 시료물질의 순도 또는 농도를 정확하게 농도가 알려져 있는 표준물과 비교하여 결정하는 방법을 사용하는데, 여기에 이용되는 표준물 또는 표준용액을 만드는 데 사용되는 시약은 그 순도가 대단히 높아야 하고, 보통 99.99 % 이상의 순도를 가지는 물질이어야 한다. 이것을 **일차 표준물**(primary standard)이라고 한다.

산의 표준용액의 정확한 농도를 결정하는 데에는 순수한 탄산나트륨을 일차 표준물로 이용하고, 알칼리의 표준용액을 만드는 데에는 프탈산수소나트륨, 옥살산 또는 벤조산의 순수한 결정이 일차 표준물로 이용된다. 또 순수한 옥살산나트륨, 삼산화비소, 중크롬산칼륨 등은 산화제의 일차 표준물로 사용되고 있다. 이러한 결정물에 수분이 붙어 있으면 오차가 생기기 때문에 적당한 온도에서 잘 말려서 사용해야 한다. 분석용 일차 표준물은 각국 국립표준국 연구소에서 조사하고 연구하여 생산하고 있다. 우리나라는 대전 대덕에 있다.

1E－3 증류수

물은 화학분석에 많이 사용되기 때문에 반드시 깨끗한 증류수를 이용해야 한다. 증류수에는 증류기에서 녹아 들어오는 구리와 같은 미량의 무기물과 대기중의 기체 성분(CO_2, NH_3, O_2 등), 그리고 휘발성 유기물을 조금씩 포함하는 수가 있다. 좋은 증류수를 얻기 위해서는 유기물을 산화하기 위해 처음에는 염기성에서 과망간산염을 첨가하여 증류하고, 다음에 암모니아를 제거하기 위해 다소 황산 산성에서 재증류해야 한다. 이때 증류기는 파이렉스 유리로 만든 것을 사용하는 것이 좋다. 이렇게 해서 얻은 증류수는 보관할 때 먼지나 공기중의 이산화탄소나 암모니아를 흡수하지 않도록 해야 한다.

일반 증류수를 다시 이온교환수지에 통과시켜 녹아 있는 미량의 염분을 제거한 물을 **탈염수**(deionized water)라 하고, 일반적으로 이것은 정밀한 실험에 많이 이용되고 있다.

1F 물질의 양과 농도

1F－1 몰, 그램분자량 및 그램화학식량

물질의 양은 g 단위로 표시하는 것이 보통이지만 화학에서는 그램분자량, 즉 mol(몰)

이 물질의 중요한 무게 단위로 사용된다. 몰 단위는 mol로 표시하고, 그 1/1000인 밀리몰은 mmol로 표시한다. 몰은 분자량의 값과 같은 g수이므로 물질에 따라 1 mol의 무게는 다르다. 그러나 어떤 물질이라도 1 mol에는 $6.023 \times 10^{23}(N)$개의 분자가 포함되어 있다. 그리고 화학반응은 일반적으로 분자와 분자가 서로 반응하기 때문에 화학반응을 하는 물질 사이의 양적 관계는 무게(g)보다 mol로 다루는 것이 편리하며, 이러한 사실은 mol 단위가 화학에서 중요하게 이용되는 이유 중의 하나이다. 예를 들어 분자 A a개와 분자 B b개가 반응할 때 물질 A와 B가 알맞게 반응하는 양적 비는 $a$mol : $b$mol 이다. 그리고 분자 이외에 이온 또는 라디칼과 같은 화학종도 분자와 같이 생각하여 1 그램화학식량을 1mol로 취급하는 것이 보통이다.

물질 1mol의 무게는 1그램분자량(gram, molecular weight), 즉 Mw g이고, 1 mmol은 $\frac{Mw}{1000}$ g이기 때문에 물질 amol 및 ammol의 무게(g)는 다음과 같다.

$$a\,\text{mol의 무게} = a\,\text{mol} \times \text{Mw}\,\frac{\text{g}}{\text{mol}} = a \times \text{Mw}\,\text{g} \qquad (1-1)$$

$$a\,\text{mmol의 무게} = a\,\text{mmol} \times \frac{\text{Mw}}{1000}\,\frac{\text{g}}{\text{mmol}} = \frac{a \times \text{Mw}}{1000}\,\text{g} \qquad (1-2)$$

물질 ag은 다음과 같은 mol 또는 mmol로 된다.

$$a\,\text{g의 mol수} = \frac{a\,\text{g}}{\text{Mw (g/mol)}} = \frac{a}{\text{Mw}}\,\text{mol} \qquad (1-3)$$

$$a\,\text{g의 mmol수} = \frac{a\,\text{g}}{\text{Mw}/1000\text{(g/mmol)}} = \frac{a \times 1000}{\text{Mw}}\,\text{mmol} \qquad (1-4)$$

예제 1F－1

2.000 g의 NaCl(Mw = 58.44)은 몇 mol과 mmol인가?

풀이 1 mol NaCl = 58.44 g, 1 mmol NaCl = 0.05844 g

식 1－3 및 1－4에 따라

$$\text{mol NaCl} = 2.000\text{ g NaCl} \times \frac{1\text{ mol NaCl}}{58.44\text{ g NaCl}} = 0.03422\text{ mol NaCl}$$

$$\text{mmol NaCl} = 2.000\text{ NaCl} \times \frac{1\text{ mmol NaCl}}{0.05844\text{ g NaCl}} = 34.22\text{ mmol NaCl}$$

예제 1F－2

25.000 g Na_2SO_4(Mw = 142.0)에는 Na^+(Mw = 23.00)가 몇 g 들어 있는가?

풀이 $$\text{mol } Na_2SO_4 = 25.00\text{ g } Na_2SO_4 \times \frac{1\text{ mol } Na_2SO_4}{142.0\text{ g } Na_2SO_4} = 0.17606\text{ mol } Na_2SO_4$$

1 mol Na_2SO_4에는 2 mol Na^+가 있다.

$$\text{mol } Na^+ = 0.17606\text{ mol } Na_2SO_4 \times \frac{2\text{ mol } Na^+}{\text{mol } Na_2SO_4} = 0.3521\text{ mol } Na^+$$

$$\text{g } Na^+ = 0.3521\text{ mol } Na^+ \times \frac{23.00\text{ g } Na^+}{\text{mol } Na^+} = 8.099\text{ g } Na^+$$

1F-2 당 량

(1) 산 및 염기의 당량

mol 단위는 화학에서 널리 사용되는 무게 단위이지만, 적정법에서는 물질의 무게 단위로서 그램당량을 많이 사용한다. 당량은 화학반응에 따라 다른데, 산-염기의 1그램당량은 수소 1그램원자량(1.008 g)을 내거나 또는 그것과 반응하는 데 해당하는 물질의 양을 말하고 eq로 표시하며, 그 1/1000은 밀리당량으로 meq로 표시한다. 예를 들어 염산 HCl, 황산 H_2SO_4, 인산 H_3PO_4는 각각 1염기산, 2염기산, 3염기산이고 이들 1 mol에 해당하는 무게는 각각 1 eq, 2 eq, 3 eq라고 볼 수 있다. 따라서 이들 1 eq는 각각 그 물질의 1 mol, $\frac{1}{2}$ mol, $\frac{1}{3}$ mol에 해당한다. 그러나 실제 문제는 한 물질의 1그램당량의 무게가 이와 같이 고정되어 있지 않고, 그 물질이 실제로 참여하는 화학반응에 따라 변할 수 있다는 것이다.

(2) 산화제 및 환원제의 당량

산화반응은 한 화학종이 전자를 잃어버리는 반응이고, 환원반응은 전자를 받아들이는 반응이다. 따라서 산화-환원 반응에서는 한 개의 화학종이 주고받는 전자의 개수에 따라 그 물질의 당량이 결정된다. 이 경우에도 역시 일어나는 반응에 따라 참여하는 각 화학종은 그 1당량의 무게가 달라진다.

$Fe^{3+} + e^- \rightleftharpoons Fe^{2+}$의 경우 Fe^{3+} 및 Fe^{2+}는 1 mol이 1 eq에 해당하고,

$Fe^{3+} + 3e^- \rightleftharpoons Fe$의 경우 Fe^{3+} 및 Fe는 1 mol이 3 eq에 해당한다.

1F-3 농 도

용액의 농도를 표시하는 데에는 여러 가지 방법이 있다. 용질의 양을 용액의 양의 백분율(%)로 표시하는 경우에 무게 백분율(%)과 부피 백분율(%)을 잘 구별해야 한다.

$$\text{무게 백분율}(w/w) = \frac{\text{용질의 무게}}{\text{용액의 무게}} \times 100\ \% \qquad (1-5)$$

$$\text{부피 백분율}(v/v) = \frac{\text{용질의 부피}}{\text{용액의 부피}} \times 100\ \% \qquad (1-6)$$

용질의 함유량이 대단히 적은 묽은 기체 또는 용액일 경우에는 백만분의 일에 해당하는 ppm(parts per million)이나 십억분의 일에 해당하는 ppb(parts per billion)를 사용한다.

수용액인 경우에는 수용액의 밀도가 대략 1.00 g/1 mL이기 때문에 ppm 농도는 수용액 1 L, 즉 1000 g중에 녹아 있는 용질의 mg 단위로 표시한 농도이고, 다음과 같이 표시된다.

$$\text{ppm} \fallingdotseq \frac{\text{용질의 무게(mg)}}{\text{용액의 부피(L)}} \qquad (1-7)$$

예제 1F-3

비중이 1.391인 65 %(w/w) HNO_3(Mw = 63.01)의 몰농도를 구하라.

풀이 HNO_3의 농도 $\frac{g}{L} = \frac{1.391g}{1L/1000} \times \frac{65\ HNO_3}{100} = \frac{904.15g\ HNO_3}{1L}$

HNO_3의 농도 $M = \frac{904.15\ g\ HNO_3}{1\ L} \times \frac{1\ mol\ HNO_3}{63.01\ g\ HNO_3} = 14.34\ \frac{mol}{L}$

예제 1F-4

중크롬산칼륨 $K_2Cr_2O_7$(Mw = 294.19) 75.3 ppm 용액중의 K^+의 몰농도 M을 구하라(밀도는 대략 = 1.00 g/mL이다).

풀이 75.3 ppm $K_2Cr_2O_7$의 농도 = 75.3 mg $K_2Cr_2O_7$/L라고 볼 수 있다.

$K_2Cr_2O_7$의 농도 $M = \frac{mol\ K_2Cr_2O_7}{L\ K_2Cr_2O_7}$

$= \frac{75.3\ mg\ K_2Cr_2O_7}{L\ K_2Cr_2O_7} \times \frac{1\ mol\ K_2Cr_2O_7}{294.19 \times 10^3\ mg\ K_2Cr_2O_7}$

$= \frac{0.2559 \times 10^{-3}\ mol\ K_2Cr_2O_7}{L\ K_2Cr_2O_7}$

K^+의 농도 $= \frac{2.559 \times 10^{-4}\ mol\ K_2Cr_2O_7}{L} \times \frac{2\ mol\ K^+}{1\ mol\ K_2Cr_2O_7} = 5.119 \times 10^{-4}\ M$

(1) 몰농도 및 노르말농도

화학에서 가장 많이 사용되는 농도는 일정한 부피의 용액에 녹아 있는 용질의 양으로 표시한다. 용액 1 L 중에 녹아 있는 용질의 그램분자량, 즉 몰(mol)수로 표시하는 것을 **몰농도**(molarity)라 하고, mol/L, mmol/mL 또는 M으로 표시한다.

용질의 양을 그램화학식량으로 표시할 때에는 이것을 **포르말농도**(formality)라 하고 F로 표시하는 경우도 있는데, 보통 몰농도로 대용한다.

적정법에 많이 사용되는 **노르말농도**(normality)는 용액 1 L 중에 녹아 있는 용질의 양을 그램당량(eq)으로 표시하는 농도이고, eq/L, meq/mL 또는 N으로 표시한다.

이들 외에 일정한 무게의 용매에 녹아 있는 용질의 양으로 농도를 표시할 수도 있는데, 용매 1000 g에 녹아 있는 용질의 mol수로 표시하는 것을 **몰랄농도**(molality)라고 한다.

용액의 농도에 관한 계산법은 대단히 중요하기 때문에 반드시 잘 알아두어야 한다.

용액에 녹아 있는 용질의 전체 양은 그 부피와 농도를 곱한 값이다. 이러한 관계를 다음과 같이 표시하는데, 단위에 특별히 유의해야 한다.

$$\text{용질의 양(mol)} = \text{부피(L)} \times \text{농도}\left(\frac{mol}{L}\right) = mol \qquad (1-8)$$

$$\text{용질의 양(eq)} = \text{부피(L)} \times \text{농도}\left(\frac{eq}{L}\right) = eq \qquad (1-9)$$

mol 또는 eq 대신에 mmol 또는 meq를 쓰는 경우에는 L 대신 mL를 쓴다.

$$\text{용질의 양(mmol)} = \text{부피(mL)} \times \text{농도}\left(\frac{\text{mmol}}{\text{mL}}\right) = \text{mmol} \qquad (1-10)$$

$$\text{용질의 양(meq)} = \text{부피(mL)} \times \text{농도}\left(\frac{\text{meq}}{\text{mL}}\right) = \text{meq} \qquad (1-11)$$

이와 같은 관계식을 이용하면 농도에 관한 어떠한 문제도 쉽게 계산할 수 있다. 즉 용액의 부피와 농도는 다음 관계식으로 쉽게 구할 수 있다.

$$\frac{\text{용액에 녹아 있는 전체 용질의 양(mol)}}{\text{농도}\left(\frac{\text{mol}}{\text{L}}\right)} = \text{부피(L)} \qquad (1-12)$$

$$\frac{\text{용액에 녹아 있는 전체 용질의 양(mol)}}{\text{부피(L)}} = \text{농도}\left(\frac{\text{mol}}{\text{L}}\right) \qquad (1-13)$$

예제 1F－5

0.250 M NaCl 용액 300 mL에 0.500 M NaCl 용액 150 mL를 섞는다. 농도를 구하라.

풀이 식 1－8 및 1－13에 따라

$$\text{전체 NaCl양 mmol} = 300\text{ mL} \times 0.250\frac{\text{mmol}}{\text{mL}} + 150\text{ mL} \times 0.500\frac{\text{mmol}}{\text{mL}} = 150.0\text{ mmol}$$

$$\text{혼합용액의 농도 } M = \frac{\text{NaCl양 mmol}}{\text{mL}} = \frac{150\text{ mmol}}{300\text{ mL} + 150\text{ mL}} = 0.330\text{ M}$$

예제 1F－6

밀도가 1.098 g/mL인 HCl 25.0 mL를 500 mL로 묽히면 몇 M 용액이 되는가?

풀이 밀도가 1.098 g/mL인 HCl 용액은 20 % 염산이다(부록 VI).

$$\text{취한 HCl의 양(g)} = 25.0\text{ mL} \times 1.098\frac{\text{g}}{\text{mL}} \times \frac{20}{100} = 5.490\text{ g}$$

$$\text{HCl(Mw} = 36.46\text{)의 농도 } M = \frac{\text{mmol HCl}}{\text{mL HCl}}$$

$$= 5.490\text{ g HCl} \times \frac{1\text{ mmol HCl}}{0.03646\text{ g HCl}} \times \frac{1}{500\text{ mL}}$$

$$= 0.301\text{ M}$$

예제 1F－7

0.100 M 염산용액 250 mL를 만들기 위해서는 진한 염산(12.0 M) 몇 mL가 필요한가?

풀이

$$\text{필요한 HCl양 mmol} = 250\text{ mL HCl} \times 0.100\frac{\text{mmol HCl}}{\text{mL}} = 25.00\text{ mmol HCl}$$

식 1－12에 따라

$$\text{필요한 12.00 M HCl 부피 mL} = \frac{\text{전체 mmol HCl}}{\text{용액 농도 } M} = \frac{25.0\text{ mmol}}{12\text{ mol/mL}} = 2.08\text{ mL}$$

예제 1F－8

$BaCl_2 \cdot 2H_2O$(Mw = 244.28)를 사용하여 0.0540 M Cl^- 용액 500 mL를 어떻게 만드는가?

풀이 필요한 Cl^- mol $= \dfrac{0.0540\ Cl^-\ mmol}{mL} \times 500.0\ mL = 27.00\ mmol\ Cl^-$

1 mol $BaCl_2 \cdot 2H_2O$ 속에 2 mol Cl^-가 있으므로 다음과 같다.

$$g\ BaCl_2 \cdot 2H_2O = 27.00\ mmol\ Cl^- \times \frac{1\ mmol\ BaCl_2 \cdot 2H_2O}{2\ mmol\ Cl^{-1}} \times \frac{0.24428\ g\ BaCl_2 \cdot 2H_2O}{1\ mmol\ BaCl_2 \cdot 2H_2O}$$
$$= 3.297\ g\ BaCl \cdot 2H_2O$$

(2) 분석 몰농도와 평형 몰농도

1.0 M 황산용액은 물에 H_2SO_4 1.0 mol, 즉 98 g을 녹여 총부피가 정확히 1.0 L가 되도록 묽힘으로써 만들 수 있다. 이 경우에 이 용액의 **분석 몰농도**(analytical molarity)는 1.0 M 이라고 하며, 이 용액을 만드는 방법을 자세히 말해 준다. 그러나 이 용액의 실제 몰농도는 이것과는 다르다. 황산은 강산이고, 완전히 해리하여 평형상태에 도달한 용액은 H_3O^+, HSO_4^- 및 SO_4^{2-}로 이루어져 있다. 그러므로 이 용액의 **평형 몰농도**(equilibrium molar concentration)는 다음과 같다.

$$[H_2SO_4] = 0.00\ M,\quad [H_3O^+] = 1.01\ M,\quad [HSO_4^-] = 0.99\ M,\quad [SO_4^{2-}] = 0.01\ M$$

1G 화학저울

무게를 정확하게 다는 화학저울(chemical balance)은 보통 $0.1\ mg = 1 \times 10^{-4}\ g$까지 물질의 질량을 정밀하게 측정할 수 있고, 정량분석에서 가장 중요한 기기 중의 하나이다. 화학저울과 추를 잘 이해하고, 무게를 정확하게 다는 방법에 익숙해지는 것이 분석화학 실험의 중요한 첫 과정이다. 화학저울은 정밀하고 훼손되기 쉽기 때문에 취급할 때 조심해야 한다.

1G－1 겹접시 화학저울

분석실험에 많이 사용되는 겹접시 화학저울(double pan chemical balance)의 구조는 그림 1－4와 같다. 저울대의 중심과 양쪽 끝에는 예리한 받침날(knife edge)이 있고, 이것이 받침판과 접하고 있다. 이들 사이의 거리가 양쪽 팔의 길이에 해당한다.

이 양쪽 팔의 길이는 같고, 이것을 l_1 및 l_2라고 하자. 평형 상태로 있는 저울의 왼쪽 접시에 질량 M_1인 물체를 얹고, 오른쪽 접시에 질량 M_2의 추를 얹어 다시 평형이 이루어지면 중심의 받침날 K에 대한 양쪽 회전모멘트는 같고, 다음 관계가 성립한다.

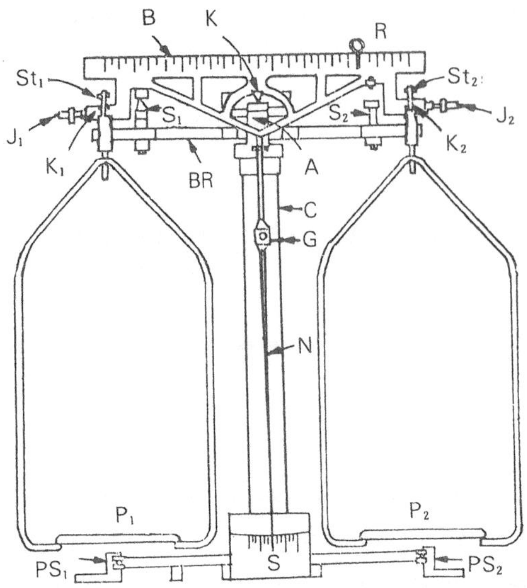

C : 지주(column)
B : 저울대(beam)
K, K_1, K_2 : 받침날(agate knife edge)
A, St_1, St_2 : 받침판(agate plate)
P_1, P_2 : 접시(pan)
N : 시침(pointer)
S : 눈금판(scale plate)
BR, S_1, S_2 : 저울대 잡이(beam arrest)
PS_1, PS_2 : 접시잡이(pan arrest)
R : 라이더(rider)
J_1, J_2 : 조절나사(adjusting screw)

그림 1-4 겹접시 화학저울의 구조.

$$l_2 M_1 g = l_2 M_2 g$$

여기서 g는 지구의 중력가속도이다. 이때 $l_1 = l_2$이므로 $M_1 = M_2$이다. 그러므로 추의 전체 질량 M_2를 알면 물체의 질량 M_1을 알 수 있다.

이와 같이 양쪽 팔의 길이가 같은 저울을 이용하여 추의 질량과 비교하여 물체의 질량을 측정하는 방법을 비교법이라고 한다.

중력가속도는 지구 표면의 위치에 따라 변하는 값이므로 한 물체의 무게는 이것을 측정하는 위치에 따라 변하지만, 질량은 위치에 관계없이 항상 일정한 그 물질 고유의 값이다(용수철 저울은 지구의 위치에 따라 눈금이 변한다). 화학분석에서는 무게란 말을 보통 질량이란 말과 같은 의미로 사용하고 있다.

1G-2 추

일반적으로 겹접시 화학저울에 사용되는 추는 다음과 같은 것을 한 묶음으로 하여 상자에 넣어 보관한다.

그램(g)의 추	100, 50, 30, 20, 10, 5, 3, 2, 1
밀리그램(mg)의 추	500, 300, 200, 100, 50, 30, 20, 10, 5

일반적으로 물체는 왼쪽 접시에 놓고, 추는 오른쪽 접시에 놓는데 처음에는 무거운 추부터 놓고, 점차 가벼운 추로 대치하면서 균형을 잡아가도록 한다.

라이더(rider)는 10 mg(또는 5 mg)보다 작은 추 대신에 사용하는 것으로, 저울대 위에 새겨진 눈금에 라이더를 놓으면 그것이 바로 그 눈금에 해당하는 mg의 무게를 접시에

표 1－7 SI 기본단위

물리적 양	단 위	간단한 표현법
질 량	킬로그램 kilogram	kg
길 이	미터 meter	m
시 간	초 second	s
온 도	켈빈 kelvin	k
몰질량	몰 mole	mol
전 류	암페어 ampere	A
빛세기	칸델라 candelar	cd

얹은 것과 같다. 따라서 라이더를 사용하여 0.1 mg까지의 무게를 달 수 있다. 그램 단위의 추는 보통 놋쇠나 스테인리스로 되어 있으며, 락카칠 같은 것을 해서 표면을 보호하고 있고, 밀리그램 단위의 추(1 g보다 작은 것)는 보통 알루미늄 또는 스테인리스판으로 되어 있다.

SI 단위 오늘날 세계적으로 과학자가 사용하게 되어 있는 국제단위체제(System International d'Unites), 즉 SI 단위는 표 1－7과 같이 7가지 기본 단위에 기초를 두고 있으며, 모든 실용 단위는 이들로부터 유도되고 있다. 질량의 단위로는 미터법인 그램(g)을 많이 사용하는데, 이것은 국제단위체제에 속하는 킬로그램(kg)의 1/1000에 해당한다. 오늘날 무게의 그램 단위에는 다음과 같은 것이 사용된다.

1 Gg(giga)	기가그램 $= 10^9$ g	1 mg(milli)	밀리그램 $= 10^{-3}$ g
1 Mg(mega)	메가그램 $= 10^6$ g	1 μg(micro)	마이크로그램 $= 10^{-6}$ g
1 kg(kilo)	킬로그램 $= 10^3$ g	1 ng(nano)	나노그램 $= 10^{-9}$ g
1 dg(deci)	데시그램 $= 10^{-1}$ g	1 pg(pico)	피코그램 $= 10^{-12}$ g
1 cg(centi)	센티그램 $= 10^{-2}$ g		

그램 앞에 붙는 접두사는 미터(m)와 초(s) 같은 다른 단위 앞에도 붙어 같은 의미로 사용되고 있다.

1G－3 홑접시 저울

화학저울로는 위에서 말한 양쪽 팔의 길이가 같은 겹접시 저울이 일반적으로 많이 사용되어 왔으나, 오늘날에는 한 개의 접시만을 사용하는 그림 1－5와 같은 홑접시 저울(single pan balance)이 널리 사용되고 있다. 이것은 짧은 시간에 쉽게 물체를 달 수 있어 편리하고, 또 감도가 항상 일정하다.

저울대는 상자 속에 앞뒤 방향으로 놓여져 있고, 접시는 하나로서 앞으로 나온 저울대의 끝에 걸려 있다. 그리고 앞쪽 저울대에는 일련의 각종 추가 걸려 있고, 뒤쪽 저울대에는 무거운 쇠붙이를 달아 정확히 균형이 유지되도록 만들어져 있다. 그리고 앞쪽 저울

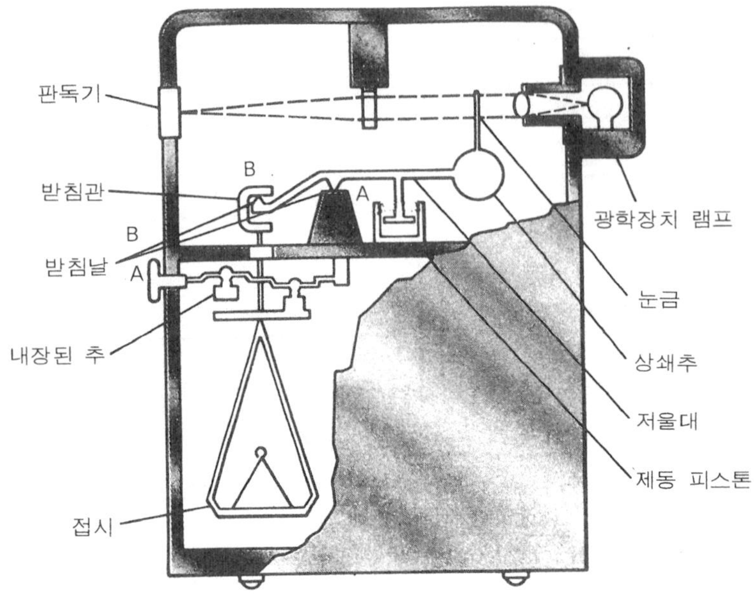

그림 1－5 홑접시 저울의 구조.

대에 걸려 있는 각종 추들은 간단하게 들어낼 수 있는 장치가 되어 있다.

접시 위에 물체를 얹으면 저울대는 앞으로 기울어지는데, 이때 적당한 추를 들어내면 저울대는 원래의 평형으로 되돌아간다. 저울대 뒤쪽에 걸린 균형추의 무게가 변하지 않기 때문에 저울대 양쪽에 걸린 전체 물체의 무게는 처음과 나중이 변하지 않는다. 그러므로 물체의 무게는 이때 들어낸 추의 합계와 같다. 이와 같이 무게를 다는 방법을 대치법(substitution method)이라고 한다.

그러나 이와 같은 추의 옮김만으로 저울대를 원래의 수평 위치로 완전히 되돌려 놓을 수 없는 경우가 있으며, 이러한 작은 불균형(일반적으로 100 mg 이하)은 저울대 위쪽에 설치되어 있는 광학장치에서 나오는 빛살이 저울대의 기울어진 각도를 알려주고, 이것을 밀리그램으로 환산하여 준다. 저울대에 붙은 투명한 눈금판 위에 0～100 mg까지의 눈금이 표시되어 있다. 빛살이 이 눈금판을 통하여 투사되고, 확대 렌즈를 지나 저울 앞면의 판독기 위에 초점이 맞추어진다. 이 판독기 위에서 0.1 mg까지의 무게를 읽을 수 있게 된다.

제동기 화학저울의 접시에 물체를 얹어 평형시키면 시침이 정지할 때까지 오랫동안 진동을 한다. 그러나 제동장치가 있으면 시침은 몇 번 가볍게 진동한 다음 곧 정지하므로 정지점을 읽을 때 편리하다. 이러한 제동장치는 진동을 짧은 시간에 정지시키면서 저울의 감도를 해치지 않아야 한다.

자석 제동은 자석 사이에서 엷은 쇠붙이판이 진동하고, 이때 생기는 반대방향의 인력으로 진동이 억제된다. **공기 제동**은 고정된 실린더에서 피스톤 장치가 진동하고, 공기의 저항으로 진동이 억제된다. 일반적으로 이러한 장치는 진동속도에 비례하는 억제력이 작용하게 되어 있다.

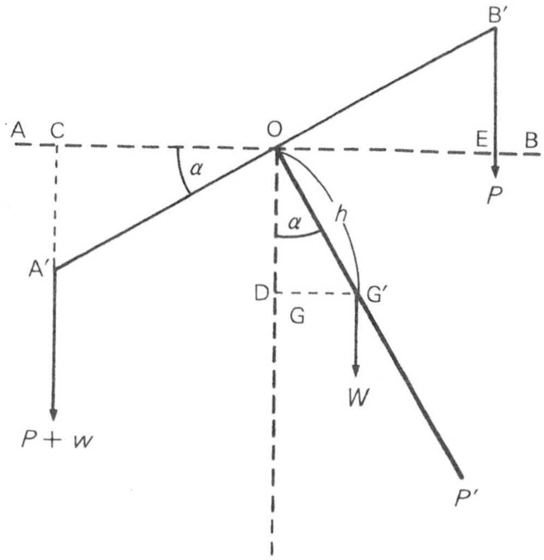

그림 1－6 저울의 감도.

1G－4 저울의 감도

평형이 이루어져 있는 겹접시 저울의 한쪽 접시에만 작은 추를 하나 더 놓았을 때 저울대 또는 시침이 기울어지는 정도를 저울의 **감도**(sensitivity)라고 하며, 저울의 감도가 클수록 정밀하게 무게를 달 수 있다.

그림 1－6의 AOB 저울대의 A쪽에 작은 추 w를 더했을 때 저울대의 새로운 평형 위치를 A′OB′ 이라 하고, P를 접시의 무게라고 하자.

왼쪽에서는 $P+w$의 무게가 작용하고 오른쪽에는 P와 저울이 움직이는 부분의 무게 W가 작용하는데, W는 새로운 무게중심 G′ 에서 작용하여 새로운 평형이 이루어진다 (원래의 무게중심은 G이다). A′ 과 B′ 에서 내린 수직선이 AOB와 만나는 지점을 C와 E라 하고, G′ 에서 그은 수평선이 OG와 만나는 지점을 D라고 하면 다음과 같은 관계가 성립한다.

$$(P+w)\mathrm{OC} = P\times \mathrm{OE} + W\times \mathrm{DG}'$$
$$w\times \mathrm{OC} = W\times \mathrm{DG}' \quad (\because \mathrm{OC}=\mathrm{OE})$$

여기서 기울어진 각도를 $\angle \mathrm{AOA}' = \angle \mathrm{DOG}' = \alpha$라 하고, 저울대의 길이를 l, 중심 받침날에서 저울의 무게중심까지의 거리를 h라고 하면 저울의 감도($\tan\alpha$)는 다음과 같이 표현된다.

$$w\times l\cos\alpha = W\times h\sin\alpha$$
$$\tan\alpha = \frac{wl}{Wh} \qquad (1-14)$$

이 관계식에서 미루어 볼 때 저울의 감도를 높이기 위해서는 위의 식 1－14에서 (1) 저울대가 길고, (2) 저울대 및 접시의 무게가 가벼우며, (3) 저울의 무게중심에서 중심날까지의 거리가 가까워야 한다.

따라서 저울대는 단단하고 가벼운 재질의 알루미늄 합금과 같은 것으로 되어 있으며, 적당한 길이로 견고하게 만들어져 있고, 무게중심은 중심날 밑의 적당한 위치에 있다.

보통 겹접시 저울에서 저울대의 양쪽 끝 받침날과 중심날, 이들 세 점이 항상 같은 수평면 위에 있을 때 이론적으로 감도는 일정하다. 그러나 실제로는 그렇지 못하고 접시에 얹은 물체의 무게에 따라 3개의 받침날의 위치가 조금씩 변하여 저울의 감도도 조금씩 변한다. 일반적으로 물체가 무거울수록 감도는 조금씩 감소한다. 그러므로 이러한 저울로 물체의 무게를 달 때에는 여러 가지 무게에 대한 감도를 미리 알아두어야 한다.

그러나 대치법 홑접시 저울의 경우에는 저울대 양쪽에 걸리는 물체의 무게가 항상 같고, 따라서 저울대의 변형이 없기 때문에 감도는 항상 일정하다.

보통 화학저울은 감도가 ±0.1 mg 정도이고, 0.1 mg까지의 물질의 질량을 정밀하게 달 수 있으며, 더 정밀한 무게 측정이 필요한 경우에는 감도가 ±0.01 mg 정도 되는 **반미량저울**(semimicro balance) 또는 감도가 ±0.001 mg(1 μg) 정도 되는 **미량저울**(micro balance)을 사용하도록 한다.

1G－5 무게를 달 때 공기의 부력에 의한 오차

화학저울을 사용하여 공기중에서 무게를 다는 경우에 물체와 추는 다같이 공기의 부력을 받는다. 만약 물체와 추의 밀도가 같으면 양쪽의 부력은 같고 서로 상쇄되지만, 밀도가 같지 않으면 부력에 의한 오차가 생긴다. 진공에서의 물체의 무게를 W, 그 밀도를 d_0, 공기의 밀도를 d라고 하면 이 물체가 받는 부력은 $\frac{W}{d_0} \times d$이고, 진공에서의 추의 무게를 w, 그 밀도를 d_w라고 하면 추가 받는 부력은 $\frac{w}{d_w} \times d$이다. 따라서 다음과 같은 관계가 이루어진다.

$$W - \frac{W}{d_0} \times d = w - \frac{w}{d_w} \times d$$

$$W = w \frac{1 - \dfrac{d}{d_w}}{1 - \dfrac{d}{d_0}}$$

그러나 일반적으로 W는 w와 거의 같다고 볼 수 있으므로 다음과 같다.

$$W - \frac{w}{d_0} \times d \fallingdotseq w - \frac{w}{d_w} \times d$$

$$W \fallingdotseq \left(1 + \frac{d}{d_0} - \frac{d}{d_w}\right)w$$

$$W \fallingdotseq w + \left(\frac{d}{d_0} - \frac{d}{d_w}\right)w \qquad (1-15)$$

d의 값은 대기의 온도, 압력, 습도 등에 따라서 변하지만 일반적으로는 0.0012 g/mL를 사용하면 충분한 정확도를 얻을 수 있다. 그리고 추는 보통 놋쇠로 되어 있어 그 밀도는 8.4 g/mL로 볼 수 있다. 분석실험에서 무게를 다는 물체의 밀도는 대개 2.0～9.0 정도이기 때문에 보정계수 $\left(1+\frac{d}{d_0}-\frac{d}{d_w}\right)$의 값은 1.00046～0.99999 사이이고, 이것으로 생기는 상대오차는 +0.46～−0.01 천분율 정도이다. 그러므로 특별한 경우나 기체의 무게를 다는 것 이외에는 공기 부력에 의한 오차를 무시할 수 있다.

1G－6 화학저울의 보관 및 취급법

화학저울은 값비싼 정밀기기이나. 그 정밀도와 정확도가 감소하지 않도록 잘 보관하고, 조심스럽게 취급해야 한다. 그러므로 화학저울을 보관하고 취급하는 데 있어 다음 사항을 반드시 잘 지켜야 한다.

(1) 화학저울의 보관법

1. 화학저울이 햇빛을 직접 받지 않도록 하고, 온도의 변화가 적은 곳에 둔다.
2. 진동이 없는 콘크리트 판대 위에 놓고, 저울을 항상 수평으로 유지한다.
3. 적당한 건조제를 저울 상자 속에 넣어서 습기에 의해 저울의 금속부품이 부식되는 것을 막는다.

(2) 겹접시 화학저울을 취급할 때의 주의사항

1. 무게를 다는 사람은 항상 같은 저울을 사용하도록 하고, 저울의 정면에 바른 자세로 앉아야 한다.
2. 저울은 항상 깨끗하게 보관하고, 사용할 때마다 저울접시는 부드러운 깃털과 같은 것으로 먼지를 털도록 한다.
3. 저울 부품 및 추는 직접 손으로 만지는 일이 없도록 하고, 추는 뿔 또는 플라스틱으로 만든 집게를 이용하여 취급해야 한다.
4. 한 상자에 들어 있는 모든 추 및 라이더는 이들 무게가 상대적으로 알맞게 검정되어 있기 때문에 만일 그 중 하나를 잃어버려도 반드시 지도선생에게 알려서 적당한 것으로 보충하도록 하며, 남의 것을 빌려 써서는 안 된다.
5. 저울대 중심과 접시 걸이에 붙은 예리한 받침날이 상하지 않게 해야 한다. 그러므로 저울을 사용하지 않을 경우에는 말할 것도 없고, 특히 추나 시료를 저울에 올리

고 내릴 때에는 반드시 받침잡이를 걸어서 저울대와 접시를 받쳐주어 받침날이 쉬게 하고, 진동시킬 때에만 받침잡이를 풀어 준다. 받침잡이를 걸 때와 풀 때에는 조심스럽게 하고, 시침이 눈금판의 중간에 올 때 받침을 걸도록 한다.

6. 저울에는 달 수 있는 무게의 한도가 있는데, 화학저울의 최대 한도는 100 g 정도가 원칙이다. 그러나 보통은 한쪽 접시에 50 g 이상 얹지 않도록 해야 한다.
7. 뜨거운 물체는 반드시 실내 온도와 같게 식혀서 달아야 한다. 뜨거운 것은 공기의 대류를 일으키고 저울대를 팽창시키기 때문이다.
8. 염산이나 요오드와 같이 휘발성 물질이나 부식성 물질은 갈아서 맞춘 유리 뚜껑을 덮은 무게다는 병에 넣어 달도록 한다.
9. 가루 물질은 약포지, 시계접시 또는 무게다는 병에 넣어서 달아야 하고, 저울접시에 직접 얹어서는 안 된다.
10. 물체는 다는 사람의 위치에서 왼쪽 접시에, 추는 오른쪽 접시에 얹는다.

1G—7 홑접시 저울로 무게다는 법

1. 저울대 잡이를 완전히 풀면 빈 접시의 경우 눈금값이 0이 되도록 부척을 조절한다.
2. 다시 저울대를 고정시키고 접시 위에 물체를 놓는다. 그리고 손잡이를 부분적으로 풀고 투시된 눈금이 변할 때까지 물체의 무게에 가장 가까운 추를 돌려 놓는다. 만약 추의 "초과" 신호가 나오면 손잡이를 한 단계 뒤로 돌린다. 이와 같은 과정을 가벼운 추로부터 다시 되풀이하도록 조작한다.
3. 다음에는 저울대 잡이를 완전히 풀어 평형이 되도록 기다린다. 물체의 무게는 다이얼의 무게와 투시된 판독기 무게의 합이다. 0.1 mg까지 무게를 읽기 위해 부척을 이용한다.
4. 광학장치 판독기는 수시로 검정해야 하며, 각종 무게에서 표준 100 mg 추를 사용하여 검정하도록 한다.

실험 1H 화학저울

실험 1H－1 겹접시 화학저울로 무게다는 법(추천)

겹접시 화학저울로 물체를 정확히 다는 경우에는 제로점을 구하는 법, 감도를 구하는 법, 그리고 무게다는 법을 잘 습득해야 한다.

홑접시 저울의 경우에도 지도선생이 저울의 윗뚜껑을 열어 저울대, 받침날, 추 등의 모양을 학생에게 보이고, 추가 저울대에서 떨어지는 상황을 보여주도록 한다. 그리고 판독기의 제로점을 미리 잘 맞추도록 한다.

여기서는 주로 겹접시 저울에 대한 실험을 하기로 하자.

실험과정

기구 : 겹접시 화학저울, 추, 무게다는 병, 도가니

(1) 제로점 구하는 법

겹접시 저울로 무게를 다는 데 필요한 첫 단계는 양쪽 접시가 비어 있는 경우에 진동하는 시침이 최후에 정지하게 되는 눈금판 위의 눈금을 구하는 것으로, 이것을 제로점이라고 한다. 제동장치가 없는 저울에서는 진동하는 시침이 저절로 정지할 때까지는 많은 시간이 걸리므로 이때는 제로점을 다음과 같이 구한다. 저울대와 접시의 받침잡이를 조심스럽게 푼다. 이때 시침이 저절로 진동을 시작하지 않는 경우에는 문을 열고 한쪽 접시에 조심스럽게 손바람을 보내서 진동을 일으키게 한다.

문을 닫고 진동하는 시침의 눈금을 계속적으로 5회 읽는다. 이때 눈금판의 중심점은 0, 왼쪽 눈금은 −, 오른쪽 눈금은 +로 삼는다. 이를 평균을 다음과 같이 구하고, 다시 두 값의 산술평균을 구하면 제로점이 된다.

$$\begin{array}{ll} -0.9 & \\ -0.6 & +3.8 \\ -0.4 & +3.4 \\ \hline -0.6 & +3.6 \end{array} \qquad \frac{-0.6+3.6}{2}=1.5$$

제로점이 눈금판의 0점에 일치할 필요는 없다. 그러나 2.0보다 큰 값일 때에는 지도선생에게 말하고, 저울대의 끝에 있는 나사를 깨끗한 손으로 조절하여 고치도록 한다.

제동장치가 잘 되어 있는 저울의 시침의 눈금은 바로 읽을 수 있다.

(2) 감도 구하는 법

저울의 접시가 비어 있을 때 저울대를 진동시켜 앞에서 설명한 것과 같이 제로점을 구하고, 라이더를 1 mg 눈금에 놓고 다시 시침을 진동시켜 같은 방법으로 시침이 멈추는 정지점을 구한다. 이렇게 구한 정지점과 제로점의 눈금차는 한쪽에 1 mg을 더해 주었기 때문에 일어난 것이고, 이것이 저울에 무게가 걸리지 않을 때의 감도이다.

다음에 양쪽 접시에 다같이 5 g의 추를 얹어 놓고 진동시켜 정지점을 구한 다음, 한쪽에만 1 mg을 더하여 다시 정지점을 구하여 그 눈금차를 산출하면 이것이 저울의 짐이 5 g일 때의 감도이다.

이와 같은 방법으로 10, 20, 30, 40, 50 g의 추를 양쪽에 차례로 얹어 놓고 그때의 감도를 구한다. 보기를 들면 표 1−8과 같다.

추의 무게와 역감도와의 관계를 도표화한 감도곡선을 그려라. 이것이 물체의 무게를 정확히 다는 데 필요하다.

표 1－8 저울의 감도

왼쪽 추(g)	오른쪽 추(g)	정지점	감도 (눈금/mg)	역감도 (mg/눈금)
0.0000	0.0000	1.5	2.7	0.37
0.0000	0.0010	－1.2		
10.0000	10.0000	0.5	2.5	0.40
10.0000	10.0010	－2.0		
25.0000	25.0000	－0.1	2.3	0.43
25.0000	25.0010	－2.4		

(3) 무게다는 법

1. 도가니 또는 무게다는 병과 같은 물체의 무게를 달아보자. 먼저 제로점을 구한 다음에 저울과 같은 온도로 된 물체를 왼쪽 접시에 얹고, 이보다 다소 무거울 것으로 생각되는 추를 골라서 오른쪽 접시에 얹는다. 그리고 저울대의 받침잡이를 조금만 풀어 주어 시침이 한 눈금만 움직이게 한다. 추가 물체보다 무거우면 저울대를 다시 받쳐 놓고 조금 가벼운 추와 바꾸어 놓도록 한다. 이와 같이 순차적으로 가벼운 추를 사용하여 저울이 평형되게 추를 골라 얹는다. 10 mg 이하에서는 라이더를 이용하여 시침이 제로점 부근에서 진동하게 맞추고, 이때의 정지점을 구한다. 이렇게 얹은 추의 합계를 계산하고, 다시 저울의 역감도를 이용하여 이 값을 보정하고 정확한 무게를 산출한다.

실험 예제 1－1

제로점은 －0.2이고, 정지점은 ＋0.4이며, 오른쪽 접시에 얹은 추는 모두 24.7985 g이고, 라이더는 눈금 3.5 위에 있다. 이 물체의 정확한 무게를 계산하라.

풀이 이때 저울의 역감도는 표 1－8에서 0.43 mg이다. 제로점과 정지점의 관계로 보아 이 물체의 정확한 무게는 추의 합계보다 Δg 큰 24.7985 g ＋ Δg임을 알 수 있다.

$$\Delta g = [0.4 - (-0.2)](\text{눈금}) \times 0.43 \frac{\text{mg}}{(\text{눈금})} \fallingdotseq 0.3\text{ mg}$$

그러므로 이 물체의 무게는 다음과 같다.

$$24.7985 + 0.0003 = 24.7988\text{ g}$$

접시 위에 있는 추의 합계를 계산할 때 틀리기 쉬우므로 먼저 추 상자의 빈 자리에 있는 추를 합산하고, 다음에 접시 위에서 추를 집어내리면서 다시 한번 계산하도록 해야 한다.

2. 깨끗한 도가니의 무게와 그 뚜껑의 무게를 각각 달고(0.1 mg까지), 다시 이 전체의 무게를 달아서 이들 값을 비교하라. 또 도가니에 입김을 분 후 잘 말려서 달아 이들 값을 비교해 보자.

1| 연습문제

1－1 0.200 M KBr 용액 300 mL를 만드는 데 필요한 KBr의 양(g)을 구하라.

1－2 $AgNO_3$ 5.00 g으로 0.100 M 용액을 만들려고 한다. 최종 용액의 부피는 몇 mL인가?

1－3 12.00 M 염산 5.00 mL로 3.00 M 용액을 만들기 위해서는 몇 mL의 물을 더해 주어야 하는가?

1－4 다음 용액에 녹아 있는 각 용질의 무게(g)를 구하라.
(a) 5 M H_2SO_4 용액 300 mL
(b) 0.1 M $AgNO_3$ 용액 12 mL

1－5 0.500 M HCl 용액 50.00 mL에 0.200 M HCl 용액 몇 mL를 가하면 0.300 M 용액을 만들 수 있는가?

1－6 다음 물질을 녹여 0.001 M 용액을 만들기 위해서는 최종 용액의 부피를 몇 mL가 되도록 만들어야 하는가?
(a) 10.00 g의 NaCl
(b) 1.00 g의 $CuSO_4 \cdot 5H_2O$

1－7 다음 용액을 원하는 농도로 만들기 위해서는 물을 가하여 전체 부피를 몇 mL가 되도록 하여야 하는가?
(a) 6.00 M HCl 용액 10.00 mL를 2.00 M 용액으로 만들 때
(b) 0.100 M $AgNO_3$ 용액 6.00 mL를 0.0100 M 용액으로 만들 때

1－8 0.0300 M 질산은용액 250.00 mL를 만들기 위해서는 0.100 M 질산은용액과 물을 각각 몇 mL씩 섞어야 하는가?

1－9 다음 용액은 각각 몇 M의 용액인가?
(a) 무게 백분율로 93.1 % 황산(비중 1.835)
(b) 무게 백분율로 32.2 % 질산(비중 1.200)
(c) 무게 백분율로 40.0 % 염산(비중 1.200)
(d) 무게 백분율로 16.0 % 수산화나트륨(비중 1.180)

1－10 물체를 다는 데 미리 작성해 둔 감도곡선을 사용하는 방법과 무게를 달 때마다 필요한 감도를 측정하는 방법을 비교하라.

1－11 다음 물질 1 g을 정확히 다는 데 필요한 방법을 설명하라.
(a) 아세톤 (b) NaCl (c) 진한 H_2SO_4 (d) NaOH

1－12 두 팔의 길이가 다른 저울을 사용하여 물체의 무게를 정확히 다는 방법을 설명하라.

1－13 놋쇠 추($d = 8.0$)를 사용하여 다음 질량을 달 때 공기부력에 의한 오차를 계산하라.
(a) 0.4800 g의 에테르($d = 0.714$)
(b) 0.254 g의 액체($d = 2.09$)
(c) 2.104 g의 수은($d = 13.55$)

1－14 저울의 왼쪽과 오른쪽 팔의 길이가 각각 7.500 cm와 7.499 cm이다. 왼쪽 접시에 얹은 2.500 g 물체의 무게는 어떻게 측정하는가?

제 2 장
분석 측정값의 신뢰도

2A 정확도와 정밀도

한 물체의 길이, 부피, 무게와 같은 양을 정확하게 재기 위해 훌륭한 기능자가 아무리 좋은 기기와 방법을 이용하여 조심스럽게 노력하더라도 측정값은 잴 때마다 다소 다르고, 측정 조건에 따라 다소의 다른 불확정성을 포함한다. 간단한 쇠붙이의 무게도 간단한 저울로 달면 15 g이지만 좀더 정밀한 것으로 달면 15.3 g, 그리고 15.35 g이 되고, 화학저울로 달면 15.3506 g이, 미량저울로 달면 15.350585 g이 된다. 계속해서 더 정밀한 저울을 이용하면 이 측정값은 한없이 변할 것이다. 그러므로 그 양의 참값은 인간의 힘으로는 영원히 알 수가 없다. 자로서 길이를 재는 경우에도 마찬가지 현상이 일어난다. 실험실에서 우리는 허용되는 기기를 사용하여 가능한 한 정확한 방법으로 많은 측정값을 구하고, 그 평균값을 얻어 이것을 알맞는 값이라고 인정한다. 이 평균값도 그 양의 참값이라고 볼 수는 없다. 이러한 평균값과 참값의 차가 극히 적은 때도 있지만, 또 클 때도 있다. 그러나 이 값은 많은 측정값을 평균한 것일수록 확률적으로 참값에 더 가까운 범위 안에 들어간다는 사실을 신뢰할 수 있고, 이 범위가 좁을수록 측정값의 신뢰도가 높은 측정이다. 정량분석에서는 복잡한 과정을 거쳐 그 결과를 얻는데, 그 분석값은 여러 가지 물리적 및 화학적 오차를 포함하고 있다. 우리는 분석결과에 미치는 여러 가지 조건을 충분히 고려하여 가급적 불확정성을 줄이고, 그 결과의 정밀도와 신뢰도를 높이도록 해야 한다. 신뢰도를 모르는 측정값은 사실상 가치가 없다고 말할 수 있다.

2A—1 오 차

측정값과 참값과의 차를 **오차**(error)라고 하는데, 오차가 작을수록 정확한 측정값이며, 다음과 같이 표시된다.

$$e = x - \mu$$

여기서 e는 오차, x는 측정값, μ는 참값이다.

분석결과는 실험마다 일정한 정확도를 가지고 있다. 한 분석자가 황화철을 분석한 결과 황의 함유량이 50.05 % 였다. 그러나 그 참값은 50.00 % 이다. 한편 강철을 분석한 결과 황의 함유량은 0.050 % 이고, 그 참값은 0.040 % 이다.

$$\text{황화철 경우의 절대오차} = 50.05 - 50.00 = 0.05\ \%$$
$$\text{강철 경우의 절대오차} = 0.050 - 0.040 = 0.010\ \%$$

절대오차는 황화철보다 강철이 작지만, 이 오차가 실제로 분석결과에 미치는 영향력을 생각할 때 강철의 경우가 훨씬 큰 오차를 범하고 있음을 알 수 있다.

이들의 절대오차를 각각 황의 함유량으로 나누어서 얻은 상대오차는 다음과 같고, 강철의 경우에 상대적으로 더 큰 오차를 범하고 있다는 사실을 알 수 있다.

$$\text{황화철 경우의 상대오차} = \frac{0.05}{50.00} \times 100 = 0.1\ \%$$

$$\text{강철 경우의 상대오차} = \frac{0.010}{0.040} \times 100 = 25\ \%$$

그러므로 절대오차보다 상대오차를 구해 보는 것이 더 유효하고 필요한 일이다. 측정값이 x_1, x_2, ……, x_N등 여러 개 있는 경우에는 각 측정값 x_i에 대한 절대오차 $x_i - \mu = e_i$를 구해 그 평균값 $\bar{e}$로서 정확도를 표시한다.

$$|x_1 - \mu| = e_1$$
$$|x_2 - \mu| = e_2$$
$$|x_N - \mu| = e_N$$

$$\text{평균오차} \qquad \frac{e_1 + e_2 + \cdots\cdots + e_N}{N} = \bar{e}$$

$$\text{상대평균오차} \qquad \frac{\sum|x_i - \mu|}{N\mu} = \frac{\bar{e}}{\mu}$$

그러나 평균오차보다 **상대평균오차**(relative mean error)를 사용하여 정확도를 표시하는 것이 더 좋은 방법이다. 상대오차는 그 값에 100을 곱하여 **백분율**(%)로, 또는 1000을 곱하여 **천분율**(ppt)로 표시하는 것이 보통이다.

정량분석에서 요구하는 정확도는 분석시료와 분석방법에 따라 다르지만 일반적으로 0.1 %보다 작은 상대오차를 가지는 결과를 얻도록 해야 한다.

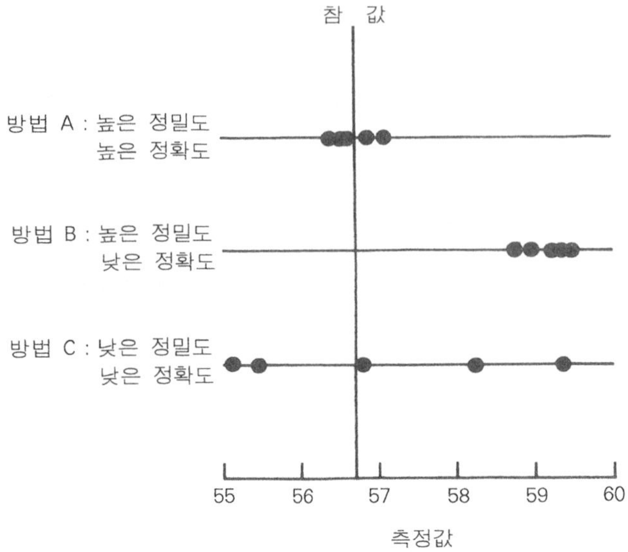

그림 2-1 정확도와 정밀도.

2A-2 정확도와 정밀도

실험으로 얻은 값이 그 참값에 어느 정도 접근하는지를 표시하는 것을 **정확도**(accuracy)라 하고, 일반적으로 오차 또는 상대오차로서 표시한다.

한편 같은 실험을 되풀이하여 얻은 몇 개의 측정값이 서로 어느 정도 잘 일치하는지를 표시하는 것을 **정밀도**(precision)라고 한다. 정밀도는 그 측정의 **재현성**(reproducibility)과 **신뢰도**(reliability)를 표시한다(그림 2-1 참조). 예를 들어 놋쇠중의 납 함유량(%)을 세 번씩 분석하였을 때 한 사람은 2.63, 2.62, 2.61 %씩 얻고, 또 한 사람은 2.60, 2.75, 2.81 %씩 얻었을 경우 앞 사람의 결과가 서로 잘 맞고 정밀도가 높다.

그러나 납 함유량의 참값은 알 수 없기 때문에 정밀도가 큰 측정값이라 하더라도 반드시 정확한 값이라고 볼 수 없다. 예를 들어 이 시료중의 납 함유량을 황산납으로 무게법 분석하는 경우를 생각해 보자. 만일 시료중에 바륨이 포함되어 있어 납과 함께 바륨도 황산염으로 침전된다면 이 결과에는 정의 오차가 들어오고, 이 분석결과는 정밀할지라도 정확한 결과라고 볼 수 없다. 그러나 정확한 측정값이라면 정밀도도 높아야 할 것이다.

일반적인 과학 측정에 있어서 그 측정값의 참값은 쉽게 알 수가 없기 때문에 정확도보다 정밀도가 높은 측정값을 얻는다는 것이 중요하고(그림 2-1 참조), 측정값의 정밀도는 다음과 같이 상대평균편차 또는 표준편차로 표시하는데, 표준편차가 더 중요하다.

2A-3 편 차

한 가지를 대상으로 여러 번 측정한 값의 정밀도를 표시하는 데에는 **편차**(deviation)

를 사용한다. 어떤 측정값의 참값은 특수한 경우 이외에는 보통 잘 알 수 없기 때문에 N개의 측정값 x_1, x_2, ……, x_N의 평균값 $\bar{x}$에 대한 편차 d_i를 산출하여 그 평균편차 $\bar{d}$로서 정밀도를 표시한다. 그러나 일반적으로는 상대평균편차로 나타내는 것이 보통이다.

평균값 $$\bar{x} = \frac{(x_1 + x_2 + \cdots\cdots + x_N)}{N}$$

편차 $$d_i = |x_i - \bar{x}|$$

평균편차 $$\bar{d} = \frac{\Sigma|d_i|}{N} = \frac{\Sigma|x_i - \bar{x}|}{N}$$

상대평균편차 $$\frac{\bar{d}}{\bar{x}}$$

이 경우에는 백분율(%) 또는 천분율(ppt)로 나타내는 수가 있다. 엄격한 의미에서 정밀도를 표시하는 편차와 정확도를 표시하는 오차는 다르며, 측정값과 그 평균값과의 차를 편차라 하고, 참값과 측정값의 차는 오차라고 한다. 그러나 일반적으로 편차와 오차를 엄격히 구별하지 않는 경우가 많다.

예제 2A－1

소금중의 염소를 분석하여 다음과 같은 두 가지 측정값 집단을 얻었다. 편차와 오차를 구하라.

집단 A(%) : 60.44 60.34 60.22 60.11 60.00
집단 B(%) : 60.54 60.24 60.22 60.11 60.00

풀이

집단 A : 측정값 x_i	편차 $\|x_i - \bar{x}\|$	집단 B : 측정값 x_i	편차 $\|x_i - \bar{x}\|$
60.44	0.22	60.54	0.32
60.34	0.12	60.24	0.02
60.22	0.00	60.22	0.00
60.11	0.11	60.11	0.11
60.00	0.22	60.00	0.22
5)301.11	5)0.67	5)301.11	5)0.67
$\bar{x} = 60.22$	$\bar{d} = 0.13$	$\bar{x} = 60.22$	$\bar{d} = 0.13$

A의 퍼짐 = 최대값 − 최소값 = 60.44 − 60.00 = 0.44

B의 퍼짐 = 60.54 − 60.00 = 0.54

A와 B의 상대평균편차 $= \frac{0.13}{60.22} \times 100 = 0.22(\%)$

소금의 염소 함유량(참값) $= \frac{35.453}{22.9898 + 35.453} \times 100 = 60.66(\%)$

A와 B의 평균오차 $= 60.22 - 60.66 = -0.44(\%)$

A와 B의 상대평균오차 $= \frac{-0.44}{60.66} \times 100 = -0.7(\%)$

2A—4 표준편차

평균편차만으로 정밀도를 표시하는 것은 충분하지 않다. 왜냐하면 위의 예제 2A—1에서 취급한 소금에 대한 염소 분석의 두 가지 측정값 집단에서 평균값, 평균편차, 상대평균편차는 똑같고 변함이 없다. 그러나 집단 A의 경우의 최대값과 최소값의 차, 즉 퍼짐(spreading)은 0.44이고, 집단 B의 경우에 이 차는 0.54로서 B의 측정값이 A보다 더 많이 퍼져 있다. 그러므로 정밀도를 표시하는 데에는 평균편차보다 다음과 같은 표준편차를 사용하는 것이 더 효과적이다. **표준편차**(standard deviation)는 σ로 표시하고, 평균값에 대한 각 편차의 제곱평균의 제곱근으로 다음 식으로 표시된다.

$$\sigma = \sqrt{\frac{d_1^2 + d_2^2 + \cdots\cdots + d_N^2}{N}} = \sqrt{\frac{\sum(x_i - \bar{x})^2}{N}} \qquad (2-1)$$

여기서 d_1, d_2, ……, d_N은 평균값에 대한 각 측정값의 편차이고, N은 대단히 큰 측정횟수를 나타낸다.

표준편차 σ는 대단히 큰 측정값 집단에 대하여 얻어지고, 그 집단의 특징을 나타내는 일정한 값이다. 그러나 실제로 얻는 실험값의 수는 한정되어 있고, N은 3, 4, 5와 같은 작은 수이다. 이 경우에는 표준편차를 다음과 같이 표시한다. 그리고 이 경우 표준편차를 σ 대신 s로 표시하기로 한다.

$$s = \sqrt{\frac{d_1^2 + d_2^2 + \cdots\cdots + d_N^2}{N-1}} = \sqrt{\frac{\sum(x_i - \bar{x})^2}{N-1}} \qquad (2-2)$$

측정값 집단에서 N이 작은 경우에는 N 대신에 **자유도**(degree of freedom) $N-1$을 이용하여 표준편차 s를 계산한다. 그 이유는 이 측정값 집단의 평균값 $\bar{x}$를 계산하는 데 N개의 편차를 대수합하면 0이 되기 때문에 $N-1$개의 편차를 알면 나머지 한 개의 편차는 자동적으로 알 수 있기 때문이다.

예제 2A—2
소금의 염소 분석에 대한 집단 A와 B에 대하여 표준편차와 상대표준편차를 구하라.

풀이

집단 A: 분석값	편차의 제곱(d_A^2)	집단 B: 분석값	편차의 제곱(d_B^2)
60.44	0.048	60.54	0.102
60.34	0.014	60.24	0.000
60.22	0.000	60.22	0.000
60.11	0.012	60.11	0.012
60.00	0.048	60.00	0.048
	$\sum(d_A^2) = 0.122$		$\sum(d_B^2) = 0.162$

$$s_A = \sqrt{\frac{0.122}{5-1}} = \pm 0.17 \qquad s_B = \sqrt{\frac{0.162}{5-1}} = \pm 0.20$$

상대표준편차

$$\frac{\pm 0.17}{60.22} \times 1000 = \pm 2.8 \text{ ppt}$$

상대표준편차(B)

$$\frac{\pm 0.20}{60.22} \times 1000 = \pm 3.3 \text{ ppt}$$

이 두 측정값 집단은 평균값이 같고 상대평균편차도 같으나, 표준편차가 다르고 s_B가 s_A보다 크다. 이것은 측정값 B의 경우가 측정값 A보다 더 많이 퍼져 있는 사실과 잘 부합한다. 그러므로 표준편차가 평균편차보다 정밀도를 더 잘 표시한다고 할 수 있다.

2B 오차의 분류

자연과학 실험에서 어떤 양을 측정할 때 포함되는 오차는 측정 조건에 따라 컸다 작았다 하지만, 아무리 노력하더라도 오차를 완전히 제거할 수는 없다. 그리고 이러한 오차가 포함되는 원인에 대하여 측정할 수 있는, 즉 보정할 수 있는 오차와 측정할 수 없는 오차로 나눌 수 있다.

2B—1 가측오차

뚜렷한 원인을 가지는 오차로서 사람의 노력에 따라 그 크기를 알 수도 있고, 적당히 보정해 줄 수도 있는 오차를 **가측오차**(determinate error)라고 한다. 예를 들어 뷰렛의 눈금이나 옳지 않은 추와 같이 항상 일정한 오차를 가져오는 것도 있고, 시약중의 불순물과 같이 그때의 조건에 따라 오차의 크기가 변하는 것도 있다. 그러나 오차의 부호는 정 또는 부 한쪽만으로 나타내기 때문에 **계통오차**(systematic error)라고도 한다.

정량분석에서 생각할 수 있는 중요한 가측오차를 알아보면 다음과 같고, 이러한 오차를 모두 측정하여 보정하려면 불가능한 일은 아니지만 무척 어려운 일이다.

기기오차 예를 들어 저울 양쪽 팔이 같지 않은 경우, 옳지 않은 추의 무게, 측정기기의 전압, 저항 등의 변화에서 오는 오차, 뷰렛, 피펫, 메스플라스크 등의 옳지 않은 눈금, 비커, 도가니 등의 부식, 시약 및 용매중의 불순물 등으로 인하여 일어나는 오차 등이다.

개인오차 실험하는 사람의 개인적인 결함이나 습관성에 의하여 포함되는 오차로서, 색약 때문에 종말점을 잘못 잡는 경우 또는 앞의 실험값에 따라 가까운 값을 취하는 습관 등이다.

방법오차 침전의 용해도, 반응이 완전히 진행되지 않은 경우, 이물질의 공침 또는 표면흡착, 다는 물질의 휘발성과 흡수성 및 부반응 또는 유발반응 등으로 인하여 분석방법 자체에 원인이 있는 오차로서, 사람의 노력만으로서는 피할 수 없다. 그 오차의 크기는 측정 조건을 변화시키지 않으면 일정하게 나타나는 것이 보통이다. 분석측정에 사용하는 기기들의 성능과 감도도 여기에 속한다. 이들 오차는 실험 조건을 조절하거나 다른 분석방법을 취하면 줄이거나 피할 수 있다.

조작오차 대부분 실험 작업을 잘못하는 데서 오는 오차를 말하고, 실험하는 사람이 경험이 많고 유능하고 조심성이 있으면 이 오차는 줄일 수 있다. 예를 들어 시료를 취하는 방법이 잘못된 경우, 시료용액의 일부가 튀어나가거나 그 속에 먼지나 불순물이 들어가는 경우, 침전을 불충분하게 씻거나 지나치게 씻는 경우, 침전을 너무 낮은 온도 또는 너무 높은 온도에서 가열하는 경우, 필요한 보정을 하는 것을 잊는 경우, 계산을 잘못하는 경우 등에서 생기는 오차가 여기에 속한다. 이들은 모두 노력하면 줄일 수 있다.

2B-2 불가측오차

측정값에 포함되는 오차 중에는 그 원인을 잘 알 수 없는 것이 있다. 즉 같은 사람이 같은 방법으로 같은 조건에서 되풀이하여 같은 시료를 분석하는데 아무리 조심스럽게 실험하더라도 항상 같은 측정값을 얻을 수는 없고, 반드시 조금씩 서로 다른 값을 얻게 된다. 이렇게 원인을 잘 알 수 없고, 그 양을 측정할 수 없는 **불가측오차**(indeterminate error)를 **우연오차**(random error)라고도 한다. 이 오차는 경우에 따라 크기도 다르고 부호도 정 또는 부로 나타난다. 그러므로 이것은 가측오차의 경우와 대조적으로 사람의 노력으로 보정하여 막을 수 없다. 그러나 원인없는 결과가 있을 수 없고, 다만 이 오차가 생기는 원인을 사람이 파악하지 못할 뿐이다.

다시 말해서 측정하는 인간의 능력에 제한이 있어 온도, 습도, 압력 등의 외부 조건을 일정하게 유지하는 데 실패하거나, 또는 거르고 섞는 등 실험조작을 항상 일정하게 할 수 없고, 예측할 수 없는 불순물이 들어가거나 시료의 일부를 잃어버릴 수도 있으며, 눈금을 읽는 한계 등과 같이 피할 수 없는 불확정성 등이 이 오차의 원인이라고 할 수 있다.

2B-3 오차 크기의 측정과 바로잡기

실험결과에 포함되는 오차는 사람의 노력에 따라 어느 정도 감소시킬 수는 있지만 완전히 제거할 수는 없다. 많은 훈련과 주의력을 집중하면 개인오차는 크게 줄일 수 있는데, 시약은 분석용의 순도 높은 약품을 사용하고 측정기기는 미리 잘 보정해서 사용한다면 이러한 오차를 최소한으로 줄이고 바로 잡을 수 있다. 그러나 아무리 노력하여도 불가측오차, 즉 우연오차는 피할 수 없다. 또 방법오차도 피할 수 없는 오차이다. 그러나 이것을 보정하고자 하는 방법이 있다. 즉 실제 시료와 비슷한 조성을 가지는 기준 표준

물질*(reference standard material)을 사용하여 실제 분석법과 같은 방법으로 분석하며, 이때 포함되는 오차의 크기를 측정하고, 이것을 다른 시료의 분석값을 보정하는 데 사용할 수 있다.

또 시료성분이 들어 있지 않는 바탕용액에 대하여 모든 조건과 처리법을 실제 분석법과 똑같이 조작을 하는 **바탕분석**(blank analysis)을 해보면 이 분석에 사용하는 시약과 기기에서 포함되는 오차를 측정할 수 있고, 이것을 이용하여 시료의 분석값에 대한 오차를 바로잡을 수 있다.

2C 측정값의 통계적 취급법

모든 측정값에는 오차가 포함되어 있고, 그 중 가측오차를 보정하더라도 역시 측정할 수 없는 우연오차가 포함된다는 사실을 알았다.

2C-1 정규 오차곡선

한 가지 양에 대해 되풀이하여 충분히 많은 횟수로 측정하고, 이들 측정값 x_i의 평균값(또는 참값) μ에 대한 편차(또는 오차)의 도수분포곡선을 그려보면 그림 2-2와 같은 **정규곡선**(normal curve)을 얻는다. 즉 측정횟수가 충분히 많을 때 이 곡선은 대칭적이며, 같은 크기의 정의 오차와 부의 오차는 같은 빈도로 나타나고, 작은 오차는 큰 오차보다 많이 나타난다는 사실을 알 수 있다.

그림 2-2와 같은 정규곡선은 수학적으로 다음과 같이 표현된다.

$$y = \frac{e^{-(x_i-\mu)^2/2\sigma^2}}{\sigma\sqrt{2\pi}} = \frac{e^{-z^2/2}}{\sigma\sqrt{2\pi}} \qquad (2-3)$$

여기서 y는 $(x_i-\mu)$ 오차를 가지는 측정값이 나타내는 횟수, 즉 빈도이고, e는 자연로그의 밑 2.7183이다. 그리고 z는 표준편차 단위로 나타낸 오차로서 식 2-4의 z이다.

한 무리의 측정값의 표준편차 σ는 그 측정값의 수가 충분히 많을 때 고유한 일정값을 가지고, σ값의 크기는 그 정규곡선의 퍼지는 정도인 폭의 크기에 관계한다.

그림 2-2에서 z는 다음과 같이 오차 또는 편차를 표준편차 σ 단위로 나타낸 값이다.

$$z = \frac{x_i-\mu}{\sigma} \qquad (2-4)$$

---

* 각 나라의 표준국 연구실(우리 나라는 대전 대덕 표준국 연구소)에서 이러한 기준 표준물질을 만들고 있다.

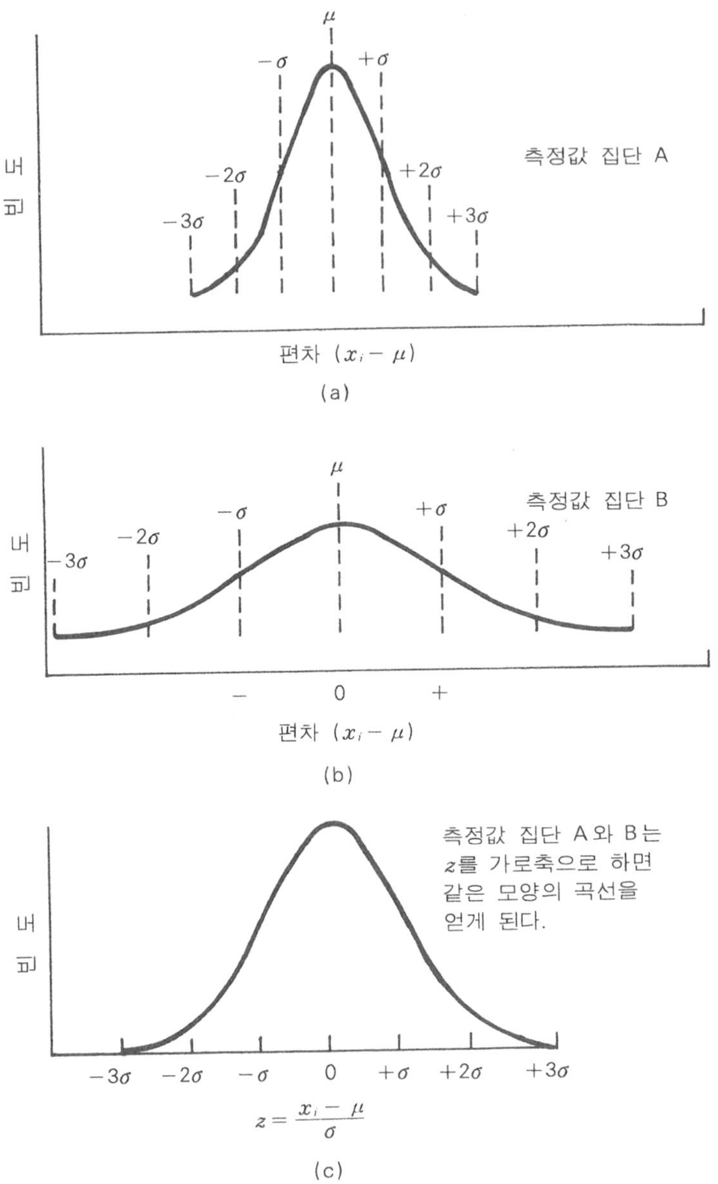

그림 2－2 정규 오차곡선. 측정값 집단 A와 B의 각 평균값 μ에 대한 측정값 x_i의 편차 ($x_i - \mu$)의 도수분포곡선. 여기서 집단 B의 표준편차 σ_B는 A의 표준편차 σ_A의 두 배이고, 측정값 집단 A는 B보다 신뢰도가 높다. 곡선 (C)의 가로축은 편차를 σ 단위로 표시한 z이고, 이 경우에는 곡선 (a)와 (b)가 일치한다.

여기서 중요한 사실은 그림 2－2의 측정값 집단 A의 곡선이나 측정값 집단 B의 곡선의 가로축을 똑같이 z로 바꾸어 표시하면 그림 2－2c와 같이 모두 퍼짐 상태가 같은 모양의 곡선으로 된다.

어떤 측정값 집단의 평균값 μ와 표준편차 σ는 그 측정값들의 분포상태의 특성을 표시하는 값들이다. 우리가 어떤 양을 측정하는 목적은 첫째로 그 참값 μ를 구하는 것이고,

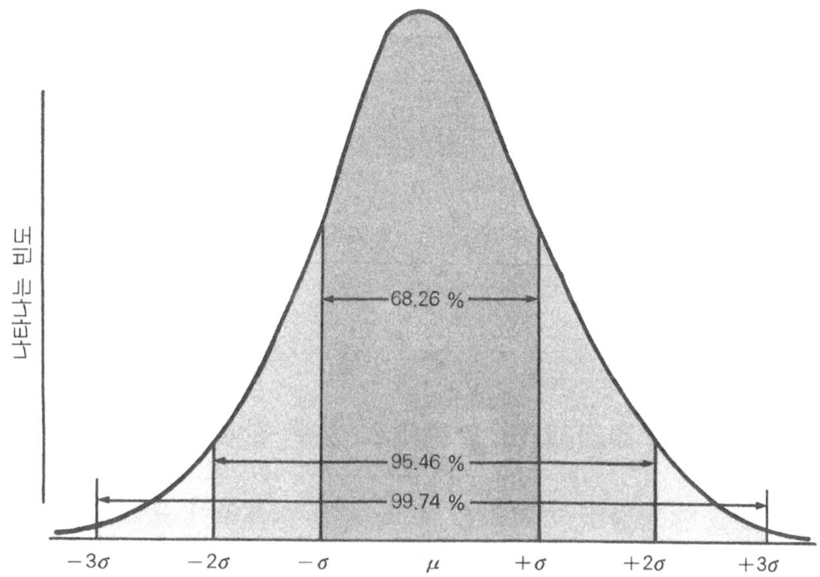

그림 2－3 측정오차의 정규 도수분포곡선. 숫자는 $\pm z\sigma$ 사이의 면적 백분율을 표시한다.

둘째로 정밀도를 표현하는 표준편차 σ를 구하는 것이다. 그러나 이들 값은 통계학적으로 수많은 측정값을 취하는 경우에만 얻을 수 있는 것이다. 실제로 측정하는 횟수는 적기 때문에 μ와 σ값을 정확히 구할 수 없고, 다만 평균값 $\bar{x}$와 s를 구하는 수밖에 없다.

분석결과의 측정값은 미리 여러 가지 오차를 보정해 주어도 항상 우연오차가 포함되기 때문에 분석자는 어떤 경우에나 한 번의 측정값으로 만족해서는 안 된다. 그리고 오차곡선이 대칭적이기 때문에 가능한 한 많은 측정값을 얻어서 그 산술 평균값을 구하면 참값에 가까운 것을 얻을 수 있다. 그러므로 실제 분석에서는 같은 양을 적어도 3～5회 정도 측정하여 그 평균값을 취해야 한다.

2C－2 정규곡선의 성질

정규곡선은 몇 가지 일반적인 성질을 가지고 있다. 즉 (1) 빈도가 가장 많은 중앙점에 평균값이 위치하고, (2) 이 최고점의 좌우에 양과 음의 편차가 대칭적으로 나타나며, (3) 편차의 크기가 증가함에 따라 빈도가 지수함수적으로 감소한다. 그래서 대단히 작은 우연오차가 큰 오차보다 훨씬 많이 나타남을 알려준다. 정규 도수분포곡선을 통계학에서는 가우스 곡선(Gauss curve)이라고 한다.

한 측정값 집단의 정규 오차곡선의 표준편차 σ는 곡선의 퍼지는 정도를 표시하며, 식 2－3을 이용하면 이 곡선 밑의 전체 면적을 계산할 수 있고, 그림 2－3에서와 같이 전체 면적에 대한 어떤 특정 $\pm z\sigma$값 사이의 면적비(백분율)를 구할 수 있다(그림 2－3과 표 2－1 참조).

표 2－1 각종 z값에 대한 신뢰도

z	신뢰도(%)	z	신뢰도(%)
±0.67	50	±2.00	96
±1.00	68	±2.58	99
±1.29	80	±3.00	99.7
±1.64	90	±3.29	99.9
±1.96	95		

2D 신뢰도 한계

2D－1 표준편차 σ값을 아는 경우의 신뢰도 한계

같은 조건에서 수많은 측정값을 얻으면 식 2－1을 이용하여 표준편차 σ값을 구할 수 있고, 그림 2－3과 표 2－1을 통해서 이러한 측정값에서 이 σ값보다 작은 오차를 가지는 측정값이 나타날 확률이 68.26 % 임을 알 수 있다. 이 경우 측정값(σ보다 작은 오차를 가지는 측정값)의 **신뢰도**(confidence level)는 68.26 % 라고 말할 수 있다.

이것을 일반화하여 다시 말하면 z값이 1인 $\pm\sigma$ 사이의 곡선 밑의 면적은 전체 면적의 68 % 에 해당하므로, 이 경우 신뢰도는 68 % 이다. 즉 100개 측정값 중에 측정값의 오차가 $\pm\sigma$ 보다 작은 것이 68개 나타난다는 것을 의미한다.

다시 말해 여러 번 되풀이한 측정값의 68 % 가 이 한계, 즉 $\pm\sigma$ 사이에서 나타난다고 기대된다. 그리고 모든 측정값의 96 % 가 $\pm 2\sigma$ 사이에서 나타나고, 99.7 % 가 $\pm 3\sigma$ 사이에서 나타난다고 기대된다.

어떤 측정값의 참값 μ는 표 2－1에서 주어진 확률로 존재할 수 있을 범위의 한계를 z값으로 정할 수 있다. 이 한계를 참값의 **신뢰도 한계**(confidence limit)라 하고, 이들 한계로 정해지는 범위를 **신뢰도 구간**이라고 한다.

신뢰도 구간은 식 2－5 또는 식 2－6의 z값으로 나타내고, z는 ＋값과 －값을 가지기 때문에 다음과 같이 표시된다.

$$\text{참값 } \mu \text{의 신뢰도 한계} = x_i \pm z\sigma \qquad (2-5)$$

여기서 단일 측정값 x_i 대신 N번 측정한 평균값 $\bar{x}$로 대치하면 신뢰도 한계는 $\sqrt{N}$배 만큼 줄어든다. 일반적으로 다음과 같이 표시된다.

$$\mu \text{의 신뢰도 한계} = \bar{x} \pm \frac{z\sigma}{\sqrt{N}} \qquad (2-6)$$

예제 2D－1

어떤 호수에서 잡은 7마리의 생선을 분석한 결과는 다음과 같다. 이 분석값의 표준편차를 계산하라.

시료	측정 횟수	Hg 함유량(ppm)	평균값 ppm Hg	각 편차의 제곱의 합
1	3	1.80, 1.58, 1.64	1.673	0.0259
2	4	0.96, 0.98, 1.02, 1.10	1.015	0.0115
3	2	3.13, 3.35	3.240	0.0242
4	6	2.06, 1.93, 2.12, 2.16, 1.89, 1.95	2.018	0.0611
5	4	0.57, 0.58, 0.64, 0.49	0.570	0.0114
6	5	2.35, 2.44, 2.70, 2.48, 2.44	2.482	0.0685
7	4	1.11, 1.15, 1.22, 1.04	1.130	0.0170
총합 = 28				총합 = 0.2196

풀이 이 분석법의 전체 표준편차 s는 다음과 같다.

$$s = \sqrt{\frac{0.0259 + 0.0115 + 0.0242 + 0.0611 + 0.0114 + 0.0685 + 0.0170}{28 - 7}} = 0.10 \text{ ppm Hg}$$

여기서 7개의 시료 각각에 대하여 자유도가 하나씩 감소한다고 보고 계산하였다. 자유도의 수 20개보다 크면 s를 σ로 간주할 수 있다.

$$\sigma \fallingdotseq s = 0.10 \text{ ppm Hg}$$

예제 2D-2

예제 2D-1의 시료 1의 수은 함유량 μ의 신뢰도 50 % 및 95 % 한계를 표 2-1을 이용하여 구하라.

풀이 이 분석법의 표준편차는 앞의 예제에서 $\sigma \fallingdotseq s = 0.10$ ppm Hg임을 알았다. 표 2-1에서 신뢰도 50 %와 95 %의 z값은 ±0.67과 ±1.96이다. 그러므로 식 2-5를 이용하면 각 측정값에 대하여 분석값 μ의 신뢰도 한계는 다음과 같다.

$$\mu\text{의 50 \% 신뢰도 한계} = x_i \pm 0.67 \times 0.1 = x_i \pm 0.07$$
$$\text{즉 } 1.80 \pm 0.07,\ 1.58 \pm 0.07,\ 1.64 \pm 0.07$$

$$\mu\text{의 95 \% 신뢰도 한계} = x_i \pm 1.96 \times 0.1 = x_i \pm 0.20$$
$$\text{즉 } 1.80 \pm 0.20,\ 1.58 \pm 0.20,\ 1.64 \pm 0.20$$

그러나 만약 평균값을 이용하면 식 2-6을 취하게 되고, 다음과 같다.

$$\text{50 \% 신뢰도 한계} = 1.67 \pm \frac{0.67 \times 0.1}{\sqrt{3}} = 1.67 \pm 0.04$$

$$\text{95 \% 신뢰도 한계} = 1.67 \pm \frac{1.96 \times 0.1}{\sqrt{3}} = 1.67 \pm 0.11$$

평균값을 이용하는 경우에는 같은 신뢰도의 구간이 훨씬 좁아짐을 알 수 있다.

2D-2 표준편차 σ값을 알 수 없는 경우의 신뢰도 한계

실제 분석의 경우에는 보통 N값이 작기 때문에 옳은 μ와 σ 값을 알 수 없고, 다만 $\bar{x}$

표 2-2 확률과 자유도에 대한 t값

자유도	확률*(신뢰도)				
	0.005 (99.5 %)	0.01 (99 %)	0.05 (95 %)	0.10 (90 %)	0.50 (50 %)
2	14.1	9.93	4.30	2.92	0.82
3	7.45	5.84	3.18	2.35	0.77
4	5.60	4.60	2.78	2.13	0.74
5	4.77	4.03	2.57	2.02	0.73
6	4.32	3.71	2.45	1.94	0.72
7	4.03	3.50	2.37	1.90	0.71
8	3.83	3.36	2.31	1.86	0.71
9	3.69	3.25	2.26	0.83	0.70
10	3.58	3.17	2.23	1.81	0.70
15	3.25	2.95	2.13	1.75	0.69
20	3.15	2.85	2.09	1.73	0.69
25	3.08	2.79	2.06	1.71	0.68
∞	2.81	2.58	1.96	1.645	0.67

와 s를 알 수 있을 뿐이다. 그러므로 표 2-1에서 구한 확률은 정확하게 적용되지 않는다. 이것을 보정하기 위해 다음 식으로 표현되는 t*를 이용한다.

$$\pm t = (\bar{x} - \mu)\frac{\sqrt{N}}{s}$$

이 t는 표 2-1의 z와 같은 성질의 값으로, 일정한 신뢰도와 s를 계산하는 데 이용하는 자유도를 사용하여 표 2-2에서 찾아볼 수 있다. 물론 측정횟수가 충분히 많아지는 경우에 t값은 표 2-1의 z값과 같아지는 사실을 볼 수 있다. 이 경우 μ의 신뢰도 한계는 다음과 같이 표시된다.

$$\mu = \bar{x} \pm \frac{ts}{\sqrt{N}} \qquad (2-7)$$

위 식의 $\frac{ts}{\sqrt{N}}$값은 측정횟수 N, 분석결과의 정밀도 s, 그리고 표 2-2에서 요구되는 신뢰도와 해당하는 자유도의 t값으로 구한다. 따라서 식 2-7은 이때 구해지는 측정평균값 $\bar{x}$가 그 참값 μ에 어느 정도 접근하는지를 나타낸다.

* W. S. Gossett ; Biometika(1908. 6. 1) 논문을 Student라는 익명으로 발표한 데 유래한다.

예제 2D-3

새로운 분석법으로 석유중의 황 함유량을 분석한 분석값이 0.123, 0.121, 0.127, 0.120, 0.125 % 였다. 정유회사에서 발표한 분석값은 0.128 % 이다. 이 새로운 분석법을 평가하라.

풀이

$$\bar{x} = \frac{0.123 + 0.121 + 0.127 + 0.120 + 0.125}{5} = 0.1232$$

$$s = \sqrt{\frac{(0.0002)^2 + (0.0022)^2 + (0.0038)^2 + (0.0032)^2 + (0.0018)^2}{5 - 1}} = 0.0029$$

표 2-2에서 95 % 신뢰도에서 자유도 5 - 1 = 4의 경우 t 값은 2.78이다.

$$\frac{ts}{\sqrt{N}} = \frac{2.78 \times 0.0029}{\sqrt{5}} = 0.0036 \fallingdotseq \pm 0.004$$

즉 새로운 분석법은 100번 측정하면 95번은 0.123 ± 0.004 범위의 분석값을 나타낸다는 뜻이다. 그런데 만약 정유회사의 분석값 0.128 %를 옳은 값이라고 인정하면 다음과 같이 된다.

$$\bar{x} - \mu = 0.123 - 0.128 = -0.005$$

새로운 분석법에 의한 측정 평균값의 오차는 너무 크고, 100번 측정 중 5번보다 적은 횟수가 나타날 큰 오차를 가지는 분석법이다. 그리고 이 분석법 자체가 부의 오차를 갖는다고 볼 수 있다.

예제 2D-4

니켈 0.0319 %를 포함하는 시료에 대하여 새로운 분석법으로 4번 분석 측정한 결과 0.0329, 0.0322, 0.0330, 0.0323을 얻었다. 이 분석법을 평가하라. μ에 대한 몇 가지 신뢰도 한계를 구하라.

풀이 여기서 $\bar{x} = 0.0326$, $s = 0.0004$이다. 그러므로 90 % 신뢰도에서 $t = 2.35$이고(표 2-2 참조), μ의 신뢰도 한계는 다음과 같다.

$$\mu = 0.0326 \pm \frac{2.35 \times 0.0004}{\sqrt{4}} = 0.0326 \pm 0.0004$$

95 % 신뢰도에서 $t = 3.18$이고, μ의 신뢰도 한계는 다음과 같다.

$$\mu = \frac{0.0326 \pm 3.18 \times 0.0004}{\sqrt{4}} = 0.0326 \pm 0.0006$$

99 % 신뢰도에서 $t = 5.84$이고, μ의 신뢰도 한계는 다음과 같다.

$$\mu = 0.0326 \pm \frac{5.84 \times 0.0004}{\sqrt{4}} = 0.0326 \pm 0.0011$$

참값 0.0319 %는 95 % 신뢰도에 거의 해당하고, 이 방법은 참값보다 높은 값을 나타낸다는 것을 알 수 있다.

2D-3 두 분석결과의 비교

같은 분석방법으로 측정한 두 물질의 분석결과를 비교하여 이들이 같은 물질인지 아닌지를 판단하는 방법을 알아보자. 이 경우 두 분석평균값의 차가 측정의 우발오차 범위 내에 있는 것인지, 또는 그렇지 않고 정말 다른 물질이기 때문에 오차가 큰지를 알아보도록 한다. 같은 방법을 이용하여 물질 1은 N_1번 측정하고, 물질 2는 N_2번 측정하였다면 다음과 같은 관계를 얻는다.

$$\mu_1 = \bar{x}_1 \pm \frac{ts}{\sqrt{N_1}}$$

$$\mu_2 = \bar{x}_2 \pm \frac{ts}{\sqrt{N_2}}$$

여기서 $\bar{x}_1$와 $\bar{x}_2$는 두 분석 평균값이다. 가령 두 물질이 같은 물질인 경우에 μ_1과 μ_2는 같을 것이다. 따라서 다음과 같다.

$$\bar{x}_1 \pm \frac{ts}{\sqrt{N_1}} = \bar{x}_2 \pm \frac{ts}{\sqrt{N_2}}$$

$$\bar{x}_1 - \bar{x}_2 = \pm\, ts\sqrt{\frac{N_1 + N_2}{N_1 N_2}} \qquad (2-8)$$

만약 두 평균값의 차가 s와 t로서 계산한 오른쪽 항보다 작은 경우에는 같은 물질이라고 볼 수 있지만, 큰 경우에는 다른 물질이라고 간주해도 좋다. 이러한 경우에 만약 그럴듯한 σ값을 이용할 수 있는 경우에는 t와 s 대신에 z와 σ를 사용하여 계산할 수 있다.

예제 2D-5

어떤 사람을 치고 달아난 자동차의 페인트와 희생자의 옷에 묻은 페인트를 분석한 결과 Ti의 함량이 다음과 같았다. 두 페인트는 같은 것이겠는가? 이 분석법의 표준편차는 0.35 %이다.

옷의 페인트	Ti(%) = 4.0, 4.6
자동차의 페인트	Ti(%) = 4.5, 5.3, 5.5, 5.0, 4.9

풀이

$$\bar{x}_1 = \frac{4.6 + 4.0}{2} = 4.30$$

$$\bar{x}_2 = \frac{4.5 + 5.3 + 5.5 + 5.0 + 4.9}{5} = 5.04$$

$$\bar{x}_1 - \bar{x}_2 = 4.30 - 5.04 = -0.74\ \%$$

식 2-8을 이용하여 s를 $\sigma(0.35)$로 보고 표 2-1에서 z값을 취하도록 하여 95 %와 99 %의 신뢰도의 편차를 계산해 보면 다음과 같다.

표 2－3 측정횟수와 Q값

측정횟수	$Q_{0.90}$	측정횟수	$Q_{0.90}$
3	0.94	7	0.51
4	0.76	8	0.47
5	0.64	9	0.44
6	0.56	10	0.41

$$95\ \%\ \text{신뢰도}\ \pm z\sigma\sqrt{\frac{N_1+N_2}{N_1N_2}} = \pm 1.96 \times 0.35\sqrt{\frac{2+5}{2\times 5}} = \pm 0.57$$

$$99\ \%\ \text{신뢰도}\ \pm z\sigma\sqrt{\frac{N_1+N_2}{N_1N_2}} = \pm 2.58 \times 0.35\sqrt{\frac{2+5}{2\times 5}} = \pm 0.76$$

이 분석법에 의하면 0.57 % Ti 이상의 오차는 100번 중에 5번 나타날 가능성이 있고, 0.76 % Ti 이상의 오차는 100번 중에 1번 일어날 가능성이 있다. 그러므로 두 페인트의 분석값의 차 －0.74 %는 측정의 우발오차라고 생각되기보다는 두 페인트가 다른 데서 생기는 오차라고 볼 수 있다.

2D－4 일련의 측정값에서 버릴 수 있는 값

비교적 서로 잘 맞는 일련의 측정값 중에서 유별나게 크거나 작은 의심스러운 측정값이 나타날 때가 있는데, 그 벗어난 정도가 심하면 버릴 수 있다. 예를 들어 편차가 2σ보다 크면 95 % 신뢰도하에서 버릴 수도 있다. 그러나 이러한 일은 과학실험에서는 중대한 문제이고, 쉽게 생각할 일이 아니다. 이러한 측정값을 버리는 기준은 사람에 따라 다르다.

Q 테스트 의심스러운 측정값을 버리는 판단방법으로 **Q 테스트**(Q test)가 있다. 이 방법은 통계학적으로 근거가 있으며, 취급하기가 쉽고, 이 방법의 신뢰도는 90 % 이상이다. 그러나 측정횟수가 너무 작으면 역시 신뢰도는 낮다.

이 방법은 다음과 같다. (1) 측정값의 최대값과 최소값 사이의 퍼짐 w를 계산하고, (2) 의심스러운 값과 이것과 가장 가까운 측정값의 차를 구하고, (3) (2)의 차를 (1)의 퍼짐 w로 나눈 비율 Q(식 2－9)를 얻고, (4) 이 비율 Q가 표 2－3의 $Q_{0.90}$값보다 크면 90 % 신뢰도를 가지고 이 측정값을 버려도 좋다.

$$Q = \frac{\text{의심스러운 값} - \text{가장 가까운 값}}{w} \qquad (2-9)$$

예제 2D-6

측정값 56.43, 56.28, 56.35, 56.43, 56.61, 56.36에서 버릴 수 있는 값이 있는지를 검토하라.

풀이 의심스러운 값은 56.61로서, 이것을 빼놓고 나머지 측정값에 대한 표준편차를 이용하는데, σ 대신 s를 이용하여 판단해 보자.

x_i	$(x_i - \bar{x})^2$
56.43	0.0036
56.28	0.0081
56.35	0.0004
56.43	0.0036
5)56.36	0.0001
평균값 $\bar{x} = 56.37$	0.0158

$$\text{표준편차}\ s = \sqrt{0.0158/4} = 0.06$$

의심스러운 값의 편차는 $56.61 - 56.37 = 0.24$이다. 0.24는 $2s = 2 \times 0.06 = 0.12$보다 크므로 56.61은 버릴 수 있다.

그러나 Q 테스트법에 따르면 다음과 같다. 식 2-9에 따라

$$Q = \frac{56.61 - 56.43}{56.61 - 56.28} = \frac{0.18}{0.33} = 0.54$$

$$Q = 0.54 < 0.56 = Q_{0.90}(\text{표 } 2-3)$$

56.61은 버려서는 안 된다.

2E 유효숫자

2E-1 유효숫자

실험값의 정밀도를 표시하는 데 필요한 숫자를 **유효숫자**(significant digits)라고 한다. 도가니의 무게를 감도가 0.1 g인 보통저울로 달면 12.3 g이고, 감도가 0.0001 g인 화학저울로 달면 12.3065 g이다. 3개의 유효숫자로 되어 있는 전자의 측정값보다 6개의 유효숫자로 이루어진 후자의 정밀도가 더 높다.

또 전자를 12300 mg으로 표시할 수 있고, 후자를 0.0123065 kg으로 표시할 수도 있다. 이 경우 숫자는 늘어나지만 실제로 그 정밀도는 변하지 않는다. 이 경우에 뒤와 앞에 붙인 두 개의 0은 단순한 소수점의 자리를 표시하는 구실만을 한다. 이러한 숫자 0은 유효숫자라고 할 수 없다. 이와 같은 혼란을 막기 위하여 전자를 1.23×10^4 mg으로, 후자를 1.23065×10^{-2} kg으로 표시하는 방법을 사용하는 것이 좋다.

과학실험에서 얻은 측정값은 확실한 숫자와 불확실한 숫자의 합으로 되어 있다. 그림 5-4에서 보는 바와 같이 뷰렛 눈금을 읽을 때 액면이 15.4 mL와 15.5 mL 사이에 있

표 2－4 측정값의 오차와 유효숫자

측정값	절대오차	상대오차(%)	상대오차(ppt)	유효숫자
1.11	0.01	1	10	3
0.11	0.01	10	100	2
0.111	0.001	1	10	3
0.011	0.001	10	100	2
2.100	0.001	0.05	0.5	4
2.1×10^3	0.1×10^3	5	50	2
0.3720	0.0001	0.03	0.3	4
0.003720	0.000001	0.03	0.3	4
0.00372	0.00001	0.3	3	3

으며, 측정값이 15.45 mL라고 하자. 이때 15.4까지는 확실한 숫자이고, 0.05는 측정하는 사람의 판단력이 들어 있는 불확실한 값이다. 그러므로 실험에서 측정한 값에는 반드시 일정한 오차가 포함되어 있으며, 일반적으로 측정값의 최후 숫자의 한 단위에 해당되는 오차를 포함한다고 본다. 예를 들어 1.013 cm는 그 길이가 정확히 1.013 cm라는 의미가 아니라, 그 길이가 1.013 ± 0.001 cm, 즉 1.012～1.014 cm 범위 내에 있는 값이라는 것이다. 그러므로 이 길이 측정의 상대오차는 0.001/1.013 = 0.001, 즉 0.1 % 또는 1 ppt이다. 표 2-4는 유효숫자가 많을수록 그 측정값의 상대오차가 작고 정밀도가 높다는 것을 알 수 있다.

더 정밀한 측정값을 얻을라하면 더 고가의 정밀한 장치가 필요하고 더 많은 노력이 필요함을 알 수 있다.

2E－2 계산에 의한 오차의 파급

측정값이 그대로 분석결과로 사용되는 경우는 거의 없고, 반드시 더하기, 빼기, 곱하기 또는 나누기와 같은 셈을 거쳐서 얻은 값을 이용하게 된다. 예를 들어 어떤 시약의 무게를 다는 데에도 시약을 담은 그릇의 무게에서 빈 그릇의 무게를 빼야 한다.

어떠한 계산을 거쳐서 얻은 값은 이 계산에 사용한 값보다도 더 정밀할 수가 없다. 그러므로 계산값은 오차가 포함되는 자리에서 끊어야 하고, 그 이상의 숫자는 나열할 필요가 없다. 그리고 그 다음 자릿수는 사사오입하는 것이 일반적이다.

(1) 덧셈과 뺄셈

측정값의 유효숫자와 셈하여 얻은 답의 유효숫자는 다르다.

시료를 담은 그릇의 무게	11.2169 g
그릇만의 무게	10.8144 g
시료의 무게	0.4025 g

위의 경우에 유효숫자 6개의 측정값에서 얻은 시료의 무게는 4개의 유효숫자만을 가진다. 만약 그릇의 무게를 정밀도가 낮은 저울로 단 경우에는 정밀도가 낮은 쪽의 측정값이 가지는 오차에 따라 답의 유효숫자가 결정된다.

시료를 담은 그릇의 무게	11.2169 g
그릇만의 무게	10.81 g
	0.4069 g

이때 시료의 무게는 0.4069 g이 아니라 0.41 g이라고 표시해야 한다.

요약하면, 덧셈이나 뺄셈에서 얻은 답이 가지는 절대오차는 계산하는 데 사용한 측정값이 가지는 오차 중 가장 큰 것보다 작을 수 없다.

(2) 곱셈과 나눗셈

곱셈과 나눗셈을 하여 얻은 답의 유효숫자는 그 상대오차에 따라 결정되며, 그 답이 가지는 상대오차는 계산하는 데 사용한 측정값이 가지는 오차 중 가장 큰 상대오차보다 작을 수 없다. 즉 그 답의 유효숫자는 계산에 사용한 측정값 중 가장 작은 것과 같게 잡는다.

예를 들어 9.678234×0.12는 1.2라고 표시하는 것이 옳고, 1.1613이라고 표시하는 것은 적당하지 않다. 왜냐하면 0.12는 $0.01/0.12 = 1/12$의 상대오차를 가지기 때문이다.

위에서 설명한 것은 정밀한 이론에 의한 것이 아니라, 간단하게 계산값을 내는 데 필요한 유효숫자를 결정하는 방법이다.

그러므로 우리는 측정값을 사용하여 계산값을 얻을 때 필요 이상의 자릿수를 구하지 않도록 유의해야 하고, 또 이때 요구하는 정밀도와 계산법에 비추어 필요 이상으로 정밀한 측정값을 얻을 필요도 없다.

(3) 좀더 정밀한 오차 계산법

일반적으로 측정값 X, Y, Z에 각각 예측할 수 없는 표준오차 $\pm x$, $\pm y$, $\pm z$가 포함되어 있는 경우, 이들을 이용하여 얻은 계산결과 R에 포함되는 오차 r은 다음과 같이 표현된다.

$$R = X + Y - Z \quad \text{절대오차 } r = \sqrt{x^2 + y^2 + z^2} \qquad (2-10)$$

$$R = XY/Z \quad \text{상대오차 } \frac{r}{R} = \sqrt{\left(\frac{x}{X}\right)^2 + \left(\frac{y}{Y}\right)^2 + \left(\frac{z}{Z}\right)^2} \qquad (2-11)$$

그러나 x, y, z의 값이 알려져 있는 경우에는 다음과 같이 간단하게 표현된다.

$$R = X + Y - Z \quad \text{절대오차} \quad r = x + y - z \tag{2-12}$$

$$R = XY/Z \quad \text{상대오차} \quad \frac{r}{R} = \frac{x}{X} + \frac{y}{Y} - \frac{z}{Z} \tag{2-13}$$

예제 2E-1

다음 계산결과의 표준편차를 계산하라. 숫자 뒤의 괄호 속의 값은 측정 표준편차이다.

$$y = \frac{[14.3(\pm 0.2) - 11.6(\pm 0.2)] \times 50.0(\pm 0.1)}{42.3(\pm 0.4)} = 3.191$$

풀이 [ ] 내의 표준편차 $s_1 = \sqrt{(\pm 0.2)^2 + (\pm 0.2)^2} = \pm 0.28$

$$y = \frac{2.7(\pm 0.28) \times 50.0(\pm 0.1)}{42.3(\pm 0.4)} = 3.191$$

식 2-11을 이용하면 y의 상대표준편차는 다음과 같다.

$$s_2 = \sqrt{\left(\frac{\pm 0.28}{2.7}\right)^2 + \left(\frac{\pm 0.1}{50.0}\right)^2 + \left(\frac{\pm 0.4}{42.3}\right)^2} = 0.10$$

y의 절대표준편차 $= 3.191 \times 0.10 = 0.32$ 므로 $y = 3.2(\pm 0.3)$이다.

(4) 계산값의 반올림

한 무리의 측정값의 평균값이 26.355이고, 유효숫자 4개로 만드는 경우를 생각해 보자. 이와 같이 끝수가 5인 경우 이 수는 26.36으로 할 수도 있고 26.35로 할 수도 있는데, 일반적으로 짝수가 되도록 하는 방법을 선택하는 것이 보통이다. 즉 26.36으로 하는 것이 보통이다. 그리고 반올림 작업은 모든 연산을 다하고 최종 분석값을 얻을 때까지 미루는 것이 중요하다.

2F 검정곡선을 구하는 법

2F-1 최소제곱법

일반적으로 분석실험에서 측정되는 분석신호 y는 구하는 성분의 농도 x의 함수이고, 일련의 x값에 대한 일련의 측정값 y값을 도시한 것을 **검정곡선**(calibration curve)이라고 한다. 분광분석법, 전위차법 및 크로마토그래피법과 같은 분석법은 이렇게 얻은 검정곡선을 이용하여 시료분석을 한다. 그림 2-4는 크로마토그래피법으로 탄화수소 시료중의 이소옥탄을 정량하는 경우의 검정곡선으로, 가로축은 이소옥탄 표준시료의 몰농도이며, 세로축은 크로마토그램 봉우리의 면적이다. 이러한 경우 검정곡선은 일반적으로 직선으로 나타나지만, 여러 가지 불확정성 때문에 모든 측정값이 정확히 직선 위에 놓여 있지

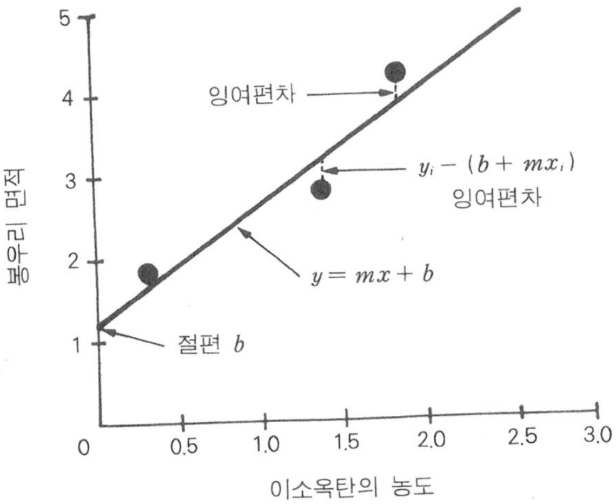

그림 2－4
최소제곱법에 의한 검정곡선 작성.

않다. 그러나 분석자는 모든 측정점을 이용하여 가장 적절한 직선을 긋도록 노력해야 할 것이다. 이러한 직선을 얻은 일반적인 방법을 **최소제곱근**(least-square method)이라고 한다.

최소제곱법을 적용하는 경우 봉우리의 면적(y)과 분석 성분의 표준물의 농도(x) 사이에는 다음과 같은 직선관계가 있다고 가정할 수 있다.

$$y = mx + b \tag{2-14}$$

여기서 m은 직선의 기울기이고, b는 절편이다. 여기서 만약 어떤 측정값이 이 직선 위에 나타나지 않은 편차가 생긴다면 이것은 면적 측정값 y의 오차에서 오는 것이고, 농도 x의 오차와는 관계가 없다. 왜냐하면 표준 시료용액의 농도는 정확히 알려져 있다고 보기 때문이다.

각 측정값의 이 직선에 대한 수직편차를 **잉여오차**(residual error) 또는 **수직오차**라 하고, 최소제곱법으로 얻은 직선은 모든 측정점에 대한 잉여오차의 제곱합이 최소가 되는 직선이라고 말할 수 있다.

검정선을 구하는 데는 이 직선의 기울기 m과 절편 b만 구하면 되고 이것을 계산하는 데 있어 편의상 다음과 같은 세 가지 양 S_{xx}, S_{yy} 및 S_{xy}를 정의하기도 한다.

$$S_{xx} = \Sigma(x_i - \bar{x})^2 = \Sigma x_i^2 - \frac{(\Sigma x_i^2)}{N} \tag{2-15}$$

$$S_{yy} = \Sigma(y_i - \bar{y})^2 = \Sigma y_i^2 - \frac{(\Sigma y_i^2)}{N} \tag{2-16}$$

$$S_{xy} = \Sigma(x_i - \bar{x})(y_i - \bar{y}) = \Sigma x_i y_i - \frac{\Sigma x_i \Sigma y_i}{N} \tag{2-17}$$

여기서 x_i와 y_i는 각 측정점의 좌표이며, N은 측정값의 수이고, $\bar{x}$와 $\bar{y}$는 이들 변수의 평균값이다.

$$\bar{x} = \frac{\sum x_i}{N}, \qquad \bar{y} = \frac{\sum y_i}{N}$$

여기서 S_{xx}와 S_{yy}는 각 변수 x와 y의 평균값에 대한 편차의 제곱합 및 곱셈합이고, 식 2－15, 2－16, 2－17의 오른쪽과 같이 나타내면 소형 계산기를 이용할 때 편하게 계산할 수 있는 방법을 알려준다.

만약 이 S_{xx}, S_{yy} 및 S_{xy} 값을 계산하였다면, 이것을 이용하여 다음과 같이 필요한 6가지 양을 쉽게 얻을 수 있다.

1. 직선의 기울이 m

$$m = S_{xy}/S_{xx} \tag{2-18}$$

2. 절편 b

$$b = \bar{y} - m\bar{x} \tag{2-19}$$

3. 잉여오차의 표준편차 s_y

$$s_y = \sqrt{\frac{S_{yy} - m^2 S_{xx}}{N-2}} \tag{2-20}$$

4. 기울기 m의 표준편차 s_m

$$s_m = s_y/\sqrt{S_{xx}} \tag{2-21}$$

5. 절편의 표준편차 s_b

$$s_b = s_y\sqrt{\frac{\sum x_i^2}{N\sum x_i^2 - (\sum x_i)^2}} = s_y\sqrt{\frac{1}{N - (\sum x_i)^2/\sum x_i^2}} \tag{2-22}$$

6. 검정곡선에서 얻은 분석값의 표준편차 s_c

$$s_c = \frac{s_y}{m}\sqrt{\frac{1}{L} + \frac{1}{N} + \frac{(\bar{y}_c - \bar{y})^2}{m^2 S_{xx}}} \tag{2-23}$$

식 2－23은 N개의 측정값으로 만든 검정선을 이용하여 L번 반복 분석한 분석값의 평균값 $\bar{y}_c$의 표준편차를 말하고, $\bar{y}$는 N개의 검정곡선값 y의 평균값이다.

예제 2F－1

다음을 이용하여 이 분석실험의 가장 적절한 검정곡선을 최소제곱법으로 구하라.

크로마토그래피법에 의한 혼합시료 중의 이소옥탄의 측정

이소옥탄의 몰 백분율, x_i	봉우리 면적, y_i	x_i^2	y_i^2	$x_i y_i$
0.352	1.09	0.12390	1.1881	0.38368
0.803	1.78	0.64481	3.1684	1.42934
1.08	2.60	1.16640	6.7600	2.80800
1.38	3.03	1.90440	9.1809	4.18140
1.75	4.01	3.06250	16.0801	7.01750
5.365	12.51	6.90201	36.3775	15.81992

풀이 식 2 — 15, 2 — 16, 2 — 17에 위의 표에서 얻은 값을 대입하여 계산하면 다음과 같다.

$$S_{xx} = \sum x_i^2 - \frac{(\sum x_i^2)}{N} = 6.90201 - (5365)^2/5 = 1.14537$$

$$S_{yy} = \sum y_i^2 - \frac{(\sum y_i^2)}{N} = 36.3775 - (12.51)^2/5 = 5.07748$$

$$S_{xy} = \sum x_i y_i - \frac{\sum x_i \sum y_i}{N} = 15.81992 - 5.365 \times 12.51/5 = 2.39669$$

이 값들을 식 2 — 18과 2 — 19에 대입하면 다음과 같이 된다.

$$m = \frac{2.39669}{1.14537} = 2.0925 = 2.09$$

$$b = \frac{12.51}{5} - 2.0925 \times \frac{5.365}{5} = 0.2567 = 0.26$$

그러므로 구하는 직선은 다음과 같다.

$$y = 2.09x + 0.26$$

2G 연습문제

2 — 1 다음은 SO_2 9.7 ppm을 함유하는 공기중의 SO_2를 분석한 결과이다. 평균 절대오차 및 상대오차와 평균 절대편차 및 상대편차를 구하고, 또 표준편차를 구하라.

9.9, 9.1, 9.2, 10.0, 8.8, 8.8, 9.0

2 — 2 마이크로뷰렛의 눈금을 읽는 데 0.002 mL의 오차가 포함된다. 적어도 1.0 ppt의 상대오차 안에서 실험하려면 전체 적가부피를 어느 정도로 잡아야 하는가?

2 — 3 Se의 무게법 분석에서 용해도 손실이 항상 2.5 mg 포함되어 있다. Se를 약 16 % 함유하는 시료를 다음과 같이 취할 때 각 분석결과의 상대오차(ppt)를 구하라.
(a) 1.00 g (b) 0.500 g (c) 0.250 g (d) 0.100 g

2－4 한 가지 분석법으로 한 시료 성분을 분석한 결과는 다음과 같다.

시료	측정횟수	평균값	각 측정값의 편차
1	5	3.66	0.04, 0.01, 0.03, 0.05, 0.05
2	3	3.45	0.06, 0.03, 0.03
3	8	3.55	0.00, 0.07 0.04 0.03 0.02, 0.02 0.01, 0.01
4	2	3.86	0.03, 0.03
5	3	3.12	0.01, 0.00, 0.01
6	6	3.97	0.06, 0.00, 0.04, 0.01, 0.01, 0.02

(a) 각 시료의 표준편차를 구하라.
(b) 6개 시료의 표준편차(s)를 구하라. 이 s를 σ로 볼 수 있는가?
(c) 95 % 신뢰도 한계를 시료 3의 표준편차를 사용하여 구하고, 다음에 s를 이용하여 구하라.

2－5 한 용기에 들어 있는 윗부분과 바닥의 소금을 분석한 값을 아래에 실었다.

윗부분(Cl %)	바닥부분(Cl %)
26.32	26.28
26.33	26.25
26.38	26.38
26.39	

(a) 95 % 신뢰도에서 같은 소금이라고 볼 수 있는가?
(b) 이 분석법의 표준편차 $s \longrightarrow \sigma = 0.03$ % Cl이라 보고 다시 계산하라.

2－6 HCl의 농도를 6번 측정하였더니 0.1503, 0.1508, 0.1497, 0.1509, 0.1484, 0.1506 M이었다. 평균편차, 상대평균편차, 표준편차를 구하라. 0.1510 M이 참값이면 이때 오차는 어느 정도 크기인가?

2－7 오차를 표준오차 단위로 표시하면 어떤 이점이 있는가? 오차를 편차로 간주하고 생각한다.

2－8 다음 4개의 측정값들을 보고 다음을 구하라.

1	2	3	4
7.031	31.41	63.74	90.91
7.039	30.64	63.62	90.42
7.126	31.52	63.93	90.31
7.027	31.18	63.68	90.24

(a) 가장 잘 된 측정값을 지적하라.
(b) 각 측정값에 대하여 95 %를 가지는 신뢰도 한계를 구하라.

2－9 용액의 농도를 측정하였더니 0.1223, 0.1221 및 0.1225이다. 또 한번 측정한 값을 Q 테스트에 의해 버리지 않고 남겨 두려면 그 최고값과 최저값은 얼마인가?

2−10 다음 측정값에서 버릴 수 있는 것을 지적하고 평균값을 구하라.
(a) 11.11, 11.15, 12.09, 11
(b) 10.00, 10.10, 10.22, 11.00
(c) 5.71, 4.00, 4.97, 5.23, 5.20, 5.17

2−11 다음 측정값의 절대오차, 상대오차 및 유효숫자를 구하라.
(a) 672.25 (b) 6.7225 (c) 0.0004 (d) 0.000400
(e) 4.0×10^{-3} (f) 4×10^{4} (g) 1.008

2−12 다음 계산결과를 구하라.
(a) 2.2931 + 6.0 − 7.12 (b) 2.03/1.00735
(c) $(9.5)^3$ (d) $\dfrac{1.73 \times 10^{-14}}{1.63 \times 10^{-16}}$
(e) 8.26 × 1.23456 × 10.83 (f) 87.41 × 2.0/2.013

2−13 0.4 g의 시료를 0.1 % 상대오차로서 취하고자 할 때 30 g 정도의 빈 도가니를 사용하여 어느 정도 정밀하게 달아야 하는가?

2−14 네모난 철판의 부피를 계산하기 위해 세 변의 길이 16.72, 0.031, 9.564 cm를 측정했다. 이 측정은 잘 되었는가?

2−15 다음 계산결과를 적당한 자리에서 끊어라.
(a) (4.178 + 0.0037)/60.4 = 0.069234·········
(b) 4.178 × 0.0037/60.4 = 0.000255937·········
(c) $\dfrac{4.178 + 4.032}{1.217} = 6.74609\cdots\cdots$

2−16 다음 계산결과를 유효숫자까지 끊고 절대표준편차를 구하라. 괄호 안은 절대표준편차이다.
(a) $y = 100.20(\pm 0.08) - 99.62(\pm 0.06) + 0.200(\pm 0.004) = 0.780$
(b) $y = [33.33(\pm 0.03)]^3 = 37025.927$
(c) $y = \dfrac{1.43(\pm 0.02) \times 10^{-2} - 4.76(\pm 0.06) \times 10^{-3}}{24.36(\pm 0.7) + 8.06(\pm 0.08)} = 2.948 \times 10^{-4}$

2−17 다음은 pCa의 정량을 위하여 칼슘이온 전극을 검정하는 데 필요한 전위 E와 pCa의 값이다.

pCa	5.00	4.00	3.00	2.00	1.00
E, mν	−53.8	−27.7	+2.7	+31.9	+65.1

(a) 데이터를 도시하고 검정선을 그려라.
(b) 최소 제곱법에 의한 직선 식을 유도하고, 이것을 도시하라.

제 3 장
무게법 분석

3A 콜로이드 침전

3A—1 무게법 분석과 침전

무게법 분석은 일정량의 시료중에서 한 가지 성분만을 취하여 어떤 형태의 순수한 물질로 변환시켜 그 무게를 다는 방법이다. 휘발되어 나가는 한 가지 성분의 무게를 다는 방법도 있으나, 일반적으로는 시료용액에 적당한 침전제를 가하여 순수한 침전을 얻어 이것을 잘 씻고 말려서 그 무게를 다는 방법을 의미한다. 그러므로 용액에서 침전이 생성되는 과정과 생성된 침전의 성질을 잘 이해하는 것이 중요하다. 침전현상은 무게법 분석에서 뿐만 아니라, 화학실험에서 한 성분을 분리 또는 제거할 때에도 이용되는 중요한 과정이다. 무게법 분석에서 얻어지는 침전은 다음과 같은 성질을 가져야 한다.

1. 침전의 용해도는 작아야 한다. 용해도는 분석결과에 대하여 부의 오차를 가져온다.
2. 일반적으로 침전입자의 크기가 커야 불순물을 적게 흡착하고, 거르기도 쉽고 불순물을 씻기도 쉬워진다. 콜로이드 상태의 침전의 경우에는 거르기도 어렵고 씻기도 어렵다.
3. 침전은 안정하고 일정한 화학식을 가지는 것이거나, 또는 그러한 형태로 쉽게 바꾸어지는 것이어야 한다. 그렇지 않으면 그 무게를 정확히 알아도 그 중 한 성분의 양을 화학량론적으로 정확히 계산할 수 없다.
4. 침전제는 선택성이 좋아서 구하는 물질만을 침전시키고, 그 침전의 분자량은 가능한 한 커야 한다. 선택성이 높으면 다른 불순물의 혼입이 적어지고, 침전의 분자량이 크면 무게다는 데서 포함되는 상대오차가 작다.

따라서 무게법 분석에서 사용하는 침전제는 침전의 용해도가 작고, 분자량이 크며, 선택성이 높은 것을 골라야 하고, 이때 생성되는 침전은 입자가 적당하게 커서 콜로이드 상태의 침전이 되지 않아야 한다.

이와 같은 조건에 알맞는 침전을 만들려면 침전제의 선택, 용액의 농도, 온도, pH, 그리고 용액을 섞는 순서와 속도, 특수한 화학종의 존재 여부, 묵히고 익히는 방법 등 여러 가지 점에 유의해야 한다.

3A-2 콜로이드질 침전

용매중에 이온이나 분자와 같은 화학종이 녹아 있는 용액을 참용액이라고 하며, 여기에 광선을 통과시켜도 빛 산란, 즉 Tyndall(틴달) 현상이 나타나지 않는다. 그러나 분자와 이온이 모여 회합을 이루어서 큰 입자가 용매 속에 퍼져 있을 때에는 이것이 빛을 산란시키기 때문에 Tyndall 현상이 나타나서 암실에서 보면 빛살이 용액을 통과하는 경로를 볼 수 있다.

콜로이드 상태(colloid state)로 퍼져 있는 입자의 크기는 일반적으로 10~1000 Å* 정도이다. 콜로이드 입자는 빛 산란뿐만 아니라 삼투현상, 어는점 내림, 끓는점 오름과 같은 성질에서 참용액의 이온 또는 분자와 다른 성질을 가진다.

콜로이드 상태의 용액에는 친수콜로이드와 소수콜로이드 두 종류가 있다. 친수콜로이드의 입자는 물에 대한 친화성이 크고, 용매인 물에서 탈수시켜 분리하기 어렵다. 콜로이드 상태는 안정성이 크고 젤리 모양이다. 단백질, 젤라틴처럼 큰 분자의 유기화합물은 주로 친수콜로이드를 만든다. 친수콜로이드를 "겔"(gel)이라고 한다. 무기화합물 중에는 규산, 황화비소(Ⅲ), 수산화알루미늄, 수산화주석 등이 여기에 속한다.

소수콜로이드의 입자는 물에 대한 친화성이 작고, 전해질 같은 것을 가하면 비교적 쉽게 탈수시킬 수 있다. 소수콜로이드를 "졸"(sol)이라고 하며, 주로 금속의 황화물, 할로겐화은, 포스포몰리브덴산암모늄과 같은 무기화합물이 소수콜로이드를 만든다.

화학분석에서는 졸을 많이 취급하게 되는데, 이 경우에 가능한 한 콜로이드 상태의 침전이 생기는 것을 피해야 한다. 콜로이드의 입자는 작아서 침전을 거를 때 거름종이의 구멍을 빠져나갈 뿐만 아니라, 거르는 데 오랜 시간이 걸리고, 또 침전입자의 표면적이 상대적으로 커서 표면 흡착력이 세기 때문에 침전이 불순물을 많이 포함한다.

콜로이드 상태의 침전은 입자가 용액중에 퍼져 있으며, 쉽게 가라앉지 않는다. 이것은 이들 입자가 쉴틈없이 움직이는 Brown 운동을 하고 있기 때문이다.

또 새로 생긴 침전입자는 그 침전의 성분 이온을 대단히 세게 흡착하는 성질을 가지고 있으며, 할로겐화은은 할로겐화이온 또는 은이온을 세게 흡착하여 음전하를 띠는 경

---

* 1 Å = 10^{-10}m = 0.1 nm. 수소원자 지름 = 0.6 Å, X-선 파장 = 1~10 Å.

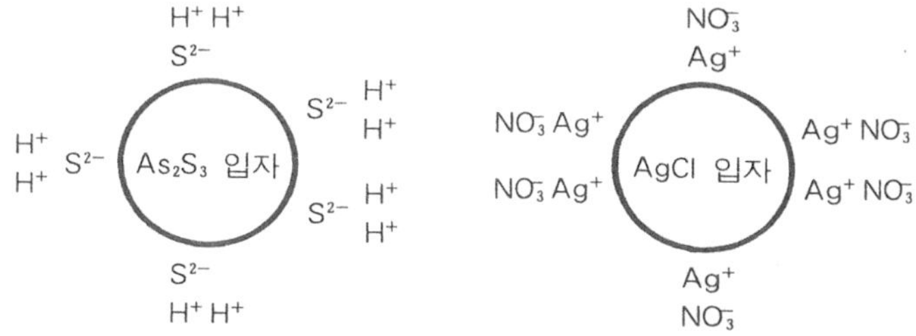

그림 3—1 콜로이드질 황화비소와 염화은 입자의 표면흡착현상.

우도 있고 양전하를 띠는 경우도 있다. 아비산용액에 황화수소를 충분히 통과시켜 황화비소의 침전을 만들면 그 용액중에는 황화수소가 많이 녹아 있게 된다. 그러므로 황화물의 작은 입자의 표면에 황화이온이 흡착하여 둘러싸고, 침전입자는 음전하를 띠게 된다.

이렇게 형성된 제1흡착이온층의 바로 바깥층에는 반대전하를 띤 이온(여기서는 주로 수소이온)이 모여서 제2의 층을 이루게 된다. 이로부터 입자와 용액 사이에 소위 전기이중층(electrical double layer)이 형성된다. 제2의 이온층은 제1흡착이온층에 비하여 일반적으로 약하게 붙어 있으며, 여기에 전류를 통하면 황화물의 콜로이드 입자는 용액중에서 음이온과 같은 행동을 하여 양극 쪽으로 이동한다. 이렇게 해서 모든 콜로이드 입자는 같은 부호의 전하를 띠고 있어 서로 반발하기 때문에 충돌할 수 없어 뭉칠 수가 없고, 항상 작은 입자 상태로 용액에 퍼져 있으므로 콜로이드 상태는 안정하다(그림 3—1 참조).

3A—3 졸의 뭉침과 풀림

화학분석에서는 콜로이드 상태를 파괴하여 큰 입자를 만들고, 거르기 쉬운 침전을 만든다는 것이 중요한 일이다. 콜로이드 상태를 파괴하려면 무엇보다 콜로이드 입자의 전하를 제거하거나, 또는 중화시켜서 작은 입자들이 뭉쳐서 큰 입자가 되도록 하여 그릇 바닥으로 침강되게 하여야 한다. 이것을 **뭉침**(flocculation)이라고 한다.

제1흡착이온층 밖에 있는 제2짝이온층을 더 세게, 그리고 더 가깝게 접근시켜 충분히 제1층의 전하를 중화시킬 수 있게 되면 콜로이드 입자는 전체적으로 중성이 되고, 서로 접근할 수 있어 뭉치게 된다. 이렇게 하기 위해서는 용액중의 전해질 농도, 즉 짝이온 농도를 높여서 짝이온층을 보강하도록 해야 한다. 이러한 목적으로 사용되는 전해질을 **뭉침제**라고 한다. 여러 가지 전해질이 뭉침제로 이용되는데, 그 효과는 성분이온의 전하수에 따라 상당히 달라진다. 콜로이드 입자가 띠고 있는 전하와 반대부호를 띤 이온으로서 전하수가 클수록 효과는 크다.

짝이온을 충분히 흡착시켜 콜로이드 입자를 뭉치게 하는 과정은 가역반응이고, 뭉친 침전을 증류수로 씻으면 짝이온이 제거되는 동시에 침전은 풀려서 다시 콜로이드 상태로 돌아간다. 이것을 **풀림**(peptization)이라고 한다. 이렇게 되면 풀린 작은 입자는 거름종이 구멍으로 빠져나갈 위험성이 있다. 그러므로 이러한 침전을 씻을 때에는 충분한 주의가 필요하고, 반드시 적당한 휘발성 전해질 용액을 증류수 대신에 사용해야 하는데, 이 전해질은 분석의 최종단계인 침전을 강열할 때 날아갈 수 있는 것이어야 한다.

콜로이드 용액을 저으면서 가열하면 쉽게 뭉치는 수가 많다. 이것은 온도가 높아지면 콜로이드 입자가 빨리 움직이게 되고, 이온을 흡착할 기회가 감소되어 입자의 알짜전하가 줄어들게 되기 때문이다. 또 높은 온도에서는 입자의 운동에너지가 증가하여 정전기적 반발력을 극복해서 서로 접근할 수 있고, 이로부터 큰 입자로 되기 때문이다.

3B 결정의 형성과 입자 크기

3B—1 결정의 생성과 성장

용액중에서 침전이 생기기 위해서 용액은 과포화상태가 되어 있어야 한다. 여기서 침전의 시초라고 할 수 있는 극히 작은 **결정핵**(crystal nucleus)이 생겨나고, 이 결정핵의 표면에 용액중의 성분이온들이 석출되어 결정은 성장하게 된다.

과포화용액에서 결정핵이 생성되는 과정은 이론적으로 두 가지를 생각할 수 있는데, 용액중에 생긴 충분히 큰 이온집합이 서로 결합하여 자발적으로 결정핵이 생기는 경우를 **자발적 핵생성**이라고 한다. 그러나 실제로 자발적 핵생성의 경우는 대단히 드물다. 일반적으로 용액중에 결정핵의 생성을 유발하는 원인이 될 수 있는 씨 또는 자리에 의하여 용액중의 이온집합이 모아져 이들이 서로 결합하여 결정핵이 생성된다고 믿어지며, 이것을 **유발핵생성**이라고 한다. 예를 들어 어떤 물질의 과포화용액에 그 물질의 작은 결정조각을 넣으면 이것으로 인하여 침전과정이 시작되는 것을 볼 수 있다.

또 용액중의 다른 고체의 표면이 결정핵의 생성의 자리를 제공할 수 있다. 그러므로 용기의 모양과 그 표면의 깨끗한 정도에 따라 침전입자의 크기가 다를 수 있는 것도 이 때문이다. 또 시약이나 용매중에 불순물로 들어 있는 작은 고체가 핵생성을 유발하는 씨가 될 수 있다.

아무리 순수한 시약도 자세히 검사하면 그 중에 0.005～0.010 % 정도의 불순한 고체를 포함하고, 이것이 결정핵의 생성을 위한 자리를 제공하는 구실을 하는 경우가 많다. 용액중에서 결정핵의 생성의 원인이 될 수 있는 자리 또는 씨는 대개 전기적으로 음 또는 양의 전하를 가지고 있어 침전을 만드는 한쪽 성분이온이 그 자리에 흡착되면 나머지 성분인 반대이온이 뒤따라 붙게 되어 결정핵을 생성할 원인을 만들어주게 된다고 볼 수 있다. 따라서 같은 조건하에서 두 용액을 섞어 침전을 만들 때 처음 생기는 결정핵의 수는 용액의 과포화도와 그 중에 있는 핵생성의 원인이 되는 씨 또는 자리의 수에 달려 있다.

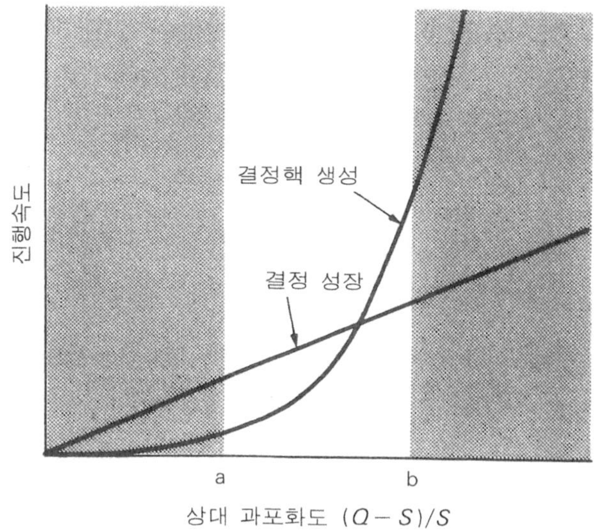

그림 3−2 상대과포화도에 대한 결정핵의 생성 및 성장관계.

3B−2 과포화도와 침전입자의 크기

고체상과 평형을 유지하고 있는 용액의 농도, 즉 용해도의 농도보다 더 많은 용질을 녹아 있는 과포화상태는 일반적으로 불안정한데, 특히 고체상이 같이 있으면 용질의 일부가 쉽게 결정 표면에 석출된다. 그러나 용액중에는 때로 과포화상태에서 상당히 오랜 시간 머물러 있는 것도 있다. 일반적으로 과포화 정도가 클수록 침전이 성장하는 속도는 빠른데, 이러한 관계를 다음과 같이 나타낸다.

$$\text{침전의 성장속도} = k_1 \frac{Q - S}{S} \qquad (3-1)$$

여기서 Q는 침전이 시작될 무렵의 용질의 과포화상태의 실제 농도이고, S는 침전이 생긴 후의 포화용액의 용질의 평형농도, 즉 용해도이다. $(Q - S)/S$를 상대과포화도(degree of relative supersaturation)라고 한다.

한편 용액중에서 결정핵이 생성되는 속도는 다음과 같이 나타낸다.

$$\text{결정핵의 생성속도} = k_2 \left(\frac{Q - S}{S}\right)^n \qquad (3-2)$$

여기서 k_1, k_2, n은 상수로서, n은 1보다 크며, k_2는 k_1보다 크다. 이것을 도시하면 그림 3−2와 같다. 즉 결정입자의 성장속도는 상대과포화도와 직선관계를 이룬다. 그러나 결정핵의 생성속도는 상대과포화도가 작을 때에는 대단히 작지만, 상대과포화도의 증가에 따라 급격히 증가한다.

그림 3−2에서 용액에 침전제를 가하면 과포화도가 점차 증가하는데, a에 도달할 때까지 결정핵이 생성되는 수는 아직 적다. 그러나 결정의 성장속도는 비교적 크기 때문에

적은 수의 입자가 크게 성장할 수 있다.

b보다 더 큰 상대과포화도 상태로 되면 핵의 생성은 급격히 증가하게 된다. 그러나 결정의 성장속도는 이에 따라가지 못하기 때문에 많은 결정입자가 생기게 되고, 침전은 미소한 입자상태로 있게 된다.

3B－3 침전 만드는 법

실제 화학분석에서 침전을 만들 때에는 가능한 한 낮은 상대과포화도 상태에서 입자가 크고 거르기 쉬운 침전을 얻도록 해야 한다. 다음에 실제 침전을 만드는 몇 가지 방법에 대하여 그 원리를 설명하겠다.

(1) 묽은 용액을 섞는 법

일반적으로 침전의 용해도 S는 대단히 작다. 그러므로 Q값이 작아야 상대과포화도 $(Q-S)/S$값이 작고, 따라서 큰 침전을 얻을 수 있다(3B－2절 참조). 다시 말해, 시료용액과 침전제 용액을 모두 묽게 해야 큰 침전을 얻을 수 있다. 예를 들어 큰 비커에 증류수를 충분히 많이 담아 두고 묽은 질산은용액과 묽은 염산용액을 각각 다른 뷰렛을 통해 조금씩 떨어뜨리면서 잘 저으면, 이 두 용액은 대단히 묽은 상태에서 반응하여 입자가 큰 염화은의 침전을 얻을 수 있다.

(2) 높은 온도에서 반응시키는 법

일반적으로, 침전은 온도가 높을수록 큰 용해도 S를 가진다. 그러므로 두 용액을 가열하여 섞으면 상대과포화도 $(Q-S)/S$가 작은 상태에서 반응하게 되고, 큰 입자의 침전을 얻을 수 있다. 바륨용액과 황산용액은 차가운 데서 반응하면 생성된 황산바륨의 입자가 대단히 작아 거름종이의 구멍을 빠져나가서 거른 용액이 흐려지는 것이 보통이다. 그러므로 두 용액을 가열하여 섞으면 이러한 실패를 피할 수 있다.

(3) pH를 조절하는 법

일반적으로 침전은 중성 또는 염기성에서보다 산성에서 더 잘 녹고, 용해도 S가 크다. 특히 약한 산의 염인 경우에는 이러한 성질이 현저하다. 이러한 경우에는 침전이 용해되는 산성용액에서 두 용액을 섞은 다음에 서서히 염기를 가하여 pH를 높여서 침전을 만드는데, 가급적 낮은 pH 상태에서 침전을 생성시키도록 하면 S가 크고, 따라서 상대과포화도가 작아서 큰 입자의 침전을 얻는다.

예를 들어 칼슘의 산성용액에 옥살산암모늄을 섞은 다음 서서히 잘 저으면서 암모니아수를 가하여 염기성으로 접근시키면 입자가 큰 옥살산칼슘 침전을 얻을 수 있다.

표 3-1 보통 입자에 대한 미소입자의 용해도

결 정	$S_{0.02}/S$
$BaSO_4$	930
Ag_2CrO_4	4.0
PbI_2	1.38

(4) 균일 침전법

옥살산칼슘을 만드는 경우에 칼슘이온과 옥살산이온의 산성용액에 암모니아수를 가하는 대신에 이 용액에 요소를 가하여 서서히 가열하면 요소는 다음과 같이 서서히 가수분해하여 용액은 산성에서 균일하게 염기성으로 변한다.

$$CO(NH_2)_2 + H_2O \rightleftharpoons CO_2 + 2NH_3$$

이렇게 하면 용액 전체가 균일하게 염기성으로 변하게 되고, 부분적으로 큰 과포화상태가 생겨서 결정핵이 많이 생기는 현상을 피할 수 있어 입자가 큰 옥살산칼슘의 침전을 얻을 수 있다.

또 알루미늄, 크롬 또는 철용액에 암모니아수를 가하여 얻은 수산화물 침전은 보통 대단히 거르기 힘든 콜로이드질로 되는데, 이 경우에도 산성 시료용액에 요소를 용해하여 서서히 가열하면 좋은 침전을 얻을 수 있다.

또 염화은의 침전도 일반적으로 입자가 작은 콜로이드 상태인데, 이것을 암모니아수에 녹여 가열하면 암모니아가 서서히 휘발하면서 침전이 생기기 시작하여 대단히 큰 입자의 염화은 침전을 얻을 수 있다.

위에서 말한 여러 가지 원리를 요약해 보면, 묽은 상태 또는 용해도가 큰 상태에서 반응시켜 가능한 한 낮은 상대과포화도 상태에서 침전을 만들면 결정핵이 적게 생기고, 따라서 큰 입자의 결정이 형성된다.

3 C 침전의 성질

3 C-1 용해도와 입자 크기

용액중에 있는 대단히 작은 결정들은 큰 입자보다 표면적이 커서 표면에너지(표면장력)가 크고, 불안정하므로 용해도가 크다. 결정입자가 1 ~ 2 μm(마이크로미터 : 10^{-6}m)보다 작은 것은 일반적으로 대단히 큰 용해도를 갖는다.

표 3-1은 반지름이 0.02 μm 정도인 황산바륨, 크롬산은, 요오드화납의 작은 결정의 용해도가 보통 크기의 결정보다 각각 1000배, 4배, 1.4배 정도 된다는 것을 말해 준다.

대표적인 결정질 침전을 만드는 황산바륨과 비결정질 침전을 만드는 염화은의 원래 용

표 3－2 $BaSO_4$ 침전중에 포함되어 있는 불순물이 묵힘에 의해 제거되는 모양

불순물 Na_2SO_4(mg)	묵히는 시간	불순물 Na_2SO_4(mg)	묵히는 시간
22.6	15분	14.0	2일
19.0	3시간	10.4	48일
17.4	18시간	8.2	5개월

해도는 거의 같으나 과포화상태에서 생기는 작은 입자의 용해도는 염화은보다 황산바륨의 경우가 훨씬 크기 때문에 황산바륨의 상대과포화도 $(Q-S)/S$가 작고, 따라서 생기는 결정핵의 수가 적어 결정입자는 비교적 큰 것이 고르게 생긴다. 이에 비하여 염화은은 상대과포화도가 크고, 따라서 결정핵이 많이 생겨 침전입자가 작아 콜로이드 상태로 된다.

앞의 설명으로 미루어 볼 때, 고체의 정확한 용해도를 측정하는 일은 대단히 어려운 일이다. 같은 물질의 용해도가 측정하는 사람에 따라, 시료물질과 그 결정을 만드는 방법에 따라 다른 경우가 많다.

3C－2 묵힘과 익힘

두 용액을 섞어 난용성 침전을 만들 때 비교적 묽은 용액을 사용해도 과포화도가 크고, 대단히 작은 입자가 많이 생기며, 그 결정은 불완전한 경우가 많다. 즉 침전이 대단히 빨리 생기기 때문에 성분이온이 결정격자의 제자리를 옳게 찾아 들어갈 수가 없고, 불연속적이며 불규칙적인 결정이 생기고, 따라서 큰 표면적을 가지게 된다.

용액중에서 결정은 성분이온과 동적인 평형을 유지하고 있으며, 작은 결정이나 불완전한 결정은 큰 표면에너지를 가지고 있어 불완전하고 큰 용해도를 가지기 때문에 이러한 결정 표면에서는 성분이온이 훨씬 쉽게 떨어져나와 다시 큰 입자나 안정한 결정 표면에 다시 붙게 된다.

용액중에 새로이 생성된 침전을 모액과 같이 방치해 두면 이러한 재결정 과정이 진행되어 작은 결정과 불완전한 부분은 녹아 없어지고, 그 대신 크고 완전한 결정은 점점 성장한다. 이것을 **묵힘**(aging)이라고 한다.

위에서 말한 용액중에서의 재결정 과정은 온도가 높을수록 이온의 운동이 빨라져서 더 쉽게, 그리고 더 완전하게 잘 일어날 것이다. 용액에서 침전을 만들고, 이것을 가열하여 침전의 입자를 크게 하고 결정을 완전하게 만다는 것을 **익힘**(digestion)이라고 한다.

묵힘과 익힘은 화학분석에서 대단히 중요한 과정으로, 이때 작고 불안정한 침전은 소멸되고 입자가 큰 침전은 더욱 성장한다. 그리고 침전이 성장하는 도중에 결정 내부에 끌려들어간 불순물은 제거되어 침전을 깨끗하게 하는 구실을 한다.

표 3－2는 염화바륨용액에 황산나트륨용액을 가하여 만든 2g 정도의 황산바륨 결정중에 불순물로서 포함되어 있는 황산나트륨이 묵힘(20℃에서) 과정에서 제거되는 것을 보여준다.

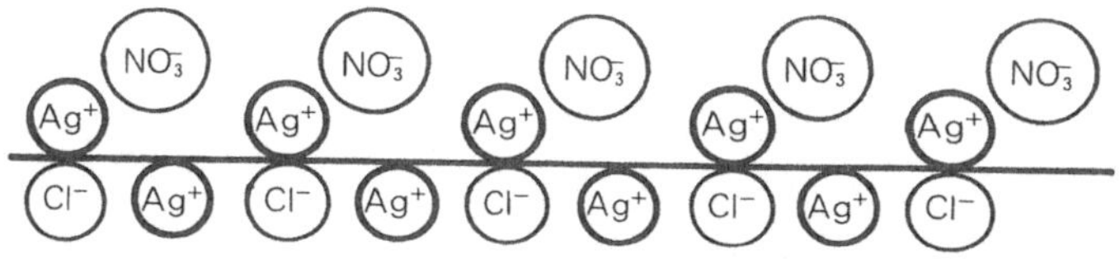

그림 3－3 염화은 결정의 표면흡착.

3 C－3 표면흡착

용액중에서 새로 생긴 작은 침전은 상대적으로 큰 표면적을 가지고 있기 때문에 여러 가지 이온에 대하여 흡착력이 세다. 그러므로 콜로이드 상태의 침전은 이러한 **표면흡착**(surface adsorption) 성질이 크다.

아세트산용액에 깨끗한 숯가루를 넣어 흔들면 용액의 아세트산 농도가 감소하는데, 이것은 아세트산 분자가 숯 표면에 붙기 때문이다. 이러한 관계를 다음과 같은 실험식으로 나타낸다.

$$\frac{W}{a} = kM^n \tag{3-3}$$

여기서 W는 ag의 흡착제(숯)에 흡착된 용질(아세트산)의 양이고, M은 흡착평형이 이루어진 후의 용액의 농도, k와 n은 용질과 흡착제의 성질로 결정되는 상수이다. 그리고 n은 0과 1 사이의 숫자이다.

콜로이드 상태의 침전이 특히 불순물을 많이 흡착하는 이유는 그 무게에 대한 표면적의 비가 크기 때문이다. 예를 들어 1 cm 입방의 물체는 그 표면적이 모두 6 cm^2에 지나지 않지만, 이것을 1×10^{-6} cm 입방체로 나누면 10^{18}개의 입자가 생기고, 전체 표면적은 약 6,000,000 cm^2로 된다. 1 cm 입방체에 있어서는 10,000,000개의 성분이온 중에서 1개의 이온이 표면에 나타나기 어려운 형편이지만, 1×10^{-6} cm 입방체에 있어서는 이온 12개마다 1개의 비율로 표면에 나타나는 셈이 된다(이온의 지름을 2×10^{-8} cm로 보고 계산한다).

염화이온 용액에 질산은을 충분히 가해서 염화은 침전을 만들면 용액에 남아 있는 은이온이 흡착되어 씻어도 잘 제거되지 않는데, 이 침전을 묵히거나 익히면 흡착 은이온은 현저하게 줄어든다. 이것은 묵히고 익힘으로써 침전의 전체 표면적이 대단히 줄어들기 때문이다. 그러므로 침전을 만들어서 곧 거르는 것보다 얼마 동안 묵히거나 높은 온도에서 익혀서 거르도록 해야 한다(그림 3－3 참조).

농도효과 다른 조건이 같을 때 침전 표면에 흡착되는 물질의 양은 농도가 진할수록 많아진다. 이것은 위의 흡착식 3－3에서도 알 수 있다. 시료용액에 불순물이 많이 포함되어 있는 경우에 반드시 용액을 증류수로 적당히 묽힌 다음 침전제를 가하도록 하는 것도 이 때문이다. 또 이렇게 묽히면 과포화도가 작아져서 침전입자도 커지게 된다.

3C－4 용해도곱과 표면흡착

용액중에서 침전에 흡착될 가능성이 있는 이온들 중에서 침전결정의 격자이온의 하나와 결합하여 용해도곱이 더 작은 화합물을 만들 수 있는 이온이 더 세게 흡착된다. 그러므로 침전은 용액중에서 그 성분이온을 가장 세게 흡착한다. 예를 들어 염화은 침전은 나트륨이온보다 은이온을 세게 흡착하고, 금속의 황화물 침전은 황화이온을 보다 세게 흡착한다.

그러므로 실제 문제로 침전이 생기고, 그 성분이온 중의 한쪽이 용액중에 여분으로 남아 있으면 이것이 무엇보다 많이 흡착된다. 요오드화은의 침전이 질산이온보다 아세트산이온을 세게 흡착하는 것은 아세트산은이 질산은보다 작은 용해도를 가지기 때문이다.

그리고 침전에 흡착되는 이온 중에서 전하수가 큰 이온일수록 침전 표면에 잘 흡착된다. 알루미늄 또는 철의 수산화물 침전에는 염화이온이나 질산이온보다 황산이온이 세게 흡착되는 것도 이 때문으로, 이것은 이온의 흡착이 정전기적 인력에 의하는 사실로서 이해할 수 있다.

3C－5 내 포

용액에서 결정을 만들면 처음에는 대단히 작은 결정이 생기고, 용액중의 성분이온이 그 격자 표면에 석출되어 결정은 점점 성장하게 된다. 이 결정의 성장과정 도중에 다른 이온이 그 표면에 흡착할 수 있는데, 이렇게 흡착된 불순이온은 결정이 성장할 때 결정의 성분이온과 치환되어 제거되는 것이 보통이지만 그 중 일부는 결정격자에 자리를 잡고 빨리 성장하는 결정 속에 묻히게 된다. 이것이 내포현상(occlusion)이다.

그 결과 이 자리에는 비정상적인 결정격자가 생기고, 불안정하다. 내포된 이온을 씻어 제거할 수는 없다. 이온뿐만 아니라 용매가 내포되는 경우도 있는데, 이렇게 내포된 수분은 말려도 쉽게 제거되지 않는다. 황산바륨 침전에는 100℃에서 충분히 말려도 제거되지 않는 수분이 내포되는 경우가 있다.

내포되는 조건과 제거법 위에서 내포현상이 일어나는 과정을 살펴보았는데, 내포의 처음 단계에는 표면흡착이 일어나며, 흡착력이 센 물질일수록 내포되기 쉬울 것이다. 그러므로 내포에 의하여 공침되는 불순물의 양은 흡착식 3－3에 따라 농도가 클수록 많아지고, 용해도곱 법칙과 이온이 가지는 전하수의 영향 등에 따라 결정된다. 그러나 내포현상에서 중요한 구실을 하는 것은 공침되는 이온의 크기와 전하수이고, 그 크기와 전하수가 결정의 격자이온과 비슷한 이온일수록 쉽고 안전하게 내포된다. 예를 들어 라듐이온은 칼슘보다 황산바륨에 세게 내포되는데, 이것은 라듐이온의 크기가 칼슘이온보다 바륨이온과 더 비슷하기 때문이다.

내포된 불순물을 제거할 때 씻는 것은 별로 효과적인 방법이 못되고, 침전을 산용액과 같은 깨끗한 용매에 녹여 재침전을 반복하는 방법이 효과적이다. 이렇게 하면 내포된 불순물은 점점 묽어져서 흡착내포되는 양은 대단히 줄어들게 된다. 또 침전에 내포된 불순물은 용액과 같이 높은 온도에서 익히면 점점 줄어든다. 그 이유는 다른 종류의 이온을 내포한 결정격자는 불안정하여 쉽게 파괴되어 녹고, 그 대신 순수한 결정이 성장하기 때문이다.

3C－6 공침현상

용액에서 생성된 침전은 용매는 말할 것도 없고, 여러 가지 다른 물질을 불순물로서 포함하고 있다. 이 경우의 용해도 조건으로 보아 정상적으로는 용액에 녹아 있어야 할 물질이 침전에 묻어 함께 가라앉는 현상을 **공침**(coprecipitation)이라고 한다.

황산칼륨용액에 염화바륨을 가하면 황산바륨이 침전되는 동시에 용해도가 큰 일부 황산칼륨도 공침되고, 이것은 씻어도 완전히 제거하기 어렵다.

공침현상이 일어나는 과정은 불순물이 침전 표면에 흡착되는 표면흡착과 결정이 성장하는 도중에 결정격자 속에 들어가는 내포현상의 두 가지로 나누어 볼 수 있고, 무게법 분석에서 오차의 중요한 원인이 된다.

3C－7 후침전

표면흡착에 의해서 일어나는 공침의 다른 한 가지 형식은 **후침전**(post precipitation)이다. 이 경우에 불순물의 흡착은 침전이 생기는 동시에, 또는 직후에 일어나는 것이 아니라 침전이 생긴 후 이것을 묵히거나 익히는 동안에 점점 많은 불순물의 흡착이 일어난다.

옥살산마그네슘은 옥살산칼슘보다 용해도가 훨씬 크고, 또 과포화용액에서도 침전의 생성속도가 대단히 느리기 때문에 칼슘이 없고 마그네슘만 있을 때에는 같은 조건에서 옥살산마그네슘의 침전은 생기지 않는다. 그러나 칼슘이온이 같이 있을 때에는 소량의 마그네슘도 옥살산칼슘이 침전되는 동시에 같이 침전되고, 이 침전을 모액과 같이 묵히면 공침되는 마그네슘의 양이 점점 증가한다. 마그네슘이온의 이러한 후침전을 다음과 같이 설명할 수 있다. 침전을 포함하는 용액에는 옥살산이온이 많이 남아 있고, 따라서 침전의 표면에 옥살산이온이 조밀하게 흡착된다. 그 결과 침전 표면에서 옥살산이온의 농도는 부분적으로 대단히 진한 상태에 있게 된다.

따라서 침전 표면에서는 옥살산이온과 마그네슘이온의 이온곱값이 그 용해도곱보다 훨씬 크고, 따라서 침전 표면에서 옥살산마그네슘이 석출되기 시작하여 마그네슘이온의 후침전이 촉진된다.

표 3-3 시약을 가하는 순서와 황산바륨 결정에 공침되는 이온의 상대량

이온	$BaCl_2$ 용액에 Na_2SO_4를 가하는 경우	Na_2SO_4 용액에 $BaCl_2$를 가하는 경우
Na^+	0.16	0.36
Cl^-	0.11	0.018

3C-8 시약을 가하는 순서와 공침되는 이온의 종류

염화바륨용액에 황산나트륨을 천천히 가하여 황산바륨의 결정을 만드는 경우를 생각해 보자. 이때 황산바륨 결정은 바륨이온이 많이 있는 용액중에서 생성 또는 성장하고, 따라서 결정 표면에는 결정의 성분이온인 바륨이온이 많이 흡착된다. 이것을 중화하기 위해서 이 결정 표면에는 같은 당량의 염화이온 등의 음이온이 붙게 마련이다.

그리고 결정이 빠르게 성장하는 경우에는 염화이온이 황산이온으로 완전히 치환될 시간적 여유가 없으므로 염화이온과 같은 음이온이 내포되는 양이 많아진다.

이와 반대로 황산나트륨용액에 염화바륨용액을 천천히 가하는 경우에는 황산바륨 결정의 표면에 황산이온이 세게, 그리고 많이 흡착되기 때문에 염화이온과 같은 음이온보다 나트륨이온과 같은 양이온이 불순물로서 흡착되고 내포된다. 표 3-3은 이와 같은 실험을 한 결과를 나타내는데, 나트륨은 어느 쪽에서나 상당히 많은 양이 공침되는 것을 볼 수 있다.

3D 무게법 분석 실험

무게법 분석의 원리는 분명하지만, 실험에 많은 시간과 노력이 필요하므로 오늘날 다른 분석법에 비하여 이용 정도가 낮다. 그러나 정밀한 저울만 있으면 무게법 분석은 H_2O, CO_2, SO_2, I_2 등의 분석에 긴요하게 이용되고 있다.

3D-1 침전 씻는 법

무게법 분석에서 침전을 만든 다음에는 이것을 적당한 씻는 액을 사용하여 깨끗이 씻고, 이것을 모액에서 분리하기 위해 적당한 거르개를 사용하여 거른다.

화학분석에서는 침전을 씻고 거르는 작업을 동시에 한다. 즉 씻으면서 거른다. 침전을 거름종이에 걸러 놓고 그 위에 씻는 액을 붓는 것은 효과적인 씻는 법이 못 된다.

(1) 씻는 액

침전을 씻을 때에는 순수한 물로 씻는 것보다 침전에 따라 적당한 휘발성 산(HCl, HNO_3), 염기(NH_3) 또는 염(NH_4Cl)의 묽은 용액을 사용하는 경우가 많다. 이것은 순수

한 물로 씻을 경우에 뭉쳤던 콜로이드 침전이 다시 작은 입자로 풀리는 것을 방지하고, 또 침전에 붙어 있는 불순물을 제거하는 데 순수한 물보다 전해질 용액이 더 효과적이기 때문이다. 침전에 붙어 있는 불순물은 보통 이온성 입자이고, 침전과 이온-쌍극성 또는 이온-유발쌍극성 현상으로 흡착되어 있기 때문에 이것을 물로 씻어 제거하는 것보다 같은 전하를 띤 이온으로 교환하는 것이 쉽다. 이렇게 대치된 이온은 이 침전을 말리거나 강열할 때 휘발되어 날아가는 성분이라야 한다.

(2) 씻는 법

시료용액을 가만히 두어 침전을 비커 바닥에 가라앉힌 다음, 그림 3-4와 같이 조심스럽게 맑은 윗물만을 거르개에 따라 붓고 침전은 남긴다. 다음에 적당한 씻는 액을 침전에 붓고 잘 저으면서 씻는다. 이것을 가라앉히고 다시 윗물만을 따라 붓는다. 이와 같이 침전을 깨끗한 씻는 액으로 씻은 후 그 용액만을 따라 붓는 방법을 되풀이하여 침전이 충분히 씻어졌을 때 비로소 침전을 거르개에 옮기도록 한다. 처음부터 침전을 거르개에 옮기면 거르는 시간만 오래 걸리고 불순물은 잘 제거되지 않는다. 일정량의 씻는 액으로 침전을 효과적으로 씻으려면 가급적 한 번에 적은 양을 사용하여 여러 번 씻도

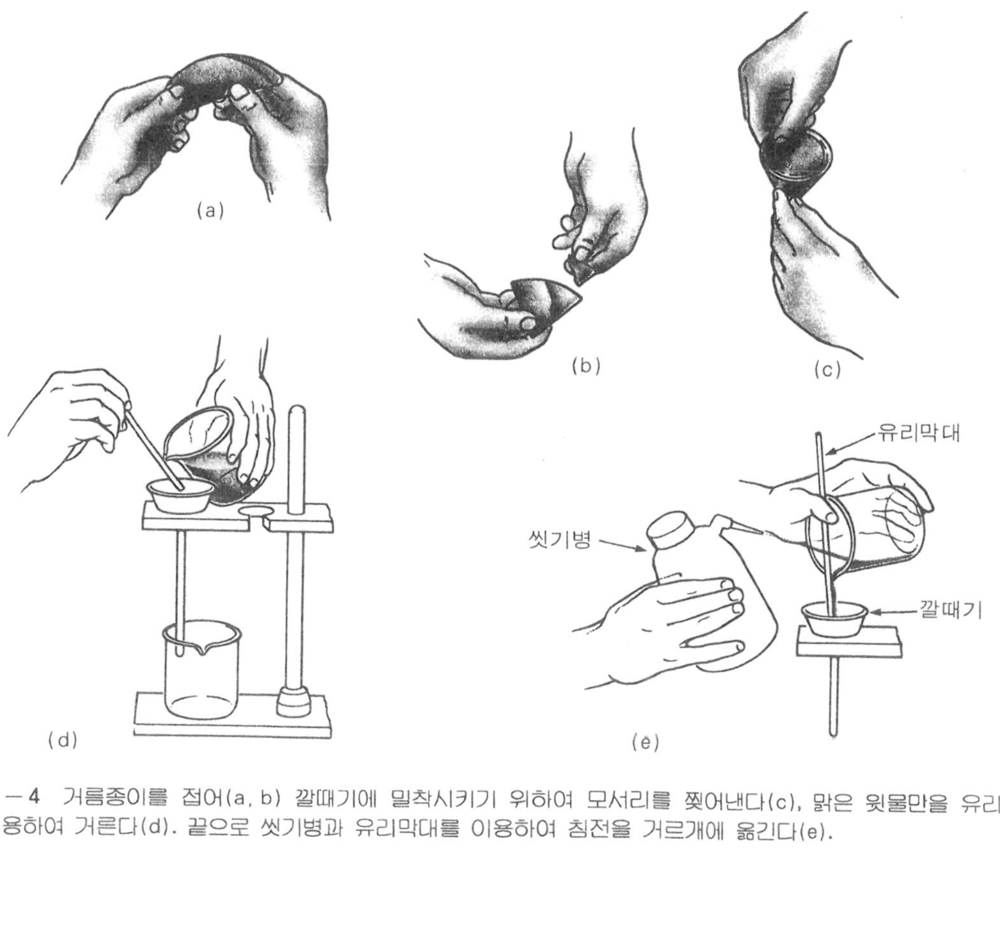

그림 3-4 거름종이를 접어(a, b) 깔때기에 밀착시키기 위하여 모서리를 찢어낸다(c). 맑은 윗물만을 유리막대를 이용하여 거른다(d). 끝으로 씻기병과 유리막대를 이용하여 침전을 거르개에 옮긴다(e).

표 3－4 침전을 씻은 횟수와 불순물의 제거율

씻은 횟수	V (mL)	불순물의 제거율	씻은 횟수	V (mL)	불순물의 제거율
1	200	2.5×10^{-3}	5	40	3.0×10^{-10}
2	100	2.5×10^{-5}	8	25	2.8×10^{-14}
4	50	1.0×10^{-8}	10	20	9.5×10^{-17}

하는 것이 좋다. 윗물을 따라낸 후 침전에 포함되어 있는 액의 부피를 vmL라 하고, 그 중에 남아 있는 제거할 가용성 불순물의 양을 C라고 하자. 여기에 한 번에 가하는 씻는 액의 부피를 VmL라고 하면, 한 번 씻은 뒤에 여전히 침전에 남아 있는 불순물의 양 C_1은 다음과 같다.

$$C_1 = C\left(\frac{v}{V+v}\right)$$

두 번 씻은 뒤에 남아 있는 양은 다음과 같다.

$$C_2 = C\left(\frac{v}{V+v}\right)^2$$

n번 씻은 뒤에는 다음과 같다.

$$C_n = C\left(\frac{v}{V+v}\right)^n$$

일반적으로 $V \gg v$이기 때문에 다음과 같다.

$$C_n \fallingdotseq C\left(\frac{v}{V}\right)^n$$

v가 0.5 mL이고, 씻는 액의 전체 부피가 200 mL인 경우를 계산해 보면 표 3－4와 같다는 사실을 알 수 있고, 여러 번 씻는 것이 효과적임을 알 수 있다.

비커의 침전을 완전히 거르개에 옮길 때 비커에 묻어 있는 침전은 유리막대 끝에 고무관을 끼운 막대로 옮기는 것이 좋다.

3D－2 침전 거르개

(1) 거름종이

침전을 걸러 모액에서 분리하고 말려서 강열하여 그 무게를 다는 경우, 침전을 거를 때에 거름종이를 사용하는 것이 보통이다. 거름종이는 접어서 원뿔 모양으로 만들고, 깔때기 벽에 밀착시켜 종이와 유리벽 사이로 공기가 새는 일이 없도록 한다. 그 이유는 깔때기 다리관 속에 쌓이는 용액의 무게가 거름종이 밑부분에 감압을 일으키게 하여 용액을 빨리 빠져나가도록 촉진하기 때문이다.(그림 3-4 참조)

무게법 분석에서 거름종이에 침전을 걸러 받고 이것을 도가니에 넣어 강열하여 무게를 다는데, 이때 사용하는 정량용 거름종이에는 무기질 회분이 적게 포함되어 있어야 한다. 그러므로 이것을 만드는 펄프는 염산과 플루오르화수소산 등으로 잘 씻어 무기물을 제거하여 지름이 9~11 cm인 거름종이에 0.1 mg보다 작은 회분이 포함되도록 한다.

10장 정도를 한 도가니에서 가열 회화시키고, 무게를 달아서 회분을 검량할 수 있다.

정량용 거름종이도 치밀한 것과 성근 것이 있어서 황산바륨과 같은 작은 침전을 거를 때에는 치밀한 것을 사용하고, 크고 거친 침전을 거를 때에는 성근 것을 사용한다.

(2) 유리 거르개와 석면 구우치 도가니

진한 산, 진한 염기용액, 센 산화제 또는 센 환원제를 거르는 경우에는 거름종이를 사용할 수 없다. 이때는 유리 거르개(glass filter) 또는 석면 구우치 도가니를 사용한다. 유리 거르개는 가는 유리 가루판을 반 용융하여 다공질판을 만들어 유리통 바닥에 붙인 것으로, 보통 150~200 ℃보다 높은 온도에서는 사용할 수 없다. 유리 거르개는 비교적 낮은 온도에서 말려서 그 무게를 달 수 있는 침전을 거르는 데 편리하게 사용된다. 침전을 더 높은 온도에서 가열해야 하는 경우에는 바닥에 작은 구멍이 뚫려 있는 사기로 만든 구우치 도가니(Gooch crucible) 바닥에 섬유질 석면을 잘 풀어서 가라앉힌 다음 산으로 충분히 씻어 만든 석면 구우치 도가니를 사용한다. 이것은 1000 ℃까지도 강열할 수 있다. 그림 3-5 참조)

이들 거르개는 그림 3－5와 같이 진공장치를 이용하여 거르는 것이 좋다.

이들은 깨끗하게 씻어 미리 적당한 온도로 가열건조하여 그 무게를 잰 다음 사용하도

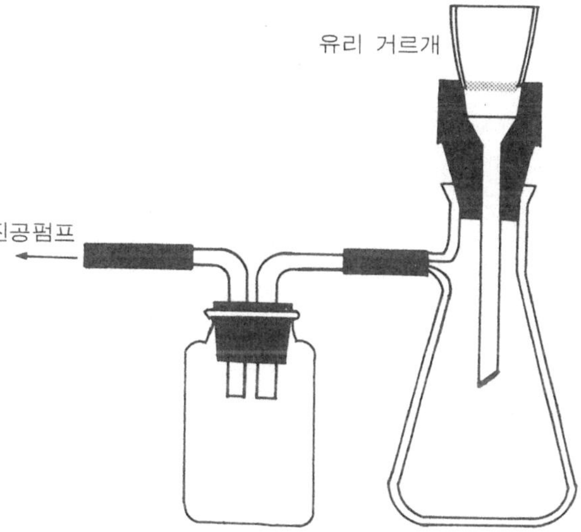

그림 3－5 진공 거르개 장치.

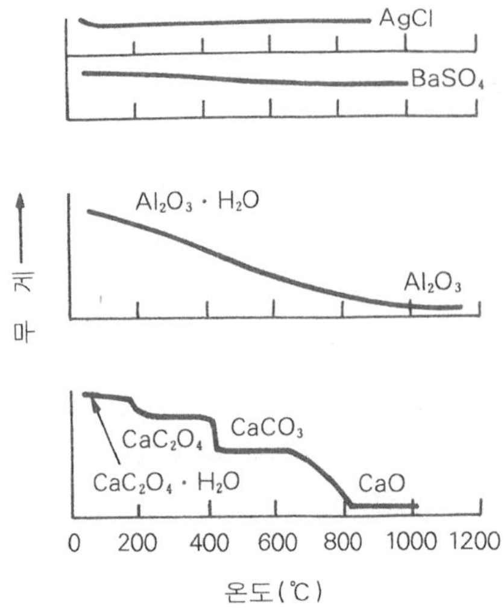

그림 3－6 몇 가지의 열분석도: 침전 무게에 미치는 온도의 영향.

록 한다. 왜냐하면 그릇의 표면 또는 사기 도가니에 흡수, 부착되어 있는 수분량이 항상 주위의 습도와 온도에 따라 변하기 때문이다.

예를 들어 유리 거르개를 사용하는 경우에는 전기건조기에서 잘 말려 데시케이터에서 식혀서 그 무게를 달도록 한다. 거름종이에 받은 침전을 강열하는 데 사용하는 도가니는 미리 전기로 또는 메커 버너로 강열하여 그 무게가 0.2 mg 가량의 범위에서 일정한 값을 가지게 될 때까지 되풀이하여 가열한다. 이렇게 예비 가열하고 무게를 기록한 도가니는 데시케이터에서 보관해 두고 필요할 때 사용한다.

3D－3 침전의 열분석도

무게법 분석에서 침전은 잘 씻고 걸러서 말리거나 강열하여 일정한 형태의 화합물로 만들어서 그 무게를 달도록 한다.

모액에서 분리하여 씻은 침전은 많은 수분과 씻는 액에 포함되어 있는 휘발성 전해질 등을 포함하고 있다. 이렇게 얻은 침전은 적당한 온도에서 건조 또는 가열분해시켜 일정한 조성을 가지는 순수한 물질로 만들어 그 무게를 달도록 한다.

그림 3－6은 열저울을 이용하여 몇 가지 침전을 일정한 속도로 가열하면서 그 무게 감소를 달아 도시한 **열분석도**(thermogram)이다. 이것으로부터 염화은은 110～120℃ 정도에서 부착된 수분이 완전히 제거됨을 알 수 있다. 그러나 산화알루미늄은 1000℃까지도 완전 탈수가 어렵다. 한편 옥살산칼슘의 열분석도는 복잡하고, 온도가 높아짐에 따라 $CaC_2O_4 \cdot H_2O$(135℃), CaC_2O_4(225℃), $CaCO_3$(470℃)로 변하여 880℃ 정도에서 완전히 CaO로 분해됨을 알 수 있다. 이와 같이 가열온도에 따라 얻는 침전물질의 화학적 형태가 달라짐을 알 수 있다.

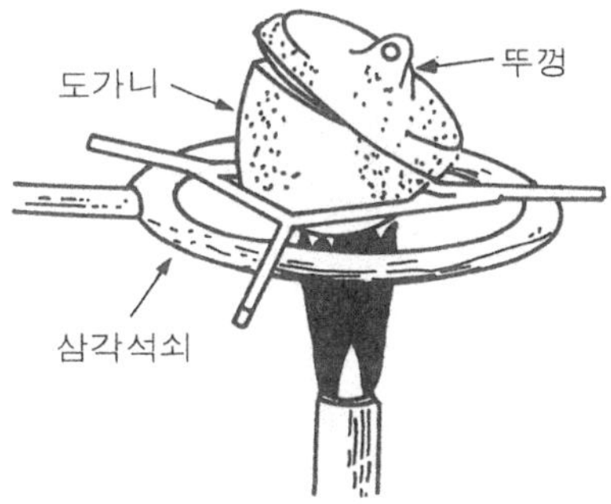

그림 3－7 거름종이를 태울 때의 도가니의 위치.

3D－4 침전의 건조와 강열

(1) 침전의 건조

침전의 열분석도 그림 3－6을 통해 염화은 침전의 경우는 150℃ 정도에서 수분이 완전히 날아감을 알 수 있다. 이러한 경우에 침전은 유리 거르개에 거르고, 150℃ 정도의 전기건조기에서 말려 무게를 달면 된다. 유리 거르개는 미리 깨끗하게 잘 건조시켜 무게를 아는 것을 사용하도록 한다.

(2) 침전의 강열

거름종이에 받은 침전을 가열할 때에는 먼저 침전의 수분을 잘 말리고 조심스럽게 거름종이를 접어 예비 가열을 한 도가니에 넣은 다음, 이 도가니를 사기 삼각석쇠 위에 바로 놓고 약한 불로 천천히 말린다. 이때 뚜껑을 조금 열어 주어 수증기가 날아가게 한다. 침전이 모두 마른 다음에 불꽃을 조금 높여 종이를 탄화시키는데, 종이에 불이 붙지 않도록 한다. 다음에 검은색의 탄소분을 날리기 위해 그림 3－7에서와 같이 도가니를 삼각석쇠 위에서 45° 각도로 기울이고, 뚜껑을 더 많이 열어 환원성 기체가 나가고 공기가 잘 통하게 한다.

그리고 침전이 도가니 속에서 생기는 탄소나 일산화탄소와 같은 환원성 물질과 높은 온도에서 반응하면 환원되어 원하는 형태의 물질을 얻을 수 없게 되므로 조심해야 한다.

탄소분이 없어지면 도가니를 바로 놓고 적당한 온도에서 세게 강열한다. 전 과정을 통해서 도가니 속에 있는 물질이 튀거나 날아가는 일이 없도록 조심해야 한다.

수산화철의 침전은 탄소가 남아 있을 때 강열하면 검은 Fe_3O_4가 생성되어 균일한 Fe_2O_3 형태를 얻을 수 없게 된다. 그리고 AgCl을 거름종이와 함께 강열하는 경우에는 Ag로 환원되고, $BaSO_4$를 거름종이와 강열하는 경우에는 BaS로 일부 환원되는 수가 있다. 그러므로 이와 같은 침전은 거름종이와 같이 강열해서는 안 된다.

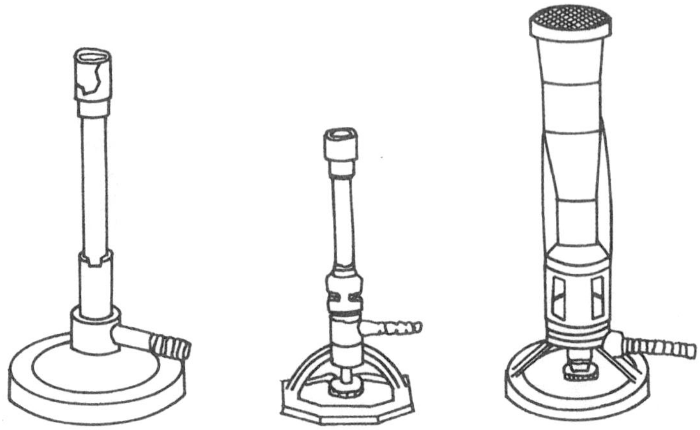

그림 3－8 여러 가지 버너.

3D－5 버 너

거름종이를 회화하고 침전을 강열하는 데 전기로를 이용하는 경우도 있지만, 기체연료를 사용하는 여러 가지 버너가 널리 이용되고 있다(그림 3－8 참조). 가장 일반적으로 사용되고 있는 것은 분젠(Bunsen) 버너이고, 이보다도 높은 온도(1000℃ 정도)가 필요할 때에는 티릴(Tirrill) 버너를 이용한다. 이것은 연료와 공기의 조절을 잘 할 수 있어 보통 시료나 침전의 강열에 사용된다. 메커(Meker) 버너는 연료와 공기를 완전히 혼합하여 공급함으로써 완전 연소가 일어나게 하고, 백금 도가니의 강열에 적합하며 1200℃ 정도의 온도를 얻을 수 있다.

물체가 가열되어 붉은색을 띠면 600～700℃ 정도로, 붉은색이 진해지면 800～900℃ 정도로 볼 수 있다. 주황색을 띠면 1000℃를 넘고, 흰색을 띠면 1300℃ 정도라고 볼 수 있다. 가열된 도가니와 같은 물건은 반드시 깨끗한 집게(tongs) 같은 것으로 집어서 일단 깨끗한 도자기판 위에서 충분히 식혀서 데시케이터에 넣어 보관하도록 한다.

3D－6 분석결과의 계산

화학분석에서 정확한 실험을 하는 것도 중요하지만, 측정값을 이용하여 정확한 결과를 계산하여 얻는 것도 대단히 중요한 일이다. Sg의 시료중에 포함되어 있는 성분 A만의 무게 Wg을 알면 A의 함유량은 다음과 같이 간단하게 구할 수 있다.

$$\text{A의 함유량} = \frac{W}{S} \times 100(\%)$$

그러나 만약 성분 A가 침전제 B와 반응하여 순수한 A_nB_m과 같은 침전을 Wg 얻게

표 3－5 무게법 분석 계수의 예

구하는 물질	실험에서 얻은 물질 형태	무게법 분석 계수(화학식량 비)
K_3PO_4	K_2PtCl_5	$\frac{2\ \text{mol}\ K_3PO_4}{3\ \text{mol}\ K_2PtCl_5}$
P_2O_5	$Mg_2P_2O_7$	$\frac{1\ \text{mol}\ P_2O_5}{1\ \text{mol}\ Mg_2P_2O_7}$
MgO	$Mg_2P_2O_7$	$\frac{2\ \text{mol}\ MgO}{1\ \text{mol}\ Mg_2P_2O_7}$

되는 경우에는 A의 함유량은 다음과 같이 계산한다.

$$nA + mB = A_nB_m$$

즉 n mol의 A에서 1 mol의 A_nB_m을 얻게 되므로 A_nB_m 물질 Wg 중에 포함된 성분 A의 무게는 다음과 같다.

$$\text{A의 무게} = W\text{g } A_nB_m \times \frac{n\ \text{mol A}}{1\ \text{mol}\ A_nB_m}$$

따라서 이 경우에 시료 Sg중의 A의 함유량은 다음과 같다.

$$\text{A의 함유량} = \frac{W\text{g } A_nB_m}{S\text{g}} \times \frac{n\ \text{mol A}}{1\text{mol}\ A_nB_m} \times 100(\%)$$

화학량론에서 얻는 $\frac{n\ \text{mol A}}{1\ \text{mol}\ A_nB_m}$ 값을 화학식량비 또는 무게법 분석계수(factor)라 하고, 몇 가지 예를 표 3－5에 나타내었다. 이것을 구할 때 반드시 정확한 반응식을 먼저 쓰고, 이것에 의하여 계수를 구하면 쉽게 구할 수 있다. 여기서 알아 두어야 할 것은 분석실험에서 최후에 얻은 물질이 순수한 A_nB_m 화학종 물질이어야 한다는 것이다. 만약 불순물이 섞여 있으면 옳은 분석결과를 얻을 수 없다.

예제 3D－1

염화물 시료 0.2501 g을 녹인 용액에 질산은을 가하여 염화은 0.5009 g을 얻었다. 시료중의 염소의 함유량을 구하라.

풀이
$$\text{염소의 함유량} = \frac{W}{S} \times \frac{1\ \text{mol Cl}}{1\ \text{mol AgCl}} \times 100 = \frac{0.5009}{0.2501} \times \frac{35.46}{143.34} \times 100 = 49.55\ \%$$

예제 3D－2

황산알루미늄용액에서 0.4978 g의 황산바륨 침전을 얻었다. 시료 용액에 녹아 있는 황산알루미늄의 무게를 구하라. 황산알루미늄과 염화바륨은 다음과 같이 반응한다.

$$Al_2(SO_4)_3 + 3BaCl_2 \rightleftharpoons 3BaSO_4 + 2AlCl_3$$

풀이 1 mol의 $Al_2(SO_4)_3$에서 3 mol의 $BaSO_4$가 생성되기 때문에 다음과 같다.

$$황산알루미늄의\ 양 = 0.4978 \times \frac{1\ \text{mol}\ Al_2(SO_4)_3}{3\ \text{mol}\ BaSO_4}$$
$$= 0.4978 \times 342.23 \times \frac{1}{3 \times 233.4} = 0.2433\ \text{g}$$

예제 3D－3

Fe_3O_4를 포함하는 자철광 2.303 g을 녹인 후에 산화시켜 Fe(III)로 만들어 암모니아를 가하여 수산화철(III) 침전을 만들고, 이것을 강열하여 0.7516 g의 Fe_2O_3를 얻었다. 이 시료중의 Fe_3O_4의 함유량을 구하라.

$$2Fe_3O_4 + \frac{1}{2}O_2 \rightleftharpoons 3Fe_2O_3$$

풀이 2 mol의 Fe_3O_4에서 3 mol의 Fe_2O_3가 얻어진다.

$$Fe_3O_4의\ 함유량 = \frac{W}{S} \times \frac{2\ \text{mol}\ Fe_3O_4}{3\ \text{mol}\ Fe_2O_3} \times 100$$
$$= \frac{0.7566}{2.303} \times \frac{2 \times 231.5}{3 \times 159.7} \times 100 = 31.75\ \%$$

예제 3D－4

만약 순수한 염화나트륨과 염화칼륨의 혼합물 Sg을 녹여 모든 염화이온을 염화은 침전으로 만들어 그 무게를 달아 Wg 임을 안다고 하자. 이 혼합물중의 염화나트륨의 양 xg, 염화칼륨의 양 yg을 구하라.

풀이 다음 관계식이 성립한다.

$$x + y = S$$
$$x \times \frac{1\ \text{mol AgCl}}{1\ \text{mol NaCl}} + y \times \frac{1\ \text{mol AgCl}}{1\ \text{mol KCl}} = W$$

이 연립방정식을 풀어 x와 y를 구할 수 있다. 그러나 이렇게 계산하여 간접적으로 구하는 값에는 많은 불확정성이 포함된다.

3E 침전제

3E－1 무기 침전제

무게법 분석에서 일반적으로 많이 사용되고 있는 무기 침전제를 표 3－6에 나타내고, 이때 얻어지는 최종의 무게다는 화학종의 형태를 괄호 속에 표시하였다.

3E－2 유기 침전제

무기물의 무게법 분석에 유기 침전제가 이용되는 경우가 있는데, 유기 침전제는 일반적으로 무기 침전제보다 선택성이 좋은 경우가 많다. 표 3－7에 몇 가지 중요한 유기

표 3－6 무기 침전제*

침전제	침전되는 원소
$NH_3(aq)$	$Be(BeO)$, $Al(Al_2O_3)$, $Sc(Sc_2O_3)$, $Fe(Fe_2O_3)$, $Ga(Ga_2O_3)$, $Zr(ZrO_2)$, $In(In_2O_3)$, $Sn(SnO_2)$, $U(U_3O_8)$
H_2S	$Zn(ZnO$ 또는 $ZnSO_4)$, $Ge(GeO_2)$, $As(As_2O_3$ 또는 $As_2O_5)$, $Mo(MoO_3)$, $Sb(Sb_2O_3$ 또는 $Sb_2O_5)$, $Bi(Bi_2S_3)$
$(NH_4)_2S$	$Hg(HgS)$, $Co(Co_3O_4)$
$(NH_4)_2HPO_4$	$Mg(Mg_2O_2P_7)$, $Al(AlPO_4)$, $Mn(Mn_2P_2O_7)$, $Zn(Zn_2P_2O_7)$, $Zr(Zr_2P_2O_7)$, $Cd(Cd_2P_2O_8)$, $Bi(BiPO_4)$
H_2SO_4	Li, Mn, Sr, Cd, Pb, Sa(모두 황산염)
H_2PtCl_6	$K(K_2PtCl_6$, 또는 $Pt)$, $Rb(Rb_2PtCl_6)$, $Cs(Cs_2PtCl_6)$
$H_2C_2O_4$	$Ca(CaO)$, $Sr(SrO)$, $Th(ThO_2)$
$(NH_4)_2MoO_4$	$Pb(PbMoO)_4$
HCl	$Ag(AgCl)$, $Hg(Hg_2Cl_2)$, $Na(NaCl$ 부틸알코올 용액에서), $Si(SiO_2)$
$AgNO_3$	$Cl(AgCl)$, $Br(AgBr)$, $I(AgI)$
$(NH_4)_2CO_3$	$Bi(Bi_2O_3)$
NH_4SCN	$Cu(Cu_2(SCN)_2)$
$NaHCO_3$	Ru, Os, Ir(수산화물을 침전시키고 H_2로 환원시킨다)
HNO_3	$Sn(SnO_2)$
H_5IO_6	$Hg(Hg_5(IO_6)_2)$
NaCl, $Pb(NO_3)_2$	$F(PbClF)$
$BaCl_2$	$SO_4^{2-}(BaSO_4)$
$MgCl_2$, NH_4Cl	$PO_4^{3-}(Mg_2P_2O_7)$

참조 : 괄호 안은 최종의 무게다는 화학종 형태이고, 밑줄 친 것은 많이 사용하는 무게법 분석이다.

침전제의 예를 나타내었다.

이때 생성되는 침전물은 비이온성 중성 착화물 또는 킬레이트 화합물이다. 이들은 소수성이고, 낮은 온도에서 쉽게 수분이 제거된다. 그러나 씻는 과정에서 그릇 벽을 타고 올라가는 성질이 있기 때문에 조심해야 한다.

1. 킬레이트 화합물은 대개 물에 난용성이기 때문에 수용액에서 금속이온을 정량적으로 침전시킬 수 있다.
2. 유기 침전제는 분자량이 크기 때문에 금속 함량이 미량일지라도 침전의 무게는 크다.
3. 유기 침전제는 선택성이 좋고, 특유한 이온만을 침전시키는 경우가 많다. 이 경우에 pH나 가리움제의 농도와 같은 조건을 조절하면 더욱 좋은 결과를 얻을 수 있다.
4. 킬레이트 침전은 입자가 크고 거르기 쉬워 취급하기 쉽다.
5. 금속을 정량하는 경우에 금속 킬레이트 침전을 만들어 분리하고, 이것을 다시 분해하여 유기분자를 정량하여 간접적으로 금속을 정량하는 방법도 있다.

---

* W. F Hillebrand, G. E. T. Lundell, H. A. Bright and J. I. Hoffmam, applied Inorganic Analysis, New York, Wiley, 1953.

표 3－7 중요한 유기 침전제

이 름	M^{n+} 의 킬레이트	용 도
디메틸글리옥심 (dimethylglyoxime)	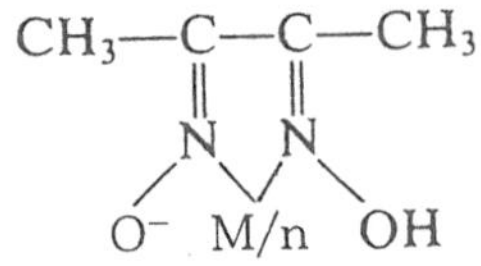	주로 Ni^{2+}, Pd^{2+}, Pt^{2+} 의 정량에 사용된다.
8-히드록시퀴놀린 (8-hydroxyquinoline)	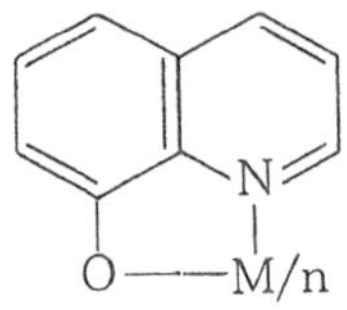	pH를 조절하여 여러 가지 금속 Mg^{2+}, Zn^{2+}, Cu^{2+}, Cd^{2+}, Pd^{2+}, Al^{3+}, Fe^{3+}, Bi^{3+} 등을 선택적으로 침전 분리할 수 있다.
α-니트로소-β-나프톨 (α-nitroso-β-naphthol)	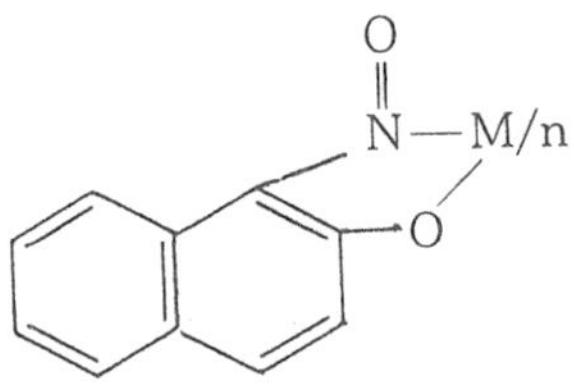	니켈이 있는 용액에서 코발트를 침전시킨다. 기타 Fe^{3+}, Pd^{2+}, Zr^{4+} 등을 침전시킨다.
쿠페론 (cupferron)	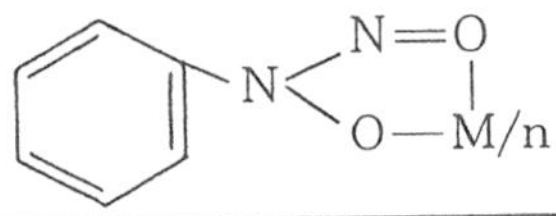	주로 알루미늄에서 철 또는 티탄을 분리 침전시킨다. Zr^{2+}, Ce^{4+}, Ga^{3+}, Sn^{4+} 도 침전시킨다.

유기 침전제는 여러 가지 좋은 점도 있으나, 한편 단점도 있다. 예를 들어 유기 침전제는 수용액에 대한 용해도가 작기 때문에 더운물이나 알코올 용액에 녹여야 하고, 침전이 화학량론적으로 일어나지 않아서 그대로 정량분석에 이용될 수 없는 경우가 있다.

유기염 유기 침전제는 무기이온과 염을 만들어 침전하는 수도 있다. 옥살산칼슘은 좋은 보기이다.

테트라페닐붕소산나트륨(sodium tetraphenylborate) $Na^+B(C_6H_5)_4^-$ 는 나트륨 존재하에서 칼륨의 침전제로서 유명한 시약으로, 차가운 0.1 M HCl 용액에서 칼륨염의 침전이 정량적으로 생긴다. 이때 NH_4^+, Hg^{2+}, Rb^+, Cs^+ 등이 방해한다. 침전은 건조시켜 무게를 달거나 아세톤에 녹여 과염소산으로 적정한다.

또 하나 유기염을 만드는 것은 벤지딘이다.

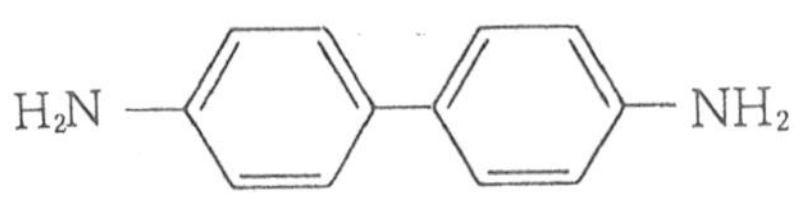

벤지딘은 산성용액에서 황산과 반응하여 침전을 만든다. 이때 얻는 $C_{12}H_{12}N_2 \cdot H_2SO_4$ 침전은 무게를 다는 것보다도 분리하여 NaOH 표준용액으로 적정하는 것이 편리하다. 또 벤지딘을 과망간산 표준용액으로 적정할 수도 있다.

3 E — 3 유기물의 무게법 분석

잘 알려져 있는 유기물의 무게법 분석에는 다음과 같은 것이 있다.

살리실산의 정량 살리실산(salicylic acid)을 탄산나트륨용액에 녹인 다음 요오드용액을 첨가하여 가열하면 노란 tetraiodophenylenequinone 침전이 생긴다. 이것을 걸러서 말려 무게를 단다.

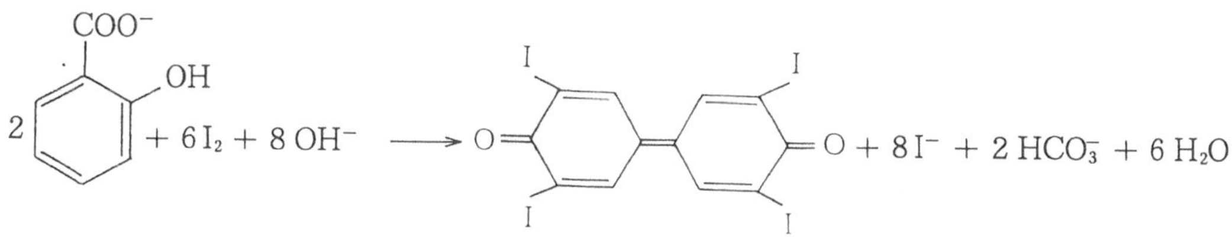

아세틸살리실산(aspirin)은 살리실산으로 가수분해하여 이 방법으로 정량한다.

니코틴의 정량 담배중의 니코틴(nicotine)은 시료에서 추출하여 실리코텅스텐산(silicotungstic acid)으로 침전을 만들고, 이것을 거른 다음 씻어서 가열하여 $SiO_2 \cdot 12\,WO_3$로서 무게를 단다.

실험 3F 무게법 분석

실험 3F — 1 염화바륨 결정의 수분 정량(추천)

실험개요

순수한 시료 염화바륨 $BaCl_2 \cdot 2\,H_2O$를 가열하여 그 감량을 달고, 수분함유량을 계산하여 이론적 결정수와 비교해 본다.

유의사항

고체에 포함되어 있는 수분은 적당한 온도로 가열하면 휘발한다. 이때 수분만 증발하고 시료중의 다른 성분은 아무런 무게변화를 받지 않는다면 시료를 가열하여 수분을 정량할 수 있다. 이것이 수분의 간접 측정법이다.

유기물과 같이 다소 높은 온도에서 물질 자체가 열분해를 일으키는 시료의 경우는 감압장치 속에서 낮은 온도로 가열하거나 진한 황산, 과염소산마그네슘, 오산화인과 같은 센 건조제를 넣은 데시케이터에 넣어 수분을 제거하는 수도 있다.

고체에 포함된 수분을 직접 측정하는 데에는 시료가루를 경질 또는 실리카로 된 연소

관 속에 넣어 적당한 온도로 가열하여 수분을 증발시킨다. 이때 마른 공기를 통하고 나오는 수분을 과염소산마그네슘과 같은 흡수제를 채운 흡수관에 흡수시키고, 그 무게 증가로써 사료중의 수분을 정량한다.

본 실험에서는 2수화염화바륨의 수분을 간접적으로 측정한다. 이 결정의 평형수증기압은 20 ℃ 에서 1.3 mmHg, 35 ℃ 에서 118 mmHg 이기 때문에 일반적인 습도의 대기중에서 안정하다. 그러나 100 ℃ 이상에서 가열하면 이 결정의 모든 수분은 증발한다. 그리고 온도가 상당히 높아져도 남은 염화바륨은 안전한다.

실험과정

기구 : 사기 도가니 2개, 분젠 버너 또는 전기로, 막자사발

시약 : $BaCl_2 \cdot 2H_2O$

1. 깨끗한 도가니(2개)를 버너(또는 전기로)에서 잘 말려 그 무게를 0.2 mg 까지 정확히 달고 기록한다. 다음에 순수한 2수화염화바륨을 막자사발에서 고운 가루로 만들고, 이것을 약 1 g 정도씩 두 개의 도가니에 취하여 정확히 그 무게를 단다.
2. 이것을 버너(또는 전기로)에서 200 ℃ 정도로 30분 가량 가열한다. 이때 수증기가 날아가도록 뚜껑을 조금 열어 두는 것이 좋다.
3. 뚜껑을 닫고 충분히 식혀서 다시 무게를 달아 그 무게가 0.2 mg 범위에서 일정하게 될 때까지 이 작업을 계속한다.
4. 두 개의 시료에 대하여 이때 일어나는 감량을 구하고, 수분함유량을 각각 계산한다. 이 값들은 0.05 % 오차 내에서 서로 맞아야 한다. 이론적 결정수 함유량은 다음과 같다.

$$(2\,\text{mol}\ H_2O/1\,\text{mol}\ BaCl_2 \cdot 2H_2O) \times 100 = \frac{2 \times 18.05}{244.28} \times 100 = 14.75\ \%$$

실험 3F－2 가용성 염화물의 염소 정량(추천)

실험개요

용액중의 염화이온에 질산은을 가하여 염화은 침전을 만들고, 이것을 유리 거르개로 걸러 100～200 ℃ 에서 말려서 AgCl 의 무게를 단다.

이때 질산 산성에서 침전을 만들어야 한다. 그 이유는 난용성 탄산은, 인산은과 같은 침전이 생기는 것을 막기 위해서이다.

유의사항

난용성 염화은 침전은 물에 미량 녹고, 그 용해도는 20 ℃ 에서 1.6 mg/L, 25 ℃ 에서 1.8 mg/L, 100 ℃ 에서 21.2 mg/L 이다. 그리고 이것은 무게법 분석에 부의 오차를 가져온다.

공통이온효과를 이용하여 이 오차를 줄이기 위해 침전제를 다소 과량으로 가하는데, 너무 많이 가하면 이온세기가 커서 침전의 용해도가 다소 증가하게 된다. 그러므로 침전제인 질산은은 적당한 농도, 즉 0.005 g/L 정도로 남아 있게 가한다. 또 은이온의 농도가 크면 Ag_2Cl^+, Ag_3Cl^{2+} 등 착이온이 생겨 용해도가 증가한다. 염화은 침전은 콜로이드질이다. 이것을 산성으로 만들고 높은 온도에서 잘 익히면 거르기 좋은 침전으로 된다.

이 침전을 씻는 데 순수한 물을 사용하면 뭉친 침전의 일부가 다시 콜로이드질로 풀리기 때문에 묽은 질산(0.01 M)으로 씻는다.

염화은은 광선의 에너지를 받으면 그 일부가 광화학 반응을 하여 금속 은과 염소로 분해하여 침전이 회색을 띠게 된다.

$$2\,AgCl + h\nu \rightleftharpoons 2\,Ag + Cl_2$$

그리고 생성된 염소는 다음과 같이 용액중의 은이온과 반응하여 염화은의 침전을 더 만들기 때문에 정의 오차를 가져온다.

$$3\,Cl_2 + 3\,H_2O + 5\,Ag^+ \rightleftharpoons 5\,AgCl + ClO_3^- + 6\,H^+$$

이것은 은이온이 환원되기 쉽기 때문에 일어나는 현상으로, 전 실험을 통해 가능한 한 그늘에서 작업하도록 해야 한다. 그리고 질산은 시약용액도 색깔있는 병에 담아 그늘지고 차가운 곳에 보관하도록 한다.

염화은 침전을 거름종이에 걸러 강열하면 이때 생기는 탄소 때문에 염화은은 환원되어 금속 은이 생긴다. 그러므로 염화은 침전을 거르는 데에는 유리 거르개를 사용하는 것이 원칙이다.

이 방법으로 염소이온을 정량할 때 브롬화, 요오드화, 시안산, 육시아니토철(Ⅲ, Ⅱ), 티오시안산, 티오황산 등의 음이온은 은이온과 반응하여 침전을 만들고, 묽은 질산에 녹지 않기 때문에 지장을 준다.

실험과정

기구 : 비커(500 mL들이) 2개, 시계접시, 유리 거르개, 전기건조기, 유리막대, 씻기병

시약 : 거친 소금, 질산, 염산, $AgNO_3$

1. 500 mL들이의 깨끗한 두 개의 비커에 각각 0.2～0.3 g 정도의 시료(소금 0.2 g 정도)를 정확히 달아 넣고, 각각 증류수 200 mL 정도를 가하여 시료를 잘 녹인다. 이들 시료 용액에 1 : 1 질산 1mL 가량을 가하여 산성화시킨다.

2. 이들 용액에 대한 0.1 M 정도되는 질산은용액을 침전반응이 완결될 때까지 천천히 잘 저으면서 조금씩 가한다. 시료중의 염소량을 대략 미리 아는 경우에는 이 양에 따라 질산은을 가한다. 그런 다음 여분으로 침전제를 5～20 mL 더 가한다. 이들 실험은 햇빛을 피하고 그늘에서 한다.

3. 이 혼합물을 1～2분간 끓여서 침전을 뭉치게 한 다음 식힌다. 맑은 윗물에 질산은 용액을 몇 방울 떨어뜨려 염화은의 침전반응이 완결된 것을 다시 확인한다. 이때 만약 침전이 새로 생기면 침전제를 더 가하고 다시 익힌다.

4. 깨끗한 유리 거르개 또는 석면 구우치 도가니를 미리 100～200 ℃로 조절한 전기 건조기에 넣어 1시간 동안 말려서 그 무게를 달아 기록한다.

5. 이렇게 말려서 무게를 기록한 유리 거르개에 비커의 맑은 윗물만을 따라 붓고, 한 번에 0.01 M의 묽은 질산 20 mL 정도씩을 비커에 남은 침전에 가하고, 유리벽에 붙은 침전은 유리막대 끝에 고무관을 꽂은 것을 사용하여 침전을 잘 씻고 다시 가라앉힌 후 용액만을 거르개에 따라내는 과정을 2～3회 되풀이한다. 이렇게 하여 비커 속의 침전을 정량적으로 유리 거르개 위에 옮긴다.

6. 유리 거르개에 옮긴 침전에 0.01 M의 묽은 질산을 조금씩 가하여 씻고, 거르개 밑에서 나오는 액을 조금 받아 여기에 0.1 M 염산을 적가하여 은이온이 완전히 제거되었는지를 조사한다. 흐름이 생기면 침전을 더 씻어야 한다. 그리고 최후에 소량의 물로 질산을 씻어낸다.

7. 이렇게 씻은 침전을 담은 유리 거르개를 110 ~ 200 ℃의 전기건조기에 넣어 약 1 시간 동안 말리고, 그 무게를 정확히 단다. 이러한 조작을 0.2 mg 정도의 오차범위에서 일정한 무게를 얻을 때까지 계속한다.

8. 이렇게 얻은 염화은의 무게(W)로부터 시료(S)중의 염소의 함유량과 소금의 순도를 구한다.

$$\frac{W}{S} \times \frac{1\ \text{mol Cl}}{1\ \text{mol AgCl}} \times 100\ \% = \text{실험으로 구한 시료(소금)중의 염소의 함유량을}$$

$$\frac{1\ \text{mol Cl}}{1\ \text{mol NaCl}} \times 100 = \text{이론값과 비교한다.}$$

실험 예제 3F－1

0.2000 g의 시료 소금에서 0.4830 g의 AgCl을 얻었다. 염소의 함유량과 소금의 순도를 구하라.

풀이 NaCl중의 Cl의 이론 함유량(%) $= \frac{1\ \text{mol Cl}}{1\ \text{mol NaCl}} \times 100$

$$= \frac{35.45}{58.44} \times 100 = 60.66\ \%$$

시료 NaCl중의 Cl의 함유량(%) $= 0.4830\ \text{g} \times \frac{1\ \text{mol Cl}}{1\ \text{mol AgCl}} \div \text{시료(g)} \times 100$

$$= 0.4830 \times \frac{35.45}{143.3} \div 0.2000 \times 100 = 59.74\ \%$$

시료 소금의 순도 $= 0.4830\ \text{g} \times \frac{1\ \text{mol NaCl}}{1\ \text{mol AgCl}} \div \text{시료(g)} \times 100$

$$= 0.4830 \times \frac{58.44}{143.3} \div 0.2000 \times 100 = 98.48\ \%$$

실험 3F－3 황산염의 정량

실험개요

황산염의 뜨거운 시료용액에 뜨거운 묽은 염화바륨용액을 가하여 황산바륨 침전을 만들고, 염산으로 산성화하여 한 번 끓이고 거름종이로 거른 다음 물로 씻고 강열하여 무게를 단다.

유의사항

황산바륨의 용해도는 대단히 작아 100 mL 중에 0.3～0.4 mg 정도 녹는다. 0.05 M 염산용액에서도 1 mg 보다 많이 녹지 않는다. 염산 산성에서 침전을 만드는 것은 바륨의 탄산염 또는 인산염이 침전되는 것을 막기 위해서이다. 또 다른 이유는 산성용액에서는 황산바륨의 용해도가 다소 크지만, 입자가 큰 황산바륨이 잘 생기는 효과가 있기 때문이다. 황산바륨 침전의 입자는 일반적으로 대단히 작고, 보통 방법으로 만들면 거름종이의 구멍으로 스며든다. 그러므로 뜨거운 용액을 섞어서 입자가 큰 침전을 만드는 것이 중요하다.

황산바륨은 공침을 하는 성질을 가지고 있다. 염화이온, 질산, 염소산과 같은 음이온은 바륨염으로 공침하고, 수소, 알칼리 금속, 칼슘, 철과 같은 양이온은 황산염으로 공침한다. 그러므로 이러한 이온이 있을 때에는 공침으로 오차가 생기는 것을 각오해야 한다.

황산바륨은 열에 안전하고 1400 ℃ 보다 높은 온도에서 산화바륨과 삼산화황으로 분해한다. 그러나 거름종이를 가열할 때 생기는 탄소로 쉽게 환원되어 황화바륨으로 된다. 그러므로 공기를 잘 통하면서 낮은 온도에서 가열하여 탄소만을 먼저 날릴 필요가 있다.

실험과정

기구 : 비커(300과 100 mL 들이), 치밀한 정량용 거름종이 및 깔때기, 사기도가니, 버너(또는 전기로)

시약 : 염화바륨, 염산, 황산나트륨(Na_2SO_4)

1. 시료(Na_2SO_4)를 무게다는 병에 취하여 105 ℃ 에서 1 시간 정도 말린 다음, 0.5 g 정도를 정확히 달아 기록한다. 이것을 300 mL 들이 비커에 넣고 200 mL 의 증류수로 잘 녹인 후 진한 염산(12 M) 2 mL 를 가한다.

2. 2수화염화바륨 $BaCl_2 \cdot 2H_2O$ 10 g 정도를 1 L 의 물에 녹여 대략 0.04 M 염화바륨용액을 만든다. 이 용액 100 mL 를 깨끗한 비커에 담고 80～90 ℃ 까지 가열하여 이것을 미리 90 ℃ 정도로 가열한 시료용액에 빨리 가하고 2～3분간 젓는다. 이것을 다시 잠깐 끓이고, 침전이 가라앉도록 가만히 둔다. 맑은 윗물에 염화바륨용액 몇 방울을 떨어뜨려 완전히 침전되었는지를 조사하고, 침전이 다시 생기면 침전제를 더 가한다. 이 혼합물을 다시 높은 온도에서 10분 가량 익힌다.

3. 치밀한 정량용 거름종이에 맑은 윗물을 따라 내고 따뜻한 증류수를 조금씩 사용하여 4~5회 씻는다. 비커에 남은 침전은 고무가 달리 유리막대를 이용하여 정량적으로 거름종이 위에 옮긴다. 이 경우에 거른 액은 완전히 투명해야 한다. 만약 거른 액이 흐리면 작은 침전이 거름종이 구멍으로 스며나온다는 것을 의미하기 때문에 침전을 익히는 작업부터 다시 해야 한다. 그리고 거름종이 위의 침전을 씻고, 질산은용액으로 염화이온이 검출되지 않을 때까지 씻는다.

4. 깨끗한 도가니를 미리 붉게 될 때(600 ℃ 가량)까지 1시간 정도 가열한 다음 식혀서 무게를 정확히 달아 기록하고, 데시케이터에 보관해 두었다가 위에서 얻은 침전이 담긴 거름종이를 조심스럽게 접어 이 도가니 속에 넣고 버너 위에서 서서히 가열하여 수분을 말린다. 이때 도가니의 뚜껑을 조금 열어 두어야 하며, 물방울이 튀어나가는 일이 없어야 한다.

5. 수분이 없어지면 조금 세게 가열하여 거름종이를 탄화시킨다. 이때 종이에 불이 붙지 않도록 조심한다. 그리고 도가니 속의 탄소가 모두 날아가도록 도가니를 사기 삼각석쇠 위에서 조금 기울여 공기가 더욱 잘 통하게 한다. 다음에 더 세게 가열하여 도가니가 조금 붉게 될 때까지 가열한다.

6. 도가니에 흰 찌꺼기만 남으면 데시케이터에 넣고 완전히 식혀서 무게를 정확히 단다. 10분간 다시 가열하고, 0.2 mg 오차범위 안에서 일정한 무게에 도달할 때까지 가열 작업을 되풀이한다.

7. 황산바륨의 무게(w)에서 시료 Wg 중의 S 또는 SO_4의 함유량을 계산하고, 황산나트륨의 순도를 구한다.

$$\frac{w}{W} \times \frac{1\text{ mol S}}{1\text{ mol BaSO}_4} \times 100 = \text{실험으로 구한 시료중의 황 함유량을}$$

$$\frac{1\text{ mol S}}{1\text{ mol Na}_2\text{SO}_4} \times 100 = \text{이론값과 비교한다.}$$

실험 예제 3F－2

0.2500 g의 Na_2SO_4에서 0.3950 g의 $BaSO_4$를 얻었다. S 또는 SO_4의 함유량과 황산나트륨의 순도를 구하라.

풀이 Na_2SO_4중의 S의 이론적 함유량(%) $= \frac{1\text{ mol S}}{1\text{ mol Na}_2\text{SO}_4} \times 100 = \frac{32.06}{142.04} \times 100 = 22.57\ \%$

Na_2SO_4중의 SO_4의 이론적 함유량(%) $= \frac{1\text{ mol SO}_4}{1\text{ mol Na}_2\text{SO}_4} \times 100 = \frac{96.06}{142.04} \times 100 = 67.62\ \%$

Na_2SO_4 시료의 순도 $= 0.3950\text{ g} \times \frac{1\text{ mol Na}_2\text{SO}_4}{1\text{ mol BaSO}_4} \div \text{시료(g)} \times 100$

$= 0.3950 \times \frac{142.04}{233.40} \div 0.2500 \times 100 = 96.15\ \%$

시료중의 S의 함유량(%) $= 0.3950\text{ g} \times \frac{1\text{ mol S}}{1\text{ mol BaSO}_4} \div \text{시료} \times 100$

$$= 0.3950 \times \frac{32.06}{233.40} \div 0.2500 \times 100 = 21.70\ \%$$

$$\text{시료중의 } SO_4\text{의 함유량}(\%) = 0.3950\ g \times \frac{1\ mol\ SO_4}{1\ mol\ BaSO_4} \div \text{시료} \times 100$$

$$= 0.3950 \times \frac{96.06}{233.40} \div 0.2500 \times 100 = 65.03\ \%$$

실험 3F－4 철의 정량

실험개요

철을 제2철 Fe(Ⅲ)로 산화시켜 암모니아수로 $Fe(OH) \cdot 3H_2O$ 또는 $Fe_2O_3 \cdot n(H_2O)$ 침전으로 만들어 씻고 걸러서 강열하여 Fe_2O_3로 만들어 단다.

암모니아 염기성에서 침전되는 다른 물질은 모두 이 정량분석에 정의 오차를 준다.

유의사항

수산화철 $Fe(OH)_3$는 실온에서 10^{-38} 정도의 용해도곱을 가지는 대단히 난용성인 물질이고, pH 4 정도의 산성에서도 정량적으로 침전한다. 암모니아를 충분히 가하여 만든 침전은 대표적인 콜로이드질이며, 무결정질이다. 그러나 끓는 온도에서 침전을 익히면 점점 입자가 큰 결정질 침전으로 변한다. 일단 이렇게 되면 콜로이드 상태로 쉽게 풀리지 않고 용해도가 더 작아진다.

수산화철 침전은 표면흡착력이 세고, 황산, 크롬산, 옥살산과 같은 큰 전하를 가지는 이온을 세게 흡착한다. 산성에서는 음이온을 세게 흡착하고,

$$Fe(OH)_3 + H^+ + A^- \rightleftharpoons [Fe(OH)_3H]^+A^-$$

암모니아 염기성에서는 다음과 같이 여러 가지 양이온 B^+를 많이 흡착한다.

$$Fe(OH)_3 + OH^- + B^+ \rightleftharpoons [Fe(OH)_4]^-B^+$$

그러므로 암모니아수를 여분으로 가하여 침전시키는 경우에는 NH_4^+ 이온이 진하게 음으로 다른 양이온 대신 암모늄이온이 많이 흡착되는데, 이것은 침전이 강열할 때 휘발하기 때문에 큰 오차를 가져오지 않는다.

제 2 철 Fe(III)를 암모니아로 침전시키면 공존하는 전이원소인 Mn(II), Cu(II), Ni(II), Co(II), Mg(II), Cd(II), Zn(II) 등은 암민 착물을 쉽게 만들어, 녹아 용액에 남는다. 그러나 다소의 공침은 피할 수 없다. 한편 Al(Ⅲ), Cr(Ⅲ), Ti(Ⅳ), Zr(Ⅳ)와 같은 양이온은 같이 침전한다. 또 인산, 비산, 비나듐산, 규산 등도 염기성용액에서 철과 같이 침전한다. 그리고 알칼리 금속, 알칼리토류 금속이온의 공침은 NH_4^+의 농도가 충분히 크면 상당히 줄일 수 있다. 그러나 시료에 많은 다른 금속이온이 포함되어 있는 경우에는 침전

에 불순물이 많이 포함되기 때문에 이렇게 얻은 철의 침전을 일단 산에 녹여 재침전시켜야 한다.

침전을 가열할 때에는 처음에 낮은 온도에서 거름종이를 탄화시키고 탄소분을 완전히 회화시켜 날린 다음 강열(800～1000 ℃)하도록 한다. 이때 산소의 공급이 잘 이루어져야 한다. 공기의 공급이 부족하거나 탄소분이 남아 있을 때 강열하게 되면 침전의 일부가 붉은 Fe_2O_3로 되지 않고 검은색의 Fe_3O_4로 되어 오차를 가져온다.

실험과정

기구 : 비커, 거르는 장치, 거름종이, 도가니, 메커 버너, 고무관을 끼운 유리막대

시약 : $FeSO_4(NH_4)_2SO_4 \cdot 6H_2O$, $K_3Fe(CN)_6$, 염산, 질산, 암모니아수, 질산암모늄

1. 철 0.1～0.2 g을 포함하는 시료[($FeSO_4(NH_4)_2SO_4 \cdot 6H_2O$; Mohr 염)] 일정량(1 g 정도)을 정확히 달아 400 mL들이 비커에 넣고 40～50 mL의 물과 1 : 1 염산 10 mL를 가하여 녹인다. 이것을 끓이면서 진한 질산 1 mL 정도를 한 방울씩 가하여 철을 산화시켜 노란색의 철(III)로 바꾼다. 처음에 검은색의 $FeSO_4 \cdot NO$가 생길 수도 있는데, 이것은 곧 녹는다. 브롬수를 산화제로 사용하는 경우도 있다. 이때에도 철은 효과적으로 산화된다. 그러나 산화가 끝나면 끓여서 Br_2를 제거해야 한다. 시료 용액을 조금 찍어서 0.01 % $K_3Fe(CN)_6$ 용액 한 방울에 가하여 푸른색을 띠면 산화가 불충분한 것이므로 질산을 더 가하여 끓인다.

2. 완전히 산화되면 물을 가하여 200 mL가 되도럭 묽혀서 끓인다. 여기에 1 : 1 암모니아수를 조금씩 잘 저으면서 암모니아 냄새가 날 때까지 충분히 가한 후 끓여서 가만히 둔다.

3. 거름종이에 맑은 윗물을 기울여 따라 붓고, 비커에 남은 침전은 뜨거운 1 %의 질산암모늄용액 30 mL씩을 사용하여 3～4 회 씻는다. 거른 액에서 염화이온이 검출되지 않을 때까지 충분히 씻고, 침전을 거름종이에 정량적으로 옮긴다. 비커의 벽에 붙은 침전찌꺼기는 고무관이 붙은 유리막대로 옮긴다.

4. 미리 강열하여 무게를 단 도가니에 침전과 함께 거름종이를 조심스럽게 옮기고, 처음에는 약한 불로 말린 다음에 종이를 탄화시키고 회화시킨다. 다음에 온도를 높여 20분간 강열한다. 이때 도가니는 사기 삼각석쇠 위에서 조금 기울이고, 뚜껑을 조금 열어 공기가 들어가서 완전히 Fe_2O_3로 산화되도록 한다. 시료 W에 대한 Fe_2O_3 w의 함유량을 계산한다.

$$\frac{w}{W} \times 100\ \% = \text{실험으로 구한 시료중의 } Fe_2O_3 \text{ 함유량을}$$

$$\frac{Fe_2O_3}{2\,FeSO_4(NH_4)_2SO_4 \cdot 6\,H_2O} \times 100\ \% = \text{이론값과 비교한다.}$$

실험 3F－5 알루미늄의 정량

실험개요

알루미늄은 철의 경우와 같이 암모니아수로서 수산화알루미늄을 침전시키고 거름종이로 걸러서 강열하여 Al_2O_3로 만들어 무게를 단다. 이때 암모니아의 농도가 진하면 양쪽성을 가지는 $Al(OH)_3$ 침전이 녹게 되므로 주의해야 한다.

유의사항

알루미늄은 pH 7 정도에서 수산화물로 완전히 침전하고, pH가 9보다 큰 염기성에서 녹는다.

수산화알루미늄 $Al(OH)_3$는 양쪽성이므로 산과 알칼리에 녹는다.

$$Al(OH)_3 + 3H^+ \rightleftharpoons Al^{3+} + 3H_2O$$
$$Al(OH)_3 + OH^- \rightleftharpoons AlO_2^- + 2H_2O$$

최소 용해도의 pH는 6.5～7.5 정도이다. 그러므로 침선제 암모니아수를 가하는 양은 조심스럽게 조절해야 한다. 페놀레드 지시약을 사용하면 pH 6.4(노란색)～8.0(붉은색) 사이를 쉽게 유지할 수 있다. 수산화알루미늄 침전은 대표적인 콜로이드질이므로 뜨거운 용액에서 침전시켜야 한다. 그리고 이것이 풀리는 것을 막기 위해 씻는 액은 반드시 암모니아와 염화암모늄의 묽은 1 : 1 혼합용액을 사용해야 한다.

침전을 만들 때 염화암모늄을 미리 많이 가해 두는데, 이것은 다음과 같은 이유 때문이다.

1. 완충용액 구실을 하여 요구하는 pH를 유지하는 데 도움을 준다.
2. 콜로이드질인 $Al(OH)_3$ 침전의 뭉침제 구실을 한다.
3. 협착력이 센 침전에 다른 금속이온(Ca^{2+}, Mg^{2+} 등)이 공침되는 것을 방지하고, 그 대신 NH_4^+가 흡착되어 오차를 감소시킨다.
4. 전이금속이온을 암민 착이온으로 만들어 수산화물로 침전되는 것을 막는다.

침전을 강열하여 얻은 산화알루미늄(알루미나)은 흡수성이 세다. 그러므로 무게를 달 때 도가니의 뚜껑을 잘 닫고 짧은 시간에 달도록 한다. 그러나 1200 ℃ 이상으로 가열한 것은 그 결정형이 변하여 흡수성이 작아진다.

실험과정

기구 : 거르는 장치, 거름종이, 사기 도가니, 전기로

시약 : 염화암모늄, 암모니아수, 페놀레드, 황산알루미늄 $Al_2(SO_4)_2 \cdot 18H_2O$

1. 일정량(1.0 g 정도)의 황산알루미늄 고체시료를 정확히 달아 증류수에 녹여 200 mL

가량의 용액을 만든다. 여기에 4～5 g의 염화암모늄을 가하고, 페놀레드 지시약 몇 방울을 가하여 끓인다. 용액이 노란색에서 주황색으로 변할 때까지 1 : 1 암모니아수를 가한다. 다시 5분간 가열하여 침전을 가라앉힌다.

2. 2 % 의 염화암모늄용액을 만들고, 페놀레드 지시약이 주황색으로 변할 때까지 암모니아수를 가하여 씻는 액을 만든다. 이 씻는 액으로 침전을 3～4회 씻는다.

3. 침전이 들어 있는 거름종이를 미리 예비 가열하고 무게를 아는 도가니에 넣은 후, 처음에는 약한 불로 말리고 다음에는 센 불로 탄화시켜 높은 온도(1200 ℃)에서 20분간 강열하여 무게를 단다. 이 무게가 0.2 mg 범위에서 일정한 값을 가질 때까지 강열을 되풀이한다. 무게를 달 때에는 도가니의 뚜껑을 잘 닫고, 짧은 시간에 무게를 달도록 한다. 시료 W g에 대한 Al_2O_3(w)의 함유량을 계산한다.

$$\frac{w}{W} \times 100 = \text{실험으로 구한 시료중의 } Al_2O_3 \text{ 함유량을}$$

$$\frac{Al_2O_3}{Al_2(SO_4)_3 \cdot 18\,H_2O} \times 100 = \text{이론값과 비교한다.}$$

실험 3F－6 칼슘의 분리와 정량

실험개요

칼슘과 마그네슘의 혼합용액에서 옥살산칼슘 침전을 만드는 데 있어 처음에는 시료용액을 염산 산성으로 만들고, 가열하여 옥살산암모늄을 충분히 많은 양을 가한 다음에 암모니아수로 중화시켜 칼슘만을 다음과 같이 침전시키고, 마그네슘은 가용성 착이온으로 만든다.

$$Ca^{2+} + C_2O_4^{2-} + H_2O \rightleftharpoons CaC_2O_4 \cdot H_2O$$

이 침전을 묽은 옥살산암모늄용액으로 씻고, 적당한 온도에서 가열하여 탄산칼슘 또는 황산칼슘으로 만들어 무게를 단다.

유의사항

옥살산칼슘 침전은 25 ℃의 물 1 L에 7.2 mg 정도 용해한다. 그러나 옥살산이온이 여분으로 있으면 용해도는 다소 감소한다. 그리고 산성이 세면 용해도는 계속 증가한다. 그러나 pH 4 정도에서는 정량적으로 침전한다.

차가운 용액에서 만든 옥살산칼슘 침전은 입자가 대단히 작기 때문에 시료용액을 가열하여 높은 온도에서 침전제를 가해야 한다.

한편 뜨거운 산성 시료용액에 침전제 옥살산암모늄을 가한 다음에 암모니아수를 서서히 가하는 방법도 있다. 이때 침전에 옥살산이 다소 공침되지만, 이것은 침전을 가열할 때 제거된다.

알칼리 금속과 마그네슘 이외의 금속이온은 지장을 주기 때문에 미리 제거해야 한다. 소량의 바륨은 존재하더라도 재침전시키면 제거된다. 황산이온도 공침이 잘 된다. 이것은 침전을 가열하여 탄산칼슘으로 무게를 다는 경우에 정의 오차를 가져온다. 옥살산칼슘 침전은 말리고 가열하여 $CaC_2O_4 \cdot H_2O$, CaC_2O_4, CaO, $CaSO_4$ 또는 CaF_2와 같은 형태로 바꾸어서 그 무게를 달 수 있다.

옥살산법에 의한 칼슘과 마그네슘의 분리 자연계에서 마그네슘은 칼슘과 같이 존재하는 수가 많고, 이 혼합물을 분리 정량하는 것은 중요한 일이다. 옥살산마그네슘염도 용해도가 비교적 작기 때문에 칼슘만을 옥살산염으로 침전 분리하려면 상당히 세심한 주의가 필요하다. 그리고 마그네슘이 섞여 있는 양이 많을수록 더욱 어렵고, 너무 많으면 분리되지 않는다.

칼슘과 마그네슘이 분리되는 원리는 옥살산마그네슘의 과포화용액이 상당히 안정하고, 결정이 석출되는 속도가 대단히 느리다는 것이다. 그러나 너무 높은 온도에서 끓이면 마그네슘이 시료에 섞여 있는 경우에, 예를 들어 200 mL 용액에 마그네슘이 150 mg 이상 있으면 옥살산마그네슘이 조금씩 석출되게 된다.

이 두 가지 물질이 분리되는 또 한 가지 원리는 옥살산이온이 진하면 마그네슘은 착이온을 만들어 용액에 녹게 된다는 것이다. 그러므로 마그네슘이 많이 섞여 있을 때에는 반드시 산성 시료용액에 옥살산이온을 많이 가하여 마그네슘의 착이온을 만들어 놓고 암모니아로 중화시키도록 해야 한다. 따라서 칼슘을 옥살산염으로 침전시켜 걸러내고, 거른 액에서 마그네슘을 정량하고자 하는 경우에는 생성된 옥살산마그네슘의 착이온을 파괴해야 한다.

마그네슘이 많이 섞여 있는 경우에는 옥살산칼슘 침전에 마그네슘이 공침되기 쉽고, 또 옥살산도 많이 들어 있기 때문에 침전을 한 번 녹여 재침전시키는 것이 좋다.

실험과정

기구 : 도가니, 거르는 장치, 전기로(온도 조절이 되는 것)

시약 : 염화칼슘, 염화마그네슘, 옥살산암모늄, 메틸레드, 암모니아, 탄산암모늄, 염산

1. 칼슘 200 mg과 마그네슘 150 mg 이하를 포함하는 시료 일정량을 취해 물 또는 염산에 녹인다. 묽혀서 200 mL로 만든 다음 진한 염산 5 mL를 가한다. $(NH_4)_2C_2O_4 \cdot H_2O$ 3 g을 50 mL 물에 녹이고, 따뜻하게 가열하여 시료 용액에 가한다. 여기에 메틸레드 지시약을 몇 방울 가한 다음 70~80 ℃가 되도록 가열하고, 잘 저으면서 1 : 1 암모니아수를 붉은색에서 노란색으로 변할 때까지 적가한다(pH = 6~7). 그리고 가만히 둔다.
2. 거름종이에 맑은 윗물을 따르고, 침전을 0.1 % 옥살산암모늄용액으로 3~4회 씻은 다음 이 침전을 뜨거운 1 : 4 염산 50 mL에 녹인다. 거름종이도 1 : 100의 뜨거운 염산으로 씻고, 용액을 묽혀 200 mL로 만든다.

이 용액에 침전제 옥살산암모늄 1g을 녹여 가열한 용액을 5mL 가한다. 이 용액을 거의 끓을 때까지 가열하고, 다시 암모니아수로 서서히 중화시킨다(pH = 6~7). 그리고 1시간 동안 가만히 둔다.

3. 침전을 0.1% 옥살산암모늄액으로 잘 씻고 적당한 거르개로 거른다. 거른 액과 씻은 액은 실험 2에서 받은 씻는 액과 합해 잘 보관하여 다음 마그네슘 정량에 사용하도록 한다. 그렇지 않으면 버린다.

4. 최후에 얻은 침전은 실험실의 조건에 따라 다음 중 어느 한 가지 방법으로 가열한다.

(a) $CaC_2O_4 \cdot H_2O$로 달 때

침전을 예비 가열하여 무게를 아는 유리 거르개로 거르고, 씻는 액으로 씻어 110℃의 전기건조기에서 1시간 동안 말려 그 무게를 달고, 다시 30분간 110℃에서 가열하여서 말려 일정한 무게에 도달할 때까지 이 작업을 되풀이한다.

(b) $CaCO_3$로 달 때

침전을 예비 가열하여 무게를 아는 석면 구우치 도가니로 거르고 씻어 서서히 말리고, 500℃로 조절한 전기로에서 가열한다. 이때 온도가 ±25℃ 범위 안에서 일정하게 머물러야 한다. 이어서 여기에 2~3방울의 진한 탄산암모늄용액을 떨어뜨려 적시고, 110℃에서 1시간 동안 말려서 그 무게를 단다. 일정한 무게를 얻을 때까지 이것을 계속한다.

(c) CaO로 달 때

침전을 거름종이에 거르고 무게를 아는 백금 도가니(또는 사기도가니)에 담아 천천히 종이를 탄화시킨 다음에 30분 동안 강열하여 일정한 무게를 얻을 때까지 이 작업을 계속한다.

5. 최후에 얻은 물질의 무게 wg으로 시료 Wg에 대한 Ca로서의 함유량을 계산한다.

(a) $\frac{w}{W} \times \frac{1\ \text{mol Ca}}{CaC_2O_4 \cdot H_2O} \times 100 =$ Ca의 함유량($w = CaC_2O_4 \cdot H_2O$의 무게)

(b) $\frac{w}{W} \times \frac{1\ \text{mol Ca}}{1\ \text{mol}\ CaCO_3} \times 100 =$ Ca의 함유량($w = CaCO_3$의 무게)

(c) $\frac{w}{W} \times \frac{1\ \text{mol Ca}}{1\ \text{mol CaO}} \times 100 =$ Ca의 함유량($w =$ CaO의 무게)

실험 3F－7 규산의 정량

규산염은 지구의 껍질을 구성하는 가장 중요한 성분으로, 이것을 분석하는 데에는 몰리브덴산 착물을 만들어 흡광도를 측정하는 흡광광도법도 있지만, 이전에는 무게법 분석이 널리 사용되고 있었다.

실험개요

산 또는 염기성 시료용액에 염산을 가하여 산성으로 만들고, 이것을 물중탕에서 증발

건고시켜 난용성 실리카겔(silica gel) $SiO_2 \cdot xH_2O$로 만든다. 그 중에 흔히 공침하는 철, 알루미늄, 알칼리 금속 등의 염을 묽은 염산으로 씻어낸다. 침전은 거름종이에 거르고, 거른 액은 다시 염산 산성에서 증발 건고시켜 남은 규산을 더 완전히 회수하여 같은 거름종이에 받고 씻는다. 이것을 도가니에 넣어 강열하고 SiO_2의 무게를 단다.

유의사항

규산염의 분해 규산염의 용해도는 시료중에 들어 있는 산화규소 SiO_2의 함유량에 달려 있는데, 이것이 많을수록 분해하기 어렵다. 또 포함된 금속 산화물의 염기성이 셀수록 쉽게 녹는다. 그러므로 규산나트륨 Na_2SiO_3는 물에 잘 녹고, 규산칼슘 $CaSiO_3$는 물에 난용성이지만 묽은 산에는 잘 녹는다. 그러나 규산알루미늄 Al_2SiO_5와 같은 것은 산에도 잘 녹지 않는다. 또 결정수를 많이 가지는 규산염은 산에 녹는다. 그러므로 시멘트, 슬랙, 제올라이트와 같은 것은 산에 녹는다. 자연계에서 나오는 광석, 흙, 공업제품인 유리, 사기와 같은 규산염은 가늘게 분말로 만들고, 백금 도가니를 이용하여 탄산나트륨을 융제로 섞어 높은 온도에서 용융하면 물 또는 묽은 산에 잘 녹게 된다. 이것은 규산염이 염기성이 센 나트륨 금속의 규산염으로 바뀌어져 물이나 산에 녹기 때문이다. 이때 이산화탄소는 휘발한다. 이 경우 시료는 곱게 빻고, 융제는 시료의 10배 이상 가하며, 충분히 높은 온도(900 ℃ 이상)에서 가열하여 충분히 녹여야 한다.

규산염의 융제로는 탄산나트륨보다 수산화나트륨이 더 효과적이다. 그러나 불순물을 포함하는 경우가 많고, 백금 도가니를 침식시킨다. 그러므로 이 경우에는 니켈 도가니를 사용하여 500 ℃ 정도에서 가열한다. 이보다 높으면 니켈이 다소 녹는다. 수산화나트륨을 융제로 사용할 때에는 처음에 낮은 온도에서 수분을 날려 보낸 다음에 서서히 온도를 높이도록 한다.

실리카겔 침전의 생성 및 강열 규산은 약한 산이고, 제 1 이온화상수는 6×10^{-10} 정도이다. 염기성 규산염 용액을 산성화시킨 다음 가열하면 일부 규산은 H_4SiO_4로 되지만 대부분은 중합한다. 이들이 많이 회합하면 콜로이드질 실리카겔 침전 $SiO_2 \cdot xH_2O$로 된다. 이 반응은 산성 전해질 용액에서 가열하면 잘 일어난다.

이렇게 얻은 무결정질 실리카겔의 용해도는 비교적 크고, 물 또는 묽은 산용액에서 140 ppm(mg/L) 정도 녹는다. 이와 같이 실리카겔의 용해도가 대단히 크므로 용액을 100 ℃에서 증발 건조하여 말리면 규산은 일부 탈수되어 $SiO_2 \cdot \frac{1}{2}H_2O$와 같은 형태로 된다. 이와 같이 산성용액을 증발 건고할 때 생긴 실리카겔은 물이나 산성용액에 녹아도 용해되는 속도가 대단히 느리다. 그러나 침전을 거르고 씻는 동안에 용해하는 규산은 수 % 정도 되므로 거른 액은 산성에서 다시 증발 건고시켜 용해한 규산을 다시 회수하도록 한다.

이렇게 증발 건고하는 것은 백금접시나 경질 사기 증발접시를 이용하여 물중탕에서 실험한다. 이 경우에 물중탕 대신 직접 가열하면 일부 금속염이 높은 온도에 가열되어 난용성 중금속규산염이 다시 생길 가능성이 있다. 콜로이드질인 무결정질 실리카겔은 표면흡착력이 세고, 철, 알루미늄, 티탄 등과 같은 금속을 많이 공침시킨다. 그러므로 증발건고한 찌꺼기에 진한 염산을 가하여 10분 정도 두어 이들 금속염을 잘 녹여 물로 묽혀 씻어낸다.

침전은 백금 도가니에 넣고 높은 온도에 강열하여 규산무수물 SiO_2로 만들고 무게를 단다. 가열한 규산은 흡수성이 강하므로 무게를 달 때 주의해야 한다. 침전에는 알루미늄, 철, 티탄 등의 공침이 있고, 이것을 씻어도 역시 남아 있다. 이 경우에는 여기에 플루오르화수소산과 황산을 가하여 가열하면 사플루오르화규소가 되어 날아간다.

이때 생기는 감량이 SiO_2의 무게에 해당한다.

$$SiO_2 + 4HF \rightleftharpoons SiF_4 + 2H_2O$$

이때 공침되어 있던 철, 알루미늄, 티탄과 같은 금속은 황산염으로 되어 있기 때문에 이것을 다시 강열하면 모두 원상태의 산화물로 된다.

규산염의 완전분석 광석 또는 흙과 같은 규산염을 완전히 분해하여 중요한 모든 성분을 분석 정량하여 그 조성을 측정하는 화학분석을 규산염의 완전분석(complete analysis 또는 total analysis)이라고 한다.

규산염을 완전분석하는 방법은 먼저 시료를 1000～1100℃로 가열하여 강열감량으로 수분의 함유량을 정량하고, 알칼리 용융법으로 시료를 용해한 다음 먼저 규산성분을 분리 정량하도록 한다. 그 방법은 여기서 설명하는 실험과정과 똑같이 한다. 그러나 규산침전을 분리한 거른 액과 씻은 액은 버리지 않고, 이것을 사용하여 철, 알루미늄 등의 원소를 분리 정량한 다음 알칼리토류 원소를 분리 정량하는 순서로 실험한다.

실험과정

기구 : 백금 도가니, 마노제 막자사발, 백금 도가니 집게, 증발접시, 시계접시

시약 : 탄산나트륨과 탄산칼륨 혼합융제, 염산, 황산, 플루오르화수소산, 시멘트 가루

1. 시료(보통 시멘트) 가루를 막자사발에 넣어 대단히 고운 가루로 만들고, 105℃에서 2시간 말린 다음 0.5 g 정도를 정확히 달아 약포지에 취한다. 여기에 3 g 정도의 순수한 탄산칼륨과 탄산나트륨을 1 : 1로 혼합한 가루를 융제로 넣어 시료와 충분히 섞어 백금 도가니에 넣고, 다시 1 g 정도의 융제를 이 약포지에 취하여 붙어 있는 시료가루를 닦아 도가니 속의 시료가루 윗면을 덮는다.

2. 도가니에 뚜껑을 덮고 사기 삼각석쇠에 얹은 다음 메커 버너의 약한 불로 서서히 가열한다. 10분 후에 온도를 높여 내용물이 완전히 용융될 때까지 30분간 강열한다. 이때 이산화탄소 기체가 나오고 용융된 액체가 튀기 때문에 뚜껑을 잘 닫는다. 강열이 끝나면 백금 도가니용 집게로 도가니를 잡아 천천히 기울여 돌리면서 내용물이 도가니 벽

에 퍼져 붙게 하여 식힌다. 이렇게 하면 내용물을 떼어 녹이기가 쉽다.

3. 도가니가 완전히 식으면 물을 사용하여 내용물을 정량적으로 사기 증발접시에 옮기고, 시계접시로 덮은 다음 묽은 염산으로 잘 녹인다. 20 mL 정도의 진한 염산을 가하고, 이산화탄소 기체의 발생이 끝나면 시계접시를 씻어 덮어 준다.

이때 솜 모양의 실리카겔 침전이 일부 생긴다. 그러나 모래와 같은 찌꺼기가 남아 있으면 시료의 분해가 불충분하기 때문으로, 시료의 용융을 처음부터 다시 하도록 해야 한다.

4. 증발접시를 물중탕 위에 놓고 증발 건고시킨다. 마른 찌꺼기를 다시 약 1시간 정도 물중탕에서 가열하고, 여기에 진한 염산 5 mL를 가한 후 고체를 유리막대로 분쇄한다.

50 mL의 물로 증발접시의 벽을 씻고 가온하여 찌꺼기를 잘 녹이고, 남아 있는 실리카겔을 거름종이에 걸러 옮긴다. 침전을 1 : 20 염산으로 씻고 최후에 물로 잘 씻는다.

5. 거른 액과 씻은 액을 증발접시에 옮겨 다시 물중탕에서 증발 건고하고, 같은 방법으로 얻은 규산 겔 침전을 정량적으로 같은 거름종이 위에 걸러 받고 씻는다.

여기서 얻은 거른 액과 씻은 액에는 시료중에 포함되어 있는 철, 알루미늄, 티탄, 칼슘, 마그네슘 등이 포함되어 있고, 이들의 금속 정량분석에 사용한다.

6. 침전을 받은 거름종이는 미리 예비 가열하고 무게를 달아둔 백금 도가니에 넣어 서서히 가열하여 침전을 말린 다음, 온도를 높여 종이를 탄화시키고 강열하여 일정 무게를 얻도록 한다.

데시케이터에서 충분히 식혀서 뚜껑을 잘 덮고 짧은 시간에 무게를 단다.

7. 회분이 들어 있는 백금 도가니에 물 1～2 mL, 1 : 2 황산 4～5방울, 플루오르화수소산 5 mL 정도를 가하고 후드 속에서 약한 불로 서서히 가온 증발시킨 다음 10～15분간 강열한다. 이 실험과정을 다시 한번 되풀이한 다음 식혀 다시 무게를 단다. 이때의 무게 감량이 시료중의 SiO_2 함유량이라고 본다.

3G 연습문제

3－1 물질 A 1 g 중에 들어 있는 물질 B의 함유량을 계산하라.

A	B
Fe_2O_3	Fe
$CuSO_4 \cdot 5H_2O$	Cu
$CaCO_3$	CaO
HNO_3	N_2O_5

3－2 0.287 g $Pb(NO_3)_2$에 H_2S를 반응시켜 얻은 PbS의 무게를 계산하라.

3－3 0.712 M Na_2CO_3중의 Na를 정량적으로 NaCl로 바꾸어서 0.532 g을 얻었다. Na_2CO_3 용액 몇 mL를 취했는가?

3－4 29.3 g의 P_2O_5를 물에 녹여 700 mL가 되도록 묽히면 몇 M의 H_3PO_4 용액이 되는가?

3－5 0.387 M $MgCl_2$ 용액 46.2 mL중의 Mg를 정량적으로 $Mg_2P_2O_7$로 만들면 몇 g이 되는가?

3－6 NaCl과 KCl을 섞어서 Cl 함유량이 50.0 %가 되도록 하려면 NaCl과 KCl을 어떤 비율로 섞어야 하는가?

3－7 에틸알코올 무수물의 밀도는 0.7939이다. 밀도가 0.8160이고, 부피 백분율이 95 %인 알코올 용액의 무게 백분율을 구하라.

3－8 칼슘이 포함되어 있는 용액에서 황산이온을 정량하고자 한다. $BaSO_4$ 침전을 만드는데 칼슘의 내포현상이 일어나는 것은 무슨 이유인가? 시료용액에 $BaCl_2$ 용액을 서서히 가하는 경우와 바륨용액에 시료용액을 서서히 가하는 경우 중 어느 쪽에서 내포현상이 더 많이 일어나는가?

3－9 수산화바륨은 센 염기이다. 이 표준용액을 일정량의 $FeCl_3$ 용액에 가하여 수산화철 침전을 만들고, 남아 있는 $Ba(OH)_2$를 염산 표준용액으로 역적정하면 옳은 철의 정량이 될 수 있는가?

3－10 다음 A의 1 g을 B로 바꾸면 몇 g이 되는가?

A	B
Fe_2O_3	Fe_3O_4
AgCl	$KClO_4$
$BaSO_4$	$Al_2(SO_4)_3$
$Mg_2P_2O_7$	$Ca_3(PO_4)_2$
K_2PtCl_6	K_2O
AgCl	$CaCl_2 \cdot 2H_2O$

3－11 NaCl 60 %, KCl 40 %인 혼합물 1.100 g을 완전히 염화은으로 만드는 데 필요한 $AgNO_3$ 0.925 M 용액의 부피를 구하라.

3－12 As를 7.82 % 함유하는 광석은 As_2O_3로서 몇 % 광석인가?

3－13 NaCl 86.0 % 함유하는 시료는 Cl 함유량이 얼마인가?

3－14 시료중의 수분이 1.87 %, Fe는 42.68 %이다. 완전히 건조한 시료중의 Fe의 함유량을 계산하라.

3－15 흙 시료중 수분은 5.2 %이고, SiO_2는 39.76 %이다.
(a) 건조한 시료중의 SiO_2 함유량을 구하라.
(b) 수분이 1.1 %만 남아 있게 된 시료의 SiO_2 함유량을 계산하라.

3－16 SiO_2와 $MgCO_3$의 혼합 시료를 0.500 g 취하여 MgO가 되도록 강열하였더니 무게가 1.1002 g 감소하였다. MgO는 염산에 녹여 이 용액을 분리한다.
(a) 마그네슘을 $MgNH_4PO_7 \cdot 6H_2O$로 침전시킬 때 $Na_2HPO_4 \cdot 12H_2O$ 용액(90.0 g/L)은 몇 mL 필요한가?
(b) 침전을 강열하여 $Mg_2P_2O_7$로 바꾸면 무게는 몇 g이나 감소하겠는가?

3－17 Fe_2O_3와 Al_2O_3의 혼합물을 0.7100 g 달아 수소 기체를 통하여 Fe_2O_3만을 Fe로 환원시켰더니 무게가 0.6318 g이었다. Al_2O_3의 함유량을 구하라.

3－18 AgCl과 AgBr의 혼합물을 0.5267 g 달아 염소 기체로 처리하여 모든 AgBr을 AgCl로 변화시켰더니 무게는 0.4269 g이 되었다. AgBr의 함유량을 구하라.

제 4 장
화학평형과 용해도

4A 화학평형

4A—1 평형상수

반응속도는 단위시간에 반응하는 물질의 양, 즉 mol수로 표시되고, 이것은 원칙적으로 단위시간에 반응화학종이 충돌하는 횟수와 충돌중에 실제로 반응을 일으킬 수 있는 유효충돌이 일어날 확률에 따라 결정된다.

$$aA + bB \rightleftharpoons cC + dD$$

위의 반응에서 A의 농도가 2배가 되면 B와의 충돌횟수도 2배로 증가하기 때문에 정반응속도 v_f는 다음과 같이 표시된다. 여기서 k_f는 속도상수이고, [A]와 [B]는 몰농도이다.

$$v_f = k_f[A]^a[B]^b$$

위의 화학반응에서 생성된 화학종 C와 D도 서로 반응하게 되고, 따라서 역반응속도 v_b는 다음과 같이 표시된다.

$$v_b = k_b[C]^c[D]^d$$

A와 B가 반응하면 처음에는 정반응이 일방적으로 일어나지만, 차차 C와 D의 농도가 증가하면서 v_b도 커져서 두 반응속도가 같아진다. 결국 화학평형상태에 이르게 되고, 외관상으로 아무런 반응이 일어나지 않는 것처럼 보이며, 다음 관계가 성립한다.

표 4-1 소금용액의 농도와 아세트산의 해리상수(25 ℃)*

NaCl 의 농도(mol/L)	K값	NaCl 의 농도(mol/L)	K값
0.00	1.75×10^{-5}	0.51	3.31×10^{-5}
0.02	2.29×10^{-5}	1.01	3.16×10^{-5}
0.11	2.85×10^{-5}		

$$k_f[\mathrm{A}]^a[\mathrm{B}]^b = k_b[\mathrm{C}]^c[\mathrm{D}]^d$$

$$\frac{[\mathrm{C}]^c[\mathrm{D}]^d}{[\mathrm{A}]^a[\mathrm{B}]^b} = \frac{k_f}{k_b} = K \qquad (4-1)$$

이 K값을 **평형상수**라고 한다. 그러므로 평형상태에서 A와 B의 농도가 크면 C와 D의 농도도 커져서 K값은 항상 일정하게 유지된다. 반응속도는 온도에 따라 변하기 때문에 K값도 온도의 함수이며, A와 B가 반응하여 생성물인 C와 D가 상대적으로 적게 생기는 반응의 K값은 작고, 많이 생기는 반응의 K값은 크다. 즉 K값은 반응이 진행하는 정도를 표시하는 값이다.

4A-2 평형상수에 대한 이온세기의 영향

화학평형상수는 일정 온도에서 일정값을 가진다. 그러나 이 법칙은 엄격한 의미에서 무한히 묽은 용액에서만 성립하고, 농도가 진해지면 농도에 따라 화학평형상수값은 다소 변한다. 예를 들어 수용액중에서 아세트산의 해리평형 관계는 다음과 같다.

$$\mathrm{CH_3COOH} \rightleftharpoons \mathrm{CH_3COO^-} + \mathrm{H^+}$$

$$K = \frac{[\mathrm{CH_3COO^-}][\mathrm{H^+}]}{[\mathrm{CH_3COOH}]}$$

소금용액중에서 아세트산의 해리평형상수 K값은 이 용액의 소금 농도에 따라 표 4-1과 같이 변하고, 농도가 진해질수록 일반적으로 더 큰 값을 가진다.

일반적으로 화학평형상수는 용액중에 녹아 있는 전해질의 농도, 즉 이온세기의 영향을 받는다.

용액의 이온세기 μ는 다음과 같이 표현된다.

$$\mu = \frac{1}{2}(M_1 z_1^2 + M_2 z_2^2 + \cdots\cdots)$$

여기서 M은 용액중의 각종 이온의 몰농도이고, z는 각 이온의 하전수를 나타낸다.

---

* H. S. Harned and C. F. Hiday *J. Amer, Chem. Soc.*, 59, 1289(1937).

예제 4A-1

0.05 M KNO_3와 0.1 M Na_2SO_4로 된 혼합용액의 이온세기 μ를 구하라.

풀이 $\mu = \frac{1}{2}(0.05 \times 1^2 + 0.05 \times 1^2 + 0.2 \times 1^2 + 0.1 \times 2^2) = 0.35$

4B 활동도

4B-1 활동도

화학평형상수가 용액의 이온세기의 영향을 받는 것은 반응에 관여하는 이온이 주위에 있는 다른 이온의 영향을 받기 때문이다. 해리된 아세트산이온 CH_3COO^-와 수소이온 H^+는 그 주위에 반대전하의 이온들로써 둘러싸이게 되어 활동에 제한을 받게 되며, 다시 결합하려는 반응 능력이 줄어들게 되고, 해리도가 커진다. 이러한 관계를 정량적으로 표시하기 위해 농도 대신에 활동도를 생각하게 되었다. **활동도**(activity)는 그 화학종이 용액중에서 실제로 발휘하는 반응 능력을 표시하는 값이고, 다음과 같이 활동도는 그 화학종의 농도에 비례한다.

$$a_A = [A]f_A$$

a_A는 화학종 A의 활동도이고, [A]는 A의 몰농도이며, f_A는 **활동도 계수**(activity coefficient)이다. 아세트산의 해리평형 관계는 다음과 같이 표시할 수 있다.

$$K^\circ = \frac{a_{CH_3COO^-} \times a_{H^+}}{a_{CH_3COOH}} = \frac{[CH_3COO^-][H^+]}{[CH_3COOH]} \times \frac{f_{CH_3COO^-} \times f_{H^+}}{f_{CH_3COOH}}$$

$$= K \times \frac{f_{CH_3COO^-} \times f_{H^+}}{f_{CH_3COOH}} \qquad (4-3)$$

이와 같이 활동도로 나타낸 평형상수 K°를 **열역학 평형상수**(thermodynamic equilibrium constant)라 하고, 이에 대하여 보통 몰농도로서 표시한 K를 **고전적 평형상수**(classical equilibrium constant)라고 한다. 따라서 고전적 평형상수는 이온세기에 따라 변하지만, 열역학 평형상수는 어떠한 이온세기에서도 일정 온도에서 항상 일정값을 유지하는 상수이다.

4B-2 활동도 계수

활동도는 용액중에서 그 화학종이 실제로 작용하는 반응 능력을 말한다. 활동도값은 물론 화학종의 농도에 비례하지만, 이온 사이의 상호작용 때문에 용액의 이온세기에 따

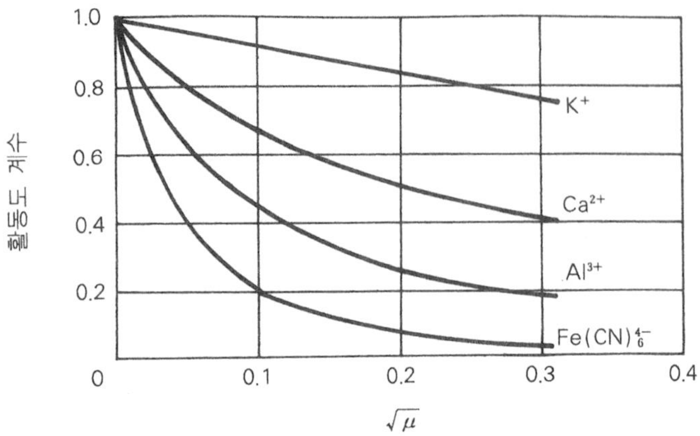

그림 4－1
이온세기와 활동도 계수의 관계.

라 변한다. 그러므로 활동도는 일반적으로 농도와 직선적인 관계를 가지지 않는다. 여기서 **활동도 계수의 성질**을 좀더 자세히 알아보자.

1. 활동도 계수는 무한히 묽은 용액에서 1이다. 다시 말해, 이온세기가 무한히 작은 용액에서는 활동도와 농도가 같아지고, 화학종이 100 % 자기 능력을 작용할 수 있는 조건에 있다는 것이다. 이온세기가 증가하면 일반적으로 화학종의 활동 능력이 작아지고, 따라서 활동도 계수는 감소한다. 일반적으로 보통 용액에서는 $f_A < 1$이고, 무한히 묽은 용액에서는 $f_A \longrightarrow 1$, 즉 $a_A \longrightarrow [A]$이다. 그러나 이온세기가 대단히 높아지면 활동도 계수는 다시 증가하여 1보다 큰 값으로 증가하는 경향이 있다.
2. 활동도 계수는 공존하는 화학종의 종류보다 주로 그 용액의 이온세기에 따라 결정된다.
3. 이온의 활동도 계수가 이온세기에 따라 변하는 경향은 그림 4－1에서 보는 바와 같이 이온이 가지는 전하수가 증가할수록 더 크게 변한다.
4. 같은 이온세기의 용액에서 같은 전하를 가지는 이온의 활동도계수는 거의 같지만, 수화된 이온 크기에 따라 다소 달라진다.
5. 전하를 가지지 않는 중성분자의 활동도 계수는 이온세기에 따라 그다지 변하지 않고 1에 머물러 있다고 본다.

4C Debye－Hückel 식

4C－1 Debye－Hückel의 극한법칙

활동도나 활동도 계수는 실험으로 구하기가 쉽지 않다. 1923년 Debye(데바이)와 Hückel(휘켈)*은 전해질 용액중의 이온들의 상호작용을 고려하여 용액중의 이온 i의 활동

* P. Debye and E. Hückel Phgsik. Z 1923, 24, 185.

도 계수를 계산하는 식을 유도하였다. 다음을 Debye－Hückel의 **극한법칙**(limiting law)이라고 한다.

$$-\log f_i = \alpha z_i^2 \sqrt{\mu} \qquad (4-4)$$

여기서 f_i는 이온 i의 활동도 계수이고, z_i는 이온의 전하이며, μ는 용액의 이온세기이다. 그리고 α는 다음과 같다.

$$\alpha = \frac{1}{2.303}\frac{e^2}{2\,DkT}\sqrt{\frac{8\pi e^2 N}{1000\,DkT}} \cong \frac{1}{(DT)^{3/2}} \qquad (4-5)$$

여기서 N은 아보가드로 수, k는 볼쯔만 상수, e는 전자의 전기량, T는 절대온도이다.

그러므로 Debye－Hückel의 극한법칙에서 보면 이온의 활동도 계수 f의 대수가 용액의 이온세기 μ의 제곱근에 비례함을 알 수 있다.

수용액에서 물의 유전상수 D는 78.5이므로 25℃에서 Debye－Hückel의 극한법칙은 다음과 같다.

$$-\log f_i = 0.509\, z_i^2 \sqrt{\mu}$$

이 식은 단일 이온에 대하여 유도한 것으로, 실제로 용액에는 단일 이온만이 존재할 수 없기 때문에 이것을 측정할 수도 없다. 그러므로 단일 이온 활동도 계수 f_i는 실제로 무의미한 것이다. 이에 대하여 현실성을 띠고 있는 것이 **평균 활동도 계수**(mean activity coefficient) $f_\pm$이다. 예를 들어 염산의 활동도와 그 성분이온인 염화이온 및 수소이온의 활동도 사이에는 다음과 같은 관계가 있다.

$$a^2_{HCl} = a_{H^+} \times a_{Cl^-}$$

즉

$$[HCl]^2 f^2_\pm = [H^+][Cl^-] f_+ f_-$$

따라서 활동도 계수 사이에는 다음과 같은 관계가 있다.

$$f^2_\pm = f_+ f_-$$

즉

$$f_\pm = \sqrt{f_+ f_-}$$

전해질의 양이온과 음이온의 전하를 각각 z^+와 z^-라고 하면, 평균 활동도 계수 $f_\pm$는 다음과 같이 표시된다.

$$-\log f_\pm = 0.509 z^+ z^- \sqrt{\mu} \qquad (4-6)$$

이것을 이용하여 0.1 M 염산의 평균 활동도 계수를 식 4－6으로 계산하면 다음과 같다.

표 4—2 수용액에서 Debye—Hückel 식의 α와 β값

온도(℃)	α	β	온도(℃)	α	β
0	0.488	0.324	25	0.509	0.328
15	0.500	0.327	40	0.524	0.332

$$\mu = \frac{1}{2}(0.1 \times 1 + 0.1 \times 1) = 0.1$$

$$-\log f_{\pm} = 0.509 \times 1 \times 1\sqrt{0.1} = 0.161$$

$$f_{\pm} = 0.690$$

실제 측정값은 0.796이다.

0.1 M 염화알루미늄 $AlCl_3$의 평균 활동도 계수는 식 4—6으로 다음과 같이 계산된다.

$$\mu = \frac{1}{2}[0.10 \times 3^2 + 0.30 \times (-1)^2] = 0.60$$

$$-\log f_{\pm} = 0.509(3)(1)\sqrt{0.60} = 1.183$$

$$f_{\pm} = 0.0656$$

그러나 실제 측정값은 0.337 정도이다. 이것으로 전하수가 큰 전해질의 용액일수록 이 식으로 계산한 값은 큰 편차를 가진다는 것을 알 수 있다.

4C—2 Debye—Hückel 식

원래 Debye—Hückel의 극한법칙은 묽은 용액에서만 적용되고, 진한 용액에는 잘 맞지 않는다. 이 식을 이용하여 계산한 활동도 계수는 일반적으로 1—1형의 전해질에 대해서 이온세기가 0.05까지는 5% 오차범위에서, 2가 이온에 대해서는 이온세기 0.01 내에서, 3가 이온에 대해서는 이온세기 0.005 내에서 수% 오차범위에서 측정값과 맞는다. 극한식보다 더 실용성 있고 넓은 농도 범위에 적용될 수 있는 것은 다음의 Debye—Hückel식으로, 이 경우에는 이온의 크기를 고려하고 있다.

$$-\log f_{\pm} = \frac{\alpha z^{+} z^{-} \sqrt{\mu}}{1 + \beta a \sqrt{\mu}} \qquad (4-7)$$

여기서 α는 극한식 4—4의 경우와 같고, β는 식 4—8과 같이 표시되는데, 수용액에서는 절대온도 298 K에서 $\beta = 0.328$이다(표 4—2 참조).

$$\beta = \frac{50.3}{\sqrt{DT}} \qquad (4-8)$$

여기서 a는 용매화된 이온이 유효지름이다. 수용액에서 수화한 일반적인 이온의 크기는

표 4—3 Debye—Hückel 식으로 계산한 이온의 활동도 계수(25 ℃)

이 온	크 기	이 온 세 기				
	a(Å)	0.001	0.005	0.01	0.05	0.1
H_3O^+	9	0.967	0.933	0.914	0.86	0.83
Li^+, $C_6H_5COO^-$	6	0.965	0.929	0.907	0.84	0.80
Na^+, IO_3^-, HSO_3^-, HCO_3^-, $H_2PO_4^-$, $H_2AsO_4^-$, OAc^-	4～4.5	0.964	0.928	0.902	0.82	0.78
OH^-, F^-, SCN^-, HS^-, ClO_3^-, ClO_4^-, BrO_3^-, IO_4^-, MnO_4^-	3.5	0.964	0.926	0.900	0.81	0.76
K^+, Cl^-, Br^-, I^-, NO_2^-, NO_3^-, $HCOO^-$	3	0.964	0.925	0.899	0.80	0.76
Rb^+, Cs^+, Tl^+, NH_4^+	2.5	0.964	0.924	0.898	0.80	0.75
Mg^{2+}, Be^{2+}	8	0.872	0.755	0.69	0.52	0.45
Ca^{2+}, Cu^{2+}, Zn^{2+}, Sn^{2+}, Mn^{2+}, Fe^{2+}, Ni^{2+}, Co^{2+}, $Phthalate^{2-}$	6	0.870	0.749	0.675	0.48	0.40
Sr^{2+}, Ba^{2+}, Cd^{2+}, S^{2-}	5	0.868	0.744	0.67	0.46	0.38
Pb^{2+}, CO_3^{2-}, SO_3^{2-}, $C_2O_4^{2-}$	4.5	0.868	0.742	0.665	0.46	0.37
Hg_2^{2+}, SO_4^{2-}, $S_2O_3^{2-}$, CrO_4^{2-}, HPO_4^{2-}	4.0	0.867	0.740	0.660	0.44	0.36
Al^{3+}, Fe^{3+}, Cr^{3+}, La^{3+}, Ce^{3+}	9	0.738	0.54	0.44	0.24	0.18
PO_4^{3-}, $Fe(CN)_6^{3-}$	4	0.725	0.50	0.40	0.16	0.095
Th^{4+}, Zr^{4+}, Sn^{4+}	11	0.588	0.35	0.255	0.10	0.065
$Fe(CN)_6^{4-}$	5	0.57	0.31	0.20	0.048	0.021

3 Å 정도이고, βa는 1과 비슷한 값이다. 따라서 식 4—7을 다음과 같이 표현하는 경우도 있다.

$$-\log f_{\pm} = \frac{0.509\, z^+ z^- \sqrt{\mu}}{1 + \sqrt{\mu}} \qquad (4-9)$$

Debye—Hückel 식으로 0.1 M 염산의 활동도 계수를 계산할 때 H^+와 Cl^-의 평균지름을 $(3 + 9)/2 = 6$ Å 으로 잡으면 다음과 같다.

$$-\log f_{\pm} = \frac{0.509(1)(1)\sqrt{0.1}}{1 + (0.328)(6)0.1} = 0.0994$$

$$f_{\pm} = 0.795$$

실험값은 0.796으로, 대단히 잘 맞는다. 일반적으로 용액중에 있는 중성분자의 활동도 계수는 1이라고 본다. 그리고 순수한 용매와 결정체(순수한 고체)의 활동도도 1로 보고 활동도의 표준으로 삼고 있다.

Kielland*(킬랜드)는 여러 가지 측정값과 식 4—7을 이용하여 각종 이온의 활동도 계수를 산출하여 표 4—3을 작성하였다. 이것을 이용하면 이온의 활동도를 쉽게 구할 수 있다.

* J. Kielland, *J. Amer. Chem. Soc.*, 59, 1675(1937)

4D 용해도

4D-1 용해도

아무리 난용성 물질이라 하더라도 그 일부는 물에 녹는다. 녹는 정도는 온도, 용매, 용액의 이온세기, 그리고 용질의 결정 상태에 따라 다르다. 일반적으로 그 포화농도가 0.01 M보다 작게 녹는 것을 난용성 물질이라고 한다. 난용성 염화은을 물에 넣어 저으면 다음과 같이 그 일부는 은이온과 염화이온이 되어 녹는다. 이때 이들 이온은 용매인 H_2O와 반응하여 수화된 이온으로 된다.

$$AgCl(s) \rightleftharpoons Ag^+(aq) + Cl^-(aq)$$

염화은이 물에 녹으면 센 전해질과 같이 완전히 이온화하는 것이 원칙이지만, 그 중에는 AgCl과 반응하여 $AgCl_2^-$, $AgCl_3^{2-}$, $AgCl_4^{3-}$와 같은 착이온으로 되어 녹는 것도 있는데 일반적으로 그 양은 대단히 적다.

AgCl의 결정격자를 구성하고 있는 Ag^+와 Cl^- 이온이 물에 약간 녹는 것은 이들 이온이 H_2O와 반응하는 수화에너지가 격자에너지보다 클 수 없기 때문이다. 반면에 소금은 물에 잘 녹는데, 이것은 결정격자에 있는 Na^+와 Cl^- 이온들의 수화에너지가 소금의 격자에너지보다 대단히 크기 때문이다.

4D-2 용해도에 대한 용매의 영향

일반적으로 극성 화합물인 무기염은 유기용매에 적게 녹는다. 이것은 유기용매 분자가 무극성(사염화탄소, 벤젠)이거나 극성이 약하여(알코올, 에테르, 에스테르) 결정격자에 있는 이온과 반응할 때 용매화시킬 능력이 작기 때문이다.

염화칼륨과 염화나트륨의 에틸알코올에 대한 용해도는 순수한 물에 대한 용해도의 1/1000 정도이다. 그러나 염화리튬은 유기용매에 비교적 잘 녹는데, 이것은 리튬이온의 편극 능력이 세고 용매화를 잘하기 때문이다.

수용액에서 황산납 침전을 만들 때 에틸알코올을 20 % 정도 섞으면 침전의 용해도는 1/10로 줄어든다. 이것은 무게법 분석에 흔히 이용되고 있다. 또 가용성 염을 수용액에서 재결정시키려면 수율이 대단히 작은 경우가 있는데, 이 경우 알코올을 섞으면 효율적으로 재결정시킬 수 있다. 이것은 용매화가 적게 되는 용액의 유전상수가 감소하기 때문이다. 유전상수가 감소하면 이온간의 인력이 증가하여 해리도가 감소하고, 용해도가 감소한다. 알칼리 금속염의 용해도 몇 가지를 표 4-4에 나타내었다.

표 4-4 알칼리 금속염의 용해도(g/100 g 용매, 20 ℃)

용 매	LiCl	NaCl	KCl
물	84.7	36.0	35.9
메틸알코올	43.8(20 ℃)	1.38	0.53
에틸알코올	24.3(20 ℃)	0.065	0.029
아세톤	3.9	4×10^{-5}(18 ℃)	

4E 용해도곱 상수

4E-1 용해반응의 평형

난용성 염이 물에 녹으면 용액중에 그 성분이온의 농도가 증가하면서 평형상태에 이른다. 일정 농도에 도달하면 포화되어 더 이상 녹지 않고 고체는 남는다. 이때의 농도가 **용해도**이다. 용해반응의 평형은 동적 성질을 띠고 있으며, 성분이온이 결정 표면에서 떠나 용액으로 들어가고 있는 한편, 반대로 용액중의 이온이 결정 표면에 석출되기도 한다. 그러나 결정이 녹는 속도와 이온이 석출되는 속도가 같기 때문에 외관상 아무런 변화가 없는 것같이 보인다.

용해반응이 평형상태에 이르면 다음과 같은 관계를 얻는다.

$$AgCl(s) \rightleftharpoons Ag^+(aq) + Cl^-(aq)$$

$$\frac{a_{Ag^+}a_{Cl^-}}{a_{AgCl}} = K^\circ$$

순수한 고체(결정)의 활동도 a_{AgCl}은 1로 규정하고 있기 때문에 다음과 같이 표시된다.

$$a_{Ag^+} \cdot a_{Cl^-} = K^\circ_{sp}$$

K°_{sp}를 **열역학 용해도곱 상수**(thermodynamic solubility product constant)라 하고, 일정 온도에서 항상 일정값을 가진다. 몇 가지 중요한 용해도곱 상수를 부록 Ⅲ에서 찾아볼 수 있다. 용해도곱 상수는 활동도 계수를 사용하면 다음과 같이 표시된다.

$$f_+[Ag^+]f_-[Cl^-] = f_\pm^2[Ag^+][Cl^-] = K^\circ_{sp\ AgCl}$$

그러나 활동도 계수는 구하기가 어렵고, 묽은 용액에서는 $f_\pm$ 값이 1에 가까운 값이기 때문에 편의상 다음과 같이 보통 취급하기 쉬운 분석농도로서 표시하는 고전적 평형상수, 즉 분석 용해도곱 K_{sp}를 사용한다. 그러나 이 값은 이온세기에 따라 다소 변한다.

$$[Ag^+][Cl^-] = K_{sp}$$

일반적으로 난용성 염 A_nB_m의 용해도곱은 다음과 같이 표시된다.

$$A_nB_m = nA + mB$$
$$K_{sp} = [A]^n[B]^m \qquad (4-10)$$

용해도곱은 난용성 염의 포화용액에서 나타나는 성분이온의 농도관계를 표현한다.

용액중에 성분이온들의 농도곱의 값이 용해도곱 상수 K_{sp}보다 크면 침전이 생기게 되고, 만약 이온 농도곱의 값이 K_{sp}보다 작아지면 고체는 녹게 된다.

예제 4E-1

0.01 M $KBrO_3$ 용액에서 $AgBrO_3$ 침전이 생기면 은이온의 농도는 적어도 얼마 정도가 되어야 하는가?

풀이 침전이 생기려면 이온 농도곱이 용해도곱보다 커야 하므로 다음과 같은 관계가 성립한다.

$$[Ag^+][0.01] \geq K_{sp\ AgBrO_3} = 6 \times 10^{-5}$$
$$[Ag^+] \geq 6 \times 10^{-3} mol/L$$

은이온의 농도는 6×10^{-3}mol/L보다 커야 한다.

4E-2 분별침전

만약 두 가지 이온이 한 침전제에 의해 모두 난용성 염을 만드는 경우, 이들 혼합용액에 침전제를 천천히 가하면 용해도가 작은 쪽의 염이 먼저 침전되어 떨어져 분리된다. 이것을 **분별침전**(fractional precipitation)이라고 한다.

예를 들어 요오드화이온과 염화이온이 공존하는 용액에 질산은용액을 첨가하면 용해도가 작은 요오드화은이 먼저 침전되고, 이것이 거의 다 침전되었을 때 염화은의 침전이 형성되기 시작한다. 두 가지 고체 AgI와 AgCl이 일부 녹아서 평형을 이루고 있는 용액을 보면 다음과 같은 평형관계가 동시에 성립할 것이고,

$$[Ag^+][Cl^-] = K_{sp\ AgCl} = 1.82 \times 10^{-10}$$
$$[Ag^+][I^-] = K_{sp\ AgI} = 8.3 \times 10^{-17}$$

따라서 용액중의 염화이온과 요오드화이온의 농도비는 다음과 같다.

$$\frac{[Cl^-]}{[I^-]} = \frac{K_{sp\ AgCl}}{K_{sp\ AgI}} = \frac{1.82 \times 10^{-10}}{8.3 \times 10^{-17}} = 2.2 \times 10^6$$

그러므로 이들 두 가지 이온의 농도가 똑같이 0.1 M인 혼합용액에 질산은을 적가하면 요오드화이온이 먼저 침전하는데, 다음 식이 성립할 때까지 요오드화이온의 농도가 감소하게 된다.

$$\frac{[Cl^-]}{[I^-]} = \frac{10^{-1}}{[I]} = 2.2 \times 10^6$$

즉

$$[I^-] = 5.0 \times 10^{-6}$$

따라서 요오드화이온을 염화이온에서 정량적으로 분리시킬 수 있다. 즉 $[Cl^-] = 10^{-1}$ M, $[I^-] = 5.0 \times 10^{-6}$ M과 같이 된다.

4E-3 용해도에 미치는 이온세기의 영향

염화이온과 은이온이 여러 가지 다른 이온이 용해되어 있는 용액에서 반응하여 염화은 침전이 생성되는 경우를 생각해 보자. 이러한 경우에는 Ag^+와 Cl^- 이온이 다른 이온 때문에 활동에 지장을 받게 되고, 활동도가 작아지는 것이 보통이다. 이 관계는 다음과 같이 열역학 용해도곱 관계로 나타낼 수 있다.

$$a_{Ag^+} \times a_{Cl^-} = f_\pm^2[Ag^+][Cl^-] = K^\circ_{sp\ AgCl}$$

$$K_{sp} = [Ag^+][Cl^-] = \frac{K^\circ_{sp}}{f_\pm^2}$$

평균 활동도 계수 $f_\pm$는 일반적으로 이온세기가 증가할 때 1보다 작아지고, 따라서 분석 용해도곱 K_{sp}는 이온세기가 증가함에 따라 증가한다. 다시 말해, 염화은의 용해도는 이온세기가 커지면 증가한다.

염화은을 순수한 물에 용해시키면 $K^\circ_{sp\ AgCl} = 1.82 \times 10^{-10}$이고, 이러한 묽은 용액에서는 $f_\pm = 1$이기 때문에 염화은의 용해도 S는 다음과 같다.

$$f_\pm^2 S^2 = K^\circ_{sp}$$

$$S = (K^\circ_{sp})^{1/2} = (1.82 \times 10^{-10})^{1/2} = 1.35 \times 10^{-5}\ M$$

그러나 0.05 M 질산칼륨용액에서는 다음과 같다(그림 4-2 참조).

$$\mu = \frac{1}{2}(0.05 \times 1^2 + 0.05 \times 1^2) = 0.05$$

$$-\log f_\pm = 0.509 z^+ z^- \sqrt{\mu} = 0.509 \times 1 \times 1\sqrt{0.05} = 0.114$$

$$f_\pm = 0.77$$

이 경우 용해도 S는 다음과 같이 보다 큰 값이 된다.

$$S = \frac{K^{\circ\ 1/2}_{sp}}{f_\pm} = \frac{(1.82 \times 10^{-10})^{1/2}}{0.77}$$

$$S = 1.75 \times 10^{-5}\ M$$

그러므로 염화은의 용해도는 0.05 M 질산칼륨용액에서 순수한 물보다 약 30 % 증가한다.

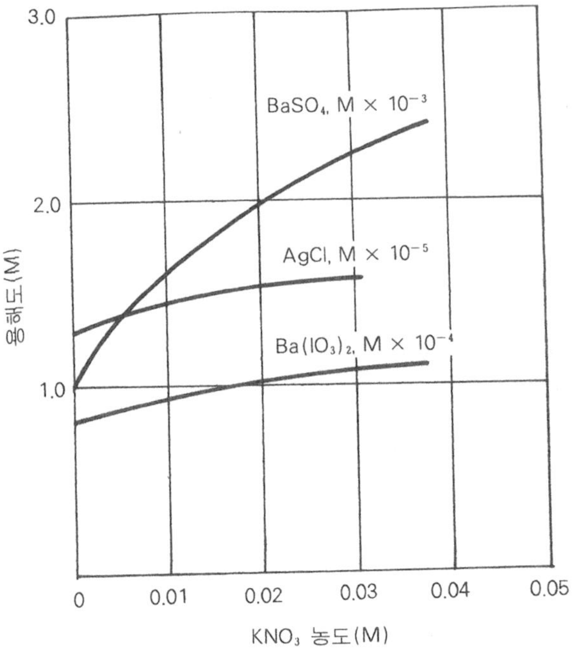

그림 4-2
질산칼륨의 농도가 용해도에 미치는 영향.

4E-4 용해도에 대한 공통이온효과

무게법 분석에서 침전의 일부는 용해도 때문에 잃게 되고, 이것은 부의 오차를 가져온다. 용해도곱을 이용하면 그 값을 계산할 수 있다. 예를 들어 같은 농도의 은이온과 염화이온 용액을 각각 100 mL씩 섞어 염화은 침전을 만들 때 용해도 때문에 생기는 오차가 얼마나 되는지를 알아보자.

포화용액에서는 $[Ag^+] = [Cl^-]$이고, 따라서 용해도곱은 다음과 같다.

$$K_{sp} = [Ag^+][Cl^-] = [Ag^+]^2 = [Cl^-]^2 = 1.8 \times 10^{-10}$$

그러므로 $[Ag^+] = [Cl^-] = 1.3 \times 10^{-5}$ M(mmol/mL)이다.

$$\begin{aligned} \text{녹아 있는 AgCl의 mol수} &= \text{용액의 부피} \times \text{농도} \\ &= 200\text{ mL} \times 1.3 \times 10^{-5}\text{ mmol/mL} \\ &= 2.6 \times 10^{-3}\text{ mmol} \end{aligned}$$

이 용액에 질산은 2 mmol을 더 가하여 은이온의 농도를 높이면 염화은 AgCl의 침전이 생성되는 동시에 염화이온의 농도는 줄어들게 되는데, 이때 염화은의 용해도는 얼마가 되는지를 알아보자.

용액의 은이온 농도는 $\dfrac{2.0\text{ mmol}}{200\text{ mL}} = 0.01$ M 더 증가한다. 다음 침전이 생긴 후 염화은의 새로운 농도를 $x\dfrac{\text{mol}}{\text{L}}$이라 하고, 이때 얻은 이차 방정식을 풀어 보자.

$$K_{sp} = [Ag^+][Cl^-] = (x + 0.01) \times x = 1.8 \times 10^{-10}$$
$$x^2 + 0.01x - 1.8 \times 10^{-10} = 0$$
$$x = 1.8 \times 10^{-8}\,\mathrm{M}$$

그러나 이차 방정식을 푸는 것이 까다롭기 때문에 다음과 같이 근사법을 이용하여 쉽게 풀 수도 있다. 즉 x는 0.01보다 대단히 작다는 것을 예측할 수 있기 때문에 $(x + 0.01)$을 0.01로 간주할 수 있다.

$$K_{sp} = (x + 0.01)x \fallingdotseq 0.01\,x = 1.8 \times 10^{-10}$$
$$x = \frac{1.8 \times 10^{-10}}{10^{-2}} = 1.8 \times 10^{-8}\,\mathrm{M}$$

이렇게 얻은 x값 1.8×10^{-8}은 0.01보다 대단히 작으므로 근사법 때문에 생길 수 있는 오차를 무시할 수 있고, 이차 방정식의 답과 같음을 알 수 있다.

$$\text{녹아 있는 AgCl mol수} = 1.8 \times 10^{-8}\,\frac{\mathrm{mmol}}{\mathrm{mL}} \times 200\,\mathrm{mL}$$
$$= 3.6 \times 10^{-6}\,\mathrm{mmol}$$

이것으로 질산은을 여분으로 가함으로써 염화은의 용해도는 약 1000배로 줄었다는 것을 알 수 있다. 이와 같이 어떤 용액에 그 성분이온을 더 가할 때 그 평형반응이 더 진행하는 것을 **공통이온효과**(common ion effect)라고 한다.

4E－5 산이 용해도에 미치는 영향

약한 산으로 이루어진 염은 산성용액에서 용해도가 증가한다. 이것은 약한 산 이온 A^-와 양이온 M^+로 구성된 염 MA는 용액에서 다음과 같이 일부 해리하여 녹는다.

$$\begin{array}{ccc} MA(s) & \rightleftharpoons & M^+ + A^- \\ & & + \\ & & H^+ \\ & & \downarrow\uparrow \\ & & HA \end{array} \qquad (4-11)$$

여기에 산을 가하면 수소이온 H^+가 A^-와 반응하여 평형상수 K_a에 따라 HA로 되어 반응식 4－11은 더 진행하고, 염 MA는 더 녹게 된다.

이 경우 MA의 용해도 S는 다음과 같이 된다.

$$\text{MA의 } S = [M^+] = [A^-] + [HA]$$
$$= [A^-] + \frac{[H^+][A^-]}{K_a}$$
$$= [A^-]\left(1 + \frac{[H^+]}{K_a}\right)$$

용해도곱 $K_{sp} = [M^+][A^-]$을 대입하면 용해도 S는 다음과 같은 관계식으로 주어진다.

$$[M^+] = \frac{K_{sp}}{[M^+]}\left(1 + \frac{[H^+]}{K_a}\right)$$

$$S = \sqrt{K_{sp}\left(1 + \frac{[H^+]}{K_a}\right)}$$

예제 4E-2

수소이온의 농도가 0.10 M일 때 $PbSO_4$의 용해도를 구하라. ($K_{sp} = 1.9 \times 10^{-8}$, $K_2 = 1.2 \times 10^{-2}$)

풀이 $S = [Pb^{2+}] = \sqrt{K_{sp}\left(1 + \frac{[H^+]}{K_2}\right)} = \sqrt{1.9 \times 11^{-8}\left(1 + \frac{0.1}{1.2 \times 10^{-2}}\right)} = 4.3 \times 10^{-4}\,M$

황산납의 용해도가 물에서는 약 1.0×10^{-4} M이므로, 0.1 M 질산용액에서 3배 정도 더 녹는다. 이것은 SO_4^{2-}가 H^+와 반응하여 HSO_4^-를 만들기 때문이다. 일반적으로 탄산염, 황화물, 옥살산염과 같은 약한 산의 염이 산에 더 잘 녹는다.

예제 4E-3

Pb^{2+}와 Tl^+의 0.10 M 혼합용액에 H_2S를 통하여 두 양이온을 분리시킬 수 있는 수소이온 농도를 알아보아라. 이들 황화물의 용해도곱은 다음과 같다.

$$PbS(s) \rightleftharpoons Pb^{2+} + S^{2-} \qquad K_{sp} = 7 \times 10^{-28}$$

$$Tl_2S(s) \rightleftharpoons 2Tl^+ + S^{2-} \qquad K_{sp} = 1 \times 10^{-22}$$

풀이 K_{sp}를 비교해 보면 PbS가 Tl_2S보다 낮은 S^{2-} 농도에서 침전됨을 알 수 있다. 그러므로 Tl^+ 농도는 변하지 않고 Pb^{2+} 농도만 10^{-6} M로 감소시킨 경우에는 다음 두 관계가 성립할 것이다.

PbS의 용해도곱 $= 10^{-6}[S^{2-}] = 7 \times 10^{-28}$ $\qquad [S^{2-}] = 7 \times 10^{-22}$

Tl_2S의 용해도곱 $= (0.1)^2[S^{2-}] = 1 \times 10^{-22}$ $\qquad [S^{2-}] = 1 \times 10^{-20}$

그러므로 S^{2-} 농도를 7×10^{-22}와 1×10^{-20} M 사이에서 유지하도록 하면 목적을 달성할 수 있을 것이다.

그런데 $K_1 = \frac{[H^+][HS^-]}{[H_2S]} = 5.7 \times 10^{-8}$, $K_2 = \frac{[H^+][S^{2-}]}{[HS^-]} = 1.2 \times 10^{-15}$이므로,

$K_1K_2 = \frac{[H^+]^2[S^{2-}]}{[H_2S]} = 6.8 \times 10^{-23}$이다.

그런데 H_2S의 포화용액 농도는 대략 0.10 M이다.

$$\frac{[H^+]^2[S^{2-}]}{0.10} = 6.8 \times 110^{-23}$$

$$[S^{2-}] = \frac{6.8 \times 10^{-24}}{[H^+]^2}$$

그러므로 $[S^{-2}] = 7 \times 10^{-22}$ M인 경우 $\qquad [H^+] = 0.098 \cong 0.1$ M

$[S^{-2}] = 1 \times 10^{-20}$ M인 경우 $\qquad [H^+] = 0.026 \cong 0.03$ M

즉 수소이온 농도가 0.03~0.01 M 사이에서 유지되면 이론적으로 두 물질을 분리시킬 수 있다.

예제 4E-4

수소이온 농도가 1.00×10^{-4} M인 용액에 대한 CaC_2O_4의 용해도를 계산하라.

풀이 CaC_2O_4의 용해반응은 다음과 같다.

$$CaC_2O_4 \rightleftharpoons Ca^{2+} + C_2O_4^{2-} \qquad K_{sp} = [Ca^{2+}][C_2O_4^{2-}] = 2.3 \times 10^{-9} \qquad (4-12)$$

옥살산은 약한 산이기 때문에 다음과 같은 여러 가지 평형이 성립한다.

$$HC_2O_4^- \rightleftharpoons H^+ + C_2O_4^{2-} \qquad K_2 = \frac{[H^+][C_2O_4^{2-}]}{[HC_2O_4^-]} = 5.42 \times 10^{-5} \qquad (4-13)$$

$$H_2C_2O_4 \rightleftharpoons H^+ + HC_2O_4^- \qquad K_1 = \frac{[H^+][HC_2O_4^-]}{[H_2C_2O_4^-]} = 5.36 \times 10^{-2} \qquad (4-14)$$

$$K_1 K_2 = \frac{[H^+]^2[C_2O_4^{2-}]}{[H_2C_2O_4]} = 5.42 \times 10^{-5} \times 5.36 \times 10^{-2} = 29.1 \times 10^{-7}$$

질량보존의 법칙에 따라 CaC_2O_4의 용해도 S는 다음과 같이 표현된다.

$$S = [Ca^{2+}] = [H_2C_2O_4] + [HC_2O_4^-] + [C_2O_4^{2-}]$$

여기에 식 4-13과 4-14를 대입하면 다음 관계를 얻고,

$$S = [Ca^{2+}] = \frac{[H^+]^2[C_2O_4^{2-}]}{K_1 K_2} + \frac{[H^+][C_2O_4^{2-}]}{K_2} + [C_2O_4^{2-}]$$

$$= [C_2O_4^{2-}]\left(\frac{[H^+]^2}{K_1 K_2} + \frac{[H^+]}{K_2} + 1\right)$$

여기에 식 4-12를 대입하면 다음을 얻는다.

$$S = [Ca^{2+}] = \frac{K_{sp}}{[Ca^{2+}]}\left(\frac{[H^+]^2}{K_1 K_2} + \frac{[H^+]}{K_2} + 1\right)$$

$$S = \sqrt{K_{sp}\left(\frac{[H^+]^2}{K_1 K_2} + \frac{[H^+]}{K_2} + 1\right)}$$

여기에 $[H^+] = 1.00 \times 10^{-4}$, $K_1 = 5.36 \times 10^{-2}$, $K_2 = 5.42 \times 10^{-5}$, $K_{sp} = 2.3 \times 10^{-9}$을 대입하면 용해도 S는 다음과 같다.

$$S = \sqrt{2.3 \times 10^{-9}\left[\frac{(1.00 \times 10^{-4})^2}{5.36 \times 10^{-2} \times 5.42 \times 10^{-5}} + \frac{1.00 \times 10^{-4}}{5.42 \times 10^{-5}} + 1\right]}$$

$$= 8.1 \times 10^{-5}\ M$$

4E-6 착화제가 용해도에 미치는 영향

침전에서 나오는 양이온은 착화제를 만나 가용성 착염을 만드는 경우가 있는데, 이러한 착화제는 용액에서 침전의 용해도를 크게 증가시킨다. 플루오르화이온이 있으면 알루미늄이온이 염기성용액에서 수산화알루미늄 침전을 만들지 않고 녹아 있는 이유는 다음과 같이 안전한 알루미늄플루오르 착이온이 생성되기 때문이다.

$$Al(OH)^3(s) \rightleftharpoons Al^{3+} + 3OH^-$$

$$+$$

$$6F^-$$

$$\Downarrow\!\Uparrow$$

$$AlF_6^{3-}$$

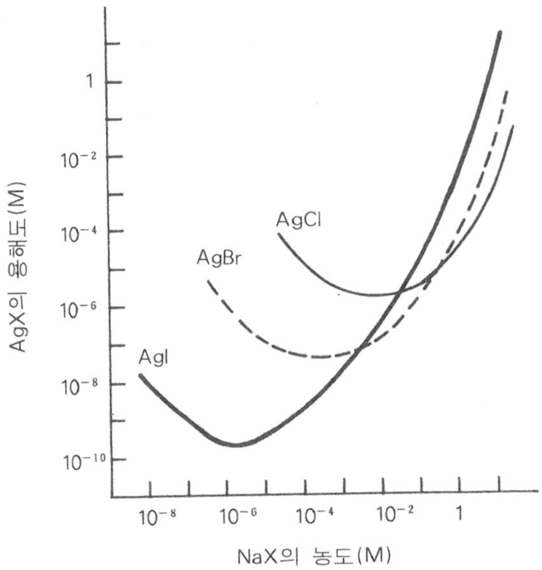

그림 4-3 착이온 형성에 의한 할로겐화은의 용해도(18 ℃).

또 암모니아-암모늄 염기성용액에서 Fe(Ⅲ), Al(Ⅲ) 및 Ti(Ⅳ)는 수산화물 침전을 생성하지만, 전이원소인 Mn(Ⅱ), Cu(Ⅱ), Ni(Ⅱ), Co(Ⅱ), Cd(Ⅱ), Zn(Ⅱ) 등은 수산화물 침전을 생성하지 않는다. 그 이유는 이들 전이원소는 아민착이온을 만들어 녹아 있기 때문이다.

침전제 용액을 여분으로 가해 주면 공통이온효과에 의해 용해도가 감소하지만, 때로는 침전의 용해도를 증가시키는 경우도 있다. 이것은 가용성 착이온이 형성되기 때문이다. 은이온을 염화이온으로 침전시키는 경우 여분으로 들어가는 염화이온은 침전과 반응하여 $AgCl_2^{2-}$, $AgCl_3^{2-}$, $AgCl_4^{3-}$ 등과 같은 착이온을 만들어 녹는다. 이때 주로 생기는 착이온의 종류는 염화이온의 농도에 따라 다르다(그림 4-3 참조).

예제 4E-5

0.10 M NH_3 용액에서의 AgBr의 용해도를 구하라. 이 용액에서는 다음과 같은 평형이 성립한다.

풀이

$$AgBr(s) \rightleftharpoons Ag^+ + Br^- \qquad K_{sp} = 5.2 \times 10^{-13} \qquad (4-15)$$

$$Ag^+ + NH_3 \rightleftharpoons AgNH_3^+ \qquad K_1 = 2.0 \times 10^3 \qquad (4-16)$$

$$AgNH_3^+ + NH_3 \rightleftharpoons Ag(NH_3)_2^+ \qquad K_2 = 6.9 \times 10^3 \qquad (4-17)$$

질량보존의 법칙에 의해 다음과 같다.

$$\text{AgBr의 용해도 } S = [Br^-] = [Ag^+] + [AgNH_3^+] + [Ag(NH_3)_2^+] \qquad (4-19)$$

$$\text{암모니아의 농도} = 0.10\text{ M} = [NH_3] + [AgNH_3^+] + 2[Ag(NH_3)_2^+] + [NH_4^+] \qquad (4-20)$$

식 4-16과 4-17에서 다음을 알 수 있다.

$$[Ag(NH_3)_2^+] \gg [AgNH_3^+] \gg [Ag^+]$$

그러므로 식 4 − 19에서 $[Br^-] \cong [Ag(NH_3)_2^+]$이다. (4 − 21)

식 4 − 20에서

$$[NH_3] = 0.10 - 2[Ag(NH_3)_2^+] = 0.10 - 2[Br^-] \qquad (4-22)$$

식 4 − 16과 4 − 17에서

$$K_1K_2 = \frac{[Ag(NH_3)_2^+]}{[Ag^+][NH_3]^2} = 1.38 \times 10^7 \qquad (4-23)$$

여기에 식 4 − 21과 4 − 22를 대입하고, 다시 식 4 − 15에서 $[Ag^+] = K_{sp}/[Br^-]$를 얻어 대입하면 다음과 같다.

$$\frac{[Br^-]}{(5.2 \times 10^{-13}/[Br^-])(0.1 - 2[Br^-])^2} = 1.38 \times 10^7$$

이것을 정리하면

$$[Br^-]^2 + 2.88 \times 10^{-6}[Br^-] - 7.2 \times 10^{-8} = 0$$
$$[Br^-] = S = 2.7 \times 10^{-4}\,M$$

4F 연습문제

4 − 1 0.0036 M $BaCl_2$와 0.040 M NaCl 혼합용액중의 Ba^{2+}와 Cl^- 이온의 활동도 계수와 활동도를 구하라.

4 − 2 0.03 M Na_2SO_4와 0.01 M NaCl 혼합용액중의 SO_4^{2-}와 Na^+ 이온의 활동도를 구하라.

4 − 3 표 4 − 3을 이용하여 다음 이온의 활동도 계수를 구하라.
(a) 1×10^{-6} M $Zn(NO^3)^2$와 0.01 M KNO_3 혼합용액중의 Zn^{2+}
(b) 0.05 M NaCl 용액중의 Na^+
(c) 1×10^{-6} M $Al(NO_3)_3$와 0.05 M KNO_3 혼합용액중의 Al^{3+}

4 − 4 황산바륨은 물 100 mL에 0.00092 g만큼 녹는다. 용해도곱 상수 K_{sp}는 얼마인가?

4 − 5 황산스트론튬의 용해도곱은 $K_{sp} = 2.8 \times 10^{-7}$이다. 용액 100 mL에 녹아 있는 무게를 계산하라.

4 − 6 질산은용액에 염산을 충분히 가하여 염화은을 침전시키고 최종 용액중에 염화이온이 0.01 M이 되도록 만들었다면 용액중에 남아 있는 은이온의 농도는 몇 M 인가?

$$K_{sp} = 1.8 \times 10^{-10}$$

4 − 7 (a) 염화이온 0.01 M과 크롬산이온 0.001 M의 혼합용액에 질산은을 조금씩 가했을 때 염화은과 크롬산은 중에서 어느 것이 먼저 생기는가?

$$K_{sp\ AgCl} = 1.8 \times 10^{-10}, \qquad K_{sp\ Ag_2CrO_4} = 1.1 \times 10^{-12}$$

(b) 질산은용액을 계속해서 가함으로써 크롬산은이 침전되기 시작할 때 염화이온의 농도는 얼마인가?

(c) 크롬산은이 침전되기 시작할 때 처음부터 용액 속에 들어 있던 염화이온의 양은 얼마만큼 남아 있는가?

4—8 다음 난용성 물질이 물 100 mL에 녹을 수 있는 용질의 무게를 계산하라.

물질	용해도곱 K_{sp}
(a) $Mg(OH)_2$	5.9×10^{-12}
(b) $BaCO_3$	4.9×10^{-9}
(c) Ag_2CrO_4	1.1×10^{-12}
(d) $Fe(OH)_3$	1.5×10^{-36}
(e) MgC_2O_4	8.6×10^{-5}

4— 9 질산은용액을 다음 용액에 천천히 가했을 때 처음 침전이 생길 때 은이온의 농도를 계산하라.

(a) 0.1 M의 브롬화칼륨용액

(b) 0.1 M의 크롬산칼륨용액

(c) 1.0 M의 염산과 0.001 M의 요오드화칼륨이 녹아 있는 1 L 혼합용액

4—10 실온에서 옥살산칼슘의 용해도곱 상수는 1.3×10^{-9}이다.

(a) 포화된 옥살산칼슘용액중에서 칼슘이온과 옥살산이온의 농도는 얼마인가?

(b) 포화된 1 L의 용액중에 남아 있는 옥살산칼슘은 몇 g인가?

4—11 은이온을 0.1 mol 포함하는 1 L의 용액에 충분하게 염화이온을 가하여 최종 용액 속에 염화이온이 1×10^{-4} M로 남아 있도록 만들었다. 은이온은 용액 속에 얼마나 남아 있겠는가?(용액의 부피변화는 없다고 가정하라.)

4—11 은이온을 0.1 mol 포함하는 1 L의 용액에 충분하게 염화이온을 가하여 최종 용액 속에 염화이온이 1×10^{-4} M로 남아 있도록 만들었다. 은이온은 용액 속에 얼마나 남아 있겠는가?(용액의 부피변화는 없다고 가정하라.)

4—12 0.0100 M $FeCl_3$와 0.0100 M $MgCl_2$를 포함하는 용액에 NaOH 고체를 조금씩 가하여 pH를 변화시킬 때 (a) $Fe(OH)_3$가 침전하기 시작하는 pH, (b) $Mg(OH)_2$가 침전하기 시작하는 pH, (c) 이때의 Fe^{3+} 농도 등을 계산하라.

4—13 0.10 M 농도의 다음 각 두 양이온 혼합용액에 H_2S를 통하여 포화시켜 분별침전시키고자 한다. 이 분리가 성공하려면 이 용액의 수소이온 농도는 어떻게 유지해야 하는가?

(a) Fe^{2+} 와 Cd^{2+}

(b) Cu^{2+} 와 Zn^{2+}

(c) Cd^{2+} 와 Zn^{2+}

(d) Cd^{2+} 와 Tl^{+}

4—14 다음 수소이온 농도를 유지하는 용액에서의 $Ag_2C_2O_4$의 용해도를 계산하라.

(a) 1.0×10^{-6} M

(b) 1.0×10^{-4} M

(c) 1.0×10^{-2} M

제 5 장
부피법 분석

5 A 적정법 분석

부피법 분석(volumetry)은 화학반응에 관여하는 액체 또는 기체의 부피를 측정함으로써 물질의 양을 알아내는 분석방법으로, 오늘날에는 적정법과 거의 같은 의미로 사용되고 있다.

5 A — 1 적정의 당량점과 종말점

적정법 분석은 측정하고자 하는 성분하고만 반응하는 시약의 표준용액을 시료용액에 적가하고, 이 반응이 완전히 완결될 때까지 들어간 용액의 부피를 재서 구하고자 하는 성분량을 측정하는 방법을 말한다.

정확히 농도가 알려져 있는 용액을 화학 실험실에서는 **표준용액**(standard solution)이라 하고, 표준용액은 뷰렛을 이용하여 시료용액에 떨어뜨려 적가량의 부피를 재기 때문에 이 방법을 **적정법**(titration method)이라고 한다. 시료중의 미지성분과 적가성분이 화학반응량론상 부족하지도, 남지도 않게 꼭 알맞게 적가하는 경우 적가한 표준용액의 부피를 **당량점**(equivalence point) 또는 이론적인 종말점이라고 한다.

그러나 일반적으로 이러한 당량점에 도달하여도 외관상 아무런 변화가 없는 것이 보통이고, 당량점을 알아낼 수가 없나. 이때 적당한 물김, 즉 지시약(indicator)을 미리 시료용액에 넣어 당량점에 도달할 때 색깔변화를 일으키게 한다. 이와 같이 지시약의 색깔변화 또는 당량점을 알리는 다른 적당한 방법에 의해 표준용액의 적가를 중지하는 지점을 **종말점**(end point)이라고 한다.

당량점과 종말점이 일치하는 경우가 이상적인 적정이다. 그러나 실제 실험을 통하여 얻는 종말점은 당량점에 일치하지 않는 경우가 많다. 이와 같이 이러한 두 지점의 차를 **적정오차**(titration error)라고 하며, 이 오차의 원인은 적정하는 사람의 기술 부족에도 있으나 주로 지시약의 선택이 적당하지 않은 데 있다. 그러므로 일반적으로 시료용액의 성분과 비슷하고, 미지물질만 들어 있지 않는 바탕용액을 사용하여 미리 지시약의 **바탕시험**(blank test)을 하도록 해야 한다.

적정의 종말점은 지시약을 이용하여 구할 수 있을 뿐만 아니라, 적정되는 용액의 물리·화학적 성질의 변화를 측정하여 구하는 방법도 여러 가지 있다. 예를 들어 용액의 전기전도도를 측정하는 전기전도법, 적정용액에 담근 전극 사이의 전위차를 측정하는 전위차법, 전극 사이에 흐르는 전류를 측정하는 전류법 및 흡광도를 측정하는 분광법 등 여러 가지 적정법이 있다.

5A-2 적정법의 분류

적정법은 거의 모든 종류의 화학반응에 다 이용될 수 있다. 이들을 화학반응의 종류로 나누어 보면 대략 다음과 같다.

(1) 산-염기 적정

산 또는 약한 염기의 염은 센 염기 표준용액으로 적정할 수 있고, 염기 또는 약한 산의 염은 센 산 표준용액으로 적정할 수 있다. 이것을 산-염기 적정(acid-base titration)이라고 한다. 다음과 같은 반응이 관여하는 경우를 예로 들 수 있다.

$$H^+ + OH^- \rightleftharpoons H_2O$$

$$H^+ + A^- \rightleftharpoons HA$$ (여기서 A^-는 CH_3COO^- 또는 HCO_3^-)

$$NH_4^+ + OH^- \rightleftharpoons NH_3 + H_2O$$

(2) 침전법 적정

시료용액에 적당한 침전제를 적가하여 적정하는 방법을 침전법 적정(precipitation titration)이라고 한다. 특히 다음 반응과 같이 은이온과 침전을 만드는 할로겐화이온을 질산은 표준용액으로 적정하는 법을 은법 적정(argentimetry)이라고 한다.

$$Ag^+ + Cl^- \rightleftharpoons AgCl$$

(3) 산화-환원법 적정

산화제 시료용액은 환원제의 표준용액으로, 환원제 시료용액은 산화제의 표준용액으로 적정한다. 이것을 산화-환원법 적정(oxidation-reduction titration)이라고 한다. 다음과 같은 화학반응이 관여하는 경우가 전형적인 예이다.

$$Ce^{4+} + Fe^{2+} \rightleftharpoons Ce^{3+} + Fe^{3+}$$
$$I_2 + 2S_2O_3^{2-} \rightleftharpoons S_4O_6^{2-} + 2I^-$$

(4) 착화법 적정

주로 금속이온을 착화제 또는 킬레이트제의 표준용액으로 적정하는 방법이다. 이것을 착화법 적정(complexometric titration)이라고 한다. 다음과 같은 화학반응이 관여하는 경우가 전형적인 예이다.

$H_2Y^{2-} + Ca^{2+} \rightleftharpoons CaY^{2-} + 2H^+$ (Y^{4-}는 에틸렌디아민 테트라아세트산이온)

$Ag^+ + 2CN^- \rightleftharpoons Ag(CN)_2^-$

(5) 유기반응을 이용하는 적정

유기물이 관여하는 반응은 일반적으로 느리다. 그러므로 시료용액에 반응물질을 과량으로 일정량 가하고 충분히 반응시킨 다음 반응하고 남아 있는 반응제를 역적정하는 수도 있고, 또 생성물을 적정하는 수도 있다.

다음과 같이 에스테르를 적정하는 경우에는 시료용액에 일정량의 염기 표준용액을 가하여 반응시키고, 남아 있는 염기를 산의 표준용액으로 역적정한다.

$$\underset{\text{에스테르}}{R'\overset{\overset{\Large O}{\|}}{C}-OR} + OH^- \rightleftharpoons R'\overset{\overset{\Large O}{\|}}{C}-O^- + ROH$$

5A-3 적정반응의 조건

적정법에 이용될 수 있는 여러 가지 형태의 화학반응 중에서 일부 반응만이 실제로 적정법 분석에 이용된다. 적정법 분석법에 이용되는 화학반응은 다음 조건을 만족시켜야 한다.

1. 화학반응이 적정법에 이용되기 위해서는 반응속도가 빨라야 한다. 일반적으로 이온반응을 하는 중화반응, 침전반응 및 배위결합을 하는 착화반응은 이러한 조건을 만족시킨다. 때때로 침전반응 중에는 느린 것도 많다. 산화-환원 반응에도 느린 것이 많은데, 이 경우에는 적당한 촉매를 가하거나 온도를 높여서 반응속도를 증가시킬

수 있다. 유기물질의 반응과 같이 반응속도가 느려서 종말점을 찾기 곤란한 경우에는 일정량의 표준용액을 시료용액에 과량으로 가하여 충분히 반응시키고 남은 것을 적당한 표준용액으로 **역적정**(back titration)하는 방법을 이용하는 수가 있다.

2. 측정되는 성분 화학종은 표준시약과 화학량론적으로 반응하고, 부반응이 일어나지 않아야 한다. 그러나 복잡한 부반응이 재현성 있게 일정한 비율로 일어나는 경우에는 종말점을 실험적 방법으로 정할 수도 있는데, 이러한 경우에는 실험의 모든 조건을 일정하게 고정시키고, 그 조건에서 벗어나서는 안 된다. 예를 들면, 염기성 구리용액을 가하여 당류를 환원시키는 경우를 들 수 있다.
3. 표준용액이 구하는 성분 이외의 다른 물질과 반응하거나 주반응을 방해하는 물질이 있어서는 안 된다. 환원제는 분석실험중 공기중의 산소에 의하여 산화되는 수가 있으며, 또 적정의 주반응이 일어나면 유발되어 더 잘 일어나는 수가 있다. 이와 같은 공기 산화는 요오드법 적정에서 흔히 볼 수 있다.
4. 적정의 종말섬을 찾는 데 적당한 지시약이 있어야 한다. 만약 적당한 지시약이 없는 경우에는 전위차법, 전기전도법, 전류법, 분광광도법 등과 같은 방법으로 종말점을 찾을 수도 있다.

5B 표준용액 만들기

5B—1 직접법

정확한 농도가 알려져 있는 표준용액을 만들 때, 만약 순도가 높은 고체 시약을 얻을 수 있는 경우에는 그 무게를 정확히 달아 증류수에 녹여 정량적으로 메스플라스크에 옮기고, 잘 섞으면서 표선까지 묽혀 정확한 농도를 계산한다. 이와 같이 대단히 순수하며, 그 일정량을 취해 녹여서 직접 표준용액을 만들 수 있는 물질을 **일차 표준물질**(primary standard substance)이라고 한다.

5B—2 간접법

수산화나트륨과 같이 순수한 물질을 얻기 어려운 경우에는 직접법을 이용할 수 없으므로, 먼저 대략 원하는 농도에 가까운 용액을 만들고 그 다음에 적당한 분석방법을 이용하여 그 용액의 정확한 농도를 측정한다. 용액의 정확한 농도를 결정하는 것을 **표준화** 또는 **표정**(standardization)이라고 한다.

적정법 분석을 이용하여 표정할 때에는 적당한 일차 표준물질의 일정량을 취하여 용액을 만들고, 이것을 적정하여 그 표준용액의 농도를 결정한다.

5B−3 일차 표준물질

적정법 분석의 정확도는 사용하는 표준용액 농도의 정확도에 달려 있으며, 표준용액 농도의 정확도는 이것을 표정하는 데 이용하는 일차 표준물의 순도에 달려 있다.

일차 표준물질은 다음과 같은 조건을 만족시켜야 하고, 따라서 시약의 가격도 비싸다.

1. 순수해야 한다(원칙적으로 99.99 % 이상).
2. 재결정법과 같은 것으로 쉽게 정제할 수 있고, 잘 건조시킬 수 있어야 한다.
3. 대기중에서 안전하고 보관하기 쉬워야 한다. 공기중의 수분이나 이산화탄소를 흡수하거나, 또는 공기중의 산소에 의하여 쉽게 산화되거나 변질되어서는 안 된다.
4. 가능한 한 1그램당량의 무게가 커야 한다. 이것은 표준화 적정할 때 한 번 취하는 양이 충분히 커서 저울로 무게를 달 때 그 상대오차가 작아야 하기 때문이다. 그런데 1 그램당량의 무게가 적은 것은 한 번 적정하는 데 취하는 양이 너무 적기 때문에 다는 상대오차가 커진다. 이러한 점을 고려하여 일반적으로 산용액을 표정하여 표준용액을 만들고자 하는 경우에는 탄산나트륨의 무수물 Na_2CO_3 또는 붕사 $Na_2B_4O_7 \cdot 10H_2O$를 일차 표준물질로 사용하고, 알칼리 용액을 표정하여 알칼리 표준용액을 만들고자 하는 경우에는 프탈산수소칼륨 $KHC_8H_4O_4$, 이수화옥살산 $H_2C_2O_4 \cdot 2H_2O$ 또는 벤조산 C_6H_5COOH 등을 일차 표준물질로 사용한다. 질산은 $AgNO_3$, 소금 NaCl, 요오드산칼륨 KIO_3(산화제), 중크롬산칼륨 $K_2Cr_2O_7$(산화제), 옥살산나트륨 $Na_2C_2O_4$(환원제), 삼산화비소 As_2O_3(환원제) 등은 모두 일차 표준물질로 이용되고 있다.

5B−4 표준화 적정 때의 오차

용액을 표정하기 위해 적정할 때에는 특별히 조심스럽게 정확한 실험을 해야 한다. 왜냐하면 표준화하는 데 포함되는 오차는 이 표준용액을 사용하는 모든 다른 분석결과에 영향을 미치기 때문이다. 일반적인 적정에 사용되는 표준용액은 0.1 % 이하의 오차를 가져야 한다. 이러한 정확도를 가지는 표준용액을 만든다는 것은 쉬운 일이 아니다.

1. 적정에서 시료용액은 적당한 양을 취해야 하며, 한 시료용액을 적정하는 데 뷰렛에서 적가하는 표준용액의 부피가 너무 작아서는 안 된다. 그리고 적가하는 표준용액의 부피가 뷰렛의 전체 부피보다 커서도 안 된다. 예를 들어 50 mL 뷰렛을 사용하는 경우를 생각해 보자. 눈금을 한 번 읽을 때 0.01 mL의 오차가 포함되고, 부피를 구할 때에는 눈금을 두 번 읽어야 하므로 부피의 측정값에는 0.02 mL의 오차가 포함된다. 그러므로 50 mL보다 많은 표준용액의 부피를 취하는 경우에는 두 번 용액을 취해야 하고, 0.04 mL 정도의 오차를 생각해야 한다. 이것은 주로 불순물(지방질)이 뷰렛벽에 묻어 있어 액체방울이 유리면에 맺히는 데서 일어난다. 만약 적가한 용액의 전체 부피가 40 mL일 때에는 $(0.04\ mL/40.00\ mL) \times 100 = 0.1\ \%$ 의 상대오차가 포함된다. 이보다 적가하는 부피가 적을 때에는 상대오차가 이보다 큰 값이 된다.

그러므로 한 번 적정할 때의 적가량은 30~40 mL가 적당하고, 표준용액의 농도가 0.1 M 가량 되는 경우에는 한 번 적정에 3.0 mmol 정도의 일차 표준물질을 취하도록 하는 것이 가장 적당하다.(2A-1 오차 참조)

2. 일차 표준물질의 그램당량은 클수록 좋다. 이것은 화학저울로 무게를 다는 경우에 0.1 mg의 오차가 불가피하고, 따라서 큰 무게를 달면 상대오차가 작기 때문이다. 한 번 표정할 때 일차 표준물질은 대략 3 mmol의 양을 취하는 것이 적당하며, 그 무게는 당량값이 클수록 크다. 따라서 저울로 달 때 포함되는 상대오차는 그램당량이 큰 물질일수록 작아진다.
3. 표준화 적정실험에는 반드시 일차 표준물질을 사용하는 것이 필요하며, 다른 표준용액을 대용하는 것을 피해야 한다. 이것은 적정할 때 포함되는 일반적인 오차 이외에 그 표준용액을 표준화할 때 포함된 오차가 더 포함되기 때문이다. 그리고 역적정법도 가급적 피해야 한다.
4. 모든 분석실험에서 그러하듯이, 표준화 적정의 경우에도 적어도 3~5번 반복 측정하여 그 평균값을 구하여 사용하도록 한다.

5B-5 표준용액의 보관

일단 만든 표준용액은 깨끗한 병에 넣고, 물질이름, 농도, 만든 날짜를 기입한 라벨을 붙인 다음 증발해서 농도가 변하지 않도록 마개로 단단히 막아둔다. 일단 병 밖으로 나온 표준용액은 사용하고 남더라도 다시 넣지 말고 버려야 한다.

과망간산칼륨 $KMnO_4$, 질산은 $AgNO_3$와 같은 센 산화제나 환원제는 광선에 의하여 분해되기 쉽기 때문에 갈색병에 넣어 어둡고 차가운 곳에 잘 보관한다.

알칼리 표준용액은 공기와 직접 닿는 일이 없도록 해서 공기중의 이산화탄소를 흡수하여 탄산염으로 변하는 것을 막아야 하고, 또 일반적인 유리병 대신 알칼리에 견디는 폴리에틸렌 또는 파이렉스병에 넣어 보관한다(그림 8-7 참조).

5B-6 부피법 분석과 무게법 분석의 비교

일반적으로 부피법 분석은 무게법 분석에 비하여 여러 가지로 편리하고, 유리한 점이 많아 0.1 % 정도 정밀도의 분석에서 부피법 분석이 많이 이용되고 있다.

1. 무게법 분석에는 침전시키고, 씻고, 거르고 말려서 무게를 다는 복잡한 과정이 있기 때문에 많은 시간이 걸리는 데 비하여, 부피법 분석은 실험과정이 훨씬 간단하고 짧은 시간에 실험을 완결할 수 있다.
2. 무게법 분석에서는 방해하는 물질이 많고 복잡한 실험과정을 거치기 때문에 오차가

포함될 기회가 많은 데 비하여, 부피법 분석은 비교적 방해물질이 적고 오차도 포함될 기회가 적으며, 또 오차를 보정하기도 쉽다.

3. 부피법 분석에서는 사용하는 표준용액의 농도를 적당히 선택하면 시료가 많을 때뿐만 아니라, 적을 때에도 적용할 수 있다. 또 일반적으로 마이크로 뷰렛을 사용하는 경우에는 무게법 분석에서 정확히 정량하기 어려운 10 mg 정도의 시료를 쉽게 정량할 수 있다.
4. 그러나 무게법 분석은 보통 0.1∼1 g 정도의 침전을 얻는 경우에 부피법 분석보다 더 정밀하고 정확한 결과를 얻을 수 있다.

5C 적정법 분석의 계산법

5C−1 인산의 적정

적정법에서는 물질의 양과 농도 단위로서 당량(eq)과 노르말 농도(N)를 사용하기도 하지만, 몰 mol과 몰농도 mol/L를 사용하는 것이 일반화되어 있다. 예를 들어 인산을 알칼리 표준용액으로 적정하면 다음과 같이 3단계로 중화반응을 한다(8B − 5절 참조).

$$H_3PO_4 + OH^- \rightleftharpoons H_2PO_4^- + H_2O \qquad (5-1)$$
$$H_3PO_4 + 2OH^- \rightleftharpoons HPO_4^{2-} + 2H_2O \qquad (5-2)$$
$$H_3PO_4 + 3OH^- \rightleftharpoons PO_4^{3-} + 3H_2O \qquad (5-3)$$

메틸오렌지를 지시약으로 사용하면(변색점 pH 3.1∼4.4) 제 1 단계의 중화반응 (5 − 1)이 완결될 때 적정은 중단되며, 이 경우에 인산 H_3PO_4 1 mol은 OH^- 1 mol에 해당한다.

그러나 페놀프탈레인을 지시약으로 사용하면(변색점 pH 8.0∼9.8) 반응이 더 진행된 제 2 단계의 중화반응 5 − 2가 완결될 때 적정이 중단되고, 이 경우에 인산 1 mol은 OH^- 2 mol에 해당한다.

예제 5C−1

묽은 인산 25.00 mL를 0.1180 M 수산화나트륨 표준용액으로 적정하고자 한다. 이때 지시약으로 (a) 메틸오렌지를 사용하는 경우에는 종말점이 23.07 mL이고, (b) 페놀프탈레인을 사용하는 경우에는 46.62 mL이다. 인산의 농도를 구하라.

풀이 (a) 메틸오렌지의 경우 반응 5 − 1이 종결되고, H_3PO_4 1 mmol은 NaOH 1 mmol에 해당한다.

$$\text{적가한 NaOH양 mmol} = 0.1180\,\frac{\text{mmol}}{\text{mL}} \times 23.07\,\text{mL} = 2.722\,\text{mmol NaOH}$$

$$\text{인산의 농도 } M = \frac{\text{mmol } H_3PO_4}{\text{mL } H_3PO_4} = \frac{2.722\,\text{mmol NaOH}}{25.00\,\text{mL}} = 0.1088\,\text{M}$$

(b) 페놀프탈레인의 경우 반응 5−2가 종결되고, H_3PO_4 1 mmol은 NaOH 2 mmol에 해당한다.

$$\text{적가한 NaOH 양 mmol} = 0.1180\,\frac{\text{mmol}}{\text{mL}} \times 46.62\text{ mL} = 5.501\text{ mmol NaOH}$$

$$\text{인산의 농도 } M = \frac{\text{mmol } H_3PO_4}{\text{mL } H_3PO_4} = \frac{1}{2} \times \frac{5.501\text{ mmol NaOH}}{25.00\text{ mL}} = 0.1100\text{ M}$$

5C−2 염산의 표정

염산용액을 표준화하는 데에는 탄산나트륨 Na_2CO_3를 일차표준물로 이용한다. 탄산나트륨 수용액에서 이온화하고, 그 중 탄산이온은 염기로 작용한다. 따라서 탄산이온 CO_3^{2-}는 염산으로 적정할 수 있는데, 이때 다음과 같이 2단계로 반응한다.

$$CO_3^{2-} + H^+ \rightleftharpoons HCO_3^- \qquad (5-4)$$

$$HCO_3^- + H^+ \rightleftharpoons H_2CO_3 \qquad (5-5)$$

페놀프탈레인을 지시약으로 사용하면 적정은 반응 5−4에서 중단되고, 1 mol의 Na_2CO_3는 H^+ 1 mol 해당한다. 메틸오렌지를 지시약으로 사용하면 적정은 반응 5−5에서 중단되고, 1 mol의 Na_2CO_3는 H^+ 2 mol에 해당한다.

예제 5C−2

0.2505 g의 일차 표준물 Na_2CO_3를 증류수에 녹인 다음 지시약 (a) 페놀프탈레인, (b) 메틸오렌지를 이용하여 이것에 염산 45.23 mL를 적가하였을 때 종말점에 도달했다. 염산의 농도 M을 구하라.

풀이 (a) 페놀프탈레인을 지시약으로 사용하는 경우에는 변색점이 pH 8.0∼9.8이고, CO_3^{2-}가 모두 HCO_3^-로 변할 때까지 적정하는 것과 같다.

$$CO_3^{2-} + H^+ \rightleftharpoons HCO_3^-$$

Na_2CO_3 1 mmol은 염산 1 mmol에 해당하고, 따라서 다음과 같다.

$$Na_2CO_3\ 1\text{ mmol} = \frac{105.99}{1000}\text{ g}$$

$$Na_2CO_3\ 0.2505\text{ g의 mmol} = \frac{0.2505}{105.99} \times 1000\text{ mmol}$$

$$\text{염산의 농도 } M = \frac{\text{mmol HCl}}{\text{mL HCl}} = \frac{0.2505}{105.99} \times \frac{1000\text{ mmol}}{45.23\text{ mL}} = 0.0523\text{ M}$$

(b) 메틸오렌지를 지시약으로 사용하는 경우에는 변색점이 pH 3.1∼4.4이고, CO_3^{2-}가 다음과 같이 모두 H_2CO_3로 변할 때까지 적정하는 것과 같다.

$$CO_3^{2-} + 2H^+ \rightleftharpoons H_2CO_3$$

Na_2CO_3 1 mmol은 염산 2 mmol에 해당하고, 따라서 다음과 같다.

$$Na_2CO_3\ 1\ mmol = \frac{105.99}{1000}\ g$$

$$\text{따라서 } Na_2CO_3\ 0.2505\ g\text{의 } mmol = \frac{0.2505 \times 1000}{105.99}\ mmol$$

$$\text{염산의 } mmol = 2 \times Na_2CO_3\text{의 } mmol = \frac{2 \times 0.2505 \times 1000}{105.99}\ mmol$$

$$\text{염산의 농도 } M = \frac{mmol\ HCl}{mL\ HCl} = \frac{2 \times 0.2505 \times 1000}{105.99}\ mmol / 45.23\ mL = 0.1045\ m$$

5C－3 과망간산법 적정

과망간산은 산성용액에서는 다음과 같이 1 mol이 산화제가 5 당량으로 작용한다.

$$MnO_4^- + 8\,H^+ + 5e^- \rightleftharpoons Mn^{2+} + 4\,H_2O$$

그러나 염기성용액에서는 다음과 같이 1 mol이 3 당량으로 작용하여 이산화망간 고체로 변한다. 그러므로 과망간산법 적정은 항상 산성용액에서 한다.

$$MnO_4^- + 4\,H^+ + 3e^- \rightleftharpoons MnO_2 + 2\,H_2O$$

예제 5C－3

철(Fe^{2+})의 산성용액 25.00 mL를 취하여 0.0250 M $KMnO_4$ 표준용액으로 적정하였너니 42.32 mL가 사용되었다. Fe^{2+} 용액의 농도와 Fe 및 Fe_2O_3로서의 무게를 구하라.

풀이 적정반응은 다음과 같다.

$$MnO_4^- + 5\,Fe^{2+} + 8\,H^+ \rightleftharpoons Mn^{2+} + 5\,Fe^{3+} + 4\,H_2O$$

$KMnO_4$ 1 mol은 Fe^{2+} 5 mol에 해당하고, $KMnO_4$ 2 mol은 Fe_2SO_3 5 mol에 해당한다.

$$\text{적가한 } KMnO_4\ mmol = 0.0250\,\frac{mmol\ KMnO_4}{mL\ KMnO_4} \times 42.32\ mL\ KMnO_4$$
$$= 0.0250 \times 42.32\ mmol\ KMnO_4$$

$$Fe^{2+}\ mmol = 0.0250 \times 42.32\ mmol\ KMnO_4 \times \frac{5\ mmol\ Fe^{2+}}{1\ mmol\ KMnO_4}$$

$$Fe^{2+}\text{의 농도 } M = \frac{0.0250 \times 42.32 \times 5mmol\ Fe^{2+}}{25.00\ mL\ Fe^{2+}} = 0.2116\ M$$

$$Fe(Mw = 55.84)\ \text{무게 } g = 0.0250 \times 42.32 \times 5\ mmol\ Fe^{2+} \times \frac{0.05584\ g\ Fe^{2+}}{1\ mmol\ Fe^{2+}}$$
$$= 0.2953\ g$$

$Fe_2O_3(Mw = 159.69)$ 무게 g

$$= 0.0250 \times 42.32\ mmol\ KMnO_4 \times \frac{5\ mmol\ Fe_2O_3}{2\ mmol\ KMnO_4} \times \frac{0.15969\ g\ Fe_2O_3}{1\ mmol\ Fe_2O_3} = 0.4223\ g$$

5D 부피를 재는 용기

부피법 분석에서 액체의 부피를 잴 때에는 메스플라스크, 뷰렛, 피펫 등을 사용한다.

부피의 단위로서는 미터법의 리터(L)를 사용한다. 1L는 1기압에서 최대 밀도를 차지하는 온도(3.98℃)의 물 1kg의 부피라고 규정하였는데, 이렇게 정한 1L는 1000.028 cm^3(c.c.)에 해당하지만 다소 불편하기 때문에 이 규정을 고쳐 1L를 1000.00 cm^3(c.c.)라고 규정하여 사용하고 있다. 1L의 1/1000을 밀리리터(mL)라고 한다. 1mL의 1/1000은 1 μL로, 이것을 1 λ(lambda : 10^{-6}L)라고도 하며 대단히 작은 부피를 재는 단위로 사용된다.

5D－1 메스플라스크

액체의 부피를 정확하게 측정하는 병의 일종을 메스플라스크(volumetric flask)라고 한다. 이 부피에는 담은 액체의 부피를 표시하는 TC(to contain) 눈금과 쏟아져 나온 액체의 부피를 표시하는 TD(to deliver) 눈금의 두 가지가 있다(그림 5－1a 참조). 예를 들어 플라스크에 정확히 1L의 액체를 담고 병목에 나타나는 메니스커스에 표선을 그으면 이것은 1L들이 메스플라스크이다. 만약 이 액체를 다른 그릇에 쏟아부으면 그 일부가 기벽에 붙어 있게 되므로 이때 나온 액체의 부피는 1L보다 적다. 그러므로 만약 1L의 액체를 쏟아낼 수 있도록 액체를 채워서 표선을 그으면 전자의 표선보다 위에 그어지게 마련이다.

그리고 기벽에 붙은 액체의 양은 그릇의 모양, 기벽의 깨끗한 정도, 쏟아내는 시간, 액체의 점도 등에 따라 다르다. 그러므로 물의 경우와 글리세린의 경우에 표선의 위치는 다르다. 표선은 눈을 액면과 같은 높이에 두고 메니스커스의 밑선과 일치하게 그어야 하고, 또 그렇게 읽어야 한다.

메스플라스크의 목 부분은 비교적 가늘게 만들어져 있어 액체의 부피차가 적어도 메니스커스의 위치가 정확하게 나타나도록 되어 있다. 많이 사용하는 메스플라스크는 50, 100, 250, 500, 1000, 2000 mL들이 등이다.

5D－2 피 펫

피펫(pipet)은 보통 일정량의 액체를 취하여 다른 그릇에 옮기는 데 사용하며, 이때 피펫은 미리 깨끗하게 말리거나 같은 액체로 적셔 두어야 한다.

피펫 중에서 중간에 액체를 담는 볼록한 부분을 가지는 홀피펫이 가장 많이 사용되고, 균일한 유리관에 눈금을 그은 눈금피펫은 일정량의 액체를 연속적으로 취할 때 이용하는데 전자보다 정확하지 못하다.

피펫의 끝 구멍은 적당히 가늘어 액체가 흘러나오는 데 일정한 시간이 걸리도록 되어

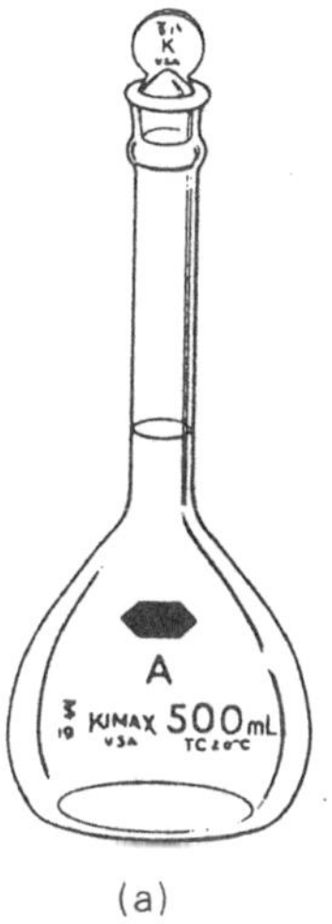

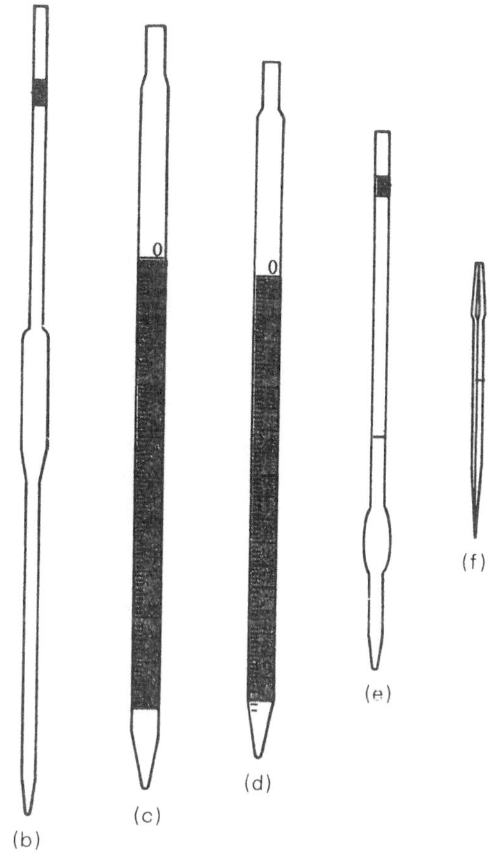

그림 5-1. 메스플라스크와 여러 가지 피펫
(a) 메스플라스크, (b) 홀피펫,
(c) Mohr 눈금피펫, (d) Serological 눈금피펫,
(e)Ostwald-Folin 피펫, (f) 람다피펫.

있다. 따라서 기벽에 묻은 액체가 일정한 양으로 조절된다. 피펫은 보통 1～100 mL까지, 여러 가지가 있는데, 주사기형 피펫에는 0.005～25 mL까지, 람다피펫에는 0.001～2 mL까지 여러 가지가 있다(그림 5－1 참조).

일반적으로 피펫을 사용할 때에는 피펫의 내부를 같은 용액으로 미리 2～3회 잘 씻은 다음, 피펫의 끝을 수직으로 시료용액에 담그고 반대쪽 유리관에서 공기를 빨아서 액체를 내부에 채운다. 이때 입을 사용하는 것보다 그림 5－2에서와 같이 고무로 만든 흡인밸브를 사용하도록 하는 것이 좋다. 특히 휘발성 또는 유독한 액체일 경우에는 말할 것도 없다. 액체를 표선까지 정확히 채운 다음 피펫 끝을 기벽에 문질러 방울을 떼어버리고 다른 그릇에 옮겨 서서히 위에서 유리관에 공기가 들어가게 하여 액체가 자연적으로 흘러나오게 한다.

액체가 모두 나온 다음에는 다섯을 세는 정도의 시간을 주고 끝을 기벽에 문질러서 액체 방울을 떼어낸 다음 들어낸다. 이때 피펫의 끝에 남은 소량의 액체는 불어내지 않고 그대로 두는 것이 보통이다. 물론 피펫을 검정하는 경우에도 같은 방법으로 해야 한다. 람다피펫의 경우에는 끝에 남은 액체를 모두 불어서 내는 수도 있다.

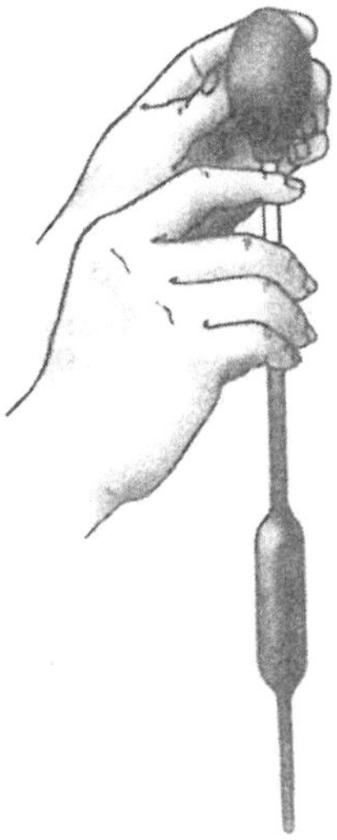

그림 5－2 피펫에 액체를 채울 때 흡인밸브를 사용한다.

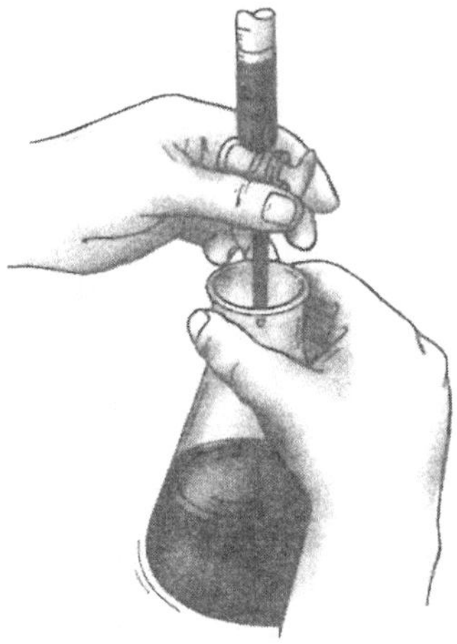

그림 5－3 적정할 때 뷰렛 콕크의 조작법.

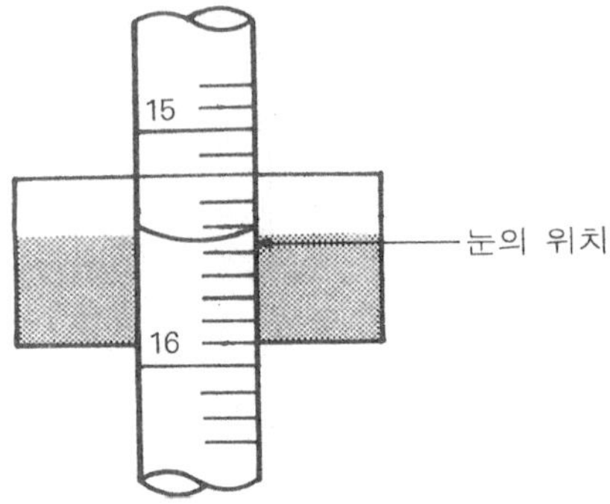

그림 5－4 뷰렛의 눈금 읽기. 유리관 내의 수면은 곡면을 이루는데, 이것을 메니스커스라고 한다. 눈금은 가장 낮은 점을 읽는다.

5D－3 뷰 렛

뷰렛(buret)은 적정법 실험에서 액체의 정확한 부피를 흘려내는 데 사용하는 것이다. 용액을 적가하는 경우에는 그림 5－3과 같이 흔들고 잘 섞으면서 적가한다.

학생 실험용으로는 50 mL들이 뷰렛이 일반적으로 사용되는데, 눈금은 0.1 mL까지 새겨져 있으나 눈 짐작으로 0.01 mL까지 읽어야 한다. 따라서 눈금을 읽는 데에는 항상 0.01 mL의 오차가 포함되게 된다. 눈금을 읽을 때에는 그림 5－4에서와 같이 눈의 높이를 메니스커스와 같이 놓고 그 밑면과 접하는 눈금을 읽어야 한다. 그러나 과망간산칼륨과 같이 불투명한 용액의 경우에는 메니스커스의 윗면과 접하는 눈금을 읽는다.

뷰렛에 용액을 채울 때에는 뷰렛의 끝부분에 작은 기포가 들어가지 않도록 특별히 조심해야 한다.

뷰렛에 표준용액을 채울 때에는 미리 깨끗이 말리거나 같은 용액으로 몇 번 씻은 다음에 채우도록 한다. 콕크는 깨끗이 말려서 그리스를 칠하는데, 이때 가급적 적은 양으로 엷게 칠하도록 특히 주의해야 한다.

더 정밀한 적정에는 0.02 mL까지 눈금이 그어져 있고, 눈 짐작으로 0.001 mL까지 부피를 읽을 수 있는 5 mL 또는 10 mL들이 마이크로 뷰렛을 사용하는 것이 보통이다.

5E 부피를 재는 용기의 검정

5E-1 용기를 씻는 법

부피를 재고자 하는 유리용기는 미리 깨끗하게 씻어야 하고, 계속해서 사용하고 있는 경우에는 한달에 한두 번씩 씻는 것이 좋다. 물이나 수용액이 깨끗한 유리벽을 따라 흘러내려가면 그 표면에 균일한 액체막이 생기게 되지만 만약 기벽에 지방질이 묻어 있으면 액체막은 부분적으로 파괴되어 액체 방울이 기벽에 맺히게 되고, 따라서 메니스커스의 모양에도 이상이 생긴다. 그러므로 메스플라스크, 피펫, 뷰렛을 이용하여 부피를 잴 때 소위 배수오차가 생긴다.

이와 같은 유리용기를 씻을 때에는 1～2 % 비누나 중성 합성세제 용액을 따뜻하게 하여 사용한다. 유리그릇은 진한 알칼리와 진한 비눗물에 부식되는 성질이 있기 때문에 따뜻한 묽은 비눗물 용액으로 여러 번 씻은 다음에 수돗물로 여러 번 씻고, 끝으로 증류수로 씻으면 된다. 만약 오물이 아직 남아 있다고 생각되면 다시 반복해서 씻도록 한다. 필요할 때에는 아세톤이나 벤젠과 같은 유기용매를 사용할 수도 있다.

5E-2 검정하는 원리

실험실에서 액체 부피를 재는 데 사용하는 용기의 눈금이 옳지 않은 경우가 종종 있다. 0.01 %보다 큰 상대오차를 가지는 경우에는 **검정**(calibration)을 해서 사용해야 한다.

유리용기의 부피를 검정할 때에는 우선 용기를 깨끗이 씻고, 일정한 실온에서 온도 평형이 이루어진 증류수를 용기에 담거나 용기에서 쏟아져 나오는 물의 무게를 재고 그 부피를 계산하도록 한다. 그런데 이때 다음 3가지 사항에 유의해야 한다. (1) 물의 밀도는 온도에 따라 변하고, (2) 유리용기의 부피도 온도에 따라 변하며, (3) 물의 무게를 화학저울로 달 때에는 공기의 부력을 받는다.

유리는 열팽창을 하기 때문에 어떤 온도에서 정확히 1 L들이였던 유리그릇이 온도가 달라지면 부피도 변한다. 그러므로 무엇보다도 먼저 표기한 부피값이 그릇의 실제 부피와 같은 온도, 즉 표준온도가 정해져 있어야 하겠다. 일반적으로 20 ℃를 **표준온도**로 정하고, 모든 유리용기의 부피는 이 온도에서만이 정확히 표기한 부피를 가지게 된다. 실온이 언제나 20 ℃일 수 없으므로 이보다 높을 때에는 용기가 표기된 부피보다 커지고, 낮을 때에는 표기된 부피보다 작아진다.

실온 t ℃에서 용기의 표선까지 채운 물의 무게 W에서 공기의 부력을 고려한 물의 질량을 산출하고(1G－5절 참조), 이것을 같은 온도에서의 물의 밀도 d_t로 나누어 그 부피 V_t를 산출해야 하는데, 무게를 재는 데 사용하는 놋쇠로 된 추의 밀도를 8.4, 공기의 밀도를 0.0012 g/mL로 보면 t ℃에서 용기의 부피는 다음과 같이 표현된다.

$$\left[W + 0.0012\left(\frac{W}{d_t} - \frac{W}{8.4}\right)\right] \div d_t = V_t \qquad (5-7)$$

유리의 부피팽창계수를 대략 0.000025 mL/℃ 라고 보면, V_t가 20 ℃ 에서 차지하는 부피는 다음과 같다.

$$V_t + 0.000025\,V_t(20 - t) = V_{20} \qquad (5-8)$$

이 V_{20}값이 표기한 부피와 허용 오차범위 내에서 일치해야 할 것이다.

예제 5E-1

실온 22 ℃ 에서 1 L들이 메스플라스크의 표선까지 채운 물의 무게는 997.000 g이다. 20 ℃ 에서 이 메스플라스크의 부피를 계산하라.

풀이 물의 질량 $= 997.000 + 0.0012\left(\frac{997.0}{0.998} - \frac{997.0}{8.4}\right) = 998.06\text{ g}$

22 ℃ 에서의 부피 = 998.06/0.99780 = 1000.26 mL

20 ℃ 에서의 부피 = V_{20} = 1000.26 − (0.000025 × 2 × 1000.3) = 1000.26 − 0.05 = 1000.21 mL

표 5-2는 예제 5E-1과 같은 계산을 하지 않고 검정된 부피를 쉽게 알아볼 수 있는 표이다. 이들 값은 스테인리스 또는 놋쇠 추를 사용하는 경우 공기 부력에 대한 교정과 유리그릇의 온도에 대한 부피 변화를 고려한 물의 부피의 변화값을 나타낸다. 따라서 어떤 온도 t℃ 에서 측정한 물의 질량에 표 5-2 중의 t℃ 에서의 부피값을 곱하면 그 온도에서의 부피를 얻고, 표 중의 20 ℃ 로 검정한 부피를 곱하면 표준온도(20 ℃)에서의 부피를 산출할 수 있다.

예제 5E-2

표 5-2를 이용해서 예제 5E-1의 메스플라스크를 검정하라.

풀이 표 5-2를 이용해서 예제 5E-1의 메스플라스크의 부피를 다음과 같이 쉽게 계산할 수 있고, 그 값은 위의 식 5-7과 5-8을 이용한 것과 거의 같은 값을 얻는다.

22 ℃ 에서의 부피 = 997.00 × 1.0033 = 1000.29 mL

20 ℃ 에서의 부피 = 997.00 × 1.0032 = 1000.19 mL

이와 같은 검정에서 유의해야 할 것은 사용하는 물의 온도가 무게를 다는 실험실 온도에 도달하도록 충분히 온도를 평형시켜야 한다는 것과, 화학저울은 100 mL보다 작은 용기의 검정에 사용하고 mg 단위까지만 무게를 달아도 충분하다는 것이다. 그리고 더 무거운 경우에는 이 정도의 정밀도를 가지는 다른 저울을 사용해도 무방하다.

표 5—2 공기중에서 스테인리스 추로 단 물 1.000 g의 검정된 부피

온도(℃)	물의 밀도 (1 atm에서)	검정된 부피(mL)	
		t℃에서의 부피	20℃로 검정한 부피
10		1.0013	1.0016
11		1.0014	1.0016
12	0.99952	1.0015	1.0017
13	0.99940	1.0016	1.0018
14	0.99927	1.0018	1.0019
15	0.99913	1.0019	1.0020
16	0.99897	1.0021	1.0022
17	0.99880	1.0022	1.0023
18	0.99862	1.0024	1.0025
19	0.99843	1.0026	1.0026
20	0.99823	1.0028	1.0028
21	0.99802	1.0030	1.0030
22	0.99780	1.0033	1.0032
23	0.99756	1.0035	1.0034
24	0.99732	1.0037	1.0036
25	0.99707	1.0040	1.0037
26	0.99681	1.0043	1.0041
27	0.99654	1.0045	1.0043
28	0.99626	1.0048	1.0046
29	0.99597	1.0051	1.0048
30	0.99567	1.0054	1.0052

실험 5F 부피를 재는 용기의 검정

이 실험의 목적은 부피를 재는 유리용기인 메스플라스크, 피펫, 뷰렛 등을 깨끗이 씻는 법, 취급하는 법, 그리고 이들의 눈금을 정확히 읽는 법을 알고, 이들 용기의 부피를 검정하는 방법을 이해하는 데 있다.

실험개요

검정 실험의 요령은 용기를 깨끗하게 씻어 말려서 무게를 달고, 실온에서 평형되어 있는 증류수를 채워서 물만의 무게 또는 쏟아져 나온 물의 무게를 달아 물의 밀도를 이용하여 20℃에서 차지할 부피를 계산하도록 한다.

유의사항

용기의 부피는 20℃를 표준으로 삼고 있으며, 실제 부피는 이보다 낮은 온도에서는 기록된 부피보다 작고, 높은 온도에서는 큰 부피로 나타날 것임을 유의해야 한다. 이로

부터 20℃일 때의 부피를 산출해 보아야 정확한 값을 알 수 있다(5E－2절 참조).

실험과정

기구 : 화학저울, 뷰렛, 피펫(5 mL, 10 mL 들이), 100 mL 들이 메스플라스크, 온도계

시약 : 중성 합성세제, 증류수

실험 5F－1 메스플라스크(TC형)의 검정(추천)

실험과정

메스플라스크를 잘 씻어 말려서 무게를 달고, 증류수를 채워서 다시 무게를 달아 물만의 무게를 물의 밀도로 나누어 부피를 산출한다.

1. 100 mL 들이 메스플라스크를 따뜻한 1 % 세세용액으로 잘 흔들면서 3～4회 씻은 다음에 물로 씻고 증류수로 씻어 건조한 공기를 통하면서 잘 말려서 무게를 정확히 달고 기록한다. 이때 열을 가해서 말리면 안 된다.
2. 미리 실온에서 온도 평형이 이루어진 증류수를 표선까지 채워서 다시 무게를 mg 단위까지 정확히 단다. 이때 증류수의 온도를 기록해 둔다.
3. 20℃에서의 정확한 부피를 물의 무게로부터 식 5－7과 5－8을 이용하여 산출한다. 또 표 5－2를 이용하여 같은 부피를 산출한다.
4. 오차가 0.05 %보다 클 때에는 실온에서 이 플라스크가 담고 있어야 할 물의 무게를 미리 계산하여 이 무게가 되도록 증류수를 조심스럽게 채우고, 그 메니스커스에 표선을 긋는다.

실험 5F－2 뷰렛의 검정(추천)

1. 검정할 뷰렛을 따뜻한 묽은 세제용액으로 4～5회 씻은 다음에 수돗물로 깨끗이 씻고, 끝으로 증류수로 씻는다. 콕크를 잘 닦아 말리고, 조심스럽게 그리스 칠을 한다. 그리스를 많이 칠하여 밀려나오면 안 된다.

2. 깨끗하게 말린 50 mL 들이 작은 플라스크에 뚜껑을 하여 그 무게를 단다.

3. 깨끗한 뷰렛에 미리 실온에 평형되어 있는 증류수를 눈금까지 정확히 채우고, 뷰렛 끝에 물방울이 없도록 한다. 그리고 물의 온도를 정확히 잰다.

4. 뷰렛 밑에 무게를 단 플라스크를 받치고 정확하게 5 mL의 표선까지 물을 흘려받아 뚜껑을 닫고 무게를 단다. 계속하여 10 mL 표선까지 물을 받고 다시 무게를 단다. 항상 뷰렛 끝에 물방울이 붙어 있지 않도록 플라스크의 안벽에 닦는다. 이렇게 5 mL 간격으로 50 mL 표선에 다다를 때까지 계속 물을 받아 단다. 이때 물의 무게는 0.01 g까지 정확하게 단다. 물의 온도를 다시 재어 본다.

표 5－3 뷰렛의 검정실험(측정온도 20 ℃)

뷰렛의 눈금 (mL)	플라스크와 물의 무게 (g)	물의 무게 (g)	20 ℃ 에서의 부피 (mL)	벗어남 (mL)
0.00	41.15	0.00	0.00	0.00
5.00	46.19	5.04	5.05	+0.05
10.00	51.15	10.00	10.03	+0.03
15.00	56.12	14.97	15.01	+0.01
20.00	61.02	19.87	19.93	−0.07
25.00	65.95	24.80	24.87	−0.13
30.00	70.93	29.78	29.87	−0.13
35.00	75.83	34.67	34.77	−0.23
40.00	80.82	39.67	39.78	−0.22
45.00	85.89	44.74	44.87	−0.13
50.00	90.82	49.67	49.81	−0.19

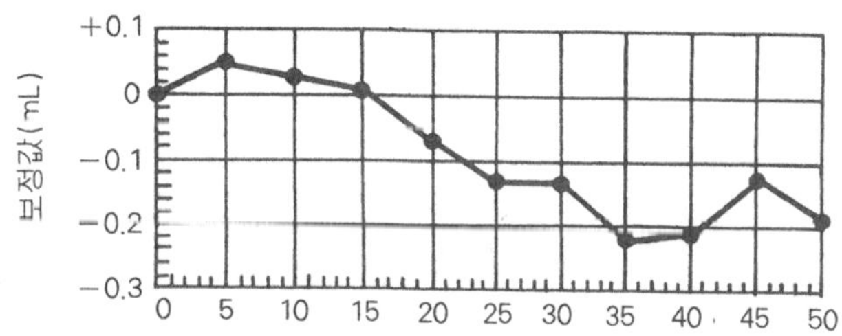

그림 5－5 뷰렛의 검정.

5. 위에서 얻은 실험값으로 표 5－3과 같은 표를 작성한다.

이러한 검정을 반복해야 하고, 이들 결과는 0.04 mL 이내에서 서로 맞아야 한다. 이 벗어남을 그래프로 나타내면 그림 5－5와 같다.

주의점

검정한 결과는 검정하는 온도에 따라 달라지며, 실제로 높은 온도에서는 20 ℃에서보다 큰 부피의 물을 쏟아낼 것이다. 그러나 이 오차는 무시할 수 있는 것이다. 즉 이 뷰렛이 25 ℃에서 쏟아내는 부피는 식 5-8에 따라 다음과 같고, 그 차는 0.01 mL 정도이다.

$$49.81 + (5 \times 0.000025 \times 49.81) = 49.82\ \text{mL}$$

실험 5F－3 피펫의 검정

1. 피펫을 따뜻한 묽은 세제용액으로 몇 번 잘 씻은 다음에 수돗물로 충분히 씻고, 증류수로 깨끗이 씻는다.

2. 미리 실온과 평형이 되게 한 증류수를 표선까지 채워 무게를 아는 깨끗한 용기에

물을 쏟아낸다. 피펫 끝을 그릇 벽에 문질러서 끝에 물방울이 달려 있지 않도록 한다.

3. 용기에 받은 물의 무게를 달고, 표준온도에서의 부피를 구한다.

4. 검정의 결과 피펫의 표선이 정확하지 않은 경우에는 표선을 옳은 위치에 새로 긋는 것도 좋다.

이때 반지름 R, 높이 H인 유리관의 부피 V는 다음과 같이 표시되기 때문에 표선은 H만큼 옮겨 긋도록 한다.

$$V = \pi R^2 H$$

5G 연습문제

5-1 TD와 TC는 무엇을 의미하는가?

5-2 1 L 메스플라스크를 0.01 % 정도의 오차범위에서 검정하고자 할 때 물의 무게를 어느 정도까지 정밀하게 달아야 하는가?

5-3 10 mL 피펫의 안지름이 3 mm이다. 만약 이 피펫의 눈금이 0.2 mm 잘못되어 있으면 부피의 오차는 얼마인가?

5-4 50 mL 피펫이 26 ℃에서 49.82 g의 물을 쏟아낸다. 이것을 검정하라.

5-5 $AgNO_3$ 0.1900 mol을 26 ℃에서 부피가 999.92 mL인 메스플라스크를 사용하여 용액을 만들었다. 26 ℃에서의 농도를 구하라. 만약 20 ℃에서 같은 플라스크를 사용할 때 그 농도는 어떻게 되는가?

5-6 20 ℃에서 500.0 mL인 플라스크는 35 ℃에서 어떻게 되는가?

5-7 20 ℃에서 999.4 mL인 플라스크의 새로운 표선은 어떻게 그어야 하는가? 목의 안지름은 1.5 cm이다.

5-8 21.5 ℃에서 99.00 g의 물이 담긴 메스플라스크가 있다. 20 ℃와 21.5 ℃일 때의 부피를 계산하라.

5-9 23 ℃에서 물 49.90 g을 담은 피펫의 부피는 20 ℃에서 얼마인가?

5-10 22 ℃에서 0.10055 M인 염산용액은 28 ℃에서는 어떤 농도로 되는가?

5-11 20 ℃에서 997.18 g의 물을 담은 플라스크가 있다. 30 ℃에서 이 플라스크의 부피는 얼마인가? 이때 유리의 부피 팽창률은 0.000015이다.

5-12 옳은 1 L들이 플라스크가 25 ℃에서 담는 물의 무게는 얼마인가?

5-13 5.8110 g의 소금을 녹인 23 ℃의 용액을 1 L들이 플라스크에 넣고 물을 가하여 표선에 맞추었다. 이 플라스크의 부피가 20 ℃에서 1000.48 mL이면 이 용액의 농도는 얼마인가? 또 28 ℃에서 이 용액 50.00 mL를 취하면 그 중에 포함된 소금이 무게는 얼마인가?

제 6 장
침전법 적정

6 A 침전법 적정

난용성 염의 생성반응을 이용하는 적정을 **침전법 적정**(precipitation titration)이라고 한다. 정량하고자 하는 화학종 용액에 적당한 침전제 용액을 가하면 난용성 침전을 만들 수 있다. 이 침전을 정량적으로 회수하여 무게를 다는 방법이 무게법 분석이다. 이 경우에는 침전제를 적당히 과량으로 가하여 침전의 용해를 적게 하고, 정량적으로 침전시킨다. 그러나 적정법에서는 침전제를 당량이 되도록 가해야 하고, 동시에 침전반응은 가급적 완전히 일어나야 한다. 즉 침전물의 용해도곱상수 K_{sp}가 적은 것이어야 한다. 그러므로 모든 침전반응이 적정법에 이용될 수는 없고, 다음과 같은 조건이 갖추어져야 한다.

1. 침전반응의 속도가 빨라야 한다.
2. 이 반응에서 일정한 화학량론에 따라 일어나는 난용성 침전이 생겨야 한다.
3. 당량점을 쉽게 구할 수 있어야 한다.

침전반응의 속도가 느린 경우에는 역적정을 이용할 수도 있다. 그리고 당량점에서의 적당한 지시약이 없을 때 다른 물리, 화학적 방법을 이용할 수도 있다. 그런데 문제되는 것은 많은 침전반응이 화학량론에 따라 일어나지 않는다는 것이다. 예를 들어 아연, 니켈, 코발트, 비스무트, 망간, 알루미늄, 철, 크롬 등은 난용성 수산화물 또는 황화물을 만든다. 그러나 이들 금속이온을 수산화나트륨이나 황화물 표준용액으로 적정할 수는 없다. 이것은 침전반응이 일정한 화학량론에 따라 일어나지 않고 경우에 따라 날라지기 때문이다. 즉 새로이 생성된 침전입자가 용액중의 수산화이온 또는 황화이온을 세게 흡착하고, 그 흡착량이 온도, 농도 등 용액의 조건에 따라 변한다는 것이다.

많은 침전반응 중에 은이온과 할로겐화이온이 반응하여 할로겐화은 침전을 만드는 반응은 비교적 화학량론에 잘 맞게 일어난다. 그러나 이 경우에도 여러 가지 주의해야 할 점이 많다.

할로겐화은 침전법 적정에서는 침전에 의한 흡착이나 내포 때문에 생기는 오차를 막기 위하여 잘 저으면서 적정하는 것이 중요하고, 또 직사광선을 받으면 은이온이 환원되어 오차가 생기기 때문에 이것을 막기 위하여 그늘진 곳에서 실험하도록 해야 한다.

6B 은법 적정

6B—1 적정곡선의 작성

질산은 표준용액을 사용하여 할로겐화이온을 적정하는 것을 **은법 적정**(argentimetric titration)이라고 한다. 할로겐화이온 용액을 질산은 표준용액으로 적정하는 경우 적정이 진행될수록 할로겐화이온의 농도는 점점 줄어들게 되는데, 적정되는 용액중의 은이온과 할로겐화이온의 농도 변화를 알아보자.

0.100 M 염화나트륨용액 100.00 mL를 0.100 M 질산은용액으로 적정하는 경우, 질산은용액 90.00 mL를 적가하면 적정용액의 염화이온 농도는 다음과 같다.

$$[Cl^-] = \frac{100.00\ mL \times 0.100\ M - 90.00\ mL \times 0.100\ M}{190.00\ mL} = 0.00526\ M$$

$$-\log[Cl^-] = -\log 0.00526 = 2.28$$

$$pCl^* = 2.28$$

이때 은이온의 농도는 용해도곱을 이용하여 다음과 같이 계산된다.

$$K_{sp} = [Ag^+][Cl^-] = 1.82 \times 10^{-10}$$

$$-\log[Ag^+] - \log[Cl^-] = -\log K_{sp} = -\log(1.82 \times 10^{-10})$$

$$pAg + pCl = pK_{sp} = 9.74$$

$$pAg = 9.74 - 2.28 = 7.46$$

당량점에서는 염화이온과 은이온이 같은 당량끼리 반응하여 염화은 침전이 생기고, 그 포화용액중의 이들 두 이온농도는 같아진다.

---

* $-\log[Cl^-] = pCl$. 이렇게 얻은 로그의 − 값을 p 함수라 하고, 대단히 묽은 농도를 표현하는 데 이용되고 있다. $[Cl^-] = 10^{-10}$인 경우 $pCl = 10$이다. 수소이온 농도의 p 함수는 pH값이다.

$$pAg = pCl = -\frac{1}{2}\log K_{sp} = 4.87$$

이제 당량점 부근의 이온농도를 알아보자. 예를 들어 은이온의 농도가 염화이온의 농도보다 aM 더 크면 침전의 용해도는 공통이온효과에 의하여 감소한다. 이때의 용해도를 x라고 하면 은이온의 전체 농도는 $(a+x)$M이고, 염화이온의 농도는 xM이 된다.

따라서 용해도곱은 다음과 같이 표시된다.

$$(a+x)x = K_{sp} = 1.82 \times 10^{-10} \qquad (6-1)$$

이차 방정식을 풀어 x를 구하고, 각 이온의 정확한 농도를 계산할 수 있다. 그러나 a값이 용해도 x에 비하여 훨씬 클 때, 즉 당량점에서 멀리 벗어난 지점에서는 다음과 같이 근사법을 이용하여 쉽게 계산할 수 있다.

$$a + x \fallingdotseq a$$

따라서

$$(a+x)x \fallingdotseq a \times x = 1.82 \times 10^{-10} \qquad (6-2)$$

당량점을 지나 질산은 0.10 mL를 여분으로 더 가하면 이때의 은이온 농도는 다음과 같다.

$$[Ag^+] = \frac{0.10\ \text{mL} \times 0.100\ \text{M}}{200.10\ \text{mL}} = 5.0 \times 10^{-5}\ \text{M}$$

$$pAg = 4.30$$

$$pCl = 9.74 - 4.30 = 5.44$$

그러나 당량점에 대단히 가까운 부근에서는 a와 x가 비슷하므로 이러한 근사법을 이용할 수 없고, 식 6－1의 이차방정식을 풀어 x를 구한다.

이와 같이 0.100 M 할로겐화이온을 0.100 M 은이온으로 적정하는 경우에 당량점 부근의 농도 변화를 계산한 값은 표 6－1과 같다. 시료용액의 할로겐화이온 농도의 p 함수를 세로축에, 적가하는 질산은 표준용액의 부피를 가로축에 도시한 것이 그림 6－1이고, 이것을 적정곡선(titration curve)이라고 한다. 이와 같은 적정곡선은 전위차법 적정으로 직접 얻을 수 있다(표 12－2 참조).

이렇게 얻은 적정곡선은 이 적정법의 가능성을 알아보고, 이 적정의 당량점을 알려주는 적당한 지시약을 선택하는 데 이용된다.

6B－2 적정곡선의 pAg값 급변범위와 적정오차

적정법에서 종말점이 당량점에 일치할 때가 이상적인 경우이다. 그러나 실제로 적정실

표 6−1 0.100 M $AgNO_3$ 용액으로 0.100 M NaCl 100 mL, 0.100 M NaBr 100 mL 및 0.100 M KI 100 mL를 적정하는 경우의 이온의 농도 변화($K_{sp\,AgCl} = 1.82 \times 10^{-10}$, $K_{sp\,AgBr} = 5.2 \times 10^{-13}$, $K_{sp\,AgI} = 8.3 \times 10^{-17}$)

0.1 M $AgNO_3$ 적가량(mL)	NaCl의 적정		NaBr의 적정		KI의 적정	
	pCl	pAg	pBr	pAg	pI	pAg
0	1	−	1	−	1	−
90	2.3	7.5	2.3	10.0	2.3	13.7
98	3.0	6.8	3.0	9.3	3.0	13.0
99	3.3	6.5	3.3	9.0	3.3	12.7
99.8	4.0	5.8	4.0	8.3	4.0	12.0
99.9	4.3	5.5	4.3	8.0	4.3	11.7
당량점 100	4.9	4.9	6.2	6.2	8.0	8.0
100.1	5.5	4.3	8.0	4.3	11.7	4.3
100.2	5.8	4.0	8.3	4.0	12.0	4.0
101	6.5	3.3	9.0	3.3	12.7	3.3
110	7.5	2.3	10.0	2.3	13.7	2.3

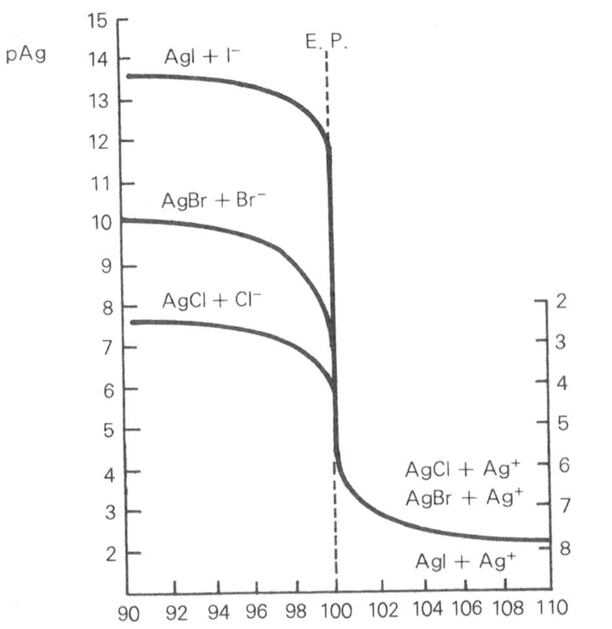

그림 6−1 0.100 M 염화나트륨, 0.100 M 브롬화나트륨 및 0.100 M 요오드화칼륨 100 mL씩을 각각 0.100 M 질산은으로 적정하는 적정곡선.

험을 할 때 0.1 % 정도의 오차는 허용되고 있다.

표 6−1에 있어 시료용액중의 할로겐화이온과 반응하는 질산은 표준용액을 당량점의 99.9 %가 되도록 적가한 지점에서 적정을 멈추면 0.1 %의 부의 오차가 발생하고, 100.1 %를 적가한 데서 멈추면 0.1 %의 정의 오차를 가져온다. 그러므로 표준용액을 99.9 % 적가한 $pAg_{99.9}$와 표준용액을 100.1 % 적가한 $pAg_{100.1}$ 사이의 pAg 범위 내에서 적정이 중지되어야 한다. 적정법에서 이 범위를 pAg 급변범위라 하고, 이 범위가 길수록 적정의 종말점을 구하기가 쉽고 오차도 작아진다.

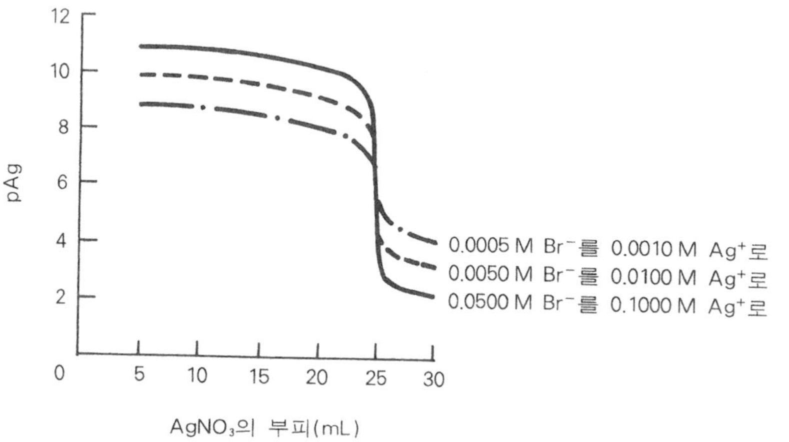

그림 6－2 적정곡선에 미치는 시료용액의 농도 영향. 50 mL 의 NaBr을 $AgNO_3$로 적정한다.

표 6－1과 그림 6－1의 적정곡선을 살펴보면 적정반응에서 얻은 침전의 용해도가 작을수록 적정곡선의 pAg 급변범위가 길어지는 사실을 알 수 있다. 즉 표 6－1에서 요오드화은은 용해도곱($K_{sp} = 8.3 \times 10^{-17}$)이 가장 작은 경우이고, pAg 의 급변범위는 11.7 － 4.3 = 7.4로서 가장 크다. 그리고 브롬화은, 염화은의 순으로 용해도곱이 클수록 pAg 급변범위가 3.7, 1.2로 짧아짐을 알 수 있다.

그림 6－2는 여러 가지 농도의 브롬화이온을 질산은용액으로 적정할 때 나타나는 적정곡선이다. 그림 6－2에서 적정되는 시료용액과 적가 표준용액의 농도가 진한 경우는 pAg 급변범위가 크고, 농도가 묽을수록 짧아진다는 사실을 알 수 있다.

그러므로 침전법 적정에서는 가급적으로 난용성 침전이 생기는 반응을 이용하고, 적당히 진한 용액으로 적정할 때 적정곡선의 당량점 부근에서 시료물질의 농도 p 함수값의 급변범위가 크고 적정오차가 작다는 것을 알 수 있다.

6B－3 혼합용액의 적정곡선

질산은용액으로 몇 가지 할로겐화이온의 혼합용액을 적정하는 경우를 생각해 보자. 예를 들어 요오드화이온 0.080 M과 염화이온 0.100 M인 혼합용액 50.00 mL를 0.200 M 질산은으로 적정하는 경우를 생각해 보자.

요오드화은은 염화은보다 용해도가 훨씬 작기 때문에 질산은을 적가하면 요오드화은 침전이 먼저 생긴다. 그리고 용액중의 요오드화이온의 농도는 감소하는 동시에 은이온의 농도는 증가하는데, 적당히 큰 값이 되면 염화이온과 반응하여 염화은 침전도 생성되기 시작한다. 이 경우에 요오드화이온과 염화이온의 농도관계는 다음과 같다.

$$\frac{K_{sp\ AgI}}{K_{sp\ AgCl}} = \frac{[Ag^+][I^-]}{[Ag^+][Cl^-]} = \frac{8.3 \times 10^{-17}}{1.82 \times 10^{-10}} = 4.56 \times 10^{-7}$$

$$[I^-] = 4.56 \times 10^{-7}[Cl^-]$$

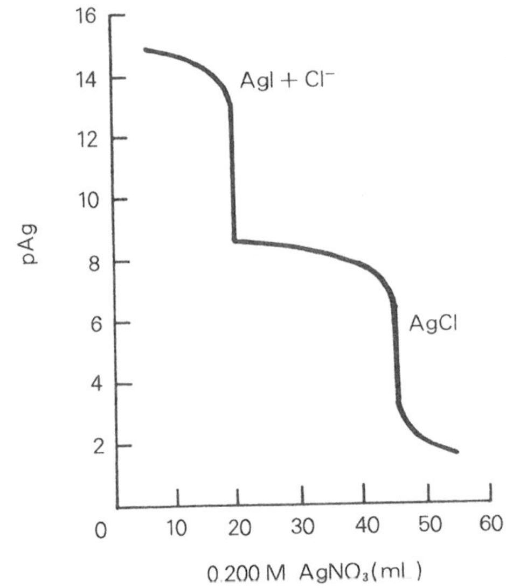

그림 6－3 0.0800 M I^-와 0.100 M Cl^- 50.00 mL 혼합용액의 적정곡선.

시료용액중의 요오드화이온만이 모두 침전되도록 질산은용액 20.00 mL를 적가한 지점에서 용액중의 염화이온의 농도는 다음과 같다.

$$[Cl^-] = \frac{50.00\text{mL} \times 0.100\text{M}}{70.00\text{mL}} = 0.0714\text{M}$$

따라서 $$[I^-] = 4.56 \times 10^{-7} \times 0.0714 = 3.16 \times 10^{-8}\text{M}$$

I^-의적정오차(남아있는양) $= \dfrac{3.16 \times 10^{-8}\text{M} \times 70.00\text{mL}}{0.0800\text{M} \times 50.00\text{mL}} \times 100 = 5.7 \times 10^{-5}\%$

이 지점에서 용액에 남아 있는 요오드화이온은 무시할 정도이고, 은이온의 농도는 다음과 같다.

$$[Ag^+] = \frac{K_{sp\ AgCl}}{[Cl^-]} = \frac{1.82 \times 10^{-10}}{0.0714} = 2.55 \times 10^{-9}\text{M}$$

$$pAg = -\log(2.55 \times 10^{-9}) = 8.59$$

그림 6－3에서 보는 바와 같이 이 지점에서부터 염화은의 침전이 시작되고, pAg의 급강은 중단된다. 그리고 나머지 pAg 곡선은 염화이온만의 적정곡선과 같게 나타난다.

이와 같은 적정곡선은 은－염화은 전극을 이용하여 전위차법 적정에서 얻을 수 있다 (그림 12－14 참조).

6C 은법 적정의 분류──Mohr 법

은법 적정은 이용하는 지시약의 종류에 따라 대략 Mohr(모어)법, Fajans(파얀스)법, 그리고 Volhard(볼하아드)법의 응용 등 3가지로 분류된다.

6C—1 Mohr 법

(1) 종말점

염화이온 시료용액에 크롬산을 지시약으로 가하고, 질산은 표준용액으로 적정하면 당량점에서 크롬산은의 붉은색 침전이 생긴다. 이것을 Mohr 법이라고 한다. 이 경우에 적정액에는 염화이온과 크롬산이온이 함께 들어 있으며, 적가한 은이온은 먼저 염화이온과 반응하여 염화은 침전을 완전히 만들고, 다음에 지시약인 크롬산이온과 반응하여 붉은 크롬산은 Ag_2CrO_4 침전을 만들게 된다.

(2) 지시약의 농도

크롬산은의 용해도는 대체로 할로겐화은의 용해도보다 커서 염화은의 침전이 생긴 후 붉은 크롬산의 침전이 나타나는 것이 보통이지만, 더 정확한 적정을 할 때에는 크롬산의 농도를 잘 조절해야 한다.

0.100 M 염화이온 용액 50.00 mL를 0.100 M 은이온 용액으로 적정하는 경우를 생각해 보자. 이 적정이 적정오차 ±0.10 % 이내에서 이루어진다면 표 6－1에서 pAg의 급변범위 4.3~5.5, 즉 $[Ag^+] = 5.0 \times 10^{-5} \sim 3.0 \times 10^{-6}$ M사이에서 Ag_2CrO_4 침전이 생겨야 할 것이다. 이렇게 되려면 지시약인 크롬산의 농도는 다음과 같은 관계를 유지해야 할 것이다.

$$pAg_{99.9}\text{의 경우} \qquad [CrO_4^{2-}] \leq \frac{K_{sp}}{[Ag^+]^2} = \frac{1.1 \times 10^{-12}}{(3.0 \times 10^{-6})^2} = 0.12\text{M}$$

$$pAg_{100.1}\text{의 경우} \qquad [CrO_4^{2-}] \geq \frac{K_{sp}}{[Ag^+]^2} = \frac{1.1 \times 10^{-12}}{(5 \times 10^{-5})^2} = 4.4 \times 10^{-4}\text{M}$$

그러므로 이 적정의 경우 크롬산은의 붉은색이 $pAg_{99.9}$와 $pAg_{100.1}$ 사이에서 나타나려면 지시약의 농도가 0.1 M과 0.0005 M 사이에 있으면 된다. 그러나 0.1 M 크롬산이온의 노란색이 너무 진하기 때문에 실제로 지시약으로 가하는 크롬산이온은 5×10^{-3} M 정도에 머무르게 한다.

그러나 실제로 붉은색이 눈에 보일 정도로 크롬산은의 침전입자가 생기려면 질산은 용액을 더 가해야 하기 때문에 일반적으로 다소의 정의 오차가 생기기 쉽다. 그러므로 지시약의 바탕시험을 하여 오차를 보정해 주는 것이 좋고, 이때 시료침전과 거의 같은 양의 탄산칼슘 침전을 사용하여 같은 조건에서 바탕시험을 하는 것이 좋다.

Mohr 법은 일반적으로 염화물과 브롬화물의 정량에 사용되고, 요오드화염이나 티오시안산염의 정량에는 어려운 점이 있다. 즉 요오드화이온을 적정하는 경우에는 용액을 잘 저으면서 적정하더라도 요오드의 큰 음이온은 생성한 침전에 대한 흡착력이 대단히 세기 때문에 다소 오차가 생긴다.

6C—2 적정액의 pH

이 적정은 pH가 7 ~ 10.5 사이, 즉 중성이나 약한 염기성 용액에서 해야 한다. 용액의 pH가 너무 산성일 때에는 크롬산의 제2이온화상수가 작기 때문에 다음 반응이 일어나면서 크롬산이온의 농도가 낮아지기 때문이다.

$$CrO_4^{2-} + H^+ \rightleftharpoons HCrO_4^-$$

그러나 용액이 너무 염기성이 되면 크롬산은이 생기기 전에 수산화은의 침전이 먼저 생긴다. 즉 염기성용액에서는 다음 반응이 일어난다.

$$Ag^+ + OH^- \rightleftharpoons AgOH \qquad K_{sp} = 2.6 \times 10^{-8}$$
$$2\,AgOH \rightleftharpoons Ag_2O + H_2O$$

당량점에서 은이온의 농도가 2.0×10^{-5} 정도라고 보면, 다음 계산에서 알 수 있는 바와 같이, pH = 11.1 이상에서 AgOH 침전이 생기게 되고 드디어 붉은 Ag_2O로 된다.

$$[OH^-] = \frac{2.6 \times 10^{-8}}{[Ag^+]} = \frac{2.6 \times 10^{-8}}{2.0 \times 10^{-5}} = 1.3 \times 10^{-3}\,M$$
$$pOH = 2.9, \qquad pH = 11.1$$

또 이와 같은 염기성용액에서는 알루미늄, 철, 아연, 주석과 같은 중금속은 수산화물 침전을 만들고, 납과 바륨이온은 지시약인 크롬산과 난용성 침전을 만들기 때문에 적정에 지장을 준다.

그러므로 시료용액의 pH는 실제로 탄산수소나트륨 $NaHCO_3$를 사용하여 pH 8 정도로 유지하는 것이 좋다.

그리고 은법 적정에서는 잘 저으면서 적정해야 한다. 또 은이온은 금속으로 환원되기 쉽기 때문에 광선을 피하고 그늘에서 실험해야 한다.

6D Fajans법

6D—1 종말점의 원리

염화이온의 시료용액을 은이온 표준용액으로 적정할 때 생기는 콜로이드질 염화은 침전입자는 표면 흡착력이 세고, 성분이온인 염화이온과 은이온을 잘 흡착한다. 당량점 이전에서는 용액중에 염화이온이 많이 있으므로 침전입자는 염화이온을 흡착하여 음전하를 띠게 된다. 그러나 당량점을 지나면 여분으로 적가한 은이온이 침전입자에 흡착되어 양전하를 띠게 된다.

$$\begin{array}{ll} \text{당량점 이전에서는 } AgClCl^- \text{ 음전하를 띠고,} & \\ \text{당량점에서는 } AgCl \text{ 중성이 되고,} & (6-3) \\ \text{당량점 이후에서는 } AgClAg^+ \text{ 양전하를 띤다.} & \end{array}$$

흡착 지시약(adsorption indicator)인 플루오렛세인(fluorescein)은 약한 산이므로 이것을 HFI와 같이 표시할 수 있으며, 용액중에서 일부분이 이온화하여 엷은 푸른색을 띤 음이온 FI^-로 존재한다. 이 지시약을 염화이온의 시료용액에 가한 다음 적정을 계속해도 당량점까지는 아무런 색 변화가 없는데, 이것은 지시약의 입자와 침전입자가 다같이 음전하를 띠고 서로 반발하기 때문이다. 그러나 당량점을 지나면 염화은 침전이 분홍색을 띠게 된다. 이것은 용액에 적가된 은이온이 침전에 흡착되어 침전입자가 양전하를 띠게 되고, 플루오렛세인의 음이온이 침전입자 표면에 흡착되어 붉은 지시약의 은염을 만들기 때문이다. 이와 같은 적정법을 **흡착 지시약법** 적정이라고 한다. 여기서 중요한 것은 붉은색이 나타나는 것은 단순히 붉은색 플루오렛세인 은의 입자가 생성되기 때문이 아니라, 침전입자의 표면에 은이온이 조밀하게 흡착됨으로써 용액에서보다는 더 진한 침전입자 표면에 붉은색 플루오렛시인은 입자가 생긴다는 것이다.

흡착 지시약으로서 플루오렛세인과 디클로로플루오렛세인(dicholorofluorescein)이 많이 사용되고, 적정할 때에는 잘 저어가면서 그늘에서 실험해야 한다.

적정용액에 다른 이온이 많이 있을 때에는 침전이 뭉쳐서 표면적이 작아지고, 지시약을 흡착하는 힘이 약해져서 변색이 선명하지 못한 경우가 있다.

6D－2 여러 가지 지시약

플루오렛세인은 이온화상수가 10^{-8} 정도인 대단히 약한 산으로, 침전 표면에 흡착되어 발색하는 것은 그 분자가 아니라 음이온 형태이다. 그러므로 산성에서는 음이온이 적게 생기고, 따라서 발색이 선명하지 못하다. 그러므로 pH 7～10에서 적정하도록 한다. 디클로로플루오렛세인은 이보다 조금 센 산이기 때문에 다소 약한 산성에서도 적정을 잘 할 수 있고, 염화이온의 적정에 가장 잘 이용된다.

브롬화이온, 요오드화이온, 티오시안산은 에오신(eosin, 테트라브롬플루오렛세인)을 지시약으로 사용하여 은 표준용액으로 적정하면 변색이 대단히 선명하게 나타난다. 에오신은 훨씬 센 산이고, 따라서 pH 2 정도에서도 적정할 수 있지만 염화물 적정에는 이용할 수 없다. 왜냐하면 침전 표면에 대한 에오신의 흡착력은 대단히 센 데 비하여, 염화이온의 흡착력은 약하기 때문에 당량점 이전에서 침전에 흡착되어 있는 염화이온을 밀어내고 그 대신 에오신의 음이온이 붙게 되어 붉은색이 나타나기 때문이다.

6 E Volhard법

6 E－1 Volhard법

은이온은 산성용액에서 티오시안산이온과 다음과 같이 반응한다.

$$Ag^{+} + SCN^{-} \rightleftharpoons AgSCN\,(s)$$

이때 생성된 티오시안산은 AgSCN 침전은 난용성 염이고, 그 용해곱은 10^{-12} 정도이다. 그러므로 은이온을 티오시안산 표준용액으로 적정할 수 있는데, 이때 제2철 Fe(III)를 지시약으로 사용하면 종말점에서 붉은색 티오시안산 철(III)의 착물 $FeSCN^{2+}$가 생긴다. 이 적정을 산성용액에서 잘 저으면서 수행하면 침전에 흡착되어 있던 은이온이 모두 용해되어 적정되고, 옳은 결과를 얻을 수 있다. 이것을 Volhard법이라고 한다.

시료 은이온 용액에 지시약 Fe^{3+}를 가하여 티오시안산이온 SCN 용액으로 적정하면 먼저 티오시안산은 은이온과 반응하여 AgSCN 침전을 생성하면서 은이온 농도가 감소한다. 종말점에 도달하면 소멸되지 않는 붉은 착이온 $FeSCN^{2+}$를 형성하게 되고, 용액 중의 은이온의 농도는 적정오차가 없다는 가정하에 다음과 같은 관계를 유지해야 한다.

$$[Ag^{+}] = [SCN^{-}] + [FeSCN^{2+}] \qquad (6-4)$$

실험에 의하면 붉은 $FeSCN^{2+}$가 눈으로 보이는 최소 농도는 보통 6.4×10^{-6} M 정도이다.

$$[Ag^{+}] = [SCN^{-}] + 6.4 \times 10^{-6} \qquad (6-5)$$

따라서

$$\frac{K_{sp}}{[SCN^{-}]} = \frac{1.1 \times 10^{-12}}{[SCN^{-}]} = [SCN^{-}] + 6.4 \times 10^{-6}$$

$$[SCN^{-}]^{2} + 6.4 \times 10^{-6}[SCN^{-}] - 1.1 \times 10^{-12} = 0$$

$$[SCN^{-}] = 1.7 \times 10^{-7}\text{M}$$

이 값과 착이온 $FeSCN^{2+}$의 생성상수 K_f를 이용하면 다음과 같이 필요한 지시약 Fe(III) 이온의 농도를 산출할 수 있다.

$$K_f = 1.4 \times 10^{2} = \frac{[FeSCN^{2+}]}{[Fe^{3+}][SCN^{-}]}$$

$$1.4 \times 10^{2} = \frac{6.4 \times 10^{-6}}{[Fe^{3+}] \times 1.7 \times 10^{-7}}$$

$$[Fe^{3+}] = 0.27\text{ M}$$

그러나 철(III)가 0.2 M보다 진하면 이것 자체의 색깔 때문에 발색을 식별하기 곤란하므로 일반적으로 다소 묽은 농도(보통 0.01 M)로 맞추어서 적정한다. 그리고 Fe^{3+} 이온의 수화반응을 막기 위해서 용액은 반드시 산성이어야 한다.

6 E — 2 Volhard 법을 이용하는 할로겐화이온의 적정

Volhard 법을 이용하면 Mohr 법과 Fajans 법으로 적정할 수 없는 산성용액에서 할로겐화이온의 적정을 할 수 있다. 즉 할로겐화이온 시료용액에 일정량의 질산은 표준용액을 과량으로 가하고, 남은 은이온을 Fe(Ⅲ)를 지시약으로 사용하여 티오시안산 표준용액으로 역적정한다. 이 방법의 특징은 센 산성용액에서 적정할 수 있다는 것이며, 시료중에 할로겐화이온 이외에 은과 침전을 만드는 탄산, 옥살산, 비소산과 같은 이온이 있어도 방해를 하지 않는다.

이 방법으로 염화물을 적정할 때 한 가지 곤란한 점이 있다. 즉 남아 있는 은이온을 티오시안산 표준용액으로 역적정하면 난용성 염 AgCl과 AgSCN이 공존하게 되고, 여기에는 다음 관계가 성립한다.

$$AgCl(s) \rightleftharpoons Ag^+ + Cl^- \qquad K_{sp\,AgCl} = 1.82 \times 10^{-10}$$

$$AgSCN(s) \rightleftharpoons Ag^+ + SCN^- \qquad K_{sp\,AgSCN} = 1.1 \times 10^{-12}$$

AgCl이 AgSCN보다 용해도가 크기 때문에 당량점 이후에 다소 과량으로 적가하는 티오시안산이온은 AgCl과 반응하게 된다.

$$AgCl + SCN^- \rightleftharpoons AgSCN + Cl^-$$

따라서 일단 생성된 티오시안산 철(Ⅲ) $FeSCN^{2+}$의 붉은색이 소멸하게 된다. 이로부터 정의 오차가 1 % 정도 포함되게 된다.

그러므로 이 방법에서는 처음 생성된 염화은 침전을 걸러서 분리해 내고, 거른 액과 씻은액을 합하여 그 중에 남아 있은 은이온을 티오시안산염 표준용액으로 역적정하는 것이 가장 안전한 방법이다.

침전을 거르는 방법은 시간이 걸리고 힘든 일이기 때문에 다음 방법을 사용하는 경우가 많다. 즉 산성 염화이온 시료용액에 질산은 표준용액을 과량으로 일정량 가하고, 이것을 메스플라스크에 정량적으로 옮겨서 물을 가하여 표선까지 채우고 조용히 두어 침전을 가라앉힌 다음 맑은 윗물을 일정량 분취하여 티오시안산 표준용액으로 적정하는 방법을 이용한다. 이 방법은 편리하고 선명한 종말점을 얻을 수 있는 방법이다.

그러나 AgCl과 SCN^-와의 반응은 비교적 느리다. 여기서 적정용액에 물에 잘 녹지 않는 니트로벤젠과 같은 유기용매를 조금 가하여 잘 저으면 니트로벤젠은 염화은 침전입자를 둘러싸서 수용액과 접하는 것을 막아 티오시안산이온과의 반응을 막아 준다. 그러므로 티오시안산염 표준용액으로 역적정하기 직전에 1 mL 정도의 니트로벤젠을 가하면 좋은 결과를 얻을 수 있다.

6E－3 브롬화물과 요오드화물의 적정

티오시안산은에 비하여 브롬화은과 요오드화은은 염화은과 다르게 훨씬 난용성이기 때문에 Br^- 와 I^- 의 정량은 아무런 어려움없이 침전을 분리하거나, 니트로벤젠을 넣을 필요없이 Volhard 법을 이용하여 적정할 수 있다.

그리고 요오드화이온의 적정에서는 시료에 질산은 표준용액을 과량으로 넣기 전에 지시약 Fe^{3+} 를 가하면 이것이 산화제로 작용하여 다음과 같이 요오드를 발생시킨다.

$$Fe^{3+} + I^- \rightleftharpoons Fe^{2+} + \frac{1}{2}I_2$$

그러므로 반드시 시료 용액에 질산은의 표준용액을 가하여 요오드화은 침전을 만든 다음에 지시약을 가하고, SCN^- 용액으로 적정하는 순서를 밟아야 한다.

실험 6F 침전법 적정

실험 6F－1 질산은 표준용액 만들기(추천)

실험개요

일정량의 일차 표준물인 질산은 결정을 녹여 일정 부피의 메스플라스크에 옮기고, 물로 표선까지 묽힌 다음 정확한 농도를 계산한다.

유의사항

질산은은 표준물로 사용할 수 있는 순수한 것을 시중에서 구할 수 있다. 그리고 비교적 큰 당량무게(169.87)를 가지며 물에 잘 녹는다.

질산은은 고체나 용액상태에서 유기질이나 먼지가 섞여 있거나 햇빛을 받으면 환원하여 금속은이 석출된다. 그러므로 이들은 온도가 낮은 그늘에서 취급, 보관하고 표준용액은 색깔병에 넣어 어둡고 차가운 곳에 보관한다. 용액을 만들 때에는 염화물이 들어 있지 않은 증류수를 사용하도록 한다. 일차 표준물로 사용할 수 있는 순수한 질산은을 구입할 수 있다.

실험과정

기구 : 메스플라스크(500mL들이), 전기건조기, 색깔병

시약 : $AgNO_3$(일차 표준물), NaCl(일차 표준물)

1. 일차 표준물인 질산은을 110 ℃ 에서 1시간 정도 말린 다음 데시케이터 속에서 식히고, 이것을 달아서 표준용액을 만드는 데 사용한다.

2. 0.100 M 또는 0.0100 M 질산은용액 500 mL를 만드는 데 필요한 질산은 무게를 정밀하게 계산하고, 이것을 정확하게 달아 염화이온이 없는 증류수에 녹여 500 mL들이 메스플라스크에 옮겨서 증류수로 표선까지 묽힌다. 이 용액은 색깔병에 넣어 그늘지고 차가운 장소에 보관한다.

3. 녹인 질산은의 무게로부터 계산한 정확한 농도, 만든 날짜를 라벨에 기입한 후 병에 붙인다. 질산은용액은 오래 두면 농도가 변하기 때문에 때때로 염화나트륨 표준용액으로 표정한다.

4. 염화나트륨 표준용액은 순수한 염화나트륨을 잘 말린 다음 필요한 무게를 산출하여 정확하게 달아서 메스플라스크를 이용하여 녹이는 방법으로 만들고, 이 용액은 질산은용액의 농도를 표정하는 데 이용한다. 적정법은 실험 6 − 2, 6 − 3, 6 − 4와 같다.

실험 예제 6F − 1

0.1000 M 질산은 표준용액 500 mL를 만드는 데 필요한 $AgNO_3$의 무게(g)를 구하라.

풀이 필요한 $AgNO_3$(Mw = 169.87) 무게 g

$$= 0.1000\,\frac{\text{mmol}}{\text{mL}} \times 500\ \text{mL} \times \frac{169.87\ \text{g}}{1000\ \text{mmol}} = 8.494\ \text{g}$$

실험 6F − 2 Mohr법에 의한 염화물의 정량(추천)

실험개요

시료용액의 pH를 7 ~ 10으로 맞추고, 크롬산염 용액을 지시약으로 가하여 질산은 표준용액으로 붉은색을 띨 때까지 적정한다.

유의사항

침전법 적정에서는 적정 도중에, 특히 종말점 부근에서 잘 저어야 한다. 이것은 침전입자에 흡착되어 있는 이온을 완전히 반응시키기 위한 행동이다.

이 방법은 염화물, 브롬화물의 정량에 이용된다. 요오드화물 및 티오시안산염은 침전에 대한 흡착력이 세기 때문에 잘 저어도 역시 부의 오차가 생긴다. 알루미늄, 철, 아연, 주석과 같은 중금속의 염화물은 가수분해하여 pH 7~10의 용액에서 수산화물 침전이 생긴다. 또 구리, 니켈, 코발트와 같은 금속의 염화물은 색깔을 띤다. 또 납과 바륨이온은 지시약 크롬산과 다소 난용성 염을 만든다. 그러므로 이들 중금속이온은 적정에 지장을 준다. 또 은과 난용성 염을 만드는 인산, 비산, 아황산, 황화이온 등은 적정에 지장을 준다.

은법 적정에서는 은이온의 분해를 막기 위해서, 항상 그늘진 곳에서 조작해야 하고, 또 적정액의 pH는 7~10이 적당하다. 탄산수소나트륨을 녹이면 pH를 8.0 정도에 유지할 수 있다. 때로는 증류수에도 염화이온이 포함되어 있으므로 주의해야 한다.

실험과정

기구 : 적정장치

시약 : 0.1 M $AgNO_3$ 표준용액, $NaHCO_3$, NaCl

크롬산 지시약 : 크롬산칼륨 K_2CrO_4의 5 % 수용액, 이것을 적정용액 50~100 mL에 대하여 1 mL 정도씩 가한다.

1. 110 ℃에서 1시간 말린 시료 NaCl 0.25~0.35 g 가량을 0.1 mg까지 정확히 달아 삼각플라스크에서 100 mL 정도의 물에 녹이고, 탄산수소나트륨 1 g 정도를 가한다. 만약 용액이 산성이고, 이산화탄소의 기포가 생기면 기체 발생이 중지될 때까지 조금씩 더 가한다.
2. 뷰렛을 0.1 M 질산은 표준용액으로 1~2 mL씩 사용하여 3회 씻은 다음, 질산은 표준용액을 뷰렛에 채운다. 이때 뷰렛의 끝부분에 공기가 남아 있지 않도록 한다. 시료 용액에 크롬산 지시약 1 mL를 가하고, 계속 저으면서 적정하여 용액이 분홍색을 띠기 시작할 때 적정을 멈춘다.
3. 똑같은 방법으로 NaCl이 들어 있지 않은 용액에 대하여 바탕시험을 하여 위의 적정값을 보정해 준다. 바탕시험(blank test)을 할 때에는 증류수 100 mL에 지시약을 위에서와 같이 1 mL 넣고 탄산수소나트륨 1 g을 가하여 질산은 표준용액으로 적정하여 위의 시료 적정 때와 같은 색이 될 때까지 적가한 질산은용액의 부피를 읽는다. 지시약 바탕시험값은 0.1 M 질산은 0.03~0.05 mL보다 적어야 한다. 이 값을 시료 적정할 때의 측정값에서 빼준다.
4. 염화나트륨의 순도의 백분율을 계산한다.

실험 6F-3 Fajans법에 의한 염화물 적정

실험개요

시료용액의 pH를 적당히 중성이 되도록 맞추고, 지시약으로 플루오렛세인 또는 디클로플루오렛세인을 가하여 질산은 표준용액으로 붉은색이 나타날 때까지 적정한다.

유의사항

이 방법은 염화물, 브롬화물, 요오드화물, 티오시안산염 등의 정량분석에 적용된다. 플루오렛세인을 지시약으로 사용하는 경우는 적정액의 pH를 Mohr법과 같이 7~10에 맞추어야 하고, 디클로로플루오렛세인의 경우에는 pH 4 정도의 산성에서도 적정할 수 있다. 그러므로 Mohr법과 플루오렛세인을 사용하는 경우에 적정할 수 없는 구리, 니켈, 망간, 아연, 알루미늄과 같은 금속의 염화물은 디클로로플루오렛세인 지시약을 사용해 pH 4 정도에서 적정할 수 있다.

실험과정

기구 : 적정장치

시약 : 지시약, 플루오렛세인, 디클로로플루오렛세인, 시료 염화물, 질산은 표준용액

흡착 지시약 만들기 : 70 % 에틸알코올용액에 플루오렛세인을 0.1 % 되도록 녹인 용액 또는 플루오렛세인산나트륨의 0.1 % 수용액(pH 7~10)을 만든다. 70 % 에틸알코올용액에 디클로로플루오렛세인을 0.1 % 되도록 녹인 용액 또는 나트륨염을 0.1 % 되도록 녹인 수용액(pH 4~10)을 만든다.

1. 110 ℃에서 1시간 말린 염화물 시료를 0.2~0.3 g 취하여 무게를 정확히 달아 삼각플라스크에 넣고, 150 mL 가량의 물에 녹여 두 가지 지시약 중 어느 한 가지를 5~10 방울 가한다.
2. 계속 저으면서 용액이 붉은색이 되기 시작할 때까지 0.1 M 질산은 표준용액으로 적정한다.

실험 6F－4 Volhard법을 이용하는 할로겐화물의 정량

실험개요

이 방법은 역적정의 일종으로, 할로겐화이온 시료용액에 질산은 표준용액을 과량으로 일정량을 가하여 은염 침전을 만들고, 여분으로 남은 은이온을 철(III)의 지시약을 사용하여 티오시안산 표준용액으로 역적정한다.

이때 시료가 염화물인 경우에는 염화은 침전을 분리해 내고, 거른액을 티오시안산 표준용액으로 적정한다.

유의사항

시료가 염화물인 경우에는 처음 생긴 염화은 침전의 용해도가 비교적 높기 때문에 종말점에 가서 티오시안산과 반응한다. 이것을 막기 위해서 염화은 침전을 제거하거나 니트로벤젠과 같은 물에 녹지 않는 유기용매를 가해 저어 주어야 한다.

브롬화물, 요오드화물을 정량할 때에는 처음 생성되는 은염 침전을 제거할 필요가 없이 적정할 수 있다. 그리고 요오드화물을 정량할 때에는 반드시 먼저 표준용액을 과량으로 가하여 요오드화이온을 침전시킨 다음 철(III) 지시약을 가하여 철(III)와 요오드화이온이 반응하지 않도록 한다.

이 방법의 특징은 센 산성용액에서 정량할 수 있다는 것이고, 따라서 직징액중에 은과 난용성 염을 만드는 인산, 옥살산, 비산, 크롬산과 같은 음이온이 있어도 이 방법을 이용하면 적정할 수 있다.

실험과정

기구 : 적정장치, 1 L들이 메스플라스크

시약 : KSCN, 질산, 0.1 M $AgNO_3$ 표준용액(실험 6－1), 니트로벤젠,

철(III)지시약 : 황산암모늄철(III) $NH_4Fe(SO_4)_2 \cdot 12\ H_2O$ 10 g을 6 M HNO_3 100 mL에 녹여서 가열 산화시켜 만든다.

(1) 0.1 M 티오시안산칼륨 표준용액 만들기

1. 티오시안산칼륨 약 9.8 g을 물에 녹여 묽혀서 1 L의 수용액을 만들어 그 정확한 농도를 다음과 같이 표정한다.

2. 0.1 M 질산은 표준용액 25 mL를 피펫으로 정확히 삼각플라스크에 취하고 물을 가하여 100 mL가 되도록 묽힌다. 여기에 진한 질산 5 mL를 가하고 다시 철(III) 지시약 1 mL를 가하여 잘 저으면서 위에서 만든 티오시안산칼륨용액으로 적정한다. $FeSCN^{2+}$의 붉은색이 생기기 시작하면 조심스럽게 천천히 적정하고, 잘 저어도 붉은색이 1분간 지속될 때 적정을 멈춘다.

3. 위와 같은 적정을 3회 되풀이하여 평균값을 구하여 티오시안산칼륨용액의 농도를 계산한다.

바탕시험값은 0.1M 표준용액이 0.1mL이하라야 한다. 같은 실험을 되풀이한 결과는 0.2 ～ 0.3 % 오차범위에서 일치해야 한다.

(2) 염화물의 정량

110 ℃에서 1시간 동안 말린 시료(소금) 1 g을 정확히 달아 증류수에 녹이고, 250 mL들이 메스플라스크에 옮겨 표선까지 묽힌다.

이 시료용액에 대하여 다음과 같은 3가지 방법으로 염화이온을 정량하여 그 결과를 비교해 보자.

방법 I 이 용액 25 mL를 피펫으로 정확히 플라스크에 취하고, 물을 가하여 100 mL가 되도록 묽히다. 진한 질산 5 mL를 가하고, 0.1 M 질산은 표준용액을 과량으로 일정량(40 mL 정도) 가하여 염화은 침전을 만들고 잘 젓는다. 이 침전을 거름종이로 거르고 묽은 질산으로 잘 씻는다. 거른 액과 씻은 액을 합하여 삼각플라스크에 받고, 1 mL의 철(III) 지시약을 가하여 남아 있는 은이온을 티오시안산 표준용액으로 적정한다. 이것으로 시료중의 염화이온의 함유량을 구한다.

방법 II 방법 I 과 같이 염화은 침전을 만든 다음 이것을 250 mL들이 메스플라스크에 침전과 용액을 정량적으로 옮기고 묽은 질산으로 표선까지 묽힌다. 가만히 두어 침전이 가라앉으면 맑은 윗물을 피펫으로 정확히 100 mL 취하여 삼각플라스크에 받고, 여기에 철(III) 지시약 0.5 mL를 가하여 티오시안산칼륨 표준용액으로 위에서와 같이 적정한다.

방법 III 방법 I 과 같이 시료용액을 취하여 염화은 침전을 만들고, 여기에 순수한 니트로벤젠 3 mL와 철(III) 지시약 1 mL를 가하여 잘 저은 다음 0.1 M 티오시안산 표준용액으로 적정한다.

6G 연습문제

6—1 0.100 M KBr 100.0 mL를 0.100 M $AgNO_3$ 용액으로 적정한다. 50.00, 98.00, 99.90, 100.00, 100.10, 101.00, 110.00 mL 적가하였을 때의 브롬화이온과 은이온의 농도를 계산하라. AgBr의 용해도곱은 5.2×10^{-13}이다.

6—2 AgBr과 Ag_2CrO_4 침전이 공존하는 용액에 크롬산이온을 가하여 0.010 M이 되도록 했다. 브롬화이온의 농도를 구하라. Ag_2CrO_4와 AgBr의 용해도곱은 각각 1.1×10^{-12}과 5.2×10^{-13}이다.

6—3 은이온의 농도가 0.011 M인 용액에서 Ag_2CrO_4의 용해도를 구하라. Ag_2CrO_4의 용해도곱은 1.1×10^{-12}이다.

6—4 AgBr과 AgSCN의 침전이 공존할 때 $[Br^-]/[SCN^-]$값을 구하라. AgSCN의 용해도곱은 1.1×10^{-12}이다.

6—5 은법 적정에서 3가지 지시약인 크롬산, 플루오렛세인, 철(III)가 작용하는 원리를 비교, 설명하라.

6—6 소금물 25.00 mL에 0.1100 M $AgNO_3$ 용액 50.00 mL를 가하여 묽혀서 100.00 mL로 만들고, 맑은 윗물 50.00 mL를 취하여 0.0980 M SCN^- 용액으로 적정하였을 때 5.23 mL가 들어갔다. 소금의 양을 구하라.

제 7 장

산-염기 용액

7A 산과 염기

7A-1 산과 염기의 정의

1923년 Brönsted(브뢴스테드)와 Lowry(로우리)는 산은 수소이온(양성자)을 내놓을 수 있는 화학종이고, 염기는 이것을 받아들일 수 있는 화학종이라고 하였다. 산이 수소이온을 내면 그 결과 다음과 같이 염기가 생성되고, 그 염기가 수소이온과 결합하면 원래의 산으로 돌아간다.

$$\text{산} \rightleftharpoons \text{염기} + H^+$$

이와 같이 짝을 이룬 한 쌍의 산과 염기를 각각 짝산과 짝염기라고 한다. 짝산과 짝염기의 예를 들면 다음과 같다.

$$\underset{\text{산}}{HCl} \rightleftharpoons \underset{\text{염기}}{Cl^-} + H^+$$

$$\underset{\text{산}}{NH_4^+} \rightleftharpoons \underset{\text{염기}}{NH_3} + H^+$$

그러나 이러한 반응이 용액에서 단독으로 일어나는 것이 아니고, 반드시 용매분자가 관여하게 된다. 수용액의 경우에는 물분자와 다음과 같이 반응하여 일어난다.

$$\underset{\text{산 1}}{HCl} + \underset{\text{염기 2}}{H_2O} \rightleftharpoons \underset{\text{염기 1}}{Cl^-} + \underset{\text{산 2}}{H_3O^+} \qquad (7-1)$$

$$\underset{\text{산 1}}{NH_4^+} + \underset{\text{염기 2}}{H_2O} \rightleftharpoons \underset{\text{염기 1}}{NH_3} + \underset{\text{산 2}}{H_3O^+}$$

실제로 염화수소는 기체로 있을 때에는 공유결합 화합물로서 이온화하지 않지만, 물에 녹으면 곧 물과 반응하여 식 7－1에서와 같이 이온화하는 것을 볼 수 있다. 산이 용매와 반응하는 경우에 용매분자는 H^+를 받아들이는 염기의 구실을 하고, 결과적으로 산과 염기의 중화반응을 한다.

그러나 암모니아와 같은 염기가 물에 녹는 경우에는 다음 식 7－2와 같이 물분자는 H^+를 내면서 산의 구실을 한다. 따라서 암모니아용액은 염기성을 띠게 된다.

$$\underset{\text{염기 1}}{NH_3} + \underset{\text{산 2}}{H_2O} \rightleftharpoons \underset{\text{산 1}}{NH_4^+} + \underset{\text{염기 2}}{OH^-} \qquad (7-2)$$

그러므로 물은 산도 될 수 있고, 염기도 될 수 있는 중요한 용매이다.

H_3O^+는 히드로늄이온(hydronium ion)이라고 한다. 수소이온(양성자)은 대단히 작으며, 물 속에서 홀로는 있지 않고 항상 물분자 또는 다른 염기에 반드시 붙어다닌다. 그러나 일반 화학반응에서는 편의상 H_3O^+ 대신에 간단하게 H^+로서 수소이온을 표시하기도 한다.

7A－2 산의 세기

산의 세기는 수소이온을 쉽게 내놓는 가능성의 크기를 뜻한다. 산이 어떤 용매에 녹을 경우에 용매는 산에 대하여 염기의 구실을 한다. 그러므로 산의 세기, 즉 수소이온을 내놓을 가능성은 산 자체의 본질적인 성질과 그 용매의 양성자에 대한 친화성의 크기에 달려 있다. 그러므로 용매는 산의 세기를 논할 때 중요한 구실을 한다.

염산은 수용액에서 센 산이다. 이것은 물이 염화이온에 비하여 훨씬 센 염기이기 때문에 다음 반응이 완전히 진행되고, 염산은 완전히 이온화한다.

$$HCl + H_2O \rightleftharpoons Cl^- + H_3O^+$$

그러나 염산은 메틸알코올 용매에서는 약한 산이다. 이것은 알코올 분자는 물과 다르게 양성자를 잘 받아들이지 않는 약한 염기이기 때문이다. 그러므로 다음 반응은 많이 진행하지 못하고, 염화수소는 일부만이 이온화한다.

$$HCl + CH_3OH \rightleftharpoons Cl^- + CH_3OH_2^+$$

염산, 질산, 황산(제1이온화 단계)은 센 산으로, 수용액에서 그 농도에 관계없이 완전히 이온화한다. 그러나 아세트산과 같은 약한 산은 수용액에서 그 일부가 다음과 같이 이온화한다.

$$CH_3COOH + H_2O \rightleftharpoons CH_3COO^- + H_3O^+$$

이온화하는 정도는 그 평형상수에 따라 결정된다.

표 7－1 물의 이온곱(K_w)의 온도에 대한 변화

온도(℃)	$K_w \times 10^{-14}$	pK_w	온도(℃)	$K_w \times 10^{-14}$	pK_w
0	0.115	14.94	40	2.92	13.54
10	0.293	14.53	60	9.61	13.02
20	0.681	14.17	80	23.4	12.65
25	1.01	14.00	100	51.3	12.29
30	1.47	13.83			

$$\frac{a_{H_3O^+} \times a_{CH_3COO^-}}{a_{CH_3COOH}} \fallingdotseq K = \frac{[H^+][CH_3COO^-]}{[CH_3COOH]} = 1.75 \times 10^{-5}$$

이온화상수 K값은 산의 세기를 표시하는 것으로, 산이 셀수록 큰 값이고 약할수록 작은 값이다. 염산과 같은 센 산의 이온화상수는 무한대이지만, 극히 약한 산인 페놀은 1.1×10^{-10}이다(부록 IV 참조).

7A－3 물의 이온화

물 자체는 순수한 상태에서나 용액상태에서 극히 적은 일부가 이온화하여 수소이온과 수산화이온을 내고, 항상 다음과 같은 평형관계를 유지하고 있다.

$$H_2O + H_2O \rightleftharpoons H_3O^+ + OH^-$$

$$\frac{a_{H_3O^+} \times a_{OH^-}}{a^2_{H_2O}} = \frac{[H_3O^+][OH^-]}{[H_2O]^2} = \frac{[H^+][OH^-]}{[H_2O]^2} = K$$

용액론에서는 물과 같이 순수한 액체의 활동도를 1로 정하고 있으며, 비교적 묽은 수용액에서는 물의 활동도를 거의 1이라고 볼 수 있으므로 다음 관계가 성립한다.

$$[H^+][OH^-] = K_w$$

K_w를 물의 이온곱(ion product)이라 하고, 이 값은 표 7－1에서 보는 바와 같이 온도에 따라 다르며, 25℃에서 1.01×10^{-14}이다.

그러므로 25℃의 수용액에서는 산성, 중성, 염기성에 관계없이 다음과 같은 관계가 성립한다.(6B-1절 참조)

$$-\log K_w = -\log[H^+] - \log[OH^-] = 14.00$$

$$pK_w = pH + pOH = 14$$

그러나 수용액이 중성, 산성, 염기성으로 되면 다음 관계가 성립한다.

중성에서	$[H^+] = [OH^-]$	$pH = pOH = 7.0$
산성에서	$[H^+] > [OH^-]$	$pH < pOH$
염기성에서	$[H^+] < [OH^-]$	$pH > pOH$

7B 산과 염기의 평형반응에 관한 계산

여기서는 산, 염기 및 염이 단독으로, 또는 섞여 있는 수용액의 pH를 계산하는 방법을 공부하겠다. 그리고 평형반응에 관한 계산에서는 반드시 활동도를 사용하는 것이 옳지만, 편의상 몰농도를 이용한다.

7B—1 센 산과 센 염기의 용액

센 산과 센 염기는 모두 센 전해질이고, 수용액에서 완전히 이온화한다. 염산, 질산 및 과염소산과 같은 1가 산 용액의 수소이온 농도는 그 용질의 몰농도와 같다. 그리고 센 염기의 수용액에서 수산화이온 농도는 그 용질의 몰농도와 같다.

예제 7B—1

(a) 0.100 g의 HCl이 녹아 있는 1 L 용액의 pH를 계산하라.
(b) 만약 이 염산용액에 물을 가하여 1.0×10^5 L 용액으로 만들면 어떻게 되는가?

풀이 (a) HCl의 mol수 $= \dfrac{0.100\ \text{g}}{36.46\ \text{g/mol}} = 2.74 \times 10^{-3}$ mol

$$\text{HCl의 농도} = 2.74 \times 10^{-3}\ \frac{\text{mol}}{\text{L}}$$
$$[\text{H}^+] = 2.74 \times 10^{-3}\ \text{M}$$
$$\text{pH} = -\log[\text{H}^+] = 2.56$$

(b) HCl만으로 얻는 수소이온 농도는 다음과 같다.

$$[\text{H}^+] = \frac{2.74 \times 10^{-3}}{1.0 \times 10^5}\ \frac{\text{mol}}{\text{L}} = 2.74 \times 10^{-8}\ \frac{\text{mol}}{\text{L}}$$

따라서 pH = 7.56이고, 이것은 있을 수 없는 일이다. 이것은 물의 이온화를 고려하지 않았기 때문이다. $K_w = [\text{H}^+][\text{OH}^-] = 10^{-14}$ 관계를 이용하면 다음과 같이 된다. 물의 해리에 의하여 생기는 수소이온과 수산화이온의 농도를 x라고 하면 다음과 같이 된다.

$$(2.74 \times 10^{-8} + x)(x) = 10^{-14}$$
$$x^2 + 2.74 \times 10^{-8}x - 10^{-14} = 0$$
$$x = 8.72 \times 10^{-8}\ \frac{\text{mol}}{\text{L}}$$
$$[\text{H}^+] = 8.72 \times 10^{-8} + 2.74 \times 10^{-8} = 11.46 \times 10^{-8}\ \frac{\text{mol}}{\text{L}}$$
$$\text{pH} = 6.94$$

7B—2 약한 산의 용액

약한 산은 수용액에서 그 일부만이 이온화한다. 예를 들어 약한 산 HA는 수용액중에서 다음과 같은 평형관계를 유지한다.

$$HA \rightleftharpoons H^+ + A^-$$

$$\frac{[H^+][A^-]}{[HA]} = K_a \qquad (7-3)$$

용매인 물도 다음과 같이 이온화하고, 평형관계를 유지한다.

$$H_2O \rightleftharpoons H^+ + OH^-$$

$$K_w = [H^+][OH^-] \qquad (7-4)$$

따라서 이 용액중에는 HA, H^+, A^- 및 OH^- 등 4개의 화학종이 존재하고, 이들 농도를 구하기 위해서는 식 7-3과 7-4 이외에 2개의 관계식이 더 필요하다. 용액 전체는 항상 전기적으로 중성이고, 따라서 용액중의 전하중화법칙(rule of electroneutrality)이 유지되며, 양이온의 전체 전하수와 음이온의 전체 전하수가 같아진다.

$$[H^+] = [OH^-] + [A^-] \qquad (7-5)$$

다음은 용액중에서 물질의 질량보존법칙(rule of material conservation)이 유지되어야 하고, HA의 원래 농도를 C_a라고 하면 다음 관계가 성립한다.

$$C_a = [A^-] + [HA] \qquad (7-6)$$

이들 4개의 관계식을 이용하면 용액중의 4개의 화학종의 농도를 산출할 수 있다.

그러나 일반적으로 물이 이온화하여 나오는 H^+와 OH^-의 농도는 HA에서 나오는 $[H^+]$나 $[A^-]$보다 훨씬 작은 값이므로 물의 이온화현상을 무시하는 경우가 많다. 그러므로 식 7-5에서 다음 관계를 얻는다.

$$[H^+] = [A^-]$$

그리고 식 7-6은 다음과 같이 된다.

$$[HA] = C_a - [H^+]$$

식 7-3에서

$$\frac{[H^+]^2}{C_a - [H^+]} = K_a$$

즉

$$[H^+]^2 + K_a[H^+] - K_aC_a = 0$$

이차 방정식의 근의 공식을 이용하면 다음과 같다.

$$[H^+] = -\frac{K_a}{2} + \sqrt{\frac{K_a^2}{4} + K_aC_a} \qquad (7-7)$$

그러나 근사법으로 다음과 같이 쉽게 푸는 것이 보통이다. 약한 산이 내는 $[H^+]$가 C_a보다 훨씬 작은 경우가 보통이고, 따라서 $C_a - [H^+]$는 실제로 C_a로 볼 수 있다. 그러므로 다음과 같이 된다.

$$K_a = \frac{[H^+]^2}{C_a - [H^+]} \fallingdotseq \frac{[H^+]^2}{C_a}$$

$$[H^+]^2 = K_a C_a$$

$$[H^+] = \sqrt{K_a C_a} \qquad (7-8)$$

$[H^+]$가 C_a값의 5 % 이하일 때에는 식 7－8을 사용하여 $[H^+]$를 계산할 수 있다.

예제 7B－2

0.100 M 아세트산용액의 pH를 구하라.

풀이 $CH_3COOH \rightleftharpoons CH_3COO^- + H^+$

$$\frac{[H^+][CH_3COO^-]}{[CH_3COOH]} = K_a = 1.75 \times 10^{-5}$$

아세트산의 이온화반응에 있어서 물의 이온화를 무시하면 다음 관계가 성립한다.

$$[H^+] = [CH_3COO^-]$$

$$[CH_3COOH] = 0.100 - [H^+]$$

$$\frac{[H^+]^2}{0.100 - [H^+]} = 1.75 \times 10^{-5}$$

위의 식을 정리하여 이차 방정식을 풀면 수소이온 농도를 구할 수 있다.

$$[H^+] = 1.32 \times 10^{-3}\,M, \ pH = 2.88$$

용액중의 수소이온 농도가 아세트산의 원래 농도 0.100 M에 비하여 무시할 정도로 작다고 가정한다면 이온화하지 않고 남은 아세트산의 농도는 대략 다음과 같다.

$$[CH_3COOH] = 0.100\,M - [H^+] \fallingdotseq 0.100\,M$$

근사법에 의하여 다음과 같이 풀 수 있다.

$$[H^+] = \sqrt{K_a C_a} = \sqrt{1.75 \times 10^{-5} \times 10^{-1}} = 1.32 \times 10^{-3}\,M$$

$$pH = 2.88$$

위에서 얻은 두 결과는 서로 같다.

이와 같은 근사법으로 계산할 때 나타나는 오차는 표 7－2에서 보는 바와 같이 산의 농도 C_a가 묽을수록, 산의 K_a값이 클수록 증가한다.

일반적으로 C_a/K_a비가 10^4 정도이면 0.5 % 정도의 오차가 생기고, 10^3 정도이면 1.6 %, 10^2 정도이면 5 %, 10이면 17 % 정도의 오차를 가져온다. 보통의 경우 5 % 정도까지의 오차는 허용할 수 있다고 본다. 그러므로 C_a/K_a비가 10^2보다 작은 경우에는 식 7－7을 이용하여 이차 방정식을 푸는 방법으로 수소이온 농도를 구해야 한다.

표 7－2 근사법으로 구한 약한 산의 수소이온 농도의 오차

값(K_a)	약한 산의 농도(C_a)	근사법으로 구한 $[H^+]$	정밀법으로 구한 $[H^+]$	오차(%)
1.00×10^{-2}	1.00×10^{-3}	3.16×10^{-3}	0.92×10^{-3}	244
	1.00×10^{-2}	1.00×10^{-2}	0.62×10^{-2}	61
	1.00×10^{-1}	3.16×10^{-2}	2.70×10^{-2}	17
1.00×10^{-4}	1.00×10^{-4}	1.00×10^{-4}	0.62×10^{-4}	61
	1.00×10^{-3}	3.16×10^{-4}	2.70×10^{-4}	17
	1.00×10^{-2}	1.00×10^{-3}	0.95×10^{-3}	5.3
	1.00×10^{-1}	3.16×10^{-3}	3.11×10^{-3}	1.6
1.00×10^{-6}	1.00×10^{-5}	3.16×10^{-6}	2.70×10^{-6}	17
	1.00×10^{-4}	1.00×10^{-5}	0.95×10^{-5}	5.3
	1.00×10^{-3}	3.16×10^{-5}	3.11×10^{-5}	1.6
	1.00×10^{-2}	1.00×10^{-4}	9.95×10^{-5}	0.5
	1.00×10^{-1}	3.16×10^{-4}	3.16×10^{-4}	0.0

7B－3 약한 염기의 용액

약한 염기로는 암모니아와 각종 아민 등이 있고, 이들이 물과 반응하면 다음과 같이 이온화하여 수산화이온을 낸다.

$$NH_3 + H_2O \rightleftharpoons NH_4^+ + OH^-$$

NH_3가 물에 녹으면 모두 NH_4OH로 된다고 생각한 적도 있었으나 용액중에서 대부분은 역시 NH_3 상태로 있으며, 그 중 일부만이 위와 같은 반응을 하여 이온화한다. 그 평형관계는 다음과 같고, 반응의 평형상수 K_b는 염기의 이온화상수이다. 이 값은 염기의 세기와 이온화하는 정도를 말한다.

$$K_b = \frac{[NH_4^+][OH^-]}{[NH_3]}$$

약한 산용액의 수소이온 농도를 구할 때와 같이 용액중의 수산화이온 농도도 이 관계를 이용하여 계산할 수 있다. 즉 암모니아의 원래 농도를 C_b라 하고, 물의 이온화를 무시하여 $[OH] \fallingdotseq [NH_4^+]$라고 하면 염기의 이온화상수는 다음과 같이 되고, $[OH^-]$에 관한 이차 방정식을 풀면 식 7－10을 얻는다.

$$\frac{[OH^-]^2}{C_b - [OH^-]} = K_b \qquad (7-9)$$

$$[OH^-] = -\frac{K_b}{2} + \sqrt{\frac{K_b^2}{4} + K_bC_b} \qquad (7-10)$$

염기가 약하면 C_b에 비하여 $[OH^-]$가 훨씬 작고, $C_b - [OH^-] \fallingdotseq C_b$이다. 이것을 식 7－9에 대입하면 다음과 같이 근사법으로 $[OH^-]$를 얻을 수 있다.

$$[OH^-] = \sqrt{K_b C_b} \qquad (7-11)$$

이 경우에도 C_b/K_b비가 10^2보다 작은 경우에는 근사법으로 얻는 결과의 오차가 크다. 그러므로 이 경우에 용액의 수산화이온 농도는 식 7−10을 이용하여 구한다.

예제 7B−3

0.075 M NH_3 용액의 pH를 구하라.

풀이 $\frac{[NH_4^+][OH^-]}{[NH_3]} = K_b = 1.76 \times 10^{-5}$

물의 이온화를 무시하면 $[OH^-] = [NH_4^+]$이고, 평형식은 다음과 같이 된다. 다음 이차 방정식을 풀어서 $[OH^-]$를 구할 수도 있다.

$$\frac{[OH^-]^2}{(7.5 \times 10^{-2}) - [OH^-]} = 1.76 \times 10^{-5}$$

약한 염기로서 근사법을 이용하면 다음과 같다.

$$[OH^-] = \sqrt{K_b C_b} = \sqrt{1.76 \times 10^{-5} \times 7.5 \times 10^{-2}} = 1.14 \times 10^{-3}\,M$$
$$pOH = -\log 1.14 \times 10^{-3} = 2.94$$
$$pH = 14 - 2.94 = 11.06$$

7C 염의 용액——짝산 및 짝염기의 이온화 평형

7C−1 센 산과 센 염기로 이루어진 염의 용액

예를 들어 센 산인 염산 HCl과 센 염기인 수산화나트륨 NaOH로 이루어진 염화나트륨과 같은 염은 수용액에서 완전히 이온화하는데, Na^+와 Cl^-는 용매인 물이나 그 속에 있는 H^+ 또는 OH^-와 아무런 반응을 하지 않으므로 이 용액은 중성상태로 머물러 있다.

7C−2 약한 산과 센 염기로 이루어진 염의 용액, 짝염기의 세기

모든 알칼리 금속염은 물에 대단히 잘 녹고, 용액중에서 100 % 이온화한다.

아세트산나트륨은 수용액중에서 완전히 이온화하고, 그 중 아세트산이온은 물이 해리하여 나오는 수소이온과 반응하여 아세트산을 만든다. 그 결과 물의 이온화는 더 진행하여 다음과 같이 용액중에 수산화이온의 농도가 증가하여 평형에 도달하게 된다. 한편 나트륨이온은 용액중에서 아무런 반응도 하지 않는다고 생각해도 좋다.

$$CH_3COO^- + H_2O \rightleftharpoons CH_3COOH + OH^- \qquad (7-11)$$

그 결과 용액은 염기성을 띤다. 산이 약할수록 이 반응은 더 많이 진행하고, 용액의 염기성은 증가한다. 이 반응은 아세트산의 짝염기 CH_3COO^- 의 이온화반응이고, 그 평형 상수는 이 짝염기의 이온화상수 K_b라고 한다.

$$\frac{[CH_3COOH][OH^-]}{[CH_3COO^-]} = K_b \qquad (7-12)$$

약한 산의 이온화상수 K_a는 문헌에서 찾아볼 수 있으나, 짝염기의 이온화상수 K_b는 문헌에서 찾아볼 수 없고 다음과 같이 구한다. 이 용액의 수소이온 농도 $[H^+]$를 위 식의 분모와 분자에 곱하여 다시 바꿔 쓰면 다음과 같이 된다.

$$K_b = \frac{[CH_3COOH][OH^-][H^+]}{[CH^3COO^-][H^+]} = \frac{K_w}{K_a}$$

$$K_a K_b = K_w \qquad (7-13)$$

짝염기의 세기를 표시하는 K_b는 그 산의 이온화상수 K_a와 반비례 관계에 있다. 산이 약할수록, 즉 K_a가 작을수록 짝염기의 이온화상수 K_b는 크고, 따라서 센 염기임을 알 수 있다.

예제 7C-1

0.100 M 아세트산나트륨용액의 pH를 구하라.

풀이 $CH_3COO^- + H_2O \rightleftharpoons CH_3COOH + OH^-$

먼저 염기인 아세트산이온의 이온화상수 K_b를 구해야 하는데, 이것은 다음과 같이 계산된다.

$$\frac{[CH_3COOH][OH^-]}{[CH_3COO^-]} = K_b = \frac{K_w}{K_a} = \frac{1.00 \times 10^{-14}}{1.75 \times 10^{-5}} = 5.71 \times 10^{-10}$$

염기의 이온화식에서 물의 이온화를 무시하면 다음 관계가 성립한다.

$$[CH_3COOH] = [OH^-]$$

생성된 $[OH^-]$를 아세트산염의 원래 농도 0.100 M에 비하여 무시할 수 있다고 보면 다음 관계가 성립한다.

$$\frac{[OH^-]^2}{0.100 - [OH^-]} \fallingdotseq \frac{[OH^-]^2}{0.100} = \frac{K_w}{K_a} = 5.71 \times 10^{-10}$$

근사법에 따라서 다음과 같다.

$$[OH^-] = \sqrt{5.71 \times 10^{-10} \times 0.100} = 7.56 \times 10^{-6}\,M$$

$$pOH = 5.12$$

$$pH = 8.88$$

일반적으로 짝염기의 농도를 C_b라고 하면 용액의 $[OH^-]$는 다음과 같다.

$$[OH^-] = \sqrt{K_b C_b} = \sqrt{\frac{K_w}{K_a} \times C_b} \qquad (7-14)$$

따라서

$$[H^+] = \frac{K_w}{\sqrt{\frac{K_w}{K_a} \times C_b}} = \sqrt{\frac{K_w K_a}{C_b}} \qquad (7-15)$$

7C—3 센 산과 약한 염기로 이루어진 염, 짝산의 세기

용액중에서 염화암모늄이 해리할 때 생기는 암모늄이온은 암모니아의 짝산이고, 다음과 같이 이온화하여 용액은 산성을 띤다.

$$NH_4^+ \rightleftharpoons NH_3 + H^+$$

$$\frac{[NII_3][II^+]}{[NH_4^+]} = K_a$$

약한 염기의 짝산의 이온화상수 K_a는 문헌에 잘 나타나지 않으며, 다음과 같이 구한다. 이 용액의 수산화이온 농도 $[OH^-]$를 위 식의 분모와 분자에 곱하여 정리하면 다음과 같이 된다.

$$K_a = \frac{[NH_3][H^+]}{[NH_4^+]} = \frac{[NH_3][H^+][OH^-]}{[NH_4^+][OH^-]} = \frac{K_w}{K_b}$$

$$K_a K_b = K_w$$

이 경우에도 역시 짝산과 짝염기의 이온화상수는 서로 역수의 관계에 있음을 알 수 있고, 짝산의 이온화상수 K_a는 염기의 이온화상수 K_b를 이용하여 구할 수 있다.

예제 7C—2

0.100 M 염화암모늄용액의 pH를 계산하라.

풀이 암모늄이온은 약한 산이고, 그 이온화상수는 다음과 같이 구한다.

$$NH_4^+ \rightleftharpoons NH_3 + H^+$$

$$\frac{[NH_3][H^+]}{[NH_4^+]} = K_a = \frac{K_w}{K_b}$$

그리고

$$[H^+] = [NH_3]$$

그러므로

$$[H^+] = \sqrt{K_a C} = \sqrt{\frac{K_w}{K_b} \times C} = \sqrt{\frac{1.00 \times 10^{-14}}{1.76 \times 10^{-5}} \times 0.100} = 7.53 \times 10^{-6}\,M$$

$$pH = 5.12$$

7C－4 약한 산과 약한 염기로 이루어진 염

예를 들어 포름산암모늄 NH_4OOCH는 수용액에서 녹아 완전히 이온화하고, 이들 짝산 NH_4^+와 짝염기 $HCOO^-$ 이온은 다음과 같이 반응할 것이다.

$$NH_4^+ \rightleftharpoons NH_3 + H^+$$

$$\frac{[NH_3][H^+]}{[NH_4^+]} = K_a = 5.37 \times 10^{-10}$$

$$HCOO^- + H_2O \rightleftharpoons HCOOH + OH^-$$

$$\frac{[HCOOH][OH^-]}{[HCOO^-]} = K_b = \frac{K_w}{K_a} = \frac{1.00 \times 10^{-14}}{1.70 \times 10^{-4}} = 5.68 \times 10^{-11}$$

$$NH_4^+ + HCOO^- \rightleftharpoons NH_3 + HCOOH \qquad (7-16)$$

$$\frac{[NH_3][HCOOH]}{[NH_4^+][HCOO^-]} = \frac{[NH_3][HCOOH]K_w}{[OH^-][NH_4^+][HCOO^-][H^+]} = \frac{K_w}{K_bK_a} \qquad (7-17)$$

용액중에서 반응 7－16이 주로 일어난다고 가정하면 다음 관계가 성립된다.

$$[NH_4^+] = [HCOO^-]$$

$$[NH_3] = [HCOOH]$$

평형식 7－17은 다음과 같이 된다.

$$\frac{[HCOOH]^2}{[HCOO^-]^2} = \frac{K_w}{K_aK_b} \quad \left(\text{여기서 } \frac{[HCOOH]}{[HCOO^-]} = \frac{[H^+]}{K_a}\right)$$

$$\frac{[H^+]^2}{K_a^2} = \frac{K_w}{K_aK_b}$$

$$[H^+] = \sqrt{\frac{K_wK_a}{K_b}} \qquad (7-18)$$

이 용액의 pH는 이 염의 용액 농도에 관계없이 이 염을 구성하고 있는 성분인 염기와 산의 이온화상수에 달려 있음을 알 수 있다.

예제 7C－3

0.010 M의 포름산암모늄용액의 pH를 계산하라.

풀이 $[H^+] = \sqrt{\frac{K_w K_a}{K_b}}$

$$[H^+] = \sqrt{\frac{(1.00 \times 10^{-14})(1.70 \times 10^{-4})}{1.76 \times 10^{-5}}} = 3.11 \times 10^{-7}M$$

pH = 6.51

7D 완충용액

7D—1 완충용액

용액에 물을 가하여 묽히거나, 또는 여기에 소량의 센 산 또는 염기를 가해도 그 수소이온 농도가 별로 변하지 않고 거의 일정하게 머무는 용액을 **완충용액**(buffer solution)이라고 한다. 보통 완충용액은 약한 산과 그 짝염기 또는 약한 염기와 그 짝산의 1 : 1의 혼합용액이다. 예를 들어 아세트산과 아세트산나트륨의 혼합용액이나 암모니아와 염화암모늄 혼합용액이 대표적인 완충용액이고, 그 pH는 각각 4.76과 9.56 정도이다.

예를 들어 완충용액에 약한 산 HA와 짝염기 A^-가 포함되어 있는 경우 이들 사이에는 다음과 같은 화학평형이 이루어진다.

$$HA \rightleftharpoons H^+ + A^-$$

$$\frac{[H^+][A^-]}{[HA]} = K_a \qquad (7-19)$$

여기에 H^+(염산)를 조금 가하면 H^+는 A^-와 반응하고, 위의 평형은 역행하여 H^+가 소비되고 HA가 생성된다. OH^-(수산화나트륨)를 조금 가하면 OH^-는 HA와 반응하고, 다음 반응이 역행하여 OH^-가 소비된다.

$$A^- + H_2O \rightleftharpoons HA + OH^-$$

$$\frac{[OH^-][HA]}{[A^-]} = K_b \qquad (7-20)$$

따라서 H^+와 OH^-의 농도가 급하게 변하는 것을 막아준다.

그러므로 용액의 pH값이 크게 변하지 않고 거의 일정하게 머무르게 된다. 완충용액 중에 들어 있는 짝산 HA와 짝염기 A^-의 원래 농도를 C_{HA}와 C_{A^-}라고 할 때, 이들 산과 염기가 용액 속에서 이온화반응을 하여 평형에 도달하면 다음 관계가 성립한다. 즉 식 7-19에 의하면 용액에 $[H^+]$가 늘어난 만큼 A^-가 생기고, HA는 줄어든다. 반응 7-20으로 OH^+가 늘어난 만큼 HA는 늘어나고, A^-는 줄어든다. 따라서 다음 관계를 얻는다.

$$[HA] = C_{HA} - [H^+] + [OH^-]$$

$$[A^-] = C_{A^-} + [H^+] - [OH^-]$$

그러므로 이 용액의 수소이온 농도는 다음과 같이 된다.

$$[H^+] = K_a\frac{[HA]}{[A^-]} = K_a\frac{C_{HA} - [H^+] + [OH^-]}{C_A + [H^+] - [OH^-]}$$

일반적인 경우 C_{HA}와 C_{A^-}값은 $([H^+] - [OH^-])$값에 비하여 훨씬 크기 때문에 다음과 같이 된다.

$$[HA] \fallingdotseq C_{HA}, \qquad [A^-] \fallingdotseq C_{A^-}$$

따라서 용액의 수소이온 농도는 다음과 같이 표시된다.

$$[H^+] = K_a \frac{[HA]}{[A^-]} \fallingdotseq K_a \frac{C_{HA}}{C_{A^-}} \qquad (7-21)$$

따라서

$$pH = pK_a + \log \frac{C_{A^-}}{C_{HA}} \qquad (7-22)$$

이것을 Henderson－Hasselbalch(헨더슨－하셀발히)식이라 하고, 완충용액의 pH를 산출하는 데 많이 이용되고 있다.

한편 짝염기 A^-의 이온화 평형식을 이용하면 다음과 같이 된다.

$$[OH^-] = K_b \frac{[A^-]}{[HA]} \fallingdotseq K_b \frac{C_{A^-}}{C_{HA}} \qquad (7-23)$$

예제 7D－1

0.100 M 아세트산과 0.100 M의 아세트산나트륨 혼합용액의 pH를 계산하라.

풀이 수용액에서 아세트산은 일부만 이온화하고, 아세트산나트륨은 완전히 이온화하여 다음과 같이 아세트산의 이온화반응 평형이 이루어진다.

$$CH_3COOH \rightleftharpoons H^+ + CH_3COO^-$$

여기서 물의 이온화반응은 아세트산에 의해 억제되기 때문에 무시하고, 또 아세트산 이온의 이온화반응도 거의 무시하기로 한다.

$$K_a = \frac{[H^+][CH_3COO^-]}{[CH_3COOH]} = 1.75 \times 10^{-5}$$

$$[H^+] = K_a \times \frac{C_{A^-}}{C_{HA}} = 1.75 \times 10^{-5} \times \frac{0.100}{0.100}$$

$$[H^+] = 1.75 \times 10^{-5} M, \qquad pH = 4.76$$

예제 7D－2

염화암모늄 0.0100 mol에 암모니아 0.0200 mol을 포함하는 100 mL 용액의 pH를 구하라.

풀이 암모니아와 암모늄이온은 수용액에서 다음과 같이 평형을 이룬다.

$$NH_3 + H_2O \rightleftharpoons NH_4^+ + OH^-$$

$$\frac{[NH_4^+][OH^-]}{[NH_3]} = K_b$$

그리고 용액중에서 화학종의 농도관계는 다음과 같다.

$$[OH^-] = 1.76 \times 10^{-5} \times \frac{C_{NH_3}}{C_{NH_4^+}}$$

$$[OH^-] = 1.76 \times 10^{-5} \times \frac{0.200}{0.100}$$

$$[OH^-] = 3.40 \times 10^{-5}\,M$$

$$pOH = 4.53, \qquad pH = 9.47$$

예제 7D-3

0.100 M 아세트산 및 0.100 M 아세트산나트륨을 포함하는 완충용액 100.0 mL에 10.0 mL의 0.100 M HCl 용액을 가하면 pH는 어떻게 변하는가?

풀이 이 완충용액의 평형식에서 산의 농도는 원래 있는 산과 새로 가한 산의 합일 것이다.

$$[CH_3COOH] = \frac{0.100\,M \times 100\,mL + 0.100\,M \times 10.0\,mL}{110\,mL} = 0.100$$

염기인 아세트산이온의 농도는 원래 있던 아세트산염의 농도에서 산으로 변한 것의 농도를 뺀 값에 해당한다.

$$[CH_3COO^-] = \frac{0.100M \times 100mL - 0.100M \times 10.0mL}{110mL} = 0.082M$$

$$[H^+] = 1.75 \times 10^{-5} \times \frac{0.100}{0.082} = 2.13 \times 10^{-5}M$$

$$pH = 4.67$$

7D-2 생리화학 완충용액

건강한 사람의 혈액의 pH는 7.40~7.45 정도의 일정한 값을 갖는다. 이것은 혈액이 완충용액이고, 여기에는 HPO_4^{2-}—$H_2PO_4^-$, HCO_3^-—H_2CO_3 및 아미노산, 즉 단백질 등을 포함하고 있기 때문이다. 이 중에서도 혈액중의 $[HCO_3^-]/[H_2CO_3]$비는 가장 중요한 요소이고, 식 7-22에 따라 혈액의 pH를 구할 수 있다.

$$pH = 6.1 + \log\frac{[HCO_3^-]}{[H_2CO_3]}$$

H_2CO_3는 녹아 있는 CO_2의 양과 같고, 6.1은 혈액중의 탄산의 pK_{a1}이다. 혈액에는 보통 HCO_3^-가 26.0×10^{-3} M, CO_2가 1.3×10^{-3} M 녹아 있기 때문에 그 pH는 거의 7.4에 유지되고 있다.

7D-3 완충용량

1 L의 완충용액의 pH값을 한 단위 변화시키는 데 필요한 센 산 또는 센 염기의 몰수를 이 용액의 완충용량(buffer capacity)이라고 한다.

일반적으로 완충용량이 큰 용액은 약한 산과 짝염기의 농도가 진해야 하고, 그 산의 농도와 그 염기의 농도가 1 : 1로 되어 있는 용액이다. 이때 그 수소이온 농도는 약한 산의 이온화상수와 같은 값이 된다.

지금 n mol의 약한 산 HA에 m mol의 NaOH를 가하여 V L의 완충용액을 만드는 경우 평형식은 다음과 같다.

$$K_a = \frac{[H^+][A^-]}{[HA]} = \frac{[H^+](m/V)}{(n-m)/V}$$

$$pH = -\log K_a - \log(n-m) + \log m$$

이것을 m으로 미분하면 다음과 같다.

$$2.303\frac{d(pH)}{dm} = \frac{1}{n-m} + \frac{1}{m} = \frac{n}{m(n-m)}$$

pH의 변화속도가 극소인 경우는 다음과 같다.

$$\frac{d^2(pH)}{dm^2} = \frac{n(2m-n)}{m^2(n-m)^2} = 0 \qquad (7-24)$$

$$m = \frac{n}{2}$$

약한 산용액에 알칼리를 가하여 완충용액을 만들 때 pH의 변화율이 가장 작은 경우는 알칼리를 산 전체량의 1/2만큼 가했을 때임을 알 수 있다. 즉 용액중의 $C_{HA} : C_{A^-}$가 1 : 1인 경우이다.

7E 다가산의 이온화 평형

7E-1 다가산 용액

2염기산 H_2B는 다음과 같이 두 단계로 이온화한다.

$$H_2B \rightleftharpoons H^+ + HB^- \qquad K_{a1} = \frac{[H^+][HB^-]}{[H_2B]} \qquad (7-25)$$

$$HB^- \rightleftharpoons H^+ + B^{2-} \qquad K_{a2} = \frac{[H^+][B^{2-}]}{[HB^-]} \qquad (7-26)$$

H_2B의 원래 농도를 C_a라고 하면, 다음의 질량보존법칙이 성립한다.

$$C_a = [H_2B] + [HB^-] + [B^{2-}] \qquad (7-27)$$

전하균형의 법칙에 따라 다음이 성립한다.

$$[H^+] = [HB^-] + 2[B^{2-}] + [OH^-] \qquad (7-28)$$

산성용액에서는 $[OH^-]$를 무시할 수 있기 때문에 다음과 같이 된다.

$$[H^+] = [HB^-] + 2[B^{2-}] \qquad (7-29)$$

위의 4개 식을 이용하면 $[H_2B]$, $[HB^-]$, $[B^2]$ 및 $[H^+]$의 값을 구할 수 있다. 그러나 K_{a1}/K_{a2}비가 크면 제 2 이온화를 무시할 수 있고, 제 1 이온화만을 생각하여 1염기산의 경우와 같이 취급하여 pH를 구할 수 있다.

7 E — 2 다가산의 완충용액

H_2B와 NaHB의 1 : 1 혼합용액은 완충용액이고, 이 경우 용액의 pH는 K_{a1}만을 생각하여 계산할 수 있다.

$$[H^+] = K_{a1} \times \frac{[H_2B]}{[HB^-]} \fallingdotseq K_{a1} \times \frac{C_{H_2B}}{C_{NaHB}}$$

또 NaHB와 Na_2B의 혼합 완충용액의 pH는 K_{a2}만을 생각하여 계산할 수 있다.

$$[H^+] = K_{a2} \times \frac{[HB^-]}{[B^{2-}]} \fallingdotseq K_{a2} \times \frac{C_{NaHB}}{C_{Na_2B}}$$

7 E — 3 NaHB의 용액

용액중의 HB^-는 다음과 같이 염기 또는 산의 2가지 반응을 할 수 있다.

$$HB^- \rightleftharpoons H^+ + B^{2-}$$
$$HB^- + H^+ \rightleftharpoons H_2B$$

그리고 물질보존의 법칙에 따라 다음 관계가 성립한다.

$$C_{NaHB} = [H_2B] + [HB^-] + [B^{2-}] \qquad (7-30)$$

전하균형의 법칙에 따라 다음이 성립한다.

$$[Na^+] + [H^+] = [HB^-] + 2[B^2] + [OH^-] \qquad (7-31)$$

그런데 $[Na^+] = C_{NaHB}$이므로 식 7 — 30과 7 — 31에서 다음을 얻는다.

$$[H_2B] = [B^{2-}] + [OH^-] - [H^+]$$

여기에 반응 7 — 25 및 식 7 — 26을 이용하여 이 용액의 수소이온 농도를 다음 같이 얻는다.

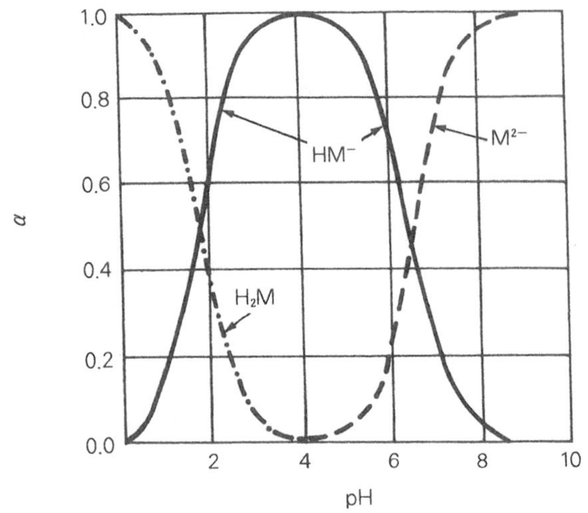

그림 7－1 말레산 H_2M 용액중의 각 성분 화학종과 pH의 관계.

$$\frac{[H^+][HB^-]}{K_{a1}} = \frac{K_{a2}[HB^-]}{[H^+]} + \frac{K_w}{[H^+]} - [H^+]$$

$$[H^+] = \sqrt{\frac{K_{a2}[HB^-] + K_w}{\frac{[HB^-]}{K_{a1}} + 1}} \qquad (7-32)$$

7F 다가산 화학종의 몰분율

다염기산을 알칼리로 적정하면 용액의 pH 변화에 따라 산은 차례로 다른 화학종으로 변해가는데, 이때 생성되는 각종 화학종의 상대량은 그림 7－1에서와 같이 용액의 수소이온 농도 $[H^+]$와 산의 이온화상수 K_a의 함수로 나타난다.

예를 들어 2염기산 H_2B의 각 화학종의 몰분율을 α라 하고, 용액중의 산의 원래 농도를 C_a라고 하면 물질보존법칙에 따라 다음과 같이 된다.

$$C_a = [H_2B] + [HB^-] + [B^{2-}] \qquad (7-33)$$

그리고 각 성분 화학종의 몰분율 α는 다음과 같이 표시된다.

$$\alpha_0 = \frac{[H_2B]}{C_a}$$

$$\alpha_1 = \frac{[HB^-]}{C_a}$$

$$\alpha_2 = \frac{[B^{2-}]}{C_a}$$

$$\alpha_0 + \alpha_1 + \alpha_2 = 1$$

그리고 이온화상수 K_{a1} 및 K_{a2}는 다음과 같다.

$$K_{a1} = \frac{[H^+][HB^-]}{[H_2B]}$$

$$K_{a2} = \frac{[H^+][B^{2-}]}{[HB^-]}$$

따라서

$$K_{a1} K_{a2} = \frac{[H^+]^2[B^{2-}]}{[H_2B]}$$

이들 관계를 이용하면 식 7－33은 다음과 같이 된다.

$$C_a = [H_2B] + \frac{K_{a1}[H_2B]}{[H^+]} + \frac{K_{a1} \times K_{a2}[H_2B]}{[H^+]^2}$$

이것을 바꿔 쓰면 다음과 같이 된다.

$$[H_2B] = \frac{C_a[H^+]^2}{[H^+]^2 + K_{a1}[H^+] + K_{a1} \times K_{a2}}$$

이것을 바꿔 쓰면 α_0는 다음과 같다.

$$\alpha_0 = \frac{[H_2B]}{C_a} = \frac{[H^+]^2}{[H^+]^2 + K_{a1}[H^+] + K_{a1} \times K_{a2}} \qquad (7-34)$$

위와 거의 같은 방법으로 다음 관계를 얻는다.

$$\alpha_1 = \frac{[HB^-]}{C_a} = \frac{K_{a1}[H^+]}{[H^+]^2 + K_{a1}[H^+] + K_{a1} \times K_{a2}} \qquad (7-35)$$

$$\alpha_2 = \frac{[B^{2-}]}{C_a} = \frac{K_{a1} \times K_{a2}}{[H^+]^2 + K_{a1}[H^+] + K_{a1} \times K_{a2}} \qquad (7-36)$$

위 식들의 분모는 모두 같고, 각 화학종의 몰분율 α_0, α_1 및 α_2는 용액의 pH와 산의 K값으로 쉽게 산출할 수 있다. 그리고 이 α값은 산의 전체량 C_a의 크기에 관계없다는 것이 중요한 사실이다.

$K_{a1} = 1.20 \times 10^{-2}$, $K_{a2} = 5.96 \times 10^{-7}$인 말레산의 경우에는 각 화학종의 상대량의 변화가 그림 7－1과 같다.

7G 연습문제

7—1 시안산 HCNO 0.100 M 용액의 수소이온 농도 및 pH를 계산하라. 또 같은 용액중에서 HCNO의 이온화도는 얼마인가? $K_a = 1 \times 10^{-4}$이다.

7—2 0.1 M HA(약한 산) 용액의 이온화도는 0.025이다. HA의 이온화상수 K_a를 계산하라.

7—3 (a) HCNO와 NaCNO를 각각 0.1 mol씩 포함하는 용액의 수소이온 농도와 pH는 얼마인가?
(b) 이 용액에서 HCNO의 이온화도는 얼마인가?

7—4 0.1 M의 염화암모늄용액 100 mL에 0.1 M 암모니아수 150 mL를 가하면 그 수산화이온 농도와 pH는 얼마인가? $K_b = 1.76 \times 10^{-5}$이다.

7—5 0.125 M의 아세트산용액 1 L에 고체 수산화나트륨을 0.1 M이 되도록 가하면 그 수산화이온 농도와 pH는 얼마인가?(부피의 변화는 없다고 가정하라.)

7—6 0.1 M의 수산화나트륨용액 100 mL를 0.2 M의 아세트산용액 150 mL에 가할 때 수소이온 농도를 계산하라.

7—7 다음 용액에 대하여 각각 수소이온 농도를 계산하라.
(a) 0.1 M의 CH_3COOH
(b) 0.01 M의 CH_3COOH
(c) 1 M의 CH_3COOH
(d) 0.05 M의 HCN
(e) 0.01 M의 HNO_2
(f) 0.08 M의 $ClCH_2COOH$
(g) 0.02 M의 HCNO
(h) 0.04 M의 HCN
(i) 0.001 M의 NH_3
(j) 0.0001 M의 C_6H_5COOH

7—8 다음 용액에 대하여 각각 수산화이온의 농도를 계산하라.
(a) 1 M의 NH_3
(b) 0.01 M의 CH_3NH_2
(c) 0.1 M의 NH_3
(d) 0.2 M의 $(CH_3)_2NH_2$
(e) 0.01 M의 NH_3
(f) 0.1 M의 $C_2H_5NH_2$
(g) 0.001 M의 NH_3
(h) 0.002 M의 $C_6H_5NH_2$

7—9 0.0500 M 만델산($K_a = 3.88 \times 10^{-4}$) 30.00 mL에 다음을 섞을 때의 pH를 계산하라.
(a) 50.00 mL의 물
(b) 25.00 mL의 0.0600 M NaOH
(c) 10.00 mL의 0.6000 M NaOH
(d) 24.00 mL의 0.060 M NaOH
(e) 10.00 mL의 0.0600 M HCl

7—10 0.1 M의 아세트산용액에 아세트산나트륨을 적당량 가하여 수소이온 농도를 3.5×10^{-8} M이 되도록 만들려고 한다. 아세트산이온의 농도는 얼마인가?

7—11 0.05 M의 시안화수소산용액에 시안화칼륨을 가하여 수소이온의 농도를 3.5×10^{-8} M이 되도록 만들려고 한다. 이러한 용액중에 시안화이온의 농도는 얼마인가?

7—12 0.1 M의 암모니아용액에 염화암모늄을 가하여 수산화이온의 농도가 0.25×10^{-5} M이 되도록 만들려고 한다. 암모늄이온의 농도는 얼마인가?

제 8 장

산-염기 적정법

8A 산-염기 적정

8A—1 센 산과 센 염기의 적정곡선

산-염기 적정에 있어 적가용액의 부피에 대하여 적정되는 용액의 pH 관계를 도시한 것을 **산-염기 적정곡선**이라고 한다. 이것은 적정용액의 pH를 계산하여 작성할 수도 있고, 또 적정하면서 pH 미터로 pH를 측정하여 작성할 수도 있다. 이러한 적정곡선은 적정의 가능성을 알려주는 동시에, 그 적정의 종말점을 알려주는 적당한 지시약을 선택하는 데 필요하다.

센 산과 센 염기의 적정에서 pH는 다음과 같이 쉽게 계산된다. 예를 들어 1.00 M 염산 100 mL를 1.00 M 수산화나트륨용액으로 적정하는 경우를 생각해 보자. 이 경우에 일어나는 반응은 다음과 같이 완전하게 진행한다.

$$H^+ + OH^- \rightleftharpoons H_2O \qquad K = \frac{1}{K_w} = 1.0 \times 10^{14}$$

그리고 염기성용액 90.0 mL를 적가했을 때의 pH는 다음과 같다.

$$[H^+] = \frac{1.00\text{ M} \times 100\text{ mL} - 1.00\text{ M} \times 90.0\text{ mL}}{190\text{ mL}} = 5.3 \times 10^{-2}\text{ M}$$

$$pH = 1.3$$

당량점에서는 0.50 M의 순수한 염화나트륨용액으로 변하고, pH는 7.00이다. 당량점을 지나서 수산화나트륨을 1 mL 더 적가할 때에는 다음과 같이 된다.

표 8－1 100 mL 의 HCl을 NaOH로 적정할 때의 pH값(실온)

적가한 NaOH (mL) (중화된 산, %)	1.0 M 용액		0.10 M 용액	0.010 M 용액
	$[H^+]$	pH	pH	pH
0	1	0	1.0	2.0
50	3.3×10^{-1}	0.5	1.5	2.5
90	5×10^{-2}	1.3	2.3	3.3
98	1×10^{-2}	2.0	3.0	4.0
99	5×10^{-3}	2.3	3.3	4.3
99.8	1×10^{-3}	3.0	4.0	5.0
99.9	5×10^{-4}	3.3	4.3	5.3
E. P. 100.0	1×10^{-7}	7.0	7.0	7.0
100.1	2×10^{-11}	10.7	9.7	8.7
100.2	1×10^{-11}	11.0	10.0	9.0
101	2×10^{-12}	11.7	10.7	9.7
102	1×10^{-12}	12.0	11.0	10.0
110	2×10^{-13}	12.7	11.7	10.7

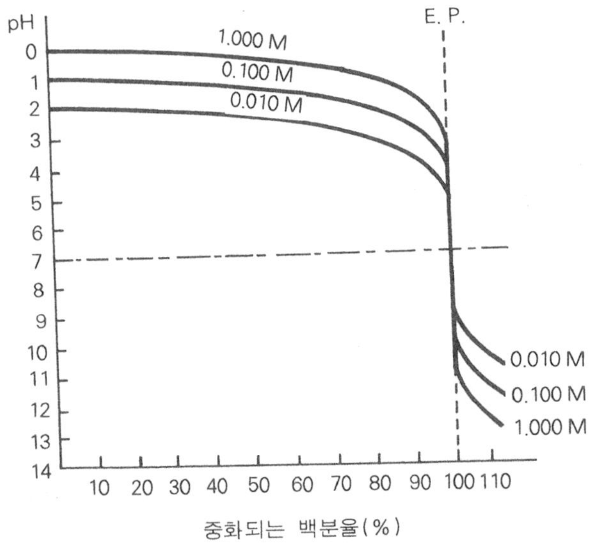

그림 8－1 염산을 수산화나트륨용액으로 적정할 때의 적정곡선.

$$[OH^-] = \frac{1.00\,M \times 101\,mL - 1.00\,M \times 100\,mL}{210\,mL} = 5 \times 10^{-3}\,M$$

$$pOH = 2.3, \qquad pH = 11.7$$

표 8－1은 1.00 M, 0.10 M, 0.01 M의 염산 100 mL를 각각 같은 농도의 수산화나트륨 용액으로 적정할 때 변화하는 pH를 계산한 값이다. 이것을 도시한 적정곡선이 그림 8－1이다.

8A—2 산-염기 지시약

산-염기 적정의 종말점을 구할 때 pH 미터를 이용하여 적정곡선을 그려서 변곡점을 구하는 방법은 전위차법에서 이용하고 있으며, 이외에도 전도도법, 흡수분광광도도법 등 여러 가지 방법이 있다. 그러나 적당한 지시약을 이용하는 것이 가장 편리한 방법이다.

산-염기 적정에 사용되는 지시약은 용액의 pH 변화에 따라 변색하는 물감인데, 이들 자체가 약한 산이나 약한 염기이다. 일반적으로 A색을 띤 산형 HIn의 물감이 양성자를 버리면 B색을 띤 짝염기형 In^-로 변하게 된다.

$$\underset{\text{A색}}{\mathrm{HIn}} \rightleftharpoons \mathrm{H^+} + \underset{\text{B색}}{\mathrm{In^-}}$$

$$\frac{[\mathrm{H^+}][\mathrm{In^-}]}{[\mathrm{HIn}]} = K_{\mathrm{HIn}} \qquad (8-1)$$

이와 같이 이온화상수에서 얻은 $-\log K_{\mathrm{HIn}} = \mathrm{p}K_{\mathrm{HIn}}$값을 **지시약 상수**라고 한다. 용액의 A색의 세기와 B색의 세기는 이들 화학종의 농도에 비례하고, 다음과 같이 표시된다.

$$\frac{\text{A색의 세기}}{\text{B색의 세기}} = \frac{[\mathrm{HIn}]}{[\mathrm{In^-}]} = \frac{[\mathrm{H^+}]}{K_{\mathrm{HIn}}} \qquad (8-2)$$

일반적으로 사람의 눈에는 용액중에 화학종 A의 입자수가 B의 수보다 10배 이상 많으면 A색으로 보이고, 반대로 화학종 B의 입자수가 A의 수보다 10배 이상 많으면 B색으로 보인다. 그러므로 다음과 같은 관계가 성립한다.

$$\frac{[\mathrm{HIn}]}{[\mathrm{In^-}]} \geqq \frac{10}{1} \text{일 때는 A색으로 보이고,} \qquad (8-3)$$

$$\frac{[\mathrm{HIn}]}{[\mathrm{In^-}]} \leqq \frac{1}{10} \text{일 때는 B색으로 보인다.} \qquad (8-4)$$

그러므로 다음과 같다.

$$\frac{[\mathrm{H^+}]}{K_{\mathrm{HIn}}} \geqq \frac{10}{1}, \text{ 즉 } \mathrm{pH} \leqq \mathrm{p}K_{\mathrm{HIn}} - 1 \text{ 이면 A색을 띠고,} \qquad (8-5)$$

$$\frac{[\mathrm{H^+}]}{K_{\mathrm{HIn}}} \leqq \frac{1}{10}, \text{ 즉 } \mathrm{pH} \geqq \mathrm{p}K_{\mathrm{HIn}} + 1 \text{ 이면 B색을 띤다.} \qquad (8-6)$$

즉 용액은 다음 pH 눈금 범위에서 다음과 같이 색깔을 띠게 된다.

$$\begin{array}{ccc} \mathrm{p}K_{\mathrm{HIn}} - 1 & \mathrm{p}K_{\mathrm{HIn}} & \mathrm{p}K_{\mathrm{HIn}} + 1 \\ \Leftarrow(\text{A색}) & (\text{A와 B의 혼색}) & (\text{B색})\Rightarrow \end{array}$$

적정용액의 pH가 $(\mathrm{p}K_{\mathrm{HIn}} - 1)$값보다 작은 경우에는 A색(산형 색)을 띠며, $(\mathrm{p}K_{\mathrm{HIn}} + 1)$값보다 큰 경우에는 B(염기형 색)색을 띠고, 용액의 pH가 $(\mathrm{p}K_{\mathrm{HIn}} - 1)$과 $(\mathrm{p}K_{\mathrm{HIn}} + 1)$ 사이에 있으면 A색과 B색이 섞여 있는 범위이다. 이것을 **변색범위**(color change interval)라고 하며, pH 단위 2 정도이다. 그러나 지시약에 따라 색이 선명히 변하는 pH 범위가

위에서 말한 이론적 범위와 조금씩 다른 경우가 있다.

메틸레드의 K_{HIn}은 7.6×10^{-6}이며 적정용액의 pH가 4.2 이하에서는 선명한 산형 색(붉은색)을 띠고, 6.2 이상에서는 선명한 염기형 색(노란색)을 띠게 된다. 용액의 pH가 4.2, 즉 $[H^+] = 6.3 \times 10^{-5}$ M인 경우에는 다음과 같다.

$$\frac{[HIn]}{[In^-]} = \frac{[H^+]}{K_{HIn}} = \frac{6.3 \times 10^{-5}}{7.6 \times 10^{-6}} = 8.3$$

즉 붉은 산형의 농도가 노란 염기형보다 8배 이상 진하고, 붉은색이 선명하게 나타난다는 말이다. 용액의 pH가 6.2, 즉 $[H^+] = 6.3 \times 10^{-7}$ M인 경우에는 다음과 같다.

$$\frac{[HIn]}{[In^-]} = \frac{[H^+]}{K_{HIn}} = \frac{6.3 \times 10^{-7}}{7.6 \times 10^{-8}} = \frac{1}{12.5}$$

이때에는 노란색이 선명하게 나타난다. 즉 염기형의 농도가 산형의 12.5배 이상으로 된다는 것이다.

8 A — 3 지시약의 선택

적정에서 정확한 종말점을 찾기 위해서는 적당한 지시약을 선택해서 사용해야 한다. 적정법에 있어서 종말점이 당량점에 일치할 때가 이상적인 경우이며, 일반적으로는 0.1 % 정도의 오차가 허용된다. 표 8－1에 있어 99.9 % 적가한 지점에서 적정이 중지되면 0.1 %의 부의 오차를 가지게 되고, 100.1 % 적가한 지점에서 적정이 중지되면 0.1 %의 정의 오차를 가지게 된다. 그러므로 적정은 99.9 % 적가한 때의 $pH_{99.9}$와 100.1 % 적가한 때의 $pH_{100.1}$ 사이에서 중지해야 한다. 산－염기 적정에서 $pH_{99.9}$와 $pH_{100.1}$ 사이를 적정곡선의 **pH 급변범위**라고 한다.

그러므로 지시약의 변색범위가 적정곡선의 pH 급변범위 안에 완전히 들어가면 이상적인 지시약이다. 그러나 변색범위의 한쪽 부분이 pH 급변범위 안에 들어가는 경우에도 지시약으로 이용할 수 있다.

염산을 수산화나트륨으로 적정할 경우의 pH 급변범위는 다음과 같다.

	$pH_{99.9}$	$pH_{100.1}$
1.00 M HCl을 1.00 M NaOH로 적정하는 경우	3.3	10.7
0.100 M HCl을 0.100 M NaOH로 적정하는 경우	4.3	9.7
0.010 M HCl을 0.010 M NaOH로 적정하는 경우	5.3	8.7

그러므로 1.00 M 용액의 적정에서는 pH 3.3～10.7 내에서 변색범위를 가지는 메틸오렌지(3.1～4.4), 브롬크레졸그린(3.8～5.4), 메틸레드(4.2～6.2), 페놀프탈레인(8.0～9.8), 티몰프탈레인(9.3～10.5)과 같은 지시약은 모두 적당하다. 변색범위가 3.1～4.4인 메틸오렌

표 8-2 흔히 사용하는 중화 지시약

관 용 명		용매	성질	산성색	염기성색	변색범위 (pH)	pK
티몰블루	Thymolblue	물	산	빨강	노랑	1.2～2.8	1.65
메틸엘로우	Methyl yellow	90 % 알코올	염기	빨강	노랑	2.9～4.0	3.2
메틸오렌지	Methyl orange	물	염기	빨강	노랑-오렌지	3.1～4.4	3.4
브롬페놀블루	Bromphenol blue	물	산	노랑	자주	3.0～4.6	4.1
브롬크레졸그린	Bromcresol green	물	산	노랑	파랑	3.8～5.4	4.9
메틸레드	Methyl red	물	염기	빨강	노랑	4.2～6.2	5.0
클로로페놀레드	Chlorophenol red	물	산	노랑	빨강	4.8～6.4	6.25
브롬티몰블루	Bromothymol blue	물	산	노랑	파랑	6.0～7.6	7.30
페놀레드	Phenol red	물	산	노랑	빨강	6.4～8.0	8.0
뉴트랄레드	Neutrol red	70 % 알코올	염기	빨강	노랑-갈색	6.8～8.0	7.4
크레졸퍼플	Cresol purple	물	산	노랑	자주	7.4～9.0	–
티몰블루	Thymol blue	물	산	노랑	파랑	8.0～9.6	–
페놀프탈렌	Phenolphthalein	70 % 알코올	산	무색	빨강-보라	8.0～9.8	–
티몰프탈렌	Thymolphthalein	90 % 알코올	산	무색	파랑	9.3～10.5	–
알리자린엘로우	Alizarine yellow	물	산	노랑	보라	10.1～12.0	–

지를 사용해도 선명하게 염기형 색인 노란색으로 될 때까지 적정하면 0.1 % 오차 이내에서 적정된다.

그러나 용액의 농도가 묽어지면 pH 급변범위가 좁아져서 0.010 M 용액의 경우에는 pH 5.3～8.7로 되고, 메틸오렌지(3.1～4.4)는 지시약으로 부적당하다. 그러나 메틸레드(4.2～6.2)를 사용해서 선명하게 노란색으로 될 때까지 적정하거나 페놀프탈레인(8.0～9.8)을 사용해서 붉은색이 나타나기 시작할 때까지 적정하면 정확한 분석이 될 수 있다. 브롬티몰블루(6.0～7.6)나 페놀레드(6.4～8.0)가 적당하다는 것은 말할 것도 없다.

이러한 지시약은 표 8-2에 있는 것 외에도 대단히 많은 것이 제조, 판매되고 있다. 그들 중에서 적정의 pH 급변범위에 비추어 가장 적당한 변색범위를 가지는 것을 선택하는 것이 중요하고, 그렇지 못하면 적정오차를 가져온다. 지시약의 변색범위는 적정용액의 온도, 이온세기, 유기용매, 콜로이드 입자 등에 의해서 다소 변하는 수가 있기 때문에 반드시 시료만 들어 있지 않는 바탕용액을 이용하여 지시약의 바탕시험을 해보는 것이 중요한 일이다. 시료의 적정값에 대하여 바탕시험값을 보정해 주도록 한다.

8 A-4 산-염기 지시약의 종류

산-염기 지시약으로 사용되는 화합물의 수는 대단히 많으며, 여러 가지가 있다. 이들 지시약을 그 구조상으로 분류해 보면 대체로 5～6가지로 나눌 수 있다. 이들 중에 중요한 것은 프탈레인, 술폰프탈레인 및 아조계통 등이다.

(1) 프탈레인계 지시약

이 부류의 지시약은 대개 산성용액에서 무색이고, 염기성용액에서는 각종 색을 띤다. 이들은 물에 난용성이고, 알코올에는 잘 녹는다. 그러므로 알코올용액으로 만들어 사용한다. 가장 잘 알려져 있는 것은 페놀프탈레인이고, 그 구조는 다음과 같다.

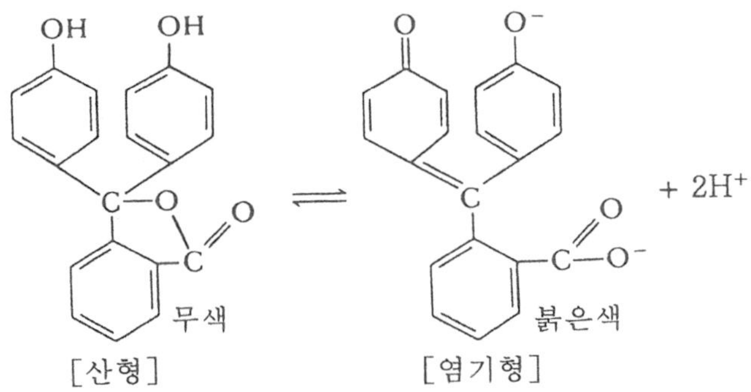

이 최후의 평형관계는 pH 8.0～9.82 사이에서 일어나고, 붉은색을 띠는 것은 퀴노이드 구조 때문이다.

이 페놀 고리에 여러 가지 작용기를 첨가함에 따라 각종 유사한 프탈레인계 지시약을 만들어낼 수 있다. 티몰프탈레인은 각 고리에 2개씩의 알칼기가 들어 있고, 변색에 따른 구조 변화는 대체로 모두 같다.

(2) 술폰프탈레인계 지시약

이 부류의 지시약은 두 개의 변색 pH 변위를 가지는 것이 많고, 비교적 센 산성에서 한 번 변색하고, 중성 또는 약한 알칼리성에서 또 한 번 변색한다. 그러나 센 알칼리성에서 그 색은 안정하다.

이들 지시약은 보통 20 % 알코올에 녹여 사용하고 있는데, 이 지시약 자체의 산성이 세기 때문에 적당히 묽은 수산화나트륨용액에 일정량의 고체시약을 녹여서 사용한다.

이 부류의 가장 간단한 것은 페놀술폰프탈레인이고, 이것을 페놀레드라고도 한다.

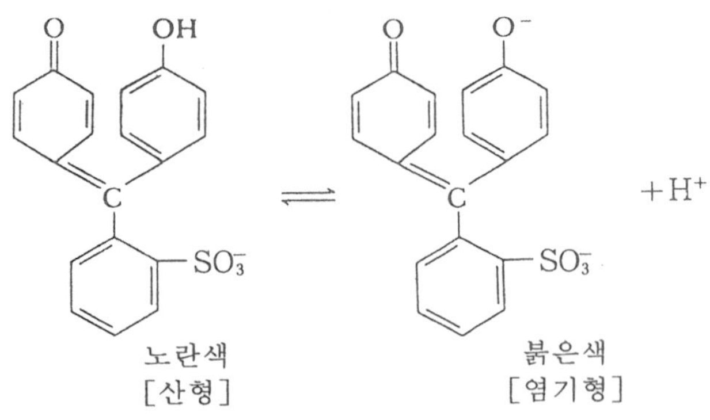

이 화합물의 2단계 평형 중에서 두 번째의 변색 평형이 일반적으로 많이 쓰이고, 이것은 pH가 6.4∼8.0 사이에서 일어난다. 페놀 고리의 수소에 할로겐 또는 알킬기가 치환되면 그 색과 변색범위가 다른 여러 가지 지시약이 만들어진다.

(3) 아조계 지시약

이 부류의 지시약은 대개 염기성이 증가할 때 붉은색에서 노란색으로 변색한다. 그리고 변색 pH 범위는 일반적으로 산성에서 일어난다.

이들 중에서 메틸오렌지와 메틸레드는 잘 알려져 있고, 메틸오렌지의 변색 평형은 다음과 같다.

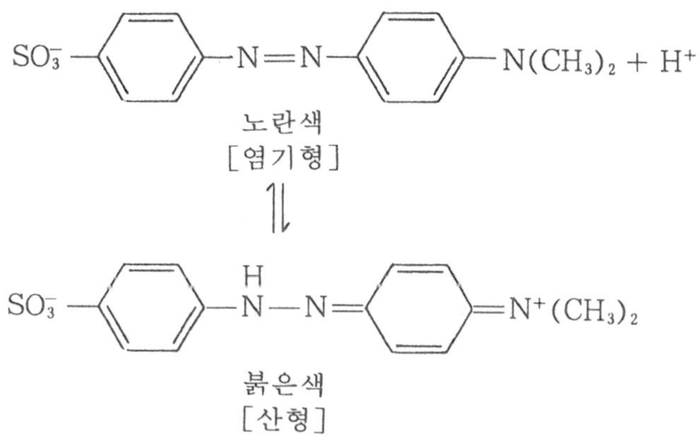

메틸레드는 메틸오렌지의 $-SO_3^-$기 대신 카르복실산기가 치환되어 있다. 그리고 아미노질소와 벤젠 고리에 다른 작용기가 치환되면 여러 가지 비슷한 성질의 지시약을 얻을 수 있다.

8B 약한 산 및 약한 염기의 적정

8B−1 약한 산을 센 염기로 적정하는 경우

아세트산과 같은 약한 산 0.100 M 100 mL 용액을 0.100 M 수산화나트륨용액으로 적정하는 경우에 대하여 생각해 보자. 이때 일어나는 반응의 평형상수를 구해 보면 다음과 같이 대단히 큰 값이고, 이 반응이 거의 완전히 진행한다고 볼 수 있다.

$$CH_3COOH + OH^- \rightleftharpoons CH_3COO^- + H_2O$$

$$K = \frac{[CH_3COO^-]}{[CH_3COOH][OH^-]} \times \frac{[H^+]}{[H^+]} = \frac{K_a}{K_w} = \frac{1.75 \times 10^{-5}}{10^{-14}} = 1.75 \times 10^9$$

표 8-3 0.100 M의 약한 산 100 mL를 0.100 M의 수산화나트륨 용액으로 적정할 때의 pH값(실온)

적가한 0.100 M NaOH의 부피(mL)(중화되는 산의 %)	0.100 M 아세트산($K_a = 1.75 \times 10^{-5}$) pH	0.100 M HA($K_a = 10^{-7}$) pH
0	2.87	4.0
10	3.80	6.0
50	4.75	7.0
90	5.70	8.0
99	6.75	9.0
99.8	7.45	9.57
99.9	7.75	9.70
E. P. 100.0	8.73	9.85
100.1	9.7	10.00
100.2	10.0	10.19
101	10.7	10.7

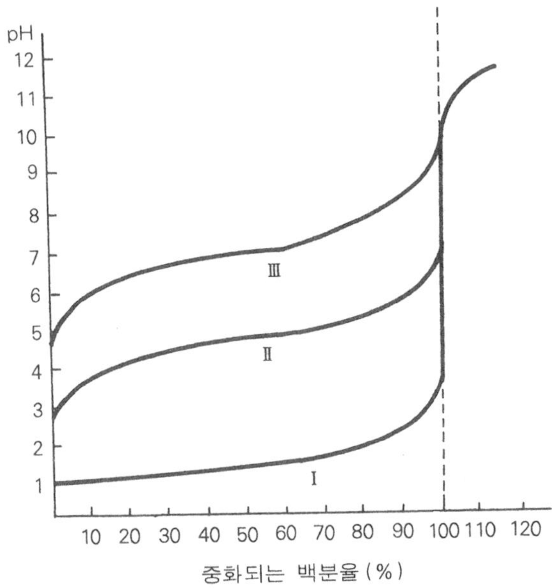

그림 8-2
0.100 M HCl(Ⅰ), 0.100 M CH_3COOH($K_a = 1.75 \times 10^{-5}$)(Ⅱ), 0.100 M HA($K_a = 10^{-7}$)(Ⅲ) 100 mL를 0.100 M NaOH로 적정할 때의 적정곡선.

적정곡선을 그리기 위해 표 8-3을 얻어야 하는데, 처음에는 약한 산용액의 pH(식 7-8), 적정 도중에는 약한 산과 짝염기의 혼합용액(완충용액)의 pH(식 7-22), 당량점에서는 약한 산의 나트륨염, 즉 짝염기 용액의 pH(식 7-15) 등의 계산법을 이용하여 용액의 pH를 계산하도록 한다. 이와 같이 아세트산보다 더 약한 산($K_a = 10^{-7}$)의 중화적정 때의 pH 변화도 같이 산출하였다.

이 표를 도시하면 그림 8-2와 같은 적정곡선을 얻는다. 0.100 M 용액의 적정곡선에서 pH 급변범위를 보면 아세트산에서는 7.75~9.7이므로 메틸오렌지나 메틸레드와 같은 지시약을 사용할 수 없고, 페놀프탈레인(8.0~9.8)이나 티몰블루(8.0~9.6)와 같은 지시약이 적당하다.

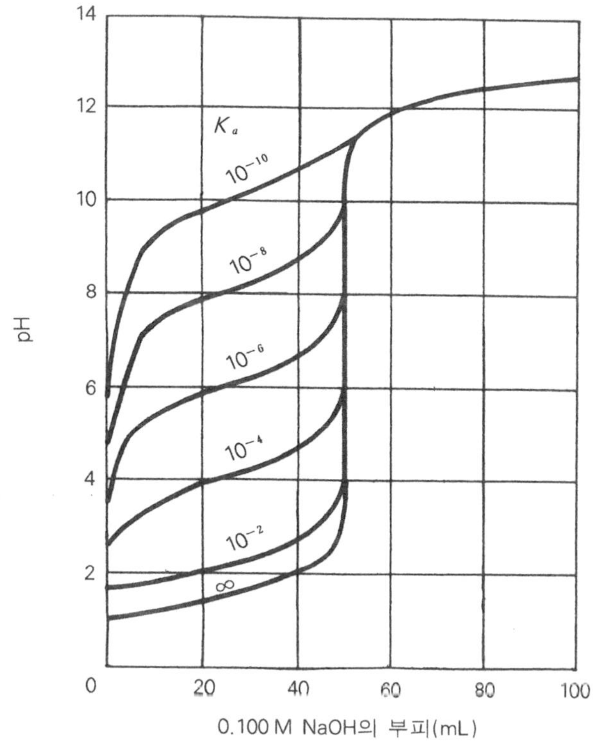

그림 8-3 산의 이온화상수 K_a와 그 적정곡선. 0.100 M의 약한 산 50.00 mL를 0.100 M NaOH로 적정하는 적정곡선.

$K_a = 10^{-7}$인 약한 산은 pH 급변범위가 9.70~10.00으로 훨씬 좁아져 티몰블루(8.0~9.6)나 페놀프탈레인(8.0~9.8) 등은 적당하지 못하고, 티몰프탈레인(9.3~10.5)이 이용될 수 있다. 그러나 이온화상수 K_a가 10^{-7}보다 작은 약한 산은 0.100 M 용액에서 적정할 때 만족한 결과를 얻기가 점점 어려워진다.

그림 8-2에서 알 수 있는 바와 같이 산의 세기가 약할(K_a값이 작을)수록 당량점에서의 pH 급변범위가 짧아지고, 산과 염기의 반응하는 정도가 점점 완결하지 못하게 된다. 이러한 관계를 그림 8-3에서 더 자세히 볼 수 있을 것이다.

약한 산을 센 염기로 적정하는 경우 적정용액은 완충용액이 되고, 적정 도중의 pH 변화가 완만하다. 특히 약한 산 HA의 절반이 적정중화되는 지점에서는 $[A^-] = [HA]$이 되고, 다음 관계가 성립한다.

$$K_a = \frac{[H^+][A^-]}{[HA]}, \qquad K_a \fallingdotseq [H^+]$$

$$pK_a = pH$$

즉 약한 산을 센 알칼리 용액으로 적정할 때 당량점까지의 절반되는 지점에서의 용액의 pH를 측정하면 산의 pK_a값을 구할 수 있다.

표 8－4 0.100 M 암모니아 100 mL를 0.100 M 염산으로 적정할 때의 pH 변화(실온)

적가한 0.100 M HCl(mL)(염기가 중화되는 %)	pH
0	11.13
10	10.20
50	9.25
90	8.30
99.0	7.25
99.8	6.25
99.9	6.25
E. P. 100.0	5.25
100.1	4.3
100.2	4.0
101.0	3.3

8B－2 약한 염기를 센 산으로 적정하는 경우

예를 들어 0.100 M 암모니아용액 100 mL를 0.100 M 염산으로 적정하는 경우를 들 수 있는데, 적정되는 용액의 pH를 처음에는 암모니아용액, 다음에는 암모니아와 염화암모늄의 혼합용액, 당량점에서는 염화암모늄만의 용액, 그리고 염화암모늄과 염산과의 혼합용액에 대하여 계산하면 다음 표 8－4와 같다.

이 적정에서 pH 급변범위는 6.25～4.3 사이이므로 페놀프탈레인(8.0～9.6)은 적당하지 않고, 메틸레드(4.2～6.2), 브롬크레졸그린(3.8～5.4), 메틸오렌지(3.1～4.2) 등이 적당한 지시약임을 알 수 있다.

8B－3 두 가지 산의 혼합용액 적정

두 가지 산이 모두 같은 센 산이거나 이온화상수의 크기가 비슷한 약한 산인 경우에 이들 혼합용액을 센 염기로 적정하면 적정곡선에서 pH 급변이 하나만 나타나고, 두 가지 산을 분리하여 적정할 수 없다. 그러나 두 가지 산의 세기가 다르고 그 이온화 상수의 차가 충분히 클 때에는 pH 급변이 두 단계로 일어나고, 분리 적정이 가능하다.

0.100 M 염산과 0.100 M 아세트산의 혼합용액 100 mL를 0.200 M 수산화나트륨용액으로 적정하는 경우를 살펴보자. 염산은 센 산이므로 먼저 중화되고, 약한 아세트산이 그 다음에 중화된다. 실제로 적정곡선을 보면 그림 8－4에서와 같이 2개의 pH 급변이 pH 3 부근과 pH 9 부근에서 나타난다.

적정을 시작한 처음에는 용액에 염산이 많이 남아 있어서 아세트산은 거의 이온화하지 않는다고 생각되며, pH 계산을 할 때 제1당량점에서의 pH는 아세트산의 이온화상수를 이용하여 계산하고, 그 다음부터는 아세트산을 센 염기로 적정하는 경우와 같다. 제2당량점에서의 pH 급변이 제1의 그것보다 더욱 뚜렷하다는 것을 알 수 있다.

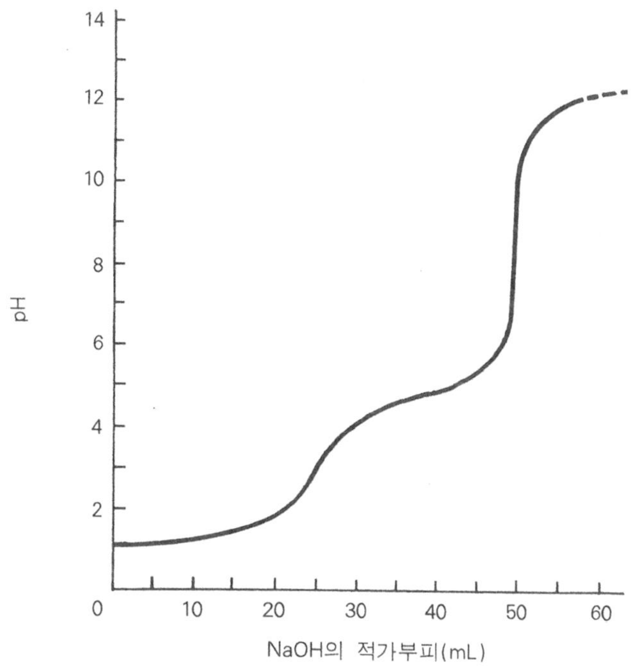

그림 8-4
0.100 M 염산 50 mL와 0.100 M 아세트산 50 mL의 혼합용액을 0.200 M 수산화나트륨 용액으로 적정하는 적정곡선.

그리고 센 산에 섞여 있는 약한 산의 이온화상수 K_a가 10^{-4}보다 크면 제 1 당량점의 pH 급변이 선명하지 못하게 된다.

8B-4 다가염기의 적정

탄산이온과 같이 단계적으로 이온화하는 다가염기에 있어서 제 1 과 제 2 이온화상수의 차가 대단히 큰 경우($K_1/K_2 > 10.000$)에는 이 용액을 세기가 다른 두 가지 산 혼합용액의 경우와 같이 센 산 표준용액으로 단계적으로 적정할 수 있다.

(1) 탄산이온을 염산으로 적정하는 경우

탄산나트륨은 수용액에서 완전히 이온화한다. 이것을 염산으로 적정하면 센 염기인 탄산이온 CO_3^{2-}는 수소이온을 단계적으로 받아들여 탄산수소이온 HCO_3^-와 탄산 H_2CO_3로 순차적으로 변하며, 제 1 과 제 2 당량점에서 pH의 급변을 한다.

탄산은 2염기산이고, 다음과 같이 2단계로 이온화하며 K_{a1}, K_{a2}의 차가 크다.

$$H_2CO_3 \rightleftharpoons H^+ + HCO_3^- \quad K_{a1} = 4.45 \times 10^{-7} \quad pK_{a1} = 6.35 \qquad (8-7)$$

$$HCO_3^- \rightleftharpoons H^+ + CO_3^{2-} \quad K_{a2} = 4.7 \times 10^{-11} \quad pK_{a2} = 10.33 \qquad (8-8)$$

0.050 M 탄산나트륨용액 50.0 mL를 0.100 M 염산으로 적정하는 경우를 생각해 보자. 탄산나트륨은 완전히 해리하고, 탄산이온 CO_3^{2-}는 센 염기이며, 다음과 같이 단계적으로 이온화한다.

$$CO_3^{2-} + H_2O \rightleftharpoons HCO_3^- + OH^-$$

$$\frac{[HCO_3^-][OH^-]}{[CO_3^{2-}]} = K_{b1} = \frac{K_w}{K_{a2}} = 2.13 \times 10^{-4} \qquad (8-9)$$

$$HCO_3^- + H_2O \rightleftharpoons H_2CO_3 + OH^-$$

$$\frac{[H_2CO_3][OH^-]}{[HCO_3^-]} = K_{b2} = \frac{K_w}{K_{a1}} = 2.25 \times 10^{-8} \qquad (8-10)$$

이 용액의 pH는 제1이온화만을 생각하면 다음과 같다(식 7－11 참조).

$$[OH^-] = \sqrt{K_{b1} \times C_b} = \sqrt{2.13 \times 10^{-4} \times 5.0 \times 10^{-2}} = 3.26 \times 10^{-3}\,M$$

$$pH = 14 - pOH$$

$$pH = 14 + \log[3.26 \times 10^{-3}] = 11.52$$

탄산이온에 염산을 가하면 다음 반응은 거의 완전히 진행된다.

$$CO_3^{2-} + H^+ \rightleftharpoons HCO_3^- \qquad K = \frac{1}{K_{a2}} = 2.13 \times 10^{10}$$

그리고 다음 제2단계의 반응 역시 거의 완전히 진행함을 알 수 있다.

$$HCO_3^- + H^+ \rightleftharpoons H_2CO_3 \qquad K = \frac{1}{K_{a1}} = 2.25 \times 10^{6}$$

제1당량점까지는 CO_3^{2-}(짝염기)와 HCO_3^-(짝산)의 혼합용액이고, 이 완충용액의 pH 계산법으로 pH를 계산한다.

제1당량점에서 적정용액은 탄산수소나트륨 $NaHCO_3$만의 용액이라 볼 수 있고, 이 용액의 pH는 7E－3절에서와 같이 구할 수 있다. 즉 탄산수소이온 HCO_3^-는 다음과 같이 산과 염기로 반응한다.

$$HCO_3^- \rightleftharpoons H^+ + CO_3^{2-}$$

$$HCO_3^- + H_2O \rightleftharpoons H_2CO_3 + OH^-$$

이 용액에 질량보존의 법칙과 전하중화법칙을 적용하면 다음 관계를 얻는다.

$$C_{NaHCO_3} = [H_2CO_3] + [HCO_3^-] + [CO_3^{2-}] \qquad (8-11)$$

$$[Na^+] + [H^+] = [HCO_3^-] + 2[CO_3^{2-}] + [OH^-] \qquad (8-12)$$

여기서 $C_{NaHCO_3} = [Na^+]$이다. 따라서 다음이 성립된다.

$$[H_2CO_3] = [CO_3^{2-}] + [OH^-] - [H^+]$$

여기에 식 8－7과 8－8을 이용하여 정리하면 다음을 얻는다.

$$\frac{[H^+][HCO_3^-]}{K_{a1}} = \frac{K_{a2}[HCO_3^-]}{[H^+]} + \frac{K_w}{[H^+]} - [H^+]$$

$$[H^+] = \sqrt{\frac{K_{a2}[HCO_3^-] + K_w}{\frac{[HCO_3^-]}{K_{a1}} + 1}} \qquad (8-13)$$

$[HCO_3^-]$는 거의 탄산수소나트륨용액의 농도와 같고, 제 1 당량점에서 $[HCO_3^-]$는 0.033 M이므로 $[HCO_3^-]/K_{a1} > 1$의 관계가 성립한다고 보면 $K_w = 10^{-14}$는 무시하고, 다음 관계를 이용할 수 있다.

$$\frac{[HCO_3^-]}{K_{a1}} + 1 \fallingdotseq \frac{[HCO_3^-]}{K_{a1}}$$

따라서 제 1 당량점의 수소이온 농도는 다음과 같은 근사식으로 구할 수 있다.

$$[H^+] \cong \sqrt{K_{a1}K_{a2}} \qquad (8-14)$$

$$pH = \frac{1}{2}(pK_{a1} + pK_{a2}) \qquad (8-15)$$

$pK_{a1} = 6.35$, $pK_{a2} = 10.33$이기 때문에 다음과 같이 된다.

$$pH = \frac{1}{2}(6.35 + 10.33) = 8.34$$

제 1 당량점과 제 2 당량점 사이의 pH는 짝산 H_2CO_3와 짝염기 HCO_3^-의 완충용액이라 보고 계산할 수 있고, 제 2 당량점에서 pH는 탄산 H_2CO_3의 제 1 이온화 반응만을 생각하여 계산할 수 있다.

탄산 H_2CO_3의 농도를 0.0250 M로 보고 계산하면 다음과 같다.

$$[H^+] = \sqrt{K_{a1} \times 0.0250} = 1.000 \times 10^{-4}\,M$$

$$pH = 4.00$$

제 2 당량점 이후의 용액의 pH는 완전히 염산의 농도로서 계산한다.

(2) 적정곡선

위와 같이 계산한 결과를 도시하면 그림 8－5와 같은 적정곡선을 얻는다. 이 적정곡선의 pH 급변변위는 큰 편이 못 되며, 특히 제 1 당량점에서 좋지 않다. 제 1 당량점의 지시약으로 페놀프탈레인을 사용하는데, 이것은 단일색의 지시약이기 때문에 농도에 따라 변색범위가 다소 달라지고 부의 오차를 가져오기 쉽다. 티몰블루를 사용할 수도 있다. 제 2 당량점에서는 메틸오렌지 또는 브롬크레졸그린이 적당하다. 특히 제 2 당량점에서는 적정용액을 가열하면 이산화탄소가 날아가 탄산이 없어지기 때문에 pH의 급변이 일어나고, 지시약의 변색이 더 선명해진다.

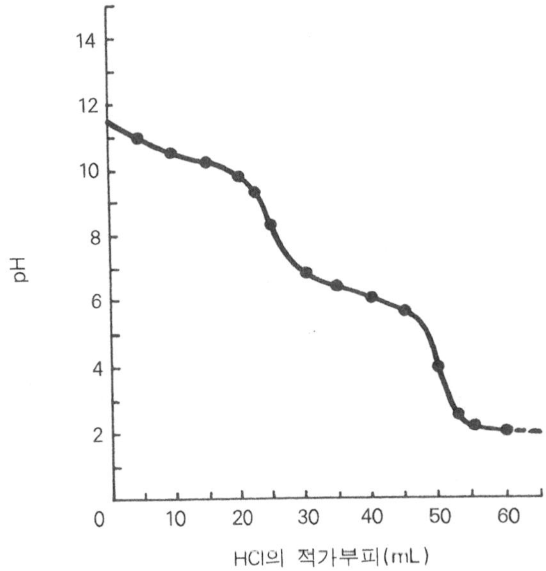

그림 8—5 0.050 M 탄산나트륨 50.00 mL를 0.100 M 염산으로 적정한 적정곡선.

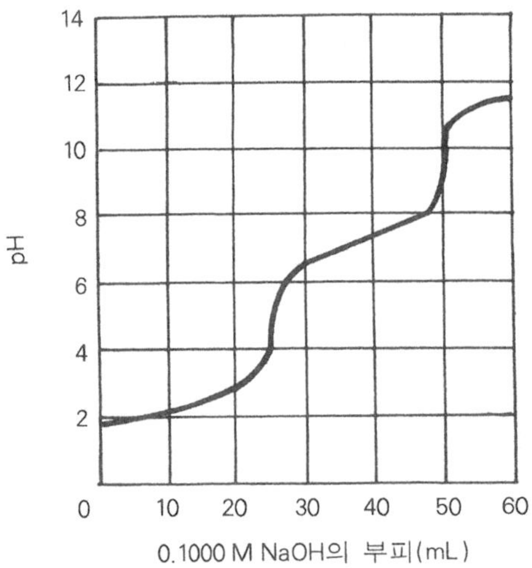

그림 8—6 0.100 M H_3PO_4 25.00 mL를 0.100 M NaOH 용액으로 적정한 적정곡선.

8B—5 다가산의 적정

인산은 3염기산이고, 다음과 같이 세 단계로 이온화한다.

$$H_3PO_4 \rightleftharpoons H^+ + H_2PO_4^- \qquad K_{a1} = 7.11 \times 10^{-3} \qquad pK_{a1} = 2.15$$
$$H_3PO_4^- \rightleftharpoons H^+ + HPO_4^{2-} \qquad K_{a2} = 6.34 \times 10^{-8} \qquad pK_{a2} = 7.20$$
$$HPO_4^{2-} \rightleftharpoons H^+ + PO_4^{3-} \qquad K_{a3} = 4.2 \times 10^{-13} \qquad pK_{a3} = 12.32$$

그림 8—6은 0.500 M 인산 25.00 mL를 0.500 M 수산화나트륨용액으로 적정하는 적정곡선이며, 이것은 이온화상수가 각각 K_{a1}, K_{a2}, K_{a3}인 3가지 약한 산의 혼합용액을

적정하는 경우와 같다고 볼 수 있고, 적정곡선은 세 단계로 이루어져 있다.

pK_{a1}과 pK_{a2}의 차가 5 정도이기 때문에 제 1 당량점의 pH 급변이 뚜렷하게 나타난다. 시료용액의 pH는 H_3PO_4의 K_{a1}과 농도(0.500 M)를 이용하여 계산할 수 있다.

제 1 당량점에서는 0.250 M NaH_2PO_4 용액을 얻는다. $H_2PO_4^-$는 수소이온에 대하여 양쪽성이고, 그 농도는 0.25 M로 대체로 K_{a1}보다 훨씬 크기 때문에 이때의 pH는 식 8－15에 따라 다음과 같이 계산된다. 지시약으로 메틸오렌지, 브롬크레졸그린 등이 적합하다.

$$pH = \frac{1}{2}(pK_{a1} + pK_{a2}) = \frac{1}{2}(2.12 + 7.21) = 4.67$$

제 2 당량점에서는 0.1667 M Na_2HPO_4 용액이 되고, HPO_4^-가 양쪽성이며, 그 농도가 K_{a2}보다 훨씬 크다. $K_{a2}[HPO_4]$ 값이 K_w보다 50배 정도 크기 때문에 이때의 pH 역시 다음과 같이 계산할 수 있다. 지시약으로 페놀프탈레인, 티몰블루, 티몰프탈레인이 적당하다.

$$pH = \frac{1}{2}(pK_{a2} + pK_{a3}) = \frac{1}{2}(7.21 + 12.32) = 9.77$$

제 3 당량점에서는 HPO_4^{2-}의 이온화상수 K_{a3}값이 너무 작고, PO_4^{3-}가 센 염기이기 때문에 pH 급변이 거의 나타나지 않는다. 따라서 인산의 제 3 당량점은 적정으로 구하기가 어렵다.

그러나 염화칼슘을 충분히 넣어 PO_4^{3-}를 칼슘염으로 침전시키고, 이때 생성된 염산을 염기 표준용액으로 적정할 수 있다.

$$2HPO_4^{2-} + 3CaCl_2 \rightleftharpoons Ca_3(PO_4)_2 + 4Cl^- + 2HCl$$

8 C 산-염기 적정과 그 응용

8 C—1 산의 표준용액

산의 표준용액을 만드는 데 일반적으로 염산을 사용한다. 이것은 묽은 염산이 대단히 안정하고, 시료용액에 존재할 수 있는 일반적인 양이온과 염산이 침전을 만들지 않기 때문이다. 염산이 침전을 형성하는 경우에는 과염소산이나 황산을 이용할 수도 있으나, 질산은 산화력을 가지고 있기 때문에 거의 이용하지 않는다.

염산 표준용액을 만드는 데에는 일반적으로 두 가지 방법이 있다. 한 가지는 함께 끓는 염산(constant boiling hydrochloric acid)을 만들어 이것을 일차 표준물로 사용하여 직접 만드는 방법과, 또 하나는 진한 염산(12 M 정도)을 묽혀서 대략 원하는 농도의 용액을 만들고 다음에 이것을 탄산나트륨과 같은 일차 표준물을 이용하여 표정하여 정확한 농도를 구하는 방법을 이용한다.

표 8−5 함께 끓는 염산의 조성

대기압 (mmHg)	증류되는 염산 농도 HCl g/100 g 용액	HCl 1.00 mol 포함하는 용액의 무게(g)
780	20.173	180.621
770	20.197	180.407
760	20.221	180.193
750	20.245	179.979
740	20.269	179.766
730	20.293	179.551

함께 끓는 염산은 일정한 조성을 가지고 있는 염산으로, 그 조성은 증류할 때의 대기압에 따라 결정된다. 염산용액을 끓일 때 발생하는 증기의 조성은 일반적인 용액의 조성과는 다르다. 만약 20%(약 5.5 M)보다 진한 염산용액을 끓이면 발생하는 증기중의 염화수소의 농도는 용액에서보다 크고, 따라서 남아 있는 용액은 묽어져서 대략 20%에 접근한다. 한편 20%보다 묽은 염산용액을 끓이면 염화수소의 함유량이 적은 증기를 발생하여 남은 용액은 점점 진해져서 일정한 농도의 염산에 접근한다. 따라서 염산용액을 끓이면 최후에 일정한 조성의 염산, 즉 함께 끓는 염산을 얻게 되고, 이 용액에서 발생하는 증기의 조성은 용액의 조성과 같다.

함께 끓는 염산을 만드는 경우에는 증류할 때의 대기압에 따라 표 8−5와 같은 일정한 농도의 염산을 얻을 수 있다. 이것을 일차 표준물로 사용하여 정확히 일정량을 취해 묽혀서 직접 염산 표준용액을 만든다. 이때 증류수를 일단 끓여서 녹아 있는 이산화탄소를 제거한 것을 사용하는 것이 좋다.

그러나 일반적으로 산의 표준용액을 만들 때에는 진한 황산(18 M)이나 진한 염산(12 M)을 적당히 묽혀서 원하는 농도의 산용액을 만들고, 그 정확한 농도는 일차 표준물을 사용하여 표정하도록 한다. 순수한 산용액의 대략적인 농도는 비중계를 이용하면 알 수 있다(부록 Ⅵ 참조).

산용액을 표정할 때 사용하는 일차 표준물은 탄산나트륨 Na_2CO_3를 많이 사용하는데, 시중에서 대단히 순수한 것을 구할 수 있다. 또 탄산수소나트륨 $NaHCO_3$를 재결정하여 270~300 ℃의 전기로에서 1시간 가열하면 순도 높은 것을 얻을 수 있다.

$$2NaHCO_3 \rightleftharpoons Na_2CO_3 + H_2O + CO_2$$

염산으로 탄산염을 적정하면 그림 8−5의 적정곡선에서 보는 바와 같이 제1당량점은 pH 8.3 정도에서 HCO_3^-로 되었을 때 일어나고, 제2당량점은 H_2CO_3로 되었을 때 일어난다. 이때 용액을 가열해 주면 탄산은 분해되고, pH 급변이 선명하게 일어나서 지시약의 변색이 잘 일어난다.

$$H_2CO_3 \xrightleftharpoons{\text{가열}} CO_2 + H_2O$$

제 1 당량점에서는 페놀프탈레인 지시약을 사용할 수 있고, 제 2 당량점에서는 브롬크레졸그린, 메틸옐로우, 메틸오렌지 등을 사용할 수 있다.

또 산의 표정에 사용하는 일차 표준물로서 옥살산칼륨, 테트라붕소산나트륨(붕사)과 같은 것을 사용하는 경우도 있다.

8C—2 염기의 표준용액

염기의 표준용액으로는 수산화나트륨용액이 가장 흔히 사용되고, 수산화칼륨과 수산화바륨용액이 사용되는 경우도 있다. 고체 수산화나트륨은 수분과 이산화탄소를 포함하고 있어 순수하지 못하다. 그러므로 원하는 농도와 비슷한 용액을 만들어 놓고 일차 표준물을 이용하여 표정하여 정확한 농도를 측정한다. 그리고 이 용액에는 탄산염이 포함되지 않도록 만들어야 하고, 만든 표준용액이 공기와 닿으면 이산화탄소 등을 흡수하기 때문에 조심스럽게 보관해야 한다. 수산화나트륨용액은 유리그릇을 서서히 부식시키기 때문에 폴리에틸렌병에 보관하도록 해야 한다. 또 인체와 의복에 묻으면 손상을 주기 때문에 묻는 즉시 많은 물로 충분히 씻도록 해야 한다.

(1) 이산화탄소의 영향

NaOH 용액 또는 고체가 공기중의 이산화탄소를 흡수하면 탄산이온이 생긴다.

$$CO_2 + 2OH^- \rightleftharpoons CO_3^{2-} + H_2O$$

1 mol의 이산화탄소 CO_2는 위의 반응식에서와 같이 2 eq의 수산화이온(센 염기)을 없애고, 그 대신 2 eq의 탄산이온(약한 염기)을 생성한다. 그러므로 염기의 표준용액에 이산화탄소가 흡수되면 용액중의 전체 염기 당량에는 변화가 없으나 센 염기는 줄어들고, 약한 염기가 생긴다.

OH^-가 H^+와 반응할 때에는 pH 7에서 선명한 당량점이 나타나지만, CO_3^{2-}가 H^+와 반응할 때에는 2단계로 중화된다. 이때 첫번째로 pH 8.3에서 HCO_3^-가 생기고, 다음에 pH 4에서 H_2CO_3가 생긴다.

그러므로 CO_3^{2-}는 사용하는 지시약에 따라 염기의 구실을 하지 못하는 경우가 생긴다. 또 이것이 섞여 있는 수산화나트륨용액을 H^+로 적정할 때에는 OH^-가 먼저 반응하고, 최후에 CO_3^{2-}와 H^+가 반응하여 종말점에서 pH의 급변이 선명하지 못하게 된다. 그러므로 염산을 탄산염이 들어 있는 수산화나트륨용액으로 적정할 때 지시약이 선명하게 변색되지 않는 것은 이 때문이다. 이렇게 하여 생기는 적정오차를 적정의 **탄산오차**라고 한다.

(2) 탄산염이 없는 염기의 표준용액

수산화바륨용액을 만들면 바륨의 탄산염은 난용성 침전으로 침전되기 때문에 쉽게 탄

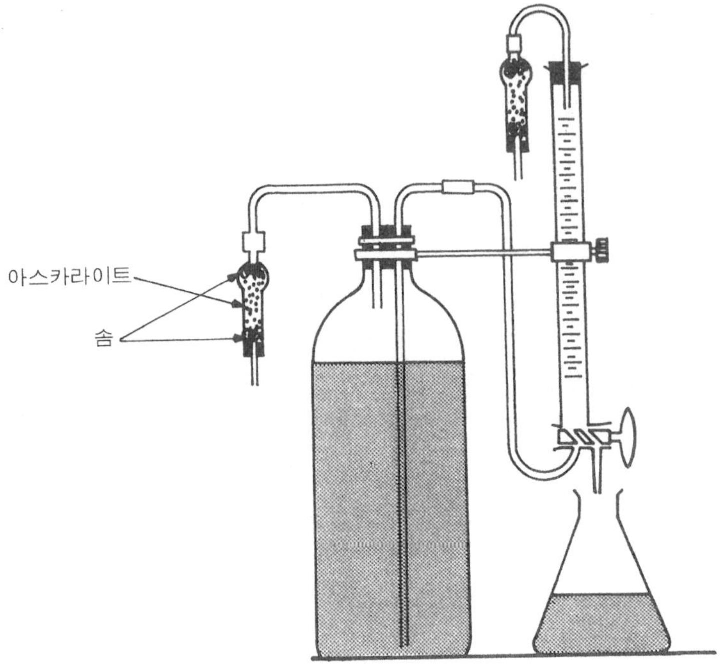

그림 8－7 탄산염이 없는 염기 표준용액을 보관하는 장치.

산염이 없는 염기용액을 만들 수 있다. 또 순수한 알칼리 금속을 물에 녹여 만들면 탄산염이 없는 염기용액을 만들 수 있는데, 알칼리 금속을 물에 녹일 때 폭발할 위험성이 있으므로 주의해야 한다.

탄산염이 없는 수산화나트륨용액을 만드는 데 가장 많이 사용되는 방법은 탄산나트륨이 포화 수산화나트륨용액에 난용성이라는 사실을 이용하는 것이다. 수산화나트륨을 50 % 정도 되도록 녹인 포화용액(약 25 M)을 만들면 탄산염의 침전은 가라앉는다. 충분히 방치한 후 유리 거르개로 침전을 거른다. 진공펌프를 이용하면 빠르게 거를 수 있다. 원심분리기를 이용하여 맑은 용액을 만들 수도 있다.

이 방법은 수산화칼륨에 적용할 수 없다. 왜냐하면 탄산칼륨이 그 포화용액에 잘 녹기 때문이다. 대기와 평형이 되어 있는 물은 보통 1.5×10^{-5} M의 탄산을 포함한다. 그러므로 수산화나트륨용액을 만드는 데 사용되는 증류수는 일단 끓여서 녹아 있는 이산화탄소를 제거한 것을 사용해야 한다.

(3) 보관법

센 염기용액은 공기중의 이산화탄소를 강하게 흡수한다. 그러므로 일단 만든 염기 표준용액은 그림 8－7과 같이 보관한다. 이 병에 들어가는 공기는 이산화탄소의 흡수관을 통하게 되어 있다. 이 흡수관에 채운 아스카라이트(ascarite)는 석면가루에 수산화나트륨을 섞어 잘 혼합하여 말려서 만든 것으로, 이산화탄소를 잘 흡수한다. 센 알칼리 표준용액을 일반 유리병에 넣어 두면 유리를 침식시켜 규산이 녹아 들어온다. 그러므로 파이렉스 또는 폴리에틸렌병을 사용해야 한다. 그리고 염기용액을 채운 병의 마개는 고무를 사용하여야 한다. 왜냐하면 유리마개나 유리콕크는 붙어버릴 가능성이 있기 때문이다. 염기 표준용액은 때때로 그 농도를 표정하면서 사용해야 한다.

8 C — 4 표정법

염기용액을 표정할 때 일차 표준물로서 프탈산수소칼륨 $C_6H_4(COOH)COOK$가 가장 많이 사용되는데, 이것은 순수한 것을 쉽게 구할 수 있고, 또 불순한 것은 쉽게 재결정하여 순수한 것을 만들 수 있기 때문이다. 이밖에 벤조산 $HC_7H_5O_2$도 사용되는데, 처음에 에틸알코올을 조금 사용하여 녹이면 물에 잘 용해된다. 또 이수화옥살산 $H_2C_2O_4 \cdot 2H_2O$도 많이 사용된다. 그리고 요오드산수소칼륨 $KH(IO_3)_2$도 대단히 좋은 일차 표준물이다.

8 D Kjeldahl 법

Kjeldahl(켈달)법은 동·식물체의 단백질, 질소비료, 약품, 식품중에 함유된 질소를 정량하는 방법으로서, 1883년경부터 이용되고 있는 분석법이다.

시료의 분해 시료를 뜨거운 진한 황산용액에서 산화분해시켜서 질소분을 암모늄이온으로 만들고, 이 용액을 염기성으로 만들어 증류하면 암모니아가 발생하는데, 이것을 산의 표준용액으로 포착하여 정량하는 방법이다.

시료를 진한 황산용액에서 가열하면(340 ℃ 정도) 황산은 산화력을 가지게 되며, 시료중의 탄소와 수소성분은 이산화탄소와 물이 되고, 질소는 아민이나 아미드 상태로 있을 경우에는 정량적으로 암모늄이온으로 전환된다. 그러나 질소성분이 높은 산화상태, 즉 니트로, 아조 및 디아족시 상태로 있을 때에는 질소단체 또는 산화질소로 되어 용액에서 방출된다. 이것을 방지하기 위하여 가열분해하기에 앞서 일단 질소를 환원시킬 필요가 있다. 이 경우에 시료가 들어 있는 황산에 티오황산염과 살리실산을 첨가하면 오차를 줄일 수 있다.

시료가 황산에서 산화되는 속도는 대단히 느리기 때문에 여기에 황산칼륨염을 첨가하는 것이 보통이다. 이것은 용액의 끓는점을 높여서 반응을 촉진시키는 구실을 한다. 황산염의 분량이 너무 많으면 암모늄이온이 분해되고, 황산이 많이 증발한다. 또 이 경우에 구리, 수은 또는 수은염 등을 촉매로 사용하는 수도 있다. 이때는 산화반응이 끝나면 증류과정에 앞서 이들 금속이온을 황화물로 제거해 주어야 한다. 그렇지 않으면 이들 금속이온은 암민 착물을 만들어 암모니아의 증발을 방해하게 된다.

증 류 황산으로 가열분해시킨 시료는 충분히 식히고, 여기에 수산화나트륨용액을 가해 분해하여 암모니아를 증류 포집한다.

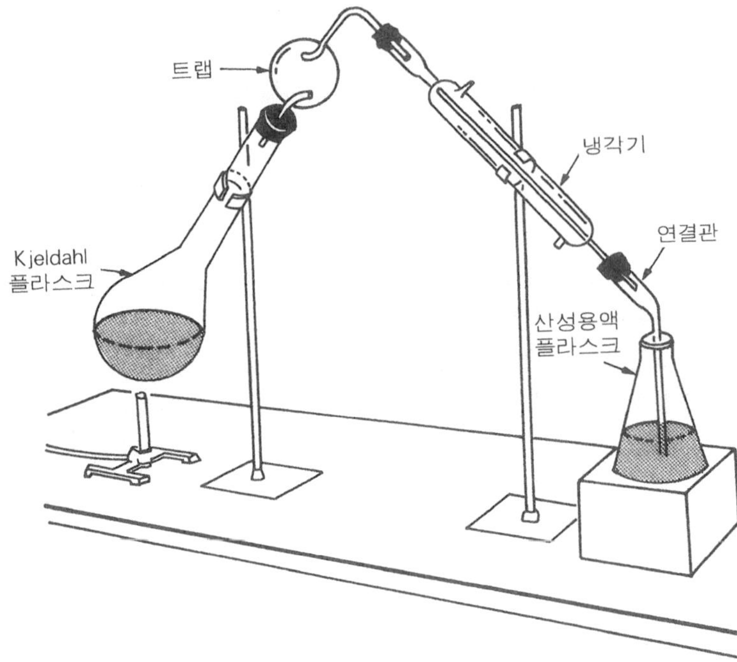

그림 8 — 8 Kjeldahl 플라스크를 사용하는 암모니아 증류장치.

시료를 분해 증류할 때에는 그림 8 — 8과 같은 장치를 이용하는데, 여기서 사용하는 파이렉스 유리로 만든 목이 긴 둥근바닥 플라스크를 Kjeldahl 플라스크라고 한다. 냉각기 앞에는 트랩이 연결되어 있어 플라스크에서 증기와 함께 튀어나오는 센 염기성용액의 방울을 막아준다. 그 다음에 냉각기를 붙여 그 밑에 연결관을 달아 그 끝이 산용액에 잠기게 한다. 이 산용액은 미리 산의 표준용액 일정량을 포함하고, 암모니아의 포집으로 중화되고 남은 여분의 산을 염기의 표준용액으로 적당한 지시약을 이용하여 역적정하도록 한다.

암모니아 포집에 염산과 같은 센 산을 사용하는 대신에 4 % 의 붕산($K_a = 5.8 \times 10^{-10}$) 용액을 사용할 수도 있는데, 이때 붕산의 양은 정할 필요없이 적당한 양을 사용하므로 편리하다. 붕산용액에 암모니아가 흡수되면 다음과 같이 반응한다.

$$NH_3 + HBO_2 \rightleftharpoons NH_4^+ + BO_2^-$$

이때 생성된 암모늄이온은 약한 산이고, 붕산이온 BO_2^-는 센 염기이기 때문에 이 염기를 염산 표준용액으로 적정한다. 이때 남아 있는 붕산은 아무런 방해가 되지 않고, 적정곡선은 선명하다.

$$BO_2^- + H^+ \rightleftharpoons HBO_2$$

이와 같은 암모니아의 정량법은 질산염 정량에도 이용할 수 있다. 질산이온을 Arnd 합금(Cu 60 %, Mg 40 %) 가루와 진한 알칼리 용액에서 반응시켜 암모니아로 환원시키고, 수소 기체의 발생이 중단되면 암모니아를 증류하여 위와 같은 방법으로 정량한다.

8 E 유기물의 산-염기 적정

유기물 정량에 산-염기 적정법이 이용될 수 있다. 그러나 유기산 또는 염기는 수용액에서 너무 약한 산 또는 염기이기 때문에 일반적으로 직접적인 산-염기 적정법으로 분석하기 어렵다.

에스테르의 정량 시료용액에 알칼리 표준용액 일정량을 과량으로 가하여 가열하면 다음과 같이 완전히 비누화된다.

$$CH_3COOC_2H_5 + Na^+ + OH^- \rightleftharpoons CH_3COO^- + Na^+ + C_2H_5OH$$

남아 있는 알칼리를 페놀프탈레인 지시약을 사용하여 염산 표준용액으로 역적정한다. 이때 알코올을 섞어 만든 알칼리 표준용액을 사용하면 에스테르 시료가 잘 녹는다.

산 무수물의 정량 일반적으로 시료는 다음과 같이 H_2O와 반응하여 산으로 된다. 알칼리를 가하면 촉매가 되어 가수분해가 촉진된다.

$$(RCO)_2O + H_2O \rightleftharpoons 2RCOOH$$

일정량의 시료를 플라스크에 넣고, 수산화바륨 또는 순수한 수산화나트륨 일정량을 가하여 환류 냉각기를 붙여 가열하고, 남아 있는 알칼리를 역적정한다.

옥심화반응 카르보닐 화합물은 염산히드록실아민과의 반응(옥심화반응)을 이용하여 정량한다.

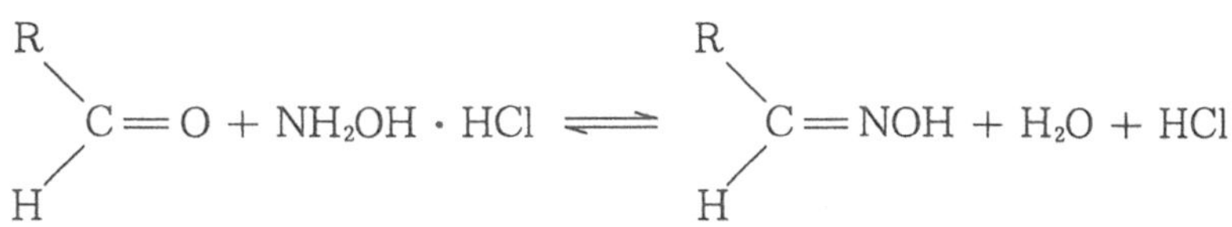

이때 생성되는 염산을 알칼리 표준용액으로 적당한 pH까지 적정한다. 이때 여분으로 남아 있는 염산히드록실아민용액은 pH가 4 정도이므로 염산만의 적정이 가능하다.

아황산과의 반응 아황산나트륨을 과량 가하여 충분히 반응시킨다.

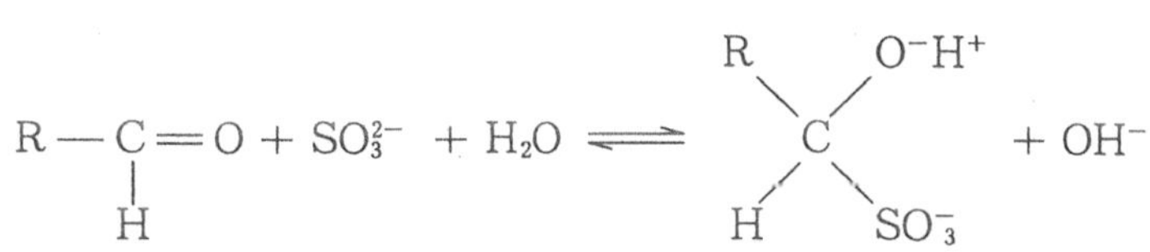

이때 나오는 알칼리를 산의 표준용액으로 적정한다.

8F 물 아닌 용매에서의 산-염기 적정

8F-1 물 아닌 용매의 필요성

용질이 물에 녹으면 이들 성분이온이나 분자는 물분자와 반응결합하며, 이것을 수화(hydration)라고 한다. 메틸알코올 또는 아세트산과 같은 물 아닌 용매(nonaqueous slovent)에 녹는 화학종은 용매분자와 반응하여 결합한다. 이것을 용매화(solvation)라고 한다. 이러한 용매에 HCl 또는 $HClO_4$와 같은 센 산이 녹으면 수소이온 H^+는 용매화하는데, 이것을 각각 $C_2H_5OH_2^+$ 또는 $CH_3COOH_2^+$와 같은 화학식으로 표시할 수 있다.

암모니아를 센 산으로 적정할 때 용매로서 물과 아세트산을 사용하는 두 가지 경우를 생각해 보자. 이때 각각 다음과 같은 중화반응 평형이 일어난다.

$$H_3O^+ + NH_3 \rightleftharpoons H_2O + NH_4^+ \qquad (8-16)$$

$$CH_3COOH_2^+ + NH_3 \rightleftharpoons CH_3COOH + NH_4^+ \qquad (8-17)$$

아세트산은 물보다 센 산이기 때문에 물이 아세트산보다 염기성이 센 용매이고, 따라서 $CH_3COOH_2^+$는 H_3O^+보다 센 산이고, 반응 8-17이 8-16보다 훨씬 더 진행한다. 그러므로 암모니아는 물보다 아세트산에서 센 염기로 작용한다. 즉 수용액에서는 약한 염기로 작용하는 암모니아가 아세트산과 같은 산성용매에서는 센 염기로 작용한다.

이와는 반대로 염기성 용매에서는 산의 세기가 증가되고, 수용액에서는 약해서 센 염기로 적정할 수 없는 산도 염기성 용매에서는 적정할 수 있게 된다. 따라서 물 아닌 용매가 적정에 이용된다. 그리고 물 아닌 용매가 적정에 이용되는 또 다른 이유는 물에 녹기 어려운 유기산 또는 염기를 쉽게 녹일 수 있다는 것이다.

8F-2 용매의 성질

(1) 양성자성 용매와 반양성자성 용매

물분자는 수용액에서 Brönsted 산과 염기로 작용할 수 있기 때문에 물을 양쪽성 용매라고 한다. 따라서 물분자는 다음과 같이 서로 산과 염기로 작용하여 이온화한다.

$$H_2O + H_2O \rightleftharpoons H_3O^+ + OH^-$$

이러한 반응을 자체양성자 이전반응(autoprotolysis)이라고 한다. 알코올, 아세트산, 암모니아와 같은 용매도 다음과 같이 자체양성자 이전반응을 한다.

$$CH_3OH + CH_3OH \rightleftharpoons CH_3OH_2^+ + CH_3O^-$$

$$CH_3COOH + CH_3COOH \rightleftharpoons CH_3COOH_2^+ + CH_3COO^-$$

$$NH_3 + NH_3 \rightleftharpoons NH_4^+ + NH_2^-$$

이러한 용매를 **양성자성 용매**(protic solvent)라고 한다. 이와 같은 용매에 대하여 산성 또는 염기성을 거의 나타내지 않는 벤젠, 클로로포름, 사염화탄소와 같은 용매를 **비양성자성 용매**(aprotic solvent)라고 한다.

(2) 자체양성자 이전상수

양쪽성인 용매를 SH로 표시하면 자체양성자 이전반응과 그 평형식은 다음과 같이 표현된다.

$$SH + SH \rightleftharpoons SH_2^+ + S^-$$

$$\frac{[SH_2^+][S^-]}{[SH]^2} = K \tag{8-18}$$

각 화학종의 농도를 활동도로 표시하면 순수한 용매의 활동도 [SH]값은 1이 되고, 대부분의 용매에서는 자체양성자 이전반응이 극히 작게 일어나기 때문에 활동도를 분석농도로 바꾸어 다음과 같이 쓸 수 있다.

$$[SH_2^+][S^-] = K_s \tag{8-19}$$

이 K_s를 용매의 **자체양성자 이전상수**라 하고, 물의 경우에는 이온곱 K_w에 해당한다.

8F-3 평준화 효과

수용액중에서 과염소산, 황산, 염산, 질산 등은 모두 센 산이고, 100 % 이온화한다. 과염소산과 염산은 수용액에서 다음과 같이 완전히 100 % 이온화한다.

$$HClO_4 + H_2O \rightleftharpoons ClO_4^- + H_3O^+$$

$$HCl + H_2O \rightleftharpoons Cl^- + H_3O^+$$

이 반응은 H_2O가 ClO_4^-나 Cl^-보다 훨씬 센 염기이기 때문에 일어나는 반응이며, 이때 생성물인 히드로늄이온 H_3O^+는 $HClO_4$나 HCl보다 약한 산이다. 그리고 이들 반응의 평형은 다같이 완전하게 진행하기 때문에 실험적으로 구별할 수 없다. 즉 수용액에서 과염소산과 염산의 세기는 같고, 사실상 모두 히드로늄이온 H_3O^+와 같은 세기로 되어 버린다. 이러한 현상을 센 산에 대한 물의 **평준화 효과**(leveling effect)라고 한다. 수용액에서는 히드로늄이온보다 센 산이 있을 수 없고, 이것이 가장 센 산이다.

이와 같은 현상은 물 아닌 용매에서도 일어나는데, HA와 같은 센 산을 HS 용매에 녹이면 다음과 같이 완전히 이온화한다.

$$HA + HS \rightleftharpoons SH_2^+ + A^-$$

이 용매중의 모든 센 산은 SH_2^+로 평준화되고, SH_2^+가 가장 센 산의 형태이다.

만약 HA가 약한 산인 경우에는 그 이온화상수 K_a는 다음과 같고, 이 값이 그 산의 세기를 표시한다.

$$K_a = \frac{[SH_2^+][A^-]}{[HA]} \qquad (8-20)$$

한편 센 염기 B를 SH에 녹이면 다음과 같이 완전히 이온화한다.

$$B + SH \rightleftharpoons BH^+ + S^-$$

이 용매중에서 센 염기 B는 존재하지 않고 모두 S^-로 평준화되며, 화학종 S^-가 가장 센 염기로 존재하게 된다.

염기 B가 약한 경우에는 다음과 같은 염기의 이온화상수 K_b를 가지고, 이 값이 염기의 세기를 표시한다.

$$K_b = \frac{[BH^+][S^-]}{[B]} \qquad (8-21)$$

예를 들어 메틸알코올용액에서는 $CH_3OH_2^+$가 가장 센 산이고, CH_3O^-는 가장 센 염기이다.

8F－4 용매의 유전상수

용매 SH에 산 BH가 녹아 이온화하는 반응을 살펴보자.

$$BH + SH \underset{}{\overset{\text{이온화단계}}{\rightleftharpoons}} B^-HSH^+ \overset{\text{해리단계}}{\rightleftharpoons} B^- + HSH^+$$

산 BH와 용매 SH의 반응은 두 단계로 나누어 볼 수 있다. 처음 이온화단계는 산이 양성자를 용매에 주어 이온쌍 B^-HSH^+를 생성하고, 다음은 다른 용매분자와 작용하여 이온쌍이 B^-와 HSH^+로 분리하는 해리단계이다.

각각 q_1^-와 q_2^+의 전하를 띤 두 이온 사이에 작용하는 정전기적 힘을 F라고 하면 다음과 같다.

$$F = \frac{q_1 q_2}{Dr^2}$$

여기서 r은 작용하는 두 이온 사이의 거리이고, D는 그 용매의 **유전상수**(dielectric constant)이다. 유전상수는 반대 전하를 가지는 이온끼리 서로 분리하기 쉬운 정도, 즉 이온쌍의 해리 정도를 나타내는 척도가 된다.

물의 유전상수는 표 8－8에서 보는 바와 같이 25 ℃에서 $D = 78.6$으로 비교적 크므로, 수용액에서는 이온 사이에 작용하는 인력이 약해 이온쌍이 해리되기 쉽다. 그러나 유전상수가 작은 용매에서는 이온끼리 끌어당기는 인력이 세고, 상당히 많은 이온쌍이

표 8－8 몇 가지 유기용매(25℃)

용 매	pK_s	유전상수
양성자성 용매		
에틸알코올	19.1	24.3
메틸알코올	16.7	32.6
물	14.0	78.6
산성 용매		
아세트산	14.45	6.15
포름산	6.2	58.5
플루오르화수소산	＞11.7(0℃)	84(0℃)
황산	3.6	100
염기성 용매		
암모니아	27, 37.7(－50℃)	16.9, 27(－50℃)
에틸렌디아민	≈13±1	12.9
반양성자성 용매		
디메틸술포옥시드	＜20	46
아세토니트릴	＞28	36.7
메틸이소부틸케톤	＞30	13.1

생성되어 있다고 생각된다. 그러므로 아세트산의 세기는 에틸알코올보다 물에서 더 크다. 그러나 양전하를 띤 BH^+ 형태 산의 세기는 용매의 유전상수에 그다지 영향을 받지 않는다. 이것은 다음과 같이 양성자의 이전으로 이온쌍을 생성하지 않기 때문이다.

$$BH^+ + SH \xrightleftharpoons{\text{이온화단계}} (B - HSH^+) \xrightleftharpoons{\text{해리단계}} B + HSH^+$$

그러므로 암모늄이온 NH_4^+ 나 피리디늄이온 $C_5H_5NH^+$와 같은 화학종의 이온화 정도는 용매의 유전상수에 의하여 큰 영향을 받지 않는다.

8 G 양성자성 용매중의 중화반응

8 G－1 중화반응의 평형상수

무수 아세트산 용매중에서 약한 염기 B를 센 산($CH_3COOH_2^+$)으로 적정하는 경우 중화반응은 다음과 같다.

$$B + CH_3COOH_2^+ \rightleftharpoons BH^+ + CH_3COOH$$

$$K = \frac{[BH^+]}{[B][CH_3COOH_2^+]}$$

여기에 용액의 $[CH_3COO^-]$를 분모와 분자에 곱하고, 식 8－19와 8－21을 이용하면 다음과 같다.

$$K = \frac{[BH^+][CH_3COO^-]}{B[CH_3COOH_2^+][CH_3COO^-]} = \frac{K_b}{K_s}$$

한편 약한 산 HA를 에틸알코올용액에서 센 염기(C_2H_5ONa)로 적정하는 경우의 중화반응은 다음과 같다.

$$HA + C_2H_5O^- \rightleftharpoons A^- + C_2H_5OH$$

$$K = \frac{[A^-]}{[HA][C_2H_5O^-]}$$

용액의 수소이온 농도를 분모와 분자에 곱하여 식 8－19와 8－20을 이용하면 다음과 같이 된다.

$$K = \frac{[A^-][C_2H_5OH_2^+]}{[HA][C_2H_5O^-][C_2H_5OH_2^+]} = \frac{K_a}{K_s}$$

중화반응의 진행 정도를 나타내는 평형상수 K는 산 및 염기의 세기를 나타내는 K_a와 K_b뿐만 아니라, 용매의 이온곱인 자체양성자 이전상수 K_s값과 깊은 관계를 가진다는 사실을 알 수 있다. 특히 K_s값이 작을수록 K값은 커지고, 중화반응이 더 완전하게 진행된다는 것을 알 수 있다.

에틸알코올의 pK_s는 19.1이다. 이것을 용매로 사용하여 0.100 M의 센 산을 0.100 M의 센 염기로 적정한다면 당량점에서 pH 급변범위는 $pH_{99.9} = 4.0$, $pH_{100.1} = 15.1$ 사이가 될 것이므로 그 범위는 15.1 － 4.0 ＝ 11.1로, 그림 8－1에 나타난 물의 경우의 10 － 4 ＝ 6보다 훨씬 크다.

따라서 에틸알코올을 용매로 이용하여 약한 산을 적정하면 물에서보다 더 넓은 pH의 급변범위에서 더 많은 종류(pK)의 약한 산의 적정을 할 수 있고, 따라서 물을 용매로 사용할 때보다 더 많은 약한 산의 세기를 식별할 수 있을 것이다.

8G－2 용매의 선택

중화적정에 이용하는 용매는 다음과 같은 성질을 가지고 있어야 한다.

1. 자체양성자 이전상수 K_s값이 가급적 작을수록 좋다.
2. 약한 염기를 적정하는 경우에는 양성자를 잘 내주는 산성 용매가 효과적이고, 약한 산을 적정하는 경우에는 양성자를 잘 받아들이는 염기성 용매가 효과적이다.
3. 유전상수는 큰 값일수록 좋다.
4. 시료를 잘 녹일 수 있어야 한다.

위와 같은 점을 고려해 일반적으로 약한 염기를 적정하는 경우에는 아세트산 용매를 많이 이용하는데, 이것은 유전상수가 작은 것이 결점이다. 이에 비하면 포름산 HCOOH는 유전상수가 크기 때문에 효과적으로 이용되고 있다.

메틸알코올과 에틸알코올은 중성 용매이고, 산-염기 적정에 널리 이용되고 있다. 이들은 작은 자체양성자 이전상수를 가지고 있으나 유전상수가 작은 것이 결점이다. 그러므로 암모늄이온과 같은 전하를 가지는 약한 산을 C_2H_5ONa로 적정할 때에는 유효하다. 약한 염기의 적정에는 유전상수가 작은 것이 다소 불리하지만, $NH_2CH_2CH_2NH_2$ 에틸렌디아민이 가장 훌륭한 용매이다.

물 아닌 용매중의 중화적정의 종말점을 검출하는 가장 일반적인 방법은 유리전극을 이용하는 전위차법 측정이다. 수용액에서 사용하는 산-염기 지시약도 이용하고 있으나, 용매가 다르면 발색도 달라지기 때문에 실험과 경험을 통하여 적당한 지시약을 선택하도록 한다.

8G-3 염기성 용매에서의 적정

수용액에서 이온화상수가 10^{-7}보다 작은 약한 산을 센 염기로 적정하면 당량점에서 pH 급변이 작게 나타나고, 따라서 적정이 잘 되지 않는다. 이러한 경우에 물보다 염기성이 센 용매를 사용하면 산의 세기가 증가되어 적정될 수 있다.

이렇게 사용하는 염기성 용매 중에 흔히 사용되는 것은 부틸아민, 에틸렌디아민, 피리딘, 디메틸포름아미드, 액체 암모니아(낮은 온도에서 사용한다) 등이고, 때로는 메틸알코올과 벤젠의 혼합용매를 사용하는 경우도 있다.

페놀 C_6H_5OH는 대단히 약한 산으로, 이온화상수는 $K_a = 10^{-10}$ 정도이다. 따라서 그림 8-9와 8-10에서 보는 바와 같이 수용액에서는 적정할 수 없다. 그러나 부틸아민과 같은 염기성 용매에 녹이면 다음과 같이 용매분자에 양성자의 이전이 쉽게 일어나고, 적정도 가능하다.

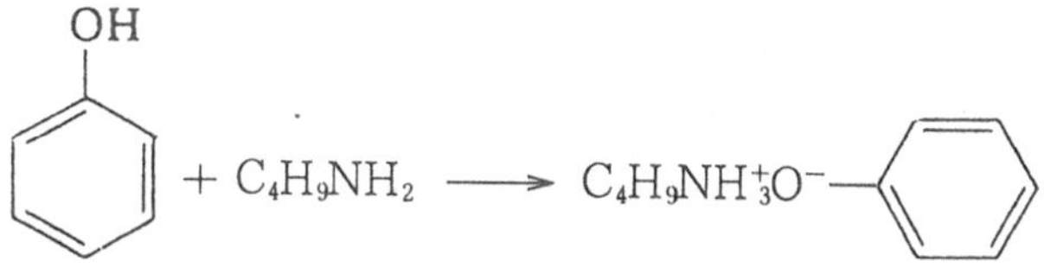

그러나 유전상수(25 ℃에서 $D = 5.3$)가 작기 때문에 대부분 이온쌍을 형성하고 있다. 물 아닌 용매에서 산을 적정하는 경우 그 용매의 짝염기가 가장 센 염기이므로 그 용매의 짝염기, 즉 그 나트륨염을 표준용액으로 사용하는 것이 적당하다. 이러한 용액은 무수 알코올용액에 금속 나트륨을 반응시켜서 만들 수 있으나, 때로는 수산화나트륨 또는 수산화칼륨의 알코올용액을 사용하는 경우도 있다.

에틸렌디아민 용매의 짝염기, 즉 나트륨 염은 용해도가 작기 때문에 그 대신에 이미노에톡시화나트륨 $Na^+O—CH_2CH_2NH_2$ 용액으로 적정할 수 있다(그림 8-10 참조). 요즘에는 수산화사알킬암모늄 $(C_4H_9)_4N^+OH^-$를 여러 가지 용매에 녹여 사용한다. 그림 8-11

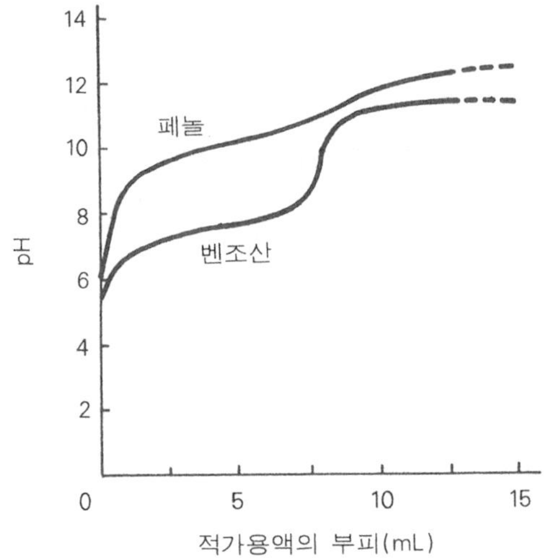

그림 8-9 수용액에서 0.50 M 수산화나트륨용액으로 적정할 때의 적정곡선.

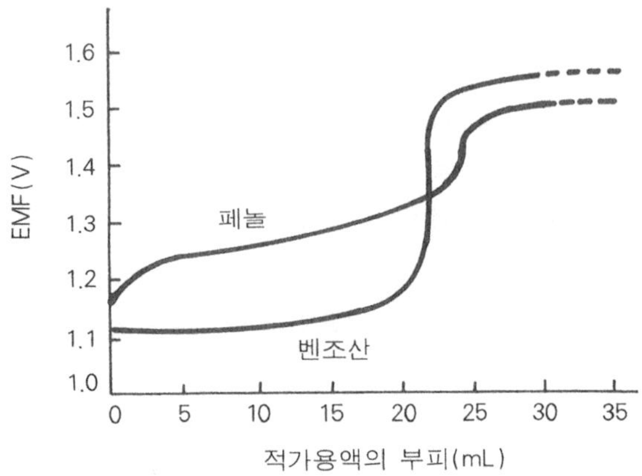

그림 8-10 에틸렌디아민(염기성) 용액에서 0.2 M 아미노에톡시화나트륨용액으로 적정할 때의 적정곡선.

은 대표적인 예이다. 이것은 요오드화사알킬암모늄용액을 수산화형의 이온교환수지에 통과시켜 수산화형으로 바꾸어서 사용한다. 이 염기용액은 수산화나트륨의 수용액보다 대기중에서 이산화탄소 또는 수분을 더 잘 흡수하기 때문에 잘 보관해야 한다. 물 아닌 용매중의 소량의 수분은 산 또는 염기의 세기에 대하여 평준화 효과를 내는 수가 있기 때문에 주의해야 한다.

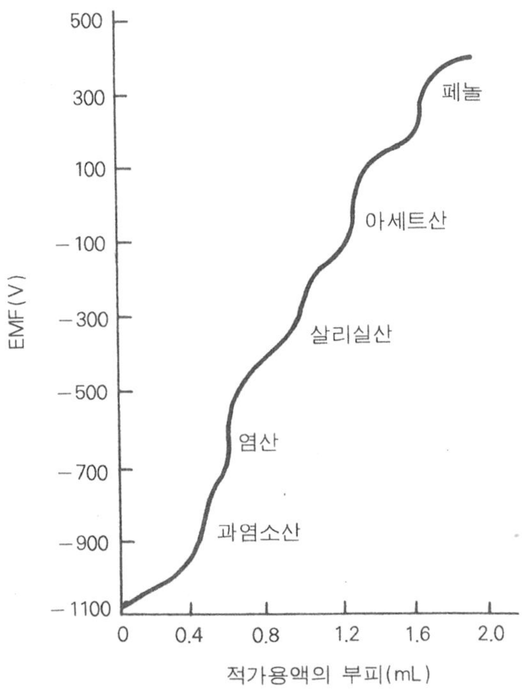

그림 8-11 메틸이소부틸케톤용액에서 각종 산을 0.2 M 수산화사부틸암모늄으로 적정할 때의 적정곡선.

8G—4 아세트산 용매에서의 적정

수용액에서 약한 염기를 센 산의 표준용액으로 적정하면 양성자에 대한 친화력이 물보다도 훨씬 센 염기만이 잘 적정된다.

염기를 센 산으로 적정할 때 일어나는 기본반응은 다음과 같고, 양성자가 용매 SH에서 염기 B로 이전하는 반응이다.

$$SH_2^+ + B \rightleftharpoons SH + BH^+$$

그러므로 용매 SH의 양성자에 대한 친화력이 염기 B의 친화력보다 크거나 비슷하면 적정반응이 잘 진행될 수 없다. 그러므로 대단히 약한 염기를 적정하는 경우에는 양성자에 대한 친화력이 약한 산성 용매를 선택해야 한다. 이러한 용매 중 가장 중요한 것이 아세트산이다. 아세트산은 작은 유전상수(21 ℃에서 $D = 6.1$)를 가지고 있어 이 용매에서는 이온쌍의 형성이 잘 일어난다.

그리고 자체양성자 이전반응 상수가 대략 3.6×10^{-15}이므로 각종 세기의 염기를 넓은 범위에서 식별할 수 있는 시차능력을 가지고, 센 염기에 대해서는 평준화 효과를 가진다.

표준용액 약한 염기를 적정할 때에는 과염소산을 아세트산에 녹인 표준용액을 가장 많이 사용한다. 용매중에 소량의 수분이 있으면 평준화 효과가 일어나고, 적정곡선이 선명하지 못하기 때문에 수분을 제거해야 한다. 실제로 용매에서 수분을 제거할 때에는 대략 필요한 양의 아세트산 무수물을 가하면 된다.

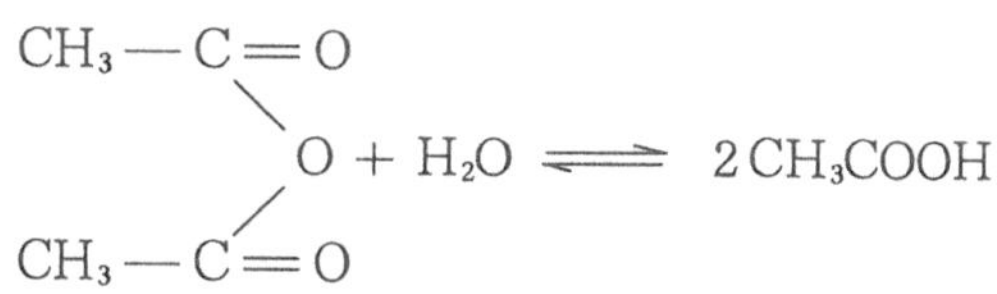

이것을 표정할 때에는 수용액에서와 같이 프탈산수소칼륨염을 일차 표준물로 사용한다. 또 탄산나트륨을 사용할 수도 있다. 이것은 $HC_8H_4O_4^-$ 또는 CO_3^{2-}가 아세트산용액에서 센 염기로 작용하기 때문이다.

아세트산 용매에서는 CH_3COONa가 센 염기이고, 염기 표준용액으로 이용할 수 있다. 아세트산 용매는 열팽창률이 크다(0.11 %/1 ℃ 수용액의 약 5배). 그러므로 적정과정에서 온도 변화를 최소로 줄여야 하고, 분석할 때의 온도가 표준용액을 표정할 때의 온도에 비하여 큰 차가 있을 때에는 적가한 표준용액의 부피를 다음 식을 이용하여 환산해 주어야 한다.

$$V_{표정} = V[1 + 0.0011(T_{표정} - T)] \qquad (8-22)$$

$V_{표정}$과 $T_{표정}$은 표정 때의 부피와 온도이고, V와 T는 적정 때의 부피와 온도이다. 아

세트산 용매에서는 아민, 아미노산, 약한 산기 등이 이러한 방법으로 적정된다. 아닐린이 적정될 때에는 다음 반응이 일어난다.

알라닌은 대표적인 아미노산이고, 수용액에서는 양성자를 받을 수도, 줄 수도 있다.

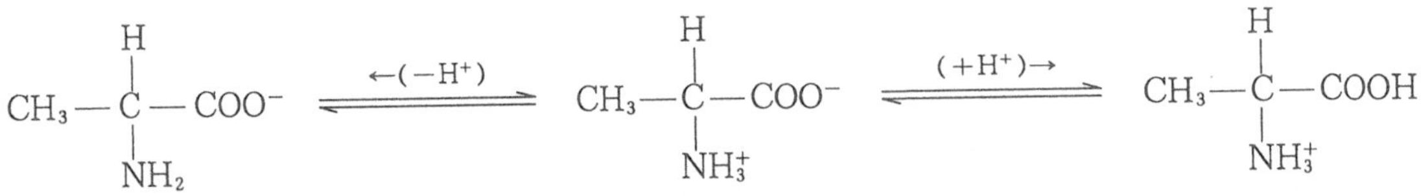

알라닌

그러나 아세트산 용매에서 —COOH는 전연 활성이 없어지고, 과염소산으로 적정하면 다음 반응만 진행하여 아민의 적정 때와 똑같은 현상이 일어난다.

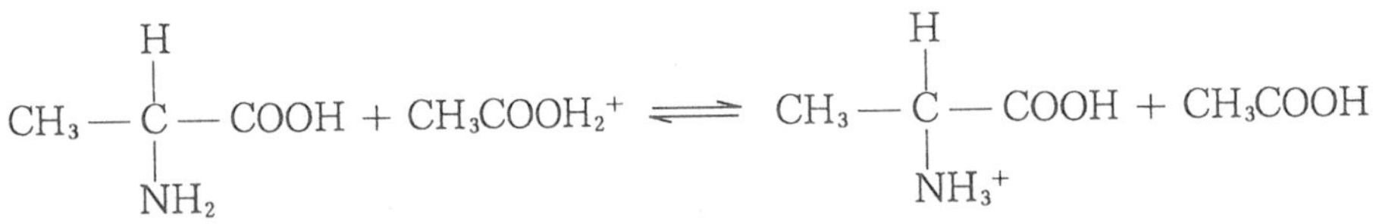

알라닌은 수용액에서는 쯔비터이온(zwitter ion)이지만, 유전상수가 작은 아세트산에서는 주로 전하의 분리가 일어나지 않고, 전하를 띠지 않는 형태도 있다.

아세트산에서 탄산수소이온 HCO_3^-, 탄산이온 CO_3^{2-}, 아세트산이온 CH_3COO^-, 시안화이온, 아황산이온 등이 염기로 행동하므로 센 산용액으로 적정할 수 있다.

8G—5 종말점 찾는 법

물 아닌 용액에서의 적정의 종말점을 찾을 때 일반적인 산-염기 지시약을 이용하기도 한다. 그러나 산-염기 지시약의 색깔이 변하는 pH 범위는 용매의 종류에 따라 다르다. 물 아닌 용매는 일반적으로 작은 유전상수를 가지고 있어 지시약은 이온쌍으로 존재하고, 또 전하 및 분자의 구조 등에 따라 복잡한 행동을 한다. 그리고 용매에 따라 pH 척도가 달라진다.

그러나 흔히 사용하는 몇 가지 산-염기 지시약, 예를 들어 메틸바이올렛, 메틸레드, 페놀프탈레인과 같은 것은 효과적으로 사용할 수 있다. 실제 문제로는 지시약보다도 전위차법 적정이 더 효과적으로 이용되고 있다. 이때는 유리전극이나 안티온전극을 지시전극으로 사용하고, 기준전극으로는 칼로멜전극을 사용한다(12장 참조).

실험 8H 산-염기 적정법

실험 8H－1 산 표준용액 만들기(추천)

실험개요

염산 표준용액을 만드는 데에는 8C－1절에서 말한 바와 같이 두 가지 방법이 있다. 한 가지는 조성이 일정한 함께 끓는 염산을 만들어 이것을 정확히 묽혀서 일차 표준물로 직접 사용하는 방법과, 또 하나는 진한 염산을 묽혀서 대략 원하는 농도의 용액을 만든 다음에 이것을 탄산나트륨 Na_2CO_3 일차 표준물로 표정하여 사용하는 방법이 있다.

실험방법 I　함께 끓는 염산으로 염산 표준용액 만드는 법

실험과정

기구 : 파이렉스 증류플라스크, 냉각기, 삼각플라스크, 메스플라스크(1000 mL들이)
시약 : 진한 염산

(1) 함께 끓는 염산용액 만들기

1. 진한 염산(12 M) 500 mL에 물을 가하여 1 L가 되도록 묽혀 비중이 1.1 정도 되는 용액(6 M)을 만든다.

2. 이것을 깨끗한 파이렉스 유리 증류플라스크에 넣어 증류하는데, 매분 3~4 mL 정도의 속도로 증류되도록 가열한다. $\frac{3}{4}$ 정도의 용액이 증발하고 플라스크에 남은 용액이 함께 끓는 염산이다. 이것을 깨끗하게 말린 병에 보관한다. 이 증류에서 증발한 염산은 버리지 말고 깨끗한 병에 받아 6 M 염산으로 다른 실험에 사용한다.

3. 이때 얻은 함께 끓는 염산은 그때의 대기압을 읽고, 표 8－5에서 얻은 용액의 조성을 알아 기록해 둔다.

(2) 0.1 M 염산 표준용액 만들기

깨끗한 무게다는 병을 사용하여 함께 끓는 염산 18 g 정도를 정확히 달아(이때 무게다는 병의 뚜껑을 닫는다) 이것을 1 L들이 메스플라스크에 정량적으로 옮기고, 일단 끓여서 식힌 증류수를 사용하여 표선까지 묽힌다. 그리고 정확한 농도를 표 8－5에 의하여 계산한다.

실험 예제 8H－1

함께 끓는 염산(760 mmHg) 18.500 g을 취하여 1.000 L로 묽힐 때 염산의 농도를 구하라.

풀이 표 8－5를 이용하여 다음과 같이 계산된다.

$$\text{HCl(Mw = 36.46)의 농도 } M = \frac{\text{mol HCl}}{\text{L HCl}}$$
$$= 18.50\text{ g 용액} \times \frac{20.221\text{ g HCl}}{100\text{ g 용액}} \times \frac{1\text{ mol HCl}}{36.46\text{ g HCl}}$$
$$= 0.1026\text{ mol/L} = 0.1026\text{ M}$$

실험방법 II 표정법으로 염산 표준용액 만드는 법(추천)

실험개요

시중에서 판매되고 있는 12 M 염산을 묽혀서 대략 원하는 농도의 용액을 만들고, 그 정확한 농도를 일정량의 탄산나트륨의 일차 표준물을 이용하여 적정법으로써 결정한다.

유의사항

탄산나트륨용액을 염산으로 적정할 때 지시약으로 페놀프탈레인을 사용하는 경우에 종말점은 수소이온 H^+가 탄산이온 CO_3^{2-}가 다음과 같이 반응하여 완결되는 지점이다.

$$CO_3^{2-} + H^+ \rightleftharpoons HCO_3^-$$

이 경우 용액중의 Na_2CO_3의 mmol수가 염산의 mmol수에 해당한다.

그러나 메틸오렌지 또는 브롬크레졸그린과 같은 지시약을 사용하면 다음 반응이 완결되는 지점이 종말점이 된다.

$$CO_3^{2-} + 2H^+ \rightleftharpoons H_2CO_3$$

Na_2CO_3의 1 mmol은 2 meq로 작용한다. 즉 수소이온 2 mmol에 해당한다.

정확한 실험을 하기 위해서는 다음과 같은 대조액을 만들어 이 용액에 같은 지시약을 같은 부피만큼 가하고, 이 용액의 색과 적정액의 색을 비교하여 그 색깔이 같아질 때를 종말점으로 잡는다.

제 1 당량점 …… 적정되는 탄산나트륨 Na_2CO_3 용액과 거의 같은 농도의 탄산수소나트륨 $NaHCO_3$ 용액

제 2 당량점 …… 역시 같은 농도의 소금 NaCl 용액

산－염기 지시약 만드는 법

일반적으로 지시약은 1 L 용액에 0.52～1.0 g 정도 포함되도록 만든다. 메틸오렌지, 메틸레드나트륨, 알리자린옐로우는 물에 녹이고, 메틸옐우로, 메틸레드, 페놀프탈레인, 티몰프탈레인은 70～90 % 알코올에 녹인다.

술폰프탈레인계 지시약을 만들 때에는 막자사발을 이용하여 지시약 100 mg에 0.1 M 수산화나트륨용액을 다음과 같이 필요한 일정 부피를 가하여 잘 갈면서 섞어 반응시키고, 물을 가하여 100 mL로 만든다. 필요한 0.1 M NaOH 용액의 부피는 티몰블루 2.15 mL, 브롬페놀블루 1.5 mL, 브롬크레졸그린 1.45 mL, 클로로페놀레드 2.35 mL, 브롬티몰블루 1.6 mL, 페놀레드, 2.85 mL, 크레졸퍼플 2.65 mL이다.

실험과정

기구 : 뷰렛, 삼각플라스크 3개, 메스플라스크

시약 : Na_2CO_3 일차 표준물, 염산(12 M), 페놀프탈렌 지시약 용액, 브롬크레졸그린 지시약 용액, $NaHCO_3$

1. 진한 염산(12 M) 8.5 mL 정도를 1 L의 증류수에 녹여 대략 0.1 M 염산을 만들고, 깨끗한 시약병에 담아 보관한다.

2. 일차 표준물인 탄산나트륨 1.2~1.4 g 정도를 150 ℃에서 2시간 말려 데시케이터에 넣어 식히고, 0.9~1.2 g 정도를 정확히 달아서 250 mL들이 메스플라스크에 정량적으로 옮겨 잘 섞으면서 증류수로 표선까지 묽힌다.

피펫으로 Na_2CO_3 용액 50 mL씩을 깨끗한 3개의 삼각플라스크에 취한다.

3. 위에서 만든 대략 0.1 M인 염산을 2~3 mL 정도씩 사용하여 깨끗한 뷰렛을 3번 씻고, 이 용액을 뷰렛에 채운다. 이때 뷰렛의 콕크 밑부분에 공기가 남아 있으면 안 된다.

4. 3개의 탄산나트륨용액과 한 개의 바탕시험의 대조액에 각각 페놀프탈레인 지시약 1~2방울을 가하고, 염산으로 붉은색이 무색으로 변할 때까지 적정한다. 종말점에서는 가능한 한 적은 양의 염산으로 퇴색이 완전히 되는 지점을 조심스럽게 구해야 한다. 이때 다음 반응이 완결된다.

$$Na_2CO_3 + HCl \rightleftharpoons NaHCO_3 + NaCl$$

5. 계속하여 이 3개의 용액에 브롬크레졸그린 3방울씩을 가하여 적정한다. 용액이 청색에서 녹색으로 변할 때까지 적정한다. 이때 용액에서는 다음 반응이 진행하여 이산화탄소를 많이 포함하게 된다.

$$NaHCO_3 + HCl \rightleftharpoons H_2CO_3 + NaCl$$

6. 이 용액을 5분 정도 끓여서 이산화탄소(탄산)를 날려보낸다. 이때 용액의 pH가 다시 증가하여 보라색으로 변할 것이다(브롬크레졸그린의 청색과 페놀프탈레인의 붉은색의 혼합된 색). 이 용액을 실온까지 식혀서 다시 적정을 계속하고, 선명한 녹색으로 변할 때 적정을 중지한다.

7. 이렇게 하여 얻은 6개의 실험값을 비교 검토하고, 염산 농도의 평균값을 구한다.

실험 8H－2 염기 표준용액 만들기(추천)

실험개요

염기 표준용액으로는 수산화나트륨용액이 가장 흔히 사용된다. 8C－2절의 탄산염이 없는 수산화나트륨용액을 이용하여 원하는 농도와 비슷한 염기용액을 만들어 놓고, 산의 일차 표준물로 표정하여 정확한 농도를 측정한다. 그리고 이 표준용액이 공기에 닿으면 이산화탄소 등을 흡수하기 때문에 이산화탄소의 침입을 방비하면서 조심스럽게 보관해야 한다.

유의사항

NaOH 용액 또는 고체는 다음과 같이 이산화탄소를 잘 흡수하고 약한 염기인 탄산이온으로 된다 : $2OH^- + CO_2 \rightleftharpoons CO_3^{2-} + H_2O$ (8C－2절 참조). 일반적으로 분석실험에서는 탄산이온이 없는 수산화나트륨 표준용액을 사용하고 있다. 이것을 만들 때에는 NaOH의 포화용액(약 50 % 용액)을 만들고, 이때 생기는 침전(Na_2CO_3)을 걸러내고 깨끗한 용액을 묽혀서 원하는 염기용액을 만들며, 이것을 표정하여 공기와 접촉하지 않도록 그림 8－7과 같이 보관한다. 유리병은 부식되기 때문에 일반적으로 폴리에틸렌병을 사용한다.

염기용액을 표정할 때 사용되는 일차 표준물질로 프탈산수소칼륨 $C_6H_4(COOH)COOK$를 가장 많이 사용하고, 이밖에 벤조산 $HC_7H_5O_2$와 이수화옥살산 $H_2C_2O_4 \cdot 2H_2O$도 많이 사용된다. 그리고 요오드산수소칼륨 $KH(IO_3)_2$도 대단히 좋은 일차 표준물이다.

진한 NaOH 용액은 부식성이 상당히 강하기 때문에 매우 조심스럽게 취급해야 한다. 피부나 옷에 묻게 되는 경우에는 즉시 수돗물에서 충분히 씻도록 한다.

실험과정

기구 : 파이렉스 또는 폴리에틸렌병(2～3 L들이), 유리 거르개, 진공펌프
시약 : 수산화나트륨, 프탈산수소칼륨, 페놀프탈레인 지시약

(1) 0.1 M 탄산염이 없는 수산화나트륨 표준용액 만들기

1. 증류수 2 L 정도를 끓여서 식혀 두고, 이것을 증류수 대신에 사용한다.

2. 작은 폴리에틸렌플라스크에 물 10 mL를 취하고, 고체 NaOH 약 10 g을 취하여 조금씩 천천히 잘 저으면서 포화용액(약 25 M)을 만든다(이때 발열하므로 주의해야 한다).

그리고 식혀서 찌꺼기를 충분히 가라앉히도록 한다. 그림 3－5와 같은 진공 거르개 장치를 이용하여 찌꺼기를 유리 거르개로 재빨리 걸러낸다. 유리는 부식되기 때문에 플라스틱병에 보관하도록 한다.

3. 이렇게 해서 얻은 진한 거른액 4～5 mL를 파이렉스 또는 폴리에틸렌병에 취하고, 물 1 L를 가하여 뚜껑을 닫고 잘 섞는다.

4. 이 병에 그림 8－7과 같은 마개장치를 하여 이산화탄소의 침입을 막도록 한다.

(2) 수산화나트륨용액의 표정

1. 110 ℃ 에서 1～2 시간 말린 프탈산수소칼륨 0.7～0.8 g 정도를 정확하게 달아서 삼각플라스크에 취하고, 이것을 일단 끓여서 식힌 증류수 25 mL 에 녹인다.

2. 이 용액에 페놀프탈레인 2 방울을 가하고, 위에서 만든 대략 0.1 M인 수산화나트륨용액을 뷰렛에 채워서 적정하는데, 붉은색이 적어도 30 초 동안 남아 있게 될 때 적정을 중지한다.

수산화나트륨용액을 뷰렛에 채울 때에는 역시 소량의 용액으로 뷰렛을 2～3 회 씻어내고 채운다. 이때 뷰렛의 콕크 밑부분에 기포가 남아 있지 않도록 조심해야 한다.

3. 이와 같은 적정을 3 회 되풀이하여 수산화나트륨용액의 농도를 계산하고, 그 평균값을 구한다. 라벨에 농도와 표정한 날짜를 기입하여 병에 붙인다.

실험 8H－3 아세트산과 암모니아용액의 정적

실험개요

약한 산인 아세트산용액을 위에서 언급한 세 가지 지시약, 즉 메틸오렌지, 페놀레드 및 페놀프탈레인을 사용하여 염기 표준용액으로 적정하고, 각 지시약의 변색범위를 기록하여 가장 선명하게 변색하는 지시약을 알아보자. 또 암모니아용액을 염산 표준용액으로 적정하며, 같은 실험을 되풀이한다.

유의사항

지시약의 변색범위를 측정할 때에는 주의깊은 관찰이 필요하고, 용액의 색이 조금 변하기 시작할 때의 표준용액의 적가부피와 완전히 변색되었을 때의 적가부피를 기록한다.

실험과정

시약 : 아세트산용액(약 3 %), 암모니아용액, 메틸오렌지, 페놀레드, 페놀프탈레인, NaOH 와 HCl 표준용액

1. 아세트산용액(약 3 %) 10.00 mL 씩을 피펫으로 정확히 취해 3 개의 삼각플라스크에 넣은 후 각각 50 mL 정도의 증류수를 가하고, 지시약으로 메틸오렌지, 페놀레드, 페놀프탈레인을 각각 한두 방울 가하여 0.1 M 수산화나트륨 표준용액으로 적정한다.

2. 각 지시약에 대하여 적정용액의 변색범위(표준용액의 적가부피)를 기록한다. 가장 짧은 사이에 선명하게 색이 변하는 지시약을 알아보자.

3. 진한 암모니아를 1 : 100 으로 묽힌 암모니아용액 10 mL 를 취하고, 앞에서 언급한 세 가지 지시약을 사용하여 각각 0.1 M 염산 표준용액으로 적정하면서 각 지시약에 대한 변색범위를 측정해 본다.

실험 8H－4 탄산수소나트륨과 탄산나트륨 혼합물의 정량

실험방법 Ⅰ

실험개요

시료용액에 탄산수소나트륨이 비교적 적은 양이 섞여 있을 때 적용되는 방법으로, 우선 시료용액을 염산 표준용액으로 아래 반응이 모두 완결될 때까지 적정하여 녹아 있는 염기의 전체 당량수를 안다.

$$Na_2CO_3 + 2HCl \rightleftharpoons 2NaCl + H_2O + CO_2$$
$$NaHCO_3 + HCl \rightleftharpoons NaCl + H_2O + CO_2$$

다음에 새로운 시료용액을 취하고, 수산화나트륨 표준용액을 일정량 여분으로 가하여 탄산수소이온 HCO_3^-를 탄산이온 CO_3^{2-}로 만든 다음 중성 염화바륨을 충분히 가하여 탄산이온을 탄산바륨으로 침전시키고, 이어 남아 있는 염기를 염산의 표준용액으로 역적정하여 탄산수소이온 HCO_3^- 때문에 소비된 염기의 당량, 즉 탄산수소나트륨의 당량수를 구한다.

$$NaHCO_3 + NaOH \rightleftharpoons Na_2CO_3 + H_2O$$
$$Na_2CO_3 + BaCl_2 \rightleftharpoons BaCO_3 + 2NaCl$$

유의사항

이 분석실험에서는 끓여서 물에 녹아 있던 CO_2를 제거한 증류수를 사용한다.

시료용액의 전체 염기의 양을 염산 표준용액으로 적정할 때에는 염산용액을 표정할 때와 같이 메틸오렌지, 메틸옐로우, 브롬크레졸그린과 같은 지시약을 사용한다. 메틸오렌지와 인디고카바민의 혼합 지시약은 더욱 좋다. 종말점 부근에서 끓여서 녹아 있던 이산화탄소를 날려보내면 훨씬 선명한 색깔 변화를 볼 수 있다.

탄산수소이온을 정량할 때 가하는 염화바륨용액은 페놀프탈레인 지시약에 대하여 중성이어야 하고, 이때 생기는 탄산바륨 침전은 과량의 바륨이온이 있으면 난용성이 된다. CO_3^{2-} 1 mol은 염산에 대하여 2당량으로 작용하고, HCO_3^- 1 mol은 산에 대하여 1당량으로 작용한다. 이때 염기에 대해서도 역시 1당량으로 작용한다는 점에 유의해서 계산한다.

실험과정

기구 : 적정장치

시약 : Na_2CO_3, $NaHCO_3$, 0.1 M 염산 표준용액, 브롬크레졸그린 지시약, 0.1 M 수산화나트륨, $BaCl_2$ 10 % 용액(페놀프탈렌에 대하여 중성이어야 한다).

1. 1.5～2.0 g의 Na_2CO_3와 $NaHCO_3$ 혼합 시료를 정확히 취하여 한번 끓여 식힌 물에 녹여 250 mL 들이 메스플라스크에 옮기고, 묽혀서 표선까지 채운다.

2. **전체 염기 당량수 결정** : 위의 용액 25.00 mL를 피펫으로 삼각플라스크에 취하고, 브롬크레졸그린 지시약을 2방울 가하여 0.1 M 염산 표준용액으로 적정한다.

용액의 색이 청색에서 녹색으로 변하면 용액을 2～3분 끓이고, 다시 식혀서 적정을 계속한다. 선명하게 녹색으로 변하면 중지한다.

3. **탄산수소나트륨 정량** : 같은 용액 25.00 mL를 피펫으로 취한 다음 0.1 M 수산화나트륨 표준용액 25.00 mL를 가하고, 곧 10 % 중성 염화바륨용액 10 mL를 가한다. 페놀프탈레인 2방울을 가한 다음 0.1 M 염산 표준용액으로 역적정한다. 가한 염기량에서 역정적한 염산의 양을 뺀 값이 탄산수소나트륨의 양이다. 10 mL의 중성 염화바륨용액과 물에 대하여 바탕시험을 하여 실험값을 보정한다.

4. 실험 2의 전체 염기 당량값에서 탄산수소나트륨 당량을 뺀 값이 탄산나트륨의 당량이고, 그 $\frac{1}{2}$을 취하면 mol수이다.

탄산수소나트륨의 당량은 mol수와 같다. 시료중의 각 물질의 무게 % 및 mol비를 구하라.

실험방법 II

실험개요

실험방법 I 과 같이 시료중의 전체 염기 당량수를 먼저 결정하고, 다음에 탄산이온의 당량만은 적당한 지시약을 사용하여 pH 8.03까지 염산 표준용액으로 적정하여 측정한다.

유의사항

탄산나트륨을 염산으로 적정하여 탄산수소이온으로 변화시킬 때 페놀프탈레인 지시약을 사용해도 정확한 종말점을 찾기 힘들다. 그러므로 실험 8H－1 실험방법 II 의 염산용액을 표준화할 때 이미 지적한 바와 같이 같은 농도의 탄산수소나트륨용액을 만들어 같은 양의 지시약을 가하여 발색시키고, 그 색도를 비교하면서 종말점을 찾으면 대단히 정확하다.

또 티몰블루 6부피와 크레졸렛 1부피의 혼합 지시약은 탄산염 용액에서는 보라색인데 당량점 부근에서는 청색으로 변하고, 종말점에서는 붉은색으로 변한다. 만약 적정을 더 계속하면 주황－녹색으로 변한다.

실험과정

기구 : 적정장치

시약 : 혼합 지시약(티몰블루 6부피와 크레졸렛 1부피를 혼합한 용액)

1. 실험방법 I 에서와 같이 메스플라스크를 이용하여 시료용액 250 mL를 만든다.
2. 실험방법 I 에서와 같이 전체 염기의 당량을 측정한다.
3. 다시 시료용액 25.00 mL를 취하여 혼합 지시약을 2~3방울 가하고, 0.1 M 염산 표준용액으로 적정하여 청색에서 분홍색으로 변하는 때를 종말점으로 한다. 지시약으로 페놀프탈레인을 사용할 때에는 적정용액과 비슷한 농도의 탄산수소나트륨용액을 만들어 색도를 비교하면서 종말점을 구한다.

실험 8H－5 붕산 및 붕사의 정량

실험방법 I 붕산의 정량

실험개요

약한 붕산에 전화당을 가하여 산성이 센 착산을 만들고, 이것을 알칼리 표준용액으로 적정한다.

유의사항

붕산은 H_3BO_3로 표현하는 경우가 많은데, 사실은 HBO_2와 같은 1염기산이다. 붕산은 약한 산($K_a = 5 \times 10^{-10}$)이고, 0.1 M 알칼리 표준용액으로 정확한 적정이 되지 않는다. 그러나 붕산은 글리세롤, 만니톨, 전화당과 같이 히드록실기를 2개 이상 가지는 물질과 반응하면 비교적 센 산으로 변한다.

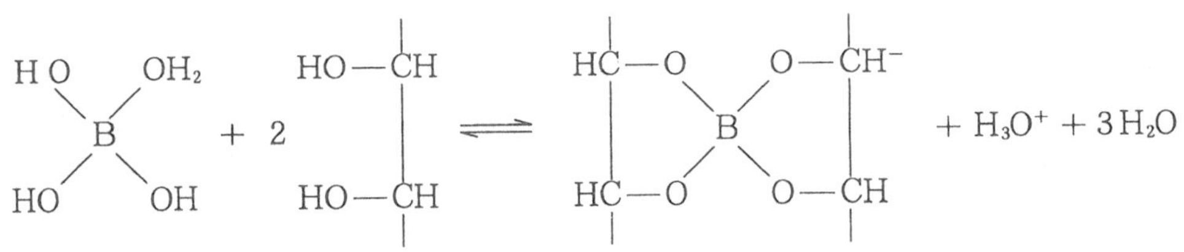

만니톨은 더 효과적으로 작용하지만, 전화당을 사용하는 것이 경제적이다.

실험과정

기구 : 적정장치

시약 : 붕산 알칼리 표준용액, 페놀프탈레인, 전화당(설탕)

1. 전화당용액은 설탕 3 kg을 증류수 1 L에 녹여 몇 분간 끓여서 맑은 용액으로 만들고, 여기에 3 M 황산 25 mL를 빨리 넣어 1~2분 저은 다음 물 1.5 L를 가하고, 다시 탄산염이 없는 3 M 수산화나트륨용액 25 mL를 가하여 잘 젓고 식힌다. 최후에 얻은 용액은 중성이고, 무색이어야 한다. 이것은 전화당을 55 % 정도 포함한다.

전화당은 사용 직전에 지시약을 사용하여 중화시켜야 한다.

2. 약 0.1 M 붕산용액 10 mL를 정확히 취하고, 여기에 전화당용액을 3～4 mL 가한 다음 페놀프탈레인을 지시약으로 가하여 0.1 M 알칼리 표준용액으로 적정한다. 용액의 색이 분홍색을 띠면 전화당을 다시 5 mL 더 가하여 퇴색시키고, 적정을 계속한다. 이렇게 해서 생긴 연한 분홍색이 전화당으로 퇴색하지 않을 때까지 되풀이한다.

실험방법 II　붕사의 정량

실험개요

붕사($Na_2B_4O_7 \cdot 10H_2O$)가 물에 녹으면 다음과 같이 된다.

$$Na_2B_4O_7 + 5H_2O \rightleftharpoons 2NaH_2BO_3 + 2H_3BO_3$$

$H_2BO_3^-$는 염산 표준용액으로 적정하고, H_3BO_3는 염기 표준용액으로 적정한다.

유의사항

NaH_2BO_3를 산 표준용액으로 적정할 때에는 H_3BO_3가 대단히 약한 산이기 때문에 메틸레드, 브롬크레졸그린, 메틸오렌지 등을 지시약으로 사용할 수 있다.

$$NaH_2BO_3 + HCl \rightleftharpoons H_3BO_3 + NaCl$$

H_3BO_3를 알칼리 표준용액으로 적정할 때에는 붕산 적정에서 말한 바와 같이 전화당을 가하여 센 착산으로 만들어 적정한다. 시료의 조성이 $Na_2B_4O_7 \cdot 10H_2O$와 같다면 이렇게 얻은 산과 염기의 당량은 같을 것이다.

실험과정

기구 : 적정장치

시약 : 전화당, 산 및 염기 표준용액, 메틸레드, 페놀프탈레인

1. 붕사 시료 3～5 g 정도를 정확히 달아 물에 녹여 250 mL들이 메스플라스크에 넣고, 표선까지 묽혀 채운다.

2. 염기의 정량 : 위의 시료용액 25.00 mL를 피펫으로 삼각플라스크에 취하고, 메틸레드 3방울을 가한 다음 0.1 M 산 표준용액으로 주홍색이 될 때까지 적정한다.

3. 붕산의 정량 : 위에서 만든 시료용액 25.00 mL를 삼각플라스크에 취하고, 10 mL의 중성 전화당용액과 페놀프탈레인 3방울을 가한 다음 0.1 M 알칼리 표준용액으로 실험 8H－5 실험방법 I 의 붕산적정 때와 같은 요령으로 적정한다.

4. 시료중의 염기와 산의 당량을 계산하여 비교한다. 또 물의 함유량을 구하라.

실험 8H－6 암모늄염의 분석

실험개요

암모늄염을 산－염기 적정법으로 분석할 때에는 암모늄염 시료용액에 과량의 센 염기를 가하여 발생하는 암모니아를 증류하고, 이것을 일정량의 산 표준용액에 정량적으로 흡수 중화시키고 남아 있는 산을 염기 표준용액으로 역적정하여 암모니아를 정량한다.

유의사항

암모늄염을 분해 증류할 때에는 Kjeldahl 증류장치(그림 8－8 참조)를 이용한다. 냉각기 앞에는 트랩이 연결되어 있어 플라스크에서 증기와 함께 튀어나오는 센 염기성용액의 방울을 막아준다. 그 다음에 냉각기를 붙이고, 그 밑에 연결관을 달아 그 끝이 산용액에 잠기도록 한다. 이 산용액은 미리 산의 표준용액 일정량을 사용하고, 암모니아의 포집이 끝나면 반응하고 남은 산을 염기의 표준용액으로 역적정하여 암모니아를 정량한다. 진한 수산화나트륨용액은 부식성이 대단히 세므로 취급하는 데 조심해야 한다.

실험과정

기구 : Kjeldahl 플라스크(500 mL 들이) 및 증류장치, 적정장치, 피펫(50 mL 들이), 냉각기, 연결관, 트랩, 삼각플라스크(250 mL 들이)

시약 : 황산암모늄, 0.1 M 염산 표준용액, 50 % 수산화나트륨용액, 아연금속입자, 0.1 M 수산화나트륨 표준용액, 메틸레드

1. 공업용 황산암모늄 0.2 g 정도를 정확히 달아 100 mL 정도의 물을 사용하여 500 mL 들이 증류플라스크에 옮긴다.
2. 한편 0.1 M 염산 표준용액 50 mL를 피펫을 사용하여 깨끗한 250 mL 들이 삼각플라스크에 정확히 취하고, 그 액면이 연결관 끝에 겨우 닫도록 한다.
3. 작은 아연입자 1 g 정도를 증류플라스크에 넣어 용액이 한꺼번에 튀는 것을 막는다. 모든 준비가 끝나면 이 플라스크에 찬 50 % 수산화나트륨용액 50 mL를 빨리 가하고, 곧 트랩에 연결한다. 이 작업을 빨리해야 암모니아의 손실이 없다.
4. 플라스크를 흔들고 가열하기 시작한다. 그리고 빠른 시간 내에 내용물이 끓도록 한다. 때때로 플라스크 내의 산용액이 연결관 속으로 역류하여 끌려들어가는 경우가 있으므로 주의해야 한다. 증류플라스크의 용액이 약 $\frac{2}{3}$ 정도로 될 때까지 가열하고, 삼각플라스크를 조심스럽게 떼어낸 다음 가열을 중지한다. 먼저 가열을 중지하면 산용액이 역류하므로 주의해야 한다.
5. 소량의 물로 연결관 끝을 씻어 염산용액에 합친다. 여기에 메틸레드 지시약을 2~3방울 가하고, 0.1 M 수산화나트륨 표준용액으로 적정한다. 시료중의 질소와 암모니아 함유량을 계산한다.

실험 8H-7 유기물질(밀가루)중의 질소정량, Kjeldahl 법

실험개요

시료를 뜨거운 진한 황산중에서 산화시켜 황산암모늄으로 바꾸고, 이것을 진한 알칼리로 분해시켜 증류하여 나오는 암모니아를 일정량의 산용액에 흡수시킨 다음 알칼리 표준용액으로 남아 있는 산을 역적정한다. 이 방법은 곡물, 고기 등 식품 분석에 많이 이용된다.

유의사항

단백질, 펩티드, 식품, 비료, 약품 등에 포함된 질소분을 정량하는 데에는 Dumas법과 Kjeldahl법이 있다. Dumas법에서는 시료를 산화구리 가루와 섞어 연소관에서 이산화탄소 기류를 통과시키면서 가열하면 시료중의 수소는 물, 탄소는 이산화탄소, 그리고 질소는 단체 상태로 되어 나온다. 다른 기체는 적당한 흡수용액에 흡수시키고, 질소만의 부피를 기체 뷰렛에서 측정해서 정량한다.

Kjeldahl법의 경우에서는 시료를 황산으로 가열하여 산화시키면 탄소는 이산화탄소로 되고, 수소는 물로 된다. 질소는 단백질에서와 같이 아미드 또는 아민 형태로 있으면 쉽게 암모늄이온으로 된다.

그러나 니트로, 아조 등의 형태로 있으면 때때로 단체 질소나 산화질소로 되어 날아가고, 이 때문에 오차가 생긴다. 그러므로 미리 조심해야 한다. 이 경우에 시료가 들어 있는 황산용액에 티오황산염과 살리실산을 첨가하면 오차를 줄일 수 있다.

시료가 황산으로 산화되는 속도는 대단히 느리다. 이 경우에 시료용액에 황산칼륨염을 첨가하는 것이 보통이다. 이것은 반응 온도를 높여서 반응을 촉진시키는 구실을 한다. 황산염의 분량이 너무 많으면 암모늄이온이 분해되고, 황산이 많이 증발한다. 또 이 경우에 구리, 수은 또는 수은염 등을 촉매로 사용한다. 산화반응이 끝나면 증류과정에 앞서 이들 금속이온은 황화물로 제거해 주어야 한다. 그렇지 않으면 이들 금속 이온은 아민 착물을 만들어 암모니아의 증발을 방해한다.

실험과정

기구 : Kjeldahl 장치, 적정장치

시약 : 황산나트륨, 산화수은, 황산, 황화칼륨, 아연금속, 메틸레드, 수산화나트륨, 산-알칼리 표준용액

1. 1.5 g 정도의 밀가루를 정확히 달아 kjeldahl 플라스크에 넣는다. 여기에 약 10 g의 황산나트륨과 0.6 g의 산화수은을 더하고, 다시 진한 황산 25 mL를 가한다.

2. 이것을 후드 속에서 서서히 가열한다. 내용물은 처음에 검게 탄화되고, 서서히 끓이면 차차 퇴색하여 무색으로 된다. 다시 15분 정도 가열하고 플라스크를 식히면 내용물은 고체로 된다.

3. 여기에 200 mL 정도의 물을 조심스럽게 가하여 고체를 완전히 녹이고, 식혀서 5 % 의 황화칼륨용액 10 mL를 가하여 수은이온을 침전시킨 다음 침전을 걸러낸다.

4. 거른액과 침전을 씻은액을 다시 본래의 플라스크에 넣고, 실험 8H－6에서와 같이 여기에 아연금속과 수산화나트륨을 가하여 알칼리성으로 만들어 암모니아를 증류하여 산 표준용액으로 받아 알칼리 표준용액으로 적정한다. 구체적으로는 실험 8H－6 실험 과정에 따라 작업하도록 한다. 시료중에 있는 질소분의 함유량(%)을 구한다. 또 여기에 5.7의 계수를 곱하면 단백질 함유량(%)을 얻을 수 있다.

실험 8H－8 아세트산 용매에서의 산-염기 적정

실험개요

수용액에와 같이 메틸바이올렛 지시약을 이용하여 산-염기 적정을 할 수 있다.

유의사항

아세트산 용매에 과염소산을 녹이면 양성자는 $CH_3COOH_2^+$ 로 존재하고, 아세트산나트륨을 녹이면 센 염기 CH_3COO^- 로 존재하며, 중화반응은 다음과 같다.

$$CH_3COOH_2^+ + CH_3COO^- \rightleftharpoons 2\,CH_3COOH$$

프탈산수소칼륨 $C_6H_4(COOH)COOK$ 용액을 산용액으로 적정하는 경우에는 다음과 같은 중화반응이 일어난다.

$$CH_3COOH_2^+ + C_8H_4O_4H^- \rightleftharpoons CH_3COOH + C_8H_4O_4H_2$$

지시약 메틸바이올렛은 용액이 산성으로 될수록 보라색에서 녹색 및 노란색으로 변하는데, 보라색이 없어질 때가 종말점이다.

아세트산 용매는 열팽창률이 크기 때문에 적정 도중의 온도 변화를 줄이거나 부피 교정을 해주도록 한다(식 8－22 참조).

실험과정

기구 : 적정장치

시약 : 72 % 과염소산, 아세트산 용매, 아세트산나트륨

지시약 : 0.2 g의 메틸바이올렛을 100 mL의 클로로벤젠에 녹여서 만든다.

1. 0.1 M $HClO_4$ 용액 : 아세트산 300 mL 정도에 72 % 과염소산 8.5 mL를 섞어 녹이고, 다시 무수 아세트산 20 mL를 가한다. 이것을 아세트산으로 묽혀서 1 L로 만든다. 이 용액은 하루 정도 방치하여 무수 아세트산이 수분과 충분히 반응하도록 한다.

2. 0.1 M 아세트산나트륨용액 : 무수 아세트산나트륨 8.2 g을 아세트산에 녹여 1 L로 만든다.

3. 산-염기 상호적정 : 과염소산용액을 뷰렛에 채우고, 아세트산나트륨용액 30 mL를 플라스크에 받아서 지시약 두 방울을 가한 다음 보라색이 나타날 때까지 적정한다.

반대로 염기용액을 뷰렛에 채우고, 산용액을 적정한다. 산과 염기의 부피비를 계산하여 비교한다.

4. 용액의 표정 : 프탈산수소칼륨을 110 ℃에서 1～2시간 말린 다음 0.5 g 정도를 정확히 달아서 플라스크에 담고, 60 mL의 아세트산으로 녹인다. 서서히 가열하여 고체를 완전히 용해시키고, 실온까지 식힌다. 이것을 위에서와 같이 지시약을 사용하여 0.1 M $HClO_4$ 용액으로 적정하고, 이들 산 및 염기용액의 농도를 정확히 결정한다. 이때 용액의 온도를 측정한다.

8I 연습문제

8—1 0.30 M 염산 4.8 L를 만들기 위해서는 밀도가 1.098 g/mL인 염산 몇 mL를 취해야 하는가?

8—2 염산 0.80 mmol 정도를 물로 묽혀 15.0 mL 용액을 만들고, 0.020 M NaOH로서 적정한다. 다음 지시약을 사용하여 종말점을 얻을 때 생기는 오차는 각각 얼마가 되는가?
(a) 메틸레드 pH = 5.63
(b) 메틸오렌지 pH = 3.93
(c) 티몰프탈레인 pH = 9.60

8—3 페놀프탈레인 지시약을 이용하여 412.1 mg의 Na_2CO_3를 적정할 때 39.20 mL의 염산이 소비되었다. 염산의 몰농도를 구하라. 만약 브롬크레졸그린을 사용하였다면 어떻게 되는가?

8—4 836.2 mg의 프탈산수소칼륨용액을 적정하는 데 수산화나트륨 41.96 mL가 소비되었다. 알칼리 용액의 몰농도를 계산하라.

8—5 75.10 mmHg에서 만든 함께 끓는 염산 18.022 g을 취하여 정확히 1 L 용액을 만들면 몇 M 염산용액인가?

8—6 3 mmol의 인산을 60 mL 물에 녹여 0.2 M NaOH로서 적정한다. 제 1과 제 2 당량점에서의 pH 급변범위를 구하고, 적당한 지시약을 지적하라.

8—7 2.3 mmol의 말론산 $H_2C_3H_2O_4$를 82 mL의 물에 녹여 0.1 M NaOH로 적정한다.
(a) 두 당량점의 pH를 구하라.
(b) 두 당량점의 pH 급변범위를 구하라.
(c) 만약 당량점보다 pH가 0.10 큰 곳에서 종말점을 정하면 오차가 얼마나 되는가?

8－8 천연수 100 mL에 메틸오렌지를 넣고 0.02000 M 염산으로 적정하였을 때 41.0 mL가 소비되고, 페놀프탈레인을 넣고 적정하였을 때는 8.0 mL가 소비되었다. HCO_3^- 와 CO_3^{2-} 의 함량을 계산하라.

8－9 NaOH와 Na_2CO_3의 혼합물을 1.200 g 달아 물에 녹인 다음 0.5000 M 염산으로 적정하였다. 페놀프탈레인을 넣고 적정하였더니 산용액이 30.00 mL 적가되었을 때 무색으로 변하였다. 여기에 메틸오렌지를 넣고 계속 적정하여 색의 변화가 일어나기 직전까지 산용액이 5.00 mL 더 적가되었다. NaOH와 Na_2CO_3의 함유량은 얼마인가?

8－10 $NaCO_2$와 $NaHCO_3$의 혼합물을 2.000 g 달아 물에 녹여 0.5000 M 염산으로 적정하였다. 페놀프탈레인을 넣고 적정하였더니 무색이 될 때까지 산용액이 15.00 mL 소비되었고, 메틸오렌지를 넣고 적정하였더니 색의 변화가 일어나기 직전까지 22.00 mL가 더 소비되었다. Na_2CO_3와 $NaHCO_3$의 함유량은 얼마인가?

8－11 NaOH, Na_2CO_3, $NaHCO_3$의 혼합물을 1.000 g 달아 녹여 페놀프탈레인을 넣고 1.038 M의 산용액으로 적정하였더니 무색이 될 때까지 17.96 mL가 소비되었다. 다시 시료를 1.000 g 녹여 메틸오렌지를 넣고 같은 산용액으로 적정했을 때 21.17 mL가 소비되었다. 각각의 함유량은 얼마인가?

8－12 Na_3PO_4, NaH_2PO_4, Na_2HPO_4의 혼합물을 2.000 g 달아 물에 녹인 다음 메틸오렌지를 넣고 0.500 M 염산으로 적정하였을 때 32.0 mL가 소비되었다. 다시 2.00 g을 달아 페놀프탈레인을 넣고 같은 산용액으로 적정하였을 때 12.0 mL가 필요하였다. 각각의 성분의 함유량을 구하라.

제 9 장
착화법 적정

9A 착물과 착화반응

9A—1 착 물

금속이온은 이온결합을 이루는 경우가 많지만, 상대방 화학종이 주는 전자쌍을 받아 **배위결합**(coordination)을 이루는 경우도 있다. 예를 들어 구리이온은 4개의 암모니아와 배위결합을 하여 구리의 아민 **착이온**(amin complex ion) $Cu(NH_3)_4^{2+}$를 만든다.

암모니아와 같이 전자쌍을 주는 화학종을 리간드(ligand)라고 한다. 중심원자에 배위하는 결합전자쌍의 수를 그 중심금속원자의 배위수(coordination number)라 하고, 금속에 따라 2, 4, 6 등과 같은 수를 갖는다.

리간드에서 전자쌍을 내어 배위결합을 일으키는 원자는 전기음성도가 큰 C, N, O, S, F, Cl, Br, I와 같은 원자들이고, 리간드에는 반드시 이러한 원자가 포함되어 있다.

에틸렌디아민과 에틸렌디아민 테트라아세트산은 배위할 수 있는 전자쌍을 각각 2개와 6개 가지고 있으며, 1개의 리간드가 각각 중심금속원자와 2개와 6개의 배위결합을 한다. 이와 같은 것을 **킬레이트제**(chelating agent)라고 한다. 테트라아민구리 착이온에 에틸렌디아민을 반응시키면 다음과 같은 반응이 일어난다.

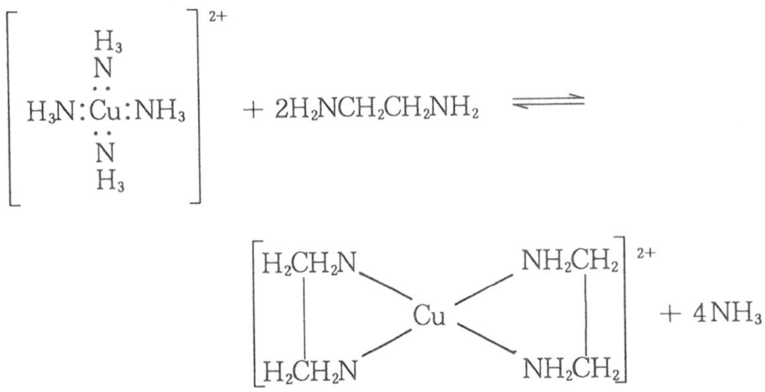

(9 — 1)

이 반응은 자발적으로 일어나고, 이렇게 해서 생성된 새로운 킬레이트 착물은 안정성이 훨씬 크다.

킬레이트 화합물은 그 착물 내에 고리구조를 가지고 있으며, 이것으로 말미암아 안정도가 높아진다. 따라서 한 개의 착물분자에 포함되는 고리수가 많을수록 더 안정화된다. 그 이유는 중심금속과 리간드와의 한 결합이 파괴되어 완전 분리가 되기 전에 재결합이 생기는 기회가 많아지기 때문이다. 이때 고리의 크기는 5～6원자로 구성되어 있는 것이 가장 안정하고, 이보다 크거나 작은 고리를 형성할 때에는 불안정하다.

식 9 — 1의 반응에서 보는 바와 같이 한 자리 리간드가 여러 자리 결합수를 가지는 킬레이트제와 반응하는 경우 반응물의 전체 입자수보다 생성물의 전체 입자수가 증가하는 반응이 일어나고, 이 경우 엔트로피가 증가하는 반응이다. 이것은 킬레이트물의 안정성이 더 크다는 것을 뜻한다.

9A — 2 EDTA와 금속착물

에틸렌디아민 테트라아세트산(ethylenediamine tetraacetic acid, EDTA)은 다음과 같은 구조를 가지며, YH_4로 표시되는 4염기산이다.

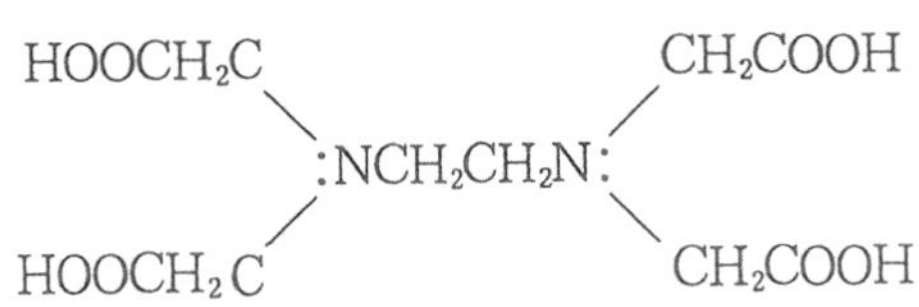

이 물질 자체는 물에 난용성이지만, 보통 알칼리 용액에는 녹는다. 실험실에서는 일반적으로 2나트륨염 $Na_2H_2Y \cdot 2H_2O$를 사용하고, 이것은 물에 잘 녹는다. 1945년부터 Schwarzenbach*(슈바르첸바흐)에 의하여 금속이온의 적정에 널리 사용되게 되었고, EDTA는 다음과 같이 4단계로 이온화한다.

---

* G. Schwarzenbach et al. Heer. Chim, Acta. 28, 828, 1133(1945).

표 9—1 pH에 대한 EDTA의 각 성분 화학종의 분포율(α)

pH	H_4Y	H_3Y^-	H_2Y^{2-}	HY^{3-}	Y^{4-}
0	0.990	0.010			
1	0.907	0.091	0.002		
2	0.451	0.451	0.098		
3	0.031	0.307	0.662		
4		0.044	0.949	0.007	
5		0.004	0.931	0.065	
6			0.591	0.409	
7			0.127	0.873	
8			0.014	0.981	0.005
9			0.001	0.947	0.052
10				0.645	0.355
11				0.154	0.846
12				0.018	0.982
13				0.002	0.998
14					1.000

$$H_4Y \rightleftharpoons H^+ + H_3Y^- \qquad \frac{[H^+][H_3Y^-]}{[H_4Y]} = K_1 = 1.00 \times 10^{-2} \qquad (9-2)$$

$$H_3Y^- \rightleftharpoons H^+ + H_2Y^{2-} \qquad \frac{[H^+][H_2Y^{2}]}{[H_3Y]} = K_2 = 2.16 \times 10^{-3} \qquad (9-3)$$

$$H_2Y^{2-} \rightleftharpoons H^+ + HY^{3-} \qquad \frac{[H^+][HY^{3-}]}{[H_2Y^{2-}]} = K_3 = 6.92 \times 10^{-7} \qquad (9-4)$$

$$HY^{3-} \rightleftharpoons H^+ + Y^{4-} \qquad \frac{[H^+][Y^{4-}]}{[HY^{3-}]} = K_4 = 5.50 \times 10^{-11} \qquad (9-5)$$

그리고 녹아 있는 용액에서는 EDTA의 전체 농도 C_{EDTA}는 질량보존의 법칙에 따라 다음과 같이 용액의 5개의 성분 화학종의 합으로 표시된다.

$$[H_4Y] + [H_3Y^-] + [H_2Y^{2-}] + [HY^{3-}] + [Y^{4-}] = C_{EDTA} \qquad (9-6)$$

용액중의 이들 각 성분 화학종의 몰분율 α는 용액의 pH에 따라 결정되고, 다음과 같이 수소이온 농도와 K값의 함수로 나타낼 수 있다(7F절 참조).

$$\alpha_0 = \frac{[H_4Y]}{C_{EDTA}} = \frac{[H^+]^4}{[H^+]^4 + K_1[H^+]^3 + K_1K_2[H^+]^2 + K_1K_2K_3[H^+] + K_1K_2K_3K_4}$$

$$\alpha_1 = \frac{[H_3Y^-]}{C_{EDTA}} = \frac{K_1[H^+]^3}{[H^+]^4 + K_1[H^+]^3 + K_1K_2[H^+]^2 + K_1K_2K_3[H^+] + K_1K_2K_3K_4} \qquad (9-7)$$

$$\alpha_4 = \frac{[Y^{4-}]}{C_{EDTA}} = \frac{K_1K_2K_3K_4}{[H^+]^4 + K_1[H^+]^3 + K_1K_2[H^+]^2 + K_1K_2K_3[H^+] + K_1K_2K_3K_4}$$

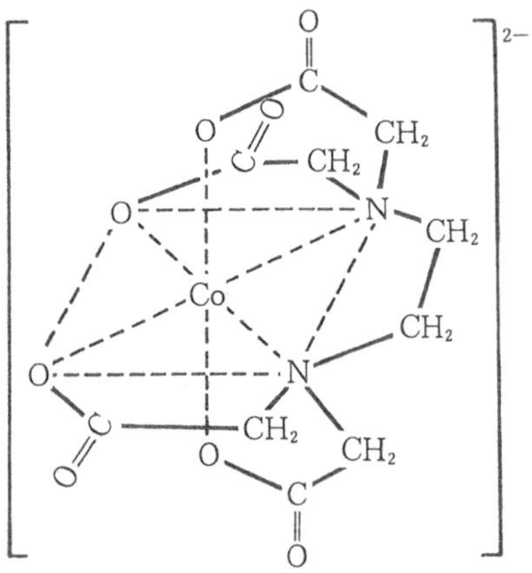

그림 9—1 EDTA의 코발트(II) 착이온.

표 9—2 EDTA 착물의 생성상수($\log K_{MY}$)

양이온	$\log K_{MY}$	양이온	$\log K_{MY}$	양이온	$\log K_{MY}$	양이온	$\log K_{MY}$
Al^{3+}	16.13	In^{3+}	24.95	Hg^{2+}	21.80	Ti^{3+}	21.3
Ba^{2+}	7.76	Fe^{2+}	14.33	Ni^{2+}	18.62	TiO^{2+}	17.3
Cd^{2+}	16.46	Fe^{3+}	25.1	Sc^{3+}	23.1	V^{2+}	12.70
Ca^{2+}	10.70	Pb^{2+}	18.04	Ag^{+}	7.32	V^{3+}	25.9
Co^{2+}	16.31	Mg^{2+}	8.69	Sr^{2+}	8.63	VO^{2+}	18.77
Cu^{2+}	18.80	Y^{3+}	18.09	Th^{4+}	23.2	Zn^{2+}	16.50
Ga^{3+}	20.27	Mn^{2+}	14.04				

9A—3 EDTA 착물 생성과 안정도

식 9—7을 통해 볼 때 용액의 pH와 K값을 이용하면 표 9—1과 같이 용액중의 각 화학종의 분포상태를 구할 수 있다.

예를 들어 pH 10인 용액에서는 두 가지 화학종 HY^{3-}와 Y^{4-}가 가장 많이 존재하여 64.5 %와 35.5 %를 차지하고, 나머지 화학종은 거의 무시할 정도로 작다는 사실을 알 수 있다.

EDTA 이온 Y^{4-}는 알칼리 금속을 제외한 거의 모든 금속이온과 1 : 1로 반응하여 안정한 착물을 만든다. 여섯 자리 배위전자쌍을 가지고 있는 리간드인 EDTA 이온은 코발트(II) 이온과는 그림 9—1과 같은 킬레이트를 만든다.

이와 같이 EDTA 이온은 금속이온과 원자가에 관계없이 1 : 1의 결합을 하기 때문에 금속이온이 한 자리 리간드와 반응할 때 볼 수 있는 단계적 반응은 볼 수 없다. 또 EDTA 이온의 6개의 배위전자쌍은 각각 중심 금속원자와 결합하여 한 평면에 존재하는 5원자로 구성된 고리를 만들기 때문에 안정도가 더욱 증가한다.

일반적으로 금속이온 M^{n+}의 EDTA 착물 생성반응과 생성상수 K_{MY}는 다음과 같다. 이들 값 몇 가지를 표 9—2에 나타내었다.

$$M^{n+} + Y^{4-} \rightleftharpoons MY^{n-4}$$

$$K_{MY} = \frac{[MY^{n-4}]}{[M^{n+}][Y^{4-}]}$$

EDTA 착물은 중성 또는 염기성용액에서 안정도가 높고, 산성용액에서는 다음과 같이 Y^{4-} 이온의 일부가 수소이온과 반응하기 때문에 EDTA 킬레이트가 분해하는 경향이 커진다.

$$MY^{n-4} + 2H^{+} \rightleftharpoons M^{n+} + H_2Y^{2-}$$

중성 또는 염기성에서는 주로 H_2Y^{2-} 나 HY^{3-}와 같은 화학종이 많이 존재하고(표 9-1 참조), 이들이 금속이온과 반응하면 다음과 같이 수소이온을 내놓게 된다.

$$M^{n+} + H_2Y^{2} \rightleftharpoons MY^{n-4} + 2H^{+}$$

$$M^{n+} + HY^{3-} \rightleftharpoons MY^{n-4} + H^{+}$$

그러므로 이러한 상태에서 금속이온을 EDTA로서 직정하면 용액의 pH는 감소하고, 킬레이트 생성반응은 중지되거나 반응이 역행하게 된다. 그러므로 적정용액에 미리 적당한 완충용액을 가하여 pH의 감소를 막도록 하는 것이 중요하다.

그러나 안정한 착물을 만드는 카드뮴, 구리, 니켈, 아연 등을 EDTA로 적정할 경우에는 다소 약한 산성에서도 적정할 수가 있다. 그러나 착이온의 안정도가 작은 금속이온의 경우에는 pII를 10 정도로 유지해야 하는데, 이때는 금속이온이 수산화물 또는 염기성 산화물이 되어 침전한다. 이러한 침전반응을 막는 동시에 pH를 염기성으로 유지하기 위하여 암모니아-암모늄 완충용액을 사용한다.

이때 생기는 이들 금속의 아민 착물은 가용성이고, 이들 금속의 EDTA 착물보다 안정도가 낮기 때문에 EDTA의 킬레이트 생성반응을 방해하지 않는다.

9B 칼슘의 EDTA법 적정

칼슘의 EDTA 착물은 비교적 안정하며, 칼슘의 EDTA 적정은 대단히 널리 이용되고 있다. EDTA 표준용액으로는 Na_2H_2Y 용액을 사용하고, pH 10으로 조절한 암모니아-암모늄 완충용액에서 적정한다. 이 상태에서 EDTA는 주로 HY^{3-} 화학종으로 존재하게 되고, 일어나는 주반응은 다음과 같다.

$$Ca^{2+} + HY^{3-} \rightleftharpoons CaY^{2-} + H^{+}$$

10보다 큰 pH 용액에서 EDTA 착물은 안정하지만, 수산화칼슘의 침전이 생길 우려가 있다.

9B-1 적정곡선

당량점 이전에서는 EDTA와 반응하고 남아 있는 칼슘이온 농도를 계산하여 pCa를 구하고, 당량점 부근에서와 당량점 이후에서는 칼슘의 EDTA 착물의 생성 평형식을 이용하여 pCa를 구한다.

0.0100 M 칼슘용액 50.00 mL를 0.0100 M Na_2H_2Y 용액으로 적정하는 경우를 살펴보자. 이때 칼슘용액은 pH 10인 암모니아-암모늄용액으로 완충되어 있다고 하자.

EDTA 용액을 적가하지 않았을 때는 $[Ca^{2+}] = 0.01$ M이고, pCa는 2.00이다. 1.00 mL의 EDTA 용액을 적가했을 때의 칼슘 농도는 다음과 같이 계산된다.

$$[Ca^{2+}] = \frac{50.00\ mL \times 0.0100\ M - 1.00\ mL \times 0.0100\ M}{51.00\ mL} = 0.00961\ M$$

$$pCa = 2.02$$

칼슘의 EDTA 착물에 대한 생성 평형식은 다음과 같다.

$$K_{CaY} = \frac{[CaY^{2-}]}{[Ca^{2+}][Y^{4-}]} = 5.01 \times 10^{10} \qquad (9-8)$$

당량점에서의 조건은 $[Ca^{2+}] = C_{EDTA}$로, 여기서 C_{EDTA}는 녹아 있는 전체 EDTA의 농도를 나타낸다. 식 9-7 또는 표 9-1을 이용하면 pH 10인 용액에서의 화학종 Y^{4-}의 농도를 쉽게 구할 수 있다.

$$[Y_4^-] = 0.355\ C_{EDTA}$$

당량점 조건을 이용하면 $[Y^{4-}] = 0.355[Ca^{2+}]$가 성립한다. 그리고 칼슘의 EDTA 착물은 안정하기 때문에 당량점에서의 농도는 거의 다음과 같다.

$$[CaY^{2-}] = \frac{50.00\ mL \times 0.0100\ M}{100.00\ mL} = 5.00 \times 10^{-3}\ M$$

이들 관계를 식 9-8에 대입하면 다음을 얻는다.

$$\frac{5.00 \times 10^{-3}}{0.355[Ca^{2+}]^2} = 5.01 \times 10^{10}$$

$$[Ca^{2+}] = 5.31 \times 10^{-7}\ M \qquad pCa = 6.27$$

당량점 이후에도 평형식을 이용하는데, EDTA 60.00 mL를 가했을 때 Y^{4-}의 농도는 다음과 같다.

$$[Y^{4-}] = 0.355\ C_{EDTA} = \frac{0.355 \times 10.00\ mL \times 0.0100\ M}{110.0\ mL} = 3.55 \times 10^{-4}\ M$$

CaY^{2-}의 농도는 여전히 5×10^{-3} M이므로, Ca^{2+}의 농도는 식 9-8을 이용하여 다음과 같이 계산된다.

표 9－3 0.0100 M 칼슘용액 50.00 mL 를 0.0100 M EDTA 로 적정할 경우

EDTA 용액 적가한 부피(mL)	pCa(pH = 10.0)	pCa(pH = 8.0)
0	2.00	2.00
1.00	2.02	2.02
5.00	2.09	2.09
10.00	2.18	2.18
20.00	2.37	2.37
30.00	2.60	2.60
40.00	2.95	2.95
45.00	3.28	3.28
49.00	4.00	4.00
49.9	5.00	5.00
E. P. 50.0	6.27	5.35
50.10	7.55	5.70
51.00	8.55	6.70
55.00	9.25	7.40
60.00	9.55	7.70
70.00	9.85	8.00

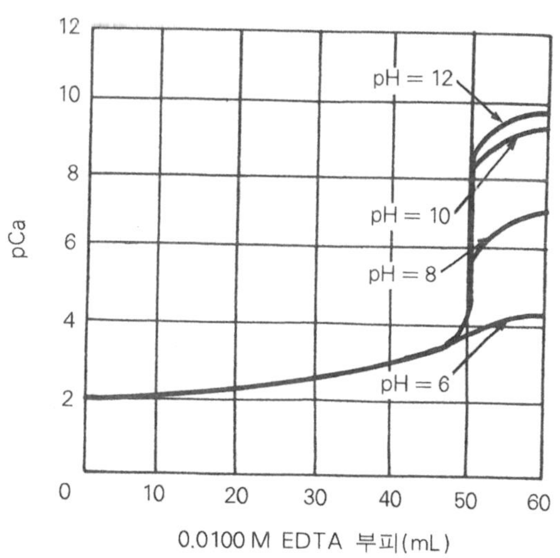

그림 9－2 0.0100 M 칼슘 50.00 mL 를 0.0100 M EDTA 로 적정할 때의 적정곡선과 pH의 영향.

$$[Ca^{2+}] = \frac{5 \times 10^{-3}}{(5.01 \times 10^{10})(3.55 \times 10^{-4})} = 2.81 \times 10^{-10}\,M$$

$$pCa = 9.55$$

이렇게 구한 것이 표 9－3과 같고, 이것을 도시하면 적정곡선 그림 9－2와 같다. 위의 적정에 있어 당량점 부근에서 pCa의 변화는 대단히 급격하다. 즉 EDTA의 적정액이 49.9 mL 적가되었을 때는 pCa가 5.00이고, 50.10 mL 적가되었을 때는 pCa가 7.55이다. 다시 말해, 당량점의 0.2 % 이전과 이후에서 Ca^{2+} 이온의 농도는 350배가 변화한다. 이러한 사실은 당량점을 정확하게 구하는 데 도움을 준다.

9B-2 적정곡선에 영향을 주는 조건

만약 완충용액의 pH를 8에 유지시키는 경우에 당량점까지의 pCa는 pH 10의 경우와 비슷하다고 볼 수 있다. 그러나 당량점 이후의 pCa는 다음과 같이 계산된다. 식 9-7 또는 표 9-1을 이용하여 다음 관계를 얻는다.

$$[Y^{4-}] = 0.005\ C_{EDTA}$$

당량점에서 $C_{EDTA} = [Ca^{2+}]$이기 때문에 다음과 같다.

$$[Y^{4-}] = 0.005\ C_{EDTA} = 0.005[Ca^{2+}]$$

식 9-8에 대입하여 pH 10의 경우에서와 같이 다음을 얻는다.

$$\frac{5.00 \times 10^{-3}}{0.005[Ca^{2+}]^2} = 5.01 \times 10^{10}$$

$$[Ca^{2+}] = 4.46 \times 10^{-6} \qquad pCa = 5.35$$

60.00 mL를 적가했을 때는 다음과 같다.

$$[Y^{4-}] = 0.005\ C_{EDTA} = \frac{0.005 \times 10.00\ mL \times 0.0100\ M}{110.00\ mL} = 5.0 \times 10^{-6}\ M$$

식 9-8에 대입하여 다음을 얻는다.

$$[Ca^{2+}] = \frac{5 \times 10^{-3}}{(5.01 \times 10^{10})(5.0 \times 10^{-6})} = 2.0 \times 10^{-8}$$

$$pCa = 7.70$$

그림 9-2에서 보는 바와 같이 적정용액의 pH는 적정곡선의 pCa 급변범위에 큰 영향을 주며, 산성이 될수록 짧아짐을 알 수 있고, 더 산성이 되는 경우에는 EDTA 착물이 생기지 않고 적정이 성립되지 않게 된다.

또 그림 9-3에서 보는 바와 같이 EDTA 착이온의 생성상수 K_{MY}가 크면 pCa 급변범위가 증가하고, K_{MY}가 작을수록 감소한다.

9C 아연의 EDTA법 적정

아연을 EDTA로 적정하는 경우에는 칼슘의 경우보다 다소 복잡하다. 이때 사용하는 암모니아-암모늄 완충용액은 pH를 9~10으로 유지하는 동시에, 아연의 아민 착물을 만들어 수산화아연의 침전이 생기는 것을 막아준다.

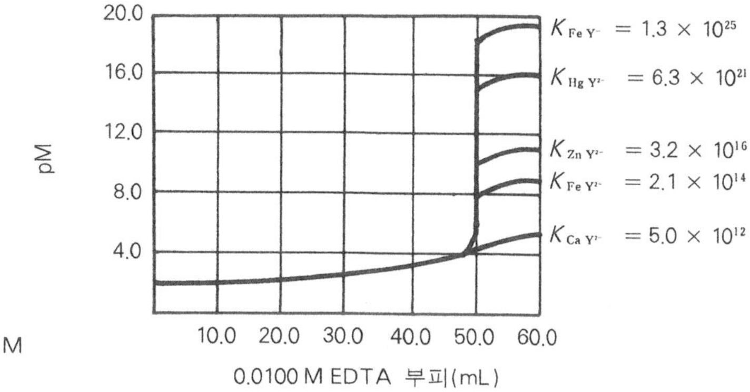

그림 9－3 pH 6.0에서 각종 0.0100 M 양이온의 적정곡선.

9 C－1 조건부 생성상수

이제부터 0.10 M 암모니아와 0.176 M 염화암모늄으로 된 완충용액(pH = 9.0)에서 0.00100 M 아연 50.00 mL를 0.100 M Na_2H_2Y 표준용액으로 적정하는 경우를 살펴보자. 적정용액의 농도가 시료용액의 100배로 되어 있는 것은 적정 도중에 암모니아의 농도 변화를 가져오는 묽힘효과를 줄이기 위한 것이고, 이 경우에 EDTA 용액은 0.500 mL만 적가하면 당량점에 도달하기 때문에 마이크로 뷰렛을 사용한다.

아연의 EDTA 착물은 안정하기 때문에 당량점 이외에서는 이것이 해리되는 현상을 무시하고 pZn을 계산해도 큰 오차는 없다. 그리고 아연의 농도가 암모니아 농도의 1/100이기 때문에 전체 적정을 통하여 암모니아의 농도는 거의 0.10 M에 머물러 있다고 볼 수 있다. 이러한 암모니아 농도에서 아연이온은 주로 $Zn(NH_3)_3^{2+}$와 $Zn(NH_3)_2^{2+}$ 상태로 존재하고, Zn^{2+} 상태로 있는 것은 대단히 적다.

그러나 실제로 일어나는 적정반응은 다음과 같다.

$$Zn^{2+} + Y^{4-} \rightleftharpoons ZnY^{2-} \qquad (9-9)$$

β를 다음과 같이 Zn^{2+}이온의 몰분율이라고 한다.

$$\beta = \frac{[Zn^{2+}]}{C_{Zn}} \qquad (9-10)$$

C_{Zn}을 용액중의 전체 아연의 농도라고 보면 다음과 같다.

$$C_{Zn} = [Zn^{2+}] + [Zn(NH_3)^{2+}] + [Zn(NH_3)_2^{2+}] + [Zn(NH_3)_3^{2+}] + [Zn(NH_3)_4^{2+}] \qquad (9-11)$$

여기서 아연의 아민 착물의 생성 평형상수 K_1, K_2, K_3, K_4를 생각해 보자.

$$K_1 = \frac{[Zn(NH_3)^{2+}]}{[Zn^{2+}][NH_3]} \qquad [Zn(NH_3)^{2+}] = K_1[Zn^{2+}][NH_3]$$

$$K_1K_2 = \frac{[Zn(NH_3)_2^{2+}]}{[Zn^{2+}][NH_3]^2} \qquad [Zn(NH_3)_2^{2+}] - K_1K_2[Zn^{2+}][NH_3]^2$$

이와 같이 식 9－11은 다음과 같이 된다.

$$C_{Zn} = [Zn^{2+}](1 + K_1[NH_3] + K_1K_2[NH_3]^2 + K_1K_2K_3[NH_3]^3 + K_1K_2K_3K_4[NH_3]^4) \quad (9-12)$$

따라서 식 9－10에서 다음과 같다.

$$\beta = \frac{[Zn^{2+}]}{C_{Zn}} = \frac{1}{1 + K_1[NH_3] + K_1K_2[NH_3]^2 + K_1K_2K_3[NH_3]^3 + K_1K_2K_3K_4[NH_3]^4} \quad (9-13)$$

생성반응의 평형상수 $K_{ZnY} = \frac{[ZnY^{2-}]}{[Zn^{2+}][Y^{4-}]}$ 에 식 9－7과 9－10을 대입하면 다음과 같이 일정한 pH와 암모니아 농도에서의 **조건부 생성상수** K'_{ZnY}를 구할 수 있다.

$$K'_{ZnY} = \alpha_4 \beta K_{ZnY} = \frac{[ZnY^{2-}]}{C_{Zn}C_{EDTA}} \quad (9-14)$$

9C－2 적정곡선

이 조건부 생성상수를 이용하면 적정과정에서의 화학종의 평형농도를 쉽게 계산할 수 있고, 적정곡선을 쉽게 작성할 수 있다.

먼저 β를 계산해 보자. 이때 $K_1 = 1.9 \times 10^2$, $K_1K_2 = 4.2 \times 10^4$, $K_1K_2K_3 = 1.04 \times 10^7$, $K_1K_2K_3K_4 = 1.14 \times 10^9$이고, $[NH_3] = 10^{-1}$ M이기 때문에 다음과 같다.

$$\beta = \frac{1}{1 + 19 + 420 + 1.04 \times 10^4 + 1.14 \times 10^5} = 8.0 \times 10^{-6}$$

표 9－1과 9－2에서 다음을 얻을 수 있다.

$$\alpha_4 = 5.2 \times 10^{-2} \qquad K_{ZnY} = 3.2 \times 10^{16}$$

따라서 조건부 생성상수는 다음과 같다.

$$K'_{ZnY} = 5.2 \times 10^{-2} \times 8.0 \times 10^{-6} \times 3.2 \times 10^{16} = 1.33 \times 10^{10}$$

K'_{ZnY}값은 $[H^+]$(pH = 9)와 $[NH_3]$(= 0.1 M)가 일정한 조건 아래에서 일정한 값을 유지한다.

(1) EDTA 0.40 mL를 적가한 경우

$$C_{Zn} = \frac{50.0 \times 0.00100 - 0.40 \times 0.100}{50.4} = 1.98 \times 10^{-4}$$

따라서 식 9－10으로부터 다음과 같다.

$$[Zn^{2+}] = C_{Zn}\beta = 1.98 \times 10^{-4} \times 8.0 \times 10^{-6} = 1.59 \times 10^{-9}$$

$$pZn = 8.80$$

(2) 당량점에서는 $C_{Zn} = C_{EDTA}$가 성립되는 경우이고, 용액중에는 다음 관계가 성립하고 있다.

$$[ZnY^{2-}] = \frac{0.00100 \times 50}{50.5} = 1 \times 10^{-3}$$

식 9 − 14에 대입하면 다음과 같다.

$$K'_{ZnY} = 1.33 \times 10^{10} = \frac{1 \times 10^{-3}}{C_{Zn}^2}$$

$$C_{Zn} = 2.74 \times 10^{-7}$$

$$[Zn^{2+}] = C_{Zn}\beta = 2.74 \times 10^{-7} \times 8.0 \times 10^{-6} = 2.19 \times 10^{-12}$$

$$pZn = 11.66$$

(3) EDTA 0.60 mL를 적가한 경우

$$C_{EDTA} = \frac{0.60 \times 0.100 - 50.0 \times 0.00100}{50 + 0.6} = 1.98 \times 10^{-4}$$

$$[ZnY^{2-}] = \frac{50.0 \times 0.00100}{50.6} = 9.88 \times 10^{-4}$$

역시 식 9 − 14로부터 다음과 같다.

$$C_{Zn} = \frac{9.88 \times 10^{-4}}{1.98 \times 10^{-4} \times 1.33 \times 10^{10}} = 3.75 \times 10^{-10}$$

$$[Zn^{2+}] = C_{Zn}\beta = 3.75 \times 10^{-10} \times 8.0 \times 10^{-6} = 3.00 \times 10^{-15}$$

$$pZn = 14.52$$

위와 같은 계산을 통해 적정곡선을 얻을 수 있다.

9 D 착화법 적정의 지시약

9 D − 1 에리오크롬블랙 T

EDTA에 의한 착화법 적정에 사용되는 지시약은 금속이온과 반응하여 색깔을 띤 킬레이트 착물을 만드는 동시에 산-염기 지시약의 역할도 하는 물감으로, 이 2가지 성질이 같이 작용하여 종말점을 알려주는 구실을 한다. 가장 널리 사용되는 지시약 중의 하나가 에리오크롬블랙 T(eriochrome black T, EBT)이고, 다음과 같은 구조를 가진다.

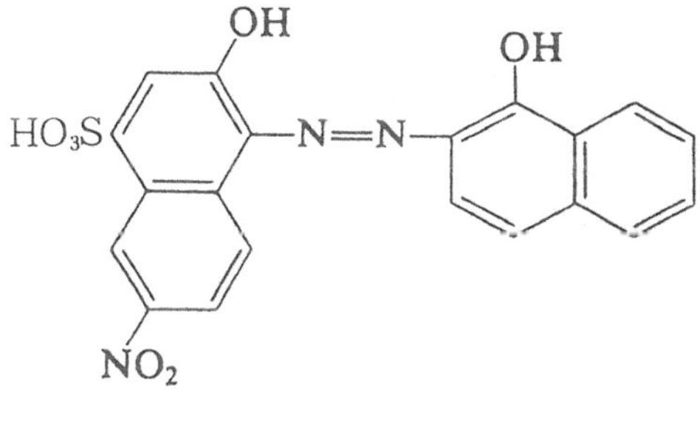

이것은 3염기산으로 H_3In과 같이 표현할 수 있는데, $-SO_3H$기는 센 산으로 작용하고, 나머지 두 개의 수소는 다음과 같은 이온화상수를 가진다.

$$\underset{\text{붉은색}}{H_2In^-} \rightleftharpoons H^+ + \underset{\text{푸른색}}{HIn^{2-}} \qquad K_2 = 5.00 \times 10^{-7} \qquad pK_2 = 6.3$$

$$\underset{\text{푸른색}}{HIn^{2-}} \rightleftharpoons H^+ + \underset{\text{주황색}}{In^{3-}} \qquad K_3 = 2.82 \times 10^{-12} \qquad pK_3 = 11.55$$

pH 6 이하에서는 화학종 H_2In^-의 붉은색을, pH 7과 11 사이에서는 HIn^{2-}의 푸른색을, pH 12 이상에서 In^{3-}의 주황색을 주로 띤다. 그런데 금속이온과 1 : 1의 안정한 착물을 만들면 붉은색을 띤다. 그러므로 이 지시약은 pH 6.5 이하에서 지시약의 색과 그 금속 착물의 색이 비슷하므로 지시약으로서의 기능을 발휘할 수가 없다. 그러나 pH가 7 ~11 사이에서는 EBT 지시약의 금속 착물은 붉은색을 띠고, 지시약은 푸른색을 띠기 때문에 보통 이 pH 범위에서 적정을 한다.

EBT는 여러 가지 금속이온과 붉은 착이온을 만들지만, 그러나 일부 금속의 적정에는 지시약으로 부적당하다. 이것은 EBT의 금속 착이온의 안정도 상수가 EDTA의 착이온의 안정도 상수보다 약 1/10 정도 작아야 적당하며, 그렇지 않고 너무 크면 종말점이 당량점보다 앞서 나타나서 부의 오차를 가져온다. 또 칼슘의 경우와 같이 EBT 착이온의 안정도가 너무 낮으면 종말점이 너무 늦게 나타난다. 그리고 EBT는 분자 내에 산화작용을 하는 니트로기 $-NO_2$와 환원작용을 하는 아조기 $-N{=}N-$ 및 페놀의 수산기를 가지고 있기 때문에 불안정하고 쉽게 분해하므로 항상 새로 만들어 사용하도록 해야 한다.

그런데 EBT와 비슷한 역할을 하는 동시에 대단히 안정한 지시약이 있는데, 이것이 칼마지트(calmagite)로 다음과 같은 구조를 가진다. 금속이온과 착물의 색은 EBT의 경우와 거의 같다. 여기서 술폰산은 완전히 이온화하고, 제 2 및 제 3 이온화상수는 $K_2 = 7.24 \times 10^{-9}$, $K_3 = 4.47 \times 10^{-13}$이다.

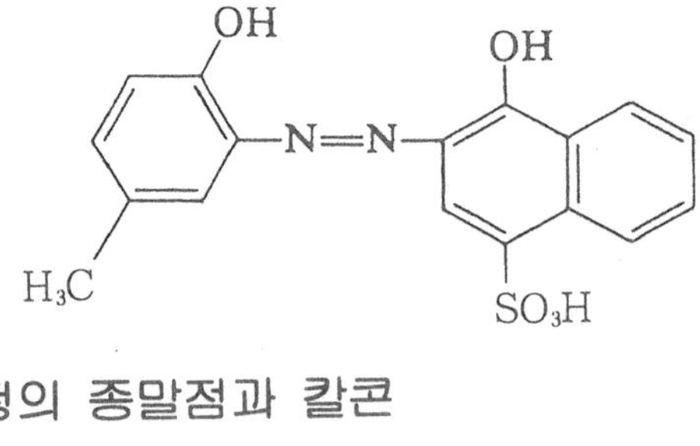

9D-2 칼슘 적정의 종말점과 칼콘

칼슘이온은 아연이온과 같이 EBT와 주홍색의 착물 $CaIn^-$를 만드는데, 이것은 아연의 착물보다 다소 안정도가 낮고 다음과 같이 반응한다.

$$Ca^{2+} + In^{3-} \rightleftharpoons CaIn^- \qquad K_{CaIn} = 2.5 \times 10^5$$

또 이 지시약의 이온화반응은 다음과 같다.

$$HIn^{2-} \rightleftharpoons H^+ + In^{3-} \qquad K_3 = 2.82 \times 10^{-12}$$

따라서 pH 10에서 실제로 일어나는 반응의 평형상수는 다음과 같다.

$$Ca^{2+} + HIn^{2-} \rightleftharpoons CaIn^- + H^+ \qquad K = K_{CaIn} \times K_3 = 7.08 \times 10^{-7}$$

그러므로 pH 10에서 다음과 같다.

$$[Ca^{2+}] = \frac{[CaIn^-][H^+]}{7.08 \times 10^{-7}[HIn^{-2}]} = \frac{1.00 \times 10^{-10}[CaIn^-]}{7.08 \times 10^{-7}[HIn^{2-}]} = 1.41 \times 10^{-4}\frac{[CaIn^-]}{[HIn^{2-}]}$$

지금 $CaIn^-$의 주황색이 없어지는 지점에서 $[CaIn^-]/[HIn^{2-}]$가 1/10이라고 보면, 이때의 Ca^{2+}의 농도는 다음과 같다.

$$[Ca^{2+}] = 1.41 \times 10^{-4} \times \frac{1}{10} = 1.41 \times 10^{-5}\,M$$

$$pCa = 4.85$$

표 9－3의 적정곡선에서 이론적으로 계산한 당량점의 pCa값은 6.27로서, 비교적 큰 차이가 있음을 알 수 있다. 이 오차는 이론적인 오차로서는 다소 크다. 그러나 EDTA의 표준용액을 표정할 때도 이와 똑같은 방법으로 한다면 오차는 비교적 줄어들 수 있다.

근본적으로 오차를 줄이는 방법은 지시약으로서 에리오크롬블루블랙(EBBR)을 사용하는 것이다. 이 지시약의 구조식은 다음과 같고, 칼콘(calcon)이라고도 한다.

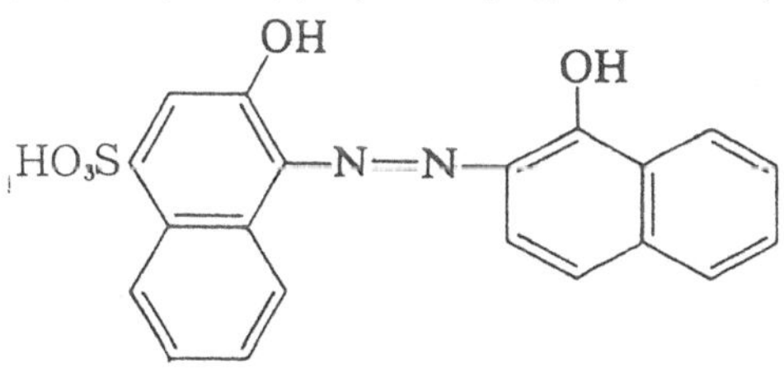

역시 술폰산은 용액에서 완전히 이온화하고, 페놀기의 이온화상수는 $K_2 = 6.3 \times 10^{-7}$, $K_3 = 3.2 \times 10^{-13}$이다.

칼슘의 착물은 붉은색을 띠고, 그 생성반응은 다음과 같다.

$$Ca^{2+} + In^{3-} \rightleftharpoons CaIn^- \qquad K_{CaIn} = 5.0 \times 10^5$$

EBBR을 지시약으로 사용하여 칼슘을 적정하는 경우에는 pH 11.5($[H^+] = 3.2 \times 10^{-12}$ M)의 암모니아-암모늄 완충용액을 사용하여 $CaIn^-$의 붉은색에서 화학종 HIn^{2-}의 푸른색으로 변할 때를 종말점으로 잡는다. 종말점에서의 칼슘이온의 농도는 다음과 같이 된다.

$$[Ca^{2+}] = \frac{[CaIn^-][H^+]}{K_3 K_{CaIn}[HIn^{2-}]} = \frac{3.2 \times 10^{-12}[CaIn^-]}{(3.2 \times 10^{-13})(5.0 \times 10^5)\ [HIn^-]}$$

$$= \frac{3.2 \times 10^{-12}}{1.6 \times 10^{-7}} \times \frac{1}{10} = 2.0 \times 10^{-6}\,M$$

$$pCa = 5.70$$

이 종말점의 pCa값 5.70은 당량점의 값 6.27에 가깝고, 오차는 －0.03 % 정도이다.

9E 여러 가지 EDTA법 적정

9E—1 직접 적정법

40여 가지의 금속이온을 EDTA 표준용액으로 직접 적정할 수 있다. 이 경우에 금속이온이 EDTA와 빠르게 반응할 수 있어야 하고, 종말점을 검출하는 데 적당한 지시약이 있어야 한다.

마그네슘이온이나 아연이온과 같은 금속이온은 EBT를 지시약으로 사용해서 직접 적정법을 이용하여 정량할 수 있는 대표적인 것이다.

만약 직접 적정법이 여의치 않을 경우에는 다음과 같은 역적정법, 대치 적정법 등을 이용할 수 있다.

9E—2 역적정법

금속이온 중에 Co^{2+}, Ni^{2+}, Al^{3+}, Fe^{3+}, Ti^{4+} 및 백금족 이온 등은 EBT와 반응하여 대단히 안정한 착물을 만들고, 여기에 EDTA를 반응시켜도 EBT 지시약을 유리시키기 어렵다. 그러므로 이들 양이온은 EBT를 지시약으로 사용하여 EDTA로 직접 적정할 수가 없다. 이러한 이온들을 블로킹이온(blocking ion)이라고 한다.

그러므로 이와 같은 경우에는 일정량의 EDTA 표준용액을 금속 시료용액에 여분으로 가하여, 반응시키고 남은 EDTA를 EBT 지시약을 사용하여 Zn^{2+}나 Mg^{2+}의 표준용액으로 역적정하는 것이 좋다. 이 경우에 지시약의 푸른색이 Zn^{2+}나 Mg^{2+}의 EBT 착물인 붉은색으로 변할 때가 종말점이다.

앞에서 칼슘을 EDTA로 적정할 때 EBT가 적당한 지시약이 될 수 없다는 것을 설명하였다. 그러나 칼슘용액에 EDTA 표준용액을 여분으로 일정량 넣고, pH 10으로 맞추어 마그네슘 표준용액으로 역적정하면 EBT 지시약으로 정량이 잘 된다.

표 9—2에서 칼슘의 EDTA 착물은 마그네슘의 EDTA 착물보다 안정함을 알 수 있다. 그러므로 칼슘에 EDTA를 여분으로 가하여, 반응하고 남은 EDTA를 마그네슘 표준용액으로 역적정하면 이때 가한 EBT가 종말점에서 다음과 같이 마그네슘과 반응하게 된다.

$$\underset{\text{푸른색}}{HIn^{2-}} + Mg^{2+} \rightleftharpoons \underset{\text{자주색}}{MgIn^{-}} + H^{+}$$

이때 중요한 것은 칼슘의 착물이 마그네슘의 착물보다 더 안정하다는 것이다. 처음 가한 EDTA의 양에서 적가한 마그네슘 당량을 빼면 칼슘의 양을 알 수 있다.

9E－3 대치 적정법

만약 시료 금속이온 M^{2+}가 마그네슘보다 EDTA와 더 안정한 착물을 만드는 경우, 이 금속용액에 마그네슘의 EDTA 착물 MgY^{2-} 용액을 적당히 가하면 다음 반응이 일어난다.

$$MgY^{2-} + M^{2+} \rightleftharpoons MY^{2-} + Mg^{2+}$$

그리고 이 용액을 EDTA 표준용액으로 적정하면 당량점 부근에서는 실제로 마그네슘 이온을 EDTA로 적정하는 경우와 같은 결과가 되고, 마그네슘 적정에 사용되는 EBT 지시약으로 당량점에서 선명한 변색을 볼 수 있다.

이 방법은 EDTA와의 착물 생성상수가 크고, 적당한 지시약을 구하기 어려운 금속이온을 적정하는 데 이용할 수 있다.

9E－4 물의 세기 측정

물의 세기(water hardness)란 일반적으로 비누를 물에 풀 때 비누의 알칼리 금속과 대치반응을 하여 물에 난용성 찌꺼기를 만드는 물 속에 녹아 있는 양이온 금속 성분의 양을 말하며, 대체로 칼슘과 마그네슘 금속이 주성분을 차지한다. 그러므로 물의 세기는 물 시료중의 각종 전하를 띤 양이온의 전체 농도를 해당하는 탄산칼슘의 농도로 환산하여 표시하고 있다. 이러한 분석 결과는 가정에서나 공장에서 모두 필요한 일이다. 물의 세기는 보통 pH 10으로 완충된 시료용액을 EDTA 표준용액으로 적정하는데, 자연물 속의 칼슘과 마그네슘이온을 적정하여 물의 세기를 구하는 경우에 시료용액에 Co^{2+}, Ni^{2+}, Cu^{2+} 및 백금족 금속이 불순물로 존재하면 EBT를 지시약으로 사용하여 EDTA로 직접 적정할 수 없다. 이 경우에는 KCN을 가리움제로 첨가하여 적정한다. 가리움제(masking agent)란 이들 금속이온과 안정한 착물을 만들어 이들 이온이 EDTA 및 EBT와 반응하는 것을 막는 착화제이다. 이 경우에 가리움제로서 CN^- 대신에 디메르캅토프로판올(BAL)을 사용할 수 있다. 이 적정에서 Al^{3+}, Ti^{3+}가 방해할 때에는 트리에탄올아민, 티론, F^- 등이 가리움제로 사용될 수 있다.

9E－5 EDTA법 적정의 선택성

EDTA는 알칼리 금속 이외의 거의 모든 금속이온과 킬레이트물을 만들 수 있고, 따라서 거의 모든 금속의 EDTA법 적정이 알려져 있다. 그러므로 그림 9－4에서 보는 바와 같이 용액의 pH를 적당히 조절하면 그 착물의 안정도 상수에 따라 이들 금속이온을 선택적으로 적정할 수도 있다.

일반적으로 3가 금속이온은 pH가 1 정도인 산성용액에서 2가 금속이온의 방해를 받

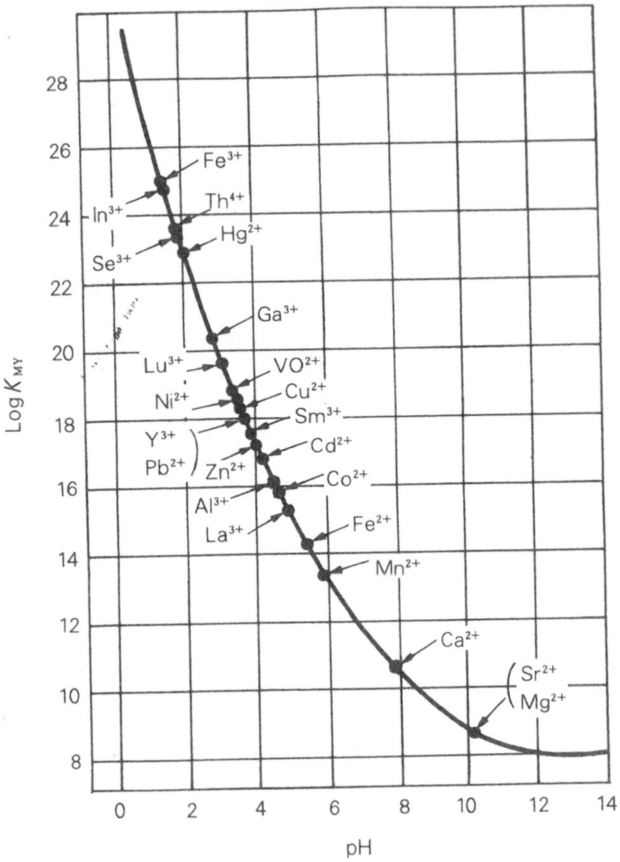

그림 9－4
여러 가지 양이온의 EDTA 적정에 필요한 최소 pH값(C. N. Reilley and R. W. Schmid *Anal. Chem.*, 1958, 30, 947).

지 않고 적정할 수 있다. 이것은 이 조건에서 2가 이온의 착물이 거의 해리하기 때문이다.

또 pH 7 정도의 완충용액에서 마그네슘이온의 방해를 받지 않고 카드뮴이온을 EBT 지시약으로 적정할 수 있는데, 이것도 이들 금속이온의 안정도가 크게 다르기 때문이다.

9F Liebig법 적정

9F－1 적정법의 원리

이것은 시안화이온을 은이온으로 적정하는 방법으로서, 한 자리 리간드를 사용한 착화법 적정의 보기이다. 시안화이온의 용액을 직접 은이온 표준용액으로 적정하면 은이온은 2개의 시안화이온과 반응하여 가용성인 무색의 착이온을 만든다.

$$Ag^{+} + 2CN^{-} \rightleftharpoons [Ag(CN)_2]^{-}$$

그러나 당량점을 지나서 은이온이 조금이라도 많이 들어가면 다음과 같은 반응이 일어나서 $Ag[Ag(CN)_2]$ 또는 AgCN의 침전이 생긴다.

$$Ag^+ + [Ag(CN)_2]^- \rightleftharpoons Ag[Ag(CN)_2]$$

따라서 이 흰색 침전의 생성이 종말점을 알리는 신호가 된다. 이것이 제 1 당량점이다. 은 표준용액을 계속하여 적가하면 위의 침전반응이 계속 진행되고, 이 반응이 완결되는 점이 제 2 당량점이 된다.

9F—2 종말점

일반적으로 이 방법의 종말점은 $Ag[Ag(CN)_2]$ 침전이 나타나는 제 1 당량점으로 잡는데, 시료용액의 시안화이온의 농도가 비교적 낮을 때에는 종말점이 선명하지 못할 때가 있다. 특히 불순물로서 암모늄이온이 섞여 있으면 당량점에서 적가된 Ag^+ 이온은 $Ag[Ag(CN)_2]$ 침전을 생성하지 않고 $[Ag(NH_3)_2]^+$ 착이온으로 된다. 이러한 경우에 시안화이온의 시료용액에 미리 소량의 암모니아와, 지시약으로 소량의 요오드화이온을 첨가한 다음 표준용액으로 적정하는 방법을 사용하는 것이 보통이다. 이 경우에는 다음과 같은 반응이 일어난다. 즉 $[Ag(CN)_2]^-$ 착이온은 $[Ag(NH_3)_2]^+$ 보다 안정하기 때문에 처음 적가한 은이온은 다음과 같이 $[Ag(CN)_2]^-$ 를 생성한다.

$$Ag^+ + 2CN^- \rightleftharpoons [Ag(CN)_2]^-$$

그러나 제 1 당량점을 지나면 적가된 은이온은 $Ag[Ag(CN)_2]$ 침전을 만들지 않고 암모니아와 반응하여 $[Ag(NH_3)_2]^+$ 착이온을 만드는데, 이것은 다음 반응으로 곧 노란색의 요오드화은 침전을 만든다. 이것이 종말점으로, 이러한 방법을 Liebig(리비히)법이라고 한다.

$$[Ag(NH_3)_2]^+ + I^- \rightleftharpoons AgI + 2NH_3$$

은의 정량 이 적정법을 이용하여 은이온을 정량할 수 있다. 즉 은 시료용액에 일정량의 시안화이온의 표준용액을 과량으로 가하고, 남아 있는 시안화이온을 은 표준용액으로 역적정한다. 또 은의 시료용액에 암모니아와 지시약으로 미량의 요오드화이온을 가하고 시안화이온 표준용액으로 직접 적정할 수도 있는데, 이때 처음 적가한 시안화이온은 다음과 같이 $[Ag(NH_3)_2]^+$와 반응한다.

$$[Ag(NH_3)_2]^+ + 2CN^- \rightleftharpoons [Ag(CN)_2]^- + 2NH_3$$

이때 미량의 요오드화은의 노란 침전은 남아 있다. 당량점 부근에서 적가한 시안화이온은 다음과 같이 요오드화은과 반응하여 노란 흐림이 없어진다. 이것이 종말점이다.

$$AgI(s) + 2CN^- \rightleftharpoons [Ag(CN)_2]^- + I^-$$

9F-3 응용법

Liebig법 적정은 니켈과 같이 안정한 CN^- 착물을 만드는 금속이온의 정량에 이용할 수 있다. 예를 들어 암모니아용액에 녹아 있는 니켈을 시안화칼륨의 표준용액으로 적정할 수 있다. 이때 소량의 요오드화은을 시료용액에 풀어두면 이것이 지시약으로 작용한다.

0.2~0.4 M 정도의 암모니아용액에서 니켈은 보통 $[Ni(NH_3)_4]^{2+}$와 같은 착이온으로 존재하는데, 이것을 시안이온으로 적정하면 다음과 같은 반응이 정량적으로 일어난다.

$$[Ni(NH_3)_4]^{2+} + 4\,CN^- \rightleftharpoons [Ni(CN)_4]^{2-} + 4\,NH_3$$

당량점에서 시안화이온은 AgI를 녹이고, 노란색이 없어진다. 이 방법에서 중요한 점은 $[Ni(CN)_4]^{2-}$가 $[Ag(CN)_2]^-$보다 더 안정하다는 사실이다.

실험 9G 착화법 적정

실험 9G-1 0.05 M EDTA 표준용액 만들기(추천)

실험개요

순수한 EDTA 2나트륨염 일정량을 물에 녹인 다음 메스플라스크에 넣고 표선까지 묽혀서 표준용액을 만들 수 있다. 또 대략 0.05 M 용액을 만든 다음에 순수한 아연금속을 일차 표준물질로 사용하여 표정할 수도 있다.

유의사항

$H_4Y \cdot 2H_2O$는 표 9-4에서와 같이 용해도가 작기 때문에 2나트륨염 $Na_2H_2Y \cdot 2H_2O$를 물에 녹여 용액을 만든다. EDTA의 2나트륨염은 순도가 높은(100.0 ± 0.5 %) 것을 얻을 수 있다. 만약 순수한 것이 없으면 재결정을 하여 순수한 것을 얻을 수 있다. 이것을 재결정할 때에는 거의 포화된 용액(약 10 g/100 mL)을 만들고, 여기에 에틸알코올을 서서히 가하여 침전이 생기게 한다. 이것을 거르고 아세톤과 에테르로 씻어 공기중에 말려서 사용한다. 회수율은 75 % 정도이다. 이렇게 만든 것은 0.5 % 정도의 물을 포함한

표 9-4 EDTA의 성질

분자식	분자량	모 양	용해도(g/100 mL)	
			20 ℃	60 ℃
$H_4Y \cdot 2H_2O$	328.24	결정성 가루	1.2	1.5
$Na_2H_2Y \cdot 2H_2O$	372.24	결정성 가루	12	18

다. 이것을 80 ℃ 정도에서 말리면 대단히 순수한 $Na_2H_2Y \cdot 2H_2O$ 결정을 얻을 수 있다.

EDTA 용액을 유리병에 보관하면 유리에서 금속이온이 녹아나오기 때문에 폴리에틸렌병을 사용하도록 한다. 유리병에서는 1개월만에 1 % 정도씩 농도가 감소한다.

산형 H_4Y는 용해도가 작기 때문에 일차 표준물질로는 사용하지 못한다. 이것은 2나트륨염 Na_2H_2Y 용액에 염산을 가하면 석출되고, 쉽게 얻을 수 있다. 이렇게 얻은 침전을 잘 씻고, 110 ℃에서 말려서 보관한다. 이것으로 0.05 M EDTA 표준용액을 만들기 위해서는 7.3 g 정도의 H_4Y 결정을 정확히 달아 2.3 g의 수산화나트륨과 함께 400 mL의 물에 녹이고, 500 mL들이 메스플라스크에 옮겨 표선까지 묽혀서 만든다. 이들 실험에는 보통 증류수 대신 탈염수를 사용하는 것이 좋다. 이것은 증류수에 미량의 구리, 니켈, 철과 같은 이온이 들어 있어 지시약의 선명한 변색에 지장을 주기 때문이다. 탈염수는 이온교환수지를 통해 녹아 있는 염분을 제거한 순수한 물이다.

실험과정

기구 : 적정장치, 메스플라스크(500 mL들이), 폴리에틸렌병(500~1000 mL들이)

시약 : $Na_2H_2Y \cdot 2\ H_2O$, 순수한 아연금속, 탈염수, 염산, 아세톤, 브롬수

(1) 직접법

분석용 일차 표준물질 EDTA 2나트륨염 10 g 가량을 80 ℃에서 2시간 말리고, 데시케이디에서 30분 정도 식혀서 9.3 g 정도를 정확히 달아 탈염수에 녹이고, 정량적으로 500 mL들이 메스플라스크에 옮긴 다음 충분히 흔들면서 탈염수로 표선까지 묽힌다. 이렇게 만든 용액의 정확한 농도를 계산하고, 폴리에틸렌병에 보관한다.

(2) 표정법

1. EDTA 2나트륨염이 순수하지 않을 때에는 대략 0.05 M 용액을 만들고, 순수한 아연을 일차 표준물질로 사용하여 이것을 표정한다.

2. 아연 표준용액을 만들 때에는 순수한 금속 아연을 6 M 염산으로 씻고, 다시 탈염수와 아세톤으로 씻은 다음 110 ℃에서 말려서 0.33 g 정도를 정확히 달아 염산으로 녹여서 100 mL들이 메스플라스크를 이용하여 정확히 100 mL 용액을 만든다. 아연을 녹일 때 브롬수를 한두 방울 가하면 수소기체의 발생을 막을 수 있다.

3. 이렇게 얻은 아연 일차 표준용액을 25 mL씩 피펫으로 정확히 취하여 대략 0.05 M EDTA 용액으로 적정한다. 이 EDTA 용액의 농도를 결정한다.

실험방법은 다음 실험 9G－2의 "아연의 정량"과 같다.

실험 9G－2 아연의 정량(추천)

실험개요

암모니아-암모늄 완충용액에서 아연을 EDTA 표준용액으로 직접 적정한다. 이때 지시약은 EBT 또는 칼마지트를 사용한다.

실험과정

기구 : 적정장치, 메스플라스크(100 mL 들이)

시약 : EDTA 표준용액, $Zn(NO_3)_2 \cdot 6H_2O$, 탈염수

암모니아-암모늄 완충용액 : 진한 암모니아(15 M) 600 mL에 고체 NH_4Cl 70 g을 녹인 다음 탈염수로 묽혀서 1 L로 만든다.

에리오크롬블랙 T(EBT) 지시약 용액 : 0.2 g의 순수한 고체 에리오크롬블랙 T를 20 mL의 순수한 에틸알코올에 녹여 만든다. 이 용액은 실험하기 직전에 만들어 사용한다.

칼마지트 지시약 용액 : 0.05 g의 고체 칼마지트를 100 mL 탈염수에 녹인 다음 만든다.

1. 고체시료 $Zn(NO_3)_2 \cdot 6H_2O$ 1.49 g 정도를 정확히 취하여 탈염수에 녹인 다음 0.1 mL 정도의 질산을 가하고, 100 mL의 메스플라스크에 옮겨 정확히 표선까지 묽혀서 시료용액을 만든다.
2. 이 시료용액을 피펫으로 3개의 250 mL 들이 삼각플라스크에 정확히 25.00 mL씩 취하고, 각 삼각플라스크에 10 mL의 NH_3-NH_4Cl 완충용액을 가한 다음 다시 탈염수 65 mL 가량을 가한다. 처음 시료용액에 EBT 지시약 용액 2방울을 가하고, 50 mL 들이 뷰렛에 0.05 M의 EDTA 표준용액을 채운 다음 시료용액을 적정하여 용액의 색이 포도주와 같은 붉은색에서 푸른색으로 변할 때까지 적정한다.
3. 이와 같은 방법으로 나머지 2개의 시료용액도 적정하고, 시료용액의 아연 농도의 평균값과 시료중의 아연 함유량(%)을 구한다.

실험 9G－3 마그네슘의 정량 및 블로킹이온 실험

실험개요

마그네슘이온을 EBT 지시약을 사용하여 EDTA 표준용액으로 적정하고, 같은 적정을 블로킹이온인 니켈이온을 미량 섞어서 적정한다. 이 두 가지 적정의 종말점의 변색을 비교, 관찰한다. 또 니켈을 가하고, 여기에 다시 가리움제로 시안화칼륨을 가하여 같은 적정을 되풀이해 본다.

유의사항

EBT는 Zn(II)뿐만 아니라, Mg(II), Cd(II), Mn(II), Pb(II) 및 기타 희토류 금속이온을 EDTA로 직접 적정하는 데에도 사용되는 훌륭한 지시약이다. 그러나 EBT 지시약은 Cu(II), Co(II), Ni(III) 및 Fe(III)와 같은 이온과 너무 안정한 착물을 만들거나, 그 착물이 EDTA와 너무 느리게 반응하기 때문에 이들 양이온을 EDTA로 직접 적정할 때 EBT는 지시약의 역할을 못한다. 이들과 같은 금속이온이 **블로킹이온**이다. 이러한 금속이온이 적정용액에 불순물로 포함되어 있는 경우에는 조금만 있어도 종말점에서 변색이 선명하게 나타나지 않는다.

증류수중에도 미량의 구리나 철이온이 포함되어 있는 경우가 있어서 EBT의 지시약 역할을 방해한다. 이러한 경우에 시안화칼륨을 조금 가하면 이들 이온에 대하여 가리움제 역할을 하며, 종말점에서 선명한 변색을 나타낸다.

실험과정

기구 : 적정장치

시약 : $Mg(NO_3)_2$, $6H_2O$, 0.05 M EDTA 표준용액, NH_3-NH_4Cl 완충용액, EBT 지시약, 0.01 M Ni(II) 용액, 탈염수, 질산

1. $Mg(NO_3)_2 \cdot 6H_2O$ 1.28 g을 탈염수에 녹이고, 0.1 mL 정도의 질산을 가한 다음 100 mL들이 메스플라스크를 이용해 정확히 100 mL 시료용액을 만든다. 이 용액 25.00 mL씩을 정확히 취하여 3개의 250 mL들이 삼각플라스크에 각각 넣고, NH_3-NH_4Cl 완충용액 10 mL씩을 가한 다음 다시 탈염수 65 mL 가량씩을 가한다.
2. 한 개의 시료용액에 EBT 지시약 2방울을 가하면 용액은 Mg-EBT 착물의 분홍색을 나타낸다. 이것을 0.05 M EDTA 표준용액으로 용액이 푸른색으로 되어 붉은색이 없어질 때까지 적정한다. 종말점 부근에서 반응이 다소 느려지면 용액을 50~60 ℃로 가열하면 반응이 빨라진다. Zn(II)과 Cd(II)를 적정하는 경우에는 가열할 필요가 없다.
3. **블로킹 실험** : 다른 한 개의 시료용액에 0.01 M의 Ni(II) 용액 3방울을 가하고 실험과정 2를 다시 반복한다. 처음에는 분홍색을 띠게 되지만, 점차 Ni-EBT 착물의 연한 분홍색으로 변한다. 이것을 0.01 M EDTA 표준용액으로 적정하면 당량점을 지나서 대단히 선명하지 않은 변색이 나타난다.
4. **가리움제 실험** : 또 하나의 시료용액에 대하여 위의 실험과정 3과 같은 적정을 반복하는데, EDTA로 적정하기 전에 0.1 g의 시안화칼륨을 시료용액에 가한다. 그러면 Ni-EBT의 연한 색이 다시 Mg-EBT의 선명한 분홍색으로 변하는 것을 볼 수 있을 것이다. 이것을 0.05 M EDTA 표준용액으로 적정하면 위의 실험과정 2때와 같이 선명한 변색을 볼 수 있다.

실험 9G－4 칼슘의 정량법

실험개요

칼슘을 EDTA로 직접 적정할 때에는 EBT 지시약보다 칼콘 지시약이 더 정확한 결과를 가져온다. 그리고 칼콘 지시약을 사용하면 pH 12.5 정도의 알칼리 용액에서 마그네슘이 섞여 있어도 칼슘만을 적정할 수 있다. 또 마그네슘 EDTA 착물용액을 사용하면 대치 적정법으로 EBT 지시약을 사용하여 마그네슘과 칼슘을 함께 적정할 수 있고, 물의 세기를 측정할 수 있다.

유의사항

칼슘을 EDTA로 적정할 때 EBT 지시약을 사용하면 다소 오차가 생긴다. 그러나 칼콘 지시약을 사용하면 좋은 결과를 얻을 수 있다. 마그네슘과 칼슘의 혼합용액에 알칼리를 가하여 pH 12.5 정도로 만들면 마그네슘만이 수산화물 침전이 된다. 이것을 칼콘 지시약을 사용하여 EDTA로 적정하면 칼슘만을 정량할 수 있다. 그리고 마그네슘과 칼슘의 전체 함량을 EDTA로 적정하는 경우에는 EBT를 지시약으로 사용해도 좋은 결과를 얻을 수 있고, 또 소위 대치 적정법을 이용하여 칼슘 시료용액에 EDTA 마그네슘 착물용액을 적당히 가하고 EDTA 표준용액으로 적정할 때도 EBT 지시약을 사용할 수 있다.

실험과정

기구 : 적정장치

시약 : 탄산칼슘, 염산, 탈염수, 0.05 M 마그네슘용액, 50 % 의 NaOH 용액,
0.05 M EDTA 표준용액, 염산, EBT

칼콘 지시약 : 0.1 g 의 칼콘을 10 mL 알코올에 녹여서 만든다.

(1) 칼콘 지시약을 사용하는 방법

1. 칼슘 시료용액 만들기 : 탄산칼슘 1.2 g 정도를 달아 0.5 M 염산 20 mL에 녹이고, 가능한 한 산을 적게 사용해서 완전히 녹인 것을 250 mL 들이 메스플라스크에 옮겨 탈염수로 표선까지 묽힌다. 이것은 대략 0.05 M 칼슘 용액이다.

2. 0.05 M 의 칼슘용액 25 mL를 정확히 250 mL 들이 삼각플라스크에 취하고, 탈염수 75 mL를 가한 다음 50 % NaOH 용액 15 방울(0.33 mL)을 가한다. 여기에 칼콘 지시약 2 방울을 떨어뜨리고, 0.05 M EDTA 표준용액으로 분홍색 용액이 푸른색이 될 때까지 적정한다.

3. 지시약으로 칼콘 대신에 EBT를 사용하여 실험과정 2를 반복한다. 그리고 종말점의 변색상태를 비교한다.

4. 0.05 M 마그네슘용액을 1 mL 섞어서 실험과정 2를 반복하라. 이 경우에 마그네슘을 섞어도 당량점이 변하지 않는 이유를 알아보자.

(2) 대치 적정법에 의한 칼슘정량

1. 0.1 M 마그네슘-EDTA 착물용액 만들기 : 7.5 g의 $Na_2H_2Y \cdot 2H_2O$를 100 mL 물에 녹이고, 여기에 해당하는 당량의 $MgSO_4 \cdot 7H_2O$, 즉 4.9 g을 가한다. 이 용액이 중성(pH 7～8)이 될 때까지 수산화나트륨용액을 가한다. 이 용액 10 mL를 취하여 2 mL의 암모니아-암모늄 완충용액을 가하고, 3방울의 EBT를 가하여 0.01 M EDTA 또는 마그네슘 용액으로 교대로 적정하면서 각각 한 방울씩 가할 때마다 색깔 변화가 일어나는 정도가 되도록 한다.

2. 실험 (1) — 1에서 만든 시료용액 25 mL를 취하여 암모니아-암모늄 완충용액 2 mL, 그리고 0.1 M 마그네슘-EDTA 용액 1 mL와 EBT 지시약 2～4방울을 가하여 EDTA 표준용액으로 적정한다. 붉은색이 푸른색으로 변하는 때가 종말점이다. 이 경우에는 시료중에 있는 마그네슘도 함께 정량된다.

실험 9G — 5 물의 세기를 측정하는 법

실험개요

물에 섞여 있는 각종 불순물을 여러 가지 가리움제로 반응에 참여하지 못하게 가리운 다음, EDTA 표준용액으로 마그네슘과 칼슘의 합계량을 적정한다(9 E — 4절 참조).

유의사항

물의 세기는 물 속에 포함된 칼슘과 마그네슘 때문에 일어나는 것이며, 이들은 보통 탄산수소염으로 존재한다. 물 속에 적정을 방해하는 불순물이 없을 때에는 대치 적정법에 의한 칼슘 적정법과 같이 EDTA 표준용액으로 적정하면 된다. 그러나 물 속에는 보통 구리, 철, 알루미늄, 망간과 같은 블로킹이온이 들어 있기 때문에 시안화나트륨과 환원제(아스코르브산, 또는 히드록실아민)를 가하고, 특히 알루미늄의 방해는 트리에타놀아민으로 막는 것이 보통이다.

물 속에 포함되어 있는 탄산염은 용액이 염기성으로 변하면 탄산염의 침전을 만들어 방해하는 수도 있기 때문에 미리 산을 가하여 분해시켜 추방하는 것이 좋다.

실험과정

기구 : 적정장치

시약 : pH 10의 암모니아-암모늄 완충용액, 염산, 메틸레드, 아스코르브산, EBT 0.02 M EDTA 표준용액, 시안화나트륨 결정, 트리에탄올아민 20 % 용액, 0.1 M 마그네슘-EDTA 착물용액[실험 9 — 4 실험 (2)]

1. 시료 100 mL를 취하여 염산 몇 방울을 가하고, 5분간 끓여서 탄산을 날려보낸다.

2. 이것을 식혀서 메틸레드 2방울을 가하고, 탄산이 없는 알칼리 용액으로 중화시킨 다음 암모니아-암모늄 완충용액 5 mL, 0.2 ～ 0.3 g의 아스코르브산 및 시안화나트륨 결정을 가하고, 트리에탄올아민 20 % 용액 2～3방울을 가한 다음 마그네슘-EDTA 용액

을 1 mL 가한다. 지시약 EBT를 사용하여 0.02 M EDTA 표준용액으로 적정한다.

3. 물 1 L 중의 칼슘과 마그네슘의 함유량을 모두 $CaCO_3$로 보고 계산하여 ppm으로 표시한다.

실험 9G－6 역적정법에 의한 니켈의 정량

실험개요

지시약으로 EBT를 사용하는 경우에는 시료용액에 EDTA 표준용액을 과량으로 가한 다음 마그네슘 표준용액으로 역적정하는 방법을 사용한다. 그러나 지시약으로 뮤렉사이드를 사용하면 시료용액을 직접 EDTA로 적정할 수 있다.

유의사항

니켈이온은 EBT 지시약을 블로킹하므로, 이 지시약을 사용하여 직접 EDTA로 적정할 수 없다. 또 Cr(Ⅲ)도 EDTA와 착물을 만들 때 반응속도가 느리므로 역시 EDTA로 직접 적정하기 곤란하다. 이러한 경우에는 역적정법을 이용하면 좋다. 즉 시료용액에 일정량의 EDTA 표준용액을 과량으로 가하고, 마그네슘 표준용액으로 역적정한다. 이 경우의 종말점에서는 EBT 지시약의 푸른색이 Mg-EBT의 붉은색으로 변한다. EDTA로 직접 적정하려면 지시약으로 EBT 대신에 뮤렉사이드를 사용하는 것이 좋다.

실험과정

기구 : 적정장치

시약 : 니켈용액, 0.05 M NH_3-NH_4Cl 완충용액(pH 10), EBT, 0.05 M 마그네슘 표준용액[$Mg(NO_3)_2 \cdot 6H_2O$ 6.4 g 정도를 탈염수에 녹여서 정확히 500 mL 용액으로 만든다. 이때 0.5 mL 정도의 질산을 가한다]

뮤렉사이드 지시약 : 이 지시약은 불안정하기 때문에 0.2 g의 뮤렉사이드를 순수한 NaCl 100 g에 섞은 고체를 직접 사용한다.

(1) 역적정법

0.05 M 니켈용액 25 mL를 정확히 250 mL들이 삼각플라스크에 취하고, 10 mL의 NH_3-NH_4Cl 완충용액과 탈염수 30 mL를 가한 다음 0.05 M EDTA 표준용액을 정확히 40.00 mL 가하고 EBT 지시약 2방울을 떨어뜨려서 0.05 M의 마그네슘 표준용액으로 자주색이 나타날 때까지 역적정한다.

(2) 직접 적정법

0.05 M Ni(Ⅲ) 용액 25 mL를 정확히 250 mL들이 삼각플라스크에 취하고, 10 mL의 NH_3-NH_4Cl 완충용액과 탈염수 65 mL를 가한 다음 0.2 g의 뮤렉사이드 지시약의 고체를 가하고 0.05 M EDTA 표준용액으로 직접 적정한다. 종말점에서 Ni-뮤렉사이드의 노란색이 자주색으로 변한다.

실험 9G－7 Liebig 법에 의한 시안화이온의 정량

실험개요

시안화이온 시료용액에 암모니아를 가하고, 지시약으로 요오드화칼륨을 가하여 질산은 표준용액으로 적정한다. 요오드은의 노란색이 나타나는 것이 종말점이다.

유의사항

이 적정반응에서는 다음 화학반응이 정량적으로 일어나고,

$$Ag^+ + 2CN^- \rightleftharpoons [Ag(CN)_2]^-$$

당량점에서 다음 반응이 일어나서 결국 난용성 요오드화은 AgI가 생성되어 종말점을 알려준다.

$$[Ag(CN)_2]^- + Ag^+ \rightleftharpoons 2AgCN$$
$$2AgCN + 2NH_3 \rightleftharpoons [Ag(NH_3)_2]^+ + [Ag(CN)_2]^-$$
$$[Ag(NH_3)_2]^+ + I^- \rightleftharpoons AgI + 2NH_3$$

은이온은 Volhard 법에 의하여 철(III)를 지시약으로 해서 티오시안산 표준용액으로 적정하는 방법이 많이 사용되지만, 감광필름의 할로겐화은을 분석하는 데에는 이용할 수 없다. 그러나 필름에 붙어 있는 난용성 할로겐화은을 시안화칼륨의 표준용액에 녹이고, 반응 후에 남아 있는 시안화이온을 이 방법에 의하여 질산은 표준용액으로 역적정하는 것이 가장 좋은 방법이 될 수 있다.

실험과정

기구 : 적정장치

시약 : 시안화칼륨, 암모니아, 요오드화칼륨, 0.1 M 질산은 표준용액

1. 시안화칼륨(유독하므로 취급에 주의하라) 0.3～0.4 g을 정확히 달아 물에 녹이고, 6 M 암모니아 5～6 mL와 0.2 g 요오드화칼륨을 가한 다음 100 mL가 되도록 묽힌다.
2. 0.1 M 질산은 표준용액으로 요오드화은의 노란색이 나타날 때까지 잘 저으면서 적정한다.
3. 시료중의 시안화칼륨의 함유량을 계산하라.

9H 연습문제

9－1 아연의 암민 착물용액에서 자유상태의 암모니아의 농도는 0.0032 M이다. 이들 각 화학종의 비율을 구하라. 용액중에 있는 아연의 전체 농도가 0.0010 M일 때 아연이온 및 그 착물의 각 농도를 구하라.

9－2 불순한 시안화나트륨 2.000 g을 녹여 Liebig법 적정을 하였을 때 0.2500 M $AgNO_3$ 25.00 mL가 소비되었다. NaCN의 순도를 구하라.

9－3 니켈(II)용액을 10.00 mL 취한 다음 여기에 완충용액을 가하고, 0.0100 M EDTA 용액 15.00 mL를 가했다. 남아 있는 EDTA를 0.0150 M 마그네슘용액으로 역적정하였더니 4.37 mL가 소비되었다. 니켈(II) 시료용액의 농도를 구하라.

9－4 0.0020 M Mg(II) 100.00 mL를 pH 10에서 0.100 M EDTA로 적정할 때의 적정곡선을 작성하라.

9－5 0.0100 M H_4Y(EDTA) 500 mL에 0.0200 M Na_4Y와 0.0150 M NaOH인 혼합용액 500 mL를 가하면 pH는 어떻게 되고, 각 EDTA의 화학종의 농도는 어떻게 되는가?

9－6 0.0100 M M^{2+} 용액 50 mL를 pH 5.00인 완충용액에서 EDTA로 적정한다. 이때 지시약 H_2In을 사용한다.

$$M^{2+} + Y^{4-} \rightleftharpoons MY^{2-} \qquad K_{MY} = 1.00 \times 10^{8}$$
$$H_2In \rightleftharpoons H^+ + HIn^- \qquad K_1 = 1.00 \times 10^{-2}$$
$$HIn^- \rightleftharpoons H^+ + In^{2-} \qquad K_2 = 1.00 \times 10^{-7}$$
$$M^{2+} + In^{2-} \rightleftharpoons MIn \qquad K_{MIn} = 1.60 \times 10^{11}$$

만약 MIn 착물이 $\frac{1}{2}$ 정도 생길 때 변색한다고 하면, 이때의 이론적 적정오차(%)를 구하라.

9－7 100.00 mL의 물을 0.0150 M EDTA로 적당하였더니 15.75 mL가 소비되었다. 물의 세기를 구하라. 탄산칼슘의 함유량을 ppm으로 표시하라.

9－8 요오드화물 지시약을 이용하여 Liebig법 적정을 할 때 종말점의 오차를 계산하라. 이 경우에 0.2 M KCN 50 mL를 0.1 M $AgNO_3$로 적정한다. 종말점에서 $[NH_3] = 0.5$ M, $[I^-] = 0.02$ M이고, AgI가 침전하기 시작하는 순간을 종말점으로 잡는다. 실제로는 AgI가 눈에 보일 정도로 생겨야 하는데, 이렇게 되면 계산결과는 어떻게 변하는가?

제 10 장
산화-환원 반응과 전극전위

10 A 산화-환원

10 A — 1 산화-환원

물질이 반응할 때 전자를 주고받는 경우, 이것을 산화-환원 반응이라고 한다. 물질이 전자를 잃을 때 산화반응(oxidation)이라 하고, 전자를 얻을 때 환원반응(reduction)이라고 한다. 예를 들어 아연금속을 황산구리용액에 넣으면 다음과 같은 산화-환원 반응이 일어나 아연금속은 녹고, 붉은 구리금속이 석출된다.

$$Zn + Cu^{2+} \rightleftharpoons Zn^{2+} + Cu$$

이 산화-환원 반응은 다음과 같은 2개의 반쪽반응으로 나뉠 수 있다.

$$Zn \rightleftharpoons Zn^{2+} + 2e^- \qquad \text{산화반쪽반응}$$
$$Cu^{2+} + 2e \rightleftharpoons Cu \qquad \text{환원반쪽반응}$$

즉 아연이 전자를 잃고 산화하는 반쪽반응과 구리이온이 전자를 얻어서 환원하는 반쪽반응으로 나뉠 수 있다. 이러한 반쪽반응은 어디까지나 이 반응이 일어날 가능성을 표시하는 것이고, 그 하나만으로는 일어나지 않는다. 그러나 두 물질계가 접촉하게 되면 전자를 내는 산화반쪽반응과, 그 전자를 받아들이는 환원반쪽반응이 동시에 일어난다.

10 A — 2 산화제 및 환원제

전자에 대한 친화력은 물질에 따라 다른데, 위 반응의 구리이온 Cu^{2+} 와 같이 전자에 대하여 큰 친화력을 가지는 물질이 상대물질인 아연 Zn에서 전자를 빼앗아 그 물질을 산화시키는 능력을 가지는 화학종을 **산화제**(oxidizing agent)라고 한다. 화학종이 산화제 구실을 하는 경우에 자신은 쉽게 전자를 얻어 환원한다.

이와는 반대로, 앞 반응의 아연 Zn과 같이 전자를 쉽게 내어 상대물질인 구리이온 Cu^{2+} 에 주고, 이것을 환원시킬 수 있는 능력을 가지는 화학종을 **환원제**(reducing agent)라고 한다. 물질이 환원제 구실을 하는 경우에 자신은 쉽게 산화된다.

일반적으로, 한 물질의 산화형(oxidized form) Ox와 환원형(reduced form) Red의 관계는 다음과 같다.

$$\mathrm{Ox} + ne^- \rightleftharpoons \mathrm{Red}$$

예를 들면, 다음과 같다.

$$Fe^{3+} + e^- \rightleftharpoons Fe^{2+}$$
$$Zn^{2+} + 2e^- \rightleftharpoons Zn$$
$$I_2 + 2e^- \rightleftharpoons 2I^-$$

그러므로 Fe^{3+}, Zn^{2+}, I_2와 같이 산화되어 있는 상태의 화학종이 산화제가 될 수 있고, 환원되어 있는 상태의 Fe^{2+}, Zn, I^-와 같은 것이 환원제의 구실을 할 수 있다.

일반적으로 산화제와 환원제가 만나야 전자를 서로 주고받아서 반응하게 된다. 산화제인 Fe^{3+} 는 환원제인 I^-를 만나야 반응할 수 있고, 산화제인 I_2와는 반응할 수 없다.

10 A — 3 산화-환원계의 반응식

산화반쪽반응과 환원반쪽반응은 일반 이온반응식과 같이 식 양쪽의 물질과 전하가 균형을 이루어야 한다. 예를 들어 센 산화제인 과망간산이온 MnO_4^-가 산성용액에서 환원제를 만나면 망간이온 Mn^{2+}로 되고, 중성 또는 염기성용액에서는 이산화망간 MnO_2의 침전이 된다. 이들 환원반반응은 다음과 같다.

$$MnO_4^- + 8H^+ + ne^- \rightleftharpoons Mn^{2+} + 4H_2O \quad (\text{산성용액}) \qquad (10-1)$$
$$MnO_4^- + 4H^+ + me^- \rightleftharpoons MnO_2 + 2H_2O \quad (\text{중성 및 염기성용액}) \qquad (10-2)$$

이들 반응식 양쪽의 질량은 균형을 이루고 있는데, 전하의 균형이 이루어지려면 $n = 5$, $m = 3$이 되어야 함을 알 수 있다. n과 m을 구하는 또 한 가지 방법은 산성용액에서 산화상태가 +7가인 Mn(Ⅶ)가 +2가의 Mn(Ⅱ)로 환원되기 위해서는 전자 5개가 필요하고, 중성용액(식 10 — 2)에서는 망간이 +7가에서 +4가로 되기 때문에 3개의 전자가 필요하다는 데서 n과 m의 값을 결정할 수 있다.

산화제 MnO_4^-는 철이온중에서 산화제인 Fe^{3+}와 반응할 수 없고, 환원제인 Fe^{2+}와 반응한다. 이 경우에 주고받는 전자수가 같아야 하고, 따라서 완결된 반응식을 만들기 위해서는 다음과 같이 두 반쪽반응식의 전자수를 맞추어서 상쇄하도록 하면 된다.

$$MnO_4^- + 8H^+ + 5e^- \rightleftharpoons Mn^{2+} + 4H_2O \qquad (10-3)$$

$$5Fe^{3+} + 5e^- \rightleftharpoons 5Fe^{2+} \qquad (10-4)$$

식 10－3에서 10－4를 빼면 다음과 같다.

$$MnO_4^- + 5Fe^{2+} + 8H^+ \rightleftharpoons Mn^{2+} + 5Fe^{3+} + 4H_2O$$

10 A－4 산화-환원 반응의 평형

대부분의 산화-환원 반응은 가역반응이고, 질량보존의 법칙에 따른다. 산화-환원 반응은 전자를 주고받는 반응이고, 따라서 그 평형상태는 산화제가 전자를 얻으려는 힘인 산화력과 환원제가 전자를 내주려는 힘인 환원력의 경쟁으로 결정된다. 센 산화제와 센 환원제가 반응하면 반응은 거의 완전히 진행하여 화학평형은 생성계 쪽으로 거의 완전히 기울어진다. 그 반면에 약한 산화제와 약한 환원제가 반응할 때에는 평행은 반응계 쪽으로 기울어지고, 반응은 잘 진행하지 않는다.

산화-환원 반응은 일반적으로 산화제와 환원제 두 물질이 접촉하여 직접 전자를 주고받을 경우에 일어나는 것이 원칙이다. 예를 들어 아연을 황산구리용액에 담그면 환원형 아연이 전자를 내고, 산화형 구리이온이 직접 전자를 받아 다음 반응이 일어난다.

$$Zn + Cu^{2+} \rightleftharpoons Zn^{2+} + Cu$$

그러나 두 물질이 떨어져 있으면서 이러한 전자의 이전이 간접적으로 일어나도 결과적으로 같은 산화-환원 반응이 일어날 수가 있다. 이러한 현상을 그림 10－1의 전지에서 볼 수 있다.

이러한 전지를 이용하면 산화제인 구리이온이 얼마나 세게 전자를 끌어당기고 환원제인 아연이 얼마나 세게 전자를 내주는가를 이 두 전극 사이의 전압, 즉 이 전지의 기전력(electromotive force)을 측정함으로써 알 수 있다. 이와는 반대로, 산화제의 산화력과 환원제의 환원력은 이들 물질로 만든 전지의 기전력을 측정함으로써 알 수 있다.

전자가 외부 도선을 통해 흐르면 이 산화-환원 반응은 진행되고, 산화제인 구리이온의 산화력과 환원제인 아연의 환원력이 점차 감소하는 동시에 전지의 기전력은 점차 줄어들어서 드디어 평형상태에 도달하게 된다.

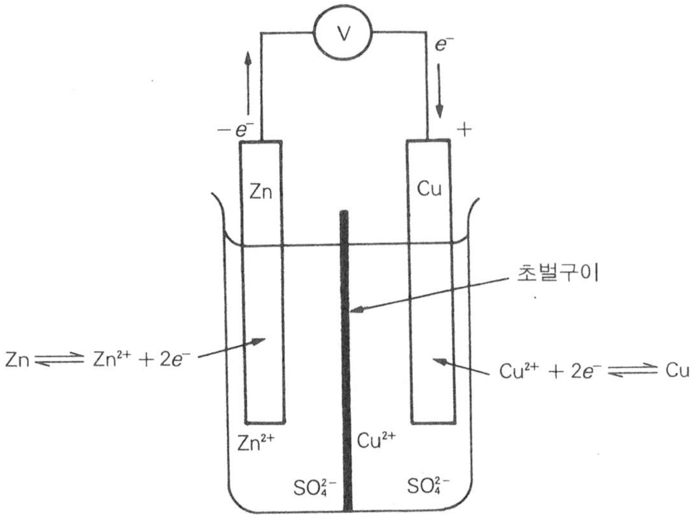

그림 10－1
전기화학 전지(갈바니 전지).

10 B 전극전위

10 B－1 전기화학 전지

2개의 금속막대를 두 전극으로 하여 전해질 용액에 담근 것을 **전기화학 전지**(electrochemical cell)라고 한다. 전기화학 전지에는 2가지가 있는데, 그 자체가 전기에너지를 내는 것을 **갈바니 전지**(galvanic cell)라 하고, 외부에서 전기에너지를 받아 이것을 소모하면서 전기분해를 일으키는 것을 **전해 전지**(electrolytic cell)라고 한다.

그림 10－1에 나타낸 것은 갈바니 전지로, 두 전극을 도선으로 연결하면 전류가 흘러 전기에너지를 얻을 수 있다. 이 경우에 아연이온은 금속에서 용액으로 분배하고, 구리이온은 용액에서 금속으로 분배하게 된다. 즉 아연은 산화하여 녹고, 구리이온은 환원하여 금속으로 석출된다.

여기서 산화반응이 일어나는 아연전극을 **산화전극**(anode)이라 하고, 환원반응이 일어나는 구리전극을 **환원전극**(cathode)이라고 한다.

산화전극(－극) $Zn(s) \rightleftharpoons Zn^{2+} + 2e^-$

환원전극(＋극) $Cu^{2+} + 2e^- \rightleftharpoons Cu(s)$

따라서 외부의 회로만 연결하면 전자는 자발적으로 아연 산화전극(－)에서 나와 구리 환원전극(＋)으로 흘러들어가게 된다. 두 전극 사이의 전압이 전지의 기전력이다. 결과적으로 갈바니 전지에서는 다음과 같은 산화-환원 반응이 간접적으로 일어난다.

$$Zn + Cu^{2+} \rightleftharpoons Zn^{2+} + Cu$$

그림 10－1에 나타낸 전지의 2가지 용액이 서로 섞여서 아연금속과 구리이온이 직접 접하게 되면 용액 내에서 전자를 직접 주고받는 산화-환원 반응이 일어나고, 그 결과 외부 회로에서 전자의 흐름이 일어나지 않기 때문에 두 용액을 염다리 또는 초벌구이와 같은 다공질 막으로 격리하여 섞이지 않도록 한다.

염다리(salt bridge)는 물을 데우면서 우뭇가사리(4 % 정도)를 잘 녹인 용액에 다시 염화칼륨을 녹여 포화시키고(25 ℃ 3.5 M), 이 용액을 U자형 유리관에 넣어 식혀서 만든다(그림 10－3 참조).

그러나 만약 외부에서 이 전지의 기전력보다 높은 전압의 전원을 거꾸로 연결하여 전자의 흐름을 반대 방향으로 흐르게 하면, 이 전기화학 전지는 **전해 전지**(electrolytic cell)로 작동하게 된다. 이 경우에는 다음과 같은 반응이 일어난다.

$$\text{환원전극}(-\text{극}) \qquad Zn^{2+} + 2e^- \rightleftharpoons Zn(s)$$
$$\text{산화전극}(+\text{극}) \qquad Cu(s) \rightleftharpoons Cu^{2+} + 2e^-$$

따라서 아연은 환원되어 석출되고, 구리는 산화되어 녹으며, 전기에너지는 소모된다. 결과적으로 갈바니 전지의 경우와는 반대되는 다음 반응이 일어난다.

$$Zn^{2+} + Cu \rightleftharpoons Zn + Cu^{2+}$$

여기서 산화전극은 어떤 경우에서나 항상 물질의 산화반응이 일어나는 전극이고, 환원전극은 환원반응이 일어나는 전극이다. 그리고 전위가 높고(+) 낮은(－) 것에는 무관하다. 아연전극은 갈바니 전지에서 산화전극으로 작용하지만, 전해전지에서는 환원전극으로 작용함을 알 수 있다.

10 B－2 산화전위와 환원전위

모든 갈바니 전지는 산화제와 환원제를 각각 포함하는 2개의 반쪽 전지로 구성되어 있고, 그림 10－1의 갈바니 전지가 작동하여 전류가 흐르면 산화전극에서는 환원제인 아연이 다음과 같이 산화반응을 하면서 전자를 밀어낸다.

$$Zn \rightleftharpoons Zn^{2+} + 2e^-$$

이렇게 전자를 밀어내는 힘이 환원제인 Zn의 **환원력**이고, 이것을 이 산화반응의 **산화전위**(oxidation potential)라고 한다. 한편 환원전극에서는 산화제인 구리이온 Cu^{2+}가 다음 환원반응을 하면서 전자를 끌어당긴다.

$$Cu^{2+} + 2e^- \rightleftharpoons Cu(s)$$

이렇게 전자를 끌어당기는 힘이 산화제인 구리이온의 **산화력**이고, 이것을 이 환원반응의 **환원전위**(reduction potential)라고 한다. 이 산화전위와 환원전위는 각각 금속 전극과 용액 사이의 상대적인 전위차를 나타낸다.

갈바니 전지의 두 전극 사이에 나타나는 전압차인 기전력은 산화제가 전자를 끌어당기는 힘과 환원제가 전자를 내주는 힘의 합으로, 다음과 같이 표현될 수 있다.

$$\text{전지의 기전력} = \text{산화전위} + \text{환원전위}$$

이 기전력은 전지 내에서 일어나는 아래 반응을 진행시키는 추진력으로 볼 수 있으며, 이것을 **전지전위**(cell potential)라고 한다.

$$Cu^{2+} + Zn \rightleftharpoons Cu + Zn^{2+}$$

그런데 우리는 두 전극 사이에 나타나는 전지전위만을 측정할 수 있고, 각 반쪽 전지의 전극와 용액 사이의 전위차는 측정할 수 없다. 그 이유는 만약 전위차 측정계의 한쪽 단자를 금속 전극에 연결하고, 나머지 단자의 도선을 용액에 담그면 용액에 담근 이 도선은 새로운 전극의 구실을 하기 때문이다.

그러므로 우리가 실제로 측정할 수 있는 값은 두 전극 사이에 나타나는 전지전위이다. 그런데 이 값만으로는 이 전지를 구성하는 두 반쪽반응의 절대전위값을 결정할 수가 없다. 이 문제를 해결하기 위해 각 반쪽반응의 절대 전위값을 결정하는 데 다음 절에서 설명하는 표준수소전극의 전위를 0.00 V라 설정하고, 이들 반쪽 전지의 전위는 이 표준 수소전극과 짝지어 만든 전지의 전위를 측정하여 이들 전위를 결정하기로 하고 있다.

10B—3 표준수소전극

반쪽 전지전위의 절대값은 측정할 수 없고, 다른 전극의 전위와 비교한 상대적인 값만을 측정할 수 있기 때문에 모든 반쪽 전지의 전위는 표준수소전극의 전위를 표준으로 하여 결정하기로 약속되어 있다.

수소전극은 그림 10－3과 같은데, 수소이온 용액에 백금전극을 담그고 수소기체를 계속 통하게 되어 있다. 백금전극 끝부분은 가능한 한 큰 표면적을 가지도록 미끈한 백금 표면에 가는 백금입자를 석출시켜 검은색 다공질로 만들어서 여기에 수소기체가 많이 흡수되어 용액과 접촉 반응하게 되어 있다.

이러한 구조의 전극을 **수소전극**이라고 하는데, 특히 수소기체의 분압이 1기압이고 용액의 수소이온의 활동도가 1인 경우에는 이것을 **표준수소전극**(standard hydrogen electrode, SHE)이라고 한다.

여기서 백금은 아무런 전기화학적 반응에 참여하지 않고, 다만 전자의 도체 역할을 하는 동시에 다공질의 백금에 수소기체가 많이 포함되게 한다. 또 다음과 같은 수소의 산화-환원 반응이 쉽게 일어나게 하는 촉매 역할을 하며, 가역반응이 잘 일어나게 한다.

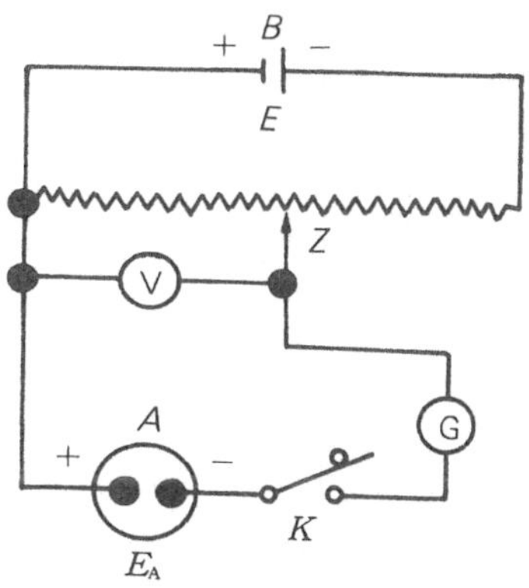

그림 10－2 전위차계에 의한 전지전위의 측정.

$$2H^+ + 2e^- \rightleftharpoons H_2(g)$$

그러므로 이 전극전위는 순전히 이 수소의 산화-환원 반응에 기인한다. 표준수소전극의 전위는 어떤 온도에서도 0.000 V 라고 규정하고 있다. 표준수소전극은 상대방 반쪽 전지의 전위가 이보다 낮을 때에는 (+)극으로 작용하고, 높을 때에는 (−)극으로 작용한다. 따라서 이 표준수소전극과 짝지어 얻은 전지의 전위를 바로 그 **반쪽 전지의 전극전위**라고 규정한다.

10B－4 전지전위의 측정 —— 전위차계법

전지의 기전력을 정확히 측정할 때에는 일반적으로 전압계를 사용하지 않고 그림 10－2와 같은 **전위차계**(potentiometer)를 사용하는 방법을 이용한다. 여기서 XY는 균일한 일정 길이의 저항선이다. 이것을 일정한 전압 E를 가지는 전지 B에 도선으로 연결하면 XY 사이에 걸리는 전압 E_{XY}는 E와 같다. 기전력을 측정하고자 하는 전지 A를 그림과 같이 연결하고, 접촉점 Z를 이동시켜 검류계 G에 전류가 흐르지 않는 위치 Z를 찾는다. 이로부터 구하고자 하는 기전력 E_A는 XZ 사이에 걸리는 전압 E_{XZ}와 같다. 그리고 이때 저항선 XY를 통해 흐르는 전류를 i라 하고, XY와 XZ의 저항을 각각 R_{XY}와 R_{XZ}라고 하면 Ohm의 법칙에 의하여 다음과 같은 관계식이 성립한다.

$$E_{XY} = iR_{XY}$$
$$E_{XZ} = iR_{XZ}$$

그러므로 다음과 같다.

$$E_A = E_{XZ} = \frac{R_{XZ}}{R_{XY}} \times E_{XY} = \frac{XZ}{XY} \times E$$

그런데 XY는 균일한 저항선이기 때문에 R_{XZ}/R_{XY}는 길이의 비 XZ/XY와 같고, E_{XY}는 E와 같다. 따라서 Z의 위치만 정밀하게 측정하면 XZ/XY를 알 수 있기 때문에

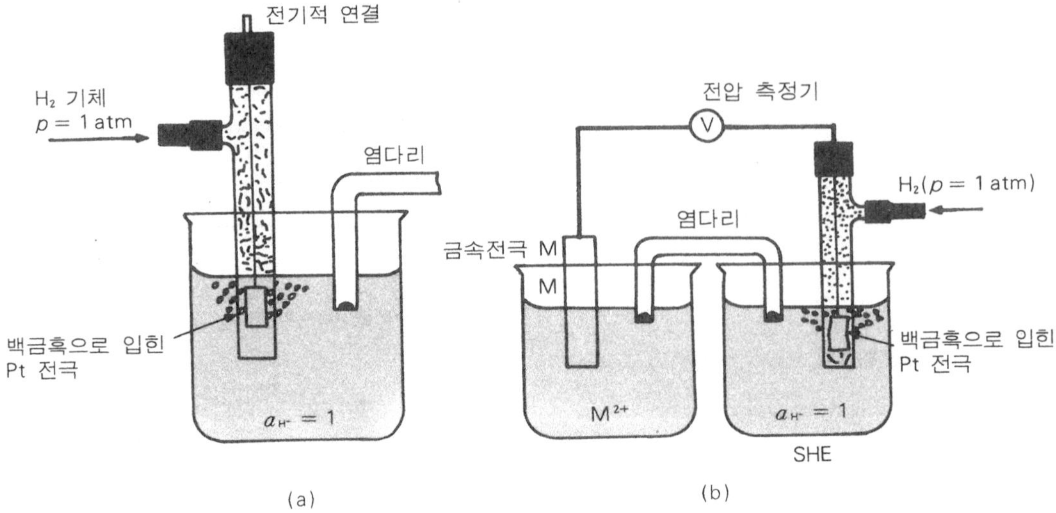

그림 10－3 (a) 표준수소전극(SHE), (b) 금속 M의 전극전위를 표준수소전극(SHE) 전위와 비교하여 측정하는 방법.

구하는 E_A를 정밀하게 산출할 수 있다.

표준수소전극의 전위를 기준으로 하여 금속 M의 전극전위를 측정하고자 할 때 그림 10－3과 같은 전지를 만들어 그 기전력을 측정하면 된다. 표준수소전극의 전위가 0.000 V이기 때문에 금속 M의 전극전위 E는 이 전지전위와 같다.

이와 같은 전지전위 측정에 전압계 대신 전위차계를 사용하는 데는 2가지 이유가 있다. 첫째는 전위 측정 도중에 전류가 흐르지 않으므로 전위에 변동이 일어나지 않는다는 것이고(13A－1절 참조), 둘째는 전압계의 눈금판보다는 긴 저항선의 길이를 측정하는 것이 더 정밀한 전위값을 구할 수 있기 때문이다. 그러나 오늘날에 와서는 그림 10－3b의 전압계 V와 같이 전류가 거의 흐르지 않는 상태에서 전압을 측정하는 전압계가 고안되어 편리하게 사용되고 있다.

카드뮴금속을 카드뮴이온의 활동도가 1인 용액에 담그어서 카드뮴전극을 만들고, 표준수소전극과 짝지어 전지를 만들면 다음과 같이 표시된다.

$$Cd \mid Cd^{2+}(a_{Cd^{2+}} = 1) \parallel H^+(a_{H^+} = 1) \mid H_2(1\,atm)(Pt)$$

$\mid$는 전극과 용액과의 접촉면을, $\parallel$는 용액 사이의 접촉을 나타낸다.

이 전지의 전지전위를 전위차계로 측정해 보았더니 0.403 V였고, 카드뮴전극이 (－)극, 수소전극이 (＋)극이다. 그러므로 카드뮴의 전극전위는 －0.403 V이고, 이것을 카드뮴의 **표준전위**(standard potential)라고 한다. 카드뮴전극 대신에 아연이온의 활동도가 1인 아연전극을 표준수소전극과 짝지어서 전지전위를 측정하면 0.763 V이고, 아연전극이 (－)극으로 작용하므로 아연의 표준전위는 －0.763 V이다. 그리고 구리전극을 구리이온의 활동도가 1인 용액에 담그어 전지를 만들면 다음과 같다.

$$Cu \mid Cu^{2+}(a_{Cu^{2+}} = 1) \parallel H^+(a_{H^+} = 1) \mid H_2(1\,atm)(Pt)$$

이 전지전위는 0.337 V이고, 이 경우 수소전극은 (−)극으로, 구리전극은 (+)극으로 작용한다. 그러므로 구리의 표준전위는 +0.337 V라고 볼 수 있다. 그리고 이 경우에는 카드뮴과 아연전극의 경우와 다르게 표준수소전극이 (−)극이 되고, 구리전극이 (+)극으로 작용하여 전류의 흐르는 방향이 반대방향이 된다.

10 B — 5 전극전위의 표시법

앞에서 측정한 반쪽반응 또는 반쪽 전지의 표준전위값을 정리하면 다음과 같다. 여기서 E°는 **표준전위**(standard potential)로서, 모든 반응에 참여하는 이온의 활동도는 1이고 기체는 1 atm임을 말해 준다.

$$Cu^{2+} + 2e^- \rightleftharpoons Cu(s) \qquad E^\circ = 0.337\ V$$
$$2H^+ + 2e^- \rightleftharpoons H_2(g) \qquad E^\circ = 0.000\ V$$
$$Cd^{2+} + 2e^- \rightleftharpoons Cd(s) \qquad E^\circ = -0.403\ V$$
$$Zn^{2+} + 2e^- \rightleftharpoons Zn(s) \qquad E^\circ = -0.763\ V$$

이것이 환원전위이다. 이때 전위의 부호는 표준수소전극과 짝지었을 때 전극이 띠는 실제 전하 부호와 같고, 이 반쪽 전지반응은 모두 환원반응식으로 표시한다(부록 II 참조).

구리이온의 E°값이 0.337 V라는 것은 구리이온이 산화제로서 전자를 끌어당기는 힘이 수소이온에 비하여 0.337 V 세다는 뜻이고, 이 반응이 그만큼 잘 진행된다는 것을 말해 준다. 반면 카드뮴이온과 아연이온은 수소이온에 비하여 전자를 끌어당기는 힘이 약할 뿐만 아니라 오히려 반응이 역행을 잘하며, 카드뮴과 아연금속이 수소보다 전자를 세게 내주고, 수소이온이 전자를 받아들인다는 것은 이들 금속이 환원제임을 말해 준다. 이와 같이 반쪽반응전위를 표시하는 법을 **표준환원전위**라고 한다.

이에 반해 다음과 같이 전극에서 일어나는 반응을 모두 산화반응으로 표시하고, 그 전위값의 부호는 위의 환원전위 때와 반대이고 그 절대값은 같게 표시한 것을 **표준산화전위**라고 한다.

$$Cu(s) \rightleftharpoons Cu^{2+} + 2e^- \qquad E^\circ = -0.337\ V$$
$$H_2(g) \rightleftharpoons 2H^+ + 2e^- \qquad E^\circ = 0.000\ V$$
$$Cd(s) \rightleftharpoons Cd^{2+} + 2e^- \qquad E^\circ = 0.403\ V$$
$$Zn(s) \rightleftharpoons Zn^{2+} + 2e^- \qquad E^\circ = 0.763\ V$$

반쪽반응의 전위를 표시하는 이들 2가지 방법은 오랫동안 많은 혼란을 일으키고 있었다. 이것을 정리하기 위해 1953년 IUPAC(International Union of Pure and Applied Chemistry)은 다음과 같은 결정을 하였다. 즉 전위의 부호는 반쪽 전지반응의 산화반응과 환원반응 중의 한 가지 반응만을 선택하여 일관성 있게 표시하도록 한다. 그리고 전극전위

(electrode potential)란 말은 전적으로 환원반응전위와 같은 의미로 사용되고, 산화전위를 전극전위라고 부르지 않는다. 그러나 산화전위란 말을 환원전위의 반대반응에 대하여 사용하는 것은 무방하다. 그러므로 전극전위는 환원전위와 같은 것이고, 그 부호는 갈바니 전지에서 표준수소전극과 짝지워질 때 그 전극에 실제로 나타나는 부호에 따라 결정하게 하였다. 따라서 오늘날에 와서는 주로 환원전위를 사용하고, 이것을 전극전위라고도 부르고 있다.

표준환원전위 $E°$값이 클수록 반쪽반응(환원)이 수소의 경우보다 잘 일어나고, 산화형 물질은 센 산화제가 될 수 있다. 그러나 역반응(산화반응)은 일어나기 어렵다. E^0값이 작을수록 그 반응의 정반응(환원)보다도 역반응(산화)이 잘 일어나고, 환원형 물질이 쉽게 산화되며, 센 환원제가 될 수 있다.

10B-6 전극전위에 미치는 농도의 영향

금속전극을 그 이온이 녹아 있는 용액에 담그면 고체와 액체의 경계면에서 전위차가 생기는데, 이것이 그 금속의 전극전위이다. 이것은 금속중의 이온 활동도와 용액중의 이온 활동도가 다르고, 이들 금속이온 사이에 평형이 이루어질 때까지 이온이 이동 분배하려는 성질 때문에 나타나는 현상이다.

아연전극전위는 아연이온이 전극에서 용액으로 분배되려는 정도, 즉 아래 반응 10-5가 진행되려는 정도에 따라 전극전위는 큰 (-)값으로 될 것이다. 그러나 만약 용액의 아연이온 농도(활동도)가 진한 경우에는 용액중의 아연이온은 금속 쪽으로 다시 분배하려는 경향이 커져서 아래 반응 10-5는 많이 진행할 수 없게 되고, (-)값이 줄어들 것이다. 그러나 용액이 묽으면 이 반응이 많이 진행하게 되어 점점 큰 (-)값으로 될 것이다.

$$Zn(s) \rightleftharpoons Zn^{2+} + 2e^- \qquad (10-5)$$

한편 구리전극의 경우에는 용액의 구리이온이 진할수록 용액의 구리이온이 금속 쪽으로 더 많이 분배하게 되고, 다음 반응 10-6은 더 잘 진행하여 전극전위의 (+)값은 증가하게 된다. 그러나 용액이 묽은 경우에는 작은 (+)값으로 나타날 것이다.

$$Cu^{2+} + 2e^- \rightleftharpoons Cu(s) \qquad (10-6)$$

이와 같이 용액중의 구리이온 Cu^{2+} 또는 아연이온 Zn^{2+}의 농도가 이들 전극전위에 영향을 미친다는 것을 알 수 있다. 그러나 용액중의 이들 이온들의 활동도를 1로 고정시키는 경우에는 전극전위도 일정한 값을 가지게 될 것이다. 이것을 **표준전극전위**라고 한다. 이 전극이 가지는 전위와 접하고 있는 용액의 이온의 활동도(농도) 사이의 관계를 정량적으로 나타낸 것이 10D절의 Nernst(네른스트)식이다.

10 C 자유에너지와 전극전위

10 C — 1 화학평형과 자유에너지

물리적 또는 화학적으로 평형이 이루어져 있지 않은 물질계는 항상 자발적으로 평형상태로 옮겨가려고 한다. 한 물질계가 가지는 유효에너지를 **자유에너지**(free energy)라 하고, 이것은 그 물질계의 평형반응에 관여하는 모든 화학종의 활동도와 온도, 압력 등에 의하여 결정된다.

한 물질계가 상태 1에서 상태 2로 변화한다면, 이 변화로서 얻을 수 있는 자유에너지 변화량 ΔG는 다음과 같이 표현된다.

$$\Delta G = G_2 - G_1$$

여기서 G_1과 G_2는 물질계가 상태 1과 상태 2에서 가지는 전체 자유에너지이고, ΔG는 이 변화가 일어날 때 얻을 수 있는 최대의 일 또는 유효에너지이다. 그리고 이 값은 이 물질계가 상태 1에서 상태 2로 변하려는 원동력이다.

한 물질계의 온도와 압력이 일정하게 유지되어 있고, 다른 모든 화학종의 양이 변하지 않는다는 가정하에 화학종 i가 1 mol 증가하는 경우에 예측할 수 있는 자유에너지의 증가량을 화학종 i의 **화학퍼텐셜**(chemical potential)이라 하고, μ_i로 표시한다.

일정 온도와 압력하에서 다음과 같은 화학평형이 성립되었다고 하면, 반응계의 자유에너지와 생성계의 자유에너지는 같을 것이나.

$$\mathrm{aA + bB \rightleftharpoons cC + dD}$$

따라서 평형상태에 있는 각 물질의 화학퍼텐셜 사이에는 다음과 같은 관계가 성립할 것이다.

$$\mathrm{a}\mu_{\mathrm{A}} + \mathrm{b}\mu_{\mathrm{B}} = \mathrm{c}\mu_{\mathrm{C}} + \mathrm{d}\mu_{\mathrm{D}}$$

그런데 화학종 i의 화학퍼텐셜 μ_i는 활동도 a와 다음과 같은 관계를 가진다.

$$\mu_i = \mu_i^{\circ} + RT\ln a_i$$

여기서 μ_i°는 표준상태, 즉 활동도가 1인 경우의 표준화학퍼텐셜값이고, R은 기체상수이며, T는 절대온도이다. 이 관계를 위 식에 대입하면 다음과 같다.

$$\mathrm{a}\mu_{\mathrm{A}}^{\circ} + \mathrm{a}RT\ln a_{\mathrm{A}} + \mathrm{b}\mu_{\mathrm{B}}^{\circ} + \mathrm{b}RT\ln a_{\mathrm{B}} = \mathrm{c}\mu_{\mathrm{C}}^{\circ} + \mathrm{c}RT\ln a_C + \mathrm{d}\mu_{\mathrm{D}}^{\circ} + \mathrm{d}RT\ln a_D$$

$$\mathrm{c}\mu_{\mathrm{C}}^{\circ} + \mathrm{d}\mu_{\mathrm{D}}^{\circ} - \mathrm{a}\mu_{\mathrm{A}}^{\circ} + \mathrm{b}\mu_{\mathrm{B}}^{\circ} = -RT\ln\frac{(a_{\mathrm{C}})^{\mathrm{c}}(a_{\mathrm{D}})^{\mathrm{d}}}{(a_{\mathrm{A}})^{\mathrm{a}}(a_{\mathrm{B}})^{\mathrm{b}}}$$

위의 왼쪽항은 화학반응의 표준자유에너지 변화 ΔG°이다. 그러므로 다음과 같이 된다.

$$\Delta G^{\circ} = -RT\ln\frac{(a_C)^c(a_D)^d}{(a_A)^a(a_B)^b} \qquad (10-7)$$

그런데 a는 평형상태에 있는 각 화학종의 활동도이므로 다음과 같다.

$$\frac{(a_C)^c(a_D)^d}{(a_A)^a(a_B)^b} = K^{\circ}$$

여기서 K°는 **열역학 평형상수**(thermodynamic aquilibrium constant)이다. 따라서 식 10－7은 다음과 같다.

$$\Delta G^{\circ} = -RT\ln\ K^{\circ} \qquad (10-8)$$

10C－2 화학반응의 진행 방향과 자유에너지의 변화량

일반적으로 실제 화학반응은 처음에 평형상태가 아닌 곳에서부터 시작하여 다음과 같은 반응이 진행 또는 역행하여 그 결과 평형에 도달하게 된다.

$$\mathrm{aA + bB \rightleftharpoons cC + dD} \qquad (10-9)$$

처음 출발하는 상태에 따라 위의 반응은 정반응도 일어나고, 역반응도 일어난다. 만약 정반응이 진행하여 평형상태에 도달한다고 가정하면 이때 물질계의 자유에너지 변화량 ΔG는 다음과 같다.

$$\begin{aligned}\Delta G &= \mathrm{c}\mu_C + \mathrm{d}\mu_D - \mathrm{a}\mu_A - \mathrm{b}\mu_B \\ &= \mathrm{c}\mu_C^{\circ} + \mathrm{c}RT\ln a_C + \mathrm{d}\mu_D^{\circ} + \mathrm{d}RT\ln a_D - \mathrm{a}\mu_A^{\circ} - \mathrm{a}RT\ln a_A - \mathrm{b}\mu_B^{\circ} - \mathrm{b}RT\ln a_B\end{aligned}$$

이것을 정리하면 다음 관계를 얻는다.

$$\Delta G = \Delta G^{\circ} + RT\ln\left[\frac{(a_C)^c(a_D)^d}{(a_A)^a(a_B)^b}\right]_{(\text{실제})} \qquad (10-10)$$

여기에 나타낸 a는 모든 각 화학종이 처음 출발시에 실제로 가지고 있던 활동도이다. 그런데 식 10－7을 식 10－10에 대입하면 다음 관계식을 얻는다.

$$\Delta G = -RT\ln\left[\frac{(a_C)^c(a_D)^d}{(a_A)^a(a_B)^b}\right]_{(\text{평형})} + RT\ln\left[\frac{(a_C)^c(a_D)^d}{(a_A)^a(a_B)^b}\right]_{(\text{실제})} \qquad (10-11)$$

반응 10－9에 있어 만약 다음 관계가 성립하면 이 화학반응은 항상 평형상태에 도달하도록 진행하기 때문에 이 반응은 정반응이 진행하여 A와 B가 줄어들고, C와 D가 늘어나서 평형에 접근하게 될 것이다.

$$\left[\frac{(a_C)^c(a_D)^d}{(a_A)^a(a_B)^b}\right]_{(\text{실제})} < \left[\frac{(a_C)^c(a_D)^d}{(a_A)^a(a_B)^b}\right]_{(\text{평형})}$$

이 경우에는 식 10－11에서 $\Delta G < 0$의 관계를 가진다.

그러나 다음 관계가 성립하면 이 반응 10－9는 역행하여 C와 D가 줄어들고, A와 B가 늘어나서 평형에 접근하게 된다.

$$\left[\frac{(a_C)^c(a_D)^d}{(a_A)^a(a_B)^b}\right]_{(실제)} > \left[\frac{(a_C)^c(a_D)^d}{(a_A)^a(a_B)^b}\right]_{(평형)}$$

이 경우에 $\Delta G > 0$의 관계를 가진다. 만약 처음 출발시의 각 화학종의 활동도가 평형상태의 활동도와 같은 경우에는 $\Delta G = 0$이다.

위의 관계를 반응 10－9에 있어서 다시 정리하면 다음과 같다.

$\Delta G < 0$일 경우에는 정반응이 일어날 가능성이 있고,
$\Delta G > 0$일 경우에는 역반응이 일어날 가능성이 있으며,
$\Delta G = 0$일 경우에는 평형상태에 있다는 것이다.

10C－3 자유에너지와 전극전위

화학반응이 일어날 때 얻을 수 있는 자유에너지의 변화량 ΔG는 그 반응을 진행시키는 추진력이다. ΔG값을 실험적으로 구하는 방법은 이 물질계가 반응할 때 얻을 수 있는 최대 유효에너지를 측정해서 구한다.

다음과 같은 반쪽 전지반응의 전극전위 E와, 반응물과 생성물의 활동도의 관계를 알아보자.

$$aA + bB + ne^- \rightleftharpoons cC + dD$$

산화-환원 반응의 추진력은 이 산화-환원 반응을 이용하여 만든 전지의 기전력 E를 뜻한다. 그러므로 반응의 자유에너지 변화량 ΔG와 기전력 E와의 사이에는 다음과 같은 관계가 있다.

$$\Delta G = -nFE \qquad (10-12)$$

여기서 n은 산화-환원 반응에서 주고받는 전자의 수, 다시 말해 이 전지를 통해 1 mol의 물질이 산화-환원할 때 흐르는 전기량의 Faraday수이다. 또 F는 Faraday값 (96487 C = 23.060 cal/F)이다. 그리고 반응의 자유에너지 변화량 ΔG와 기전력 E는 식 10－12에서 그 부호가 반대이다. 그런데 자발적으로 일어날 수 있는 반응의 ΔG는 (－)값이므로 자발적 반응의 E값은 (＋)값이다. 이와는 반대로 역반응이 일어날 가능성이 있는 반응은 ΔG가 (＋)값을, E가 (－)값을 가진다. 다시 요약하면 다음과 같다.

$\Delta G < 0$이고 $E > 0$인 경우에는 자발적 반응의 가능성이 있고,
$\Delta G > 0$이고 $E < 0$인 경우에는 역반응의 가능성이 있다.

이들 화학종의 활동도가 1인 경우의 자유에너지 변화량, 즉 표준자유에너지 변화량 $\Delta G°$와 이때의 전극전위, 즉 표준전극전위 $E°$ 사이에는 다음과 같은 관계가 있다.

$$\Delta G° = -nFE° \tag{10-13}$$

10D Nernst 식

식 10-10에 10-12와 10-13을 대입하면 다음과 같이 표현된다.

$$-nFE = -nFE° + RT\ln\frac{(a_C)^c(a_D)^d}{(a_A)^a(a_B)^b}$$

따라서 다음과 같다.

$$E = E° - \frac{RT}{nF}\ln\frac{(a_C)^c(a_D)^d}{(a_A)^a(a_B)^b}$$

또는

$$E = E° + \frac{RT}{nF}\ln\frac{(a_A)^a(a_B)^b}{(a_C)^c(a_D)^d}$$

이 식을 Nernst(네른스트)식이라고 한다. 이 식은 열역학적으로 유도한 식으로, 산화-환원 반응의 전극전위와 전극반응에 관여하는 물질의 활동도의 관계를 표시한다. 그리고 자연로그를 상용로그로 바꾸고(ln = 2.303 log), $R = 1.987\ \text{cal mol}^{-1}\ \text{deg}^{-1}$, $F = 23.060\ \text{cal mol}^{-1}$을 대입하면 이 식은 다음과 같다. n은 주고받는 전자의 수이다.

25 ℃(298 K)에서 $$E = E° - \frac{0.0591}{n}\log\frac{(a_C)^c(a_D)^d}{(a_A)^a(a_B)^b}$$

30 ℃(303 K)에서 $$E = E° - \frac{0.0601}{n}\log\frac{(a_C)^c(a_D)^d}{(a_A)^a(a_B)^b}$$

반응물질에 기체가 관여할 때에는 활동도 대신 분압(기압)을 사용하고, 순수한 고체 또는 액체가 관여할 때에는 활동도의 표준이 되는 상태이기 때문에 1로 두고 계산한다.

물의 활동도는 순수한 물인 경우에 1이지만, 용질이 녹아서 농도가 진해질수록 수증기압은 감소하고 순수한 물의 활동도는 1보다 작아진다. 그러나 일반적으로 묽은 수용액에서는 물의 활동도를 편의상 순수한 물과 같이 1로 보고 있다. 그리고 편의상 활동도 대신에 몰농도를 사용하는 경우가 많다. Nernst 식은 $aA + bB + ne^- \rightleftharpoons cC + dD$ 반쪽반응에 대하여 다음과 같이 표현된다.

25 ℃에서 $$E = E° + \frac{0.0591}{n}\log\frac{[A]^a[B]^b}{[C]^c[D]^d} \tag{10-14}$$

또는 $$E = E° - \frac{0.0591}{n}\log\frac{[C]^c[D]^d}{[A]^a[B]^b} \tag{10-15}$$

10 E 반쪽 전지의 종류

전극전위는 그림 10－3b에서와 같이 표준수소전극과 짝지어 그 값을 측정할 수 있다. 전극전위를 측정하여 알게 되면 식 10－14를 이용하여 농도를 산출할 수 있다.

반쪽 전지는 전극반응의 종류에 따라 몇 가지로 나뉠 수 있고, 온도는 25℃에 고정한다.

10 E－1 금속과 그 양이온 용액으로 된 전극

어떤 금속 M이 그 양이온 M^{n+} 용액에 담겨져 있는 경우에는 다음과 같은 전극반응의 평형이 성립한다.

$$M^{n+} + ne^- \rightleftharpoons M$$

금속이온이 용액과 금속에 분배하여 일정한 전극전위를 유지한다. 이러한 전극을 제 1 차 전극(first order electrode)이라고 한다. 순수한 금속의 활동도를 1로 놓으면 Nernst식, 즉 식 10－14의 전극전위는 다음과 같이 표현된다.

$$E_{M^{n+}} = E^\circ_{M^{n+}} + \frac{0.0591}{n}\log[M^{n+}]$$

이와 같이 가역적으로 작용하는 제 1 차 전극으로 작용할 수 있는 금속은 은, 수은, 구리, 카드뮴, 아연 및 납과 같은 것이고, 다른 금속은 표면이 변질되고 가역적으로 작용하지 않는다.

예제 10 E－1

Cd^{2+} 0.010 M 용액에 담겨져 있는 카드뮴전극의 전위를 구하라.

풀이

$$Cd^{2+} + 2e^- \rightleftharpoons Cd \qquad E^\circ = -0.403\ V$$

$$E_{Cd^{2+}} = E^\circ + \frac{0.0591}{2}\log[Cd^{2+}]$$

$$= -0.403 + \frac{0.0591}{2}\log 0.01 = -0.462\ V$$

전극전위가 (－)이므로 이 반쪽반응은 역행할 가능성이 있으며, 이 반쪽 전지를 표준수소전지와 짝지으면 다음과 같은 반응이 일어나게 된다.

$$Cd^{2+} + 2e^- \rightleftharpoons Cd \qquad E^\circ = -0.403 \qquad (i)$$

$$2H^+ + 2e^- \rightleftharpoons H_2 \qquad E^\circ = 0.00 \qquad (ii)$$

$$(ii) - (i)\ Cd + 2H^+ \rightleftharpoons Cd^{2+} + H_2 \qquad E^\circ = 0.403 \qquad (iii)$$

$E^\circ = +0.403$이므로 반응 (iii)의 정반응이 잘 일어난다. 즉 Cd는 산에 녹아 수소기체를 방출한다는 것을 말해 준다.

10E—2 산화형과 환원형이 모두 가용성인 경우

산화-환원 물질계에서 산화형과 환원형이 모두 가용성인 경우에는 이 전극전위를 측정하는 데 비활성의 백금전극을 사용한다.

예을 들어 철(III)와 철(II)의 혼합용액에 백금선을 전극으로 꽂은 경우에 용액에서는 다음과 같은 산화-환원 평형이 성립하고, Nernst식에 따라 다음과 같은 전극전위를 가진다.

$$Fe^{3+} + e^- \rightleftharpoons Fe^{2+} \qquad E^\circ = 0.771\ V$$

$$E = 0.771 + 0.591 \log \frac{[Fe^{3+}]}{[Fe^{2+}]}$$

만약 Fe^{3+}의 농도가 진해서 정반응이 일어날 경향이 크다는 것은 산화제인 Fe^{3+}가 백금전극에서 전자를 받아들여 환원되는 경향이 크다는 뜻이다. 이 경우에 백금전극의 전위는 증가할 것이다. 만약 Fe^{2+}의 농도가 진해서 역반응이 일어날 경향이 클 때에는 환원제인 Fe^{2+}가 전자를 백금전극에 주게 되어 전극전위는 낮아질 것이다.

예제 10E—2

0.050 M NaCl 용액에 백금전극을 담그었다. 여기서 Cl_2가 발생하는 데 필요한 이 전극의 전압을 구하라. Cl_2의 분압이 740 mmHg일 때 발생한다고 하자.

풀이

$$Cl_2 + 2e^- \rightleftharpoons 2Cl^- \qquad E^\circ = 1.36\ V$$

$$E = 1.36 + \frac{0.0591}{2} \log \frac{p_{Cl_2}}{[Cl^-]^2}$$

$$= 1.36 + \frac{0.0591}{2} \log \frac{740/760}{(0.05)^2} = 1.44\ V$$

이것은 이론적으로 표준수소전극의 전위보다 1.44 V 높은 전위를 걸어주어야 염소기체가 발생할 수 있다는 것을 말해준다.

10E—3 금속과 그 난용성 염으로 된 전극

순수한 은선의 표면에 염화은을 석출시켜서 만든 전극을 염화이온 용액에 담근 것을 소위 은-염화은 전극이라고 한다. 이 경우에 전극에서 일어나는 반응은 다음과 같이 표현되고, 전극전위는 용액중의 염화이온의 농도에 따라 결정된다.

$$AgCl(s) + e^- \rightleftharpoons Ag(s) + Cl^- \qquad E^\circ = 0.222\ V$$

위 식에서 AgCl과 Ag는 고체이므로, 그 활동도를 1로 보면 식 9—14는 다음과 같이 표현된다.

$$E_{AgCl-Ag} = 0.222 - 0.0591 \log[Cl^-]$$

한편 이 전극전위는 처음에 은의 전극전위를 고려하고, 여기에 염화은의 용해도곱 관계를 도입하여 다음과 같이 유도할 수 있다.

$$Ag^+ + e^- \rightleftharpoons Ag(s) \qquad E^\circ = 0.799\ V$$
$$E_{Ag^+} = E^\circ + 0.0591 \log[Ag^+]$$

$[Ag^+][Cl^-] = K_{sp\ AgCl}$이므로 다음과 같다.

$$E_{Ag^+} = E^\circ + 0.0591 \log \frac{K_{sp\ AgCl}}{[Cl^-]}$$
$$= E^\circ + 0.0591 \log K_{sp\ AgCl} - 0.0591 \log[Cl^-]$$

여기서

$$E^\circ_{AgCl-Ag} = E^\circ{}_{Ag^+-Ag} + 0.0591 \log K_{sp\ AgCl}$$
$$= 0.799 + 0.0591 \log\ 1.75 \times 10^{-10} = 0.222$$

즉

$$E_{AgCl-Ag} = 0.222 - 0.0591 \log[Cl^-]$$

이와 같이 금속과 그 난용성 염으로 되어 있는 전극을 **제2차 전극**(second order electrode)이라 하고, 이 경우의 전극전위는 반대이온인 음이온(염화이온)의 활동도(농도)에 의해 지배된다.

10F 몇 가지 전극전위와 평형상수

10F-1 수소이온이 관여하는 전극전위

중크롬산 $Cr_2O_7^{2-}$나 과망간산 MnO_4^-와 같은 산소산인 산화제가 환원될 때에는 수소이온이 관여하게 되고, 따라서 그 환원전위는 pH에 따라 변한다.

중크롬산과 과망간산의 환원반쪽반응과 환원전위는 다음과 같다.

$$Cr_2O_7^{2-} + 14H^+ + 6e^- \rightleftharpoons 2Cr^{3+} + 7H_2O$$
$$E = E^\circ + \frac{0.0591}{6} \log \frac{[C_2rO_7^{2-}][H^+]^{14}}{[Cr^{3+}]^2}$$
$$E = 1.33 + \frac{0.0591}{6} \times 14\,pH + \frac{0.0591}{6} \log \frac{[Cr_2O_7^{2-}]}{[Cr^{3+}]^2}$$

$$MnO_4^- + 8H^+ + 5e^- \rightleftharpoons Mn^{2+} + 4H_2O$$
$$E = E^\circ + \frac{0.0591}{5} \log \frac{[MnO_4^-][H^+]^8}{[Mn^{2+}]}$$
$$E = 1.51 - \frac{0.0491}{5} \times 8\,pH + \frac{0.0591}{5} \log \frac{[MnO_4^-]}{[Mn^{2+}]}$$

앞의 사실로 미루어 볼 때 산소산인 산화제의 산화력은 용액의 pH에 따라 변하고, 산성이 높을수록 산화력이 세다는 것을 알 수 있다.

10F-2 물의 산화와 환원

물의 산화 및 환원반응은 다음과 같다.

$$\text{산화반응} \qquad H_2O \rightleftharpoons 2H^+ + \frac{1}{2}O_2 + 2e^-$$

$$\text{환원반응} \qquad H_2O + e^- \rightleftharpoons OH^- + \frac{1}{2}H_2$$

물이 산화될 때에는 산소가 발생하고, 이때 필요한 전극전위는 결국 산소의 환원전위라고 볼 수 있다.

$$O_2 + 4H^+ + 4e^- \rightleftharpoons 2H_2O \qquad E^\circ = 1.229\ \text{V}$$

$$E = E^\circ + \frac{0.0591}{4}\log p_{O_2} \times [H^+]^4$$

1기압의 대기압하에서 산소기체가 발생하려면 산소분압 p_{O_2}는 1기압이어야 한다. 따라서 그 전극전위는 다음과 같다.

$$E = 1.229 - 0.0591\ \text{pH}$$

한편 물이 환원될 때에는 수소가 발생하는데, 이것이 물 속에 있는 수소이온이 환원되는 것이라고 보면 다음과 같이 표현된다.

$$2H^+ + 2e^- \rightleftharpoons H_2 \qquad E^\circ = 0.000\ \text{V}$$

$$E = \frac{0.0591}{2}\log\frac{[H^+]^2}{p_{H_2}}$$

수소기체가 발생하려면 수소분압 p_{H_2}가 1기압이어야 하므로 전극전위는 다음과 같다.

$$E = -0.0591\ \text{pH}$$

물이 산화-환원된 전극전위는 용액의 pH에 따라 변함을 알 수 있다.

그러나 실제로 물이 산화 또는 환원되는 데 필요한 전위는 이와 같은 이론값뿐만 아니라, 활성화 과전압 등이 더 필요하다(13A-3절 참조).

10F-3 화학 전지전위

반쪽 전지전위를 알면 갈바니 전지의 기전력과 전해 전지에서 전기분해하는 데 필요한 이론적인 전압을 계산할 수 있다. 그러나 이렇게 얻은 전위는 전류가 흐르지 않는 경우의 전지전위이고, 실제로 전류가 흐르는 경우에는 전지 내의 저항과 용액과 용액 사이의 **액간 접촉전위**(liquid junction potential) 등을 고려해 주어야 한다.

다음과 같은 갈바니 전지의 기전력을 계산해 보자.

$$Zn\,|\,Zn^{2+}(1.000\text{ M})\,\|\,Cu^{2+}(1.00\text{ M})\,|\,Cu \qquad (10-16)$$

이들 전극전위(환원전위)는 다음과 같다.

$$Zn^{2+} + 2e^- \rightleftharpoons Zn(s) \qquad E° = -0.763\text{ V} \qquad (10-17)$$

$$Cu^{2+} + 2e^- \rightleftharpoons Cu(s) \qquad E° = +0.337\text{ V} \qquad (10-18)$$

두 전극을 짝지으면 전극전위가 높은 전극이 항상 환원전극으로 작용하고, 낮은 쪽이 산화전극으로 작용하게 된다. 그러므로 실제로 일어나는 전지반응은 다음과 같다.

$$Cu^{2+} + Zn(s) \rightleftharpoons Cu(s) + Zn^{2+}$$

그리고 전기화학 전지전위는 항상 다음과 같이 환원전극(높은 쪽 전위)의 환원전위에서 산화전극의 낮은 환원전위를 빼서 구한다.

$$E = E_{\text{환원전극}} - E_{\text{산화전극}} = 0.337 - (-0.763) = +1.100\text{ V}$$

여기서 $E_{\text{산화전극}}$은 산화가 일어나는 전극의 환원전위를 의미한다. 갈바니 전지에서는 전극전위가 높은 식 10−18에서 낮은 식 10−17을 빼서 다음과 같이 얻는다.

$$\begin{array}{lll} & Cu^{2+} + 2e^- \rightleftharpoons Cu(s) & E° = 0.337 \\ -) & Zn^{2+} + 2e^- \rightleftharpoons Zn(s) & E° = -0.763 \\ \hline & Cu^{2+} + Zn(s) \rightleftharpoons Cu(s) + Zn^{2+} & \Delta E° = 0.337 - (-0.763) = 1.100\text{ V} \end{array}$$

전기화학에서 전기화학 전지를 표시할 때에는 식 10−16에서와 같이 산화반쪽전극을 왼쪽에 표기하고, 환원반쪽전극을 오른쪽에 표기하는 것이 관례이다. 그러나 전해 전지에서는 아연전극이 환원전극으로, 구리전극이 산화전극으로 작용하기 때문에 다음과 같이 표기한다.

$$Cu\,|\,Cu^{2+}(1.00\text{ M})\,\|\,Zn^{2+}(1.00\text{ M})\,|\,Zn$$

그리고 전해 전지에서 일어나는 반응과 필요한 전위는 다음과 같이 갈바니 전지 때와는 반대로, 즉 전위가 낮은 식 10−17에서 전위가 높은 식 10−18을 빼서 얻는다.

$$\begin{array}{lll} & Zn^{2+} + 2e^- \rightleftharpoons Zn(s) & E° = -0.763\text{ V} \\ -) & Cu^{2+} + 2e^- \rightleftharpoons Cu(s) & E° = 0.337\text{ V} \\ \hline & Zn^{2+} + Cu(s) \rightleftharpoons Cu^{2+} + Zn(s) & \Delta E° = -0.763 - 1.337 = -1.100\text{ V} \end{array}$$

그리고 이때의 전지전위가 (−)값이므로 전지반응은 자발적으로 일어나지 않고, 전지반응이 일어나기 위해서는 외부전원이 필요하다.

예제 10F—1

Pt, H_2(0.8 atm) | HCl(0.20 M) AgCl(포화) | Ag의 기전력을 구하라.

$$2H^+ + 2e^- \rightleftharpoons H_2 \qquad E^\circ = 0.00\ V$$
$$AgCl + e^- \rightleftharpoons Ag + Cl^- \qquad E^\circ = +0.222\ V$$

풀이 각 반쪽 전극전위는 Nernst식을 이용하여 다음과 같이 계산된다.

$$\text{수소전극전위} \qquad E = \frac{0.0591}{2}\log\frac{(0.2)^2}{0.8} = -0.038\ V$$
$$\text{염화은-은 전극전위} \qquad E = 0.222 - 0.0591\log 0.20 = +0.263\ V$$

이때 염화은-은 전극전위가 높기 때문에 환원전극이다.

$$\text{전지전위} = E_{\text{높은 쪽(환원)}} - E_{\text{낮은 쪽(환원)}} = 0.263 - (-0.038) = 0.301\ V$$

$$\text{환원전극반응} \qquad 2AgCl + 2e^- \rightleftharpoons 2Ag(s) + 2Cl^-$$
$$\text{산화전극반응} \qquad -)\ 2H^+ + 2e^- \rightleftharpoons H_2$$
$$\text{전지반응} \qquad 2AgCl + H_2 \rightleftharpoons 2Ag(s) + 2H^+ + 2Cl^-$$

위 예제의 결과로 얻은 E값이 (+)이기 때문에, 이 반응은 자발적으로 진행한다. 따라서 AgCl이 산화제로, H_2가 환원제로서 반응하고, Ag 극은 (+)극, Pt(H_2)는 (−)극이 된다. 그리고 대단히 중요한 것은 E값은 반응을 추진하는 힘의 세기를 나타내기 때문에 반응하는 물질의 양과 관계가 없다. 따라서 반응식의 mol수를 2배로 해도 E값은 2배가 되지 않는다. 전극전위를 계산할 때 전자수가 같지 않은 경우와 계산이 다소 복잡한 경우에는 각 반응의 자유에너지 변화량 ΔG, 즉 $-nFE$값을 이용하여 계산하는 것이 좋다.

10F—4 산화-환원 반응의 평형상수

다음 반응이 화학평형에 도달했다고 생각하면,

$$Zn + Cu^{2+} \rightleftharpoons Zn^{2+} + Cu$$

Cu^{2+} −Cu계의 환원전위 $E_{Cu^{2+}}$값과 Zn^{2+}−Zn계의 환원전위 $E_{Zn^{2+}}$값이 같아졌다는 뜻이다. 즉 산화력이 같고, 전자를 끌어 당기는 힘이 같다.

$$E_{Cu^{2+}} = E_{Zn^{2+}}$$

왜냐하면 만약 $E_{Cu^{2+}} > E_{Zn^{2+}}$인 경우에는 반응이 더 진행하게 될 것이고, $E_{Cu^{2+}} < E_{Zn^{2+}}$인 경우에는 이 반응은 역행하기 때문이다.

다음과 같은 산화-환원 반응이 평형상태에 도달했다고 하자.

$$A_{Red} + B_{Ox} \rightleftharpoons A_{Ox} + B_{Red}$$

이들 반반응은 다음과 같다.

$$A_{Ox} + ne^- \rightleftharpoons A_{Red} \qquad E^\circ_A$$
$$B_{Ox} + ne^- \rightleftharpoons B_{Red} \qquad E^\circ_B$$

평형상태에 이르면 $E_A = E_B$와 같은 관계가 성립한다. 따라서 다음과 같다.

$$E^\circ_A + \frac{0.0591}{n}\log\frac{[A_{Ox}]}{[A_{Red}]} = E^\circ_B + \frac{0.0591}{n}\log\frac{[B_{Ox}]}{[B_{Red}]}$$
$$E^\circ_B - E^\circ_A = \frac{0.0591}{n}\log\frac{[A_{Ox}][B_{Red}]}{[A_{Red}][B_{Ox}]}$$
$$= \frac{0.0591}{n}\log K$$

즉 아래와 같다.

$$\log K = \frac{n[E^\circ_B - E^\circ_A]}{0.0591}$$

여기서 $E^\circ = E^\circ_B - E^\circ_A$는 두 반쪽 전지의 차로서, 표준전지전위이다.

$$E^\circ = \frac{0.0591}{n}\log K \qquad (10-19)$$

예제 10F-2

다음 산화-환원 반응의 평형상수를 구하라.

$$MnO_4^- + 5Fe^{2+} + 8H^+ \rightleftharpoons Mn^{2+} + 5Fe^{3+} + 4H_2O$$

풀이 이 경우에 두 가지 반쪽반응의 전위는 다음과 같다.

$$5Fe^{3+} + 5e^- \rightleftharpoons 5Fe^{2+} \qquad E^\circ = +0.771\text{ V}$$
$$MnO_4^- + 8H^+ + 5e^- \rightleftharpoons Mn^{2+} + 4H_2O \qquad E^\circ = +1.51\text{ V}$$

평형상태에서 $E_{Fe^{3+}} = E_{MnO_4^-}$이므로 식 10-19를 이용해서 다음을 얻을 수 있다.

$$\frac{0.0591}{5}\log K = 1.51 - 0.771$$
$$K = 10^{62.7} = 5 \times 10^{62}$$

전지전위를 측정하여 Nernst식을 이용하면 전극반응에 관여하는 화학종의 농도를 측정할 수 있으며, 이 화학종이 이미 농도를 알고 있는 다른 물질과 화학평형을 이루고 있는 경우에는 평형상수를 구할 수 있다.

예제 10F-3

약한 산 HA의 이온화상수를 측정할 때에는 다음과 같은 전지를 만들어 전지전위를 정밀하게 측정한다.

Pt, H_2 | (1 atm) | HA(0.010 M), NaA(0.030 M) ‖ SHE

이 전지의 전지전위가 0.312 V인 경우, 약한 산 HA의 이온화상수 K_a를 구하라.

풀이 SHE 전극단위는 0.000 V 이고, (+) 전극으로 작용한다. 이것이 환원전극이고, 수소전극은 산화전극으로 작용한다.

$$E_{전지} = E_{SHE} - E_{H^+}$$
$$0.312 = 0.000 - \left(\frac{0.0591}{2}\log\frac{[H^+]^2}{p_{H_2}}\right) = -0.00591\log[H^+]$$
$$[H^+] = 5.3 \times 10^{-6}$$
$$K = \frac{[H^+][A^-]}{[HA]} = \frac{5.3 \times 10^{-6} \times 0.030}{0.010} = 1.6 \times 10^{-5}$$

예제 10F－4

난용성 AgI의 용해도곱을 측정할 때에는 다음과 같은 전지를 만들어 전지전위를 정밀하게 측정한다.

$$Ag \mid AgI(sat'd), NaI(0.010\,M) \parallel SHE$$

이 전지의 전위를 측정하였더니 0.033 V였다. 난용성 AgI의 용해도곱 K_{sp}를 구하라. 그리고 은전극이 산화전극(−)으로 작용하였다.

풀이

$$E_{전지} = E_{환원전극} - E_{산화전극}$$
$$0.033 = 0.000 - (E^\circ_{Ag^+} + 0.0591\log[Ag^+])$$
$$= -E^\circ_{Ag^+} - 0.0591\log K_{sp\ AgI}/[I^-]$$
$$= -E^\circ_{Ag^+} - 0.0591\log K_{sp\ AgI} + 0.0591\log[I^-]$$
$$= -0.799 - 0.0591\log K_{sp\ AgI} + 0.0591\log 0.010$$
$$\log K_{sp\ AgI} = -\frac{0.950}{0.0591} = -16.07$$
$$K_{sp\ AgI} = 8.5 \times 10^{-17}$$

10F－5 포르말 전극전위

E°값을 포함하는 Nernst식을 이용하여 산출한 전극전위가 실제로 측정한 전극전위와 상당히 다른 경우가 있다. 이와 같은 오차의 주원인은 전극전위를 계산할 때 활동도를 사용해야 할 자리에 몰농도를 사용했기 때문으로, 농도가 진하거나 이온세기가 크면 그 편차는 더 크게 나타난다.

또 한 가지 오차의 원인은 이들 화학종이 용액중에서 수화, 해리 또는 착물을 생성하는 데 있다. 이와 같은 부반응의 평형상수를 미리 알고 있는 경우에는 이것을 전극전위계산에 도입하면 좋지만, 그렇지 못하고 이것을 무시하는 경우에는 큰 오차가 생기게 된다.

이러한 오차를 보정하기 위해 Swift는 **포르말 전극전위**(formal electrode potential)를 제의했는데, 이것은 전극반응에 관여하는 모든 화학종의 농도를 1.00 포르말 농도로 조정하고, 표준수소전극에 대한 이 전극전위를 포르말 전극전위 E_f라고 하여 표준전극전위 대신 사용하도록 하였다.

$Fe^{3+}-Fe^{2+}$계에서 표준전극전위는 0.771 V인데 반해, 1.00 M 과염소산용액에서는

0.731 V, 1.00 M 염산용액에서는 0.700 V, 1.00 M 황산용액에서는 0.68 V가 된다. 이것은 1.00 M 산용액에서 Fe^{3+}의 활동도 계수가 Fe^{2+}의 활동도 계수보다 작아지며, 또 염화이온과 황산이온이 Fe^{2+}보다 Fe^{3+}에 더 세게 작용하여 착물을 만들고, 따라서 Fe^{3+}의 농도가 더 많이 줄어들게 되어 $[Fe^{3+}]/[Fe^{2+}]$값이 감소하여 환원전위가 낮아지기 때문이다.

Nernst식에 표준전극전위 E° 대신에 포르말 전극전위 E_f를 사용하면 편리할 때가 많은데, 이 경우에 용액의 조건이 포르말 전극전위를 측정할 때와 정확하게 일치되어야 한다. 만약 그렇지 않으면 도리어 큰 오차가 생길 수 있다는 것을 명심해야 한다. 여러 가지 산화-환원계의 포르말 전극전위가 부록 II 에 수록되어 있다.

10G 연습문제

10—1 다음 산화-환원 반응식을 완성하라.

(a) $Fe^{2+} + UO_2^{2+} \rightleftharpoons Fe^{3+} + U^{4+}$
(b) $Cr_2O_7^{2-} + I^- \rightleftharpoons Cr^{3+} + I_3^-$
(c) $IO_3^- + I^- \rightleftharpoons I_3^-$
(d) $MnO_4^- + H_2SO_3 \rightleftharpoons Mn^{2+} + SO_4^{2-}$
(e) $IO_3^- + H_3AsO_3 + Cl^- \rightleftharpoons ICl_2^- + H_3AsO_4$
(f) $H_3AsO_3 + Ce^{4+} \rightleftharpoons H_2AsO_4^- + Ce^{3+} + H^+$
(g) $SCN^- + MnO_4^- + H^+ \rightleftharpoons SO_4^{2-} + CN^- + Mn^{2+} + H_2O$
(h) $ClO_3^- + H_2S \rightleftharpoons S + Cl^- + H_2O$
(i) $NO_2^- + Al + OH^- + H_2O \rightleftharpoons NH_3 + Al(OH)_4^-$
(j) $HOI + OH^- \rightleftharpoons IO_3^- + I^- + H_2O$
(k) $NO_3^- + Bi_2S_3 + H^+ \rightleftharpoons NO + Bi^{3+} + S + H_2O$
(l) $Cu^{2+} + I^- \rightleftharpoons CuI + I_3^-$

10—2 연습문제 10—1의 반응물 중에서 산화제와 환원제를 찾아서 각 환원반쪽반응과 산화반쪽반응식으로 나타내고, 주고받는 전자수를 같게 하여 상쇄한 다음 완전한 식을 구하라.

10—3 연습문제 10—1 반응의 평형상수를 계산하라.

10—4 다음 반쪽전지의 전극전위를 계산하라.

(a) $Ag/Ag^+(0.01\ M)$
(b) $Ni/Ni^{2+}(0.712\ M)$
(c) Pt, $H_2(1\ atm)/HCl(10^{-5}\ M)$
(d) $Pt/Fe^{3+}(1.00 \times 10^{-4}\ M)$, $Fe^{2+}(0.10\ M)$
(e) $Ag/AgBr(s)$, $Br^-(3.0\ M)$
(f) $Cr/Cr^{3+}(0.0010\ M)$
(g) $Pt/V^{3+}(0.100\ M)$, $V^{2+}(0.05\ M)$
(h) $Hg/Hg_2Cl_2(s)$, $Cl^-(0.03\ M)$

10—5 다음 전지에 대하여 2개의 반쪽 전지와 반쪽반응, 각 전지의 기전력, 전체반응의 평형상수 등을 구하라.

(a) Cu | $CuSO_4$(0.02 M) ‖ Fe^{2+}(0.2 M), Fe^{3+}(0.01 M), HCl(1 M) | Pt

(b) Pt | Pu^{4+}(0.1 M), Pu^{3+}(0.2 M) ‖ AgCl(*s*), HCl(0.03 M) | Ag

(c) Pt | KBr(0.2 M), Br_3^-(0.03 M) ‖ Ce^{3+}(0.01 M), Ce^{4+}(0.01 M), Ce^{3+}(0.02 M)H_2SO_4(1 M) | Pt

(d) Pt, Cl_2(0.1 atm) | HCl(2.0 M) ‖ HCl(0.1 M) | H_2(0.5 atm)Pt

(e) Zn | $ZnCl_2$(0.02 M) ‖ Na_2SO_4(0.1 M)) $PbSO_4$(*s*) | Pb

(f) Pt | UO_2^{2+}(0.005 M), U^{4+}(0.1 M), $HClO_4$(0.2 M) ‖ HBr(0.3 M), AgBr(*s*) | Ag

10—6 다음 물질계가 모두 표준상태에 있다면 반응은 어느 방향으로 진행하겠는가?

(a) $Fe^{3+}Ag \rightleftharpoons Fe^{2+} + Ag^+$

(b) $Sn^{4+} + 2Ag + 2Cl^- \rightleftharpoons Sn^{2+} + 2AgCl$

(c) $2Tl + Cd^{2+} \rightleftharpoons 2Tl^+ + Cd$

(d) $2Ce^{4+} + 2Br^- \rightleftharpoons 2Ce^{3+} + Br_2$

(e) $5Cl_2 + I_2 + 6H_2O \rightleftharpoons 2IO_3^- + 10Cl^- + 12H^+$

(f) $Ag(CN)_2^- + Cr^{2+} \rightleftharpoons Ag + Cr^{3+} + 2CN^-$

(g) $Ba + 2Na^+ \rightleftharpoons Ba^{2+} + 2Na$

(h) $2Ag + Hg_2Cl_2 \rightleftharpoons 2Hg + AgCl_2$

(i) $4Ce^{4+} + 2H_2O \rightleftharpoons 4Ce^{3+} + O_2 + 4H^+$

10—7 $AuCl_2^- + e^- \rightleftharpoons Au + 2Cl^-$ $E° = +0.153$ V
$Cu^{2+} + I^- + e^- \rightleftharpoons CuI$ $E° = +0.86$ V
에서 다음 반응의 평형상수를 계산하라.

$$AuCl_4^- + 2Au + 2Cl^- \rightleftharpoons 3AuCl_2^-$$

10—8 다음 반응에서 요오드화구리(I)의 용해도곱을 구하라.

$$Cu^{2+} + e^- \rightleftharpoons Cu^+ \qquad E° = 0.153\text{ V}$$
$$Cu^{2+} + I^- + e^- \rightleftharpoons CuI \qquad E° = +0.86\text{ V}$$

10—9 $Au^{3+} + 2e^- \rightleftharpoons Au^+$ $E° = +1.41$ V
$Au^{3+} + 3e^- \rightleftharpoons Au$ $E° = +1.50$ V
에서 다음 반쪽반응의 표준환원전위를 구하라.

$$Au^+ + e^- \rightleftharpoons Au$$

10—10 다음 반응에서 $[Ag(CN)_2]^-$ 의 안정도 상수를 구하라.

$$[Ag(CN)_2]^- + e^- \rightleftharpoons Ag + 2CN^- \qquad E° = +0.31\text{ V}$$
$$Ag^+ + e^- \rightleftharpoons Ag \qquad E° = +0.80\text{ V}$$

10—11 다음 반응에서 $Mn(OH)_2$의 용해도를 구하라.

$$Mn^{2+} + 2e^- \rightleftharpoons Mn \qquad E° = -1.18\text{ V}$$
$$Mn(OH)_2 + 2e^- \rightleftharpoons Mn + 2OH^- \qquad E° = -1.55\text{ V}$$

10—12 Tl_2S의 용해도곱이 1.2×10^{-22}일 때 다음 반쪽반응의 표준환원전위를 구하라.

$$Tl^+ + e^- \rightleftharpoons Tl \qquad E° = -0.336\text{ V}$$
$$Tl_2S + 2e^- \rightleftharpoons 2Tl + S^{2-}$$

10—13 다음 반응의 $[Ni(CN)_4]^{2-}$ 의 불안정도 상수를 구하라.

$$Ni^{2+} + 2e^- \rightleftharpoons Ni \qquad E^\circ = -0.250\ V$$
$$[Ni(CN)_4]^{2-} + 2e^- \rightleftharpoons Ni + 4CN^- \qquad E^\circ = -0.82\ V$$

10—14 AgX 의 용해도곱을 구하기 위해 다음과 같은 전지를 만들었다.

$$Ag|AgX,\ X^-(0.1\ M),\ H^+(1.0\ M)|H_2(1\ atm)\ Pt$$

이 전지의 기전력은 0.122 V 이고, Ag 전극이 (—)극으로 작용한다. 이 용액의 은 이온 농도와 AgX 의 용해도곱을 계산하라.

10—15 MX_2의 용해도곱을 구하기 위해 다음과 같은 전지를 만들었다.

$$M|MX_2,\ X^-(0.400\ M),\ H^+(1.00\ M)|H_2(1\ atm)\ Pt$$

이 전지는 0.204 V 이고, M 전극이 (—)극으로 작용한다. MX_2의 용해도곱을 계산하라.

10—16 다음 반쪽전지를 표준수소전극과 짝지어서 기전력을 측정하였더니 0.443 V 였다. 약한 산 HA 의 이온화상수를 구하라.

$$Pt,\ H_2(1\ atm)|HA(0.2\ M),\ NaA(0.1\ M)$$

제 11 장
산화-환원법 적정

11 A 산화-환원법 적정

산화제와 환원제를 정량할 때에는 적정법을 이용하는 것이 편리하다. 미지의 환원제는 적당한 산화제의 표준용액으로 적정하고, 미지의 산화제는 환원제의 표준용액으로 적정한다.

11 A—1 철(II)를 세륨(IV)로 적정하는 적정곡선

0.100 M 철(II)용액 100.0 mL를 산화제인 0.100 M 세륨(IV)용액으로 적정하는 경우를 생각해 보자. 이때 황산 산성용액을 사용하였다. 높은(환원전극) 환원전위에서 낮은(산화전극) 환원전위를 빼면 다음과 같다.

$$Ce^{4+} + e^- \rightleftharpoons Ce^{3+} \qquad E^\circ_{Ce^{4+}} = +1.44\ V$$
$$-)\ Fe^{3+} + e^- \rightleftharpoons Fe^{2+} \qquad E^\circ_{Fe^{3+}} = +0.68\ V$$
$$Ce^{4+} + Fe^{2+} \rightleftharpoons Ce^{3+} + Fe^{3+} \qquad E^\circ = +0.76\ V$$

이때 일어나는 위의 반응은 전지전위가 0.76 V로 (+)값이고, 크기 때문에 정반응이 거의 완전히 진행한다고 생각된다.

처음 전위 용액에는 Fe^{2+} 만이 0.100 M 녹아 있다. 그러나 공기의 산화등으로 대단히 적은 양의 Fe^{3+} 가 섞여 있을 가능성이 있으므로 명확한 전극전위를 나타내지 않는다.

당량점 이전의 전위 산화제 Ce^{4+}를 적가하면 거의 정량적으로 적가한 양과 같은 양의 Ce^{3+}와 Fe^{3+}가 생긴다. 그러나 극히 미량으로 남아 있는 Ce^{4+}의 양은 쉽게 알 수 없다. 예를 들어 Ce^{4+} 용액 10.0 mL를 가하고 평행이 성립할 경우에 이 용액중의 각 이온의 농도는 다음과 같다.

$$
\begin{aligned}
[Ce^{4+}] &= x\,\mathrm{M} \quad (\text{잘 알 수 없으나 대단히 작은 값}) \\
[Ce^{3+}] &= \frac{10.0\,\mathrm{mL} \times 0.100\,\mathrm{M}}{110\,\mathrm{mL}} = \frac{1.00}{110}\,\mathrm{M} \\
[Fe^{3+}] &= \frac{10.0\,\mathrm{mL} \times 0.100\,\mathrm{M}}{110\,\mathrm{mL}} = \frac{1.00}{110}\,\mathrm{M} \qquad (11-1) \\
[Fe^{2+}] &= \frac{100\,\mathrm{mL} \times 0.100\,\mathrm{M} - 10\,\mathrm{mL} \times 0.100\,\mathrm{M}}{110\,\mathrm{mL}} = \frac{9.00}{110}\,\mathrm{M}
\end{aligned}
$$

용액에서 평형이 성립되면 $Ce^{4+}-Ce^{3+}$계와 $Fe^{3+}-Fe^{2+}$계의 환원전위(산화력)는 같아지고, 따라서 다음 2가지 전극전위는 같아질 것이다.

$$E = E^{\circ}_{Ce^{4+}} + 0.0591 \log \frac{[Ce^{4+}]}{[Ce^{3+}]} \qquad (11-2)$$

$$E = E^{\circ}_{Fe^{3+}} + 0.0591 \log \frac{[Fe^{3+}]}{[Fe^{2+}]} \qquad (11-3)$$

식 11－1을 고려할 때 위의 두 식 중에서 계산할 수 있는 것은 식 11－3을 이용하는 경우이고, 따라서 다음과 같이 된다.

$$E = 0.68 + 0.0591 \log \frac{1.00/110}{9.00/110} = 0.68 + 0.059 \times \log \frac{1}{9} = 0.62\,\mathrm{V}$$

이렇게 하여 적정 도중의 용액의 전위를 계산할 수 있다. 이렇게 구한 철의 환원전위는 평형이 성립되어 있는 세륨의 환원전위와 같고, 식 11－2를 이용하면 적정 도중에 반응하고 남아 있는 Ce^{4+}의 농도를 구할 수 있다.

$$0.62 = 1.44 + 0.0591 \log \frac{[Ce_{4+}]}{[Ce^{3+}]}$$

여기서 $[Ce^{3+}] = 1.00/110\,\mathrm{M}$이므로 다음과 같다.

$$[Ce^{4+}] = 1 \times 10^{-16}\,\mathrm{M}$$

당량점의 전위 정확한 적정을 하려면 당량점에서의 용액의 환원전위를 정확히 알아서 적당한 지시약 또는 물리화학적 방법을 이용하도록 해야 한다.

위의 적정이 당량점에 도달하여 평형이 성립하면 식 11－2와 11－3의 E는 모두 평형전극전위 E_{eq}와 같아진다. 따라서 다음 관계를 얻는다.

$$2E_{eq} = E^{\circ}_{Ce^{4+}} + E^{\circ}_{Fe^{3+}} + 0.0591 \log \frac{[Ce^{4+}][Fe^{3+}]}{[Ce^{3+}][Fe^{2+}]} \qquad (11-4)$$

그런데 당량점의 조건은 다음과 같다.

$$[Fe^{3+}] = [Ce^{3+}]$$
$$[Fe^{2+}] = [Ce^{4+}]$$

따라서 식 11－4는 다음과 같게 된다.

$$2E_{eq} = E^{\circ}_{Ce^{4+}} + E^{\circ}_{Fe^{3+}} + 0.0591 \log 1$$
$$E_{eq} = \frac{E^{\circ}_{Ce^{4+}} + E^{\circ}_{Fe^{3+}}}{2} = \frac{1.44 + 0.68}{2} = +1.06\ V$$

예제 11 A－1

과망간산으로 철(III)를 적정하는 경우의 당량점 전위를 구하라. 반응식은 다음과 같다.

$$\begin{array}{llr} & MnO_4^- + 8H^+ + 5e^- \rightleftharpoons Mn^{2-} + 4H_2O & E^{\circ}_{MnO_4^-} = +1.51\ V \\ -) & Fe^{3+} + e^- \rightleftharpoons Fe^{2+} & E^{\circ}_{Fe^{3+}} = +0.68\ V \\ \hline & MnO_4^- + 5Fe^{2+} + 8H^+ \rightleftharpoons Mn^{2+} + 5Fe^{3+} + 4H_2O & \end{array}$$

풀이 전극전위는 다음과 같다.

$$E = E^{\circ}_{Fe^{3+}} + 0.0591 \log \frac{[Fe^{3+}]}{[Fe^{2+}]} \qquad (11-5)$$

$$E = E^{\circ}_{MnO_4^-} + \frac{0.0591}{5} \log \frac{MnO_4^-[H^+]^8}{[Mn^{2+}]} \qquad (11-6)$$

당량점에서 두 전극전위는 같고, 식 11－6에 5를 곱해서 식 11－5와 합하면 다음과 같다.

$$6E_{eq} = E^{\circ}_{Fe^{3+}} + 5E_{MnO_4^-} + 0.0591 \log \frac{[Fe^{3+}][MnO_4^-][H^+]^8}{[Fe^{2+}][Mn^{2+}]} \qquad (11-7)$$

당량점의 조건은 다음과 같다.

$$[Fe^{3+}] = 5[Mn^{2+}]$$
$$[Fe^{2+}] = 5[MnO_4^-]$$

따라서 식 11－7은 다음과 같이 된다.

$$E_{eq} = \frac{0.68 + 5 \times 1.51}{6} + 0.0591 \times \frac{8}{6} \log[H^+] = 1.37 - 0.0591 \times \frac{8}{6}\,pH$$

이 경우에 당량점 전위는 용액의 pH에 따라 달라짐을 알 수 있다.

당량점 이후의 전위 당량점을 지나면 산화제인 세륨(Ⅳ)가 반응하고 남게 되며, 환원제인 철(II)의 농도는 거의 0에 가까워져서 쉽게 알 수 없게 된다. 그러므로 적정용액의 전위는 세륨이온의 농도를 이용하여 위의 식 11－2로부터 계산한다.

$$E = 1.44 + 0.0591 \log \frac{[Ce^{4+}]}{[Ce^{3+}]}$$

세륨(Ⅳ)용액 100.1 mL를 적가한 지점의 전위는 다음과 같다.

표 11－1 0.100 M 철(Ⅱ) 100 mL를 0.100 M 세륨(Ⅳ)로 적정하는 전극전위

적가하는 Ce^{4+} 0.1 M 용액의 부피(mL)	표준수소전극전위에 대한 용액의 전극전위(V)	적가하는 Ce^{4+} 0.1 M 용액의 부피(mL)	표준수소전극전위에 대한 용액의 전극전위(V)
0.0	－	99.9	＋0.86
10.0	＋0.62	100.0	＋1.06
30.0	＋0.66	100.1	＋1.26
50.0	＋0.68	101	＋1.32
70.0	＋0.70	110	＋1.38
90.0	＋0.74	130	＋1.40
99.0	＋0.80		

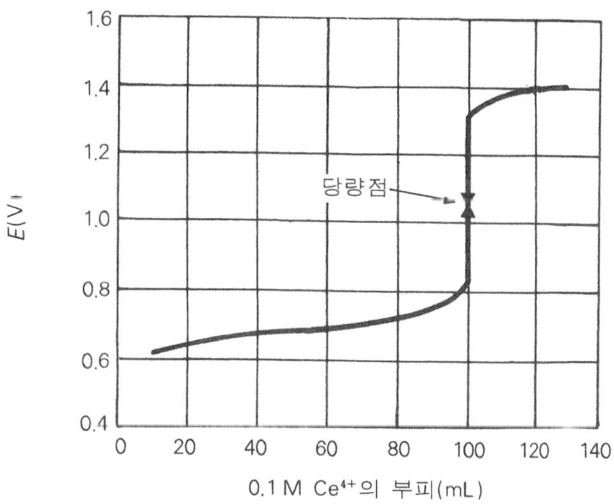

그림 11－1 0.100 M 철(Ⅱ) 100 mL를 0.100 M 세륨(Ⅳ)로 적정하는 적정곡선.

$$E = 1.44 + 0.0591 \log \frac{0.010/200.1}{10.0/200.1} = +1.26\ \mathrm{V}$$

이렇게 계산한 값을 표 11－1에 나타내었고, 이것을 도시한 것이 그림 11－1의 적정곡선이다. 당량점에서 전위의 급변이 있고, 그 급변범위는 1.26 － 0.86 ＝ 0.4 V이다. 이 적정이 ±0.1 % 상대오차 내에서 이루어지려면 종말점이 이 전위의 급변범위 안에 들어가야 한다.

11 A－2 2가지 이상의 혼합용액의 적정

산화-환원 적정을 할 때 시료용액에 두 가지 산화제 또는 환원제가 섞여 있고, 이들 표준전극전위의 차가 0.2 V보다 크면 적정곡선에 두 개의 변곡점이 분명하게 나타난다. 따라서 한꺼번에 두 개를 분리, 정량할 수 있다. 이러한 관계는 곧 이온화상수가 다른 두 가지 산의 혼합물을 적정하는 경우와 같다.

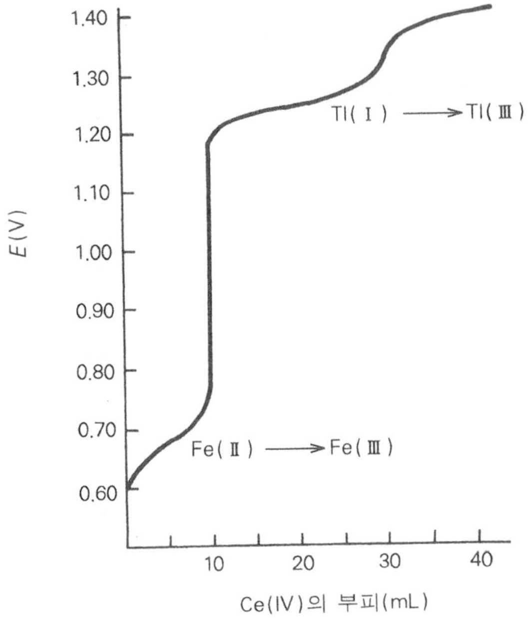

그림 11－2 Fe(II)와 Tl(I)의 혼합용액을 Ce(IV)로 적정하는 적정곡선.

철(II)와 탈륨(I)의 혼합 시료용액을 세륨(IV)로 적정하는 경우를 생각해 보자(그림 11－2 참조).

$$Fe^{3+} + e^- \rightleftharpoons Fe^{2+} \qquad E^\circ_{Fe^{3+}-Fe^{2+}} = 0.68\ V$$
$$Tl^{3+} + 2e^- \rightleftharpoons Tl^{+} \qquad E^\circ_{Tl^{3+}-Tl^{+}} = 1.25\ V$$
$$Ce^{4+} + e^- \rightleftharpoons Ce^{3+} \qquad E^\circ_{Ce^{4+}-Ce^{3+}} = 1.44\ V$$

Fe^{2+}를 산화시킬 때에는 0.68 V의 산화력이 필요하고, Tl^+를 산화시킬 때에는 1.25 V가 필요하다. 따라서 Fe^{2+}는 Tl^+보다 더 쉽게 산화될 수 있다. 그러므로 이 용액에 Ce^{4+}를 적가하면 처음에는 Fe^{2+}가 산화되고, 용액중에 Ce^{4+}의 농도가 조금 더 증가하여 전위가 더 증가하면 Tl^+가 산화된다. 그리고 이 E°값의 차가 $1.25 - 0.68 = 0.57$ V이므로 2단계의 변곡점을 가지는 적정곡선이 나타난다. 이 경우에 생성된 Fe^{3+}가 Tl^+를 산화시킬까 우려되지만 다음과 같은 반응은 일어나지 않는다.

$$2Fe^{3+} + Tl^{+} \rightleftharpoons 2Fe^{2+} + Tl^{3+} \qquad E^\circ = -0.57\ V$$

왜냐하면 이 산화-환원 반응의 E°값이 큰 (－)값이므로 일어나지 않고, 오히려고 역행하려 하기 때문이다.

11 B 산화-환원 지시약

산화-환원 적정곡선의 당량점 부근에서 물질계의 전위가 급변하는 특성이 있음을 알았다. 당량점을 구하는 방법에는 이 전위 급변범위 내에서 변색하는 산화-환원 지시약을 사용하는 방법과, 적당한 전극을 사용하여 그 물질계의 전위를 직접 측정하는 전위차법이 있다(12G 참조). 여기서는 지시약을 이용하는 경우에 대하여 알아보자.

11B-1 자체 지시약과 특수 지시약

적정에 사용하는 산화제 용액 자체가 짙은 색깔을 가지는 경우에는 이것이 바로 종말점의 지시약의 역할도 겸하게 된다. 과망간산염이 대표적인 경우로, 당량점을 지나 조금만 여분으로 적가되면 선명한 분홍색을 띤다. 필요할 때에는 바탕시험을 하여 그 값을 보정해 줄 수도 있다. 요오드, 세륨(Ⅳ), 중크롬산염과 같은 것도 비교적 짙은 노란색과 주황색을 띠고 있어 자체 지시약이 될 수 있으나, 정확한 적정에서는 지시약을 사용하는 것이 좋다.

적정반응에 참여하는 물질과 반응하여 선명한 색을 띨 수 있는 특수한 물질이 지시약의 역할을 하는 경우도 있다. 요오드법 적정의 경우 녹말용액은 적정반응에서 여분으로 남아 있는 삼요오드화이온 I_3^-와 반응하여 짙은 푸른색의 착물을 만든다. 또 철(Ⅲ)를 환원제인 티탄(Ⅱ) Ti^{2+}로 적정하는 경우 티오시안산칼륨 KSCN이 지시약으로 사용되는데, 이것은 종말점에서 붉은 $FeSCN^{2+}$ 착물이 없어지는 것을 이용한다.

11B-2 산화-환원 지시약

적정용액중에 존재하는 물감이 그 물질계 용액의 전위가 변함에 따라 색이 변하는 경우, 이 물감은 산화-환원 적정의 지시약 역할을 할 수 있다. 다시 말해, 산화-환원 지시약은 그 자체가 산화제 또는 환원제이고, 그 색은 적정용액중의 산화제 또는 환원제의 화학종에 의해 변하는 것이 아니라 용액의 전위 변화에 따라 변하기 때문에 이용 범위가 넓다. 이것은 마치 산-염기 지시약이 용액의 pH에 따라 변색하는 현상과 흡사하다.

산화-환원 지시약은 그 색이 진한 것이면 감도가 높고, 지시약의 발색반응이 가역반응이면 역적정에도 그대로 이용할 수 있다. 지시약은 수용액에 잘 녹고, 몇 시간 동안 변질없이 안정해야 한다. 그러나 센 산화제에 의해 분해되는 지시약은 상당히 많다.

산화-환원 지시약은 일종의 산화제 또는 환원제이고, 산화형과 환원형의 색깔이 달라야 한다(표 11-2 참조).

$$\underset{\text{O색}}{\mathrm{In}_{\mathrm{ox}}} + ne^- \rightleftharpoons \underset{\text{R색}}{\mathrm{In}_{\mathrm{red}}}$$

In_{ox}는 O색을 가지는 산화형 지시약이고, In_{red}는 R색을 가지는 환원형의 지시약이다. 산화-환원 반응에 수소이온이 참여하는 경우도 있지만, 용액 전체의 pH에는 그다지 영향을 주지 않는다. 지시약의 환원전위는 다음과 같다.

$$E = E^\circ_{\mathrm{In}} + \frac{0.0591}{n}\log\frac{[\mathrm{In}_{\mathrm{ox}}]}{[\mathrm{In}_{\mathrm{red}}]} \qquad (11-8)$$

표 11－2 몇 가지 산화-환원 지시약

지　　시　　약	산화된 색 깔	환원된 색 깔	변색전위 (V)	조건
5－니트로, 1,10－펜안트롤린철(II) 착물(5-nitro-1,10-phenanthroline ferrous complex)	엷은 청색	적자색	+1.25	1 M H_2SO_4
2,3′-디페닐아민디카르복시산(2,3′-diphenylaminedicarboxylic acid)	청자색	무색	+1.12	7～10 M H_2SO_4
1,10-펜안트롤린철(II) 착물(1,10-phenanthroline ferrous complex)	엷은 청색	적색	+1.11	1 M H_2SO_4
에리오글아우친 A(erioglaucin A)	청자색	황록색	+0.98	0.5 M H_2SO_4
디페닐아민 술폰산(diphenylamine sulfonic acid)	적자색	무색	+0.85	묽은 산
디페닐아민(diphenylamine)	보라색	무색	+0.76	묽은 산
p-에톡시크리소이딘(*p*-ethoxychrysoidine)	황색	무색	+0.76	묽은 산
메틸렌블루(methylene blue)	청색	무색	+0.53	1 M 산
테트라술폰산인디고(indigo tetrasulfonate)	청색	무색	+0.36	1 M 산
페노사프란닌(phenosafranine)	적색	무색	+0.28	1 M 산

용액의 색깔의 세기는 유색 화학종의 농도에 비례하는데, 일반적으로 눈으로 한쪽 색을 선명하게 확인하기 위해서는 그 화학종의 농도가 다른 쪽보다 10배 이상 진해야 한다.

$$\text{O색을 띨 때} \qquad [\mathrm{In_{ox}}]/[\mathrm{In_{red}}] \geq 10$$

$$\text{R색을 띨 때} \qquad [\mathrm{In_{ox}}]/[\mathrm{In_{red}}] \leq \frac{1}{10}$$

따라서 이 관계를 식 11－8에 대입하면 이 지시약의 변색한계 전위는 다음과 같다.

$$\text{용액의 전위 } E \geq E^\circ_{\mathrm{In}} + \frac{0.0591}{n} \text{ 이면 O색을 띠고,} \qquad (11-9)$$

$$E^\circ_{\mathrm{In}} + \frac{0.0591}{n} \geq \text{용액의 전위 } E \geq E^\circ_{\mathrm{In}} - \frac{0.0591}{n} \text{ 이면 O색과 R색의 혼색이며,}$$

$$\text{용액의 전위 } E \leq E^\circ_{\mathrm{In}} - \frac{0.0591}{n} \text{ 이면 R색을 띤다.}$$

n이 1인 경우에는 지시약의 변색전위 범위가 $E^\circ_{\mathrm{In}} \pm 0.06$ V이고, n이 2인 경우에는 변색범위는 좁아져 $E^\circ_{\mathrm{In}} \pm 0.03$ V 정도로 된다.

지시약 중에는 그 자체가 산 또는 염기인 지시약이 있어 용액의 pH에 따라 지시약의 산화 또는 환원 상황이 달라지며, 따라서 변색범위도 조금씩 달라질 수 있다.

11 B－3 몇 가지 산화-환원 지시약

(1) 오르토펜안트롤린철(II) 착물

오르토펜안트롤린의 표준전위는 1.11 V로, 펜안트롤린이라고도 하며, 철(II)이온과 착물을 만든다. 이때 질소원자가 가지는 전자쌍을 통해 금속이온과 배위공유결합을 한다. 이 착물은 비교적 안정하고, 색이 짙기 때문에 감도가 높다. 이것은 페로인(ferroin)이라고도 하며, $(Ph)_3Fe^{2+}$ 로 표시할 수 있다.

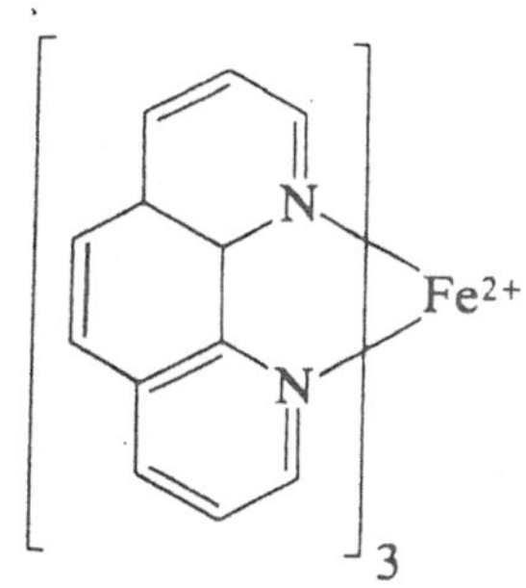

$$(Ph)_3Fe^{3+} + e^- \rightleftharpoons (Ph)_3Fe^{2+}$$

연푸른색　　　　　　붉은색

$$E° = +1.11\ V$$

이 산화-환원 반응은 가역적이고, 산화되면 엷은 푸른색이 되는데 거의 무색으로 된다. 1 M 황산용액에서 용액의 전위가 1.11 V 정도에서 변색한다. 색 변화는 선명하고, 만들기 쉬우며, 안정하다. 이 물질의 5-니트로 및 5-메틸 유도체도 지시약으로 사용되고, 각각 +1.25 V와 +1.02 V의 전위를 가진다.

(2) 디페닐아민

옛날부터 사용되는 산화-환원 지시약으로, 디페닐아민이 산화세를 받나면 나음과 같은 반응을 한다.

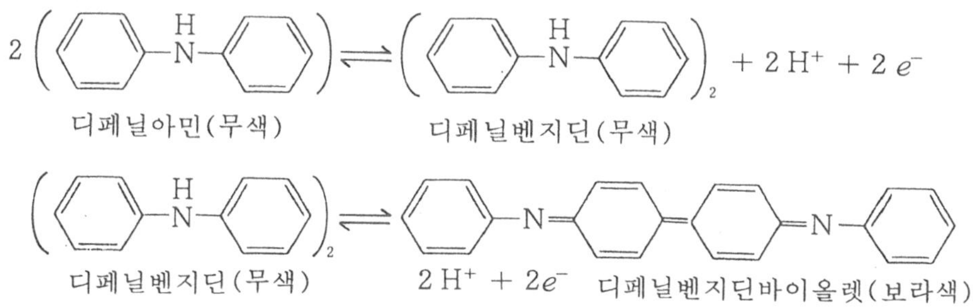

처음 반응은 비가역 반응이고, 디페닐벤지딘이 생기면 이것이 가역적으로 보라색 생성물(산화형)로 변한다. 이 가역반응이 일어나는 전위는 +0.76 V이다. 변색 반응에 수소이온이 관여하지만 용액의 pH에는 그다지 영향을 주지 않는다.

이 지시약은 물에 적게 녹기 때문에 진한 황산에 녹여야 하고, 산화형은 텅스텐이온과 침전을 만든다. 이러한 결점을 없애기 위하여 만든 것이 디페닐아민의 술폰산 유도체

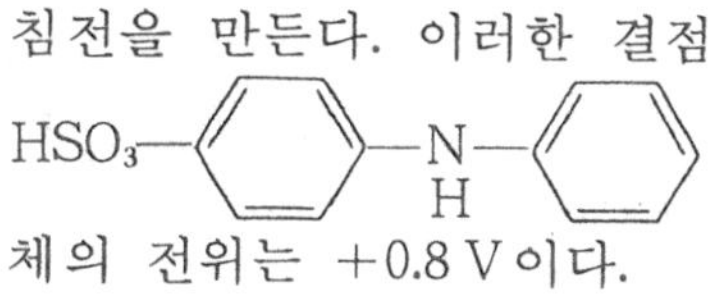

로서, 바륨 또는 나트륨의 수용액이 많이 이용된다. 이 유도체의 전위는 +0.8 V이다.

일반적으로 산화-환원 적정에서는 이론적으로 계산하여 작성한 적정곡선의 전위 급변 범위에 비추어서 적당한 변색전위를 가지는 지시약을 선택할 수 있다. 세륨(Ⅳ)로 철(II)를 저정하는 저정곡선의 전위 급변 한계가 0.85～1.26 V 사이이므로 약 0.9～1.2 V 범위의 표준전위 $E°$를 가지는 지시약이면 충분히 이용할 수 있다. 이 경우에 알맞은 지시약은 $E°$가 1.11 V인 오르토펜안트롤린철(II) 착물이다.

11 C 과망간산 표준용액

산화-환원 적정에는 산화제 또는 환원제의 표준용액이 필요하고, 산화제 표준용액으로는 값이 저렴하고 자체 지시약 역할을 하는 과망간산 표준용액이 많이 이용되고 있다.

11 C-1 과망간산이온의 반응

과망간산칼륨은 센 산화제로서, 철(II)를 적정하는 과망간산법에 표준용액으로 널리 사용되고 있다. 망간은 여러 가지 산화상태를 가지고 있으며, 그 중 Mn(VII), Mn(IV), Mn(II)가 가장 중요하다. 수소이온 농도가 0.5 M보다 큰 산성용액에서 반응할 때에는 다음과 같이 환원되고, 이 환원반응식에 수소이온이 관여하기 때문에 용액의 pH에 따라 환원전위가 달라진다.

$$MnO_4^- + 8H^- + 5e^- \rightleftharpoons Mn^{2+} + 4H_2O \qquad E^\circ = +1.51\ V$$

한편 중성과 염기성용액에서는 이산화망간 MnO_2의 갈색 침전을 만들면서 환원한다.

$$MnO_4^- + 2H_2O + 3e^- \rightleftharpoons MnO_2 + 4OH^- \qquad E^\circ = +1.69\ V$$

그러므로 과망간산으로 환원제를 적정하는 경우에는 센 산성용액에서 하도록 한다. 그렇게 함으로써 반응속도도 빠르고, 또 화학량론적으로 반응한다. 망간(III)와 망간(V) 상태는 모두 불안정하다.

과망간산용액의 안정성 과망간산은 센 산화력을 가지고 있으며, 다음과 같이 물을 산화시킬 수 있다.

$$4MnO_4^- + 2H_2O \rightleftharpoons 4MnO_2 + 4OH^- + 3O_2$$

그러나 이 반응속도가 대단히 느리기 때문에 안정하게 보인다.

과망간산은 염산용액에서 불안정한데, 특히 염산용액에서 철(II)를 적정할 때에는 염화이온을 일부 산화시킨다. 그리고 햇빛, 열, 산, 염기, Mn(II)이온, MnO_2 등이 있으면 이 분해반응은 쉽게 일어난다. 그러므로 표준용액을 만들고, 또 보관할 때에는 불순물을 제거한 다음 색깔병에 넣고 차가운 데서 보관해야 한다.

11 C-2 표준용액 만들기

과망간산칼륨 고체시약은 보통 이산화망간등의 불순물을 포함하고 있기 때문에 이것의 무게를 달아 직접 표준용액을 만들 수는 없고, 대략 원하는 농도의 용액을 만든다. 이렇게 만든 용액에는 이산화망간을 비롯하여 증류수에 들어 있던 먼지나 유기물질과 같은

표 11－3 묽은 $KMnO_4$ 용액의 안정성

보관 장소(광선)	불 순 물		분해속도
	MnO_2	Mn^{2+}	농도 감소(%)/(1개월)
어두운 곳	없다	없다	0.2
햇빛	없다	없다	0.9
어두운 곳	없다	소량	3.2
어두운 곳	소량	없다	4.5
햇빛	소량	없다	6.0

환원제가 포함되어 있어 서서히 분해할 가능성이 있기 때문에 미리 용액을 가열하여 반응시킨 다음 먼지와 유기물질을 산화시켜 제거하고, 또 이산화망간의 고체는 걸러서 없애야 한다. 이때 거름종이를 사용하지 않고 유리 거르개를 이용하도록 한다.

이 용액을 가열하면 유기물질을 완전히 분해, 제거시킬 수 있다. 이 경우에 순수한 과망간산염의 중성용액은 가열해도 그다지 분해되지 않는다. 이산화망간이 섞여 있는 산성 과망간산용액을 끓이면 산소를 내면서 쉽게 분해한다. 예를 들어 0.2 M 황산을 포함하는 0.05 M 과망간산용액을 100 ℃에서 1시간 끓이면 0.66 % 분해하며, 0.4 M 황산용액의 경우에는 1.7 %, 1 M 황산용액에서는 58 % 분해한다(표 11－3).

11 C－3 과망간산용액의 표정, 일차 표준물

(1) 옥살산

과망간산용액을 표준화할 때에는 일차 표준물로서 옥살산나트륨 $Na_2C_2O_4$ 또는 옥살산 결정 $H_2C_2O_4 \cdot 2H_2O$를 사용하는 것이 보통이고, 순도가 99.99 % 이상되는 것을 사용해야 한다. 옥살산은 재결정법으로 순수한 결정을 쉽게 얻을 수 있다.

산성용액에서 과망간산과 옥살산은 다음과 같이 반응한다.

$$2MnO_4^- + 5C_2O_4^{2-} + 16H^+ \rightleftharpoons 10CO_2 + 2Mn^{2+} + 8H_2O$$

이 반응은 실온에서 느리게 일어난다. 높은 온도에서도 빠르지 못하지만, 망간(II)이온이 존재하면 촉매가 되어 반응속도는 빨라진다. 그러므로 60～80 ℃에서 서서히 적정하도록 한다. 점차 망간(II)이온이 많이 생성되면 반응은 잘 진행한다. 이것은 자체 촉매반응의 하나이다. 이 반응의 메카니즘은 복잡한데, 처음에 망간(III)의 옥살산 착물이 생기고, 이것이 분해하여 이산화탄소를 낸다고 알려져 있다.

$$4Mn^{2+} + MnO_4^- + 15C_2O_4^{2-} + 8H^+ \rightleftharpoons 5Mn(C_2O_4)_3^{3-} + 4H_2O$$
$$2Mn(C_2O_4)_3^{3-} \rightleftharpoons 2Mn^{2+} + 2CO_2 + 5C_2O_4^{2-}$$

또 망간(IV)와 망간(VI)도 이 반응에 관여한다고 생각된다. 그러나 실험 조건만 맞추어 주면 이 반응은 재현성 있고, 화학량론적으로 일어난다.

(2) 아비산

아비산 As_2O_3는 순수한 것을 얻기 쉽고, 물에는 난용성이지만 염기성용액에는 잘 녹는다. 이것은 과망간산과 정량적으로 반응하는 환원제이기 때문에 일차 표준물로 많이 사용되고, 그 반응은 다음과 같다.

$$5As_2O_3 + 4MnO_4^- + 12H^+ \rightleftharpoons 5As_2O_5 + 4Mn^{2+} + 6H_2O$$

아비산을 과망간산으로 적정하는 도중에 색깔있는 망간의 비산착물이 생기는 경우가 있는데, 뜨거운 염산용액에서 적정하면 이것을 막을 수 있다. 만약 미량의 요오드산 또는 요도드화물을 촉매로서 가하면 더욱 좋다.

11 D 기타 산화제 표준용액

11 D—1 세 륨

세륨(Ⅳ)는 화학분석에서 센 산화제로 많이 사용되고 있으며, 대단히 순수한 여러 가지 형태의 염을 시중에서 구할 수 있다. 중요한 것은 $Ce(HSO_4)_4$, $(NH_4)_4Ce(SO_4)_4 \cdot 2H_2O$, $(NH_4)_2Ce(NO_3)_6$ 등이다. 이것을 직접 물에 녹여 세륨 표준용액을 만들 수 있다.

세륨(Ⅳ)의 수용액은 산성을 띠는데, 이것은 다음과 같이 수소이온을 내기 때문이다.

$$Ce(H_2O)_6^{4+} + H_2O \rightleftharpoons Ce(H_2O)_5(OH)^{3+} + H_3O^+$$

이 반응이 계속 진행되면 수산화세륨의 침전이 생기게 된다. 그러므로 이 표준용액은 1 M 정도의 센 산성으로 만들어 보관한다. 황산용액은 대단히 안정하다. 그러나 질산이나 과염소산용액에서는 센 산화력을 가지게 되며, 용매인 물을 서서히 산화, 분해시킨다. 염산용액은 불안정하고, 염화이온이 산화되어 염소를 낸다. 그러나 그 분해속도는 대단히 느리고, 염산에 녹인 시료를 세륨(Ⅳ)의 황산 표준용액으로 적정할 때에는 별다른 지장이 없다. 이것은 세륨(Ⅳ)가 염화이온보다 먼저 시료인 환원제에 작용하여 산화시키기 때문이다.

질산암모늄염 $(NH_4)_2Ce(NO_3)_6$ 등은 대단히 순수한 것을 구할 수 있고, 직접 표준용액을 만들 수 있다. 그러나 세륨(Ⅳ)용액을 표정하는 경우에는 역시 삼산화비소 As_2O_3, 옥살산나트륨 $Na_2C_2O_4$ 등이 일차 표준물로 이용된다. 그리고 이때 반응을 촉진시키는 촉매를 사용한다. 아비산 또는 옥살산 등의 산성용액을 세륨(Ⅳ)로 적정할 때에는 염화요오드를 촉매로 사용하면 실온에서도 잘 적정된다.

그리고 세륨(Ⅳ)는 산의 종류와 농도에 따라 그 산화력이 다르다. 1~8 M 사이의 여러 가지 산성용액에서 다음과 같은 전위를 가진다.

과염소산	1.70 ~ 1.87 V	황산	1.44 ~ 1.42 V
질산	1.61 ~ 1.56 V	염산	1.28 V(1 M HCl에서 분해함)

세륨(Ⅳ) 표준용액은 과망간산용액보다 안정하고, 끓는 온도에서도 분해하지 않는다. 과망간산법으로는 철(Ⅱ)를 염산용액에서 적정할 수 없지만, 세륨(Ⅳ)를 사용하면 오차 없이 적정할 수 있다.

11D-2 중크롬산칼륨

중크롬산칼륨 $K_2Cr_2O_7$은 재결정시킨 다음 150℃에서 말려 순수한 것을 얻을 수 있고, 이것을 직접 물에 녹여 정확한 표준용액을 만들 수 있다. 중크롬산은 산성용액에서 과망간산이나 세륨(Ⅳ)보다 산화력이 약하지만, 높은 온도에서도 대단히 안정하다.

환원반응과 그 전위는 다음과 같다.

$$Cr_2O_7^{2-} + 14H^+ + 6e^- \rightleftharpoons 2Cr^{3+} + 7H_2O \qquad E^\circ = 1.33\,V$$

환원하면 청색의 크롬(Ⅲ)이온으로 된다. 따라서 종말점 검출에는 지시약을 사용해야 하는데, 이때 지시약으로는 디페닐아민술폰산, 디페닐벤지딘 등이 사용된다. 중크롬산은 다음과 같이 철(Ⅱ)를 염산용액에서 적정할 수 있는 것이 장점이다.

$$Cr_2O_7^{2-} + 6Fe^{2+} + 14H^+ \rightleftharpoons 2Cr^{3+} + 6Fe^{3+} + 7H_2O$$

이 적정은 여러 가지 산화제, 예를 들어 질산, 염소산, 과망간산 및 유기 과산화물들을 정량하는데, 시료 산화물 용액에 철(Ⅱ)용액을 정확히 일정량 여분으로 가하여 반응시킨 후에 남아 있는 철(Ⅱ)를 중크롬산 표준용액으로 역적정한다. 이 경우에 철(Ⅱ) 시약용액도 동시에 적정하도록 한다. 왜냐하면 철(Ⅱ)는 쉽게 공기산화를 하기 때문에 표준용액을 만들어 둘 수가 없기 때문이다.

11E 시료의 예비 산화-환원

산화-환원 적정을 성공적으로 하려면 용액중의 적정될 물질이 모두 일정한 산화상태에 있어야 한다. 예를 들어 철분 시료를 산에 녹여 보면 보통 제1철(Ⅱ)과 제2철(Ⅲ)의 혼합용액을 얻는데, 이것을 산화제인 과망간산 표준용액으로 적정하려면 적정에 앞서 환원제를 사용하여 모두 제1철(Ⅱ) 상태로 만들어야 한다. 반면에, 만약 이것을 환원제 표준용액으로 적정하려면 이에 앞서 적당한 산화제를 사용하여 모두 제2철(Ⅲ)로 바꾸어야 한다.

이와 같이 정식 적정에 앞서 시료용액을 처리하는 데 이용하는 산화제 및 환원제는 적당한 전극전위를 가져야 하고, 적정되는 물질만을 원하는 산화상태로 바꾸도록 해야 한다. 그 외에 다른 산화-환원 반응이 일어나서 적정에 지장을 주는 결과를 가져와서는 안 된다. 또 이렇게 사용되는 산화제 및 환원제가 산화-환원 반응 후에 남아 있으면 원하는 정식 적정에 지장을 주는 것이 보통이다. 따라서 반응 후에 남아 있는 여분의 산화제 또는 환원제는 쉽게 제거되는 물질이어야 한다.

11 E — 1 예비 산화제

(1) 비스무트산나트륨

센 산화제인 비스무트산나트륨은 질산용액에서 망간(II)를 망간(VII)로 실온에서 정량적으로 산화시킬 수 있는 산화력을 가지고 있다. 비스무트산염 $NaBiO_3$는 난용성이기 때문에 산화가 완전히 끝나면 여분으로 남아 있는 것을 손쉽게 걸러서 제거할 수 있다.

산화제로 반응할 때 Bi(V)에서 Bi(III)로 변하고, 그 화학식은 보통 $NaBiO_3$로 표시하고 있으나 분명하지는 않다.

(2) 과산화중황산암모늄

과산화중황산은 대단히 센 산화제로서, 크롬(III)를 크롬산(VI)로, 세륨(III)를 세륨(IV)로, 망간(II)를 과망간산(VII)로 산화시킬 수 있다. 환원반응과 전위는 다음과 같다.

$$S_2O_8^{2-} + 2e^- \rightleftharpoons 2SO_4^{2-} \qquad E^\circ = 2.01\ V$$

산화반응은 촉매로서 소량의 은이 있으면 더 잘 진행된다. 반응 후 여분으로 남아 있는 시약을 제거하기 위해 용액을 끓이면 다음과 같이 분해된다.

$$2S_2O_8^{2-} + 2H_2O \rightleftharpoons 4SO_4^{2-} + O_2 + 4H^+$$

(3) 과산화수소 및 과산화나트륨

과산화수소는 산성용액에서 다음과 같은 산화력을 가진다.

$$H_2O_2 + 2H^+ + 2e^- \rightleftharpoons 2H_2O \qquad E^\circ = 1.77\ V$$

염기성용액에서는 과산화나트륨염으로 작용한다. 반응이 끝나고 여분으로 남아 있는 것은 끓이면 분해된다.

(4) 오 존

오존은 편리한 산화제로서, 다음과 같이 반응한다. 반응 후에 남아 있는 것은 용액에 비활성 기체를 통과시키면 쉽게 제거된다.

$$O_3(g) + 2H^+ + 2e^- \rightleftharpoons O_2(g) + H_2O \qquad E^\circ = 2.07(V)$$

오존으로 산화되는 물질 몇 가지를 예로 들면 다음과 같다.

산화반응	용 매	촉매
$Mn(II) \rightleftharpoons Mn(VII)$	1～2 M 과염소산 용액	은
$Ce(III) \rightleftharpoons Ce(IV)$	인산과 황산용액	
$V(IV) \rightleftharpoons V(V)$		
$Cr(III) \rightleftharpoons Cr(VI)$	산성	질산은

11 E－2 예비 환원제

시료를 정량적으로 환원시킬 목적으로 여러 가지 환원제가 이용되는데, 염화주석(II), 황화수소, 이산화황 등이 사용된다. 그러나 여러 가지 금속이 환원제로 더 많이 사용된다. 아연, 카드뮴, 알루미늄, 납, 니켈, 구리, 수은, 은 등이 이러한 목적에 사용되고, 금속선, 막대, 코일 등을 시료용액에 담갔다가 반응 후에 들어내면 된다.

금속가루를 사용하면 반응 후에 남아 있는 것은 걸러서 제거한다. 또 한편 금속입자를 채운 관에 시료용액을 통과시키는 방법은 편리한 방법이다. 이들 금속의 환원력은 그 환원전위에 따라 다르다.

11 E－3 Jones 환원관과 Walden 환원관

환원전위가 낮은 아연, 카드뮴과 같은 금속은 환원력이 세지만 한 가지 불편한 것은 산성 시료용액과 활발히 반응하여 수소를 발생시킨다는 것이다. 그 결과 금속은 낭비되고, 용액에는 금속이온이 많이 생겨 다음 분석과정에 지장을 준다. 그러므로 산도가 높은 용액에서는 이러한 금속을 그대로 사용할 수가 없다.

금속 환원제에 수은을 이용하여 아말감을 만들어서 사용하면 산성용액에 녹지 않고, 수소 발생이 일어나지 않는다. 이렇게 하면 카드뮴과 아연을 산도가 높은 시료용액에서 환원제로 사용할 수 있다. 수소이온이 환원되어 수소가 발생하는 전위는 이론적 환원전위와 수소 발생 과전압을 합한 전위이고, 금속 아말감이 형성되면 수소 발생에 대한 과전압은 대단히 크기 때문에 수소 발생을 막을 수 있다.

가장 많이 사용되는 Jones 환원관은 아연 입자를 질산수은(II) 또는 염화수은(II) 용액에 담그어 그 표면에 수은을 석출시킨 것을 그림 11－3과 같은 유리관에 채운 것이다. 수은이 아연 표면에 석출되는 반응은 다음과 같다.

$$Zn + Hg^{2+} \rightleftharpoons Zn^{2+} + Hg$$

이것은 한 번 만들면 여러 번 되풀이하여 사용할 수 있고, 사용하지 않을 때에는 물을 채워두어 공기의 접촉을 막도록 한다. 다시 사용할 때에는 처음에 묽은 산용액을 통과시켜 씻은 다음 시료용액을 천천히 통과시키고, 다시 산용액으로 씻어 시료용액에 합친다.

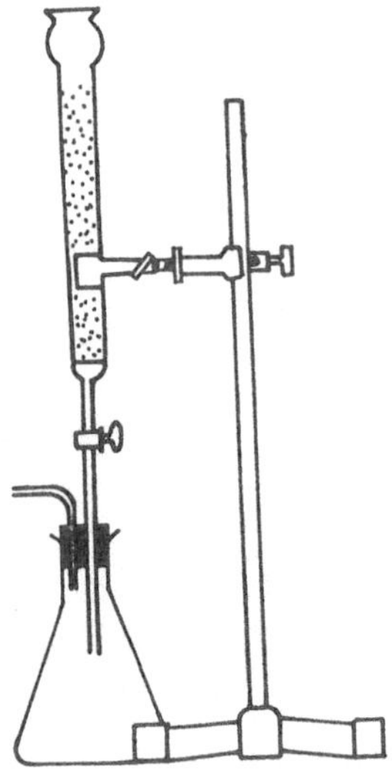

그림 11－3
Jones 환원관과 Walden 환원관의 모양.

마지막에 물로 충분히 씻어 산이 남아 있지 않도록 한다.

Jones 환원관을 통해 환원되는 반응에는 다음과 같은 것이 있다.

$$Fe^{3+} + e^- \rightleftharpoons Fe^{2+}$$
$$H_2MoO_4 + 6H^+ + 3e^- \rightleftharpoons Mo^{3+} + 4H_2O$$
$$UO_2^{2+} + 4H^+ + 2e^- \rightleftharpoons U^{4+} + 2H_2O$$
$$V(OH)_4^+ + 4H^+ + 3e^- \rightleftharpoons V^{2+} + 4H_2O$$
$$TiO^{2+} + 2H^+ + e^- \rightleftharpoons Ti^{3+} + H_2O$$
$$Cr^{3+} + e^- \rightleftharpoons Cr^{2+}$$

은, 수은과 같은 금속은 환원전위가 높아서 일반적으로 환원제 역할을 할 수 없다. 그러나 이들 금속을 염산용액에서 사용하면 난용성 염화물을 만드는 동시에 환원제 역할을 할 수 있다. 예를 들어 은은 표준전극전위가 $E^\circ = 0.799\,V$ 이지만, 염산용액에서는 염화은 침전이 석출되는 동시에 아래에서 보는 바와 같이 전위(E)가 감소하고, 역반응이 잘 일어나 은의 환원력이 증가한다.

$$AgCl(s) + e^- \rightleftharpoons Ag(s) + Cl^-$$
$$E = 0.222 - 0.0591 \log[Cl^-]$$

그러므로 은은 1 M 염산에서 철(III), Ce(II)와 같은 것도 환원시킬 수 있다.

Jones 환원관과 같이 금속 은을 관에 채워서 염산 시료용액의 환원에 이용하는 것을 Walden 환원관이라고 하는데, 비교적 선택성이 높은 환원작용을 하므로 널리 이용되고 있다. Walden 환원관에 의해 환원되는 반응에는 다음과 같은 것이 있다.

$$Fe^{3+} + e^- \rightleftharpoons Fe^{2+}$$
$$Cu^{2+} + e^- \rightleftharpoons Cu^+$$
$$H_2MoO_4 + 2H^+ + e^- \rightleftharpoons MoO_2^+ + 2H_2O$$
$$UO_2^{2+} + 4H^+ + 2e^- \rightleftharpoons U^{4+} + 2H_2O$$
$$V(OH)_4^+ + 2H^+ + e^- \rightleftharpoons VO^{2+} + 3H_2O$$

11F 유기화합물의 산화-환원법 적정

무기화합물과 같이 유기화합물도 산화-환원법 적정으로 정량된다. 그러나 유기물의 경우에는 과망간산, 중크롬산, 세륨(Ⅳ)와 같은 센 산화제를 사용해도 그 산화반응이 느리고, 화학량론에 따르지 않는 경우가 많다.

반응속도가 느린 경우에는 산화제를 과량 가하여 높은 온도에서 오랜 시간 반응시키면 된다. 그리고 이때 여러 가지 부반응이 일어나서 화학량론적으로 반응하지 않는 경우에는 반응 조건을 조심스럽게 잘 조절해야 한다. 다음에 몇 가지 예를 들어 보자.

(1) 과망간산

과망간산(MnO_4^-)은 진한 알칼리 용액에서 청색을 띠는 망간산이온 MnO_4^{2-}로 환원되면서 유기물을 산화시키는 반응이 분석에 이용된다.

글리세린을 수산화나트륨용액에서 과량의 과망간산과 반응시키면 다음 반응이 실온에서 정량적으로 일어난다.

$$H_2(OH)CCH(OH)CH_2(OH) + 14MnO_4^- + 20OH^- \rightleftharpoons 3CO_3^{2-} + 14MnO_4^{2-} + 14H_2O$$

미리 일정량의 과망간산을 넣어 두고, 반응 후에 용액을 산성화시켜 남아 있는 Mn(Ⅶ)와 Mn(Ⅵ)를 정량하면 반응한 유기물의 양을 알 수 있다.

이 방법으로 포름산, 아세트산, 메틸알코올, 타르타르산, 시트르산, 에틸렌글리콜 등을 정량할 수 있다.

(2) 중크롬산

중크롬산($Cr_2O_7^{2-}$)은 진한 황산 산성에서 유기물을 정량적으로 산화시키는데, 반응속도가 대단히 느리기 때문에 높은 온도에서 몇 시간을 가열해야 하는 경우가 많아 실용성이 적다.

(3) 세 륨

세륨(Ⅳ)는 산성용액에서 유기물을 산화시키는데, 황산용액에서는 반응이 느리며, 과

염소산용액에서는 반응속도가 빠르고 화학량론적으로 반응한다. 4 M 과염소산은 실온에서 15분간의 반응으로 시료 유기물을 모두 산화시킬 수 있다.

그런데 이 경우에는 유기물에 따라 여러 가지 생성물을 얻는다. 몇 가지 유기물이 산화되는 예를 아래에 나타내었다.

글리세린

$$H_2C(OH)CH(OH)CH_2(OH) + 3H_2O \rightleftharpoons 3HCOOH + 8H^+ + 8e^-$$

프로필렌글리콜

$$H_2C(OH)CH(OH)CH_3 + 2H_2O \rightleftharpoons HCOOH + CH_3COOH + 6H^+ + 6e^-$$

글리세린알데히드

$$HCOCH(OH)CH_2(OH) + 3H_2O \rightleftharpoons 3HCOOH + 6H^+ + 6e^-$$

옥살산

$$HOOCCOOH \rightleftharpoons 2CO_2 + 2H^+ + 2e$$

타르타르산

$$HOOCCH(OH)CH(OH)COOH + 2H_2O \rightleftharpoons 2CO_2 + 2HCOOH + 6H^+ + 6e^-$$

11 G 요오드법 적정

11 G—1 요오드의 성질

요오드는 화학분석에서 대단히 중요한 물질로서, 요오드화이온 I^-, 요오드 I_2, 삼요오드화이온 I_3^-, 염화요오드 ICl, 요오드산 IO_3^-, 과요오드산 IO_4^- 등 여러 가지 상태로 존재한다. 그 중에서 요오드화이온과 삼요오드화이온은 대단히 중요하다. 요오드는 순수한 물에서는 녹기 어렵지만(용해도 : 0.00133 M, 25 ℃), 과량의 요오드화이온이 녹아 있는 용액에서는 삼요오드화이온 I_3^-로 되어 녹는다.

그러므로 일반적으로 고체 요오드를 진한 요오드화이온 용액에 녹여서 원하는 농도의 용액으로 묽히도록 한다.

$$I_2(s) + I^-(aq) \rightleftharpoons I_3^-(aq) \qquad K = 708$$

용액중에는 요오드화이온, 삼요오드화이온, 그리고 대단히 소량의 요오드가 포함되어 있다. 이 중에서 요오드는 비교적 큰 증기압을 가지고 있어 휘발한다. 이러한 요오드의 손실을 감소시키기 위해서는 용액중의 요오드화이온의 농도를 증가시켜 용액중의 $I_2(aq)$의 농도를 감소시켜야 한다. 요오드화이온의 농도가 0.05 M과 1 M인 용액에서는 각각 다음과 같은 관계가 있다.

$$\frac{[I_3^-]}{[I_2(aq)]} = 708[I^-] = 708 \times 0.05 = 35.4$$

$$\frac{[I_3^-]}{[I_2(aq)]} = 708[I^-] = 708 \times 1 = 708$$

요오드화이온 0.05 M 용액에서는 요오드가 3 % 정도 존재하고, 1 M 용액에서는 0.2 % 정도 존재하게 된다.

요오드법 적정 삼요오드화이온의 환원반응은 가역반응이다.

$$I_3^- + 2e^- \rightleftharpoons 3I^- \qquad E^\circ = 0.536\ V$$

산화형 I_3^-는 여러 가지 환원제를 정량적으로 산화시킬 수 있는 적당한 산화제인 동시에, 그 환원형 I^-는 여러 가지 산화제와 반응할 수 있는 적당한 환원제이다. 요오드법 적정에서 삼요오드화이온을 산화제로 사용하여 환원제를 직접 적정하는 방법을 **요오드법**(iodimetry)이라 하고, 과량의 요오드화이온 용액을 산화제에 가하여 정량적으로 삼요오드화이온을 생성시켜 이것을 정량하는 간접법을 **요오드화법**(iodometry)이라고 한다. 그러나 총괄적으로 요오드법이라 부르는 것이 보통이다.

11 G－2 직접 요오드법

삼요오드화이온은 적당한 산화력을 가지는 산화제로서, 일반적으로 자신의 전위보다 낮은 환원제를 산화시킬 수 있기 때문에 삼요오드화이온 표준용액을 사용하면 황화물, 주석(II), 아황산 등을 다음과 같이 정량적으로 적정할 수 있다.

$$H_3AsO_3 + I_3^- + H_2O \rightleftharpoons H_3AsO_4 + 3I^- + 2H^+$$
$$H_3SbO_3 + I_3^- + H_2O \rightleftharpoons H_3SbO_4 + 3I^- + 2H^+$$
$$N_2H_4 + 2I_3^- \rightleftharpoons N_2 + 6I^- + 4H^+$$
$$I_3^- + H_2S \rightleftharpoons 3I^- + S + 2H^+$$
$$I_3^- + Sn^{2+} \rightleftharpoons 3I^- + Sn^{4+}$$
$$I_3^- + H_2SO_3 + H_2O \rightleftharpoons 3I^- + SO_4^{2-} + 4H^+$$
$$I_3^- + 2S_2O_3^{2-} \rightleftharpoons S_4O_6^{2-} + 3I^-$$

황화이온의 적정에서는 pH를 잘 조절해야 한다. 조금 센 염기성용액에서 일부 시료는 황산으로 산화된다. 한편 산성용액에서는 황화수소가 휘발한다. 그러므로 일정량의 산성 요오드 표준용액에 염기성 황화물 시료를 가하여 반응시키고, 남아 있는 요오드를 티오황산 표준용액으로 역적정하는 방법을 이용하는 것이 좋다.

주석을 정량할 때에는 미리 납 또는 니켈금속으로 Sn(IV)를 환원시킨다. 안티몬 Sb(III)는 비소 As(III)와 같이 중성용액에서 삼요오드화이온 I_3^-로 적정된다. 중성용액에서 염화안티모닐 SbOCl 침전이 생성되고, 이것이 오차의 원인이 되는 경우가 있다. 이러한 경우에 미리 타르타르산을 가하면 착이온 $SbOC_4H_4O_6^-$가 생겨서 녹고, 정량적으로 요오드법 적정을 할 수 있다.

11G-3 간접 요오드법

요오드화이온은 환원제로서, 여러 가지 산화제에 의하여 다음과 같이 산화된다.

$$2MnO_4^- + 15I^- + 16H^+ \rightleftharpoons 2Mn^{2+} + 5I_3^- + 8H_2O$$
$$Cr_2O_7^{2-} + 9I^- + 14H^+ \rightleftharpoons 2Cr^{3+} + 3I_3^- + 7H_2O$$
$$BrO_3^- + 9I^- + 6H^+ \rightleftharpoons Br^- + 3I_3^- + 3H_2O$$
$$2Ce^{4+} + 3I^- \rightleftharpoons 2Ce^{3+} + I_3^-$$
$$H_2O_2 + 3I^- + 2H^+ \rightleftharpoons 2H_2O + I_3^-$$
$$2IO_3^- + 16I^- + 12H^+ \rightleftharpoons 6I_3^- + 6H_2O$$
$$2IO_4^- + 22I^- + 16H^+ \rightleftharpoons 8I_3^- + 8H_2O$$
$$HClO + 3I^- + H^+ \rightleftharpoons I_3^- + Cl^- + H_2O$$
$$2Cu^{2+} + 5I^- \rightleftharpoons I_3^- + 2CuI$$
$$2Fe^{3+} + 3I^- \rightleftharpoons 2Fe^{2+} + I_3^-$$

이들 반응은 모두 화학량론적으로 반응하여 산화제와 같은 당량의 삼요오드화이온이 생성된다. 그러나 이 반응은 종말점을 구하기가 어려워서 직접 적정에 이용할 수 없다. 또 그 중에 중크롬산과의 반응은 그 반응속도가 느리다. 그러므로 이러한 산화제에 과량의 요오드화이온을 충분히 가하고, 생성된 삼요오드화이온을 티오황산 표준용액으로 적정하여 간접적으로 용액중의 산화제를 정량한다. 이 방법을 간접 요오드화법이라고 한다. 생성된 삼요오드화이온을 티오황산염 표준용액으로 적정할 때에는 다음 반응이 일어난다.

$$I_3^- + 2S_2O_3^{2-} \rightleftharpoons 3I^- + S_4O_6^{2-}$$

11G-4 요오드법 적정의 오차의 원인

요오드법 적정에서 볼 수 있는 중요한 2가지 오차의 원인은 요오드화이온의 공기에 의한 산화와 요오드의 휘발성이다. 산성용액에서 요오드화이온은 공기중의 산소에 의하여 서서히 다음과 같이 산화된다.

$$4I^- + 4H^+ + O_2 \rightleftharpoons 2I_2 + 2H_2O$$

중성용액중에서는 거의 일어나지 않지만, 수소이온 농도가 증가하거나 햇빛을 받으면 이 반응은 촉진된다. 그리고 Cu^+, NO와 같은 불순물이 미량 존재해도 이 반응의 촉매 역할을 한다.

그러므로 요오드법으로 적정할 때에는 삼각플라스크를 이용하고, 용액과 접하는 공기를 제거하기 위해 여기에 드라이아이스 또는 산성용액에 탄산수소나트륨을 가하여 발생시킨 이산화탄소 기체중에서 적정하도록 한다.

요오드의 휘발에 의한 손실을 막기 위해 요오드화이온을 용액에 충분히 가하여 용액중의 요오드의 농도를 감소시켜서 그 휘발을 줄이도록 한다. 그리고 요오드가 들어 있는 용액은 마개를 하고, 온도를 낮게 유지하며, 요오드의 표준용액은 때때로 표정하도록 한다.

요오드-요오드화 이온계의 전극전위는 pH 8 이하의 산성에서는 pH에 관계없이 일정하다. 그러나 이보다 pH가 높은 염기성용액에서 요오드는 다음과 같이 하이포아요오드산이 되고, 동종간 주고받기 반응에 의하여 요오드산으로 된다.

$$I_2 + 2OH^- \rightleftharpoons IO^- + I^- + H_2O$$
$$3IO^- \rightleftharpoons 2I^- + IO_3^-$$

이 결과는 요오드법 적정에 큰 오차를 가져올 수 있기 때문에 적정용액의 pH를 잘 조절하는 것이 중요하다.

11 G—5 종말점과 녹말 지시약

요오드를 산화제로 사용하여 환원제를 직접 적정하는 요오드법의 종말점은 용액에 적가된 요오드와 더 이상 반응할 환원제가 없기 때문에 요오드용액이 여분으로 더 적기되는 지점이고, 한편 시료 산화제로 인해 생성된 요오드를 티오황산 표준용액으로 적정하는 요오드화법에서는 용액중에 요오드가 없어지는 지점이다.

삼요오드화이온의 색은 진할 때 갈색을 띠고, 묽으면 노란색을 띤다. 색이 없는 용액에서는 5×10^{-6} M 정도의 삼요오드화이온 용액도 식별할 수 있다. 이 정도면 0.050 M 환원제 용액 50 mL를 0.05 M 요오드로 적정하는 경우에 ±0.02 %의 오차에 지나지 않는다. 그러나 일반적으로 요오드법의 종말점은 녹말용액 지시약을 이용하여 결정한다.

녹말 콜로이드 용액은 요오드와 반응하여 일종의 착물을 만들며, 대단히 선명하고 진한 청색을 나타낸다. 그러므로 삼요오드화이온의 농도가 2×10^{-7} M 정도라도 좋은 조건에서는 식별할 수 있게 된다. 그리고 요오드-녹말의 진한 청색은 유색 용액에서도 잘 식별할 수 있다.

요오드화법 적정에 있어 녹말용액은 요오드의 진한 용액에서 다소 변질되기 때문에 요오드가 묽어지는 종말점 가까이에서 녹말용액을 가하도록 하는 것이 좋다.

녹말용액은 적정할 때마다 새로 만들어 사용하는 것이 좋으며, 오래된 것은 감도가 떨어진다. 요오드화수은(II)와 같은 방부제를 넣어 부패를 막는 방법도 있다. 높은 온도와 알코올용액에서는 녹말 지시약의 감도가 떨어진다. 또 진한 산성에서도 녹말용액은 변질되고, 감도가 떨어진다.

또 한 가지 종말점을 구하는 방법은 요오드가 유기용매에 대단히 잘 녹고, 큰 분배계수를 가지고 있어 선명한 보라색을 띠는 성질을 이용하는 방법이다.

물에 녹지 않는 사염화탄소 또는 클로로포름과 같은 유기용매를 적정액에 소량 가하면 용액중의 요오드는 거의 모두 여기에 분배되고, 요오드의 나타남과 없어짐을 쉽게 식별할 수 있다. 이 방법은 녹말 지시약을 사용할 수 없는 진한 산성 적정액에 이용할 수 있다.

11G－6 아비산에 의한 요오드용액의 표정

삼산화비소 As_2O_3는 환원제로서, 순수한 것을 시중에서 얻을 수 있으며, 요오드 표준용액의 표정에 제 1 표준물로 사용된다. 이 물질은 과망간산, 중크롬산, 세륨(Ⅳ)용액의 표정에도 사용된다. 이것은 물에 난용성이기 때문에 처음에 수산화나트륨용액에 녹인 다음에 산성으로 만든다.

아비산과 삼요오드화이온과의 반응은 다음과 같다.

$$H_3AsO_3 + I_3^- + H_2O \rightleftharpoons H_3AsO_4 + 3I^- + 2H^+$$

비산의 환원전극전위는 다음과 같다.

$$H_3AsO_4 + 2H^+ + 2e^- \rightleftharpoons H_3AsO_3 + H_2O \qquad E^\circ = +0.559\ V$$

$E^\circ_{I_3^-} = +0.536\ V$와 비교할 때, 이 적정반응은 오히려 역행할 것이 예상된다. 그러나 이것은 용액의 수소이온 활동도가 표준상태, 즉 1일 때 일어나는 현상이다.

비산 AsO_4^{3-}는 산소산이고, 그 환원반응에 수소이온이 관여하기 때문에 용액의 pH가 증가하면 전극전위는 낮아진다.

$$E = E^\circ_{AsO_4^{3-}} + \frac{0.0591}{2}\log\frac{[H_3AsO_4][H^+]^2}{[H_3AsO_3]}$$

$$E = 0.559 - 0.0591\,pH + \frac{0.0591}{2}\log\frac{[AsO_4^{3-}]}{[AsO_3^{3-}]}$$

그러므로 실제로 pH 3.5보다 더 크면 위의 반응이 정량적으로 진행하여 아비산은 요오드에 의해 비산으로 산화된다. 그러나 실제로는 pH를 5～9 정도에 유지하면서 적정하는 것이 좋으며, 보통 시료용액에는 탄산수소나트륨을 가하여 완충용액을 만들어서 적정한다.

11G－7 티오황산에 대한 요오드의 반응

일반적으로 티오황산은 산화제와 반응하면 아황산 또는 황산으로 산화되는데, 삼요오드화이온과 반응할 때에는 pH 6과 7 사이에서 다음과 같이 반응하여 테트라티오산(테트라티오황산)으로 된다. 이 반응은 빠르고 화학량론적으로 일어난다.

$$I_3^- + 2S_2O_3^{2-} \rightleftharpoons 3I^- + S_4O_6^{2-} \qquad (11-10)$$

그러나 염기성용액에서 적정하면 다음과 같이 티오황산은 황산으로 산화되고, 적정반응은 정량적으로 일어나지 않는다.

$$4I_3^- + S_2O_3^{2-} + 10OH^- \rightleftharpoons 2SO_4^{2-} + 12I^- + 5H_2O \qquad (11-11)$$

사실상 pH가 8 또는 9 이상의 염기성용액에서 요오드는 수산화이온과 반응하여 하이포아요오드산으로 되고, 이렇게 생긴 하이포아요오드산 또는 요오드산은 센 산화제로서 작용하여 티오황산을 황산으로 산화시킨다.

$$4HOI + S_2O_3^{2-} + 6OH^- \rightleftharpoons 4I^- + 2SO_4^{2-} + 5H_2O$$

정상적인 반응 11－10이 일어나는 경우에 1 mol의 티오황산은 1당량, 즉 $\frac{1}{2}I_2$에 해당하지만, 반응 11－11이 일어나는 경우에는 8당량의 I_2를 소비한다. 그러므로 요오드를 티오황산으로 적정하는 경우에는 pH 8 이하의 중성이나 약한 산성에서 하는 것이 좋다. 산성 시료용액을 탄산수소나트륨으로 중화시키는 경우에는 탄산수소염을 과량 넣지 않도록 주의해야 한다.

시료용액이 다소 염기성인 경우에는 요오드를 적정하는 데 티오황산 대신에 아비산 표준용액을 사용하는 것이 좋다. 이 경우에는 pH가 4와 9 사이에서 정량적으로 적정된다. 그리고 녹말 지시약은 적정이 진행되어 요오드가 묽어져서 노란색을 띠게 될 때 가하도록 해야 한다.

(1) 티오황산용액의 표정

티오황산용액을 표준화 적정할 때에는 일차 표준물로서 보통 요오드산칼륨 KIO_3를 사용한다. 왜냐하면 요오드산칼륨은 순수한 것을 구하기가 쉽고, 약한 산성용액에서 과량의 요오드화이온과 반응하여 다음과 같이 정량적으로 요오드를 생성하며, 요오드는 티오황산과 정량적으로 반응하기 때문이다.

$$IO_3^- + 5I^- + 6H^+ \rightleftharpoons 3I_2 + 3H_2O$$

이때 요오드산이온 1 mol은 환원제인 티오황산과 반응할 때 6당량의 산화제 역할을 한다. 일차 표준물로는 요오드산칼륨 이외에 중크롬산칼륨, 브롬산칼륨 등도 사용할 수 있다.

(2) 티오황산 표준용액의 안정도

티오황산용액은 불안정하기 때문에 그 표준용액은 때때로 표정하여 사용해야 한다. 용액의 pH가 5보다 낮은 산성용액에서는 다음과 같이 서서히 반응하여 노란색을 띠는 황의 고체가 석출된다.

$$S_2O_3^{2-} + H^+ \rightleftharpoons HS_2O_3^- \rightleftharpoons HSO_3^- + S(s)$$

센 산성용액에서는 수초 사이에 황 고체가 나타난다. 그리고 이때 생성된 아황산은 요오드에 대하여 2당량으로 반응하기 때문에 오차를 가져온다. 그리고 티오황산용액은 pH뿐만 아니라 공기, 햇빛 등에 대하여 불안정하고, 또 세균에 의하여 변질되기도 하기 때문에 자주 새로운 용액을 만들어 표정하여 사용하는 것이 중요하다.

11H 요오드산 및 브롬산법 적정

11H-1 요오드산의 반응

요오드산칼륨은 순수한 것을 쉽게 구할 수 있고, 수용액은 안정하여 화학분석에 많이 사용된다. 요오드산칼륨은 산성용액에서 요오드화이온과 다음과 같이 정량적으로 반응하고, 6당량의 요오드를 생성한다.

$$IO_3^- + 8I^- + 6H^+ \rightleftharpoons 3I_2 + 3H_2O$$

이 반응평형은 pH의 영향을 크게 받으며, 중성용액에서는 반응이 진행하지 않는다. 그러므로 이 반응은 산의 정량법으로도 이용된다.

중요한 것은 이 반응에서 요오드산이 요오드의 일차 표준물질 역할을 할 수 있다는 것이다. 이때 1 mol의 요오드산칼륨은 산성 요오드화이온 용액에서 위 식에 따라 6당량의 요오드를 생성한다. 이 방법을 이용하면 황화이온이나 주석(II)와 같은 환원제를 정량할 수 있는데, 반응하고 남은 요오드를 티오황산염 표준용액으로 역적정하면 된다.

11H-2 브롬산의 산화반응

산성용액에서 브롬산은 거의 과망간산과 같은 센 산화제이다. 순수한 브롬산칼륨으로서 직접 표준용액을 만들 수 있고, 용액은 대단히 안정하다.

브롬산이온과 브롬의 환원전위는 다음과 같다.

$$BrO_3^- + 6H^+ + 6e^- \rightleftharpoons Br^- + 3H_2O \qquad E^\circ = +1.44\ V$$

$$Br_2 + 2e^- \rightleftharpoons 2Br^- \qquad E^\circ = +1.06\ V$$

그러므로 결과적으로 산성용액에서 다음 반응이 일어난다.

$$BrO_3^- + 5Br^- + 6H^+ \rightleftharpoons 2Br_2 + 3H_2O \qquad (11-12)$$

산성용액에서 브롬산으로 센 환원제를 적정하면 당량점을 지난 다음부터 브롬이 생성된다. 그러나 브롬산으로 약한 환원제를 적정하는 경우에는 적정이 완결되기 전에 브롬이 생기는 수가 있다. 이것은 약한 환원제가 브롬으로 완전히 산화되지 못하기 때문이다. 이러한 경우에 브롬화수은(II)를 가해 두면 생성되는 브롬화이온이 수은의 착물로 변하여 환원제의 산화반응이 끝까지 완결되는 데 도움을 준다.

브롬산이 유용하게 사용되는 것은 식 11－12에 의해 정량적으로 브롬원소를 생성하기 때문이다. 브롬산의 산화력은 pH에 따라 다르고, 중성용액에서는 브롬화이온을 브롬으로 산화시키지 못하지만 센 산성용액에서는 브롬이 생긴다. 이러한 방법을 이용하면 휘발성이 세고 불안정한 브롬의 표준용액 대신에 브롬산 표준용액을 사용하여 브롬을 정량적으로 생성할 수 있게 된다.

여러 가지 유기물은 브롬과 반응하여 치환 또는 첨가반응을 한다.

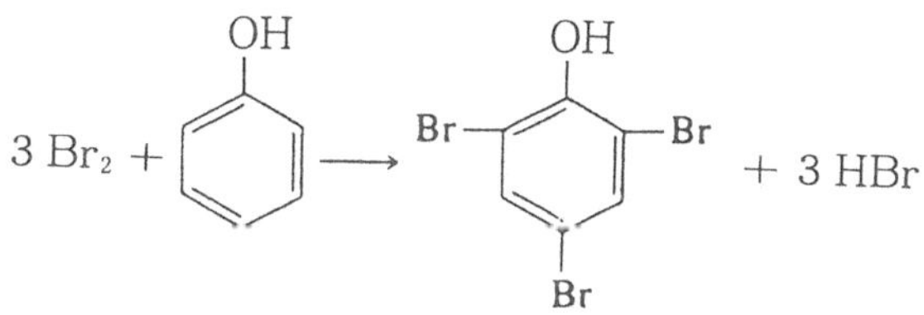

이때 1 mol의 페놀은 6 당량에 해당한다.

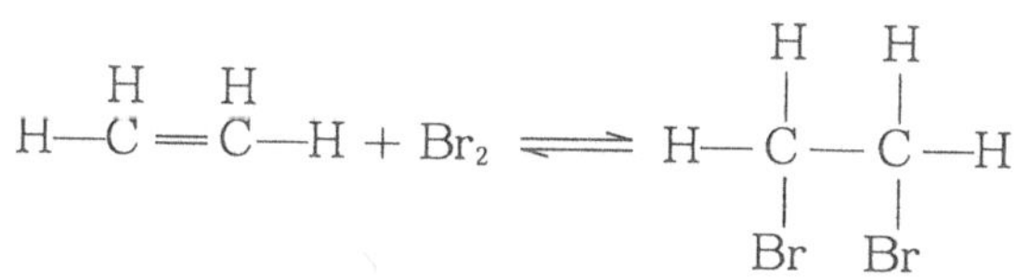

1 mol의 에틸렌은 2 당량으로 반응한다. 이러한 반응은 정량적으로 일어나고, 분석에 이용된다. 산성 시료용액을 브롬산 표준용액으로 직접 적정하는 경우에는 브롬화이온을 미리 시료용액에 가하여 섞어 두어야 한다. 브롬과의 반응이 느리게 일어나므로 유기물의 분석에는 시료용액에 일정량의 브롬산-브롬화이온 표준용액을 충분히 가하여 반응시킨 후, 남아 있는 브롬을 아비산 표준용액으로 역적정한다. 이러한 분석에 이용하는 용기는 잘 맞는 마개로 뚜껑을 단단히 덮어야 한다.

브롬산으로 브롬화반응을 일으키는 방법은 벤젠 유도체를 분석하는 데 이용된다. 분석에서 여러 가지 금속의 침전제로 많이 사용되는 8-히드록시퀴놀린도 다음과 같이 브롬화반응속도가 대단히 빠르고, 따라서 염산 산성에서 브롬산으로 직접 적정할 수 있다. 이 경우에 메틸레드를 종말점의 지시약으로 이용할 수 있다.

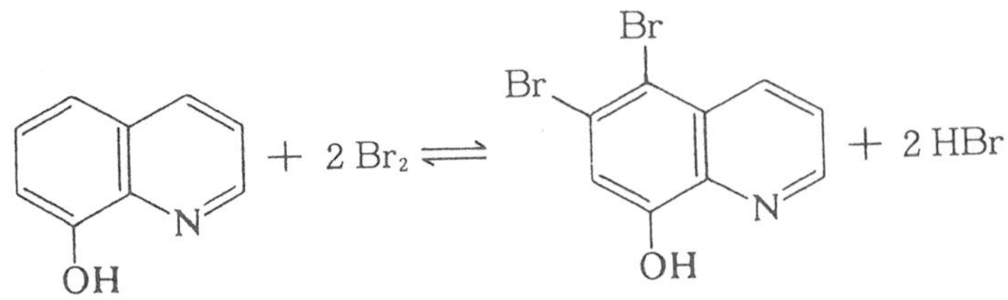

(11 − 13)

8-히드록시퀴놀린 1 mol은 4당량에 해당한다.

브롬산으로 아비산, 안티몬(Ⅲ), 탈륨(Ⅰ), 히드라진 등을 산성용액에서 직접 적정할 수 있다.

$$BrO_3^- + 3As^{3+} + 6H^+ \rightleftharpoons Br^- + 3As^{5+} + 3H_2O$$

$$BrO_3^- + 3Tl^+ + 6H^+ \rightleftharpoons Br^- + 3Tl^{3+} + 3H_2O$$

$$3N_2H_4 + 2BrO_3^- \rightleftharpoons 2Br^- + 3N_2 + 6H_2O$$

브롬은 휘발성이 크기 때문에 이것을 취급할 때에는 잘 맞는 유리 뚜껑을 가지고 있는 병을 이용해야 한다.

이와 같은 적정의 지시약에 메틸레드, 메틸오렌지와 같은 산-염기 지시약을 이용할 수 있다. 이들은 브롬화반응에 의해 붉은색에서 연한 노란색으로 변한다. 또 술폰산인디고는 브롬화반응에 의해 청색에서 노란색으로 변한다. 많은 지시약은 브롬으로 퇴색되고, 비가역반응을 하기 때문에 같은 지시약으로 역적정되지 않는다. 그리고 적정 도중에 브롬산이 부분적으로 진한 색이 생기지 않도록 잘 저으면서 천천히 적정해야 한다.

실험 11Ⅰ 산화-환원법 적정

실험 11Ⅰ −1 과망간산칼륨 표준용액 만들기(추천)

실험개요

과망간산칼륨을 물에 녹여 대략 원하는 농도의 용액을 만들고, 충분히 끓여서 용액중의 불순물과의 반응을 완결시킨 다음 생성된 이산화망간을 유리 거르개로 걸러 제거한다. 이 용액을 옥살산이나 아비산과 같은 일차 표준물을 사용하여 표정한다.

유의사항

11C절에서 과망간산칼륨 표준용액에 관한 것을 참조하도록 한다.

순수한 과망간산칼륨은 보통 미량의 이산화망간을 포함하고 있다. 그리고 용매로 사용하는 증류수에는 과망간산으로 환원되는 먼지, 유기물 기타 환원제가 조금씩 들어 있고,

이들이 과망간산과 반응하여 이산화망간을 만든다.

그러므로 이 표준용액은 일단 대략 원하는 농도의 용액을 만들어 2~3일 정도 충분한 시간 동안 방치하거나 1시간 정도 끓여서 용액중의 불순물을 완전히 산화시킨 다음, 적당한 일차 표준물을 이용해서 표준화 적정을 하여 정확한 농도를 결정하도록 한다. 이때 주의할 것은 과망간산칼륨 시약이나 용액을 만드는 도중에 생긴 이산화망간 고체를 제거해 주어야 한다. 그렇지 않으면 이것이 촉매 역할을 하여 과망간산의 분해가 촉진된다. 이때 거름종이를 사용하면 안 되고, 유리 거르개를 사용하도록 한다.

표정한 용액은 갈색병에 넣어 차고 어두운 곳에 보관하고, 한 달에 한 번씩 다시 걸러 표정하도록 한다.

실험과정

기구 : 유리 거르개

시약 : 과망간산칼륨

1. 과망간산칼륨 3.2 g 가량을 2 L의 물에 녹여 가열하여 일단 끓이고, 높은 온도에서 한 시간 유지한다. 그렇지 않으면 새로 만든 용액을 실온에서 2~3일 묵힌다. 0.010 M 정도의 용액을 얻는다.
2. 이 용액을 유리 거르개(거름종이는 사용할 수 없다)로 거르고, 깨끗한 갈색 유리병에 받아 뚜껑을 덮고 차가운 그늘에 보관한다. 언제든지 이산화망간 찌꺼기가 생기면 걸러 다시 표정하도록 한다.
3. 이렇게 만든 과망간산칼륨용액은 보통 옥살산(실험 11 I－2) 또는 아비산(실험 11 I－3)을 일차 표준물로 사용하여 표정한다.

실험 예제 11 I－1

2.0 L 0.010 M 용액에 들어 있는 $KMnO_4$(Mw = 158.04)의 양(g)을 구하라.

풀이 $2.0\,\text{L} \times 0.010\,\frac{\text{mol}}{\text{L}} \times 158.04\,\frac{\text{g}}{\text{mol}} = 3.16\,\text{g}$

실험 11 I－2 옥살산으로 과망간산용액을 표정하는 법(추천)

실험개요

일차 표준물인 옥살산 또는 옥살산염 일정량을 포함하는 황산 산성용액을 높은 온도로 데워서 과망간산칼륨용액으로 적정하여 농도를 결정한다(11 C－3절 참조).

유의사항

2 mol의 과망간산과 5 mol의 옥살산이 반응하면 다음과 같이 이산화탄소가 발생하면서

반응한다.

$$5C_2O_4^{2-} + 2MnO_4^- + 16H^+ \rightleftharpoons 10CO_2 + 2Mn^{2+} + 8H_2O$$

이 반응속도는 느리지만, 일단 망간(II)이온이 생기면 이것이 촉매가 되어 반응은 빨라진다. 즉 망간(II)와 과망간산이 반응하여 중간 산화체를 만드는데, 이 중간체가 과망간산보다 더 쉽게 옥살산을 산화시키는 성질을 가지고 있기 때문이다. 뜨거운 옥살산용액은 때로 다음과 같이 분해하여 일산화탄소를 낸다.

$$H_2C_2O_4 \rightleftharpoons CO_2 + CO + H_2O$$

그러나 일반적으로는 무시할 정도이다. 그러나 망간(II)를 촉매로 사용하거나 70 ℃ 이상의 높은 온도에서 적정하면 이것을 막을 수 있다.

실험과정

기구 : 적정장치

시약 : 옥살산나트륨 $Na_2C_2O_4$ 또는 옥살산 $H_2C_2O_4 \cdot 2H_2O$, 황산

1. 105~110 ℃에서 1시간 말린 순수한 옥살산나트륨 0.10~0.15 g 정도를 정확히 달아 삼각플라스크에 넣고, 증류수 60 mL에 녹인다.
2. 1 : 8 황산 15 mL를 가하여 80~90 ℃로 가열하고, 저어가면서 실험 11 I－1에서 만든 과망간산용액으로 천천히 적정한다. 연한 붉은색을 띨 때가 종말점이다. 온도는 60 ℃ 이상으로 유지해야 한다.

실험 예제 11－2

$Na_2C_2O_4$(Mw = 134.00) 0.2121 g에 대하여 $KMnO_4$ 용액 43.31 mL가 적가되었다. $KMnO_4$ 용액의 농도를 구하라.

풀이 $KMnO_4$ 2 mol은 $Na_2C_2O_4$ 5 mol에 해당한다.

$$0.2121\text{ g } Na_2C_2O_4\text{의 mmol} = 0.2121\text{ g } Na_2C_2O_4 \times \frac{1\text{ mmol } Na_2C_2O_4}{0.1340\text{ g } Na_2C_2O_4}$$

$$KMnO_4\text{의 농도 } M = \frac{0.2121}{0.1340}\text{ mmol } Na_2C_2O_4 \times \frac{2\text{ mmol } KMnO_4}{5\text{ mmol } Na_2C_2O_4} \times \frac{1}{43.31\text{ mL } KMnO_4}$$

$$= 0.0146\text{ M}$$

실험 11 I－3 아비산으로 과망간산용액을 표정하는 법

실험개요

아비산 As_2O_3 표준물질 일정량을 수산화나트륨용액에 녹이고, 다시 염산 산성으로 만들어 실험 11 I－1에서 만든 과망간산칼륨용액으로 적정한다. 요오드산칼륨의 촉매를 사용하면 더욱 좋다.

유의사항

삼산화비소(III)는 순수한 것을 얻을 수 있고, 대표적인 1차 표준 환원제이며, 세륨(IV), 중크롬산 등 산화제 용액의 표정에도 이용된다.

삼산화비소는 물 또는 산에 잘 녹지 않고, 수산화나트륨용액에 쉽게 녹는다.

$$As_2O_3 + 6\,OH^- \rightleftharpoons 2\,AsO_3^{3-} + 3\,H_2O$$

염산을 가하여 산성화한 다음, 과망간산으로 적정하면 다음과 같이 반응한다.

$$2\,MnO_4^- + 5\,HAsO_3^{2-} + 6\,H^+ \rightleftharpoons 2\,Mn^{2+} + 5\,HAsO_4^{2-} + 3\,H_2O$$

이 반응은 조건을 적당하게 맞추면 부반응없이 잘 일어나므로 아비산이 옥살산보다 더 편리한 일차 표준물이다.

황산 산성에서는 적정 도중에 색깔을 띤(녹색 또는 갈색) 망간-비산 착물이 생기지만, 서서히 퇴색된다. 염산 산성에서는 이러한 현상이 일어나지 않는다. 요오드산 또는 요오드화이온을 촉매로 사용하면 더욱 좋다.

실험과정

기구 : 적정장치

시약 : As_2O_3, 3 M 수산화나트륨용액, 염산, 요오드산칼륨

1. 110 ℃에서 1시간 말린 순수한 As_2O_3 0.2~0.25 g을 정확히 달아 비커에 취하고, 3 M 수산화나트륨용액 10 mL에 녹인 다음 1 : 1 염산 15 mL를 가하여 산성화하고 물 50 mL를 가하여 묽힌다.
2. 여기에 0.02 M 요오드산칼륨 한 방울을 가하고, 연한 분홍색을 띨 때까지 과망간산칼륨용액으로 적정한다.

실험 11 I-4 철광석에 포함된 철의 정량(추천)

실험개요

잘 건조한 철광석 가루 시료에 포함되어 있는 철을 뜨거운 염산을 이용하여 추출하고, 시료용액중의 철(III)를 철(II)로 환원시킨 다음에 과망간산 표준용액으로 적정한다. Fe^{3+}를 환원시키는 방법에는 다음과 같이 2가지 방법이 있다. 즉 실험방법 I 과 실험방법 II 가 있다. 과망간산과 Fe^{2+}의 반응은 다음과 같다.

$$MnO_4^- + 5\,Fe^{2+} + 8\,H^+ \rightleftharpoons Mn^{2+} + 5\,Fe^{3+} + 4\,H_2O$$

유의사항

시료 가루(때로는 시멘트 가루)는 입자가 작을수록 염산에 의한 철의 추출이 더 잘

이루어진다. 염산으로 완전히 추출되면 흰색 모래만 남게 된다.

철광석에는 산화규소, 알루미늄, 마그네슘, 칼슘, 망간, 알칼리 금속, 인, 황, 티탄, 바나듐, 크롬 등이 포함되어 있는데, 이 중에 바나듐은 철과 같이 주석(II)로 환원되며, 수은(II)로 산화되지 않고 망간(VII)로 환원되므로 철의 정량에 지장을 준다.

철(III)를 환원시키는 데 Jones 환원관을 이용하려면 시료용액의 부피와 산도를 조절하여 환원관을 통과시킨다. 유속은 50∼75 mL/min 정도로 조절한다. 이 경우에는 티탄이 철과 같이 환원되어 철의 정량에 오차를 가져온다. 철광석에는 티탄이 포함되는 수가 많고, 따라서 철광석 분석에는 보통 염화주석(II) 환원법을 이용한다. 이때 염화주석(II)는 철(III)의 노란색이 없어질 때까지 조심스럽게 적가하고, 한두 방울 여분으로 더 가한다.

$$2Fe^{3+} + Sn^{2+} \rightleftharpoons 2Fe^{2+} + Sn^{4+}$$

여분으로 남아 있는 환원제 Sn^{2+}를 제거하기 위해 산화제인 염화수은(II)를 가하여 Sn(II)를 Sn(IV)로 산화시키는데, 이때 철(II)는 산화되지 않는다. 그리고 환원된 수은(I)는 염화수은(I) Hg_2Cl_2인 난용성 침전으로 가라앉는다.

이 경우에 환원제 Sn^{2+}가 많이 남게 되는데, 산화제 Hg^{2+} 용액을 조금씩 가할 때에는 다음과 같은 반응이 일어나고, 금속 수은이 생기면서 침전은 회색을 띠게 되고 금속수은은 적정할 때 과망간산과 반응하게 되므로 실패로 돌아간다. 이렇게 된 시료용액은 버리고, 다시 처음부터 새로 출발해야 한다.

$$Sn^{2+} + 2\,HgCl_2 \rightleftharpoons Hg(s) + Sn^{4+} + 2\,Cl^-$$

환원제인 염화주석(II)와 산화제인 염화수은(II)의 반응을 성공적으로 일어나게 하려면 용액에 주석(II)가 적게 남아 있어야 하고, 염화수은(II)용액을 한꺼번에 빨리 가하면서 잘 젓고, 그리고 차가운 용액을 반응시켜야 한다.

철(II)를 염산용액에서 과망간산법으로 적정할 때 과망간산이온은 철(II)를 산화시키는 동시에, 다음과 같이 염화이온도 산화시키는 유발반응을 일으킨다.

$$2MnO_4^- + 10Cl^- + 16H^+ \rightleftharpoons 5Cl_2 + 2Mn^{2+} + 8H_2O$$

적정 도중에 염소가 발생하면 정의 오차로 나타난다. 일반적으로 철광석을 녹일 때 염산을 사용하는데, 이 염산을 제거하는 데에는 시료용액을 황산과 같이 가열 증발하여 염산을 제거하는 방법이 흔히 사용되고 있다. 황산은 높은 끓는점(340 ℃)을 가지기 때문에 황산을 보충하면서 흰 연기가 날 때까지 가열하면 염산은 제거된다.

다른 한 가지 방법은 염산 시료용액에 Zimmermann-Reinhardt(짐멜만-라인하르트) 시약을 가하면 염화이온의 유발 산화반응을 막을 수 있다. 이 시약은 황산망간(II), 인산 및 황산으로 되어 있고, 망간(II)이온은 과망간산의 환원반응의 촉매 역할을 한다. 이것이 용액에 많이 있으면 망간(VII)가 철(II)와 반응할 때 생기는 산화력이 센 중간물체가 망간(II)와 반응하게 되어 염화이온을 산화시키는 기회가 줄어들게 되고, 따라서 염화이온의 유발 산화반응이 막아진다. 인산은 망간의 중간 물체로서 산화력이 센 망간(III), 망간(V) 같은 것과 착물을 만들고, 이것이 염화이온을 산화시키는 능력을 없앤다. 인산은 철(III)와 반응하여 착물을 만들어 철(III)의 종말점을 선명하게 하고, 철(III)의 전극전위를 낮추어 철(II)가 쉽게 산화되게 한다.

실험방법 I 염화주석으로 환원시키는 법(추천)

실험과정

시약 : 철광석 가루 또는 시멘트 가루, 염산, 과망간산 표준용액, 질산, 염화수은(II) $HgCl_2$ 5 % 수용액

염화주석(II)용액 : 철이 포함되지 않는 $SnCl_2 \cdot 2H_2O$ 1.50 g을 1 : 2 염산 10 mL에 녹인 용액이고, 이 속에 주석 금속조각을 넣어서 공기산화를 막아 준다.

Zimmermann-Reinhardt 용액 : $MnSO_4 \cdot 4H_2O$ 70 g을 500 mL의 물에 녹인 후 여기에 진한 황산 125 mL를 저으면서 가하고, 85 % 인산 125 mL를 가하여 물로 묽혀 1 L가 되게 한다.

1. 곱게 빻은 철광석 가루 또는 시멘트 가루를 105 ℃에서 1시간 동안 말려 시료 0.40 g 정도를 정확히 달아 비커에 넣는다. 진한 염산 10 mL와 물 10 mL를 가하면서 천천히 가열하여 흰 모래만 남을 때까지 계속 철을 추출한다. 비커 바닥에 검은 찌꺼기가 남으면 진한 질산 몇 방울을 가한 다음 계속 가열한다.

2. 6 M 염산을 보충하면서 이 시료용액의 부피를 20 mL 정도로 유지하고, 이것을 끓인 다음 염화주석(II)용액을 조심스럽게 저으면서 한 방울씩 가한다. 철(III)의 노란색이 없어지면 1~2방울만 더 가한다.

3. 이 용액을 실온까지 식히고, 남아 있는 주석(II)를 주석(IV)로 산화시키기 위해 10 mL의 염화수은(II)용액을 한꺼번에 빨리 가하고 젓는다. 이때 얻은 침전인 염화수은(I)는 흰색의 은실과 같은 침전이어야 한다. 만약 이것이 회색을 띠게 되면 수은금속이 석출되었기 때문이므로 이 시료용액은 버려야 한다.

4. 1~2분 후 물 200 mL를 가하고, Zimmermann-Reinhardt 용액 25 mL를 가한 다음 실험 11 I-2에서 표정한 과망간산칼륨 표준용액으로 천천히 분홍색을 띨 때까지 적정한다.

5. 시료중의 Fe와 Fe_2O_3의 함유량을 구한다. 정확한 실험을 위해 모든 실험의 과정을 통해 바탕시험을 하고, 측정값을 보정해 준다.

실험 예제 11 I − 3

0.4520 g의 철광석 가루를 녹여 0.0146 M $KMnO_4$ 표준용액으로 적정하였더니 40.22 mL가 소비되었다. Fe 및 Fe_2O_3의 함유량(%)을 구하라.

풀이 적가 $KMnO_4$의 mmol $= 40.22\ \text{mL}\ KMnO_4 \times \dfrac{0.0146\ \text{mmol}\ KMnO_4}{\text{mL}\ KMnO_4}$

$KMnO_4$ 1 mol은 Fe^{2+} 5 mol에 해당한다.

$$\text{Fe의 mmol} = 40.22 \times 0.0146\ \text{mmol}\ KMnO_4 \times \frac{5\ \text{mmol Fe}}{1\ \text{mmol}\ KMnO_4}$$

$$\text{Fe(Mw} = 55.847\text{)의 무게 g} = 40.22 \times 0.0146 \times 5\ \text{mmol Fe} \times \frac{0.05584\ \text{g Fe}}{1\ \text{mmol Fe}}$$

$$\text{Fe의 함유량(\%)} = \frac{40.22 \times 0.0146 \times 5 \times 0.05584\ \text{g Fe}}{0.4520\ \text{g 시료}} \times 100 = 36.27\ \%$$

$KMnO_2$ 2 mol은 Fe_2O_3 5 mol에 해당한다.

$$Fe_2O_3\text{(Mw} = 159.69\text{)의 함유량(\%)} = \frac{40.22 \times 0.0146 \times \frac{5}{2} \times 0.15969\text{g}\ Fe_2O_3}{0.4520\ \text{g 시료}} \times 100$$

$$= 51.83\ \%$$

실험방법 II Jones 환원관을 이용하는 방법

실험과정

시약 : 순수한 아연(20∼30 mesh), $Hg(NO_3)_2$ 또는 $HgCl_2$, 황산, KSCN, 인산

기구 : 지름이 2 cm인 유리관(길이 40 cm)

(1) Jones 환원관 만들기

11 E − 3절을 참고하도록 한다. 아말감된 아연을 만들 때 철, 비소와 같은 불순물이 포함되지 않은 아연입자 300 g 정도를 비커에 넣고 1 M 염산과 1분간 작용시키고 염산을 증류수로 씻어낸 다음 질산수은(II) 또는 염화수은(II) 2 % 용액을 가하여 반응시킨다. 5∼10분간 잘 젓고, 용액을 따라낸 다음 증류수로 2∼3회 씻는다. 아연 표면은 수은으로 덮여 은빛을 내게 된다.

그림 11 − 3과 같은 길이 40 cm, 지름 2 cm 정도의 유리관 바닥에 유리솜을 깔고 물을 채운 다음 아말감된 아연입자를 관 속에 천천히 가하여 30 cm 정도 길이로 채운다. 사용하지 않을 때에는 증류수로 채워 둔다.

(2) 염화이온이 없는 시료용액 만들기

실험방법 I − 1에서와 같이 만든 시료용액에서 염화이온을 제거하기 위해 1 : 1 H_2SO_4 15 mL를 가하여 후드에서 SO_3 기체가 나올 때까지 끓인 다음 식혀서 증류수 100 mL를 천천히 가한다. 많은 발열이 일어나기 때문에 처음에는 비커의 벽을 따라 한 방울씩 조심스럽게 가하도록 해야 한다.

(3) Jones 환원관에 의한 철의 환원

먼저 1 : 20 묽은 황산 30 mL씩을 환원관에 통해 2~3회 씻고, 깨끗한 삼각플라스크를 환원관 밑에 받친 다음 산성 시료용액을 환원관에 통과시킨다. 유속은 75 mL/min 정도가 좋다. 이때 액면이 아연면보다 밑으로 내려가지 않도록 주의한다. 이것이 끝나면 1 : 20 황산을 10 mL씩 가하여 3회 씻고, 다시 증류수를 20 mL씩 가하여 3회 씻는다. 이 용액 한 방울과 티오시안산칼륨용액 한 방울을 반응시켜 $FeSCN^{2+}$의 붉은색이 생기지 않음을 확인하고 적정하는 단계로 들어간다. 환원관은 물로 채워서 공기와의 접촉을 막는다.

시료를 환원관에서 들어내어 85 % H_3PO_4 5 mL를 가하고, $KMnO_4$의 표준용액으로 적정한다. 시료용액과 똑같은 방법으로 환원관을 통과시킨 산용액에 대하여 바탕시험을 하여 보정해 준다. 시료 철광석중의 Fe 및 Fe_2O_3의 함유량을 구한다.

실험 11 I − 5 과망간산법 적정에 의한 칼슘 정량

실험개요

칼슘 시료에 염산을 가한 다음 가열하면서 녹인 후 산성에서 침전제 옥살산암모늄을 가하여 천천히 암모니아수로 중화시켜 침전을 얻어 거르고, 이 침전을 황산에 녹여 높은 온도에서 과망간산 표준용액으로 옥살산을 적정한다.

$$2\,MnO_4^- + 5\,C_2O_4^{2-} + 16\,H^+ \rightleftharpoons 2\,Mn^{2+} + 10\,CO_2 + 8\,H_2O$$

유의사항

실험 3 F − 6 칼슘의 정량법을 참조하도록 한다.

칼슘과 옥살산은 화학량론적으로 1 : 1로 옥살산칼슘 침전을 만든다. 이것을 뜨겁고 묽은 황산에 녹인다. 이때 녹아서 나온 옥살산을 과망간산 표준용액으로 적정하여 칼슘을 정량할 수 있다.

이 칼슘 정량은 무게법 분석에 비해 빠르고 편리한 방법이다. 칼슘이온과 옥살산이온을 반응시킬 때 잘못하면 침전에 수산화칼슘 또는 옥살산이 불순물로 포함되어 나오고, 이에 따라 적정으로 얻는 칼슘의 함유량은 부의 또는 정의 오차를 가지게 된다. 보통은 묽은 염산용액에서 칼슘과 옥살산을 반응시키고, 이 용액에 묽은 암모니아수를 서서히 가하여 침전을 만들면 비교적 화학량론적 화합물에 가까운 침전을 얻을 수 있다. 이 경우에 공침되는 옥살산암모늄 때문에 결과는 다소 정의 오차를 가져오는데, 옥살산칼슘의 용해도 때문에 생기는 부의 오차와 서로 상쇄되므로 좋은 결과를 얻을 수 있다.

실험과정

기구 : 유리 거르개, 전기건조기

시약 : 염산, 옥살산암모늄, 메틸오렌지, 암모니아수, 황산, 석회석 가루(시료)

1. 곱게 빻은 석회석 가루 시료를 105 ℃의 전기오븐에서 1시간 말리고, 0.3~0.4 g 정도를 정확히 달아 250 mL들이 비커에서 물 5 mL와 진한 염산 10 mL를 가하여 완전히 분해될 때까지 가열한다. 찌꺼기가 있으면 거름종이로 걸러낸다.
2. 물을 가하여 50 mL가 되도록 묽히고 일단 끓인 다음, 뜨거운 5 % 옥살산암모늄용액 100 mL를 가한다. 메틸오렌지 2~3방울을 가하고, 80 ℃ 정도에서 잘 저어가면서 1 : 1 암모니아수를 5~10분에 걸쳐 천천히 한 방울씩 떨어뜨린다. 노란색이 되는 pH 4 정도에서 용액을 30분 정도 조용히 방치한다.
3. 유리 거르개로 침전을 거르고, 침전을 조금씩 사용하여 염화이온이 검출되지 않을 때까지 잘 씻는다.
4. 이 침전을 1 : 8의 묽은 황산과 뜨거운 묽은 황산으로 녹이고 씻어 비커에 받고, 전체 용액 부피가 50 mL 정도 되게 묽힌다.
5. 이 용액을 물로 묽혀서 황산의 농도가 1~1.5 M이 되도록 하고, 80 ℃로 가열하여 0.1 M 과망간산칼륨 표준용액으로 천천히 붉은색을 띨 때까지 적정한다.
6. 시료중의 CaO의 함유량을 계산한다.

실험 11 I－6 철광석에 포함된 철의 중크롬산법 적정

실험개요

시료를 염산에 녹여 염화주석(II)으로 철(III)를 환원시키고, 염화수은(II)용액을 가하여 반응하고 남은 주석(II)를 산화시킨다. 황산과 인산을 가하고 지시약을 사용하여 중크롬산 표준용액으로 적정한다.

유의사항

11 D－2절의 중크롬산칼륨을 참조하도록 한다.

중크롬산칼륨은 물에서 두 번 재결정하여 가루로 만들고, 150~200 ℃에서 말려 순수한 것을 얻는다. 중크롬산용액은 대단히 안정하고 산성에서 끓여도 변화가 없으나, 염산용액에서 끓이면 염화이온의 산화가 일어난다. 그러나 실온에서 1~2 M보다 묽은 염산용액에서는 염소 발생없이 중크롬산으로 철(II)를 적정할 수 있다.

$$Cr_2O_7^{2-} + 6Fe^{2+} + 14H^+ \rightleftharpoons 2Cr^{3+} + 6Fe^{3+} + 7H_2O$$

종말점 검출에 술폰산디페닐아민의 나트륨염, 디페닐벤지딘, 펜안트롤린철(II) 등의 지시약을 이용할 수 있다. 그리고 인산을 가하면 철(III)와 안정한 착물을 만들기 때문에 철의 환원전위가 낮아져서 철(II)가 쉽게 산화되고, 종말점이 선명해진다.

실험과정

시약 : 5 % 염화수은(II), 황산, 염화주석(II)용액, 인산, 염산

지시약 : 0.2 % 술폰산디페닐아민나트륨염의 수용액

(1) 0.2 M 중크롬산 표준용액

150 ℃에서 2시간 동안 잘 말린 순수한 중크롬산칼륨 $K_2Cr_2O_7$ 5.0 g 정도를 정확히 달아 물에 녹여 1 L들이 메스플라스크에 옮긴 다음 증류수를 가하여 표선까지 묽힌다. 녹인 용질의 무게로부터 정확한 농도를 계산한다.

(2) 철시료의 적정

1. 실험 11 I－4의 실험방법 I 에서와 같이 시료를 녹이고, 염화주석(II)을 조심스럽게 가하여 철(III)를 환원시킨 다음 염화수은(II) 10 mL를 한 번에 빨리 가한다.

2. 물 200 mL, 1.5 M 황산 10 mL, 8.5 % 인산 5 mL를 가하고, 술폰산디페닐아민 지시약 5～6방울을 가한 다음 0.1 M 중크롬산 표준용액으로 저으면서 천천히 적정한다. 용액이 순수한 청색에서 검은 청색으로 변하면 더 천천히 적가하고, 보라색을 띠게 되면 적정을 중지한다. 바탕시험을 하여 보정한다.

3. Fe 및 Fe_2O_3의 함유량을 계산한다.

실험 예제 11 I－4

0.5500 g 철광석에 0.0125 M $K_2Cr_2O_7$ 표준용액 45.70 mL가 적가되었다. Fe 및 Fe_2O_3의 함유량을 구하라.

풀이 Fe(Mw = 55.847)의 함유량(%)

$$= 45.70\ \text{mL } K_2Cr_2O_7 \times \frac{0.0125\ \text{mmol } K_2Cr_2O_7}{\text{mL } K_2Cr_2O_7} \times \frac{6\ \text{mmol } Fe^{2+}}{1\ \text{mmol } K_2Cr_2O_7} \times \frac{0.055847\ \text{g Fe}}{\text{mmol Fe}} \times \frac{1}{0.5500\ \text{g 시료}} \times 100 = 34.80\ \%$$

Fe_2O_3(Mw = 159.69)의 함유량(%)

$$= 45.70\ \text{mL } K_2Cr_2O_7 \times \frac{0.0125\ \text{mmol } K_2Cr_2O_7}{\text{mL } K_2Cr_2O_7} \times \frac{3\ \text{mmol } Fe_2O_3}{1\ \text{mmol } K_2Cr_2O_7} \times \frac{0.15969\ \text{g } Fe_2O_3}{\text{mmol } Fe_2O_3} \times \frac{1}{0.5500\ \text{g 시료}} \times 100 = 49.75\ \%$$

실험 11 I－7 황산세륨(IV)법에 의한 철의 적정

실험개요

세륨(IV)는 다음과 같이 철을 적정할 수 있다. 11 D－1절의 세륨과 11 A－1절을 참조하도록 한다.

$$Ce^{4+} + Fe^{2+} \rightleftharpoons Ce^{3+} + Fe^{3+}$$

유의사항

황산세륨(Ⅳ)법 적정은 과망간산법이 사용될 수 있는 실험에는 일반적으로 모두 사용할 수 있다. 세륨(Ⅳ) 표준용액은 과망간산용액보다 여러 가지로 좋은 점을 가졌다. 즉 안정하고, 끓는 황산용액에서도 적정할 수 있다. 그러나 뜨거운 염산용액에서는 염화이온이 산화된다. 그러나 실온에서는 염산용액에서도 철(II)를 적정할 수 있다.

$$Ce^{4+} + Fe^{2+} \rightleftharpoons Ce^{3+} + Fe^{3+}$$

세륨(Ⅳ)이온은 플루오르화이온과 안정한 착물을 만들고, 약한 산성용액에서는 침전이 생긴다. 그러므로 플루오르화이온은 세륨(Ⅳ)법 적정에 방해된다. 철(II)-펜안트롤린 착물이 지시약으로 가장 많이 사용되고, 술폰산디페닐아민염도 지시약으로 사용된다. 무색용액에서는 자체 지시약으로 사용된다.

실험과정

시약 : $Ce(SO_4)_2 \cdot 2(NH_4)_2SO_4 \cdot 2H_2O$, 황산, As_2O_3, NaOH, OsO_4

철(II)-펜안트롤린 지시약 : $FeSO_4 \cdot 7H_2O$ 0.695 g을 포함하는 수용액 100 mL에 1.485 g의 펜안트롤린을 녹여서 만든다.

(1) 0.1 M Ce(Ⅳ) 용액 만들기

1. 물 50 mL에 진한 황산 30 mL를 천천히 저으면서 가하고, 여기에 63 g 정도의 $Ce(SO_4)_2 \cdot 2(NH_4)_2SO_4 \cdot 2H_2O$ 결정을 녹인 다음 식혀서 흐린 것을 걸러내고 물로 1 L가 되도록 묽힌다.

2. 110 ℃에 1시간 정도 말린 순수한 삼산화비소 표준물질 As_2O_3 0.20 g 정도를 정확히 달아 삼각플라스크에 넣고, 2 M의 수산화나트륨용액 15 mL를 가하여 녹인다. 조금 가열하면 잘 녹는다. 실온에서 식혀 1 : 5 황산 25 mL를 가하고, 물로 100 mL 정도로 묽힌 후 0.01 M 사산화오스뮴 OsO_4 용액 3방울을 촉매로 가하여 철(II)-펜안트롤린 지시약을 한 방울 가하고 과정 1에서 만든 세륨(Ⅳ)용액으로 적정한다. 용액이 주홍색에서 무색 또는 연한 청색으로 될 때까지 적정한다.

(2) 철시료의 적정

실험 11 I－6 실험과정 (2)에서와 같이 철 시료용액을 준비하고, 위에서 만든 0.1 M Ce(Ⅳ) 표준용액으로 적정하여 Fe_2O_3의 함유량을 계산한다.

실험 11 I－8 0.1M 요오드 표준용액 만들기

실험개요

요오드를 요오드화칼륨용액에 녹여 대략 0.1 M 용액을 만들고, 아비산을 일차 표준물로 사용하여 표정한다. 11 G－1절의 요오드의 성질 및 11 G－6절의 요오드용액의 표정법을 참조하기 바란다.

유의사항

요오드는 승화하는 성질을 가지고 있으며, 대단히 순수한 것을 시중에서 얻을 수 있다. 그러나 실온에서 휘발하기 쉬우므로 무게를 달고 취급하는 데 많은 주의를 해야 한다. 일반적으로 삼요오드화이온의 표준용액은 대략 원하는 농도의 용액을 만들어 놓고 삼산화비소 As_2O_3를 일차 표준물로 사용하여 표정하는 방법을 이용한다. 이때 녹말용액은 종말점의 변색을 선명하게 해준다.

요오드 표준용액은 많은 요오드화칼륨을 가하여 만든 다음 차가운 데서 병뚜껑을 잘 막아 보관하고, 때때로 표정하여 사용하도록 한다. 요오드 표준용액이 불안정한 또 한 가지 이유는 용액중의 요오드화이온이 공기중의 산소에 의하여 산화되는 현상 때문이다. 산성용액에서는 이 반응이 더 잘 진행된다. 또 온도와 햇빛이 이 반응을 촉진시킨다. 그리고 요오드법 적정에는 뚜껑이 있는 삼각플라스크를 사용하도록 한다.

실험과정

기구 : 적정장치, 갈색 시약병, 메스플라스크(500 mL들이), 뚜껑이 있는 삼각플라스크

시약 : 요오드, 요오드화칼륨, As_2O_3, 황산, 염산, 탄산수소나트륨, 수산화나트륨, 산화칼슘

녹말 지시약 만들기 : 2 g의 가용성 녹말과 방부제로서 100 mg의 HgI_2를 적은 양의 물에 반죽하고, 1 L의 끓는물을 조금씩 가한다. 그리고 맑은 용액을 얻을 때까지 가열한 다음 식혀서 병에 넣어 보관한다. 보통 100 mL의 적정액에 대하여 5 mL 정도씩 가한다.

(1) 0.1 M 요오드용액 만들기

순수한 요오드 12.7 g 정도를 비커에 취하고, 순수한 요오드화칼륨 KI 40 g을 가한 다음 물 25 mL로 녹인다. 그리고 대략 1 L 정도로 묽혀서 유리 뚜껑을 닫은 갈색병에 넣어 차가운 그늘에 보관한다.

(2) 0.1 M 아비산 표준용액 만들기

건조시킨 순수한 삼산화비소 As_2O_3 2.47 g 정도를 정확히 달아 1 M 수산화나트륨용액 20 mL에 녹이고, 1 M 황산 또는 염산용액을 가하여 약한 산성이 되도록 하여 500 mL들이 메스플라스크에 옮겨서 물로 표선까지 묽히고, 정확한 농도를 계산한다.

(3) 0.1 M 요오드용액의 표정

0.1 M 아비산 1차 표준용액 25 mL를 피펫으로 정확히 취하여 250 mL들이 삼각플라스크에 넣는다. 물 50 mL, 탄산수소나트륨 $NaHCO_3$ 2 g을 가하고 녹말용액 3 mL를 가한 다음 요오드용액으로 청색을 띨 때까지 적정한다.

실험 11I-9 티오황산 표준용액 만들기

실험개요

티오황산나트륨염 $Na_2S_2O_3 \cdot 5H_2O$는 조해성 물질이다. 따라서 대략 원하는 용액을 만든 다음 중크롬산칼륨, 요오드산칼륨과 같은 일차 표준물을 사용하여 표정한다. 11G-7절의 티오황산을 참조하도록 한다.

유의사항

티오황산용액은 산성용액에서 불안정하고, 1M 염산용액에서 1~2분만에 콜로이드질 황을 석출한다.

$$S_2O_3^{2-} + H^+ \rightleftharpoons HS_2O_3^- \rightleftharpoons S + HSO_3^-$$

또 공기중에 있는 어떤 종류의 박테리아는 티오황산을 분해하여 황, 아황산, 황산 등으로 만든다. 그러므로 물은 미리 잘 끓여서 사용해야 한다. 또 방부제로 수은(II), 클로로포름과 같은 것을 첨가하여 사용하고 있다.

표준용액은 사용할 때마다 표정하여 사용하는 것이 가장 좋다. 티오황산용액을 표정하는 데에는 요오드산칼륨, 브롬산칼륨, 중크롬산칼륨 등이 일차 표준물로 많이 사용된다.

요오드산칼륨은 재결정하여 108℃에서 말린 것이 좋고, 산성용액에서 요오드화이온과 아래처럼 반응하여 정량적으로 요오드를 생성한다는 사실을 이용한다.

$$IO_3^- + 5I^- + 6H^+ \rightleftharpoons 3I_2 + 3H_2O$$

만약 중크롬산칼륨을 일차 표준물로 이용하는 경우에는 다음 반응을 이용한다.

$$Cr_2O_7^{2-} + 6I^- + 14H^+ \rightleftharpoons 3I_2 + 2Cr^{3+} + 7H_2O$$

이렇게 정량적으로 생성된 요오드는 산성용액에서 티오황산과 반응하여 다음과 같이 테트라티오황산을 만든다. 이 경우에는 1 mol의 티오황산이 1당량에 해당하는 반응을 한다.

$$2S_2O_3^{2-} + I_2 \rightleftharpoons S_4O_6^{2-} + 2I^-$$

그러나 염기성에서 일부 티오황산은 다음과 같이 황산으로 된다. 이 경우에 1 mol의 티오황산은 8당량에 해당하는 반응을 하게 된다.

$$S_2O_3^{2-} + 4I_2 + 10OH^- \rightleftharpoons 2SO_4^{2-} + 8I^- + 5H_2O$$

그러므로 염기성용액에서는 오차가 생긴다. 만약 중성에서 적정할 필요가 있을 때에는 완충용액을 사용하고, pH 7.6 이하에서 적정해야 한다.

실험과정

시약 : 황산, 염산, 순수한 요오드산칼륨, 요오드화칼슘, $Na_2S_2O_3 \cdot 5H_2O$, 탄산나트륨, 녹말 지시약(실험 11I－8 참조)

(1) 0.1M 티오황산용액

끓여서 식힌 1L의 물에 $Na_2S_2O_3 \cdot 5H_2O$ 25g을 녹이고, 0.1g의 탄산나트륨을 가하여 잘 저은 다음 깨끗한 병에 넣어 마개를 한다.

(2) 표정법

순수한 요오드산칼륨 0.14～0.15g을 정확히 달아 삼각플라스크에서 85mL의 물에 녹인 다음 순수한 요오드화칼륨 2g을 가하고, 10mL의 1M 황산 또는 염산을 가하면 다음 반응이 일어난다.

$$IO_3^- + 5I^- + 6H^+ \rightleftharpoons 3I_2 + 3H_2O$$

위에서 만든 티오황산용액으로 잘 저으면서 적정한다. 용액의 색이 연한 노란색으로 될 무렵에 3mL 정도의 녹말용액을 가하여 청색이 무색으로 될 때까지 적정한다.

실험 11I－10 표백분의 유효 염소의 정량

실험개요

시료 표백분 용액에 요오드화칼륨을 가하여 산성으로 만든다. 이때 생성된 요오드를 티오황산 표준용액으로 적정한다.

유의사항

표백분은 보통 CaCl(OCl)과 같은 화학식으로 표시하고 있다. 표백분의 활성 성분은 하이포아염소산이고, 이것이 표백작용을 한다. 그리고 표백분에서는 염화칼슘, 염소산칼슘, 산화칼슘 등이 조금씩 포함되어 있다.

표백분이 산과 작용하면 염소가 발생한다.

$$CaCl(OCl) + 2H^+ \rightleftharpoons Ca^{2+} + Cl_2 + H_2O$$

이렇게 발생하는 염소의 양으로 표백분의 품질을 평가한다. 표백분 시료용액에 요오드화칼륨과 산을 가하면 다음과 같은 반응이 일어난다.

$$OCl^- + 2I^- + 2H^+ \rightleftharpoons Cl^- + I_2 + H_2O$$

이때 생생된 요오드의 양이 바로 유효 염소의 당량에 해당한다. 이 경우에 보통 아세트산을 사용한다. 이렇게 비교적 약한 산에서도 위의 반응은 빨리 일어난다.

표백분을 습기있는 곳에 두면 아염소산과 염소산으로 변하는 경우가 있고, 아염소산이온 ClO_2^-는 산성용액에서 요오드화이온을 다음과 같이 산화시킨다.

$$ClO_2^- + 4I^- + 4H^+ \rightleftharpoons 2I_2 + Cl^- + 2H_2O$$

이 반응은 아세트산용액에서는 대단히 느리게 일어나지만, 황산용액에서는 빠르게 일어난다. 그러므로 아염소산을 포함하는 표백분을 분석하는 경우에 황산을 사용하면 선명한 종말점을 얻을 수 있다.

아비산법을 이용하는 경우에는 다음 반응이 일어난다.

$$2OCl^- + As_2O_3 \rightleftharpoons As_2O_5 + 2Cl^-$$

이 경우에 하이포아염소산이 대단히 센 산화제이기 때문에 적당한 지시약을 구하기가 어렵다. 요오드-녹말 시험지를 사용하는 외부 지시약법을 이용하는 것이 좋다.

실험과정

기구 : 적정장치, 막자사발, 메스플라스크(500 mL 들이), 피펫(50 mL 들이)

시약 : 표백분, 황산, 티오황산나트륨 표준용액, 요오드화칼륨

1. 표백분 시료 5 g 정도를 정확히 달아 막자사발에서 물을 조금씩 가하면서 빻아 덩어리를 푼다. 이 혼합물을 500 mL 들이 메스플라스크에 옮기고, 잘 흔들면서 물로 표선까지 묽힌다.
2. 이 혼합물 50 mL를 피펫으로 삼각플라스크에 취하고 150 mL의 물을 가한다. 요오드화칼륨 2 g을 가하고, 다시 2 M 황산 15 mL를 가한다. 티오황산 표준용액으로 적정한다. 차차 요오드의 노란색이 연해지면 녹말 지시약 5 mL를 가하고, 무색이 될 때까지 적정을 계속한다.
3. 시료중의 유효 염소 백분율을 계산한다.

실험 11 I - 11 식용 소금중의 요오드화물 정량

실험개요

시료중의 요오드화이온을 산화제인 브롬으로 산화시켜 요오드산으로 만들고, 여기에 새로이 순수한 요오드화칼륨을 가하여 생성된 요오드를 티오황산 표준용액으로 적정한다.

유의사항

요오드화이온을 중성 또는 약한 산성용액에서 염소 또는 브롬과 반응시키면 정량적으로 요오드산으로 산화된다.

$$2I^- + 6Cl_2 + 6H_2O \rightleftharpoons 2IO_3^- + 12Cl^- + 12H^+$$

반응하고 남은 염소나 브롬은 끓이거나 페놀 아닐린을 가한 다음 흔들어 제거한다. 이렇게 생성된 요오드산을 요오드화법으로 정량한다. 즉 여기에 요오드화이온을 가하면 다음 반응이 일어난다.

$$IO_3^- + 5I^- + 6H^+ \rightleftharpoons 3I_2 + 3H_2O$$

여기서 생성된 I_2를 티오황산 표준용액으로 적정한다. 이렇게 하여 시료중의 1 mol의 요오드화물은 1 mol의 요오드산, 즉 6당량의 요오드를 생성하게 된다. 그러므로 시료중에 적은 양의 요오드화물이 포함되어 있는 경우에도 많은 요오드를 얻고, 따라서 정밀도가 높아진다.

시중에 판매되고 있는 식용 소금에는 0.02 % 정도의 적은 양의 요오드화칼륨이 포함되어 있다. 이것을 정량할 때에는 아래와 같은 방법이 유효하다.

실험과정

시약 : 식용 소금(미량의 KI 포함), 메틸오렌지, 황산, 브롬수, KI, 녹말용액, 티오황산 표준용액

1. 요오드화칼륨을 미량 포함하는 식용 소금 5 g 정도를 정확히 달아 삼각플라스크에서 100 mL 물에 녹인 다음, 메틸오렌지 지시약 한 방울을 가한다. 여기에 1 M 황산을 붉은색으로 변할 때까지 가하고, 2 mL를 더 가한다.
2. 브롬수를 용액이 노란색으로 될 때까지 천천히 가한다. 몇 개의 끓임쪽을 넣고, 용액에 녹아 있는 브롬의 노란색이 없어질 때까지 끓인다.
3. 이것을 식혀 그릇 벽을 씻은 다음 0.2 g의 요오드화칼륨과 녹말용액 2 mL 정도를 가하고, 내용물을 잘 섞는다. 생성된 요오드를 티오황산 표준용액으로 적정한다.
4. 시료중의 요오드화칼륨의 백분율을 계산한다.

실험 11 I – 12 구리 광석의 정량분석

실험개요

중성 또는 약한 산성용액에서 구리(II)는 요오드화이온과 반응하여 다음과 같이 난용성 요오드화구리와 요오드를 생성한다.

$$2Cu^{2+} + 4I^- \rightleftharpoons 2CuI + I_2$$

생성된 요오드를 티오황산 표준용액으로 적정하면 구리를 정량할 수 있다.

유의사항

이 정량법은 정확하고 빠르며, 다른 물질에 의한 방해를 적게 받는 매우 좋은 방법이다. 이때 요오드화이온을 충분히 가해 주어야 한다. 용액의 pH가 너무 크면 반응속도가 느리고, pH가 너무 작으면 요오드화이온의 공기 산화가 빠르다. 그러므로 적당한 완충용액을 이용한다.

구리 광석을 녹일 때에는 뜨거운 질산용액을 이용한다. 이 방법에 지장을 주는 것은 철, 비소, 안티몬이다. 철은 질산으로 처리할 때 철(Ⅲ)로 되고, 철(Ⅲ)는 요오드화이온을 산화하여 요오드를 생성한다.

$$2Fe^{3+} + 2I^- \rightleftharpoons 2Fe^{2+} + I_2$$

여기에 미리 피로인산 또는 플루오르화이온을 가하면 철(Ⅲ)와 안정한 착물을 만들고, 이것은 요오드화이온에 대한 철(Ⅲ)의 산화작용을 막는 가리움제 역할을 하게 된다. 동시에 완충용액을 만들기도 한다. 즉 플루오르화수소산과 플루오르화이온을 가하면 용액은 pH 3.3~4에 유지된다. 또 광석중의 비소(Ⅲ)와 안티몬(Ⅲ)는 요오드에 대하여 환원작용을 한다. 그러나 시료를 녹일 때 사용하는 질산에 의하여 이들은 산화되어 비소(Ⅴ) 및 안티몬(Ⅴ) 상태에 있다. pH 3.5 이상인 용액에서 비산(Ⅴ)와 안티몬(Ⅴ)는 요오드화이온을 산화시킬 수 없다.

실험과정

시약 : 암모니아수, 질산, 플루오르화수소암모늄, 요오드화칼륨, 티오황산 표준용액, 녹말 지시약 용액(실험 11Ⅰ-8 실험과정 참조)

1. 곱게 빻은 시료가루 1 g 정도를 정확히 달아 150 mL들이 삼각플라스크에 넣고, 질산 15 mL를 가한 다음 완전히 녹인다. 황산 5 mL를 가한 다음 황산의 흰 연기가 나올 때까지 가열, 증발하여 질소 산화물을 날려 보낸다. 물 25 mL를 가하여 가용성 염을 모두 녹인다.

2. 찌꺼기를 거름종이로 거르고, 거른액을 삼각플라스크에 받아 뜨거운 1 % 황산으로 찌꺼기를 잘 씻어 거른액을 20 mL까지 증발시킨 다음 식한다. 여기에 묽은 암모니아수를 한 방울씩 가하여 모든 철을 침전시킨다. 그러나 너무 과량을 가하면 안 된다. 암모니아 냄새가 조금 날 때까지 암모니아수를 가하는 것이 좋다.

3. 플루오르화수소암모늄 2.0 g을 가한 다음 잘 흔들어 수산화철(Ⅲ) 침전을 녹이고, 여기에 요오드화칼륨 3 g을 가한다. 이때 생성된 요오드를 0.1 M 티오황산 표준용액으로 적정한다. 종말점이 가까워졌을 때 0.2 % 녹말용액 3 mL 정도를 가한다. 그리고 청색이 연한 노란색으로 될 때까지 적정한다.

실험 11 I − 13 8 − 히드록시퀴놀린의 브롬산법 적정을 이용하는 마그네슘의 정량

실험개요

마그네슘을 유기침전제 8-히드록시퀴놀린으로 침전시키고(표 3 − 7 참조), 이 침전을 산에 녹여 브롬산 표준용액으로 8-히드록시퀴놀린을 적정하여 마그네슘을 정량하는 방법이다(11 G − 2 참조).

유의사항

8-히드록시퀴놀린과 같은 금속의 침전제를 사용하는 경우에는 시료용액을 적당한 pH 범위로 유지해 주도록 유의해야 한다. 마그네슘의 경우에는 pH 9.5～13 정도가 가장 적당하고, 이때 생성되는 침전을 105 ℃에서 건조시키면 $Mg(C_9H_6ON)_2 \cdot 2H_2O$와 같은 것을 얻는다. 그리고 알칼리 금속 이외의 다른 금속은 모두 방해작용을 한다. 칼슘이 소량 있을 때에는 방해하지 않지만, 역시 재침전하도록 한다.

침전을 산에 녹일 때 생성된 8-히드록시퀴놀린에 브롬화칼륨과 브롬산을 가하면 반응 11 12로 생성된 브롬 Br_2가 반응 11 − 13에서와 같이 8-히드록시퀴놀린에 첨가된다. 이렇게 브롬산으로 직접 적정하는 경우에는 종말점이 선명하지 않기 때문에 브롬산을 과량으로 가하고, 반응하고 남는 브롬을 티오황산 표준용액으로 역적정하는 것이 더 좋다.

실험과정

기구 : 유리 거르개, 뚜껑이 있는 삼각플라스크

시약 : 염화암모늄, 0.02 % *o*-크리졸프탈렌 알코올용액, 암모니아, 5 % 8-히드록시퀴놀린, 2 M 아세트산용액, 염산브롬화칼륨, 브롬산칼륨, 0.1 M 리오황산나트륨 표준용액

0.1 M 브롬산칼륨 표준용액 : 150 ℃에서 잘 말린 브롬산칼륨 2.8 g 정도를 정확히 달아서 물에 녹여 1 L들이 메스플라스크에 옮기고, 물을 가하여 표선까지 묽힌다.

1. 마그네슘을 10 mg 정도 포함하는 시료용액 100 mL에 2 g의 염화암모늄, 0.02 %의 *o*-크리졸프탈렌, 알코올용액 0.5 mL를 가하고, 1 M 암모니아수를 보라색을 띨 때까지 가한 다음 2～3 mL 더 가한다(pH 9.5).

이 용액을 70～80 ℃로 가열하여 5 % 8-히드록시퀴놀린과 2 M 아세트산용액을 잘 저으면서 적가하여 용액이 노란색을 띨 때까지 가한다.

물중탕에서 30분 정도 익히고, 뜨거운 용액을 유리 거르개로 거른다. 그리고 따뜻한 물 50 mL로 씻는다.

2. 유리 거르개에 있는 침전을 2～2.5 M 염산으로 녹여서 정량적으로 유리 뚜껑이 있는 삼각플라스크에 옮긴 다음, 용액의 부피가 50～75 mL가 되도록 묽힌다. 여기에 1 g 정도의 브롬화칼륨과 0.1 % 메틸레드 2～3방울을 가하고 브롬산 표준용액으로 천천히 잘 저으면

서 적정한다. 붉은색이 노란색으로 되면 중지한다. 이때 브롬이 다소 여분으로 남아 있도록 브롬산칼륨을 여분으로 충분히 적가한다. 그리고 적가량을 정확히 기록한다.

3. 플라스크의 뚜껑을 닫고 2분 정도 두었다가 1 g 정도의 요오드화칼륨을 다시 가하고, 생성된 요오드는 녹말 지시약을 이용하여 0.1 M 티오황산나트륨 표준용액으로 역적정한다.

실험 III－14 Karl Fisher 물 적정법

실험개요

유기용매중의 수분을 Karl Fisher(칼 피셔) 시약으로 적정한다.

유의사항

1935년 Fisher는 요오드법에 의한 물의 정량 방법을 제의하였다. 이 방법은 유기용매 중에 있는 미량의 물을 정량하는 데 유효하게 이용되고 있다. 예를 들어 메틸알코올중의 물은 일정량의 요오드, 이산화황 및 피리딘을 포함하는 메틸알코올용액으로 적정하는데, 이 경우에 일어나는 반응은 다음과 같고, 1 mol의 요오드가 1 mol의 물과 반응한다.

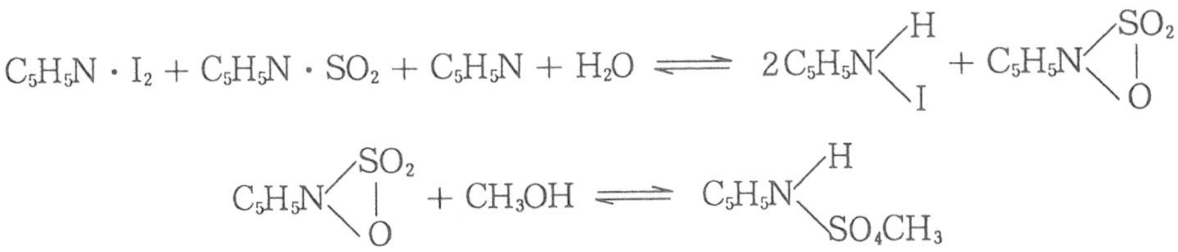

총괄적으로 보면 물 1 mol은 요오드, 이산화황, 메틸알코올 각 1 mol과 피리딘 3 mol을 필요로 한다.

Karl Fisher 시약은 물을 잘 흡수하기 때문에 이것을 담는 용기나 실험장치는 공기중의 수분을 잘 막아 주어야 하고, 사용할 때마다 표정하여 사용한다. 이 시약은 검은 갈색 용액으로, 물과 반응한 후에는 노란색으로 변한다. 그러므로 이 적정의 종말점을 구할 때에는 미리 종말점의 조성과 같은 용액을 만들어 놓고 그 색을 비교하는 방법을 이용한다. 그러나 전위차법이나 전류법 적정을 이용하는 경우가 많다.

실험과정

기구 : Karl Fisher 적정장치, 유리 마개병(1 L들이)

시약 : 승화시킨 요오드, 피리딘, 건조한 메틸알코올과 이산화황, 드라이아이스

(1) Karl Fisher 시약 만들기

건조한 1 L들이의 유리 뚜껑이 있는 병에 84.7 g(0.33 mol)의 순수한 요오드와 269 mL (3.3 mol)의 피리딘을 넣어 잘 흔들어 녹이고, 수분이 없는 메틸알코올 667 mL를 가한

다. 이 용액은 대단히 안정하다.

이 용액을 드라이아이스로 냉각시키고, 여기에 이산화황 64 g(1 mol)을 포집하여 잘 저어준다. 이때 수분이 포집되지 않도록 조심한다. 이렇게 만든 혼합액은 마개를 하여 실온으로 되게 한다. 그리고 2~3일이 지난 후에 사용한다. 이 용액 1 mL는 대략 물 3.5 mg에 해당한다.

이 표준용액은 일정량의 물을 포함하는 메틸알코올을 표준용액으로 사용하여 쓸 때마다 표준화한다.

(2) 물의 정량

물 2~15 g을 정확히 달아 건조한 1 L들이 메스플라스크에 취하고, 0.1 % 이하의 수분을 포함하는 메틸알코올을 가하여 표선까지 묽힌다.

이 시료용액을 10 mL씩 125 mL들이 삼각플라스크에 취하고 위의 Karl Fisher 시약으로 적정한다. 종말점의 조성과 같은 용액을 만들어 놓고 그 색깔을 비교한다. 용매로 사용한 메틸알코올의 같은 양을 취하여 바탕시험을 한다.

11 J 연습문제

11-1 다음 적정에서 당량점의 환원전위를 계산하라. 반응계의 처음 농도는 0.1 M이고, $[H^+]$는 1 M이다.

(a) $2Fe^{3+} + Sn^{2+} \rightleftharpoons 2Fe^{2+} + Sn^{4+}$

(b) $2Ce^{4+} + H_3AsO_3 + H_2O \rightleftharpoons 2Ce^{3+} + H_3AsO_4 + 2H^+$

(c) $2V^{3+} + Zn \rightleftharpoons 2V^{2+} + Zn^{2+}$

(d) $V(OH)_4^+ + Fe^{2+} + 2H^+ \rightleftharpoons VO^{2+} + Fe^{3+} + 3H_2O$

(e) $2Ce^{4+} + U^{4+} + 2H_2O \rightleftharpoons 2Ce^{3+} + UO_2^{2+} + 4H^+$

11-2 다음 적정에서 적가액이 10, 25, 49.9, 50.0, 50.1, 51.60 mL일 때 용액의 환원전위를 구하라. $[H^+] = 1$ M로 보고 계산하라.

(a) 0.1 M Sn^{2+} 50 mL를 0.1 M Fe^{3+}로 적정

(b) 0.1 M Cr^{2+} 50 mL를 0.1 M Fe^{3+}로 적정

(c) 0.1 M Ti^{3+} 50 mL를 0.1 M Fe^{3+}로 적정

(d) 0.1 M Sn^{2+} 50 mL를 0.1 M I_3^-로 적정

11-3 문제 11-2의 적정에 각각 알맞는 지시약의 예를 들어라.

11-4 문제 11-2의 적정의 당량점에서 각 화학종의 농도를 구하라.

11-5 철광석 시료 0.7100 g을 녹여 아연 아말감으로 환원시킨 다음 $KMnO_4$ 용액(1 mL = 0.006700 g $Na_2C_2O_4$에 상당)으로 적정하였을 때 48.06 mL가 필요했다. 철광석 시료 중의 Fe는 몇 %이며, 적가된 용액은 1 mL마다 $KMnO_4$가 몇 g 들어 있는가?

11－6 과망간산칼륨용액[이 용액으로 Fe(Ⅱ)를 Fe(Ⅲ)로 적정할 때 1 mL = 0.008378 g Fe에 상당] 14.05 mL를 H_2O_2로 적정할 때 H_2O_2는 몇 g이 필요한가?

11－7 칼슘을 $CaC_2O_4 \cdot H_2O$의 상태로 침전시켜 거르고 씻어서 묽은 황산에 녹인 다음 0.1000 M의 과망간산칼륨용액으로 적정하였을 때 1 mL마다 Ca, CaO, $CaCO_3$의 상당량(g)을 계산하라.

11－8 $FeSO_4 \cdot (NH_4)_2SO_4 \cdot 6H_2O$를 1.052 g 달아 황산세륨(Ⅳ)용액으로 적정하였을 때 26.73 mL가 필요했다.
(a) $Ce(SO_4)_2 \cdot 2(NH_4)_2SO_4 \cdot 2H_2O$는 750 mL의 물에 몇 g을 녹인 용액으로 적정하였는가?
(b) 750 mL의 용액을 1 L가 되게 묽히면 몇 노르말이 되는가?

11－9 KIO_3의 0.0400 M 용액을 다음과 같은 경우에 사용하면 각각 몇 노르말 용액으로 작용하는가?
(a) HCN과 I^-의 용액에서 산화제로 사용하는 경우
(b) I^-와 H^+가 공존할 때 I_2의 표준용액으로 이용되는 경우
(c) 산을 적정하는 표준물질로 사용하는 경우

11－10 페놀을 정량하기 위해 0.100 M $KBrO_3$ 25.0 mL와 여분의 KBr, 그리고 센 산을 가하였다. 이때 다음 반응이 일어난다.

$$BrO_3^- + 5Br^- + 6H^+ \rightleftharpoons 3Br_2 + 3H_2O$$
$$C_6H_5OH + 3Br_2 \rightleftharpoons C_6H_2Br_3OH + 3H^+ + 3Br^-$$

다음에 0.120 M H_3AsO_3 10.0 mL를 가하여 남아 있는 Br_2를 환원시키고, 남아 있는 아비산을 0.100 M $KBrO_3$로 적정하였더니 1.47 mL가 소비되었다. 시료중의 페놀의 mg수를 계산하라.

11－11 25.0 mL의 I_2 용액을 진한 염산용액에서 0.0200M KIO_3 용액으로 적정하니 19.30 mL가 적가되었다. 이때의 반응이 다음과 같다고 할 때 시료 I_2 용액의 몰농도를 계산하라.

$$IO_3^- + 2I_2 + 10Cl^- + 6H^+ \rightleftharpoons 5ICl_2^- + 3H_2O$$

11－12 중크롬산칼륨용액에 요오드화칼륨용액을 가한 다음 유리된 요오드를 적정할 때 0.1000 M의 티오황산나트륨용액이 48.80 mL 소비되었다. 용액중에 들어 있는 $K_2Cr_2O_7$은 몇 g인가?

11－13 Na_2HAsO_3, As_2O_5 및 다른 물질들이 섞여 있는 시료를 0.2500 g 달아 녹인 다음 $NaHCO_3$를 여분으로 녹인 용액에서 0.1030 M의 요오드 표준용액으로 적정하였을 때 15.80 mL가 소비되었다. 같은 양의 시료를 취하여 염산과 여분의 KI를 넣고 유리되는 요오드를 0.1300 M 티오황산나트륨용액으로 적정하였을 때 20.70 mL가 소비되었다. 시료중의 Na_2HAsO_3와 As_2O_5의 양을 계산하라.

제 12 장
전위차법 분석

12 A 전위차법 분석

12 A—1 전기화학 분석

전극전위는 전극반응에 관여하는 화학종의 표준전극전위 및 활동도(농도)와 깊은 관계를 가지며, 용액의 전기전도도는 녹아 있는 전해질의 농도에 관계하고, 전기분해에서 석출하는 물질량은 전기량에 비례한다.

이와 같이 물질과 전기와의 관계를 다루는 학문을 **전기화학**(electrochemistry)이라 하고, 이 원리를 물질의 화학분석에 이용하는 경우를 **전기화학 분석**(electrochemical analysis)이라고 한다. 전해질의 시료용액에 적당한 전극을 담그어 전기화학 전지를 만든 다음 전지전위를 측정하여 물질을 정량하는 방법을 **전위차법**(potentiometry), 전극 사이의 전기저항을 측정하는 방법을 **전도도법**(conductometry), 전극을 통해 흐르는 전기량을 측정하는 방법을 **전기량법**(coulometry), 전류를 측정하는 방법을 **전류법**(amperometry)이라고 한다. 이 밖에 2가지의 전기적 성질을 동시에 측정하여 분석하는 방법도 있는데, 이것이 전류와 전압의 관계를 측정하는 **전류-전압법**(voltametry)으로, 이 방법의 한 가지가 **폴라로그래피법**(polarography)이다.

12 A — 2 전위차법 분석

전극전위는 전극에 접하고 있는 산화제 또는 환원제의 표준환원전위와 활동도(농도)에 따라 결정된다. 그러므로 시료용액에 적당한 전극을 담그고, 이번에는 반대로 그 전극전위를 측정하면 원하는 화학종의 농도를 구할 수 있다.

전위차법에는 pH 미터의 경우와 같이 전지전위를 측정하여 그 값으로 직접 물질의 농도(수소이온 농도)를 구하는 **직접 전위차법**도 있지만, 적정 도중에 감소 또는 증가하는 화학종의 상대적 농도 변화에 따라 변하는 전극전위를 측정하여 이것으로 적정곡선을 작성하고, 이것으로 당량점을 구하여 물질을 정량하는 간접법도 있는데, 이 경우를 **전위차법 적정**(potentiometric titration)이라고 한다. 이 경우에는 직접법에서와 같이 반드시 정확한 전극전위값을 구할 필요가 없고, 상대적인 전극전위의 변화만을 측정하면 적정곡선을 얻을 수 있기 때문에 훨씬 편리한 분석방법이다.

12 B 기준전극

전위차법 분석에서는 보통 2가지 전극, 즉 지시전극과 기준전극이 필요하다. 측정하고자 하는 화학종의 활동도(농도)에 따라 그 전극전위가 변하는 전극을 **지시전극**(indicator electrode)이라고 한다. 지시전극의 전위는 공존하는 다른 이온의 방해를 받지 않고 측정하고자 하는 물질의 활동도만으로 빠르고 재현성 있게 결정되어야 한다.

이에 대하여 전극전위가 항상 일정한 값으로 머물러 있어 지시전극의 전위를 측정하는 데 대조전극으로 이용되는 것을 **기준전극**(reference electrode)이라고 한다.

12 B — 1 칼로멜 전극

칼로멜 전극(calomel electrode)은 대표적인 기준전극으로, 그림 12－1과 같이 금속 수은, 고체 염화수은(Ⅰ), 그리고 염화칼륨용액으로 되어 있다. 여기서는 편의상 활동도를 농도로 표시하기로 한다. 칼로멜은 염화수은(Ⅰ) Hg_2Cl_2를 일컫는 말이다.

칼로멜 반쪽 전지의 전극반응은 다음과 같으며, 난용성 염화수은(Ⅰ)이 금속 수은으로 환원하는 반응이다.

$$Hg_2Cl_2(s) + 2e^- \rightleftharpoons 2Hg(l) + 2Cl^- \qquad E° = 0.268\text{ V}$$

$$E = E° - \frac{0.0591}{2}\log[Cl^-]^2$$

$$E = E° - 0.0591\log[Cl^-]$$

이 전극전위는 염화이온의 농도에 따라 변하는데, 포화염화칼륨용액(약 4.6 M)을 사용하는 경우에는 포화칼로멜 전극(saturated calomel electrode, SCE), 1.0M 염화칼륨용액을

표 12-1 칼로멜 전극의 전위

전 극	전위(25 ℃)	온도계수
0.1 M 칼로멜	0.334	$-7 \times 10^{-5}(t-25)$
1.0 M 칼로멜	0.280	$-2.4 \times 10^{-4}(t-25)$
포화칼로멜(SCE)	0.242	$-7.6 \times 10^{-4}(t-25)$

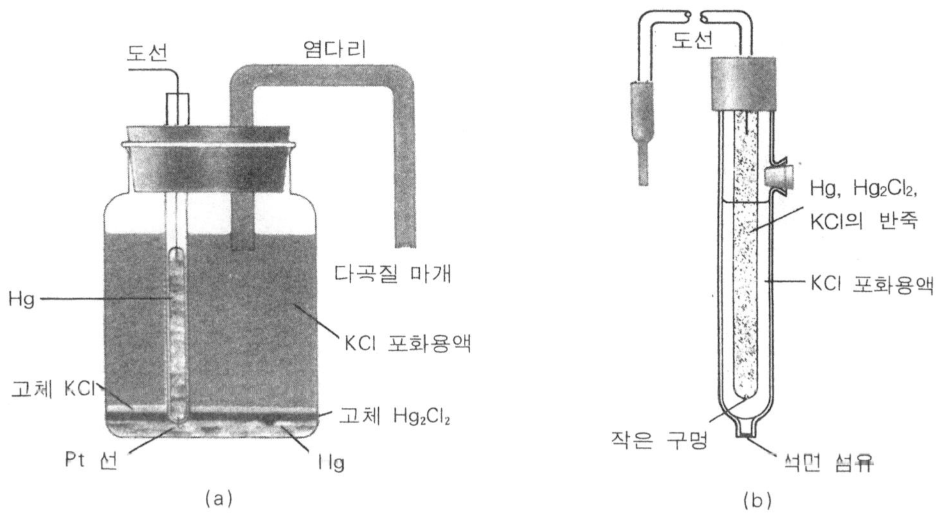

그림 12-1 포화칼로멜 전극.

사용하는 경우에는 **노르말칼로멜 전극**, 0.1 M인 경우에는 1/10 **노르말칼로멜 전극**이라 하고, 각각 표준수소전극에 대하여 표 12-1과 같은 전위를 가진다. 포화칼로멜 전극은 안정하고 만들기도 쉬워서 가장 많이 사용된다.

포화칼로멜 전극으로는 그림 12-1b와 같은 것이 가장 많이 사용되는데, 이 전극은 염다리와 같은 것이 필요없이 그대로 용액에 담그어 사용할 수 있으며, 밑바닥에 석면실로 막은 가는 구멍을 통해 외부용액과 연결된다.

12B-2 은-염화은 전극

은-염화은 반쪽 전지는 그림 12-2와 같이 은금속, 난용성 염화은 및 염화칼륨용액으로 되어 있고, 아래의 반쪽반응에 의해 전극전위가 나타난다. 그림 12-2와 같이 만든 것은 그대로 용액에 담그어 사용할 수 있다.

$$AgCl(s) + e^- \rightleftharpoons Ag(s) + Cl^- \qquad E^\circ = 0.222\ V$$
$$E = E^\circ - 0.0591 \log[Cl^-]$$

이 전극의 전극전위 역시 염화은과 평형이 되어 있는 염화이온의 농도에 따라 결정되고, 염화이온의 농도가 일정할 때 기준전극으로 이용된다.

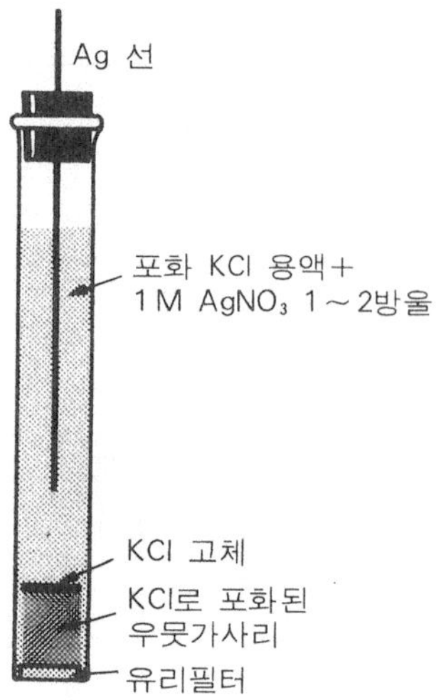

그림 12－2 은－염화은 전극.

12 C 지시전극

12 C－1 제1차 전극

금속이온과 금속으로 되어 있는 전극을 제1차 전극(first order eletrode)이라고 하는데, 이것은 금속이온의 농도에 따라 전극전위가 직접 결정되는 전극을 의미한다. 이 전극전위 E는 25℃에서 식 12－1과 같이 나타낼 수 있으며, 금속이온 M^{n+}의 지시전극으로 이용된다.

$$M^{n+} + ne^- \rightleftharpoons M$$

$$E_{M^{n+}} = E^{\circ}_{M^{n+}} + \frac{0.0591}{n}\log[M^{n+}] \qquad (12-1)$$

은, 수은전극은 가역적인 전극반응을 하기 때문에 가장 많이 사용되며, 납, 카드뮴, 구리, 비스무트 등 전극전위도 재현성이 좋다. 그러나 철, 니켈, 코발트, 텅스텐, 크롬과 같은 전극은 금속의 결정형태와 산화막에 의해 그 전극전위가 재현성을 가지지 못한다.

또 만약 산화-환원 반쪽반응에 있어 산화형 Ox와 환원형 Red가 모두 가용성 물질인 경우에는 이들 혼합용액에 백금이나 금과 같은 귀금속선을 담그면 산화-환원 반응의 전위는 25℃에서 다음과 같이 나타낼 수 있다.

$$Ox + ne^- \rightleftharpoons Red$$

$$E = E^{\circ} + \frac{0.0591}{n}\log\frac{[Ox]}{[Red]} \qquad (12-2)$$

이 경우에 전극전위는 짝산화제와 짝환원제의 농도비값으로 결정되며, 전위차법의 산화-환원법 적정에 가장 많이 이용되는 전극이다. 예를 들어 Fe^{2+}와 Fe^{3+}의 혼합용액에 꽂은 백금전극의 전위는 식 12-2의 $[Fe^{3+}]/[Fe^{2+}]$비에 따라 결정되므로 Fe^{3+} 또는 Fe^{2+}의 농도의 지시전극으로 이용된다.

12C-2 제2차 전극

금속전극(M)과 그 난용성 염(MX_n), 그리고 그 염의 음이온(X^-) 용액으로 구성되는 전극을 **제 2 차 전극**이라 하고, 그 반쪽전극과 반쪽반응식은 다음과 같다.

$$\text{반쪽전극} \qquad X^-, MX_n | M$$
$$\text{반쪽반응} \qquad MX_n(s) + ne^- \rightleftharpoons M(s) + nX^-$$

여기서 M은 금속이고, X^-는 음이온이며, MX_n은 난용성 염이다. 예를 들어 AgX-Ag 전극(여기서 X^-는 Cl^-, Br^-, I^-), Hg_2Cl_2-Hg 전극과 같은 것은 기준전극으로 널리 사용되고 있지만 지시전극으로서도 사용된다.

이 경우의 전극전위는 다음과 같이 음이온의 농도에 따라 결정된다.

$$E = E^\circ - 0.0591 \log[X^-] \qquad (12-3)$$

이 전극은 음이온(할로겐화이온)의 지시전극으로 이용된다.

은전극이 용액중의 은이온의 농도로서 그 전극전위가 규정되는 경우에는 제1차 전극이라 볼 수 있고, 그 전극전위는 다음과 같이 표시된다.

$$Ag^+ + e^- \rightleftharpoons Ag(s)$$
$$E = 0.779 + 0.0591 \log[Ag^+] \qquad (12-4)$$

만약 이 용액에 염화이온이 존재하여 염화은의 침전이 생성되어 공존하는 경우에는 용액중의 은이온의 농도는 $[Ag^+][Cl^-] = K_{sp}$ 관계에 의해 염화이온의 농도에 따라 결정되고, 이 전극은 다음과 같이 제2차 전극으로 작용하게 된다. 즉 식 12-4는 다음과 같이 된다.

$$\begin{aligned} E &= E^\circ_{Ag^+} + 0.0591 \log[Ag^+] \\ &= E^\circ_{Ag} + 0.0591 \log K_{sp}/[Cl^-] \\ &= E^\circ_{Ag} + 0.0591 \log K_{sp} - 0.0591 \log[Cl^-] \\ &= E^\circ_{AgCl-Ag} - 0.0591 \log[Cl^-] \end{aligned}$$

즉 이 경우의 전극반응과 전극전위는 다음과 같다.

$$AgCl(s) + e^- \rightleftharpoons Ag(s) + Cl^-$$
$$E = E^\circ_{AgCl} - 0.0591 \log[Cl^-]$$

여기서 $E^\circ_{AgCl} = E^\circ_{Ag^+} + 0.0591 \log K_{sp}$임을 알 수 있고, 여기에 $E^\circ_{Ag^+} = 0.779$, $K_{sp} = 1.82 \times 10^{-10}$을 대입하면 다음과 같이 된다.

$$E^\circ_{AgCl} = 0.779 + 0.0591 \log 1.82 \times 10^{-10} = 0.222$$

따라서 은전극은 제2차 전극으로 작동하면서 염화이온의 지시전극의 역할을 하게 된다.

12C—3 제3차 전극

금속이온을 EDTA 표준용액으로 적정하는 경우를 생각해 보자. 적정이 진행되면 시료용액중의 금속이온의 농도는 감소하는데, 이 농도 변화를 측정하는 데 지시전극으로는 보통 그림 12—3과 같은 수은전극을 이용한다. 이것은 이들 금속의 제1차 전극전위가 불안전하여 사용할 수 없기 때문이다.

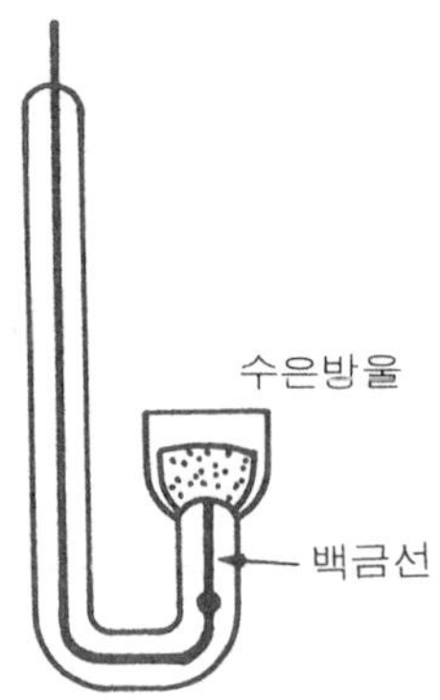

그림 12—3 대표적인 수은전극.

이제 지시전극인 수은전극과 포화칼로멜 전극(기준전극)을 짝지어 칼슘이온을 EDTA 표준용액으로 적정하는 경우를 생각해 보자. 이때 칼슘 시료용액에 소량의 Hg(II)-EDTA 착물을 첨가하면 전지는 다음과 같게 된다.

$$\text{SCE} \parallel Ca^{2+},\ CaY^{2-},\ HgY^{2-} \mid Hg$$

수은전극의 전위는 1차적으로 다음 식에 따라 수은(II)이온의 농도에 따라 결정된다.

$$E = E^\circ + \frac{0.0591}{2} \log[Hg^{2+}]$$

용액중의 수은(II)의 농도는 다음과 같이 Hg(II)-EDTA 착물의 안정도 상수 K_{HgY}에 따라 지배된다.

$$Hg^{2+} + Y^{4-} \rightleftharpoons HgY^{2-}$$

$$K_{HgY} = \frac{[HgY^{2-}]}{[Hg^{2+}][Y^{4-}]} = 6.3 \times 10^{21}$$

그러므로 수은전극 전위는 다음과 같이 표시된다.

$$E = E^\circ + \frac{0.0591}{2} \log \frac{[HgY^{2-}]}{K_{HgY}} - \frac{0.0591}{2} \log[Y_{4-}]$$

이 경우 Hg(II)-EDTA 착물은 대단히 안정하고, $[HgY^{2-}]/K_{HgY}$는 거의 일정한 값을 갖는다.

그런데 용액중의 EDTA 이온의 농도 $[Y^{4-}]$는 다음 관계에서 보는 바와 같이 칼슘이온의 농도에 의해 지배된다.

$$Ca^{2+} + Y^{4-} \rightleftharpoons CaY^{2-}$$

$$K_{CaY} = \frac{[CaY^{2-}]}{[Ca^{2+}][Y^{4-}]} = 5.0 \times 10^{10}$$

그러므로 지시전극의 전위는 결국 다음과 같이 된다.

$$E = E^{\circ} + \frac{0.0591}{2}\log\frac{K_{CaY}[Ca^{2+}][HgY^{2-}]}{K_{HgY}[CaY^{2-}]}$$

$$E = E^{\circ} + \frac{0.0591}{2}\log\frac{K_{CaY}[HgY^{2-}]}{K_{HgY}[CaY^{2-}]} - \frac{0.0591}{2}\text{pCa}$$

그런데 K값을 모두 일정한 값이라고 보면 Hg(II)-EDTA는 대단히 안정하기 때문에 그 농도가 변하지 않고, Ca(II)-EDTA 농도도 당량점 부근에서는 거의 일정할 것이다. 따라서 당량점 부근에서는 다음과 같은 관계를 얻는다.

$$E = K - \frac{0.0591}{2}\text{pCa} \qquad (12-5)$$

여기서 K는 E°등과 같은 일정한 항을 합한 일정한 값이다. 그 결과 지시전극의 전위 E는 pCa와 직선관계를 가지며, 적가한 EDTA 표준용액의 부피에 대한 pCa 관계를 도시한 적정곡선은 이 지시전극 전위와의 관계를 도시한 것과 같은 모양이 된다. 이와 같이 전극전위가 2단계의 평형관계를 거치면서 다른 화학종의 농도 변화의 지배를 받는 전극을 **제3차 전극**이라고 한다. 다음과 같은 반쪽 전지는 모두 제3차 전극의 예이다.

$$Tl^{+},\ TlI,\ AgI \mid Ag$$
$$Ca^{2+},\ CaSO_4,\ PbSO_4 \mid Pb$$
$$Ca^{2+},\ CaC_2O_4,\ MC_2O_4 \mid M$$

12 D 유리전극

12 D－1 막전극

엷은 막의 양쪽에 있는 한 가지 화학종의 활동도(농도) 차이 때문에 나타나는 막 사이의 전위차를 **막전위**(membrane potential)라 하고, 이러한 막을 **막전극**이라고 한다.

진한 용액과 묽은 용액이 접하게 될 때 화학종은 서로 확산하려고 하는데, 진한 쪽의 화학종이 확산하여 묽은 쪽으로 가서 농도평형에 도달하려는 힘을 가지게 되고, 이 에너지가 바로 막전극전위로 나타난다.

막전극은 위에서 설명한 전극들과는 근본적으로 다르고, 전극과 화학종 사이에 전자를

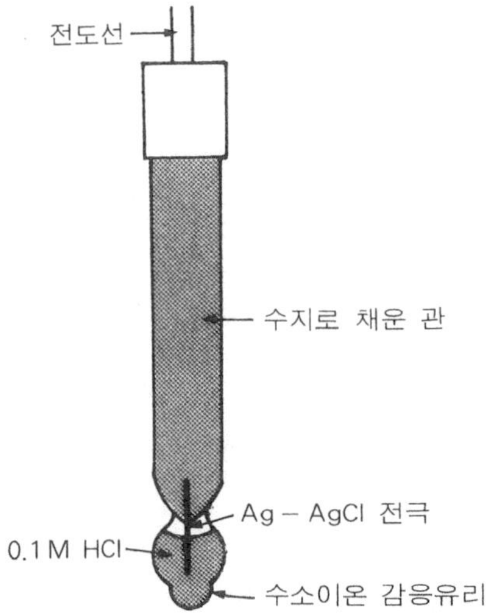

그림 12－4 pH 측정 유리전극.

주고받는 현상은 볼 수 없으므로 그 전극전위는 화학종의 산화전위 또는 환원전위와 관계가 없고, 오히려 전극면에 대한 화학종의 흡착력 크기의 차를 생각하면 이해하기 쉽다.

이와 같은 막전극에는 여러 가지가 있는데, 그 중 pH 미터에 이용하는 유리전극이 가장 중요하다. 이 외에 액체막 전극, 고체상태 또는 침전막 전극 및 기체분석막 전극 등이 있다.

이들 막전극은 일반적으로 큰 전기저항을 가지고 있기 때문에 전류 측정이 어렵고, 정밀한 측정에는 증폭장치를 구비한 전자전위차계가 필요하다.

12 D－2 수소이온 선택성 유리전극

막전극 중에 가장 널리 알려져 있는 것이 용액의 pH 측정에 이용되고 있는 유리전극이다. 유리전극은 1906년 Cremer(크레머)에 의해 처음으로 알려지게 되었고, 그 후 많은 사람에 의해 연구 개발되었다. 오늘날 수소이온에 감응하는 유리막뿐만 아니라 Na^+, K^+ 등 각종 이온에 선택적으로 감응하는 유리전극이 개발되었다. pH 측정용 유리전극은 그림 12－4와 같고, 그 중에 가장 중요한 부분은 밑바닥에 붙은 대단히 얇은 유리막이다. 이 속에는 일정 농도의 표준 염산용액(수소이온의 활동도 $= a_2$)이 채워져 있고, 여기에 Ag－AgCl 전극이 꽂혀 있는데, 이것은 일정한 전위를 가지는 기준전극의 역할을 한다.

유리전극을 수소이온의 활동도가 a_1인 시료용액에 담그면 다음과 같은 농도 전지(concentration cell)가 성립하고, 얇은 유리막을 통해 막전위 E_m이 나타난다는 사실을 실험에 의해 Cremer가 처음으로 발견하였다.

$$\text{내부용액}(a_2)\ |\ \text{유리막}\ |\ \text{외부용액}(a_1)$$

$$E_m = E_a + 0.0591 \log \frac{a_1}{a_2}\ (25\ ℃) \qquad (12-6)$$

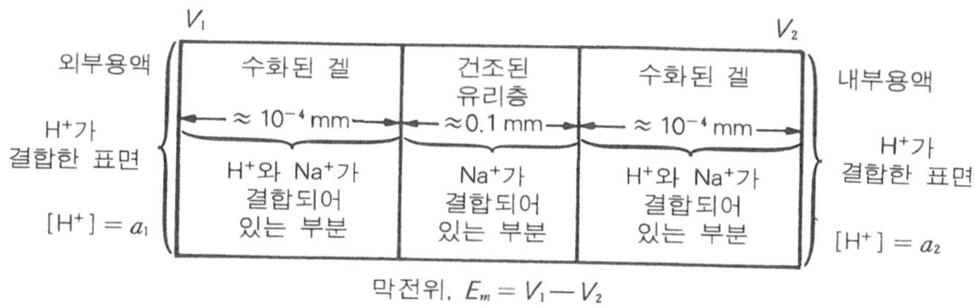

그림 12－5 충분히 수화된 유리막.

여기서 전위 E_a는 개개의 유리막에 따라 다르고, 유리막 양쪽 면의 제조 당시의 물리적 및 화학적 상태에 따라 결정되는 상수이다. 이것을 유리전극의 **비대칭 전위**(asymmetry potential)라고 한다.

유리막이 건조하여 탈수되면 이 값이 크게 변하며, 물에 담그어 원래상태로 다시 돌아오는 데 긴시간을 필요로 한다. 그러므로 유리전극은 항상 물에 담그어 보관하는 것이 좋다. 그리고 a_2는 일정하기 때문에 다음과 같이 된다.

$$E_m = K + 0.0591 \log a_1 = K - 0.0591\,\text{pH} \qquad (12-7)$$

여기서 K는 상수이다.

12 D－3 유리전극 전위의 이론

유리전극의 가장 중요한 부분은 유리막으로, 특수하게 만든 Corning 015(Na_2O 22 %, CaO 6 %, SiO_2 72 %) 판유리가 널리 이용되며, pH 0～9 범위에서 수소이온에 잘 감응한다. 이들 막의 두께는 0.03～0.1 mm 정도이며, 전기저항은 50～500 mega ohm 정도로 크다. 유리막을 용액에 담그어두면 표면에 있는 규산염은 수화된다(그림 12－5 참조). 이때 규산염 구조 속에 들어 있는 2가와 3가 양이온은 대단히 강하게 결합되어 있으나, 나트륨이온과 같은 1가 양이온은 용액 속의 수소이온과 다음과 같이 교환반응을 한다.

$$\underset{\text{용액}}{H^+} + \underset{\text{유리면}}{Na^+S^-} \rightleftharpoons \underset{\text{용액}}{Na^+} + \underset{\text{유리면}}{H^+S^-}$$

여기서 S^-는 유리중의 규산의 작용기를 표시한다.

따라서 수화된 규산겔의 외각 표면에는 많은 수소이온이 결합해 있고, 표면에서 겔의 내부로 갈수록 수소이온의 수는 감소하고 나트륨이온의 수가 증가한다(그림 12－5 참조). 한편 이 유리막의 내부 표면에서도 같은 교환반응이 일어난다.

$$Na^+ + H^+S^- \rightleftharpoons H^+ + Na^+S^-$$

유리막 양쪽에서 일어나는 교환반응의 평형 위치는 두 용액의 수소이온 농도에 의해 결정된다. 따라서 해리가 더 잘 되는 쪽은 음성을 띠고, 수소이온과 결합이 많이 되는 쪽은 양성을 띠게 될 것이다.

만약 외부용액과 겔 사이의 접촉전위를 V_1이라 하고, 내부용액과 겔 사이의 전위를 V_2라고 하면 유리막 전체를 통한 막전위 E_m은 다음과 같다.

$$E_m = V_1 - V_2$$

만약 a_1과 a_2를 각 용액중의 수소이온의 활동도라 하고, a_1'과 a_2'을 용액에 접하는 겔층에 있는 수소이온의 활동도라고 하면 다음 관계가 성립할 것이다.

$$V_1 = j_1 + \frac{RT}{F}\ln\frac{a_1}{a_1'} \qquad (12-8)$$

$$V_2 = j_2 + \frac{RT}{F}\ln\frac{a_2}{a_2'} \qquad (12-9)$$

그리고 막 양쪽 겔의 작용기의 자리 밀도와 상태가 같다고 보면 $j_1 = j_2$, $a_1' = a_2'$일 것이므로 막전위 E_m은 다음과 같다.

$$E_m = V_1 - V_2 = \frac{RT}{F}\ln\frac{a_1}{a_2}$$

내부용액의 수소이온 활동도 a_2가 고정되어 있기 때문에 다음과 같이 표시된다.

$$E_m = \text{상수} + \frac{RT}{F}\ln a_1 \qquad (12-10)$$

따라서 이것은 실험적으로 유도한 식 12−7과 같고, 막전위는 외부 시료용액의 수소이온 활동도의 척도가 된다.

12D−4 유리전극의 알칼리 오차와 산 오차

(1) 알칼리 오차

어떤 유리막은 pH 9 이상의 용액에서 수소이온의 농도 변화에 감응할 뿐만 아니라, 알칼리 금속이온의 농도에도 감응한다. 그림 12−6은 시료용액의 나트륨이온 농도를 1 M로 유지하면서 pH를 변화시킬 때의 유리전극의 오차로서, pH의 오차는 pH가 크면 더 큰 음의 오차를 낸다. 이것이 바로 유리막이 수소이온뿐만 아니라 나트륨이온에도 감응하는 것을 암시하는 것으로, 이것을 알칼리 오차라고 한다. 유리전극에 대하여 1가 양이온은 모두 알칼리 오차를 일으킨다. 오차의 크기는 금속이온의 종류와 유리의 조성에 따라 다르다. 알칼리 오차는 다음과 같이 유리 표면의 수소이온과 용액중의 양이온 사이의 교환평형을 고려하면 잘 설명할 수 있다.

$$H^+S^- + B^+ \rightleftharpoons B^+S^- + H^+$$

여기서 B^+ 는 1가 양이온이다. 이 반응의 평형상수 K_{ex}는 다음과 같다.

$$K_{ex} = \frac{a_1 b_1'}{a_1' b_1}$$

여기서 a_1과 b_1은 H^+와 B^+의 용액중의 활동도이고, a_1'과 b_1'은 규산겔 표면의 활동도이다. 이것을 고쳐 쓰면 다음과 같다.

$$\frac{a_1}{a_1'} = \frac{(a_1 + K_{ex} b_1)}{(a_1' + b_1')}$$

이것을 식 12－8에 대입하여 식 12－9를 빼면 막전극전위를 다음과 같이 나타낼 수 있다.

$$E_m = V_1 - V_2 = j_1 - j_2 + \frac{RT}{F} \ln \frac{(a_1 + K_{ex} b_1) a_2'}{(a_1' + b_1') a_2}$$

막 양쪽 면의 규산의 자릿수가 같다고 하면 내부 평면의 수소이온 활동도는 외부 표면의 2가지 양이온의 활동도의 합과 대략 같다. 즉 $a_2' \fallingdotseq (a_1' + b_1')$, $j_1 \fallingdotseq j_2$이다. 따라서 다음과 같이 간단하게 된다.

$$E_m = \frac{RT}{F} \ln \frac{(a_1 + K_{ex} b_1)}{a_2}$$

또 a_2가 일정하다고 보면 다음과 같다.

$$E_m = \text{상수} + \frac{RT}{F} \ln (a_1 + K_{ex} b_1) \qquad (12-11)$$

그리고 이온들의 이동도가 크게 다른 경우에는 이것으로 인해 나타나는 확산전위도 무시할 수 없게 되는데, 만약 U_B와 U_H를 겔 속의 B^+와 H^+의 이동도라고 하면 막전극전위는 다음과 같이 된다.

$$E_m = \text{상수} + \frac{RT}{F} \ln \left[a_1 + K_{ex} \left(\frac{U_B}{U_H} \right) b_1 \right] \qquad (12-12)$$

이것은 용액중의 1가 양이온이 수소 유리전극전위에 미치는 효과를 나타낼 때의 막전위이다. 용액의 pH가 9보다 작은 경우에 $K_{ex}\left(\frac{U_B}{U_H}\right) b_1$ 항은 a_1에 비해 무시할 수 있을 정도로 작고, 식 12－7과 같이 된다.

(2) 산 오차

일반적으로 유리전극은 그림 12－6에서 보는 바와 같이 pH가 0.5보다 작은 용액에서는 알칼리 오차와 부호가 반대인 오차가 나타난다. 이것을 산 오차라 하고, 산의 농도가 높을수록 큰 오차를 가진다. 이 오차의 원인은 분명하지 않은데, 다만 진한 산용액에

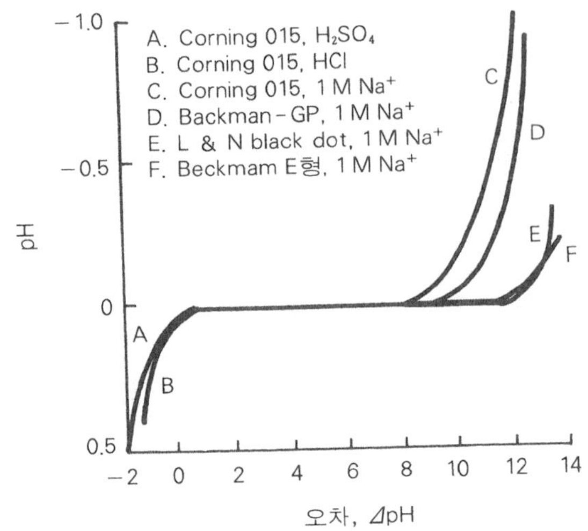

그림 12-6 몇 가지 유리전극의 산 오차와 알칼리 오차(25℃).

서는 물의 활동도가 작아지며, 따라서 유리막의 수화층에 물의 양을 변화시키고, 그 결과 나타나는 것이라고 생각된다. 그러나 pH 0까지는 그다지 큰 오차가 나타나지 않아 산 오차는 실제로 크게 문제되지 않는다.

12E 특수이온 지시전극

12E-1 양이온 선택성 유리전극

유리전극의 알칼리 오차를 줄이는 연구가 많이 진행되었는데, 오늘날에 와서는 pH가 12보다 낮은 용액에서 식 12-12에 들어 있는 $K_{ex}\left(\frac{U_B}{U_H}\right)b_1$ 항이 무시해도 좋을 정도로 작은 유리전극을 개발하게 되었다.

한편, 이와는 반대로 $K_{ex}\left(\frac{U_B}{U_H}\right)b_1$ 항의 값을 증가시키는 연구를 통해 수소이온보다 다른 양이온에 감응하는 유리전극을 개발하는 연구도 진행되었으며, 유리에 Al_2O_3나 B_2O_3를 섞으면 이러한 효과가 나타남을 알게 되었다.

Eisenman(아이젠만) 등은 유리의 성분 Na_2O, Al_2O_3 및 SiO_2의 함유비율을 계통적으로 변화시키는 연구를 통해 몇몇 양이온에 대하여 선택적으로 감응하는 유리전극을 개발하게 되었다. 따라서 Na^+, K^+, NH_4^+, Rb^+, Cs^+, Li^+ 및 Ag^+와 같은 1가 이온의 농도를 pH 미터에서와 같이 직접 전위차법으로 측정할 수 있는 각종 양이온 선택성 유리전극을 개발하게 되었다.

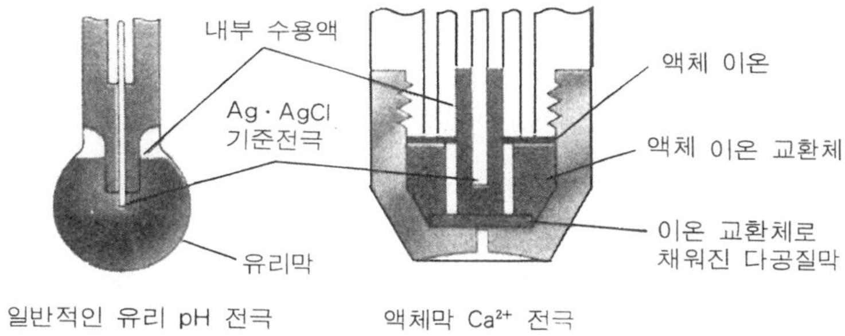

그림 12 — 7 유리전극과 액체막 칼슘이온전극의 비교.

12 E — 2 고체 침전물 전극

유리전극은 유리의 조성에 따라 수소이온 또는 몇 가지 특수 양이온의 선택성 전극으로 이용된다. 이것은 유리막의 작용기가 규산의 음전하이기 때문이다. 그러므로 유리전극은 음이온에 대한 선택성 전극으로는 될 수 없다. 따라서 고안한 것이 음이온에 선택적으로 작용할 수 있는 고정된 양이온을 가지는 염으로 막을 만드는 것이다. 이렇게 만든 막은 물리적 및 화학적으로 견고하고 적당한 전기전도도를 가지고 있어야 하는데, 여러 사람에 의해 각종 음이온 선택성 전극이 만들어졌다.

예를 들어 황산바륨을 이용하여 황산이온에 감응하는 막전극을 만들었고, 할로겐화은으로 각종 할로겐화이온에 감응하는 선택성 전극을 만들 수 있었다.

플루오르화란단 결정으로 플루오르화이온의 선택성 전극을 만드는데, 여기에는 전기전도도를 높이기 위해 유로퓸(II)를 분산시켜서 만든다.

12 E — 3 액체막 전극

표준용액과 시료용액 사이에 놓여 있는 유리막을 막전극으로 사용하는 대신에 물에 섞이지 않는 유기액체층으로 막전극을 만들 수 있다. 유기액체로는 분석이온과 선택적으로 결합하는 유기질 액체이온 교환체를 사용하며, 그림 12 — 7에서와 같이 다공질 소수성 플라스틱판을 두 수용액 사이에 놓고, 이 판에 분포된 가는 구멍은 모세관 작용에 의하여 이온 교환체인 유기액체가 채워지게 된다. 칼슘이온 선택성 전극의 경우에 유기액체는 인산의 지방족 디에스테르가 적합하고, 디에스테르 인산에 남아 있는 수소이온을 칼슘으로 대치한 염을 사용한다. 내부관에는 $CaCl_2$의 표준용액이 채워져 있고, 여기에는 Ag/AgCl 기준전극이 꽂혀 있다. 유기이온 교환체 막과 내부 및 외부수용액의 칼슘 양이온과의 사이에는 다음과 같은 평형이 이루어진다.

$$\underset{\text{유기층}}{[(RO)_2POO]_2Ca} \rightleftharpoons \underset{\text{유기층}}{2(RO)_2POO^-} + \underset{\text{수용액}}{Ca^{2+}}$$

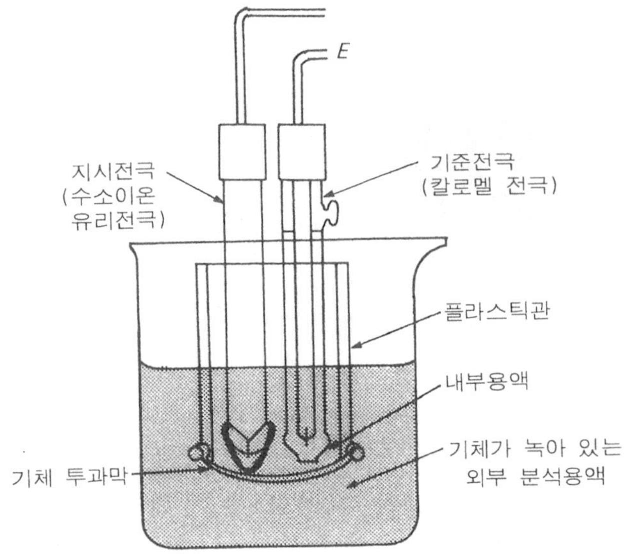

그림 12—8 기체감지 전극. 유리전극—칼로멜 전극이 짝지어 들어 있다. 다른 이온 선택성 전극과 기준전극도 짝지어 사용할 수 있다.

그러므로 유기액체막을 통해 유리전극의 경우와 같이 막전위가 나타난다. 따라서 이 전위와 외부 시료용액중의 칼슘이온의 활동도 a_1은 다음과 같은 관계를 가진다.

$$E = 상수 + \frac{0.0591}{2}\log a_1 \qquad (12-13)$$

이 전극은 pH 5.5~11 범위에서 칼슘이온에 감응하며, 칼슘이온에 대한 감도는 마그네슘이온에 대한 감도보다 50배 정도 크고, 나트륨이온이나 칼륨이온에 대한 감도보다 1000배 정도 크다.

12E—4 기체검출 전극

기체감지 전극은 플라스틱관 속의 전해질 용액에 그림 12—8에서와 같이 기준전극과 특수이온 선택성 막전극이 같이 수용되어 있고, 이 관의 끝에는 얇은 기체 투과막이 붙어 있어 분석용액과 내부 전해질 용액을 갈라놓고 있다.

이 막은 소수성 플라스틱으로 만들어진 미세한 다공질의 얇은 막으로, 방수 특성이 있어 물과 전해질 용액은 막의 구멍에 침입할 수 없다. 이산화탄소와 같은 기체가 녹아 있는 시료용액이 막과 접촉하게 되면 용액 속의 CO_2 기체가 이 세공 속으로 들어오게 되고, 내부용액에서도 같은 현상이 일어난다.

$$\underset{\text{외부용액}}{CO_2(aq)} = \underset{\text{막 구멍}}{CO_2(g)} = \underset{\text{내부용액}}{CO_2(aq)}$$

그리하여 외부 시료용액은 이 막을 통해 얇은 내부용액층과 CO_2 기체를 주고받는 평형이 이루어진다. 이때 얇은 내부용액층의 pH를 변화시키는 다음 평형이 성립한다.

$$CO_2(aq) + 2H_2O \rightleftharpoons HCO_3^- + H_3O^+$$

그리고 이 막의 내부면에 접하고 있는 수소 유리전극은 이 pH 변화를 검출한다. 이들 반응의 총괄반응은 다음과 같다.

$$\underset{\text{외부용액}}{CO_2(aq)} + 2H_2O \rightleftharpoons \underset{\text{내부용액}}{HCO_3^- + H_3O^+}$$

$$K = \frac{[H_3O^+][HCO_3^-]_{\text{내부}}}{[CO_2(aq)]_{\text{외부}}}$$

내부 표준용액의 HCO_3^- 농도가 크고 일정하면 다음 관계가 성립한다.

$$a_{H^+} \fallingdotseq [H_3O^+] = K[CO_2(aq)]_{\text{외부}}$$

유리전극의 전위가 외부 시료용액중의 CO_2량을 나타낼 것이다. 이와 같은 방법으로 시료용액의 SO_2, NH_3 및 NO_2 등을 측정할 수 있다.

12 F 직접 전위차법

직접 전위차법의 보기로는 pH 미터로서 수소이온 농도를 측정하는 경우를 들 수 있고, 지시전극이 분석화학종에 대하여 선택적으로 잘 감응해 주면 그 전극전위를 측정하여 정량분석할 수 있다. 이 방법은 분석시료의 표준용액에 대한 전지전위와 시료용액에 대한 전지전위를 비교하는 방법으로, 지시전극의 선택성이 높은 경우에는 분석화학종을 미리 분리할 필요가 없기 때문에 편리한 분석법이다. 그러나 항상 액간 접촉전위의 불확정성이 문제이다.

12 F — 1 액간 접촉전위

직접 전위차법에서는 전지의 전위를 정확하게 측정해야 하는데, 전지의 전위 E는 지시전극의 전위 E_{ind}, 기준전극의 전위 E_{ref} 및 **액간 접촉전위**(liquid junction potential) E_j로 나타낼 수 있다.

$$E = E_{ref} - E_{ind} + E_j$$

액간 접촉전위는 전지회로에 들어 있는 서로 다른 두 전해질 용액 사이에 나타나는 전위로서, 이 전위는 두 용액의 접촉 단면에 나타나는 양이온과 음이온의 불균일한 분포 때문에 생기며, 이러한 불균형 분포는 각 이온들의 확산속도가 다른 것에 원인이 있다.

예를 들어 다음과 같은 진한 염산(1.0 M)과 묽은 염산(0.01 M)의 접촉면에서는 진한 쪽의 수소이온과 염화이온이 묽은 쪽으로 확산하게 되는데, 수소이온이 염화이온보다 보

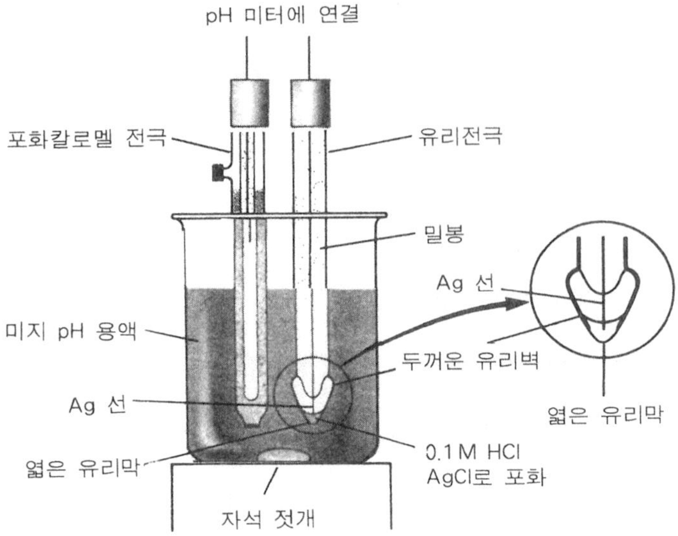

그림 12－9 pH 측정에서 사용되는 전형적인 전극 배열.

통 몇 배 빠르게 이동한다.

1.0 M HCl		0.01 M HCl
H^+	——————→	
Cl^-	————→	
(－)		(＋)

그 결과 진한 쪽은 수소이온이 부족하여 전기적으로 음성을 띠고, 묽은 쪽은 양성을 띠게 되어 전하분리가 일어난다. 그러나 이 전위차는 두 이온의 이동속도에 역작용을 하여 곧 평형이 성립하게 된다. 이러한 전하분리로 생기는 전위차를 액간 접촉전위라 하고, 수십 mV 정도가 되는 수도 있다. 액간 접촉전위는 간단한 용액의 경우에 이온들의 이동도와 농도로서 계산할 수도 있지만, 복잡한 용액에서는 어려운 문제이다.

그러나 이러한 두 용액 사이에 염다리와 같은 진한 전해질 용액을 삽입하면 이 전위를 훨씬 줄일 수 있다. 특히 염화칼륨 포화용액으로 만든 염다리는 4.0 M 정도로 진하고 두 이온의 이동도가 비슷하기 때문에 액간 접촉전위를 효과적으로 줄이고, 수 mV 정도까지 감소시키기 때문에 무시할 수도 있다.

보통 접촉전위는 두 부분으로 되어 있으며, 시료용액과 염다리 한쪽 끝 사이의 접촉전위와 기준전극 용액과 접촉하는 접촉전위로 구성되어 있다. 이 두 전위는 서로 상쇄된다고도 볼 수 있지만, 반드시 그렇게 되지는 않는 것이 보통이다.

12 F—2 pH 미터의 원리

pH 미터는 대표적인 직접 전위차법 분석장치로서, 용액의 pH를 측정하는 가장 정확하고 정밀한 방법이다. 이 장치는 그림 12－9에서와 같이 수소이온의 지시전극인 유리

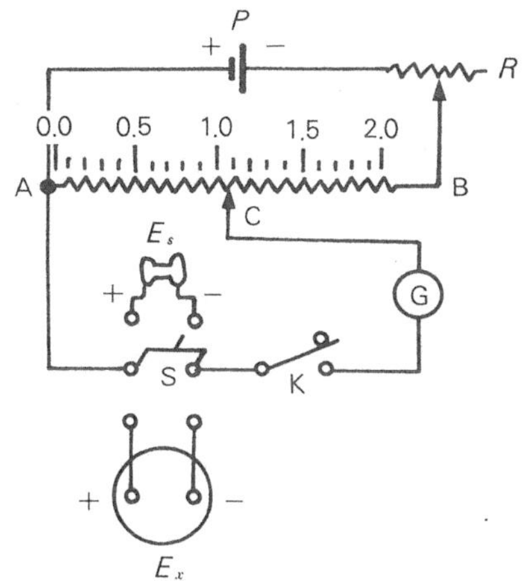

그림 12 − 10 pH 미터의 개략도.

전극과 항상 일정한 전위를 가지고 있는 포화칼로멜 기준전극(SCE)을 짝지어 시료용액에 담그고, 두 전극 사이의 전지전위를 전위차계를 이용하여 측정하여 pH를 구하는 장치이다. 그러나 오늘날에는 두 전극을 합쳐서 한 개의 막대로 된 것을 많이 사용하고 있다. 유리전극은 대단히 큰 전기저항을 가지고 있기 때문에 이 전지회로에 흐르는 전류가 너무 작아서 일반적인 방법으로는 측정하기 어렵고, 반드시 큰 증폭장치를 이용해야 정밀한 pH값을 측정할 수 있다.

pH 미터에서 측정되는 전지전위 E_{obs}는 다음과 같이 기준전극의 전위 E_{ref}, 수소이온 감지 유리전극의 전위 E_{ind} 및 액간 접촉전위 E_j로 이루어져 있다.

$$E_{obs} = E_{ref} - E_{ind} + E_j \qquad (12-14)$$

여기서 지시전극인 유리전극전위는 식 12 − 7에 따라 다음과 같다.

$$E_{ind} = K + 0.0591 \log a_{H^+} = K - 0.0591\,pH$$

따라서 다음과 같다.

$$pH = -\log a_1 = \frac{E_{obs} - (E_{ref} + E_j - K)}{0.0591}$$

$$pH = -\log a_1 = \frac{E_{obs} - K'}{0.0591} \qquad (12-15)$$

여기서 $K' = E_{ref} + E_j - K$이고, 거의 일정한 값이므로 전지전위 E_{obs}만 측정하면 시료용액의 pH를 구할 수 있다.

12 F − 3 전위차계에 의한 pH 측정

정밀한 전위를 측정할 때에는 전위차계를 이용하는데, 그림 12 − 10에서와 같이 균일한 저항선 AB에는 길이에 비례하는 전압눈금이 새겨져 있다. AB 사이의 전압은 저항 R을 조절하여 적당한 위치에 두면 전지 P의 전압(약 3 V)에는 관계없이 항상 일정한 전압(2.000 V)을 걸어줄 수 있다. 이것을 전위차계의 **표준화**(standardization)라고 한다.

표준화를 할 때에는 먼저 스위치 S를 표준전지 E_s에 연결시켜 놓고, 다음에 C를 옮겨 AB중에 표준전지의 전위, 즉 1.0183 V(25 ℃)에 해당하는 위치 C_s에 두고 K를 연결하면서 검류계 G의 눈금을 읽는다. 검류계는 mA 또는 μA와 같은 작은 전류를 계측하는 전류계의 일종이다. 이때 R을 움직여 G에 전류가 흐르지 않도록, 즉 G의 눈금이 0에 오도록 조절한다. 이것으로 표준화가 되고, R의 위치가 결정되면 AB 사이에는 일정한 전압 E_{AB}(2.000 V)가 걸리게 되고, 다음 관계가 성립한다.

$$E_s = E_{AC_s} = E_{AB}\frac{AC_s}{AB}$$

다음에 스위치 S를 측정하고자 하는 전지 E_x에 연결하고, C를 AB를 따라 움직이면서 G에 전류가 흐르지 않는 위치를 찾아 C_x라 하면, 이때는 다음 관계가 성립한다.

$$E_x = E_{AC_x} = E_{AB}\frac{AC_x}{AB}$$

위의 두 관계에서 다음과 같은 관계를 얻을 수 있고, 이것으로 전위 E_x를 구할 수 있다.

$$E_x = E_s\frac{AC_x}{AC_s}$$

그러나 실제로 시료용액의 pH_x를 측정할 때, 먼저 pH_s값을 정확히 아는 표준 완충용액을 사용하여 유리전극의 전위 E_s를 측정하면 다음 관계를 얻는다.

$$E_s = K - 0.591\ pH_s$$

이 완충용액 대신에 pH_x인 미지의 시료용액을 넣고, 이 전지의 전위 E_x를 측정하면 다음 관계를 얻는다.

$$E_x = K - 0.0591\ pH_x$$

위 두 식에서 다음과 같이 pH_x 값을 구할 수 있다.

$$pH_x = pH_s + \frac{E_s - E_x}{0.0591} \qquad (12-16)$$

그러므로 실제 pH 미터에서는 전위차계의 눈금판(AB)에 전위눈금 대신에 pH 눈금이 새겨져 있어서 직접 pH를 읽을 수 있게 만들어져 있다.

그리고 pH 미터는 표준전지를 이용하여 표준화하는 대신에 pH가 알려져 있는 표준 완충용액을 사용하여 표준화한다. 예를 들어 pH가 6.50인 표준 완충용액에 두 전극을 담그고,

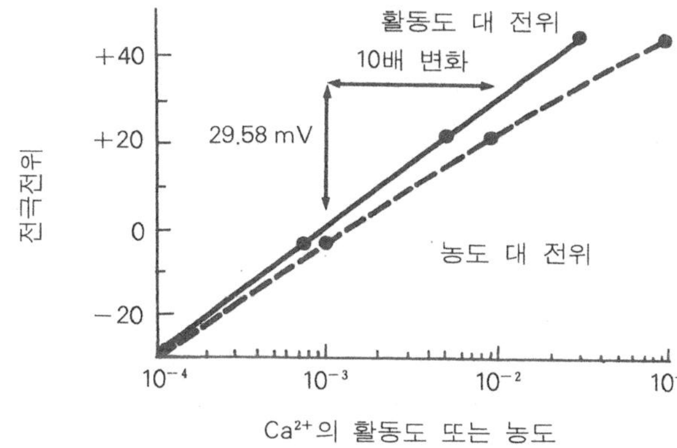

그림 12 — 11 칼슘이온 선택성 전극의 전위에 대한 칼슘이온의 농도와 활동도의 관계.

pH 미터의 눈금을 6.50에 맞추어 놓고 전압을 조절하여(R의 조절을 의미한다) 검류계 G의 눈금이 0에 오도록 한다. 이것이 표준전지에 의한 pH 미터의 표준화에 해당한다.

다음에 표준 완충용액 대신에 시료용액을 넣고 검류계 G의 눈금이 0이 되도록 pH 눈금을 조절(C의 전위 조절)하면 이것이 시료용액의 pH값이다.

pH 미터의 정밀도 pH 측정은 전위차계의 원리를 이용하는 것으로, 검류계의 눈금이 0이 되는 전위(pH값)를 측정한다.

그런데 유리전극의 전기저항은 $10^6\ \Omega$ 이상이므로, 만약 ± 1.0 mV 측정오차범위 내에서 전위를 측정하고자 하면 Ohm 법칙에 따라 $10^{-3}\ V/10 \times 10^6\ \Omega = 10^{-10}$ A 보다 작은 전류에 대하여 감응하는 검류계가 필요하다. 그런데 일반적인 검류계는 1 μA(10^{-6} A) 정도만을 측정할 수 있기 때문에 pH 미터에는 전류를 크게 증폭시키는 증폭장치가 필요하며, 또 가급적 적은 전류에 감응할 수 있는 검류계가 필요하다.

12 F — 4 직접 전위차법의 유의사항

(1) 활동도와 분석농도

지시전극의 전위는 감응화학종의 농도보다 활동도와 관계가 있다. 그러나 보통 분석자에게 필요한 것은 농도이다. 따라서 활동도 계수를 알아야 한다. 그러나 이 값은 항상 얻을 수가 없고 묽은 용액의 경우에만 Debye-Hückel식을 이용하여 구할 수 있는데, 이온의 전하가 크고 농도가 진하면 오차가 커진다.

그림 12 — 11에 칼슘이온의 활동도와 농도 관계를 보여주고 있다.

일반적인 지시전극의 전위 E와 분석화학종 M의 활동도와의 관계는 25 ℃에서 다음과 같다.

$$E = K + \frac{0.0591}{n} \log a_{\mathrm{M}}$$

칼슘이온의 경우에 mV 단위로 표시하면 다음과 같다.

$$E = K + 29.1 \log a_{Ca^{2+}}$$
$$E = K + 29.6 \log f_{Ca^{2+}} + 29.6 \log[Ca^{2+}]$$

농도곡선이 비선형으로 되는 것은 전해질의 농도가 증가할수록 활동도 계수가 감소하기 때문이다. 수소이온과 같이 1가 이온의 경우에는 이러한 효과가 작게 나타날 것이다. 그리고 시료용액에 다른 전해질이 섞여 있을 경우에는 이온세기의 증가에 따라 이 효과는 현저하게 나타날 것이다.

(2) 직접 전위차법의 불확정성

직접 전위차법의 단점은 식 12－15의 K' 값에 불확정성이 포함되어 있다는 것이다. 특히 액간 접촉전위 E_j는 측정과정에 수mV 정도 변할 가능성이 있다.

식 12－15를 미분하면 다음을 얻게 된다.

$$-\log a_1 = \frac{E_{obs} - K'}{0.0591/n}$$
$$\log_{10} e \, d \ln a_1 = \frac{1}{0.0591/n} dK'$$
$$0.434 \frac{da_1}{a_1} = \frac{n\, dK'}{0.0591}$$
$$\frac{da_1}{a_1} = \frac{n\, dK'}{0.0257}$$
$$\frac{\Delta a_1}{a_1} \times 100(\%) = 3900\, n\, \Delta K' \qquad (12-17)$$

즉 분석할 화학종의 활동도 a_1의 측정 상대오차 $\Delta a_1/a_1$은 K' 항의 오차 $\Delta K'$의 약 $4000 \times n$배로서 나타난다는 것이며, 만약 $\Delta K'$이 ±1 mV인 경우에 있는 활동도의 상대오차는 $\pm 4n$ %가 되어 나타난다. 그런데 K' 항에 이러한 정도의 불확정성이 포함되는 것을 막을 수는 없는 일이므로 직접 전위차법에는 이와 같은 활동도의 측정오차가 포함되는 것을 피할 수 없다.

12 G 전위차법 적정

시료용액을 적정하면 용액중에 있는 어떤 화학종의 농도가 감소 또는 증가한다. 이 화학종에 대한 지시전극의 전위를 측정하여 뷰렛에서 적가하는 용액의 부피와의 관계를 도시하여 적정곡선을 얻고, 이것으로 당량점을 구하는 방법을 **전위차법 적정**(potentiometric titration)이라고 한다.

이 방법은 지시약없이 적정의 종말점을 구하여 물질을 정량할 수 있다. 이 방법에는 다음과 같이 여러 가지 이점이 있다. 즉 (1) 진하게 색깔을 띤 용액에서 지시약의 변색을 식별할 수 없는 경우, (2) 적당한 지시약이 없는 경우, (3) 물 아닌 용매를 이용하는 경우 등의 적정에 이용될 수 있다. 그리고 지시약을 사용하는 경우에는 지시약의 변색

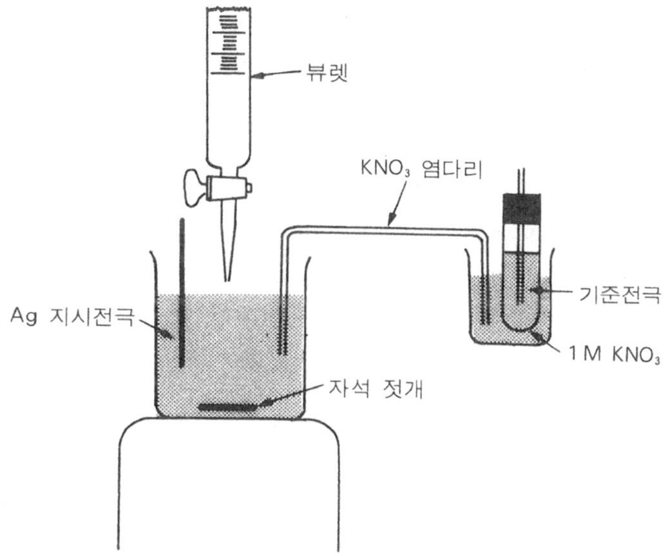

그림 12－12 염화이온을 질산은으로 전위차법 적정하는 장치.

pH 범위와 당량점을 일치시켜야 하지만, 이 방법에서는 전위만 측정하면 모든 적정에 적용할 수 있다.

또 한 가지 중요한 것은 적정곡선을 이용하여 적정반응에 관여하는 화학반응의 평형상수를 구할 수 있다. 예를 들어 약한 산을 센 염기로 적정한 결과를 이용하면 그 산의 평형상수를 구할 수 있고, 금속이온을 착화제의 표준용액으로 적정한 결과를 이용하면 그 착물의 안정도 상수를 구할 수 있다.

12 G－1 침전법 전위차법 적정

전위차법은 여러 가지 침전법 적정의 종말점을 구하는 데 이용되고 있다. 여기에 사용하는 지시전극으로는 경우에 따라 침전의 양이온 성분 또는 음이온 성분에 대한 지시전극을 사용하고, 기준전극으로는 포화칼로멜 전극(SCE)이 많이 사용된다.

예를 들어 염화이온을 질산은 표준용액으로 적정하는 경우에는 그림 12－12와 같은 장치를 사용하고, 지시전극으로서 은-염화은 전극이 사용된다. 그 전기화학 전지는 다음과 같다.

$$\text{SCE} \mid \text{Cl}^-,\ \text{AgCl}(s) \mid \text{Ag}$$

염화물 시료용액에 질산은이 적가되면 적정용액은 염화은으로 포화되고, 은전극은 은-염화은 전극으로 되어 다음과 같이 염화이온의 지시전극으로 작용하게 된다.

$$\text{AgCl}(s) + e^- \rightleftharpoons \text{Ag} + \text{Cl}^-$$

$$E = 0.222 - 0.0591 \log[\text{Cl}^-]$$

이 전지 전체의 전위는 다음과 같다. 여기서 $E_{SCE} = +0.242\ V$ 이다.

$$E = E_{AgCl} - E_{SCE} = 0.222 - 0.242 - 0.0591 \log[Cl^-]$$
$$= -0.020 + 0.0591\ pCl \qquad (12-18)$$

그러므로 전지전위와 pCl 은 직선관계를 가지며, 적가된 질산은 표준용액의 부피에 대한 전지전위의 관계도는 적가용액의 부피에 대한 pCl 의 관계도와 같다. 이것이 적정곡선과 같은 모양임을 알 수 있다(그림 6－1 참조).

한편 이 적정에서 은전극을 은이온에 대한 지시전극으로 생각하고, 다음과 같은 관계를 사용할 수도 있다.

$$Ag^+ + e^- \rightleftharpoons Ag \qquad E^\circ = +0.799\ V$$

전지의 기전력은 다음과 같다.

$$E = E_{Ag+} - E_{SCE} = +0.799 + 0.0591 \log[Ag^+] - 0.242$$
$$= 0.557 - 0.0591\ pAg \qquad (12-19)$$

식 12－18과 식 12－19는 같은 전위를 나타내는 두 가지 방법으로, pAg와 pCl의 사이에는 $pAg + pCl = pK_{sp}$와 같은 관계가 있기 때문에 어느 것을 이용하든지 간에 결과는 같아진다.

12G－2 당량점 구하는 방법

염화이온 용액을 질산은용액으로 전위차법 적정하는 예를 표 12－2에 나타내었다. 적정의 초기에 일정한 부피의 용액을 가한 후 전위를 읽으면 그 변화량이 작다. 그러나 당량점에 가까워지면 전위의 변화가 급격히 증가한다. 그러므로 당량점 부근에서는 작은 부피(예를 들어 0.1 mL)를 일정량씩 정확히 적가하면서 전위를 읽는 것이 중요하다.

이 실험값으로 당량점을 구하는 데에는 그림 12－13에서 보는 바와 같이 3가지 방법이 있다.

1. 첫번째 방법은 적정곡선에서 적가용액의 부피에 대한 전위 변화가 가장 급한 점, 즉 변곡점을 잡는다. 당량점 부근에서 상당히 급한 변화가 일어나지 않을 경우에는 정확한 결과를 얻기 어렵다.
2. 도함수 $\Delta E/\Delta V$ 값을 계산하고, 이것을 도시하여 외삽법으로 최대값의 점을 찾는다. $\Delta E/\Delta V$ 값을 계산하기 위해 적가용액의 부피를 조금씩 일정량 취하는 것이 편리하지만 그다지 좋은 방법이라고 할 수는 없다.
3. 가장 정확하고 빠른 방법은 2차 도함수 $\Delta^2 E/\Delta V^2$을 이용하는 것이다. 당량점은 $\Delta^2 E/\Delta V^2$값이 0으로 되는 자리, 즉 변곡점이고, 이 점을 비례식으로 결정한다. 위의 경우에 당량점은 다음과 같이 계산된다.

표 12-2 3.737 mmol의 염화이온을 0.2314 M 질산은용액으로 전위차법 적정하는 경우

적가한 $AgNO_3$의 부피, V (mL)	지시 은전극 전위, E (SCE에 대한 V)	$\Delta E/\Delta V$	$\Delta^2 E/\Delta V^2$
0	0.063		
5.00	0.071		
10.00	0.086		
15.00	0.138		
15.20	0.145		
15.40	0.152		
15.60	0.161		
15.70	0.166		
15.80	0.172		
15.90	0.181		
16.00	0.196	15	+14
16.10	0.225	29	+35
16.20	0.289	64	−34
16.30	0.319	30	−13
16.40	0.336	17	
16.50	0.346		

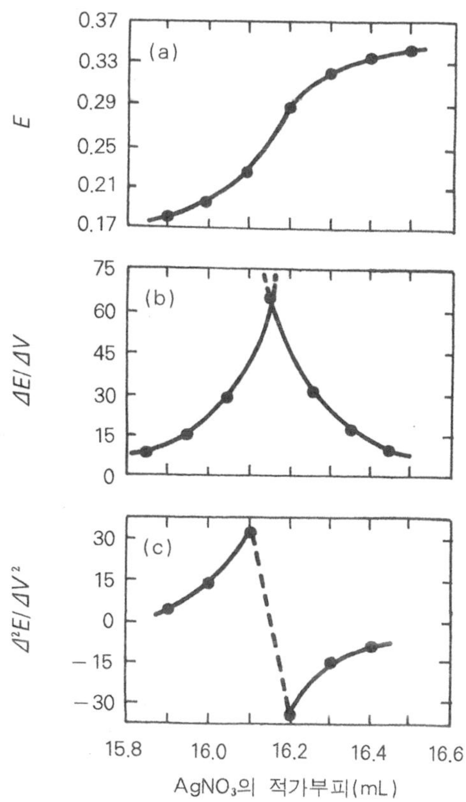

그림 12-13 전위차법 적정 실험값에서 당량점을 구하는 3가지 방법.

$$\text{당량점} = 16.10 + 0.10\left(\frac{35}{35+34}\right) = 16.15 \text{ mL}$$

이 방법으로 당량점은 가장 빠르게, 그리고 정확하게 구할 수 있다. 그러나 이러한 방법들은 반응하는 화학종의 수가 서로 같은 경우에만 적당하고, 그렇지 않는 경우에는 $\Delta E/\Delta V$ 값이 최대가 되는 자리와 당량점이 일치하지 않을 수도 있다. 그러므로 당량점의 이론적 전위를 계산하고, 정확한 전위측정법을 이용하여 이 당량점 전위를 얻을 때까지 적정하는 것이 틀림없는 방법이지만 일반적으로는 변곡점을 당량점으로 잡는 것이 보통이다.

12 G — 3 착화법 전위차법 적정

금속이온 M^{n+}를 EDTA 용액으로 적정하는 경우를 생각해 보자. 지시전극으로 금속전극 M을 사용하고, 이때 그 전극전위는 다음과 같다.

$$E = E^{\circ} + \frac{0.0591}{n}\log[M^{n+}]$$

그러나 보통 제1차 금속전극은 항상 옳게 작용하기 어렵다. 그러므로 EDTA 적정의 지시전극으로는 그림 12－3과 같은 수은전극에 Hg(II)-EDTA 착물을 가한 반쪽 전지를 이용하는 소위 제3차 전극을 이용한다.

예를 들어 칼슘이온을 EDTA 표준용액으로 적정하는 경우에는, 12 C－3절에서 설명한 바와 같이, 수은전극의 전위는 당량점 부근에서 다음과 같은 관계를 갖는다.

$$E = K - \frac{0.0591}{2}\,\text{pCa}$$

적가 표준용액의 부피에 대한 전극전위 또는 전지전위 곡선이 바로 적정곡선이 된다.

12 G — 4 혼합 할로겐화이온의 적정

할로겐화이온의 혼합 시료용액을 질산은 표준용액으로 전위차법 적정을 하면 이때 생성되는 침전의 용해적의 크기에 따라 단계적으로 적정된다. 이들 적정곡선을 그림 12－14에 나타내었다. 그러나 이 경우 공침현상 때문에 생기는 오차가 비교적 크게 나타난다.

12 G — 5 산-염기 전위차법 적정

지시전극으로 수소이온 유리전극, 기준전극으로 포화칼로멜 전극을 사용하는 pH 미터를 이용하여 산-염기 전위차법 적정을 할 수 있다. 또 이것은 물 아닌 용액의 산-염기

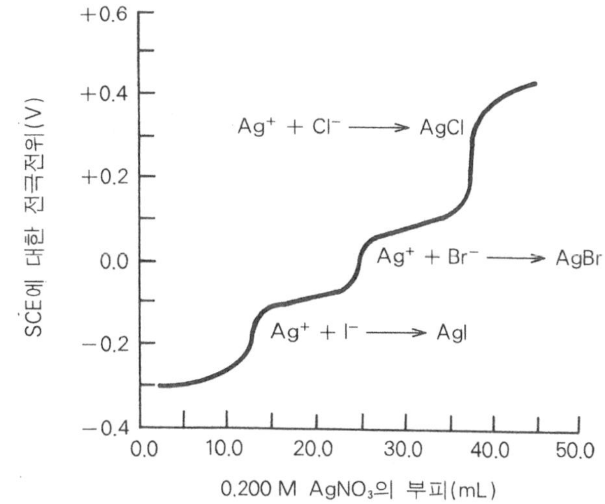

그림 12－14 I^-, Br^- 및 Cl^- 혼합용액 2.50 mol을 0.200 M $AgNO_3$로 전위차법 적정을 하는 경우의 적정곡선.

적정에도 이용할 수 있다는 것이 중요한 점이다.

그리고 pH 미터를 사용하면 전극전위 대신에 pH를 직접 읽을 수 있기 때문에 용액의 적가부피에 대한 pH 관계를 도시한 적정곡선을 만들 수 있고, 이 적정곡선으로 다음 사실을 알 수 있다.

1. 완전한 적정곡선을 얻을 수 있고, 이것으로부터 당량점을 구할 수 있다(그림 8－2 참조).
2. 산-염기의 세기, 즉 평형상수를 구할 수 있다.
3. 세기가 다른 산 또는 염기의 혼합물을 단계적으로 적정할 수 있다(그림 8－4 참조).

예를 들어 순수한 탄산나트륨을 염산으로 적정하는 경우에 제1당량점까지의 적정곡선의 중간점에서는 $[CO_3^{2-}] = [HCO_3^-]$와 같은 관계가 성립하고, 따라서 평형식 관계에서 다음을 알 수 있다.

$$[H^+] = K_2 \frac{[HCO_3^-]}{[CO_3^{2-}]} = K_2$$

이때의 pH가 바로 pK_2에 해당하며, 이것으로 K_2값을 구할 수 있다. 그리고 제1당량점의 pH는 $\frac{1}{2}(pK_1 + pK_2)$이므로, 이것으로 pK_1을 계산할 수 있다. 또 한편 제1당량점과 제2당량점의 중간점의 pH는 바로 pK_1에 해당하므로, 이 pH를 측정하면 쉽게 구할 수 있다.

그러나 이렇게 구한 평형상수는 일반적으로 상당한 오차를 가지게 된다. 이것은 평형상수가 다음과 같이 활동도로 표시되어 있기 때문이다.

$$K_2 = \frac{a_{H^+} a_{CO}}{a_{HCO_3^-}} = \frac{a_{H^+}[CO_3^{2-}] f_{CO_3^{2-}}}{[HCO_3^-] f_{HCO_3^-}}$$

따라서 제1당량점까지의 중간점에서는 $[CO_3^{2-}] = [HCO_3^-]$ 관계가 있기 때문에 다음과 같다.

$$-\log K_2 = -\log a_{H^+} - \log \frac{f_{CO_3^{2-}}}{f_{HCO_3^-}}$$

$$pK_2 = pH + \log \frac{f_{CO_3^{2-}}}{f_{HCO_3^-}}$$

그런데 이온세기가 0.1 정도 되는 적정용액에서 이 활동도 계수의 비는 2 : 1 정도가 되며, K값에 2배 정도의 영향을 준다는 것을 알 수 있다.

12G—6 산화-환원 전위차법 적정

산화-환원 적정에서는 가용성 화학종이 반응한다. 이때 사용하는 지시전극으로는 보통 백금 또는 금과 같은 금속전극을 이용하고, 기준전극으로는 포화칼로멜 전극을 이용한다. 염화이온이 산화-환원 반응에 지장을 주지 않는 경우에는 칼로멜 전극을 직접 적정용액에 담그어서 사용할 수 있다. 그렇지 않으면 염다리를 이용하도록 한다.

전위차법 적정을 이용하여 철(II)를 세륨(IV)용액으로 적정할 수 있다. 이 경우 시료용액중의 철(III)는 미리 환원제인 제1주석으로 환원시키는데, 여분으로 남아 있는 환원제는 제거할 필요가 없다. 이때 적정곡선에 전위 급변이 2개 나타나는데, 제1급변은 Sn^{2+}의 산화 때문에, 제2급변은 Fe^{2+}의 산화 때문에 나타나고, 이 두 변곡점의 차가 철의 양에 해당한다.

12H 자동 분석장치

(1) 자동 적정장치

근래에 여러 가지의 자동 전위차법 적정장치가 시판되고 있다. 이들은 일반적으로 같은 시료를 많이 취급하는 연구소나 생산공장에서 경제적으로 이용되고 있는데, 정밀도는 수동형보다 좋지 않다.

자동 적정장치에는 2가지가 있다. 그 중 하나는 자동기록기를 이용하여 적가하는 표준용액의 부피에 대하여 $\Delta E/\Delta V$ 또는 $\Delta^2 E/\Delta V^2$ 곡선을 그리는 장치이고, 다른 하나는 미리 알려져 있는 당량점의 전위에서 적정을 중지시키는 방법을 이용하는 장치이다. 이들 장치에서는 표준용액의 적가를 조절하도록 프로그램된 전동기로 작동하는 주사기형 뷰렛을 사용하고 있다.

(2) 자동 분석기기의 특성

첫째, 매일 많은 양의 같은 분석을 반복하는 실험실에서는 자동화 분석장치에 의해 얻는 비용의 절약이 크다. 자동화 기기에는 숙련된 조작자가 필요하지 않지만, 만약의 경우와 전 작업을 통찰할 수 있는 숙련된 감독자가 꼭 필요하다.

둘째, 자동화 분석장치의 이점은 수동형보다 빠르기 때문에 생산공장에서 연속적으로 생산제품의 품질을 감시, 관리할 수 있다는 것이다. 즉 단시간에 얻어지는 분석정보는 품질이나 수율을 개선하도록 작업 조건을 당장 변경시키는 데 이용할 수 있다. 오늘날 분석정보는 의술치료에도 중요하게 이용되는데, 빠른 분석정보는 환자의 현재 질병상태를 판단하는 데 이용되고, 또 치료에 대한 반응을 추적하는 데에도 이용된다.

셋째, 수동 분석결과보다 잘 관리된 자동 분석결과는 보다 정밀도가 높고 신빙성이 있으며, 재현성이 크다. 그 이유로 무엇보다 기계는 피로하지 않는다는 것이다. 즉 사람은 과로할 때 과오를 범하기 쉽다. 그러나 기계는 시종일관 같은 결과를 낸다.

실험 121 전위차법 분석

실험 121－1 염화이온과 요오드화이온 혼합용액의 전위차법 적정(추천)

실험개요

은전극을 지시전극으로, 칼로멜 전극을 기준전극으로 사용하여 시료용액을 질산은 표준용액으로 적정한다. 적정곡선에 2개의 변곡점이 나타나는데, 제 1 변곡점은 요오드화이온의 당량점에 해당하고, 제 2 변곡점은 염화이온의 당량점에 해당한다.

유의사항

이 적정실험에서는 그림 12－12와 같은 장치를 이용하는데, 염화이온과 요오드화이온의 지시전극으로 깨끗하게 닦은 은선을, 그리고 기준전극으로 포화칼로멜 전극을 사용할 수 있다.

칼로멜 전극에서 나오는 미량의 염화이온을 고려한다면 칼로멜 전극은 KNO_3의 포화용액을 채운 비커에 담그고, 염다리로 적정 비커에 연결할 수도 있다.

그리고 두 전극 사이의 전위차를 측정할 때에는 여러 가지 형태의 전위차계를 이용한다. 또 한 가지 편리한 방법은 보통 pH 미터의 유리전극을 은전극으로 대치한 것을 이용하는 것이다. 또는 이온미터를 이용하는 것도 좋다.

적정 도중에 용액을 잘 저어야 하기 때문에 유리막대 대신에 자석젓개를 이용하는 것이 보통이다. 표 12－2에서와 같이 적정의 초기에는 표준용액을 비교적 많은 양(1 mL 또는 5 mL)을 적가하고, 그때마다 전위를 기록한다. 당량점에 가까이 접근하여 전위의 변화가 크게 나타나면 표준용액의 적가량을 가급적 적게 하고, 전위 변화를 읽는다. 보통 0.1 mL씩 정확히 적가하도록 한다. 그리고 전위를 읽을 때에는 자석젓개의 모터를 중지하는 것이 좋다.

요오드화이온과 염화이온의 혼합용액에 은이온을 가하면 용해도곱이 작은 AgI가 먼저 침전하게 되고, AgCl은 그 다음에 침전한다. 따라서 2개의 전위 급변이 생긴다.

실험과정

기구 : 적정 비커(250 mL들이), 뷰렛, 지시전극 은선, 기준전극 포화칼로멜 전극, 포텐시오미터 또는 이온미터, 유리막대 또는 자석 젓개, 적정장치(마이크로 뷰렛)

시약 : 0.1 M 질산은 표준용액, NaCl과 NaI 결정

1. 염화나트륨과 요오드화나트륨 결정을 각각 0.1 g 정도씩 정확히 달아 100 mL 증류수에 녹이고, 그림 12－12와 같은 장치를 이용하여 잘 저어 가면서 0.1000 M 질산은 표준용액으로 적정한다.

처음에는 5.00 mL 적가 때마다 전위를 읽고 기록하다가, 당량점 부근에서는 0.1 mL씩 정확히 적가하면서 전위를 읽고 기록한다.

2. 적정곡선을 그려 전위차가 급변하는 변곡점에서 당량점을 구한다. 또 $\Delta E/\Delta V$와 $\Delta^2 E/\Delta V^2$값을 표 12－2에서와 같은 요령으로 계산하여 정확한 당량점을 구하고, 시료 NaCl과 NaI의 순도(백분율)를 계산한다.

실험 12 l－2 전위차법 중화적정(추천)

실험개요

산 및 염기 전위차법 적정을 할 때에는 pH 미터를 이용하여 적정 도중의 적정용액의 pH를 측정하고, 이것으로 적정곡선을 작성하여 당량점을 구한다.

유의사항

수소 유리전극과 칼로멜 전극을 이용하는 pH 미터는 용액의 pH를 측정하는 데 사용되는 중요한 기기이므로 그 사용법을 잘 알아두어야 한다. pH 미터의 표준화 방법과 용액의 pH 측정방법을 먼저 실험하고, 다음에 산과 염기의 전위차법 적정을 하도록 한다. pH 미터를 표준화할 때에는 일정한 pH의 완충용액을 이용하여 정확하게 하여야 한다. 그리고 가능한 한 측정할 시료용액의 pH에 가까운 pH값의 완충용액을 사용한다. 그리고 pH 미터의 허용 오차는 ±0.01 pH 정도이지만, 실험실에서 사용하는 것은 ±0.05 pH 정도의 오차, 심할 때에는 ±0.1 pH 오차가 생길 수가 있으므로 조심해야 한다.

전위차법 적정으로 산 HA의 이온화상수를 구하는 방법은 다음 식을 이용한다.

$$\frac{[H^+][A^-]}{[HA]} = K_a$$

시료용액중의 산 HA가 정확히 $\frac{1}{2}$ 중화되도록 알칼리를 적가한 때의 pH값이 바로 pK_a값에 해당한다는 것을 이용하는 방법이다. 왜냐하면 다음과 같은 관계가 성립하기 때문이다.

$$[HA] = [A^-]$$
$$K_a = \frac{[H^+][A^-]}{[HA]} = [H^+]$$
$$pK_a = pH$$

그러나 $[HA] = [A^-]$ 관계를 결정하는 데 불확정성이 포함되어 있기 때문에 그 결과도 근사값에 가깝다.

실험과정

기구 : pH 미터, pH 시험지, 적정장치(마이크로 뷰렛), 자석 젓개

시약 : 0.100 M의 탄산이 없는 NaOH 용액, 0.100 M 염산 표준용액, 아세트산, Na_2CO_3, $NaHCO_3$, 페놀프탈레인, 메틸오렌지, 0.1 M 시트르산이수소칼륨용액, 0.1 M 인산이수소칼륨용액, 0.1 M 붕산 ; 0.1 M KCl 용액에 0.1 M이 되도록 붕산을 녹인 용액, pH 표준용액

(1) pH 미터에 의한 pH 측정

1. 다음과 같은 조성의 완충용액을 만들고, 그 pH값을 산출해 보라.
   ① 49.7 mL 0.1 M HCl + 50 mL 0.1 M 시트르산 칼륨염, pH = 2.2
   ② 16.3 mL 0.1 M NaOH + 50 mL 0.1 M 시트르산이수소칼륨, pH = 4.2
   ③ 35.00 mL 0.1 M NaOH + 50 mL 0.1 M 인산이수소칼륨, pH = 7.2
   ④ 26.70 mL 0.1 M NaOH + 50 mL 0.1 M 붕산, pH = 9.2
2. pH 미터의 전극을 깨끗이 씻고 pH 표준 완충용액으로 pH 미터를 표준화한 다음, 1에서 만든 완충용액의 pH를 측정하여 pH값을 비교한다.
3. pH 시험지 또는 지시약을 이용하여 위 용액의 pH를 측정하여 비교해 본다.

(2) 전위차법 산 적정과 K_a값 구하기(추천)

1. 대략 1/10 M 되는 시료 아세트산용액 25.0 mL를 정확히 피펫으로 취하여 적정 비커(250 mL들이)에 넣고, 증류수를 가하여 50 mL 정도로 만든 다음 페놀프탈레인 2방울을 가한다.
2. pH 미터의 유리전극과 칼로멜 전극을 깨끗이 씻어 이 용액에 담그고, 자석 젓개로 잘 저으면서 0.100 M 알칼리 표준용액으로 적정한다. 처음에는 5 mL 적가했을 때마다

pH를 읽고, 당량점 부근에서는 0.1 mL씩 정확히 일정량을 적가하면서 pH를 읽는다. 지시약이 변색하는 점을 기록한다. 눈금을 읽을 때는 젓는 것을 중지한다.

3. 적정곡선을 작성하여 변곡점에서 당량점을 구하고, $\Delta E/\Delta V$ 와 $\Delta^2 E/\Delta V^2$값을 구하여 이것으로부터 더 정확히 당량점을 구한다. 이 값과 지시약의 변색점을 비교한 다음, 시료용액의 농도를 계산한다.

4. 적정곡선에서 산이 정확히 $\frac{1}{2}$ 중화된 지점의 pH를 구하여 산의 평형상수 K_a를 구한 다음 문헌값(1.75×10^{-5})과 비교한다. 이 경우에는 정확히 표준화된 pH 미터를 사용해야 한다.

실험 12 I − 3 전위차법 철 적정분석

실험개요

백금전극을 지시전극으로, 칼로멜 전극을 기준전극으로 사용하여 철(II)용액을 세륨(IV)용액으로 적정하면서 전극전위를 기록하고, 적정곡선을 그린다.

유의사항

산화-환원 적정은 백금전극을 지시전극으로 사용하고, 칼로멜 전극을 기준전극으로 사용할 수 있다. 철의 시료용액중에 있는 제 2 철 Fe(III)를 환원시킬 때에는 환원제로서 염화주석(II)을 사용하는 것이 편리하다. 여분으로 남아 있는 Sn(II)는 제거하지 않아도 적정에 지장을 주지 않는다. Ce(IV)로 적정하면 $E^{\circ}_{Sn^{4+}} = 0.15$ V이기 때문에 $E^{\circ}_{Fe^{3+}} = 0.771$인 Fe(II)보다 먼저 산화되고, 따라서 이 적정에서는 2개의 변곡점이 나타나며, 이 두 변곡점의 차로써 철을 정량한다.

실험과정

기구 : 전위차계 또는 이온미터, 백금지시전극, 칼로멜 전극, 자석 젓개, 적정장치(마이크로 뷰렛)

시약 : $SnCl_2$ 용액(실험 11 I − 4의 실험과정 I), 0.1000 M Ce^{4+} 표준용액[실험 11 I − 7의 실험과정 (1)], 철용액(0.1 M)

1. 시료 철용액(0.1 M 정도)을 적정용 비커에 25.0 mL 정확히 취하여 염화주석(II) 용액을 한 방울씩 가하여 제 2 철 이온색을 퇴색시키고, 여분으로 1 mL 정도 더 가한다. 증류수를 가하여 이 용액을 50 mL가 되도록 묽힌다.

2. 백금전극과 칼로멜 전극을 깨끗이 씻어 이 용액에 담그고, 자석 젓개로 잘 저으면서 세륨(IV) 표준용액으로 적정한다. 처음에는 5 mL 정도씩 가하면서 전지전위를 전위차계로 읽는다. 눈금을 읽을 때에는 젓는 것을 중지한다. 당량점 부근에서는 0.1 mL씩 적가하면서 전압을 기록한다.

3. 적정곡선을 그린 다음, 2의 변곡점에서 제1당량점과 제2당량점을 구한다. 또 $\Delta E/\Delta V$ 법 및 $\Delta^2 E/\Delta V^2$ 법을 이용하여 더 정확한 당량점을 구한다. 이 두 값의 차를 비교한다. 철의 양을 구하고, 철용액의 농도와 mg수를 계산한다. 고체시료를 사용한 경우에는 그 순도를 구한다.

12J 연습문제

12－1 (a) 다음 반응의 표준전위 $E°$를 구하라.

$$CuSCN(s) + e^- \rightleftharpoons Cu(s) + SCN^-$$

(b) 산화전극에는 구리의 지시전극을, 환원전극에는 SCE를 사용하여 SCN^-를 측정하는 데 사용하는 전지를 그려 보아라.
(c) 이 전지전위와 pSCN의 관계를 유도하라.
(d) 이 전지전위가 0.078 V일 때 이 용액의 pSCN을 구하라.

12－2 (a) 다음 반응의 표준전위 $E°$를 구하라.

$$Ag_2S(s) + 2e^- \rightleftharpoons 2\,Ag(s) + S^{2-}$$

(b) 환원전극은 Ag의 지시전극을, 산화전극은 SCE를 사용하여 S^{2-}를 측정하는 전지를 나타내어라.
(c) 전지전위 E와 pS와의 관계를 유도하라.
(d) 이 전지전위가 0.510 V일 때 pS를 계산하라.

12－3 다음 전지의 전위가 0.400 V일 때 CrO_4^{2-}의 농도를 계산하라.

$$SCE \parallel Ag_2CrO_4(\text{포화}),\ CrO_4^{2-}(x\,M) \mid Ag$$

12－4 다음 반쪽반응의 표준전위를 구하라.

$$HgY^{2-} + 2e^- \rightleftharpoons Hg(l) + Y^{4-}$$

여기서 Y^{4-}는 EDTA의 음이온이고, 생성상수 $K = 6.3 \times 10^{21}$이다.

$$Hg^{2+} + Y^{4-} \rightleftharpoons HgY^{2-}$$

12－5 약한 산 HA 용액 25.00 mL를 0.1165 M NaOH로 전위차법 적정을 하여 다음 실험값을 얻었다.

적가부피(mL)	pH	적가부피(mL)	pH
0	2.89	15.60	8.40
2.00	4.52	15.70	9.29
4.00	5.06	15.80	10.07
10.00	5.89	16.00	10.65
14.00	6.63	17.0	11.34
15.00	7.08	18.00	11.63
15.50	7.75	20.00	12.00

(a) 적정곡선을 그려라.
(b) 1차 도함수의 그래프를 그려라.
(c) 2차 도함수의 그래프를 그려라.
(d) 정확한 당량점을 구하고, 산의 농도를 구하라.
(e) 이 산의 K_a값을 구하라.
(f) 당량점의 pH를 계산하라.

12—6 퀸히드록 전극은 수소이온의 지시전극으로 이용되고 있다.

$$Q + 2H^+ + 2e^- \rightleftharpoons H_2Q \qquad E^\circ = 0.70\ V$$

Q는 퀴논이고, H_2Q는 히드로퀴논이며, 두 물질의 같은 몰농도가 퀸히드론용액에 포함되어 있다. 용액의 pH와 다음 전지의 기전력 E와의 관계식을 유도하라.

$$Hg \mid Hg_2Cl_2,\ KCl(1\ M) \parallel H^+(x\ M),\ H_2Q,\ Q \mid Pt$$

12—7 질산 산성 은이온 용액 100 mL를 2.068×10^{-4} M KI 표준용액으로 적정한다. 이때 요오드화은-은 전극에 포화칼로멜 전극을 짝지어 전위를 측정하며, 실험값은 다음과 같다.

KI 적가부피(mL)	E 대 SCE(V)	KI 적가부피(mL)	E 대 SCE(V)
0.0	+0.2623	3.75	+0.2105
1.00	0.2550	4.00	0.1979
2.00	0.2451	4.25	0.1730
3.00	0.2309	4.50	0.0316
3.50	0.2193	4.75	−0.0066

(a) 적정곡선을 그리고, 당량점을 구하라.
(b) 도함수를 이용하여 당량점을 구하라.
(c) 은용액의 농도를 구하라.
(d) 만약 전위가 +0.06 V가 될 때까지만 적정했다면 결과는 오떤 오차를 가져오는가?

12—8 다음 전지의 기전력은 0.568 V이다. 약한 산 HA의 이온화상수를 계산하라.

$$Pt,\ H_2(0.8\ atm) \mid HA(0.5\ M),\ NaCl(1.0\ M),\ AgCl(s) \mid Ag$$

12—9 4.0 mmol의 M^{2+}를 EDTA로 전위차법 적정을 한다. 당량점에서 수은 지시전극의 전위를 계산하라. 단, 당량점에서 적정용액의 부피는 100 mL이고, HgY^{2-}와 MY^{2-}의 안정도 상수는 각각 10^{22}과 10^{10}이며, HgY^{2-}의 농도는 0.017이다.

12—10 표준수소전극과 표준칼로멜 전극을 짝지어 HCl 용액에 담글 때 0.322 V이고, NaOH 용액에 담글 때 1.096 V이다. 그리고 수소전극은 (−)극이다. 이 두 용액을 섞어 전압이 0.346 V가 되는 용액 100 mL를 얻고자 한다면 각 몇 mL씩 섞어야 하는가?

제 13 장
전기분해법, 전기량법과 전기전도법

13 A 전기분해 전위

13 A — 1 Ohm 전압강하

아연-구리 갈바니 전지에 그 기전력과 맞먹는 외부전압을 반대방향으로 걸어주면 전류는 흐르지 않게 되고, 이 기전력보다 조금 큰 전압을 걸어주면 작은 전류가 흐르며, 전극반응은 반대방향으로 진행하고 전기분해가 일어난다.

그런데 이 전기화학 전지 자체는 일정한 전기저항 R을 가지고 있다. 이것은 용액중의 양이온과 음이온이 양쪽 전극으로 이동하는 데 추진력이 필요하기 때문이다. 이와 같이 이 전지를 통해 전류가 흐르게 하려면 이 전지 기전력(1.100 V) 외에 저항 R을 극복하는 데 필요한 전압을 역으로 더 걸어주어야 한다. 이 전압을 Ohm 전압강하라 하고, 그 크기는 그림 13－1의 선 A와 같이 흐르는 전류 i에 비례한다. 이 전압은 저항 R에 전류 i를 곱한 값에 해당하므로 ***iR*** 강하(iR drop)라고도 한다.

한편 갈바니 전지의 경우에는 전류 i가 흐르면 전지전위는 전지의 기전력보다 iR만큼 낮은 값으로 나타난다. 그러므로 갈바니 전지의 경우에나 전해 전지의 경우에 일반적으로 다음 관계가 성립한다.

$$E_{전지} = E_{환원전극} - E_{산화전극} - iR \qquad (13-1)$$

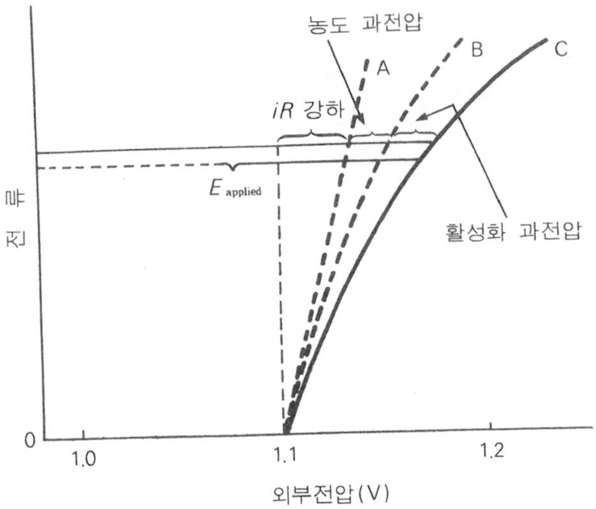

그림 13－1 전해 전지에 필요한 전위, iR 강하 A, 농도 과전압 B, 활성화 과전압 C와 전류의 관계 곡선.

예제 13A－1

다음 갈바니 전지에 0.100 A의 전류가 흐르는 경우, 전지전위를 계산하라. 이때 전지 저항은 5.00 Ω이다.

$$Zn \mid Zn^{2+}(1.00\ M) \parallel Cu^{2+}(1.00\ M) \mid Cu \qquad (13-2)$$

풀이 전극전위는 표준전극전위 $E°$값을 사용해서 계산할 수 있다.

$$E = E^{o}_{Cu^{2+}} - E^{o}_{Zn^{2+}} = 0.337 - (-0.763) = 1.100\ V$$

전류가 흐르는 경우의 전극전위는 다음과 같다.

$$E = 1.100\ V - iR = 1.100 - 0.100 \times 5.00 = 0.600\ V$$

따라서 갈바니 전지의 전위는 전류가 흐르게 되면 크게 감소함을 알 수 있다.

예제 13A－2

위의 전지에 0.100 A의 전류를 역류시켜 전기분해하는 데 필요한 전압을 계산하라.

풀이 이 경우에는 아연극이 환원전극으로, 구리극이 산화전극으로 작용한다.

$$E = E^{o}_{Zn^{2+}} - E^{o}_{Cu^{2+}} = -0.763 - 0.337 = -1.100\ V$$

전류가 흐르는 경우 전기분해하는 데 필요한 전압은 다음과 같다.

$$E = -1.100 - iR = -1.100 - 0.100 \times 5.00 = -1.600\ V$$

13A－2 농도편극

갈바니 전지 또는 전해 전지에 흐르는 전류 i가 대단히 작은 경우에는 그림 13－1의 직선 A와 같이 일반적으로 전지전위와 전류는 직선적인 관계를 갖지만, 전류가 증가하면 직선적인 관계에서 벗어나게 된다. 이러한 현상을 **편극**(polarization)이라고 한다.

위 예제의 아연-구리 전기화학 전지에서 전기분해가 일어나는 경우를 생각해 보자. 전기분해가 진행하여 많은 전류가 흐르게 되면 아연 음극 표면의 아연이온 농도는 바탕용액 1.0 M보다 작아지고, 구리 양극 표면의 구리이온 농도는 그 바탕용액 농도 1.0 M보다 커진다. 따라서 점점 전기분해가 어려워진 용액을 잘 저어 주면 이러한 농도경사를 줄일 수는 있지만, 완전히 제거할 수는 없다.

이와 같은 현상은 전기분해 전지에서 뿐만 아니라, 갈바니 전지에서도 전류가 흐르게 되면 이와 같은 전극 표면에서의 농도경사가 생기게 된다. 이때는 아연전극의 표면농도는 증가하고, 구리전극의 표면농도는 감소하게 된다. 그 결과 전기화학 전지의 전위는 이론적인 전극전위차(기전력)와 iR값 이외에 이 전극 표면의 농도경사 때문에 변화를 받게 된다.

이 전극 표면의 농도경사 때문에 일어나는 전압 변화를 **농도과전압**이라 하고, 이러한 현상을 **농도편극**(concentration polarization)이라고 한다. 그림 13-1의 곡선 B를 보면 전해전지에서 나타나는 농도과전압을 고려할 때 필요한 외부전압의 증가를 알 수 있다.

그리고 전기분해는 외부전압을 농도과전압만큼 더 가해 주어야 일어나지만, 갈바니 전지의 경우에는 그 전지전위가 농도과전압만큼 줄어들게 된다. 농도과전압은 iR 강하와는 달라서 전류의 직선적인 함수가 아니고, 전극 표면에 농도경사의 영향을 주는 몇 가지 요인에 의해 지배를 받게 된다.

전극반응이 빠르고 가역적인 경우, 전기분해할 때 전극 표면층의 반응화학종의 농도는 용액 태반의 농도에 관계없이 원칙적으로 Nernst 식에 의해 걸어 준 전극전위에 따라 결정된다. 따라서 전극전위가 변하면 산화 또는 환원반응이 전극에서 일어나서 전극 표면층의 농도가 변하게 된다.

물질이 전극 표면으로, 또는 전극 표면에서 이동하는 현상은 첫째가 확산, 둘째가 정전기적 인력 또는 반발력, 셋째가 기계적인 젓기와 대류 등 세 가지에 의해서 지배된다.

용액중에 한 물질에 관한 농도경사가 생기면 그 물질은 진한 데서 묽은 데로 이동하게 되는데, 이러한 현상을 **확산**(diffusion)이라 하고, 그 이동속도는 농도차의 크기에 비례한다. 전기분해가 일어나서 전극에 물질이 석출되면 전극 표면의 용액층의 농도 C_e는 바탕용액의 농도인 C_o보다 작은 값으로 줄어들게 된다. 그리고 바탕용액중의 그 물질은 전극 쪽으로 확산하는데, 그때의 **확산속도**는 다음과 같다.

$$\text{확산속도} = k(C_o - C_e) \qquad (13-3)$$

이온과 전극과의 사이에는 정전기적 힘이 작용하는데, 서로 다른 전하인 경우에는 인력이 작용하고, 같은 전하인 경우에는 반발력이 작용한다. 그리고 이 정전기적 힘은 용액중의 모든 이온에 골고루 작용한다. 용액중에 여러 가지 종류의 이온이 많이 있어서 전극반응 이온이 전체 이온의 극히 작은 부분을 차지하는 경우에는 이 이온이 받는 정

전기적 힘은 그만큼 작고, 무시할 수 있게 된다.

한편 용액을 기계적으로 저으면 이에 따라 농도 기울기는 줄어들게 된다. 또 대류도 같은 역할을 해준다.

농도편극은 반응물질의 농도, 용액중의 전해질 전체 농도, 기계적 젓기, 전극면의 크기 등에 따라 지배를 받는다.

13 A—3 반응속도 편극

전기분해 전지에 있어서 앞에서 말한 3가지 전압, 즉 전지의 기전력, iR 전압강하, 그리고 농도과전압을 합한 값만큼의 전압을 걸어 주어도 전기분해가 일어나지 않는 경우가 있다. 이것은 전극 표면에서 일어나는 산화 또는 환원반응이 큰 활성화 에너지를 필요로 하는 느린 반응인 경우이다. 그러므로 이 전극반응을 어느 정도로 빠르게 진행시키려면 외부에서 더 큰 전압을 걸어주어야 한다. 이렇게 여분으로 걸어주어야 하는 전압을 **활성화 과전압**(activation overvoltage) 또는 단순히 **과전압**이라고 한다. 그림 13—1의 곡선 C가 이 활성화 과전압을 고려한 것으로, 전기분해하는 데 여분으로 필요한 최소 전압을 의미한다. 그리고 이 전압은 다분히 실험적인 값으로, 이것을 이론적으로 설명하기는 어렵다. 실험에 의하면 활성화 과전압은 (1) 전류밀도가 증가할수록 크게 증가하고, (2) 온도가 높아지면 감소한다. (3) 기체가 발생하는 반응, 유기물의 산화-환원, 산화-환원 반응에 여러 개의 전자가 관여하는 반응 등에는 일반적으로 큰 활성화 과전압이 필요하다. (4) 금속이온이 다른 금속전극에 석출될 때에는 활성화 과전압이 크다. (5) 백금, 금, 이리듐과 같은 귀금속의 전극보다 아연, 납, 주석, 비스무트, 수은과 같은 연한 금속으로 된 전극에서 더 큰 활성화 과전압이 필요하다. (6) 물이 산화 또는 환원되어 산소와 수소기체를 발생시키는 전극반응의 과전압은 크고 중요한 현상이다. 이때의 과전압을 표 13—1에 나타내었다. 매끈한 백금전극과 백금을 석출시킨 백금전극의 과전압의 차는 주로 두 전극의 실제 표면적 크기의 차 때문에 나타나는 것이다. 또 수은전극에서 수소의 발생 과전압이 특별히 큰 것을 이용하면 물이 분해하여 수소가 발생하는 방해를 받지 않고 수은전극에서 여러 가지 금속을 전기분해시킬 수 있다.

아연-구리 전기화학 전지에 있어 전기분해가 일어나는 데 실제로 필요한 전압 E는 위에서 설명한 것에 의하여 다음과 같이 4가지 항으로 표시된다.

$$E = E_{\text{환원전극}} - E_{\text{산화전극}} - iR - w \qquad (13-4)$$

이때 $E_{\text{환원전극}}$은 $E_{Zn^{2+}}$이고, $E_{\text{산화전극}}$은 $E_{Cu^{2+}}$값으로, 용액중의 금속이온 농도에 지배되는 값이다. iR은 전지의 저항으로 결정되고, w는 전극의 농도과전압과 활성화 과전압의 합이다.

표 13－1 여러 가지 전극에서 수소와 산소가 발생할 때의 과전압

전 극	전류 밀도					
	0.001 A/cm²		0.01 A/cm²		1 A/cm²	
	H_2	O_2	H_2	O_2	H_2	O_2
매끈한 백금 Pt	0.024	0.721	0.068	0.85	0.676	1.49
석출시킨 Pt	0.015	0.348	0.030	0.521	0.048	0.76
Au	0.241	0.673	0.391	0.963	0.798	1.63
Cu	0.479	0.422	0.584	0.580	1.269	0.793
Ni	0.563	0.353	0.747	0.519	1.241	0.853
Hg	0.9		1.0		1.2	
Zn	0.716		0.746		1.229	
Sp	0.856		1.007		1.231	
Pb	0.52		1.090		1.262	
Bi	0.78		1.05		1.23	

13 B 전기무게법 분석

금속이온을 전극에 석출시켜 무게를 측정하는 방법을 **전기무게법 분석**(electrogravimetry)이라고 하는데, 옛날부터 화학분석에 이용되고 있는 방법이다. 이 방법을 이용하여 분석할 수 있는 금속은 카드뮴, 구리, 니켈, 은, 주석, 아연 등으로, 이들은 음극에서 금속으로 환원되어 석출된다.

이러한 선기분해법을 이용하면 용액중에 불순물로 존재하는 철, 은, 구리, 가드뮴, 코발트, 니켈과 같은 성분을 수은을 음극으로 사용하여 쉽게 제거할 수 있다.

한편 질산용액에 녹아 있는 납(Ⅱ)는 백금 양극에서 다음과 같이 산화되어 난용성의 2산화 납으로 변화되므로 그 무게를 달아 분석할 수 있다.

$$Pb^{2+} + 2H_2O \rightleftharpoons PbO_2(s) + 4H^+ + 2e^-$$

전기분해법에는 3가지가 있는데, 일정한 전압을 걸어주는 방법, 외부전압을 조절하여 일정한 전류를 흐르게 하는 방법, 그리고 작업전극의 전위를 일정하게 유지하는 방법이 있다.

13 B－1 일정 전지전압법 전기분해

일정 전지전압법 전기분해는 구리(Ⅱ)의 분석법에 많이 이용되는데, 일정한 전압을 걸어서 1M 황산에 녹아 있는 구리(Ⅱ)를 미리 무게를 정확히 아는 백금전극에 석출시켜 다시 전극의 무게를 달아 구리만의 무게를 측정하는 방법이다. 사용하는 장치는 그림 13－2와 같고, 음극은 표면적이 큰 원통형 백금 그물로 되어 있다. 이때 양극에서는 산소가 발생한다. 이 경우에 외부에서 가하는 전압은 전압계 V로 읽고, 흐르는 전류는 전류계 A로 읽으며, 모터 장치가 된 산화전극을 잘 저어 주어야 한다.

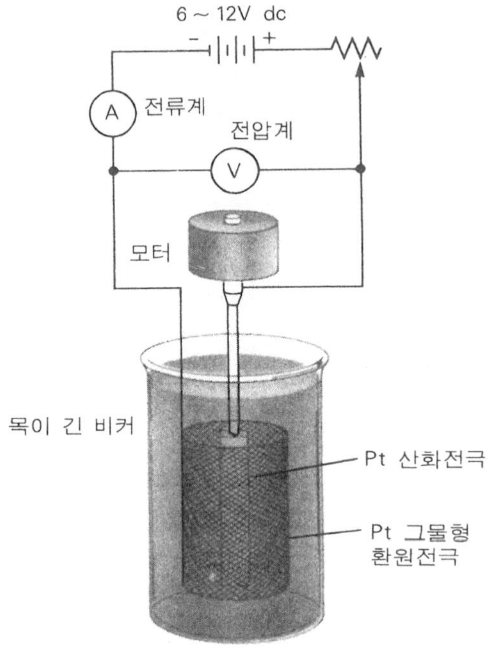

그림 13－2
금속의 전기석출에 사용하는 장치.

외부전압을 조금씩 크게 해주면 그림 13－3과 같이 처음에는 전류가 조금씩 증가하다가 일정 전위에 도달하면 구리가 환원되기 시작하고 갑자기 큰 전류가 흐르기 시작하는데, 이 전위를 분해전위(decomposition potential)라고 한다.

분해전위 앞에 나타나는 작은 전류는 용액중에 녹아 있는 산소와 같은 불순물 때문에 나타나고, 또 미량의 구리가 석출되는 것에 그 원인이 있다. 이것은 백금전극 표면의 구리금속의 활동도가 무한히 작다고 볼 수 있기 때문이다.

그런데 1 M 산용액중의 구리(Ⅱ)의 농도가 0.01 M일 때 구리를 석출시키는 데 필요한 전극전위는 다음과 같다.

환원전극 $$Cu^{2+} + 2e^- \rightleftharpoons Cu$$

$$E_{Cu^{2+}} = E^\circ + \frac{0.0591}{2}\log[Cu^{2+}]$$

$$= 0.337 + \frac{0.0591}{2}\log 0.01 = 0.28\text{ V}$$

산화전극 $$O_2 + 4H^+ + 4e^- \rightleftharpoons 2H_2O$$

$$E_{O_2} = E^\circ + \frac{0.0591}{4}\log p_{O_2} \times [H^+]^4$$

$$= 1.23 + \frac{0.0591}{4}\log 1 \times 1^4 = 1.23\text{ V}$$

전기분해에 필요한 이론적인 전압 E는 $0.28 - 1.23 = -0.95$ V로, 이 값은 실제 분해전위와는 큰 차가 있다. 이것을 그림 13－3의 점선으로 표시하였다.

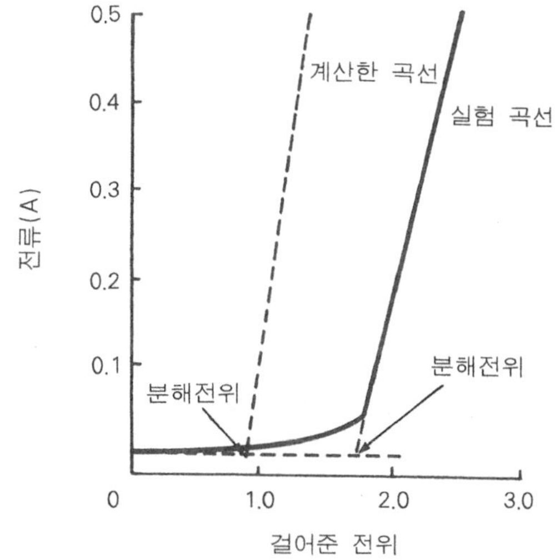

그림 13－3 구리(Ⅱ)이온의 전기분해 시의 전류－전압 곡선.

그런데 실제로 구리의 석출이 비교적 잘 일어나게 하려면 전류가 1 A 정도 되어야 하고, 전지의 저항이 0.5 Ω 이라면 Ohm 강하 $iR = 0.5$ V가 된다. 두 전극의 표면에서 일어나는 농도과전압은 용액을 잘 저어 주면 무시할 수 있는 정도로 줄일 수 있다. 백금 양극($100\ cm^2$)의 전류 밀도를 $0.01\ A/cm^2$라 보고, 양극의 O_2 발생에 0.85 V의 활성화 과전압만을 생각하면 전기분해에 필요한 전압은 식 13－4에서 다음과 같이 된다.

$$E = 0.28 - 1.23 - 0.5 - 0.85 \fallingdotseq -2.3\ \text{V} \qquad (13-5)$$

이 전위는 그림 13－3의 실제 분해전위와 비슷하다.

13B－2 전극전위와 전류의 변화

위와 같은 일정한 전지전압 －2.3 V에서 전기분해가 진행되면 환원전극에서 구리가 석출되기 때문에 구리이온 농도는 감소하고, 산화전극에서 물이 분해하여 산소가 발생하는 결과로 인해 수소이온 농도가 증가하게 된다.

0.01 M의 구리(Ⅱ)를 정량적으로 석출시키려면 구리가 10^{-6} M이 될 때까지 전기분해되어야 하고, 이때의 환원전위는 0.28 V에서 다음과 같이 0.160 V로 감소해야 한다.

$$E_{Cu^{2+}} = 0.337 + \frac{0.0591}{2}\log[Cu^{2+}]$$

$$= 0.337 + \frac{0.0591}{2}\log 10^{-6} = 0.160\ \text{V}$$

한편 수소이온 농도는 구리이온 농도의 2배인 0.02 M이 증가하게 되어 1.02 M로 되고, 물의 활동도는 변하지 않기 때문에 산화전극전위는 거의 변하지 않고 1.23 V에 머물러 있다고 볼 수 있다. 따라서 전지전위는 $0.16 - 1.23 = -1.07$ V로 되어 처음의 －0.95 V보다

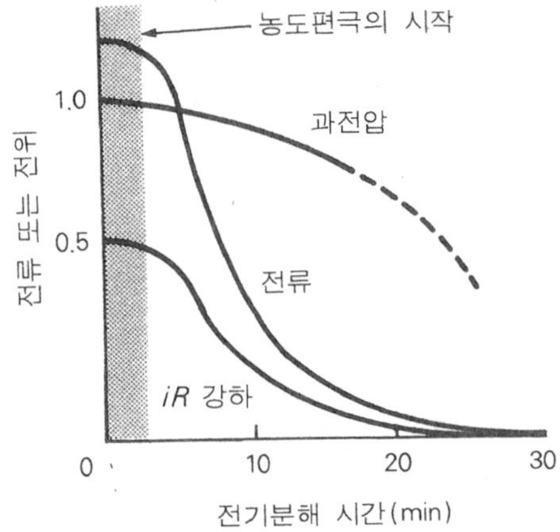

그림 13－4 일정 전압에서 전기분해가 일어나는 동안의 전해 전지의 전위 및 전류의 변화.

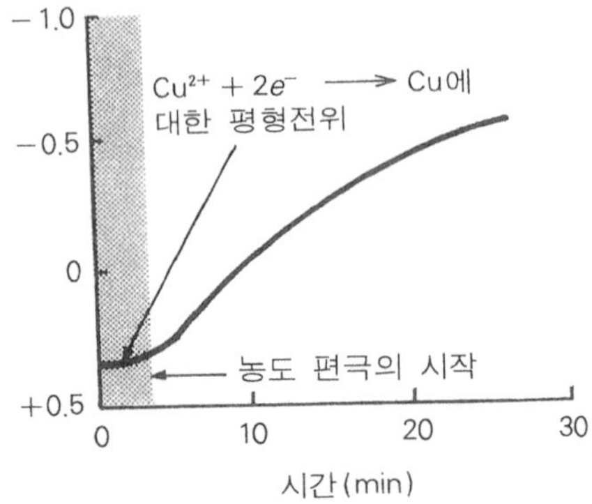

그림 13－5 구리의 전기석출이 일정 전압에서 일어나는 동안의 환원전위의 변화.

다소 큰 역기전력으로 작용한다.

그러나 실제로는 구리이온의 농도가 10^{-6}M까지 감소하기 전에 전극에서 농도편극이 일어나고, 이 때문에 그림 13－4에서 보는 바와 같이 전류가 크게 감소하여 iR값과 과전압에 더 큰 영향을 주게 된다고 볼 수 있다. 일정 전지전압에 의한 전기분해에 있어 식 13－4에서 $E_{산화전극}$은 일정하고, iR 및 w값이 줄어들게 되면 결과적으로 $E_{환원전극}$ 값이 감소하게 될 것이다.

따라서 그림 13－5에서 볼 수 있는 것과 같이 환원전극의 전위는 크게 감소하고, 실제로는 구리의 정량적인 석출 때 계산한 0.16 V보다 훨씬 더 낮은 전위로 되는 것을 볼 수 있다. 그러므로 환원전위가 －0.25 V보다 낮아지면 구리가 충분히 석출될 뿐만 아니라 Co(Ⅱ)가 공존하는 경우에는 Co도 석출되고, －0.4 V에서 Cd(Ⅱ)가 석출되며, －0.5 V보다 낮아지면 수소이온이 환원되어 수소가 발생하게 된다.

이와 같이 일정 전지전압을 이용하는 전기분해법은 선택성이 부족한 방법이므로 조심해야 한다.

13B－3 일정 전류법 전기분해

일정 전류법 전기분해는 전기분해를 하는 도중에 외부전압을 적당히 조절하여 전류를 일정하게 흐르게 하는 방법이다. 1M 황산용액에 녹아 있는 구리를 전기분해하는 경우를 생각해 보자. 전기분해가 진행되는 도중에 구리의 농도가 감소하여 음극의 전극전위가 점점 감소하기 때문에 일정 전류가 흐르게 하기 위해서는 외부전압을 증가시켜 주어야 한다. 이와 같이 일정 전류법으로 전기분해하는 경우에는 일정 전지전압법의 경우보다 짧은 시간에 전기분해를 완료시킬 수 있다. 그 반면에 환원전극에서 수소의 발생이

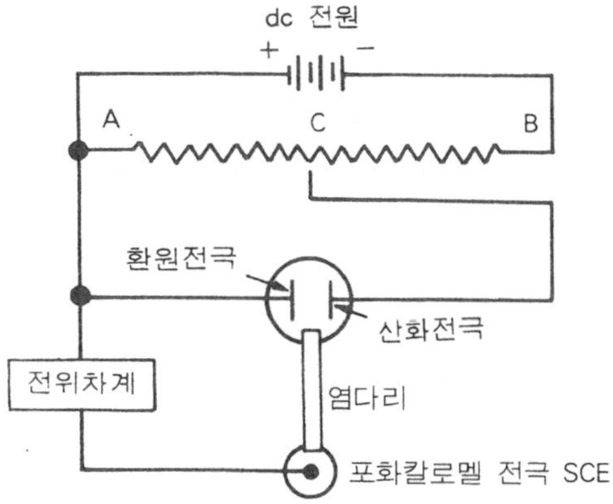

그림 13−6 환원전극전위 조절장치. 접속점 C는 원하는 환원전극전위를 유지하기 위해 계속 조절한다.

많고, 석출된 구리금속의 질은 좋지 않다. 이러한 수소기체의 발생을 방지하기 위해 수소이온보다 쉽게 환원되는 질산이온 용액을 사용하는 것이 좋다. 질산이온이 있으면 수소이온 대신에 다음과 같이 환원반응을 하여 수소의 발생을 막는다.

$$NO_3^- + 10H^+ + 8e^- \rightleftharpoons NH_4^+ + 3H_2O$$

일정 전류법의 경우는 일정 전지전압법의 경우보다 선택성이 더 작다. 따라서 수소이온보다 훨씬 쉽게 환원되는 금속에서 알칼리토류 금속 및 알칼리 금속과 같이 수소이온보다 환원되기 어려운 금속을 분리하는 정도의 일밖에 할 수 없다.

13B−4 조절된 환원전극전위법 전기분해

Nernst 식에 의하면 분석 금속이온의 농도를 1/10 석출시킬 때, 전극전위는 $0.0591/n$ V 만 낮추어 주면 된다. 구리이온의 경우 농도가 0.1 M일 때와 이것이 정량적으로 석출되었다고 볼 수 있는 10^{-6} M일 때의 전극전위는 다음과 같다.

$$E = 0.337 + \frac{0.0591}{2}\log 10^{-1} = 0.31\ \text{V}$$

$$E = 0.337 + \frac{0.0591}{2}\log 10^{-6} = 0.16\ \text{V}$$

그러므로 0.31 V보다 높은 전위에서 쉽게 석출되는 금속이온을 미리 제거하고, 환원전위가 0.16 V보다 낮아지지 않도록 조절하면서 전기분해한다면 구리만을 선택적으로 석출시킬 수 있을 것이다.

그러나 외부에서 걸어주는 전압을 조절한다 하더라도 iR 강하 및 농도편극현상 등이 복잡하게 작용하기 때문에 환원전극전위만을 일정 전위에 정밀하게 조절하기는 어렵다. 이때 가장 좋은 방법은 그림 13−6과 같이 일정 전극전위를 가지는 다른 한 개의 새 기준전극을 이용하여 환원전극의 전위를 측정하는 방법이다. 따라서 새로운 기준전극과 환원전극 사이에 원하는 전위를 일정하게 유지하도록 외부전압을 조절하면서 전기분해를 진행시키도록 한다.

그림 13－6에서 처음에는 비교적 큰 외부전위를 걸어주어 작동을 시작하고, 전기분해가 진행되면서 환원전극전위가 낮아지면(그림 13－5 참조) AC에 걸린 외부전압을 점차로 낮추어서 환원전극전위가 너무 낮아지는 것을 막는다. 그 결과 전류는 점점 더 작아지며, 전기분해가 완결되는 무렵에는 전류가 0에 가까워진다.

따라서 외부전압을 적당히 조절해 주면 요구하는 금속만을 환원시키고, 이보다 전극전위가 낮아 환원되기 어려운 금속은 석출되지 않게 할 수 있다. 이 방법을 이용하면 Cu(Ⅱ)는 Co(Ⅱ) 및 Cd(Ⅱ)와 분리 석출시킬 수 있고, 또 Co(Ⅱ), Cu(Ⅱ), Fe(Ⅲ), Ni(Ⅱ)는 수은 환원전극을 사용하여 쉽게 Ti(Ⅲ), Al(Ⅲ), 알칼리 금속과 분리할 수 있다.

13B－5 전기무게법 분석의 조건

전기무게법 분석도 일반 침전법 분석 때와 같이 요구하는 금속이 완전히 석출되어야 하고, 석출된 금속은 순수해야 하며, 석출 후에 씻고, 말리고, 무게를 달기 위해서 석출된 금속은 물리적 성질이 치밀하고 단단해야 한다.

요구하는 금속이 정량적으로 석출되고 순수하려면 환원전극전위가 충분히 낮고 동시에 잘 조절되어서 다른 혼합물이 석출되지 않아야 한다. 석출된 금속이 단단하고 치밀하기 위해서는 착화제와 같은 것을 가하여 실험 조건을 잘 맞추어야 한다. 금속에 따라 석출 표면이 거칠고 음극 표면에 밀착되지 않아 부스러지기 쉬운 것은 실험오차가 크게 생긴다. 전류 밀도가 너무 크면 거친 결정이 생겨 좋지 않기 때문에 보통 0.005～0.05 A/cm^2 정도의 전류 밀도를 갖도록 조절해야 한다. 또 수소와 같은 기체가 함께 석출되면 다공질의 금속결정이 생겨 좋지 않다. 그러므로 전위를 적당히 조절하거나 적당한 시약을 이용하여 기체의 발생을 막도록 한다. 그리고 적당한 착화제를 사용하면 매끈한 금속면을 얻을 수 있게 된다.

13C 전기량법 분석

13C－1 Faraday의 전기분해법칙

전극반응에서 물질과 전기량과의 관계는 다음과 같은 Faraday 법칙에 따른다.

(1) 전극반응하는 물질의 양은 통과하는 전기량에 비례하고, (2) 일정량의 전기량이 흐를 때 전극에서 산화 또는 환원되는 물질량은 어떤 물질이나 모두 같은 당량이다. 1A의 전류가 1초 동안 흐르는 경우의 전기량을 1coulomb(C)이라 하고, 1C의 전기가

흐를 때 반응하는 물질의 양을 **전기화학당량**(electrochemical equivalent)이라고 한다. 은의 1 전기화학당량은 0.001118 g 이다. 그러므로 은 1 그램당량이 환원될 때 필요한 전기량은 107.88/0.001118 = 96494 C, 즉 대략 96500 C 이다. 이 전기량은 Avogadro 수(N)의 전자가 가지는 양에 해당하는 전기량으로, 이것을 1 Faraday(F)라고 한다. 이것은 모든 물질 1 그램당량이 반응하는 데 필요한 전기량이다.

13 C — 2 전기량법 분석

전기화학 전지를 통해 흐르는 전기량은 전극에서 산화 또는 환원되는 물질의 양에 비례한다. 이러한 관계를 이용하여 전기량을 측정해 물질량을 구하는 화학분석법을 **전기량법**(coulometry)이라고 한다.

전기량법에는 대체로 2가지 방법이 있다. 한 가지는 일정 전위법으로, 그림 13－6과 같은 장치를 이용하여 작용 전극전위가 일정한 값으로 유지되도록 조절하여 전기분해를 계속하면 점점 전류가 줄어들어서 0에 접근하게 되는데, 이때가 분석이 완결되는 점이다. 이것은 다른 화학종의 산화-환원 반응이 들어오지 않기 때문에 선택성이 높은 분석법이다. 이 경우에 흐른 전체 전기량은 직렬로 연결한 화학전기량계 또는 전류-시간 적분계를 이용하여 측정한다.

또 한 가지 다른 방법은 일정 전류법으로 반응이 완결될 때까지 일정한 전류를 계속 유지시키는 방법인데, 일반적으로 **전기량법 적정**(coulometric titration)이라고 한다. 이 경우에 흐른 전체 전기량은 전기가 흐른 시간과 전류로 쉽게 계산한다. 이 방법은 일정 전위법보다 많이 이용되고 있다.

전기량법에서 가장 중요한 조건은 전기분해중에 요구하는 화학종이 관여하는 단일 전극반응만이 100 % 일어나야 한다는 사실이다. 즉 전기효율이 1이어야 한다. 만약 다른 부반응이 함께 일어나면 정확한 결과를 얻을 수 없고, 오차가 생긴다.

13 C — 3 전기량계

전기무게법 분석에서는 전극에 석출되는 물질의 무게를 다는데 반해, 전기량법 분석에서는 반응에 관여하는 전기량을 측정한다. 그러므로 정밀분석에는 정밀한 전기량의 측정이 요구된다.

일정 전류가 흐르는 경우에는 전기량을 측정하기 쉽고, 전류가 흐르는 시간만 정확히 측정하면 된다. 그러나 작용전극의 전위를 일정하게 유지하는 일정 전위법에서는 반응도중에 전류가 일반적으로 시간에 따라 감소하기 때문에 전기량계를 직렬로 연결하여 전기량을 측정하는 방법을 이용한다. 전기량을 측정하는 계기로는 화학전기량계, 특히 그림 13－7과 같은 물 전기량계를 사용하는 것이 보통이다. 이 장치는 0.5 M K_2SO_4 용액에 백금전극을 짝지어 넣고, 음극에서 발생하는 수소와 양극에서 발생하는 산소를 함께 기체 뷰렛에 모아 그 전체 부피를 일정 온도와 압력하에서 측정하여 통과한 전기량을 계산한다.

이 밖에도 전기량을 측정하는 것에는 작도법이 있는데, 이것은 시간에 대한 전류곡선을 기록하여 그 전체 면적을 구하는 방법이다. 오늘날에는 여러 가지 전류-시간 적분장치가 개발되고 있다.

13 D 전기량법 적정

13 D — 1 내부생성 전극법

전기무게법 분석의 경우에는 분석 화학종을 전극에 석출시켜 무게를 달 수 있는 형태(고체)로 바꾸어야 하는데, 전기량법에서는 산화 또는 환원하여 고체뿐만 아니라 가용성 형태로 되는 경우에도 이용될 수 있다. 예를 들어 아비산이 비산으로 되고, 철(Ⅱ)이온이 철(Ⅲ)이온으로 되는 산화반응의 경우에도 전기량법을 이용하면 정량할 수 있다. 이 방법이 유효하게 응용되고 있는 것이 **전기량법 적정**(coulometric titration)이다. 예를 들어 백금 양극을 사용하여 시료용액중의 철(Ⅱ)를 산화시키는 경우를 생각해 보자.

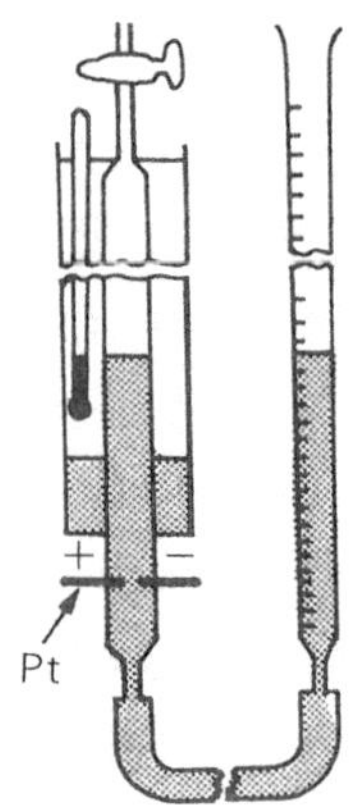

그림 13—7 물전기량계.

$$Fe^{2+} \rightleftharpoons Fe^{3+} + e^-$$

Fe^{2+}가 산화되어 농도가 점차 줄어들게 되면 양극 표면에서 농도편극이 일어나서 양극전위가 더 높아져야 하는데, 양극전위가 점점 증가하면 다음과 같이 물의 전기분해가 일어나서 산소가 발생하게 된다.

$$H_2O \rightleftharpoons 2H^+ + \frac{1}{2}O_2 + 2e^-$$

이와 같은 물의 산화반응은 부반응으로, 철의 정량에 오차를 가져온다. 그러나 이 용액에 Ce(Ⅲ)를 미리 충분히 넣어 주면 이러한 부반응을 막을 수가 있다. 이것은 양극에서 물이 산화되기보다 Ce(Ⅲ)가 Ce(Ⅳ)로 산화되기가 더 쉽고, 이렇게 생성된 Ce(Ⅳ)는 용액중에서 곧 Fe(Ⅱ)를 산화시키기 때문이다. 그 결과 전극을 통과하는 전기는 직접 또는 간접으로 완전히 Fe(II)를 산화하는 데 소비하게 된다. 즉 전류효율이 1이 된다. 그리고 Ce(Ⅲ)의 농도는 항상 일정하게 유지되어 있기 때문에 일정한 전류가 흐르게 된다. 이와 같이 시료 화학종 Fe(Ⅱ)와 반응하는 화학종 Ce(Ⅳ)를 용액중에서 전극반응으로 생성하여 시료와 반응시키고, 당량점까지 흐른 전기량을 측정하는 방법을 **내부생성 전극법**(internal generation electrode method)이라고 한다.

할로겐화물을 정량할 때 은산화전극에 일정한 전위를 가하여 은이온을 생성하는 것은

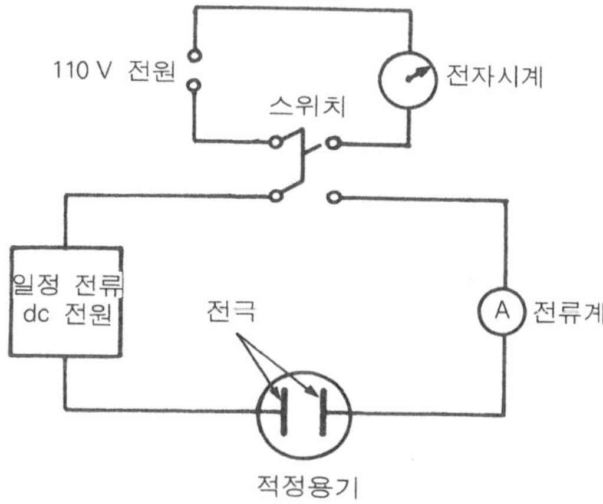

그림 13－8　전기량법 적정장치.

또 한 가지의 예이다. 다시 말해, 질산은 표준용액을 뷰렛으로 적가하는 대신에 전극반응으로 은이온을 만들어내고, 뷰렛으로 적가용액의 부피를 측정하는 대신에 전기량계 또는 전기량 적분계를 이용하여 당량점까지 흐른 전기량을 측정한다. 이 경우에도 역시 당량점을 알려주는 지시약과 같은 수단 방법이 있어야 한다.

전기량법 적정장치　전기량법 적정을 할 때에는 그림 13－8과 같이 일정 전류원, 정확한 시계장치, 전기량법 적정용 전지가 있어야 한다. 일정 전류원으로는 보통 5～20 mA를 발생시키는 장치를 사용하는 것이 보통이고, ±0.01 % 오차범위에서 일정 전류를 유지하는 것을 구할 수 있다. 따라서 시계장치도 ±0.01초의 정밀도를 가지는 전자시계를 사용해야 한다. 이 경우에는 일정 전류가 흐르기 때문에 지시약의 변색이 생기는 종말점까지의 시간을 곱하여 전류를 구한다.

이때 사용하는 적정장치는 그림 13－9와 같은 것이 보통이고, 반응시약을 만드는 생

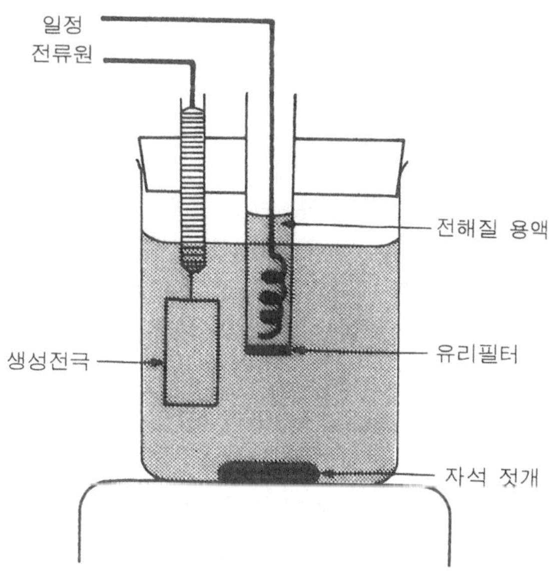

그림 13－9
전기량법 적정 때의 적정용기.

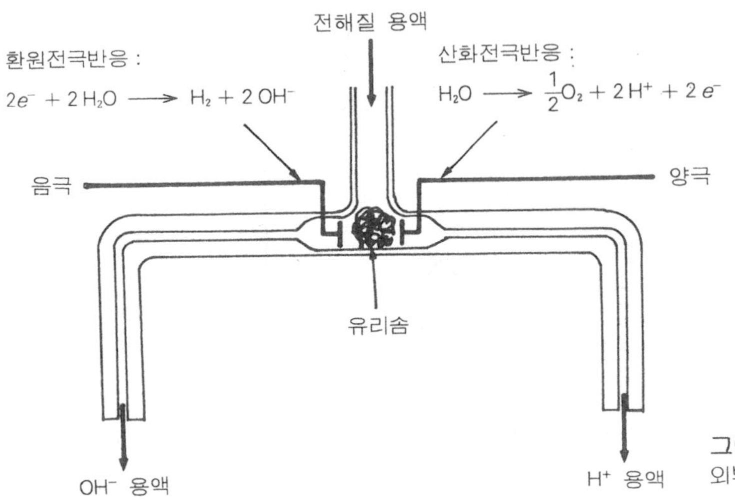

그림 13－10 전기량법 산－염기 적정의 외부생성 전극 장치.

성전극과 기준전극에서 발생하는 물질이 분석에 지장을 줄 수 있는 경우에는 이 전극을 반투막을 이용하여 적정 시료용액과 격리시키는 것이 보통이다. 예를 들어 백금 생성전극(산화전극)에서 산화제를 생성하는 경우에는 기준전극(환원전극)에서 수소가 발생하는 수가 많고, 만약 이 기체를 적정용액에서 제거하지 않으면 생성된 산화제와 반응할 가능성이 있어 적정에 지장을 주게 된다. 이러한 경우에는 그림 13－9에서와 같이 환원전극을 격리시키도록 한다.

13 D－2 외부생성 전극법

전기량법 적정을 할 때 생성전극이 적정용액중에서 원하는 물질 이외의 다른 화학 종과 반응하여 적정에 지장을 주는 경우가 있다. 예를 들어 산 적정을 하는 경우에 생성전극(환원전극)에서 다음과 같이 염기를 생성한다고 하자.

$$2H_2O + 2e^- \rightleftharpoons H_2 + 2OH^-$$

이 용액중에 환원되기 쉬운 물질이 있으면 이것이 생성되는 수소에 의해 환원되는 부반응이 일어난다. 이와 같은 경우에 그림 13－10과 같은 장치를 이용하면 필요한 물질을 적정용액 밖에서 만들어 시료용액에 주입할 수 있다.

예를 들어 황산나트륨용액을 약 0.2 mL/sec의 유속으로 이 관 속으로 공급하면 산화전극에서 생성된 수소이온은 T관의 다른 쪽으로 흘러가게 되고, 환원전극에서 생성된 수산화이온은 산 시료용액으로 흘러들어간다. 이 장치는 요오드법 적정에 사용하여 요오드화염 용액으로부터 요오드를 생성하는 데에도 이용될 수 있다.

적정용액 밖에서 생성전극이 작용하여 필요한 화학종을 생성하는 것을 **외부생성 전극법**(external generation electrode method)이라고 한다.

13D－3 전기량법 적정의 특징

1. 전기량법 적정을 이용하면 표준용액을 만들고 보관할 필요가 없다. 특히 안정도가 낮고 보관하기 어려운 염소, 브롬, 티탄(Ⅲ)와 같은 표준용액은 일반적인 적정법에서는 이용할 수 없는데, 전기량법 적정에서는 이것을 전극에서 생성하여 곧 시료물질과 반응시킴으로써 잘 이용할 수 있다.
2. 대단히 적은 양의 시약을 사용하는 경우, 즉 미량분석에서는 전기량법 적정이 유효하다. 이 경우에 부피법 분석을 이용하려면 대단히 묽은 표준용액이 필요한데, 이러한 표준용액은 만들기와 보관하기가 어렵기 때문에 정확한 결과를 가져오지 못한다. 예를 들어 10^{-6} M의 용액 0.1 mL는 $0.1 \times 10^{-3} \times 10^{-6}$ mol, 즉 10^{-10} mol을 포함하는데, Faraday 법칙에 의하면 해당 전류는 $10^{-10} \times 96494 \times n$ C에 상당하고, 반응에 관여하는 전자수 n이 1인 경우 생성시간이 10초일 때 흐르는 전류 i는 다음과 같다.

$$i = 10^{-10} \times 96494/10 = 0.9664\ \mu\text{A}$$

   이러한 전류는 쉽게 측정할 수 있으므로 전기량법 적정은 미량분석에 응용할 수 있다.
3. 전기량법 적정은 일반적인 부피법 분석보다 더 정확하고 정밀한 결과를 얻을 수 있다. 전기량은 전류와 시간으로 구할 수 있는데, 이 2가지 값을 대단히 정밀하게 측정하는 기기가 개발되어 있다.
4. 전기량법 적정에 이용하는 장치는 여러 가지 적정, 즉 침전법, 산화－환원법, 중화법 적정 등에 이용할 수 있고, 또 자동 적정장치를 쉽게 고안할 수 있다.

13D－4 전기량법 적정의 이용

(1) 중화적정

전기량법 적정은 각종 적정법에 이용되도록 연구 개발되어 있다. 생성전극에서 만들어지는 수산화이온을 이용하여 대단히 정확한 산 적정을 할 수 있다. 가장 편리한 방법은 백금전극을 환원전극으로 사용하며 내부생성 전극법으로 이용한다. 그러나 이 경우에는 산화전극에서 생성되는 수소이온이 지장을 주기 때문에 적정용액과 격리시켜야 한다(그림 13－10 참조).

(2) 침전법 적정

그러나 시료용액으로 염화이온이나 브롬화이온이 주어지는 경우에는 산화전극으로 은선을 직접 사용하여 다음과 같은 반응이 일어나게 하면 적정에 지장을 주지 않는다.

표 13－2 중화, 침전 및 착화법 적정을 이용하는 전기량법 적정의 예

분석물질	생성전극 반응	일어나는 적정반응
산	$2H_2O + 2e^- \rightleftharpoons 2OH^- + H_2$	$OH^- + H^+ \rightleftharpoons H_2O$
염기	$H_2O \rightleftharpoons 2H^+ + 1/2O_2 + 2e^-$	$H^+ + OH^- \rightleftharpoons H_2O$
Cl^-, Br^-, I^-	$Ag(s) \rightleftharpoons Ag^+ + e^-$	$Ag^+ + Cl^- \rightleftharpoons AgCl(s)$
메르캅탄	$Ag(s) \rightleftharpoons Ag^+ + e^-$	$Ag^+ + RSH \rightleftharpoons AgSR(s) + H^+$
Cl^-, Br^-, I^-	$2Hg(l) \rightleftharpoons Hg_2^{2+} + 2e^-$	$Hg_2^{2+} + 2Cl^- \rightleftharpoons Hg_2Cl_2(s)$
Zn^{2+}	$[Fe(CN)_6]^{3-} + e^- \rightleftharpoons [Fe(CN)_6]^{4-}$	$3Zn^{2+} + 2K^+ + 2[Fe(CN)_6]^{4-} \rightleftharpoons K_2Zn_3[Fe(CN)_6]_2(s)$
Ca^{2+}, Cu^{2+}, Zn^{2+}, Pb^{2+}	$HgNH_3Y^{2-} + NH_4^+ + 2e^- \rightleftharpoons Hg(l) + 2NH_3 + HY^{3-}$	$HY^{3-} + Ca^{2+} \rightleftharpoons CaY^{2-} + H^+$

$$Ag + Br^- \rightleftharpoons AgBr + e^-$$

적정의 종말점을 알기 위해 지시약을 사용하거나 전위차법 등을 이용한다.

염화이온, 브롬화이온, 요오드화이온 등은 은선을 산화전극으로 사용하여 생성되는 은이온으로 대단히 정확하게 적정된다. 이때 환원전극으로는 백금선을 사용할 수도 있는데, 여기서는 수소가 발생한다. 종말점은 흡착지시약이나 전위차법으로 쉽게 구할 수 있다.

(3) 착화법 적정

아연이온 시료용액은 전극에서 생성된 EDTA로 적정할 수 있다. 암모니아－암모늄으로 완충된 시료용액에 안정한 Hg(Ⅲ)－EDTA 착물을 충분히 가하고, 수은전극(그림 12－3 참조)과 백금선에 전위를 걸면 수은환원전극에서 다음과 같은 환원반응이 일어나서 EDTA를 생성한다.

$$HgNH_3Y^{2-} + NH_4^+ + 2e^- \rightleftharpoons Hg + 2NH_3 + HY^{3-}$$

이렇게 생성된 EDTA는 용액중의 아연과 다음과 같이 반응한다.

$$Zn(NH_3)_4^{2+} + HY^{3-} \rightleftharpoons ZnY^{2-} + NH_4^+ + 3NH_3$$

적정 종말점은 전위차법을 이용할 수 있다. 이 경우에 백금선을 산화전극으로 사용하고, 생성하는 산소를 제거하기 위해 적정용액에서 격리시켜야 한다. 이 방법을 이용하면 Bi(Ⅱ), Pb(Ⅱ), Cu(Ⅱ)와 같은 금속이온을 적정할 수 있다.

표 13－2에 중화, 침전 및 착화법 적정을 이용하는 전기량법 적정의 예를 들었다.

(4) 산화－환원 적정

전기량법은 산화－환원 적정에 가장 많이 이용된다(표 13－3 참조). 염소, 브롬, 요오드와 같은 할로겐 원소의 생성전극은 여러 가지 물질의 적정에 이용되고 있다. 산화전극에서 생성된 염소는 요오드화물, 아비산을 적정하는 데 사용되고, 생성된 브롬은 아비산,

표 13－3 산화－환원을 이용하는 전기량법 적정의 예

시약	생성전극반응	분석물질
Br_2	$2Br^- \rightleftharpoons Br_2 + 2e^-$	As(Ⅲ), Sb(Ⅲ), U(Ⅳ), Tl(Ⅰ), I^-, SCN^-, NH_3, N_2H_4, NH_2OH, phenol, aniline
Cl_2	$2Cl \rightleftharpoons Cl_2 + 2e^-$	As(Ⅲ), I^-
I_2	$2I^- \rightleftharpoons I_2 + 2e^-$	As(Ⅲ), Sb(Ⅲ), $S_2O_3^{2-}$, H_2S
Ce^{4+}	$Ce^{3+} \rightleftharpoons Ca^+ + e^-$	Fe(Ⅱ), Ti(Ⅲ), U(Ⅳ), As(Ⅲ), I^-, $Fe(CN)_6^{4-}$
Mn^{3+}	$Mn^{2+} \rightleftharpoons Mn^{3+} + e^-$	$H_2C_2O_4$, Fe(Ⅱ), As(Ⅲ)
Ag^{2+}	$Ag^+ \rightleftharpoons Ag^{2+} + e^-$	Ce(Ⅲ), V(Ⅳ), $H_2C_2O_4$, As(Ⅲ)
Fe^{2+}	$Fe^{3+} + e^- \rightleftharpoons Fe^{2+}$	Cr(Ⅵ), Mn(Ⅶ), V(Ⅴ), Ce(Ⅳ)
Ti^{3+}	$TiO^{2+} + 2H^+ \rightleftharpoons Ti^{3+} + H_2O$	Fe(Ⅲ), V(Ⅴ), Ce(Ⅳ), U(Ⅵ)
$CuCl_3^{2-}$	$Cu^{2+} + 3Cl^- + e^- \rightleftharpoons CuCl_3^{2-}$	V(Ⅴ), Cr(Ⅵ), IO_3^-
U^{4+}	$UO_2^{2+} + 4H^+ + 2e^- \rightleftharpoons U^{4+} + 2H_2O$	Cr(Ⅵ), Ce(Ⅳ)

안티몬(Ⅲ), 요오드화물, 페놀, 살리실산, 아닐닌 등을 적정하는 데 사용되며, 또 생성된 요오드는 아비산, 안티몬(Ⅲ), 티오황산, 황화수소 등을 적정하는 데 사용된다. 또 산화전극에서 생성된 세륨(Ⅳ)는 여러 가지 환원제를 적정하는 데 사용되며, 생성된 Mn(Ⅶ), Ag(Ⅱ)는 센 산화제로서 옥살산, 아비산, 바나듐(Ⅳ) 등을 적정하는 데 사용된다.

전극에서 환원되어 생성된 Fe(Ⅱ), Cu(Ⅰ), U(Ⅳ), Ti(Ⅲ)와 같은 환원제는 산화제의 적정에 이용된다.

13 E 전기전도도법

전기전도도법(conductometry)은 시료용액의 전기저항, 즉 전기전도도를 측정하여 용질의 농도를 구하는 분석법이다. 그런데 용액중에 녹아 있는 이온은 모두 전기전도에 관하여 선택성이 없기 때문에 전도도법은 산-염기 적정 및 침전법 적정 등 몇 가지 경우에만 이용되고, 그다지 널리 이용되지 못한다.

용액의 전기전도도는 이온이 이동함으로써 일어나며, 용질의 농도 이외에 용질의 이온화 정도, 이온쌍 생성 상태(유전상수가 작은 유기용매에서), 이온의 용매화에 따라 결정되는 이온의 크기, 용매 자체의 구조, 점도, 온도 등이 용액의 전도도를 결정하는 주요한 요인이다.

13 E－1 비전도도

용액의 전기저항 R은 고체 전기도체의 경우와 같이 그 길이 l에 비례하고, 단면적 A에 반비례한다.

$$R = \rho \frac{l}{A} \qquad (13-7)$$

여기서 ρ 는 **비저항**으로 ohm · cm 단위로 표시되며, 용액 1 cm 정입방체의 저항을 표시하는 값이다.

용액의 전기전도도 L은 저항의 역수이다.

$$L = \frac{1}{R} = \frac{A}{\rho l} = k\frac{A}{l} \tag{13-8}$$

여기서 k는 용액의 비전도도로서 비저항의 역수 $1/\rho$ 이며, $ohm^{-1} \cdot cm^{-1}$, 즉 $mho \cdot cm^{-1}$ 단위로 표시된다. 센 전해질의 묽은 용액에서는 비전도도가 농도에 비례한다. 그러나 농도가 어느 정도 이상으로 진하면 이온 사이에 상호작용하는 힘이 커서 이온의 자유행동에 지장을 주고, 농도에 비례하여 전기가 통하지 않게 된다. 또 약한 전해질의 경우에는 농도에 따라 이온화 정도가 다르고, 복잡한 관계를 가지게 된다.

여기서 l/A는 순전히 사용하는 전기전도도 전지에서 두 전극의 모양에 의해 결정되는 값으로, 이것을 **전지상수**(cell constant)라고 한다.

13 E — 2 당량전도도

전해질의 농도와 전기전도도와의 관계를 정량적으로 취급하려면 당량전도도를 측정해야 한다. 전해질의 **당량전도도**(equivalent conductance) Λ는 1그램당량의 전해질을 녹인 용액을 1 cm 거리에 놓여 있는 두 평면 전극 사이에 넣었을 때의 전도도를 말하고, 이때의 전극의 면적 A는 다음과 같이 표현된다.

$$A = \frac{1000}{C}$$

여기서 C는 노르말농도로 나타낸 이 용액의 농도이다. 그러므로 이때의 전기전도도 L은 식 13 — 8에서 다음과 같다.

$$L = k\frac{A}{l} = \frac{1000\,k}{lC} \tag{13-9}$$

이 경우에 당량전도도의 정의에 따라 l은 1이고, 전기전도도 L을 Λ로 표시하면 다음과 같다.

$$\Lambda = \frac{1000\,k}{C} \tag{13-10}$$

그러므로 한 용액의 당량전도도는 그 용액의 농도 C와 비전도도 k를 알면 곧 구할 수 있다.

당량전도도와 농도관계 전해질 용질이 이상적인 행동을 한다면 그 용액의 비전도도 k는 농도 C, 즉 1 cm^3 용액중의 전하수에 비례할 것이다. 그러므로 식 13 — 10에서처럼

표 13—4 몇 가지 이온의 한계당량전도도(25 ℃)

양이온	$\lambda°$(mho · cm²)	음이온	$\lambda°$(mho · cm²)
H^+	349.8	OH^-	198
Li^+	38.7	F^-	55
Na^+	50.1	Cl^-	76.3
K^+	73.5	Br^-	78.4
NH_4^+	73.4	I^-	76.8
Ag^+	61.9	NO_3^-	71.4
$\frac{1}{2}Mg^{2+}$	53.1	IO_3^-	40.8
$\frac{1}{2}Ca^{2+}$	59.5	HCO_3^-	44.5
$\frac{1}{2}Sr^{2+}$	59.5	ClO_4^-	67.3
$\frac{1}{2}Ba^{2+}$	63.6	CH_3COO^-	40.9
$\frac{1}{2}Cu^{2+}$	54	$HCOO^-$	54.6
$\frac{1}{2}Pb^{2+}$	73	$\frac{1}{2}CO_3^{2-}$	69.3
$\frac{1}{2}Zn^{2+}$	52.8	$\frac{1}{2}C_2O_4^{2-}$	74.2
$\frac{1}{3}La^{3+}$	69.6	$\frac{1}{2}SO_4^{2-}$	79.9

당량전도도 Λ는 농도가 변해도 변하지 않고 일정한 값에 머무를 것이다. 그러나 전해질 용액의 농도가 진해지면 이온 사이의 상호작용이 커져서 이온들의 행동에 제한을 주고, 따라서 Λ 값이 농도에 따라 변한다.

용액이 묽어지면 당량전도도는 점점 증가하는데, 이것을 농도 0에 외연장하면 **한계당량전도도**(limiting equivalent conductance) $\Lambda°$를 얻는다. 염산의 경우에는 $\Lambda°$가 426.1 mho · cm²이다.

전해질 용액의 당량전도도는 용액중에 존재하는 양이온과 음이온이 함께 전하를 운반하는 데서 생기며, 염산의 당량전도도는 다음과 같이 표시된다.

$$\Lambda_{HCl} = \lambda_{H^+} + \lambda_{Cl^-}$$

여기서 λ는 **당량이온전도도**이다. 따라서 염산의 한계당량전도도 $\Lambda°$는 그 성분이온의 한계당량이온전도도 $\lambda°$의 합이라고 볼 수 있다.

$$\Lambda°_{HCl} = \lambda°_{H^+} + \lambda°_{Cl^-} \tag{13-11}$$

몇 가지 이온의 한계당량이온전도도를 표 13—4에 나타내었다.

당량이온전도도를 이용하면 다음과 같이 용액의 전도도를 나타낼 수 있다.

$$L = k\frac{A}{l}$$

$$\Lambda = \frac{1000\,k}{C} \qquad (13-12)$$

이 두 관계를 이용하면 용액의 전기전도도를 다음과 같이 전도도 전지상수 l/A, 당량전도도 Λ, 농도 C로서 표시할 수 있다.

$$L = \frac{\Lambda CA}{1000\,l}$$

용액중에 몇 가지 전해질이 섞여 있을 경우에 전도도는 다음과 같이 각 성분이온의 당량이온전도도의 합으로 표시된다.

$$L = \frac{A}{1000\,l}\sum_i \lambda_i C_i \qquad (13-13)$$

13E-3 직접 전기전도도법 분석

직접 전기전도도법은 전기전도도에 기여하는 전하를 띤 성분 화학종을 선택적으로 분석해 내지 못하지만, 이 방법은 대단히 감도가 좋아서 몇 가지 특수한 분석에 유용하게 이용된다. 이 분석법의 중요한 응용은 증류수 또는 탈염수의 순도를 표시하는 데 이용된다. 순수한 물의 비전도도는 대략 $5 \times 10^{-8}\,\text{ohm}^{-1}\text{cm}^{-1}$이며, 불순물로서 이온이 약간만 들어 있어도 전도도는 크게 증가한다.

또 전도도법은 알칼리 또는 산과 같은 센 전해질 한 가지만이 녹아 있는 용액의 농도를 측정하는 데 사용된다. 용액의 전도도는 용질의 무게가 20 % 까지의 범위에서 농도에 따라 거의 직선적으로 증가한다. 따라서 이러한 분석은 검정곡선에 따라 정량할 수 있음을 알 수 있다.

전기전도도법은 어떤 종류의 원소분석을 하는 데 이용된다. 예를 들어 탄화수소중의 황은 이것을 연소시켜 생긴 이산화황을 과산화수소에 흡수시키고, 이때 생성된 황산 때문에 나타나는 전도도 증가를 측정하면 황의 농도를 알 수 있다. 또 생체에 포함되어 있는 적은 양의 질소는 보통 Kjeldahl법에 따라 분해시켜 암모니아로 만들고, 이것을 증류하여 붕산용액에 흡수시킨다. 이때 생긴 붕산암모늄용액의 전도도는 시료 속의 질소의 함유량을 나타낸다.

전기전도도법은 해양학에서 바닷물의 염도 측정에 널리 적용되고 있다. 또 전기전도도법은 이온성 화학종이 수용액에서 회합 및 해리하는 평형에 관한 정보를 제공한다.

13 F 전기전도도법 적정

13 F — 1 여러 가지 전기전도도법 적정

용액의 전기전도도는 식 13 — 13으로 표시되고, 용액중에 존재하는 이온의 당량이온전도도와 농도에 의해 결정됨을 알았다.

만약 적정반응에 의해 수소이온과 같이 당량이온전도도가 대단히 큰 이온이 나트륨이온과 같이 작은 것으로 대치되면 용액의 전기전도도는 감소하게 될 것이다. 이와 같은 관계를 이용하여 표준용액의 적가부피에 대한 전도도의 관계를 도시하여 적정곡선을 얻고, 이것을 이용하여 당량점을 구할 수 있다.

전도도법은 중화적정, 침전법 적정, 착화법 적정, 산화-환원 적정 등에 이용될 수 있으나, 그 중에서도 산-염기 적정과 침전법 적정에 가장 성공적으로 이용된다.

(1) 센 산과 센 염기의 적정

수용액에서 수소이온과 수산화이온은 가장 큰 이동도를 가지고 있다. 그러므로 센 산 또는 센 염기용액은 큰 전도도를 가지고 있다. 염산을 수산화나트륨으로 적정하는 경우에는 다음과 같은 반응이 일어난다.

$$H^+ + Cl^- + Na^+ + OH^- \rightleftharpoons Na^+ + Cl^- + H_2O$$

빠른 수소이온은 느린 나트륨이온으로 대치되어 전도도는 감소한다. 또 수산화나트륨용액을 염산으로 적정하는 경우에는 빠른 수산화이온이 느린 염화이온으로 대치되어 전도도가 줄어들게 된다.

그러나 당량점을 지난 적정용액에서는 센 산이나 센 염기의 농도가 증가하게 되어 전도도는 다시 늘어나며, 그림 13 — 11a와 같은 적정곡선을 나타낸다.

(2) 약한 산의 적정

약한 산인 아세트산을 수산화나트륨으로 적정하는 경우에는 다음과 같은 반응이 일어난다.

$$CH_3COOH + Na^+ + OH^- \rightleftharpoons Na^+ + CH_3COO^- + H_2O$$

적정곡선은 그림 13 — 11b와 같고, 센 산의 적정곡선과 모양이 상당히 다르다. 처음 전기전도도는 아세트산의 해리 때문에 생기는 것이고, 적정이 진행되면 아세트산의 수소이온이 나트륨이온으로 대치되는 동시에 이때 생기는 아세트산이온은 아세트산의 이온화를 억제하기 때문에 전도도가 줄어들게 된다. 이 경우에 센 산의 적정에 비하면 당량점이 선명하지 못한다.

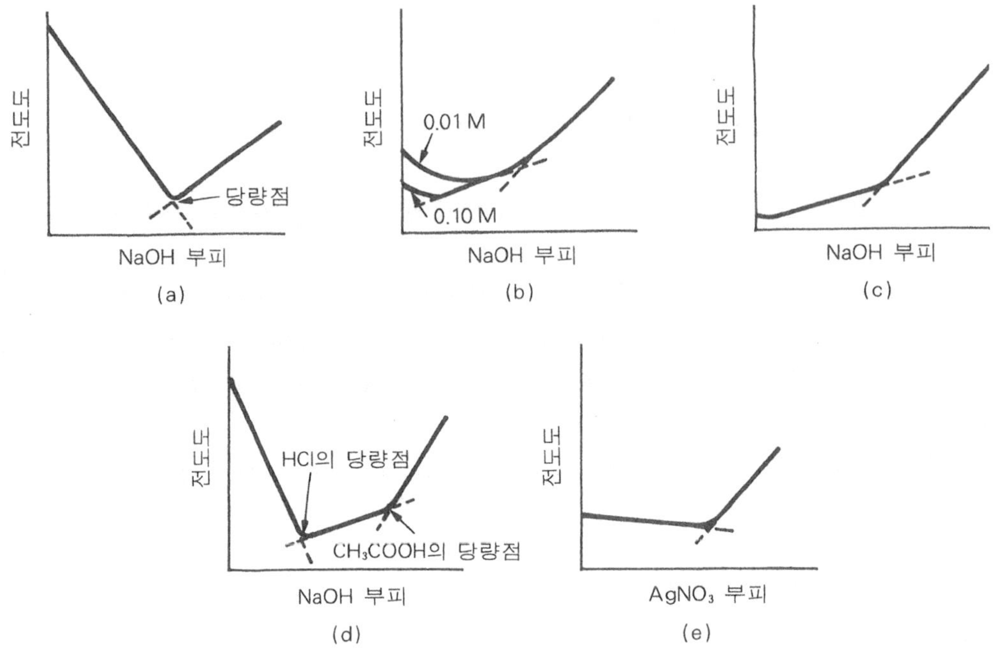

그림 13－11 여러 가지 전기전도도법 적정곡선.

(3) 대단히 약한 산의 적정

그림 13－11c의 적정곡선은 다음 반응과 같이 대단히 약한 페놀산을 수산화나트륨으로 적정하는 경우이다.

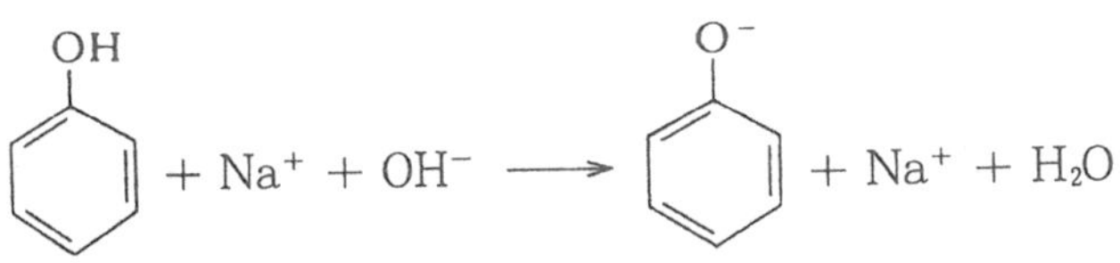

페놀은 이온화상수가 10^{-10} 정도이므로 지시약 또는 전위차법으로 적정할 수 없다. 그러나 전기전도법을 이용하면 정밀하게 적정할 수 있다.

페놀은 대단히 약한 산이기 때문에 처음 전도도는 대단히 낮지만, 적정을 시작하면 페놀의 나트륨염이 생겨 전도도는 직선적으로 증가한다. 당량점을 지나면 수산화나트륨의 농도가 증가하기 때문에 전도도의 증가율은 변하고, 따라서 적정곡선의 방향이 달라진다.

(4) 센 산과 약한 산의 혼합물 적정

그림 13－11d에서 보는 바와 같이 염산과 아세트산의 혼합물을 성공적으로 적정할 수 있다.

(5) 침전법 적정

염화물을 질산은으로 적정하는 경우에는 다음과 같은 반응이 일어난다.

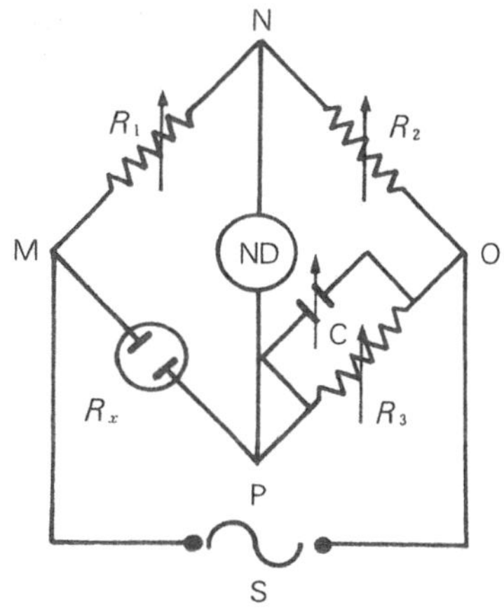

그림 13－12 전기저항 측정장치.

$$Na^+ + Cl^- + Ag^+ + NO_3^- \rightleftharpoons AgCl(s) + Na^+ + NO_3^-$$

적정이 시작되면 용액중의 염화이온은 질산이온으로 대치되는 셈이 되고, 이 때문에 전도도는 그림 13－11e에서 보는 바와 같이 다소 줄어들게 된다. 당량점 이후에는 전도도가 증가한다.

전기전도도 전지의 전극은 백금 도금한 백금으로, 보통 검은색이다. 이것을 깨끗하게 보관하고 씻어서 사용하도록 한다.

적가용액의 부피 때문에 적정 도중에 적정용액의 전체 부피는 증가한다. 그러므로 적정용액은 묽어지고 전도도는 작게 나타난다. 그 결과 적정곡선은 직선적이 아니고 다소 굽어진다. 이것을 **묽힘효과**라고 한다. 이것을 보성하려면 적가 시약용액을 가급적 진한 것을 사용하거나 측정한 전도도에 $(V+v)/V$를 곱해 보정해 준다. 여기서 V는 적정용액의 원래 부피이고, v는 적가한 용액의 부피이다. 이 부피비를 보정계수라고 한다.

13F－2 실험장치

(1) 전기전도도 측정장치

용액의 전기전도도는 저항의 역수이므로 전해질 용액에 전류를 통하여 Ohm 법칙으로 그 저항을 측정하면 된다. 일반적으로 이 경우에 각종 전기화학 전지를 이용한다. 전류는 직류를 사용하면 전기분해가 일어나서 전극 표면 부근의 용액의 조성이 변하기 때문에 전기분해가 일어나지 않도록 고주파의 교류를 사용한다. 실제로는 Wheatstone 브리지를 이용하여 저항을 측정한다.

그림 13－12에서 교류전원 S는 1000～10000 cycle/sec(hertz)를 가지는 6～10 V의 전원이고, R_1, R_2, R_3는 정밀하게 조절되는 저항이다. C는 가변 축전기로서 전기전도도 전지의 케파시탄스를 상쇄하여 측정감도를 높이는 구실을 한다. R_x는 미지용액의 저항이고, ND는 전류의 흐름을 알아보는 검출계이다. 저항을 측정하고자 하는 용액을 R_x에

표 13－5 염화칼륨 표준용액의 비전도도(25 ℃)

용액 1L중의 KCl의 무게(g)	k(mho · cm^{-1})
76.401	0.11134
7.4569	0.012856
0.74405	0.0014088

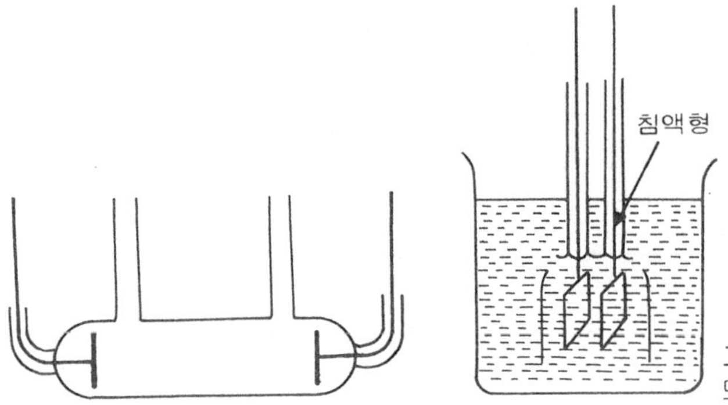

그림 13－13 전도도법 적정에 흔히 사용되는 전기전도도 전지.

넣고, 각 저항과 C를 조절하여 N과 P 사이에 전류가 흐르지 않게 되면 이 두 점 사이의 전압은 같고, 다음과 같은 관계가 성립한다.

$$\frac{R_x}{R_3} = \frac{R_1}{R_2}$$

$$R_x = \frac{R_1 R_3}{R_2}$$

그러므로 용액의 전기전도도 L_x는 다음 식으로 계산된다.

$$L_x = \frac{1}{R_x} = \frac{R_2}{R_1 R_3}$$

일반적으로 $R_2 : R_3 = 1 : 1$로 두고, R_1만을 조절한다.

(2) 전기전도도 전지

일반적으로 많이 사용하는 전기전도도 전지(용기)는 그림 13－13과 같고, 백금 도금한 백금전극은 일정한 거리에 고정되어 있다. 보통 실험실에서 이용하는데, 그 중 용액에 담그어 사용할 수 있는 침액형이 편리하다.

전기전도도법 적정에서는 적정 도중의 전기전도도의 변화만을 측정하면 당량점을 구할 수 있기 때문에 전극의 면적 A 또는 거리 l은 알 필요가 없다. 그러나 용해도의 측정과 같은 것을 할 때에는 비전도도 k를 알아야 하고, 따라서 전지상수 l/A값을 알아야 한다(식 13－9 참조). 전도도 전지상수 l/A를 구할 때에는 표 13－5와 같이 미리 비전도도를 아는 염화칼륨 표준용액을 이 전도도 전지에 넣고, 전도도 L을 측정하여 구한다.

실험 13G 전기분해법, 전기량법과 전기전도법

실험 13G-1 일정 전류법 전기무게법 분석(추천)

실험개요

놋쇠 시료 일정량을 질산에 녹여 일정 전류법 전기분해법으로 구리를 석출시켜 그 무게를 단다.

유의사항

전기분해에 사용하는 장치는 쉽게 구입할 수 있는 것으로, 여러 가지 형식이 있다. 전극으로는 구리나 니켈과 같은 것을 사용할 수도 있지만, 산이나 염기에 부식되지 않는 백금을 사용하는 것이 가장 좋다. 전기분해가 끝나고 전기를 끊기 전에 반드시 먼저 용액에서 전극을 분리시키고, 전극을 증류수로 씻은 다음 전기회로를 끊도록 한다.

실험과정

기구 : 전기분해장치(그림 13-2), 백금전극, 전기건조기

시약 : 놋쇠 시료, 질산, 요소, 아세톤

1. 놋쇠 조각 0.4～0.6 g을 정확히 달아 깨끗한 250 mL들이 비커에 넣고, 5 mL 증류수와 진한 질산 8 mL를 넣은 다음 시계접시로 덮는다. 충분히 분해시킨 후 증류수 50 mL 정도를 넣고, 산화질소를 제거하기 위해 수분간 천천히 끓인다.

만약 산화주석의 흰 찌꺼기($SnO_2 \cdot nH_2O$)가 생기면 물중탕에서 익혀 걸러 낸다. 거른 찌꺼기는 1 mL 질산을 가한 100 mL의 열수로 잘 씻어 거른 액과 씻은 액을 비커에 합쳐 받는다.

2. 백금전극을 진한 질산에 10분간 담그어 증류수로 잘 씻고, 음극은 마른 비커에 담아 100 ℃의 전기건조기에 넣어 20분간 잘 말린다. 잘 식혀서 정확히 무게를 달아 기록한다. 전극을 전해장치에 연결하고, 시료용액을 채운 비커를 전해장치에 끼워 넣은 다음 증류수를 가하여 시료용액이 전극을 완전히 덮도록 한다.

산화질소를 제거하기 위해 1～2 g의 요소를 가하고 유리뚜껑을 덮는다. 자석 젓개를 작동시키고, 전원을 연결하여 전류가 1.5～2.0 A 흐르도록 전압을 조절한다. 용액이 무색이 되면 유리뚜껑의 내부를 씻어 넣고, 0.5 g의 요소를 다시 가하여 30분간 더 전기분해를 한다. 전기분해를 중지할 때에는 먼저 비커를 전극에서 조용히 들어 전극을 증류수로 씻은 다음에 전류를 끊는다.

3. 구리가 석출된 전극은 증류수에 헹군 후에 아세톤으로 씻어 100 ℃에서 수분간 말

리고 식혀 그 무게를 달아 구리만의 무게를 산출한다. 그리고 시료중의 구리의 백분율을 계산한다. 같은 실험을 두 번 반복하여 그 평균값을 구한다.

실험 13G－2 전기량법 적정에 의한 아비산의 분석(추천)

실험개요

그림 13－9와 같은 전지 용기에 시료 아비산을 취하고, 여기에 녹말 지시약 용액과 KI를 첨가한다. 기준전극(Ag-AgCl 전극)과 백금전극(생성전극)에 그림 13－8과 같은 장치를 연결하여 백금전극에서 생성되는 요오드 I_2로 As(Ⅲ)를 산화시켜 As(Ⅴ)로 만들고, 푸른색이 나타날 때까지 흐른 전류와 시간을 측정하여 아비산의 양을 구한다.

유의사항

백금전극에서 I^-가 I_2로 산화되고, 생성된 I_2와 As(Ⅲ)가 반응하게 된다. 이때는 일정 전류가 흐르기 때문에 시간만 정확히 측정하여 13C－1절을 참조해 As의 양을 계산한다.

실험과정

기구 : 전기량법 적정장치

시약 : As_2O_3, $NaHCO_3$, 1 M NaOH 용액, 1 M HCl 용액, 녹말용액

1. 시료용액 만들기 : 0.1 g 정도의 As_2O_3를 정확히 달아서 1 M NaOH 용액 30 mL에 녹여 1 M HCl로 중화시키고(리트머스 지시약), HCl 1～2방울 더 가한 다음 1 L들이 플라스크에 옮겨 표선까지 묽힌다.

2. 전해 전지 용기에 물 100 mL를 넣고 여기에 3 g의 $NaHCO_3$를 녹인 다음 1 M KI 5 mL와 녹말용액 5 mL를 가한다. 이 용액에 전극을 달고 자석 젓개를 작동시킨다. 전해를 시작하는 동시에 시계도 작동하게 한다.

용액이 푸른색을 띠면 곧 전해를 중지하는 동시에 시계도 원점으로 다시 돌린다. 여기에 시료용액 50 mL를 정확히 취해 넣고, 전해를 시작하면서 푸른색이 될 때까지 정확한 시간을 재고 기록한다.

같은 양의 시료용액을 넣어 다시 되풀이하여 적정하고, 다시 시간을 잰다. 3번 되풀이하여 평균시간으로 전기량을 계산하고, As_2O_3의 농도를 구한다.

실험 13G－3 전기전도법 적정실험

실험개요

염산을 수산화나트륨용액으로, 염화이온 용액을 은이온용액으로 적정하면서 적정용액의 전기저항을 측정하고, 이것을 전기전도도로 환산하여 적정곡선을 작성한다.

실험과정 I

기구 : 전기저항 측정장치, 전기전도도 전지

시약 : 0.010 M 염산, 0.001 M 염산, 0.1 M 수산화나트륨용액(NaOH 40 g을 녹여 1 L 용액을 만든다), 0.01 M 수산화나트륨용액

1. 250 mL들이 비커에 0.010 M 염산 100 mL를 가하고, 전기전도도 전지를 설치한 다음 자석 젓개를 작동시킨다. 이때 자석 젓개가 전극에 닿지 않도록 주의해야 한다. 그리고 저항을 측정한다.
2. 0.1 M 수산화나트륨용액을 뷰렛을 통해 2.0 mL 정도씩 적가하면서 저항을 측정하고 기록한다. 이것을 20 mL 정도 적가할 때까지 계속한다.
3. 저항을 전도도(mho)로 환산하여 적가부피(mL)에 대하여 도시한다. 이때 전도도는 적가용액에 대한 묽힘효과를 보정해 주도록 한다.
4. 같은 실험을 0.001 M 염산을 0.01 M 수산화나트륨용액으로 적정하는 경우에 대하여 반복한다.

실험과정 II

시약 : 0.002 M 염화나트륨용액(NaCl 5.85 g을 녹여 1 L 용액을 만들고, 다시 이 용액 20 mL를 묽혀 1 L로 만든다), 0.05 M 질산은용액($AgNO_3$ 0.850 g을 녹여 100 mL 용액을 만든다), 0.05 M 아세트산은용액(CH_3COOAg 0.35 g을 녹여 100 mL 용액을 만든다)

1. 0.002 M 염화나트륨 100 mL를 250 mL들이 비커에 취하고, 전도도 전지를 설치한 다음 실험과정 I과 같은 방법으로 0.05 M 질산은용액으로 적정하면서 용액의 저항을 측정한다.
2. 그래프 용지에 적가용액의 부피(mL)에 대한 전도도 관계를 도시한다.
3. 위와 같은 전도도법 적정을 0.05 M 아세트산은용액을 사용하여 반복한다.
4. 2가지 적정곡선을 검토하고, 다르게 나타나는 이유를 설명하라.

13H 연습문제

13—1 한 쌍의 백금전극을 0.1 M $CuSO_4$ 용액에 담그고, 처음 전류가 1.0 A 흐르게 하려면 몇 V의 전압을 걸어주어야 하는가? 양극의 면적은 100 cm^2, 전지저항은 0.5 Ω, 수소이온 농도는 1 M, 농도과전압은 0.10 V이다.

13—2 다음 전지의 평형분해전압을 계산하라.
(a) Pt | Cu^{2+}(1 M) + H^+(0.1 M) + H_2O | Pt
(b) Pt | Na^{2+}(1 M) + H^+(0.1 M) + Cl^-(0.2 M), AgCl | Ag
(c) Pt | Ag^+(0.1 M) + H^+(0.01 M) | Pt
(d) (c)의 경우에 Ag^+의 농도가 0.00010 M로 감소할 때까지 전기분해한다면 어떻게 되는가? H^+ 농도의 증가에 유의하라.

13—3 M^{2+} 이온이 M으로 환원하는 표준전위는 −1.50 V이다. 수소이온이 환원되어 수소가 발생하기 전에 M^{2+} 농도가 10^{-6} M로 감소되려면 용액의 pH를 어느 정도로 유지해야 하는가?
(a) 과전압은 무시하고 계산하라.
(b) 과전압을 1.0 V로 하고 계산하라.
(c) 수은전극을 이용하여 과전압은 1.0 V이고, 아말감중의 금속의 활동도를 10^{-6}이라 하고 계산하라.

13—4 1000 C의 전기가 통할 때 수소-산소 전기량계에서 생성된 기체의 부피는 표준상태(0 ℃ 1 atm)에서 얼마인가?

13—5 Fe(Ⅲ)를 Fe(Ⅱ) 상태로 환원하는 데 22.8 C의 전기가 흘렀다. 이 용액의 부피가 25.00 mL이면 그 농도는 얼마인가?

13—6 아세트산을 전기량법으로 적정하는 데 0.0631 A의 전류가 112.3초 흘렀다. 아세트산의 무게는 몇 g인가? 이때 사용하는 지시약은 무엇이 적당한가?

13—7 0.741 g의 As_2O_3 시료를 50 mL의 용액에 녹이고, 0.5 g의 KBr 결정을 가하여 전기량법 적정을 하였다. 이때 0.246 A의 전류가 5.28분 흘렀다. 시료중의 As_2O_3의 순도를 결정하라.

13—8 표 13—4에 있는 한계당량이온전도도를 이용하여 다음 전기전도도법 적정의 적정곡선을 그려라.
(a) 염산을 암모니아로 적정할 때
(b) 염화암모늄을 수산화나트륨으로 적정할 때
(c) 질산은을 염화리튬으로 적정할 때
(d) 아세트산을 암모니아로 적정할 때
(e) 페놀을 암모니아로 적정할 때
(f) 질산바륨을 황산으로 적정할 때

13—9 0.0010 M NaOH 50.00 mL를 0.1000 M $HClO_4$로 전도도법 적정을 한다. 전지상수(l/A)는 0.150 cm^{-1}이다. 묽힘효과는 무시하고, 다음 적가량(mL)에 대한 용액의 전기전도도를 계산하라. 이 경우에 각 이온의 당량전도도는 한계당량이온전도도라고 본다. 그리고 전기전도법 적정곡선을 그려라.

(a) 0　(b) 0.1000　(c) 0.2000　(d) 0.4000
(e) 0.4500　(f) 0.5000　(g) 0.7500　(h) 1.000

제 14 장
폴라로그래피법

14 A 폴라로그래피법

14 A — 1 폴라로그래피법의 개요

폴라로그래피법(polarography)은 1920년대 초에 체코의 화학자 Heyrovsky에 의하여 개발되었다. 폴라로그래피법은 **적하수은전극**(dropping mercury electrode, DME)을 이용하여 시료용액을 전기분해하고, 이때 흐르는 전류를 외부에서 걸어준 전위에 대하여 도시한 전류-전압 곡선을 해석하여 용액중에 있는 화학종의 정성분석과 정량분석을 하는 방법을 말하며, **전압-전류법**(voltametry)의 일종이다.

폴라로그래피 장치는 그림 14－1에서와 같이 유리필터 및 염화칼륨으로 포화된 우뭇가사리막으로 격리된 두 개의 반쪽 전지로 구성된 H자형 전지를 사용할 수 있다. 지시전극인 적하수은전극은 유리 모세관을 통해 수은 저장기에 연결되어 있고, 수은은 중력으로 같은 모양의 작은 방울(0.5～1 mm 지름)이 되어 계속 떨어지고 있다. 수은주의 높이를 조절하면 방울 수명이 일정하게 조정되는데, 보통 3～6초 정도가 되도록 조절한다. 기준전극은 적하수은전극에 비해 넓은 표면적을 가지는 포화칼로멜 전극(SCE)을 반드시 사용하기로 한다. 작은 적하수은방울에서 일어나는 전극반응의 결과 흐르는 전류는 대단히 작고, 보통 수 μA 정도이다. 이러한 작은 전류가 흐르는 동안에 기준전극전위는 항상 일정한 값을 유지한다.

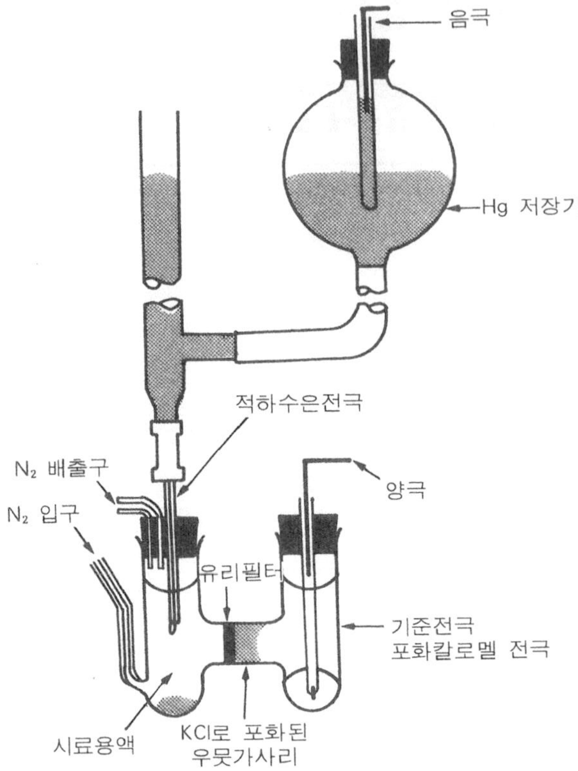

그림 14－1 폴라로그래피 장치.

폴라로그래피법에서는 지시전극으로 작은 백금선을 사용하는 경우도 있지만 보통 적하수은전극을 많이 사용하며, 적하수은전극은 다음과 같은 특징을 가지고 있다.

1. 수은방울이 계속 새로이 생성되어 적하하기 때문에 항상 깨끗한 전극면이 시료용액과 접촉하게 된다. 여기서 시료 양이온이 환원되어 금속으로 되고, 수은방울에 녹아 아말감이 되어 제거된다. 따라서 항상 같은 조건하에서 전극반응은 반복하여 일어나게 된다.
2. 수소기체의 발생에 대한 수은전극의 과전압은 대단히 크다(표 13－1 참조). 그러므로 수은환원전극은 수소의 방해를 받지 않고 대부분의 금속이온의 환원에 관한 연구를 할 수 있다.
3. 적하수은전극을 사용하는 경우에 얻은 전압-전류 관계곡선은 다른 전극을 사용할 때에 비하여 대단히 재현성이 좋은 것을 얻을 수 있다.
4. 수은전극의 큰 결점은 산화되기 쉽고, 과염소산용액에서는 +0.45 V(SCE에 대하여)에서 산화되어 Hg(I)로 된다는 것이다. 그러므로 수은전극을 산화전극으로 사용할 때에는 대단히 쉽게 산화되는 물질 이외에는 취급할 수 없다. 그러므로 이러한 경우에는 미소 백금전극을 사용한다(그림 14－9 참조).

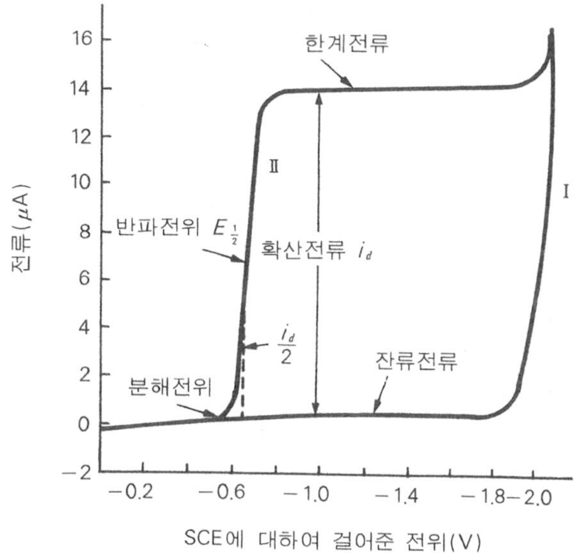

그림 14－2 카드뮴의 폴라로그램.

14 A－2 폴라로그램

폴라로그램(polarogram)은 폴라로그래피 전지에 걸어준 전위와, 이때 흐르는 전류의 관계를 도시한 것이다. 적하수은전극을 환원전극으로 하고, 포화칼로멜 전극, 즉 SCE (saturated calomel electrode)를 산화전극으로 하여 외부에서 전압을 걸어주면 전기분해가 일어나서 전류가 흐르게 된다. 예를 들어 0.1 M 염화칼륨용액만을 넣고 전기분해할 경우에는 그림 14－2의 폴라로그램 Ⅰ과 같은 곡선을 얻고, 이 용액에 염화카드뮴을 더 첨가하여 1×10^{-3} M이 된 용액을 전기분해한 경우에는 폴라로그램 Ⅱ와 같은 곡선을 얻는다.

용액중의 카드뮴이온은 수은전극에서 다음과 같이 환원반응을 하여 카드뮴이 아말감으로 된다.

$$Cd^{2+} + 2e^- + Hg \rightleftharpoons Cd(Hg) \qquad (14-1)$$

곡선 Ⅱ에서는 －0.6 V 부근에서 전류가 급증한다. 이것은 이 전위에서 위의 반응이 시작하기 때문이고, 이때의 전위를 **분해전위**(decomposition potential)라고 한다.

그러나 전위를 점점 낮추어 주면 전류는 드디어 전위에 관계없이 일정한 값에 머무르게 된다. 이 전류값을 **한계전류**(limiting current)라고 한다.

이와 같이 선명한 한계전류가 나타나기 위해서는 여러 가지 실험 조건을 갖추어 주어야 하고, 이 용액에 섞여 있는 염화칼륨(0.1 M)과 같은 전해질도 필요한 조건 중의 하나이며, 이것을 **지지전해질**(supporting electrolyte)이라고 한다. 지지전해질은 카드뮴의 양이온이 환원전극으로부터 받은 정전기적 인력을 감소시키는 역할을 한다(13 A－2절 참조).

지지전해질로 가한 염화칼륨은 전극전위가 －2.0 V 정도로 낮아지기 전에는 전기분해되지 않는다. 그러나 곡선 I에서는 보는 바와 같이 전압이 낮아질수록 전류가 조금씩 증가하는 경향이 있고, 이것을 **잔류전류**(residual current)라고 한다.

이러한 조건하에서 얻은 카드뮴의 한계전류는 **확산전류**(diffusion current)라고도 하고, i_d로 표시한다. 이 값은 전극반응을 하는 화학종 Cd^{2+}의 농도에 비례한다. 이러한 사실을 이용하여 카드뮴이온의 정량분석을 할 수 있다.

확산전류의 반값에 해당하는 전류가 흐를 때의 전위를 **반파전위**(half wave potential)라 하고, 이것을 보통 $E_{1/2}$로 표시한다. 이 값은 전극반응을 하는 화학종에 따라 다르므로 정성분석을 하는 데 이용된다.

잔류전류 잔류전류가 나타나는 원인으로 두 가지를 들 수 있다. 그 중 하나는 용액 중에 들어 있는 미량의 불순물이 전극반응을 한다고 보는 것으로, 이들은 녹아 있는 미량의 산소 또는 미량의 중금속과 같은 것이 환원되기 때문이라고 생각된다.

또 한 가지 원인은 **축전전류**(condenser current)로, 이것은 수은방울이 전하를 가지고 적하하기 때문에 흐르는 전류이다. 새로운 수은방울이 생길 때마다 전위에 비례하는 전하를 띠게 되고, 방울이 떨어질 때 함께 운반된다. 이와 같은 축전전류는 전극전위가 −0.4 V보다 낮은 경우에는 음전하를 운반한다.

14A－3 폴라로그램의 해석

적하수은전극과 같은 미소전극의 표면에서 환원되는 전극의 반쪽반응은 다음과 같다.

$$\mathrm{Ox} + ne^- \rightleftharpoons \mathrm{Red} \qquad (14-2)$$

이 반응은 가역적이고, 충분히 빨라야 한다. Red는 환원된 상태로서, 금속인 경우에는 수은의 합금이 된다. 또 가용성 이온이나 가용성 분자가 될 수도 있다. 그리고 Ox는 산화되어 있는 상태의 화학종이다.

이 반응은 미소전극의 표면에서 일어나고, 따라서 첫 단계에서는 전극 표면의 대단히 엷은 액체층에 있는 물질만이 이 반응에 관여하게 된다. 그러므로 차차 반응이 진행되면 농도편극이 일어난다. 이 엷은 액체층에 있는 물질의 농도, 즉 $[\mathrm{Ox}]_0$ 및 $[\mathrm{Red}]_0$와 전극전위와의 관계는 25℃에서 다음과 같다.

$$E = E^\circ + \frac{0.0591}{n}\log\frac{[\mathrm{Ox}]_0}{[\mathrm{Red}]_0} \qquad (14-3)$$

전극과 전극 사이의 iR 강하등을 무시하면 기준전극이 포화칼로멜 전극이므로 외부에서 걸어주는 전위 $E_{외부}$와 다음 관계가 성립한다. 여기서 E°와 E_{SCE}는 일정한 값이다.

$$\frac{n(E_{외부} + E_{SCE} - E^\circ)}{0.0591} = \log\frac{[\mathrm{Ox}]_0}{[\mathrm{Red}]_0} \qquad (14-4)$$

만약 $E_{외부}$를 증가시켜 수은전극전위 E를 점점 음으로 크게 하면 $[Ox]_0/[Red]_0$비는 점점 작아진다. 다시 말해, 환원전극전위가 낮아지면 반응 14 − 2가 더 진행하여 $[Ox]_0/[Red]_0$값이 작아진다는 뜻이다. 반응 14 − 2가 계속 진행하여 Ox의 농도가 감소하면 식 14 − 4의 관계를 유지하기 위해 바탕용액중 Ox는 농도가 묽은 전극 표면 쪽으로 확산하여 전극 표면 용액층에 이동해 들어온다. 전극전위가 충분히 마이너스의 큰 값으로 되면 $[Ox]_0/[Red]_0$는 0에 접근하여 실제로 전극 표면에서는 Ox 화학종이 거의 없어진다. 따라서 전극 표면에서 일어나는 Ox의 환원반응 속도는 바탕용액에서 Ox를 공급해 주는 확산속도에 따라 결정된다. 다시 말해, 적하수은전극을 통해 흐르는 전류 i는 Ox가 전극 표면 용액층으로 확산하는 속도에 비례하게 된다.

$$i = k \times (\text{Ox의 확산속도}) \qquad (14-5)$$

물질의 이동은 농도차에 의한 확산현상 이외에 대류나 기계적인 젓기에 따라 다르고, 전하를 가지는 이온은 정전기적 인력으로 끌려가기도 한다. 그러므로 이 경우에는 폴라로그래피 전지를 진동이 없는 곳에 설치하는 동시에, 염화칼륨과 같은 지지전해질을 가하여 Ox가 받는 정전기적 인력을 분산시켜서 감소, 제거해 주도록 해야 한다. 따라서 Ox가 오로지 농도차에 의한 확산현상만으로 전극 표면층에 공급되게 하여 식 14 − 5의 관계가 잘 성립되도록 조절해야 한다. 여기서 물질 Ox가 확산하는 속도는 바탕용액의 농도 [Ox]와 전극표면층의 농도 $[Ox]_0$의 농도차에 의해 지배되므로 다음과 같다.

$$\text{Ox의 확산속도} = k' \times ([Ox] - [Ox]_0) \qquad (14-6)$$

충분히 전극전위가 음의 큰 값이 되면 $[Ox]_0$가 0으로 되기 때문에 식 14 − 5와 14 − 6은 다음과 같이 표현된다.

$$i = k \times [Ox] \qquad (14-7)$$

이 경우 미소전극은 **편극된 전극**(polarized electrode)이라고 하며, 전위와 용액 농도가 식 14 − 3과 같은 Nernst식을 따르지 않게 된다.

이와 같이 전극전위가 대단히 큰 음으로 되는 경우에 전류는 일정한 값의 **한계전류** 또는 **확산전류**(i_d)가 흐르게 된다. 그리고 다음 관계가 성립한다.

$$i_d = k \times [Ox] \qquad (14-8)$$

그런데 적하수은전극에서 실제로 얻은 폴라로그램은 그림 14 − 3과 같이 전류가 일정한 주기로 변동하는 곡선으로 나타난다. 이러한 전류의 진동은 수은방울이 성장하여 떨어짐으로써 그 표면적이 주기적으로 변화하기 때문에 생기는 현상이다.

그런데 이와 같이 미소 수은전극면에서 실제로 전기분해되는 물질의 양은 대단히 적다. 예를 들어 10 μA의 전류가 10분간 흐른다면 6×10^{-5} meq 또는 mmol의 반응물질이 제거된다는 말이고, 10^{-3} M 농도의 10~20 mL 용액에서는 무시할 수 있는 농도 변화에 해당한다. 그러므로 실험 도중에 시료용액의 농도는 변화하지 않고 일정하게 유지된다.

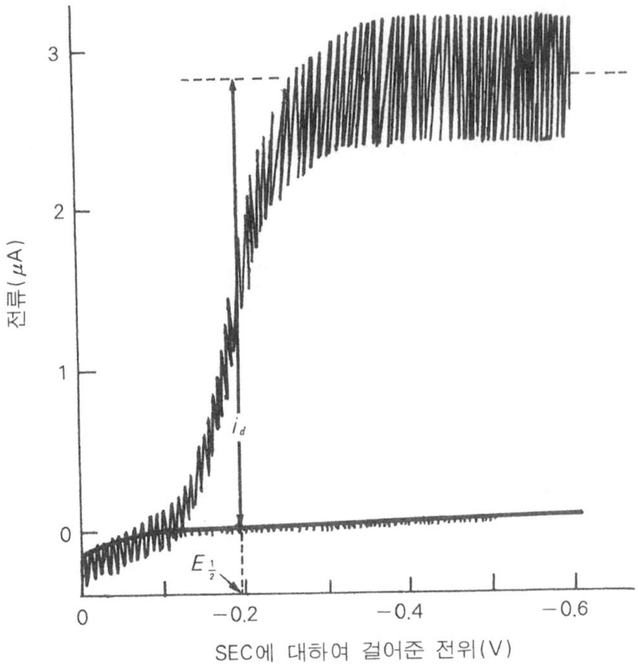

그림 14 — 3
자동 기록계로 얻은 폴라로그램.

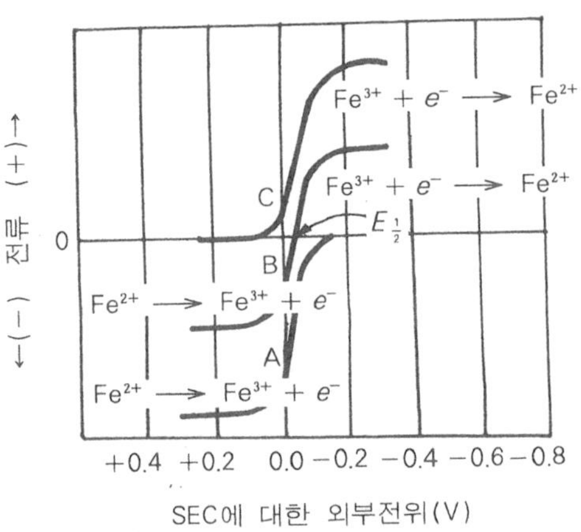

그림 14 — 4
시트르산이온 매질에서 철(Ⅱ)와 철(Ⅲ)의 폴라로그램. 곡선 A : $[Fe^{2+}] = 1 \times 10^{-3}$ M인 용액의 산화파, 곡선 B : $[Fe^{2+}] = [Fe^{3+}] = 0.5 \times 10^{-3}$ M인 용액의 산화-환원파, 곡선 C : $[Fe^{3+}] = 1 \times 10^{-3}$ M인 용액의 환원파.

14 A — 4 산화파와 환원파

작업 미소전극이 환원전극으로 작용하는 경우에는 환원파 폴라로그램을 얻고, 산화전극으로 작용하는 경우에는 산화파 폴라로그램을 얻는다. 적하수은전극은 자체 산화가 +0.45 V에서 일어나기 때문에 산화폴라로그래피에 적용할 수 있는 범위가 좁다.

그림 14 — 4의 A는 철(Ⅱ)이온의 산화파 폴라로그램이다. 철(Ⅱ)는 시트르산용액에서 전극전위를 높여주면 −0.02 V(SCE에 대하여) 정도에서부터 산화반응이 시작되어 전류가 (−)쪽으로 증가하게 된다. +0.1 V에서 산화반응이 거의 완전히 일어나고, 확산전류가

흐르게 된다. 곡선 C는 철(Ⅲ)의 환원폴라로그램을 보여주는 것으로, 이때의 반파전위는 산화파의 반파전위와 같고, 이들 산화-환원 전극반응이 가역반응임을 말해 준다.

곡선 B는 철(Ⅱ)와 철(Ⅲ)가 같은 농도로 포함된 혼합물의 폴라로그램으로, 아랫부분이 철(Ⅱ)의 산화파이고, 윗부분이 철(Ⅲ)의 환원파이다.

14 B 폴라로그램의 응용

14 B — 1 폴라로그래피파의 전위-전류 관계식

전극전위가 충분히 큰 (−)값으로 되는 경우에는 확산전류가 흐르게 되고, 전극반응은 일방적으로 환원반응만 진행하는 비가역반응이 일어난다. 그러므로 전극전위와 전극표면에 있는 물질의 활동도 사이에는 Nernst 식의 관계가 성립되지 않게 되어 편극현상이 일어난다. 그러나 일정한 확산전류가 흐르기 전, 즉 폴라로그램중의 S자형의 부분에 해당하는 범위에서는 다음과 같은 Nernst 식이 성립하는 가역반응이 일어나고, 이 부분을 폴라로그래피파(polarographic wave)라고 한다.

$$E = E^{\circ} + \frac{0.0591}{n}\log\frac{[\mathrm{Ox}]_0}{[\mathrm{Red}]_0} \qquad (14-9)$$

그리고 이 범위의 전극전위에서 흐르는 전류 i는 항상 다음과 같은 관계를 가진다.

$$i = k([\mathrm{Ox}] - [\mathrm{Ox}]_0) \qquad (14-10)$$

그리고 다음과 같다.

$$i_d = k[\mathrm{Ox}] \qquad (14-11)$$

식 14 − 10과 14 − 11로부터 다음과 같음을 알 수 있다.

$$[\mathrm{Ox}]_0 = \frac{i_d - i}{k}$$

Red가 가용성 화학종인 경우에는 전극 표면층에서 생성된 Red의 농도, 즉 $[\mathrm{Red}]_0$는 $([\mathrm{Ox}] - [\mathrm{Ox}]_0)$와 같고, 역시 전류에 비례할 것이다.

$$i = k_r[\mathrm{Red}]_0 \qquad (14-12)$$

따라서 식 14 − 9는 다음과 같이 표현된다.

$$E = E^{\circ} - \frac{0.0591}{n}\log\frac{i}{(i_d - i)}\cdot\frac{k}{k_r} \qquad (14-13)$$

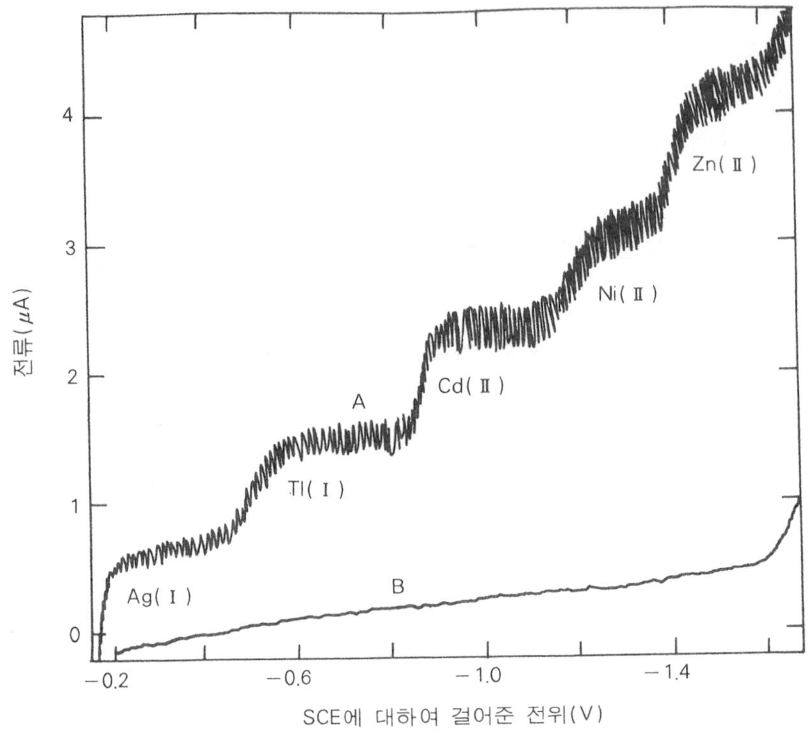

그림 14-5 곡선 A : 0.002 % Triton X-100과 1 M 암모니아-1 M 염화암모늄용액에 대략 1.0×10^{-4} M인 은(Ⅰ), 탈륨(Ⅰ), 카드뮴(Ⅱ), 니켈(Ⅱ), 아연(Ⅱ)가 포함된 용액의 폴라로그램, 곡선 B : 지지전해질만의 폴라로그램.

$i = i_d/2$의 경우에 반파전위를 얻는데, 이때 식 14-13에서 다음 관계를 얻는다.

$$E_{1/2} = E^\circ - \frac{0.0591}{n} \log \frac{k}{k_r} \qquad (14-14)$$

따라서 반파전위 $E_{1/2}$이 물질의 농도에는 관계가 없고, 표준전극 E°에만 의존하는 그 물질 특유의 값임을 알 수 있다. 따라서 $E_{1/2}$값은 정성분석의 근거가 된다. 식 14-14를 식 14-13에 대입하면 다음 관계를 얻는다.

$$E = E_{1/2} - \frac{0.0591}{n} \log \frac{i}{(i_d - i)} \qquad (14-15)$$

이것이 폴라로그래피파의 전위-전류 관계식이다(그림 14-5 참조).

전극반응이 가역적으로 진행하는 경우에 E와 $\log i/(i_d - i)$의 관계를 도시하면 직선으로 나타나고, 그 기울기는 $-0.0591/n$이 될 것이다. 산화-환원에서 주고받는 전자수 n은 이 기울기로부터 구할 수 있다.

14B-2 혼합물의 폴라로그램

만약 시료용액에 반파전위가 서로 적당히 다른 두 가지 시료 물질이 섞여 있으면 적

표 14—1 적하수은전극 폴라로그램의 반파전위에 미치는 착화제의 효과

이온	착화제 없음	1 M KCN	1 M KCl	1 M NH_3 + 1 M NH_4Cl
Cd^{2+}	−0.59	−1.18	−0.64	−0.81
Zn^{2+}	−1.00	NR*	−1.00	−1.35
Pb^{2+}	−0.40	−0.72	−0.44	−0.67
Ni^{2+}	—	−1.36	−1.20	−1.10
Co^{2+}	—	−1.45	−1.20	−1.29
Cu^{2+}	+0.02	NR*	+0.04	−0.24
			−0.24	−0.51

* NR : 지지전해질이 분해하기 전에는 환원이 일어나지 않는다.

당히 낮은 전위에서 제 1 시료가 수은전극에서 환원되기 시작하여 확산전류가 흐르고, 다음에 보다 낮은 전위가 되었을 때 다시 제 2 시료의 확산전류가 또다시 흐르게 되어 새로운 한계전류가 나타나며, 단계적인 폴라로그램을 얻는다.

두 시료 화학종의 반파전위차가 전자수 n 이 2인 화학종의 경우에는 대략 0.2 V 정도, n 이 1인 경우에는 0.3 V 정도의 차만 있으면 두 확산전류는 선명하게 분리된 단계적 폴라로그램으로 나타난다.

14 B — 3 착화반응과 반파전위

금속이온 용액의 산화 또는 환원전위는 착화제가 존재하는 경우 많은 영향을 받는다는 사실이 잘 알려져 있다. 따라서 폴라로그래피파의 반파전위도 비슷한 영향을 받는다는 것을 추측할 수 있다. 표 14 — 1에서 금속착물의 환원 반파전위가 금속이온의 반파전위보다 일반적으로 더 큰 (—)값으로 나타남을 알 수 있다.

만약 금속이온 M^{n+}가 적하수은전극에서 가역적으로 반응한다면, 이 반파전위는 착화제를 첨가한 경우에 다음과 같이 착화제 A^-의 농도와 착물의 안정도 상수 K_f에 따라 이동함을 볼 수 있다.

$$M^{n+} + ne^- + Hg \rightleftharpoons M(Hg)$$

$$M^{n+} + xA^- \rightleftharpoons MA_x^{(n-x)+}$$

$$(E_{1/2})_C - E_{1/2} = -\frac{0.0591}{n}\log K_f - \frac{0.0591\,x}{n}\log C_A \qquad (14-16)$$

여기서 $(E_{1/2})_C$는 착화제 A^-의 농도가 C_A일 때의 반파전위이고, $E_{1/2}$은 착화제가 없을 때의 반파전위이다.

식 14 — 16을 이용하면 실험적으로 착물의 배위수 x와 안정도 상수 K_f를 구할 수 있다. 즉 착화제의 농도 C_A를 변화시키면서 반파전위의 차 $(E_{1/2})_C - E_{1/2}$을 $\log C_A$에 대하여 도시하면 직선이 얻어지고, 그 기울기는 $-0.0591\,x/n$ 이다. 만약 n 을 아는 경우에는 x를 구할 수 있다. 그리고 이 직선이 세로축과 만나는 점을 구하면 K_f값을 구할 수 있다.

14 C 폴라로그래피법 정량 분석

14 C — 1 Ilkovic 식

폴라로그래피법으로 물질을 정량할 수 있는 것은 확산전류가 시료용액중의 반응물질의 농도에 비례한다는 관계가 있기 때문이다.

1934년 Ilkovic(일코빅)은 적하수은전극을 사용하여 측정하는 확산전류 i_d를 여러 가지 조건을 고려하여 이론적으로 다음과 같이 유도하였다.

$$i_d = 607\,nD^{1/2}m^{2/3}t^{1/6}C \qquad (14-17)$$

여기서 n은 전극반응에 관여하는 전자수, D는 확산계수 cm^2/sec, m은 수은의 유출속도 mg/sec, t는 수은방울 수명 sec, C는 시료용액의 농도 mol/L, 607은 여러 가지 상수의 합, i_d는 mA 단위이다.

이 식을 유도하는 데에는 몇 가지 가정이 필요하고, 따라서 실험값과 이 식으로 계산한 값이 정확히 맞지 않는 경우가 많이 있다. 그러나 그 형식이 간단하고, 전류에 영향을 주는 여러 가지 조건을 잘 표현하고 있다.

이 식에서 $m^{2/3}t^{1/6}$값을 **모세관 상수**(capillary constant)라고 하는데, 다른 조건은 같아도 모세관이 다르면 측정하는 확산전류가 다르다는 사실을 알 수 있다. 그리고 같은 모세관을 사용하는 경우에도 수은주의 높이를 변화시키면 m과 t가 변하고, 확산전류는 수은주 높이의 평방근에 비례함을 알 수 있다.

폴라로그래피법에서 용액의 온도가 변하면 확산계수등이 변하므로 가급적 일정한 온도에서 실험을 해야 한다. 또 수은전극에 가하는 전위에 따라 수은의 표면장력이 다소 변하고, 따라서 수은방울 수명과 수은의 유출속도에 영향을 주는데, 걸어주는 전위가 0 ~ −1.5 V 범위일 때 확산전류에 주는 영향은 1 % 정도이다.

14C — 2 폴라로그래피법 실험과정

폴라로그래피법 정량분석에서 취급하는 시료용액은 10^{-5} ~ 10^{-2} M 정도의 농도이고, 대단히 적은 양의 물질도 분석할 수 있다. 보통 2~3 % 정도의 상대오차가 포함되지만 정량분석을 할 때에는 선명한 폴라로그램을 얻어야 하는데, 그러기 위해서는 시료용액에 대하여 다음과 같은 여러 가지 조치를 강구해야 한다.

(1) 지지전해질

폴라로그램에서 훌륭한 확산전류를 얻기 위해서는 분석이온과 전극 사이에 작용하는 정전기적 인력과 반발력을 감소시켜야 하기 때문에 시료용액에 50 ~ 100배 정도의 충분한 농도의 지지전해질을 가해야 한다.

표 14-2 $PbCl_2$ 9.5×10^{-4} M의 폴라로그래피 전류에 미치는 지지전해질 농도의 효과

질산칼륨 농도(M)	전류(μA)	질산칼륨 농도(M)	전류(μA)
0	17.6	0.005	9.8
0.0001	16.2	0.10	8.45
0.001	12.0	1.00	8.45

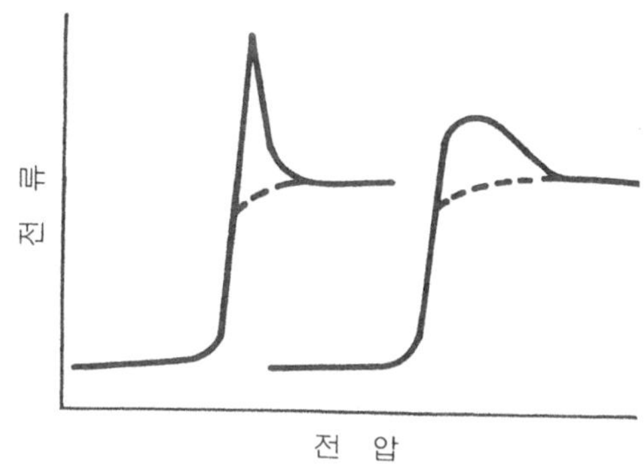

그림 14-6 폴라로그램의 극대현상.

이렇게 하면 표 14-2에서 보는 비와 같이 정전기적 인력 때문에 시료이온이 운반하는 **이동전류**(migration current)의 분율이 무시할 정도로 감소하게 되고, 한계전류는 확산전류만 흐르는 조건으로 이루어진다.

(2) 폴라로그램 극대현상

폴라로그래피 실험에서 때때로 그림 14-6과 같은 이상전류가 나타나는 경우가 있다. 이것은 **폴라로그램 극대현상**이며, 이것이 생기면 정확한 확산전류와 반파전류를 구하는데 많은 지장을 준다. 이 현상이 일어나는 이유는 명확하게 밝혀져 있지 않으나, 시료용액에 젤라틴, Triton X-100, 메틸레드와 같은 고분자 물질을 0.01 % 정도 첨가함으로써 이 현상을 막을 수 있다. 이러한 첨가제를 **극대 억제제**(maximum suppressor)라고 한다.

(3) 산소의 폴라로그램

산소가 시료용액에 녹아 있으면 수은전극에서 환원된다. 그러므로 공기와 평형된 시료용액은 그 중의 산소의 환원 때문에 -0.2 V와 -0.9 V에서 두 단계의 폴라로그램을 나타낸다(그림 14-7 참조).

$$O_2 + 2H^+ + 2e^- \rightleftharpoons H_2O_2$$
$$H_2O_2 + 2H^+ + 2e^- \rightleftharpoons 2H_2O$$

그러므로 시료용액중에 녹아 있는 산소는 다른 화학종의 폴라로그래피법 분석에 지장을 준다. 녹아 있는 산소를 제거하는 데에는 질소(순수한 것)와 같은 비활성 기체를 몇

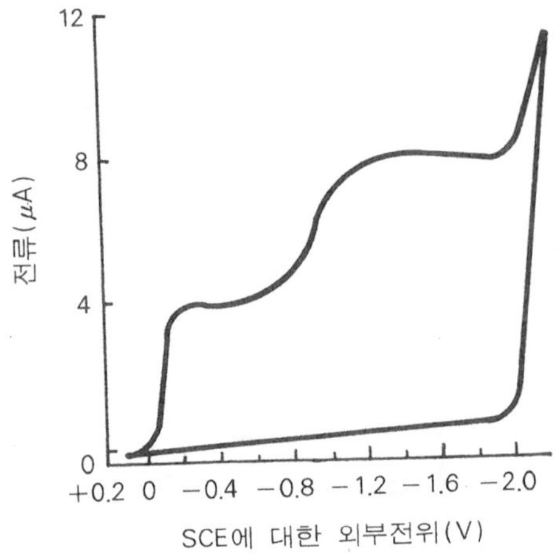

그림 14−7 0.1M KCl 용액과 여기에 공기를 포화시킨 용액의 폴라로그램.

분간 통해 주는 방법이 많이 이용되고, 또 때로는 아황산염과 같은 환원제를 가하는 경우도 있다.

14C−3 정량분석

확산전류는 전류계의 눈금 또는 기록된 폴라로그램의 진동의 평균값이나 최대값 중 어느 하나를 취하도록 한다. 그리고 확산전류는 반드시 잔류전류에 대하여 보정해 주어야 한다. 그리고 A와 B의 혼합물의 확산전류 i_d는 A의 확산전류 i_{dA}와 B의 확산 전류 I_{dB}의 합으로 나타난다. 정량분석에서는 시료용액의 농도와 비슷한 몇 개의 표준용액을 만들어 이들 농도와 확산전류의 관계를 도시한 **검정곡선**(calibration curve)을 작성하고, 이것이 직선관계를 이루어야 하는데 때로는 그렇지 않은 경우도 있다. 이 경우에는 이 검정곡선에 따라 정량분석을 하도록 한다.

또 다른 유용한 방법은 **표준물 첨가법**(standard addition method)을 이용하는 것이다. 이 방법은 일정 부피의 시료용액을 몇 개 취하여 그 중 한 개의 확산전류를 측정하고, 나머지 시료용액에 표준시료용액을 일정량씩 가하면서 확산전류를 측정하여 첨가한 표준시료의 농도와 측정전류를 도시하여 얻은 직선을 외연장하여 원래 시료용액의 농도를 농도축에서 구하는 방법을 말한다. 이 방법은 시료용액에 다소의 방해물이 있을 때 특히 유효하게 이용할 수 있다.

14C−4 유기물의 폴라로그램

유기물의 몇 가지 작용기도 적하수은전극에서 산화 또는 환원되고, 폴라로그램을 나타내므로 분석할 수 있다. 그러나 일반적으로 전극반응의 속도가 느리기 때문에 폴라로그램의 모양이 가역적인 반응의 경우와 다르고, 해석하는 데 어려움이 있다. 특히 전극반

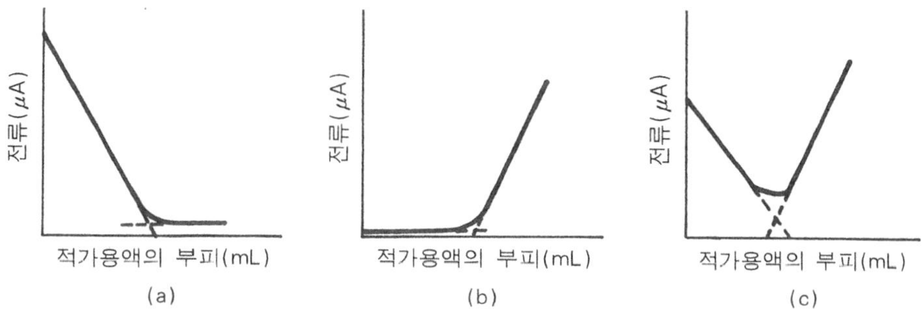

그림 14－8 몇 가지 전류법 적정의 적정곡선.

응에 수소이온이 관여하는 경우가 많고, 다음과 같은 경우에는 그 반파전위가 pH에 의존하게 된다.

$$R + nH^+ + ne^- \rightleftharpoons RH_n$$

여기서 R과 RH_n은 유기분자의 산화형과 환원형이다. 예를 들어 벤조알데히드가 염기성 용액에서 다음과 같이 환원될 때에는 반파전위가 약 －1.4 V에서 나타난다.

$$C_6H_5CHO + 2H^+ + 2e^- \rightleftharpoons C_6H_5CH_2OH$$

그러나 pH가 그보다 작은 산성용액에서는 반파전위가 －1.0 V가 되는데, 이것은 전극반응에서 다음과 같은 히드로벤조인이 생성되기 때문이다.

$$2C_6H_5CHO + 2H^+ + 2e^- \rightleftharpoons C_6H_5CHOHCHOHC_6H_5$$

그리고 중간 정도의 pH에서는 두 파가 나타나게 된다. 유기물 시료를 녹이는 데에는 순수한 물 이외에 알코올, 디옥세인, 아세트산과 같은 물에 녹는 용매를 적당히 섞어서 사용할 수 있다. 그리고 지지전해질로는 리튬염 또는 테트라알킬 암모늄염을 많이 사용한다.

14 D 전류법 적정

14 D－1 적정곡선

폴라로그래피법을 이용하여 적정분석법의 당량점을 구하는 방법을 **전류법 적정**(amperometric titration)이라고 한다. 이 경우에는 적정반응에 관여하는 반응물이나 생성물 중의 하나가 미소전극에서 산화 또는 환원될 수 있는 화학종이어야 한다. 만약 적정용액을 폴라로그래피 전지에 넣고, 전극전위를 전극반응하는 화학종이 확산전류를 내는 전위에 고정시켜 놓고 적정한다고 하자. 적정 도중에 변하는 확산전류를 표준용액의 저가부피에 대하여 도시하면 보통 2개의 직선을 얻게 되고, 그들이 만나는 점이 종말점에 해당한다. 그림 14－8은 몇 가지 전류법 적정의 적정곡선이다.

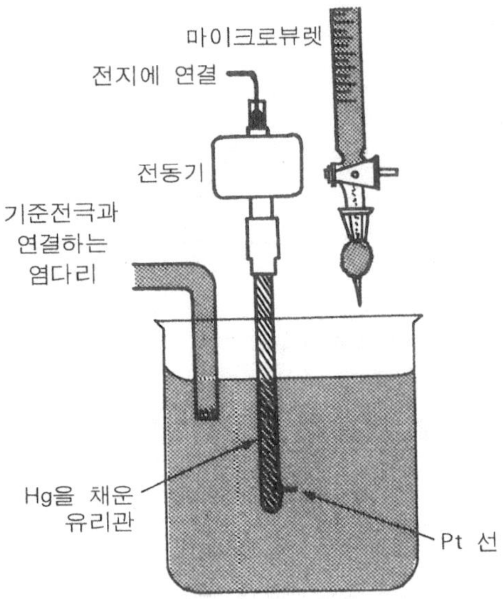

그림 14－9 회전 미소백금전극을 이용하는 전류법 적정의 대표적인 전해 전지.

그림 14－8a는 납을 황산염이나 옥살산염으로 적정하는 경우로, 이 경우에 납이온이 환원되어 확산전류가 흐를 수 있는 전위인 －1.0 V(SCE에 대하여)를 선택하여 전극전위로 사용한다. 직선적으로 전류가 감소하는 것은 용액중의 납이온이 침전되어 제거되기 때문이다.

그림 14－8b는 마그네슘을 8-히드록시퀴놀린 표준용액으로 적정하는 경우로, Mg(Ⅱ)는 환원되지 않고 8-히드록시퀴놀린이 환원되는 －1.6 V(SCE에 대하여)를 전극전위로 잡는다. 당량점을 지나서 전류가 증가하는 것은 이 유기 침전제의 농도가 증가하여 확산전류가 증가하기 때문이다.

그림 14－8c는 납을 크롬산으로 적정하는 경우로, 전극전위를 －1.0 V(SCE에 대하여)로 고정시키면 납이온도 크롬산이온과 함께 이 전위에서 모두 확산전류를 나타내기 때문에 처음에는 납의 전류가 감소하다가 당량점을 지나면 다시 크롬산의 전류가 증가하게 된다.

14D－2 전류법 적정

이 방법의 적정장치는 그림 14－9와 같이 비교적 간단한 것을 사용하면서 정확한 결과를 얻을 수 있다.

지시전극으로는 적하수은전극 또는 회전 미소백금전극을 사용하고, 기준전극으로는 칼로멜 전극을 사용할 수 있다.

(1) 적하수은전극

적하수은전극은 두 가지 결점을 가진다. 그 한 가지는 쉽게 산화되며, SCE 전극에 대하여 약 +0.4 V보다 큰 전위의 산화폴라로그램은 나타낼 수 없다는 것이다. 또 하나의 결점은 10^{-5} M보다 묽은 용액의 분석이 불가능하다는 것이다. 이보다 낮은 시료용액에서는 확산전류가 잔류전류와 같은 크기가 되기 때문에 오차가 크게 나타난다.

(2) 회전 미소백금전극

전류법 적정에서 적하수은전극 대신에 그림 14－9와 같은 모양의 백금 또는 금과 같은 미소 고체전극을 이용하는 경우가 있다. 일반적으로 이 경우에 전극은 600 rpm 이상의 일정 속도로 회전하도록 되어 있다.

회전 미소백금전극의 경우에도 적하수은전극의 경우와 비슷한 폴라로그램을 얻게 된다. 그런데 이때에는 반응화학종이 확산뿐만 아니라, 기계적 젓기에 의해 전극 표면으로 운반된다. 그 결과 한계전류는 확산만으로 얻는 확산전류보다 20배 정도 더 크다. 따라서 회전전극은 감도의 증가를 가져온다.

그러나 미소백금전극은 수소 발생에 대한 과전압이 작으므로 산성용액에서 환원전극으로 사용하면 수소가 발생하여 다른 중금속의 환원을 방해한다. 그리고 미소백금전극은 녹아 있는 미량의 산소에도 민감하게 반응하므로 주로 산화전극으로만 사용한다. 그리고 이 경우의 한계전류는 전극에 석출되는 금속의 표면 이하, 즉 실험 경력에 따라 영향을 받기 때문에 재현성이 없다. 미소백금전극은 유기물의 산화연구와 전류법 적정에 널리 사용된다.

(3) 부피의 보정

전류법 적정에서 시료용액의 부피는 표준용액의 적가 때문에 적정과정에서 증가하게 되고, 따라서 시료 화학종의 농도가 묽어진다. 그러므로 적정곡선은 굽어지게 된다. 표준용액의 적가에 의한 묽힘효과를 보정해 주기 위해서는 측정한 전류에 $(V+v)/V$ 값을 곱해야 한다. 여기서 V는 시료용액의 원래 부피이고, v는 적가용액의 부피이다.

한편 이와 같은 보정법 대신에 시료용액보다 20배 또는 그 이상으로 진한 표준용액으로 적정하면 시료용액의 부피 변화가 작아서 비교적 만족할만한 결과를 얻을 수 있고, 적정곡선이 직선적인 것을 얻게 된다. 그리고 진한 표준용액을 사용할 때에는 적정오차가 크기 때문에 마이크로 뷰렛을 사용하고, 이때 뷰렛 끝 부분은 용액에 담그어서 적정 실험을 하도록 한다.

(4) 전류법 적정의 응용

전류법 적정은 보통 적정의 당량점을 구하는 역할만을 하기 때문에 일반적인 폴라로그래피법보다 더 정확한 결과를 얻을 수 있다. 당량점을 구할 때에는 당량점의 앞과 뒤에서 2~3개 지점의 전류를 측정하고, 두 직선을 연장하여 만나는 점을 당량점으로 잡는다. 전류법 적정은 침전법 적정에 많이 이용되고 있으며, 적극 반응을 할 수 있는 유

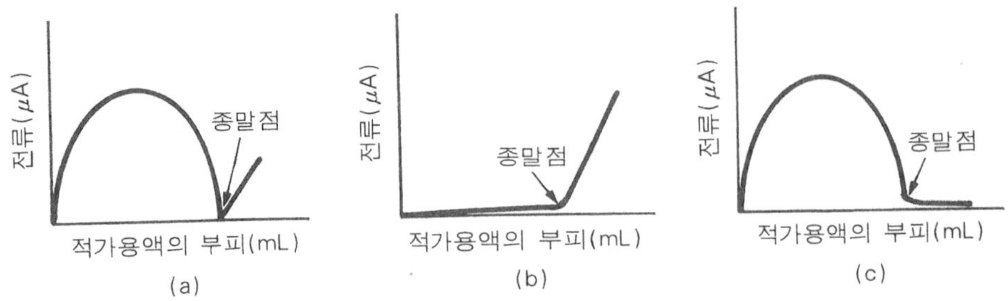

그림 14－10 2개의 편극전극을 사용한 산화－환원 전류법 적정의 종말점. (a) 두 반응물이 모두 전극에서 가역적으로 작용하는 경우, (b) 적가시약만이 가역적으로 작용하는 경우, (c) 적정되는 화학종만이 가역적으로 작용하는 경우이다.

기침전제, 예를 들어 8－히드록시퀴놀린[Mg(Ⅱ), Zn(Ⅱ), Cu(Ⅱ), Cd(Ⅱ), Al(Ⅲ), Bi(Ⅲ), Fe(Ⅲ)], 쿠페론[Cu(Ⅱ), Fe(Ⅲ)], 디메틸글리옥심[Ni(Ⅱ)], α－니트로소－β－나프톨[Co(Ⅱ)] 등과 같은 것을 이용하여 금속이온의 적정에 널리 이용한다(3E－2절 참조).

14E 두 편극 미소전극 전류법 적정

이것은 전류법 적정의 일종으로 시료용액에 2개의 같은 미소백금전극을 담그고, 이 두 전극 사이에 작은 전압(0.1～0.2 V)을 걸어준 다음 잘 저으면서 적정하면 전류는 적가시약의 부피의 함수로서 나타나고, 당량점에서 전류는 0으로 되거나 갑자기 증가하게 된다. 이 방법을 단전 **종말점법**(dead-stop end point method) 적정이라고도 한다.

이 적정에서 얻는 세 가지 적정곡선을 그림 14－10에 나타내었다.

그림 14－10a의 적정곡선은 용액중의 두 가지 반응물질이 두 전극에 대하여 가역적으로 산화 및 환원전극반응을 하는 경우이다. 즉 철(Ⅱ)를 세륨(Ⅳ)로 적정하는 경우와 같이 적정 도중에는 용액중에 철(Ⅱ)와 철(Ⅲ)가 존재하고, 이들은 두 미소전극에서 다음과 같이 산화－환원 반응을 하여 전극 사이에 확산전류가 흐르게 된다.

환원전극(－극)　　$Fe^{3+} + e^- \rightleftharpoons Fe^{2+}$

산화전극(＋극)　　$Fe^{2+} \rightleftharpoons Fe^{3+} + e^-$

이때 흐르는 전류의 크기는 농도가 작은 화학종의 확산전류에 따라 결정된다. 그러므로 처음에는 철(Ⅲ)의 농도가 거의 없는 상태이고, 따라서 환원전극이 편극되어 반응이 일어나지 않기 때문에 전류는 0이 된다. 또 종말점에서는 철(Ⅱ)의 농도가 거의 없는 상태로 되고, 따라서 산화 전극반응이 일어나지 않기 때문에 역시 전류는 0이 된다.

그러나 당량점을 지나서 Ce(Ⅲ)와 Ce(Ⅳ)가 함께 존재하게 되면 다시 환원전극에서는 Ce(Ⅳ)의 환원반응, 산화전극에서는 Ce(Ⅲ)의 산화반응이 일어나서 전류가 다시 흐르게 된다.

그림 14－10b의 적정곡선은 적가시약의 전극반응이 비가역적(반응속도가 느린 경우)인 경우로서, 비소(Ⅲ)를 요오드로 적정하는 적정곡선이다.

적정의 초기단계에는 H_3AsO_3와 H_3AsO_4가 공존하지만, 이들의 산화반응과 환원반응은 큰 과전압을 필요로 하고, 0.1 V를 가지는 두 전극에서는 전극반응이 일어나지 않는다.

한편 이 용액에 요오드화이온이 있어 산화전극반응은 일어날 수 있지만, 요오드가 없기 때문에 환원전극은 편극되어 있어 전류가 흐르지 않는다. 그러나 당량점을 지나 용액 중에 요오드가 조금이라도 존재하게 되면 이때부터 환원전극반응도 일어나게 되고, 다음과 같은 두 전극반응으로 갑자기 전류가 흐르게 된다.

산화전극 $2I^- \rightleftharpoons I_2 + 2e^-$

환원전극 $I_2 + 2e^- \rightleftharpoons 2I^-$

그림 14－10c의 적정곡선은 요오드용액을 티오황산으로 적정하는 경우의 적정곡선으로, 초기에는 요오드와 요오드화이온이 존재하여 두 전극반응이 일어나서 전류가 흐르는데, 그 전류는 농도가 작은 것의 확산전류에 따라 결정된다. 그러나 티오황산은 가역적인 전극반응을 하지 못하기 때문에 당량점을 지난 후에는 전류가 흐르지 않게 된다.

14 F 새로운 폴라로그래피법

앞에서 설명한 일반 보통 폴라로그래피에는 두 가지 결점이 있다. 첫째는 전기 저항이 큰 유기용매를 사용하는 시료용액에 이용하기 어렵고, 따라서 유기물질의 분석에 이용하는 데 제한을 받는다. 둘째는 감도가 낮아서 10^{-5} M보다 묽은 시료용액의 분석에 이용할 수 없다. 이보다 묽은 경우에는 분석물질의 확산전류가 잔류전류(바탕전류)와 비슷하여 큰 오차가 포함되게 된다. 따라서 이와 같은 단점을 극복하기 위해 여러 가지 새로운 폴라로그래피법이 개발되었다.

14 F－1 전위 조절 폴라로그래피법

폴라로그래피의 전기분해용 외부 전지전위 E는 다음과 같이 표시된다.

$$E = E_{환원전극} - E_{산화전극} - iR$$

시료용액의 저항이 대단히 큰 경우에는 iR항이 크기 때문에 폴라로그래피파는 기울어지고 뚜렷한 모양을 가지지 못하게 된다. 즉 iR이 작을 때 $E_{산화전극}$은 비편극전극전위로서 일정하기 때문에 환원전극전위의 변화가 외부전위 E의 변화로 잘 나타나지만, iR 값이 증가하면 $E_{환원전극}$ 값이 직접 E에 비례하지 못하게 된다.

이와 같은 경우에는 그림 13－6에서와 같이 새로운 제3의 기준전극을 적하수은전극

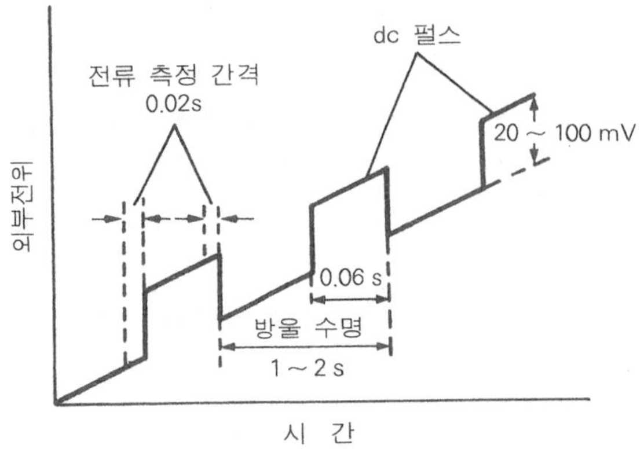

그림 14—11
시차-펄스 폴라로그래피의 전압 프로그램.

가까이에 놓고, 이 두 전극 사이의 전위를 전자전위차계로 측정하도록 하여 $E_{환원전극}$이 시간에 따라 직선적으로 변하도록 E를 변화시킨다. 폴라로그램의 외부전위 E 대신에 이렇게 측정한 $E_{환원전극}$을 사용하도록 한다. 이렇게 얻은 폴라로그램은 저항이 큰 용액을 사용하는 경우에도 정상적인 모양을 가지게 된다.

14F—2 시차-펄스 폴라로그래피법

이 방법은 보통 고전적인 폴라로그래피의 경우와 같이, dc 전위를 시간에 따라 직선적으로 약 5 mV/s 속도로 외부전위를 증가시켜 준다. 또한 여기에 겹쳐서 규칙적으로 1~3초 간격으로 20~100 mV의 dc 펄스를 가해 준다. 그리고 이때 그림 14—11에서와 같이 펄스를 가해 주는 시간은 대략 60 ms(0.06 s)로, 전극에서 수은방울이 떨어지기 직전에 가해 주도록 한다. 그리고 펄스를 가하기 전의 전류와 펄스가 끝나는 무렵의 전류를 측정하여 매펄스마다 측정한 이들 두 전류차 Δi를 직선적으로 증가하는 전압에 대하여 도시하도록 한다. 이렇게 얻은 시차곡선은 그림 14—12a와 같은 봉우리로 나타난다. 이 봉우리의 높이는 농도에 비례하고, 폴라로그래파의 변곡점($E_{1/2}$)에서 나타난다. 이때 수은방울과 펄스를 동시화시키기 위해 전극에 적당한 간격으로 충격을 주어 수은방울이 떨어지도록 한다.

시차 폴라로그래피법의 한 가지 이점은 0.04~0.05 V 정도의 작은 반파전위의 차를 가지는 두 물질이면 분리된 봉우리를 나타낼 수 있는 것이다. 이와는 대조적으로, 고전적 폴라로그래피법에서는 두 봉우리를 분리시키는 데 적어도 0.2 V의 전위차가 필요하다. 그리고 더 중요한 것은 시차-펄스 폴라로그래피법에서는 감도를 세 단위 정도 증가시킨다는 것이다. 이러한 감도증가를 그림 14—12에 나타내었다. 항생제인 테트라사이클린 180 ppm을 함유한 용액의 고전적 폴라로그램은 거의 식별할 수 없을 정도의 봉우리를 내는데 반해, 펄스-폴라로그래피법은 이보다 2×10^{-3}배 정도로 묽은 0.36 ppm인 농도에서 2개의 잘 분리된 봉우리를 나타내고 있다. Δi의 전류 단위가 nA(나노암페어), 즉

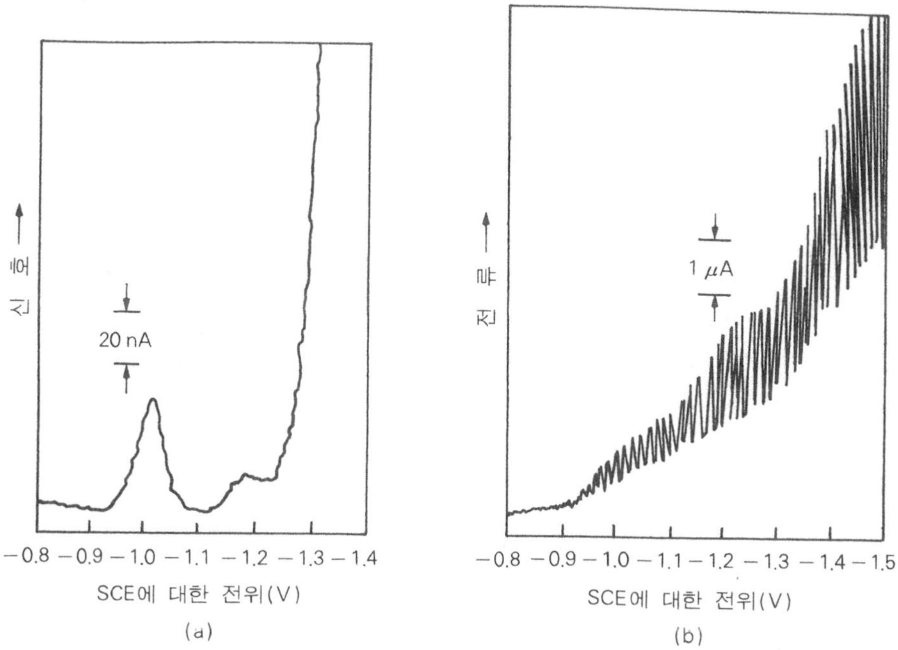

그림 14—12 (a) 시차-펄스 폴라로그램, 0.1 M 아세트산 완충용액, pH 4에 녹인 0.36 ppm의 테트라사이클린 · 염산염 [PAR 모형 174 폴라로그래피 분석기], 수은전극, 50 mV 펄스 진폭, 1 s 방울 수명, (b) 0.1 M 아세트산 완충용액, pH 4에 녹인 180 ppm 테트라사이클린 · 염산염의 dc 폴라로그램. 조건은 위와 유사하다[J. B. Flato, *Anal. Chem.*, 44(11), 75 A(1972)].

10^{-3} μA 단위로 나타나는 것을 알 수 있다. 전위를 20~100 mV 정도로 급격히 증가시킬 때 전극 표면층에 있는 반응성 시료 화학종이 더 반응하여 그 농도는 새로운 전위에 맞는 농도로 감소하면서 전류의 급증이 일어난다. 그리고 새로운 수은방울이 생겨 전위에 맞는 평형농도에 접근하게 되면 전류는 다시 확산에 의해 흐르게 된다. 따라서 측정된 전류는 두 가지 전류, 즉 확산에 따른 성분과 전위의 급격 변화에 따른 전극 표면층 물질이 Nernst 식이 요구하는 농도로 감소하면서 내는 전류로 구성된다. 즉 전체 전류는 확산전류보다 훨씬 증가하게 된다.

14 F — 3 교류 폴라로그래피법

이 방법에서는 보통 폴라로그래피법에 사용하는 일반적인 dc 전위에 겹쳐서 몇 mV의 일정한 ac 전위(sin 파)를 걸어준다. 그리고 보통 방법에서와 같이 dc 전위를 직선적으로 변화시킨다. 그러나 측정하는 것은 ac 전류이다.

화학종 Ox와 Red는 적당한 전위에서 다음과 같이 빠르게, 그리고 가역적으로 전극반응을 하고, 여기에 지지전해질이 과량 들어 있다고 가정한다.

$$\mathrm{Ox} + ne^- \rightleftharpoons \mathrm{Red}$$

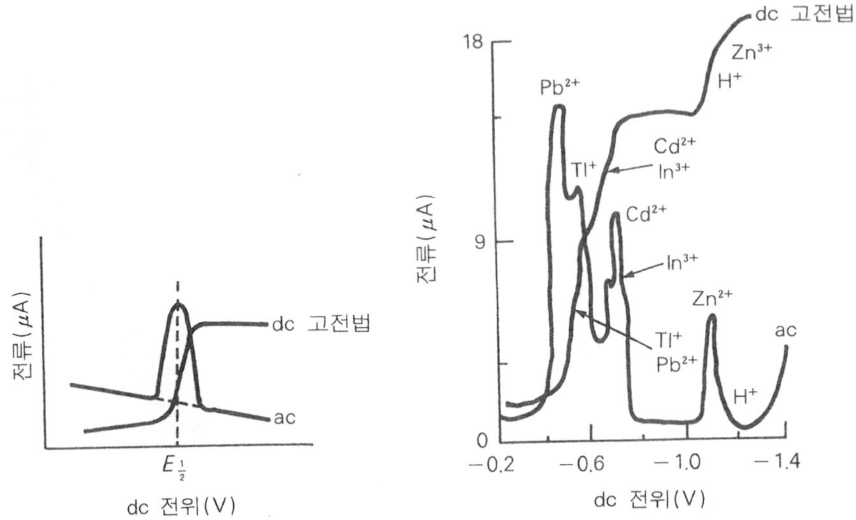

그림 14—13 ac와 dc 폴라로그램의 비교 [B. Breyer, F. Gutmann and S. Hacobian, *Australian J. Sci. Research,* A 3, 567(1950)].

우선 물질이 산화-환원할 때 흐르는 Faraday형 ac 전류가 이 전극을 통해 흐르기 위해서는 미소전극 표면에 산화될 수 있는 화학종 Red와 환원될 수 있는 화학종 Ox가 모두 있어야 한다. 그러므로 dc 전위가 분해전위에 도달하기 이전에는 Faraday형 ac 전류가 흐르지 않을 것이다. dc 전위가 분해전위와 반파전위 사이에 있을 때에는 산화반응이 일어나고, 전극 표면의 Ox와 Red 농도 사이에 다음과 같은 관계가 성립할 것이다(그림 14－13 참조).

$$0 < [\mathrm{Red}]_0 < [\mathrm{Ox}]_0$$

따라서 ac 전류의 크기는 $[\mathrm{Red}]_0$에 의하여 결정될 것이다. 걸어주는 dc 전위가 반파전위보다 큰 경우에는 환원반응이 일어나고, 다음 관계가 성립할 것이다.

$$[\mathrm{Red}]_0 > [\mathrm{Ox}]_0 > 0$$

그리고 이 경우에 ac 전류의 크기는 $[\mathrm{Ox}]_0$에 의하여 지배된다. 반파전위에서는 다음과 같이 된다.

$$[\mathrm{Red}]_0 = [\mathrm{Ox}]_0$$

이때 Faraday형 전류는 최대값이 될 것이다. 그리고 전위가 확산전류 범위에 도달하면 $[\mathrm{Ox}]_0$가 0으로 되어 환원될 수 있는 화학종이 없어지기 때문에 ac 전류는 다시 0에 접근할 것이다. 따라서 ac 폴라로그램은 각 반응성 화학종의 반파전위에서 극대점을 나타낼 것이다. ac와 고전적 dc 폴라로그램 사이의 관계를 그림 14-13에 나타내었다.

한편 ac 전류는 전극을 둘러싸고 있는 전하 이중층에 의하여 비Faraday형 과정으로도 운반된다. 따라서 ac 폴라로그램 봉우리는 비Faraday 전류의 바탕선 위에 겹쳐서 나타난다.

ac 폴라로그램 봉우리의 높이는 태반용액의 농도에 비례하며, 가역반응의 경우는 주파수의 제곱근에 비례한다. 가역전극반응의 경우에 ac 폴라로그래피법은 감도가 dc 폴라로그래피법보다 높고, 10^{-6} M 정도로 묽은 용액도 분석이 가능하다.

비가역 물질계의 경우(즉 한쪽 반쪽반응의 속도가 대단히 느린 경우)는 ac 봉우리가 나타나지 않는다. 이것은 dc 전류에 의해 생성되는 물질이 ac 전류에 대하여 반응하지 못하기 때문이다.

14 G 벗김 분석법

벗김 분석법(stripping analysis)은 처음 용액에 녹아 있는 분석물을 수은방울 또는 미소 고체전극에 환원 석출시킨 다음, 이 전극으로부터 다시 녹여 내어(벗겨) 원래 용액보다 더 농축된 용액을 만든다. 분석 측정은 이 벗김과정이 진행되는 동안 전압-전류법으로 측정할 수도 있고, 벗김과정으로 얻은 농축용액을 다른 전기분석법으로 측정하는 수도 있다. 벗김 분석법은 미량의 물질도 정확하게 정량할 수 있는 분석법이다. 10^{-6}~10^{-9} M 범위의 용액 분석도 간단하고 빠르게 할 수 있다. 여기서는 주로 이 방법의 응용에만 국한하여 알아보겠다.

14 G-1 석출단계

전기석출과정에서는 용액중의 분석물의 일부만이 석출되는 것이 보통이다. 그러므로 재현성 있게 석출시키려면 전극전위의 조절뿐만 아니라, 전극의 크기, 석출시간 및 시료와 표준용액을 저어 주는 속도 등의 조건을 잘 조절해야 한다. 그러므로 이들 조건을 일정하게 설정하는 것이 중요하다.

전기분해에서 미소백금전극을 사용하는 경우도 있지만, 수은전극을 널리 사용한다. 일반적으로 석출된 화학종의 농도를 증가시키기 위해 수은방울을 작게 하는 것이 바람직하다. 재현성 있는 미소전극을 만들기 위해서는 그림 14-14에서와 같이 매달린 방울법을 사용한다. 이 경우 보통 적하수은 모세관을 이용하여 테프론 주걱에 재현성 있는 수은방울(보통 1~3방울)을 받도록 한다. 이 주걱에 받은 수은을 유리관에 봉입한 백금선 끝에 가져가 접촉시켜 붙인다. 붙여진 수은방울 전극은 용액을 저어도 떨어지지 않아야 한다. 방울이 만들어지면 용액을 젓기 시작하고, 분석 대상 이온의 반파전위보다 10분의 몇 V 정도 음이 되는 전위를 걸어준 다음 조심하여 일정한 시간 동안 석출이 일어나게 한다. 10^{-7} M 또는 더 진한 용액의 경우는 보통 5분이면 충분하고, 10^{-8} M 용액의 경우에는 15분, 10^{-9} M인 용액에는 60분이면 충분하다.

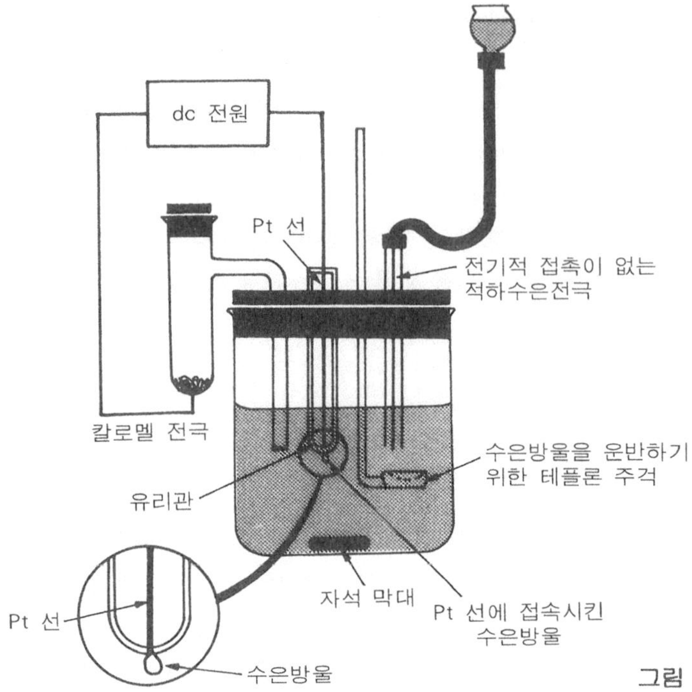

그림 14－14 벗김 분석법에 사용되는 장치.

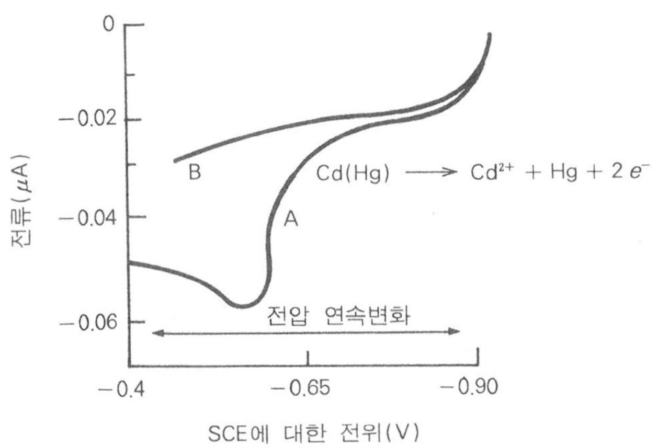

그림 14－15 곡선 A : 카드뮴의 산화전극 벗김 분석법에 의한 전류-전압 곡선. 곡선 B : 바탕용액의 잔류곡선.

14G－2 전압전류법 측정

매달린 수은방울전극에 모아진 분석물은 전압전류법 측정으로 정량한다. 석출을 끝낸 후 용액 젓기를 약 30초간 정지한다. 그리고 전압을 원래의 환원전극전위값에서부터 산화전극전위의 값으로 일정한 속도로 증가시킨다. 산화전극전류를 걸어주고 전압에 대하여 기록한다. 이때 그림 14－15에 나타낸 것과 같은 곡선을 얻는다.

예를 들어 카드뮴은 처음에 약 −0.9 V(SCE에 대하여)의 전위를 가하여 1×10^{-7} M 용액에서 석출시켰는데, 이 전위는 이 이온의 반파전위보다 0.3 V 더 음의 값이다.

전기분해를 15분간 시킨 후 젓기를 정지한다. 30초 후에 전위를 매초 21 mV의 속도로 증가시킨다. 약 −0.65 V에서 급격한 산화전극 전류의 상승이 일어나는데, 이것은 다음 반응의 결과이다.

$$Cd(Hg) \rightleftharpoons Cd^{2+} + Hg + 2e^-$$

전류는 극대점에 도달한 후 매달린 방울에서 카드뮴금속이 줄어들기 때문에 감소한다. 잔류전류를 보정하면(그림 14－15의 곡선 B에 대하여) 봉우리 전류는 10^{-6}～10^{-9}M 범위에서 카드뮴이온 농도에 정비례하며, 석출시간에 역비례한다. 이 분석은 시료와 비슷한 농도의 카드뮴의 기준 표준용액에 대한 검정곡선으로 보정해 준다. 조심해서 보정하면 이 분석 결과의 상대 정밀도는 약 2% 정도가 될 수 있다. 이와 같은 농도 범위의 분석은 보통 폴라로그래피법으로 불가능하다.

실험 14H 폴라로그래피법 분석

실험 14H－1 금속이온의 폴라로그램(추천)

실험개요

카드뮴 표준용액의 폴라로그램을 작성한다. 또 보통 증류수의 폴라로그램을 작성하여 녹아 있는 산소파를 확인한다.

유의사항

폴라로그래피법에 의해 물질을 정량할 때에는 시료용액에 지지전해질과 극대 억제제를 가하고, 산소를 제거하기 위해 질소를 통과시키는 작업을 해야 한다. 정량분석에 있어서는 표준용액을 만드는 방법과 시료용액을 만드는 방법이 같아야 한다. 그리고 표준용액의 농도는 가급적 시료용액의 농도와 비슷한 것을 사용하도록 하고, 표준용액의 농도와 확산전류를 이용하여 시료용액의 확산전류에서 그 농도를 구한다.

산화-환원 반응에 관여하는 전자수 n을 구할 때에는 가역반응이 일어나는 폴라로그래피파, 즉 폴라로그램중의 S자형 부분의 전위 E에 대한 전류 i를 측정하고, 다시 확산전류 i_d를 구해 E에 대한 $\log i/(i_d - i)$ 관계를 도표화한다. 이 직선의 기울기 $-0.0591/n$을 측정하여 n을 구한다(식 14－15 참조).

실험과정

기구 : 적하수은 폴라로그래피 장치, 메스플라스크(50 mL들이 5개)

시약 : 0.1 % 젤라틴용액, 질소(순수한 것), 0.5 M KNO_3 용액, 5×10^{-3} M Cd^{2+} 표준용액

1. 50.0 mL들이 메스플라스크 4개에 0.1 % 젤라틴 5 mL와 0.5 M KNO_3 용액 10 mL를 넣고, 각각 카드뮴 표준용액을 0, 1, 3, 10, 30 mL씩 가한 다음, 물중탕에서 25 ℃로 유지하면서 증류수로 묽혀서 표선까지 채운다.
2. 산소파 : 카드뮴이 들어 있지 않은 용액의 폴라로그램을 0 V에서 −2.0 V까지 작성한다. 또 이 용액에 질소를 10분간 통과시킨 후에 같은 방법으로 폴라로그램을 작성한다. 이들을 비교하라.
3. 위에서 만든 시료용액에 각각 질소를 10분씩 통과시키고, 폴라로그램을 작성한다. 만약 수동식 폴라로그래피 장치를 이용하는 경우에는 10 mL의 Cd^{2+} 표준용액의 경우만 완전한 폴라로그램을 작성하고, 나머지 용액에 대해서는 필요한 일정 전위에서만 i_d를 측정하도록 한다.
4. (a) 각각의 경우에 대하여 잔류전류를 보정하고, i_d/C값을 구하라.
   (b) $E_{1/2}$값을 구하여 문헌값과 비교하라.
5. 10 mL 카드뮴용액의 경우에 대하여 폴라로그래피파의 부분에서 E에 대한 $\log i/(i_d - i)$ 값의 관계를 도시하고, 식 14−15를 이용하여 n을 계산하라.

실험 14 H−2 카드뮴 및 아연의 폴라로그램

실험개요

카드뮴과 아연의 혼합용액의 폴라로그램을 작성해 보자.

유의사항

2개 이상의 혼합용액의 폴라로그램은 이들 성분 물질의 반파전위가 0.2∼0.3 V보다 크게 다른 경우에 2개의 폴라로그램이 선명하게 단계를 지어 나타나서, 각 성분 화학종의 정량을 정확하게 할 수 있다. 그러나 반파전위의 차가 이보다 작은 경우에는 그 단계가 선명하지 못하고, 따라서 정확한 정량을 하기 어렵다.

실험과정

기구 : 적하수은 폴라로그래피 장치, 메스플라스크(50 mL들이 3개)

시약 : 0.5 M KNO_3 용액, 0.1 % 젤라틴용액, 순수한 질소기체, 5×10^{-3} M 카드뮴 표준용액, 5×10^{-3} M 아연 표준용액

1. 젤라틴용액 5 mL와 KNO_3 용액 10 mL를 가한 3개의 50 mL들이 메스플라스크에 각각 차례로 카드뮴 표준용액 10.00 mL 다음, 한 용기에는 아연 표준용액 10.00 mL, 나머지 용기에는 카드뮴과 아연용액을 10 mL씩 함께 가하고 3개 모두 증류수로 표선까지 채운다. 25 ℃ 물중탕에 20분간 담그어둔다.

2. 이들 세 가지 용액에 각각 질소를 10분간 통과시켜 산소를 제거하고, 폴라로그램을 그린다. 혼합용액에서는 2단계의 폴라로그램을 얻을 것이다.

3. 카드뮴과 아연의 폴라로그램에 대하여 i_d/C와 $E_{1/2}$을 구하고, 이것을 혼합용액에서 구한 값과 비교한다.

실험 14 H－3 납의 전류법 적정

실험개요

납의 표준용액을 중크롬산의 표준용액으로 적정한다. 적하수은전극전위를 －1.0 V에 고정하고, 표준용액을 1.00 mL 적가할 때마다 확산전류를 측정한다. 적정곡선을 작성하여 당량점을 구한다(14D－1절 참조).

유의사항

납과 중크롬산은 －1.0 V에서 모두 환원되고 확산전류를 나타내기 때문에 이 적정곡선은 V자형으로 나타날 것이다. 질소를 통과시키는 것은 산소를 제거하는 동시에 용액을 저어 주는 역할도 하는데, 전류를 읽을 때에는 질소를 통과시키는 것을 중지하도록 해야 한다. 그리고 또 납(Ⅱ)의 농도는 침전이 적정하는 동안 중크롬산납이 생겨 차차 묽어진다. 납(Ⅱ) 시료용액의 부피는 적정 도중에 적가하는 표준용액의 부피 때문에 늘어난다.

이러한 묽힘 효과를 보정해 주면 납의 농도 감소가 완전히 침전제의 적가량에 비례하게 된다. 이렇게 측정되는 확산전류에 보정계수 $(V+v)/V$를 곱해 주면 묽힘 효과를 보정해준 결과가 된다.

실험과정

기구 : 적하수은 폴라로그래피 장치(적하수은전극, 염다리 및 칼로멜 전극), 적정장치

시약 : 0.100 M $Pb(NO_3)_2$ 표준용액, 0.100 M $K_2Cr_2O_7$ 표준용액, 순수한 질소, 0.1 % 젤라틴용액, pH 4.2의 아세트산 완충용액 ; 0.2 M CH_3COOH와 0.2 M KNO_3의 혼합용액 100 mL에 0.1 M CH_3COOH 용액을 적가하여 pH 4.2가 되게 한다. 이때 pH는 pH 미터를 사용하여 읽는다.

1. $Pb(NO_3)_2$ 용액 5.00 mL를 적정 비커에 취하고, 여기에 0.1 % 젤라틴용액 5 mL와 아세트산 완충용액 40 mL를 가한다.

2. 질소를 10분간 통과시키고, 전극전위를 -1.0 V에 고정한 다음 $K_2Cr_2O_7$ 표준용액으로 적정한다. 정확히 1.00 mL 적가한 후에 질소를 통과시키는 것을 중지하고 전류를 읽는다. 다시 $K_2Cr_2O_7$ 용액을 1.00 mL 가하고, 다시 질소를 통과시킨 후 전류를 읽는다. 이러한 작업을 10 mL의 $K_2Cr_2O_7$ 용액이 적가될 때까지 계속한다.

3. 이들 측정한 전류값에 묽힘 효과를 보정하고, 적정곡선을 작성한다. 그리고 종말점을 구한다.

4. 만약 전극전위를 0.0 V로 하고 적정을 하면 어떠한 적정곡선을 얻겠는가?

14 | 연습문제

14—1 1.0 M 염화칼륨용액에서 아연이온이 아연아말감으로 환원되는 반파전위 $E_{1/2}$은 -1.00 V(SCE에 대하여)이고, 아민착화 아연이온 $Zn(NH_3)_4^{2+}$가 0.1 M NH_3 + 1 M NH_4Cl 용액에서 환원되어 수은아말감으로 되는 반파전위는 -1.10 V(SCE에 대하여)이다. 두 반응은 모두 가역적이다. 이 착이온의 안정도 상수를 구하라.

14—2 1.0 M NaOH 용액에서 0.0040 M TeO_3^{2-}는 61.9 μA의 확산전류를 내었다. 이때 적하수은전극의 유출속도 m은 1.50 mg/sec, 방울 수명 t는 3.15 sec, 확산계수 D는 0.75×10^{-5} cm²/sec이다. 이때 일어나는 텔루르산의 환원반응식을 써라.

14—3 카드뮴(Ⅱ)를 표준물 첨가법을 이용하여 폴라로그래피법으로 분석하였다. 시료용액 25.00 mL의 확산전류는 1.86 μA이고, 이 용액에 2.12×10^{-3} M Cd(Ⅱ) 5.00 mL를 가하여 측정한 확산전류는 5.27 μA이다. 시료용액의 농도를 구하라.

14—4 어떤 금속이온의 확산전류는 10 μA이고, 폴라로그래피파 부분의 전위와 전류는 다음과 같다. 전위는 모두 (−)값이다.

E(V) 0.444, 0.465, 0.489 0.511, 0.535, 0.556
i(μA) 1.0, 2.0, 4.0, 6.0, 8.0, 9.0

(a) 반파전위 $E_{1/2}$을 구하라.
(b) n값을 구하라.

14—5 미지 농도의 납용액은 6.0 μA의 확산전류를 나타낸다. 이 용액 5.0 mL에 0.0020 M 납용액 10.0 mL를 혼합하여 확산전류를 측정하였더니 18.0 μA이었다. 시료용액의 농도를 구하라.

14—6 2.00×10^{-3} M Pb^{2+}, 0.100 M KNO_3, 그리고 다음 A^- 농도의 용액에서 얻은 폴라로그래피 자료는 다음과 같다. 착이온의 화학식과 생성상수를 구하라.

A^-의 농도 M	$E_{1/2}$ V(SCE에 대하여)
0.0000	−0.405
0.0200	−0.473
0.0600	−0.507
0.1007	−0.516
0.300	−0.547
0.500	−0.558

제 15 장
전자기 복사선과 흡수 분광법

15 A 전자기 복사선의 성질

X-선, 자외선, 가시선, 적외선과 같은 복사선을 전자기 복사선(electromagnetic radiation)이라고 하는데, 이들이 물질과 부딪히면 일부가 흡수되고, 그 세기는 감소한다. 이 흡수되는 정도는 그 물질의 성질과 양에 깊은 관계가 있다. 오늘날 각종 흡수 분광법이 화학분석에 이용되고 있는 것은 전자기 복사선의 이와 같은 성질 때문이다.

전자기 복사선은 공간을 통해서 대단히 빠르게 전파하는 에너지의 일종이다. 이것은 공간에 파동으로서 전파하고, 그 파동은 속도, 주파수, 파장 및 진폭으로 나타내는 것이 편리하다. 그러나 전자기파는 음파와 같은 파동과는 다르게 전파하는데, 아무런 매체를 필요로 하지 않고 진공을 통해서도 전파한다.

그러나 복사에너지의 흡수(absorption)나 방출(emission)에 관한 현상은 이러한 파동모형으로는 잘 설명할 수 없다. 이 경우에는 전자기 복사선을 광자(photon)라고 하는 일정한 에너지를 가지는 입자로 보는 것이 편리하다. 광자의 에너지는 복사선의 주파수에 비례한다. 이와 같이 복사선을 경우에 따라 입자 또는 파동으로 보는데, 이것을 복사선의 이중성이라고 한다. 이러한 이중 성질은 서로 모순되는 것이 아니고, 파동역학 이론으로 합리적으로 설명된다. 그리고 이 이론은 전자와 같은 기본 입자의 행동에도 잘 이용되고 있다.

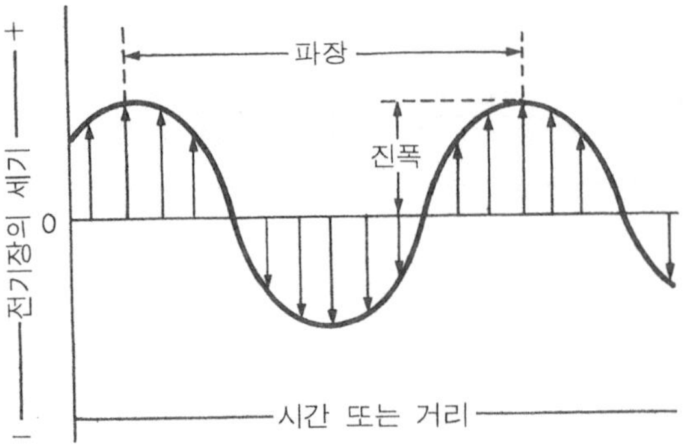

그림 15－1 단색광의 평면편광 복사선의 표시. 화살표는 전기장 벡터를 나타낸다.

15 A－1 복사선의 파동성

전자기 복사선은 공간에 번갈아 나타나는 전기장 파동으로 보는 것이 편리하고, 이 전기장에 수직으로 자기장이 나타난다. 이와 같은 복사선의 파동세기를 그림 15－1과 같이 전기장의 벡터로 나타낼 수 있다. 이 벡터는 사인(sin) 곡선으로, 파동이 전파하는 방향에 대하여 수직방향으로 진동한다. 복사선이 물질에 부딪히면 그 전기장은 물질 속에 있는 전자와 상호작용을 한다.

(1) 파동 성질

전자기 복사선의 주파수 ν는 1초 동안 전기장이 진동하는 횟수로서, 주파수는 광원에 의해 결정되는 값이며, 그 복사선이 통과하는 매체에는 영향을 받지 않는다. 한편 파동의 전파속도 v_i는 매체를 통해 전파하는 속도로서, 이 값은 매체와 주파수에 따라 변한다. 아래에 붙인 i는 그 주파수를 나타낸다. 파장 λ_i는 파동의 극대점 또는 극소점 사이의 거리이다. 주파수* ν(cycle/sec)에 파장 λ_i(cm/cycle)를 곱하면 다음과 같이 복사선의 속도 $\boldsymbol{v}_i$(cm/sec)를 얻는다.

$$v_i = \nu\lambda_i \qquad (15-1)$$

진공에서 복사선의 속도는 주파수에 관계없이 최대값 c를 나타내고, 그 측정값은 2.99792×10^{10} cm/sec이다.

$$c = \nu\lambda = 3 \times 10^{10} \text{ cm/sec} \qquad (15-2)$$

그리고 어떠한 매체를 통과할 때 복사선의 전기장은 그 매체 물질의 원자나 분자 속의 전자와 상호작용하게 되고, 따라서 그 전파속도는 느리게 된다. 그러나 그 복사선의

* 주파수의 일반적인 단위는 Hz(hertz), 즉 cycle/sec이고, 10^{12} Hz를 fresnel이라고 한다. 한편 복사선의 파장은 여러 가지 단위로서 표시하는데, X-선 및 짧은 자외선에는 Å(angstrom) 단위 10^{-10} m를 사용하고, 가시선과 일반적인 자외선에서는 nm(nanometer), 즉 mμ(milimicron) 단위 10^{-9} m를 사용한다. 적외선에서는 μm(micronmeter) 단위 10^{-6} m를 사용하는 것이 일반적이다.

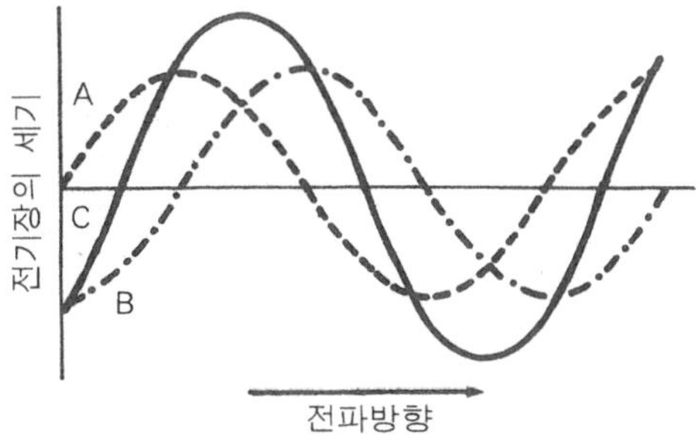

그림 15－2 복사선 간섭의 크기. 파동 B는 파동 A에 대하여 70° 벗어나 있고, 곡선 C는 간섭의 결과로서 나타난다.

주파수는 변하지 않기 때문에 파장이 줄어들게 된다(식 15－1 참조).

파수(wave number) $\overline{\nu}$ 는 1 cm 에 들어 있는 파동의 수를 나타내고, 이 값 역시 전자기 복사선을 나타내는 한 가지 방법으로 사용된다. 진공에서의 파장 λ를 cm 단위로 표시할 때 파수는 $1/\lambda$로 표시되고, 보통 cm^{-1} 단위로 나타낸다.

예를 들어 빛살이 공기에서 유리로 들어가면 그 전파속도가 30 % 정도 줄어들게 되는데, 이것은 빛살의 주파수는 변하지 않고 파장이 약 30 % 줄어들기 때문이다. 이 빛살이 유리에서 공기로 나오면 파장은 원상태로 되돌아오게 된다.

(2) 복사선의 간섭

다른 파동 현상에서도 볼 수 있는 바와 같이 전자기파가 겹쳐지게 되면 때로는 그 세기가 보강되고 때로는 상쇄되는데, 이것은 성분 파동의 위상이 서로 겹치는 상태에 따라 달라진다. 이것을 복사선의 **간섭**(interference)이라고 한다. 그림 15－2에서와 같이 A와 B 성분 파동의 벡터를 가감하면 간섭 결과 새로운 파동 C를 얻을 수 있다.

2개의 파동의 위상이 180°로 어긋나는 경우에는 **극대상쇄간섭**이 나타나고, 파동의 위상이 서로 꼭 맞을 때에는 **극대보강간섭**이 나타난다.

(3) 복사선의 회절

일반적으로 복사선은 직진하지만, 날카로운 끝이나 좁은 구멍을 통과하는 경우에는 그늘지게 되어 있는 부분에 일부 복사선이 나타나게 된다. 이렇게 복사선이 휘어지는 현상을 **회절**(diffraction)이라고 하며, 이것은 복사선이 간섭을 받은 결과이다.

그림 15－3a는 빛살이 서로 간섭하는 현상을 나타낸 장치의 약도이다. 슬릿 S_1을 통과한 복사선은 슬릿 S_2와 S_3를 같은 정도로 조사하면서 슬릿을 통과한다. 이때 독립된 같은 두 광원을 얻는다. 만약 복사선이 단일 파장만으로 구성된 **단색광**(monochromatic radiation)인 경우에는 두 광선이 간섭한 결과 그림 15－3a에서와 같이 스크린에 밝은 점과 어두운 점이 교대로 나타난다. 그러나 만약 여러 가지 파장으로 구성된 **다색광**(polychromatic radiation)인 경우에는 중심점은 밝은 띠가 되고, 가장자리에는 색깔을 띤 띠가 나타난다. 중심점 E는 그늘진 위치에 해당하지만, 밝게 나타난다. 이것은 BE

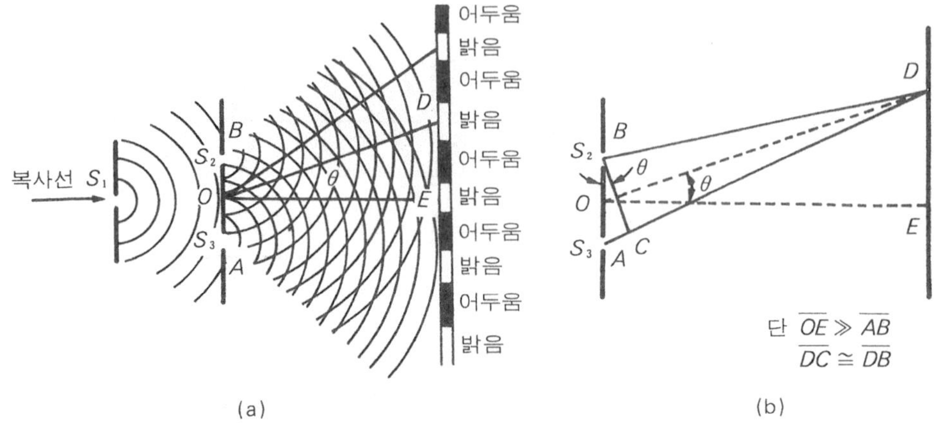

그림 15-3 복사선의 회절.

와 AE의 거리가 같고, 따라서 S_2와 S_3를 통과한 파동의 위상이 이 점에서 완전히 만나게 되어 서로 보강하기 때문이다.

그림 15-3b를 통해 극대보강간섭이 일어나 밝은 점이 생기는 조건을 쉽게 알 수 있다. 이 그림에서 실제로 OE는 AB보다 훨씬 크다. D는 한 개의 밝은 점이고, B에서 AD에 수직선 BC를 내리면 대략 비슷한 형태의 3개의 삼각형을 얻는다. 즉 $\Delta ABC \propto \Delta BDC \propto \Delta DOE$이다. 그러므로 대략 $AC = AB\sin\theta$ 라고 볼 수 있다. 그리고 BD와 AD의 차는 AC라고 볼 수 있다. 따라서 D가 밝은 점이 되려면 다음 관계가 성립되어야 한다.

$$\lambda = \overline{AC} = \overline{AB}\sin\theta$$

또 AC가 2λ, 3λ, …… 등이 되는 경우에도 D는 밝은 점이 될 수 있다. 그러므로 밝은 점이 생기는 것은 θ가 다음과 같은 관계를 가지게 되는 경우이다.

$$n\lambda = \overline{AB}\sin\theta \qquad (15-3)$$

여기서 n은 간섭의 차수(order)를 나타내는 상수이다.

15 A-2 복사선의 입자성

(1) 전자기 복사선의 에너지

복사선이 물질과 상호작용을 하는 경우에 때로는 복사선을 광자(photon)라고 하는 에너지의 입자로 보는 것이 편리할 때가 있고, 그 에너지는 다음과 같이 표시한다.

$$E = h\nu = \frac{hc}{\lambda} = hc\overline{\nu} \qquad (15-4)$$

광자의 에너지는 복사선의 주파수와 파수에 비례하고, 파장에 반비례한다. 여기서 h는 Planck 상수로서, 6.63×10^{-27} erg · sec이다.

(2) 광전효과

적당히 높은 에너지의 복사선이 금속 표면에 부딪히면 전자가 방출되는 경우가 있다. 이러한 현상을 **광전효과**(photoelectric effect)라고 한다. 이 현상을 잘 설명하려면 전자기 복사선이 입자모형을 취한다고 가정할 필요가 있다.

만약 금속 표면에 부딪히는 복사선의 에너지가 표면 전체에 균일하게 분배된다고 가정하면 계산상으로는 단 한 개의 전자를 방출시키는 데 필요한 에너지도 얻을 수 없고, 적당한 시간 동안 에너지를 축적해도 전자를 방출시킬 정도의 에너지를 얻을 수 없다. 그러므로 복사선의 에너지는 균일하게 분산되어 있다고 볼 수 없고, 어떠한 점에 집중되어 있는 에너지 입자, 즉 광자로 존재한다고 보아야 한다.

광전효과 현상에서 방출되는 전자의 에너지 E는 다음과 같이 표시되며, 조사하는 복사선의 에너지 $h\nu$에 크게 관계한다.

$$E = h\nu - w \qquad (15-5)$$

여기서 w는 금속 표면에서 전자를 진공으로 떼어내는 데 필요한 일, 즉 **일함수**(work function)이다. 일함수 w보다 작은 에너지를 가지는 광자($h\nu$)는 이 금속 표면에 아무리 많이 부딪혀도 전자를 방출시킬 수 없다. 방출되는 전자의 에너지 E는 복사선의 주파수에 직접 의존한다.

전자를 방출하는 데 필요한 일함수 w는 각 금속의 고유한 값으로, 알칼리 금속의 일함수는 작은 값을 가지고 있으며, 가시광을 조사하여도 전자를 방출한다. 중금속(카드뮴과 같은 것)은 큰 일함수를 가지기 때문에 광전효과를 일으키려면 에너지가 더 높은 자외선을 조사하여야 한다.

15 A — 3 복사선의 스펙트럼

전자기 복사선의 스펙트럼은 파장 또는 에너지로 표시할 수 있고, 그 범위가 대단히 넓다. 예를 들어 X-선 광자(λ ; 10^{-8} cm)의 에너지는 가열된 텅스텐 램프에서 나오는 일반적인 광자(λ ; 10^{-4} cm)의 에너지보다 약 10000배나 크다.

그림 15 — 4에 전자기 복사선의 중요한 부분을 나타내었다. 이 중에서 사람이 눈으로 구별할 수 있는 범위는 대단히 좁다는 것을 알 수 있다. 감마선(gamma ray)이나 라디오파 역시 전자기 복사선의 일종이며, 가시광과 다른 것은 주파수, 즉 에너지가 다르다는 것뿐이다.

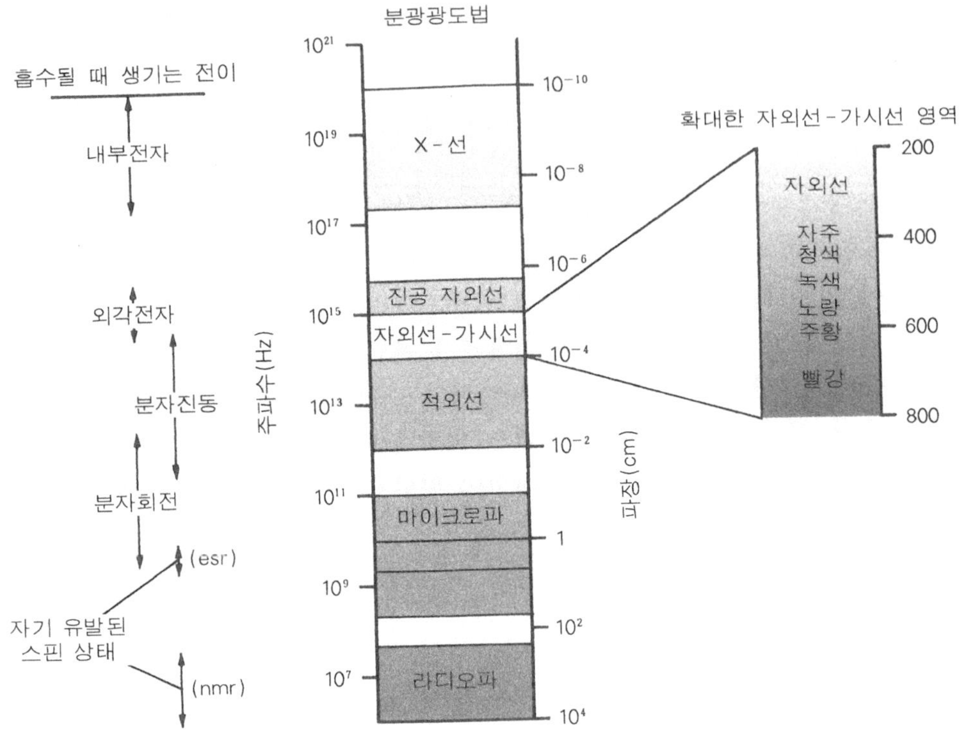

그림 15—4 분광법에 이용되는 전자기 스펙트럼.

15B Beer의 법칙

15B—1 복사선의 흡수

자외선이나 가시선과 같은 복사선이 투명한 물질층을 통과하는 경우에 어떤 주파수의 복사선 세기가 선택적으로 감소되는 경우가 있는데, 이것을 흡수라고 한다. 이 경우에 복사선 에너지의 일부는 부딪히는 물질의 원자 또는 분자에 옮겨가서, 그 결과 그 입자는 바닥 에너지 상태에서 높은 에너지 상태, 즉 들뜬 상태(excited state)로 된다.

$$M + h\nu \longrightarrow M^* \qquad (15-6)$$

여기서 M^*는 광자의 에너지 $h\nu$를 흡수해서 생성된 들뜬 상태의 원자 또는 분자의 입자를 표시한다. 원자 또는 분자와 같은 화학종이 자외선이나 가시선을 흡수하는 경우에는 전자전이가 일어나고, 전자가 보다 높은 에너지 준위로 올라가게 된다. 물론 이때 분자의 경우에는 진동에너지도 증가하게 된다.

들뜬 상태의 수명(10^{-8}~10^{-9}초)은 대단히 짧으므로 곧 몇 단계의 이완과정(relaxation process)을 거쳐 에너지를 잃어버린다. 가장 일반적인 이완과정은 흡수한 광선을 내는 수도 있지만, 다음과 같이 들뜬 에너지를 열로 변환시키는 수도 있다.

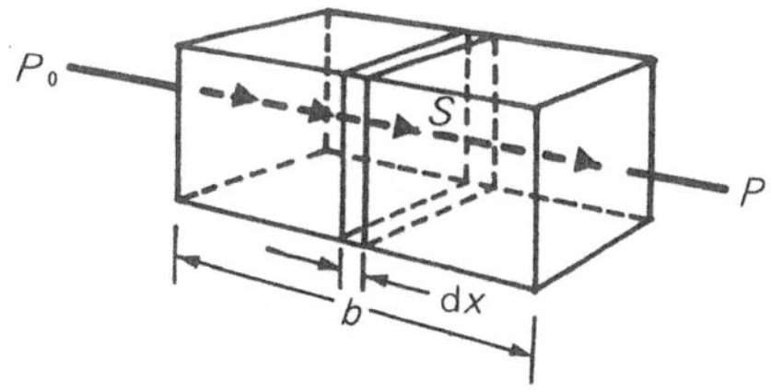

그림 15－5 길이 b의 흡수체를 통과하는 빛살.

$$M^* \longrightarrow M + 열 \qquad (15-7)$$

이완과정에는 M*가 분해되어 새로운 화학종을 생성하는 경우도 있다. 한편 이완과정은 형광 또는 인광의 방출과정을 거치는 수도 있다. M*의 수명은 대단히 짧기 때문에 어떤 순간에 있어서도 그 농도는 무시할 정도이며, 생성된 열에너지는 일반적으로 검출할 수 없을 정도로 작다.

15 B－2 Beer의 법칙

복사선의 흡수에 대한 연구에서 Beer(비어)는 단색광의 빛살 세기가 광로에 있는 흡수물질의 양 또는 농도에 비례하여 감소함을 알았다.

그림 15－5에서 보는 바와 같이 흡수 화학종의 농도가 C인 용액을 담은 용기를 생각하고, 세기가 P_0인 빛살이 용기의 표면에 수직하게 입사되어 길이 b의 용액층을 통과할 때 흡수되어 세기가 P로 감소한다면 다음과 같은 관계가 성립한다.

$$A = \log \frac{P_0}{P} = \varepsilon bC \qquad (15-8)$$

이것을 **Beer의 법칙**이라고 한다. 여기서 ε는 **몰흡광계수**(molar absorptivity), A는 **흡광도**(absorbance)이다. 그리고 흡광도 A는 흡수 화학종의 농도 C와 빛이 지나는 길이 b에 직접 비례함을 알 수 있다.

Beer의 법칙은 다음과 같이 유도할 수 있다. 즉 길이가 b인 시료용액의 단면적이 S이고, 미소한 두께를 dx라고 하자. 이 구역 내에 dn개만큼의 흡광입자(분자 또는 이온)가 존재하고, 각 흡광입자는 빛을 흡수하는 미소한 단면적을 가지고 있어 한 광자가 이 흡수 단면적에 한번 닿게 되면 즉시 흡수된다고 한다. 이러한 미소 흡수 단면적의 전 구역을 통해 합한 것을 dS라고 하면, 이 단면을 통과하는 광자 한 개를 포획하는 확률은 전체의 면적에 대한 포획면적의 비 dS/S로 나타낼 수 있다. 이 비율은 통계적 의미에서 단면 내에서 광자를 포획하는 확률을 나타낸다.

이 단면에 들어오는 빛살의 세기 P_x는 단위시간(초)당 단위면적(cm^2)에 들어오는 광자수라 볼 수 있고, dP_x를 이 흡수단면에 들어와서 제거되는 양이라고 하면 흡수되는 분율은 $-dP_x/P_x$이며, 평균적으로 포획확률과 같다. (－) 부호는 P값이 감소됨을 나타내며, 다음과 같은 관계식으로 쓸 수 있다.

$$-\frac{dP_x}{P_x} = \frac{dS}{S} \qquad (15-9)$$

dS를 단면 내에서 광자를 포획하는 면적의 합이라고 보기 때문에 dS는 흡수 입자수에 비례해야 한다.

$$dS = \alpha dn \qquad (15-10)$$

여기서 dn은 입자수이고, α는 비례상수이다. 식 15－9에 15－10을 대입하여 0부터 n까지 적분하면 다음과 같다.

$$-\int_{P_0}^{P} \frac{dP_x}{P_x} = \int_0^n \frac{\alpha dn}{S}$$

그러면 다음과 같다.

$$-\ln P/P_0 = \alpha n/S$$

즉

$$\log P_0/P = \frac{\alpha n}{2.303\, S} \qquad (15-11)$$

여기서 n은 그림 15－5에 있는 용기 속의 전체 입자수이다. 단면적 S를 용기의 부피 V와 길이 b를 사용하여 나타내면 $S = \frac{V}{b}$ cm² 와 같다. 식 15－11에 대입하면 다음과 같다.

$$\log P_0/P = \frac{\alpha n b}{2.303\, V} \qquad (15-12)$$

n/V를 mol/L로 바꾸면 다음과 같다.

$$C = \frac{1000\, n}{6.02 \times 10^{23}\, V} \text{ mol/L}$$

이것을 식 15－12에 대입하면 다음과 같다.

$$\log P_0/P = \frac{6.02 \times 10^{23}\, \alpha b C}{2.303 \times 1000}$$

위 식의 상수를 ε으로 나타내면 다음과 같이 된다.

$$A = \log P_0/P = \varepsilon b C \qquad (15-13)$$

이 Beer의 법칙은 모든 전자파 복사선의 흡수에 관한 기본식으로, 고체, 액체, 기체의 모든 물질에 대하여 적용된다. 상수 ε는 농도 C를 mol/L, 용기의 길이를 b cm라고 할 때 **몰흡광계수**라고 한다. C를 g/L 또는 mg/mL 농도로 표시한 경우에는 ε 대신에 a로 표시하고, 흡광계수라고 하는 것이 관례이다. 이들 흡광계수는 물질과 파장에 따라 결정되는 상수이다.

Beer의 법칙은 화학종 사이에 화학반응을 하지 않을 경우 한 종류 이상의 화학종을 포함하는 혼합용액에도 적용할 수 있고, 이 경우에는 다음 식과 같은 관계가 성립됨을 알 수 있다.

$$A_{전체} = A_1 + A_2 + \cdots + A_n = \varepsilon_1 bC_1 + \varepsilon_2 bC_2 + \cdots + \varepsilon_n bC_n \qquad (15-14)$$

여기서 1, 2, ……, n은 흡수성분을 나타낸다.

15B－3 흡광도와 투광도

화학분석에서는 시료용액의 흡광도 A를 측정하여 Beer의 법칙에 따라 물질의 농도를 구한다. 시료용액은 반드시 어떤 용기에 담아서 측정하는데, 빛살이 기벽에 닿으면 필연적으로 반사, 굴절 또는 흡수되기 때문에 용기의 기벽에서 빛살의 세기는 감소한다. 또 빛살이 용액중의 분자에 의해 산란되거나 불균일한 용액을 통과할 때에는 빛살의 세기가 산란되어 감소한다.

이러한 영향을 보정하기 위해서는 측정하려는 용액을 담은 용기를 통과한 빛살의 세기 $P_{용액}$과 용매만을 담은 똑같은 용기를 통과한 빛살의 세기 $P_{용매}$를 비교해야 한다. 따라서 시료만의 흡광도 A는 다음 식과 같이 측정하여 계산할 수 있다.

$$흡광도\ A = \log\frac{P_{용매}}{P_{용액}} = \log\frac{P_0}{P} \qquad (15-15)$$

또 용매만을 통과한 빛살의 세기에 대한 시료용액을 통과한 빛살의 세기의 비를 **투광도** ***T***(transmittance)라고 하며 다음과 같이 표시한다.

$$투광도\ T = \frac{P_{용액}}{P_{용매}} = \frac{P}{P_0} \qquad (15-16)$$

투광도를 때로는 백분율로 나타내기도 하며, 흡광도 A와는 다음과 같은 관계에 있다.

$$-\log T = A \qquad (15-17)$$

그러므로 화학분석에서 흡광도 대신에 투광도를 측정하는 경우에는 그것을 흡광도로 환산할 수 있고, Beer의 법칙에 따라서 농도를 구할 수 있다.

15B－4 흡수스펙트럼의 도시법

흡수스펙트럼은 여러 가지 방법으로 도시하는데, 일반적으로 주파수, 파수, 파장 등을 가로축에 나타내고, 투광도 (또는 투광도 백분율) 또는 흡광도를 세로축에 나타낸다. 흡수스펙트럼의 가로축을 주파수 또는 파수로 나타내는 것은 이들의 값과 복사선의 에너

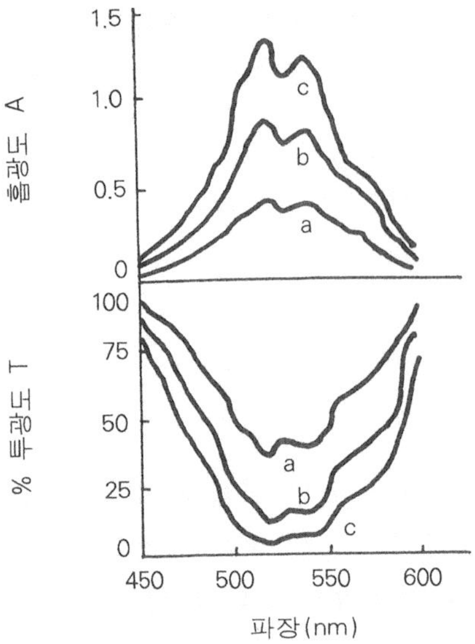

그림 15－6
과망간산칼륨용액의 흡수스펙트럼의 도시법. 농도관계는 $a : b : c = 1 : 2 : 3$이다.

지 사이에 직선관계가 성립하기 때문이다. 일반적으로 자외선 또는 가시선의 경우에는 파장으로 나타내는데, nm 또는 Å 단위를 사용한다.

세 가지 과망간산칼륨용액의 흡수스펙트럼을 그림 15－6에 나타내었다. 이 용액들의 농도는 1 : 2 : 3의 비율이다. 흡광도 A를 사용하는 경우에는 모든 파장에서 농도에 비례하는 높이가 나타나며, 이와는 반대로 투광도 T를 사용하는 경우에는 흡광도와 반대 방향으로 나타나고, 농도에 대해서는 직선적 관계가 되지 못한다.

15B－5 Beer 법칙의 적용 한계

흡수 화학종의 농도가 일정한 경우, 흡광도 A와 광로 b 사이의 직선관계는 특별한 경우를 제외하고 항상 성립한다. 이와는 반대로, b가 일정할 때 측정한 흡광도와 농도가 항상 직선관계를 유지하는 것은 아니다. 다시 말해, Beer 법칙의 적용에는 한계가 있다.

(1) Beer 법칙의 적용 한계

Beer 법칙은 농도가 묽은 용액에서만 성립하고, 농도가 진해져서(0.01 M보다 진한 경우) 흡수 화학종 사이의 평균 거리가 가까워져 서로의 전자분포 상태에 영향을 주게 되면 일정한 파장의 빛살의 흡수가 감소한다. 화학종간의 상호작용은 농도에 따라 다르고, 따라서 이 현상은 흡광도와 농도 사이의 직선관계에 편차를 주게 된다. 그러므로 측정 농도에 한계가 있다. 한편 Beer의 법칙은 흡광도의 측정방법에 따라, 그리고 측정중에 화학적 반응이 일어나서 농도 변화가 생기는 경우에도 편차가 생긴다. 이 편차에는 화학적 편차와 기계적 편차가 있다.

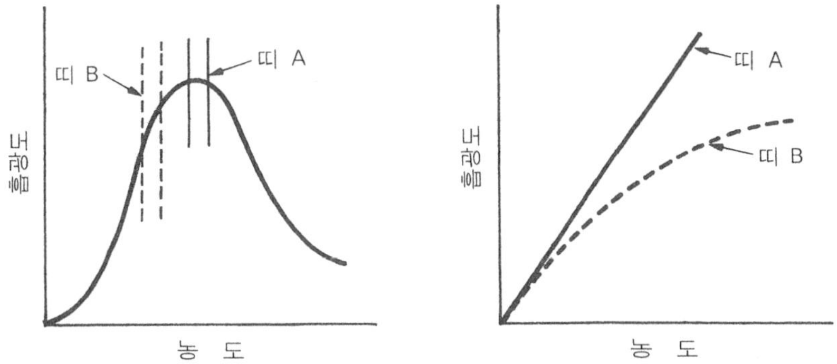

그림 15-7 Beer 법칙에 미치는 다색광의 영향. 띠 A는 ε값이 거의 같아서 편차가 적고, 띠 B는 ε값이 달라서 편차가 크다.

(2) 화학적 편차

Beer 법칙에서 벗어나는 경우는 화학종의 화합, 해리 또는 용매와의 반응이 일어날 때 생긴다. 화학적 편차가 생기는 좋은 보기는 중크롬산칼륨용액의 평형상태에서 나타난다. 여기에 물을 가하여 묽히면 중크롬산은 다음과 같이 해리반응을 한다.

$$Cr_2O_7^{2-} + H_2O \rightleftharpoons 2HCrO_4^- \rightleftharpoons 2H^+ + 2CrO_4^{2-}$$

한 개의 중크롬산이온과 두 개의 크롬산이 광선을 흡수하는 성질은 전혀 다르다. 그런데 이 두 화학종의 존재비 값은 용액을 묽히면 크게 변하고, 따라서 크롬의 전체 농도와 흡광도 사이의 관계는 직선관계로부터 벗어난다. 그러나 이러한 현상은 두 화학종 중 한 가지만이 존재하게 되는 센 산성용액(중크롬산) 또는 센 염기성용액(크롬산)중에서 흡광도를 측정하게 되면 쉽게 피할 수 있다. 이러한 계의 흡광도가 Beer 법칙에서 크게 벗어난다는 사실은 화학평형의 이동이 일어나기 때문이다. 이러한 편차는 그 반응의 평형반응과 중크롬산 및 크롬산이온의 각 몰흡광계수가 다르다는 데서 예상할 수 있다.

(3) 기계적 편차

시료의 흡광도를 측정하여 Beer 법칙을 적용하는 경우, 반드시 단색복사선을 이용하도록 해야 한다. 이것은 파장에 따라 흡광계수가 다르고, 따라서 흡광도와 농도의 관계직선의 기울기가 달라지기 때문이다. 그러나 흡광도를 측정할 때 실제로 엄격한 의미의 단색광을 사용하는 경우는 거의 없고, 좁은 범위의 다색복사선을 사용하게 되므로 Beer 법칙으로부터 편차가 생긴다.

그러므로 흡광도를 측정할 때에는 항상 시료물질의 흡광곡선 또는 흡수스펙트럼의 극대점의 파장을 선택하도록 한다. 이것은 파장 선택에 다소의 편차가 있을 경우에도 흡광계수의 차가 작기 때문에 흡광도 측정에 큰 편차가 나타나지 않고, Beer의 법칙에서 크게 벗어나지 않게 되기 때문이다. 이와 같은 예를 그림 15-7에서 볼 수 있다.

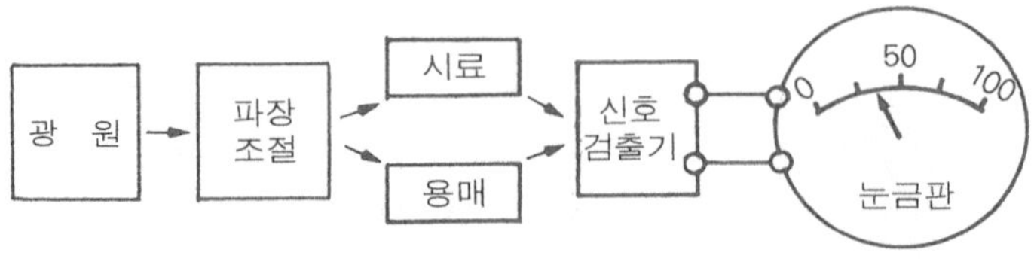

그림 15—8 복사선의 흡광도를 측정하는 흡수분광광도계의 부분장치.

15C 흡수분광광도계와 광원

15C—1 흡수분광광도계

시료용액의 흡광도를 측정하면 Beer 법칙에 의해 흡수 화학종의 농도를 구할 수 있으며, 물질의 흡광도를 측정하는 데 **흡수분광광도계**(absorption spectrophotometer)를 사용한다. 일반적으로 무기 화학종의 분석에는 가시선을 이용하고, 유기물의 분석에는 자외선을 이용하는데, 보통은 이 두 가지를 겸용할 수 있는 흡수분광광도계가 시판되고 있다. 또 적외선 흡수분광광도계는 유기물질의 구조 연구와 정성분석에 이용되고 있다. 흡수분광광도계는 시료용액의 흡광도 또는 투광도를 측정하는 기기로서, 이것은 그림 15—8과 같이 다섯 가지의 기본적 부분장치로 구성되어 있다. 즉 (1) 가시선, 자외선 및 적외선 등 각종 빛살을 방출하고, 빛살의 세기를 조절할 수 있는 안정한 광원, (2) 일정한 파장을 공급할 수 있는 분광장치, (3) 시료용액과 바탕용액을 담는 똑같은 투명한 두 용기, (4) 복사에너지 세기를 측정하여 판독할 수 있는 신호(일반적으로 전기적 신호)로 변환시켜 주는 검출기, (5) 신호계측 눈금판 등으로 구성되어 있다.

흡수분광광도계의 각종 부분장치는 이용하는 파장 영역, 측정값의 정밀도, 그리고 측정값을 이용하는 방법에 따라 상당히 다르다. 그러나 아무리 정교하게 만들어진 기기라 하더라도 각 부분장치의 기능은 모두 같다.

15C—2 복사선의 광원

복사선의 흡광도를 측정하는 데 이용되는 광원은 몇 가지 조건이 구비되어야 한다. 첫째, 검출하고 측정하는 데 충분한 빛살 세기를 방출해야 한다. 둘째, 광원은 연속적 복사선, 즉 사용하려는 영역의 모든 파장을 방출할 수 있어야 한다. 끝으로 셋째, 광원이 안정해서 P와 P_0 두 값을 측정하는 동안 빛살의 세기가 일정하게 유지되어야 한다. 이러한 경우에만 흡광도는 재현성 있게 측정된다. 광도계에 따라 P와 P_0의 세기를 동시에 측정할 수 있도록 고안된 것이 있는데, 이러한 기기는 광원에서 나오는 복사선 세기가 다소 불안정하더라도 측정오차가 적게 생긴다.

(1) 가시선의 광원

가시선 영역(375 ~ 800 nm)의 광원은 보통 텅스텐 필라멘트등이다. 이 광원의 에너지 분포는 온도에 따라 변한다. 대부분의 경우 텅스텐 필라멘트의 온도는 약 2870 K 이며, 이 경우에는 적외선 영역의 복사선을 많이 방출한다. 텅스텐 필라멘트등은 320 ~ 2500 nm 범위의 파장 영역을 방출한다.

가시선 영역에서 텅스텐 필라멘트등이 방출하는 에너지는 걸어준 전압의 네 제곱에 비례한다. 그러므로 안정한 복사선 광원을 얻으려면 전압을 정확히 일정하게 유지해야 하며, 일정한 전압을 얻기 위해 변압기 또는 전압조절기 등을 사용해야 한다. 또 한 가지 방법은 6 V 납 축전지를 텅스텐 필라멘트등에 사용하면 대단히 안정한 광원을 얻을 수 있다.

(2) 자외선의 광원

자외선 영역의 연속스펙트럼은 수소등의 전기방전에 의해 얻고, 낮은 압력의 수소를 들뜨게 하여 얻는다. 두 가지의 수소등이 있는데, 첫째는 200 ~ 6000 V 범위의 높은 전압을 알루미늄 전극 사이에 걸어 방전시키는 방법으로, 대단히 센 복사선을 얻기 위해 등을 물로 냉각시켜 주어야 한다. 둘째로 낮은 전압의 수소등에서 금속전극과 산화물이 입혀진 가열된 필라멘트 사이에 아크를 일으키는 방법이다. 이것을 지속시키기 위해서는 약 40 V 정도의 직류를 필라멘트에 걸어주어야 한다.

높은 전압등과 낮은 전압등은 모두 180 ~ 375 nm 의 영역에서 연속스펙트럼을 내며, 유리는 자외선을 강하게 흡수하므로 석영으로 된 창을 사용하여야 한다. 중수소등은 수소등과 같은 조건에서 더 센 연속 복사선을 내는 이점이 있다.

(3) 적외선의 광원

일반적으로 적외선 광원으로는 전기를 이용하여 1500 ~ 2000 K 정도로 가열한 안정한 고체를 사용한다. 이때 방출되는 연속 복사선은 흑체 복사선과 비슷하다. 빛살세기가 최대인 복사선은 1.7 ~ 2.0 μm(5000~6000 cm^{-1}) 범위에서 나타나고, 장파장 쪽으로 갈수록 빛살세기는 계속 감소하여 15 μm (667 cm^{-1})에서 극대값의 약 1 % 정도밖에 되지 않는다. 단파장 쪽으로는 훨씬 더 급격하게 감소하여 약 1 μm(10,000 cm^{-1})에서 역시 극대값의 약 1 % 정도로 감소한다.

세 가지 종류의 광원, 즉 Nernst 백열등, Globar 및 백열선등이 시판되고 있는 적외선 흡수분광계에 이용되고 있다.

Nernst 백열등(Glower)은 희토류 산화물로 만든 직경 1 ~ 2 mm, 길이 20 mm 의 관모양을 전기로 가열한다. 여기에 전류가 흐르도록 관 끝 부분에 백금선을 봉해 넣었다.

Globar 는 탄화규소로 만들어져 있으며, 보통 길이가 5 cm, 직경이 0.5 cm 인 막대로 되어 있다. 역시 전기로 가열하며, 냉각수를 사용해야 한다. Globar 와 Nernst 백열등의 스펙트럼 에너지는 서로 비슷하지만, 5 μm 이하의 영역에서는 Globar가 더 큰 에너지를 낸다.

조밀하게 감은 나선형의 니크롬선에 전류를 통해 가열한 백열선은 광원의 세기가 다소 낮지만, 수명은 더 길다. 사기로 만든 관 속에 밀봉한 로듐선을 광원으로 사용하는 경우도 있다.

15 D 단색화장치

시료용액의 흡광도를 측정할 때 이상적으로는 단색광을 사용해야 하지만, 실제로는 그렇지 못하고 가급적 좁은 파장 범위의 복사선 띠를 이용하고 있다.

가능한 한 좁은 파장 영역의 복사선을 사용하는 것은 다음 세 가지 이유 때문이다. (1) Beer 법칙에 더 잘 따르게 된다. (2) 시료 속에 다른 영역의 파장을 흡수하는 물질이 함께 있어도 방해하지 않으므로 선택성이 크게 높아진다. (3) 세게 흡수하는 파장만을 사용하면 농도 변화에 따라 흡광도의 변화가 크고, 따라서 분석측정 감도가 크게 증가하게 된다.

오늘날 분광광도계에 이용되고 있는 단색복사선 띠를 만드는 **단색화장치**(monochromater)로는 프리즘 또는 회절발(grating)과 같은 것이 보통이지만, 옛날에는 값싼 필터가 많이 이용되었다. 필터를 이용하여 흡광도를 측정하는 기기를 **필터광도계**(filter photometer)라고 한다.

15 D－1 필 터

(1) 흡수필터

흡수필터(absorption filter)는 색유리와 같은 것으로, 복사선 스펙트럼의 어떤 부분을 흡수함으로써 제한된 복사선 띠만을 통과시키는 일을 한다. 흡수색과 통과색은 **보색관계**를 가지는데, 과망산간용액은 초록색 부분을 흡수하고 자주색을 통과시키기 때문에 붉게 보인다. 대부분의 흡수필터는 색유리 또는 물감을 섞은 젤라틴을 유리판 사이에 채운 것으로, 색유리는 열에 대하여 안정한 이점이 있다. 흡수필터는 그림 15－9에서처럼 30～250 nm 정도의 비교적 넓은 유효 띠나비를 가지고 있어 분광기로서 성능이 좋은 편은 못되지만, 값이 싸기 때문에 경우에 따라 이용되고 있다.

필터의 특성은 투과광의 극대파장과 유효 띠나비로서, 유효 띠나비란 그림 15－9에서처럼 투광 봉우리의 $\frac{1}{2}$ 높이에서의 파장 영역 넓이를 말한다. 그리고 흡수필터를 또 다른 한 개의 필터와 겹쳐서 사용하면 더 좁은 스펙트럼 띠를 얻을 수 있다.

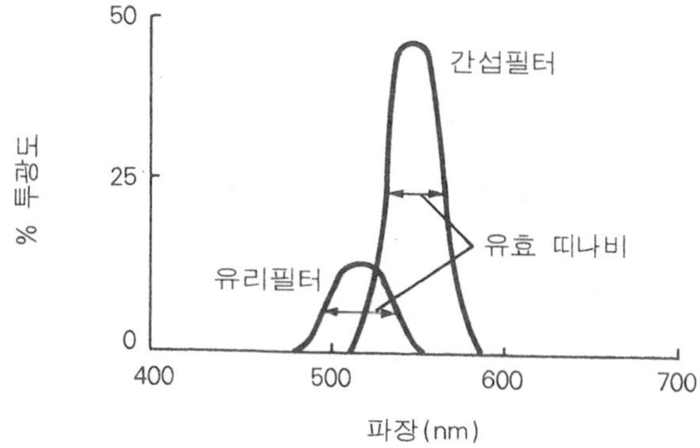

그림 15—9 두 가지 필터의 투광도 특성. 두 가지 필터를 겹쳤을 때는 좁은 유효 띠나비를 얻는다.

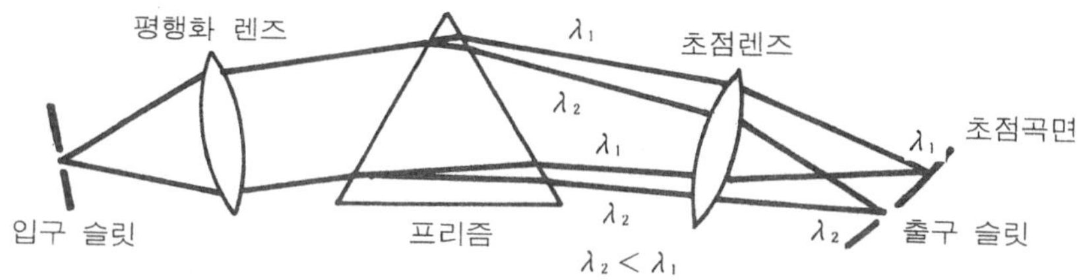

그림 15—10 프리즘 단색화장치.

(2) 간섭필터

간섭필터(interference filter)는 이름 그대로 빛의 간섭을 이용하여 비교적 좁은 단색 복사선 띠를 얻는 장치이다. 간섭필터는 두 개의 유리판 인쪽을 반투명하게 금속노금을 하여 겹쳐 놓고, 그 사이에 투명한 유전체를 넣은 장치로서, 두 유리판의 거리를 조심스럽게 조절하여 투과복사선의 파장을 결정한다.

간섭필터는 10 nm 이하의 좁은 복사선 띠를 나타내는 수도 있으며, 흡수필터보다 원하는 파장의 빛살을 더 많이 투광시킨다.

15D—2 프리즘 단색화장치

단색화장치는 복사선을 각 성분파장으로 분리, 분산시켜 원하는 파장 영역을 분리할 수 있도록 하는 장치이다. 일반적으로 단색화장치는 그림 15—10에서처럼 슬릿, 렌즈, 그리고 프리즘 또는 회절발과 같은 부분장치로 되어 있다.

그림 15—10은 60° Bunsen 프리즘 단색화장치를 나타낸 것이다. 빛살은 입구 슬릿을 통해 렌즈에서 평행광으로 된 다음 일정한 각도로 프리즘에 들어가는데, 프리즘의 양쪽 면에서 굴절되고, 분산된 복사선은 두 번째 렌즈에 의해 출구 슬릿면에서 초점이 맺어진다. 프리즘을 회전시켜 원하는 파장이 출구 슬릿을 통과하도록 한다.

프리즘에 의한 분산 프리즘 단색화장치가 파장이 서로 다른 빛살을 분리하는 능력

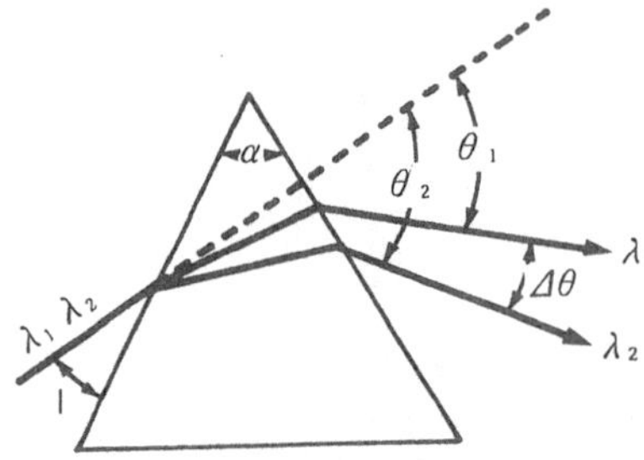

$$\text{각분산능} = \frac{\theta_2 - \theta_1}{\lambda_2 - \lambda_1} = \frac{\Delta\theta}{\Delta\lambda} \cong \frac{d\theta}{d\lambda}$$

그림 15－11 프리즘의 각분산능.

을 프리즘의 **각분산능**(angular dispersion)이라고 한다. 그림 15－11에서 보는 바와 같이 프리즘의 각분산능은 $d\theta/d\lambda$로 정의되고, 근사한 파장을 가지는 두 빛살을 분산 분리시키는 능력을 뜻하며, 다음과 같이 나타낸다.

$$d\theta/d\lambda = \frac{d\theta}{dn} \cdot \frac{dn}{d\lambda} \qquad (15-18)$$

여기서 $d\theta/dn$은 θ의 변화를 프리즘의 굴절률 n의 함수로서 표현한 것이고, $dn/d\lambda$는 파장 변화에 따른 굴절률의 변화값이다.

식 15－18의 $d\theta/dn$값은 프리즘의 기하학적 모양과 입사각 i에 따라 결정된다. 프리즘을 통과하는 빛살은 일반적으로 밑면에 나란히 입사하는데, 이러한 조건하에서 $d\theta/dn$은 프리즘의 각도 α에 따라 결정되며, 각도가 증가함에 따라 급격하게 증가한다. $dn/d\lambda$는 프리즘을 만든 재질의 분산능에 관련되는 항이다. 프리즘의 재료 물질의 파장에 대한 굴절률의 관계를 나타내는 **분산곡선**을 그림 15－12에 나타내었다. 유리의 굴절률이 400 nm 이하에서 급격히 증가하는데, 이것은 이 파장 영역에서 빛살이 갑자기 흡수되기 때문이고, 따라서 350 nm 이하에서는 불투명하게 된다. 그러나 유리는 350～800 nm 영역에서 파장에 대한 굴절률 변화(분산능)가 크기 때문에 프리즘 재료로서 석영보다 훨씬 좋다.

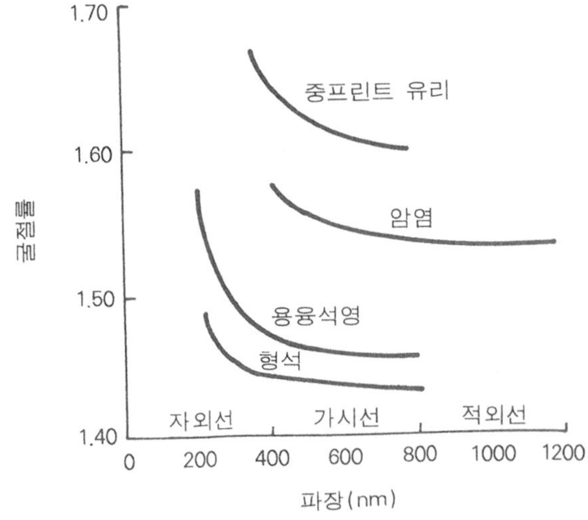

그림 15－12 몇 가지 광학재료의 분산곡선(굴절률-파장 관계).

석영의 단일 결정으로 60° 프리즘의 단색화장치를 만드는 경우에는 석영결정이 **광학적 활성**을 가지고 있기 때문에 이것을 통과하는 복사선의 빛살은 각기 다른 속도를 가지는 두 개의 편광 빛살로 나뉘어진다. 이러한 문제는 좌우 각각 30°의 석영 프리즘 두 개를 대칭이 되도록 합쳐서 만든 60°의 프리즘을 사용함으로써 해결할 수 있다. 이렇게 함으로써 전파속도가 다른 두 빛살을 서로 상쇄할 수 있는 60° 석영 프리즘을 Cornu 프리즘이라고 한다.

Littrow **프리즘**은 30° 석영 프리즘을 수직축에 따라 은도금을 입힌 것으로, 이 프리즘에 입사한 복사선은 반사한 다음 같은 표면으로 다시 나오게 된다. 이와 같이 Littrow 프리즘은 30° 프리즘에서 빛살이 다시 되돌아나오면서 석영의 광학적 활성효과를 상쇄함으로써 두 조각의 30° 석영 프리즘으로 만든 Cornu 프리즘과 같은 역할을 하게 된다. Littrow 프리즘은 작은 공간을 차지하는 단색화장치를 조립할 수 있으므로 널리 이용되고 있는데, 그림 15－22에 그 예가 있다.

15 D－3 회절발의 복사선 분산

자외선, 가시선 및 적외선 등은 **회절발**(grating)에 의해서도 프리즘에서와 같이 분산된다. 회전발에는 두 가지가 있다. 투과 회절발에서는 빛살이 통과하여 분산되고, 반사회절발에서는 빛살이 반사하여 분산된다. **투과 회절발**(transmission grating)은 유리판 또는 다른 투명한 물질 위에 수많은 홈선을 조밀하고 평행하게 그은 것이다. 자외선과 가시선 영역에 사용하는 것은 1 cm당 약 6000개의 홈을 긋는데, 모두 같은 간격으로 되어 있는 것이 중요하다. 이것을 제작하는 데에는 대단히 정교한 기술이 필요하므로 가격이 비싸다. **복사 회절발**(replica grating)은 훨씬 값이 싼데, 이 경우에 원본 회절발을 모형으로 사용하여 모양이 같은 플라스틱제 복사품을 만들어내고 있다. 이렇게 만든 복사 회절발은 그 성능이 원본보다 떨어지지만, 일반적인 흡광도를 측정하는 데 사용하기에는 충분하다.

투과 회절발을 통과한 수많은 가는 평행 빛살은 각각 새로운 광원처럼 행동한다. 그러므로 이들 수많은 빛살 사이에 간섭이 일어나서 성분 파장으로 분산된다. 분산된 복사선을 초점을 맞추어 한 면에 나타나게 하면 입구 슬릿의 상이 연속하여 스펙트럼이 되어 나타난다.

반사 회절발(reflection grating)은 매끈한 금속 표면에 홈을 긋거나, 회절발의 반사 표면에 알루미늄 증기를 엷게 고착시켜 만든다. 그림 15－13에서 보는 바와 같이 복사선은 홈을 긋지 않은 부분에서 반사하며, 반사한 빛살 사이에 간섭이 일어나 복사선은 분산된다. 따라서 빛살 1과 2의 전파거리 차이는 $\overline{AB}-\overline{CD}$값에 해당하며, 이 경우에 극대보강간섭이 일어나려면 다음 조건이 성립해야 한다.

$$n\lambda = (\mathrm{AB} - \overline{\mathrm{CD}})$$

$$\overline{\mathrm{AB}} = d \sin i$$

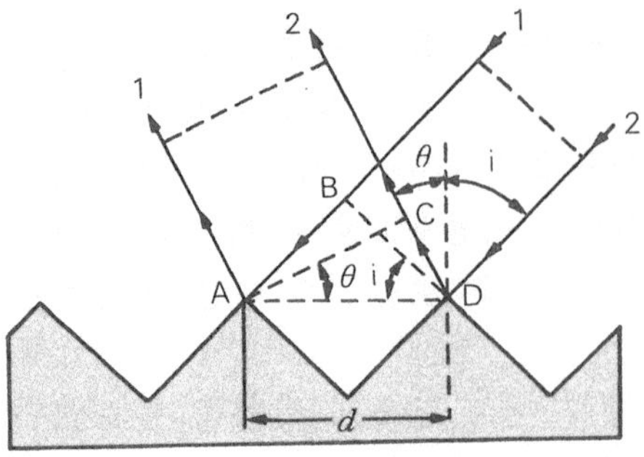

그림 15－13
반사 회절발에 의한 빛살의 회절.

여기서 d는 홈 사이의 거리이며, i는 수직선에 대한 입사각이다.

$$\overline{\mathrm{CD}} = -d\sin\theta$$

여기서 θ는 반사각이고, (－) 부호는 반사각의 관례에 따라 입사각의 반대부호를 붙이기 때문이다. 따라서 극대보강간섭의 조건은 다음과 같이 된다.

$$n\lambda = d(\sin i + \sin\theta) \qquad (15-19)$$

식 15－19는 일정한 입사각 i의 빛살이 주어진 굴절각 θ에 나타날 수 있는 몇 가지 λ값이 있음을 의미한다. 만약 800 nm 파장이 제1차 선($n = 1$)으로서 각 θ에 나타나면 제2차 선인 400 nm($n = 2$의 경우)와 제3차 선인 267 nm($n = 3$) 선도 이 각도에서 나타난다. 그러나 보통 제1차 선이 가장 세게 나타난다. 그리고 홈의 모양을 조절하면 입사광의 90 % 정도를 제1차 선에 집광할 수 있다. 그리고 보다 높은 차수의 스펙트럼선이 섞여 나타나더라도 일반적으로 적당한 필터를 이용하면 제거할 수 있다. 예를 들어 350 nm 이하의 복사선을 흡수하는 유리필터를 사용하면 제1차 선에 섞여 나타나는 보다 높은 차수의 스펙트럼선을 제거할 수 있다. **오목 회절발**(concave grating)은 적당한 곡면 반사 표면에 홈을 그어 만들며, 이와 같은 회절발은 분산된 복사선의 초점이 출구 슬릿에 생기도록 해줌으로 초점렌즈를 별도로 사용할 필요가 없다.

회절발의 각분산능은 i를 일정하게 두면서 식 15－19를 미분하여 얻을 수 있다. 그러므로 주어진 일정한 입사각에 대해서는 다음과 같이 표현된다.

$$\frac{\mathrm{d}\theta}{\mathrm{d}\lambda} = \frac{n}{d\cos\theta} \qquad (15-20)$$

이것을 통해 홈 사이의 거리 d값이 감소할수록, 즉 1 cm당 홈의 수가 증가할수록 분산능은 증가함을 알 수 있다. 짧은 파장 범위에서 $\cos\theta$는 λ에 따라 크게 변하지 않으므로 회절발의 분산능은 거의 일정하다. 적당히 설계한 회절발 단색화장치를 이용하면 출구 슬릿의 초점면에 따라 충분히 실용적인 직선적 분산을 얻을 수 있다. 한편 프리즘의 분산능은 파장에 대하여 비직선적 분산을 한다. 그림 15－14는 파장에 따라 직선적으로 분산하는 회절발과 비직선적으로 분산하는 프리즘 단색화장치를 비교한 것이다.

적외선의 분산에서 일반적인 유리로 만든 프리즘은 흡수 때문에 사용할 수 없고, 석영

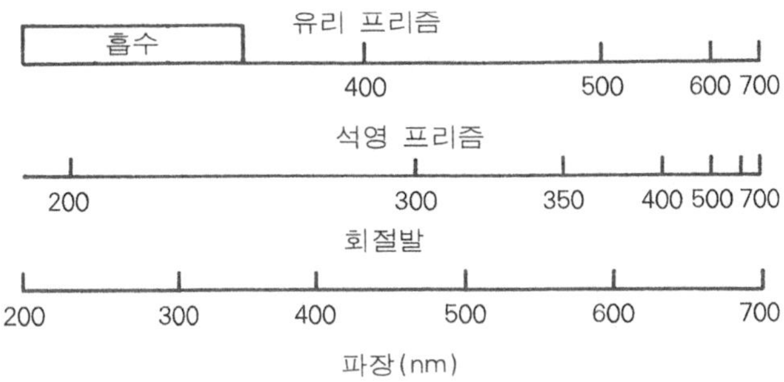

그림 15-14
세 가지 단색화장치의 분산 특성.

(0.8～3 μm), 소금 결정(25～15 μm), 브롬화칼륨(15～40 μm) 등으로 만든 프리즘을 이용하는 경우도 있으나, 주로 회절발, 특히 반사 회절발을 많이 이용한다.

15E 시료 용기

단색화장치의 광학재료와 마찬가지로 시료를 담는 용기는 이용하는 파장 영역의 복사선을 통과시키는 재료로 만들어야 한다. 석영 또는 용융 실리카는 350 nm 이하의 자외선 영역을 취급하는 경우에 필요하고, 또 이들 재료는 가시선 영역과 3 μm까지의 적외선에도 이용할 수 있다. 적외선에는 NaCl(350 nm～15 μm), KBr 및 CsBr(350 nm～40 μm)과 같은 재료로 만든 용기를 이용한다. 이 경우에 수용액은 사용할 수 없다.

일반적으로 시료 용기는 반사 손실을 줄이기 위해 빛살의 방향에 식각으로 놓여야 한다. 그리고 시료와 바탕용액에 특성이 같은 한 쌍의 용기를 사용한다. 대부분의 용기는 두께가 1 cm이며, 재질이 같고 보증된 용기가 상품으로 나와 있다. 경우에 따라서 두께가 1 cm에서 0.1 cm 사이의 간격판(spacer)을 사용하는 투명한 용기를 구할 수 있다.

경제적인 의미에서 원통모양의 용기를 사용하는 경우도 있는데, 용기의 벽이 곡면이기 때문에 빛살에 대해서 재현성 있는 위치를 잡도록 주의해야 한다. 용기의 기벽에 묻은 지문, 그리스 등의 불순물은 투광도에 큰 영향을 준다. 사용 전후에 깨끗이 씻고, 취급할 때는 용기의 투명한 쪽의 표면을 만지거나 다른 딱딱한 물질과 접촉시키지 않아야 한다. 때때로 용기는 흡광도를 측정하여 보정해야 한다.

15F 복사선 검출과 지시계

복사선 흡광도를 측정할 때에는 복사선 에너지를 전기신호로 변화시키는 광전장치를 이용한다. 검출기는 복사선의 세기가 낮을 때에도 예민하고 빠르게 감응하고, 나타나는 전기신호는 빛살의 세기에 직접 정비례하는 것이 중요하다. 즉 다음과 같이 표현되어야 한다.

$$G = k'P + k'' \qquad (15-21)$$

여기서 G는 검출기의 전류, 저항 또는 기전력과 같은 전기적 응답이다. 상수 k' 값은 단위 복사선의 세기에 대한 전기적 응답을 나타내는 검출기의 감도이다. 대부분의 검출기는 복사선이 검출기 표면에 닿지 않았음에도 불구하고 소량의 응답전류(k'')를 나타내는 수가 있는데, 이것을 **어둠전류**(dark current)라고 한다. 어둠전류를 나타내는 검출기를 가지는 기기에는 k''을 0으로 되돌릴 수 있는 상쇄회로를 갖추고 있어서 다음과 같이 나타낼 수 있다.

$$P = kG \qquad (15-22)$$

그리고 용매만이 경우에는 다음과 같이 된다.

$$P_0 = kG_0 \qquad (15-23)$$

여기서 G와 G_0는 각각 시료용액과 용매를 통과하는 복사선에 대한 검출기의 전기적 응답이다. 그러므로 흡광도는 다음과 같이 나타낼 수 있다.

$$\log\frac{P_0}{P} = \log\frac{kG_0}{kG} = \log\frac{G_0}{G} = A \qquad (15-24)$$

일반적으로 복사선 검출에 다음과 같은 세 가지의 광전장치가 이용되고 있다. (1) 광전압 전지 ; 복사에너지가 반도체와 금속의 접촉면에서 전류를 발생시키는 장치, (2) 광전관 ; 복사선이 고체 표면에 닿아서 광전자를 방출시키는 장치, (3) 광전도 전지(photoconductive cell) ; 반도체에 복사선이 흡수되면 전기저항이 변하는 장치를 말하며, 광전도 전지는 750～3500 nm 영역의 복사선 검출에 이용된다.

15F—1 광전압 전지 또는 반도체 광전지

광전압 전지(photovoltaic cell)는 일반적으로 가시선 영역의 복사선을 검출하고 측정하는 데 사용되며, 550 nm에서 가장 예민하게 작동하고, 250과 750 nm에서의 감응은 최대감응 때의 약 10 % 정도로 감소한다.

광전압 전지는 그림 15－15에서와 같이 셀렌 또는 구리(Ⅰ) 산화물과 같은 반도체 물질의 얇은 층을 구리 또는 철 금속박으로 입히고, 반도체의 표면은 제 2 전극, 즉 전자 포착전극의 역할을 하는 금, 은 또는 납의 투명한 금속박으로 덮은 다음 이 전체 장치는 투명한 상자로 덮는다. 셀렌과 금속박 사이의 접촉면은 전자의 흐름에 대한 장벽 역할을 한다. 그러나 빛살을 쪼이면 반도체층에 있는 전자가 이 장벽을 넘을 수 있는 충분한 에너지를 가지게 되어 반도체로부터 금속박으로 흐르게 된다. 일반적으로 이 전류는 검출계에 닿은 빛살의 세기에 정비례하고, 10～100 μA 정도이다.

이와 같은 반도체 광전압 전지는 복사선을 측정하는 값싸고 튼튼한 장치이고, 별도의 외부

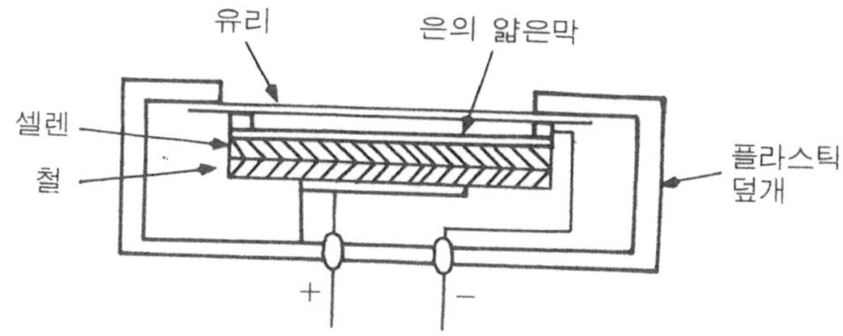

그림 15－15 전형적 반도체 전지인 광전압 전지의 약도.

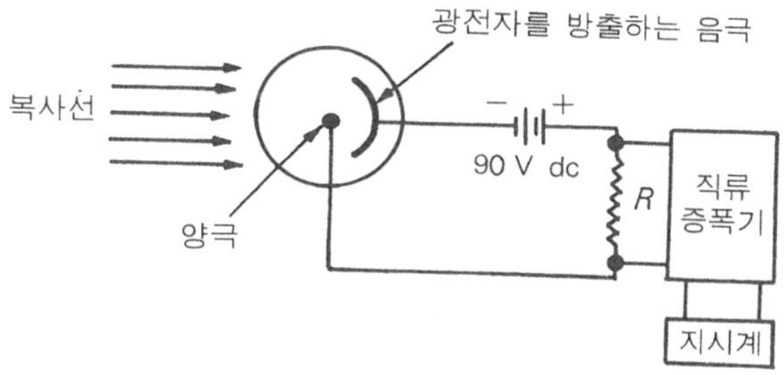

그림 15－16 광전관과 전기회로의 약도. 복사선에 의해 생긴 전류는 저항 R 사이의 전압강하로 나타난다. 이것을 증폭하여 지시계에 나타낸다.

전기 에너지원이 필요없다. 그러나 반도체 광전지는 피로현상을 나타내므로 오래 시간 사용하면 감도가 저하한다. 알맞은 전기회로와 실험 조건을 선택하면 이러한 난점은 상당히 극복할 수 있다.

15F－2 광전관과 광전자 증배관

광전관(phototube)은 자외선 및 가시선 검출에 사용되고, 그림 15－16과 같이 반구형 모양의 음극과 양극선을 투명한 진공관에 봉입시킨 것이다. 음극의 오목한 곡면은 복사선을 받으면 전자를 방출하는 물질층으로 덮여 있다. 두 극 사이에 전압을 걸어주면 방출된 전자는 양극으로 흘러 광전류가 흐른다. 일정한 복사선의 세기에 대하여 생성된 전류는 15F－1절의 광전압 전지의 1/4 정도이다.

광전자 방출물질에서 나오는 전자수는 음극 표면에 닿은 빛살의 세기에 정비례한다. 두 전극에 걸어준 전압을 증가시키면 방출된 전자가 양극에 도달되는 분량이 증가한다. 그리고 포화전압에 도달하면 거의 모든 전자가 양극에 모이게 된다. 포화전압에서 흐르는 전류는 전압과 관계없이 복사선의 세기에 정비례한다. 일반적으로 광전관은 포화전압의 영역인 약 90 V에서 조작되고 있다.

광전관의 광전자 방출 음극 표면은 알칼리 금속, 알칼리 금속 산화물 또는 다른 금속이나 금속 산화물과 섞어 만든다. 그림 15－17에서 보는 바와 같이 음극 표면 물질에 따라 광전관의 응답 특성 곡선이 다르다. 350 nm 이하의 자외선 복사선에 대하여 예민한 응답을 얻으려면 광전관은 석영창으로 되어 있어야 한다.

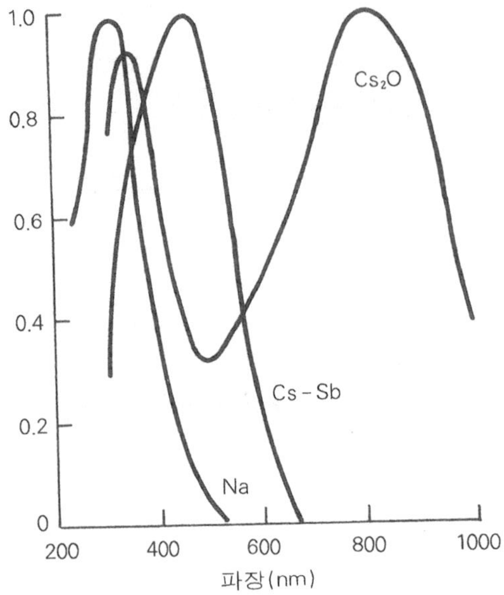

그림 15－17 광전자 방출면의 응답곡선.

자외선 및 가시선 복사선을 측정하는 데는 **광전자 증배관**(photoelectron multiplier)이 가장 많이 사용되고 있다. 그림 15－18에서처럼 음극은 광전관의 경우와 같이 복사선을 받으면 전자를 방출하는 물질로 덮여 잇다. 증배관은 다이노드라고 하는 여러 개의 전극(그림 15－18에서는 9개)으로 구성되어 있는데, 다이노드 1을 음극보다 90 V 더 높은 전압으로 유지하면 방출전자는 이 전극으로 끌려서 가속된다. 광전자 한 개가 다이노드에 닿을 때마다 3～4개의 전자가 방출된다. 다이노드 2는 1보다 90 V 더 높은 전압을 띠고 있으므로 전자는 다이노드 2 전극 쪽으로 가속되고, 다이노드 2에서 전자는 다시 증배된다. 이러한 과정을 아홉 번 되풀이하면 한 개의 광자에서 10^6～10^7개의 전자가 생성되어 양극에 모이게 된다. 최종적으로 증폭된 전류는 저항 R을 통과하여 더 증폭된 다음에 측정된다. 광전자 증배관은 분광광도계에 가장 많이 이용되고 있는 장치이다.

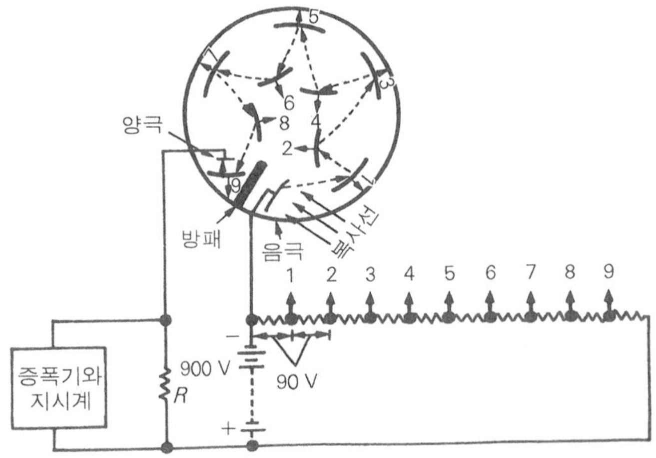

그림 15－18 광전자 증배관.

광전자 증배관이 너무 센 복사선에 노출되면 파손될 위험성이 있으므로 보호상자 속에 넣어서 센 빛은 피하도록 되어 있다.

15F—3 적외선 검출기

적외선 영역의 광자에너지는 약하기 때문에 앞에서 설명한 광전관에서 전자를 방출시키지 못하므로 광전관을 사용하지 못한다. 그 대신 일반적으로 열 검출기를 이용한다.

광전도계(photoconductor)는 황화납, 셀렌화납, 게르마늄과 같은 반도체 결정으로 만들어지는데, 이러한 물질이 복사선을 흡수하면 비전도성 전자가 들뜬 전도성으로 변하게 된다. 그 결과 전도도가 증가하는 것을 쉽게 알 수 있고, 그 전도도는 반도체의 표면에 닿는 광자수에 비례한다고 볼 수 있다. 가장 흔히 사용되는 광전도계는 0.8~2 μm (12500~5000 cm^{-1})의 영역에서 민감한 반응을 나타내는 황화납이고, 이러한 광전도계로 검출되는 가장 긴 파장은 대략 5 μm(2000 cm^{-1})이다.

열검출기는 복사선의 가열효과에 감응하는 검출기이고, 비교적 짧은 적외선을 제외한 모든 적외선의 검출에 사용된다. 이 장치에서는 복사선이 작은 흑체에 흡수되는 결과로 인해 생기는 온도 증가를 측정한다. 분광광도계가 받는 빛살의 에너지(10^{-7}~10^{-9} watt)는 대단히 낮기 때문에 흡수체의 온도 변화를 측정할 수 있을 정도로 높이기 위하여 그 열용량은 가급적 작아야 한다. 그러므로 흡수체의 크기와 두께를 최소로 줄이고, 흡수체의 표면에 적외선 빛살을 집중시키도록 모든 노력을 기울인다. 최상의 조건에서 이 온도의 변화는 1000분의 수도(℃)에 지나지 않는다. 열 검출로 적외선을 검출할 때에는 검출기 주위에서 나오는 열의 영향이 문제가 되고, 이것을 피하기 위해 흡수체를 진공관 속에 넣고 외부의 열 영향을 막는다. 온도-검출 장치로는 열전기쌍(thermocouple), 볼로미터(bolometer) 등이 사용되고 있다.

15F—4 다중채널 광자검출기

다중채널 광자검출기(multichannel photon detector)는 프리즘 또는 회절발과 같은 단색화장치에서 분산되어 나오는 모든 복사빛살을 동시에 측정하고 검출할 수 있도록 나란히 한 작은 감광 검출기의 배열을 말한다.

(1) 광전도 검출기

감광 검출기는 복사선을 흡수하면 전기저항이 감소하는 반도체를 이용한다. 반도체로는 납, 카드뮴, 갈륨 및 인듐과 같은 금속의 황화물을 사용한다. 반도체가 복사선을 흡수하면 일부 결합전자를 들뜨게 하여 전기를 전도할 수 있도록 한다. 황화납 검출기는 가장 널리 사용되고 있으며, 0.8 ~ 2 μm의 적외선 영역에서 감도가 좋다. 유리 또는 석영

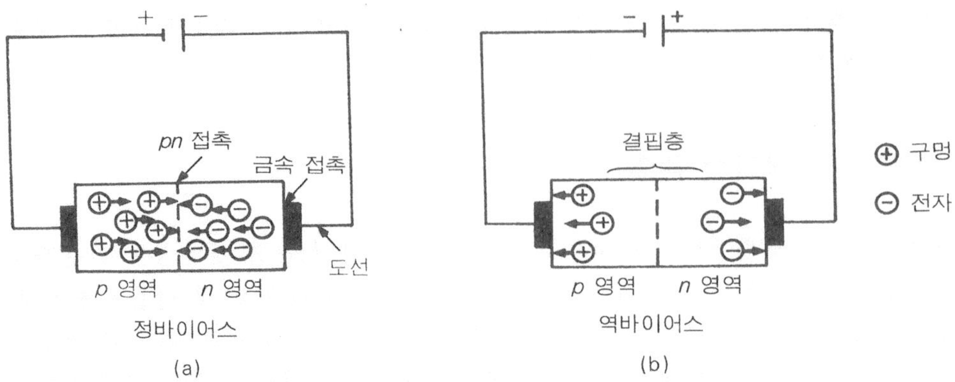

그림 15-19 (a) 규소 다이오드, (b) 역바이어스로 전기의 흐름이 방해되어 있다.

판에 PbS의 엷은 막을 입혀서 진공관에 밀폐하여 공기와의 접촉을 막아 보호한다.

(2) *n*형과 *p*형 반도체

규소는 Ⅳ족 원소로서, 4개의 외각전자를 가진다. 그러므로 규소결정은 원자 주위에 각각 4개의 공유결합 전자쌍을 가지고 있으며, 전기의 부도체이다. 만약 이 결정에 비소 또는 안티몬과 같은 Ⅴ족 원소를 미량 분산시키면, 즉 도핑(doping)하면 여기에는 4개의 공유결합 외에 자유로이 움지기는 한 개의 전자가 남아 있게 되고, 이것이 전류를 전도하는 역할을 하여 ***n*형 반도체**가 된다.

한편 규소결정에 인듐 또는 갈륨과 같은 Ⅲ족 원소를 미량 분산, 도핑하면 4개의 공유전자쌍 중에 한 개의 전자가 부족한 **플러스 구멍**이 생기고, 이것 역시 움직이면서 전기를 통하는 ***p*형 반도체**를 만든다.

규소결정 내에서 *n*형과 *p*형을 접촉시키면 이것을 ***pn* 접촉**(*pn* junction)이라고 한다. 그림 15-19a와 같이 *p* 부분이 *n* 부분보다 (+)가 되도록 전압을 걸어주면 **정바이어스**(forward bias)라 하고, 전자와 구멍이 서로 맞나게 되며, 전기가 잘 통하게 된다. 만약 그림 15-19b와 같이 전압을 반대로 **역바이어스**(backword bias)로 걸어주면 전자와 구멍이 만날 수 없고, 전기는 통하지 않는다.

(3) 규소 다이오드

또 한 가지 감광 검출기는 **규소 다이오드**(silicon diode) 검출기를 이용한다. 그림 15-19b와 같이 규소 반도체의 *pn* 접촉에 역바이어스를 걸어 전자도, 구멍도 없는 결핍층을 만들어 전도도를 0이 되도록 한다. 만약 이때 이것이 복사선을 흡수하면 결핍층에 구멍과 전자가 생겨 복사선의 세기에 비례하는 전류가 흐르게 된다. 규소 다이오드 검출기는 광전자 증배관(15F-2절 참조)에 비해 감도가 낮지만, 190~1100 nm까지의 스펙트럼 범위에서 감응한다.

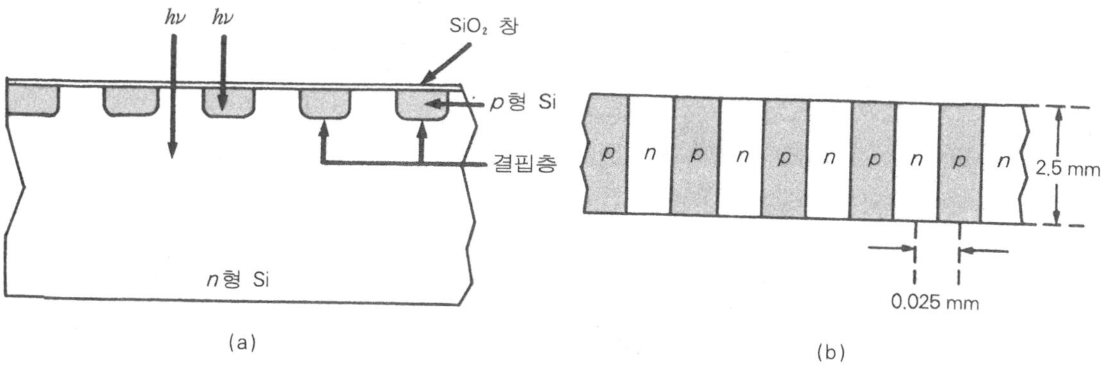

그림 15−20 역바이어스된 규소 다이오드 배열. (a) 단면도, (b) 평면도.

(4) 다중채널 검출계

다중채널 검출계 감광 요소로는 작은 규소 다이오드를 이용하는데, n형 규소 기질에 p형 규소의 가는 막대를 확산 접촉시켜 만들어졌으며, 전형적으로 크기가 2.5 × 0.025 mm인 요소를 표면에 교대로 나란히 배열한 것이다(그림 15 − 20 참조). 그러므로 한 검출계에 64개에서부터 4096개까지의 요소, 즉 규소 다이오드가 포함되어 있다.

분산된 복사선이 이와 같은 다중채널 검출기에 부딪히면 복사선의 세기에 비례하여 각 요소의 p형과 n형 모두가 전하를 띠게 된다. 이렇게 각 요소에 생긴 전하는 검출되고 저장되며, 그리고 스펙트럼으로 나타낼 수 있다. 이로부터 스펙트럼 전체를 동시에 관찰할 수 있게 된다. 이것은 종전의 사진건판이 할 수 있는 일을 다중채널 검출계가 한다고도 볼 수 있다.

15G 흡수분광광도계

이미 설명한 각종 부분장치를 여러 가지 방법으로 조립하여 흡광도를 측정하는 기기를 제작하고 있으며, 여러 기기 제작자들에 의해 수많은 종류의 기기가 생산되고 있다. 한 가지 기기가 모든 목적을 충족시키는 것은 없으며, 목적에 따라 기기를 잘 선택하여 사용하도록 한다.

흡수 광도계는 광원에서 나오는 복사선을 일정 스펙트럼 영역의 빛 띠를 뽑아내는 방법과 장치에 따라 구분된다. **분광광도계**(spectrophotometer)는 프리즘 또는 회절발 단색화장치를 이용하여 파장을 연속적으로 변화시켜 원하는 파장의 좁은 띠를 이용하면서 흡광도를 측정하는 것이다. 분광광도계는 이용하는 파장 영역에 따라 적외선, 가시선, 자외선 또는 X-선 분광광도계로 분류된다. 한편 단순한 **광도계**(photometer)는 주로 필터를 사용하고 있으며, 분광광도계보다 넓은 파장 영역의 빛살 띠를 사용하는 기기로서, 그 이외의 부분장치는 분광광도계와 비슷하다. 광도계는 주로 가시선 영역에 사용되며,

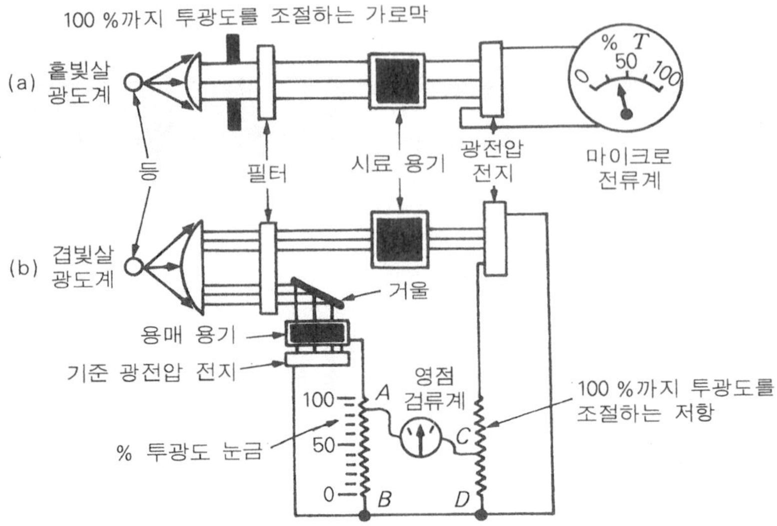

그림 15－21 홑빛살형 광도계(a)와 겹빛살형 광도계(b).

비색계(colorimeter)라고도 한다. 그러나 비색계라는 말은 눈으로 빛살을 서로 비교, 검출하는 기기에만 사용하도록 해야 한다.

15G－1 광도계의 흡광도 측정 원리

(1) 광도계의 흡광도 측정 원리

광도계는 단색화장치로서 필터를 사용하는 간단하고, 비교적 값싼 흡광도 측정 분석기기인데, 견고하고 편리하며 보관하기 쉽다. 고순도의 스펙트럼을 필요로 하지 않은 경우에는 상당히 정확하게 분석할 수 있는 이점이 있다.

그림 15－21a는 **홑빛살형**(single beam type) 광도계의 약도이다. 홑빛살형 광도계는 텅스텐 필라멘트 광원, 평행 빛살을 만드는 렌즈, 필터, 시료용기, 광전압 전지로 이루어진 직접 판독기기로 구성되어 있다. 검출기로는 광전압전지를 사용하고 여기서 나오는 전류는 0에서 100까지의 투광도의 눈금을 한 마이크로 암미터에 나타내게 되어 있다.

검출기에 복사선이 전혀 닿지 않을 때 투광도가 0이 되도록(또는 흡광도가 무한대가 되도록) 조절한다. 그런 다음 용매 또는 적당한 바탕용액이 들어 있는 용기를 빛살에 놓았을 때는 빛의 세기를 조절하여 투광도 눈금이 100이 되도록 조절한다. 기기에 따라 텅스텐등에 걸어준 전압을 변화시키거나 광로에 놓여 있는 조리개의 간격을 조절하여 100에 맞추기도 한다. 다음에 시료용기를 바꾸어 빛살에 넣고, 광전압 전지의 투광도 눈금을 읽는다. 홑빛살형 기기는 이와 같은 세 단계 과정을 거치는 동안(대략 10～30초) 전원을 비롯하여 모든 전자 장치가 일정하게 유지되어야만 믿을 수 있는 투광도 또는 흡광도를 측정할 수 있다고 하겠다.

그림 15 — 21b는 **겹빛살형**(double beam type) 광도계이다. 광원등에서 나오는 빛살 중 한쪽 빛살이 시료를 통과하여 광전압 전지로 통하고, 다른 쪽 빛살은 거울에 의해 반사되어 용매 용기를 통해 검출기에 닿아서 빛살세기에 비례하는 전류를 낸다. 두 개의 광전압 전지에서 나온 전류는 저항선을 거쳐 흐르는데, 이들 중 한쪽 저항선에는 0에서 100까지의 직선적 눈금으로 투광도를 나타내고 있다. 영점 지시계의 역할을 하는 예민한 마이크로 암미터인 검류계가 두 개의 저항선을 가로질러 연결하고 있다. AB 사이의 전압강하값이 CD 사이의 값과 같을 때 검류계에는 전류가 흐르지 않게 되며, 이 평형이 성립하지 않을 때에는 영점 검류계에 전류가 흐르게 된다. 양쪽 용기에 용매를 넣고 접촉점 A를 100에 놓은 다음, 접촉점 C를 조절하여 검류계에 전류가 흐르지 않게 한다. 다음에 시료용액을 시료용기에 넣으면 광전관에 도달되는 복사선의 세기는 감소하므로 CD 사이의 전압강하는 감소하게 된다. 이러한 불균형은 A를 낮은 값 쪽으로 움직여 평형이 다시 이루어지도록 하면 점 A의 위치로 투광도 백분율값을 쉽게 읽을 수 있다. 이와 같은 투광도(또는 흡광도) 측정을 **영점 조절법** 측정이라고 한다. 이 원리는 모든 흡수분광광도계에 이용되고 있다.

(2) 광도계의 필터 선택

광도계에는 일반적으로 여러 개의 필터가 갖추어져 있는데, 각 필터는 각기 다른 스펙트럼 영역 빛살을 투과한다. 측정한 흡광도의 감도는 필터에 따라 다르고, 시료에 따라 적당한 필터를 선택하는 것이 대단히 중요하다. 시료용액이 흡수하는 빛살의 색깔은 그 용액 자체 색깔의 보색에 해당한다. 그러므로 용액이 최대의 흡광도(또는 최소의 투광도)를 나타내는 필터를 선택하여 사용하도록 한다.

15G — 2 분광광도계

가장 간단하고 값싼 분광광도계는 회절발 단색화장치를 이용하는 홑빛살형이다. 이에 반하여 가격이 비싸고 고급인 것은 겹빛살형으로, 이중 단색화장치를 이용한 기록식 기기이다. 몇 가지의 대표적 분광광도계에 대한 원리를 설명하기로 하자.

그림 15 — 22는 홑빛살형 Beckman DU-2 분광광도계의 약도이다. 이 기기는 1941년 처음으로 시장에 나온 가장 널리 사용되는 분광광도계 중의 하나이다. DU-2 분광광도계는 석영으로 만든 광학 부분품을 갖추고 있으며, 가시선과 자외선 영역에서 사용된다. 이 기기에는 바꾸어 사용할 수 있는 두 개의 광원이 있는데, 자외선 파장 영역에는 수소 또는 중수소 방전관을 사용하고, 가시선 영역에는 텅스텐등을 광원으로 사용한다. 한 쌍의 거울은 복사선을 반사하여 조절 가능한 슬릿을 통해 단색화장치로 들어간다. 복사선은 Littrow 프리즘에서 반사된다. 프리즘의 위치를 조절하면 출구 슬릿에 원하는 파장의 초점이 모이게 된다. 들어 오는 빛살은 슬릿의 밑을 통과하고, 분광된 빛살은 슬릿과 거

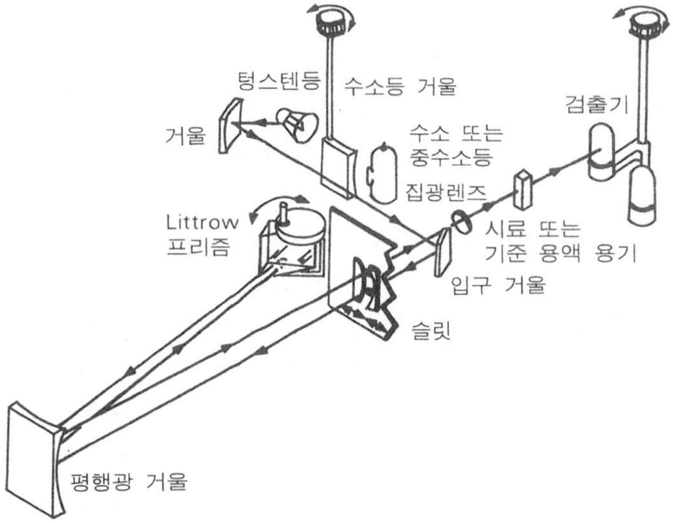

그림 15－22
Beckman DU-2 분광광도계의 약도.

울의 윗부분을 통과하여 시료용액 용기에 닿게 된다.

일반적으로 시료용기 받침대는 1 cm의 직사각형 용기를 4개 수용할 수 있고, 이 받침대를 이동하면 그 중 한 개가 빛살을 받게 된다. 또 이 받침대는 원통형 용기와 묽은 시료용액에 사용되는 10 cm 길이의 용기도 받아들일 수 있게 되어 있다.

검출기는 광전관 상자에 들어 있으며, 여기에 닿는 복사선의 세기를 조절하기 위해서는 셔터 넓이를 손으로 조작하면 된다. 검출기는 625 nm 이상의 적색 빛살에 예민한 광전관과, 190과 625 nm 사이의 영역에 대한 광전자 증배관을 서로 바꾸어가면서 사용할 수 있다. 광전관에서 나오는 전류는 일정한 큰 저항을 통하고, 저항에서 얻은 전압강하는 검출기에 도달하는 복사선의 세기에 상당하는 값이 된다.

Beckman DU-2는 오늘날 부분장치가 많이 현대화되고 설계도 개량되어 흡광도와 투광도를 측정하는데, 그림 15－21b에서와 같이 영점 조절회로를 사용하고, 정교한 전자장치를 이용하여 전류를 증폭시켜 정밀한 흡광도를 측정할 수 있다.

DU-2 기기는 ±0.2 % 의 정밀도로 투광도를 측정할 수 있다. 슬릿을 알맞게 조절하여 좁은 유효 띠나비(0.5 nm 보다 작은)를 얻을 수 있다. 이 기기는 적당한 파장을 선택하여 시료용액의 흡광도를 측정하여 정량분석을 하는 데 가장 알맞다.

Bausch와 Lomb Spectronic 20은 그림 15－23과 같으며, 흡광도 측정의 정확도는 다소 좋지 않지만 간편하고 값싸게 만든 대표적인 기기이다. 주로 350～650 nm 영역에서 사용된다. 단색화장치는 반사 회절발, 렌즈, 고정된 한 쌍의 슬릿 등으로 구성되었다. 회절발은 파장에 관계없이 복사선을 일정하게 분산시키므로 20 nm의 일정한 띠나비를 측정 영역의 모든 파장에 걸쳐 사용할 수 있다.

Spectronic 20은 홑빛살형이다. 검출기에서 나온 광전류는 증폭되고, 증폭된 전류는 복사선의 세기에 정비례하며, 흡광도와 투광도를 읽을 수 있도록 미터의 눈금에 나타난다.

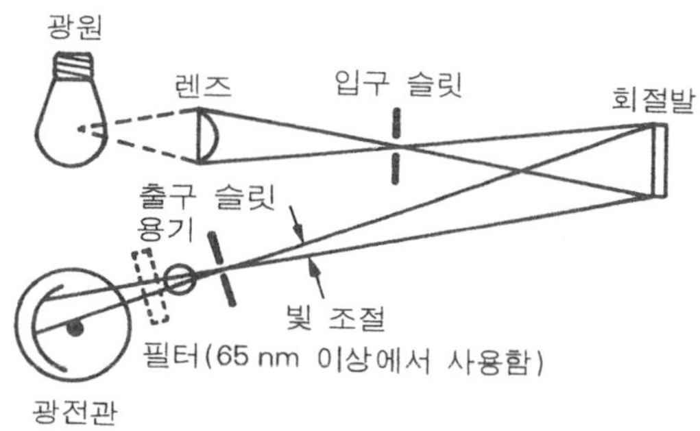

그림 15—23 Spectronic 20형 분광광도계.

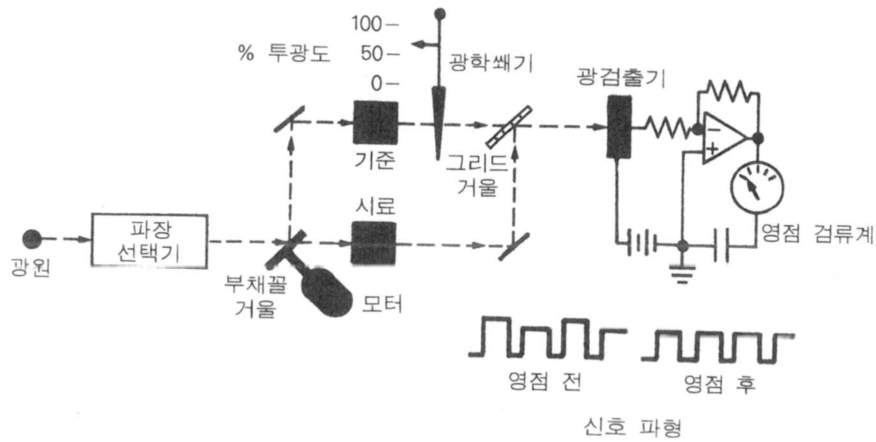

그림 15—24 겹빛살형 분광광도계.

15G—3 겹빛살형 분광광도계

그림 15—24는 대표적인 겹빛살형 기기의 약도이다. 광원에서 나온 빛살은 단색화장치를 통과하면서 적당한 파장의 단색광으로 되고, 일정 속도로 회전하는 부채꼴 거울에서 두 줄기의 빛살토막으로 나뉘어진다. 이때 거울에 반사된 빛살토막은 기준용액을 통과하고, 직행하는 빛살토막은 시료용액을 통과하는데, 이 두 빛살은 반사하는 그리드 거울에 의해 다시 합쳐져 검출기로 들어간다.

기준용액을 통과한 빛살의 세기는 시료용액을 통과한 것보다 일반적으로 세고, 이 두 빛살을 같게 하기 위해서 기준 빛살 광로에 광학쐐기를 장치하고, 쐐기를 조절하여 두 빛살의 세기가 일치하는 영점에 도달하게 한다.

투광도의 눈금은 광학쐐기의 이동거리에 따라 선형으로 변하게 되어 있다. 두 빛살의 세기가 같아질 때까지 쐐기의 위치를 조절함으로써 두 빛살의 세기가 같아지는 영점에 도달하게 한다. 평형 전후의 전기신호 파형이 그림에 나타나 있다.

일반적으로 겹빛살형은 홑빛살형보다 비싸고 정밀하다. 각종 고급 분광광도계는 겹빛살형이다.

15H 연습문제

15—1 다음 파장에 해당하는 복사선의 주파수를 구하라.
(a) 222 nm (b) 17 Å (c) 0.03 cm (d) 1.30×10^{-7} cm (e) 6.1 μm

15—2 다음 주파수에 해당하는 파장을 cm와 nm 단위로 표시하라.
(a) $1.97 \times 10^{9}\ sec^{-1}$ (b) $4.85 \times 10^{15}\ sec^{-1}$ (c) $7.32 \times 10^{19}\ sec^{-1}$

15—3 다음 파장에 해당하는 광자의 에너지를 erg 단위로 표시하라.
(a) 803 nm (b) 3.68 μm (c) 9.95 Å (d) 11.5 cm

15—4 다음과 같은 투광도를 가지는 경우에 그 흡광도를 계산하라.
(a) 36.8 % (b) 22.0 % (c) 82.3 % (d) 4.20 %

15—5 두께가 5.00 cm인 시료 흡광용기를 사용했을 때 24.7 % 투광도를 가지는 용액을 다음과 같은 두께의 시료 흡광용기에 넣어 그 투광도를 다시 측정하면 어떻게 되는가?
(a) 1.00 cm (b) 10.00 cm (c) 1.000 mm

15—6 필터 광도계를 사용하여 산성 철 표준용액에 티오시안산을 가하여 발색시킨 것을 측정하여 다음 결과를 얻었다. Beer의 법칙에 맞는지를 설명하라.

철 함유량(%)	투광도(%)
0.0001	80.0
0.0002	64.5
0.0004	44.0
0.0008	22.0

15—7 분자량이 194인 물질의 0.0100 % 용액을 두께 1 cm 흡광용기에 넣어 490 nm 광선을 통과시켰더니 9.0 %가 통과했다. 이 경우의 몰흡광계수를 계산하라.

15—8 520 nm에서 과망간산칼륨용액의 몰흡광계수는 2235이다. 이 경우 2 cm 흡광용기를 사용하여 측정한 0.0010 % 용액의 투광도는 얼마인가?

15—9 무색인 A^+와 B^-가 반응하면 화합물 AB가 생성된다. 0.0025 mol A^+와 0.004 mol B^-를 섞어 묽혀서 1L로 만든 용액의 흡광도 A_1을 측정하고, 0.0025 mol A^+와 0.020 mol B^-를 섞어 역시 묽혀서 1L로 만든 용액의 흡광도 A_2를 측정하였더니 $A_1/A_2 = 0.8$이다. $A^+ + B^- \rightleftharpoons AB$ 반응의 평형상수 K를 계산하라.

15—10 시료용액을 통과한 광선은 16.1 μA의 전류를 흐르게 하고, 바탕용액을 통과한 광선은 47.1 μA의 전류를 흐르게 한다.
(a) 이 시료용액의 투광도(%)를 구하라.
(b) 용액의 흡광도는 얼마인가?
(c) 만약 시료용액의 농도가 두 배로 진한 경우에는 몇 μA의 전류가 흐르게 되는가?

15－11 농도가 3.00 mg/L인 시료용액을 2.50 cm 시료용기에 넣어 405 nm에서 흡광도를 측정하였더니 0.842이고, 시료의 분자량은 150이다.

(a) 405 nm에서 이 용액의 흡광계수를 구하라.

(b) 이때의 몰흡광계수를 구하라.

(c) 1.00 cm 시료용기를 사용하여 405 nm에서 측정한 흡광도가 0.760이 되는 용액 100 mL에 포함된 시료물질의 무게(mg)를 구하라.

15－12 360 nm에서 흡광계수가 4300인 물질의 용액을 2.50 cm 용기에 넣어 측정한 흡광도가 0.830이다. 이 용액의 농도를 구하라.

15－13 47.0 mg Fe/L의 철(II) 표준용액 5.00 mL를 취하여 철(II)-*o*-펜안트롤린 착물을 만들고, 이것을 100 mL로 묽혔다. 이 용액의 흡광도를 1 cm 용기로서 510 nm에서 측정하였더니 0.467이었다. 이 용액의 투광도(%)와 몰흡광계수를 구하라.

제 16 장
흡수스펙트럼과 그 응용

16 A　흡수스펙트럼

원자, 분자 또는 이온을 구성하고 있는 전자에너지는 양자화되어 있으며, 몇 개의 에너지 준위를 가지고 있다. 전자가 알맞은 복사선을 흡수하는 경우에는 들떠서 그 복사선의 광자에너지만큼 더 높은 에너지 준위로 옮겨가게 된다. 이들 전자에너지 준위차는 각 화학종에 따라 고유한 값을 가지고 있으며, 복사선의 주파수를 변화시키며 조사해 보면 시료중에 있는 성분물질을 알 수 있다. 이러한 목적을 위해 복사선의 파장 또는 주파수를 변화시키면서 시료물질의 흡광도를 측정하여 그림 16－1과 같은 **흡수스펙트럼**(absorption spectrum)을 얻을 수 있다. 흡수스펙트럼의 모양은 그 물질의 화학적 구조와 에너지 상태에 따라 결정되며, 크게 원자흡수스펙트럼과 분자흡수스펙트럼 두 가지로 분류된다.

16 A－1　원자흡수스펙트럼

자외선 또는 가시선의 파장을 연속적으로 변화시키면서 단일 원자입자(기체상태의 나트륨 또는 수은 증기)의 시료에 통과시키면 몇 가지 일정한 주파수의 복사선만이 흡수, 제거된다. 즉 **원자선스펙트럼**(atomic line spectrum)을 나타낸다(그림 16－1a). 이것은 그 시료원자중의 일부 전자가 자신에게 알맞는 주파수만을 흡수하여 더 높은 에너지 상태로 들뜨게 되기 때문이다. 예를 들어 나트륨의 $3s$ 전자가 $3p$ 또는 $5p$ 상태로 들뜨게 되면 589.3 nm 또는 258.3 nm에서 흡수가 일어난다. 자외선과 가시선은 원자의 최외각전자 또는 결합전자의 에너지 준위의 변화를 일으킬 수 있는 에너지를 가지고 있다. 한편 X-선은 이들보다 100～1000배 더 에너지가 세고, 원자의 핵에 가까운 내부전자와 반응할 수 있다. 그러므로 X-선을 흡수하면 원자의 최내각전자가 전이하게 된다. 아무튼 원자흡수스펙트럼은 몇 개의 좁은 흡수선스펙트럼으로 나타난다.

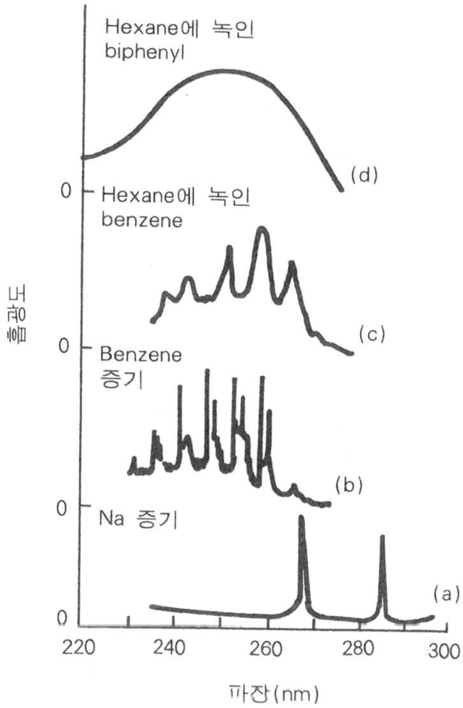

그림 16－1 몇 가지 자외선 흡수스펙트럼.

16 A－2 분자흡수스펙트럼

다원자분자 또는 이온이 복사선을 흡수할 때는 전자들의 에너지 준위의 전이가 다양해서 그 스펙트럼이 대단히 복잡하다. 분자의 전체 에너지는 다음과 같이 표시된다.

$$E = E_{전자} + E_{진동} + E_{회전} \qquad (16-1)$$

여기서 $E_{전자}$는 분자의 전자에너지, $E_{진동}$은 결합된 원자 사이의 진동에너지, $E_{회전}$은 분자가 어떤 중심을 축으로 회전하는 데 필요로 하는 에너지를 나타낸다. 일반적으로 전자에너지가 가장 크고, 진동에너지는 이보다 10～100배 작으며, 회전에너지는 더욱 작다. 분자는 한 전자에너지 상태에서 각종 진동에너지 상태를 가질 수 있고, 또 한 전자에너지 상태와 진동에너지 상태에서 각종 회전에너지 상태를 가질 수 있다.

원자흡수스펙트럼은 뚜렷한 좁은 선들로 이루어져 있는데 반하여, **분자흡수스펙트럼**(molecular absorption spectrum)은 넓은 파장 영역에 걸친 흡수띠스펙트럼으로 나타나는 것이 특징이다(그림 16－1b, c, d). 이것은 각 전자에너지 상태에 많은 진동 및 회전상태가 겹쳐져 있기 때문이다. 즉 식 16－1에서 한 개의 $E_{전자}$값에 대하여 여러 가지 $E_{진동}$ 및 $E_{회전}$값만큼 값이 다른 많은 E값이 나타나기 때문에 분자스펙트럼은 대단히 밀집된 스펙트럼선으로 이루어여 있고, 분해 능력이 상당히 큰 분광기가 아니면 일반적으로 연속된 띠스펙트럼(band spectrum)으로 나타난다. 액체나 용액의 경우에는 용매분자와도 결합해 있기 때문에 각각 띠스펙트럼이 연결되어 그림 16－1d에서 보는 바와 같이 완만한 곡선으로 나타난다. 이와 같은 자외선($\lambda = 180 \sim 350$ nm) 및 가시선($\lambda = 350 \sim 800$ nm) 흡수띠 스펙트럼 봉우리는 주로 정량분석에 이용되고 있기 때문에 중요하다.

16 B 자외선과 가시선을 흡수하는 화학종

화학에 있어 유기물과 무기물을 통한 자외선과 가시선의 흡수는 흡수분광광도법에 있어 대단히 중요하고, 주로 정량분석에 이용되며, 때로는 정성분석에도 이용된다.

시료물질이 자외선과 가시선 영역의 복사선을 흡수하면 최외각 또는 결합전자가 전이하여 보다 높은 에너지 준위로 들뜨게 된다. 유기 및 무기화학종은 똑같이 이러한 성질을 가지지만, 이 두 가지 화학종을 분리하여 자세히 알아보기로 하자.

16 B—1 유기화합물의 자외선 흡수

모든 유기화합물은 보다 높은 에너지 준위로 들뜰 수 있는 결합전자를 가지고 있으므로 복사선을 흡수한다. 단일결합에 참여한 σ 전자를 들뜨게 하는 데 필요한 에너지는 대단히 크고, 진공 자외선 영역($\lambda < 180$ nm)의 복사선을 흡수하여 들뜨게 되는데, 에너지는 대기중의 성분분자들도 강하게 흡수하는 것이다. 이 복사선의 흡광도를 측정하려면 분광광도계를 진공된 공간에서 작동시켜야 하기 때문에 이 복사선을 **진공 자외선**이라고 한다. 그러므로 진공 자외선 영역의 흡수를 측정하기는 대단히 어려운 문제이다. 그러므로 유기화합물에 대한 분광광도법 연구는 대부분 180 nm보다 긴 **근자외선**($\lambda = 180 \sim$ 350 nm) 파장 영역을 취급한다. 자외선 및 가시선 복사선 흡수를 이용하는 유기물 분석법은 자연히 진공 자외선보다 낮은 들뜬 에너지의 전자를 가지는 몇 가지 작용기 또는 발색단에 한정되어 있다.

유기분자가 산소, 황, 할로겐, 질소와 같이 비공유전자(n)를 가지는 원자를 포함하고 있는 경우에는 이들 전자가 쉽게 들뜰 수 있고, 일반적으로 근자외선 복사선을 흡수한다. 또 유기분자중의 이중결합이나 삼중결합을 구성하는 π결합 전자들도 쉽게 들뜨므로 이와 같은 불포화화합물도 자외선을 흡수한다. n 및 π전자와 같이 쉽게 들뜰 수 있는 전자를 가지고 있는 이러한 원자단을 **발색단**(chromophore)이라고 한다.

표 16－1에 이와 같은 유기 발색단의 예를 나타내었다. 그리고 이들 유기물의 흡수극대 파장과 몰흡광계수의 예도 함께 나타내었다. 한 분자 안에 이중결합이 콘쥬게이션하는 경우에는 일반적으로 흡수극대 파장이 긴 파장 쪽으로 이동한다.

표 16－1 발색단의 흡수 성질

발색단	예	용매	λ_{max}(nm)	ε_{max}	전이형태
Alkene	$C_6H_{13}CH=CH_2$	n-Heptane	177	13000	$\pi \longrightarrow \pi^*$
Alkyne	$C_5H_{11}C\equiv C-CH_3$	n-Heptane	178	10000	$\pi \longrightarrow \pi^*$
			196	2000	—
			225	160	—
Carbonyl	$CH_3\overset{O}{\overset{\|}{C}}CH_3$	n-Hexane	186	1000	$n \longrightarrow \sigma^*$
			280	16	$n \longrightarrow \pi^*$
	$CH_3\overset{O}{\overset{\|}{C}}H$	n-Hexane	180	큰 값	$n \longrightarrow \sigma^*$
			293	12	$n \longrightarrow \pi^*$
Carboxyl	$CH_3\overset{O}{\overset{\|}{C}}OH$	Ethanol	204	41	$n \longrightarrow \pi^*$
Amido	$CH_3\overset{O}{\overset{\|}{C}}NH_2$	물	214	60	$n \longrightarrow \pi^*$
Azo	$CH_3N=NCH_3$	Ethanol	339	5	$n \longrightarrow \pi^*$
Nitro	CH_3NO_2	iso-Octane	280	22	$n \longrightarrow \pi^*$
Nitroso	C_4H_9NO	Ethyl ether	300	100	—
			665	20	$n \longrightarrow \pi^*$
Nitrate	$C_2H_5ONO_2$	Dioxane	270	12	$n \longrightarrow \pi^*$

16B－2 무기물의 복사선 흡수

무기물은 대부분 이온상태로서 수용액에 잘 녹는다. 만약 그 용액이 색깔을 띠고 있는 경우에는 용액중의 이온이 이 색의 보색광을 잘 흡수한다는 것을 의미하고, 가시선의 흡수스펙트럼을 가진다. 용액이 무색인 경우에는 적당한 발색제를 사용하여 흡수스펙트럼을 얻는다. 용액중의 무기이온이나 분자의 흡수스펙트럼은 유기화합물의 스펙트럼과 다르게 넓은 흡수봉우리를 가지고 미세구조를 가지지 않는 스펙트럼으로 나타난다. 그러나 란탄족과 악티늄족 원소의 흡수스펙트럼은 예외이다. 대부분의 란탄족과 악티늄족 이온은 자외선과 가시선 영역에서 흡수하고, 일반적인 무기물 및 유기물과 다르게 이들의 스펙트럼은 이들 금속이온과 결합하는 리간드의 영향을 거의 받지 않으며, 그림 16-2 경우와 같이 좁고, 특수한 흡수봉우리를 나타낸다.

란탄족 계열의 경우 복사선을 흡수할 때 일어나는 전이는 $4f$ 전자가 여러 가지 에너지 준위를 가지기 때문이며, 악티늄족 계열의 경우는 여러 가지 에너지 준위를 가지는 $5f$ 전자가 복사선과 작용하기 때문이다. 이들 원자의 내부궤도함수는 보다 높은 주양자수를 가지는 바깥전자의 영향을 받지 않도록 차단되어 있다. 그러므로 흡수띠는 좁고, 바깥전자와 결합하는 화학종의 성질에 그다지 영향을 받지 않는다.

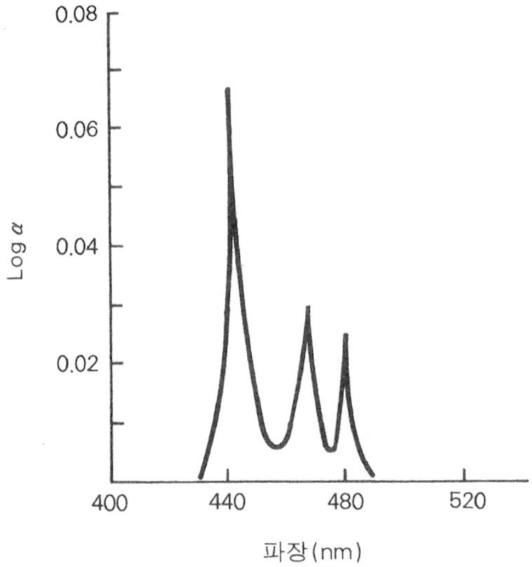

그림 16—2
염화프라세오 [illegible]

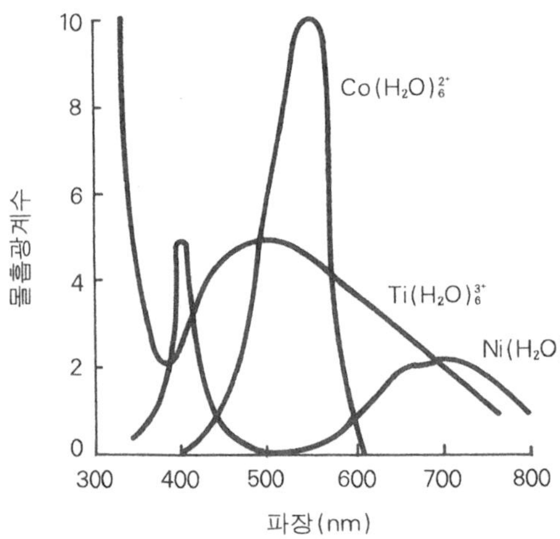

그림 16—3 몇 가지 전이금속 이온의 스펙트럼.

전이금속 계열에 속하는 원소의 이온과 착물은 색깔을 띠는 경우가 많고, 란탄족 및 악티늄족 원소와 대조적으로 이들의 흡수스펙트럼은 그림 16—3에서 보는 바와 같이 가시선 영역에서 넓은 흡수띠를 나타내는 수가 많으며, 주위의 조건에 의해 많은 영향을 받는다.

16C 적외선 스펙트럼-진동스펙트럼

적외선 스펙트럼은 물질, 특히 유기물질의 구조 연구와 정성분석, 즉 물질 확인에 대단히 중요한 역할을 한다.

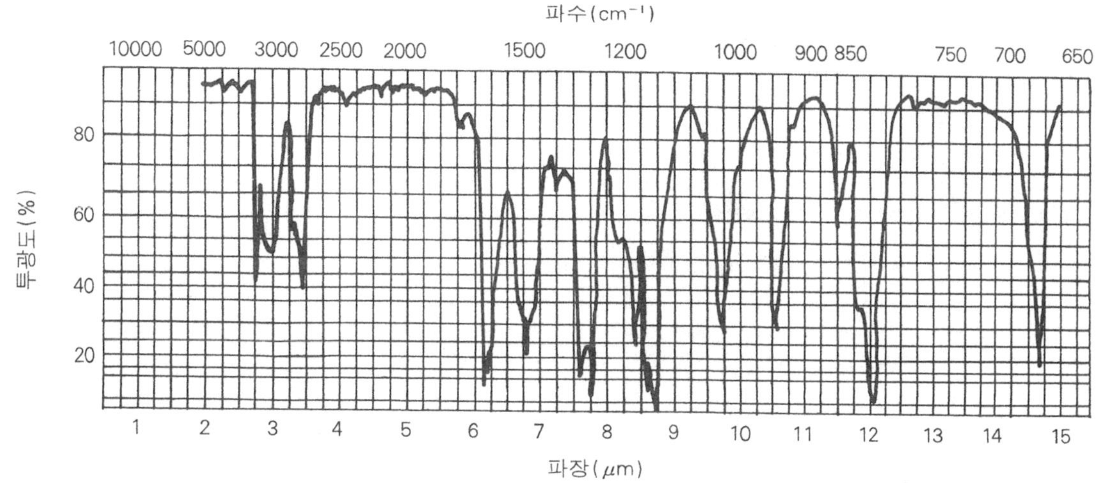

그림 16—4 3,5-Dimethyphenol의 적외선 흡수스펙트럼.

16C—1 적외선 스펙트럼

에너지가 약한 적외선 영역의 복사선 흡수가 일어나는 경우에는 전자의 전이가 일어날 수 없고, 분자에너지 중의 진동에너지와 회전에너지만이 증가하게 된다.

$$E = E_{진동} + E_{회전} \qquad (15-2)$$

이때는 여러 진동에너지 준위($\lambda = 1 \sim 15\ \mu m$)의 전이에 해당하는 좁은 흡수봉우리가 조밀하게 나타나고, 각 진동에너지 상태에는 대단히 작은 각종 회전에너지에 해당하는 차를 가지는 봉우리가 나타난다. 그러나 액체나 고체 시료에서는 회전운동이 일어나지 못하게 되어 있기 때문에 거의 순수한 진동에너지의 좁은 흡수스펙트럼만이 나타난다.

그림 16－4는 이와 같은 진동에너지 흡수가 일어나는 대표적인 적외선 스펙트럼의 예로서, 수많은 좁은 진동에너지의 흡수봉우리로 되어 있다.

복사선의 전기장의 파동은 쌍극자모멘트의 알짜변동이 있는 분자운동에 작용할 수 있고, 분자의 진동 및 회전운동에 변화를 일으킬 수 있다. 예를 들어 일산화탄소나 일산화질소와 같은 분자의 전하분포는 대칭적이 아니며, 한 개의 원자는 다른 원자보다 더 큰 전자밀도를 갖는다. 따라서 원자 중심들 사이의 거리가 변동하면 즉시 전하의 진동이 일어나고, 진동하는 전기장은 복사선의 전기장 파동과 상호작용을 하게 된다. 복사선의 진동수가 분자의 진동수와 일치할 때에는 에너지의 전이가 일어나고, 분자진동의 진폭이 변한다. 그 결과 복사선의 흡수가 나타나게 된다. 이와 비슷하게 비대칭 분자가 그 질량중심의 주위로 회전할 때 주기적 쌍극자 변동이 일어나는 경우에는 복사선과 상호작용을 할 수 있게 된다. 한편 N_2, O_2 또는 Cl_2와 같은 동일핵종 분자가 진동운동 또는 회전운동을 할 때에는 쌍극자모멘트의 알짜변화가 일어나지 않으므로, 이러한 화합물은 적외

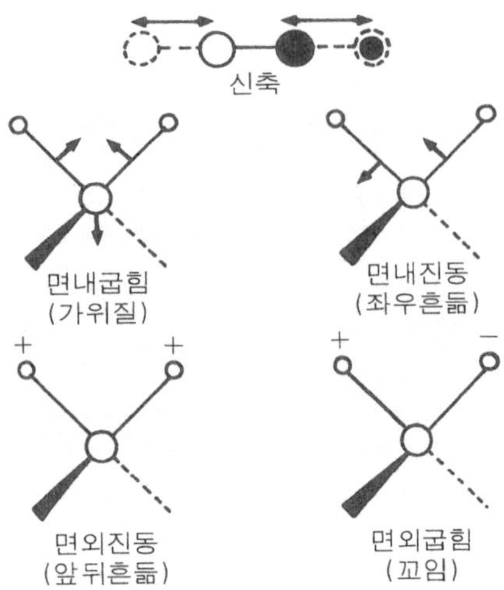

그림 16－5 분자진동의 모형. ＋ 부호는 종이 평면의 앞방향으로의 움직임을 나타내고, － 부호는 종이 평면의 뒷방향으로의 움직임을 나타낸다.

선을 흡수하지 않는다.

그리고 액체와 고체상태에서 회전운동은 거의 일어날 수가 없고, 따라서 단지 진동 봉우리만이 나타날 뿐이다. 우리는 주로 용액과 고체의 스펙트럼을 취급하는데, 고체의 경우에는 회전효과가 거의 없다.

16 C－2 분자진동의 종류

분자중에 포함된 원자의 위치는 정확하게 고정되어 있지 않고, 여러 가지 형태의 진동에 따라 계속적으로 변동하고 있다. 간단한 이원자 또는 삼원자분자의 경우에는 진동의 성질과 진동수를 쉽게 알 수 있고, 흡수에너지에 관련시키기도 쉽다. 그러나 다원자분자에서는 진동하는 중심원자가 여러 개 있을 뿐만 아니라, 중심원자 사이에 상호작용이 일어나기 때문에 그 해석은 대단히 복잡하게 된다. 진동운동은 대체로 신축(stretching)과 굽힘(bending)진동으로 분류된다. **신축진동**은 두 원자 사이의 결합축에 따라 원자간의 거리가 계속해서 변화하는 운동이고, **굽힘진동**은 두 결합 사이의 각도가 변하는 것이 특징으로 **가위질진동**(scissoring), **앞뒤흔듦진동**(wagging), **좌우흔듦진동**(rocking), **꼬임진동**(twisting) 등 네 가지로 구분된다. 이들 진동의 여러 가지 상태를 그림 16－5에 나타내었다. 한 개의 중심원자가 여러 원자와 결합되어 있을 때 그 결합 중에 한 개가 진동운동을 하면(보기 CH_4의 C—H 결합) 다른 결합에 대한 상호작용 또는 짝지음이 함께 일어나므로 진동의 특성이 변하게 된다.

16 C—3 신축진동의 모형

원자의 신축진동의 특성은 용수철로 연결된 두 개의 질량 m_1과 m_2의 역학적 모형으로 설명할 수 있다. 용수철의 축에 따라 진동하는 경우에 이 계의 진동수 ν는 다음과 같이 유도된다.

$$\nu = \frac{1}{2\pi}\sqrt{\frac{k(m_1 + m_2)}{m_1 m_2}} \qquad (16-2)$$

여기서 k는 용수철의 탄성에 따라 결정되는 힘의 상수이다. 이것을 분자의 진동에 적용하는 경우에 m_1과 m_2는 두 원자의 질량으로 바뀌고, k는 화학결합에 관한 힘의 상수로 바뀌며, ν는 흡수 복사선의 주파수가 된다.

16 D 흡수분광분석법

16 D — 1 정성분석

적외선 영역의 흡수스펙트럼은 그림 16 — 4에서 보는 바와 같이 수많은 봉우리로 구성되는 미세구조를 가지기 때문에 특히 정성분석에 유용하다. 그러나 자외선과 가시선 스펙트럼은 흡수띠가 넓으며, 미세구조가 나타나지 않기 때문에 정성분석에 잘 사용되지 못한다. 그 대신 정량분석에 중요하게 이용되고 있다.

(1) 광학장치와 시료 용기

모든 흡수분광광도법을 연구할 때에는 단색화장치의 광학장치를 비롯하여, 시료를 담는 용기도 이용하는 스펙트럼 영역의 복사선에 투명한 재질로 만들어진 것을 사용해야 한다.

일반적으로 많이 사용하는 유리는 자외선을 흡수하고, 2 μm 이상의 적외선도 흡수하기 때문에 많은 제한을 받는다. 한편 용융 실리카 또는 석영은 자외선과 3 μm 정도까지의 적외선에 투명하여 이용할 수 있다. 적외선은 에너지가 약하고 각 물질에 잘 흡수되기 때문에 시료용기의 재료를 구하는 데 어려움이 많고, 보통 NaCl 및 KBr 또는 TlBr과 같은 할로겐화물의 결정을 이용하고 있다.

(2) 용 매

용매를 선택할 때에는 투과성질뿐만 아니라, 흡수 시료물질에 미치는 영향도 고려해야 한다. 일반적으로 물, 알코올, 에스테르, 케톤과 같은 극성용매는 진동효과 때문에 가시선 및 자외선 스펙트럼의 미세구조를 감소시킨다. 한편 탄화수소와 같은 비극성용매의 경우는 기체상태에서와 같은 미세구조를 나타내게 한다. 그러나 흡수극대의 위치는 용매에 따라 변한다. 그러므로 흡수스펙트럼을 정성분석에 이용할 때에는 표준물질과 미지물질에 같은 용매를 사용하여야 한다. 표 16 — 2에 일반적으로 사용되는 용매를 나타내었

표 16-2 자외선과 가시선 영역에서 사용되는 용매

용매	이용되는 최저 투과 파장(nm)	용매	이용되는 최저 투과 파장(nm)
물	180	Carbon tetrachloride	260
Ethanol	220	Diethyl ether	210
Hexane	200	Acetone	330
Cyclohexane	200	Dioxane	320
Benzene	280	Cellosolve	320

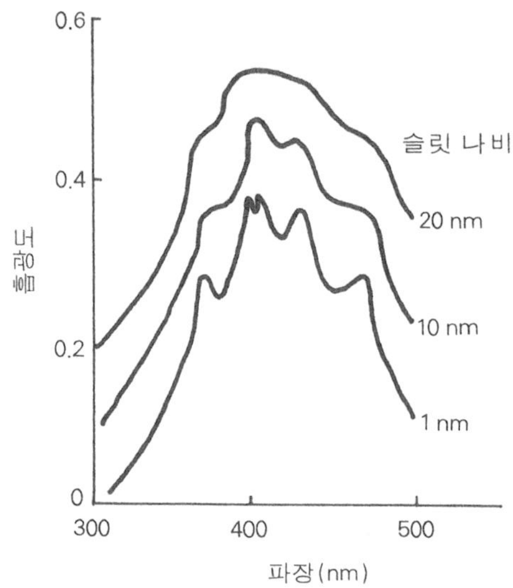

그림 16-6 동일한 시료용액의 흡수스펙트럼에 대한 띠나비의 영향. 각 스펙트럼은 0.1 흡광도 만큼씩 위쪽으로 옮겨 그렸다.

고, 자체 흡수 때문에 이용될 수 없는 최소 파장도 나타내었다.

이 표로부터 알 수 있는 바와 같이 가시선과 근자외선은 일반적인 용매에 대하여 아무런 지장이 없으나, 에너지가 높은 짧은 자외선은 흡수될 가능성이 커진다.

한편 적외선의 경우는 수용액을 비롯하여 일반적인 용매를 사용할 수 없다. 적외선의 경우에 이황화탄소는 1330 ~ 625 cm^{-1}(7.5 ~ 16 μm) 영역에서 일반적으로 사용되고, 사염화탄소는 4000 ~ 1330 cm^{-1}(2.5 ~ 7.5 μm) 영역에서 사용된다. 이들 두 용매는 잘 휘발하고, 유독하므로 조심스럽게 취급해야 한다.

극성용매는 여러 가지 유기화합물을 녹이는 효과가 있지만, 극성이 센 것은 적외선을 흡수한다. 용매중에 포함된 수분은 센 흡수띠를 나타내고, NaCl 결정과 같은 시료용기의 기벽을 상하게 하기 때문에 잘 건조된 용매를 사용하도록 해야 한다.

(3) 슬릿 넓이의 영향

정성분석에 이용되는 스펙트럼은 그림 16-6에서 보는 바와 같이 가능한 한 좁은 복사선 띠나비를 사용해야 하며, 좁을수록 스펙트럼의 미세구조가 더 잘 나타난다.

복사선의 띠나비는 단색화장치의 입구 및 출구 슬릿의 넓이와, 프리즘 또는 회절발의

표 16－3 중요한 적외선 흡수봉우리

작 용 기	흡수봉우리	
	파수(cm^{-1})	파장(μm)
O—H (알코올)	3000～3500	2.8～3.3
—NH_2 (1차 아민)	3300～3500	2.9～3.0
C—H (방향족)	3000～3150	3.2～3.3
C—H (지방족)	2850～3000	3.3～3.5
C≡N (시아노)	2200～2400	4.2～4.6
C═O (에스테르)	1700～1750	5.7～5.8
C═O (산)	1670～1740	5.8～6.0
C═O (알데히드, 케톤)	1650～1750	5.8～6.1
C═C	1610～1670	6.0～6.2

분산능에 따라 결정된다. 대부분의 단색화장치에서는 슬릿의 간격을 조절할 수 있도록 되어 있으며, 유효 띠나비도 변화시킬 수 있다. 흡수봉우리의 미세구조 분리를 잘 하려면 가급적 좁은 슬릿을 사용해야 한다. 그러나 한편 슬릿을 좁히면 복사선의 세기는 감소되어 흡광도를 정확하게 측정하기가 어렵게 된다.

이미 지적한 바와 같이 프리즘의 분산은 직선적이 아니다(그림 15－14 참조). 항상 일정한 유효 띠나비를 얻으려면 짧은 파장에서 긴 파장으로 갈수록 더 좁은 슬릿을 사용해야 한다. 이에 반해, 회절발 단색화장치에서는 고정된 슬릿 간격으로 모든 파장에 대하여 거의 일정한 띠나비의 복사선을 얻을 수 있다.

(4) 가시선 및 자외선 스펙트럼

시료물질을 확인할 때에는 시료 흡수스펙트럼을 표준스펙트럼과 비교하는 방법을 사용한다.

자외선과 가시선 영역에서 얻은 스펙트럼은 비교적 간단하고, 특유성의 수는 몇 개밖에 되지 않는다. 이러한 경우 단지 한 쌍의 스펙트럼을 비교하여 물질을 확인하는 것은 신뢰성이 부족하다. 그러므로 미지시료와 표준물의 더 많은 스펙트럼을 각종 용매와 pH에서, 또는 적당한 화학 처리를 한 다음 스펙트럼을 작성하여 비교함으로써 더 확실하게 확인할 수 있다. 그러나 이 방법만으로 물질을 확인하는 것은 대단히 위험하다.

(5) 적외선 스펙트럼

적외선 흡수스펙트럼은 그림 16－4와 같이 상당히 간단한 화합물이라도 수많은 흡수봉우리를 가지고 있으며, 두 가지의 서로 다른 화합물이 동일한 조건에서 같은 흡수 적외선 스펙트럼을 가지는 경우는 없다. 그러므로 시료물질의 적외선 스펙트럼이 표준물질의 스펙트럼과 동일한 조건에서 일치하면 시료물질이 표준물질과 같은 것이다.

일반적으로 적외선 스펙트럼에서 세로축은 투광도를, 가로축은 cm^{-1} 단위의 파수를 나타낸다. 이것은 파수가 에너지 및 주파수에 직접 비례하므로 편리하기 때문이다. 유기화합물에서 C═O, C═C, C—H, O—H와 같은 작용기가 적외선을 흡수하는 대략의 파수는 표 16－3에서와 같이 원자들의 질량과 그들간의 결합력 상수로부터 대략 알 수 있다(식 16－2 참조). 그러나 작용기를 구성하고 있는 다른 원자들의 상호작용을 받기 때문에 작용기의 파수는 변하게 된다. 그러나 그 파수는 어떤 일정한 범위 내에 있게 마련이다.

그동안 많은 화학자들의 노력으로 수많은 물질의 스펙트럼과 각종 작용기의 적외선 흡수 파수를 구하여 연구하고, 정리발표하였으며, 또 각종 작용기와 흡수 파수의 상관표* 도 나와 있다.

적외선 스펙트럼을 통해 유기화합물을 확인하고자 할 때에는 시료 스펙트럼을 작성하여 첫째, 3600 cm^{-1}(2.8 μm)에서 1200 cm^{-1}(8.3 μm)까지의 영역에서 어떤 작용기가 존재할 가능성이 가장 큰지를 참고문헌을 통해 결정하도록 한다. 그리고 두 번째 단계에서는 가능성이 있는 모든 작용기를 포함하는 순수한 화합물의 표준 스펙트럼과 시료 스펙트럼을 비교하는 것이다.

이 경우에 특히 1200～600 cm^{-1}(8.3～16.6 μm) 영역의 지문(finger print) 영역에서 조심하여 비교하도록 한다. 왜냐하면 분자의 구조와 성분이 조금만 다르더라도 이 영역의 흡수봉우리의 분포가 현저한 차이를 나타내기 때문이다. 그러므로 이 영역에서 두 개의 스펙트럼이 서로 일치하면(물론 다른 영역도 같을 때), 시료물질은 표준물질과 동일물질이라고 볼 수 있다.

16D－2 정량분석

가시선 및 자외선의 흡수분광광도법은 정량분석에 가장 유용하게 이용되는 분석법이다. 분광광도법의 가장 중요한 특성은 다음과 같다.

1. **넓은 응용성** 이미 지적한 바와 같이 유기 및 무기화학종은 자외선 및 가시영역에서 흡수스펙트럼을 나타내며, 이것이 정량분석에 이용된다. 흡수하지 않는 화학종은 적당한 화학 처리를 함으로써 흡수하는 화학종으로 변화시켜 분석할 수 있다.
2. **높은 감도** 무기화학종은 보통 10000～40000 정도의 몰흡광계수를 나타내므로 10^{-4}～10^{-5} M 범위의 용액이 분석에 알맞은 농도이며, 방법에 따라서는 10^{-6}～10^{-7} M 정도까지도 분석할 수 있다.
3. **비교적 큰 선택성** 시료중에서 정량하고자 하는 성분의 적당한 파장 영역을 찾아서 흡광도를 측정할 수 있다. 그러나 흡수파장띠가 서로 겹쳐서 방해하는 물질이 있는 경우에는 다른 파장을 골라서 흡광도를 측정하여 분석하도록 한다. 이렇게 하여 방

---

* N. B. Colthup, J. Optical Soc. Am,. 1950, 40, 397.

해물을 미리 분리하는 단계를 거칠 필요가 없다.

4. **높은 정확도** 일반적인 분광광도법으로 농도 측정을 하는 경우 상대오차는 1～3 % 정도이며, 특수한 방법을 이용하면 0.1 % 이하로 줄일 수 있다.
5. **쉽고 편리한 방법** 새로운 형태의 분광광도계를 사용하면 쉽고 빠르게 분석할 수 있다.

흡수분광광도법은 화학분석의 모든 분야에 깊은 관계가 있고, 상세한 정보는 *Analytical Chemistry*의 Review와 전문 단행본*을 참고하도록 한다.

(1) 흡광 화학종에 대한 응용

많은 분석방법들이 문헌에 발표되어 있다. 여러 가지 무기화합물 중 색깔을 띤 것은 흡광도법으로 직접 분석할 수 있다. 전이원소에 대해서는 이미 설명하였으며, 그밖에 과망간산, 질산 및 크롬산이온, 그리고 오스뮴과 류테늄의 산화물, 요오드, 오존과 같은 화학종들도 분석할 수 있다.

(2) 복사선을 흡수하지 않는 화학종*

복사선을 흡수하지 않는 화학종에는 적당한 시약을 반응시켜 자외선 또는 가시선 영역에서 강하게 흡수하는 물질로 바꿀 수 있다. 이러한 발색제를 전이금속 이온에 반응시키면 색깔을 띠고, 가시선을 흡수하는 화학종으로 바꿀 수 있다.

무기화학종의 발색에는 보통 착화제가 사용된다. 대표적인 무기 발색시약으로는 철, 코발트, 몰리브덴과 반응하는 티오시안산이 있고, 티탄, 바나듐, 크롬과 반응하는 과산화수소, 그리고 비스무트, 팔라듐, 텔루르와 반응하는 요오드가 있다. 더욱 중요한 것은 양이온과 반응하여 안정한 색깔을 띤 착물을 만드는 유기 착화제이다. 예를 들어 철을 정량할 때 사용되는 *o*-phenanthroline, 니켈을 정량할 때 사용하는 dimethylglyoxime, 구리를 정량할 때 사용하는 diethyldithiocarbamate, 납을 정량할 때 사용되는 diphenylthiocarbazone 등이다.

흡광물질이 아닌 유기 작용기도 흡광 측정법으로 정량할 수 있다. 예를 들어 분자량이 작은 지방족 알코올은 세륨(Ⅳ)와 1 : 1로 반응시켜 붉은 착물로 만든다.

(3) 파장의 선택

분광광도법 분석에서는 일반적으로 흡광도가 가장 큰 흡수봉우리에 해당하는 파장을

* E. B. Sandell and H. Onishi, *Colorimetric Determination of Traces of Metals*, 3d. ed. (New York : Interscience Publishers, Inc., 1978) ; F. D. Snell and C. T. Snell. *Colorimetric Methods of Analysis*, 3d. ed. 4 vols. (Princeton N. J. : D. van Nostrand Co., Inc., 1959)

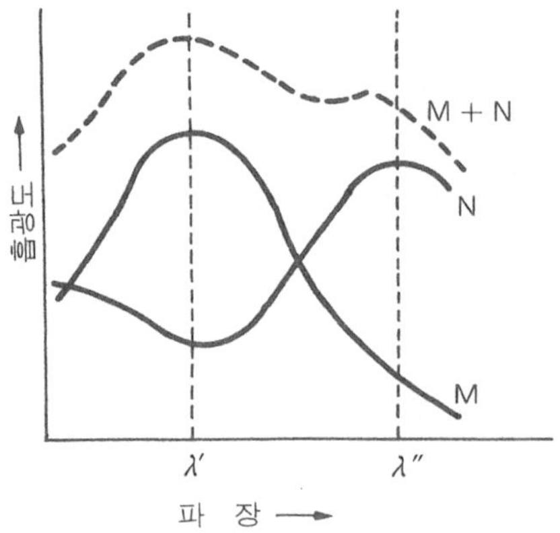

그림 16－7 두 성분 혼합물의 흡수스펙트럼.

사용하여 흡광도를 측정하도록 한다. 흡수곡선은 이 부분에서 평탄한 곡선을 이루고 있기 때문에 Beer의 법칙이 잘 들어맞고, 또 중요한 것은 기기의 파장을 조절할 때 정확하게 하지 않더라도 그 편차는 예민하게 분석 결과에 영향을 주지 않는다.

분석 시료물질의 흡광도 측정이 공존하는 다른 흡수물질에 의해 방해를 받을 경우에는 극대 흡수봉우리 이외의 다른 적당한 파장에서 흡광도를 측정해야 한다. 이 경우에도 흡수스펙트럼에서 파장 변화에 대한 흡광도 계수가 작은 부분의 파장을 선택해야 한다.

(4) 흡광도에 영향을 주는 요인

물질의 흡수스펙트럼에 영향을 주는 일반적인 요인은 용매, 용액의 pH, 온도, 전해질 농도, 방해물질의 존재, 방치하는 시간 등이다. 이들 요인의 영향은 미리 알고 있어야 하며, 흡광도에 영향을 많이 주지 않는 분석 조건을 선택해야 한다.

(5) 흡광도와 농도 간의 관계

분석 조건을 모두 결정한 다음에는 일련의 몇 가지 표준용액을 이용하여 검정선을 작성한다. 표준용액은 실제로 정량하려는 시료의 조성 및 농도 범위와 비슷해야 한다. 시료의 흡광도를 측정하고, 이 검정선을 이용하여 농도를 구하도록 한다. 한 개의 표준용액 측정으로부터 몰흡수계수를 결정하고, 이것을 Beer 법칙에 적용하는 것은 위험한 일이다. 그리고 문헌에 나와 있는 몰흡광계수값을 실제 분석에 이용하는 것은 더욱 위험한 일이다.

16D－3 혼합물의 분석

주어진 파장에서 측정한 시료용액의 흡광도는 용액중에 존재하는 흡광성분의 흡광도를 합친 값과 같다. 이러한 관계를 이용하면 각 성분의 스펙트럼이 겹칠 때라도 혼합물의 각 성분을 정량할 수 있다. 그림 16－7과 같이 성분 M과 성분 N의 각 흡수스펙트럼이 서로 겹쳐져 있다고 하자. 이 흡수곡선의 어느 한 파장을 선택하더라도 한 가지 성분만의 흡광도를 측정할 수 없다. 그런데 λ'과 λ'' 두 개의 파장에서 측정한 혼합물의 흡광도는 다음과 같이 나타낼 수 있다.

$$\lambda' \text{에서 측정} \qquad A' = \varepsilon'_M b C_M + \varepsilon'_N b C_N \qquad (16-3)$$

$$\lambda'' \text{에서 측정} \qquad A'' = \varepsilon''_M b C_M + \varepsilon''_N b C_N \qquad (16-4)$$

이들 식에서 네 개의 몰흡광계수 ε'_M, ε'_N, ε''_M, ε''_N 값은 M과 N 각 표준용액의 흡광도로부터 또는 검정선의 기울기로부터 계산할 수 있다. 혼합물의 흡광도인 A'과 A''은 실험을 통해 측정할 수 있고, b는 용기의 두께이다. 따라서 위의 두 식을 이용하여 혼합물에 들어 있는 각 성분의 농도 C_M과 C_N은 쉽게 계산할 수 있다. 이러한 방법으로 높은 정확도의 분석값을 얻으려면 두 물질의 몰흡광계수의 차가 큰 부분의 파장에서 흡광도를 측정하여야 한다.

두 가지 이상의 혼합시료도 원칙적으로는 포함된 성분수에 해당하는 수의 다른 적당한 파장을 선택하여 흡광도를 측정한다면 분석할 수 있다. 그러나 측정되는 성분물질이 많을수록 분석값의 불확정성은 증가한다.

16 E 흡수분광광도법의 오차

복사선 흡수에 바탕을 둔 여러 가지 분석의 주요한 오차의 원인은 흡광도의 측정과정에 있다. 흡광도를 구하려면 바탕용액을 통과한 복사선의 세기와 시료용액을 통과한 복사선의 세기를 측정할 필요가 있다. 그런데 복사선의 세기와 농도와의 사이에는 대수적 관계가 있다. 복사선의 세기 측정에 포함되는 불확정성이 분석 결과에 어떠한 영향을 미치는지를 알아보기로 하자.

복사선의 세기를 측정할 때에는 일반적으로 복사선의 세기에 관계없이 일정한 절대 불확정성 오차가 포함된다. 그러므로 P/P_0의 비(즉 투광도)는 상당한 양의 일정한 절대오차를 포함하고 있다. 투광도 측정에 포함된 일정한 오차가 분석 결과에 미치는 불확정성을 알아보기 위해 Beer 법칙을 이용하여 조사해 보자.

$$A = -\log T = \varepsilon b C \qquad (16-5)$$

왼쪽 항을 자연로그로 고쳐서 식 16－5의 양쪽을 미분하면 다음과 같다.

$$-\frac{0.434}{T}\,dT = \varepsilon b\,dC \qquad (16-6)$$

식 16－6을 식 16－5로 나누어 정리하면 다음과 같다.

$$\frac{dC}{C} = \frac{0.434}{T\log T}\,dT \qquad (16-7)$$

표 16−4 식 16−8에서 보여주는 투광도와 흡광도의 측정오차에 대한 상대농도오차(%) 변화(투광도의 측정 오차를 ±0.005, 0.5 %로 본다)

투광도	흡광도	상대농도오차 %	투광도	흡광도	상대농도오차 %
0.95	0.022	±10.2	0.40	0.399	±1.36
0.90	0.046	±4.74	0.30	0.523	±1.38
0.80	0.097	±2.80	0.20	0.699	±1.55
0.70	0.155	±2.00	0.10	1.000	±2.17
0.60	0.222	±1.63	0.030	1.523	±4.75
0.50	0.301	±1.44	0.020	1.699	±6.38

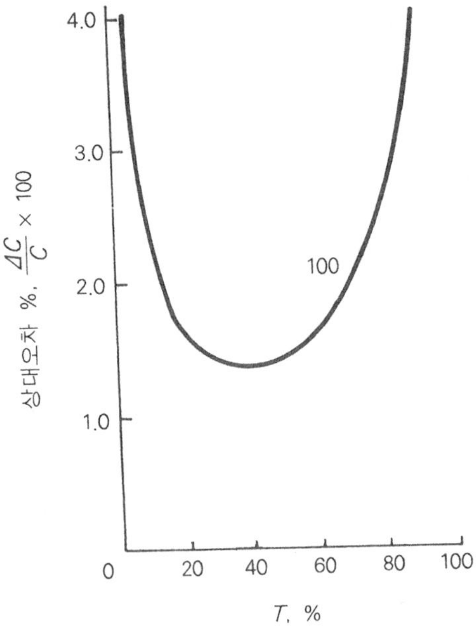

그림 16−8 용액의 투광도와 상대 분석오차의 관계. 투광도 측정시의 불확정성은 ±0.5 %라고 가정한다.

이것은 다음과 같이 바꾸어 쓸 수도 있다.

$$\frac{\Delta C}{C} = \frac{0.434}{T \log T} \Delta T \qquad (16-8)$$

$\Delta C/C$ 량은 T 또는 P/P_0를 측정할 때 포함되는 절대오차 ΔT 때문에 생긴 농도값의 상대오차이며, 따라서 상대농도오차는 T의 함수임을 알 수 있다. 이 관계를 표 16−4에 나타내었다. 여기서 투광도 T를 측정할 때 포함되는 절대오차를 0.005, 즉 0.5 %로 보았다.* 이 표에서 상대농도오차는 시료용액의 흡광도가 약 0.4일 때 최소값 ±1.36을 갖는다는 것을 알 수 있다. 또 식 16−8의 이차 도함수를 0으로 놓음으로써 그 최소값이 투광도 0.368에서, 또는 흡광도 0.434에서 나타남을 알 수 있다. 표 16−4의 값을

* C. F. Hiskey, *Anal. Chem.*, 21, 1440(1949)에서 ΔT는 단일용액을 되풀이하여 측정해서 얻은 투광도의 평균 불확정성 오차이다.

도시한 것이 그림 16－8의 곡선에 나타나 있다.

시중에서 판매되는 분광광도계로 투광도를 측정할 때 포함되는 오차는 ±0.002∼±0.01 범위이고, 표 16－4에서 선택한 ±0.005 값은 매우 일반적인 오차이다. 일반적인 흡광법에서 0.15∼1.0 범위의 흡광도를 측정하면 1∼2 %의 상대농도오차를 갖는다. 복사선을 세게 흡수하는 진한 시료의 경우에는 큰 오차가 따르게 되고, 또 흡광도가 0.1보다 낮은 묽은 용액의 경우에도 2 % 이상의 상대오차를 피할 수 없다. 그러므로 시료용액의 흡광도를 측정하기 전에 반드시 시료용액의 농도를 적당히 조절하여 흡광도가 0.1∼1 사이에서 나타나도록 해주어야 한다. 여기서 설명한 분석값의 오차는 투광도를 측정할 때 그 크기에 관계없이 일정하게 나타나는 오차 ΔT 때문에 생기는 것이다. 물론 이와 다른 형태의 오차가 포함될 가능성은 항상 존재한다. 예를 들어 시료용액을 만드는 과정, 시료용기의 결함, 파장 설정 때의 부정확, 그리고 광원의 불안정 등에서 포함되는 오차가 있을 수 있다. 그러나 여기서는 거론하지 않기로 한다.

16 F 착이온의 분광광도법 연구

분광광도법은 용액중에서 착이온의 배위수를 구하고, 안정도 상수를 측정하는 가장 유용한 방법 중의 하나이다. 이 방법의 장점은 연구하려는 물질계의 평형상태를 파괴하지 않고 정량적으로 흡광도를 측정할 수 있다는 데 있다. 착물에 관한 분광광도법 연구에서는 반응물 또는 생성물 중의 하나가 흡광해야 한다.

착물을 연구할 때에는 (1) 연속 변화법(continuous variation method), (2) 몰비법(mole-ratio method), (3) 기울기비법(slope-ratio method) 등 세 가지 방법이 많이 이용되는데, 이 방법들을 간단하게 설명하기로 하겠다.

16 F－1 연속 변화법*

연속 변화법에서는 같은 농도의 양이온과 리간드 용액을 여러 가지 부피비로 서로 섞되, 전체 부피는 항상 일정하게 섞는다. 각 용액의 생성된 착물의 흡광도를 적당한 파장에서 측정하고, 만약 반응하지 않고 남아 있는 성분이 흡광하면 이때 얻은 흡광도를 보정해 주어야 한다. 그리고 이 보정된 흡광도를 반응물 중의 한 가지 물질의 부피분율 $V_M/(V_M+V_L)$에 대하여 그림 16－9에서처럼 도시한다. 여기서 V_M은 양이온 M 용액의 부피이고, V_L은 리간드 L 용액의 부피이다. 그림 16－9의 극대점에서 두 용액을 섞은 부피비 V_M/V_L은 착물의 양이온과 리간드가 결합하는 비를 나타낸다. 그림 16－9에서 $V_M/(V_M+V_L)$은 0.33이고, $V_L/(V_M+V_L)$은 0.66이다. 따라서 V_M/V_L은 0.33/0.66이며, 이 착물은 ML_2임을 알 수 있다.

* W. C. Vosburgh and G. R. Cooper, *J. Am. Chem. Soc.*, 63, 437(1941).

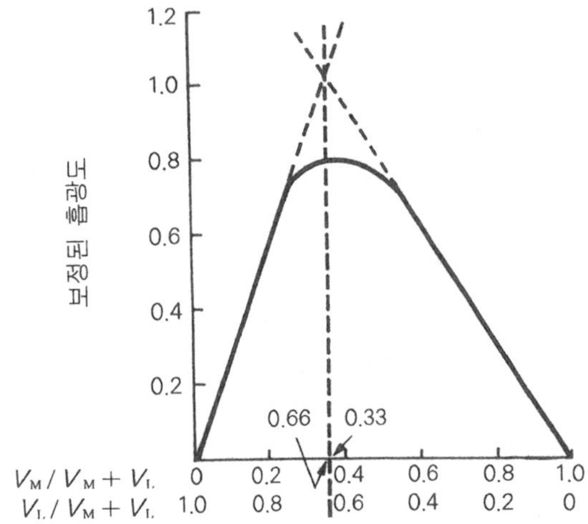

그림 16—9 ML_2 착물에 관한 연속 변화법.

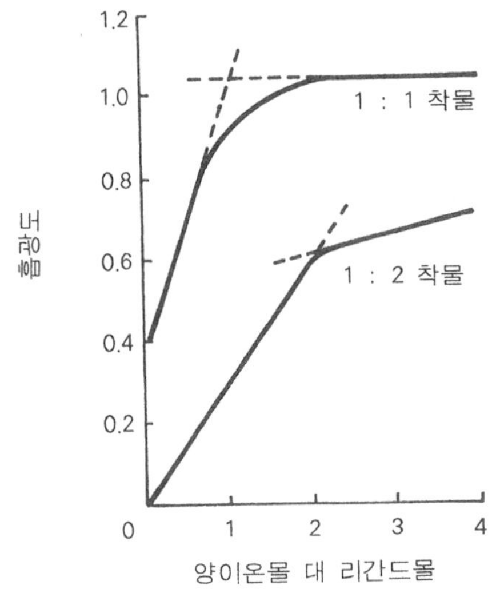

그림 16—10 1 : 1과 1 : 2 착물에 관한 몰비법. 1 : 2 착물이 더 안정하다.

그림 16—9의 곡선부분은 착물의 생성반응이 완결되지 못했기 때문에 생기는 것이며, 이론적 직선과 실험곡선과의 편차를 측정하여 착물의 안정도 상수를 계산할 수 있다.

둘 이상의 착물이 생성되는 경우는 농도비를 변화시키면서 적당한 다른 파장에서 측정하여 이 방법을 반복한다.

16F—2 몰비법

이 방법에서는 반응물 중의 한쪽(주로 금속이온) 농도는 일정하게 유지하면서, 다른 한쪽 농도를 연속적으로 변화시켜 흡광도를 측정한다. 그리고 이 값을 반응물의 몰비에 대하여 도시한다. 만약 생성상수가 비교적 크면 기울기가 다른 두 직선을 얻는다. 이들이 만나는 점을 그림 16—10에서처럼 얻게 되고, 이 점에서의 몰비가 착물에서 결합하는 비에 해당한다. 이 그림에서 1 : 2 착물의 경우에는 리간드 자체가 사용하는 파장을 흡수하는 경우이고, 따라서 당량점을 지나서도 기울기가 0보다 큰 값으로 나타난다. 1 : 1 착물의 경우에는 결합하지 않는 양이온 자체가 흡수를 하기 때문에 출발점의 흡광도가 0보다 크다. 이 경우에도 연속 변화법에서와 마찬가지로, 안정도 상수를 흡광도 측정값으로부터 계산할 수 있다.

16 F — 3 기울기비법

이 방법은 안정도 상수가 특히 작은 착물에 이용되고, 단일착물이 형성되는 경우에만 응용될 수 있다. 그리고 반응물 중의 어느 한쪽 성분이 여분으로 많이 존재하여 공통이온효과로 착물 생성반응이 완전하게 일어나서 흡광도가 Beer 법칙에 따른다는 가정하에 이 방법이 이용된다. 다음 반응에서

$$m\mathrm{M} + n\mathrm{L} \rightleftharpoons \mathrm{M}_m\mathrm{L}_n$$

용액중에 L이 여분으로 존재할 때 다음 관계가 성립한다.

$$[\mathrm{M}_m\mathrm{L}_n] \cong F_\mathrm{M}/m$$

여기서 F_M은 M 이온의 몰농도이다.

만약 Beer 법칙을 따른다면 다음이 성립할 것이다.

$$A_\mathrm{M} = \varepsilon b[\mathrm{M}_m\mathrm{L}_n] = \varepsilon b F_\mathrm{M}/m \qquad (16-9)$$

그리고 흡광도 A_M을 F_M에 대하여 도시하면 직선관계가 성립할 것이다. 만약 용액중에 M이 L에 비하여 매우 많이 있는 경우에는 다음과 같이 된다. F_L은 L의 몰농도이다.

$$[\mathrm{M}_m\mathrm{L}_n] \cong F_\mathrm{L}/n$$

$$A_\mathrm{L} = \varepsilon b[\mathrm{M}_m\mathrm{L}_n] = \varepsilon b F_\mathrm{L}/n \qquad (16-10)$$

실험을 통해 식 16 — 9와 식 16 — 10의 두 직선을 얻으면 이들 직선의 기울기($A_\mathrm{M}/F_\mathrm{M}$ 또는 $A_\mathrm{L}/F_\mathrm{L}$)를 구할 수 있고, L과 M의 결합비는 기울기를 비교하여 다음과 같이 구할 수 있다.

$$\frac{A_\mathrm{M}/F_\mathrm{M}}{A_\mathrm{L}/F_\mathrm{L}} = \frac{\varepsilon b/m}{\varepsilon b/n} = n/m$$

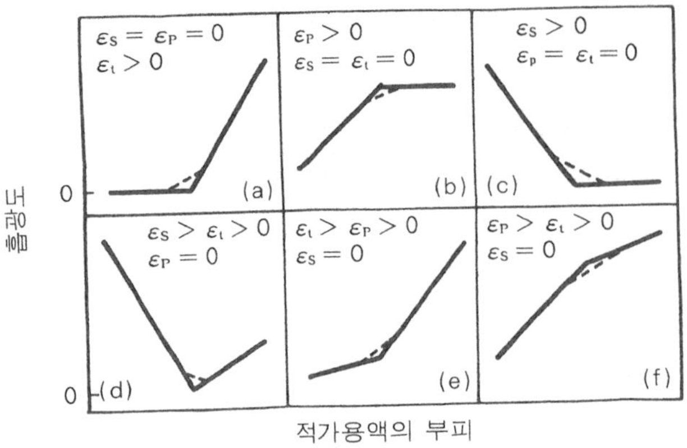

그림 16-11 광도법 적정곡선. 적정되는 물질, 반응 생성물, 그리고 적가용액의 몰흡수계수는 각각 ε_S, ε_P, 그리고 ε_t로 표시하였다.

16 G 광도법 적정

광도법 또는 분광광도법 측정법은 적정법의 당량점을 알아내는 데 이용할 수 있다. 광도법 적정(photometric titration)의 종말점은 반응물 또는 생성물이 나타내는 흡광도의 변화를 측정하여 구할 수 있다. 적어도 이들 화학종 중의 한 가지는 복사선을 흡수하는 성질을 가져야 한다.

16 G-1 적정곡선

광도법 적정곡선은 적가용액의 부피에 대한 흡광도를 도시하여 얻어진다. 조건을 적당히 선택하면 기울기가 다른 두 직선, 즉 한 직선은 당량점 이전에서, 그리고 또 한 직선은 당량점을 지나서 그어지는 두 직선을 얻는다. 그림 16-11에 몇 가지의 대표적인 적정곡선을 나타내었다. 색깔을 띤 적가용액으로 복사선을 흡수하지 않는 화학종을 적정하여 반응 결과 그 색이 퇴색하는 경우에는 그림 16-11a에서처럼 처음에는 평행선을 그리다가 당량점을 지나면 갑자기 흡광도가 증가된다. 이와는 반대로, 두 가지의 무색 반응물이 반응하여 유색물질이 생성될 경우에는 처음에 흡광도가 직선적으로 증가하다가 그 다음에는 그림 16-11b에서처럼 평행선을 긋는다. 반응물과 생성물의 흡수 특성에 따라 그림 16-11에서와 같은 적정곡선이 나타난다.

광도법 적정에서 만족할 만한 종말점을 얻으려면 흡수물질은 Beer 법칙을 따라야 한다. 그리고 측정한 흡광도에는 $(V+v)/V$ 비를 곱하여 적가용액에 의한 묽힘 효과를 보정 해주어야 한다. 여기서 V는 시료용액, v는 적가용액의 부피이다.

16 G-2 기기장치

광도법 적정은 광원 빛살이 적정 시료용기를 통과할 수 있도록 만든 광도계 또는 분

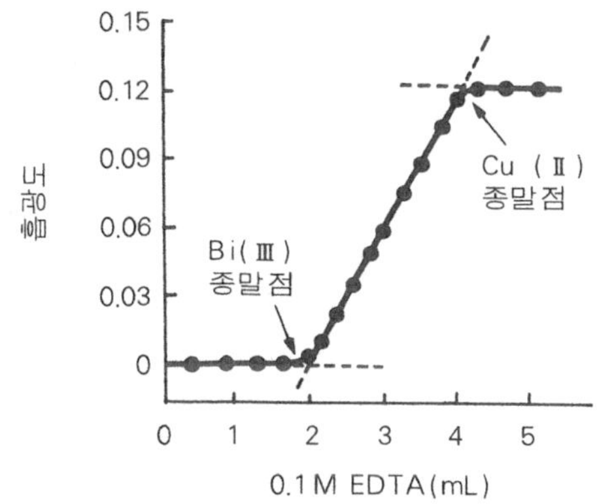

그림 16-12 파장 745 nm에서 각각의 농도가 2.0×10^{-3} M인 Bi(Ⅲ)와 Cu(Ⅱ)용액 100 mL의 흡광법 적정곡선.

광광도계를 사용한다. 적당한 파장의 복사선이 적정 시료용액을 통과하도록 한 다음, 흡광도의 눈금을 편리하게 읽을 수 있도록 광원의 세기 또는 검출기의 감도를 조절한다. 일반적으로 이러한 방법에서는 상대적 흡광도가 종말점을 얻는 데에는 충분하므로 일부러 참흡광도를 측정하려고 노력할 필요는 없다. 일반적으로 원통형 용기를 사용하여 적정하는데, 빛살이 지나는 길이가 변하지 않게 용기를 움직이지 않도록 주의해야 한다.

광도법 적정에는 필터광도계와 분광광도계를 다같이 사용할 수 있는데, 후자의 경우는 좁은 복사선 띠를 이용할 수 있으므로 Beer 법칙에 잘 들어맞는 이점이 있어 많이 사용된다.

16G-3 광도법 적정의 응용

광도법 적정은 몇 개의 흡광도를 측정하고 연결하여 종말점을 구하는 방법이기 때문에 직접 흡광도법으로 분석한 결과보다 더 정확한 경우가 많다. 그리고 흡수하는 다른 화학종이 공존하더라도 적정에서는 흡광도의 변화만 측정하므로 분석에 지장을 주지 않는다. 광도법 적정에서는 흡광도를 당량점에서 멀리 떨어진 위치에서 측정하도록 하는데, 이러한 위치에서는 평형상수가 작은 반응도 공통이온효과로 인해 반응이 많이 진행되어 오차가 적어진다. 당량점 부근에서 측정값을 구해야 하는 다른 적정법(예를 들어 전위차법 또는 지시약 종말점법 적정)과 달리, 큰 평형상수를 가지는 반응이 아니라도 오차가 작다. 마찬가지로 묽은 용액도 쉽게 적정할 수 있다.

광도법 적정은 여러 가지 적정법에 이용될 수 있고, 산화-환원 적정에 사용되는 시약의 대부분은 흡수스펙트럼을 가지고 있으므로 광도법에 의해 종말점을 구할 수 있다. 산-염기 지시약은 광도법 중화적정에 사용된다. 또 광도법 적정의 종말점 결정은 EDTA의 적정과 착화법 적정에 대단히 유용하게 이용된다. 그림 16-12에 광도법에 의한 Bi(Ⅲ)와 Cu(Ⅱ)에 대한 EDTA법 단계적 적정법을 예로 나타내었다. 이 경우 파장(745 nm)의 빛살을 사용하며, 양이온과 착화제 EDTA, 그리고 처음에 생기는 비스무트 착물은 이 파장을 흡수하지 않는다. 그러나 구리 착물은 흡수한다. 그러므로 적정을 시작하여 비스무트가 모두 적정되어 없어질 때까지 흡광도는 나타나지 않지만, 구리 착물이 생성되기 시작하면 흡광도는 증가하여 구리의 당량점에 도달할 때까지 흡광도가 증가한다. 당량점을 지나면 EDTA 용액을 더 가하더라도 흡광도는 변하지 않는다. 세 직선을 연장하면 선명한 두 개의 종말점을 얻게 된다. 광도법 종말점법은 침전법 적정에도 이용된다. 현탁한 고체입자는 산란 때문에 복사선의 세기가 감소되므로, 일정한 현탁도에 도달할 때까지 적정을 계속하면 된다.

실험 16H 흡수스펙트럼과 그 응용

실험 16H－1 흡수분광광도법에 의한 pH 측정(추천)

실험개요

산-염기 지시약인 브로모크레졸그린(bromocresol green) 일정량을 취해서 녹여 산성용액과 염기성용액을 만들고, 각각 400～600 nm 사이에서 흡수스펙트럼을 작성한다.

이 스펙트럼의 흡수극대와 극소파장에서 이 지시약의 산형 HIn과 염기형 In^-의 몰흡광계수 ε_{HIn}과 ε_{In^-}를 구하고, 다음에 미지 pH 완충용액에 이 같은 지시약을 녹여 흡광도를 같은 파장에서 측정하여 [HIn]과 $[In^-]$를 구한다. 이것을 이용하여 pH를 얻는다.

유의사항

지시약 브로모크레졸그린은 수용액에서 다음과 같이 이온화한다(식 8B－1 참조).

$$\underset{\text{노랑}}{\mathrm{HIn}} \rightleftharpoons \underset{\text{파랑}}{\mathrm{In^-}} + \mathrm{H^+} \qquad K_a = \frac{[\mathrm{H^+}][\mathrm{In^-}]}{[\mathrm{HIn}]} = 1.6 \times 10^{-5}$$

이 지시약의 산성 표준용액에서는 100 % 산형(노랑) HIn으로 존재하고, 염시성 표준용액에서는 100 % 염기형(파랑) In^-로 존재한다. 이 스펙트럼의 극대점과 극소점인 두 파장 1과 2에서 흡광도를 측정하면 지시약의 농도 C_{HIn}과 C_{In^-}를 알기 때문에 Beer 법칙에서 $\varepsilon_{1\,HIn}$, $\varepsilon_{1\,In^-}$, $\varepsilon_{2\,HIn}$, $\varepsilon_{2\,In^-}$를 구할 수 있다(16D－3절 참조).

다음에 미지 pH 용액으로 지시약의 표준용액을 만들고, 같은 파장에서 흡광도과 A_1과 A_2를 측정하면 다음과 같은 연립 방정식을 얻을 수 있다.

$$A_1 = \varepsilon_{1\,HIn} \times C_{HIn} + \varepsilon_{1\,In^-} \times C_{In^-}$$
$$A_2 = \varepsilon_{2\,HIn} \times C_{HIn} + \varepsilon_{2\,In^-} \times C_{In^-}$$

여기서 C_{HIn}과 C_{In^-} 를 구하고, $C_{HIn} = [\mathrm{HIn}]$과 $C_{In} = [\mathrm{In^-}]$를 위의 평형식 $K_a = \frac{[\mathrm{H^+}][\mathrm{In^-}]}{[\mathrm{HIn}]}$에 대입하면 $[\mathrm{H^+}]$를 얻을 수 있다.

실험과정

기구 : 흡수분광광도계, 메스플라스크(100 mL 들이 3개와 500 mL들이)

시약 : 0.5 M HCl, 0.5 M NaOH, 브로모크레졸그린

1. 1.0×10^{-4} M 브로모크레졸그린용액 : 브로모크레졸그린(Mw = 720)의 나트륨염 40.0 mg을 물에 녹이고, 500 mL 메스플라스크에 취하여 눈금까지 묽힌다.

2. 2개의 100 mL 메스플라스크에는 각각 위에서 만든 지시약 용액을 정확히 25.00 mL 씩을 취한 다음 한 개에는 0.5 M HCl 25.00 mL를 가하고, 다른 한 개에는 0.5 M NaOH 25.00 mL를 가하여 각각 눈금까지 묽히도록 한다. 지시약의 농도를 계산한다.

3. 물을 바탕용액으로 사용하여 위에서 만든 지시약의 산성용액과 염기성용액의 흡광도를 400 ~ 600 nm 사이에서 스펙트럼을 얻도록 한다. 100 nm의 간격으로 흡광도를 측정하고, 극대점 및 극소점 부근에서는 더 좁은 간격으로 흡광도를 측정한다. 그리고 극대와 극소 두 파장 1, 2를 결정하고, 흡광도계수 $\varepsilon_{1\,HIn}$, $\varepsilon_{1\,In}$, $\varepsilon_{2\,HIn}$, $\varepsilon_{2\,In}$ 값을 계산한다.

4. 새로운 100 mL 메스플라스크에 위에서 만든 브로모크레졸그린용액 25.00 mL를 취하고, 여기에 미지 pH의 완충용액 50.00 mL를 가한 다음 눈금까지 묽히고, 위에서 측정한 두 파장에서 흡광도 A_1과 A_2를 측정한다.

5. 이렇게 측정한 A_1과 A_2 및 앞에서 구한 몰흡광계수들을 이용하여 시료용액의 수소이온 농도를 구한다(16D－3절 참조).

실험 16 H－2 흡수분광광도법에 의한 철의 정량(추천)

실험개요

먼저 철의 몇 가지 표준용액을 만들어 pH를 맞추고, 환원제와 발색제(phenanthroline)를 가하여 흡광도를 508 nm에서 측정하여 철의 농도와 흡광도의 관계선, 즉 검정선을 작성한다. 다음에 철의 시료용액을 같은 방법으로 발색시켜 흡광도를 측정하여 검정선을 이용해 철의 함량을 구한다.

유의사항

철은 Fe(Ⅲ)에 티오시안산을 가하여 발색시키는 경우도 있으나, Fe(Ⅱ)에 *o*-펜안트롤린을 가하여 발색시키는 것이 더 좋은 방법이다. (Ph)의 발색제는 약한 염기로서, 산성용액에서는 펜안트롤늄 PhH^+로 되고, Fe(Ⅱ)와 반응하면 다음과 같이 주황색의 Fe(Ⅱ) 착물을 만든다.

$$Fe^{2+} + 3\,PhH^+ \rightleftharpoons [Fe(Ph)_3]^{2+} + 3\,H^+$$

이 반응의 평형상수는 25 ℃에서 2.5×10^6이고, pH가 2보다 낮으면 반응이 완전히 진행하지 않는다. 그러므로 보통 pH 3.5 정도에서 분석하는 것이 좋다. 시트르산염을 가

한 다음 브로모페놀블루 지시약을 이용하여 이 pH를 얻을 수 있다. 그리고 시료용액에는 히드로퀴논 또는 염산 히드록실아민과 같은 환원제를 가하여 철이 환원상태에 있도록 한다. 이 착물은 안정하다.

이 방법에서 Ag^{+}, Bi^{3+}와 같은 것이 있으면 침전이 생기고, Cd^{2+}, Hg^{2+}, Zn^{2+}와 같은 것은 착물을 만들며, Mo^{6+}, W^{6+}, Cu^{2+}, Ni^{2+}, Sn^{2+} 등도 방해한다.

실험과정

기구 : 흡수분광광도계, 메스플라스크(100 mL들이 6개)

시약 : 히드로퀴논용액(10 % 수용액), 시트르산나트륨용액(1 L 용액에 250 g을 녹인 용액), *o*-펜안트롤린용액(결정수 한 개를 가지는 것의 5 % 수용액), 브로모페놀블루 지시약(95 % 에틸알코올 100 mL에 0.05 g을 녹인 용액)

1. 0.1 mg Fe/mL 표준용액 : 0.702 g의 순수한 $FeSO_4 \cdot (NH_4)_2SO_4 \cdot 6H_2O$ (Mw = 392.14)를 1 mL의 진한 황산을 포함하는 100 mL의 물에 녹이고, 다시 1 L들이 메스플라스크에서 표선까지 묽힌다.

2. 철 표준용액 5 mL를 정확히 취해 비커에 넣고, 브로모티몰블루 지시약 한 방울을 가한 다음 시트르산나트륨용액을 뷰렛을 이용하여 지시약의 색이 변할 때까지 적가하고, 들어간 시트르산나트륨용액의 부피를 알아 기록해 둔다. 그리고 이 용액은 버려도 좋다.

3. 100 mL들이 메스플라스크에 철 표준용액 3.0, 6.0, 9.0, 12.0, 15.0 mL씩을 정확히 취하여, 여기에 히드로퀴논과 *o*-펜안트롤린용액을 1 mL씩 가한 다음 시트르산나트륨용액을 2에서 가한 것과 같은 양을 각각 가한다. 이 용액들을 10분간 두었다가 표선까지 묽힌다.

4. 흡광용기를 깨끗이 하여 이들 용액으로 씻고, 다시 이들 용액으로 채운다. 또 하나의 흡광용기는 깨끗이 하여 바탕용액, 즉 철만을 제외한 모든 시약을 가하여 만든 용액을 흡광용기에 담는다. 이들 흡광용기를 광도계의 용기를 놓는 위치에 놓고, 바탕용액에 대한 표준용액의 흡광도를 508 nm 파장에서 측정하여 철의 농도와 흡광도의 관계곡선, 즉 검정선을 만든다.

5. 시료용액 5 mL를 정확히 취하여 1에서와 똑같은 방법으로 시트르산나트륨으로 pH를 맞춘다. 만약 시료용액이 염기성이면 0.1 M H_2SO_4를 가한 다음 시트르산나트륨용액을 가한다. 그 다음 실험은 위와 똑같은 방법으로 하여 흡광도를 측정하고, 철의 농도를 검정선에서 구한다. 1 L중의 철의 mg수를 계산한다.

실험 16 H − 3 철광중의 망간 정량

실험개요

과망간산칼륨 표준용액을 만들어 분광광도계로 525 nm 파장에서 흡광도를 측정하여 검정선을 작성하고, 철광 시료용액중의 망간(II)를 KIO_4로 산화시켜 과망간산으로 만든 다음 그 흡광도를 측정하여 검정선에 의해 망간의 함유량을 계산한다.

유의사항

소량의 망간을 정량할 때에는 용액중의 Mn(II)를 산화시켜 붉은색 과망간산이온으로 만들어 그 흡광도를 측정하는 흡수분광광도법이 좋다. 산화제로는 과요오드산칼륨이 적당한다.

$$2Mn^{2+} + 5IO_4^- + 3H_2O \rightleftharpoons 2MnO_4^- + 5IO_3^- + 6H^+$$

과요오드산이 남아 있으면 과망간산용액은 비교적 안정하다. 대조용액으로는 산화시키지 않은 시료용액을 사용하는 것이 좋다. 세륨과 크롬이 있으면 과요오드산으로 산화되고, 이 방법에 방해가 된다. 철광은 1 : 1 질산에 잘 녹는데, 때로는 염산이나 과염소산을 첨가하여 장시간 처리해야 녹는 것도 있다.

모든 철광은 탄소를 포함하고 있으며, 이것이 흡광도 측정을 방해한다. 그러므로 이것을 걸러내는 수도 있으나, 과산화이중황산암모늄 $(NH_4)_2S_2O_8$을 산화제로 사용하여 탄소를 이산화탄소로 만들어 날려보내는 것이 좋다. 이때 망간(II)가 일부 산화되기도 하는데, 이때는 환원제로서 아황산염을 가하여 분해하도록 한다.

인산을 사용하는 이유는 Fe(III)의 색을 제거하기 위해서이다.

실험과정

기구 : 흡수분광광도계, 메스플라스크(50 mL 들이와 100 mL 들이)

시약 : $KMnO_4$ 표준용액, KIO_4, H_3PO_4, $(NH_4)_2S_2O_8$, 아황산나트륨, 질산, 시료 철광가루

1. $KMnO_4$의 표준용액을 사용하여 0.100 g Mn/L 농도의 용액을 만들거나, 순수한 망간금속 0.100 g을 정확히 취하여 HNO_3 10 mL에 녹인 다음 가열하여 산화질소를 제거한다. 이것을 묽혀 1 L가 되도록 한다. 이 용액의 일정량을 취하여 4의 시료 처리법과 같이 KIO_4로 산화시켜 과망간산으로 만든다.

2. 과망간산 표준용액 5.00 mL를 100 mL 들이 메스플라스크에 취하여 표선까지 묽히고, 이 용액으로 흡광용기를 씻은 다음 채운다. 다른 흡광용기는 물로 채운다. 용기벽을 깨끗이 닦고, 525 nm 파장에서 흡광도를 측정한다. 같은 방법으로 흡광도가 0.1에서 1.0 사이에 나타나는 표준용액을 3개 더 만들어 흡광도를 측정하고, 검정선을 그린다.

3. 0.8 g 정도의 철광 시료 두 개를 취하여 1 : 3 HNO_3 50 mL에 녹인 다음 5분간 가열한다. 1 g 정도의 과산화이중황산암모늄을 가하여 서서히 10분 정도 가열한다. 만약 용액이 붉어지거나 갈색 산화망간이 생기면 아황산나트륨 0.1 g 정도를 가하여 5분간 끓인다. 이것을 식힌 다음 100 mL 들이 메스플라스크에 넣어 표선까지 묽힌다.

4. 이 용액 25.0 mL씩을 비커 2개에 취하여 H_3PO_4 5 mL씩을 가하고, 그 중 한쪽 비

커에 0.4 g의 KIO_4를 가한 다음 5분간 끓인다. 나머지 다른 용액은 대조용액으로 사용한다. 식혀서 50 mL가 되도록 묽혀 흡광도를 측정하고, 검정선에서 망간의 mg수를 읽는다. 철광중의 망간 함유량을 계산한다.

실험 16H－4 망간과 크롬 혼합물의 분석

실험개요

과망간산과 중크롬산의 표준용액을 각각 만들고, 각 흡수스펙트럼에서 적당한 두 개의 파장을 선택하여 이 파장에 대한 각 물질의 몰흡광계수를 계산한다. 다음에 혼합용액의 흡광도를 이들 두 파장에서 측정하고, 식 16－3과 16－4와 같은 2개의 관계식을 작성하여 각 성분의 농도를 계산한다.

유의사항

망간이나 크롬을 산화시킬 때에는 과산화이중황산암모늄 $(NH_4)_2S_2O_8$을 가하여 끓이는 경우가 있으나, 이때는 은이온을 촉매로서 가해야 하고, 따라서 시료용액에 염화이온이 없어야 한다. 또 산화제로서 비스무트산 $NaBiO_3$를 사용하는 수도 있으나, 반응하고 남은 산화제는 걸러서 제거해야 한다.

흡수광도법에서 망간 및 크롬을 산화시키는 데에는 과요오드산이 가장 적당하다. 이 경우에 낮은 산성에서 반응이 잘 진행할 것 같지만, 산성이 낮으면 이산화망간의 침전이 생기기 때문에 적당한 산성용액에서 반응시켜야 한다.

실험과정

기구 : 흡광광도계, 메스플라스크(1 L들이와 100 mL들이)

시약 : 황산, $K_2Cr_2O_7$, $KMnO_4$, $AgNO_3$, 과산화수소, 과산화이중황산칼륨($K_2S_2O_8$), KIO_4

1. 1 M 황산 산성의 0.010 M 크롬(Ⅲ) 표준용액 만들기 : 분석용 시약 $K_2Cr_2O_7$ 1.48 g 정도를 정확히 달아 500 mL들이 삼각플라스크에 취하고, 100 mL의 증류수로 녹인 후 진한 황산(18 M) 5 mL와 3 % 과산화수소 25 mL를 가한다. 중크롬산이 크롬(Ⅲ)로 환원되면 가열하여 15분 정도 끓여서 남아 있는 과산화물을 파괴한 다음, 식혀서 1 L들이 메스플라스크에 옮기고, 진한 황산 50 mL를 가하여 증류수로 표선까지 묽힌다.

2. 1 M 황산 산성의 0.0010 M 망간(Ⅱ) 표준용액 만들기 : 미리 표준화한 0.0200 M 과망간산칼륨 표준용액 50.00 mL를 깨끗한 500 mL 삼각플라스크에 정확히 취하고, 증류수 500 mL, 진한 황산(18 M) 5 mL, 3 % 과산화수소 10 mL를 가하여 환원반응이 끝나면 15분 정도 끓여서 남아 있는 과산화수소를 파괴한다. 이것을 식히고 1 L들이 메스플라스크에 옮겨 증류수와 50 mL의 진한 황산으로 표선까지 채운다.

3. 3개의 250 mL들이 삼각플라스크에 각각 크롬(Ⅲ) 표준용액 25.00 mL, 망간(Ⅱ)

표준용액 25.00 mL, 그리고 망간(II)와 크롬(III)의 혼합용액 25.00 mL를 취하고, 이들 3개에 각각 진한 황산 5 mL, 0.1 M 질산은 1 mL를 가한 다음 증류수로 50 mL 정도 되도록 묽힌다. 그런 다음 각각에 과산화이중황산칼륨($K_2S_2O_8$) 결정 5 g을 녹이고 가열하여 약 5분간 끓인 다음 식히고, 각 플라스크에 과요오드산칼륨 KIO_4, 0.5 g을 가한다. 다시 5 분간 끓인 후, 식혀서 100 mL들이 메스플라스크에 옮겨 증류수로 표선까지 묽힌다.

4. 이들 세 가지 용액의 완전한 흡광스펙트럼을 375～600 nm 파장 범위에서 증류수를 대조용액으로 사용하여 작성한다. 수동식 분광광도계를 사용하는 경우에는 420～475 nm와 520～570 nm 범위에서 5 nm 간격으로 흡광도를 측정하여 도시한다.

5. 두 가지 표준용액의 스펙트럼에서 적당한 두 가지 파장을 선택하여 두 파장에 대한 망간과 크롬의 몰흡광계수를 계산하고, 혼합 시료용액의 스펙트럼에서 망간과 크롬의 농도를 식 16－3과 16－4를 이용하여 구하라.

16I 연습문제

16－1 Beer 법칙에 따르는 A와 B를 함유하는 용액의 각 파장에 대한 몰흡광계수는 다음과 같다.

몰흡광계수, ε			몰흡광계수, ε		
λ(nm)	A	B	λ(nm)	A	B
400	893	0.00	560	440	622
420	940	0.00	580	297	880
440	955	0.00	600	167	1178
460	936	24.6	620	39.7	1692
480	874	102	640	3.45	1742
500	795	185	660	0.00	1806
520	691	289	680	0.00	1809
540	574	428	700	0.00	1757

(a) 1.00 cm 흡광용기로서, 440 nm와 600 nm에서 A와 B의 혼합용액의 흡광도는 모두 0.510이다. 각 농도를 구하라.
(b) 5.80×10^{-4} M 용액 A의 흡수스펙트럼을 작성하라.
(c) 3.25×10^{-4} M 용액 B의 흡수스펙트럼을 작성하라.
(d) A가 5.80×10^{-4} M, B가 3.25×10^{-4} M을 함유하는 용액의 흡수스펙트럼을 작성하라.

16－2 코발트와 니켈의 8-quinoline 착물의 흡수극대에서의 실험값은 다음과 같다.

파장	ε_{Co}	ε_{Ni}
365 nm	3529	3228
700 nm	428.9	0.00

다음 혼합용액 1, 2, 3의 각 농도를 구하라.

시료	흡광도(b = 1.00 cm)	
	365 nm	700 nm
1	0.724	0.0710
2	0.614	0.0744
3	0.693	0.0460

16－3 1 M 황산 산성용액에서 중크롬산과 과망간산의 흡광도를 1 cm 용기로서 440과 545 nm에서 측정하였더니 각각 0.385와 0.653이었다. 한편 8.33×10^{-4} M의 중크롬산만의 흡광도는 440 nm에서 0.308, 545 nm에서 0.009이며, 3.77×10^{-4} M 과망간산만의 흡광도는 440 nm에서 0.035, 545 nm에서 0.886이다. 두 물질의 각 파장에서 몰흡광계수를 계산하고, 혼합물의 농도를 계산하라.

16－4 메틸레드 지시약의 이온화상수를 구하기 위해 일정량의 지시약을 여러 가지 pH의 완충용액에 가하여 최대 흡광파장 531 nm에서 이들 흡광도를 측정하였다. 메틸레드 지시약의 이온화상수를 구하라.

pH	흡광도	pH	흡광도
2.30	1.375	5.70	0.279
3.00	1.363	6.30	0.081
4.00	1.274	7.00	0.017
4.40	1.148	8.00	0.002
5.00	0.766		

16－5 다음 연속 변화법으로 구한 측정값을 이용하여 구리(II) 착물의 Cu : B의 비를 구하라.

용액	반응용액의 부피(mL)		흡광도, A(b = 1.00 cm)
	8.00×10^{-5} M Cu(II)	8.00×10^{-5} M H_2B	475 nm
0	10.00	0.00	0.00
1	9.00	1.00	0.104
2	8.00	2.00	0.210
3	7.00	3.00	0.314
4	6.00	4.00	0.419
5	5.00	5.00	0.507
6	4.00	6.00	0.571
7	3.00	7.00	0.574
8	2.00	8.00	0.423
9	1.00	9.00	0.211
10	0.00	10.00	0.000

(a) 부족한 시약 쪽은 완전히 착물을 만든다고 생각하여, 이 착물의 평균 몰흡광계수를 구하라.

(b) 최대 흡광도 부분의 화학량론 관계를 이용하여 착물 생성상수 K_f를 구하라.

제 17 장
원자흡수 및 방출분광법과 분자형광분광법

17 A 원자흡수분광법

원자흡수분광법(atomic absorption spectroscopy, AAS)은 기체상태의 중성원자가 특정 파장의 복사선 에너지(일반적으로 자외선과 가시선 영역)를 흡수하는 정도(흡광도)를 측정하여 그 원소를 정량하는 분석법이다.

그러나 시료의 취급방법, 기기, 얻어진 스펙트럼 등은 앞 장에서 배운 가시선 및 자외선 흡수분광법과 상당히 다르다. 금속원소의 분석에 원자흡수분광법이 유효하게 이용될 수 있다는 사실은 1955년에 Walsh, Alkemade, Milatz 등에 의해 최초로 알려졌다. 그 후 짧은 기간 동안에 65가지 이상의 원소정량 방법이 확립되었으며, 여러 가지 기기가 고안되어 널리 보급되고 있다.

한편 기체상태의 들뜬 중성원자가 방출하는 특정 스펙트럼선의 세기를 측정하여 원소를 정량하는 분석법을 일반적으로 **원자방출분광법**(atomic emission spectroscopy, AES)이라 하고, 옛날부터 널리 이용되고 있는 중요한 원소 분석법이다. 이 방법은 ppm 또는 ppb까지 정량할 수 있는 감도가 높은 정량분석법이고, 또 쉽고 신속하게 분석할 수 있는 훌륭한 방법이다.

17 A — 1 원자흡수스펙트럼

기체상태의 원자가 특유한 자외선 또는 가시선을 흡수하면 최외각전자는 더 높은 에너지 준위의 궤도함수로 들뜨게 된다. 이와 같이 들뜬 원자의 수명은 짧으며(10^{-9}초), 곧 바닥상태로 되돌아오면서 일련의 고유한 복사선 에너지를 방출한다.

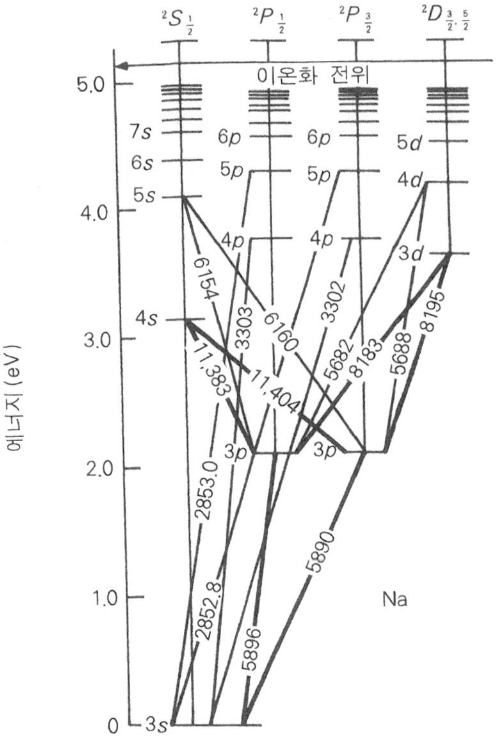

그림 17-1 나트륨원자의 전자에너지 준위도.

이와 같이 기체상태의 원자가 흡수 또는 방출하는 복사선은 대단히 좁은 파장 영역이며, 이것을 **선스펙트럼**이라고 한다. 원자는 각각 특유한 일련의 선스펙트럼을 가지고 있다.

이와 같은 스펙트럼을 얻고자 하면 원자는 반드시 기체상태의 단일원자로 존재해야 하며, 결합되어 있는 원자는 옳은 원자 선스펙트럼을 나타내지 못하고, 원자 선스펙트럼에 진동에너지가 겹쳐서 띠스펙트럼으로 변질된다.

실온에서 모든 원자는 원래 바닥상태에 있으며, 나트륨금속의 최외각전자는 $3s$ 궤도함수를 차지한다. 그러나 이것을 불꽃 속에 넣으면 일부 원자는 보다 높은 궤도함수로 들뜨게 된다.

2500 K 정도의 불꽃온도 속에 있는 나트륨원자는 거의 대부분이 $3s$ 상태에 있다. 그러나 극히 적은 일부는 $3s$ 상태로부터 보다 높은 들뜬 상태로 전이하는데, 이때 특유한 파장의 복사선을 흡수한다. 예를 들어 589.0, 589.5, 330.2, 330.3 nm에서 예리한 흡수선이 나타나는데, 이들 흡수선은 전자가 $3s$ 준위로부터 $3p$와 $4p$ 준위로 직접 전이할 때 나타나는 것이다. 이와 같이 바닥상태에서 보다 높은 준위로 직접 전이할 때 나타나는 흡수선을 **공명선**(resonance line)이라고 한다(그림 17-1 참조, 파장은 Å 단위이다). 그리고 $3p$에서 다시 $5s$로 전이하는데, 불꽃중에 $3p$ 상태에 있는 전자수가 대단히 적기 때문에 이 흡수선은 거의 검출되지 않는다.

17 A — 2 흡수스펙트럼선 나비

원자흡수봉우리는 용액중의 이온 또는 분자의 경우와 다르게 대단히 좁고, 원자흡수선 나비는 약 10^{-5} nm 이다. 그러나 원자흡수선은 두 가지 이유로써 다소 넓어지고, 그 측정 나비는 0.002 ~ 0.005 nm 정도로 된다. 그 중의 한 가지 이유는 광원에 대한 흡수원자의 빠른 상대운동 때문에 생기는 **Doppler 넓힘**이다. 광원을 향해 움직이는 원자는 Doppler 효과에 의해 파장이 감소되어 보다 긴 파장이 흡수되고, 원자가 광원으로부터 멀어져가는 경우에는 반대현상이 나타난다. 또 한 가지 이유는 **압력넓힘**이라는 것이다. 즉 압력넓힘은 압력이 높아지면 원자 사이에 충돌이 생기고, 바닥상태의 에너지 준위에 약간의 변화가 일어나서 결과적으로 흡수봉우리가 넓어지게 된다.

17 A — 3 원자흡수의 측정원리

원자흡수선은 대단히 좁으며, 각 원자마다 흡수파장이 특유하므로 원자흡수 측정방법은 대단히 선택성이 높은 분석방법이다. 그러나 한정된 좁은 흡수선 나비 때문에 제 16 장의 시료용액의 흡광도를 측정할 때에는 볼 수 없는 다른 문제가 생긴다. Beer 법칙은 단색광을 이용할 때에만 성립하고, 그림 17 — 2에서 보는 바와 같이 광원에서 오는 복사선 띠의 넓이가 흡수봉우리 나비보다 좁을 때에만 흡광도와 농도 사이에 직선관계가 성립하는 것이다. 일반적으로 사용하는 단색화장치는 원자흡수선(0.002~0.005 nm)만큼 순수하지도 못하고, 좁은 복사선 띠를 내지도 못한다. 따라서 단색화장치를 이용하여 얻은 연속복사선 빛살띠는 원자가 그 일부 파장만을 흡수하고, 검출기에 닿는 빛살띠 세기의 상대적 변화는 대단히 작게 나타난다. 이러한 조건에서 Beer 법칙은 성립되지 않으며, 감도는 크게 저하된다.

Walsh는 이러한 문제를 교묘한 방법으로 해결하였다. 그는 원자흡수분석의 광원으로 시료원자의 스펙트럼선을 이용하였다. 예를 들어 589.0 nm의 나트륨선을 이용하여 나트륨의 흡수분석법을 하는 경우에는 나트륨 증기등을 광원으로 사용한다는 것이다. 이 증기등에서는 기체상의 나트륨원자가 전기방전에 의해 들뜨게 되고, 방출되는 복사선은 분석에 사용하는 흡수선과 똑같은 파장을 갖는다. 예를 들어 $3p$ 상태로 들뜬 나트륨원자는 589.0 과 589.5 nm의 스펙트럼선을 방출한다. 그러므로 이 경우 단색화장치는 흡광도 측정에 사용할 방출선만을 분리해 내기만 하면 된다(그림 17 — 2 참조).

분석 광원으로 사용되는 방출복사선 띠는 그 파장 영역이 좁게 한정되어 있어 흡수봉우리 영역 안에서 흡수 측정이 가능하게 되고, 그 결과 감도가 높고 Beer 법칙에 잘 맞게 된다. 이 방법의 단점은 분석하려는 원소마다 각각 다른 등(광원)을 사용하여야 한다는 것이다. 즉 나트륨을 정량하는 데에는 나트륨등이 필요하고, 구리를 분석하는 데에는 구리등이 필요하다.

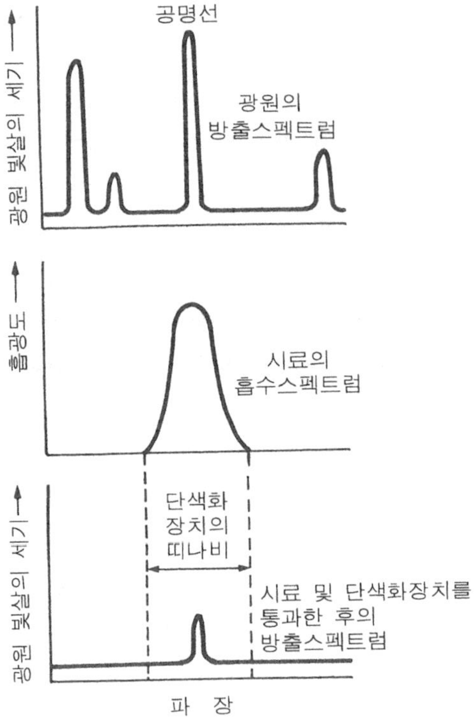

그림 17－2 원자의 공명선 흡수원리.

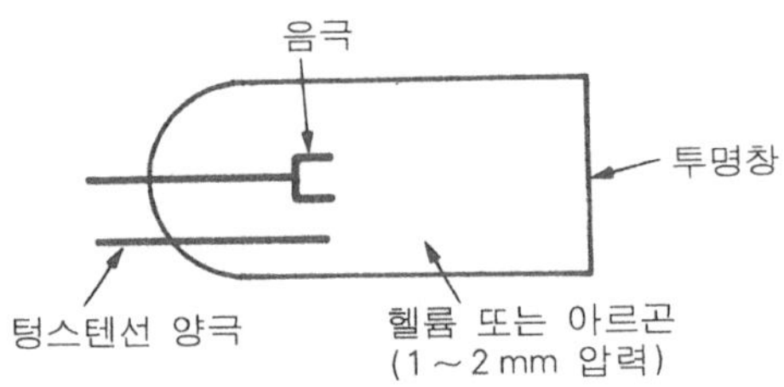

그림 17－3 속빈 음극등.

17 B 원자흡수분광계

원자흡수를 측정하는 기기는 제 15, 16장에서 취급한 용액의 흡광도를 측정하는 분광도계와 같은 기본 부분장치, 즉 광원, 단색화장치, 시료용기(원자흡수광도계는 불꽃), 검출기, 증폭기, 눈금판 등으로 구성되어 있다. 원자흡수법과 일반 용액흡수법의 중요한 차이점은 광원과 시료용기에 있다.

17 B－1 광 원

원자흡수분광계의 광원으로는 일반적으로 속빈 음극등(hollow cathode lamp)을 사용한다. 이것은 그림 17－3과 같이 두꺼운 유리로 만들어지고, 한쪽 끝에 투명한 유리창이 있다. 다른 쪽 끝에는 두 개의 텅스텐선이 봉입되어 있는데, 한 가닥은 양극이고 나머지는 직경 10 mm의 오목한 금속 통에 연결되어 있다. 이 통이 음극으로 작용한다. 이 통은 정량하려는 원소와 똑같은 단일원소 또는 합금으로 만들거나 또는 그 표면이 입혀져 있다. 그리고 관 속에는 1~2 mm 압력으로 순수한 헬륨 또는 아르곤이 채워져 있다.

두 전극 사이에 전압을 걸어주면 음극에서 전자가 방출되어 관 속의 기체를 때려 이온화하고, 이온화된 이온이 전극으로 끌려가 전류가 흐르게 된다. 두 극 사이의 전압이 높아지면 기체상태의 양이온은 큰 운동에너지를 얻게 되고, 음극 표면에 부딪힐 때 금속 원자를 떼어내어 원자구름이 음극 주위에 형성된다. 음극에서 튀어나온 금속원자의 일부는 들떠 특유한 복사선을 방출한다. 이 과정이 진행됨에 따라 금속원자는 음극 표면으로 다시 돌아가거나, 또는 관의 유리벽으로 가서 석출되게 된다.

통 모양의 음극은 방출 복사선이 출구창의 일정한 부분에 집광되게 하고, 음극에서 튀어나온 금속원자가 유리벽보다는 오히려 음극에 다시 석출되도록 만들어져 있다. 속빈 음극등의 기능은 그 기하학적 구조와 작동전압에 따라 결정된다. 전압을 높이면 큰 전류가 흐르고, 감도가 높아지게 된다. 여러 가지 종류의 속빈 음극등이 시판되고 있다. 몇 가지 금속의 혼합물로 음극을 만드는 경우가 있는데, 이러한 등을 사용하면 한 개 이상의 원소분석을 하는 데 공통으로 사용할 수 있다.

17B—2 시료 원자화장치

원자흡수법 분석에서 시료중의 원자는 중성입자상태로 기화 해리되어야 하고, 그 원자 밀도가 시료중의 농도에 비례하도록 속빈 음극등에서 나오는 빛살 앞에 분산되어야 한다. 이 과정은 원자흡수법 분석에 있어서 가장 어려운 일이며, 분석 결과에 가장 큰 불확정성을 가져오는 부분이다.

원자상태로 기화시키는 수많은 장치들이 다음과 같이 연구, 고안되어 왔다. 즉 (1) 시료를 갑자기 고온으로 높이는 전기로, (2) 고체 또는 액체 시료를 높은 전류 또는 높은 전압의 교류 아크나 스파크에 넣는 방법, (3) 음극에 시료를 놓고 기체의 양이온으로 때리는 장치, (4) 시료용액을 기체 연료불꽃중으로 분무시키는 불꽃원자화방법 등이 연구되었는데, 네 번째 방법이 가장 실질적이므로 시판되고 있는 기기에 널리 사용되고 있다.

(1) 불꽃법

이 방법에서는 시료용액을 불꽃 속에 분무상태로 불어 넣어 주고, 광원에서 나온 빛살이 이 불꽃 속으로 지나가게 되어 있다. 시료는 작은 물방울로서 불꽃의 바닥부분에서 들어가 수분이 증발하는데, 이때 생긴 고체입자는 증발되고 원자상태로 분해된다. 그리고 여기서 원자의 들뜸과 흡수가 일어난다. 불꽃 속으로 분산된 모든 방울들이 이러한 과정을 거치는 것은 아니다. 즉 물방울의 크기, 분산속도에 따라 다르다. 시료의 일부분

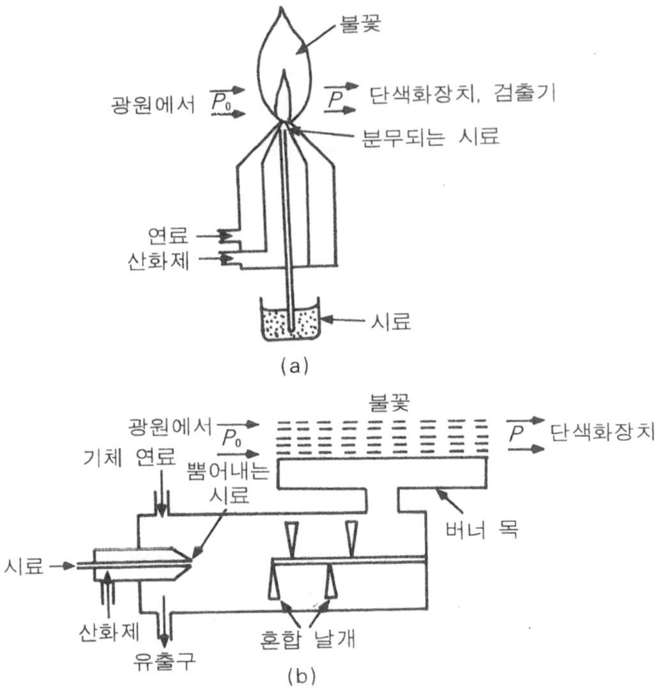

그림 17－4
원자흡수광도계의 버너. (a) 동시 공급식 버너, (b) 예비 혼합식 버너.

은 아무런 변화를 받지 않고 불꽃 속을 거쳐 그대로 나가버리는 것도 있다.

불꽃중에서 빛살의 최대흡수가 어느 부분에서 일어나는가 하는 것은 시료용액 방울의 크기, 불꽃 모양, 연료와 산화제의 공급상태, 화학종이 산화되는 경향 등에 따라 다르다.

불꽃 속에서 산화된 원자는 사용하는 파장의 복사선을 흡수하지 않으므로 흡광도는 감소하게 된다. 최대의 분석감도를 얻으려면 최대의 흡광도를 얻을 수 있는 불꽃 속의 시료의 분포 위치를 조사하여 광원에서 나오는 특정선이 이곳을 통과하도록 해야 한다.

(2) 버너의 종류

원자흡수광도계에서는 두 가지의 버너를 사용한다. **동시 공급식** 버너는 시료용액, 연료기체, 산화제가 각기 다른 통로를 통해 와서 불꽃의 밑부분에서 함께 섞이도록 한다. 이 경우에는 광원 빛살의 통과거리가 짧아 감도가 낮고, 불균일한 시료방울이 생겨 재현성이 나쁘다(그림 17－4a).

한편 **예비 혼합식** 버너(premix burner)는 시료용액을 기체 산화제와 함께 큰 상자 속에 뿜어 넣고, 미세한 시료방울과 산화제 및 기체연료를 섞어서 버너로 보낸다. 시료용액의 큰 방울은 상자 밑바닥에 모아서 밖으로 내보낸다. 이 방법은 광원빛살의 통과거리가 길어서 감도가 좋다. 그러나 혼합연료가 폭발할 위험성이 있는 것이 결점이다(그림 17－4b).

(3) 산화제와 연료

연료로는 천연가스, 프로판, 부탄, 수소, 아세틸렌 등이 사용되며, 그 중에서 아세틸렌이 가장 널리 사용된다. 산화제로는 일반적으로 공기, 산소 및 산화질소(N_2O) 등이 사용되는데, 산화질소와 아세틸렌 혼합물은 폭발 위험성이 적고, 높은 온도의 불꽃을 내기 때문에 자주 사용된다.

쉽게 원자상태로 변화되는 구리, 납, 아연, 카드뮴과 같은 원소는 낮은 온도(천연가스와 공기의 혼합물)의 불꽃을 사용하는 것이 좋다. 이와는 반대로 내화물질을 생성하는 알칼리 토금속과 같은 원소를 정량할 때에는 분해시키는 데 다소 높은 온도가 필요하고, 아세틸렌과 공기의 혼합물을 사용하면 정밀한 결과를 얻을 수 있다. 알루미늄, 베릴륨 및 희토류 원소는 보통 안정한 산화물을 만들고, 이것을 정량할 때에는 공기-아세틸렌 또는 질소산화물-아세틸렌 불꽃과 같은 높은 온도에서 분석해가 감도가 높다.

17B—3 단색화장치 또는 필터

원자흡수법 분광계의 광원에서 방해하는 다른 스펙트럼선을 제거하고, 사용하려는 빛살선만을 분리하기 위해 각종 단색화장치를 사용한다. 알칼리 금속은 가시선 영역에서 서로 크게 떨어져 있는 몇 개의 선만을 가지고 있기 때문에 유리필터를 사용해도 충분하다. 쉽게 바꿔 쓸 수 있는 간섭필터를 이용하는 기기도 시판되고 있지만, 각 원소마다 다른 필터를 사용하는 것이 보통이고, 이러한 방법으로 22개의 금속원소가 만족스럽게 분석된다. 그러나 대부분의 기기는 자외선과 가시선의 고급 단색화장치를 이용하고 있다.

17B—4 검출기와 지시계

원자흡수 분광광도계의 검출기와 지시계는 자외선 및 가시선 분광광도계의 그것과 근본적으로 같다. 일반적으로 복사선 에너지의 신호를 전기신호로 변화시킬 때에는 광전자증배관을 사용한다. 검출기는 광원에서 나와 원자에 흡수되고, 변형을 받은 빛살신호와 불꽃에서 직접 나오는 연속적인 신호를 식별할 수 있어야 한다.

17B—5 빛살 조절

불꽃은 연료의 연소에서 나오는 연속스펙트럼을 방출하며, 또 시료중의 분석원자에서 나오는 선스펙트럼도 방출한다. 불꽃 열에 의해 들뜬 원자분율은 작지만 분석에 이용되는 스펙트럼선을 방출하므로 방해를 하게 된다.

불꽃에서 나오는 복사선 방해를 제거하기 위해 단색화장치는 항상 불꽃과 검출기 사이에 배치되어야 하며, 이러한 배치방법은 일반적인 분광광도계와 다른 점이다. 단색화장치는 분석할 흡수봉우리의 파장에 해당하는 스펙트럼선만을 투과시킨다. 따라서 측정되는 복사선의 세기 P는 $P = P_0 - P_a$가 아니고, $P = P_0 - P_a + P_e$이다. 여기서 P_a는 흡수된 복사선의 세기, P_e는 불꽃에서 방출된 분석 복사선의 세기와 바탕세기를 합친 값, P_0는 광원 빛살의 세기이다.

불꽃에서 나오는 이 복사선의 영향은 두 가지로 나타난다. 첫째는 분석에 쓰이는 흡광도 감도를 감소시키고, 둘째는 이것이 들뜬 입자수에 비례하여 나타나기 때문에 그 세기 P_e는 흡수되는 복사선의 세기 P_a보다 불꽃온도의 영향을 더 많이 받는다. 그러므로 측정한 흡광도는 점점 온도의 영향을 크게 받게 된다.

이러한 영향을 제거하기 위한 간단하고 완전한 방법은 광원과 불꽃 사이에 4분원꼴 회전원판을 놓고 빛살을 번갈아 막아서 토막을 내도록 하는 것이다. 일정한 속도로 모터 속도를 조절하여 단속적으로 원하는 진동수로 빛살을 단속시킨다.

회전판이 광원 빛살을 막을 때에는 검출기에 불꽃에서 나오는 방출 빛살만으로 생기는 직류가 흐르고, 회전판이 열릴 때에는 검출기에 광원에서 나오는 빛살과 그 흡수신호에서 오는 전류가 겹쳐서 흐르게 되는데, 불꽃 때문에 나타나는 직류 부분은 상쇄해 버리고 흡수신호의 교류부분을 증폭하여 흡광도를 측정하게 한다.

17 C 원자흡수법의 정량분석

17 C — 1 흡광도의 측정

홑빛살형 기기에서 100 % 투광도의 눈금 조절은 불꽃에 순수한 증류수를 공급하거나 다만 불꽃을 제거한 다음에 100 %로 조절하는 수도 있다. 그리고 시료 또는 표준물질을 불꽃에 공급하면서 투광도 또는 흡광도를 눈금판에서 직접 읽는다. 겹빛살형 기기에서는 시료 불꽃을 통과하는 광원 빛살의 세기를 불꽃을 피하여 우회해 오는 광원 빛살의 세기와 자동적으로 비교하도록 되어 있다.

17 C — 2 검정선

분석하고자 하는 원소를 일정 농도씩 포함하는 일련의 표준용액을 만든다. 이들 조성은 시료의 조성과 비슷해야 한다. 먼저 불꽃에 순수한 물을 분무하였을 때의 투광도를 100으로 조절한 다음, 이들 표준용액의 흡광도를 측정해 흡광도와 농도 관계를 도시한다.

이론적으로 흡광도는 농도에 비례해야 하지만, 직선관계로부터 벗어나는 경우도 때때로 있다. 그러므로 실험적으로 작성한 검정선을 이용하여야 한다. 원자증기를 생성하는 과정에는 조절하기 어려운 요인이 많기 때문에 정확한 실험을 하기 위해서는 일련의 시

표 17－1 몇 가지 원소에 대한 측정 감도(mg/mL)

원소	AAS*(불꽃)	AES‡(불꽃)	AES(ICP)	원소	AAS*(불꽃)	AES‡(불꽃)	AES(ICP)
Al	30	5	2	Mg	0.1	5	0.05
As	100	0.0005	40	Me	2	5	0.06
Ca	1	0.1	0.02	Mo	30	100	0.2
Cd	1	800	2	Na	2	0.1	0.2
Cr	3	4	0.3	Ni	5	20	0.4
Cu	2	10	0.1	Pb	10	100	2
Fe	5	30	0.3	Sn	20	30	30
Hg	500	0.0004	1	V	20	10	0.2
				Zn	2	0.0005	2

* AAS : atomic absorption spectroscopy.
‡ AES : atomic emission spectroscopy.

료용액의 정량을 시작할 때마다 표준용액의 흡광도를 측정함으로써 검정선 자체의 편차를 조사하여 분석 결과를 보정해야 한다. 일반 분석조건에서 원자흡수법의 상대오차는 1～2 % 정도이다. 그러나 특별히 주의를 기울이면 0.1 % 정도로 줄일 수 있다.

17 C－3 표준물 첨가법

일정량의 시료용액을 취한 다음, 여기에 분석원소의 표준물을 일정량씩 첨가하여 농도가 다른 일련의 표준용액을 만든다. 이들의 흡광도를 측정하여 첨가한 표준물의 농도 C_s에 대하여 흡광도를 도시하고, 이것을 연장하여 흡광도가 0이 되는 교점을 구하면 시료만의 용액의 농도를 농도축에서 (－)값으로 얻을 수 있다. 이 방법은 시료 기질중의 방해물 효과, 즉 메트릭스 효과를 상쇄하면서 분석하는 방법 중의 하나이다. 이 방법은 흡수분광법뿐만 아니라, 방출분광법에도 많이 이용되고 있다.

17 D 원자흡수분광법의 한계

원자흡수분광법은 60가지 이상의 원소를 정량할 수 있는 감도 높은 분석법이다. 표 17－1에 가장 흔히 볼 수 있는 몇 가지 원소에 관한 검출 감도를 나타내었다. 각 원소의 흡수스펙트럼선은 그 원소의 고유한 것으로, 좋은 단색화장치를 이용하여 시료원소의 흡수봉우리를 찾아서 측정할 수 있다. 그러나 불꽃 속의 특수한 조건에서 일어나는 화학종들 사이의 상호작용과 반응은 원자흡수에 영향을 주어 정확한 분석에 지장을 주는 경우가 있다. 이러한 영향은 이론적으로 예측할 수도 있으나, 실험적으로 찾아서 피하도록 한다.

17 D－1 양이온 방해

공존하는 다른 양이온이 시료원소의 빛살 흡수에 영향을 주는 경우가 몇 가지 있다.

예를 들어 알루미늄이 공존하면 마그네슘의 분석값은 낮게 나타난다. 이러한 분석 방해는 열에 안정한 알루미늄-마그네슘 화합물의 생성 때문에 나타나며, 그 결과 불꽃 속에 마그네슘원자의 농도가 감소하게 된다. 베릴륨, 알루미늄, 티탄도 칼슘 정량에 비슷한 영향을 미친다. 그러나 이러한 방해는 비교적 드물게 나타난다.

17 D — 2 음이온 방해

금속의 흡수봉우리 높이는 시료용액중에 섞여 있는 음이온의 종류와 농도에 영향을 받는다. 예를 들어 황산이나 인산이온의 농도가 클수록 칼슘 시료의 흡광도는 감소한다. 이것은 화합물을 분해시켜 원자화하는 데 에너지가 필요하고, 음이온과 양이온 사이의 인력이 클수록 그 화합물이 안정하고, 그 분석방해는 크다. 이러한 영향은 불꽃의 온도가 높을수록 감소하여, 대단히 높은 온도에서는 이러한 영향이 나타나지 않는다. 또 칼슘 시료용액에 스트론튬과 같은 것을 과량 가해 주면 이것이 황산이온과 반응하면서 칼슘이온을 해방시켜 준다.

음이온의 방해는 시료와 표준용액에 다같이 EDTA와 같은 착화제를 첨가함으로써 피할 수 있다. 이렇게 하여 원자화반응이 각각 다른 화합물에서부터 출발하는 것이 아니라, 항상 일정한 착물의 분해로부터 일어나도록 한다. 음이온의 영향을 상쇄하는 또 한 가지 방법은 시료의 음이온 종류와 농도를 표준용액과 같게 조절하는 것이다.

17 D — 3 분석에 영향을 주는 인자

(1) 작업 조건

측정하는 흡광도에 영향을 주는 인자로는 산화제와 연료의 종류 및 유속, 불꽃중의 빛살의 위치, 공존하는 이온들의 성질 등이 있다. 또 한 가지 중요한 것은 불꽃에 시료를 공급하는 속도를 알맞게 실험적으로 결정해야 한다.

원자 흡수봉우리의 높이는 용매의 공급 정도(첫째는 시료공급 속도에 변화를 주기 때문이다)와 가연성 유기용매에 의해 영향을 받는다. 아세톤 또는 탄화수소와 같은 용매가 공존할 때에는 흡광도가 증가하는 수가 많다.

또 불꽃의 온도가 너무 높으면 시료원자의 이온화 때문에 중성원자수가 줄어들게 되어 Beer의 법칙에서 벗어나는 수가 있다. 이 경우에는 이온화하기 쉬운 알칼리 금속을 시료에 섞어서 이온화를 억제하도록 한다.

(2) 금속원자의 이온화

산화제로 공기를 사용하는 경우 불꽃의 온도는 2000℃ 이하이고, 금속시료(M)의 이온화는 무시할 정도이다. 그러나 산소나 이산화질소를 사용하는 경우 불꽃의 온도는

3000 ℃ 이상이고, 알칼리 금속 및 알칼리 토금속 시료의 이온화가 70~80 % 정도되는 경우가 생긴다. 따라서 높은 불꽃 속에서는 중성원자의 농도가 줄어들고, 그 결과 높은 온도에서 알칼리 금속시료의 흡광도 또는 방출이 감소하는 현상이 생긴다. 그러므로 알칼리 금속을 분석하는 경우에는 불꽃온도를 낮게 하는 것을 원칙으로 한다.

금속 M이 이온 M^+로 되는 반응은 다음과 같은 가역반응이라고 볼 수 있고, 아래의 평형상수식이 성립할 것이다.

$$M \rightleftharpoons M^+ + e^-$$

$$K = \frac{[M^+][e^-]}{[M]}$$

금속이 많이 이온화되어 있는 높은 온도의 불꽃 속에 쉽게 이온화하는 칼륨화합물을 과량 가하면 윗식의 오른쪽 항에서 불꽃 속의 전자농도가 높아지고, 그 대신 금속이온의 농도가 낮아져서 시료금속의 이온화가 억제되는 결과가 생긴다. 이 경우 첨가한 칼륨화합물과 같은 것을 이온화 억제제라고 한다.

17 E 불꽃방출분광법

17 E — 1 방출분광법

기체상태의 이온이나 원자가 열이나 전기에너지에 의해 들뜨게 되면, 원소는 특유한 자외선이나 가시영역의 선스펙트럼선을 방출한다. **방출분광법**(emission spectroscopy)은 이렇게 방출되는 선스펙트럼의 파장과 세기를 측정하여 분석에 이용하는 방법이다. 방출분광법에서 얻은 측정값은 원소의 정성 및 정량분석에 이용된다. 방출분광법은 각 원자의 특유한 선스펙트럼을 측정하기 때문에 선택성이 대단히 좋고, 또 이것을 정성분석에 이용하면 어떠한 방법보다도 가장 훌륭한 원소의 확인법이 된다.

이것을 정량분석에 이용하는 경우 들뜨기 과정과 검출과정을 효과적으로 하면 복사선의 세기를 정밀하게 측정할 수 있고, ppm에서 ppb까지의 대단히 정밀한 미량분석을 할 수 있다.

방출분광법에서 시료를 들뜨게 하는 데에는 불꽃을 이용하는 불꽃방출분광법도 이용되고 있으나 전기에너지를 이용하는 아크 또는 스파크와 같은 높은 온도를 이용하는 방법이 많이 이용되고 있다.

불꽃방출분광법은 시료용액을 높은 온도의 불꽃 속에 분산시켜 시료를 분해시켜 들뜨게 하고, 이때 방출되는 선스펙트럼의 세기를 측정하는 분석법이다. 일반적으로 불꽃방출분광법의 장치는 간단하고, 특히 생물체 내의 액체 또는 조직에 포함되어 있는 나트륨과 칼륨의 분석에 응용된다. 이 분석법은 편리하고 신속하며, 또 다른 물질에 의한 방해

표 17－2 여러 가지 연료와 최고 불꽃온도

연 료	공기중에서(℃)	산소중에서(℃)	연 료	공기중에서(℃)	산소중에서(℃)
도시가스	1700	2700	수소	2100	2780
프로판	1925	2800	아세틸렌	2200	3050
부탄	1900	2900	시아노젠	－	4550

를 비교적 적게 받기 때문에 일반적인 정량분석이 어려운 알칼리 금속 원소분석에 가장 많이 이용되고 있다.

17E－2 불꽃 속의 스펙트럼

원자흡수분광법에서 설명한 연료, 산화제와 불꽃의 성질, 버너 및 불꽃 속에서의 시료의 산화 등에 관한 설명이 불꽃방출분광법에도 똑같이 적용된다.

불꽃방출분광법에서 불꽃은 (1) 액체를 증발시키며, 시료를 증기상태로 바꾸고, (2) 그들 성분을 간단한 분자나 원자로 분해시키고, (3) 일정 분율의 이들 원자를 들뜨게 한다. 이 경우 다른 방출분광법에서와 마찬가지로 불꽃 조건을 일정하게 조절하는 것이 가장 중요한 일이다.

표 17－2는 불꽃방출분광법에서 각종 연료가 공기와 산소 속에서 연소할 때 얻는 최고 온도이다. 이것 외에 아세틸렌－일산화이질소 기체의 불꽃을 이용하면 3000℃ 정도의 고온을 얻는다.

각종 기체 연료가 공기중에서 연소할 때 얻는 온도는 낮기 때문에 들뜨는 에너지가 작은 알칼리 금속과 알칼리 토금속의 정량에 적당하다. 아세틸렌과 공기의 혼합 연료는 상당히 높은 온도를 낸다. 각종 금속을 들뜨게 하여 스펙트럼을 얻기 위해서는 산소 또는 일산화질소(N_2O)를 산화제로 사용해야 한다. 이때는 2700～3000℃ 정도의 온도를 얻을 수 있다.

(1) 선스펙트럼과 불꽃온도

불꽃 속에서 금속원자가 들뜨게 되면 그 이완과정에서 선스펙트럼을 내지만, 이때 이온화반응도 일어난다. 예를 들어 이온화하기 쉬운 알칼리 금속, 특히 칼륨, 루비듐, 세슘과 같은 원자는 온도가 높아지면 들뜬 원자수가 증가하는 한편, 이온화한 원자수도 증가한다. 그러므로 높은 온도에서는 오히려 들뜬 중성원자수가 감소하게 되고, 따라서 방출선의 세기가 감소하게 된다. 그러므로 알칼리 금속의 분석에서는 도시가스나 천연가스를 공기와 같이 사용하여 적당한 낮은 온도로서 들뜨게 하는 것이 더 효과적이다.

그러나 강한 결합을 하는 알칼리 토금속과 같은 원소는 높은 온도의 불꽃을 이용해야 하며, 산화제로서 공기 대신에 산소나 산화질소를 이용해야 한다. 이보다도 더 높은 온도가 필요한 원소는 불꽃보다는 아크나 스파크법을 이용하게 된다.

(2) 불꽃 띠스펙트럼

기체연료는 불꽃에서 띠스펙트럼과 함께 때로는 연속복사선을 낸다. 연소과정에서 생기는 OH 라디칼은 300~350 nm 영역의 띠스펙트럼을 낸다. 그리고 연소 조건에 따라 CO, CO_2, CH, C_2 등의 수많은 띠스펙트럼이 나타날 수 있다.

또 불꽃에 있는 중금속의 산화물과 수산화물도 띠스펙트럼을 나타내는데, 대단히 높은 온도가 아닌 경우에는 이들 띠스펙트럼은 원자의 선스펙트럼보다 더 뚜렷할 수 있다. 이와 같은 경우에는 이들 금속 띠스펙트럼도 선스펙트럼과 같이 정량분석에 이용될 수 있다.

17E-3 불꽃방출분광광도계

불꽃분광광도계에 사용되는 광학 및 전기장치는 앞에서 설명한 흡수분광광도계와 거의 차이가 없다. 흡수분광광도계는 광원과 흡광용기 부분을 적당한 버너로 바꾸고, 여기서 나오는 방출선을 입구 슬릿으로 통과시키기만 하면 불꽃광도계로 이용할 수 있다. 불꽃방출분광계는 원자흡수분광광도계와 더욱 밀접한 관계가 있다. 시판되고 있는 많은 기기가 양쪽으로 겸용할 수 있도록 되어 있다.

(1) 불꽃

불꽃에서 사용하는 장치는 기체 유속조절기, 분무기, 버너로 되어 있다. 분무기와 버너는 한곳에 합쳐져 있다. 다른 방출분광계에서와 마찬가지로 분석을 잘하려면 불꽃의 정밀한 조절이 필요하다. 가장 중요한 조건들은 연료와 산화제의 유출속도, 시료의 도입속도 및 분무된 용액의 물방울 크기 등이다. 안전하고 재현성 있는 불꽃을 얻기 위해서 산화제와 연료의 유속은 일정하게, 그리고 재현성 있게 조절되어야 한다.

(2) 필터광도계

불꽃에서 나오는 방출선을 분광하는 데 필터를 사용하면 필터광도계라고 한다. 낮은 온도의 불꽃을 광원으로 사용하는 경우에는 알칼리 금속이나 알칼리 토금속의 가장 강한 선만이 나타난다. 따라서 이들 원소에서 얻은 간단한 스펙트럼선을 분리하는 데는 필터광도계가 흔히 사용된다. 이것은 간단하고 값이 저렴한 것이 특징이다.

(3) 분광광도계

불꽃방출선의 스펙트럼선을 분리하는 데 프리즘 또는 회절발과 같은 단색화장치를 사용하면 선택성을 크게 높일 수 있다. 그림 15-22에 있는 Beckman DU-2 분광광도계의 광원을 분무기와 버너로 대치하면 불꽃분광광도계로 이용될 수 있다. 불꽃분광광도계는 필터광도계보다 복잡하고 값이 비싸지만, 응용 범위가 넓어서 여러 가지 원소가 섞여 있는 시료를 선택적으로 정량할 수 있다.

17 E — 4 정량분석법

불꽃방출분광광도법으로 신뢰할 수 있는 측정값을 얻고자 할 때에는 앞에서 설명한 바와 같이 여러 가지 조건을 면밀하게 조절해야 한다.

(1) 검정선에 의한 분석

분석할 원소를 일정 농도씩 포함하는 일련의 표준용액을 준비하고, 이들의 조성은 미지시료의 조성과 비슷하게 한다. 우선 불꽃 속으로 순수한 물을 분무시켜 눈금이 0으로 나타나게 조절한 다음, 가장 진한 표준시료의 방출 강도에 대하여 최대 눈금이 되도록 광학장치 및 전기회로를 맞춘다. 이 조건을 변경시키지 않은 채 남은 표준용액과 미지시료의 방출 강도를 측정한다. 검정선은 바탕 복사선을 보정해서 작성한다. 즉 봉우리 파장 양쪽 근접 부분에서 스펙트럼선의 영향을 받지 않은 위치의 복사선 강도를 측정하여 보정한다. 분석한 원소의 농도에 대해 광도계의 눈금은 직선 관계가 이루어져야 한다. 그러나 직선이 얻어지지 않을 때도 있다. 이 경우에는 미지시료의 농도를 이 검정곡선에 의해 분석하도록 한다. 검정곡선은 분석할 때마다 작성하는 것이 가장 적당하다.

또 표준물 첨가법은 미지 시료용액 일정량에 분석하고자 하는 원소의 표준용액 각종 부피를 가하고, 이들 용액의 방출선 세기를 측정하여 바탕 복사선에 대한 보정값을 이들 표준물의 농도에 대하여 도시한다. 이 선을 0의 농도까지 외연장한다. 미지 시료용액의 농도는 외연장의 절편값을 선의 기울기로 나누어 얻어진다.

(2) 응 용

불꽃광도법은 각종 분석에 널리 이용되고 있다. 생물체 내액, 토양, 식물체, 시멘트, 유리 및 자연수 등의 분석에 이용될 수 있다. 그리고 가장 중요한 분석 대상 원소는 알칼리 금속이다. 그리고 정확한 정량분석을 하는 데는 내부표준법(17 F — 4절 참조)을 이용해야 한다.

17 F 아크와 스파크 방출분광법

앞에서 설명한 불꽃분광광도법은 광원으로 사용하는 불꽃의 온도가 낮아서 중금속 산화물을 분해하여 원자화시키지 못하므로, 이들 원자를 들뜨게 하는 데는 적당하지 못하다.

이 경우에 불꽃 대신에 전기에너지를 이용하는 아크 또는 스파크를 사용하여 대단히 높은 온도를 얻고, 이것을 이용하여 각종 금속성 원소의 방출분광법 분석을 할 수 있게 되었다.

17 F — 1 방출전극

(1) 아크전극

분광화학분석에 사용되는 아크 전극은 1～20 mm 거리로 떨어져 있는 한 쌍의 흑연 또는 금속전극으로 되어 있다. 아크전극에는 처음에 낮은 전류 스파크로 가열하여 전극 사이에 전류를 전달할 수 있는 이온을 만든다. 아크가 시작된 후에는 열이온에 의해 전류가 흐른다. 즉 처음에는 전극을 접촉시켜 이온화를 하기 위한 열을 발생시켜 작동하고, 그 다음에 일정거리로 전극을 띄어 놓는다.

일반적으로 아크전극에서는 1～30 A 범위의 dc나 ac 전류를 사용한다. dc 전원인 경우에는 약 200 V의 전압을 사용하며, ac의 경우에서는 2200～4400 V의 전압을 사용한다. 이와 같은 방법으로 아크전극을 이용하면 4000～5000 ℃의 온도를 얻을 수 있다.

(2) 스파크전극

전기 스파크전극은 시료를 담은 한 쌍의 탄소전극이나 금속전극에 15000～40000 V의 ac 전압을 걸어서 일으킨다. 이때 변압기와 커패시터 전기회로를 이용하여 일정한 주기의 연속적인 방전 스파크가 일어나게 한다. 이때 흐르는 평균 전류는 아크의 경우보다 작지만, 방전할 순간에 흐르는 전류 펄스는 1000 A를 넘는다. 따라서 전극면의 미소 부분에 순간적으로 흐르는 이러한 큰 전류에 의해 4000 ℃보다 큰 온도가 부분적으로 흐르게 된다. 그러므로 전극의 평균 온도는 아크전극의 경우보다 낮지만, 부분적으로는 몇 배나 높은 온도를 얻을 수 있다.

금속시료전극 시료가 금속이나 합금일 경우에는 금속시료를 잘 깎거나 주조해서 한쪽 전극만 또는 양쪽 전극 모두를 이것으로 충당할 수 있다. 전극은 둥근 막대모양으로 만들어 직경이 0.3～0.6 cm 정도가 되도록 하고, 한쪽 전극 끝은 가늘어야 좋다. 어떤 시료는 잘 닦은 넓적한 금속시료편을 전극으로 하고, 다른 전극은 흑연이나 금속 막대를 사용하는 것이 편리할 때도 있다. 시료를 전극으로 사용할 때에는 전극 표면에 다른 물질이 오염되지 않도록 주의해야 된다.

흑연전극 시료가 금속이 아닌 전도성이 없는 경우에는 탄소전극을 이용한다. 흑연막대의 한쪽 끝에 작은 홈을 원통형으로 파서, 여기에 시료가루 또는 시료용액을 넣는다. 끝이 둥근 또 하나의 흑연 막대는 반대쪽 전극으로 사용한다. 이렇게 만든 전극을 짝지어 사용함으로써 가장 안전하고, 재현성 있는 아크나 스파크를 얻을 수 있다. 구리나 은전극도 이 원소가 분석대상이 아닐 때에는 그 위에 시료를 놓아 전극으로 사용할 수 있다. 이들 전극 표면은 분석 후 깨끗이 닦아서 다시 성형하여 사용할 수 있다.

17 F－2 분광사진계

분광사진계(spectrograph)는 아크 또는 스파크전극에서 방출하는 복사선을 단색화장치로 분산시킨 후, 나타나는 스펙트럼을 사진법으로 기록하는 장치이다.

분광사진계는 소량의 시료를 사용하여 몇 가지 성분원소를 검출, 확인하는 데 가장 적

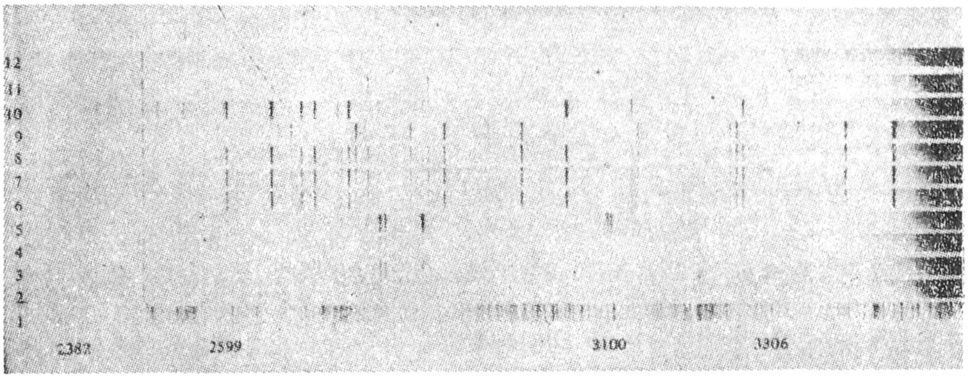

그림 17－5 3, 4미터 회절발 분광사진계에서 얻은 전형적인 스펙트럼. 수평선의 숫자는 파장을 나타낸다. (1) 기준되는 철, (2)～(5) 카제인 시료, (6)～(8) Cd-Ge-As 혼합 시료, (9)～(11) 순수 Cd, Ge, As의 각 선, (12) 순수 흑연전극.

합한 방출스펙트럼 분석법이다. 사진법에서는 여러 스펙트럼선의 세기를 동시에 기록하기 위해 단색화장치의 출구 슬릿의 위치에 해당하는 자리, 즉 초점 곡면을 따라 사진필름을 설치한다. 노출 후 필름을 현상하면 시료 광원의 여러 가지 스펙트럼선이 일련의 검은 선으로서 긴 사진필름 위에 나타난다(그림 17－5).

이들 선의 위치를 측정하고, 해당 파장을 구하여 정성분석을 할 수 있다. 또 한편 선의 흑화도는 스펙트럼선의 세기, 즉 원자의 농도에 비례하므로 정량분석을 하는 데 사용될 수 있다.

방출분석에서 가장 중요한 스펙트럼 영역은 2500～4000 Å 이다. 때로는 이 파장보다 좀더 길거나 짧은 파장도 사용할 수 있다. 그러므로 광학장치는 이러한 파장을 통과시킬 수 있는 석영이나 용융 실리카로 만들어져야 하고, 검출기도 자외선빛에 예민해야 한다. 분광사진계의 분산은 분석될 시료의 성질에 따라 프리즘이나 회절발이 다같이 이용된다.

방출분광사진법의 정성분석 분광사진법은 가장 훌륭한 원소 정성분석법으로, 수mg의 시료를 간단히 들뜨게 하여 약 70가지 원소를 검출할 수 있다.

정성분석을 할 때에는 그림 17－5에서와 같이 표준 철 스펙트럼을 항상 사진건판이나 필름에 함께 기록하여 비교기준으로 삼는다. 미지선의 파장은 선들의 파장이 알려져 있는 철의 스펙트럼과 비교하여 측정하고, 그 원소를 찾는다. 그러나 일반적으로는 마스터 스펙트럼(master spectrum)을 이용하여 미지선의 원소를 확인한다. 마스터 스펙트럼에는 한 개의 필름에 각종 원소의 가장 센 몇 개의 스펙트럼선들의 파장 위치가 표시되어 있다. 분석필름과 마스터 스펙트럼을 나란히 배치하여 두 필름의 스펙트럼선 중에 정확히 일치하는 것이 있는지를 비교한다. 어떤 원소의 뚜렷한 2～3개의 선이 일치함을 확인하면 시료 중에 이 원소가 있다는 증거이다.

이와 같은 마스터 스펙트럼이 없으면 스펙트럼선 확인에 많은 시간이 걸린다. 이 경우에는 시료 스펙트럼선의 위치를 파장이 알려져 있는 표준 철 스펙트럼선 위치와 비교 측정하여 시료선의 파장을 산출한 다음 해당 원소를 찾아내도록 한다. 이것은 대단히 힘든 작업이다.

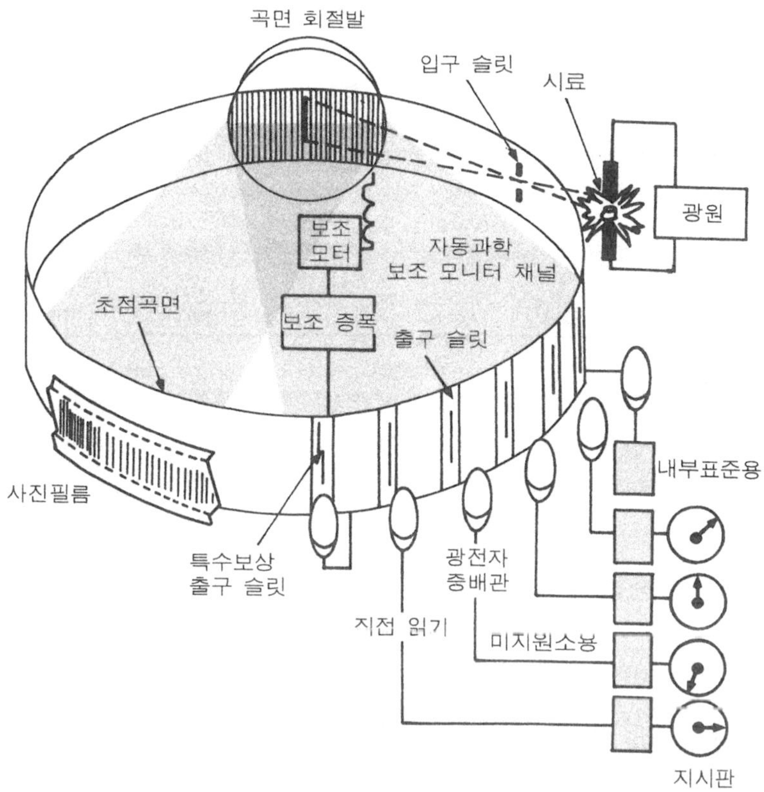

그림 17—6 직접 읽을 수 있는 회절발 방출분광계의 개략도.

17 F — 3 방출분광계

시료 전극에서 나오는 방출선을 분광시키고 그 세기를 측정하는 데 광전자 증배관을 사용한다. 이 기기는 그림 17—6과 같이 분광계의 초점 곡면을 따라 위치가 고정된 24개 정도(때로 더 많은 수)의 광전자 증배관이 배치되어 있다. 각 입구 슬릿의 위치는 측정하고자 하는 원소의 스펙트럼 초점의 위치와 정확하게 일치한다.

각 광전자 증배관에서 나오는 출력은 10~40초 동안 적분하도록 적당한 축전기-저항 회로가 도입되어 있다. 노출이 끝났을 때 축전기의 전압은 검출계의 전류에 시간을 곱한 값에 해당하고, 따라서 이 전압이 선 세기의 시간적분값이 되어 기록된다.

신속을 요하는 분석에는 이러한 분광계가 이상적이다. 예를 들어 금속제련공정에서 5~20개 원소의 분석을 5분 이내에 할 수 있음으로써 금속제품의 정밀한 품질관리를 성공적으로 할 수 있다. 또 방출분광계는 정밀한 분석치를 얻을 수 있다. 이상적인 조건에서는 1% 상대오차 내의 재현성을 얻을 수 있다.

방출분광계는 동시에 수많은 여러 개 원소의 방출선의 세기를 측정하고, 검출할 수 있다는 것이 중요하다.

한편 방출분광광도계는 각종 성분원소의 선 세기를 한 개씩 순차적으로 측정하는 기

표 17－3 dc 아크의 검출한계

원소	파장 Å	검출 하한계 %	검출 하한계 μg	원소	파장 Å	검출 하한계 %	검출 하한계 μg
Ag	3280.68	0.0001	0.01	K	3446.72	0.3	30
As	3288.12	0.002	0.2	Mg	2852.12	0.00004	0.004
B	2497.73	0.0004	0.04	Na	5895.92	0.0001	0.01
Ca	3938.66	0.0001	0.01	P	2535.65	0.002	0.2
Cd	2288.01	0.001	0.1	Pb	4057.82	0.0003	0.3
Cu	3247.54	0.00008	0.008	Si	2516.12	0.0002	0.2

기이다. 이 경우에는 한 원소의 신호를 측정한 다음에 파장을 변화시켜 주어야 다음 원소를 측정할 수 있고, 성분원소의 측정이 동시에 같은 순간에 측정되지 않기 때문에 재현성 있는 측정을 하는 데 어려움이 있으며, 시간과 시료가 많이 소비된다.

17F－4 방출분광법 정량분석

정량분석을 할 때에는 시료준비, 들뜨기, 필름현상 과정 등에 관한 여러 가지 조건을 정밀하게 조절해야 하며, 검정선을 만들기 위해 농도가 다른 여러 개의 표준시료를 작성해야 한다. 표준물은 분석할 시료의 조성과 물리적 성질이 가능한 한 비슷해야 한다.

내부표준물과 측정값 처리 방출분광법, 특히 분광사진법에서는 정량분석의 중요 문제점은 건판에 나타나는 스펙트럼선의 세기에 영향을 주는 조건이 대단히 많다는 것이다. 이들 조건은 들뜨기와 검출에 관한 것으로서, 완전한 조절은 어렵고 불가능하다. 그러므로 같은 농도의 시료를 분석해 보면 측정할 때마다 스펙트럼선의 세기는 다르게 나타난다. 정밀하게 조절할 수 없는 이와 같은 조건을 해결하기 위해 적당히 선정한 제3의 표준원소를 이용하는 **내부표준법**(internal standard method)을 정량분석에 이용하게 되었다.

선정된 적당한 내부표준물을 각 시료와 표준시료에 일정량씩 가하고, 각 시료와 표준시료중의 내부표준원소의 한 선의 세기와 분석원소의 한 선의 세기를 각각 동시에 측정한 다음 내부표준선의 세기에 대한 시료선의 세기의 비를 구하여 이것을 농도 측정의 파라미터로 이용하도록 한다.

실험을 통하여 검정선을 작성해 보면 일정 농도의 시료선의 세기는 사진을 찍을 때마다 또는 측정할 때마다 다르지만, 함께 찍은 일정 농도의 내부표준물에 대한 상대세기를 계산해 보면 이것은 농도에 대하여 직선적인 비례관계가 성립한다. 그러나 검정선이 직선이 아니고 곡선일 때도 있으며, 이 경우에는 이 실험곡선을 이용하여 농도를 측정하도록 한다.

방출분광계는 이와 같은 내부표준법을 이용하여 조심성 있게 분석하면 표 17－3에서 보는 바와 같이 1～2%의 상대오차 내의 결과를 얻을 수 있다. 그러나 더 큰 오차를 가지는 수도 있다. 그리고 이 방법은 미량성분을 분석할 수 있고, 또 오늘날의 컴퓨터와 연결하면 대단히 빠르게 수분 내에 분석 결과를 얻을 수 있기 때문에 널리 보급되어 있다.

17 G 플라스마 방출분광법

방출분광법의 불꽃 광원은 알칼리 원소 분석에는 적당하지만, 중금속 원소에는 온도가 너무 낮아 전기 아크나 스파크 전극을 많이 사용한다. 그러나 이들은 외부조건에 따라 온도의 변동이 많고, 재현성을 얻기가 어렵다. 따라서 오늘날 이들 대신에 플라스마 광원이 많이 이용되고 있다.

플라스마(plasma)는 진한 농도의 양이온과 전자를 포함하는 전도성 기체 혼합물로서, 총괄적 전하는 0에 가깝게 되어 있다. 방출법 분석용 플라스마는 주로 아르곤 양이온과 전자로 이루어져 있고, 여기에 소량의 시료 양이온이 섞여 있다. 플라스마는 이온화 과정이 계속되도록 외부에서 충분한 에너지를 계속 공급해야 하고, 이때 그 온도는 10000 K 정도를 유지한다.

아르곤 플라스마 광원의 경우에 에너지를 받는 방법이 세 가지 있는데, 한 가지는 아르곤 기루 속에 dc 전류를 통하는 방법이고, 두 번째와 세 번째 방법은 아르곤의 흐름을 통해 강력한 라디오 주파수와 마이크로 주파수를 보내는 방법이다. 이 중에 라디오 주파수가 가장 효율적이다. 라디오 주파수를 이용하는 경우를 **유도결합 플라스마**(inductively coupled plasma, ICP) 광원이라 하고, 감도가 높고 스펙트럼에 방해가 작다는 이점이 있다. 한편 dc 플라스마 광원(DCP)도 간단하고, 값이 싸다는 이점이 있다.

17 G — 1 유도결합 플라스마 광원

그림 17 — 7은 유도결합 플라스마 광원의 개략도이다. 이것은 석영으로 된 3개의 동심원통으로 되어 있고, 이 속에 아르곤이 11 ~ 17 L/min 유속으로 흐르고 있으며, 가장 큰 관의 지름은 2.5 cm 정도이다. 이 관의 윗부분은 물로 냉각시킨 유도코일로 둘러싸여 있고, 이 코일은 약 27 MHz 주파수에서 2 kW의 에너지를 발생하는 라디오 주파수 발생원에 연결되어 있다. 여기에 흐르는 아르곤이온과 전자는 유도콘일에 의해 유도발생되는 변동하는 자기장(그림 17 — 7에 H로 표시되어 있다)과 상호작용하게 된다. 이러한 상호작용으로 관 내 이온과 전자는 그림에서와 같이 고리모양의 환상운동을 빠르게 하게 되고, 이 운동에 대한 저항으로 Ohm 열이 발생하게 된다. 이렇게 생긴 플라스마의 온도는 대단히 높아서 바깥 석영 실린더에 대하여 단열을 할 필요가 있으며, 그림 17 — 7에서 화살표로 표시한 바와 같이 아르곤 기루를 관벽 주위의 접선 방향으로 흐르게 한다. 이 경우의 유속은 5 ~ 15 L/min이다. 이러한 접선 방향의 흐름은 중심 석영관의 내부벽을 냉각시키고, 플라스마의 내부벽을 냉각시키며, 플라스마의 모양을 중심에서 방사상으로 벗어나가도록 만든다.

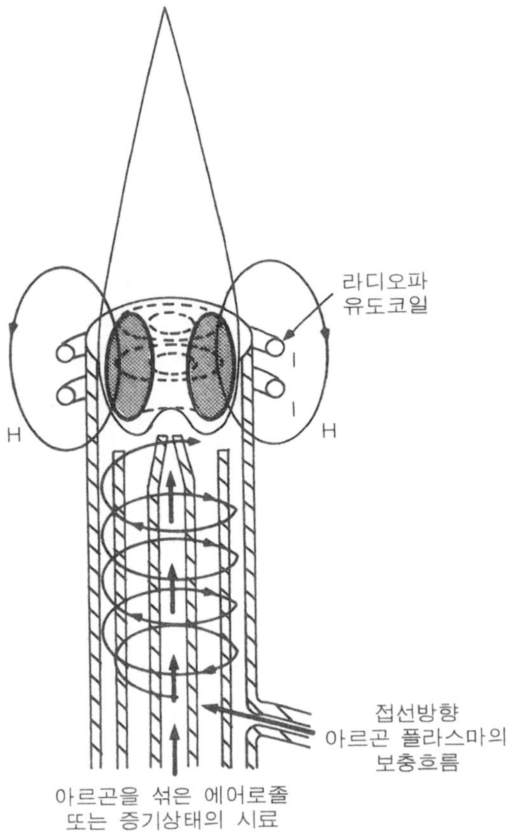

그림 17—7 유도결합 플라스마 광원.

17G—2 시료주입과 플라스마법의 장점

시료용액은 에어로졸로 만들어 그림 17—7에서와 같이 중심 석영관을 통해 아르곤 흐름에 의하여 주입된다. 이것은 불꽃방출법에서 사용하는 분무기의 구조와 비슷하다. 액체와 고체 가루시료는 초음파 분무기 장치에 의해 에어로졸로 만들어 아르곤 기루에 섞어 보낼 수 있다.

고체와 액체 시료를 주입하는 또 한 가지 방법은 높은 온도의 전기적 가열로 시료를 기체화시키는 방법이다. 일반적으로 시료의 기화는 가열된 흑연 막대 위에서 일어나고, 아르곤 흐름에 의해 플라스마 속으로 보내진다.

시료입자가 플라스마 영역에 도달하면 이들은 4000~8000 K의 높은 온도 영역에서 2 ms 정도 동안 머물게 된다. 이것은 아세틸렌-산화질소 불꽃 경우의 약 2배가 되는 높은 온도이고, 따라서 시료의 원자화는 더욱 완전하게 되며, 화학반응에서 오는 방해가 거의 없어진다. 그리고 이 경우 이온화에 의한 방해 영향이 거의 없는데, 이것은 아르곤의 이온화로 생긴 전자농도가 높아서 시료의 이온화를 억제하기 때문이다. 이 밖에 플라스마 광원의 장점은 여기에서는 화학적 활성이 없는 데서 원자화가 일어나고, 따라서 분석물의 산화물이 생성되는 일이 없으며, 순수한 원자의 수명이 길어진다는 것이다. 그리고 아크, 스파크 및 불꽃 광원과는 달리, 플라스마 단면의 온도분포는 비교적 균일하다. 따라서 자체 흡수효과가 나타나지 않는다. 그 결과 검정선의 직선부분이 넓은 농도범위에서 나타난다는 것이다.

17G－3 플라스마의 모습과 스펙트럼

전형적인 플라스마는 매우 강하고 찬란하게 빛나는 백열인데, 중심부는 불투명하고 상부 꼭지 부분은 불꽃모양의 꼬리를 가진다. 불꽃 중심부는 석영관 위로 수mm 뻗어 있다. 이것은 아르곤의 원자스펙트럼이 겹쳐 있는 연속스펙트럼으로 이루어져 있는데, 이것은 아르곤 또는 그 밖의 이온이 전자와 재결합하는 데서 생기는 것이다. 불꽃 중심 부위 10～30 mm 부분에서는 스펙트럼이 사라지고, 광학적으로 투명한 부분이 있다.

스펙트럼 측정은 일반적으로 유도코일에서 15～20 mm 높이의 위치에서 한다. 이곳은 아르곤선이 현저하게 없어지고, 분석원자들의 스펙트럼선이 가장 선명하게 나타나는 곳이다. Ca^{+}, Ca^{2+}, Cd^{+} 및 Mn^{2+} 와 같은 이온은 이 영역의 플라스마에서 가장 많은 분석선을 나타낸다.

플라스마 분광계는 180～900 nm 사이의 모든 자외선-가시선 스펙트럼을 망라하고 있다. 몇 가지 기기는 진공에서 조작하여 170 nm의 진공 자외선까지 확장하여 사용하고 있다. 이러한 짧은 파장 영역에서는 인, 황, 탄소와 같은 원소들을 정량할 수 있어 대단히 중요하다.

17G－4 플라스마 방출 다중채널 분광계

방출분광계에는 순차 측정형과 동시 측정형의 두 가지 기본형이 있다. 순차 측정형은 간단하고 저렴하며, 스펙트럼선의 세기를 한 개씩 순차적으로 측정한다. 이에 반해 다중채널기기는 수많은 여러 가지 원소의 방출선 세기를 동시에 측정하도록 설계되어 있다 (때로는 50～60가지).

만약 한 시료 속에 수십 가지 원소가 들어 있고, 이것을 순차적으로 한 개씩 측정하려면 대단한 시간이 걸릴 것이다. 이 경우 다중채널기기는 편리하다. 그림 17－8은 다중채널 분광계의 개략도로서, 여기서 단색화장치로 오목 회절발을 사용한다. 이 단색화장치의 초점들이 초점 곡면을 따라 출구 슬릿에 나타난다. 이 슬릿 뒤에는 각 원소의 검출기로서 광전자 증배관이 설치되어 있다. 이 경우 그림 17－8에서 보는 바와 같이 스펙트럼선의 입구 슬릿, 출구 슬릿 및 회절발 곡면이 소위 Rowland 원이라는 원 위에 있고, 이 오목 회절발의 초점이 모두 Rowland 원 위에 나타나게 되어 있다는 것이 중요하다. 시료 및 표준물 중의 측정하고자 하는 각종 원소의 스펙트럼선의 출구 슬릿의 위치가 고정되어 있으며, 슬릿 뒤에는 각 원소의 스펙트럼선 세기를 측정하는 광전자 증배관이 설치되어 있고, 광전자 증배관에서 나오는 신호는 적분되도록 축전기-저항회로에 공급

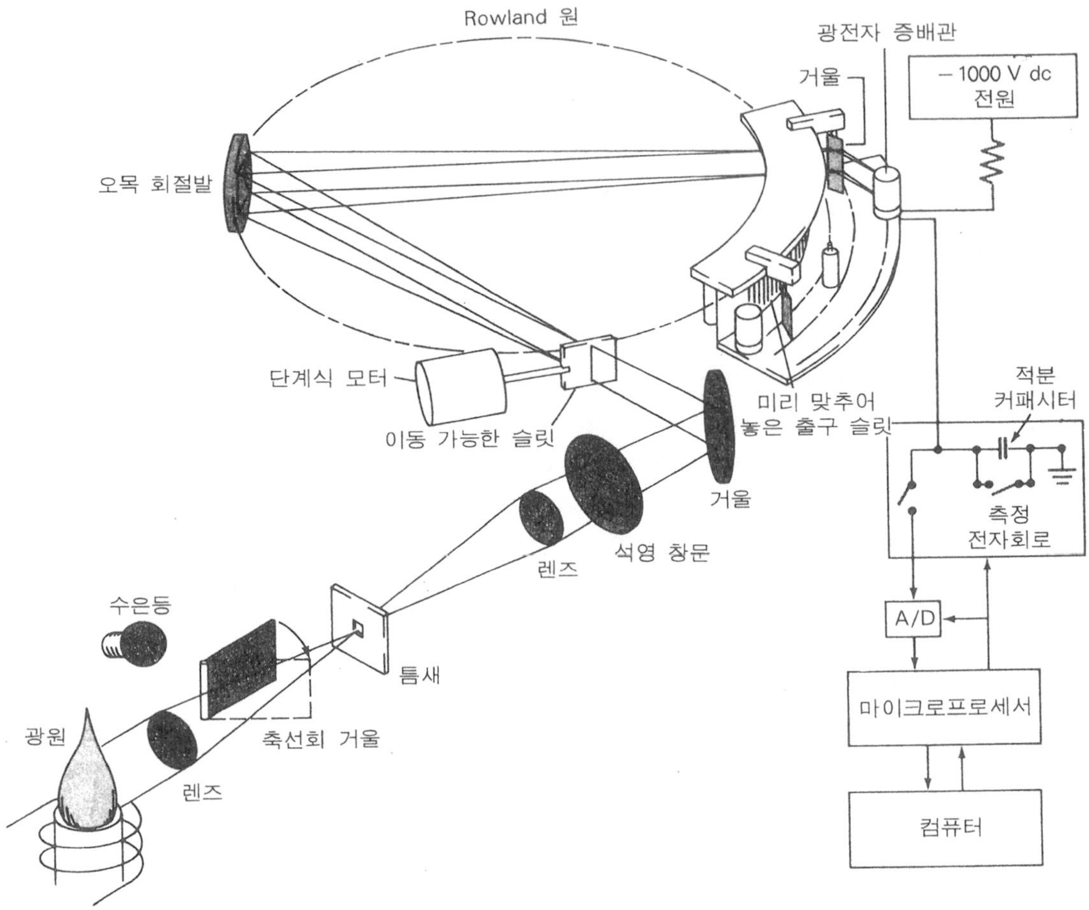

그림 17-8 플라스마 다중채널 분광계(Rowland 원 광학계).

된다. 출력은 디지털화되고, 다시 농도로 환산되어 저장되고 기록된다.

그림 17-8과 같은 방출분광계는 플라스마뿐만 아니라 아크, 스파크 분광계에도 사용될 수 있으며, 일상 분석기기로서 빠르고 정밀한 이상적인 기기이다.

예를 들어 생산공장에서 수분 사이에 수십 개의 시료를 처리하고, 정량분석할 수 있다. 그러므로 제품의 품질관리를 하는 데 생산현장에서 꼭 필요한 기기이다. 다중채널 분광계는 빠른 처리뿐만 아니라, 분석 자료의 정밀도가 대단히 높다(표 17-1 참조).

17 H 분자형광분광법

원자 또는 분자가 전자기 복사선을 흡수하여 들뜨고, 들뜬 화학종이 바닥상태로 이완하면서 여분의 에너지를 광자로서 방출하는 것을 **형광**(fluorescene)이라고 한다.

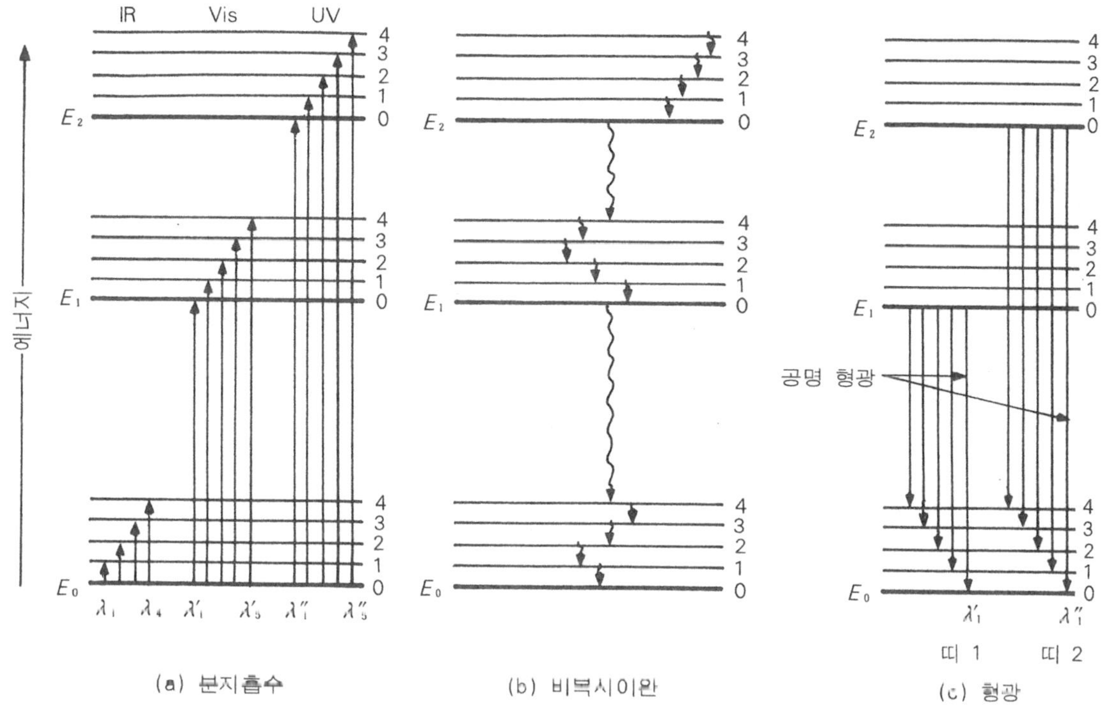

그림 17-9 (a) 흡수, (b) 비복사 이완, (c) 형광과정에서 분자 화학종의 에너지 변화를 보여주는 에너지 준위도.

17H-1 이완과정

들뜬 원자나 분자가 에너지를 내놓고 바닥상태로 이완되는 방법에는 몇 가지가 있다. 가장 중요한 두 가지 이완방법을 그림 17-9에 나타내었다.

그림 17-9b의 **비복사 이완**(nonradiation relaxation)은 들뜬 분자가 주위의 용매분자와 충돌하면서 여분의 에너지를 용매분자에게 주는 현상으로, 그 결과 매질의 온도를 조금 상승시키게 된다. 이와 같은 진동이완은 대단히 잘 일어나고, 진동상태의 평균 수명은 10^{-15}s 정도이다.

이와 같은 비복사 이완은 들뜬 전자에너지 상태의 가장 낮은 진동준위와 다른 전자에너지 상태의 높은 진동준위 사이에서도 일어나는데, 이러한 이완을 **내부전환**(internal conversion)이라고 한다. 그림 17-9b에서 긴 2개의 파동모양 화살이 이것을 표시해 준다. 내부전환은 진동이완보다 능률적이지 못하고, 화학종의 수명은 10^{-6}~10^{-9}s 정도이다.

그림 17-9c는 형광이완 과정을 나타낸 것이다. 들뜬 전자상태의 분자가 바닥전자 상태의 몇 가지 전자상태로 이완할 때 분자는 복사선 띠를 방출하는데, 이것을 **형광**이라고 한다. 분자 흡수띠와 마찬가지로 분자 형광띠도 분해하기 어려운 조밀한 간격의 선들로 이루어져 있다.

그림 17-9c의 2개의 형광띠 1과 띠 2 중에서 단파장, 즉 큰 에너지 쪽 λ'_1과 λ''_1 두 선은 흡수파장과 형광파장이 같으므로 이 선들을 **공명선**(resonance line)이라고 한다. 이

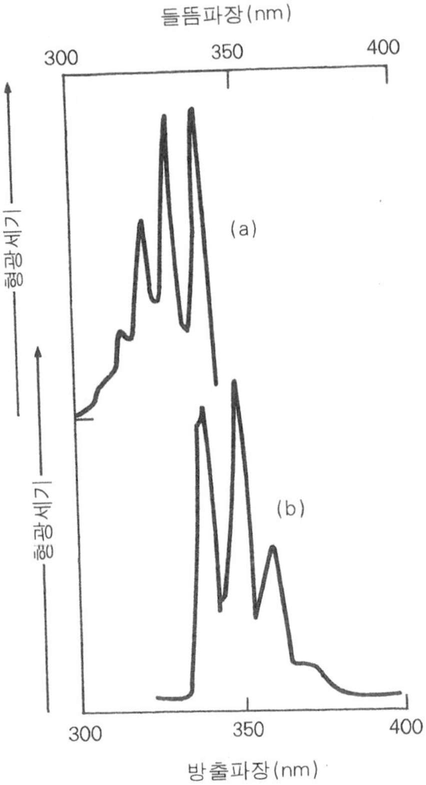

그림 17－10
알코올중 1 ppm 안드라센의 형광스펙트럼.

렇게 보면 분자 형광띠는 일반적으로 흡수되는 복사선 띠보다 파장이 길고, 에너지가 낮다는 사실을 알 수 있다. 이렇게 긴 파장으로 변하는 것을 Stokes 이동이라고 한다.

이 분자에 만약 λ_5'' 복사선을 조사한다면 전자에너지 준위 E_2, 진동준위 4로 들뜨게 되지만, 이것은 곧 진동이완이 일어나 E_2의 0 진동준위로 떨어진다. 이 점에서 다시 일어나는 이완과정은 그림 17－9c의 형광과정을 따를 수 있고, 만약 형광과정을 따를 때에는 형광띠 2를 방출하면서 이완이 일어나는데, 이들 모든 형광선은 λ_5''보다 에너지가 작고 파장이 길다.

또 전자준위 E_2에서 내부전환에 의해 E_1으로 되고, 여기서 형광띠 1을 방출할 수도 있다. 이 경우에는 Stokes 이동이 자외선에서 가시선으로 일어남을 알 수 있다.

들뜸스펙트럼과 형광스펙트럼 　한 화학종의 바닥상태와 들뜬 상태의 진동 에너지 상태가 비슷하기 때문에 흡수스펙트럼, 즉 들뜸스펙트럼과 형광스펙트럼은 공명선에서 서로 겹치면서 대략 거울상으로 대칭적으로 나타난다. 그림 17－10에서 예를 볼 수 있다.

그림 17－10a는 들뜸 빛살파장을 변화시키면서 일정한 파장에서 형광을 측정한 안드라센의 들뜸스펙트럼이다. 이것은 흡수스펙트럼과 대단히 유사하다. 그림 17－10b는 적당한 필터를 사용하여 들뜸 빛살파장은 일정하게 유지하면서 프리즘이나 회절발을 사용하여 형광 발광의 스펙트럼을 얻은 것이다. 이 두 가지가 거울상으로 나타나는 것은 바닥전자 에너지 상태와 들뜬 전자상태의 진동에너지 상태가 거의 같기 때문이다.

17H－2 형광 화학종

형광은 한 물질이 복사선을 흡수하여 들뜬 다음, 이것이 바닥상태로 이완하면서 내는 방출선이다. 그러므로 모든 흡광분자는 형광을 낼 수 있는 잠재력을 가지고 있다. 그러나 그 구조가 형광방출보다는 더 쉬운 이완과정, 즉 비복사과정이 빠르게 일어날 수 있도록 하면 형광이 방출되지 않는다.

방향족 고리를 가지는 화학종이 가장 센 형광을 방출하며, 콘쥬게이션을 가지는 이중결합 구조물질, 고리 지방족의 카르보닐 화합물 등도 형광을 낸다.

방향족 고리의 도입은 흡수파장의 이동과 형광파장을 이동시킨다. 그리고 형광수율*에 영향을 준다.

구조 경고성의 효과　단단한 분자에서 형광이 잘 일어나는 것이 실험적으로 증명되었다. 예를 들면 플루오렌의 형광수율은 1.0에 가깝고, 반면에 바이페닐은 0.2 정도이다.

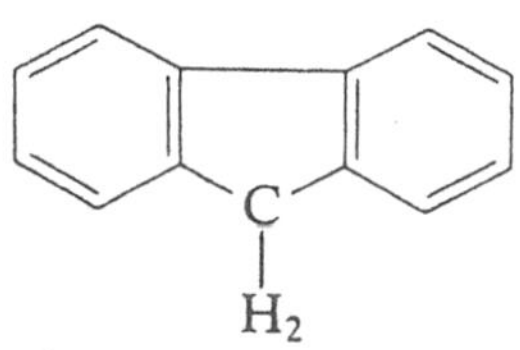
플루오렌

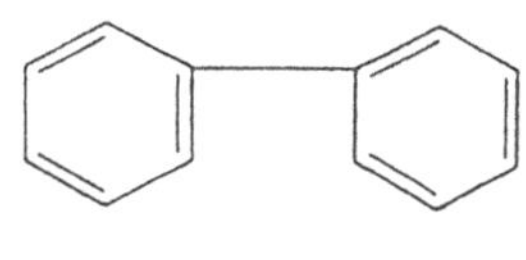
바이페닐

이러한 기능의 차이는 주로 플루오렌에서 메틸렌 다리에 의한 견고성의 증가 때문이라고 생각되며, 이 견고성은 비복사이완 속도를 낮추어 형광에 의한 이완이 일어날 시간을 가지게 한다고 볼 수 있다.

형광염료가 고체 표면에 흡착되면 형광방출이 증가하는 경우가 많은데, 이것도 위에서 말한 견고성에서 그 원인을 찾을 수 있다.

그리고 온도가 높아지면 충돌빈도가 증가하여 진동이완 가능성을 크게 하고, 형광수율을 낮게 한다고 볼 수 있다.

그리고 용매의 점도감소도 같은 결과를 가져온다.

17H－3 형광세기와 농도

형광 복사선의 세기 F는 물질계가 흡수하는 들뜸빛살의 세기에 비례한다.

$$F = K'(P_0 - P) \qquad (17-1)$$

여기서 P_0는 시료에 입사하는 빛살의 세기이고, P는 길이가 b인 매질을 통과한 후의

* 형광수율 $= r_f/(r_f + r_r)$이다. 여기서 r_f는 형광이완 속도이고, r_r은 비복사이완 속도이다.

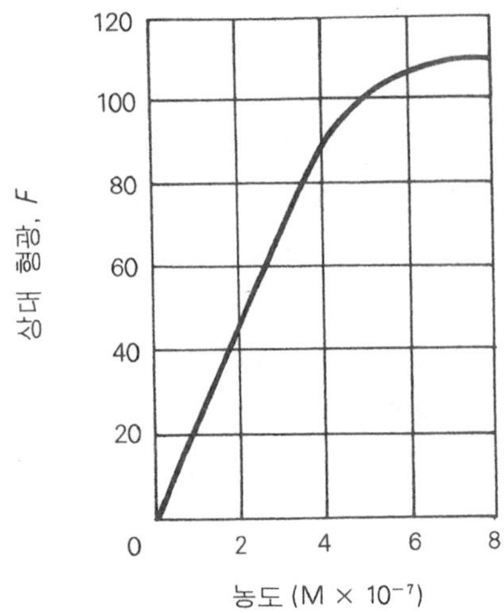

그림 17-11 포유동물 눈의 수정체 중의 가용성 단백질에 있는 트리프토판의 형광분광법 정량을 위한 검정곡선.

세기이다. 상수 K' 은 형광수율에 의존한다. 그런데 Beer의 법칙은 다음과 같다.

$$\frac{P}{P_0} = 10^{-\varepsilon bC} \qquad (17-2)$$

여기서 ε는 형광 화학종의 몰흡광계수이고, εbC는 흡광도 A이다. 식 17-2를 식 17-1에 대입하면 다음을 얻는다.

$$F = K' P_0 (1 - 10^{-\varepsilon bC}) \qquad (17-3)$$

지수항을 전개하면 다음을 얻는다.

$$F = K' P_0 \left[2.3\ \varepsilon bC - \frac{(-2.3\ \varepsilon bC)^2}{2!} - \frac{(-2.3\ \varepsilon bC)^3}{3!} \cdots \right] \qquad (17-4)$$

만약 $\varepsilon bC = A < 0.05$라고 가정하면 괄호 안에 있는 모든 후속항들은 첫 항에 비해 상당히 작다. 그러므로 다음과 같이 쓸 수 있다.

$$F = 2.3\ K'\ \varepsilon bC\ P_0 \qquad (17-5)$$

P_0가 일정한 경우 다음과 같다.

$$F = KC \qquad (17-6)$$

여기서 K는 $2.3\,K'\varepsilon bP_0$와 같고, 거의 일정하여 용액의 방출 형광세기를 시료의 농도에 대하여 도시하면 그림 17-11에서와 같이 농도가 낮은 곳에서는 직선관계가 성립하여 정량분석을 할 수 있음을 말해 준다.

C가 충분히 커서 흡광도가 0.05 정도보다 클 때(투광도가 90% 이하일 때) 직선부분이 성립하지 않게 되고, F는 직선의 외삽선 아래에 있게 된다.

이러한 현상은 자체 소광 때문에 일어난다. 자체 소광은 분석물질의 분자가 방출형광을

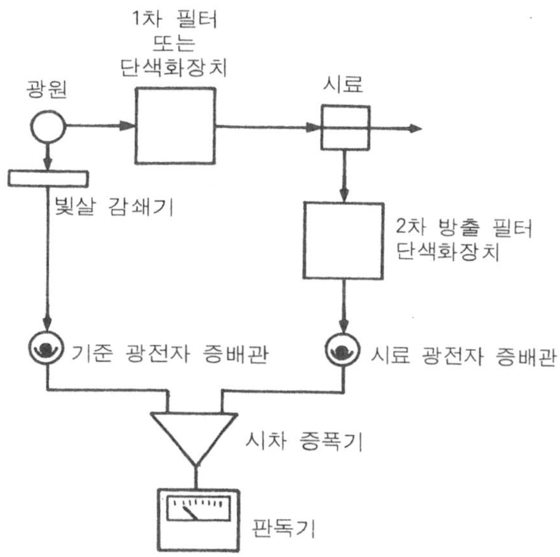

그림 17－12 분광형광계의 구성 요소.

흡수하는 것으로, 사실상 진한 농도에서는 F가 극대값에 도달한 다음에 감소하게 된다.

17 H－4 형광계

그림 17－12는 형광계와 분광형광계(Spectrofluoro meter)의 개략도이다. 이들 부분장치는 15 G 절에서 설명한 분광광도계와 같다.

대부분의 분광형광계는 들뜸 복사선을 선택할 때에는 필터를 사용하고, 시료에서 나오는 형광을 분산시킬 때에는 회절발 단색화장치를 사용한다.

그림 17－12에서 보여주는 바와 같이 형광계는 광원의 빛살세기의 변동을 보상하기 위해 일반적으로 겹빛살형 기기를 선택하고, 형광빛살은 들뜸빛살에 대하여 직각방향에서 측정하도록 되어 있다. 이것은 광원 및 시료용기 등에서 오는 산란광을 피하고, 단색화장치에 형광세기만을 잘 통과시켜 측정할 수 있도록 해준다.

기준 빛살은 감쇄기를 통과시켜 형광 복사선과 같은 세기가 되도록 감소시킨다. 기준과 시료에서 오는 신호를 비교, 측정하여 형광세기를 측정한다.

형광법의 특성 형광법은 들뜸빛살의 세기를 증가시키거나(식 17－5 참조) 검출기 신호를 증폭시키는 방법으로 감도를 높일 수 있는 것이 다른 분광법보다 좋은 점이고, 일반적인 흡수법보다 수십 내지 수천 배 높은 감도(0.1～0.001 μg/mL 정도)를 가진다.

보통 일반적인 흡수법에서는 $C = k \log(P_0/P)$에서 보는 바와 같이 두 빛살의 세기비로 농도가 나다나기 때문에 P_0가 증가하면 P도 증가하여 감도에 그다지 도움을 주지 못한다. 그러나 형광법에서는 식 17－5에서 보는 바와 같이 P_0가 크면 F가 증가한다.

양이온을 형광법 측정하는 데는 8-히드록시퀴놀린과 같은 킬레이트제와 반응시켜 형광성 착물을 생성하는 방법이 많이 사용된다.

형광법은 유기물 아데닌 안트라닐린산, 방향족의 여러 가지 고리 탄화수소 시스데인, 구아니딘 등 여러 가지 물질, 특히 식품, 약품, 임상시료 및 천연물의 분석에 뛰어난 감도와 선택성을 보여주고 있는 가치있는 분석법이다.

실험 171 원자분광분석법

실험 171－1 원자흡수분광광도법에 의한 아연의 분석(추천)

실험개요

미량의 Zn을 함유하는 알루미늄 합금(Zn 0.1 % 정도)을 분석한다. 먼저 시료합금을 염산에 녹인 후 이것을 정확히 4등분하고, 이들 시료용액 중의 3개에 Zn의 표준용액을 일정량씩 다르게 첨가하여 Zn 농도가 각각 다른 시료용액 4개를 만든다. 이들의 흡광도를 측정하여 첨가한 Zn 농도에 대하여 흡광도를 도시하고, 이 곡선을 연장하여 흡광도가 0일 때의 아연 농도를 구하면 이것이 시료용액의 농도의 마이너스값이다. 아연 측정 파장은 2139 Å을 이용한다.

유의사항

일련의 Zn 표준용액을 만들어 그 흡광도를 측정하고, 검정선을 작성한다. 이것을 이용하여 시료의 분석을 하는 방법도 있으나, 시료중에 공존하는 다른 물질이 흡광도 측정에 영향을 주는 메트릭스 효과를 생각할 때에는 이 방법이 반드시 좋은 분석이 될 수 없다.

시료중에 섞여 있는 다른 물질이 흡광도에 미치는 영향을 상쇄하기 위해 원래 시료용액에 측정물질의 표준용액을 첨가하여 흡광도를 측정하는 소위 표준물 첨가법을 이용하도록 한다.

실험과정

시약 : $ZnCl_2$, HCl, H_2O_2, 탈염수

기구 : 원자흡수분광광도계, 메스플라스크(250 mL들이와 100 mL들이 5개)

1. Zn의 50 ppm 표준용액 : $ZnCl_2$ 0.1043 g을 정확히 달아 탈염수에 녹여 1 L들이 메스플라스크에서 묽혀 만든다.

2. 원자흡수분광계의 측정 조건 결정 : 아연의 파장을 2139 Å에 맞추고, 위 표준용액을 다시 10배 묽힌 용액을 사용해 공기와 아세틸렌의 유속을 조절하여 가장 큰 흡광도를 내는 조건을 선택한 다음에 빛살이 지나가는 불꽃의 높이(위치)를 여러 가지로 바꾸

어 가장 흡광도가 큰 높이를 결정한다.

3. 시료용액 만들기 : 시료합금 0.3 g을 정확히 달아서 진한 HCl 5.00 mL를 가하고, 다시 과산화수소를 가하면서 완전히 녹인다. 이것을 250 mL들이 메스플라스크에 옮기고, 탈염수로 묽혀서 표선까지 채운다. 이 시료용액 50 mL씩을 4개의 100 mL들이 메스플라스크에 취하고, 여기에 1에서 만든 Zn의 표준용액을 0, 2, 4, 6 mL씩 각각 적가한 다음 탈염수로 표선까지 묽힌다.

4. 탈염수를 이용하여 투광도를 100 %로 맞추고, 이들 시료용액의 흡광도를 측정하여 적가한 아연의 농도에 대하여 흡광도를 도시한다. 이 선을 연장하여 농도축과의 교점을 구하면, 이 값이 원래 시료용액의 마이너스 농도값에 상당한다.

실험 17I-2 불꽃방출분광광도법에 의한 자연수중의 Na^+, K^+ 및 Ca^{2+}의 정량(추천)

실험개요

각종 농도의 Na, K 및 Ca 표준용액을 만들어 방출선의 세기를 측정하여 농도에 대한 방출선의 세기를 도시한 검정곡선을 작성하고, 시료용액도 표준용액을 만들 때와 같은 방법으로 만들어 각각 같은 방출선의 세기를 측정하여 각 원소의 검정곡선에 의해 농도를 구한다. 일반적으로 각 원소의 측정 파장은 다음과 같다 : 나트륨 측정 파장 ; 589nm, 칼륨 측정 파장 ; 768nm, 칼슘 측정파장 ; 422 nm

유의사항

각 원소는 용액중에 다른 원소가 섞여 있으면 단독으로 있을 때의 방출선의 세기에 다소 영향을 받는다. 이것을 메트릭스 효과라고 한다. 이와 같은 메트릭스 효과를 상쇄하기 위해 표준용액과 시료용액에 미리 일정량의 다른 원소를 충분히 첨가하여 복사선을 측정하는 방법을 이용한다. 이것을 복사선 완충물이라고 한다.

실험과정

기구 : 불꽃분광광도계, 메스플라스크(100 mL들이 4개와 1 L들이)

시약 : NaCl, KCl, $CaCO_3$, 12 M HCl, $MgCl_2$

1. 각 원소의 1000 ppm 표준용액 만들기 : NaCl은 2.5416 g, KCl은 1.9070 g, 그리고 $CaCO_3$는 2.4973 g을 정확히 취하여 탈염수에 녹여서 1 L로 묽히는데, $CaCO_3$의 경우에는 약 300 mL 탈염수에 녹인 다음 12M HCl 10 mL를 가하여 CO_2의 발생이 완결될 후에 1 L로 묽힌다.

2. 복사선 완충물 만들기 : 나트륨 측정 때의 완충물은 탈염수 100 mL에 $CaCl_2$, KCl, 그리고 $MgCl_2$의 순으로 가하여 포화시킨 용액이고, 칼륨 측정 때의 완충물은 탈염수 100 mL에 NaCl, $CaCl_2$, 그리고 $MgCl_2$의 순으로 포화시켜서 만든 용액이며, 칼슘 측정 때

의 완충물은 탈염수 100 mL에 NaCl, KCl, $MgCl_2$의 순으로 녹여 포화시킨 용액이다.

3. 각 원소의 검정곡선 작성 : 100 mL들이 메스플라스크에 각각 해당하는 완충물 5.00 mL씩을 취하고, 여기에 각 측정원소의 표준용액을 적당히 취한 다음 묽혀서 그 농도가 0~100 ppm 범위에 있는 용액을 5개 정도 만들고, 이들 방출선의 세기를 읽는다. 이때 3번 읽고, 그 평균값을 구하도록 한다. 측정 때마다 탈염수를 사용하여 바탕시험을 하도록 한다. 또 바탕 복사선의 세기를 측정하여 각 측정값을 보정해 주도록 한다. 그리고 농도에 대한 보정된 측정값을 도시하여 검정곡선을 작성한다.

4. 시료용액의 분석 : 100 mL들이 메스플라스크에 각 해당 완충물 5.00 mL씩을 취하고, 여기에 시료용액 일정량을 첨가하여 묽혀서 해당 원소의 방출선의 세기를 측정한 다음, 바탕선을 보정하고 해당 검정곡선에 따라 정량한다.

17J 연습문제

17—1 원자흡수분광법과 원자방출분광법을 비교, 설명하라.

17—2 다음 항을 설명하라.
(a) 압력 넓힘 (b) Doppler 넓힘 (c) 속빈 음극등 (d) 메트릭스 효과

17—3 원자방출법이 원자흡수법보다 불꽃의 불안정성에 대하여 더 예민한 이유를 설명하라.

17—4 원자흡수분광계의 광도측정에 토막빛살을 사용하는 이유를 설명하라.

17—5 내부표준 분석법을 설명하라.

17—6 표준물 첨가분석법을 설명하라.

17—7 일련의 시멘트 시료중의 나트륨을 불꽃방출분광법으로 정량하였다. 이 경우 불꽃광도계는 0, 20.0, 40.0, 60.0 및 80.0 μg Na_2O/mL를 표함하는 표준용액을 사용하였더니 각각 3.1, 21.5, 40.9, 57.1 및 77.3의 검정값을 얻었다.
(a) 자료를 도시하라.
(b) 이에 대한 최소제곱선을 구하라.
(c) 기울기와 수직오차의 표준편차를 구하라.
(d) 다른 시료 1.000 g을 HCl에 녹여 100.0 mL가 되도록 묽혀 다음과 같은 자료를 얻었다.

	바탕	시료 A	시료 B	시료 C
반복 1	5.1	28.6	40.7	73.1
반복 2	4.8	28.2	41.2	72.1
반복 3	4.9	28.9	40.2	—

각 시료중의 Na_2O의 %를 구하라. 상대표준편차도 구하라.

제 18 장

X-선 형광법 및 질량분석법

18A X-선

X-선은 높은 전압으로 가속된 전자가 금속과녁에 부딪힐 때 나타난다. 그리고 X-선은 자외선, 가시선 등과 같이 전자기 복사선이지만, 에너지가 크고 파장이 일반적으로 0.2 ~ 25 Å 정도로 대단히 짧다.

X-선에도 일반적인 복사선과 같이 흡수, 방출 회절 및 형광현상이 일어나고, 이것을 이용하면 물질의 조성 및 구조에 관한 유용한 정보를 얻을 수 있다. 그 중에서도 X-선 형광법은 정성분석 및 정량분석에 대단히 유용하게 이용되고 있다.

18A—1 X-선 특성 선스펙트럼과 원자번호

가열된 음극에서 생성된 전자를 100 kV 정도의 높은 전위로 가속시켜 금속과녁에 충돌시키면 전자살의 일부 에너지는 X-선으로 바뀐다. 따라서 그림 18-1과 같은 연속 X-선 스펙트럼과 선스펙트럼이 나타난다. 연속 스펙트럼의 파장은 전자의 가속전압에 의존하고, 과녁물질에는 무관하다.

가속된 전자가 물질에 충돌하여 감속할 때 전자의 에너지는 감소하는 동시에 X-선 광자가 생성되고, 광자에너지는 충돌 전후의 전자의 운동에너지 차이와 같게 된다. 이때 얻을 수 있는 최대 광자에너지는 충돌하여 운동에너지가 0으로 감소할 때 나타나고, 다음과 같은 관계를 가진다.

표 18－1 몇 가지 원소의 X-선의 선스펙트럼의 파장(Å)

원소	원자번호	K 계열		L 계열	
		α_1	β_1	α_1	β_1
Na	11	11.909	11.617	—	—
K	19	3.742	3.454	—	—
Cr	24	2.290	2.085	21.714	21.323
Rb	37	0.926	0.829	7.318	7.075
Cs	55	0.401	0.355	2.892	2.683
W	74	0.209	0.184	1.476	1.282
U	92	0.126	0.111	0.911	0.720

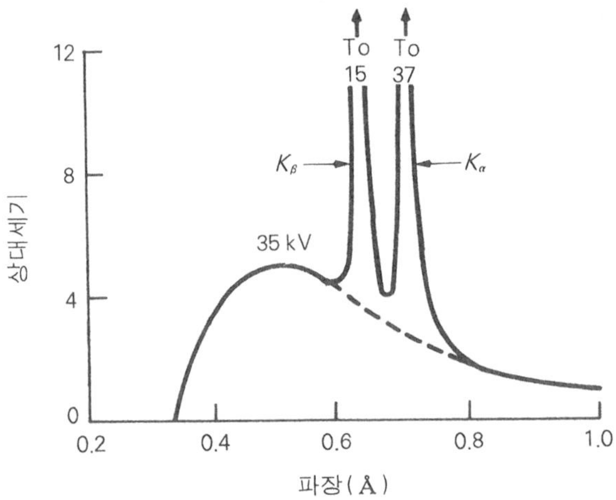

그림 18－1 몰리브덴 과녁의 X-선 관에서 얻은 선스펙트럼.

$$h\nu_0 = \frac{hc}{\lambda_0} = Ve \qquad (18-1)$$

가속전압 V에 전자 전하를 곱한 Ve는 가속된 전자의 운동에너지와 같고, h는 Planck 상수, c는 광속도이다. 그리고 ν_0와 λ_0는 이때 얻을 수 있는 복사선의 최대 주파수와 최소 파장한계이다. 이 관계를 Duane-Hunt 법칙이라고 한다. 상수들을 대입하면 다음과 같이 된다.

$$\lambda_0 = 12{,}398/V \qquad (18-2)$$

여기서 λ_0는 Å 단위로, V는 볼트 단위로 표시된다.

그리고 한편, 선스펙트럼의 파장은 과녁원자의 원자번호에 따라 정해진다. 몰리브덴 금속의 과녁을 전자로 때리면 대략 0.63 Å 및 0.71 Å에서 강한 방출선이 나타난다. 또 간단한 일련의 선들이 장파장 쪽인 4～6 Å 영역에서도 나타난다. 이와 같은 현상은 원자번호가 3보다 큰 모든 원소에서 볼 수 있다. 그리고 이렇게 얻은 X-선의 선스펙트럼은 두 계열로 나타나는데 단파장 계열을 K 계열이라 하고, 장파장 계열을 L 계열이라고 한다. 원자번호가 23보다 작은 원소는 K 계열만 나타낸다. 표 18－1은 몇 가지 원소의

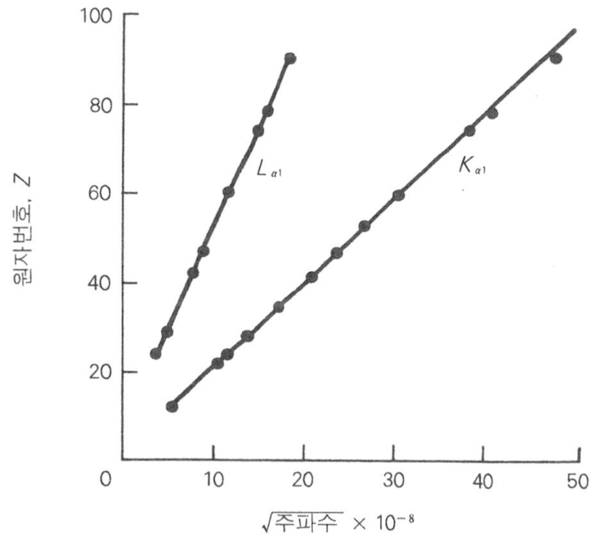

그림 18-2 X-선 방출 주파수와 원자번호간의 관계($K_{\alpha 1}$과 $L_{\alpha 1}$ 선들).

방출 특성 선스펙트럼의 파장값을 나타낸 것이다.

X-선 스펙트럼은 과녁원자의 최내각원자궤도에 속하는 전자전이에서 생기고, 가장 짧은 파장 K 계열 스펙트럼은 높은 에너지의 전자가 과녁물질 원자의 K 궤도 전자를 떼어낼 때 생긴다. 즉 K 전자가 떨어져나가면 바깥 궤도에 있는 높은 에너지의 전자가 비어 있는 궤도로 전이하고, 이때 X-선이 방출된다.

각 원자들의 K 또는 L선의 특성 스펙트럼을 들뜨게 하는 데 필요한 최소 전압은 원자번호가 증가함에 따라 증가한다.

그림 18-2는 원소의 원자번호와 그 방출 선스펙트럼의 주파수의 제곱근 사이에 직선관계가 있음을 보여준다. 이 관계는 1914년 H. G. S. Moseley에 의해 발견되었다.

각 원소의 원자번호는 원자의 질량인 원자량과 거의 정비례하여 나타나지만, 엄격한 의미에서는 그 원자의 X-선 특성 스펙트럼의 주파수와 함수관계에 있다.

18B X-선 형광분광계

시료물질에서 X-선 특성 스펙트럼을 얻기 위해 높은 에너지의 전자로 충격을 주는 방법뿐만 아니라, X-선 관에서 나오는 1차 X-선으로 시료를 조사하는 경우에도 X-선 특성 스펙트럼을 얻을 수 있으며, 이렇게 얻은 2차 X-선을 **X-선 형광**(X-ray fluorescence)이라고 한다. X-선 형광은 방사성 동위원소에서 방출되는 높은 에너지선인 γ-선을 시료에 조사하는 경우에도 X-선 특성 스펙트럼을 얻을 수 있다.

원소의 정성분석 및 정량분석에는 X-선 특성 스펙트럼을 감지하는 그림 18-3과 같은 **X-선 형광분광계**(X-ray fluorescence spectrometer)가 널리 이용되고 있다.

그림 18-3은 X-선 형광분광계의 중요 구성 요소를 나타낸 것이다. X-선 광원에서

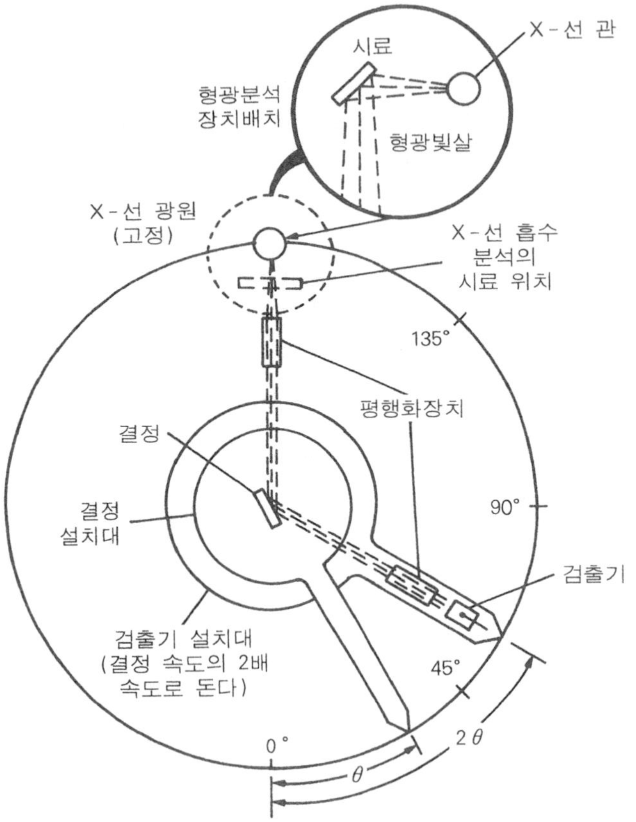

그림 18—3 X-선 단색화장치와 검출기. 빛살에 대한 검출기의 각도(2θ)는 결정면(단색화장치)의 각도(θ)의 2배임을 알 수 있다.

나온 빛살은 시료에 부딪혀 X-선 특성 형광스펙트럼을 방출시키고, 이것이 **빛살 평행화장치**를 통과하는데, 이것은 평행하게 나열된 금속판이고, 빗나가는 빛살은 금속판에서 흡수된다. 다음에 X-선 형광은 단색화장치인 결정체를 지나면서 파장에 따라 분산되는데, 이때 이 **단결정체**는 빛살과의 사이 각도 θ를 연속적으로 변화시키면서 측정하는 **측각기**(goniometer) 또는 회전판대 위에 설치되어 있다.

X-선 형광의 스펙트럼을 검출하는 데 필요한 빛살 평행 장치와 **검출기**는 그림 18—3에서 보는 바와 같이 첫번째 회전대의 회전속도의 2배 속도로 회전하는 두 번째 회전대에 설치되어 있다. 즉 결정체가 각도 θ로 회전할 때 검출기는 같은 시간 동안 2θ로 회전하게 되어 있다. 이러한 X-선 형광분광계에서 얻은 X-선 형광스펙트럼은 그림 18—8과 같다. 이렇게 얻은 스펙트럼을 통하여 정성 및 정량 분석을 할 수 있다.

18B—1 X-선 광원

분석에서 가장 널리 사용되는 X-선 광원은 그림 18—4와 같은 Coolidge 관으로, 이것은 높은 진공관 속에 텅스텐 필라멘트 음극과 텅스텐, 구리, 몰리브덴, 크롬, 은, 니켈, 코발트, 로듐 또는 철과 같은 금속으로 만들어진 묵직한 양극이 설치되어 있다.

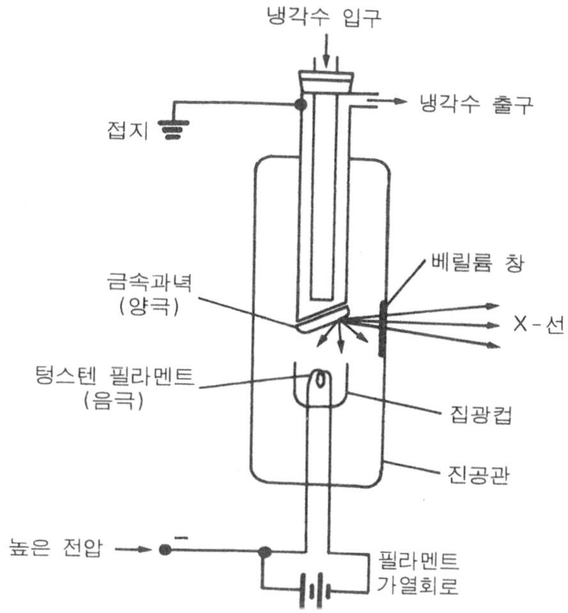

그림 18-4 X-선 관의 약도.

음극에서 나온 전자를 과녁까지 가속시키는 데는 별도의 높은 전압회로를 사용한다. 그리고 이 가속전압은 X-선의 에너지와 파장을 결정한다.

전자충격에 의한 X-선 생성은 효율이 대단히 낮고, 전력의 1% 미만이 복사선 에너지로 전환되며, 나머지 에너지는 열로 소모된다. 그러므로 양극을 냉각시키는 냉각수 장치가 필요하다. 그러나 현대의 X-선 관은 매우 낮은 전력으로 작동되고 있으므로 냉각시설이 필요없다. 이것은 감도가 좋은 형태의 X-선 검출기가 고안되었기 때문이기도 하다.

18B-2 X-선의 단색화장치

자외선, 가시선, 적외선과 같은 전자기복사선은 회절발(grating)을 이용하면 분산시키고, 단색화시킬 수 있다(15C절 참조). 그러나 X-선은 그 파장이 대단히 짧기 때문에 이것을 분산시키는 회절발을 만들 수가 없었다. 광선을 분산시키기 위해서는 광선의 파장과 회절발의 홈 사이의 간격 d가 비슷해야 하는데, X-선의 파장이 Å 단위이므로 이것을 분산시키는 데는 표 18-2에서 보는 바와 같은 NaCl이나 LiF의 결정체와 같은 것을 사용해야 한다.

X-선이 결정면에 각 θ로 부딪힐 때 그림 18-5에서와 같이 원자층에 의해 일부 빛살이 산란된다. 산란되지 않은 빛살은 두 번째 층에서 산란되고, 나머지는 세 번째 층에까지 가서 산란된다.

X-선 회절이 일어나기 위해서는 (1) 원자층간의 간격이 복사선의 파장과 대략 같아야 하고, (2) 원자가 공간에 규칙적으로 나열되어 있어야 한다.

표 18—2 X-선 분산용 결정체의 성질

결정	격자간격 d, Å	파장범위*, Å		분산 $d\theta/d\lambda$, deg/Å	
		λ_{max}	λ_{min}	λ_{max}에서	λ_{min}에서
Topaz	1.356	2.67	0.24	2.12	0.37
LiF	2.014	3.97	0.35	1.43	0.25
NaCl	2.820	5.55	0.49	1.02	0.18
EDDT‡	4.404	8.67	0.77	0.65	0.11
ADP†	5.325	10.50	0.93	0.54	0.09

*2θ의 측정가능 범위는 160°에서 λ_{max}를, 10°에서 λ_{min}을 구하는 가정을 하였다.
‡ Ethylenediamine d-tartrate.
† Ammonium dibydrogen phosphate.

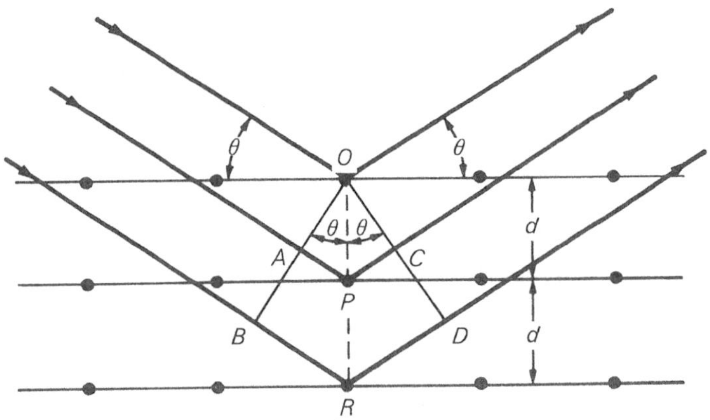

그림 18—5 결정에 의한 X-선의 회절.

1912년 W. L. Bragg는 그림 18—5에서와 같은 결정체에 대한 X-선의 회절을 다음과 같이 설명하였다 : 빛살이 결정면을 조사할 때 입사각이 θ이고, O, P, R에서 산란이 일어나서 OCD에서 같은 위상을 가지게 되며, 상이 생기기 위해서는 그 파장 λ가 다음과 같은 관계를 성립시켜야 한다. 여기서 n은 정수이다.

$$AP + PC = n\lambda$$

각 θ로 입사한 빛살 중에서 보강간섭하는 파장은 다음 관계를 만족시키는 λ와 같을 것이다. 여기서 d는 결정면 사이의 거리이다.

$$n\lambda = 2d\sin\theta \qquad (18-3)$$

이것을 Bragg 식이라 하고, λ 이외의 파장과 θ 이외에서 들어오는 빛살은 스펙트럼에 상으로 나타나지 않는다.

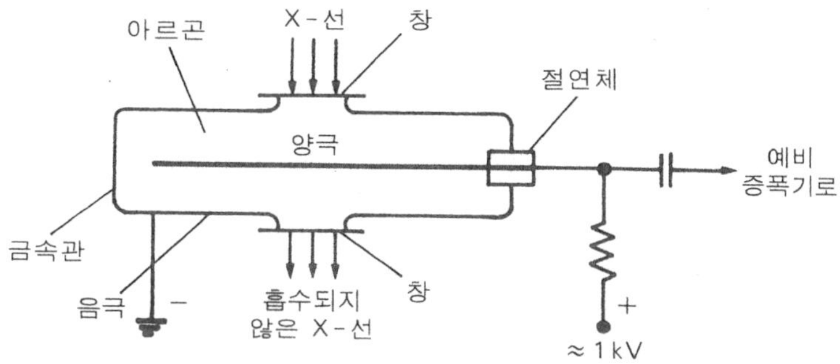

그림 18-6 기체 충전 검출기의 단면도.

18B-3 X-선 검출기

시료에서 나오는 X-선 형광은 단색화장치인 결정체를 통과하면서 파장에 따라 회절되고 분산되어 나오는 것을 X-선 검출기를 거치면서 전기신호로 변환되어 기억되고 기록되며 인쇄된다.

초기 X-선의 검출에는 사진 에멀션을 이용하였다. 그러나 오늘날에는 3가지 종류, 즉 기체 충전 검출기, 섬광 검출기, 반도체 검출기가 있다. 이들 검출기는 X-선뿐만 아니라, 방사성 동위원소의 방사능(activtiy) 측정에도 이용되고 있다.

(1) 기체 충전 검출기

기체 충전 검출기는 그림 18-6과 같이 아르곤과 같은 불활성 기체를 채운 금속상자 속에 높은 전위를 유지하는 양극선이 봉입되어 있고, 운모나 베릴륨과 같은 창을 통과하여 X-선이 들어오게 되어 있다. 들어온 X-선은 아르곤 기체를 이온화시킨다. 그리고 전자는 양극선에 흡수되고, 아르곤 양이온은 금속상자의 벽에 도달하면서 검출기에 전류가 흐른다.

기체 충전 검출기는 양극선의 전위가 대단히 높은 경우에는 Geiger관, 중간 정도 되는 경우에는 비례계수기, 그리고 낮은 경우에는 이온화 상자라고 한다.

Geiger 관 양극선의 전위는 대단히 높고, 관 속으로 들어온 X-선 광자가 아르곤 기체를 이온화시키면 전자들은 양극으로 가속되어 끌려가면서 이온화를 되풀이하여 무수한 전자군이 동시에 양극에 도달하는데, 이것을 전자의 사태(avalanche)라 하고, 이때 전류의 한 펄스(pulse)가 흐른다. 다음에 X-선 광자가 상자에 들어오면 새로운 펄스가 생기는데, 단위시간에 나타나는 이러한 펄스의 계수가 X-선 또는 방사능의 세기를 나타낸다.

순간적 전류의 펄스가 흐르면 뒤이어 양이온이 상자벽 쪽으로 이동하여 공간전하를 형성하고, 이것이 해소될 때까지는 관의 전도가 일어나지 않는 **불감시간**(dead time, 50~200 μs)이 뒤따른다. 그리고 아르곤 양이온이 상자벽에 가서 방전되면서 2차 전자의 생

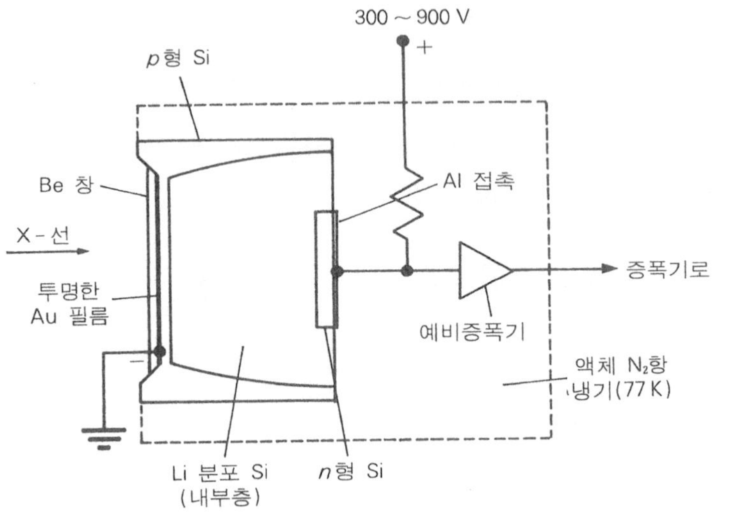

그림 18-7 리튬 분포 규소 반도체 검출기.

성이 일어날 수 있는데, 이것을 방지하기 위해 알코올이나 메탄과 같은 소광기체(guenching gas)를 넣어준다.

비례계수기 기체 충전 검출기로서, 중간 정도의 양극 전위에서 작동하는 경우에는 들어온 X-선 광자가 그 에너지에 비례하여 아르곤 기체를 이온화시킨다. 이때 생성된 전자는 양극에 끌려가면서 이온화를 계속하며 증식되는데, 항상 처음 전자수, 즉 X-선 광자의 에너지에 비례하게 전자가 증배되고 전류가 비례하게 흐른다.

이온화 상자 양극 전위가 비교적 낮고, 이온화된 전자수만큼 양극에 수집된다. 그러므로 전류가 대단히 약하고, 실용적이지 못하다.

(2) 섬광 검출기

섬광 검출기(scintillation detector)는 황화아연과 같은 인광체에 X-선 광자가 충돌할 때 생기는 복사선을 광전자 증배관으로 계측하는 계측기이고, 가장 널리 사용되는 것은 0.2 % 요오드화탈륨을 도입하여 활성화시킨 요오드화나트륨의 투명한 결정을 인광체로 이용하는 것이다.

섬광 검출기의 특성은 섬광에서 생성된 광전자수는 대략 입사복사선의 에너지에 비례한다는 것이다. 따라서 여기서 얻은 신호는 펄스 높이 분석기에 연결되고 에너지 분산형 광도계가 된다.

(3) 반도체 검출기

그림 18-7은 리튬을 확산시킨 규소 반도체 검출기이다.

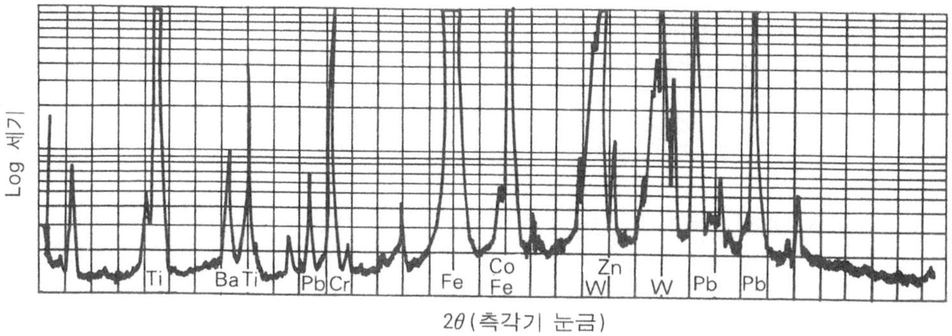

그림 18-8 X-선 형광 분광계에서 얻은 시료의 형광스펙트럼.

X-선 광자는 Be 창과 투명한 Au 창을 통하여 p형 반도체층, 중앙의 본바탕인 리튬 규소 반도체, 그리고 n형 규소층을 지나면서 이온화를 하여 전자를 만든다. p형 층의 바깥면은 얇은 금박을 입히는데, 때때로 X-선에 투명한 얇은 베릴륨으로 덮는다.

출력신호는 n형 규소를 덮고 있는 알루미늄층으로부터 나와 예비 증폭기에 연결되며, 여기서 10배로 증폭된다. 검출기와 예비 증폭기는 잡음을 줄이기 위해 액체 질소(-196 ℃)로 온도 조절을 한다. 온도가 상승하면 리튬이 빠르게 규소 속으로 확산되어 검출기의 기능이 저하된다.

규소·검출기의 내부층은 기체 충전 검출기에서 아르곤과 같은 기능을 한다. 처음에 광자가 흡수되면 규소에 있는 수천 개의 전자를 전도띠까지 들뜨게 하면서 그 운동에너지는 0으로 있다. 그 결과 전도도가 크게 증가한다. 결정에 전압을 걸어주면 X-선 광자가 흡수될 때마다 전류 펄스가 흐르게 된다. 비례 검출기에서와 마찬가지로, 펄스의 크기는 흡수된 X-선 에너지에 비례한다.

18B-4 X-선 형광스펙트럼

X-선 형광분광계(18B-절 참조)에서 얻는 시료의 X-선 형광스펙트럼은 그림 18-8과 같다. 가로축이 2θ로 표시되어 있지만 빛살에 대한 단결정면의 각도는 θ이고, 결정면 사이의 간격 d값을 이용하면 식 18-3으로부터 특성 스펙트럼선의 파장을 구할 수 있다. 따라서 시료의 정성분석을 할 수 있다. 그리고 봉우리의 높이는 원소의 정량분석에 이용된다.

18C X-선 형광법의 정성 및 정량분석법

그림 18-8의 가로축은 각 2θ로 도시되어 있고, 식 18-3을 이용하면 이것을 파장으로 환산할 수 있으며, 원소의 방출선 파장표를 참고하면 그 봉우리의 원소를 확인할 수

있다. 이 봉우리의 높이를 이용하여 대략적인 정량분석을 할 수 있지만, 측정 당시의 각 종 실험 조건의 불확정성 때문에 대략적인 농도를 알 수 있고, 이것을 다음과 같이 나타낼 수 있다.

$$P_x = P_s W_x \tag{18-4}$$

여기서 P_x는 일정 시간 동안 측정한 봉우리의 높이를 표시하는 세기이고, W_x는 시료중의 그 원소의 무게분율, P_s는 W_x가 1일 때의 선의 세기이다. P_s는 순수한 원소시료나 조성을 아는 표준시료를 사용하여 구할 수 있다.

식 18－4는 분석 화학종에서 나오는 방출선의 세기가 시료중의 다른 원소의 존재로 인해 영향을 받지 않는다는 가정하에 성립한다. 그러나 그러한 가정은 적당하지 않다. 즉 주위의 원소 때문에 선의 세기는 흡수되기도 하고, 증강되기도 한다.

18C－1 메트릭스 효과

형광법에서 발생하는 X-선은 시료의 표면에 있는 원자뿐만 아니라, 그 아래층에 있는 원소부터도 발생한다. 그런데 입사 빛살과 여기서 얻어지는 형광 빛살의 일부가 시료의 일정 두께를 투과하는 동안에 주위에 있는 다른 원소에 의해 흡수와 산란이 일어날 수 있고, 이러한 형광 세기의 감소는 오직 주위에 있는 다른 원소들의 성질에 달렸다.

이와 같은 메트릭스(matrix)에 의한 흡수는 식 18－4에서 계산한 결과를 높이기도, 낮추기도 한다.

18C－2 내부표준물에 의한 검정선

분석선의 세기와 농도와의 관계는 시료의 조성과 비슷한 일련의 표준물을 이용하여 실험적 검정선을 작성하고, 이것에 따라 시료를 분석하도록 한다. 이 과정에서 어떠한 원소의 일정량을 검정 표준물 시료와 분석 시료에 모두 도입한다. 이렇게 도입되는 **내부표준원소**는 표준물과 분석 시료, 그 어디에도 존재하지 않아야 한다. 그리하여 분석원소와 내부표준원소의 복사선의 세기비를 분석파라미터로 사용한다. 이렇게 하여 광원의 변동과 메트릭스에 의한 흡수와 증강효과가 시료와 내부표준물에 동일하게 작용하여 복사선 세기비를 사용하면 이들 효과를 보상해 준다고 보는 것이다.

18C－3 희석법

이 경우 시료와 표준물 모두를 낮은 원자번호의 원소, 즉 물, 탄소, 수소, 산소, 질소만을 포함하는 유기물 용매, 전분, 탄산리튬, 알루미나 및 붕산 또는 붕사유리와 같은 것으로 일정 비율로 희석하도록 한다. 이렇게 되면 사실상 메트릭스 효과가 일정하게 된다. 이러한 과정은 광물분석에서 유용하게 이용되고 있다.

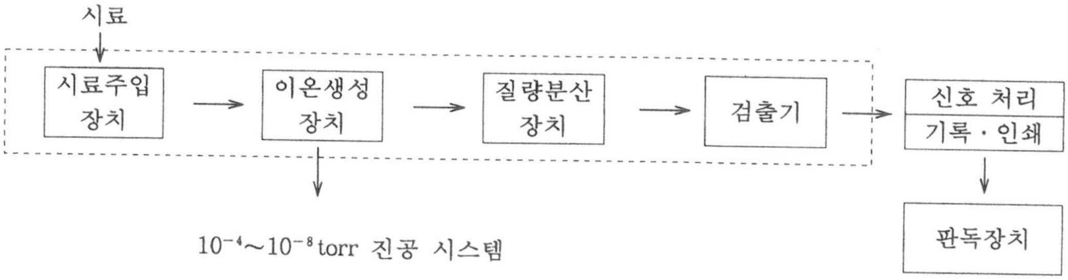

그림 18-9 질량분석계의 계통도.

18C-4 X-선 형광법의 장점과 단점

X-선 형광법은 많은 장점을 가지는 정성 및 정량분석법이다.

X-선의 특성 스펙트럼은 비교적 단순하기 때문에 분석 방해가 잘 일어나지 않는다. 그리고 X-선법은 비파괴적 분석법이기 때문에 고고학적 귀중품 보석 등과 같이 가치있는 물건을 손상없이 분석할 수 있고, 흔적만 있는 미량분석도 할 수 있으며, 그리고 대단히 중요한 것은 분석이 신속하고 비교적 간단하다는 것이다. 제품의 생산과정에서 즉석에서 분석정보가 필요한 경우에 널리 이용되고 있다.

이 분석법의 정확도와 정밀도는 다른 분광법과 비슷하고, ppm 농도도 측정할 수 있다. 가벼운 원소에 대해서는 어려움이 있으나, 오늘날에는 붕소(5)나 탄소(6)까지도 분석할 수 있다. 그러나 X-선 형광분광장치는 고가이다.

18D 질량분석계

질량분석법(mass spectrometry, MS)은 시료물질을 기화시켜 이것을 전자충격으로 이온화하고 가속시켜 자기장 또는 전기장에 도입하여 질량 대 전하비에 따라 이들 이온을 분산시키고, 이에 따라 얻은 질량스펙트럼으로 물질을 분석하는 방법을 말한다.

질량분석법은 오늘날 물질분석 확인에 있어 적외선 스펙트럼, NMR, 그리고 기체크로마토그래피법과 더불어 대단히 중요한 역할을 하고 있으며, 올림픽 경기선수의 약물복용 여하를 조사하는 도핑 검사에 없어서는 안될 중요한 역할을 하고 있다. 그러나 역사적으로는 가장 최근에 발전된 분석법이고, 믿을 만한 질량분석계가 처음으로 시판되기 시작한 것은 1950년대 제 2 차 세계대전 이후이다.

질량분석계의 중요 부분장치의 계통도는 그림 18-9와 같은데, 높은 진공상태 속(10^{-4} ~10^{-8} torr)에 시료입자를 도입시켜 이온화시킨 다음, 이 이온을 가속시켜 자기장으로 도입하여 분산시켜 질량스펙트럼으로 나타낸다.

표 18－3 전자충격법에서 일어나는 전형적인 토막내기 반응

분자이온 형성	$ABCD + e^- \longrightarrow ABCD^+ + 2e^-$
토막내기	$ABCD^{\cdot +} \longrightarrow A^+ + BCD.$ $\longrightarrow A. + BCD^+ \longrightarrow BC^+ + D$ $\longrightarrow CD. + AB^+ \longrightarrow B + A^+$ 또는 $A + B^+$ $\longrightarrow AB. + CD^+ \longrightarrow D + C^+$ 또는 $C + D^+$
토막난 후 자리옮김	$ABCD^{\cdot +} \longrightarrow ADBC^{\cdot +} \longrightarrow BC. + AD^+$ 또는 $AD. + BC^+$
토막난 후 충돌	$ABCD^{\cdot +} + ABCD^+ \longrightarrow (ABCD)_2^{\cdot +} \longrightarrow BCD. + ABCDA^+$

18D－1 시료주입장치

일반적으로 기체시료를 이온화 장치 속으로 도입할 때 가급적 진공의 손실이 없도록 조심하면서 한다. 오늘날은 끓는점이 500℃ 정도의 액체 시료도 이용할 수 있도록 시료 주입장치의 내부 온도를 350℃ 정도까지 유지시킬 수 있다.

기체 시료의 경우는 μmol 정도를 매우 작은 일정량의 부피의 용기를 이용하고, 액체 시료의 경우는 마이크로 피펫으로 다공성 유리판 속으로 주입시킨다. 유리판을 수은층으로 덮어 공기의 유입을 막는다.

오늘날 질량분석계는 기체 크로마토그래피와 연결하여 효율적으로 물질을 분리하고 확인하고 있는데, 크로마토그래피관에서 용리되어 나오는 시료에서 운반기체를 제거하고 분석물질만을 질량분석관으로 주입시키는 장치가 고안되었다(18G－4절 참조).

18D－2 전자충격 이온화법

질량분석법에서 가장 일반적인 이온화 방법은 가속된 전자살로 기체 시료에 충격을 가하는 방법이다. 이때 전자는 가열된 텅스텐 필라멘트와 양극 사이에 걸어준 70V 전압에 의해 가속된다.

비교적 간단한 화합물이라도 많은 토막으로 되고, 높이가 서로 다른 복잡한 질량스펙트럼으로 나타나는 것이 보통이다. 그리고 이렇게 얻은 스펙트럼의 미세구조는 이온화 방법, 전위, 시료의 압력, 온도 등에 따라 달라지므로 스펙트럼의 해석은 쉬운 일이 아니다.

분자 화학종 M의 분자 양이온 M^+의 생성은 다음과 같이 나타난다.

$$M + e^- \longrightarrow M^+ + 2e^-$$

이와 같이 M^+ 분자이온(분자와 분자량이 같은 이온)이 생긴 다음에, 이어서 어미이온보다 질량이 작은 또는 큰 이온이 생기는 일련의 반응이 나타난다. 표 18－3은 전자충격을 받고 어미분자 ABCD로부터 이온이 생성된 후에 나타나는 전형적인 토막내기 반

응을 보여준다.

시료 기체를 전자충격으로 이온화하여 토막을 내고, 가급적 재현성 있는 토막무늬를 얻기 위해서는 전자를 50 V 이상 높은 전위로 가속하여 자기장에서 분산시키도록 한다. 이렇게 얻은 질량스펙트럼은 적외선 흡수스펙트럼과 같이 화합물 확인에 이용된다.

18 D—3 장 이온화법과 장 탈착 이온화법

장 이온화법(field ionization method)은 모두 센 전기장(10^8 V/cm)하에서 시료이온이 생성되는 경우이다. 1 μm 보다 작은 직경을 가지는 수많은 가늘고 예리한 침으로 이루어진 양전극 끝에서 이온이 생긴다. 장 이온화 양극은 텅스텐 또는 몰리브덴으로 도금된 수많은 가는 구리침으로 되어 있고, 때로는 benzonitrile을 열분해하여 얻은 탄소를 양극침의 표면에 정착시킨 것도 있다. 이렇게 하면 텅스텐 전극침 주위에 수많은 탄소의 마이크로침이 생기게 된다. 기화된 시료는 높은 전압(10∼20 kV)의 양극침 끝의 더 높은 전기장(10^8 V/cm)에서 전자를 잃고 양이온으로 이온화된다.

한편 **장 탈착 이온화법**(field desorption method)에서는 양전극침에 시료용액을 미리 피복시킨 후, 이것을 이온화할 장소에 설치하여 높은 전압을 걸어주도록 하면 시료가 이온화하면서 이온이 탈착기화해 나간다.

장이온화법은 토막내기 분해가 최소한으로 일어나는 **온화한 이온화법**이고, 분자이온 M^+와 $(M+1)^+$ 이온이 주로 많이 생긴다. 장 이온화법의 단점은 이온이 적게 생기고, 따라서 전자충격법보다 감도가 1/10 정도 낮다는 것이다.

18 D—4 화학적 이온화법

화학적 이온화법은 시료 기체에 이온화된 시약이온을 집중 작용시켜 시료분자들과 충돌이 일어나도록 하는 방법으로, 질량분석법에서 일반적으로 많이 이용하는 방법이다. 가장 일반적인 시약은 메탄으로, 메탄이 높은 에너지의 전자와 반응하여 $C_2H_5^+$ 및 CH_5^+와 같은 이온이 생기고, 이들이 다음과 같이 시료 XH와 반응한다.

$$CH_5^+ + XH \longrightarrow XH_2^+ + CH_4$$
$$C_2H_5^+ + XH \longrightarrow XH_2^+ + C_2H_4$$
$$C_2H_5^+ + XH \longrightarrow X^+ + C_2H_6$$

이렇게 하여 양성자를 받은 분자이온 XH_2^+ 및 탈수소화 분자이온 X^+ 등을 얻게 되며, 분자량을 구하고자 할 때 편리하다.

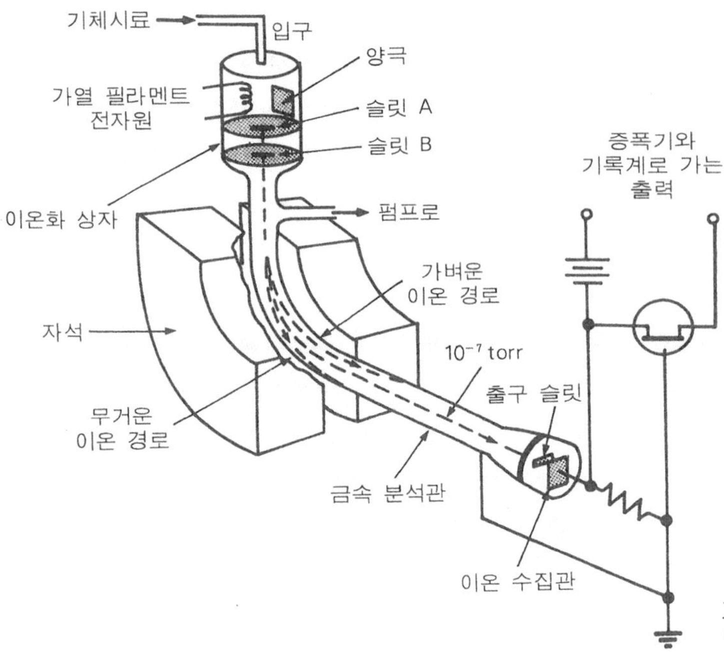

그림 18－10
단일 초점형 부채꼴 자기장 질량분석계.

18 E 질량분산장치

질량분석계의 물질분리능역은 분리능 $m/\Delta m$으로 나타내는데, 여기서 m과 $(m+\Delta m)$은 분리 가능한 두 봉우리를 나타내는 입자의 질량이다. 질량이 400.0과 400.1, 또는 40.00과 40.01을 분리하는 데는 분리능이 4000 정도의 기기이면 가능하다.

18 E－1 단일 초점형 부채꼴 자기장 질량분산장치

물질의 분리는 가속된 이온이 자기장에서 굴절되면서 이루어지는데, 그림 18－10은 이온살을 90°로 굴절시키는 부채꼴 분석계이다. 주입된 기체시료는 전자충격으로 이온화되고, A와 B 사이의 전압차로 가속되며, 자기장에서 굴절된다. 슬릿 B에서 나오는 질량 m, 전하 z인 이온의 운동에너지 KE는 다음과 같다.

$$\mathrm{KE} = zeV = \frac{1}{2}mv^2 \qquad (18-5)$$

여기서 V는 AB 사이의 가속전압이고, v는 이온속도, e는 전자전하이다. 그리고 이온은 자기장에서 다음과 같은 자기력 F_M을 받는다.

$$F_M = Bzev \qquad (18-6)$$

여기서 B는 자기장의 세기이다. 그리고 평형을 이루는 원심력 F_C는 다음과 같다.

$$F_C = \frac{mv^2}{r} \quad (18-7)$$

여기서 r은 자기장 부채꼴의 곡면 반경이고, 이온이 굴절되어 알맞게 이온수집관에 도달하기 위해서는 F_M이나 F_C가 같아야 한다. 즉 식 18－6과 18－7에서 다음을 얻는다.

$$Bzev = \frac{mv^2}{r} \quad (18-8)$$

다시 정리하면 다음과 같다.

$$v = \frac{Bzer}{m} \quad (18-9)$$

이것을 식 18－5에 대입하여 정리하면 다음과 같다.

$$\frac{m}{z} = \frac{B^2r^2e}{2V} \quad (18-10)$$

식 18－10은 전하가 z인 질량 m을 분산시키는 데 필요한 조건을 알려주는 중요한 식이고, 적당한 슬릿을 통과하도록 r을 정하는 데는 자기장 B와 가속전압 V를 정당히 결정해야 한다. 대부분의 질량분석기에서는 자기장 B를 일정하게 유지하면서 이온가속전압 V를 변화시키거나, 전압 V를 일정하게 유지하면서 전기자석의 자기장 세기 B를 변화시키는 방법으로 각종 질량 스펙트럼을 얻고 있다.

그림 18－10은 **단일 초점 분석계**로서, 이 경우에 이온 발생원에서 나오는 시료이온들의 에니지와 배향방향이 불균일하기 때문에 자기장의 분리능에 지장을 주고 저하시킨다. 단일 초점형 대신에 **이중 초점형**을 사용하면 발생 발생원에서의 시료이온의 방향과 에너지가 균일하지 않아도 높은 분리능의 스펙트럼을 얻을 수 있다.

18 E－2 사중극자 질량분석계

사중극자 질량분석계(quadrupole mass spectrometer)는 그림 18－11과 같이 4개의 짧은 막대(길이 : 15 cm, 지름 : 6 mm)를 대칭적으로 배열하고, 마주보는 막대끼리 연결하여 한 쌍에는 가변 dc 전원의 양극을, 다른 한 쌍에는 음극을 연결한다. 그리고 여기에 180° 위상 차이를 가지는 가변 라디오-주파수 ac 전압을 양쪽 쌍에 걸어준다. 발생원에서 오는 시료 양이온은 5～15 V의 전압으로 가속되어 막대 사이의 공간으로 들어온다. 이들 4개의 막대에서 생기는 전기장은 양이온 입자를 가속시키지 않는다. 그러나 이 종합된 전기장은 중심에서 진행하는 양이온을 중심축에서 진동하도록 하여, 어떤 주어진 질량 대 전하비(m/z)를 가지는 특정 입자만이 4개의 막대와 충돌해서 제거되지 않고 이 지역을 통과할 수 있도록 한다. 사중극사형 분석계는 자기장형보다 부피가 적고, 튼튼하며, 값이 싸서 많이 이용되고 있다.

사중극자의 물질 분리능은 ac 전위 대 dc 전위의 비에 따라 결정된다. 그리고 사중극

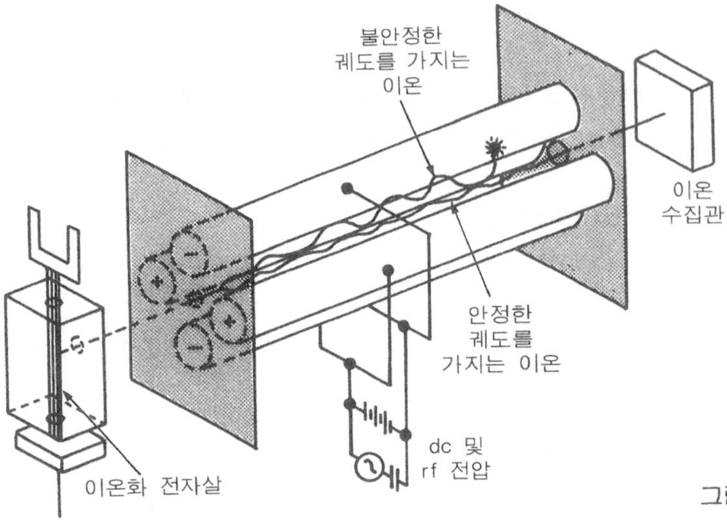

그림 18—11 사중극자 질량분석계.

자 분석계에서 m/z에 따라 질량스펙트럼을 얻기 위해 주사시키고자 하는 경우에는 ac 전위와 dc 전위를 동시에 0에서부터 어떤 값까지 증가시키면서 시료이온의 스펙트럼을 기록하도록 한다.

일반적으로 한번 주사하는 시간은 수ms이고, dc 전위를 0에서 약 ±250 V까지 변화시키는 동안 ac 신호는 0부터 약 1500 V까지 직선적으로 증가시킨다.

18 F 질량분석계의 검출기

질량분석계의 검출기로는 Faraday컵, 전자 증배관, 그리고 사진건판 등이 이용되고 있다.

18 F—1 Faraday컵

Faraday컵은 들어오는 이온을 받는 작은 전극판으로 되어 있고, 들어온 이온과 전자가 달아나는 것을 막기 위해 컵모양을 하고 있다(그림 18—10 참조).

그리고 이렇게 얻은 전하는 높은 저항을 통해 접지된다. 이 전극에 도달하는 양이온의 전하는 접지를 통해 중화되며, 이때 흐르는 전류로 전압강하 전위를 얻고, 이것을 증폭하여 눈금계에 나타내고, 기록지에 질량스펙트럼을 나타낸다(그림 18—13 참조).

18 F—2 전자 증배관

유기화합물의 분석용으로 설계된 질량분석계의 검출기는 일반적으로 전자 증배관으로 되어 있다. 분석계에서 나온 양이온들은 2~5 keV의 전압차로 가속되어 전자증배관의 제 1 전극판에 도달한다. 구리/2 % 베릴륨의 합금으로 된 이 전극판은 도달하는 양이온 한 개당 평균 약 2개의 전자를 발생한다. 이 전자들은 제 2의 양극판 쪽으로 가속되어 전자증폭이 일어난다. 20단계를 거친 후 전류는 약 10^7배로 증배된다(15F－2절 참조).

18 F－3 사진건판

사진 에멀션에 브롬화은을 녹여 잎힌 사진건판은 양이온을 감지한다.

사진 에멀션은 검출기와 증폭기 역할을 하고, 스펙트럼선의 세기-시간 적분을 가능하게 하는 적분장치 역할을 한다. 사진 에멀션의 할로겐화은에 광자가 흡수되면 복사선 에너지는 숨은 상의 형태로 저장된다. 이것은 환원제로 처리하면 흡수된 각 광자 한 개에 대하여 많은 수의 은원자가 나타난다. 이것을 화학적 증폭현상이라고 말할 수 있다.

사진건판의 흑화도는 복사선의 세기와 노출시간을 곱한 값으로, 이것을 측정할 때에는 다음과 같이 사진농도로 표시한다.

$$D = \log \frac{I_0}{I}$$

여기서 I_0는 노출되지 않았던 에멀션의 깨끗한 부분을 통과한 복사선의 세기이고, I는 흑화된 선으로 약화된 복사선의 세기이다. D는 흡광도와 같은 의미를 가지고 있다.

18 F－4 질량분석법에 사용되는 원자질량 및 분자질량

질량분석법에서 사용하는 원자질량과 분자질량은 보통 화학분석에서 사용하는 원자량이나 분자량과 다른 것이다. 왜냐하면 질량분석계는 대단히 정밀하여 일반적인 분석에서는 할 수 없는 동위원소의 질량을 구별할 수 있기 때문이다.

원자량과 분자량은 알맹이 1 mol(6.0221×10^{23}개)의 무게를 표시하는데, 원자질량단위(atomic mass unit, amu)는 탄소의 동위원소 $^{12}_{6}C$ 원자를 12 amu로 놓고, 다른 원자와 분자질량은 이에 대한 상대적인 질량으로 표시하고 있다. 그리하여 1 amu는 $^{12}_{6}C$ 원소질량의 1/12로 정의된다. 질량분석법에서는 amu를 dalton이라고도 한다.

$$\begin{aligned} 1\text{ amu} &= 1\text{ dalton} \\ &= \frac{1}{12}\left(\frac{12\text{ g}\,^{12}\text{C/mol}}{6.0221 \times 10^{23}\,^{12}\text{C/mol}}\right) \\ &= 1.66054 \times 10^{-24}\text{ g} \\ &= 1.66054 \times 10^{-27}\text{ kg} \end{aligned}$$

이와 같은 가벼운 질량을 질량분석계는 식별할 수 있는 것이다. 실제로 고분리능 질량분석계는 1 amu의 1/1,000 또는 1/10,000까지도 식별할 수 있는 정밀도를 가지고 있다. 따라서 동위원소 하나하나를 잘 식별할 수 있다. 그러나 일반화학에서 다루는 화학적 원자량은 역시 amu 단위로 표시하고, 자연계에 존재하는 그 원소의 모든 동위원소를 고려한 평균 원자량을 가리킨다. 즉 한 원소의 화학적 원자량 A는 다음과 같이 표시된다.

$$A = A_1P_1 + A_2P_2 + \cdots\cdots + A_nP_n$$

여기서 A_1, A_2, …, A_n은 그 원소의 각 동위원소들의 원자질량이고, P_1, $P_2 \cdots P_n$은 자연에 존재하는 그 동위원소의 존재비이다(표 18－4 참조).

그러므로 CH_4의 분자량은 탄소와 수소의 원자량을 사용하여 다음과 같이 표시한다.

$$\mathrm{Mw} = 12.01115 + 1.00794 \times 4 = 16.0439$$

그러나 질량분석법에서는 메탄 화합물의 정확한 질량 m은 포함되는 원자량이 아니고 동위원소의 질량에 따라 다음과 같이 표현할 필요가 있다.

$^{12}CH_4$ $\quad m = 12.000 \times 1 + 1.007825 \times 4 = 16.031$ dalton

$^{13}CH_4$ $\quad m = 13.00335 \times 1 + 1.007825 \times 4 = 17.035$ dalton

$^{12}CH_3{}^2H_1$ $\quad m = 12.000 \times 1 + 1.007825 \times 3 + 2.0140 \times 1 = 17.037$ dalton

18 F－5 컴퓨터화된 질량분석계

최신 질량분석계에는 미니 컴퓨터와 마이크로프로세서가 연결되어 있어 질량스펙트럼을 정성분석과 정량분석하는 데 편리하게 이용되게 정리하여 제공해 주고 있다.

분자의 구조를 결정하는 경우에는 각 봉우리의 높이와 질량 대 전하비를 측정하고, 정리 저장하고, 전개하는 데 그 자료의 양이 너무 많기 때문에 빨리 얻고 처리하는 데 컴퓨터의 도움없이는 불가능하다.

특히 정량분석을 하는 경우에는 자료를 얻을 때의 각종 조건이 엄격하게 조절되어야 한다. 이것도 컴퓨터만이 할 수 있다.

첫째로 컴퓨터는 각종 기기조작 조절을 한다. 사람은 키보드를 통해 질량분석계와 의사소통을 한다. 이때 이용하기 쉬운 소프트웨어를 사용하여 실험 파라미터와 조건을 선택하도록 한다.

질량분석계와 컴퓨터를 연결하여 일반적으로 증폭된 이온전류 신호와 실험 조건을 조절하는 여러 가지 신호를 디지털로 바꾸는 역할을 한다. 예를 들어 실험 조건은 각 부분장치의 온도, 가속전압, 주사속도, 자기장의 세기 또는 사중극자 전위들이다. 디지털화된 각 이온전류 신호는 첫째 각 봉우리 높이를 결정하고, 표준화한다. 일반적으로 가장 높은 봉우리를 기준 봉우리로 정하고, 그 높이를 100 또는 1000으로 잡는다. 그리고 이에 대한 각 봉우리의 높이의 상대적 높이를 결정하도록 한다. 이 경우 자기장의 변화에 따라 m/z의 주사하는 시간에 대한 봉우리 높이로 나타낸다.

이 경우에도 시료를 표준물의 봉우리를 기준으로 삼도록 컴퓨터에 지시한다. 일상 작업에서는 스펙트럼이 직접 프린터되고 도시된다. 그림 18-12는 질량분석계에서 얻은 컴퓨터화된 질량스펙트럼의 프린트의 보기이다. 홀수란은 순서대로 m/z값을 나타내고, 짝수란은 가장 높은 봉우리 질량 156(기준 봉우리)에 대해 표준화된 각 봉우리의 이온전류를 나타낸 것이다. 기준 봉우리를 1000으로 잡고, 다른 봉우리 높이는 이에 대한 상대값이다.

적외선 흡수분광광도법(16 D-1절 참조)에서와 마찬가지로 각종 물질에 대한 수많은 질량스펙트럼 수집철*을 구입할 수 있다. 그리고 질량분석계로 얻은 시료물질의 스펙트럼과 일치 또는 비슷한 스펙트럼을 이들 스펙트럼철에서 빠르게 찾아볼 수 있도록 프로그램화되어 있다.

18 G 질량분석법에 의한 화합물의 확인⁑

질량분석법의 중요한 역할 중의 하나는 화합물의 확인이다. 이 경우 질량분석법이 주는 중요한 정보 중의 하나는 분자량이다. 그리고 다음은 동위원소 분포상태 측정에 의한 분자식의 확인과 질량스펙트럼에 나타난 각종 분자의 토막내기 무늬에 관한 정보이고, 끝으로 시료 화합물의 질량스펙트럼을 표준스펙트럼과 비교하여 일치하는 것을 찾아서 적외선 흡수스펙트럼의 경우와 같이 화합물을 확인할 수 있다.

18 G-1 분자량 결정

물질을 확인하는 데 중요한 정보 중의 하나는 그 물질의 분자량을 아는 것이고, 분자량을 알아내는 가장 좋은 분석기기는 질량분석계라고 할 수 있다.

분자량을 구할 때에는 시료 화합물의 분자이온 M^+ 봉우리나, 어떤 경우에는 $(M+1)^+$ 및 $(M-1)^+$ 봉우리를 정확히 확인할 수 있어야 한다.

그러므로 때때로 전자충격법에서 어미이온 봉우리가 나타나지 않거나, 다른 봉우리에 비해 낮게 나타나는 경우에는 어려움이 많다. 이러한 경우에는 화학적 이온화법이나 장 탈착 이온화법으로 분자이온을 얻기 위해 새로운 스펙트럼을 얻어 볼 수도 있다.

---

* F. W. Mc Lafferty and D. A. Stanffer, the Wiley/NBS Registry of Mass Spectral Data 7 Vols, New york Wiley, 1989.

⁑ F. W. Mc Lafferty Interpretation of Mass Spectra, 3rd ed. Mill Valley, University Science Books, 1980 ; R. M. Silverstein, G. C. Bassler, and T. C. Morrill, Spectrometric Identification of Organic Compounds, 5th ed., New York Wiley, 1991.

BARBITURATE

BACKGR 0 BASE 0 SUBTRT 0
IGNORE 0, 0, 0, 0
X F. S. 100 SEQUEN 191
BASE 10012 *2** 0

36	3	61	2	83	30	108	4	133	3	166	1
37	3	62	1	84	13	109	14	134	2	167	2
38	12	63	3	85	38	110	9	135	2	168	3
39	139	64	1	86	8	111	10	136	2	169	5
40	38	65	13	87	9	112	73	137	6	179	1
41	364	66	13	88	1	113	21	138	7	181	4
42	83	67	58	91	5	114	18	139	6	183	7
43	378	68	33	92	3	115	2	140	20	185	2
44	84	69	120	93	4	116	1	141	826	191	1
45	6	70	67	94	21	117	1	142	71	193	1
50	5	71	89	95	17	119	2	143	11	195	2
51	11	72	5	96	20	120	1	144	1	197	65
52	14	73	9	97	55	121	2	151	1	198	10
53	64	74	8	98	127	122	4	152	1	199	2
54	31	75	3	99	9	123	5	153	6	204	1
55	162	77	10	100	3	124	7	155	133	207	6
56	30	78	5	101	3	125	4	156	1000	208	2
57	17	79	12	103	1	126	12	157	273	209	1
58	5	80	22	105	2	128	14	158	29	227	6
59	1	81	18	106	3	129	12	159	3	228	1
60	5	82	13	107	2	130	2	165	1		

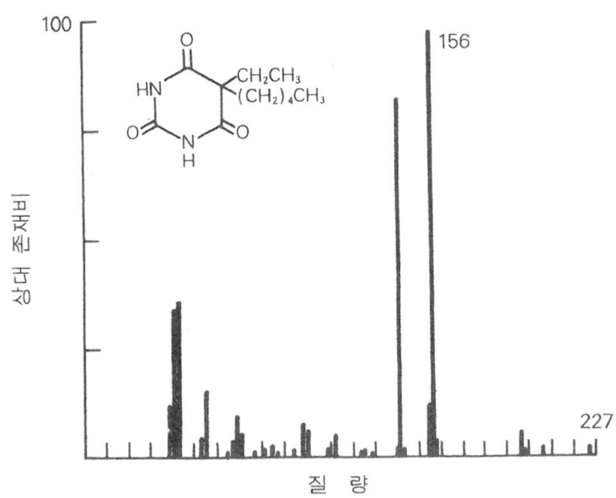

A25 시료 확인 100
32 주사수

그림 18—12 질량스펙트럼 자료의 컴퓨터 표현법의 예. 화합물은 혈청추출 분리물로서, 스펙트럼은 barbiturate, pentobarbital 임을 보여준다.

표 18－4 동위원소의 자연존재비

원소	큰 존재비 동위원소	앞의 원소를 100이라고 할 때의 상대적인 존재비		원소	큰 존재비 동위원소	앞의 원소를 100이라고 할 때의 상대인 존재비	
수소	^{1}H	^{2}H	0.015	황	^{32}S	^{33}S	0.80
탄소	^{12}C	^{13}C	1.08			^{34}S	4.40
질소	^{14}N	^{15}N	0.37	염소	^{35}Cl	^{37}Cl	32.5
산소	^{16}O	^{17}O	0.04	브롬	^{79}Br	^{81}Br	98.0
		^{18}O	0.20	규소	^{28}Si	^{29}Si	5.1
						^{30}Si	3.4

18G－2 고분리능 질량분석계에 의한 분자식 찾기

화합물의 분자식은 어미이온 봉우리의 정확한 질량을 측정함으로써 알아내는 수가 많다. 그러나 이 경우에는 질량단위의 천분의 몇의 질량차를 검출할 수 있는 고분리능 기기가 있어야 한다. 예를 들어 purine $C_5H_4N_4$(m = 120,044), benzamidine $C_7H_8N_2$(m = 120,069) ethyltoluene C_9H_{12}(m = 120,096), acetophenone C_8H_8O(m = 120,058) 등에 대하여 이들 화합물의 질량 대 전하값을 생각해 보자. 만약 측정한 어미이온 봉우리의 질량이 120.070 (±0.005)이라면 가능한 분자식은 $C_7H_8N_2$일 것이다. 이 경우 정밀도는 약 40 ppm이고, 수 ppm의 정밀도는 고분리능 이중초점 질량분석계로 쉽게 얻을 수 있다.

C, H, N, O로 된 가능한 분자의 분자량을 소수점 이하 3자리 또는 4자리까지 나타낸 표를 구해 볼 수 있다.* 그 중 일부를 표 18－5에서 볼 수 있다.

일반적으로 분석물의 분자량을 결정하는 경우에 그 분자의 토막무늬를 조사해 보면 경험이 많은 질량분석학자는 분자구조의 범위를 좁혀서 찾는 화합물을 골라낼 수 있다. 그리하여 최종 확인은 미지시료의 질량스펙트럼을 기대되고 예측되는 화합물의 표준스펙트럼과 비교하는 방법을 선택한다.

18G－3 동위원소로 얻는 분자식

분자이온 봉우리가 충분히 높게 나타나고, 이와 같이 $(M+1)^+$ 및 $(M+2)^+$의 동위원소 봉우리의 높이도 정확하게 측정할 수 있는 경우에는 질량수 한 단위를 정확히 식별할 수 있는 질량분석계를 이용하면 이 화합물의 분자식을 결정할 수 있다.

---

* J. H. Beynon, and A. E. Williams, *Mass and Abundance Tables for use in Mass Spectrometry,* New York, Elsevier, 1963.

표 18 — 5 탄소, 수소, 산소와 질소로 된 여러 가지 화합물의 동위원소 존재비 백분율과 분자량*

	존재비, M 봉우리 높이에 대한 %				존재비, M 봉우리 높이에 대한 %			
	분자식	M + 1	M + 2	분자량	분자식	M + 1	M + 2	분자량
M = 83	C_2HN_3O	3.36	0.24	83.0120	$C_2H_2N_3O$	3.38	0.24	84.0198
	$C_2H_3N_4$	3.74	0.06	83.0359	$C_2H_4N_4$	3.75	0.06	84.0437
	C_3HNO_2	3.72	0.45	83.0007	C_3O_3	3.36	0.64	83.9847
	$C_3H_3N_2O$	4.09	0.27	83.0246	$C_3H_2NO_2$	3.73	0.45	84.0085
	$C_3H_5N_3$	4.47	0.08	83.0484	$C_3H_4N_2O$	4.11	0.27	84.0324
	$C_4H_3O_2$	4.45	0.48	83.0133	$C_3H_6N_3$	4.48	0.08	84.0563
	C_4H_5NO	4.82	0.29	83.0371	$C_4H_4O_2$	4.46	0.48	84.0211
	$C_4H_7N_2$	5.20	0.11	83.0610	C_4H_6NO	4.84	0.29	84.0449
	C_5H_7O	5.55	0.33	83.0497	$C_4H_8N_2$	5.21	0.11	84.0688
	C_5H_9N	5.93	0.15	83.0736	C_5H_8O	5.57	0.33	84.0575
	C_6H_{11}	6.66	0.19	83.0861	$C_5H_{10}N$	5.94	0.15	84.0814
M = 84	CN_4O	2.65	0.23	84.0073	C_6H_{12}	6.68	0.19	84.0939
	$C_2N_2O_2$	3.00	0.43	83.9960	C_7	7.56	0.25	84.0000

* R. M. Silverstein, G. C. Bassler, and T. C. Morrill, *Spectrometric Identification of Orgenic Compounds*, 4th ed., p. 49, New York, Wiley, 1981.

예제 18 G — 1

Dinitrobenzene $C_6H_4N_2O_4$(m = 168)와 olefin $C_{12}H_{24}$(m = 168) 두 화합물의 M^+에 대한 $(M + 1)^+$ 봉우리 높이의 비를 계산하라.

풀이 표 18 — 4의 동위원소의 자연존재비를 이용하면 다음과 같이 이 두 분자의 $(M + 1)^+$ 봉우리와 M^+ 봉우리의 높이비를 다음과 같이 계산해 낼 수 있다.

$C_6H_4N_2O_4$

$$
\begin{array}{ll}
{}^{13}C & 6 \times 1.08 = 6.48\ \% \\
{}^{2}H & 4 \times 0.015 = 0.060 \\
{}^{15}N & 2 \times 0.37 = 0.74 \\
{}^{17}O & 4 \times 0.04 = 0.16 \\
\hline
 & (M + 1)^+/M^+ = 7.44\ \%
\end{array}
$$

$C_{12}H_{24}$

$$
\begin{array}{ll}
{}^{13}C & 12 \times 1.08 = 12.96\ \% \\
{}^{2}H & 24 \times 0.015 = 0.36 \\
\hline
 & (M + 1)^+/M^+ = 13.32\ \%
\end{array}
$$

이렇게 계산한 $(M + 1)^+$ 대 M^+ 봉우리 높이비값을 실험에서 구한 실험 결과와 비교하여 두 화합물 중에 하나를 선택할 수 있을 것이다.

이와 같이 동위원소 봉우리 상대적 높이를 이용하여 분자식을 결정하는 방법은 각종 화합물에 대한 동위원소 봉우리 상대적 높이비값이 수록되어 있는 "Interpretation of Mass Spectra" 또는 "Spectrometric Identification of Organic Compounds"(18 G — 1절의 각주 참조할 것)와 같은 것을 이용하면 쉽고 빠르게 분자식을 결정할 수 있다. 표 18 — 5는 이러한 표의 일부를 보여준다.

화합물의 분자량을 구하는 데 물론 어미분자 이온 봉우리가 가장 중요하다. 왜냐하면 이것이 시료의 분자량을 알려주기 때문이다. 그러나 질량스펙트럼에서는 어미이온 봉우

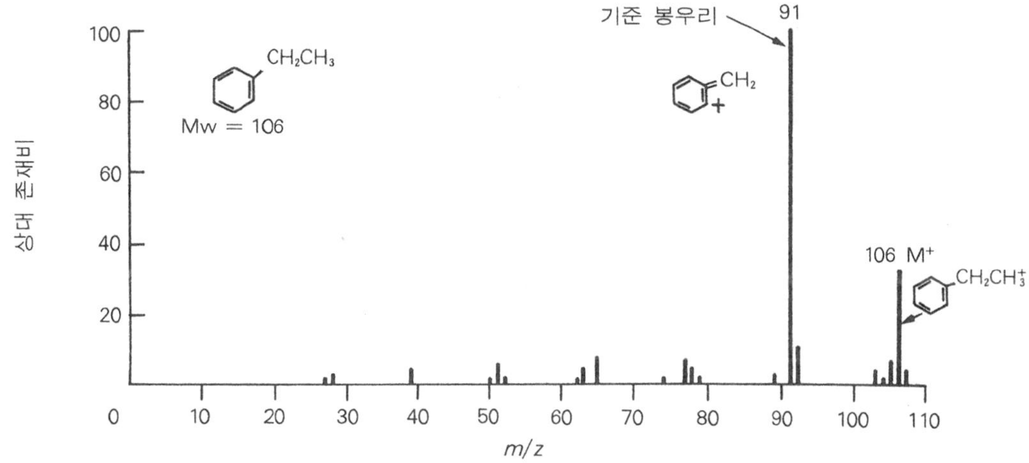

(a)

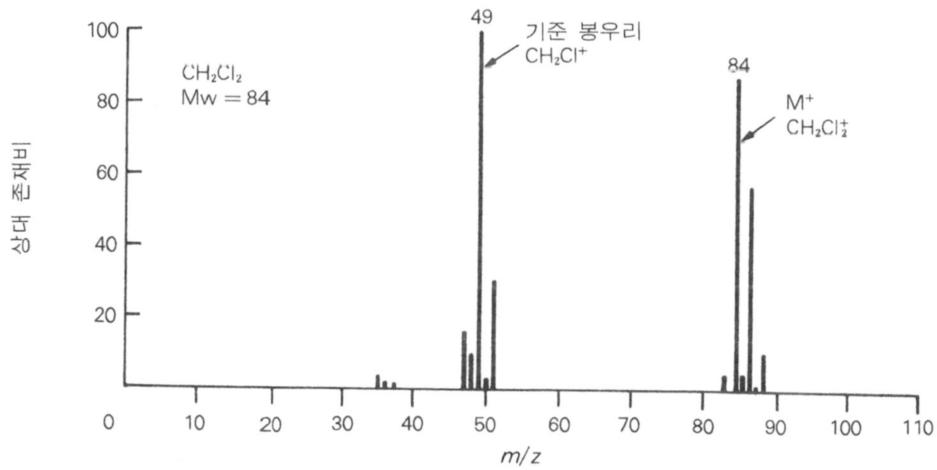

(b)

그림 18—13 전자충격 이온화법 질량스펙트럼. (a) Ethyl benzene, (b) methylene chloride.

리가 나타나지 않거나, 기준 봉우리보다 작게 나타나는 경우가 많다.

그림 18—13은 두 가지의 간단한 분자, 즉 ethyl benzene과 methylene chloride의 전자충격법 스펙트럼을 보여준다.

이 경우 ethyl benzene의 질량수는 106이고, 기준 봉우리는 91에서 나타나며, 어미분자에서 CH_3가 떨어져나간 것임을 알 수 있다.

마찬가지로 methylene chloride에서는 염소원자 하나가 떨어져나간 질량 49에서 기준 봉우리가 생겼다.

여기서 중요한 것은 어미 봉우리보다 질량단위가 1~4개 더 큰 질량을 가지는 봉우리들이 생겼다는 것이다. 이들 봉우리들은 같은 화학식을 가지지만, 다른 동위원소를 가지는 분자가 생긴 것을 말해 준다. 예를 들어 methylene chloride의 경우는 $^{12}C^{1}H_2{}^{35}Cl_2$(*m*

= 84), $^{13}C^1H_2{}^{35}Cl_2$(m = 85), $^{12}C^1H_2{}^{35}Cl^{37}Cl$($m$ = 86), $^{13}C^1H_2{}^{35}Cl^{37}Cl$($m$ = 87), $^{12}C^1H_2{}^{37}Cl_2$ (m = 88) 등의 화학종 봉우리가 생겼다는 것을 그림 18 − 13에서 볼 수 있고, M^+에 대한 상대적 동위원소 봉우리 높이비를 이용하면 분자식을 쉽게 알 수 있다.

표 18 − 5는 C, H, O, N으로 된 일부 화합물 중 $(M+1)^+$, $(M+2)^+$ 봉우리 높이의 M^+에 대한 백분율을 나타낸 것이다. 예를 들어 질량수 84의 봉우리가 나타나고, $(M+1)^+$ 및 $(M+2)^+$ 봉우리의 상대적 높이 백분율이 5.6 및 0.3 %라면 이 화합물의 분자식은 C_5H_8O임을 알 수 있다.

이 방법은 특히 황, 염소 및 브롬원소를 포함하는 화합물에 유용하게 이용할 수 있다. 이것은 이들 원자가 그 $(M+2)^+$의 백분율에 크게 영향을 주기 때문이다(표 18 − 4 참조). 예를 들어 $(M+2)^+$ 봉우리가 M^+의 약 65 %에 해당하면 2개의 염소원자가 이 분자에 포함되어 있다는 뚜렷한 증거이다. 한편 $(M+2)^+$ 봉우리가 4 %이면 황원자 한 개가 포함되어 있음을 암시해 준다.

18 G − 4 기체 크로마토그래피와 질량분석계의 연결

질량분석법은 ng 정도의 미량의 시료를 가지고도 화학종을 확인할 수 있는 유용한 분석 방법이다. 그러나 때로는 여러 가지 m/z값을 가지는 많은 수의 토막 봉우리들이 생기는 수도 있기 때문에 대단히 간단한 화합물을 제외하고는 정성 또는 정량분석에 이용하는 데 한계가 있다. 이러한 이유 때문에 화학자들은 질량분석계를 효율적인 다른 분리장치와 연결하여 사용하는 방법을 개발하였다.

기체 크로마토그래피(GC)는 기화할 수 있는 물질을 분리할 수 있는 가장 유용한 분석 방법 중의 하나이고, 질량분석법(MS) 역시 그러한데, 이들 두 가지를 연결한 장치는 복잡한 유기물질과 생화학 혼합물을 분석하는 가장 유력한 기기 중의 하나이다. 이 두 기기 장치가 취급하는 시료의 양은 모두 μmol 정도이다. 이들을 연결하는 데 중요한 문제점은 크로마토그래피관에서 나오는 시료가 운반기체로 매우 희석되어 있으며, 질량분석계에 시료를 도입하기 전에 이 운반기체를 제거하는 방법이 있어야 한다는 것이다.

크로마토그래피 용리관에서 나오는 용출 기체를 제트 분출기의 세공을 통해 뿜어내고, 이때 무거운 분석물질 분자는 대부분 진공속을 직행하여 가는 구멍을 통해 질량분석기 이온화 상자 속으로 들어가고, 한편 가벼운 헬륨 운반기체는 진공속의 직행통로에서 이탈하여 결국 펌프로 뽑혀져 제거된다(20 G절 참조). 질량분석계에 들어온 같은 크기의 시료는 분자량의 측정법과 동위원소법 등으로 쉽게 그 화학종이 결정될 수 있다.

18H 연습문제

18-1 70 kV에서 작동하는 X-선 관에서 얻는 단파장 한계는 얼마인가?

18-2 (a) U, (b) K, (c) Rb, (d) W의 K_β와 L_β 계열 선을 들뜨게 하는 데 필요한 최소 관전압은 얼마인가?

18-3 결정체가 (a) topaz, (b) LiF, (c) NaCl일 때 Fe(1.76 Å), Se(0.992 Å) 및 Ag (0.497 Å)의 $K_{\alpha 1}$ 선들을 관찰하기 위해 필요한 측각기의 설정 2θ를 계산하라.

18-4 X-선 형광법을 설명하고, 그 장점을 말하라.

18-5 가시선과 X-선의 단색화장치를 비교, 설명하라.

18-6 X-선과 방사능을 계수하는 장치를 말하고, 설명하라.

18-7 전자충격 이온화법, 장 이온화법, 장 탈착 이온화법 및 화학적 이온화법을 비교, 설명하고, 그 특색을 말하라.

18-8 질량 23.0275와 23.0164 봉우리를 분리하려면 질량분석계의 분리능은 얼마가 되이야 하는기?

18-9 다음 봉우리들을 분리하는 데 필요한 분리능을 계산하라.
(a) CH_2N(Mw = 28.0187)과 N_2^+(Mw = 28.0061)
(b) $C_2H_4^+$(Mw = 85.0641)와 CO^+(Mw = 27.9949)
(c) $C_3H_7N_3^+$(Mw = 85.0641)와 $C_5H_9O^+$(Mw − 85.0653)
(d) ^{116}Sn(Aw = 115.90219)와 $^{232}Th^{2+}$(Aw = 232.03800)

18-10 (a) $C_{10}H_6Br_2$, (b) C_3H_7ClBr, (c) $C_6H_4Cl_2$ 화합물의 $(M + 2)^+/M^+$의 봉우리 높이비와 $(M + 4)^+/M^+$의 봉우리 높이비를 계산하라.

제 19 장
액체 추출법 및 크로마토그래피법의 원리

19 A 액체 추출법

분석법에 이용되는 물리적 및 화학적 성질 중에 완벽하게 선택적인 특성은 찾기 어렵고, 한 성질은 몇 가지 화학종에 공통적으로 나타난다. 그러므로 원칙적으로 화학분석에서는 최종 측정 단계에 앞서 공통 성질을 가지는 성분의 분리과정이 선행되는 수가 많다.

일반적으로 이와 같은 물질 분리법으로는 침전법, 증류법, 전기 분해법, 액체 추출법 및 크로마토그래피법 등이 이용되고 있다. 그 중 액체 추출법은 가끔 이용되고 있는 방법이고, 가장 널리 이용되고 있는 효과적인 방법은 크로마토그래피법이다.

19 A—1 분배계수 및 분배비

어떤 시료 수용액에 물에 섞이지 않는 유기용매를 가하여 흔들면 수용액에 녹아 있는 용질 중의 일부 성분이 새 용매 쪽으로 옮겨 가는 경우가 있다. 이러한 원리를 이용하여 물질을 분리하는 방법을 **액체 추출법**(liquid extraction)이라 하고, 때때로 화학분석에 유효하게 이용되고 있다. 수용액에 녹아 있는 염화물, 질산 화합물, 티오시안산물, 킬레이트 화합물과 같은 용질을 탄화수소, 사염화탄소, 에테르, 알코올, 케톤과 같은 유기용매로 추출하는 방법이 이용되고 있다.

(1) 분배계수 및 분배비

서로 섞이지 않는 물과 유기용매의 혼합물에 용질 A를 녹여 흔들면 용질 A는 두 용매 사이에 분배하고 평형에 도달한다. 물과 유기용매에 대한 A의 활동도를 각각 $[A]_w$와 $[A]_o$라고 하면 활동도의 비, 즉 평형상수 K_d는 A의 절대량에 관계없이 일정 온도에서 일정값을 가진다.

$$\frac{[A]_o}{[A]_w} = K_d \qquad (19-1)$$

K_d를 분배계수(partition coefficient)라 하고, 용질 A의 두 용매에 대한 용해도의 비값과 거의 같다. 분배계수는 편의상 활동도비보다 분배하는 농도비로 표시하는 경우가 많다.

용질의 액체 추출 평형에서는 화학반응을 고려해야 한다. 예를 들어 약한 산 HB가 벤젠과 물에 분배되는 경우에 수용액에서는 다음과 같은 이온화반응을 한다.

$$HB \rightleftharpoons H^+ + B^- \qquad K_a = \frac{[H^+][B^-]}{[HB]}$$

그러므로 이 분배평형에서는 두 가지 화학종 HB, B^-가 각각 고유한 분배계수 K_d를 가지고 있다.

$$K_{dHB} = [HB]_o/[HB]_w \qquad (19-2)$$
$$K_{dB^-} = [B^-]_o/[B^-]_w$$

그런데 B^- 이온은 친수성이고, 대부분 수용액에 분배한다. 그러므로 두 용액상에 존재하는 각 화학종의 총체적인 비는 다음과 같고, 이것이 실제적으로 중요한 값이다.

$$C = \frac{\text{유기상의 양}}{\text{수용액상의 양}} = \frac{[HB]_o}{[HB]_w + [B^-]_w} \qquad (19-3)$$

이 비값 C를 분배비(partition ratio)라고 한다. C는 실험 조건에 따라 변하고, pH가 증가하면 감소한다. 이것은 HB가 B^-로 해리하기 때문이다.

HB의 이온화상수 K_a를 이용하면 분배비는 다음과 같이 된다.

$$C = \frac{[HB]_o}{[HB]_w + K_a[HB]_w/[H^+]_w}$$

$$C = \frac{[HB]_o}{[HB]_w(1 + K_a/[H^+]_w)}$$

식 19－2를 대입하면 다음과 같다.

$$C = \frac{K_d}{1 + K_a/[H^+]_w} \qquad (19-4)$$

약한 산의 분배비는 그 분배계수와 이온화상수 및 수용액의 pH에 의해 지배된다.

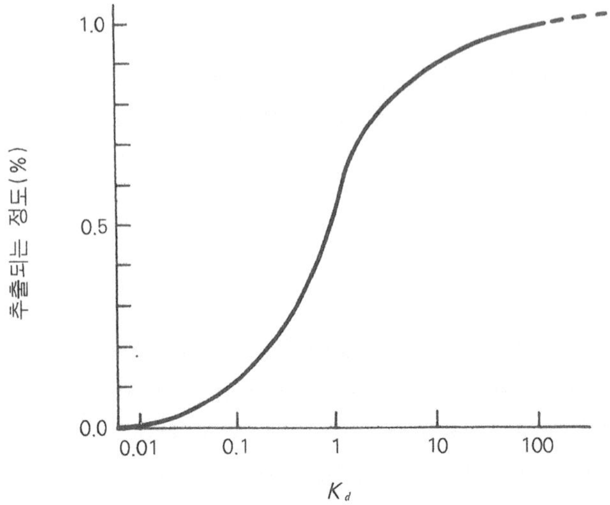

그림 19－1 두 용매의 부피가 같은 경우 추출되는 정도와 분배계수의 관계.

19 A－2 물질의 추출과 분리

지금 $a$mmol의 용질 A가 V_wmL의 수용액에 녹아 있는데, V_omL의 유기용매를 가하여 평형을 이루게 하면 $x_1$mmol의 A가 수용액에 남는다고 할 때 다음과 같이 표현된다.

$$[\mathrm{A}]_w = \frac{x_1}{V_w}$$

$$[\mathrm{A}]_o = \frac{(a - x_1)}{V_o}$$

분배법칙의 관계식 19－1에 적용하면 다음과 같이 된다.

$$x_1 = \left(\frac{V_w}{V_o K_d + Vw}\right)a \qquad (19-5)$$

수용액에 남아 있는 용질의 양 x_1은 용질의 전체량 a, 분배계수 K_d와 두 용매의 부피비에 따라 결정된다. 예를 들어 $K_d = 2$, $V_w = V_o$의 경우에는 $x_1 = 0.33\,a$가 되고, 따라서 유기용매에 추출되는 양은 $a - x_1 = 0.67\,a$, 즉 67 %가 추출되는 셈이다. $K_d = 100$, $V_w = V_o$인 경우에는 유기용매에 99 %가 추출되는 셈이 된다. $V_w = V_o$일 때 K_d와 추출되는 정도의 관계는 그림 19－1과 같다.

두 용질 A와 B를 추출법에 의해 정량적으로 분리하려면 두 분배계수 $(K_d)_A$와 $(K_d)_B$ 값이 서로 상당히 달라야 한다. 예를 들어 그림 19－1에서 보는 바와 같이 두 용매의 부피가 같을 때 $(K_d)_A = 100$, $(K_d)_B = 0.1$이면 99 %의 A와 9 %의 B가 추출되고, $(K_d)_A = 200$, $(K_d)_B = 0.01$인 경우에는 A는 99.5 %, B는 1 %가 추출된다. 이와 같이 A의 분배계수가 크고, B의 분배계수가 작을수록 A와 B의 분리는 더 잘 된다. 이와 같은 추출에는 일반적으로 분액 깔때기를 이용한다.

수용액에 남아 있는 x_1 mmol의 용질을 새로운 용매로서 다시 추출하면 수용액에 남아 있는 A의 양 x_2는 다음과 같다.

$$x_2 = \left(\frac{V_w}{V_o K_d + V_w}\right) x_1$$

$$= \left(\frac{V_w}{V_o K_d + V_w}\right)^2 a$$

따라서 n회 추출 뒤에 남아 있는 양 x_n은 다음과 같다.

$$x_n = \left(\frac{V_w}{V_o K_d + V_w}\right)^n a \qquad (19-6)$$

예제 19 A — 1

I_2의 물과 CCl_4에 대한 분배계수는 85이다. 1.00×10^{-3} M의 I_2 수용액 100 mL를 CCl_4 50 mL씩을 사용하여 두 번 추출하면 남아 있는 I_2의 양은 얼마나 되는가? 또 CCl_4 100 mL를 한 번만 사용하여 추출하면 어떠한가?

풀이 $a = 100\text{ mL} \times 1.00 \times 10^{-3}\text{ M} = 0.1\text{ mmol}$

$$x_1 = \frac{100}{100 \times 85 + 100} \times 0.1 = 1.16 \times 10^{-3} \times 0.1 = 1.16 \times 10^{-4}\text{ mmol}$$

$$x_2 = \left(\frac{100}{50 \times 85 + 100}\right)^2 \times 0.1 = 5.28 \times 10^{-5}\text{ mmol}$$

예제 19 A — 1에서 유기용매를 적은 양으로 나누어 여러 번 추출하는 것이 더 효과적으로 추출할 수 있다는 것을 알 수 있다.

추출에 의한 물질의 분리법은 침전법에 비해 몇 가지 유리한 점이 있다.

1. 침전법에서 볼 수 있는 공침이나 후침전과 같이 불순물이 섞여 나오는 일이 없다.
2. 침전법으로 분리하기 어려운 미량의 용질을 분리하는 데 효과적이다.
3. 반드시 큰 분배계수를 가지지 않는 용질이라도 추출을 여러 번 함으로써 성공적으로 분리시킬 수 있다. 예를 들어 그림 19 — 2와 같은 연속 추출장치를 이용하여 정량적인 분리를 쉽게 할 수 있다.
4. 훌륭한 선택성을 가지는 추출도 있어 순수한 물질을 얻을 수도 있다. 예를 들어 적당한 킬레이트제를 사용하면 금속이온을 선택적으로 추출할 수 있는데, 이때는 용액의 pH를 잘 조절해야 하는 경우가 많다.

19 A — 3 Craig의 추출장치

두 가지 용매를 사용하여 혼합 용질의 액체 추출을 연속적으로 반복하면 분배계수가

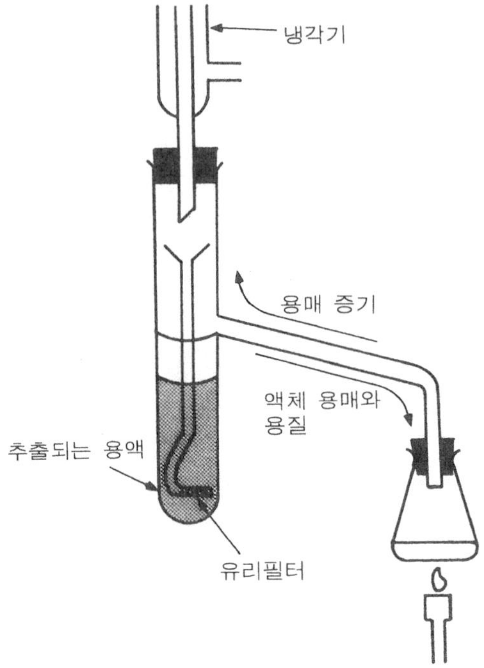

그림 19－2
연속 추출장치. 용매가 용액보다 가벼운 경우.

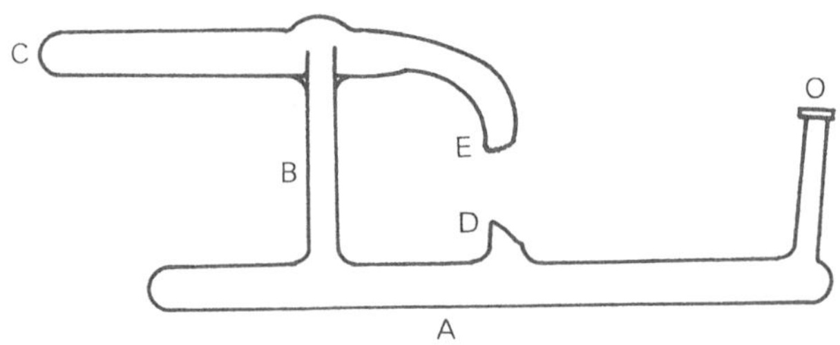

그림 19－3 Craig의 액체 추출장치.

다른 성분을 서로 분리할 수 있는데, 이 경우 이용되는 효과적인 장치를 **Craig 향류 추출 장치**라고 한다.

이 장치는 그림 19－3과 같은 유리관을 여러 개 연결하여 한꺼번에 여러 개의 추출을 동시에 할 수 있도록 만든 것이다. 유리관을 수평으로 두고 A 부분에 비중이 보다 큰 용매 1을 일정량씩 미리 넣어 둔 다음, 첫번째 조 유리관에 분배계수가 다른 두 가지 혼합 시료와 보다 가벼운 용매 2를 가하고, 수평을 유지하면서 흔들어 추출 평형이 성립하도록 한다. 다음 C가 밑으로 가도록 100° 정도 기울이면 용매 2는 B를 통과하여 C에 이동하게 되고, 용매 1은 A에 남는다. 장치를 원래의 수평상태로 돌리면 용매 2는 C에서 E를 통과하여 두 번째 조 유리관 A로 이동한다. 따라서 여기에 미리 들어 있던 용매 1과 제2추출작업이 시작된다. 새로운 용매 2를 다시 첫번째 조 유리관에 넣고 흔들어 관을 세우면 용매 2만 각각 C로 이동하고, 원상태로 돌리면 다시 각각 다음 관으로 이동한다. 이와 같이 새로운 용매 2만을 처음 유리관에 넣으면서 추출을 반복하면 분배계수가 다른 두 용질은 차차 분리되게 된다.

용질이 유리관을 거쳐서 차례로 이동하는 속도는 그 분배계수에 달렸으며, 클수록 빠르게 이동하여 간다. 따라서 두 용질이 서로 분리되는 정도는 분배계수의 차와 추출 및 이전시키는 횟수, 즉 관수에 달렸다. 이와 같이 용질을 분리하는 방법을 **향류 추출법** (counter current extraction)이라고 한다.

19 A — 4 화학분석에의 응용

액체 추출법은 물질의 상호 분리와 제거에 이용되는 중요한 방법 중의 하나로서 화학분석에서, 특히 유기화합물의 분리에 많이 이용되며, 또 금속유기 착물의 분리에도 이용된다.

철(Ⅲ)이온을 여러 가지 금속이온에서 분리하는 데는 6 M 염산에서 디에틸에테르로 추출하는 방법이 많이 사용된다. 이것은 염산이 진해지면 철(Ⅲ)는 $FeCl_4^-$ 상태로 있게 되고, 4 M보다 진한 염산에서는 주로 $H^+FeCl_4^-$와 같은 이온쌍으로 존재하기 때문에 유기용매에 $HFeCl_4$ 상태로 되어 많이 분배한다. 실세로, 이 경우에 철(Ⅲ)는 그 농도에 따라 유기용매에 $(HFeCl_4)_2$ 또는 $(HFeCl_4)_4$ 상태로 분배한다. 6 M 염산을 사용하는 경우에는 유기층으로 99 %의 철(Ⅲ)가 분배한다. 철(Ⅲ)의 추출에는 디이소프로필에테르 또는 β,β'-디클로로디에틸에테르 등이 유효하게 사용된다. 철(Ⅲ)의 경우와 같은 방법으로 디에텔에테르로 추출되는 것에는 Sb(Ⅴ), As(Ⅲ), Ca(Ⅲ), Ge(Ⅳ), Au(Ⅲ), Mo(Ⅵ), Pt(Ⅱ), Tl(Ⅲ) 등이 있다.

우라늄은 UO_2^{2+}로 산화되면 질산과 질산칼륨 수용액에서 $UO_2(NO_3)_2$로서 메틸이소부틸케톤 또는 디에틸에테르로 추출 분리되는데, 이것은 우라늄 원자로의 재에서 우라늄을 회수하는 데 이용되고 있다.

19 A —5 금속 킬레이트

화학분석에 이용되는 액체 추출법 중의 가장 중요한 것은 금속 킬레이트의 추출이다. 일반적으로 금속 킬레이트는 수용액보다 유기용매에 더 잘 용해된다. 이와 같이 금속이온의 분리 추출에 흔히 이용되는 킬레이트제로는 다음과 같은 것들이 있다.

(1) 디메틸글리옥심

예를 들어 니켈(Ⅱ)는 디메틸글리옥심(dimethyglyoxime)과 반응하여 다음과 같이 공유결합을 하여 킬레이트를 만든다.

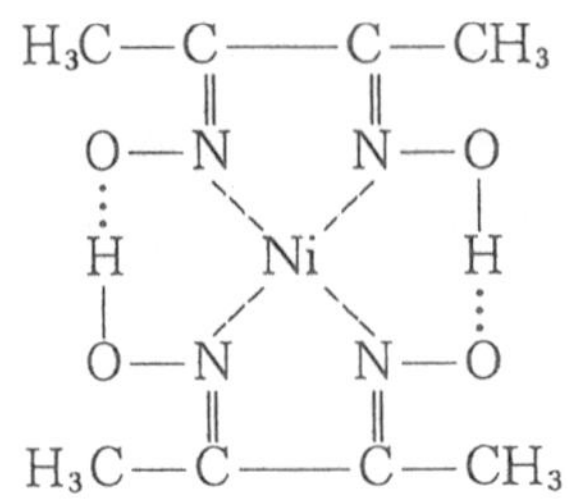

이것은 pH 5~12 정도의 수용액에서 클로로포름에 의해 정량적으로 추출 분리된다. 이 금속 킬레이트의 추출 조건을 알아보자.

1. 디메틸글리옥심(HL)은 약한 산이고, 수용액에서 다음과 같이 일부 이온화한다.

$$HL \rightleftharpoons H^+ + L^-$$

pH가 4보다 작은 산성용액에서는 주로 해리하지 않은 HL형으로 존재한다. 그러나 니켈(Ⅱ)와 공유결합을 하는 것은 L^-형이기 때문에 산성용액에서는 니켈 킬레이트의 생성이 완전하지 못하고, 따라서 유기용매에 의해 정량적으로 추출되지 않는다. 그리고 L^- 자체는 유기층에 추출되기 어렵지만, HL은 잘 추출된다.

2. 킬레이트의 안정도 상수는 추출 정도에 지배된다.

$$Ni^{2+} + 2L^- \rightleftharpoons NiL_2$$

그리고 킬레이트의 분배계수가 클수록 잘 추출된다.

3. 다른 양이온들이 방해하는 것, 즉 함께 추출되는 것을 막는 것이 중요하다. 니켈(Ⅱ)를 염기성용액에서 디메틸글리옥심 킬레이트로 추출하려면 Fe(Ⅲ) 또는 Cr(Ⅲ)와 같은 이온이 침전되어 떨어진다. 그러므로 시트르산 또는 타르타르산을 가하여 안전한 착물을 만들어 침전되는 것을 막아야 한다.

(2) 옥 신

금속의 옥신 킬레이트도 클로로포름에 잘 추출된다. 옥신(oxine)은 8-히드록시퀴놀린(8-hydroxyquinoline)의 관용명으로, 수용액에서 쯔비터이온을 형성한다.

그러나 유전상수가 작은 클로로포름에서는 전하를 띠지 않는 분자 형태로 존재하게 된다. 옥신은 많은(40여종) 금속이온과 킬레이트를 만들고, Al^{3+}, Bi^{3+}, Ce^{3+}, Fe^{3+}, Sc^{3+}, Tl^{3+}와 같은 3가 이온에 대해서는 3분자가 결합한다.

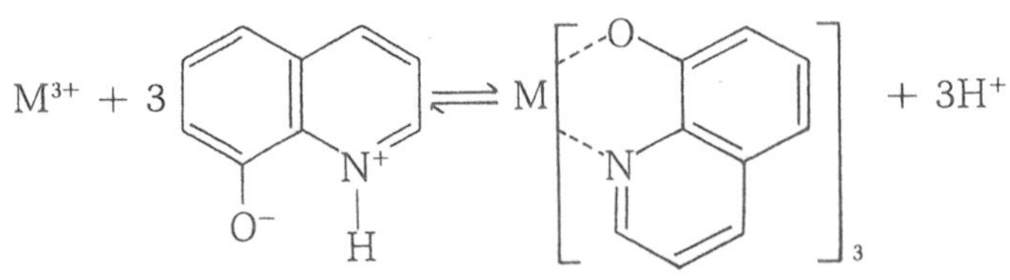

Cd^{2+}, Cu^{2+}, Mg^{2+}, Ni^{2+}, Pb^{2+}, Sr^{2+}, Zn^{2+}와 같은 2가 이온에 대해서는 2분자가 결합한다. 킬레이트의 안정도 상수에 따라 적당한 pH 조절을 함으로써 각종 금속이온을 선택적으로 추출할 수 있다.

(3) 디티존

금속이온의 분리 추출에 이용되는 리간드 중에 또하나 중요한 것은 디티존(diphenylthiocarbazone ; 관용명 디티존, dithizone)으로, 2가 금속이온과 다음과 같이 반응한다.

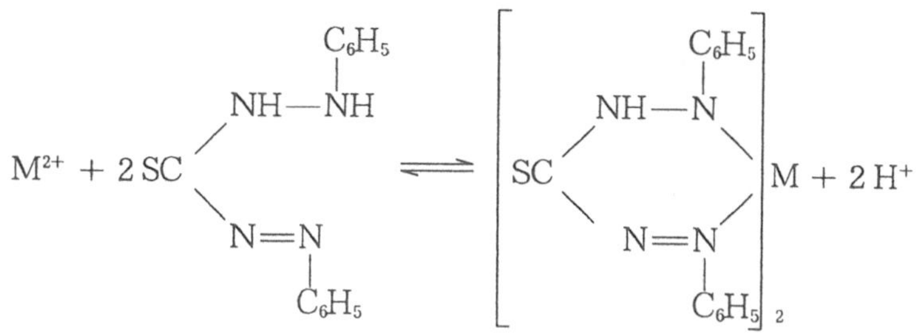

이들 킬레이트는 클로로포름 또는 사염화탄소로 추출된다. 이 경우에도 수용액의 pH를 적당히 조절함으로써 각종 이온을 분리할 수 있다. 디티존 킬레이트는 색깔을 띠고 있어 분리한 다음 그대로 흡수분광광도법으로 농도를 측정할 수 있다.

19 B 크로마토그래피법의 원리

19 B－1 크로마토그래피법의 분류

크로마토그래피법(chromatography)은 1906년 Tswett(츠베트)에 의해 시작되었다. 그는 엽록소를 탄산칼슘 분말관을 통해 석유 에테르로 용리시켰더니 종전에 단일 물질로만 생각되었던 것이 클로로필, α 및 β 카로틴, 크산토필과 같은 여러 가지 물질로 분리되는 사실을 발견하였다. 이때 탄산칼슘관에 이들 각 성분의 색깔층이 나타나는데, 이것으로 크로마토그래피라는 이름을 붙이게 되었다.

크로마토그래피법은 물질 분리법의 일종으로, 혼합 시료를 탄산칼슘과 같은 **정지상**(stationary phase)을 통해 에테르와 같은 **이동상**(mobile phase)으로 녹여 흘러내리면 정지상에 대하여 친화력이 센 성분은 느리게, 친화력이 약한 성분은 빠르게 흘러내려서 그 결과 혼합물이 분리된다.

크로마토그래피는 주로 이동상과 정지상에 따라 분류되는데, 표 19－1과 같이 여러 가지로 분류된다.

표 19－1 크로마토그래피법의 분류

상	이 름	이동상	정지상
액체－고체	흡착 크로마토그래피	용액	고체 흡착제
	얇은층 크로마토그래피	용액	유리판 위에 가루분말
	이온교환 크로마토그래피	용액	이온교환수지
액체－액체	분배 크로마토그래피	용액	고체 기질에 입힌 난용성 용매
	종이 크로마토그래피	용액	종이 기질에 입힌 난용성 용매
	얇은층 크로마토그래피	용액	유리판 위에 부착한 입자분말에 입힌 난용성 용매
	겔 크로마토그래피	용액	고분자 고체 물질의 간격에 들어 있는 용매
기체－액체	기체－액체 크로마토그래피	기체	고체 기질에 입힌 난용성 용매
기체－고체	기체－고체 크로마토그래피	기체	고체 흡착제

19B－2 용리 크로마토그래피법

고체 흡착제를 물질 A의 용액에 담그면 A는 흡착제와 용액 사이에 흡착반응을 하면서 분배하고, 일정한 조건에서 다음과 같은 일정한 평형상수, 즉 분배계수 K를 갖는다.

$$K = \frac{C_{\mathrm{S}}}{C_{\mathrm{M}}} \qquad (19-7)$$

여기서 C_{S}는 흡착제상의 A의 농도이고, C_{M}은 액체상의 A의 농도이다. 이제 흡착제 입자로 채워진 유리관 상층에 같은 양의 A와 B 두 용질의 혼합 시료를 조금 넣어 흡착시키고, 적당한 용매 또는 용액을 계속 통해 주면 A와 B는 각각 분배계수 K_{A}와 K_{B}에 따라 흡착제와 용액 사이에 분배된다. K_{A}가 K_{B}보다 큰 경우에 A는 B보다 흡착제에 더 세게, 그리고 많이 흡착된다. 새로운 용매가 위에서 들어오면 고체에 흡착된 것은 그 위치에 머물고, 용액중의 A와 B만이 하층으로 흘러내려간다. 이때 A는 상층에 많고, B는 하층에 많다. 상층과 하층에서 다시 새로운 평형이 이루어지고, A가 B보다 고체에 더 많이 흡착되므로 새 용매가 다시 내려오면 역시 B가 하층으로 많이 흘러내리게 되고, A는 상층에 많이 남아 있게 된다. 이와 같은 반응이 계속되면서 A는 느리게, B는 빠르게 흘러내려 나누어지고 B가 먼저 크로마토그래피관 밑으로 용출된다. 이 경우에 통해준 용매를 **용리액**(eluent)이라 하고, 용질이 흡착제와 용매 사이로 분배반응을 반복하면서 분리되며 내려가는 과정을 **용리**(elution)라고 한다.

용출되어 나오는 용액을 받아서 계속 분석하여 용출액의 부피에 대하여 용질 농도의 관계를 그린 것을 **용리곡선** 또는 **크로마토그램**(chromatogram)이라고 한다. 이상적인 경우 용리곡선은 그림 19－4와 같이 대칭적인 봉우리 모양의 정규곡선을 얻는다.

19B－3 크로마토그래피법의 단이론

그림 19－5는 용리 초기와 마지막 단계에서 크로마토그래피관 속에 있는 용질 A와

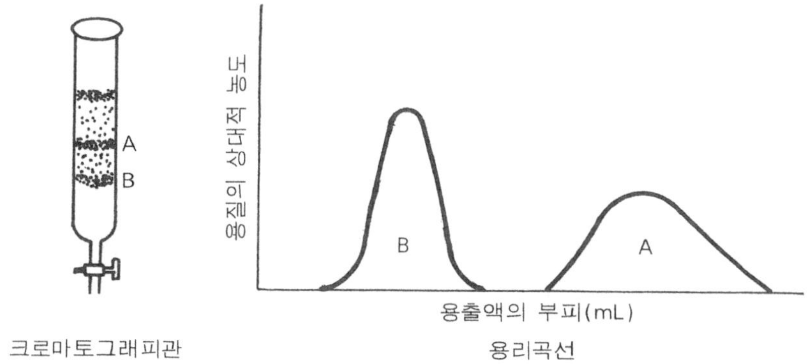

그림 19－4 크로마토그래피관과 용리곡선(K_A가 K_B보다 큰 경우).

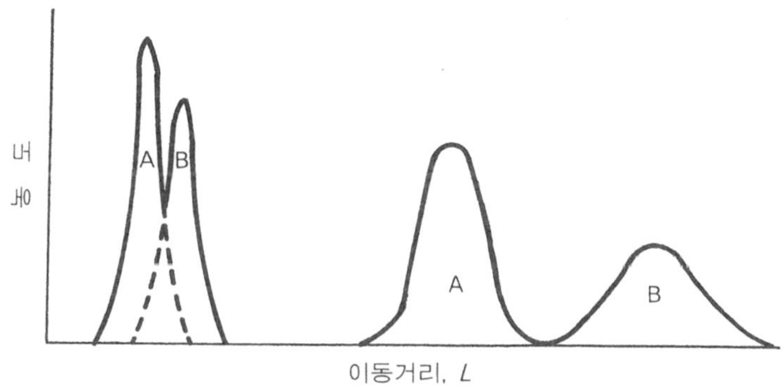

그림 19－5 관 속에서 용리되고 있는 용질 A와 B의 분리되는 상태.

B에 대한 농도의 종단면 약도이다. A의 분배계수는 B보다 크다. 따라서 A는 이동과정에서 뒤로 처지게 된다. 관 밑으로 이동함에 따라 두 봉우리 사이의 거리는 멀어지게 된다. 그러나 동시에 두 띠의 넓힘현상이 일어나서 분리수단으로서 관의 효율을 감소시킨다. 띠넓힘현상은 피할 수 없으나, 다행히도 띠분리보다는 적게 일어난다. 따라서 그림 19－4에 보인 바와 같이 관을 충분히 길게 하면 화학종을 깨끗하게 분리시킬 수 있다.

크로마토그래피법에 관한 이론은 용질이 흘러내려가는 속도뿐만 아니라, 이동하는 동안 띠가 넓어지는 속도도 고려해야 한다. 단이론(plate theory)은 용리 크로마토그래피에서 용질의 이동속도를 설명한다. 크로마토그래피의 단이론은 크로마토그래피관을 이론단이라고 하는 얇은 단층이 쌓여 이루어져 있다고 생각한다. 각 단에서 이동상과 정지상 사이에 용질의 흡착평형이 일어나고, 용질과 용매의 이동은 한 단에서 다음 단층으로 단계적으로 연속적으로 일어난다고 본다. 이것은 마치 증류탑에서 물질분리가 이루어지는 과정과 같다고 생각한다.

크로마토그래피관의 분리효율은 평형이 일어나는 수, 즉 이론단 수가 증가할수록 증가한다. 따라서 이론단 수 N과 이론단 높이 H(height of a theoretical plate) 사이의 관계는 다음과 같다.

$$N = \frac{L}{H} \qquad (19-8)$$

여기서 L은 관 속의 충전제의 길이이다. H는 관의 분리효율이 클수록 감소함을 알 수 있다. 즉 H가 작아질수록 주어진 관 길이에서 일어나는 평형의 수는 증가하게 된다.

단이론은 용질의 이동 모양을 계산하는 식을 제공해 주지만, 용질 띠가 용리 도중에 넓혀지는 현상에 대해서는 충분한 설명을 할 수 없다. 이에 관한 설명은 다음에 운동이론(kinetic theory)에서 취급하기로 한다.

19 C 용리관의 분리효율

크로마토그래피의 운동이론은 용리곡선 나비의 넓힘뿐만 아니라, 관 끝에 용출되어 나타날 시간에 영향을 주는 변수의 영향을 성공적으로 설명하고, 용리관의 분리효율을 설명해 준다.

19 C — 1 용리 정규곡선과 표준편차

크로마토그래피관을 통해 용리되는 용질의 행동은 통계학적으로 취급해야 하고, 이것은 반복 측정하여 얻는 측정값의 오차에 관한 도수분포곡선의 정규곡선과 유사함을 알 수 있다(그림 2 — 3 참조). 어떤 단일 측정값의 불확정성의 크기는 예측할 수 없으며, 정 또는 부의 부호일 수도 있는 마구잡이로 나타난다. 이러한 측정값의 한 집단의 불확정성을 취해 통계적으로 종합한 것이 정규곡선이다. 이와 같이 크로마토그램의 정규곡선은 크로마토그래피관에서 용리되는 무수한 용질입자의 마구잡이 운동의 통계적인 결과라고 볼 수 있다. 가장 대표적 입자의 평균속도 주위에 각각 다른 입자들의 크고 작은 속도가 대칭적 분포가 되도록 흘러내려 정규곡선이 되는 것이다.

입자들이 밑으로 더 움직여 갈수록 마구잡이 운동을 하는 시간이 길어지기 때문에 띠 나비는 증가한다. 따라서 띠나비는 관에 머무는 시간에 정비례하고, 이동상이 흐르는 속도에는 역비례한다.

용리곡선의 넓이를 오차분석의 정규곡선의 표준편차 σ(2C절 참조)에 관련시켜 생각하기로 하자. 정규곡선의 대략 96 % 의 면적이 평균값을 중심으로 정의와 부의 표준편차 2배($\pm 2\sigma$) 범위 안에 놓여 있다. 따라서 이러한 표준편차는 크로마토그램에서 구한 용리곡선 띠넓힘현상의 정량적인 척도가 될 것이다. 용리곡선의 양쪽 변의 접선을 연장하여 가로축과 삼각형을 만들 경우, 밑변 길이 W는 4σ라고 볼 수 있다(그림 19 — 6 참조).

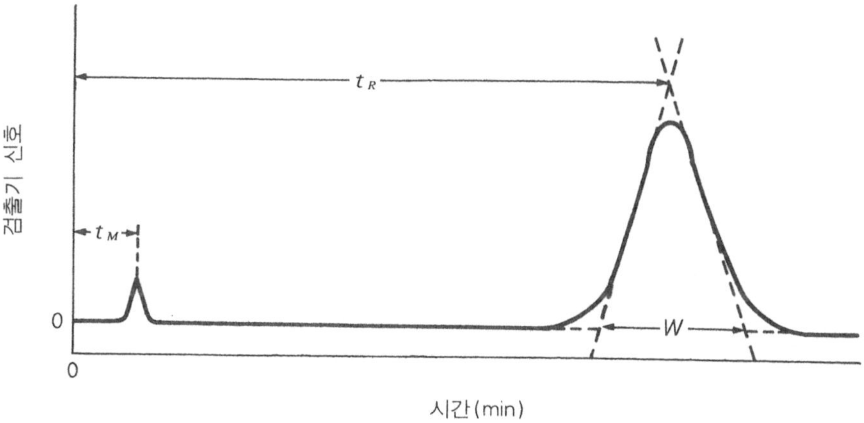

그림 19－6 기체 크로마토그램의 예. 여기서 $W=4\sigma=4\tau$. t_R은 관 충전제에 의한 용질의 머무름 시간이며, t_M은 이동상이 관을 통해 지나가는 데 걸리는 머무름 시간이다.

19C－2 분리관의 효율 H와 N

용리되는 용질의 운동이론에 의하면 크로마토그래피관의 분리효율은 이론단 높이 H로 표시되고, 이것은 짧을수록 좋으며, 다음과 같이 용리곡선퍼짐의 표준편차의 제곱으로 표시할 수 있다*.

$$H=\frac{\sigma^2}{L} \tag{19-9}$$

여기서 H는 cm로 나타낸 이론단의 높이로서 분리효율의 척도가 되며, L 또한 cm로 나타낸 관의 길이이다. 여기서 σ는 H 및 L과 같이 길이(cm)의 단위로 나타내어야 한다. 식 19－8에 대입한 다음 다시 정리하면 다음 관계를 얻는다.

$$N=\frac{L^2}{\sigma^2} \tag{19-10}$$

여기서 N은 길이가 L인 관의 이론단 수로서, 관의 분리효율을 표시하는 또 하나의 특성이다. 관의 분리효율이 단수가 많을수록 증가하는 것은 당연한 일이다.

N과 H의 실험적 측정 그림 19－6은 실험에서 얻은 기체 크로마토그램으로, 가

---

* 만약 분리관의 길이에 따라 일차원적으로 생각하기로 하면, 용질입자의 흡착 사이의 거리를 l이라 하고, 수많은 용질입자가 N단의 마구잡이 흡착운동을 하면서 이동하였을 때 용질입자의 퍼짐인 표준편차 σ는 다음과 같이 표시할 수 있다.

$$\sigma=lN^{\frac{1}{?}},\ 즉\quad \sigma^2=l^2N=IIL$$

여기서 앞뒤로 가는 마구잡이 확산은 서로 상쇄되기 때문에 N이 아니고 $N^{\frac{1}{2}}$로 표시하게 된다. 그리고 l은 H와 같고, lN은 L에 상당한다.

로 좌표를 길이 대신에 시간으로 나타낸 것이다. 머무름 시간(retention time) t_R은 시료를 주입한 후 크로마토그래피관 끝에 그 용리 봉우리가 나타나는 데 걸리는 시간이다. 용질입자가 움직이는 평균속도는 L/t_R이다. 그러므로 길이 대신에 시간 단위로 나타낸 표준편차 τ는 cm로 나타낸 표준편차 σ를 cm로 나타낸 이동속도로 나누어서 얻어진다.

$$\tau = \frac{\sigma}{L/t_R} \qquad (19-11)$$

그런데 앞에서 언급한 바와 같이, 그림 19-6에서 $W = 4\tau$이다. 이 관계를 식 19-11에 대입한 다음 다시 정리하면 다음과 같이 된다.

$$\sigma = \frac{LW}{4\,t_R}$$

이것을 식 19-9에 대입하면 다음과 같이 된다.

$$H = \frac{LW_2}{16\,t_R^2} \qquad (19-12)$$

N을 얻기 위해 식 19-8에 대입한 다음 다시 정리하면 다음과 같이 된다.

$$N = 16\left(\frac{t_R}{W}\right)^2 \qquad (19-13)$$

따라서 N을 t_R과 W의 두 가지 시간 측정으로부터 계산할 수 있다. H를 얻기 위해서는 관의 길이를 측정하면 된다.

19 D 띠넓힘현상의 원인

크로마토그래피 용리띠는 일반적으로 다음 세 가지 과정 때문에 넓어진다고 볼 수 있다. 즉 **소용돌이 확산**(eddy diffusion), **종축확산**(longitudinal diffusion) 및 **비평형 질량이동** 때문이다. 이들 효과의 크기는 유속, 충전제의 입자 크기, 확산속도 및 정지상의 두께와 같은 조건이 변수로 작용하여 결정된다. 크로마토그래피관의 분리효율과 이들 세 과정이 일어나는 정도의 관계를 나타내는 가장 간단한 식은 van Deemter식으로, 기체-액체 크로마토그래피에 대하여 다음과 같이 유도한 것이다. 이 식은 유속 u와 단높이 사이의 관계를 설명하고 있다.

$$H = A + \frac{B}{u} + Cu \qquad (19-14)$$

여기서 A는 소용돌이 확산과 관련이 있으며, B는 종축확산, 그리고 C는 비평형 질량이동과 관계가 있는 상수이다.

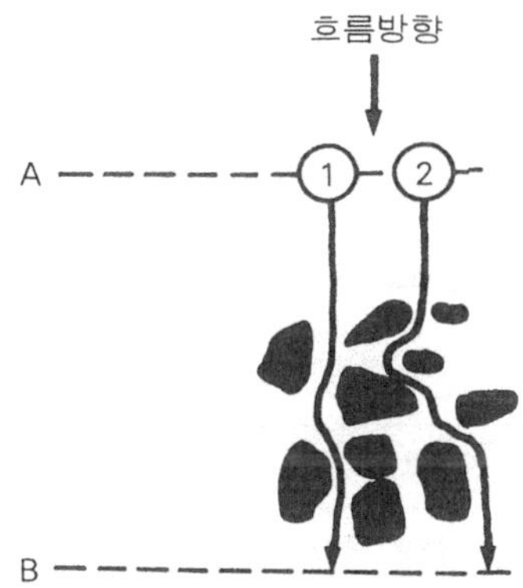

그림 19-7 용리하는 동안 두 용질분자가 지나가는 대표적인 경로. 분자 2가 지나간 거리는 분자 1의 것보다 크다는 것을 알 수 있다. 따라서 분자 2는 분자 1보다 B에 늦게 도착할 것이다.

19D-1 소용돌이 확산

소용돌이 확산으로 유발되는 띠넓힘현상은 용질입자가 그림 19-7에서와 같이 충전관을 통해 이동하는 통과방법이 여러 가지 있기 때문에 나타난다. 따라서 같은 화학종이 관 속에서 머무는 시간이 달라지고, 용리띠를 넓히고 소비하는 시간 차이를 두고 관 끝에 도달하게 된다.

식 19-14의 A값은 소용돌이 확산의 효과를 나타내며, 정지상 입자의 크기, 기하학 구조 및 충전 방법에 관계가 있다.

소용돌이 확산으로 인한 띠넓힘현상은 크기가 일정한 작은 구형입자로 관을 조심스럽게 충전하면 최소로 줄일 수 있다. 용리 도중에 충전관에 통로가 뚫리지 않도록 특히 조심해야 한다.

19D-2 종축확산

종축확산은 용질의 농도가 진한 띠의 중심 부분에서 묽은 영역인 앞뒤로 향하여 확산하려는 데서 생기는 것이다. 종축확산은 이동상이 기체인 경우는 확산속도가 액체상에서보다 몇 단위 더 크기 때문에 더 중요하고, 확산에 의한 용질이동은 머무는 시간에 따라 증가한다. 따라서 띠넓힘의 정도는 유속이 느려질수록 증가한다. 그러므로 식 19-14의 두 번째 항(종축확산항)은 유속에 역비례한다. 상수 B는 이동상에 있는 용질의 확산계수 D_M과 관계가 있다. 종축확산의 넓힘현상은 온도를 낮추고(D_M을 줄인다), 흐름의 속도를 증가시키면 감소시킬 수 있다.

19D-3 비평형 질량이동

크로마토그래피에서 이동상의 흐름은 보통 빠르다. 따라서 정지상과의 사이에 충분한 평형이 이루어질 수 없기 때문에 크로마토그래피 띠는 넓어지게 된다. 예를 들어 용질을

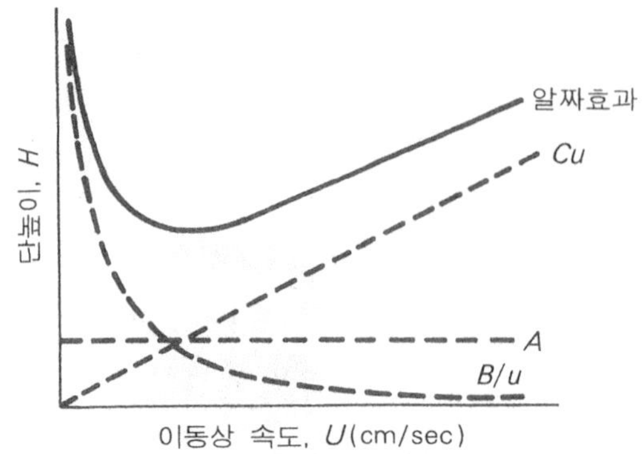

그림 19－8 식 19－14의 변수들이 단높이에 미치는 영향.

포함하는 이동상이 새로운 정지상과 만나도 평형은 순간적으로 이루어지지 않으며, 따라서 용질은 참평형 조건하에서 기대되는 것보다 약간 뒤로 미루어진다. 정지상의 용질이 새로운 이동상과 접하게 되는 경우도 용질입자의 이동은 순간적으로 일어나지 않는다. 따라서 완전한 평형이 이루어지는 경우보다 용리 봉우리의 꼬리가 더 쳐지게 된다. 그러므로 용질띠가 넓어지는 결과를 나타낸다.

평형이 이루어지는 데 시간이 필요하기 때문에 비평형 질량이동의 효과는 유속이 감속하면 줄어들게 된다. 또 한편 정지상의 입자를 작게 하고 조밀하게 충전하면 이 사이를 흐르는 이동상중의 용질이 쉽게 정지상 표면에 도달하여 평형이 잘 이루어질 것이고, 또 액체상의 층을 매우 엷게 하면 쉽게 평형에 도달하고 관의 효율을 높일 수 있다. 평형은 역시 온도가 높을 때와 용매의 점도가 낮을 때 더 잘 일어난다.

식 19－14의 마지막 항은 기체 이동상의 유속에 비례한다.

19D－4 띠넓힘과정의 알짜효과

그림 19－8은 van Deemter 식의 각 항이 기여하는 상태를 이동상 속도의 함수(점선)로 표시하는 동시에, H에 미치는 이들의 알짜효과(실선)로 나타낸 것이다. 최적 효율은 실선의 극소점에 해당하는 유속에서 나타난다. 이와 같은 실험곡선에서 A, B 및 C가 계산된다. 그러한 자료를 이용하여 주어진 충전관의 기능을 개량할 수 있다.

19E 용질의 이동속도와 용량계수

그림 19－6의 크로마토그램 시간축의 t_M은 관 충전제에 의해 저지당하지 않는 화학종(일반적으로 용매)의 이동속도를 나타낸 것이다. 이 이동속도는 이동상 자체의 평균속도와 같을 것이다. 시료용질의 머무름 시간 t_R은 시료용질 봉우리가 관 끝에 있는 검출기에 도달하는 데 걸리는 시간이다. 용질의 평균 이동속도 $\bar{v}$는 다음과 같다.

$$\bar{v} = \frac{L}{t_R} \qquad (19-15)$$

마찬가지로 이동상의 이동속도 u의 평균값은 다음과 같다.

$$u = \frac{L}{t_M} \qquad (19-16)$$

용리 크로마토그래피에서 용매의 이동속도에 대한 시료용질의 이동속도비를 머무름 계수(retention factor)라 하고, R로 표시하며, 다음과 같다.

$$R = \frac{L/t_R}{L/t_M} = \frac{t_M}{t_R} \qquad (19-17)$$

그리고 시료용질의 머무름 부피 V_R은 다음과 같다.

$$V_R = t_R F$$

여기서 F는 이동상의 유속이다. 그리고 정지상으로 지체되지 않는 성분의 머무름 부피 V_M은 다음과 같고, 머무름 계수 R은 식 19－19과 같이 표현된다.

$$V_M = t_M F$$

$$R = \frac{V_M}{V_R} \qquad (19-19)$$

그런데 용질이 정지상에 분배되면 이동은 정지되고, 이동상에 분배되면 이동상과 같은 속도로 흐르기 때문에 용질의 이동속도($\bar{v}$)는 다음과 같이 이동상의 속도(u)의 분율로 나타낼 수 있다.

$$\bar{v} = u\ (\text{용질이 이동상에 머무는 시간분율})$$

그러나 이 분율은 관 속에 있는 용질의 전체 몰수에 대하여 어느 한순간에 이동상에 있는 용질의 평균 몰수의 비와 같다.

$$\bar{v} = u \times \frac{\text{이동상에 있는 용질의 몰수}}{\text{용질의 전체 몰수}}$$

다시 정리하면 다음과 같다.

$$\bar{v} = u \times \frac{C_M V_M}{C_M V_M + C_S V_S} = u\left(\frac{1}{1 + C_S V_S / C_M V_M}\right)$$

여기서 C_M과 C_S는 각각 이동상과 정지상에 분배하고 있는 용질의 농도이며, V_M과 V_S는 관에 포함되어 있는 두 상의 부피이다. 식 19－7을 이 식에 대입하면 다음과 같다.

$$\bar{v} = u\left(\frac{1}{1 + K V_S / V_M}\right)$$

즉 다음과 같다.

$$\bar{v} = u\left(\frac{1}{1+k'}\right) \qquad (19-19)$$

여기서 k'은 **용량계수**(capacity factor)라 하고, 용질의 분배계수 K와 관계가 있다.

$$k' = \frac{KV_S}{V_M} \qquad (19-20)$$

식 19－15와 19－16을 식 19－19에 대입한 다음 다시 정리하면 다음과 같이 된다.

$$t_R = t_M(1+k') = t_M\left(1+\frac{KV_S}{V_M}\right) \qquad (19-21)$$

식 19－21을 다시 정리하면 다음 식을 얻고, 실험적 파라미터인 t_R과 t_M에서 용질의 용량계수를 구할 수 있다.

$$k' = \frac{t_R - t_M}{t_M} \qquad (19-22)$$

물질의 분리가 일어나는 용리는 식 19－22의 k' 값이 1～5 정도 되는 조건에서 이루어진다.

19 F 관의 분리능

두 용질 X와 Y를 분리하는 관의 능력, 즉 관의 분리능 R_S는 그림 19－9에서 다음과 같이 정의된다.

$$R_S = \frac{2\Delta Z}{W_X + W_Y} = \frac{2[(t_R)_Y - (t_R)_X]}{W_X + W_Y} \qquad (19-23)$$

여기서 W_X와 W_Y는 X와 Y 두 용질의 용리곡선의 봉우리 밑면의 나비이며(시간단위로 표시한다), ΔZ는 검출기에 도달하는 그들의 시간차이다. 만약 W가 두 봉우리의 평균 나비라고 하면, 식 19－23은 다음과 같이 간단해진다.

$$R_S = \frac{\Delta Z}{W} \qquad (19-24)$$

분리능 R_S가 1.5이면 X와 Y가 완전히 분리되며, 0.75이면 분리되지 못한다. 그리고 1.0이면 떠 X는 약 4 %의 Y를 함유한다. 1.5의 분리능에서는 0.3 %만 겹친다. 같은 충전물로 채운 관의 길이를 증가시키면 이론적 단수가 증가하여 물질의 분리 능력을 개선시킬 수 있다(그림 19－9 참조).

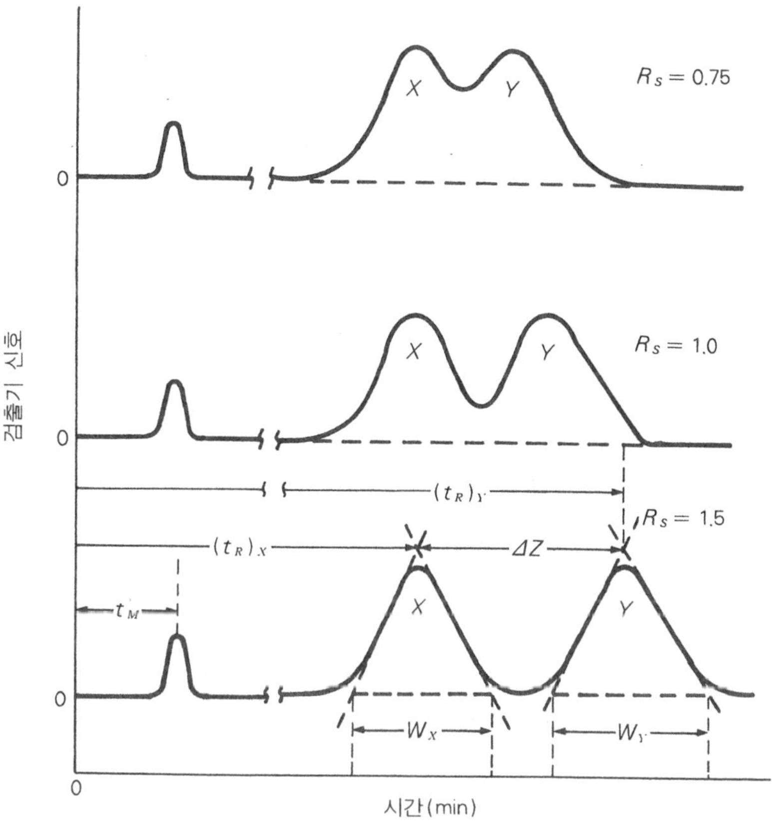

그림 19－9 분리능과 용리 봉우리. 여기서 $R_S = 2\Delta Z/(W_X + W_Y)$

19 F－1 분리능과 관 성질의 관계

R_S와 $(t_R)_X$ 및 $(t_R)_Y$ 사이의 관계를 유도해 보자. 여기서 $(t_R)_X$와 $(t_R)_Y$는 그림 19－9에서 보이는 측정된 머무름 시간이다.

만약 $W = W_Y \cong W_X$라고 가정한다면, 식 19－23을 다음과 같이 쓸 수 있다.

$$R_S = \frac{(t_R)_Y - (t_R)_X}{W_Y}$$

식 19－13을 대입하면 다음을 얻는다.

$$R_S = \frac{(t_R)_Y - (t_R)_X}{(t_R)_Y} \times \frac{\sqrt{N}}{4}$$

식 19－21을 대입하면 R_S를 X와 Y에 대한 용량계수로 나타낼 수 있다.

$$R_S = \frac{(k'_Y - k'_X)}{(1 + k'_Y)} \times \frac{\sqrt{N}}{4}$$

k'_Y/k'_X을 선택계수(selectivity factor) α라고 정의하자.

$$\alpha = \frac{k'_Y}{k'_X} \qquad (19-25)$$

이 관계식을 위 식에 대입하여 다시 정리하면 다음을 얻는다.

$$R_S = \frac{\sqrt{N}}{4}\left(\frac{\alpha - 1}{\alpha}\right)\left(\frac{k'_Y}{1 + k'_Y}\right)$$

따라서 다음과 같다

$$N = 16\, R_S^2\left(\frac{\alpha}{\alpha - 1}\right)^2\left(\frac{1 + k'_Y}{k'_Y}\right)^2 \qquad (19-26)$$

식 19－26을 이용하면 물질 X와 Y를 분리하는 데 필요한 단수를 구할 수 있다.

19F－2 선택계수의 성질

그림 19－9에 나타낸 것과 같은 크로마토그램으로부터 α는 쉽게 구할 수 있다. 이것은 식 19－22를 식 19－25에 대입하면 알 수 있게 된다.

$$\alpha = \frac{(t_R)_Y - t_M}{(t_R)_X - t_M} \qquad (19-27)$$

또 식 19－20을 식 19－25에 대입하면 다음과 같이 된다.

$$\alpha = \frac{K_Y}{K_X} \qquad (19-28)$$

19F－3 용리와 분리 시간

분리를 완전히 하는 데 걸리는 시간을 생각해 보자. 천천히 움직이는 용질 Y의 속도, 식 19－15를 취해 보자.

$$\bar{v}_Y = \frac{L}{(t_R)_Y}$$

이 관계를 식 19－19와 19－8에 대입하면 다음과 같이 된다.

$$(t_R)_Y = \frac{NH(1 + k'_Y)}{u}$$

여기서 $(t_R)_Y$는 이동상의 속도가 u일 때 Y를 용리시키는 데 걸리는 시간이다. 식 19－26을 위 관계식에 넣으면 다음 식을 얻는다.

$$(t_R)_Y = \frac{16R_S^2H}{u}\left(\frac{\alpha}{\alpha-1}\right)^2\frac{(1+k'_Y)^3}{(k'_Y)^2} \tag{19-29}$$

예제 19 F — 1

물질 A와 B가 30.0 cm 관에서 머무름 시간이 각각 16.40 및 17.63분이었다. 머물지 않는 화학종은 관을 지나는 데 1.30분 걸렸다. 봉우리의 나비는 1.11 및 1.21 mm였다. 다음을 계산하라.

(a) 관의 분리능
(b) 관의 평균 단수
(c) 이론 단높이
(d) 분리능이 1.5 정도되는 데 필요한 관의 길이
(e) 더 긴 관으로 물질 B를 용리시키는 데 걸리는 시간

풀이 식 19 − 23을 이용하면 다음과 같다.

(a) $R_S = 2(17.63 - 16.40)/(1.11 + 1.21) = 1.06$

(b) 식 19 − 13에서 N이 계산된다.

$$N = 16\left(\frac{16.40}{1.11}\right)^2 = 3493, \qquad N = 16\left(\frac{17.63}{1.21}\right)^2 = 3397$$

평균단수 $N = (3493 + 3397)/2 = 3445 = 3.44 \times 10^3$

(c) $H = L/N = 30.0/3445 = 8.708 \times 10^{-3}\ \text{cm} = 8.71 \times 10^{-3}\ \text{cm}$

(d) k'과 α는 N과 L이 증가하여도 변하지 않는다. 따라서 N_1과 N_2를 식 19 − 26에 대입해서 얻은 식 하나를 다른 것으로 나누어주면 다음 관계를 얻는다.

$$\frac{N_1}{N_2} = \frac{(R_S)_1^2}{(R_S)_2^2}$$

여기서 하첨자 1과 2는 원래 관과 긴 관을 나타낸다. N_1, $(R_S)_1$ 및 $(R_S)_2$에 적당한 값을 넣으면 다음과 같이 된다.

$$\frac{3445}{N_2} = \frac{(1.06)^2}{(1.5)^2}$$

$$N_2 = 3445 \times 2.25/1.124 = 6.90 \times 10^2$$

$$L = 6.90 \times 10^3 \times 8.71 \times 10^{-3} = 60.1\ \text{cm}$$

(e) 식 19 − 29에서 다음을 얻는다.

$$\frac{(t_R)_1}{(t_R)_2} = \frac{(R_S)_1^2}{(R_S)_2^2}$$

$$(R_S)_2 = 1.5\text{일 때는 } \frac{17.63}{(t_R)_2} = \frac{(1.06)^2}{(1.5)^2}$$

$$(t_R)_2 = 35.3\ 분$$

19G 연습문제

19－1 K_d가 2.0이고, V_w와 V_o가 같을 때 추출되는 비율을 구하라. V_w가 100 mL, V_o가 100 mL일 때 10번 추출하면 추출되는 용질은 전체에 대하여 어떠한 비율이 되는가?

19－2 분배계수가 3.50이다. 10 mL의 수용액에 있는 용질을 10 mL의 새로운 유기용매로 추출을 반복하여 99 %가 추출되려면 몇 회 추출해야 하는가?

19－3 50 mL의 OsO_4 용액을 클로로포름으로 추출하여 99.8 %를 회수하고자 한다. $CHCl_3$를 (a) 5 mL씩 사용하는 경우와, (b) 10 mL씩 사용하는 경우, 각각 몇 번 추출해야 하는가? 이때 분포계수는 19.1이다.

19－4 문제 19－3에서 $CHCl_3$의 0.01 mL 방울을 계속 수용액중으로 낙하시켜 연속 추출하고자 한다. 만약 바닥에 떨어진 방울을 즉시 제거한다고 하면 50 mL의 OsO_4 용액을 99.8 % 추출해 내는 데 소요되는 $CHCl_3$의 양은 몇 mL인가?

19－5 $H_2O-CHCl_3$계에서 물질 A의 분배계수는 10이다. 50 mL의 수용액을 클로로포름 10 mL씩으로 3회 추출한다. 회수율은 얼마나 되는가?

19－6 약한 산 HA의 이온화상수는 2×10^{-5}이다. 50 mL 용액을 pH 1.0과 5.0에서 유기용매 5.0 mL로 추출할 때 각각 추출률을 구하라. 분배계수는 31이다.

19－7 벤젠－물계에서 pH(2～12 범위)에 대한 p－니트로소디메틸아닐린의 추출률의 관계도를 도시하라.

$$K=51,\qquad \frac{[R][H^+]}{[RH^+]}=2\times10^{-10}$$

19－8 크로마토그램의 A, B, C 세 개의 정규곡선 봉우리는 각각 0.84, 10.60 및 11.08 min에서 나타난다. 시료 A는 액체 정지상에 거의 머무르지 않고 용출되었다. B와 C 봉우리의 밑면 폭은 0.56과 0.59 min이다. 관의 길이는 28.3 cm이다.
(a) 봉우리 B와 C의 N과 H의 평균값을 구하라.
(b) τ와 σ의 평균값을 계산하라.
(c) B와 C의 머무름 계수 R을 구하라.
(d) 충전제의 표면에 있는 액체의 부피는 12.3 mL, 이동상의 부피는 17.6 mL이다. B와 C의 분배계수를 계산하라.
(e) B와 C의 분리능을 구하라. 분리가 잘 되겠는가?
(f) 완전분리, 즉 1.5의 분리능이 되려면 관의 길이가 얼마나 되어야 하는가?

19－9 크로마토그램 봉우리 A, B, C가 0.84, 10.60 및 11.08 min에서 나타났다. 봉우리 A는 운반기체와 같이 용출되었다. 봉우리 B와 C의 밑변은 각각 0.56과 0.59 min이다. 그리고 관의 길이는 28.3 cm이다.
(a) 봉우리 B와 C에 대하여 N과 H의 평균값을 구하라.
(b) τ와 σ 평균값을 구하라.
(c) 봉우리 B와 C의 머무름 계수를 구하라.
(d) 충전제 표면의 액체부피는 12.3 mL이고, 이상의 부피는 17.6 mL이다. B와 C의 분배계수를 구하라.
(e) B, C 두 봉우리의 분리능을 계산하라.
(f) 분리능 1.5를 얻으려면 관의 길이를 어떻게 해야 하는가?

제 20 장
크로마토그래피법의 실제

20 A 고성능 액체 크로마토그래피법

액체를 이동상으로 사용하는 경우를 액체 크로마토그래피라고 하며, 정지상에 따라 흡착, 분배, 이온교환 크로마토그래피 등이 있다. 이들은 모두 유리관 또는 스테인리스관을 이용하기 때문에 관 **크로마토그래피**라고 한다. 한편 종이 또는 얇은층 크로마토그래피는 **평면 크로마토그래피**라고 한다.

액체 크로마토그래피의 초기 연구에서는 관의 분리효율을 높이기 위해 충전제의 입자를 가급적 작은 것을 사용하도록 하고, 용리액은 중력에 따라 자연적으로 흘러내리게 하는 방법을 사용하였다. 그러나 충전제의 입자가 감소할수록 이동상의 유속이 감소하였으며, 유속을 높이기 위해 이동상에 압력을 가하는 장치를 사용하는 방법이 점차 개발되게 되었다.

따라서 1960년경부터 직경이 10 μm 이하인 충전제를 사용하고, 수십 기압의 압력을 가하여 이동상을 밀어서 흐르게 하는 새로운 **고성능 액체 크로마토그래피법**(high performance liquid chromatography, HPLC)이 개발되었다.

이와 같은 높은 압력을 이용하는 HPLC에서는 모든 장치가 고전적인 크로마토그래피에 비해 보다 정교하고 견고하다. 그림 20－1은 이러한 부분장치의 조립 계통도를 보여준다.

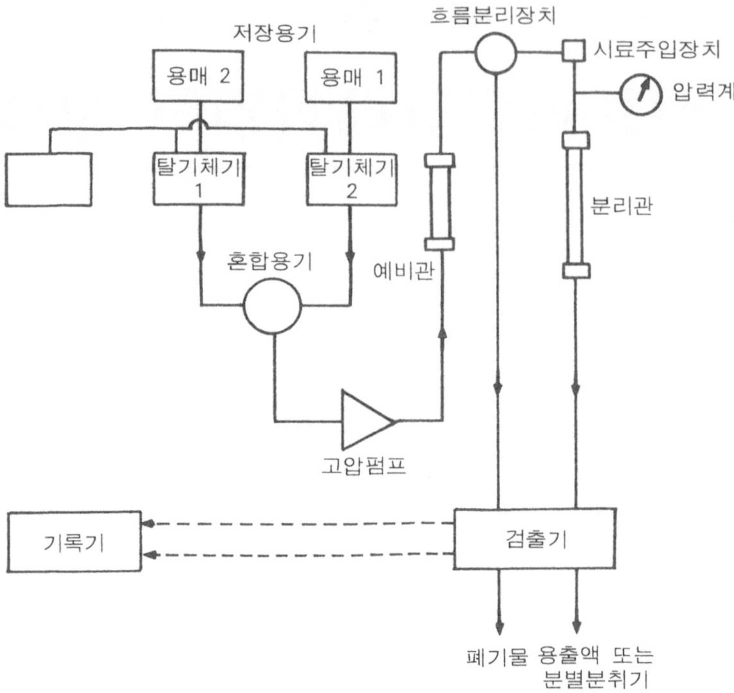

그림 20－1 대표적인 고성능 액체 크로마토그래피 장치의 액체흐름 계통도.

20 A－1 용리액(용매) 저장용기

HPLC에는 한 개 또는 그 이상의 유리 또는 스테인리스로 만든 1～2 L들이 용리액 저장용기가 갖추어져 있으며, 여기에는 용리액에 녹아 있는 기체를 제거하는 장치가 붙어 있다. 이들 기체는 일반적으로 질소와 산소인데, 관 속에서 이들 기포는 용질의 띠를 넓히는 원인이 되고, 또 검출기의 성능에 지장을 주기도 한다. 기체 제거장치는 진공펌프장치, 증류장치 또는 용매를 가열하고 저어주는 장치로 되어 있다.

일반적인 용리에서는 한 가지 용매만을 사용하여 용리하지만, 분리효율을 높이기 위해 **기울기 용리법**(gradient elution)을 이용하는 경우가 많다. 이 용리법은 성질이 서로 다른 두 가지(그 이상을 사용하는 경우도 있다) 용매를 섞어서 연속적으로 용리액의 조성을 변화시키면서 용리하는 방법으로, 이들의 혼합비를 프로그램되어 있는 계획에 따라 연속적으로 또는 단계적으로 변하게 한다. 현대적 HPLC 장치는 둘 또는 그 이상의 용리액 저장용기에서 유입속도가 서로 다르게 용매를 혼합 용기에 주입하는 장치를 가지고 있다. 그러므로 용리액의 혼합 부피비를 시간에 따라 직선적으로, 또는 지수함수적으로 변화시킨다.

그림 20－2는 기울기 용리로 분리효과를 향상시킨 것을 보여준다. 그림 20－2b는 50 : 50(v/v) 메탄올/물 용액으로 용리한 용리곡선이고, 그림 20－2a는 두 용매의 비가 40 : 60으로서 용리를 시작하여 메탄올 농도를 8 %/min의 속도로 계속 증가시키면서 용

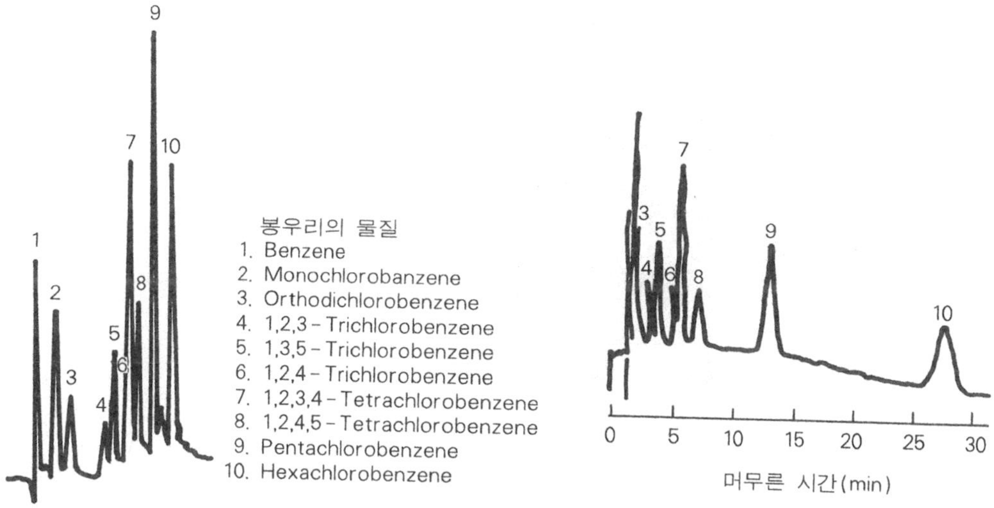

(a) 기울기 용리 (b) 단일 용매 용리

그림 20－2 기울기 용리에 의한 분리효율의 개선. 관 : 1 m × 2.1 mm, 정교하게 만든 스테인리스관 ; 충전물 : 1 % permaphase® ODS ; 시료 : 이소프로필알코올에 녹인 클로로벤젠 5 μL ; 검출기 : UV 광도계(254 nm) ; 온도 : 60 ℃ ; 압력 : 1200 psi(84 atm).

리한 것이다. 이와 같은 기울기 용리가 초기 봉우리의 분리를 손상시키지 않고 전체 분리의 시간을 단축시킨 것을 볼 수 있다.

20 A－2 펌 프

대부분의 HPLC 펌프는 적어도 1000 psi(lb/in^2 ; 약 70 atm)의 출력을 가지고 있으며, 이동상은 3 mL/min 의 유속을 낸다. 유속은 ±2 % 정도로 일정해야 한다. 두 종류의 기계적 펌프가 이용되고 있다. 한 가지는 나사형으로 움직이는 주사기 형태이고, 다른 한 가지는 피스톤식 펌프를 이용한다. 후자의 경우에는 펄스식 흐름이 생기는 결점이 있다.

20 A－3 예비관

어떤 HPLC 기기에는 소위 예비관이 설치되어 있는데, 여기에 분석용 관에 들어 있는 것과 화학적으로 같은 충전제가 채워져 있다. 그러나 입자 크기는 훨씬 커서 이 때문에 나타나는 압력강하는 거의 무시할 정도이다. 예비관의 목적은 용매의 불순물을 제거하는 것으로, 분석용 관의 오염을 막는 데 있다. 또 예비관은 정지상을 구성하는 액체로서 이동상을 포화시키는 역할을 한다. 따라서 분석용 관의 충전제에서 정지상이 녹아 벗겨짐을 방지한다.

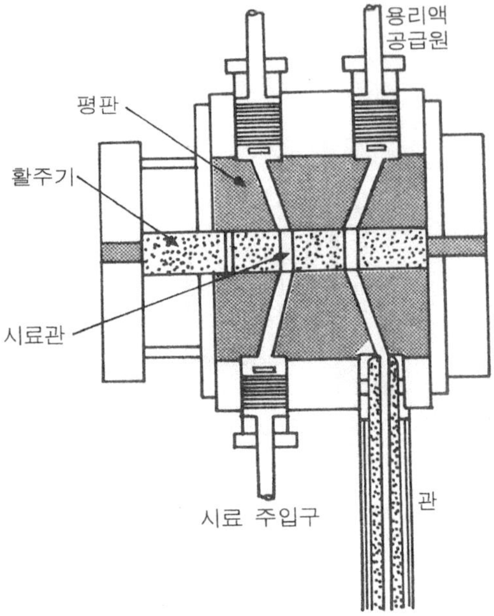

그림 20-3 시료주입 활주기.

20 A-4 시료주입장치

HPLC에서 일정량의 시료를 주입하는 데는 그림 20-3과 같은 활주기를 사용하는데, 시료를 시료관에 채워서 활주기를 왼쪽에서 오른쪽으로 움직여 시료가 용리액 흐름에 놓이도록 한다. 시료관은 2~100 μL까지의 여러 가지 부피의 활주기가 시판되고 있다. 시료주입은 주사기를 사용하여 실리콘, 네오프렌 또는 테플론으로 되어 있는, 스스로 막히는 격막을 통해 주입하는 경우도 있다. 또 다른 방법으로는 일시적으로 관의 흐름을 정지시키고, 관의 뚜껑을 제거하여 시료를 관의 상층에 직접 주사기로 주입하는 경우도 있다.

20 A-5 관

HPLC에 사용되는 관은 기벽이 두터운 유리관 또는 스테인리스 강철로 되어 있다. 전자는 낮은 압력에 사용된다. 대표적인 관의 길이는 15~150 cm 정도이고, 직경은 약 2~3 mm 정도이다.

HPLC에 사용되는 충전제는 미세분말의 실리카겔을 흔히 사용한다. 가끔 알루미나와 셀라이트(규조토)도 사용하고, 직경 5~20 μm의 균일한 입자를 충전시킨다.

또 난용성 유기물질을 1~3 μm의 얇은층으로 입힌 작은 유리구슬을 사용한다. 이러한 얇은층에서는 상들 사이에서 평형이 이루어지는 속도가 빠르다.

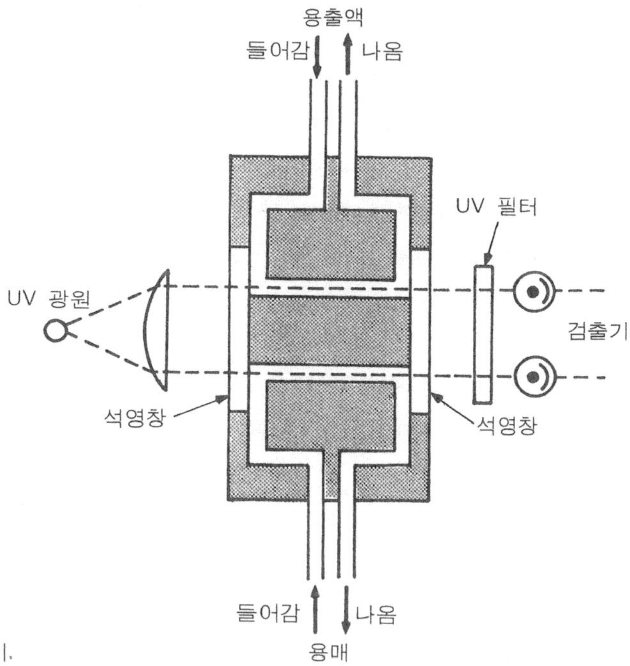

그림 20—4 HPLC용 자외선 검출기.

20A—6 검출기

HPLC에서 용출되는 용질의 분리띠를 검출하는 데는 여러 가지 방법이 이용된다. 용출액의 조성을 굴절법, 흡광법, 전도도법 등의 방법에 의하여 연속적으로 분석한다. HPLC에 사용되는 가장 일반적인 검출법은 자외선 또는 가시선의 흡수분광계를 이용하는 것으로, 이들 광도계와 분광광도계는 시판되고 있다. 분광광도계 검출기는 복사선 파장을 시료성분의 흡수봉우리에 맞추어 주도록 한다. 광도계를 검출기로 이용하려면 광도계의 파장영역 내에서 시료성분은 흡수하고, 용매는 그렇지 않아야 한다.

그림 20—4는 자외선 광도계의 검출기의 개략도이다.

20B 분배 크로마토그래피

고체 지지체 입자의 표면을 용리액에 녹지 않는 액체로 얇게 입혀, 이것을 정지상으로 사용하는 경우를 일반적으로 분배 크로마토그래피(partition chromatography)라고 한다. 이 경우에 용질은 단순한 흡착을 하는 것이 아니라, 분배법칙에 따라 용리액과 고체 표면의 액체층 사이에 분배반응을 되풀이하면서 이동한다. 분배계수가 큰 것은 정지상에 많이 분배되어 느리게 용리되고, 작은 것은 용리액에 많이 분배되어 빠르게 이동하고 용출된다.

20 B — 1 정지상의 극성

분배 크로마토그래피에서 규조토, 녹말 셀룰로오스, 분말유리, 알루미나 등은 고체 지지체로 사용되고 있다. 가장 많이 사용되는 것은 실리카겔이다. 이 물질은 물을 세게 흡수하며, 흡착된 물이 정지상의 역할을 한다. 물 필름에 완충용액이나 센 산(또는 센 염기)이 포함되어 있으면 어떤 물질의 분리에는 효과가 있을 수 있다. 지방족, 알코올, 글리콜 또는 니트로메탄과 같은 극성용매는 실리카겔에 입혀 정지상으로 사용된다.

분배 크로마토그래피에서는 정지상, 시료 및 이동상의 세 가지가 모두 액체이고, 이 방법의 분리효능은 이들 세 가지 상을 구성하는 분자들의 성질에 달려 있으며, 이들 분자들의 분배계수와 용해도에 깊은 관계를 가지는 극성에 크게 지배된다. 극성분자끼리는 친화하고 비극성분자끼리도 친화할 수 있지만, 극성분자와 비극성분자는 서로 친화되지 않는다.

분배 크로마토그래피법으로 분리할 때 정지상은 극성이고 이동상은 극성 또는 비극성 용매를 사용하는 것이 보통이지만, 때로는 정지상으로 비극성물질을 사용하고 이동상으로 극성 또는 비극성용매를 사용하는 경우도 있다. 이 경우를 **역상 크로마토그래피**(reversed phase chromatography)라고 한다.

극성이 가장 큰 물질은 전자에서는 가장 나중에 용리되지만, 후자에서는 가장 먼저 용출되어 나오고, 전자에서 먼저 용리되는 비극성물질은 후자에서는 뒤에서 용리된다. 분배 크로마토그래피법으로 물질을 성공적으로 분리하려면 정지상, 시료, 이동상의 분자들 간의 힘이 적당히 균형을 이루도록 해야 한다. 여러 가지 작용기의 극성 순서는 다음과 같다.

탄화수소 < 에스테르 < 케톤 < 알데히드 < 아미드 < 아민 < 알코올 < 물

20 B—2 결합상 크로마토그래피법

분배 크로마토그래피법은 처음에는 고체 지지체에 적당한 액체막을 입힌 액체-액체형을 이용하였으나, 요즘에는 액체막이 용해하는 등 몇 가지 단점 때문에 실리카 표면에 액체막 대신에 적당한 알킬기를 화학적으로 결합시킨 것을 사용하고 있다.

물 속에서 수화된 실리카 표면에는 SiOH가 나열하고 있고, 여기에 클로로시란을 다음과 같이 반응시키면 실리카 표면 화학결합이 이루어진다.

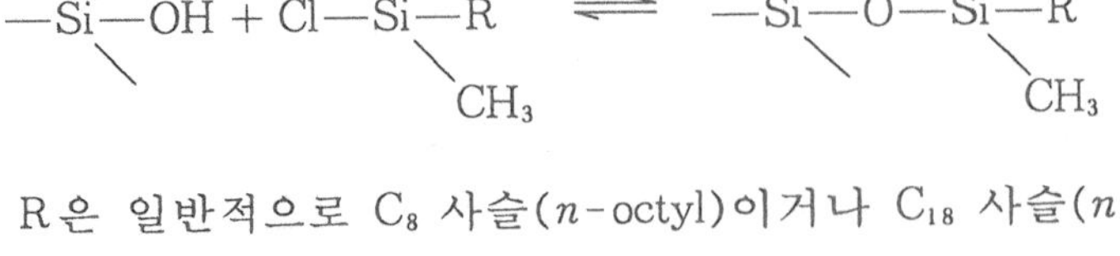

이러한 피막에서 R은 일반적으로 C_8 사슬(n-octyl)이거나 C_{18} 사슬(n-octyldecyl)이다.

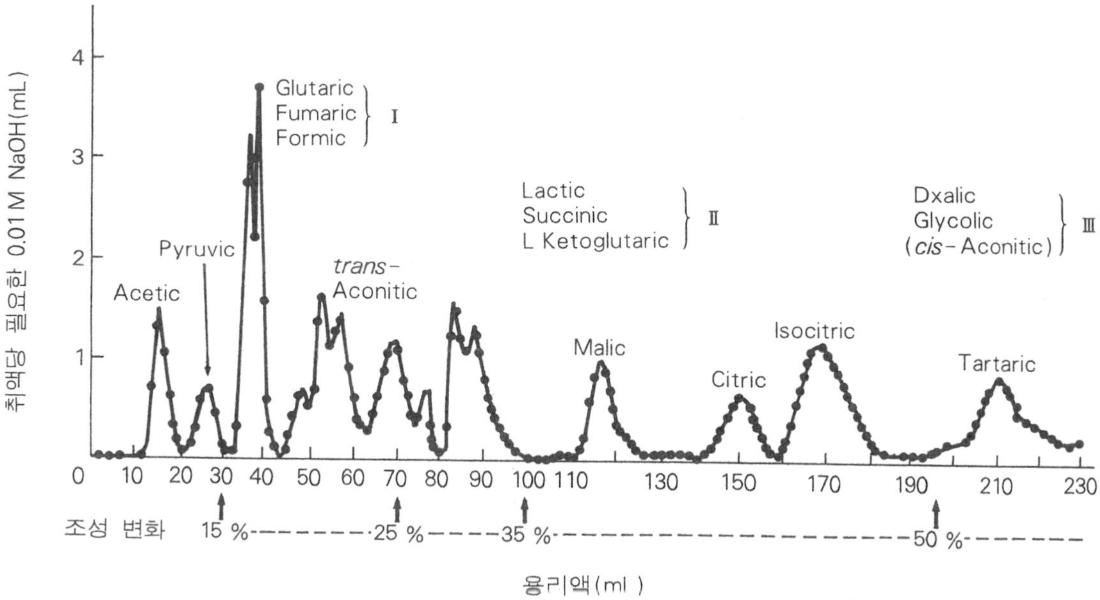

그림 20−5 실리카겔 관을 이용한 산의 분배 크로마토그램. 클로로포름에 n-부틸 알코올을 섞어 용리하였다 [W. A. Bulon, J. E. Varnor and R. C. Burroll, *Anal. Chem.*, 24, 187(1952)].

이렇게 얻은 **결합정지상**(chemically bonded stationary phase)은 일반적으로 역상 크로마토그래피에 이용되었으나, 오늘날에는 이 R기에 시아노기($-C_2H_4CN$), 아미노기 등 극성 작용기를 도입하여 정상형 정지상으로도 이용되고 있다.

20 B−3 응 용

분배 크로마토그래피법은 비슷한 물질들을 분리하는 데 훌륭한 방법이다. 대표적인 예는 단백질을 가수분해하여 얻은 각종 아미노산, 성질이 비슷한 지방족 알코올 및 당의 유도체 등의 분리 및 분석이다. 그림 20−5에 카르복실산의 분리에 대한 예를 들었다. 이때 정지상의 실리카겔에 0.5 M 황산을 포함시켜 사용하였다. 분리관은 부탄올을 15～50 %까지 변화시키면서 클로로포름에 섞은 혼합액으로 용리하였으며, 용출한 분액은 염기의 표준액으로 적정하여 분석하였다. 분리상태가 불완전하면 더 긴 분리관을 사용하여 분리할 수도 있다.

20 C 이온교환수지

19세기 중엽 영국의 농화학자 Thompson 등은 흙에 뿌려진 암모니아 비료(NH_4^+)가 다음과 같이 토양 $Na_2Al_2Si_4O_{12}$에 있는 알칼리 금속(Na^+)과 이온교환을 하여 보존되고, 비가 내려도 씻겨 내려가지 않음을 증명하였다.

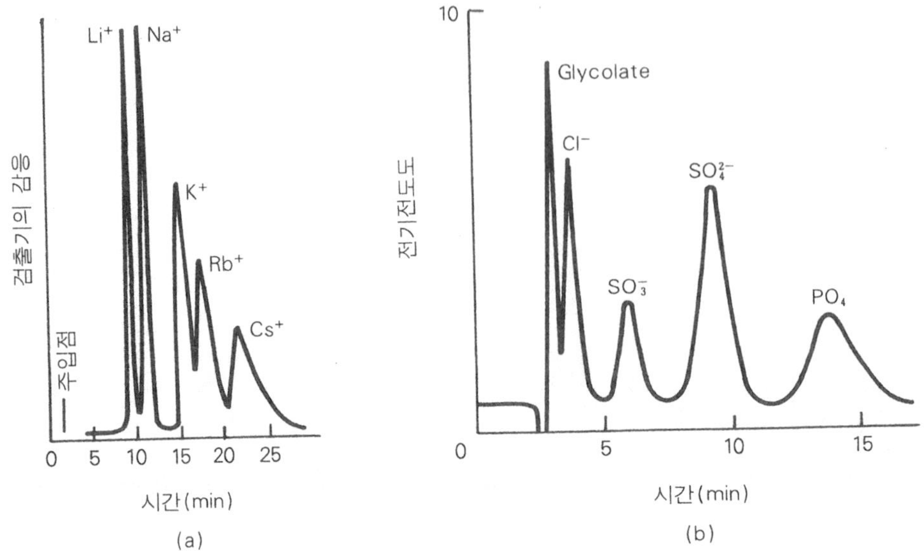

그림 20－6 이온교환 크로마토그래피법에 의한 무기이온의 분리. (a) 관 : 250 × 9 mm ; 충전물 : 술폰산형의 미세한 이온교환체 ; 용리액 : 0.01 M HCl ; 시료의 양 : 0.1 mL [H. Small, T. S. Stevens, and W. C. Bauman, *Anal. Chem.*, 47, 1803(1975)]. (b) 관 : 500 × 2.8 mm ; 흐름속도 : 118 mL/hr ; 충전물 : 미세한 음이온교환수지 ; 용리액 : 0.0015 M $NaHCO_3$는 glycolate + Cl^-에 대하여, 0.003 M $NaHCO_3$ + 0.0024 M $NaCO_3$는 다른 이온에 대하여 ; 시료량 : 100 μL [T. M. Stevens, V. T. Turkelson, and W. A. Albe, *Anal. Chem.*, 49, 1176(1977)].

$$2NH_4^+ + Na_2Al_2Si_4O_{12} \rightleftharpoons (NH_4)_2Al_2Si_4O_{12} + 2Na^+$$

그 후 제올라이트(zeolite)와 같은 광물이 센물에 있는 칼슘과 마그네슘이온을 나트륨이온과 바꾸어서 단물로 만드는 데 이용되었다.

오늘날 이용되고 있는 유기 이온교환수지(organic ion exchange resin)는 1935년경부터 합성되기 시작하여 이온교환 용량이 크고, 이온교환 속도가 빠르며, 화학적 및 기계적으로 내구성이 강하고, 음이온 교환도 할 수 있는 이온교환수지가 시판되고 있다(그림 20－6 참조).

양이온교환수지는 작용기로서 일반적으로 술폰산기 $—SO_3H$를 가지고 있어 다음과 같이 양이온을 교환할 수 있다.

$$R—SO_3^- H^+ + Na^+ \rightleftharpoons R—SO_3^- Na^+ + H^+$$

여기서 R은 수지 단위체를 나타낸다. 이때 용액중의 나트륨이온은 흡수되고, 그 대신 수소이온이 용액으로 들어간다.

음이온교환수지는 일반적으로 작용기로서 아민기 $—N(CH_3)_3^+OH^-$를 가지고 있으며, 용액중의 염화이온과 교환하면 수산화이온을 용액중으로 낸다.

$$R—N(CH_3)_3^+ OH^- + Cl^- \rightleftharpoons R—N(CH_3)_3^+ Cl^- + OH^-$$

오늘날 가장 많이 사용되는 이온교환수지는 스틸렌과 디비닐벤젠을 원료로 하여 만든 폴리스틸렌 중합체로서, 이것은 3차원적으로 다리결합된 수지 모체이고 여기에 술폰산 또는 아민과 같은 작용기를 결합시킨 것이다.

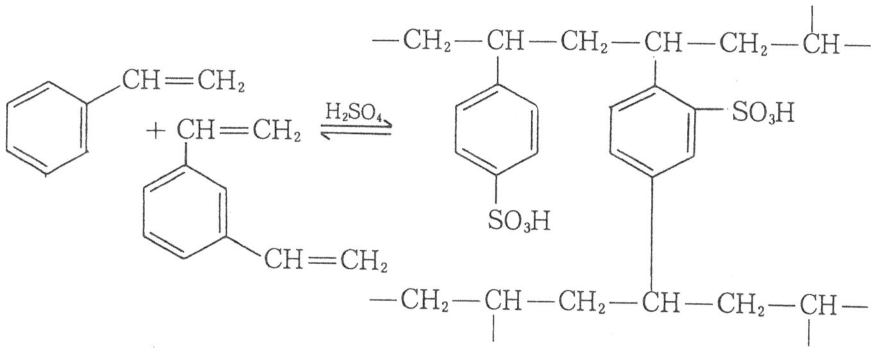

만약 선형 폴리스틸렌을 서로 연결해 주는 다리결합이 없다면 용해도가 커서 실용성이 없어지게 된다.

술폰산기를 가지는 것은 가장 센 양이온교환수지로서 모든 pH 용액에서 교환반응을 잘하고, 가장 많이 이용되고 있으며, Dowex 50, Amberlite IR 120과 같은 상품명으로 나와 있다. 작용기로서 술폰산 대신에 카르복시산, 인산 등을 결합시킨 것은 약한 양이온 교환수지이고, 낮은 pH 용액에서는 이온교환 능력이 줄어들게 된다.

음이온교환수지 중에서 작용기로서 4차 아민인 $—CH_2N(CH_3)_3^+$를 가지는 것이 가장 센 음이온교환수지이고 가장 많이 이용되고 있는데, Dowex 1, Amberlite IRA 400과 같은 상품이 나와 있다. 3차 $—CH_2NH(CH_3)_2^+$, 2차 $—CH_2NH_2(CH_3)_3^+$ 아민이 될수록 약한 음이온교환수지이며, 용액의 염기성이 증가하면 이온교환 기능이 감소한다.

20C—1 이온교환수지의 성질

이온교환수지는 이온성 작용기가 균일하게 도입되어 있는 3차원적 그물조직을 가지는 유기물 수지로서, 구슬 모양의 작은 구형 입자로 만들어져 있고, 그 내부는 물과 이온이 자유로이 확산해 들어갈 수 있다. 그러므로 이온교환수지는 일종의 전해질 용액이라고도 볼 수 있다. 그러나 작용기 이온은 그물조직에 정착되어 있다. 그 상대이온은 어느 정도의 범위 내에서만 자유 활동이 가능하고 그 이상 밖으로 나갈 수 없지만, 같은 부호의 전하를 가지는 다른 이온과 교환할 수 있다.

이온교환수지를 물에 담그면 수분을 흡수하여 수지 속의 이온들은 수화되고, 전체 부피가 늘어난다. 이것을 팽창(swelling)이라고 한다. 그러나 외부용액의 이온 강도가 높아지면 수지 내부이온의 수화 정도가 줄어들게 되어 전체 부피가 감소한다. 이제부터 이온교환수지의 교환반응 평형을 살펴보자.

A형의 수지를 B 이온의 용액에 담그면 다음과 같은 교환반응이 일어나서 평형상태에 도달하게 된다.

$$RA + B^+ \rightleftharpoons RB + A^+$$

$$\frac{a_{RB}\,a_{A^+}}{a_{RA}\,a_{B^+}} = \frac{X_{RB}}{X_{RA}} \cdot \frac{[A^+]}{[B^+]} \cdot \frac{f_{RB}}{f_{RA}} \cdot \frac{f_{A^+}}{f_{B^+}} = K$$

여기서 X는 각 화학종의 수지중에서의 몰분율을 나타낸다. 그리고 용액중의 활동도 계수 f_{A^+} 및 f_{B^+}는 알려져 있으나, 수지중의 활동도 계수 f_{RA} 및 f_{RB}는 잘 알려져 있지 않기 때문에 취급하기 어렵다. 그러므로 활동도 계수를 고려하지 않기 위해 일반적으로 다음과 같이 표시한다.

$$\frac{X_{RB}}{X_{RA}}\frac{[A]}{[B]} = K \cdot \frac{f_{RA}}{f_{RB}} \cdot \frac{f_{B^+}}{f_{A^+}} = K_A^B$$

K_A^B를 **선택계수**(selectivity coefficient)라고 한다. 이 값은 제한된 좁은 범위에서 일정한 값을 유지한다. 선택계수 K_A^B가 크면 수지에 대한 B 이온의 흡착력이 A 이온의 흡착력보다 크다는 말이 된다. 몇 가지 양이온의 수지에 대한 흡착력은 대략 다음 순서와 같다.

$Pu^{4+} \gg$
$La^{3+} > Ce^{3+} > Pr^{3+} > Eu^{3+} > Y^{3+} > Sc^{3+} > Al^{3+} \gg$
$Ba^{2+} > Pb^{2+} > Sr^{2+} > Ca^{2+} > Ni^{2+} > Cd^{2+} > Cu^{2+} >$
$Co^{2+} > Zn^{2+} > Mg^{2+} > UO_2^{2+} \gg$
$Tl^+ > Ag^+ > Rb^+ > K^+ > NH_4^+ > Na^+ > H^+ > Li^+$

위의 관계로 미루어 보아 이온의 수지에 대한 흡착력은 (1) 전하수가 클수록, (2) 수화하는 정도가 작을수록, (3) 편극 능력이 클수록 크다는 것을 알 수 있다.

20 C－2 이온교환수지의 이용

방해 이온의 제거 이온교환수지는 화학분석에서 여러 가지 목적으로 이용되고 있다. 시료중에 섞인 분석과정에 방해되는 물질은 미리 제거하는 것이 좋다. 특히 요구하는 화학종과 반대 전하를 가지는 것을 제거하는 데는 이온교환수지가 효과적인 역할을 할 수 있다. 예를 들어 황산이온을 바륨염 침전으로 만들어 무게법 분석을 할 때 Fe(Ⅲ), Al(Ⅲ) 이온 등은 공침되어 오차를 가져오기 때문에 시료용액을 미리 양이온교환수지관에 통과시켜 모든 양이온을 제거한다.

묽은 용액을 농축하는 법 용액에 대단히 묽게 녹아 있는 흔적량의 물질은 용액을 수지에 통과시켜 그 물질을 흡착시킨 다음 농축할 수 있다. 예를 들어 자연물중에 녹아 있는 흔적량의 금속은 양이온교환수지관에 흡착시키고, 이 관에 진한 산을 통과시키면 흡착된 금속이온은 작은 부피의 용액에 모두 받아 모을 수 있다.

전해질 염에서 산 또는 염기를 얻는 법 전해질 염을 분석할 때 이 용액을 수소형의 양이온교환수지관에 통과시킨 다음 다시 증류수로 씻어내면 금속이온은 모두 수소이온으로 교환되어 흡착되고, 음이온은 그대로 용출되어 결국 같은 당량의 산을 얻는다. 이것을 알칼리의 표준용액으로 적정하여 시료중의 염을 쉽게 정량할 수 있다.

용리법에 의한 이온의 상호 분리 서로 성질이 비슷하고, 일반적인 방법으로 분리하기가 어려운 이온들은 용리법을 이용하여 분리하는 것이 가장 효과적이다. 적은 양의 혼합 시료를 교환수지관 상층에 흡수시키고, 적당한 전해질 용액을 용리액으로 사용해서 계속 흘러내리면 각 성분은 그 분포비에 따라 분리되어 용출된다.

예를 들어 할로겐화이온 Cl^-, Br^-, I^-의 혼합물(각 0.1 M 정도) 1 mL 정도를 수지층에 흡수시켜 질산나트륨용액으로 용리하면 다음과 같은 반응이 일어난다.

$$RCl + NO_3^- \rightleftharpoons RNO_3 + Cl^- \qquad (20-3)$$

$$RBr + NO_3^- \rightleftharpoons RNO_3 + Br^- \qquad (20-4)$$

$$RI + NO_3^- \rightleftharpoons RNO_3 + I^- \qquad (20-5)$$

그러나 반응 20－3이 가장 많이 진행되고, 반응 20－5가 가장 적게 진행되기 때문에 이러한 평형반응이 반복되는 동안에 Cl^-가 가장 먼저 용출되고, Br^-가 나오고, I^-는 가장 뒤에서 용출된다.

20 D 흡착 및 겔 크로마토그래피

20 D－1 흡착 크로마토그래피법

크로마토그래피법의 초기 연구는 모두 흡착형으로, 정지상은 곱게 빻은 고체 표면이었다. 이러한 충전관에서는 용질이 고체 표면의 자리를 차지하기 위해 용리용매와 경쟁을 한다. 즉 흡착력의 결과로 머무름이 나타난다. 최근의 액체-고체 크로마그래피법에서는 중성 유기화합물을 분리하는 데 HPLC 기술을 많이 이용하고 있다.

정지상과 이동상 액체-고체 크로마토그래피에서는 실리카겔이 흡착제로 가장 널리 사용되고 있다. 알루미나도 역시 상당히 많이 사용되고 있다. 입자의 직경이 다른 각종 충전제를 시중에서 구할 수 있다. HPLC에 사용되는 대표적인 것으로는 10 μm의 실리카겔 충전제가 있다.

흡착 크로마토그래피에 의한 분리는 용매와 고체 흡착제의 표면 사이에 용질인 각종 화학종이 분배하는 평형 반응에 따라 일어난다. 이러한 흡착성질의 차이는 히드록시기의 수, 이중결합, 작용기 등의 유무에 따라 차이가 난다. 용리액으로서 흡착력이 감소하는 경향은 산 > 알코올 > 카르보닐 > 에스테르 > 탄화수소와 같다. 흡착제의 성질 역시 흡착 순서를 결정하는 데 큰 영향을 미친다. 이 분야에서는 실험적으로 얻은 지식이 많이 이용된다. 즉 흡착제의 선택과 분리에 이용되는 용리액은 여러 번의 실험을 통해 결정된다.

흡착 크로마토그래피법은 유기화합물의 분리에 주로 이용되고 있다.

20D－2 겔 크로마토그래피법

겔 크로마토그래피법(gel chromatography)은 시료에 들어 있는 화학종을 분자 크기에 따라 분리하는 방법이다. 이것을 **크기별 배제 크로마토그래피**(size exclusion chromatography) 및 **분자체 크로마토그래피**(molecular sieve chromatography) 등으로 부르는 경우도 있다. 이 경우 충전제에 시료가 분배되는 정도는 용질분자나 이온이 다공질인 겔 충전제에 침투할 수 있는 크기에 의존한다. 겔 크로마토그래피법의 정지상은 물을 쉽게 흡수하여(어떤 경우는 다른 용매) 팽창된 다공질 중합체의 물질로 구성되어 있다.

가장 널리 사용되는 중합체 중의 한 가지는 다당류 덱스트란(polysaccharide dextran)을 에피클로로히드린(epichlorhydrin)으로 다리결합시켜 만든 것이다. 후자의 양을 변화시켜 가면서 구멍의 크기가 다른 일련의 수지를 얻고 있다. 이러한 겔은 Sephadex 라는 상품명으로 불리고 있다.

겔 크로마토그래피법의 이론 물(또는 다른 용매)을 흡수하여 불어난 중합체 또는 실리카겔로 채운 관의 전체 부피는 다음과 같다.

$$V_t = V_g + V_i + V_o$$

여기서 V_g는 겔의 고체 기질의 부피, V_i는 틈새에 들어 있는 용매의 부피, V_o는 겔 입자 밖의 자유 부피이다. 용질의 확산이 없다고 가정하면 V_o는 입자가 너무 커서 겔의 구멍으로 들어갈 수 없는 입자가 관을 통해 흘러내리는 데 필요한 부피를 나타낸다.

중간 정도 크기의 분자는 틈새에 끼어 있는 용매 부피의 K 분율만큼 분배할 것이다. 즉 이들에 대한 용리부피 V_e는 다음과 같다.

$$V_e = V_o + KV_i$$

이 식은 모든 용질에 대하여 겔 관의 행동을 표시하고 있다. 겔 구멍에 들어갈 수 없는 큰 분자에 대해서는 $K = 0$이며, $V_e = V_o$이다. 구멍으로 방해없이 들어갈 수 있는 분자에 대해서는 $K = 1$, 즉 $V_e = (V_o + V_i)$이다. 이것은 용질분자가 겔 표면에 흡착되는 작용이 일어나지 않는다는 가정하에서 나타나는 관계이다. 용질이 구멍으로 자유롭게 들어갈 수 있으며, 또 흡착되는 경우에는 용질의 K는 1보다 클 것이다.

표 20－1은 덱스트란트(dextrant)형 겔의 K값을 실험적으로 구하여 나타낸 것이다. 예를 들어 G-25겔을 이용하면 염과 아미노산을 대부분의 단백질에서 효과적으로 분리

표 20－1 Sephadex 겔의 K값

물질	분자량	K			
		Sephadex G-25	Sephadex G-75	Sephadex G-100	Sephadex G-200
황산암모늄	132	0.9	—	—	—
염화칼륨	74	1.0	—	—	—
트립토판	204	2.2	1.2	—	—
글리신	76	0.9	1.0	—	—
리보누클레아제	13000	0	0.4	—	—
트립신	24000	0	0.3	0.5	0.7
혈청 알부민	75000	0	0	0.2	0.4
피브리노오겐	330000	0	0	0.0	0.0

할 수 있음을 표 20－1로부터 분명히 알 수 있다. 이 경우 K값이 0인 모든 단백질은 겔 내부로부터 배제되는 반면, 저분자량의 화학종의 K값은 1에 가까운 값을 갖는다. 이러한 물질은 시료부피가 비교적 커도(충전제 전체 부피의 20～30 %) 깨끗한 분리가 이루어질 수 있다.

Sephadex G-25와 G-50 겔 역시 표 20－1에 나타낸 단백질과 저분자량의 화학종 중에서 중간 정도 크기를 갖는 펩티드를 분리하는 데 유용하게 이용되고 있다. 이들 화합물의 K값은 0보다 크고, 1보다는 작다. 표 20－1에 나타낸 구멍이 큰 겔은 단백질, 핵산 및 다당류와 같은 거대분자를 분리하고 정제하는 데 널리 응용되고 있다.

20 E 종이 크로마토그래피법

종이 크로마토그래피법은 유기화학자와 생화학자에게 유용한 미량분석 수단이며, 대단히 간단한 방법이다. 시료용액 한 방울을 종이의 밑부분에 떨어뜨려 말린 다음, 전개제라고 하는 이동상의 흐름으로 시료물질을 이동시킨다. 전개제의 이동은 모세관 현상 때문이다. 전개방법에는 이동상이 위에서 아래로 흐르는 **하강전개법**, 아래에서 위로 올라가는 **상승전개법**, 중앙에서 바깥으로 이동하는 **원형전개법** 등 세 가지 방법이 있다.

일반적으로 종이 크로마토그래피는 정지상인 친수성 종이의 표면에 물이 흡수되어 있는 분배 크로마토그래피 중의 하나이다. 이 경우에 유기용매가 이동상의 역할을 한다. 종이를 적당히 처리하면 흡착된 물은 비극성 액상으로 대치할 수 있다. 이러한 경우에는 수용액을 전개제로 사용할 수 있다.

20 E－1 전개법

그림 20－7에 대표적인 종이 크로마토그래피법을 나타내었다. 일반적으로 종이는 길

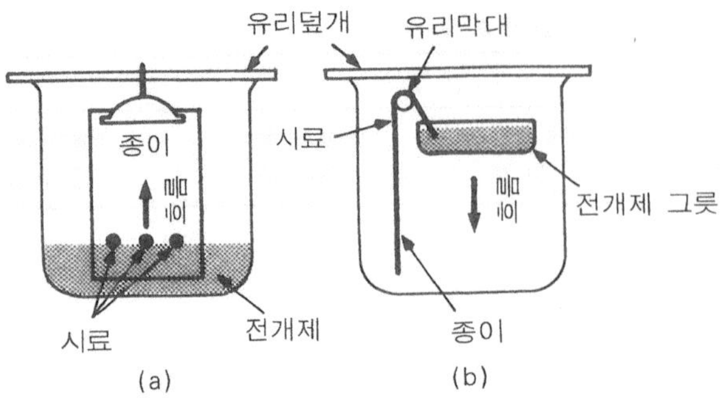

그림 20-7 종이 크로마토그래피 장치.
(a) 상승법, (b) 하강법.

이가 15~30 cm, 넓이가 2~3 cm이다. 종이 끝에서 1~2 cm 되는 위치에 연필로 표시한 선상에 시료용액을 한 방울 떨어뜨리고, 용매는 날려 보낸다.

시료에 가까운 종이 끝을 전개제에 닿게 하고, 종이와 전개제는 증발 손실을 방지하기 위해 그릇에 넣어 뚜껑으로 덮는다(그림 20-7). 용매가 종이의 끝 가까이까지 이동하면 종이를 꺼내고 건조시킨다.

20E-2 검출법

전개된 성분의 위치는 용질의 작용기와 반응하는 적당한 발색제를 이용하여 발색시킨다. 예를 들어 ninhydrin은 아민 및 아미노산과 반응하여 청색 또는 적색을 띤다. 또 자외선법, 형광법, 방사선법 등의 검출법을 이용할 수도 있다. 정확한 분석을 하는 경우에는 전개된 반점부분의 종이를 오려내어 적당한 용매로 녹여낸 다음, 미량분석법으로 정량하는 수도 있다.

종이 크로마토그래피로 정성분석을 할 때에는 머무름 계수 R을 이용한다. 주어진 조건에서 시료의 한 성분이 이동한 거리를 용매가 이동한 거리로 나눈 값을 그 성분의 R값이라 하고, 표준물과 똑같은 조건에서 전개하여 R값을 비교함으로써 성분물질을 확인할 수 있다.

종이 크로마토그래피는 2차원법으로 전개할 수도 있다. 이때 시료는 사각형 종이의 한 구석에 점으로 찍어 말린 다음, 일반적인 방법으로 전개시킨다. 용매를 날려 보낸 다음, 종이를 90° 각도로 돌려 다시 다른 용매로 전개시킨다. 한 가지의 용매로 분리되지 않을 때에는 이러한 방법으로 분리할 수 있다. 그림 20-8에 두 가지 방향으로 전개시킨 크로마토그램을 나타내었다.

20F 얇은층 크로마토그래피법

얇은층 크로마토그래피는 종이 크로마토그래피와 대단히 비슷하다. 그러나 이 방법에서는 유리판에 고운 입자의 가루반죽을 얇게 입힌 흡착제층 위에서 용질을 전개시킨다.

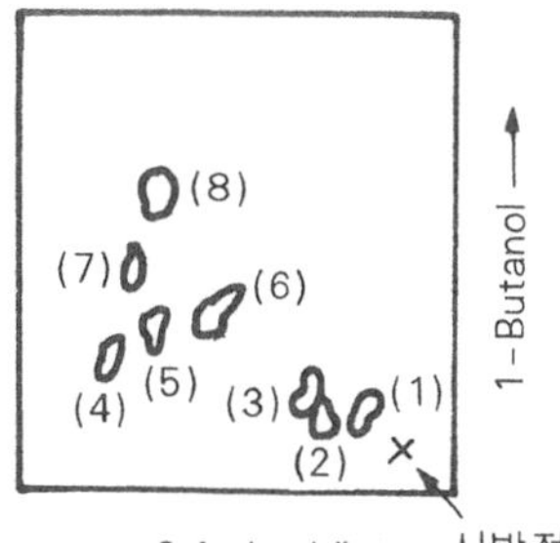

그림 20－8
아미노산 혼합물을 2차원법으로 전개시킨 크로마토그램. (1) serine, (2) glycine, (3) alanine, (4) tryptophan, (5) methionine, (6) valine, (7) phenylalanine, (8) leucine.

20 F－1 흡착제

얇은층 크로마토그래피에 사용하는 흡착제는 실리카겔, 알루미나, 규조토, 셀룰로오스 등의 가루이다. 얇은 판은 유리 또는 현미경용 슬라이드의 표면에 고운 분말을 물과 반죽하여 입혀 만든 다음, 오븐에서 몇 시간 건조시켜 사용한다.

얇은층 크로마토그래피의 흡착평형은 얇은층의 성분과 제조방법에 따라 변한다. 실리카겔 가루를 물과 반죽하여 유리판에 입힌 다음 실온에 두면 입자는 물의 얇은층으로 덮여 있을 것이고, 시료를 유기용매로 전개시키면 액체－액체 분배에 의해 분리될 것이다. 이와 반대로, 실리카 필름을 가열하여 건조시켜 사용하면 고체－액체의 흡착평형이 이루어질 것이다.

20 F－2 전개와 검출

시료는 전개판의 한쪽 끝에 작은 점으로 찍어 말린 다음, 종이 크로마토그래피와 같이 밀폐된 그릇에서 상승법으로 전개한다. 전개판을 건조시킨 다음 분리된 성분은 발색 시약 또는 흔히 사용되는 요오드 증기에 노출시키는 방법 등을 사용하여 발색점을 확인한다. 이때 머무름 계수 R값을 비교하여 정성한다.

얇은층 크로마토그래피는 일반적으로 종이 크로마토그래피보다 더 빠르고, 재현성 있는 R값을 얻는다. 그리고 약품, 생화학물질, 자연물 등의 성분을 확인하는 데 널리 이용된다.

20 G 기체 크로마토그래피법

기체 크로마토그래피법(gas chromatography, GC)에서는 기체시료가 관에 채워져 있는 정지상과 이동하는 기체상 사이에 분배되면서 분리된다. 기체－고체 크로마토그래피법(GSC)은 정지상이 고체이며, 기체의 흡착평형에 의해 분배과정이 이루어진다. 기체－액체 크로마토그래피법(GLC)은 정지상이 액체이고, 적당한 액체가 비활성 고체 지지체에 입혀져 있다. 이 경우에는 기체시료가 기체－액체 사이에 분배 평형이 이루어진다.

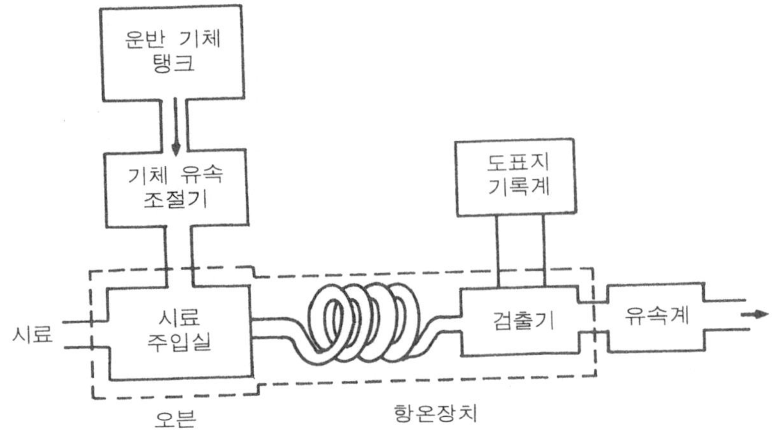

그림 20－9 기체 크로마토그래피 장치의 계통도.

기체-고체 크로마토그래피법은 흡착력이 비가역적이므로 용리 봉우리에 꼬리(tailing)가 생기고, 표면의 불균형 때문에 재현성이 없으며, 고체 표면에 활성기체가 대단히 세게 흡착하는 등의 이유 때문에 실제 응용에 있어서 많은 제한을 받는다. 이와 반대로, 기체-액체 크로마토그래피법은 가장 중요하고, 가장 많이, 그리고 널리 이용되는 물질분리법이다.

기체 크로마토그래피의 장치는 다른 기기에 비해 비교적 간단하고, 값도 저렴하다. 그림 20－9에 기기의 각종 부분장치를 간단하게 나타내었다.

(1) 운반기체

운반기체(carrier gas)로는 헬륨, 질소, 이산화탄소 및 수소 등이 가장 흔히 사용되는데, 수소는 폭발 위험성 때문에 운반기체로서 좋지 않다. 기체를 공급하는 적당한 밸브가 필요하며, 유속은 재현성 있게 조절해야 한다.

(2) 시료 취급

시료를 정확하고 빠른 속도로 주입해야 한다. 또한 시료량이 많으면 분리띠가 퍼지고, 분리상태가 좋지 않게 된다. 기체 또는 액체 시료는 주사기로 실리콘 고무막을 통해 1～20 μL 정도의 소량을 주입하는 경우도 있지만, 그림 20－3과 같은 시료공급 활주기를 사용하는 것이 편리하다. 시료주입 부분은 시료의 끓는점보다 높은 온도로 유지하여 시료가 빠르게 증발하도록 한다. 시료가 고체인 경우에는 석영관에 넣고 전열로 가열, 증발시켜 운반기체로 밀어 넣는 방법을 이용한다.

20 G — 1 분리관

기체 크로마토그래피에서는 두 가지 종류의 분리관이 사용된다. 첫째, 모세관형은 대단히 얇은 액상막으로 관속을 입힌 모세관으로 되어 있다. 모세관형은 운반기체의 압력강하가 대단히 작게 생기기 때문에 긴 분리관을 사용할 수 있고, 이론단수가 수십만이 되는 것도 있다. 이러한 관은 시료수용 능력이 대단히 작다.

둘째는 내경이 약 1～8 mm, 길이가 2～20 m인 유리 또는 금속관(구리, 스테인리스, 강철관)으로, 굽히거나 나선형으로 감아서 항온 상자 속에 넣는다. 관속은 충전물로 채운다. 일반적으로 이러한 관은 30 cm 당 100～1000의 이론단수를 갖는다.

(1) 정지상

이상적인 고체 지지체는 입자가 작고(20～40 μm), 균일하며, 잘 부서지지 않는 구형으로 되어 있다. 그리고 높은 온도에서도 비활성이고, 그 표면이 액상으로 쉽게 균일하게 입혀져야 한다.

가장 널리 사용되는 지지체는 규조토로 만든 것으로, Celite, Dicalite, Chromosorb, C-22 내화벽돌, Sterchamol과 같은 상품명으로 시판되고 있다. 또 테플론, 알루미나, 카보런담 등의 분말 또는 작은 유리구슬 등이 지지체로 사용되는 경우도 있다.

액 상 　기체-액체 크로마토그래피의 관에 사용되는 액체상이 갖추어야 하는 성질은 다음과 같다. (1) 낮은 휘발성 : 분리관의 최고 작업온도보다 적어도 100℃ 더 높은 끓는점을 가지는 물질이어야 하고, (2) 열에 대한 안정성, (3) 화학적으로 비활성, (4) 분리하려는 용질에 대한 분배계수 K값이 적당한 크기를 가져야 한다.

실제로 실험할 때에는 각기 다른 정지상이 충전된 몇 가지 분리관을 준비하여 시료물질에 따라 알맞는 것을 선택하여 사용해야 한다. 정성분석을 할 때에는 액체상의 선택에 관한 지침에 유의해야 한다. 가장 적당한 것을 선택하도록 한다.

용질의 머무름 시간은 정지상의 분배계수에 따라 결정된다. 액체 정지상은 용질에 따라 적당한 분배계수를 가져야 하며, 너무 크지도, 작지도 않아야 한다. K값이 너무 작으면 용질은 너무 빨리 분리관을 통과하므로 분리되지 않는다. 이와 반대로, 분배계수가 너무 크면 용질이 분리관을 통과하는 데 너무 많은 시간이 걸린다.

분리관에서 적당한 머무름 시간을 가지려면 액상에 대한 용질의 용해도가 적당해야 한다. 즉 이들의 극성이 서로 비슷해야 한다. Squalane(분자량이 큰 포화탄화수소) 또는 dinonyl phthalate와 같은 정지 액상은 탄화수소, 에테르, 에스테르와 같은 비극성 계열의 분리에 이용된다. 이와 반대로, polyethyleneglycol과 같은 극성 물질은 알코올 또는 아민과 같은 물질의 분리에 좋으며, 방향족 탄화수소물의 분리에는 benzyldiphenyl이 적당하다.

수소결합이 형성될 때에도 선택도를 증가시킨다. 이러한 효과가 나타나려면 용질은 극성 수소원자를 가져야 하며, 액체상은 전자음성 작용기(산소, 플루오르, 질소)를 가져야 한다. 또는 용질과 용매가 이와 반대의 작용기를 가져야 한다.

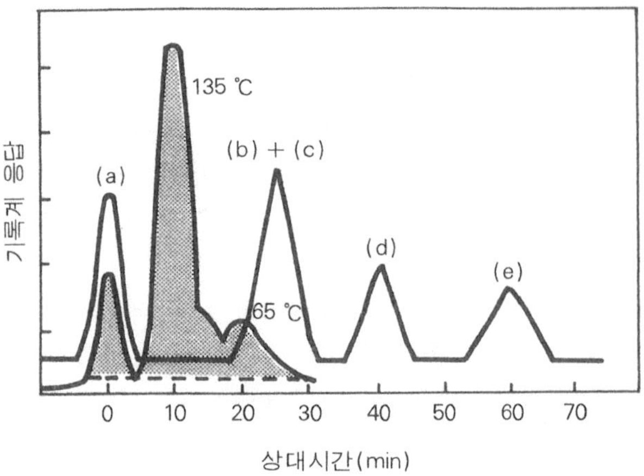

그림 20－10 핵산 이성체질의 분리에 대한 온도 영향. (a) 2,2 - dimethylbutane, (b) 2,3-dimethylbutane, (c) 2-methylpentane, (d) 3-methylpentane, (e) *n*-hexane.

(2) 분리관 준비

고체 지지체를 만들 때에는 일정한 크기의 입자를 얻기 위해서 체로 친다. 그런 다음 모든 입자의 표면에 얇게 입힐 수 있도록 미리 계산된 양의 정지상 액체를 취하여 휘발성 용매에 녹이고, 이 용액에 입자를 섞는다. 용매를 증발시킨 후 입자를 건조시킨다.

분리관은 유리, 스테인리스, 강철, 구리 또는 알루미늄으로 만든다. 작은 입자의 고체 표면에 액상을 입힌 지지체는 분리관을 가볍게 치고 흔들면서 여기에 천천히 넣어 충전한다. 이때 입자 사이에 빈 공간이 생기지 않도록 조심해야 한다. 분리관이 충전되면 기체 크로마토그래피 장치의 항온상자에 맞도록 적당한 모양으로 구부리거나 나선형으로 만든다. 이와 같이 만든 분리관은 수백 번 반복하여 사용할 수 있다.

(3) 분리관의 온도 조절

분리관의 온도는 정확한 분석에서는 10분의 몇 도 범위 내에서 정밀하게 조절해야 한다. 항온상자의 온도는 공기환류장치, 전기가열장치, 또는 일정 끓는점의 액체에서 나오는 증기 자켓 등을 이용하여 조절한다.

분리관의 최적온도는 시료의 끓는점과 분리되는 정도에 따라 각기 다르다. 용리하는 동안(10～30분) 분리관의 온도는 시료의 평균 끓는점과 같도록, 또는 보다 높게 조절하여야 한다. 시료의 각 성분의 끓는점이 넓은 범위를 가질 때에는 분리작업을 하는 동안 온도를 계속적으로, 또는 단계적으로 증가시켜 주는 것이 바람직하다.

일반적으로 이상적인 분리는 가급적 낮은 온도에서 작업할 때 얻어진다. 그러나 온도가 낮으면 용리시간이 많이 걸리고, 분석을 완결하는 데 많은 시간이 걸리게 된다. 그림 20－10에서 이러한 원리를 예를 들어 설명하고 있다.

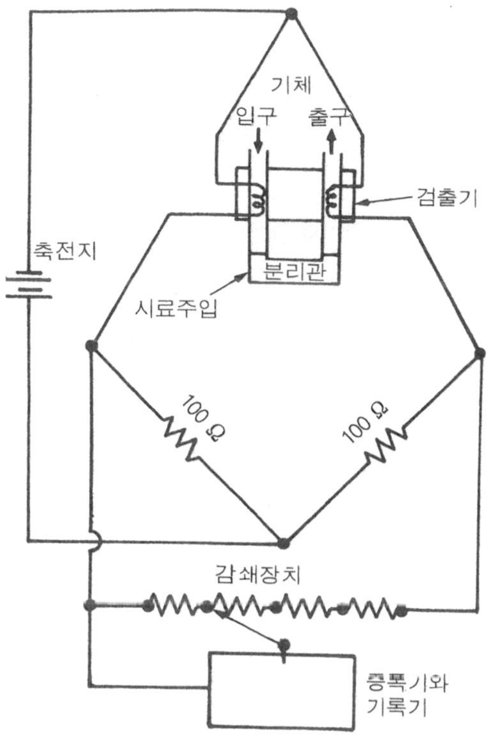

그림 20－11
열전도도 검출기-기록장치의 개략도.

20 G－2 검출기

기체-액체 크로마토그래피에 사용되는 검출기는 분리관에서 나오는 묽은 용질농도에 대해 빨리, 그리고 재현성 있게 응답해야 한다. 검출기는 각종 화합물에 대해 직선적이며, 안전하고 균일하게 응답하는 조건을 갖추어야 한다. 여러 가지 검출기가 개발되어 있지만, 그 중에서 가장 널리 사용되는 검출기에 대하여 설명하겠다.

(1) 열전도 검출기

비교적 간단하고 오늘날에도 널리 사용되고 있는 검출기는 시료 기체흐름에 따라 생기는 열전도 변화를 이용하는 것으로, 일정한 전류로 가열되는 저항성(백금선)의 온도는 둘러싸고 있는 기체의 열전도도에 따라 달라진다. 이러한 현상을 이용하는 것이 **열전도 검출기**(thermal conductivity detector, TCD)이다.

크로마토그래피에서는 항상 두 개의 검출기를 짝지어 사용한다(그림 20－11 참조). 즉 한 개는 시료의 분리관에서 나오는 기체에 닿도록 하고, 다른 한 개는 시료가 포함되지 않은 기준관에서 나오는 쪽에 연결한다. 이러한 방법으로 연결하면 운반기체의 열전노도, 관의 온도, 압력 및 전력의 변화에 따른 영향은 상쇄되고, 다만 시료가 들어 있는 효과만이 나타나게 된다. 한 쌍의 검출기의 저항은 일반적으로 그림 20－11에서처럼 간단한 브리지에 연결하여 서로 비교한다.

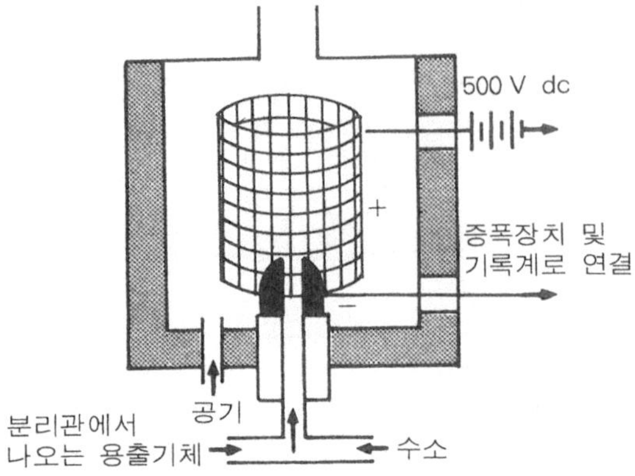

그림 20－12 수소 불꽃 이온화 검출기.

수소와 헬륨의 열전도도는 대부분의 유기화합물보다 6～10배 정도 크다. 그러므로 소량의 시료 유기화합물이 이들 기체중에 포함되어 있으면 열전도도는 크게 감소되며, 검출기의 온도는 증가한다. 질소와 이산화탄소의 열전도도는 유기물과 거의 비슷하므로 이들 기체를 운반기체로 사용할 때 열전도도 검출기의 감도는 줄어들게 된다.

열전도도 검출기는 간단하고 견고하며, 값이 싸고 시료의 손상없이 물질을 검출한다. 그러나 다른 검출기에 비해 감도가 낮다.

(2) 불꽃 이온화 검출기

대부분의 유기물은 수소-공기 불꽃에서 연소되면 전하를 띤 중간체가 생겨 불꽃을 통해 전류가 흐르게 된다. 그림 20－12와 같은 장치를 이용하여 수소 불꽃중에서 생성된 시료의 이온전류를 측정한다. 이것을 **불꽃 이온화 검출기**(flame ionization detector, FID)라고 한다. 불꽃의 전기저항은 매우 크고(약 $10^{12}\ \Omega$), 흐르는 전류는 매우 작다.

불꽃중에서 탄화수소물이 이온화하는 현상은 확실하게 알려져 있지 않지만, 생성된 이온의 수는 불꽃중에서 환원된 탄소수에 비례한다는 것이 알려져 있다.

CO, CO_2, 카르보닐, 알코올, 아미노산과 같은 탄소의 산화물이 들어 있는 경우에는 약간의 이온만이 생성하거나, 또는 전혀 이온을 생성하지 않는다. 일반적으로 수소 불꽃 검출기는 가장 널리 이용되며, 가장 예민하다. 열전도도 검출기보다 복잡하고 값이 비싸지만, 감도는 좋다. 넓은 농도 범위에 걸쳐 직선적 응답을 나타내며, 시료는 검출되는 동안 파괴된다.

(3) β-선 검출기

β-선 검출기는 분리관에서 용출되는 물질에 스트론튬 90 또는 삼중수소에서 방출되는 β-선이 닿을 때, 운반기체인 아르곤은 β-선에 의해 들뜨게 된다. 들뜬 아르곤원자는 시료분자와 충돌하여 시료분자를 이온화시키고, 이때 수소 불꽃 검출기와 같은 원리에 의해 이온 전류를 측정할 수 있도록 한다.

β-선 검출기는 매우 예민하고 시료를 파괴하지 않는 이점이 있는 반면에, 값비싼 아르곤을 운반기체로 사용하는 것이 단점이다.

20 G-3 기체 크로마토그래피의 응용

기체 크로마토그래피를 화학분야에 응용할 때 두 가지 역할을 구별하는 것이 중요하다. 첫째는 유기 혼합물, 금속 유기물, 생화학 물질 등을 훌륭하게 분리하는 역할이다. 둘째는 분석수단으로서의 역할이다. 즉 머무름 시간과 머무름 부피는 정성분석에 이용되며, 용리 봉우리의 높이와 면적은 정량분석에 이용된다. 요즘에는 기체 크로마토그래피를 질량분석기, 자외선, 적외선, NMR 등의 분광기와 연결시켜 사용함으로써 분석효능을 더 높이고 있다.

(1) 정성분석

기체 크로마토그래피는 유기화합물의 순수도를 측정하는 데 널리 사용된다. 유기물에 불순물이 포함되어 있으면 불순물의 종류에 상당하는 봉우리가 나타나며, 봉우리의 면적으로부터 불순물의 함유량 정도를 알 수 있다. 이 방법은 물질정제과정에도 사용된다.

이론상으로 머무름 시간은 혼합물의 성분을 확인하는 데 이용된다. 그러나 재현성 있는 머무름 시간을 얻기 위해 여러 가지 실험 조건을 일정하게 조절하는 것은 대단히 어렵다. 기체 크로마토그래피를 이용하여 혼합물중에 섞여 있는 어떤 성분물질의 존재를 표준물질을 이용함으로써 쉽게 알 수 있다. 즉 순수한 이 화합물을 시료에 첨가하면 혼합물의 크로마토그램에 새로운 봉우리가 나타나지 않아야 하며, 그 중 한 봉우리의 높이가 증가하게 된다. 다른 분리관과 다른 온도에서 조작하여도 결과가 같으면, 그 결과는 더욱 신빙성이 높아진다.

(2) 정량분석

기체 크로마토그래피의 분리관에서 나오는 용출기체에 연결한 검출기에서 얻은 신호는 정량분석에 널리 이용된다. 조심해서 작업하면 약 1%의 상대 오차범위 내에서 정량할 수 있다. 분석값의 신뢰도는 검정선 작성에 바치는 노력 및 실험 조건의 조절에 바치는 성실성 등에 따라 결정된다.

분석 파라미터 정량분석에는 용리 봉우리의 높이 또는 봉우리 면적을 이용한다. 봉우리의 높이는 측정하기에 편리하지만, 실험 조건의 영향을 많이 받으므로 정확한 분석 방법이라고 할 수 없다. 용리 봉우리는 용질의 머무름 시간이 클수록 더 퍼지고 낮아지게 되므로, 유속은 특히 봉우리의 높이에 큰 영향을 준다. 또 봉우리의 높이는 특히 분리관의 온도 및 충전제의 조건에 의해 영향을 받는다.

용리 봉우리의 면적은 일반적으로 유속의 역수에 대하여 직선적으로 증가하므로, 이 조건에 대한 보정을 해주기도 한다. 두 가지 화합물의 용리 봉우리의 상대면적은 높이의 경우와 다르게, 그리고 유속과 무관하게 일정한 값을 가진다. 봉우리의 면적은 일반적으로 기계적 또는 전자식 적분기로 측정, 기록된다. 그리고 정밀한 분석 결과를 요구하는 경우에는 각 성분의 용리 봉우리의 면적은 각 성분 표준물을 이용하여 검정선을 작성하는 것이 가장 좋은 방법이다.

실험 20H 크로마토그래피법 및 물질분리법

실험 20H－1 액체 추출법에 의한 니켈의 분리와 분광광도법 정량(추천)

실험개요

니켈과 구리의 혼합용액에서 니켈의 디메틸글리옥심킬레이트를 만들어 클로로포름으로 액체 추출하고, 이것을 그대로 분광광도법으로 정량한다.

유의사항

니켈의 디메틸글리옥심킬레이트는 붉은색을 띠고, pH 5～12 범위에서 안정한 착물이다. 그리고 이 반응은 선택성이 높기 때문에 니켈의 액체 추출과 흡광도 측정에 이용된다. 이 킬레이트는 클로로포름 용매에 50 μg/mL 정도로 녹고, 흡광도는 366 nm 에서 측정한다.

실험과정

기구 : 분광광도계, 삼각플라스크(50 mL들이 4개와 1 L들이 1개)

시약 : 타르타르산나트륨, $Na_2S_2O_3 \cdot 5H_2O$, 염산히드옥실아민, 95 % 에틸알코올, 클로로포름 용매

아세트산 완충용액 : 200 mL 의 증류수에 1.2 mL 의 아세트산과 30 g 의 아세트산나트륨을 녹여서 만든다.

1 % 의 디메틸글리옥심 용액 : 95 % 에틸알코올 100 mL 에 고체 시약 1 g 을 녹여서 만든다.

니켈과 구리의 혼합시료 : 니켈 일정량(0.1～0.4 mg)과 구리 25～50 mg 을 10 mL 에 포함하는 용액을 만든다.

니켈 표준용액(0.100 mg/mL) : 분석용 $Ni(NO_3)_2 \cdot 6H_2O$ 0.485 g 정도를 정확히 달아 1 L 용액으로 만든다.

1. 고무마개가 있는 깨끗한 50 mL들이 삼각플라스크 4개를 구하여 그 중 세 개에는 니켈(Ⅱ)의 표준용액을 각각 1.00, 2.00, 4.00 mL씩 정확히 피펫으로 취하고, 나머지 한 개의 플라스크에는 니켈과 구리의 혼합 시료용액 10 mL를 취한다.

2. 이들 4개의 플라스크에 타르타르산나트륨 0.5 g, 티오황산나트륨 결정 2.5 g, 아세트산 완충용액 5 mL, 염산히드록실아민 50 mg, 그리고 디메틸글리옥심용액 2 mL씩을 가한다.

3. 여기에 각각 클로로포름 5.00 mL를 피펫으로 가하고, 고무 마개를 하여 1분간 세게 흔든다. 수용액과 유기용매층이 분리될 때까지 기다린 다음 유기용매층을 스포이트로 흡수광도계 용기에 옮긴다.

4. 파장을 366 nm에 맞추고 흡광도를 측정한다. 처음 3개로 니켈의 검정선을 작성하고, 나머지 용액의 흡광도를 측정한 다음 작성한 검정선에 따라 시료용액중의 니켈을 정량한다.

실험 20 H－2 양이온교환수지에 의한 염의 정량(추천)

실험개요

시료염의 용액을 수소이온형 양이온교환수지관을 통하여 용리하고, 용출한 용액과 수지관을 물로 씻은 용액을 합하여 알칼리 표준용액으로 적정한다. 이 경우에 물은 탈염수를 사용하도록 한다.

유의사항

황산나트륨용액을 수소형 양이온교환수지관에 통과시키면 다음과 같은 반응이 일어나 같은 당량수의 황산이 용출된다.

$$Na_2SO_4 + 2HR \rightleftharpoons H_2SO_4 + 2NaR$$

용출된 황산을 적정하여 황산나트륨의 양을 구한다. 이 방법은 염화물, 질산염 등 모든 센 산과 약한 산의 염을 정량하는 데 이용될 수 있고, 센 산의 염과 약한 산의 염의 혼합물은 전위차법 단계식 적정으로 각각 정량할 수 있다.

염의 용액은 같은 방법으로 OH형의 음이온교환수지를 통과하여 용출액을 산의 표준용액으로 적정하는 방법도 이용할 수 있다. 그러나 OH형 음이온교환수지를 만들기가 힘들고, 양이온을 완전히 씻어내기가 어렵다. 특히 중금속염은 수산화물의 침전이 생기기 때문에 여러 가지 불편한 점이 많다.

실험과정

기구 : 크로마토그래피용 유리관은 안지름이 1.0～2.0 cm, 길이가 20～3 cm 정도 되고, 밑에 유리필터가 붙어 있는 것으로, 만약 유리필터가 없는 경우에

는 유리솜을 꽂아서 사용한다. 그리고 그 밑에 콕크를 단다. 보통 뷰렛으로 대치할 수도 있는데, 이 때는 유리솜을 꽂아서 쓴다), 메스플라스크 (250 mL들이), 메스실린더

시약 : Dowex 50 또는 Amberlite IR 120, 탈염수, 1 M 염산, 브롬크레졸그린 지시약, Na_2SO_4

(1) 수지관 만드는 법

센 산성 양이온교환수지(Dowex 50, 100 mesh 정도) 30~40 g 정도를 큰 비커에 취하여 탈염수를 충분히 가한 다음 잘 젓고, 방치한 후 윗물을 따라낸다. 이렇게 2회 정도 수지의 미분말을 제거한 다음 1 M 염산을 100 mL 정도 가하여 잘 젓고, 수지와 함께 유리관으로 옮긴다. 수지층의 길이가 10 cm 정도 되도록 조절한다. 수지가 많을 때에는 피펫으로 뽑아내도록 한다. 다시 1 M 염산 100 mL 정도를 10 mL/min 속도로 통과시켜 완전히 수소이온형으로 바꾼다. 이때 수면이 수지층 이하로 내려가지 않도록 조심한다.

다음에 탈염수 200~500 mL 정도를 통과시켜 관 속에 남아 있는 산을 완전히 씻어낸다. 이때 브롬크레졸그린 지시약으론 유출액의 pH를 검사한다.

(2) 황산나트륨의 정량

1. 2~2.5 g 정도의 황산나트륨을 정확히 달아 250 mL들이 메스플라스크를 이용하여 표준용액을 만들고, 그 중 25.00 mL를 피펫으로 취하여 수지관의 위에 가한다. 이때 수지면이 패어지지 않도록 조심한다. 그리고 유속을 3 mL/min 정도로 조절하면서 시료용액을 흘러내린다. 용출액을 250 mL들이 삼각플라스크에 받는다.

다음에 탈염수 25 mL씩을 가하여 씻어내기를 3번 하고, 씻은 액 역시 같은 삼각플라스크에 받는다. 만약 씻은 액을 지시약으로 검사하여 역시 산성인 경우에는 다시 25 mL 정도의 탈염수로 씻어야 한다.

2. 삼각플라스크에 받은 용출액과 씻은 액을 페놀프탈레인 지시약을 이용하여 0.1 M 수산화나트륨 표준용액으로 적정한다. 그리고 황산의 양을 계산한다.

실험 20 H－3 음이온교환 크로마토그래피에 의한 할로겐화물의 분리(추천)

실험개요

Dowex 1 음이온교환수지관을 이용하여(그림 20－13에서와 같이) 염화물, 브롬화물, 요오드화물을 질산나트륨용액으로 용리하여 정량적으로 분리한다.

유의사항

시료(할로겐화이온)를 용리시키기에 앞서 수지는 용리액(질산나트륨)으로 평형시켜서 모두 질산형으로 바꾸어 주어야 한다. 여기에 시료를 가하면 수지층에서는 다음과 같은 세 가지 평형반응이 반복해서 일어난다.

$$RNO_3 + Cl^- \rightleftharpoons RCl + NO_3^-$$
$$RNO_3 + Br^- \rightleftharpoons Br + NO_3^-$$
$$RNO_3 + I^- \rightleftharpoons RI + NO_3^-$$

분배비가 가장 작은 Cl^- 이온이 먼저, 가장 큰 I^- 이온이 최후에 용리되어 나온다.

용리액을 흘리는 유속이 너무 빠르면 이온교환반응의 평형이 충분히 일어나지 못하고 용출만 빠르게 일어나게 되므로 용리 봉우리 곡선의 모양이 정규곡선형이 되지 못하고 긴 꼬리(tailing)를 가지는 결과가 되고, 인접 물질과의 완전 분리에 지장을 준다.

용리 도중에 용리액면이 수지층 밑으로 내려가서 공기가 수지층에 들어가면, 여기에 물골(channel)이 생겨서 물질의 분리에 지장을 준다.

정확한 정량분석을 하는 데는 처음 용리액을 5 mL씩 취하여 각 분취액마다 분석을 하여 완전한 용리곡선을 그리고, 다음에 똑같은 용리를 되풀이하여 한 성분이 완전히 포함되는 용출액을 한꺼번에 비커에 받아서 정확한 정량실험을 하도록 한다. 이것은 같은 상품의 이온교환수지일지라도 그 성질이 조금씩 다르다. 따라서 각 성분이 참고문헌에 밝힌 위치에서 용출되지 않고 조금씩 다르기 때문에 예비 용리시험을 하여 정확한 용리위치를 결정하는 것이 좋다.

받은 용출액을 분석할 때에는 6C, 6D 및 6E절의 은법 적정을 이용하여 할로겐화이온을 정량분석 하도록 한다.

실험과정

기구 : 유리필터가 붙은 유리관(지름 2 cm, 길이 20 cm), 콕크, 고무관 또는 테플론 튜브(2 m), 시험관(30개, 5.0 mL 자리에 눈금을 해둔다), 비커(50 mL 들이 15개, 15 mL 자리에 눈금을 해둔다), 적정장치

시약 : 질산은 표준용액 및 지시약, 용리액 ; 0.50 M 및 2.0 M 질산나트륨용액 각 1 L, 시료용액 ; 염화물(NaCl 0.12 g), 브롬화물(KBr 0.24 g), 요오드화물(KI 0.33 g)을 2.0 mL의 0.5 M 질산나트륨용액에 녹여 10 mL가 되도록 묽힌다.

1. 이온교환수지관 만들기 : Dowex 1 × 10(100∼200 mesh) 음이온교환수지를 50 mL 정도를 500∼600 mL들이 비커에 취하여 증류수를 채워서 잘 젓고, 2∼3분 방치한 다음 미분입자가 떠있는 윗물을 조용히 따라 버린다. 이와 같은 방법을 2∼3회 반복한다.

2. 수지관과 0.50 M 질산나트륨 용리액의 병을 그림 20－13과 같이 연결하고, 콕크 A, B, C를 적당히 조절하여 유속을 3.0 mL/min 정도 되도록 한다. 이렇게 하여 수지를 모두 질산형으로 바꾼다. 대개 100 mL 정도의 질산나트륨을 통과시키고, 용출액에 대하여 질산은으로 할로겐화물의 반응을 조사하여 반응이 없을 때까지 질산나트륨을 통과시킨다.

3. 수지 표면까지 액면을 배제하고, 시료용액을 2.0 mL 정확히 피펫으로 취하여 수지층 위에 가한다. 이때부터 시험관으로 용리액을 받기 시작한다.

시료용액이 수지 표면까지 내려가면 0.5 M 질산나트륨 용리액을 2.0 mL 정도 가하여

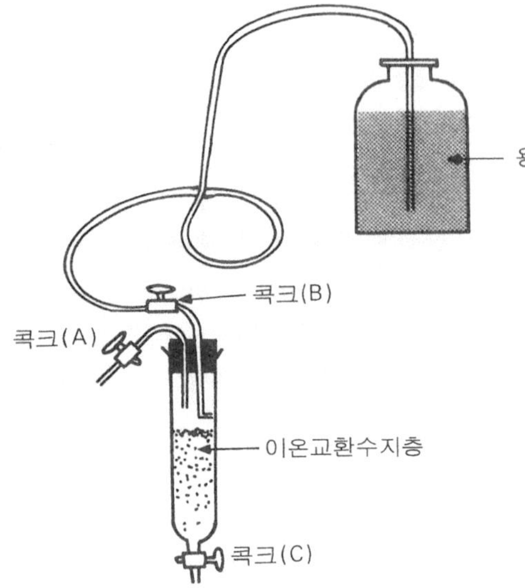

그림 20－13
이온교환 크로마토그래피의 용리장치.

시료를 씻어내린다. 이 작업을 두 번 계속한다. 다음 용리액을 계속하여 통과시킨다. 이때의 유속은 3.0 mL/min 정도 되도록 조절한다. 그리고 수지 표면이 뒤섞이지 않도록 조심한다.

4. 용출액은 마른 한 시험관으로 5.0 mL씩 정확히 받고, 1.0 M 질산은용액으로 할로겐화물을 검출한다. 처음 나오는 것은 염화물이다.

5. 염화물이 모두 용출되고 나면(14번 정도) 용리액을 2.0 M 질산나트륨으로 바꾸어서 용출을 계속한다. 새로운 용리액으로 바꿀 때 0.5 M 용리액이 관 속에 남아 있으면 피펫으로 뽑아내야 한다. 이때부터 용출되는 것이 브롬화물로, 26번 시험관까지 계속할 것이다.

6. 다음에는 작은 비커(15mL씩)로 계속하여 용출액을 받으면 이때 검출되는 것은 요오드화물이다. 요오드는 준비한 비커 11번째의 비커까지 용출될 것이다.

7. 정량분석실험은 위의 실험을 다시 반복하면서 염화물, 브롬화물 요오드화물에 각각 포함되는 용출액을 따로 받아 은법 적정을 한다.

실험 20 H－4 종이 크로마토그래피에 의한 금속이온의 분리(추천)

실험개요

거름종이 위에 Bi(Ⅲ), Co(Ⅱ), Cu(Ⅱ), Fe(Ⅲ) 및 Ni(Ⅱ) 등의 시료용액을 적가하고, 5 % HCl의 아세톤용액을 사용하여 그림 20－7과 같은 장치 속에서 전개시킨 다음 착색제로 이동된 시료반점의 위치를 찾아내어 R를 구한다.

유의사항

시료의 반점은 같은 직선상에 같은 크기로 찍는 것이 중요하고, 시료반점은 건조시키지 않고 곧 전개시키도록 한다. DTC는 예민한 착색제이므로 착색부분의 진한 중심점을 잡아서 R_f값을 계산하도록 한다(20 E절 참조). 실험 I 과 II 의 경우에는 시료용액이 염산 산성이면 좋다.

실험 III 의 경우는 종이에 미리 시료 금속이온과 착물을 만드는 착화제 IOTG를 균일하게 함유시켜 놓고 HNO_3 수용액으로 전개시키는 방법으로, 역상 크로마토그래피법이다(20 B－1절 참조). 이때는 착물이 되는 금속이온은 많이 이동하지 않고, 착화반응을 하지 않는 금속이온은 쉽게 이동한다.

실험과정

장치 : 그림 20－7과 같은 장치, 거름종이

시약 : 0.1 M $BiCl_3$, $CoCl_2$, $CuCl_2$, $NiCl_2$ 시료용액, DTC 착색제 용액 ; 1 g의 diethyldithiocarbamate의 나트륨용액, 전개용액 ; HCl 5 %(부피)의 아세톤용액, HCl 1 %(부피)의 아세트산에틸용액, 10 %(부피) IOTG(isooctyl-thioglycolate)의 메틸알코올용액

실험 I

1. 긴 사가형 거름종이(7 × 15 cm)의 한쪽 밑변에서 1 cm 정도 되는 곳에 연필로 직선을 긋고, 이 직선 위에 각 시료용액의 작은 점(1～2 mm 지름)을 찍는다. 이때 가는 나무침 또는 유리선을 이용하도록 하고, 그 밑에는 시료 이름을 기입한다.
2. 전개용기에 전개용액(5 % HCl의 아세톤용액) 10 mL를 가하고, 시료를 묻힌 종이의 끝이 전개용액에 담기도록 한다. 이때 시료의 반점에 액면이 직접 접촉해서는 안 된다. 그리고 뚜껑을 하고, 전개용액이 종이의 다른 끝 1～2 cm 정도까지 오도록 전개시킨 다음 종이를 끌어내어 연필로 용매의 전개선에 표를 한다.
3. 종이를 잘 말리고, 착색된 반점에는 연필로 표시한다. 나머지 시료에는 DTC 착색제 용액을 분산하여 착색된 반점에 표시한다. 각 반점의 색상을 기입한다. 그리고 각 시료의 R_f값을 구한다.

실험 II

전개용액으로 1 % HCl의 아세트산에틸용액을 사용하여 실험 I 과 같은 방법으로 실험한다.

실험 III

1. IOTG를 함유한 종이 만들기 : 먼저 전개용기에 10 % IOTG 메틸알코올용액 10 mL를 가하고, 여기에 거름종이를 담그어 뚜껑을 하고 완전히 전개시킨 다음 종이를 끌어내어 용매를 증발시킨다. 이렇게 하여 종이에 비휘발성 IOTG가 균일하게 함유되도록 한다.
2. IOTG를 함유한 종이에 실험 I 에서와 같은 방법으로 시료용액을 칠하고, 전개용액으로 0.1 M HNO_3를 사용하여 같은 방법으로 전개한다.

실험 Ⅳ

위의 세 가지 실험을 통해 이들 시료중의 어느 두 가지 금속을 어떻게 전개하면 분리시킬 수 있는지를 알 수 있게 될 것이다. 이들 방법을 알아보라. 그리고 지도선생이 주는 두 가지 시료를 분리하는 실험을 해보도록 하라.

20I 연습문제

20—1 기체-고체 크로마토그래피와 기체-액체 크로마토그래피를 비교, 설명하라.

20—2 이온교환수지의 용도를 설명하라.

20—3 기체 크로마토그래피의 열전도도 검출기에 대하여 설명하라.

20—4 종이 크로마토그래피에 대하여 설명하라.

20—5 기체 크로마토그래피에서 온도 프로그램의 역할을 설명하라.

20—6 기체 크로마토그래피에서 액체 정지상이 중요시되는 이유를 설명하라.

20—8 머무름 계수 R은 어떤 것인가?

20—9 다음 용어를 설명하라.

(a) 기울기 용리

(b) 정상 충전관과 역상 충전관

(c) 결합상 충전관

20—10 GLC를 다음 조건에서 작동시켰다.

관 : Chromosorb P 1.10 m × 2.0 mm 관

압력 : 실내 압력보다 25.1 psi 높다

온도 : 실내 21.1 ℃, 관 102.0 ℃

머무른 시간 : 공기 18.0 s, 아세트산메틸 1.98 min, 프로피온산메틸 4.16 min, n-부틸메틸 7.93 min

바탕선의 봉우리 나비 : 각각 0.19, 0.39 및 0.79 min

다음을 계산하라.

(a) 관 내부의 평균 유속

(b) 공기와 세 에스테르의 머무름 부피

(c) 세 성분의 분배계수

(d) n-헥산메틸의 머무름 부피와 시간

(e) 각 화합물의 k

(f) 각 이웃한 화합쌍의 α의 값

(g) 평균 이론단 수와 관의 단 높이

(h) 이웃 화합물 사이의 분리능

부 록

부 록 Ⅰ 화학분석 문헌

부 록 Ⅱ 표준전극전위 및 포르말전극전위

부 록 Ⅲ 용해도곱 상수

부 록 Ⅳ 산의 이온화상수

부 록 Ⅴ 염기의 이온화상수

부 록 Ⅵ 산 및 암모니아의 밀도

부 록 Ⅶ 그리스 문자

부 록 I

분석화학 문헌

과학자가 연구실에서 새로운 연구를 완성하면, 이것을 자기 나라 또는 외국에서 발간되는 각 전문 분야의 학술지에 발표한다. 그러므로 분석화학 분야만 해도 새로운 원리와 새로운 분석법이 해마다 각국에서 수많이 발표되고 있다. 우리는 이러한 국내외의 학술지를 통해 자기가 흥미를 가지는 분야에 관한 자세한 연구 현황을 효과적으로 알아볼 수 있다.

그러나 연구논문의 발표수는 해마다 폭발적으로 증가하기 때문에 이들을 모두 무작정 조사해 본다는 것은 많은 노력이 필요할 뿐만 아니라, 큰 효과를 얻기 어렵다.

그러므로 먼저 자기가 흥미를 가지는 분야의 새로운 논문 및 단행본을 읽고, 거기에서 새로운 논문 및 문헌의 소개를 받도록 하는 것이 가장 효과적인 방법이다. 더 나아가서 Chemical Abstracts(미국) 또는 Analytical Abstracts(영국)를 통해 흥미로운 논문을 찾아보도록 하는 것이 옳은 순서라고 하겠다.

분식화학에 관한 중요한 학술지, 초록, 참고서를 아래에 나타내었다.

분석화학에 관한 학술지

1. *The Analyst* 1877년에 창간된 영국 분석화학학회의 정기간행물이다.
2. *Analytical Chemistry* (*Anal. Chem.*) 미국화학회의 월간지. 1947년까지는 *Analytical Edition of Industrial and Engineering Chemistry* (*Ind. Eng. Chem., Anal. Ed.*)라고 하였다.
3. *Analytica Chimica Acta*(*Anal. Chim. Acta*) 1947년에 창간된 네덜란드의 Elsevier Publishing Co.의 간행물. 영어, 프랑스어, 독일어의 3개 국어로 발표되어 있다.
4. *Chimie Analytique* (*Chim. Anal.*) 1896년부터 발간되는 프랑스의 잡지이다.
5. *Journal of Chromatography* (*J. Chromatog*) 1958년부터 발간되는 네덜란드의 Elsevier Publishing Co.의 간행물.
6. *Journal of Electroanalytical Chemistry* (*J. Electroanal. Chem.*) 1962년부터 발간되는 Elesevier Publishing Co.의 간행물.
7. *Talanta* 1958년부터 Pergamon Press에서 간행하고 있다. 논문은 영어, 프랑스어, 독일어의 3개 국어로 쓰여져 있다.
8. *Zeitschrift für analytische Chemie* (*Z. analy. Chem.*) 1862년부터 독일에서 발간되고 있는 분석화학잡지이다.
9. *Zhurnal Analitischeskoi Khimii* (*Zh. Anal. Khim.*) 러시아의 분석화학잡지. 영어로 번역되어 나오고 있다.
10. 대한화학회지 1946년 발족한 대한화학회 학술지이다.
11. 「分析化學」 1952년부터 일본화학회에서 발간하고 있다.

초 록

1. *Chemical Abstracts* (*Chem. Abstr.* 또는 *C.A.*) 1907년에 창간된 것으로, 미국화학회에서 발간한다. 화학의 모든 분야의 논문을 초록하여 내고 있다. 이것은 세계 각국에서 나오는 화학학술지 약 10000종에서 정보를 수집하고 있기 때문에 가장 철저한 정보원이라고 볼 수 있다.
2. *Analytical Abstracts* 영국분석화학회에서 발간하는 월간물이다.
3. *Analytical Chemistry* 매년 4월에 각 분야에 관한 Review를 내고 있다. 1966, 1968 등과 같은 짝수 해에는 기초 분야, 홀수 해에는 응용 분야의 총람을 낸다.

분석화학 총서

1. *American Society for Testing and Materials,* 1974년에 간행된 것으로 47권에 달하는데 대부분이 화학방법에 관한 것이다.
2. *International Series of Monographs on Analyticial Chemistry,* R. Belcher와 L. Gordon에 의해 1961년부터 Pergamon Press (New York)에서 내는 총서이다.
3. P. J. Elving과 I. M. Kolthoff편, *Chemical Analysis,* Interscience Publishers간행, 1948~1973, 39권으로 발행.

4. N. H. Furmal과 F. J. Welcher편, *Scott's Standard Method of Chemical Analysis.* P.van Nostrand Company 간행, 1962∼1966, 5권.

5. I. M. Kolthoff, P. J. Elving, E. B. Sandell편, *Treatise on Analytical Chemistry,* Interscience Publishers, a Division of John Wiley & Sons, Inc., New York 1959∼1972 간행, 분석화학의 모든 분야를 간결하고 계통적으로 잘 기술하였다. I 부는 이론과 실제, II 부는 원소의 분석화학, III 부는 공업 제품의 분석에 관하여 기술한다.

6. C. N. Reilley편, *Advances in Analytical Chemistry and Instrumentation,* Interscience Publishers 간행, 1960∼1974, 분석화학총서.

7. L. Meites편, *Handbook of Analytical Chemistry,* New York, MacGraw-Hill, Inc., 1963.

8. American Public Health Association, *Standard Methods for the Examination of Water and Waste water,* 제 13편 (1971)

9. W. G. Berl.편, *Physical Methods in Chemical Analysis,* Academic Press, Inc., 1960∼1961, 4권 제 2판.

10. N. W. Hanson, *Official Standardised and Recommended Method's Analysis,* Society for Analytical Chemistry (London) 1973, 제 2판.

11. W. F. Hillebrand, G. E. F. Lundell, H. A. Bright, and J. I. Hoffman, *Applied Inorganic Analysis,* John Wiley & Sons, Inc., 1953, 제 2판.

12. J. J. Lingane, *Analytical Chemistry of Selected Metallic Elements,* Reinhold Publishing Corp. 1966.

13. G. H. Morrison, *Trace Analysis : Physical methods* John Wiley & Sons, Inc., 1965.

14. A. Weissberger, *Technignes of Organic Chemistry,* Interscience Publishers, Inc. 1960, Vol. III 및 IV.

15. C. L. Wilson and P. W. Wilson, *Comprehensive Analytical Chemistry,* American Elsevier Publishing Company, Inc., 1959∼1964.

적정법

1. M. R. F. Ashworth, *Titrimetric Organic Analysis,* New York, Interscience Publishers, Inc., 1963, 두 권.

2. W. Huber, *Titrations in Nonaqueous Solvents,* New York, Academic Press, 1967.

3. 1I. M. Kolthoff, V. A. Stenger, and R. Belcher, *Volumetric Analysis,* New York, Interscience Publishers, Inc., 1942∼1957, 세 권.

4. W. Wagner and C. J. Hull. *Inorganic Titrimetric Analysis,* New York, Marcel Dekker, Inc., 1971.

5. J. S. Fritz, *Acid-Base Titration in Nonaqueons Solvents,* Allyn and Bacon, Boston 1973.

6. E. Bishop, *Indicator,* Pergamon, Oxford 1972.

7. G. Schwarzenbach and H. Flaschka, *Complexometric Titrations,* Methuen (London) 1969.

전기화학 분석법

1. I. M. Kolthoff and J. J. Lingane, *Polarography,* 제 2 판, New York, Interscience Publishers Inc., 1952. In 2 volumes.
2. J. J. Lingane, *Electroanalytical Chemistry,* 제 2 판, New York, Interscience Publishers, Inc., 1956.
3. L. Meites, *Polarographic Techniques,* New York, Interscience Publishers, Inc., 1965.
4. H. W. Nurnberg, Ed., *Electroanalytical Chemistry,* New York, John Wiley & Sons, Inc., 1974.
5. R. G. Bates, *Determination of pH,* John Wiley & Sons, Inc., New York, 1964.
6. G. Eisenman, R. G. Bates and G. Mattock, *The Glass Electrode* (Interscience), New York, Wiley, 1966.
7. W. M. Latimer, *The Oxidation States of the Elements and Their Potentials in Aqueous Solutions,* 제 2 판, Engle wood Clifts, N. T. Prentice Hall. Inc., 1952.
8. A. J. de Bethune and N. A. S. Loud, *Standard Aqueous Electrode Potentials and Temperature Coefficients at* 25 ℃ *Stokie* III, Clifford A. Hampel, 1964.
9. A. J. Bard and L. R. Faulkner, *Electrochemical methods,* New York, Wiley, 1980.
10. J. A. Plam back, *Electroanalytical Chemistry,* New York, Wiley, 1982.
11. J. Koryta and J. Dvorak, *Principles of Electrochemistry,* New York, Wiley, 1987.
12. E. P. Serjeant, *Potentiometry and Potentiometric titrations,* New York, Wiley, 1984.
13. A. Evans, *potentiometry and Ion-Selective Electrodes,* New York, Wiley, 1987.
14. D. T. Sawyer and J. L. Roberts, *Experimental Electrochemistry for Chemists,* New York, Wiley, 1974.
15. J. Wang, *Stripping Analysis,* VCH Publishers, 1985.
16. A. M. Bond, *Modern Polarographic Methad in Analytical Chemistry,* New York, Marcel Dekker, 1980.

분광광도법

1. W. T. Elwell and J. A. F. Gidley, *Atomic Absorption Spectrophotometry,* 제 2 판, New York, Pergamon Press, Inc., 1966.
2. E. B. Sandell, *Colorimetric Determination of Traces of Metals,* 제 4 판, New York, Interscience Publishers, Inc., 1978.
3. E. I. Stearns, *The Practice of Absorption Spectrophotometry,* New York, John Wiley & Sons, Inc., 1969.
4. W. J. Price, *Analytical Absorption Spectrometry,* Heyden, London, 1972.
5. J. A. Dean, *Flame Photometry,* Mac Graw-Hill, New York, 1960.
6. D. F. Baltz, *Calorimetric Determination of Nonmetals.* Interscience-Wiley, New York, 제 2 판, 1978.
7. R. P. Bauman, *Absorption Spectroscopy,* John Wiley and Sons, Inc., New York, 1962.

8. C. Th. J. Alkemade and R. Herrmann, *Fundamentals of Analytical Flame Spectroscopy*, New York, Wiley, 1979.
9. K. C. Thompson and R. J. Reynolds, *Atomic Absorption, Fluorescence, and Flame Emission Spectroscopy*, New York, Wiley, 1978.
10. M. Thompson and J. N. Walsh, *Handbook of Inductively Coupled Plasma Spectroscopy*, New York, Chapman & Hall, 1989.
11. R. M. Barnes, *Applications of Inductively Coupled Plasmas to Emission spetroscopy*, The Franklin Institute press, 1978.
12. J. D. Ingle Jr. and S. R., *Crouch Analytical Spectroscopy*, Englewood Cliffs NJ, Printice-Hill, 1988.
13. J. Wilson and J. F. B. Hawkes Lasors, *Principles and Aplications*, Englewood Cliffs NJ, Printice-Hall, 1987.
14. C. Burgess and A. Knowles, *Techniques in Visible and Ultravioletspectrometry*, London, Chapman and Hall, 1981.
15. J. K. Edisbury, *Practical Hints on Absorption Spectrometry*, New York, Plenum Press, 1968.
15. D. F. Boltz and J. A. Howell, *Colorimetric Determation of nonmetals*, New York, Wiley, 1978.

물질분리법

1. B. L. Karger, L. R. Snyder, and C. Horvath, *An Introduction to Separation Science*, New York, John Wiley & Sons, Inc., 1973.
2. G. H. Morrison and H. Freiser, *Solvent Extraction in Analytical Chemistry*, New York, John Wiley & Sons, Inc., 1957.
3. S. Dal Nogaes and R. S. Juvet, *Gas-Liquid Chromatography*, Interscience-Wiley, New York, 1962.
4. E. Heftman, *Chromatography*, 제 2 판 Reinhold, New York, 1967.
5. J. J. Kirkland, *Modern Practice of Liquid-Chromatography*, Interscience-Wiley, New York, 1971.
6. J. A. Dean, *Chemical Separation Method*, New York, van Nostrand Reinhold Co., 1969.
7. W. Rieman and H. F. Walton, *Ion Exchange in Analytical Chemistry*, Pergamon, Oxford, 1970.

크로마토그래피

1. P. Sewell and B. *Clarke, Chromatographic Separations*, New York, Wiley, 1988.
2. J. A. Jonsson, *Chromatographic Theory and Basic Principles*, New York, Marcel Dekker, 1987.
3. R. M. Smith, *Gas and Liquid Chromatography in analytical Chemistry*, New York, Wiley, 1988.
4. J. Willet, *Gas Chromatography*, New York, Wiley, 1987.
5. R. L. Grob, *Modern Practice of Gas Chromatography*, New York, Wiley-Interscience, 1985.
6. W. Jennings, *Analytical Gas Chromatography*, Orlando Fl, Academic Press, 1987.

질량분석법

1. F. A. White and G. M. Wood, *Mass Spectrometry, Applications in Science and Engineering*, New York, Wiley-Interscience, 1986.
2. J. T. Watson, *Introduction to Mass Spectrometry*, New York, Raven Press, 1985.
3. H. E. Duckworth, R. C. Barber, and V. S. Venkatasu Bramanian, *Mass Spectroscopy*, 2nd ed., Cambridge, U. K, Cambridge University Press, 1986.
4. M. E. Rose and A. W. Johnstone, *Mass Spectrometry for Chemists and Biochemists*, New York, Cambridge University Press, 1982.

부 록 II
표준전극전위 및 포르말전극전위

반 쪽 빈 응	E°, V	포르말전극전위
$F_2(g) + 2H^+ + 2e^- \rightleftharpoons 2HF(aq)$	3.06	
$O_3(g) + 2H^+ + 2e^- \rightleftharpoons O_2(g) + H_2O$	2.07	
$S_2O_8^{2-} + 2e^- \rightleftharpoons 2SO_4^{2-}$	2.01	
$Co^{3+} + e^- \rightleftharpoons Co^{2+}$	1.842	
$H_2O_2 + 2H^+ + 2e^- \rightleftharpoons 2H_2O$	1.776	
$MnO_4^- + 4H^+ + 3e^- \rightleftharpoons MnO_2(s) + 2H_2O$	1.695	
$Ce^{4+} + e^- \rightleftharpoons Ce^{3+}$		1.70, 1 F $HClO_4$; 1.61, 1 F HNO_3 ; 1.44, 1 F H_2SO_4
$HClO + H^+ + e^- \rightleftharpoons \frac{1}{2}Cl_2(g) + H_2O$	1.63	
$H_5IO_6 + H^+ + 2e^- \rightleftharpoons IO_3^- + 3H_2O$	1.60	
$BrO_3^- + 6H^+ + 5e^- \rightleftharpoons \frac{1}{2}Br_2(l) + 3H_2O$	1.52	
$MnO_4^- + 8H^+ + 5e^- \rightleftharpoons Mn^{2+} + 4H_2O$	1.51	
$Mn^{3+} + e^- \rightleftharpoons Mn^{2+}$		1.51, 7.5 F H_2SO_4
$ClO_3^- + 6H^+ + 5e^- \rightleftharpoons \frac{1}{2}Cl_2(g) + 3H_2O$	1.47	
$PbO_2(s) + 4H^+ + 2e^- \rightleftharpoons Pb^{2+} + 2H_2O$	1.455	
$Cl_2(g) + 2e^- \rightleftharpoons 2Cl^-$	1.359	
$Cr_2O_7^{2-} + 14H^+ + 6e^- \rightleftharpoons 2Cr^{3+} + 7H_2O$	1.33	

반 쪽 반 응	E°, V	포르말전극전위
$Tl^{3+} + 2e^- \rightleftharpoons Tl^+$	1.25	0.77, 1 F HCl
$IO_3^- + 2Cl^- + 6H^+ + 4e^- \rightleftharpoons ICl_2^- + 3H_2O$	1.24	
$MnO_2(s) + 4H^+ + 2e^- \rightleftharpoons Mn^{2+} + 2H_2O$	1.23	1.24, 1 F $HClO_4$
$O_2(g) + 4H^+ + 4e^- \rightleftharpoons 2H_2O$	1.229	
$IO_3^- + 6H^+ + 5e^- \rightleftharpoons \frac{1}{2}I_2(s) + 3H_2O$	1.195	
$IO_3^- + 6H^+ + 5e^- \rightleftharpoons \frac{1}{2}I_2(aq) + 3H_2O$	1.178	
$SeO_4^{2-} + 4H^+ + 2e^- \rightleftharpoons H_2SeO_3 + H_2O$	1.15	
$Br_2(l) + 2e^- \rightleftharpoons 2Br^-$	1.065	1.05, 4 F HCl
$Br_2(aq) + 2e^- \rightleftharpoons 2Br^-$	1.087	
$ICl_2^- + e^- \rightleftharpoons \frac{1}{2}I_2(s) + 2Cl^-$	1.06	
$V(OH)_4^+ + 2H^+ + e^- \rightleftharpoons VO^{2+} + 3H_2O$	1.00	1.02, 1 F HCl, $HClO_4$
$HNO_2 + H^+ + e^- \rightleftharpoons NO(g) + H_2O$	1.00	
$Pd^{2+} + 2e^- \rightleftharpoons Pd(s)$	0.987	
$NO_3^- + 3H^+ + 2e^- \rightleftharpoons HNO_2 + H_2O$	0.94	0.92, 1 F HNO_3
$2Hg^{2+} + 2e^- \rightleftharpoons Hg_2^{2+}$	0.920	0.907, 1 F $HClO_4$
$HO_2^- + H_2O + 2e^- \rightleftharpoons 3OH^-$	0.88	
$Cu^{2+} + I^- + e^- \rightleftharpoons CuI(s)$	0.86	
$Hg^{2+} + 2e^- \rightleftharpoons Hg(l)$	0.854	
$Ag^+ + e^- \rightleftharpoons Ag(s)$	0.799	0.228, 1 F HCl ; 0.792, 1 F $HClO_4$; 0.77, 1 F H_2SO_4
$Hg_2^{2+} + 2e^- \rightleftharpoons 2Hg(l)$	0.789	0.274, 1 F HCl ; 0.776, 1 F $HClO_4$; 0.674, 1 F H_2SO_4
$Fe^{3+} + e^- \rightleftharpoons Fe^{2+}$	0.771	0.700, 1 F HCl ; 0.732, 1 F $HClO_4$; 0.68, 1 F H_2SO_4
$H_2SeO_3 + 4H^+ + 4e^- \rightleftharpoons Se(s) + 3H_2O$	0.740	
$PtCl_4^{2-} + 2e^- \rightleftharpoons Pt(s) + 4Cl^-$	0.73	
$C_6H_4O_2$(quinone) $+ 2H^+ + 2e^- \rightleftharpoons C_6H_4(OH)_2$	0.699	0.696, 1 F HCl, H_2SO_4 $HClO_4$
$O_2(g) + 2H^+ + 2e^- \rightleftharpoons H_2O_2$	0.682	
$PtCl_6^{2-} + 2e^- \rightleftharpoons PtCl_4^{2-} + 2Cl^-$	0.68	
$Hg_2SO_4(s) + 2e^- \rightleftharpoons 2Hg(l) + SO_4^{2-}$	0.615	
$Sb_2O_5(s) + 6H^+ + 4e^- \rightleftharpoons 2SbO^+ + 3H_2O$	0.581	
$MnO_4^- + e^- \rightleftharpoons MnO_4^{2-}$	0.564	
$H_3AsO_4 + 2H^+ + 2e^- \rightleftharpoons H_3AsO_3 + H_2O$	0.559	0.577, 1 F HCl, $HClO_4$
$I_3^- + 2e^- \rightleftharpoons 3I^-$	0.536	
$I_2(s) + 2e^- \rightleftharpoons 2I^-$	0.5355	
$I_2(aq) + 2e^- \rightleftharpoons 2I^-$	0.620[b]	
$Cu^+ + e^- \rightleftharpoons Cu(s)$	0.521	
$H_2SO_3 + 4H^+ + 4e^- \rightleftharpoons S(s) + 3H_2O$	0.45	
$Ag_2CrO_4(s) + 2e^- \rightleftharpoons 2Ag(s) + CrO_4^{2-}$	0.446	
$VO^{2+} + 2H^+ + e^- \rightleftharpoons V^{3+} + H_2O$	0.361	

반 쪽 반 응	$E°$, V	포르말전극전위
$Fe(CN)_6^{3-} + e^- \rightleftharpoons Fe(CN)_6^{4-}$	0.36	0.71, 1 F HCl ; 0.72, 1 F $HClO_4$, H_2SO_4
$Cu^{2+} + 2e^- \rightleftharpoons Cu(s)$	0.337	
$UO_2^{2+} + 4H^+ + 2e^- \rightleftharpoons U^{4+} + 2H_2O$	0.334	
$BiO^+ + 2H^+ + 3e^- \rightleftharpoons Bi(s) + H_2O$	0.32	
$Hg_2Cl_2(s) + 2e^- \rightleftharpoons 2Hg(l) + 2Cl^-$	0.268	0.242, 포화 KCl ; 0.282, 1 F KCl
$AgCl(s) + e^- \rightleftharpoons Ag(s) + Cl^-$	0.222	0.228, 1 F KCl
$SO_4^{2-} + 4H^+ + 2e^- \rightleftharpoons H_2SO_3 + H_2O$	0.17	
$BiCl_4 + 3e^- \rightleftharpoons Bi(s) + 4Cl^-$	0.16	
$Sn^{4+} + 2e^- \rightleftharpoons Sn^{2+}$	0.154	0.14, 1 F HCl
$Cu^{2+} + e^- \rightleftharpoons Cu^+$	0.153	
$S(s) + 2H^+ + 2e^- \rightleftharpoons H_2S(g)$	0.141	
$TiO^{2+} + 2H^+ + e^- \rightleftharpoons Ti^{3+} + H_2O$	0.1	0.04, 1 F H_2SO_4
$AgBr(s) + e^- \rightleftharpoons Ag(s) + Br^-$	0.095	
$S_4O_6^{2-} + 2e^- \rightleftharpoons 2S_2O_3^{2-}$	0.08	
$Ag(S_2O_3)_2^{3-} + e^- \rightleftharpoons Ag(s) + 2S_2O_3^{2-}$	0.01	
$2H^+ + 2e^- \rightleftharpoons H_2(g)$	0.000	−0.005, 1 F HCl, $HClO_4$
$Pb^{2+} + 2e^- \rightleftharpoons Pb(s)$	−0.126	−0.14, 1 F $HClO_4$, −0.29, 1 F H_2SO_4
$Sn^{2+} + 2e^- \rightleftharpoons Sn(s)$	−0.136	−0.16, 1 F $HClO_4$
$AgI(s) + e^- \rightleftharpoons Ag(s) + I^-$	−0.151	
$CuI(s) + e^- \rightleftharpoons Cu(s) + I^-$	−0.185	
$N_2(g) + 5H^- + 4e^- \rightleftharpoons N_2H_5^+$	−0.23	
$Ni^{2+} + 2e^- \rightleftharpoons Ni(s)$	−0.250	
$V^{3+} + e^- \rightleftharpoons V^{2+}$	−0.255	−0.21, 1 F $HClO_4$
$Co^{2+} + 2e^- \rightleftharpoons Co(s)$	−0.277	
$Ag(CN)_2^2 + e^- \rightleftharpoons Ag(s) + 2CN^-$	−0.31	
$Tl^+ + e^- \rightleftharpoons Tl(s)$	−0.336	−0.551, 1 F HCl ; −0.33, 1 F $HClO_4$, H_2SO_4
$PbSO_4(s) + 2e^- \rightleftharpoons Pb(s) + SO_4^{2-}$	−0.356	
$Ti^{3+} + e^- \rightleftharpoons Ti^{2+}$	−0.37	
$Cd^{2+} + 2e^- \rightleftharpoons Cd(s)$	−0.403	
$Cr^{3+} + e^- \rightleftharpoons Cr^{2+}$	−0.41	
$Fe^{2+} + 2e^- \rightleftharpoons Fe(s)$	−0.440	
$2CO_2(g) + 2H^2 + 2e^- \rightleftharpoons H_2C_2O_4$	−0.49	
$Cr^{3+} + 3e^- \rightleftharpoons Cr(s)$	−0.74	
$Zn^{2+} + 2e^- \rightleftharpoons Zn(s)$	−0.763	
$Mn^{2+} + 2e^- \rightleftharpoons Mn(s)$	−1.18	
$Al^{3+} + 3e^- \rightleftharpoons Al(s)$	−1.66	
$Mg^{2+} + 2e^- \rightleftharpoons Mg(s)$	−2.37	
$Na^+ + e^- \rightleftharpoons Na(s)$	−2.714	
$Ca^{2+} + 2e^- \rightleftharpoons Ca(s)$	−2.87	
$Ba^{2+} + 2e \rightleftharpoons Ba(s)$	−2.90	
$K^+ + e^- \rightleftharpoons K(s)$	−2.925	
$Li^+ + e^- \rightleftharpoons Li(s)$	−3.045	

부 록 III

용해도곱 상수

물 질	화 학 식	K_{sp}
Aluminum hydroxide	$Al(OH)_3$	2×10^{-32}
Barium carbonate	$BaCO_3$	5.1×10^{-9}
Barium chromate	$BaCrO_4$	1.2×10^{-10}
Barium iodate	$Ba(IO_3)_2$	1.57×10^{-9}
Barium manganate	$BaMnO_4$	2.5×10^{-10}
Barium oxalate	BaC_2O_4	2.3×10^{-8}
Barium sulfate	$BaSO_4$	1.3×10^{-10}
Bismuth oxide chloride	$BiOCl$	7×10^{-9}
Bismuth oxide hydroxide	$BiOOH$	4×10^{-10}
Cadmium carbonate	$CdCO_3$	2.5×10^{-14}
Cadmium hydroxide	$Cd(OH)_2$	5.9×10^{-15}
Cadmium oxalate	CdC_2O_4	9×10^{-8}
Cadmium sulfide	CdS	2×10^{-28}
Calcium carbonate	$CaCO_3$	4.8×10^{-9}
Calcium fluoride	CaF_2	4.9×10^{-11}
Calcium oxalate	CaC_2O_4	2.3×10^{-9}
Calcium sulfate	$CaSO_4$	1.2×10^{-6}
Copper(I) bromide	$CuBr$	5.2×10^{-9}
Copper(I) chloride	$CuCl$	1.2×10^{-6}

물 질	화 학 식	K_{sp}
Copper(I) iodide	CuI	1.1×10^{-12}
Copper(I) thiocyaniate	CuSCN	4.8×10^{-15}
Copper(II) hydroxide	$Cu(OH)_2$	1.6×10^{-19}
Copper(II) sulfide	CuS	6×10^{-36}
Iron(II) hydroxide	$Fe(OH)_2$	8×10^{-16}
Iron(II) sulfide	FeS	6×10^{-18}
Iron(III) hydroxide	$Fe(OH)_3$	4×10^{-38}
Lanthanum iodate	$La(IO_3)_3$	6.2×10^{-12}
Lead carbonate	$PbCO_3$	3.3×10^{-14}
Lead Chloride	$PbCl_2$	1.6×10^{-5}
Lead chromate	$PbCrO_4$	1.8×10^{-14}
Lead hydroxide	$Pb(OH)_2$	2.5×10^{-16}
Lead iodide	PbI_2	7.1×10^{-9}
Lead oxalate	PbC_2O_4	4.8×10^{-10}
Lead sulfate	$PbSO_4$	1.6×10^{-8}
Lead sulfide	PbS	7×10^{-28}
Magnesium ammonium phosphate	$MgNH_4PO_4$	3×10^{-13}
Magnesium carbonate	$MgCO_3$	1×10^{-5}
Magnesium hydroxide	$Mg(OH)_2$	1.8×10^{-11}
Magnesium oxalate	MgC_2O_4	8.6×10^{-5}
Managnese(II) hydroxide	$Mn(OH)_2$	1.9×10^{-13}
Managnese(II) sulfide	MnS	3×10^{-13}
Mercury(I) bromide	Hg_2Br_2	5.8×10^{-23}
Mercury(I) chloride	Hg_2Cl_2	1.3×10^{-18}
Mercury(I) iodide	Hg_2I_2	4.5×10^{-29}
Silver arsenate	Ag_3AsO_4	1×10^{-22}
Silver bromide	AgBr	5.2×10^{-13}
Silver carbonate	Ag_2CO_3	8.1×10^{-12}
Silver chloride	AgCl	1.82×10^{-10}
Silver chromate	Ag_2CrO_4	1.1×10^{-12}
Silver cyanide	AgCN	7.2×10^{-11}
Silver iodate	$AgIO_3$	3.0×10^{-8}
Silver iodide	AgI	8.3×10^{-17}
Silver oxalate	$Ag_2C_2O_4$	3.5×10^{-11}
Silver sulfide	Ag_2S	6×10^{-50}
Silver thiocyanate	AgSCN	1.1×10^{-12}
Strontium oxalate	SrC_2O_4	5.6×10^{-8}
Strontium sulfate	$SrSO_4$	3.2×10^{-7}
Thallium(I) chloride	TlCl	1.7×10^{-4}
Thallium(I) sulfide	Tl_2S	1×10^{-22}
Zinc hydroxide	$Zn(OH)_2$	1.2×10^{-17}
Zinc oxalate	ZnC_2O_4	7.5×10^{-9}
Zinc sulfide	ZnS	4.5×10^{-24}

부 록 Ⅳ

산의 이온화상수

이 름	화 학 식	이온화상수		
		K_1	K_2	K_3
Acetic	CH_3COOH	1.75×10^{-5}		
Arsenic	H_3AsO_4	6.0×10^{-3}	1.05×10^{-7}	3.0×10^{-12}
Arsenious	H_3AsO_3	6.0×10^{-10}	3.0×10^{-14}	
Benzoic	C_6H_5COOH	6.14×10^{-5}		
Boric	H_3BO_3	5.83×10^{-10}		
1-Butanoic	$CH_3CH_2CH_2COOH$	1.51×10^{-5}		
Carbonic	H_2CO_3	4.45×10^{-7}	4.7×10^{-11}	
Chloroacetic	$ClCH_2COOH$	3.36×10^{-3}		
Citric	$HOOC(OH)C(CH_2COOH)_2$	7.45×10^{-4}	1.73×10^{-5}	4.02×10^{-7}
Ethylenediamine-tetraacetic	H_4Y	1.0×10^{-2}	2.1×10^{-2} $K_4=5.5\times10^{-11}$	6.9×10^{-7}
Formic	$HCOOH$	1.77×10^{-4}		
Fumaric	*trans*-$HOOCCH{:}CHCOOH$	9.6×10^{-4}	4.1×10^{-5}	
Glycolic	$HOCH_2COOH$	1.48×10^{-4}		
Hydrazoic	HN_3	1.9×10^{-5}		
Hydrogen cyanide	HCN	2.1×10^{-9}		
Hydrogen fluoride	H_2F_2	7.2×10^{-4}		
Hydrogen peroxide	H_2O_2	2.7×10^{-12}		
Hydrogen sulfide	H_2S	5.7×10^{-8}	1.2×10^{-15}	
Hypochlorous	$HOCl$	3.0×10^{-8}		
Iodic	HIO_3	1.7×10^{-1}		

이 름	화 학 식	이온화상수		
		K_1	K_2	K_3
Lactic	$CH_3CHOHCOOH$	1.37×10^{-4}		
Maleic	*cis*-$HOOCCH:CHCOOH$	1.20×10^{-2}	5.96×10^{-7}	
Malic	$HOOCCHOHCH_2COOH$	$4.0\ \times10^{-4}$	$8.9\ \times10^{-6}$	
Malonic	$HOOCCH_2COOH$	1.40×10^{-3}	2.01×10^{-6}	
Mandelic	$C_6H_5CHOHCOOH$	3.88×10^{-4}		
Nitrous	NHO_2	$5.1\ \times10^{-4}$		
Oxalic	$HOOCCOOH$	5.36×10^{-2}	5.42×10^{-5}	
Periodic	H_5IO_6	$2.4\ \times10^{-2}$	$5.0\ \times10^{-9}$	
Phenol	C_6H_5OH	1.00×10^{-10}		
Phosphoric	H_3PO_4	7.11×10^{-3}	6.34×10^{-8}	
Phosphorous	H_3PO_3	1.00×10^{-2}	$2.6\ \times10^{-7}$	
o-Phthalic	$C_6H_4(COOH)_2$	1.12×10^{-3}	3.91×10^{-6}	$4.2\ \times10^{-13}$
Picric	$(NO_2)_3C_6H_2OH$	$5.1\ \times10^{-1}$		
Propanoic	CH_3CH_2COOH	1.34×10^{-5}		
Pyruvic	$CH_3COCOOH$	3.24×10^{-3}		
Salicylic	$C_6H_4(OH)COOH$	1.05×10^{-3}		
Sulfamic	H_2NSO_3H	1.03×10^{-1}		
Sulfuric	H_2SO_4	. .	1.20×10^{-2}	
Sulfurous	H_2SO_3	1.72×10^{-2}	6.43×10^{-8}	
Succinic	$HOOCCH_2CH_2COOH$	6.21×10^{-5}	2.32×10^{-6}	
Tartaric	$HOOC(CHOH)_2COOH$	9.20×10^{-4}	4.31×10^{-5}	
Trichloroacetic	Cl_3CCOOH	1.29×10^{-1}		

부 록 V

염기의 이온화상수

이 름	화 학 식	이온화상수 K, 25 ℃
Ammonia	NH_3	1.76×10^{-5}
Aniline	$C_6H_5NH_2$	3.94×10^{-10}
1-Butylamine	$CH_3(CH_2)_2CH_2NH_2$	4.0×10^{-4}
Dimethylamine	$(CH_3)_2NH$	5.9×10^{-4}
Ethanolamine	$HOC_2H_4NH_2$	3.18×10^{-5}
Ethylamine	$CH_3CH_2NH_2$	4.28×10^{-4}
Ethylenediamine	$NH_2C_2H_4NH_2$	$K_1=8.5\times10^{-5}$ $K_2=7.1\times10^{-8}$
Hydrazine	H_2NNH_2	1.3×10^{-6}
Hydroxylamine	$HONH_2$	1.07×10^{-8}
Methylamine	CH_3NH_2	4.8×10^{-4}
Piperidine	$C_5H_1N_1$	1.3×10^{-3}
Pyridine	C_5H_5N	1.7×10^{-9}
Trimethylamine	$(CH_3)_3N$	6.25×10^{-5}

부 록 VI
산 및 암모니아의 밀도(20 ℃)

wt. %	밀 도(g/mL)					
	CH_3COOH	HCl	HNO_3	H_3PO_4	H_2SO_4	NH_3
5	1.0055	1.023	1.026	1.025	1.032	0.977
10	1.0125	1.047	1.054	1.053	1.066	0.958
15	1.0195	1.073	1.084	1.082	1.102	0.940
20	1.026	1.098	1.115	1.113	1.139	0.923
25	1.033	1.124	1.147	1.146	1.178	0.907
30	1.038	1.149	1.180	1.181	1.219	0.892
35	1.044	1.174	1.214	1.216	1.260	
40	1.049	1.198	1.246	1.254	1.303	
45	1.053		1.278	1.293	1.348	
50	1.058		1.310	1.335	1.395	
55	1.061		1.339	1.379	1.445	
60	1.064		1.367	1.426	1.498	
65	1.067		1.391	1.475	1.553	
70	1.069		1.413	1.526	1.611	
75	1.070		1.434	1.579	1.669	
80	1.070		1.452	1.633	1.727	
85	1.069		1.469	1.689	1.779	
90	1.066		1.483	1.746	1.814	
95	1.061		1.493	1.807	1.834	
100	1.050		1.513	1.870	1.831	

부 록 VII
그리스 문자

대문자	소문자	이름	대문자	소문자	이름
A	α	alpha	N	ν	nu
B	β	beta	Ξ	ξ	xi
Γ	γ	gamma	O	o	omicron
Δ	δ	delta	Π	π	pi
E	ε	epsilon	P	ρ	rho
Z	ζ	zeta	Σ	σ	sigma
H	η	eta	T	τ	tau
Θ	θ	theta	Υ	υ	upsilon
I	ι	iota	Φ	ϕ	phi
K	κ	kappa	X	χ	chi
Λ	λ	lambda	Ψ	ψ	psi
M	μ	mu	Ω	ω	omega

찾아보기

[ㄱ]

가리움제 237
가시선의 광원 417
가우스 곡선 53
가위질진동 442
가측오차 49
각분산능 420
간격판 423
간섭 407
간섭의 차수 408
간섭필터 419
간접 요오드법 292
갈바니 전지 252
감도 37
감마선 409
개인오차 49
거름종이 82
건식 화화법 24
건조제 20
검정 137
검정곡선 64, 390
검정선 448, 470
검정선에 의한 분석 476
검출기 499, 543, 557
검출법 552
겔 70
겔 크로마토그래피 549
겔 크로마토그래피법 550
결정수 21
결정체 496
결정핵 72
결합정지상 545
겹빛살형 광도계 431
겹접시 화학저울 33
계통오차 49
고성능 액체크로마토
그래피법 539
고전적 분석법 16
고전적 평형상수 109
고체 지지체 555
공명선 464, 485
공업용 시약 27
공침 79
공통이온효과 118, 119
과전압 354
관 542
관 크로마토그래피 539
광도계 429
광도법 적정 454
광원 416, 476
광자 405, 408
광전관 425
광전도계 427
광전압 전지 424
광전자 증배관 426
광전효과 409
광학적 활성 421
교류 폴라로그래피법 397
구우치 도가니 83
구조 경고성의 효과 487
국제단위체제 35
굴절률 420
굽힘진동 442
규소 다이오드 428
극대보강간섭 407
극대상쇄간섭 407
극대 억제제 389
극성 순서 544
극성용매 443
근사법 145, 165
근자외선 438

금속시료 477
금속 킬레이트 523
기계적인 젓기 353
기계적 편차 415
기기분석법 16
기기오차 49
기울기비법 453
기울기 용리법 540
기전력 251, 252
기준전극 320
기준 표준물질 50
기체감지 전극 332
기체 충전 검출기 499
기체 크로마토그래피법 553
꼬임진동 442

[ㄴ]

내부생성 전극법 362
내부전환 485
내부표준 480, 502
내부표준법 480, 502
내부표준원소 502
내알칼리 유리 26
내포현상 78
노르말농도 31
노르말칼로멜 전극 321
녹말 지시약 293
농도 30
농도과전압 353
농도 전지 326
농도편극 352, 353
니코틴 91

[ㄷ]

다색광 407
다중채널 검출계 429
다중채널 광자검출기 427
다중채널 분광계 483
단결정체 496
단색광 407
단색화장치 418, 419
단이론 526, 527
단일 초점 분석계 507
단전 종말점법 적정 394
당량 30
당량이온전도도 369
당량전도도 368
당량점 125
대류 353
대조전극 320
대치법 36
데시케이터 16
도핑 428
동시 공급식 버너 468
동시 측정형 483
들뜸스펙트럼 486
들뜬 상태 410
디메틸글리옥심 90, 523
디티존 525
디페닐아민 281
띠나비 528
띠스펙트럼 438

[ㄹ]

란탄족 계열 439
리간드 223

[ㅁ]

마스터 스펙트럼 478
마이크로 뷰렛 136
막전극 325
막전위 325
머무름 계수 533, 552
머무름 시간 530, 532
메스플라스크 134
메커 버너 86
메트릭스 효과 502
모세관 상수 388
몰농도 31
몰랄농도 31
몰분율 176
몰비법 452
몰흡광계수 411, 412
무게 백분율 30
무게법 분석 15
무기 침전제 88
묵힘 76
물 아닌 용매 200
물의 세기 237
물의 이온곱 162
물 전기량계 361
뭉침 71
뭉침제 71
미량분석법 19
미량저울 38

[ㅂ]

바이코어 유리 26
바탕분석 51
바탕시험 126, 183
반도체 검출기 500
반미량분석법 19
반미량저울 38
반발력 353
반사 회절발 421
반쪽 전지 253
반파전위 382, 387
발색단 438
발색제 439
방법오차 49
방사능 499
방출 405
방출분광계 479
방출분광법 473
방해 이온의 제거 548
배위결합 223
배위수 223
백금 도가니 26
백금전극 264

백분율 45
벗김 분석법 399
변색범위 181
보색관계 418
보색광 439
보통분석법 19
복사선의 이중성 405
복사 회절발 421
부착수 20
부피 백분율 30
부피법 분석 15, 125
분광광도계 429, 475
분광사진계 477
분광형광계 489
분리관 555
분리능 506, 534
분리법 521
분리효율 527
분배계수 519, 526
분배비 519
분배 크로마토그래피 543
분별침전 116
분산곡선 420
분석농도 337
분석 몰농도 33
분석법의 한계 471
분석실험 16
분석용 시약 27
분석 피라미터 559
분석화학 13
분자량 결정 511
분자 양이온 504
분자체 크로마토그래피 550
분자 형광분광법 484
분자흡수스펙트럼 437
분젠 버너 86
분해전위 356, 381
불가측오차 50
불감시간 499
불꽃방출분광법 473
불꽃법 467
불꽃분광광도계 475
불꽃온도 474
불꽃 이온화 검출기 558
뷰렛 136
블로킹이온 236
비공유전자 438
비교법 34
비극성용매 443
비대칭 전위 327
비례계수기 500
비복사 이완 485
비색계 430
비스무트산나트륨 286
비양성자성 용매 201
비저항 368
비전도도 367, 368
비평형 질량이동 530
빛살 평행화 장치 496

[ㅅ]

사기 용기 26
사등분법 18
4분원꼴 회전원판 470
사중극자 질량분석계 507
사진건판 509
사진농도 509
산 무수물의 정량 199
산소의 폴라로그램 389
산-염기 적정 126
산-염기 적정곡선 179
산 오차 329
산처리법 23
산화력 253
산화반응 249
산화전극 252
산화전위 253
산화제 250, 469
산화파 폴라로그램 384
산화-환원법 적정 127
산화-환원 적정 366
산화-환원 지시약 278
살리실산 91
상대과포화도 73
상대농도오차 450
상대오차 45
상대평균오차 45
상승전개법 551
선스펙트럼 464
선택계수 536, 548
섬광 검출기 500
소광기체 500
소용돌이 확산 530
속도 406
속빈 음극등 466
수소전극 254
수직오차 64
수화 200
순차 측정형 483
술폰프탈레인계 지시약 184
스파크 477
습식 산처리법 25
시료 18
시료주입장치 542
시약 27
시약급 27
시차-펄스 폴라로그래피법 396
신뢰도 46
신뢰도 54
신뢰도 구간 54
신뢰도 한계 54
신축진동 442
실험적 검정선 502
실험노트 17
1/10 노르말칼로멜 전극 321

[ㅇ]

아민 착이온 223
아비산 284
아스카라이트 196
아조계 지시약 185
아크 476
악디늄족 계열 439
안정도 상수 387
알칼리 오차 328

암모니아-암모늄 완충용액 227
압력넓힘 465
앞뒤흔들림진동 442
액간 접촉전위 267
액간 접촉전위 333
액체막 전극 331
액체 추출법 518
얇은층 크로마토그래피법 552
양성자성 용매 201
양이온교환수지 546
양이온 방해 471
양이온 선택성 유리전극 330
어둠전류 424
에너지 분산형 광도계 500
에리오크롬블랙 T 233
에리오크롬블루블랙 235
에스테르의 정량 199
역바이어스 428
역상 크로마토그래피 544
역적정 128
연료 469
연속 변화법 451
열분석도 84
열약학 용해도곱 상수 115
열역학 평형상수 109, 260
열전도 검출기 557
염나리 253
영점 조절법 431
예비관 541
예비 산화제 286
예비 혼합식 버너 468
예비 환원제 287
오르토펜안트롤린철(II) 착물 280
오목 회절발 422
오차 45
옥살산 283
옥신 524
옥심화반응 199
완충용량 173
완충용액 171
완충용액 227
외부생성 전극법 364
요오드법 291
요오드화법 291
용량계수 534
용리 526
용리곡선 526
용리 봉우리의 면적 560
용리액 526
용매 443
용매화 200
용융 23
용융실리카 26
용해도 114, 115
용해도곱 115
우연오차 50
운동이론 528
운반기체 554
원자방출분광법 463
원자선스펙트럼 436
원자질량단위 509
원자흡수분광법 463
원자흡수스펙트럼 463
원형전개법 551
유기 침전제 88
유도결합 플라스마 481
유도결합 플라스마 광원 481
유리 거르개 83
유리그릇 25
유리전극 325
유발핵생성 72
유전상수 202
유효 띠나비 418
유효숫자 60
융제 23
은법 적정 126, 144
은-염화은 전극 264
음이온교환수지 546
음이온 방해 472
음이온 선택성 전극 331
이동상 525, 549
이동속도 532
이동전류 389
이론단 527
이론단 높이 527
이론단 수 527
이온교환수지 545, 546
이온세기 108
이온의 상호 분리 549
이온화 상자 500
이온화 억제제 473
이완과정 410, 485
이중 초점형 507
익힘 76
일정 전류법 전기분해 358
일차 표준물 28, 129
일차 표준물질 128
일함수 409
잉여오차 64

[ㅈ]

자동 분석장치 344
자발적 핵생성 72
자외선의 광원 417
자유도 48
자유에너지 259
자체 소광 488
자체양성자 이전반응 200
자체양성자 이전상수 201
자체 지시약 279
잔류전류 382
장 이온화법 505
장 탈착 이온화법 505
재침전 79
재현성 46
적외선 스펙트럼 441, 445
적외선의 광원 417
적외선 흡수분광광도계 416
적정곡선 146
적정법 15, 125
적정오차 126
적하수은전극 379, 392

전개법 551
전기량계 361
전기량법 319, 361
전기량법 분석 360
전기량법 적정 361, 362
전기무게법 분석 355
전기분해법칙 360
전기분해 전위 351
전기이중층 71
전기전도도법 367
전기전도도법 적정 371
전기화학 319
전기화학당량 361
전기화학 분석 319
전기화학 전지 252
전도도법 319
전도도 전지상수 370
전류법 319
전류법 적정 391
전류-전압법 319
전압-전류법 379
전압전류법 측정 400
전위-전류 관계식 385, 387
전위차계 255
전위차계의 표준화 336
전위차법 319
전위차법 적정 320, 338
전이금속 계열 440
전자기 복사선 405
전자전위차계 326
전자 증배관 508
전지상수 368
전지전위 254
전하균형의 법칙 174
전하중화법칙 164
전해 전지 252
절대오차 45, 450
정규곡선 51
정량분석 13, 390, 470, 559
정밀도 44, 46
정바이어스 428
정상형 정지상 545
정성분석 13, 559
정전기적 인력 353
정지상 525, 549, 555
정확도 44, 46
제1당량점 193
제1당량점의 수소이온 농도 191
제1차 전극 263, 322
제2당량점 193
제2차 전극 265, 323
제3당량점 193
제3차 전극 324, 325
제동기 36
제올라이트 546
조건부 생성상수 232
조작오차 50
조절된 환원전극전위법 359
졸 70
종말점 126
종이 크로마토그래피법 551
종축확산 530
좌우흔듦진동 442
주파수 406
중화적정 365
지문 영역 446
지시약 125
지시약 상수 181
지시전극 320
지지전해질 381, 388
직접 요오드법 291
직접 전위차법 320
진공 자외선 438
진동스펙트럼 440
진동에너지 441
질량보존법칙 164, 174, 225
질량분석계 503
질량분석법 503
짝산 160
짝염기 160
쯔비터이온 208

[ㅊ]

착물의 배위수 387
착화반응 387
착화법 적정 127, 366
착화제 121
천분율 45
최대 유효에너지 261
최대 주파수 494
최소제곱법 64
최소 파장한계 494
추 34
추출 521
축전전류 382
측각기 496
측정값 처리 480
침전 거르개 82
침전법 적정 126, 143, 366
침전제 69

[ㅋ]

칼로멜 320
칼로멜 전극 320
칼마지트 234
칼콘 235
콜로이드 상태 70
쿠페론 90
크기별 배제 크로마토그래피 550
크로마토그래피법 525
크로마토그램 526
킬레이트제 223

[ㅌ]

탄산염 없는 수산화나트륨 용액 196
탄산오차 195
탈염수 28
투과 회절발 421
투광도 413
특수 지시약 279
티릴 버너 86

[ㅍ]

파동 405
파동 성질 406
파수 407
파이렉스 유리 26
파장 406
파장 선택 415
8-히드록시퀴놀린 90
퍼짐 48
펌프 541
편극 353
편극된 전극 383
편차 46
평균 활동도 계수 111
평면 크로마토그래피 539
평준화 효과 201
평형 몰농도 33
평형상수 107
포르말농도 31
포르말 전극전위 270
포화칼로멜 전극 320, 381
폴라로그래피법 319, 379
폴라로그래피파 385
폴라로그램 381
폴라로그램 극대현상 389
표면흡착 77
표정 128
표준물 28
표준물 첨가법 390, 471, 476
표준산화전위 257
표준수소전극 254
표준온도 137
표준용액 125, 207
표준전극전위 258
표준전위 256, 257
표준편차 48
표준화 128
표준환원전위 257
풀림 72
프리즘 419
프탈레인계 지시약 184
플라스마 481
플라스마 방출 다중채널 분광계 483
플라스마 방출분광법 481
플러스 구멍 428
플루오렛세인 151
피펫 134
필터광도계 418, 475

[ㅎ]

하강전개법 551
한계당량 전도도 369
한계전류 381
함께 끓는 염산 193
향류 추출법 523
형광 484, 485
형광수율 487
형광스펙트럼 486
형광 화학종 487
혼합융제 24
홑빛살형 광도계 430
홑접시 저울 35
화학분석법 13
화학저울 33
화학적 원자량 510
화학적 이온화법 505
화학적 편차 415
화학전기량계 361
화학퍼텐셜 259
확산 353
확산속도 353
확산전류 382, 383
환원력 253
환원반응 249
환원전극 252
환원전위 254
환원제 250
환원파 폴라로그램 384
활동도 109, 337
활동도 계수 109
활성화 과전압 354
회전 미소백금전극 393
회전에너지 441
회절 407
회절발 418, 421
회절발의 각분산능 422
후침전 79
흑연전극 477
흡광도 411
흡수 405
흡수분광광도계 416
흡수스펙트럼 436
흡수필터 418
흡착 지시약 151
흡착 지시약법 151
흡착 크로마토그래피 549
히드로늄이온 161

Bausch와 Lomb Spectronic 20 432
Beckman DU-2 분광광도계 431
Beer의 법칙 411
Bragg 식 498
Brown 운동 70
Bunsen 프리즘 419
Coolidge 관 496
Cornu 프리즘 421
Craig 향류 추출 장치 522
Debye-Hückel 식 112
Debye-Hückel의 극한법칙 111
Doppler 넓힘 465
Duane-Hunt 법칙 494
EDTA 224
Fajans 법 150
Faraday 법칙 360
Faraday 컵 508
Faraday형 ac 전류 398
Geiger 관 499
Henderson-Hasselbalch 식 172
Ilkovic 식 388
iR 강화 351

IUPAC 257
Jones 환원관 288
Kjeldahl 법 197
K 계열 494
Liebig 법 239
Littrow 프리즘 421
L 계열 494
Mohr 법 149
mol 28
Nernst 식 258, 262
*n*형 반도체 428
Ohm 전압강하 351
OH 라디칼 475
pAg 급변범위 146
pH 급변범위 182
pH 미터의 정밀도 337
pn 접촉 428
ppb 30
ppm 30
*p*형 반도체 428
Q 테스트 59
Rowland 원 483
SI 단위 35
Spectronic 20 432
Stokes 이동 486
TC 눈금 134
TD 눈금 134
Tyndall 현상 70
USP 급 27
Volhard 법 152
Walden 환원관 288
Wheatstone 브리지 373
X-선 광자 409
X-선 형광 495
X-선 형광분광계 495
α-니트로소-β-나프톨 90
β-선 검출기 558

기본분석화학(개정증보판) 값 20,000원

1997年 6月 25日 初版發行
2006年 2月 28日 六版發行

著 者 朴 基 采
發行者 洪 錫 禹
發行處 探 求 堂

서울特別市 龍山區 漢江路 1街 158番地
電 話 (02) 3785-2211~2
FAX (02) 3785-2272
登錄 1950. 11. 1 서울 第 03-00993號
www.tamgudang.co.kr

상 용 로 그 표

ON	0	1	2	3	4	5	6	7	8	9	1	2	3	4	5	6	7	8	9
1.0	0000	0043	0086	0128	0170	0212	0253	0294	0334	0374	4	8	12	17	21	25	29	33	37
1.1	0414	0453	0492	0531	0569	0607	0645	0682	0719	0755	4	8	11	15	19	23	26	30	34
1.2	0792	0828	0864	0899	0934	0969	1004	1038	1072	1106	3	7	10	14	17	21	24	28	31
1.3	1139	1173	1206	1239	1271	1303	1335	1367	1399	1430	3	6	10	13	16	19	23	26	29
1.4	1461	1492	1523	1553	1584	1614	1644	1673	1703	1732	3	6	9	12	15	18	21	24	27
1.5	1761	1790	1818	1847	1875	1903	1931	1959	1987	2014	3	6	8	11	14	17	20	22	25
1.6	2041	2068	2095	2122	2148	2175	2201	2227	2253	2279	3	5	8	11	13	16	18	21	24
1.7	2304	2330	2355	2380	2405	2430	2455	2480	2504	2529	2	5	7	10	12	15	17	20	22
1.8	2553	2577	2601	2625	2648	2672	2695	2718	2742	2765	2	5	7	9	12	14	16	19	21
1.9	2788	2810	2833	2856	2878	2900	2923	2945	2967	2989	2	4	7	9	11	13	16	18	20
2.0	3010	3032	3054	3075	3096	3118	3139	3160	3181	3201	2	4	6	8	10	13	15	17	19
2.1	3222	3243	3263	3284	3304	3324	3345	3365	3385	3404	2	4	6	8	11	12	14	16	18
2.2	3424	3444	3464	3483	3502	3522	3541	3560	3579	3598	2	4	6	8	10	12	14	15	17
2.3	3617	3636	3655	3674	3692	3711	3729	3747	3766	3784	2	4	6	7	9	11	13	15	17
2.4	3802	3820	3838	3856	3874	3892	3909	3927	3945	3962	2	4	5	7	9	11	12	14	16
2.5	3979	3997	4014	4031	4048	4065	4082	4099	4116	4133	2	3	5	7	9	10	12	14	15
2.6	4150	4166	4183	4200	4216	4232	4249	4265	4281	4298	2	3	5	7	8	10	11	13	15
2.7	4314	4330	4346	4362	4378	4393	4409	4425	4440	4456	2	3	5	6	8	9	11	13	14
2.8	4472	4487	4502	4518	4533	4548	4564	4579	4594	4609	2	3	5	6	8	9	11	12	14
2.9	4624	4639	4654	4669	4683	4698	4713	4728	4742	4757	1	3	4	6	7	9	10	12	13
3.0	4771	4786	4800	4814	4829	4843	4857	4871	4886	4900	1	3	4	6	7	9	10	11	13
3.1	4914	4928	4942	4955	4969	4983	4997	5011	5024	5038	1	3	4	6	7	8	10	11	12
3.2	5051	5065	5079	5092	5105	5119	5132	5145	5159	5172	1	3	4	6	7	8	9	11	12
3.3	5185	5198	5211	5224	5237	5250	5263	5276	5289	5302	1	3	4	5	6	8	9	10	12
3.4	5315	5328	5340	5353	5366	5378	5391	5403	5416	5428	1	3	4	5	6	8	9	10	11
3.5	5441	5453	5465	5478	5490	5502	5514	5527	5539	5551	1	2	4	5	6	7	9	10	11
3.6	5563	5575	5587	5599	5611	5623	5635	5647	5658	5670	1	2	4	5	6	7	9	10	11
3.7	5682	5694	5705	5717	5729	5740	5752	5763	5775	5786	1	2	3	5	6	7	8	9	10
3.8	5798	5809	5821	5832	5843	5855	5866	5877	5888	5899	1	2	3	5	6	7	8	9	10
3.9	5911	5922	5933	5944	5955	5966	5977	5988	5999	6010	1	2	3	4	5	7	8	9	10
4.0	6021	6031	6042	6053	6064	6075	6085	6096	6107	6117	1	2	3	4	5	6	8	9	10
4.1	6128	6138	6149	6160	6170	6180	6191	6201	6212	6222	1	2	3	4	5	6	7	8	9
4.2	6232	6243	6253	6263	6274	6284	6294	6304	6314	6325	1	2	3	4	5	6	7	8	9
4.3	6335	6345	6355	6365	6375	6386	6395	6405	6415	6425	1	2	3	4	5	6	7	8	9
4.4	6435	6444	6454	6464	6474	6484	6493	6503	6513	6522	1	2	3	4	5	6	7	8	9
4.5	6532	6542	6551	6561	6571	6580	6590	6599	6609	6618	1	2	3	4	5	6	7	8	9
4.6	6628	6637	6646	6656	6665	6675	6684	6693	6702	6712	1	2	3	4	5	6	7	8	9
4.7	6721	6730	6739	6749	6758	6767	6776	6785	6794	6803	1	2	3	4	5	6	7	8	9
4.8	6812	6821	6830	6839	6848	6857	6866	6875	6884	6893	1	2	3	4	4	5	6	7	8
4.9	6902	6911	6920	6928	6937	6946	6955	6964	6972	6981	1	2	3	4	4	5	6	7	8
5.0	6990	6998	7007	7016	7024	7033	7042	7050	7059	7067	1	2	3	3	4	5	6	7	8
5.1	7076	7084	7093	7101	7110	7118	7126	7135	7143	7152	1	2	3	3	4	5	6	7	8
5.2	7160	7168	7177	7185	7193	7202	7210	7218	7226	7235	1	2	2	3	4	5	6	7	7
5.3	7243	7251	7259	7267	7275	7284	7292	7300	7308	7316	1	2	2	3	4	5	6	6	7
5.4	7324	7332	7340	7348	7356	7364	7372	7380	7388	7396	1	2	2	3	4	5	6	6	7
	0	1	2	3	4	5	6	7	8	9	1	2	3	4	5	6	7	8	9

상 용 로 그 표

ON	0	1	2	3	4	5	6	7	8	9	1	2	3	4	5	6	7	8	9
5.5	7404	7412	7419	7427	7435	7443	7451	7459	7466	7474	1	2	2	3	4	5	5	6	7
5.6	7482	7490	7497	7505	7513	7520	7528	7536	7543	7551	1	2	2	3	4	5	5	6	7
5.7	7559	7566	7574	7582	7589	7597	7604	7612	7619	7627	1	2	2	3	4	5	5	6	7
5.8	7634	7642	7649	7657	7664	7672	7679	7686	7694	7701	1	1	2	3	4	4	5	6	7
5.9	7709	7716	7723	7731	7738	7745	7752	7760	7767	7774	1	1	2	3	4	4	5	6	7
6.0	7782	7789	7796	7803	7810	7818	7825	7832	7839	7846	1	1	2	3	4	4	5	6	6
6.1	7853	7860	7868	7875	7882	7889	7896	7903	7910	7917	1	1	2	3	4	4	5	6	7
6.2	7924	7931	7938	7945	7952	7959	7966	7973	7980	7987	1	1	2	3	3	4	5	6	6
6.3	7993	8000	8007	8014	8021	8028	8035	8041	8048	8055	1	1	2	3	3	4	5	5	6
6.4	8062	8069	8075	8082	8089	8096	8102	8109	8116	8122	1	1	2	3	3	4	5	5	6
6.5	8129	8136	8142	8149	8156	8162	8169	8176	8182	8189	1	1	2	3	3	4	5	5	6
6.6	8195	8202	8209	8215	8222	8228	8235	8241	8248	8254	1	1	2	3	3	4	5	5	6
6.7	8261	8267	8274	8280	8287	8293	8299	8306	8312	8219	1	1	2	3	3	4	5	5	6
6.8	8325	8331	8338	8344	8351	8357	8363	8370	8376	8382	1	1	2	3	3	4	4	5	6
6.9	8388	8395	8401	8407	8414	8420	8426	8432	8439	8445	1	1	2	2	3	4	4	5	6
7.0	8451	8457	8463	8470	8476	8482	8488	8494	8500	8506	1	1	2	2	3	4	4	5	6
7.1	8515	8519	8525	8531	8537	8543	8549	8555	8561	8567	1	1	2	2	3	4	4	5	5
7.2	8573	8579	8585	8591	8597	8603	8609	8615	8621	8627	1	1	2	2	3	4	4	5	5
7.3	8633	8639	8645	8651	8657	8663	8669	8675	8681	8686	1	1	2	2	3	4	4	5	5
7.4	8692	8698	8704	8710	8716	8722	8727	8733	8739	8745	1	1	2	2	3	4	4	5	5
7.5	8751	8756	8762	8768	8774	8779	8785	9891	8897	8802	1	2	2	2	3	3	4	5	5
7.6	8808	8814	8820	8825	8831	8837	8842	8848	8854	8859	1	1	2	2	3	3	4	5	5
7.7	8865	8871	8876	8882	8887	8893	8899	8904	8910	8915	1	1	2	2	3	3	4	4	5
7.8	8921	8927	8932	8938	8943	8949	8954	8960	8965	8971	1	1	2	2	3	3	4	4	5
7.9	8976	8982	8987	8993	8998	9004	9009	9015	9020	9025	1	1	2	2	2	3	4	4	5
8.0	9031	9036	9042	9047	9053	9058	9063	9069	9074	9079	1	1	2	2	3	3	4	4	5
8.1	9085	9090	9096	9101	9106	9112	9117	9122	9128	9133	1	1	2	2	3	3	4	4	5
8.2	9138	9143	9149	9154	9159	9165	9170	9175	9180	9186	1	1	2	2	3	3	4	4	5
8.3	9191	9196	9201	9206	9212	9217	9222	9227	9232	9238	1	1	2	2	3	3	4	4	5
8.4	9243	9248	9253	9258	9263	9269	9274	9279	9284	9289	1	1	2	2	3	3	4	4	5
8.5	9294	9299	9304	9309	9315	9320	9325	9330	9335	9340	1	1	2	2	3	3	4	4	5
8.6	9345	9350	9355	9360	9365	9370	9375	9380	9385	9390	1	1	2	2	3	3	4	4	5
8.7	9395	9400	9405	9410	9415	9420	9425	9430	9435	9440	0	1	1	2	2	3	3	4	4
8.8	9445	9450	9455	9460	9465	9469	9474	9479	9484	9489	0	1	1	2	2	3	3	4	4
8.9	9494	9499	9504	9509	9513	9518	9523	9528	9533	9538	0	1	1	2	2	3	3	4	4
9.0	9542	9547	9552	9557	9562	9566	9571	9576	9581	9586	0	1	1	2	2	3	3	4	4
9.1	9590	9595	9600	9605	9609	9614	9619	9624	9628	9633	0	1	1	2	2	3	3	4	4
9.2	9638	9643	9647	9652	9657	9661	9666	9671	9675	9680	0	1	1	2	2	3	3	4	4
9.3	9685	9689	9694	9699	9703	9708	9713	9717	9722	9727	0	1	1	2	2	3	3	4	4
9.4	9731	9736	9741	9745	9750	9754	9759	9763	9768	9773	0	1	1	2	2	3	3	4	4
9.5	9777	9782	9786	9791	9795	9800	9805	9809	9814	9818	0	1	1	2	2	3	3	4	4
9.6	9823	9827	9832	9836	9841	9845	9850	9854	9859	9863	0	1	1	2	2	3	3	4	4
9.7	9868	9872	9877	9881	9886	9890	9894	9899	9903	9908	0	1	1	2	2	3	3	4	4
9.8	9912	9917	9921	9926	9930	9934	9939	9943	9948	9952	0	1	1	2	2	3	3	4	4
9.9	9956	9961	9965	9969	9974	9978	9983	9987	9991	9996	0	1	1	2	2	3	3	3	4
	0	1	2	3	4	5	6	7	8	9	1	2	3	4	5	6	7	8	9